Molekulare
Genetik

Rolf Knippers **Molekulare Genetik**

7., durchgesehene und korrigierte Auflage

476 farbige Abbildungen
76 Tabellen

1997
Georg Thieme Verlag
Stuttgart · New York

Dr. Rolf Knippers
Professor für Genetik
Fakultät für Biologie
Universität Konstanz
Universitätsstraße 10
78464 Konstanz

Die Deutsche Bibliothek – CIP-Einheitsaufnahme

Knippers, Rolf:
Molekulare Genetik : 76 Tabellen / Rolf Knippers. –
7., durchges. und korrigierte Aufl. –
Stuttgart ; New York : Thieme, 1997

1. Auflage 1971
2. Auflage 1974
3. Auflage 1982
4. Auflage 1985
5. Auflage 1990
6. Auflage 1995
    1. Japanische Auflage 1976
    1. Spanische Auflage 1976

Geschützte Warennamen (Warenzeichen) werden *nicht* besonders kenntlich gemacht. Aus dem Fehlen eines solchen Hinweises kann also nicht geschlossen werden, daß es sich um einen freien Warennamen handele.

Das Werk, einschließlich aller seiner Teile, ist urheberrechtlich geschützt. Jede Verwertung außerhalb der engen Grenzen des Urheberrechtsgesetzes ist ohne Zustimmung des Verlages unzulässig und strafbar. Das gilt insbesondere für Vervielfältigungen, Übersetzungen, Mikroverfilmungen und die Einspeicherung und Verarbeitung in elektronischen Systemen.

© 1971, 1997 Georg Thieme Verlag
Rüdigerstraße 14
D-70469 Stuttgart

Printed in Germany

Satz: Appl, Wemding (3B2)
Druck: aprinta, Wemding
Verarbeitung: Großbuchbinderei Heinr. Koch, Tübingen

ISBN 3-13-477007-5   2 3 4 5 6

Vorwort zur 7. Auflage

Das Interesse, das die sechste neu bearbeitete Auflage gefunden hat, machte bereits nach anderthalb Jahren eine Neuauflage notwendig. Dies gab mir Gelegenheit zur Korrektur von Fehlern und zur Berücksichtigung von Anregungen, für die ich vielen Leserinnen und Lesern zu danken habe.

Ich hoffe, daß das Buch seinen Zweck als verläßliche Hilfe beim Studium der Genetik erfüllt, und daß die Arbeit mit diesem Buch Freude bereitet.

Konstanz, im Januar 1997   Rolf Knippers

Vorwort zur 6. Auflage

Ein wissenschaftlicher Vorfahre, Johann Friedrich Blumenbach, Professor zu Göttingen, begann die Vorrede zur **sechsten Auflage** seines **„Handbuch der Naturgeschichte"** (1799) mit den Sätzen:

> „Ungeachtet kaum zwey Jahre seit Erscheinung der fünften Auflage dieses Buches verflossen sind, so hat dasselbe doch in der sechsten wohl mehr an wichtigem Zuwachs von neuen Entdeckungen, so wie an Berichtigungen und schärferer Bestimmung gewonnen als irgendeine der vorhergehenden."
>
> Er fährt fort: „Dagegen versteht es sich von selbst, daß, um für diese Zusätze Raum zu erhalten, ohne dadurch den zweckmäßigen Zuschnitt eines, besonders auch als Leitfaden bey Vorlesungen tauglichen Handbuchs zu schaden, hin und wieder manches noch mehr, als in der vorigen Ausgabe, hat ins Kurze gefasst werden müssen".

Mit diesem Buch nehmen die Leser ebenfalls eine **sechste Auflage** in die Hand, und die Sätze, die der gegenwärtige Schreiber ihr voranstellen könnte, wären die gleichen wie die, die J. F. Blumenbach vor zweihundert Jahren geschrieben hat, wenn sein klassisches Deutsch heute so leicht verfügbar wäre. Aber inhaltlich paßt seine Aussage genau zu dem Bereich der Genetik, der hier zur Diskussion steht. Das Wissen hat sich in den wenigen vergangenen Jahren sehr schnell erweitert, und ein Buchautor läuft hinter den originalen Ergebnisberichten her, wie der sprichwörtliche Hase hinter dem Igel. Es ist ein Anliegen des Autors, die Leser zuerst über die Hintergründe einer Forschungsrichtung zu informieren, aber sie dann rasch bis an das aktuelle Geschehen zu führen in der Absicht, ein wenig von der Aufregung zu vermitteln, die die molekulare Genetik heute so spannend macht.

Der Autor hofft, daß Leser und Leserinnen die molekulare Genetik nicht nur als Lernstoff, sondern als faszinierende wissenschaftliche Unternehmung begreifen, die alle Bereiche der Biologie bis hin zur Medizin und Landwirtschaft beeinflußt. Arbeiten auf so wichtigen Gebieten wie Entwicklungsbiologie und Immunologie sind ohne Molekulargenetik nicht mehr denkbar.

Diese Verzweigungen werden im Text des Buches nur angedeutet, denn hier geht es um eine Beschreibung der grundlegenden genetischen Abläufe. Wenn die Zahl der beteiligten Wissenschaftler und die Quadratmeter gedruckten Papiers in den besten Journalen ein Maßstab sind, dann gelten heute die „differentielle Gen-Expression" und die Erforschung großer Genome, voran das Human-Genom-Projekt mit seinen Verzweigungen, als besonders wichtige Bereiche der Genetik. Das reflektiert der folgende Text, denn die entsprechenden Kapitel sind die längsten. Der rote Faden ist die Molekularbiologie, oder, deutlicher gesagt, dem Autor ist die Wechselwirkung von Proteinen und DNA wichtiger als der Phänotyp, weil zwischen dem Transkriptionsfaktor und der Körperform oder Körperfunktion noch viel unerforschtes Terrain liegt.

Bei der Darstellung wurde der bewährte Dialogstil aus den vergangenen Auflagen beibehalten, aber im Erscheinungsbild des Textes unterscheidet sich die gegenwärtige Auflage von den früheren. Insbesondere enthält das Buch nun hervorgehobene Merksätze und zahlreiche Boxen mit Zusatzwissen, Methodischem und Hinweisen auf historische Entwicklungen.

Daß jetzt ein fertiges Buch vorliegt, verdankt der Autor dem Engagement und der Sachkunde der Leiterin des Lektorats Biologie Margrit Hauff-Tischendorf, sowie der Lektorin Ute Felsheim, der Zeichnerin Ruth Hammelehle und dem Typographen und Gestalter Peter Helms.

Viele Wissenschaftler, Kollegen und Freunde haben mit Informationen, Kritik und zahlreichen guten Ratschlägen geholfen, wann immer sie gefragt wurden. Dafür verdienen sie Dank und Anerkennung. Mit Namen genannt werden soll nur Professor K. P. Schäfer, der einen Teil des Abschnitts „Wie man DNA untersucht" im Kapitel 2 verfaßt hat.

Konstanz, im Sommer 1995   Rolf Knippers

Inhaltsverzeichnis

8. Mutationen: DNA-Schäden und Reparaturen ··· 227

Teil IV: Genetische Systeme

Teil I Grundlagen

1. Proteine: Eine Einführung

Baupläne für Proteine werden von Generation zu Generation weitergegeben. Die Natur dieser Baupläne – in der Sprache der Biologie: **Gene** – und die Art und Weise, wie sie über Generationen vererbt werden, sind zentrale Themen dieses Buches. Weitere Themen betreffen die Umsetzung der Gen-Information zur Herstellung von Proteinen.

Aber Weitergabe und Ausdruck (Expression) der Gen-Information hängen selbst wieder von Proteinen ab, die Funktionen als Enzyme oder als Struktur-Komponenten wahrnehmen.

Eine solide Kenntnis von den Bauprinzipien der Proteine ist daher für das Verständnis der Genetik wichtig. Der nun folgende Überblick kann kein Lehrbuch der Biochemie oder gar ein Spezialbuch über Proteine ersetzen. Entsprechend vorgebildete Leser können ohne weiteres das erste Kapitel überspringen. Eine kurze Beschreibung der wichtigsten Punkte hat jedoch seinen Zweck. Erstens werden damit alle Leser (also auch die biochemisch weniger gebildeten) auf den gleichen Informationsstand gebracht. Zweitens bieten wir eine Möglichkeit zum Nachschlagen für den Fall, daß sich jemand im Laufe der Lektüre noch einmal die Struktur einer Aminosäure oder die Geometrie der α-Helix ansehen möchte.

Primärstruktur: Sequenz der Aminosäuren

Proteine sind Makromoleküle, die aus vielen Einzelbausteinen aufgebaut sind, den Aminosäuren. Proteine sind fast ausschließlich aus 20 Aminosäuren aufgebaut, die in wechselnden Zahlen und in wechselnden Kombinationen zu langen unverzweigten Ketten verknüpft sind.

Proteinchemiker zerlegen Proteine durch Erhitzen in starker Säure in ihre einzelnen Bausteine und trennen die freigesetzten Aminosäuren durch geeignete chromatographische Verfahren voneinander.

Die **Reihenfolge** – oder in der Fachsprache **Sequenz** – der Aminosäuren bezeichnet man als Primärstruktur eines Proteins. Die meisten Proteine bestehen aus 100–800 Aminosäuren, aber Proteine mit weit mehr als 800 oder mit weniger als 100 Aminosäuren sind keine Seltenheit. Aminosäure-Sequenzen mit weniger als 20 Bausteinen bezeichnet man als Peptide.

Aminosäure-Ketten sind gefaltet oder geknäuelt, und zwar in einer Form, die für jedes Protein charakteristisch ist. Die korrekte Faltung ist für die Funktion eines Proteins absolut erforderlich.

Aminosäuren

Alle Aminosäuren tragen am zentralen C-Atom, dem **α-C-Atom**, eine Säure- oder Carboxy-Gruppe, eine Amino-Gruppe sowie ein H-Atom und eine Seitengruppe (Abb. 1.1). Die 20 Aminosäuren unterscheiden sich durch die Art der Seitengruppe, also durch deren Größe, Form und Ladung. Eine Zusammenstellung findet man in der Abb. 1.2, die die Formelbilder und die üblichen Abkürzungen der einzelnen Aminosäuren enthält (im Drei-Buchstaben-Code und im Ein-Buchstaben-Code).

In der Tab. 1.1 (siehe S. 5) geben wir einen Überblick über die Eigenschaften der einzelnen Aminosäuren. Diese sind für die Funktion von Proteinen von größter Bedeutung. Das kann man sich durch einfache Überlegungen klarmachen: Ein Protein mit vielen Lysin- oder Arginin-Bausteinen hat, bei dem annähernd neutralen pH-Wert der Zelle, viele positiv geladene Seitengruppen. Dagegen hat ein Protein mit vielen Glutaminsäure- oder Asparaginsäure-Bausteinen einen Überschuß an negativen Ladungen.

Peptid-Bindung

Im Protein ist die Carboxy-Gruppe einer gegebenen Aminosäure mit der Amino-Gruppe der benachbarten Aminosäure durch eine kovalente Bindung verknüpft, **die Peptid-Bindung**. Abb. 1.3 (siehe S. 5) zeigt eine kleine Folge von Aminosäuren, die miteinander über Peptid-Bindungen verbunden sind. Ein Blick auf die Formel zeigt, daß dieser kurze Peptid-Abschnitt eine Richtung hat: Links liegt eine freie, nicht mit einer benachbarten Aminosäure verknüpfte Amino-Gruppe, rechts liegt eine freie Carboxy-Gruppe. Diese Richtung bleibt auch erhalten, wenn die kurze Kette der Abb. 1.3 auf die Länge eines natürlichen Proteins mit vielen hundert Bausteinen verlängert wird. Mit anderen Worten, jedes Protein hat jeweils ein freies Amino- und Carboxy-Ende, oft kurz als N-Terminus und C-Terminus bezeichnet.

Gewöhnlich gibt man eine Aminosäure-Sequenz nicht durch das umständliche Formelbild wieder, sondern benutzt die Ein- oder Drei-Buchstaben-Abkürzungen (Tab. 1.1). Das Amino-Ende wird dabei links notiert.

Wechselwirkungen zwischen Aminosäure-Seitenketten

Wenn Biochemiker nur die Folge von Aminosäuren betrachten, ohne deren Lage im dreidimensionalen Raum im Auge zu haben, sprechen sie meist von Polypeptid-Ketten. Zur Beschreibung eines Proteins gehört jedoch nicht allein die Folge der Aminosäuren, sondern auch seine dreidimensionale Struktur, die durch Wechselwirkungen zwischen den einzelnen Aminosäure-Ketten entsteht.

Man kennt inzwischen die dreidimensionalen Strukturen von vielen hundert verschiedenen Proteinen. Dies verdankt man im wesentlichen zwei Methoden:
1. Strukturaufklärung kristallisierter, d. h. regelmäßig gepackter Protein-Moleküle durch die Röntgen-Strukturanalyse *(x ray cristallography)*. Das experimentelle und theoretische Rüstzeug wird seit den Pionierarbeiten von J. Kendrew und M. Perutz in den Jahren von 1950 bis 1960 ständig erweitert und verbessert.

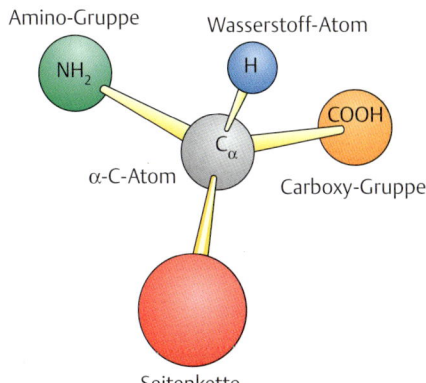

Abb. 1.1   Allgemeine Struktur einer Aminosäure. Das α-C-Atom trägt 4 Substituenten. Theoretisch können sie in zwei zueinander spiegelbildlichen Isometrie-Formen angeordnet sein. Alle Aminosäuren in Proteinen liegen jedoch in der spezifischen Isometrie-Form der L-Konfiguration vor. Deswegen spricht man von L-Aminosäuren. Die Seitenkette ist als rote Kugel dargestellt. Die 20 Aminosäuren unterscheiden sich durch die Art der Seitenkette (s. Abb. 1.2) [nach 9].

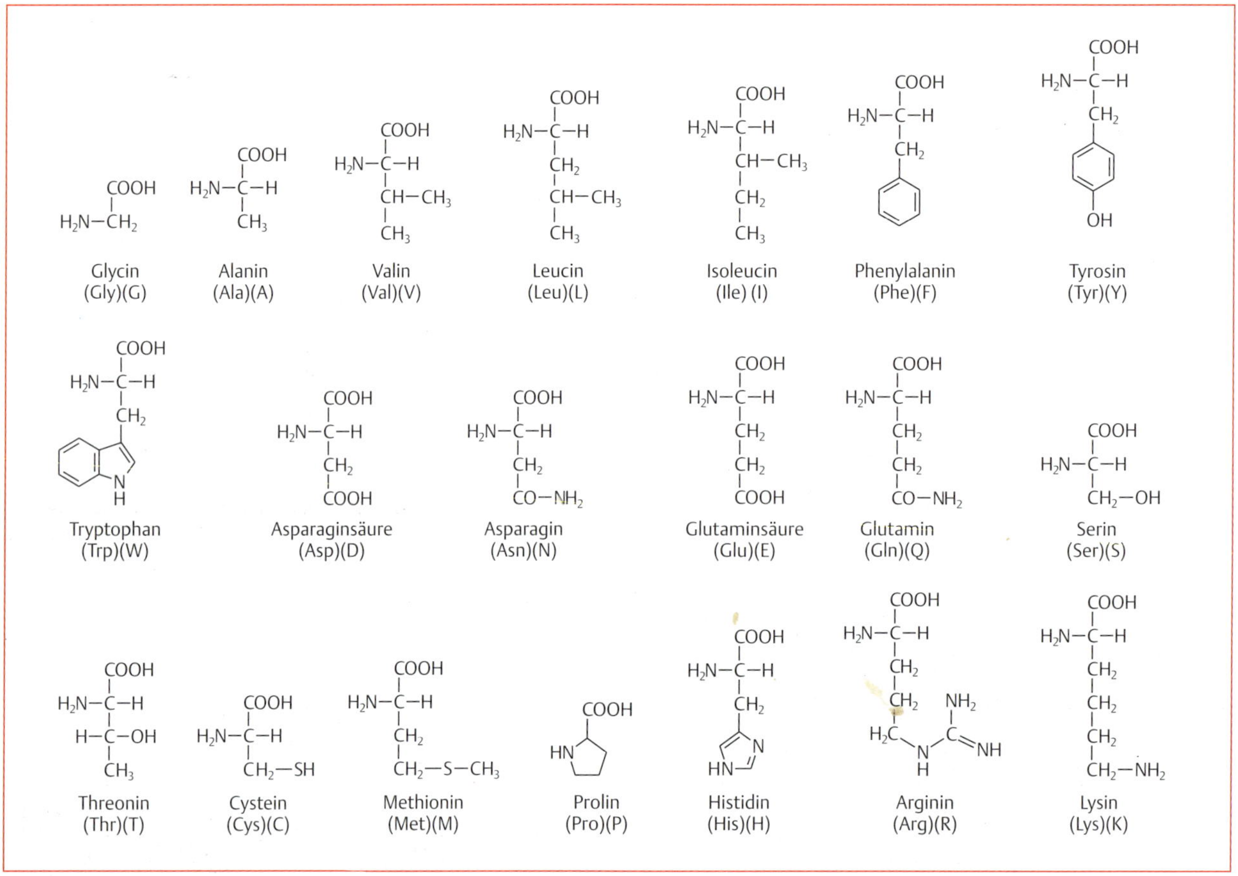

Abb. 1.2 Die zwanzig in Proteinen vorkommenden Aminosäuren. In Klammern sind die gebräuchlichen Drei- und Ein-Buchstaben-Abkürzungen angegeben.

2. Strukturaufklärung gelöster Proteine durch die NMR-*(nuclear magnetic resonance-)*Methode, die zunehmend an Bedeutung gewinnt, weil sie die Untersuchung nativer Proteine in einer wässerigen, sozusagen natürlichen Umgebung erlaubt.

Trotz des Wissens über die dreidimensionale Form zahlreicher einzelner Proteine bleiben die genauen Regeln, nach denen sich die Faltung einer Polypeptid-Kette zum nativen Protein vollzieht, noch unbekannt. Dies ist eine der ungelösten fundamentalen Fragen der Molekularbiologie. Einige allgemeine Prinzipien oder Grundregeln können jedoch formuliert werden:

– **Die Peptid-Bindung selbst ist eine starre Fläche** (C_α-CO-N in einer Ebene). Die Faltung der Polypeptid-Kette erfolgt als Drehung um die Bindungen der zentralen C_α-Atome (Abb. 1.**4**). Diese Drehungen unterliegen Einschränkungen, die mit der chemischen Natur der beteiligten Aminosäuren zusammenhängen.
– **Form und Art der Seitenketten beeinflussen die Wechselwirkung zwischen den Aminosäure-Bausteinen.** Diese Wechselwirkungen sind entweder elektrostatischer Art zwischen positiv und negativ geladenen Seitenketten oder, zu einem größeren Teil, Wasserstoff-Brücken zwischen polaren Seitenketten (Abb. 1.**6**). Aminosäuren mit geladenen oder polaren Seitenketten bestimmen zudem die Wechsel-

Tab. 1.1 Aminosäuren: Ein Überblick

Bezeichnung	Molmasse	Bemerkungen
Gly (G)	57	Die **einfachste Aminosäure**, ohne Seitenkette. Glycin hat eine besondere Bedeutung bei der Faltung der Polypeptid-Kette. Anders als Aminosäuren mit Seitengruppen, erlaubt Glycin die Ausbildung verschiedener Konformationen der Polypeptid-Kette.
Asp (D) Glu (E)	115 129	Die **„sauren" Aminosäuren**. Die endständigen Carboxy-Gruppen sind bei neutralem pH meist ionisiert, also negativ geladen.
Arg (R) Lys (K)	156 128	Die **„basischen" Aminosäuren**. Die endständigen Amino-Gruppen sind bei neutralem pH oft ionisiert, positiv geladen. Die Amino-Gruppe von Lysin kann durch Acetylierung, die Seitengruppe von Arginin durch Methylierung „modifiziert" werden (s. S. 44).
Asn (N) Gln (Q)	114 128	Die **Amid-Seitengruppen** beider Aminosäuren sind an Wasserstoff-Brücken beteiligt.
Ser (S) Thr (T)	87 101	Die **Hydroxy-Gruppen** in den Seitenketten dieser Aminosäuren nehmen an Wasserstoff-Brückenbindungen teil. In manchen Proteinen können die OH-Gruppen durch Phosphorylierung „modifiziert" werden.
Ala (A) Val (V) Leu (L) Ile (I)	71 99 113 113	Aminosäuren mit **aliphatischen Seitenketten**. Die nichtreaktiven Seitengruppen tragen entscheidend zu den hydrophoben Bindungen im Protein bei.
Phe (F) Tyr (Y) Trp (W)	147 163 186	Diese Aminosäuren sind durch **aromatische Gruppen in den Seitenketten** gekennzeichnet. Die einzelnen Aminosäuren unterscheiden sich aber durch ihre Funktionen im Protein. Phenylalanin hat eine hydrophobe Seitenkette, die normalerweise im Protein nicht reaktiv ist. Die OH-Gruppe in der Seitenkette von Tyrosin ist dagegen in Proteinen bei neutralem pH teilweise ionisiert. Sie kann an Wasserstoff-Brückenbindungen teilnehmen. Die OH-Gruppe kann zudem in manchen Proteinen eine Phosphat-Gruppe tragen. Tryptophan ist die seltenste aller Aminosäuren. Selbst große Proteine haben oft nur ein oder zwei Tryptophan-Reste. Bei manchen Enzymen spielt Tryptophan eine wichtige Rolle im aktiven Zentrum.
His (H)	137	Die **Imidazol-Seitengruppe** von Histidin kann an den Reaktionen im aktiven Zentrum mancher Enzyme teilnehmen.
Met (M) Cys (C)	131 103	Die beiden Aminosäuren zeichnen sich durch das Vorkommen von **Schwefel** in ihren Seitenketten aus, sonst haben sie wenig gemeinsam. Methionin ist die universelle Start-Aminosäure. Mit ihr beginnt die zelluläre Synthese von Proteinen. Die Thiol-Gruppe in der Seitenkette von Cystein ist sehr reaktionsfreudig, insbesondere führt sie über eine Reaktion mit den Thiol-Gruppen anderer Cystein-Reste im Protein zu Disulfan-Gruppen, eine wichtige Grundlage der stabilen Faltung von Aminosäure-Seitengruppen.
Pro (P)	97	Prolin ist eine zyklische **Iminosäure**. Wir werden später sehen, daß diese chemische Eigenart wichtige Konsequenzen für die Protein-Struktur hat, denn nach Bildung der Peptid-Bindung steht kein H-Atom für eine Wasserstoff-Brückenbindung zur Verfügung.

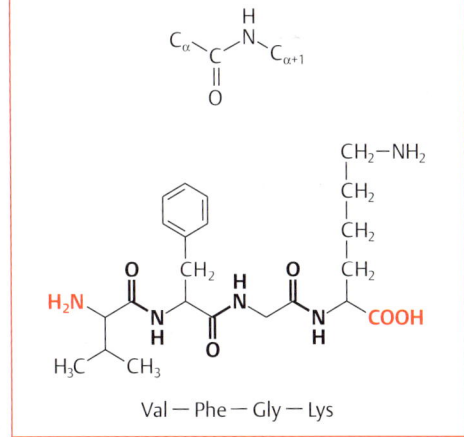

Abb. 1.3 Das Peptid Val–Phe–Gly–Lys. Die Peptid-Bindungen, das Amino-Ende (links) und das Carboxy-Ende (rechts) sind hervorgehoben.

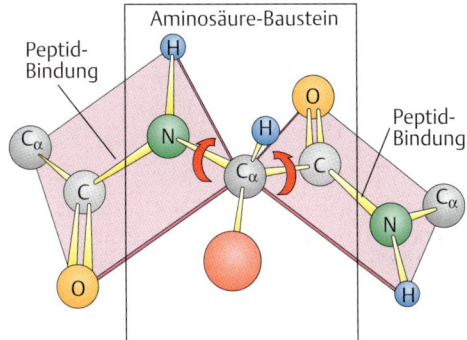

Abb. 1.4 Faltung von Polypeptid-Ketten. Drehungen sind um die Bindungen am zentralen C_α-Atom möglich (Pfeile). Die Peptid-Bindungen sind als starre Flächen angeordnet.

Tab. 1.2   Hydrophile Oberfläche/hydrophobes Innere

geladene Aminosäuren	positiv	Arg, Lys
	negativ	Glu, Asp
polare Aminosäuren*		Ser, Thr, Cys, Asn, Gln, His, Tyr
hydrophobe Aminosäuren		Ala, Val, Leu, Ile, Phe, Met, als Sonderfall Gly (s. Tab. 1.**1**)

* Polare Aminosäuren sind in wässeriger Lösung **neutral**, haben aber umschriebene Regionen, in denen positive oder negative Ladungen überwiegen, d. h. in denen eine niedrigere oder höhere Elektronendichte besteht.

wirkung mit dem umgebenden Wasser. Die Folge ist eine Anhäufung von geladenen und polaren Aminosäuren an der Oberfläche des Proteins (hydrophile Aminosäuren), während sich die nichtpolaren Aminosäuren vom Wasser wegwenden (hydrophobe Aminosäuren) und deswegen bevorzugt im Inneren des Proteins gefunden werden (Tab. 1.**2**).

– **Disulfan-Brücken stellen zusätzliche kovalente Bindungen dar.** Zwischen den SH-Gruppen in den Seitenketten von Cysteinen bilden sich Disulfan-Bindungen aus (Abb. 1.**5**). Für diese Reaktion ist eine oxidative Umgebung notwendig. Deswegen findet man diese Art der Bindung nicht bei Proteinen innerhalb einer Zelle, aber sehr wohl nach deren Export in die Zellumgebung. Die Form der Immunoglobuline (Antikörper) im Serum wird zum Beispiel sehr deutlich durch einige charakteristische Disulfan-Bindungen geprägt, die die dreidimensionale Struktur dieser und anderer extrazellulärer Proteine stabilisieren.

– **Zwei Arten von regelmäßigen Anordnungen bestimmen einen wesentlichen Teil der Protein-Struktur.** Die Sekundärstrukturen α-Helix und β-Blatt werden im folgenden Abschnitt vorgestellt.

Als Zusammenfassung notieren wir, daß die Wechselwirkungen der Aminosäure-Seitenketten durch schwache nichtkovalente Bindungen bestimmt werden, hauptsächlich durch Wasserstoff-Brücken zwischen polaren Gruppen.

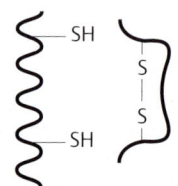

Abb. 1.5   Die Disulfan-Bindung.

Abb. 1.6   Die Wasserstoff-Brückenbindung.

0,279 nm
Länge der H-Brücke

Sekundärstrukturen: α-Helix und β-Blatt

Wasserstoff-Brücken können sich zwischen der CO-Gruppe (Carbonyl-Gruppe) einer Peptid-Bindung und der NH-Gruppe (Amid-Gruppe) einer anderen Peptid-Bindung ausbilden (Abb. 1.**6**).

α-Helix

In der α-Helix besteht eine Wasserstoff-Brücke zwischen der CO-Gruppe einer Aminosäure und der NH-Gruppe der viertnächsten Peptid-Bindung in der Reihe aufeinanderfolgender Aminosäuren (Abb. 1.**7**). Dadurch kommt es zu der gut definierten Struktur einer rechtsläufigen Helix:

– In jeder vollständigen Drehung der Helix befinden sich 3,6 Aminosäuren.
– der Abstand zwischen einer Aminosäure und der jeweils nächsten beträgt 0,15 nm (1,5 Å).

Theoretisch können alle Aminosäuren eine α-Helix bilden, mit der Ausnahme von Prolin. Diese Aminosäure hat statt der üblichen primären Amino-Gruppe (NH_2) eine sekundäre Amino-Gruppe (NH) (Abb. 1.2), deren H-Atom bei der Peptid-Bindung verlorengeht und deswegen in der Aminosäure-Kette für Wasserstoff-Brücken nicht mehr zur Verfügung steht. Man kann daher voraussagen, daß Prolin irgendwo vor oder nach, nicht aber in der Mitte einer α-Helix vorkommt.

Proteinchemiker haben alle Proteine mit bekannter dreidimensionaler Struktur untersucht und gefunden, daß manche Aminosäuren oft, andere selten in α-Helix-Strukturen vorkommen (Tab. 1.3). Diese Befunde sind interessant, weil sie eine Grundlage für vielbenutzte Computerprogramme sind, mit denen man versucht, die Sekundärstruktur-Abschnitte von Proteinen vorauszusagen.

Röntgenstruktur- und NMR-Untersuchungen zeigen, daß in den meisten globulären Proteinen die Abschnitte mit α-helikaler Struktur im Durchschnitt aus 10 Aminosäuren bestehen. Ein α-Helix-Abschnitt kann aber auch aus nur 5 oder aus bis zu 40 Bausteinen aufgebaut sein.

Wir unterscheiden zwei Formen von Proteinen:
– **Globuläre Proteine:** Mit Abstand betrachtet, haben diese eine annähernd kugelförmige oder ellipsoide Form. Alle Enzyme sind globuläre Proteine.
– **Faserförmige Proteine:** Sie sind meist Struktur-Proteine innerhalb und außerhalb der Zelle. Manche faserförmigen Proteine haben einen sehr hohen Gehalt (bis zu 90 %) an α-Helix-Strukturen.

β-Blatt

Das zweite wichtige Strukturelement von Proteinen sind β-Blätter *(β sheets)*. Hier bilden sich Wasserstoff-Brücken zwischen verschiedenen Abschnitten der Polypeptid-Kette. Dies steht im Gegensatz zur α-Helix, wo sich Wasserstoff-Brücken zwischen hintereinanderliegenden Aminosäuren bilden. β-Blätter bestehen aus einzelnen β-Strängen *(β strands)*, meist 5–10 Aminosäuren lang, in denen jeweils die CO- mit den NH-Gruppen und die NH- mit den CO-Gruppen eines anderen Stranges über Wasserstoff-Brücken verbunden sind. So können mehrere β-Stränge zu einem β-Blatt verbunden sein, wobei die hintereinanderliegenden C_α-Atome abwechselnd unter- oder oberhalb der Ebene zu liegen kommen. Es kommt zur Form des β-Faltblatts *(pleated sheet)* (Abb. 1.8).

Die β-Stränge eines Faltblattes können in zwei Richtungen verlaufen:
– **parallel:** die Richtung N-Terminus zu C-Terminus ist die gleiche in den nebeneinanderliegenden Strängen.
– **antiparallel:** ein Strang geht vom N- zum C-Terminus, und der antiparallele Strang vom C- zum N-Terminus. In globulären Proteinen kommt es nicht selten zur Ausbildung von β-Blättern, in denen einige Stränge parallel und andere antiparallel laufen.

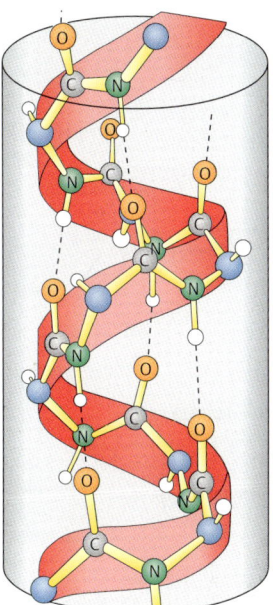

Abb. 1.7 Die α-Helix. Die charakteristische Anordnung der Aminosäuren entsteht durch Wasserstoff-Brücken zwischen Peptid-Bindungen, und zwar zwischen der CO-Gruppe einer Aminosäure und der NH-Gruppe der viertnächsten Aminosäure der Reihe.

Tab. 1.3 Vorkommen von Aminosäuren in der α-Helix

häufig:	Ala, Glu, Leu, Met
selten:	Pro, Gly, Tyr, Ser

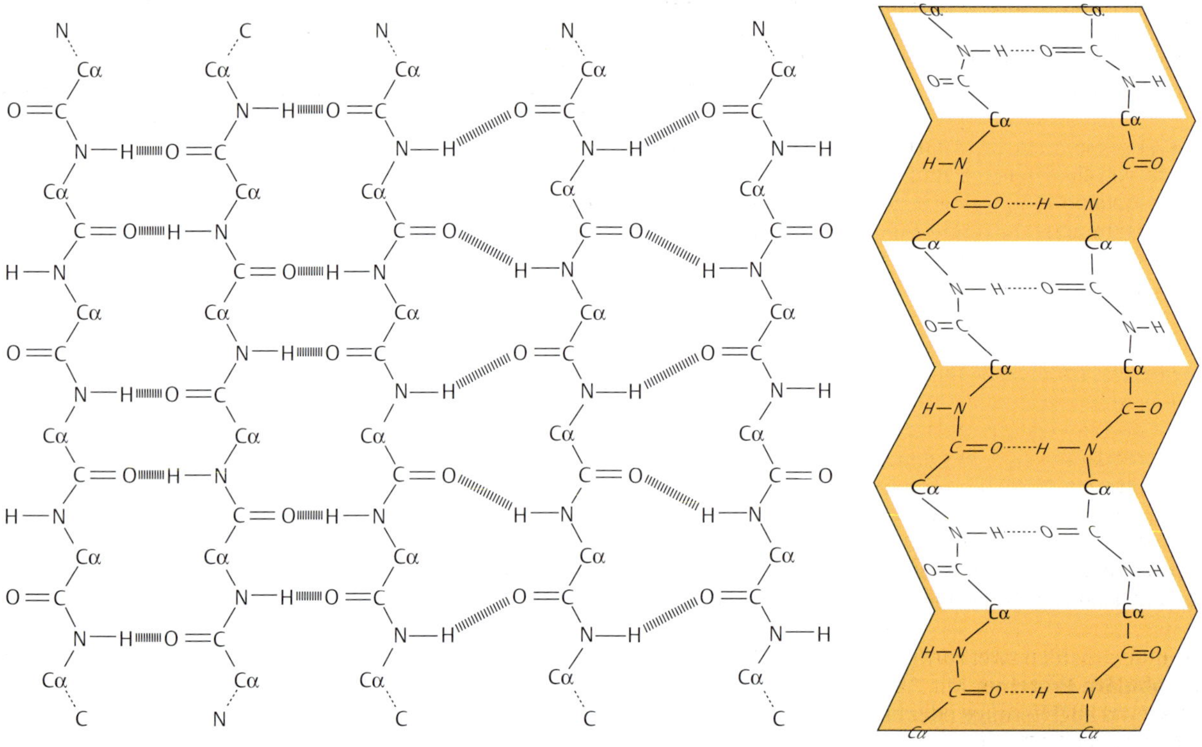

Abb. 1.8 Das β-Blatt. links Wasserstoff-Brücken zwischen nebeneinanderliegenden β-Strängen. Die Stränge können parallel oder antiparallel laufen, oft auch in einem β-Blatt. **rechts** β-Faltblatt: Die zentralen C-Atome liegen abwechselnd ober- und unterhalb der Ebene des Blattes.

Abb. 1.**8** zeigt, daß sich die Lage der Wasserstoff-Brücken in parallel und antiparallel verlaufenden β-Strängen unterscheiden.

Die Enden einzelner β-Stränge sind auf jeden Fall durch Schleifen *(turns)* miteinander verbunden. Diese Schleifen (Abb. 1.**9**) bestehen meist aus 4–8 Aminosäuren, die oft eine definierte Anordnung in der dreidimensionalen Struktur eines Proteins einnehmen. Die Aminosäuren einer Schleife sind häufig geladen oder polar (hydrophil) und liegen an der Oberfläche von Proteinen.

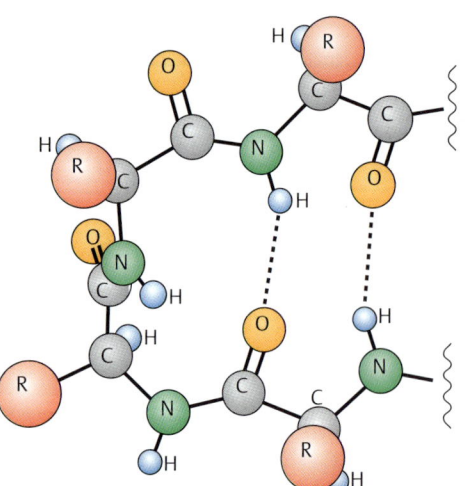

Abb. 1.9 Schleife am Ende von β-Blättern. Illustriert wird eine von mehreren Möglichkeiten, wie die Enden von antiparallelen β-Strängen miteinander verknüpft sein können [nach 9].

Tertiärstrukturen: Von der Aminosäure-Sequenz zum gefalteten Protein

Im Zuge der weiten Anwendung gentechnischer Verfahren werden ständig neue Gene oder Gen-Abschnitte identifiziert und untersucht. Wie wir in den folgenden Kapiteln sehen werden, kann man die Information der Gene rasch in Folgen von Aminosäuren übersetzen. Heute geschieht dies meist mit Hilfe geeigneter Computerprogramme. Somit gelangen täglich neue Aminosäure-Sequenzen in die internationalen Datenbanken, etwa beim Europäischen Laboratorium für Molekularbiologie (*EMBL, European Molecular Biology Laboratory*). Diese Datenbanken sind für alle Interessenten per Computer zugänglich.

Bei jeder neuen Aminosäure-Sequenz stellt sich die Frage nach der Funktion, und diese schließt vor allem die Frage nach der dreidimensionalen Form des Proteins ein. Bevor mit Hilfe physikalischer Methoden die Form aufgeklärt ist, hilft man sich zunächst mit leicht zugänglichen, aber sehr vorläufigen und ungenauen Informationen.

Wir wollen die Vorgänge an einem einfachen und altbekannten Beispielprotein erklären. Dazu wählen wir ein kleines, aber genetisch interessantes Protein aus, das für die Regulation der Gen-Aktivität verantwortlich ist: das **Cro-Protein** des Bakteriophagen Lambda (siehe Kasten).

Um bei Fragen der Sequenz-Ähnlichkeit und Konservierung einzelner Abschnitte weiterzukommen, benutzen Molekularbiologen ein Computerprogramm, das die Wahrscheinlichkeiten ermittelt, mit der die Aminosäuren einer Polypeptid-Kette in α-Helix- oder β-Blatt-Strukturen vorkommen können (Abb. 1.**10**). Jeder Benutzer dieses oder vergleichbarer Programme weiß, daß solche Vorhersagen nur mit großen Unsicherheiten möglich sind. Immerhin zeigt unsere Analyse, daß ein Teil des Sequenz-Abschnittes der Abb. 1.**11** in einer α-Helix organisiert sein könnte. Letztendlich können jedoch nur physikalische Verfahren die dreidimensionale Struktur eines Proteins endgültig aufklären.

Abb. 1.**12** (S. 11) zeigt das Ergebnis der Röntgen-Strukturanalyse des Cro-Proteins. Um die Übersicht in der dichten Packung von Atomen nicht zu verlieren, zeigen wir nur die Lage der zentralen C_α-Atome im Raum. Bei genauer Betrachtung des Bildes erkennen wir drei nebeneinanderliegende β-Stränge (die zusammen ein paralleles β-Blatt bilden) und drei α-Helix-Abschnitte. In der Darstellung der Abb. 1.**12 a** sehen wir die

---

Massenangaben

Die Masse eines Proteins wird durch die Anzahl der Aminosäuren oder durch *Dalton (Da)* bzw. *Kilo-Dalton (kDa)* angegeben (1 Da = 1/12 der Masse des Kohlenstoff-Isotops ^{12}C).

Das Cro-Protein des Bakteriophagen Lambda

Der Bakteriophage Lambda ist ein gut bekanntes Studienobjekt, das als Modellsystem zur Untersuchung grundlegender molekulargenetischer Probleme sehr wertvoll war und auch weiterhin ist. Wir erklären später, wie das Cro-Protein zu seiner exotischen Bezeichnung gekommen ist, und welche Funktion es ausübt (S. 126).

Das Cro-Protein ist aus 66 Aminosäuren aufgebaut (Abb. 1.**10**), aber deren Sequenz sagt uns nicht viel über Struktur und Funktion. Auch ein Vergleich mit den anderen Proteinen in der EMBL-Datenbank hilft uns auf den ersten Blick nicht viel weiter, denn nur 14 Aminosäuren (22 %) kommen an gleicher Stelle in der Sequenz des Cro-Proteins des verwandten Bakteriophagen 434 vor; ähnliche Werte findet man auch bei einem Vergleich mit dem Cro-Protein einer anderen verwandten Phage (Abb. 1.**11**). Diese geringe Übereinstimmung könnte rein zufällig sein. Eine genauere Analyse aber zeigt, daß die drei Proteine in einem verhältnismäßig engen Abschnitt von 20 Aminosäuren an sechs Stellen identische Aminosäuren aufweisen (Abb. 1.**11**). Diese Anhäufung identischer Aminosäuren in umgrenzten Abschnitten der Proteine von drei „Organismen" kann nicht mehr ohne weiteres als zufälliges Zusammentreffen gewertet werden. Man muß vielmehr annehmen, daß diese Abschnitte während der auseinanderdriftenden Evolution der drei Phagen **konserviert** geblieben sind, weil sie eine strukturelle oder funktionelle Bedeutung haben.

Abb. 1.10 Cro-Protein des Bakteriophagen Lambda: Aminosäure-Sequenz. oben Konventionelle Darstellung mit dem N-terminalen Methionin-Rest (oben links) und dem C-terminalen Alanin (unten rechts). Die Addition aller Aminosäuren ergibt eine Molmasse von 7351 oder abgekürzt 7,4 kDa. Das Ergebnis der Röntgen-Strukturanalyse ist im Bild vorweggenommen: Sequenz-Abschnitte, die miteinander ein paralleles β-Blatt bilden, und andere Abschnitte, die sich zur α-Helix zusammenlagern, sind gekennzeichnet [aus 15]. **unten** Voraussage über die Anordnung der Aminosäuren in Sekundarstruktur-Elementen. Die Bezeichnungen *Helix*, *Sheet* und *Turn* sind im Text erklärt. Die Cro-Protein-Sequenz ist hier noch einmal in der Ein-Buchstaben-Abkürzung wiedergegeben. Der Leser kann selbst die Computervorhersage mit der tatsächlichen Verteilung von Sekundärstruktur-Elementen vergleichen (Abb. 1.11). Das benutzte Computerprogramm ist aus Arbeiten von P. Y. Chou und G. D. Fasman abgeleitet [nach 12].

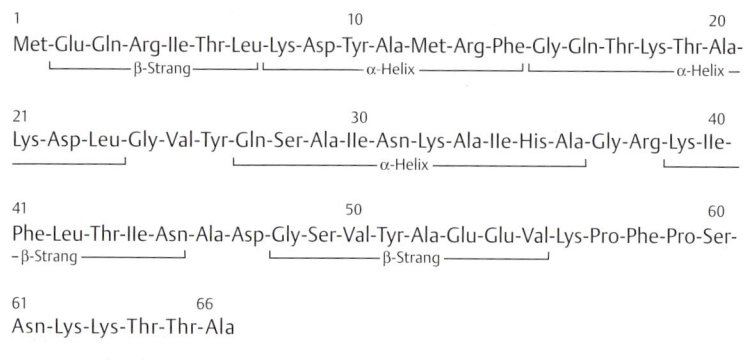

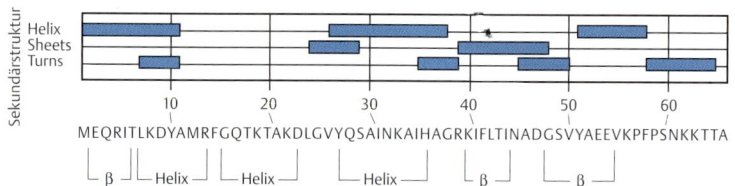

α-Helices der Aminosäure-Folgen 4–14 und 27–36 von der Seite, aber auf die Helix der Aminosäuren 15–23 blicken wir von oben.

In der molekularen Genetik hat sich eine noch einfachere und übersichtlichere Darstellung von dreidimensionalen Protein-Strukturen eingeführt, nämlich die Darstellung von **α-Helix-Abschnitten als Zylinder** und **β-Strängen als breite Pfeile**, wobei die Pfeilspitzen in Richtung C-Terminus weisen.

Beachte, daß das Molekül in Abb. 1.**12 a** anders orientiert ist als in der Abb. 1.**12 b**, damit die Lage der drei α-Helix-Zylinder besser sichtbar wird. Beachte auch die exponierte Lage der α-Helices 2 und 3. Mit diesen Abschnitten bindet das Cro-Protein an DNA. Dies ist seine wichtigste Funktion (S. 132) und erklärt den hohen Grad an Konservierung in den funktionell verwandten Proteinen von drei verschiedenen Bakteriophagen.

Abb. 1.11 Vergleich des Cro-Proteins von Lambda und anderen Bakteriophagen. In dem kurzen Sequenz-Abschnitt findet man 6 Aminosäuren an identischen Stellen (eingerahmt). An anderen Stellen ist die Sequenz weniger hoch konserviert, doch nehmen oft polare oder hydrophobe Aminosäuren (unterstrichen) gleiche Positionen ein. Das Computerprogramm sagt für den rechten Teil des Abschnittes eine Anordnung als α-Helix voraus. Die Röntgen-Strukturanalyse bestätigt diese Voraussage, deckt aber zugleich auch eine α-Helix-Anordnung im linken Teil des Abschnitts auf [nach 1].

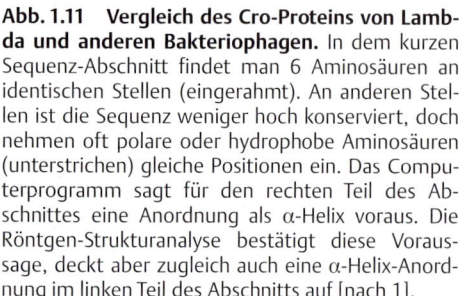

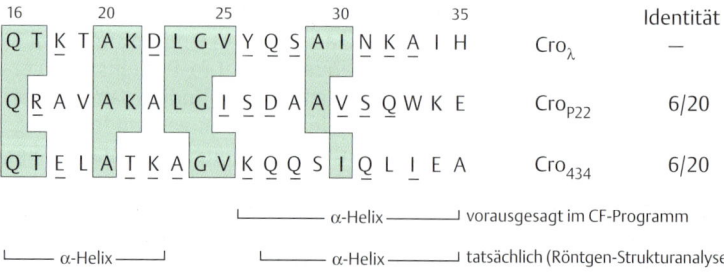

Protein-Domänen

Mit einigem Abstand betrachtet, hat das Cro-Protein die kompakte und relativ einheitliche Form eines Ellipsoids. Größere Proteine sind jedoch meist viel weniger einheitlich in ihrer Form. Sie sehen eher aus, als wenn sie aus zwei oder mehr kugelförmig, ellipsoid oder anders geformten Strukturen verschmolzen wären. Oft sind die Einzelteile durch ungeordnetere Abschnitte der Aminosäure-Sequenz verbunden. Somit können einzelne Struktur-Domänen unterschieden werden. Eine Domäne ist die kleinste Protein-Einheit mit einer definierten und unabhängig gefalteten Struktur. Die meisten Domänen bestehen aus 50–150 Aminosäuren. Vielfach führen Domänen eigene Reaktionen aus, deren Zusammenwirken dann die Funktion des Gesamtproteins ausmachen.

Als Beispiel sehen wir in der Abb. 1.**13** das CAP-Protein in der dreidimensionalen Anordnung von α-Helices und β-Blättern. Bakterien benötigen dieses Protein zur Aktivierung von Genen für Proteine des Zucker-Stoffwechsels. Dazu muß das Protein an DNA binden. Dementsprechend hat es eine Domäne mit drei α-Helices in einer Anordnung, wie wir sie gerade beim Cro-Protein kennengelernt haben.

Das CAP-Protein hat eine zweite Domäne. Deren Aufgabe ist die Bindung der kleinmolekularen Verbindung cAMP, die bei einem Mangel an Glucose in Bakterien gebildet wird. Die Abb. 1.**13** zeigt klar, daß beide Funktionen des Proteins, Signalempfang bzw. cAMP-Bindung und Reaktion mit DNA, unterschiedlichen Struktur-Domänen zugeordnet werden können.

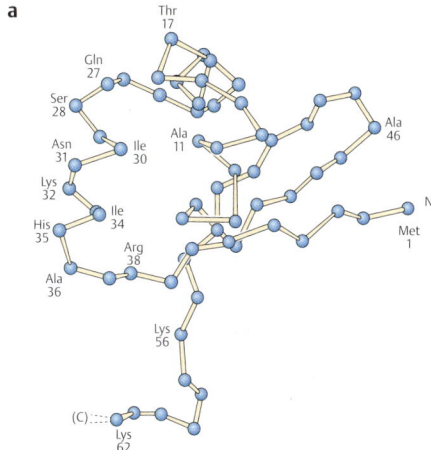

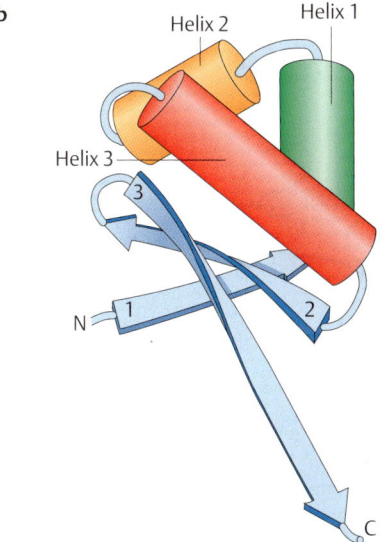

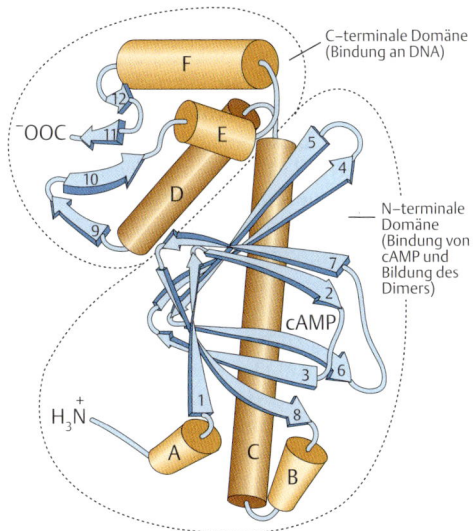

Abb. 1.13 Protein-Domänen. Das CAP-Protein von Bakterien besteht aus 209 Aminosäuren (22,5 kDa), die sich zu einer Zwei-Domänen-Struktur falten:
– eine N-terminale Domäne (1–135), an die sich das cAMP bindet, und wo die funktionelle Anlagerung eines identischen Partner-Proteins zur Ausbildung eines Dimeren erfolgt.
– eine C-terminale Domäne (Aminosäuren 136–209), die die Drei-Helix-Anordnung für DNA-Bindung besitzt [nach 13, 14].

Abb. 1.12 Dreidimensionale Struktur des Cro-Proteins. a Anordnung der zentralen C_α-Atome im Raum. Die Röntgen-Strukturanalyse hat keine eindeutigen Ergebnisse für die C-terminalen Aminosäuren 63–66 ergeben, weil sie keine definierte Position im kristallisierten Protein einnehmen. Die Abb. sollte mit der Sequenz der Abb. 1.**10** verglichen werden. Dort ist angegeben, welche Aminosäuren im β-Blatt und in α-Helices vorkommen. **b** Helix-Zylinder und β-Strang-Pfeile: Lage im Raum. Beachte, daß das Cro-Protein oben von einer anderen Blickrichtung gezeigt wird als unten [nach 1, 10, 15].

Untereinheiten

Unsere bisherigen Beschreibungen des Cro- und des CAP-Proteins sind unvollständig, denn die funktionsfähigen Proteine bestehen jeweils aus zwei eng aneinanderliegenden Untereinheiten (Dimeren).

Der Aufbau von Proteinen aus Untereinheiten ist eher die Regel als die Ausnahme. Gelegentlich bezeichnet man die geordnete Zusammenlagerung von Untereinheiten auch **Quartärstruktur**. Dabei können die Untereinheiten identisch sein und in zwei- oder mehrfachen Kopien vorkommen. Sie können aber auch verschieden sein und sich in größerer Quartärstruktur zusammenfinden. Die Tab. 1.4 gibt eine kleine Auswahl.

Tab. 1.4   Untereinheiten einiger wichtiger Proteine

Protein	Untereinheiten (UE)	Funktion
Lac-Repressor	4 UE (identisch)	Gen-Regulation
AP1	2 UE (verschieden)	Gen-Regulation
RNA-Polymerase (Bakterien)	5 UE (2 identisch)	RNA-Synthese
DNA-Polymerase α (Mensch)	4 UE (verschieden)	DNA-Synthese

Faltungen

Bei hoher Temperatur, in milden Säuren oder Basen sowie in hochkonzentrierten Harnstoff-Lösungen verliert ein Protein seine charakteristische Faltung, ohne daß die Polypeptid-Kette zerbricht. Man spricht von der **Denaturierung** eines nativen Proteins. Ein denaturiertes Protein kann – selbstverständlich – seine Funktion als Enzym oder als Strukturkomponente nicht mehr ausführen.

Biochemikern gelingt bei einigen Proteinen die Rückfaltung der Polypeptid-Kette zum nativen, funktionsfähigen Protein, etwa, indem sie behutsam und unter kontrollierten Bedingungen die Konzentration einer Harnstoff-Lösung reduzieren. Den Vorgang dieser **Renaturierung** kann man mit komplizierten Verfahren verfolgen. Man findet dann, daß sich zuerst kleinere, anschließend größere Abschnitte der Sekundärstruktur zurückbilden, bis sie schließlich ihre ursprüngliche Anordnung im Raum einnehmen (Abb. 1.14).

Obwohl die Renaturierung zum nativen Protein nur in wenigen Fällen gelingt, ist die spontane Rückfaltung ein Prozeß von weitreichender biologischer Bedeutung. Er zeigt nämlich, daß im Prinzip die Information zur Ausbildung der dreidimensionalen Struktur in der Polypeptid-Kette selbst liegt, d.h. von der Art, der Zahl und der Reihenfolge der Aminosäure-Seitenketten bestimmt wird.

Es genügt also, wenn die Information zur Herstellung der Aminosäure-Folgen in den Genen (Bauplänen) vererbt wird. Die dreidimensionale Struktur kann sich daraus sozusagen von selbst bilden (*self assembly*).

Das ist eine eindeutige Feststellung, die aber ihre Probleme mit sich bringt. Erstens mißlingt auch dem besten Biochemiker oft die Renaturierung von Proteinen. Zweitens verläuft der Prozeß der Renaturierung im Reagenzglas so langsam, daß er kaum als Modell für die Faltung von Polypeptid-Ketten in der Zelle dienen kann. Der Grund liegt darin,

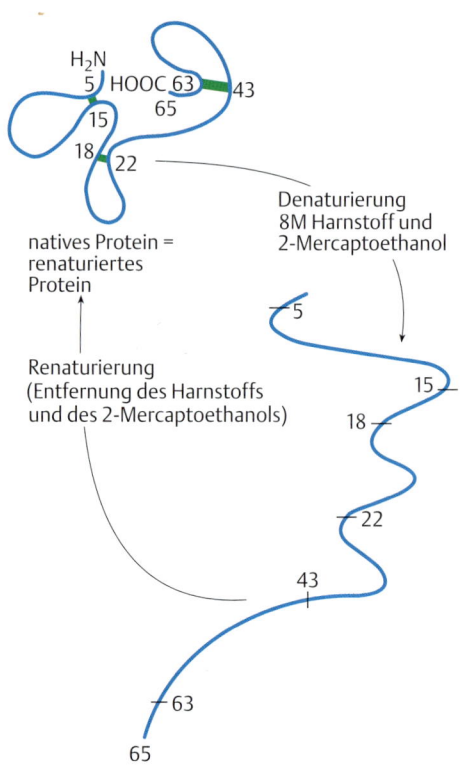

Abb. 1.14   Denaturierung und Renaturierung eines Proteins. In konzentrierten Harnstoff-Lösungen werden hydrophobe Wechselwirkungen gestört. 2-Mercaptoethanol führt zur Auflösung von Disulfan-Bindungen [nach 11].

daß es Tausende von Möglichkeiten für die Faltung einer Polypeptid-Kette gibt. Häufig enden mögliche Wege in der Sackgasse, und es bilden sich stabile dreidimensionale Strukturen aus, die weit von der des nativen Proteins entfernt sind.

Die Zelle löst das Problem mit Hilfe einer Klasse von Hilfsproteinen, die als **molekulare Chaperone** *(molecular chaperons)* bekannt sind (S. 104). Diese Protein-Komplexe stabilisieren zunächst ungefaltete, später dann halbwegs gefaltete Übergangszustände und verhindern somit falsche Faltungswege. Das notwendige ständige Schließen und Lösen von Wechselwirkungen zwischen der Polypeptid-Kette und dem Chaperon erfordert viel zelluläre Energie in Form von ATP.

Die Reaktionen, die in der Zelle zur Faltung eines nativen Proteins beitragen, sind ein überaus interessanter Gegenstand biochemischer Forschung. Ihre Beschreibung würde uns jedoch zu sehr vom Thema des Buches ablenken. Interessierte Leser sollten zu einem Biochemie-Buch oder zu einem der nachstehend angeführten Übersichtsartikel greifen [6 oder 7].

Kenner der Verhältnisse beschreiben die Wirkungsweise von Chaperonen bei der intrazellulären Faltung von Polypeptid-Ketten als *„assisted self assembly"*. Das Fachwort *„self assembly"* bedeutet, daß die Information zur Herstellung einer biologischen Struktur in den einzelnen Komponenten selbst liegt. Auf unseren Fall angewendet gilt der Satz, daß die dreidimensionale Form eines Proteins von der Art der Aminosäure-Sequenz bestimmt wird. *Assisted self assembly* bedeutet dementsprechend, daß die Chaperone der Polypeptid-Kette beim Finden des richtigen und passenden Faltungsweges helfen.

Der folgende Merksatz behält damit seine Gültigkeit: Gene enthalten die Information zum Aufbau einer Polypeptid-Kette, die sich dann zum nativen Protein faltet.

Literatur

Allgemeine Literatur

Bücher

1. Branden, C., Tooze, J.: Introduction to protein structure. Garland, New York 1991
2. Creighton, T. E.: Proteins. Structure and molecular properties. Freeman, Oxford 1992
3. Perutz, M.: Protein structure. New approaches to disease and therapy. Freeman, Oxford 1992
4. Schulz, G. E., Schirmer, R. H.: Principles of protein structure. Springer, Berlin 1984

Übersichtsartikel

5. Gething, M.J., Sambrook, J.: Protein folding in the cell. Nature **355** (1992) 33–45
6. Hartl, F.U., Hodlan, R., Langer, T.: Molecular chaperones in protein folding: the art of avoiding sticky situations. Trends Biochem. Sci. **19** (1994) 20–25
7. Hendrick, J.P., Hartl, U.: Molecular chaperone functions of heat shock proteins. Ann. Rev. Biochem. **62** (1993) 349–384
8. Matthews, C.R.: Pathways of protein folding. Ann. Rev. Biochem. **62** (1993) 653–683
9. Richards, F.M.: The protein folding problem. Sci. Amer. **264** (1993) 34–41

Originalarbeiten

10. Anderson, W.F., Ohlendorf, D.H., Takeda, Y., Matthews, B.W.: Structure of the cro repressor from bacteriophage and its interaction with DNA. Nature **290** (1981) 754–758
11. Anfinsen, C.B.: Principles that govern the folding of protein chains. Science **181** (1973) 223–230
12. Chou, P.Y., Fasman, G.D.: Empirical predictions of protein conformation. Ann. Rev. Biochem. **47** (1978) 251–276
13. McKay, D.B., Seitz, T.A.: Structure of catabolite activator protein at 2.9 Å resolution suggests binding to left-handed B-DNA. Nature **290** (1982) 744–749
14. McKay, D.B., Weber, I.T., Seitz, T.A.: Structure of catabolite gene activator protein at 2.9 Å resolution: incorporation of amino acid sequence and interactions with cAMP. J.Biol. Chem. **257** (1982) 9518–9524
15. Ohlendorf, D.H., Anderson, W.F., Lewis, M., Pabo, C.O., Matthews, B.W.: Comparison of the structures of cro and λ repressors from bacteriophage λ. J.Mol. Biol. **169** (1983) 757–769

2. DNA: Träger genetischer Information

Alle Lebewesen haben einen gemeinsamen Stammbaum aus der frühen Evolution auf der Erde. Deswegen sind die Grundlagen der Molekulargenetik von Bakterien, eukaryotischen Einzellern, Pflanzen und Tieren gleich, obwohl es – wie wir später sehen werden – viele wichtige Unterschiede im Detail gibt. Am deutlichsten wird das gemeinsame Erbe der Evolution im Träger der genetischen Information, die in den Zellen aller Lebewesen auf dem gleichen Makromolekül gespeichert ist. Bei diesem Makromolekül handelt es sich um die Deoxyribonucleinsäure, abgekürzt DNS oder gebräuchlicher DNA (deoxyribonucleic acid).

Durch Untersuchungen an Bakterien und ihren Viren (Bakteriophagen) ist in den Jahren zwischen 1940 und 1950 zuerst der eindeutige Nachweis für die Funktion der DNA als Genträger gelungen. Das entscheidende erste Experiment stammt von O.T. Avery und Mitarbeitern, die einen Vorgang analysierten, den man heute als Transformation von Bakterien bezeichnet. Ein zweiter Meilenstein auf dem frühen Weg der Molekulargenetik waren die Experimente zum Infektionsprozeß des Bakteriophagen T2 von A.D. Hershey und M. Chase. Im ersten Abschnitt dieses Kapitels zeichnen wir diese Pionierarbeiten kurz nach, benutzen dabei aber die Ausdrucksweise unseres Jahrzehnts.

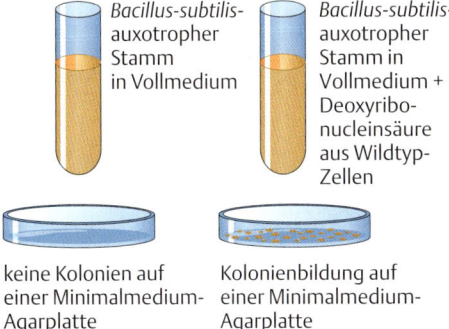

Bacillus-subtilis-auxotropher Stamm in Vollmedium

Bacillus-subtilis-auxotropher Stamm in Vollmedium + Deoxyribonucleinsäure aus Wildtyp-Zellen

keine Kolonien auf einer Minimalmedium-Agarplatte

Kolonienbildung auf einer Minimalmedium-Agarplatte

Klassische Experimente der molekularen Genetik

Transformation von Bakterien

Die genetischen Eigenschaften einer Bakterien-Zelle können durch Aufnahme von DNA aus anderen Bakterien der gleichen Art verändert werden. Im Labor läßt sich dies am besten verfolgen, wenn die DNA einem Wildtyp-Bakterienstamm entnommen und dann in Mutanten-Bakterien übertragen wird, die eine Reaktion des Stoffwechsels, etwa die Synthese einer Aminosäure nicht durchführen können (**auxotrophe Bakterien**). Solche Mutanten-Bakterien wachsen nur auf Nährböden, die die betreffende Aminosäure enthalten (Vollmedium), aber nicht auf Böden mit Minimalmedium. Mit dem Empfang der Wildtyp-DNA erwerben die Mutanten-Bakterien die Fähigkeit zur Vermehrung in Minimalmedium.

Experimente dieser Art sind mit verschiedenen Bakterienstämmen durchgeführt worden. Unser Beispiel zeigt ein Experiment mit der Bakterienart *Bacillus subtilis* (Abb. 2.**1**).

Transformation

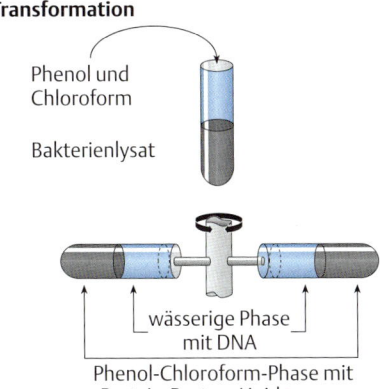

Phenol und Chloroform

Bakterienlysat

wässerige Phase mit DNA

Phenol-Chloroform-Phase mit Protein-Resten, Lipiden usw.

Abb. 2.1   Transformation. Beschreibung siehe Box zur Methode der Transformation.

Transformation (Abb. 2.1):

1. Die Zellen z. B. einer *Bacillus-sub-tilis*-(Wildtyp-)Kultur werden durch Zentrifugation aus der Nährlösung entfernt und in einem geeigneten Puffer aufgenommen. Die Bakterien werden durch ein Detergens „lysiert".
2. Proteine werden durch Zusatz einer Protease (z. B. Proteinase K oder Pronase) abgebaut.
3. Phenol und Chloroform werden zugesetzt. Die organische Phenol-Chloroform-Phase und die DNA-haltige wässerige Phase werden gründlich gemischt.
4. Bei kurzdauernder Zentrifugation trennen sich beide Phasen. Die DNA wird aus der wässerigen Phase präpariert.

5. (Auxotrophe) Bakterien-Mutanten können sich auf einem Nährboden mit Minimalmedium nicht vermehren, weil ein Gen zur Herstellung eines lebenswichtigen Enzyms ausgefallen ist. Mutanten können die DNA aus Wildtyp-Zellen aufnehmen, und das verleiht ihnen die Fähigkeit zur Vermehrung auf Minimalmedium.

Das Ergebnis des Transformationsexperimentes ist eindeutig: DNA überträgt die genetische Information von einer Bakterien-Zelle in die andere.

Infektion mit Bakteriophagen

Bakterielle Viren wie der Bakteriophage T2, den A. D. Hershey und M. Chase untersuchten, heften sich an die Oberfläche von Bakterien und übertragen ihre Virus-DNA in die Bakterien-Zelle. Innerhalb der Bakterien-Zelle setzt dann bald die Vermehrung und Synthese von viruseigenen Strukturproteinen ein. Neugebildete DNA und Proteine lagern sich zu Nachkommen-Bakteriophagen zusammen, die schließlich die Wirtszelle auflösen und in die Umgebung gelangen (Abb. 2.2). Der wichtige experimentelle Trick von Hershey und Chase war die Markierung der DNA des infizierenden Bakteriophagen mit radioaktivem Phosphat (durch [32P]-Phosphor) und die Markierung seines Proteins mit [35S]-Schwefel (in den Aminosäuren Cystein und Methionin). Sie konnten dann zeigen, daß nur die markierte DNA in die Wirtszelle gelangt, während das markierte Protein auf der Bakterien-Oberfläche zurückbleibt (Abb. 2.3). Die Schlußfolgerung ist, daß DNA allein ausreicht, um die komplexen Abläufe der Infektion in Gang zu setzen.

Bald nach Bekanntwerden des Hershey-Chase-Experiments wurden chemische Methoden zur Präparation proteinfreier, hochgereinigter DNA aus Viruspartikeln entwickelt. Die proteinfreie DNA wird von (geeignet vorbehandelten) Bakterien aufgenommen und leitet dann einen normalen Infektionsprozeß ein.

Die Übertragung proteinfreier viraler DNA in Bakterienzellen nennt man **„Transfektion"**, um diesen Vorgang von der gewöhnlichen Infektion einer Zelle mit einem intakten Virus zu unterscheiden. Das Hershey-Chase-Experiment und die Transfektion zeigen klar, daß DNA der Träger genetischer Information von Bakteriophagen ist.

1 Adsorption an die Bakterien-Zelle

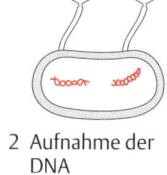

2 Aufnahme der DNA

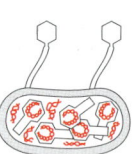

3 – Vermehrung der DNA
– Synthese von Strukturproteinen
– Zusammenbau von Nachkommenphagen

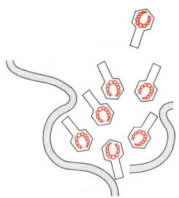

4 Freisetzung der Nachkommenphagen durch Lyse der Wirtszelle

Abb. 2.2 Infektion einer Bakterien-Zelle mit dem Bakteriophagen T2.

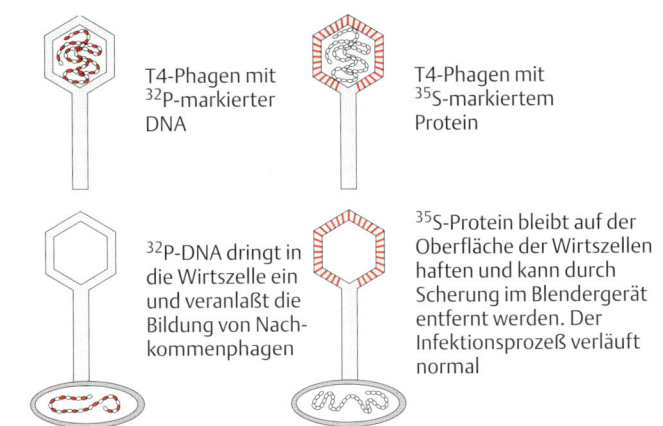

Abb. 2.3   Das Hershey-Chase-Experiment.

Bausteine von Nucleinsäuren

Die Einzelbausteine von Nucleinsäuren nennt man **Nucleotide**. Ein Nucleotid besteht aus drei Komponenten (Abb. 2.**4**):
- aus einem Fünf-Kohlenstoff-**Zucker** (in der DNA: Deoxyribose),
- aus einer **Purin- oder Pyrimidinbase**, die über eine N-glykosidische Bindung an den Zucker gebunden ist,
- aus einem **Phosphat-Rest**, der mit dem C5-Atom des Zuckers über eine Ester-Bindung verknüpft ist.

Zellen enthalten außer DNA noch eine zweite Art von Nucleinsäure, und zwar **Ribonucleinsäure (RNA)**. In der RNA steht die Pyrimidinbase Uracil anstelle von Thymin, und der Zucker Ribose anstelle von Deoxyribose. Deswegen bezeichnet man zur Unterscheidung die Bausteine der DNA als Deoxyribonucleotide (oder kürzer als Deoxynucleotide) und die Bausteine der RNA als Ribonucleotide. Über die Funktion der RNA werden wir ausführlich in Kap. 3 (S. 45) sprechen.

In der **DNA** kommen jeweils zwei Purinbasen, Adenin und Guanin, und zwei Pyrimidinbasen, Thymin und Cytosin, vor. Einige wenige Prozent der Cytosin-Bausteine in den DNA-Molekülen vieler Tiere und Pflanzen tragen eine Methyl-Gruppe: Methyl-cytosin. Auch etwa 1 % der Cytosin-Bausteine von Bakterien-DNA ist methyliert. Etwa gleich häufig ist in der Bakterien-DNA – und nur in dieser – der Adenin-Rest methyliert: 6-Methylamino-purin.

In polymeren Nucleinsäuren sind die einzelnen Bausteine durch Phosphat-Brücken zwischen dem 5′-C-Atom des einen und dem 3′-C-Atom des benachbarten Bausteins verknüpft. Dadurch entstehen lange unverzweigte Polynucleotid-Ketten, die durch das Zucker-Phosphodiester-Band zusammengehalten werden. Aus Abb. 2.**5** geht unmittelbar hervor, daß eine Polynucleotid-Kette eine definierte Richtung hat, mit einem freien (nicht mit einem Nachbar-Nucleotid verknüpften) 5′-Ende und einem freien 3′-Ende.

Natürliche DNA-Moleküle bestehen aus vielen tausenden, oft Millionen aneinandergeknüpften Nucleotiden (Polynucleotide). Meistens lie-

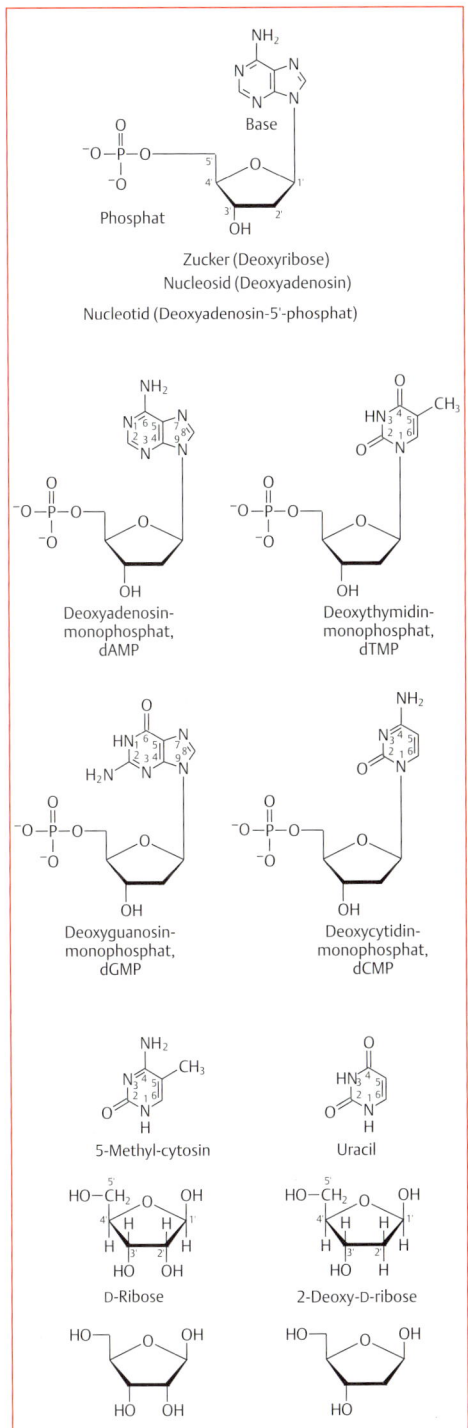

Abb. 2.4   Bausteine von Nucleinsäuren.

Abb. 2.5 Folgen von Nucleotiden. In der obersten Zeile ist das Formelbild der Purin- und Pyrimidinbasen nur durch Anfangsbuchstaben symbolisiert. In der zweiten Zeile ist der Zucker nur als senkrechte Linie und die Phosphodiester-Bindung ist als schräger Strich zwischen den senkrechten Linien dargestellt. Die unterste Reihe vereinfacht die DNA-Darstellung noch einmal: die Anfangsbuchstaben symbolisieren nun ganze Nucleoside (p = Phosphodiester-Bindung) bzw. Nucleotide. Die Darstellungen sind unmißverständlich, solange man sich an die Konvention hält, und am linken Ende einer solchen Kette immer das 5′-Ende und rechts das freie 3′-Ende notiert.

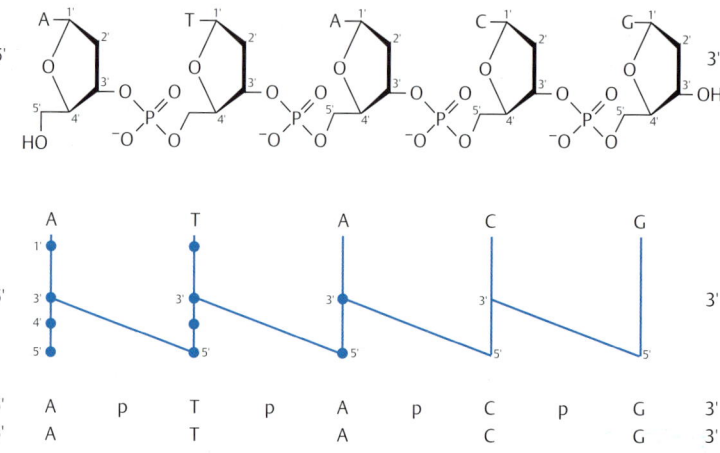

gen sie linear mit definiertem 5′- und 3′-Ende vor; gelegentlich können sie aber zu einem Ring geschlossen sein.

Zahlenverhältnis der Nucleotide

E. Chargaff hat in den Jahren um 1950 bei einer großen Zahl von Organismen die Zusammensetzung der Nucleotide der jeweiligen DNA untersucht und dabei gefunden, daß in jeder speziellen DNA der Prozentgehalt von Adenin immer gleich dem von Thymin ist, ebenso wie die prozentuale Häufigkeit von Guanin der von Cytosin entspricht. Es gilt also: A = T und G = C. Aufgrund dieser Regel kann man die prozentuale Basen-Zusammensetzung jeder DNA voraussagen, wenn der Prozentgehalt einer einzigen Base bekannt ist. Als Charakteristikum einer DNA wird deshalb entweder der AT-Gehalt (in %) angegeben oder das folgende Verhältnis:

$$\frac{A+T}{G+C}$$

Die Doppelhelix

Aus Röntgen-Strukturanalysen ging hervor, daß DNA-Fasern eine regelmäßige Periodik zeigen und aus jeweils zwei DNA-Strängen aufgebaut sein müssen. Aufgrund dieser Pionierleistungen und mit dem geistigen Rüstzeug, das L. Pauling zur Aufklärung der α-Helix-Struktur bei Proteinen entwickelt hatte, schlossen J. D. Watson und F. Crick (1953) auf eine definierte DNA-Struktur, die berühmte **Doppelhelix** (Abb. 2.**6**). Die Watson-Crick-Helix ist von einer solchen Überzeugungskraft, daß sie eine ganze Generation von Naturwissenschaftlern in ihren Bann gezogen hat. Manche Leute datieren den Beginn der Molekulargenetik auf das Jahr 1953, als Watson und Crick ihre Überlegungen zur DNA-Struktur veröffentlichten [7, 8].

In Abb. 2.**6** (Mitte) wird die Doppelhelix als eine Doppelspirale aus 2 Bändern gezeigt, die ähnlich einer Wendeltreppe durch Stufen miteinander verbunden sind:

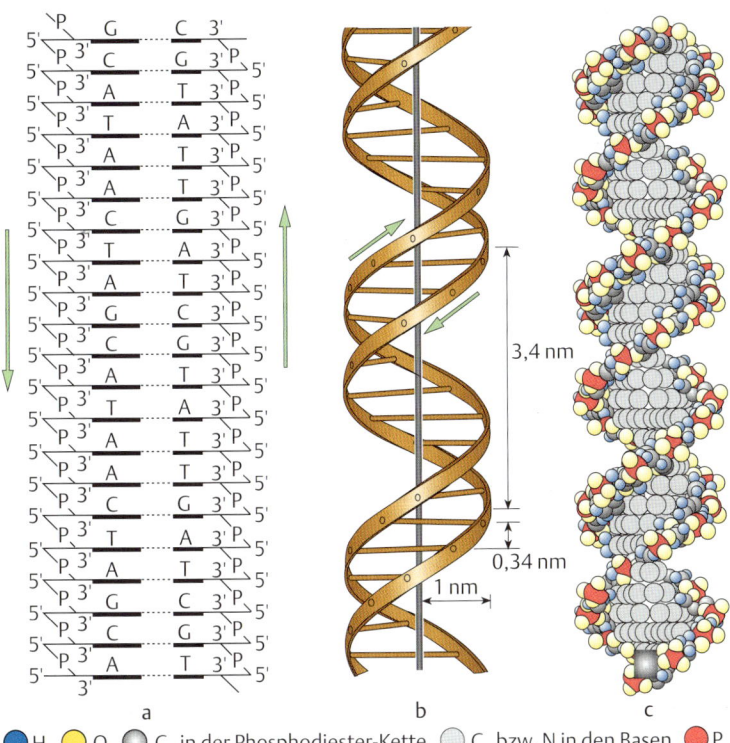

a   b   c

● H   ● O   ● C in der Phosphodiester-Kette   ○ C bzw. N in den Basen   ● P

Abb. 2.6 Die DNA-Doppelhelix. a Die beiden Stränge der DNA verlaufen „antiparallel": ein „freies" nicht mit einem Nachbar-Nucleotid verknüpftes 5'-Ende befindet sich am linken Strang unten und am rechten Strang oben. **b** Dimensionen der Doppelhelix: eine vollständige Windung verläuft über 3,4 nm und enthält 10 Basenpaare. **c** Kalottenmodell der DNA-Doppelhelix [nach 4].

– Die Bänder stellen das Rückgrat der DNA-Kette dar und lassen sich, aufgrund unserer Betrachtungen über die Chemie der DNA, leicht als den Zucker-Phosphat-Teil der polymerisierten Nucleotide identifizieren.
– Die basischen Ringe der Nucleotide sind nach innen gerichtet, vergleichbar den Stufen einer Wendeltreppe. Gegenüberliegende basische Ringe sind durch Wasserstoff-Brückenbindungen miteinander verbunden. Ein Purin-Ring bildet immer mit einem Pyrimidin-Ring ein Basenpaar, d. h. spezifische Wasserstoff-Brücken halten **das Adenin an ein Thymin und das Guanin an ein Cytosin gebunden** (Abb. 2.7).

Zwei gegenüberliegende Purin-Ringe würden in der Doppelhelix zuviel Platz beanspruchen, während zwei gepaarte Pyrimidin-Ringe den Raum nicht ausfüllen würden. Ein Teil der Stabilität der DNA-Doppelhelix rührt von diesen spezifischen Basenpaarungen her. Ein anderer Teil ihrer Stabilität beruht auf hydrophoben Bindungen zwischen den aufeinandergestapelten Basen eines Stranges *(base stacking)*. Aus dem **Kalottenmodell** der Abb. 2.**6 c** geht noch besser hervor, daß die Basenringe wie Bücher in einem Bücherstapel aufeinanderliegen. In diesem Modell wurde für jedes Atom, das an der DNA-Struktur beteiligt ist, eine Kugelkalotte eingesetzt. Das Verhältnis von Form und Größe dieser Kalotten entspricht den Dimensionen der verschiedenen Atome. Die Zucker-Phosphat-Bänder erscheinen in dieser Darstellung wie Wülste, die zwei Rinnen unterschiedlicher Weite begrenzen: eine kleine und eine große Rinne. Sie entstehen dadurch, daß sich die Anheftungsstellen für Deoxyribose in den Basenpaaren nicht direkt gegenüberliegen. Dies kann man sich auch anhand der Abb. 2.**7** klarmachen.

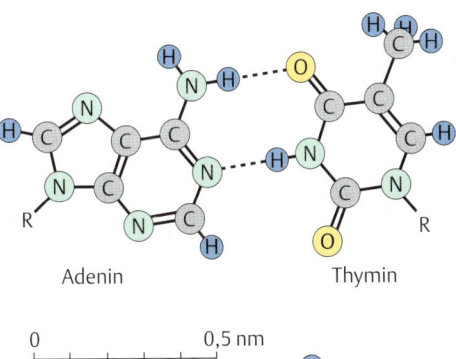

Adenin   Thymin

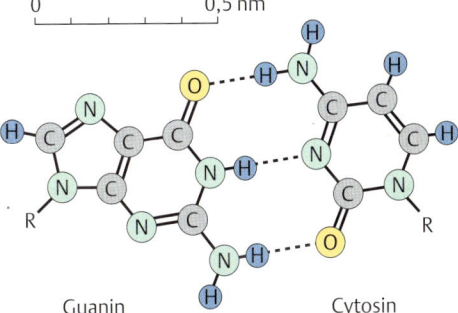

Guanin   Cytosin

Abb. 2.7   Basen-Paarungen.

Beide Basenstränge sind **komplementär**, d.h. aufgrund der streng gültigen Regeln zur Basenpaarung kann man von der Nucleotid-Sequenz eines DNA-Stranges auf die des gegenüberliegenden Stranges schließen. Hat z.B. ein Strang die Nucleotid-Sequenz ACCGTAT, so muß der Komplementärstrang die Sequenz TGGCATA haben (Abb. 2.**6**). Wie wir sehen werden, läßt die Komplementarität der Stränge auf einen Mechanismus schließen, durch den die exakte Weitergabe der Basen-Sequenz an Nachfolge- oder Tochter-DNA-Moleküle gewährleistet wird (Kap. 6, S. 162).

Denaturierung und Renaturierung der DNA

Die Stränge der Doppelhelix trennen sich, wenn die Wasserstoff-Brücken zwischen den komplementären Nucleotidpaaren gelöst werden. Diesen Vorgang nennt man **Denaturierung** oder **Schmelzen**.

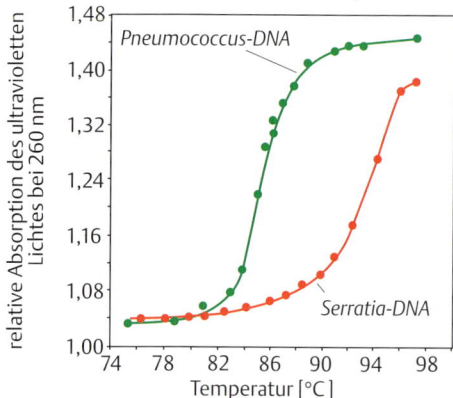

Abb. 2.8   Absorptionszunahme bei Temperaturerhöhung [nach 6].

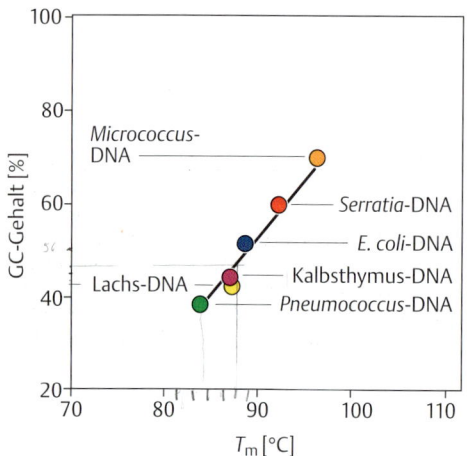

Abb. 2.9   Abhängigkeit des mittleren Schmelzpunktes vom GC-Gehalt einer DNA [nach 6].

Methode

Denaturierung der DNA. Am einfachsten denaturiert man die DNA-Doppelhelix durch Erhitzen oder durch Zugabe von Alkali. Abb. 2.**8** vergleicht das Ergebnis einer Hitzedenaturierung für die DNA der Bakterienstämme *Pneumococcus* und *Serratia*. Bei schrittweiser Temperaturerhöhung wird der Anteil an einzelsträngiger DNA in den Lösungen gemessen. Es entstehen charakteristische Schmelzkurven, deren Verlauf man u.a. durch Messung der **Absorption** von UV-Licht bei einer Wellenlänge von 260 nm verfolgen kann. Einzelsträngige DNA absorbiert das Licht bei 260 nm etwa 1,4mal mehr als doppelsträngige DNA. Man spricht von **Hyperchromizität**. Die Zunahme der Absorption ist daher ein Maß für den Anteil der Einzelsträngigkeit der untersuchten DNA-Probe.

Die Lage der Schmelzkurven hängt vom Lösungsmittel ab. Bei niedrigeren Salzkonzentrationen, erhöhtem pH-Wert und in Anwesenheit einiger organischer Lösungsmittel wie z.B. Formamid, verschieben sich die Kurven der Abb. 2.**8** nach links, d.h. die DNA „schmilzt" bei einer niedrigeren Temperatur.

Das Schmelzverhalten der DNA ist eine direkte Folge des prozentualen Anteils von GC-Nucleotidpaaren, die über drei Wasserstoff-Brücken miteinander verbunden sind. Je größer der molare Anteil an GC-Paaren in der DNA, desto höher liegt der Schmelzpunkt T_m (Abb. **2.9**). Der Wert T_m bezeichnet die Temperatur, bei der die Hälfte der DNA einzelsträngig vorliegt. In unserem Beispiel liegt der T_m für *Pneumococcus*-DNA bei 85 °C und für *Serratia*-DNA bei ca. 94 °C, d.h. die *Serratia*-DNA hat einen höheren GC-Anteil.

Unter geeigneten Bedingungen ist die Denaturierung reversibel. Komplementäre Nucleotid-Sequenzen finden wieder zueinander und doppelsträngige DNA-Moleküle entstehen. Man nennt dies **Reassoziation** (*reannealing*).

Man findet einen einfachen Verlauf der Reassoziationskurven bei der Untersuchung von DNA-Molekülen aus Viren und Bakterien (siehe Kasten, Abb. 2.**10**). Die Reassoziationsverläufe der DNA von vielzelligen Organismen ist jedoch komplexer, denn sie besteht aus früh und später renaturierenden Anteilen. Der Grund dafür ist, daß ein Teil der DNA von Tieren und Pflanzen aus sich oft wiederholenden, sogenannten **repetitiven** Abschnitten besteht, die bei der Renaturierung schnell einen Komplementärstrang als Partner finden. Andere Teile kommen in nur wenigen Kopien oder nur als Einzelkopie in der DNA vor.

Kinetik der Reassoziation

Die *Geschwindigkeit* der Reassoziation hängt von verschiedenen Parametern ab:
- von der Konzentration an Kationen, die die negativen Ladungen der Phosphat-Gruppen in der DNA neutralisieren,
- von der Temperatur: die günstigste Temperatur liegt etwa bei 25 °C unter dem T_m-Wert,
- und von der Größe und der Konzentration der DNA.

Die *Kinetik* der Reassoziation komplementärer DNA-Stränge ist ein Zwei-Schritt-Prozeß:
- erstes Zusammentreffen komplementärer Nucleotid-Folgen und die Ausbildung der ersten passenden Basenpaarungen *(Nucleation)*,
- schnelle Ausbildung von Basenpaarungen in den anschliessenden übrigen Teilen der DNA-Stränge.

Das erste Zusammentreffen der komplementären Nucleotid-Folgen ist der zeitbestimmende Schritt bei der Reassoziation. Somit läßt sich die Reassoziation als eine Reaktion 2. Ordnung beschreiben, wobei die Geschwindigkeitskonstante k umgekehrt proportional der Konzentration an komplementären DNA-Strängen ist. Eine Reaktion 2. Ordnung folgt der Gleichung:

$$\frac{c}{c_0} = \frac{1}{1 + k \cdot c_0 t}$$

c – Konzentration an einzelsträngiger DNA
c_0 – Konzentration an Einzelstrang-DNA zum Zeitpunkt 0 (vor Beginn der Reassoziation)
$c_0 t$ – Ausgangskonzentration an einzelsträngiger DNA · Zeit

Zur quantitativen Auswertung von Reassoziationsverläufen trägt man das Verhältnis c/c_0 gegen $c_0 t$ auf (Abb. 2.**10**). Bei $c/c_0 = 0{,}5$ hat sich die Hälfte der ursprünglich vorhandenen Einzelstrang-DNA zum Doppelstrang gefunden. Dann gilt $c_0 t = \frac{1}{k}$. Der entsprechende Wert heißt $c_0 t_{\frac{1}{2}}$ und ist proportional dem Anteil komplementärer Sequenzen (ausgedrückt in Mol Nucleotide pro Liter) in der untersuchten DNA, wie man Abb. 2.**10** entnehmen kann.

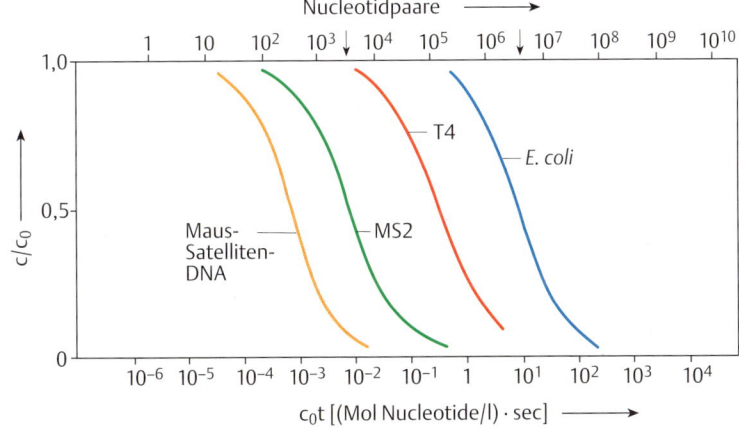

Abb. 2.10 Reassoziationsabläufe. Der $c_0 t_{\frac{1}{2}}$-Wert ist der Wert, bei dem sich die Hälfte der vorhandenen Komplementärstränge zum Doppelstrang gefunden hat. Er nimmt mit der Größe der DNA zu. Die hier untersuchte Maus-Satelliten-DNA besteht aus einigen 100 Basenpaaren. Die Doppelstrang-RNA des Phagen MS2 hat 3500, die des Phagen T4 160 000 und die *E. coli*-DNA etwa 4 Mill. Basenpaare [nach 2].

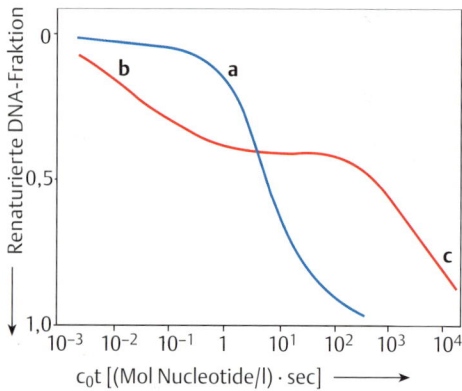

Abb. 2.11 Vergleich der Renaturierungskinetiken von Bakterien- und Säugetier-DNA. a Bakterien-DNA renaturiert mit der sigmoidalen Kinetik einer DNA-Präparation, die aus einfach vorhandenen Nucleotid-Sequenzen zusammengesetzt ist. **b** Ein Teil der Säugetier-DNA renaturiert schon bei einem sehr niedrigen c_0t-Wert. Dies spricht für das Vorkommen vieler sich wiederholender Nucleotid-Sequenzen. **c** Ein anderer Teil der Säugetier-DNA renaturiert in einem c_0t-Bereich, den man aufgrund der Genomgröße erwarten würde [nach 2].

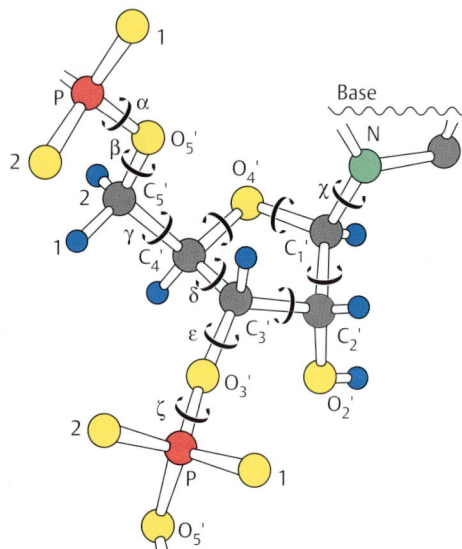

Abb. 2.12 Flexibilität der Bindungen in einem Ribonucleotid (Pfeile). Die Winkel zwischen benachbarten Atomen werden durch griechische Buchstaben gekennzeichnet.

Die komplementären Stränge dieser Teile werden mit geringerer Wahrscheinlichkeit zum Doppelstrang zusammenfinden (Abb. 2.11).

Die Analysen der Reassoziationsverläufe haben in den Jahren um 1965 erste wichtige Hinweise auf das Vorkommen mittel- und hochrepetitiver Abschnitte in Tier- und Pflanzen-DNA gegeben. Dieses Verfahren ist auch die Grundlage für die Methode der **Nucleinsäure-Hybridisierung**. Wenn man etwa überprüfen möchte, ob ein Stück DNA aus einem Organismus mit dem eines anderen Organismus verwandt ist, dann denaturiert man die zu vergleichenden DNA-Abschnitte, vereinigt sie zur Reassoziation in einem Reaktionsgefäß und untersucht, ob sich ein Strang der einen mit einem Strang der anderen DNA zum Doppelstrang zusammenfinden kann. Auch komplementäre RNA kann mit DNA ein doppelsträngiges **RNA-DNA-Hybrid** bilden. Letzteres nutzt man zur Untersuchung von Nucleotid-Folgen von mRNAs aus.

DNA-Helices: Flexible DNA-Strukturen

Die in der Abb. 2.6 (S. 19) gezeigte DNA-Struktur ist eine Idealform, die allerdings der Struktur von wahrscheinlich 99 % der zellulären DNA nahekommt. Mehrere methodisch unterschiedliche Untersuchungen haben nämlich gezeigt, daß bei dem größten Teil der natürlich vorkommenden DNA 10,4 bis 10,5 Basenpaare eine vollständige Drehung der Helix ausmachen, und daß ihre Anordnung weitgehend der in der Abb. 2.6 gezeigten Geometrie entspricht.

Mehrere kurze DNA-Abschnitte sind mit Hilfe von kristallographischen Methoden untersucht worden. Dies ermöglicht, die räumliche Lage jedes Atoms in der DNA-Doppelhelix zu bestimmen. Ein wichtiges Ergebnis besagt, daß die Basen, in Abhängigkeit von ihrer spezifischen Abfolge, unterschiedliche Positionen innerhalb der vorgegebenen Struktur der DNA einnehmen können.

Die Basen nehmen ihre Positionen nach folgenden Kriterien ein:
– Ausbildung optimaler hydrophober Wechselwirkungen zwischen benachbarten Basenpaaren,
– und Vermeiden eines Zusammentreffens funktioneller Seitengruppen in benachbarten Nucleotiden.

Grundlage dafür ist die Flexibilität chemischer Bindungen im Nucleotid. Dies betrifft alle Bindungen im Deoxyribose-Molekül und die Phosphodiester-Bindung (Abb. 2.12).

Die Purin- und Pyrimidin-Ringe sind dagegen Scheiben, deren Lage zueinander die genaue Geometrie in einem DNA-Abschnitt bestimmt. Einige Beispiele für die relative Lage von Basen und Basenpaaren sind in den Skizzen der Abb. 2.13 gezeigt.

Die B-Form

In der Tab. 2.1 sind die charakteristischen Strukturmerkmale der Standard-DNA-Form, der sogenannten B-Form, zusammengefaßt. Die Zahlenwerte für die Abstände zwischen aufeinanderfolgenden Basenpaaren und für die Winkel zwischen den Basenpaaren bewegen sich um einen Mittelwert. Die genaue Geometrie eines DNA-Abschnittes ist – wie wir gerade beschrieben haben – von der Art der aufeinanderfolgenden Basenpaare abhängig.

Tab. 2.1   Strukturmerkmale von rechtsläufigen DNA-Formen

	A-Form	B-Form
Basenpaare/Helix-Windung	ca. 11	10,4–10,5
Abstand der Basenpaare	0,26 (± 0,04) nm	0,34 (± 0,04) nm
Winkel zwischen zwei Basen	33,1° (± 5,9)	35,9° (± 4,3)
Winkel zwischen Helixachse und Basenpaaren	71–77°	ca. 90°
Konformation des Zuckers	C_3'-endo	C_2'-endo

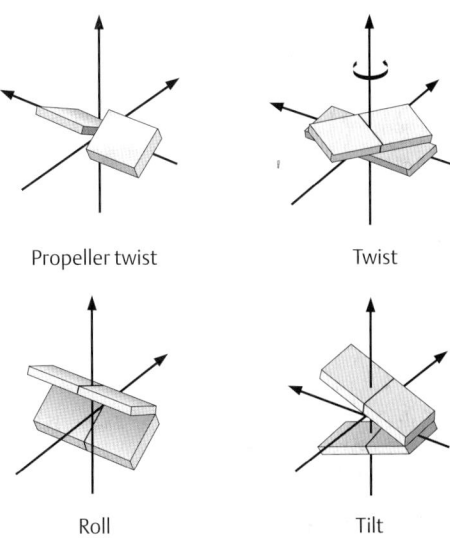

Abb. 2.13   Lage von Nucleotiden und Nucleotidpaaren relativ zur Helixachse (senkrechter Pfeil) [nach 11].

Die A-Form

Bei drastischer Abnahme des Wasser-Gehaltes geht die B-Form der DNA in die starre A-Form über. In beiden DNA-Formen verläuft die Doppelhelix rechtshändig, doch es bestehen einige strukturelle Unterschiede (Tab. 2.**1**, Abb. 2.**14**). In der A-Form stehen die Basenpaare, im Gegensatz zur B-Form, nicht senkrecht zur Zentralachse, sondern sind in einem Winkel von etwas mehr als 70° gekippt und von der Zentralachse zur großen Rinne hin verschoben. Dadurch kommt es zu einem offenen Raum im Innern des Moleküls und zur Ausbildung einer tiefen, aber engen großen Rinne.

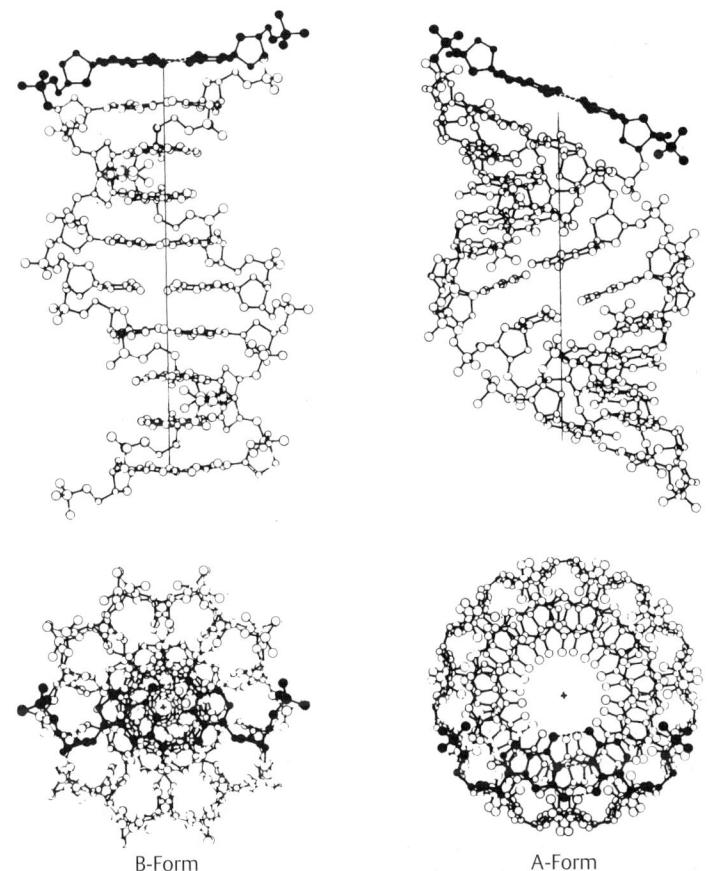

Abb. 2.14   DNA-Formen. links B-Form, **rechts** A-Form.

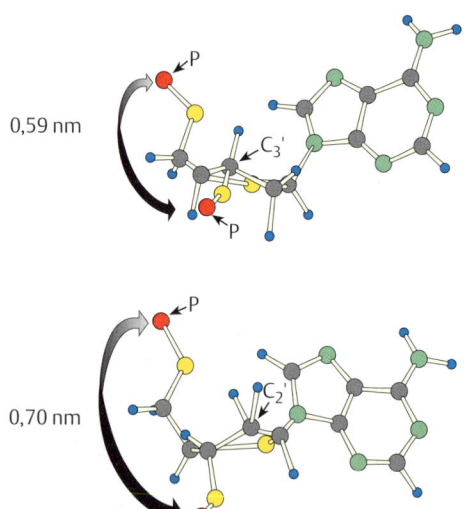

0,59 nm

0,70 nm

Abb. 2.15 oben **Zucker in der C$_3'$-*endo*-Form.** unten **Zucker in der C$_2'$-*endo*-Form** [nach 20].

Für den Übergang der B-Form in die A-Form ist der Verlust einer Schicht von Wasser-Molekülen entscheidend. Dadurch wird die Konfiguration der Deoxyribose geändert. Wir machen uns den Übergang am besten klar, wenn wir in der Deoxyribose die Folge C$_1'$-O$_4'$-C$_4'$ als Bezugsebene definieren. In der A-Form liegt dabei das C$_3'$-Atom, in der B-Form das C$_2'$-Atom oberhalb dieser Ebene: C$_3'$-*endo*- bzw. C$_2'$-*endo*-Konformation (Abb. 2.**15**). Dies hat Auswirkungen auf die Lage und Anordnung der Phosphodiester-Bindungen und der Purin- bzw. Pyrimidinbasen.

RNA-Doppelstränge liegen in einer A-Form vor, weil die 2'-OH-Gruppe der Ribose die Ausbildung einer B-Form aus sterischen Gründen nicht zuläßt.

Die Z-Form

Die Bezeichnung stammt von dem Zick-Zack-Verlauf des Zucker-Phosphodiester-Bandes. Eine andere Bezeichnung ist Links-DNA, weil die Helix – anders als bei der B- oder A-Form der DNA – linkshändig verläuft (Abb. 2.**16**). Zuerst wurde die Z-DNA bei der Untersuchung von DNA-Molekülen mit der Nucleotid-Folge GCGCGCGC in Lösungen mit hohem Salzgehalt gefunden. Unter gewöhnlichen Lösungsbedingungen können GC-Folgen jedoch auch bei Torsionsspannungen im DNA-Molekül (S. 27) auftreten.

Ursache für die Ausbildung der Z-Form ist die Umorientierung der glykosidischen Bindung zwischen der Guaninbase und der Deoxyribose. In der Standard-DNA-Form liegen Zucker und Base in der *anti*-Konformation vor (Abb. 2.**16**). In der Z-Form trifft dies nur für das Cytosin-Nucleotid, aber nicht für das Guanin-Nucleotid zu, das in der ungewöhlichen *syn*-Konformation vorliegt. Der Zick-Zack-Verlauf des Zucker-Phosphodiester-Bandes erklärt sich also durch das Abwechseln von *syn*- und *anti*-Konformation in benachbarten Nucleotiden.

> Die klassische B-Form der DNA stellt eine Idealform (Abb. 2.**6**) dar. Die chemischen Bausteine der DNA ermöglichen jedoch eine große Flexibilität. Die Z-Form zeigt eindrücklich, daß die Struktur nicht zuletzt durch die Art und Folge der Nucleotid-Bausteine bestimmt wird. Ob A- oder Z-Form allerdings in der Zelle vorkommen, bleibt trotz vieler Untersuchungen ungeklärt.

Variationen der B-Form

Gebogene DNA

Kristallographische Untersuchungen zeigen, daß DNA mit Folgen (Sequenzen) von Adenin-Nucleotiden in einem Strang und von komplementären Thymin-Nucleotiden im anderen Strang (poly dA-poly dT) einige Eigenarten der Struktur besitzen:
- eine Helix-Windung umfaßt 10 Basenpaare statt 10,5 Basenpaare wie in der klassischen B-Form der DNA,
- die kleine Rinne ist enger als in der Standard-DNA,
- ein starker Propeller-Twist von etwa 20° (Abb. 2.**13**) ist notwendig, um die Wechselwirkung von aufeinanderfolgenden Adeninbasen zu optimieren. Es kommt zur Ausbildung von zusätzlichen Wasserstoff-Brücken zwischen dem Adenin eines Basenpaares und dem Thymin des Nachbarpaares.

Insgesamt hat die DNA mit einem Block aufeinanderfolgender Adenin-Reste eine starre Struktur, und dort, wo dieser Block an andere Basenpaare stößt, kommt es zu einer Biegung der Helixachse. Wenn Blöcke von 4–6 AT-Paaren in Abständen von 5–6 Basenpaaren mehrmals hintereinander vorkommen, dann weisen die einzelnen Biegungen in eine Richtung und das Gesamt-DNA-Stück ist gebogen (Abb. 2.17). Der Abstand zwischen den einzelnen AT-Blöcken bestimmt das Ausmaß der Beugung. Bei einem Abstand von 10 Basenpaaren würden die Einzelbiegungen in verschiedene Richtungen weisen und sich aufheben.

Gebogene DNA kommt an genetisch wichtigen Stellen vor, besonders an den Startpunkten der Replikation. Der Prototyp gebogener DNA ist freilich die Kinetoplasten-DNA von Trypanosomen (Abb. 2.17), wo sie vermutlich direkt für die Form der DNA verantwortlich ist.

Die hier besprochene Struktur bezeichnet man als **sequenzinduzierte Beugung**. Eine andere Art ist die proteininduzierte Beugung, die bei der Bindung bestimmter Proteine an die DNA entsteht, und zwar unabhängig vom Vorkommen von AT-Blöcken. Über proteininduzierte Beugung erfahren wir mehr, wenn wir über die Bedeutung der Wechselwirkung von Proteinen und DNA sprechen.

Kreuzförmige DNA an Palindromen

Als **Palindrom** bezeichnet man in der Genetik eine Folge von Nucleotiden, die sich von rechts nach links genauso lesen läßt wie von links nach rechts. Als Beispiel zeigen wir in der Abb. 2.**18** die Sequenz aus einem genetisch interessanten Abschnitt der DNA des Bakterienstammes *Escherichia coli*. Die Sequenz kann man auf zwei Weisen notieren: einmal als normale komplementäre Folge von Nucleotiden, und zweitens in Kreuzform, als zwei aus der linearen Helix herausragende Zweige. Solche kreuzförmigen *(cruciform)* DNA-Strukturen entstehen in gespannter DNA (S. 27) sowohl im Reagenzglas als auch in der Zelle. In der Zelle entstehen sie allerdings nur als vorübergehende Strukturveränderung in einer DNA, die unter ungewöhnlicher Drehungsspannung steht.

Jeder Zweig der kreuzförmigen Struktur stellt eine vollständige B-Form der DNA dar. Nur das Ende bildet eine Ausnahme, wo sich eine Schleife mit mindestens drei ungepaarten Nucleotiden befindet. Auch an der Stelle, wo die Zweige des Kreuzes auf den Hauptstamm treffen, bleibt die normale Basen-Paarung erhalten. Dort liegt allerdings eine stabile Biegung des Phosphodiester-Zucker-Rückgrats.

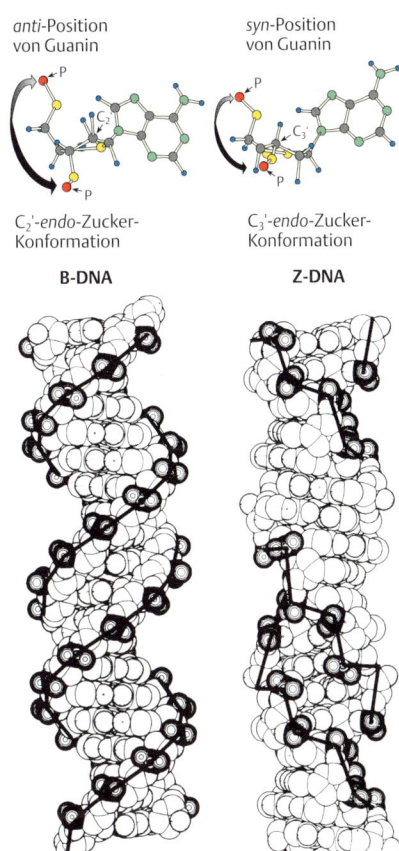

anti-Position von Guanin *syn*-Position von Guanin

C_2'-*endo*-Zucker-Konformation C_3'-*endo*-Zucker-Konformation

B-DNA **Z-DNA**

Abb. 2.16 Z-DNA. Zum Vergleich ist noch einmal die klassische B-Form der DNA abgebildet (s. Abb. 2.**6**, S. 19). Beachte: Das Phosphat-Zucker-Band in der Z-DNA verläuft links herum als Zick-Zack-Linie (daher der Name Z-DNA) [nach 13].

GAATTCCC**AAAAA**TGTC**AAAAAA**TAGGC**AAAAAA**TGCC**AAAAA**TCCC

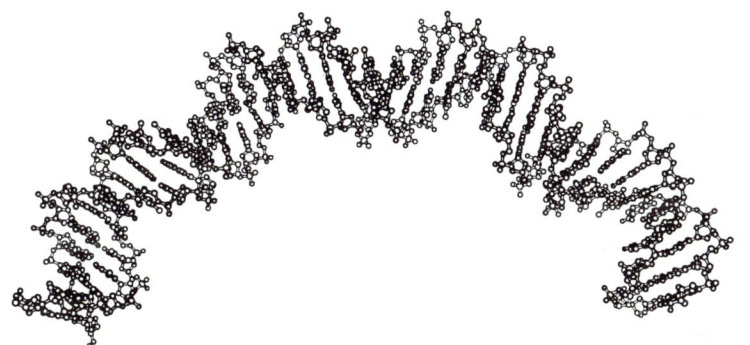

Abb. 2.17 Sequenzinduzierte Beugung von DNA. oben Kinetoplasten-DNA von Trypanosomen: Sequenzabschnitt eines der beiden Komplementärstränge. Blöcke von Adenin-Resten folgen aufeinander in Abständen einer Helix-Windung (10–11 Basenpaare). **unten** Künstlich hergestellte DNA mit vier Folgen der Sequenz GCTCGAAAAA. Experimente weisen auf eine starke Beugung der DNA hin. Computergestützte Berechnungen ergeben die hier gezeigte Konformation, nämlich Beugung in eine Richtung [aus 10, 11].

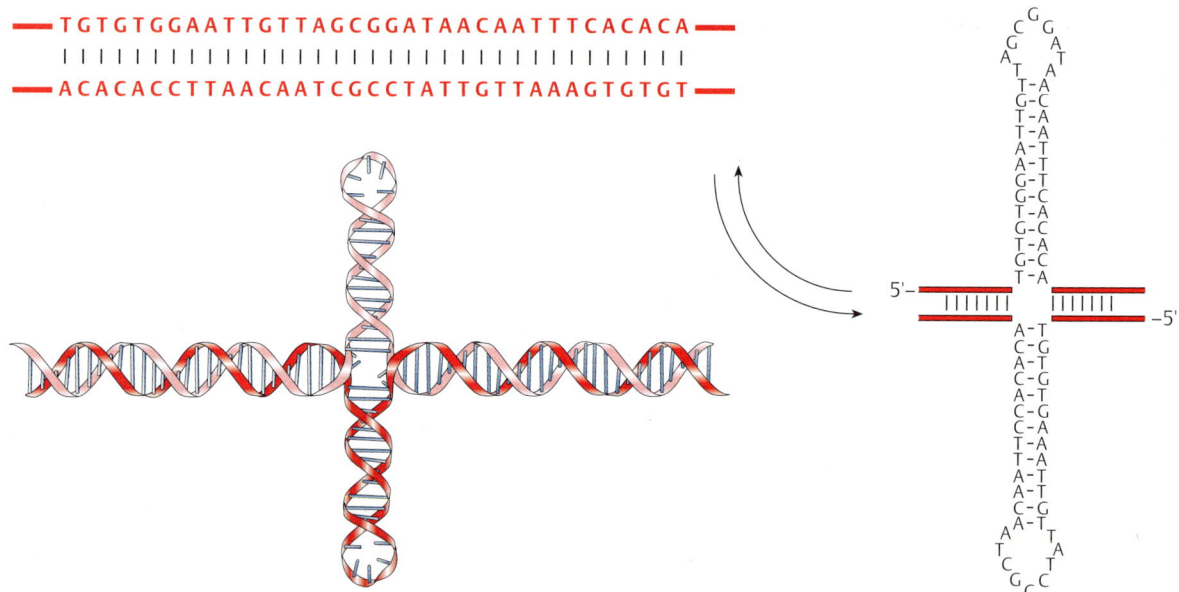

Abb. 2.18   DNA in Kreuzform. links Die DNA im *lac*-Operon von E. coli. **rechts** Modell einer Kreuzform-DNA [nach 14].

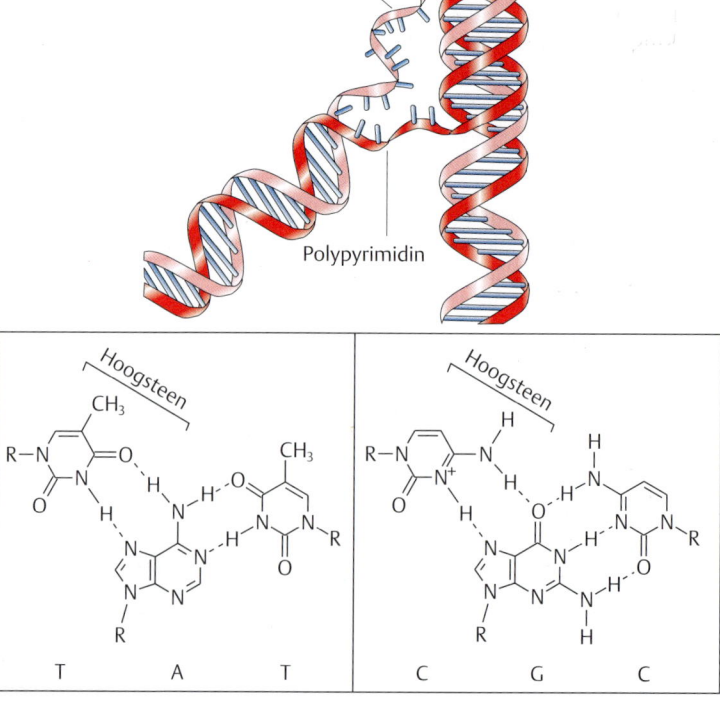

Abb. 2.19   Modell einer intramolekularen Triplex-Helix. Teilweise Trennung eines Polypurin-Stranges von einem Polypyrimidin-Strang: Der Polypyrimidin-Strang faltet sich zurück und lagert sich in die große Rinne, wo Hoogsteen-Paarungen mit den Purin-Resten entstehen. Niedrige pH-Werte begünstigen die Umlagerung, weil protoniertes Cytosin eine Hoogsteen-Basenpaarung eingehen kann [nach 14].

Intramolekulare Triplex-Struktur

Diese Art der Struktur findet man in DNA-Abschnitten, in denen ein Strang eine längere Folge von 30 oder mehr Purin-Nucleotiden und der Komplementärstrang die entsprechenden Pyrimidin-Nucleotide enthält. Nicht alle Polypurin- und Polypyrimidin-Blöcke machen eine Strukturveränderung mit, aber z. B. Sequenzen vom Typ GAGAGA... im einen und CTCTCT... im anderen Strang können sich unter den Bedingungen eines niedrigeren pH-Wertes und hoher Drehungsspannung teilweise entwinden und dann rückfalten, so daß der pyrimidinhaltige Strang sich in die große Rinne der verbleibenden Helix lagert. Dort bilden sich Wasserstoff-Brücken zwischen den Nucleotiden, sogenannte *Hoogsteen*-Basenpaarungen, die sich von dem Standard der Watson-Crick-Paarungen unterscheiden (Abb. 2.**19**).

Helix und Superhelix

Wir haben zuvor über Denaturieren oder Schmelzen von DNA-Doppelsträngen gesprochen. Aber die Trennung von komplementären DNA-Strängen gelingt natürlich nur bei linearen und relativ kurzen DNA-Molekülen.

Wenn die beiden Stränge in einer Doppelhelix umeinander gewunden sind, wie bei ringförmig geschlossener oder sehr langer DNA, ist eine einfache Trennung der beiden Stränge nicht möglich (Abb. 2.**20**).

Ringförmige DNA ist weitverbreitet, z. B. in Bakterien, in Zellorganellen wie Mitochondrien und Chloroplasten und in vielen Viren. Eine Besonderheit ist die DNA des Phagen Lambda. Sie liegt im Viruspartikel als lineares Molekül vor und wird erst nach der Infektion in der Wirtszelle zum Ring geschlossen (Abb. 2.**21**).

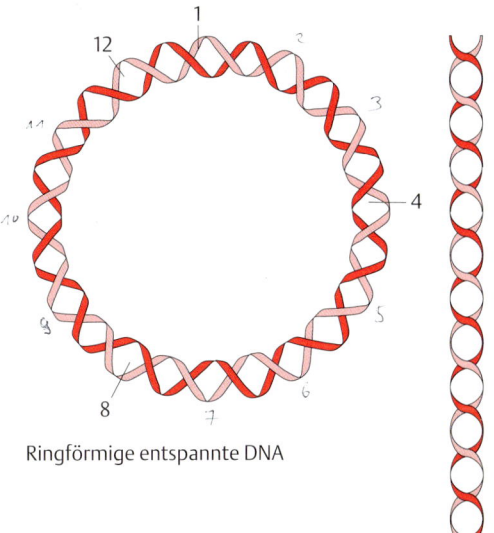

Ringförmige entspannte DNA

Lineare DNA

Abb. 2.20 Ringförmige und lineare DNA. Die komplementären Stränge der linearen DNA können durch Schmelzen getrennt werden, nicht aber die Stränge der ringförmigen DNA. Die Verknüpfungszahl der entspannten Ring-DNA entspricht der Zahl der Helix-Windungen. Lk = Tw = 12 (weitere Erläuterungen siehe Kasten „Topologie der DNA").

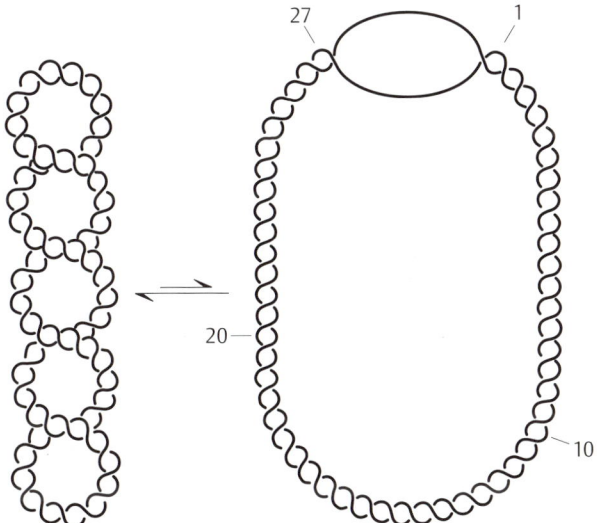

Abb. 2.21 Topologie von unterwundener DNA. Verknüpfungszahl-Werte mit und ohne Unterwindung:

	links	rechts
Basenpaare	310	310
Lk	27	27
Tw	31	27
Wr	−4	0

Erklärungen der Abkürzungen Lk, Tw und Wr siehe Kasten „Topologie der DNA".

Topologie der DNA

Eine genauere Beschreibung der Topologie beginnt mit der Definition des Begriffs **Verknüpfungszahl Lk** *(linking number)*. Bei entspannter DNA (Abb. 2.**20**) entspricht die Verknüpfungszahl der Anzahl der Helix-Windungen **Tw** *(twists)*, also der Häufigkeit, mit der die beiden Stränge der Doppelhelix gewunden sind. Aus den Kennzahlen der B-Form der DNA (Tab. 2.**1**) läßt sich der Wert leicht angeben:

$$Lk = \frac{N}{10,5}$$

N: Gesamtzahl der Basenpaare einer gegebenen DNA
10,5: Zahl der Basenpaare pro Helix-Windung

In natürlichen DNA-Ringen ist die Zahl der helikalen Windungen fast immer niedriger als in entspannten DNA-Molekülen. Theoretisch kann sich das so auswirken, wie im rechten Teil der Abb. 2.**21** gezeigt: Der entwundene Bereich liegt als einzelsträngige Blase an einer Stelle im Molekül. Tatsächlich ist aber die Ganghöhe der Doppelhelix im DNA-Ring wenig verändert. Stattdessen wirken sich die Unterwindungen in Form von Überdrehungen *(supercoils)* der Helixachse aus (Abb. 2.**21** links). Diese superhelikale DNA kann nicht mehr auf einer Ebene liegend dargestellt werden, weil sie eine dreidimensionale Konformation hat. Eine Abnahme in der Zahl der Helix-Windungen Tw *(twists)* wird also durch Überdrehungen der Helixachse **Wr** *(writhe)* ausgeglichen.

Die Beziehungen zwischen den Windungen der Stränge in der Doppelhelix und den Überdrehungen der Helixachse kann man quantitativ in einer einfachen Weise formulieren:

$$Lk = Tw + Wr$$

Die Verknüpfungszahl Lk in dieser erweiterten Form gibt also die Häufigkeit an, mit der sich die Stränge der DNA überkreuzen.

Lk ist eine topologische Eigenart geschlossener DNA-Moleküle: Die Werte für Tw und Wr können sich ändern, aber der Wert für Lk bleibt erhalten. Mit anderen Worten, geschlossene DNA-Moleküle mit einer gegebenen Verknüpfungszahl können verschiedene dreidimensionale Formen einnehmen.

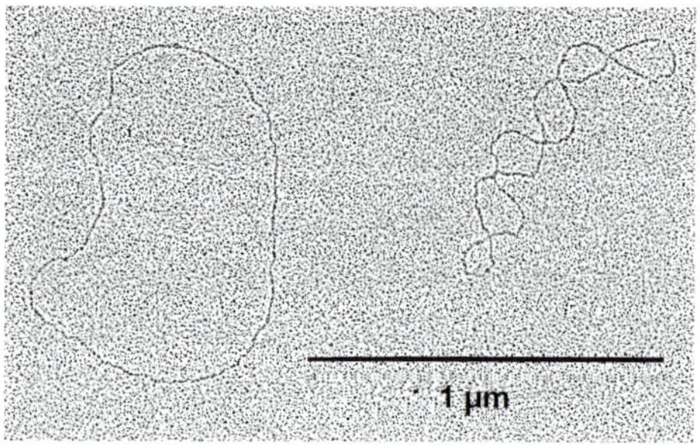

Geschlossene ringförmige DNA kommt in verschiedenen **topologischen Formen** vor (siehe Kasten). Meist ist der DNA-Doppelstrang verdrillt, umeinander gewunden. Man spricht von **Superhelix**, weil die Verdrillungen der Helixachse der Doppelhelix überlagert sind.

DNA-Moleküle mit gleicher Größe und Folge von Basenpaaren, aber verschiedenen Lk-Werten bezeichnet man als **Topoisomere**. Die Überführung eines Topoisomers in ein anderes gelingt nur durch Öffnen eines der oder beider DNA-Stränge. Die DNA-Moleküle des Simian Virus 40 (SV40) sind zum Beispiel Topoisomere (Abb. 2.**22**).

Man kann sich die Verhältnisse mit einem einfachen Experiment klarmachen. Ein Bindfaden wird an einem Ende festgehalten und dann mehrmals um die Längsachse gedreht. Werden dann die Enden – ohne Aufgabe der Drehungsspannung – aneinandergefügt, so entstehen *Supercoils* (Abb. 2.**23**). Wenn man dieses einfache Experiment auf die DNA überträgt, dann spielt die Richtung der Drehung eine Rolle.

Abb. 2.22 Elektronenmikroskopische Aufnahme von SV40-DNA (Tab. 2.**2**). Eines der beiden abgebildeten DNA-Moleküle liegt als offener Ring vor, das zweite als in sich gedrehter, verdrillter DNA-Ring, als Superhelix. Die offene, entspannte „relaxierte" DNA entsteht aus der superhelikalen DNA nach Einführen eines Bruches in einem der beiden Stränge, beispielsweise nach Öffnung einer Phosphodiester-Bindung durch das Enzym Deoxyribonuclease (R. Wessel, Konstanz).

Windung um die Helixachse nach rechts hat eine Abnahme der Helixwindungen (von Tw) zur Folge. Die entstehenden superhelikalen Überdrehungen bezeichnet man als **negative Supercoils**. Umgekehrt führt eine Windung nach links zur Zunahme der Helix-Windungen. Es entstehen **positive Supercoils**. Die meisten natürlich vorkommenden DNA-Moleküle sind negativ superhelikal gewunden.

Bei Bakterien liegt das Überwiegen der negativen Supercoils an speziellen Enzymen, den **Topoisomerasen**. Diese können die Topologie der B-Form-DNA durch eine konzertierte Aktion von Schneiden und Wiederverknüpfen verändern (S.173). Topoisomerasen haben wichtige Funktionen bei allen genetischen Prozessen, die mit einer Entwindung des DNA-Doppelstranges einhergehen, etwa bei der Transkription von Genen und bei der Replikation. Tatsächlich begünstigt die negativ-superhelikale Form der DNA solche Prozesse.

Auch DNA, die aus den Kernen von Pflanzen- und Tier-Zellen isoliert wird, ist negativ superhelikal. Allerdings liegt hier der Hauptgrund in der besonderen Organisation der DNA im Zellkern. Sie ist eng um Protein-Komplexe, sogenannte Nucleosomen (S.144), gewunden, und *Supercoils* entstehen bei der Entfernung dieser Proteine.

Man findet auch positive Supercoils natürlicherweise in der DNA. Meistens treten sie nur vorübergehend auf, etwa vor einer Replikationsgabel. Die entstehenden Drehungsspannungen hätten bald einen Stillstand des Prozesses zur Folge, würden sie nicht durch Topoisomerasen gelöst.

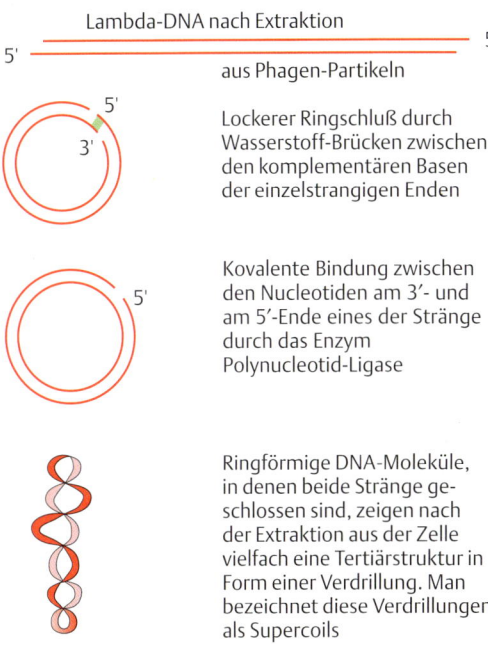

Abb. 2.23 **Bildung von Lambda-DNA-Ringen.**

Größe natürlicher DNA-Moleküle

DNA-Moleküle sind die Träger genetischer Information. Wir wissen, daß die lineare Folge von Nucleotiden in der DNA die lineare Abfolge der Aminosäuren im Protein bestimmt. Proteine bestehen aus 20 Aminosäuren, die in wechselnder Zahl und Zusammensetzung zu langen Ketten verknüpft sind. Die DNA besteht aber nur aus 4 Nucleotiden. Daraus folgt, daß nicht ein Nucleotid die Lage einer Aminosäure im Protein bestimmen kann, sondern daß dazu eine Gruppe von Nucleotiden notwendig ist. Tatsächlich wird eine Aminosäure durch ein **Triplett**, eine Dreierfolge von Nucleotiden, kodiert.

Aus vier unterschiedlichen Nucleotiden lassen sich $4^3 = 64$ Dreierkombinationen bilden. Da 64 Tripletts 20 Aminosäuren gegenüberstehen, muß man schließen, daß mehrere Tripletts für ein und dieselbe Aminosäure stehen (**Redundanz**) und/oder daß ein Teil der Tripletts keine genetische Information trägt. Im Kapitel 3 (S.45) werden wir diese Fragen genauer untersuchen. Hier genügt der Hinweis, daß 61 der 64 Tripletts eine Funktion bei der Kodierung von Aminosäuren haben. Nur drei Tripletts stehen nicht für Aminosäuren, sondern haben eine andere Funktion bei der Umsetzung genetischer Information.

Diese Überlegungen helfen uns bei der Abschätzung des Informationsgehaltes der DNA: Viele Proteine sind aus 200–400 Aminosäuren zusammengesetzt. Aus der Triplett-Natur der genetischen Information folgt, daß ein Abschnitt auf der DNA, der die Information zur Herstellung eines Proteins trägt, aus 600–1200 Nucleotiden aufgebaut sein muß.

Folgende Definition soll vorläufig gelten, bis sie später im Buch ergänzt und erweitert wird: Als **Gen** bezeichnen wir einen DNA-Abschnitt, der die Information zur Herstellung eines Proteins trägt. Die Gesamtzahl der Gene eines Organismus nennen wir **Genom**.

Tab. 2.2 Größe von Virus- und Bakterien-Genomen

	Länge [μm]	Basenpaare [bp]	Zahl der Gene
Simian Virus 40 (**SV40**, tierisches Virus)	1,8	5243	6
Bakteriophage **M13** (die doppelsträngige replikative Form)	2,2	6407	10
Bakteriophage **Lambda**	16,5	48502	ca. 50
Bakteriophage **T4**	ca. 60	ca. 166000	> 100
Escherichia coli	ca. 1300	ca. 4720000	> 3000

Die Beziehung zwischen DNA-Länge und Zahl der Basenpaare kann aus den Dimensionen der Doppelhelix abgeleitet werden:

Länge = bp $(0,34 \cdot 10^{-3})$ μm

In der älteren Literatur wird oft die Molmasse als Maß für die Größe einer DNA angegeben. Beide Werte kann man einfach ineinander überführen: die durchschnittliche Molmasse eines Basenpaares beträgt 660.

Um einen Eindruck von der Größe natürlicher DNA-Moleküle oder Genome zu erhalten, sehen wir uns Tab. 2.2 an. Die Werte für die kleineren Virus-Genome in der Tab. 2.2 wurden durch Bestimmung ihrer Nucleotid-Folgen (Sequenzen) ermittelt. Die dazu notwendigen Methoden werden wir später an geeigneter Stelle besprechen (S. 278). Die Methoden erlauben Angaben, die bis auf das einzelne Nucleotid genau stimmen.

Bei der Abfassung dieses Buches war die Sequenz der DNA des Bakteriophagen T4 noch nicht vollständig aufgeklärt und die Sequenz des Genoms von *E. coli* zu mehr als zwei Drittel (S. 88). Deswegen lassen sich die entsprechenden Werte nur ungefähr angeben.

Aus den Angaben der Tabelle kann man zwei Schlüsse ziehen:
1. Die Zahl der Gene nimmt proportional mit der Größe der DNA zu.
2. In der DNA von Viren folgt sehr wahrscheinlich Gen auf Gen, dazwischen können höchstens sehr kurze DNA-Abschnitte liegen.

Letzteres unterscheidet die Genome der Prokaryoten von den Genomen der Eukaryoten, denn zwischen den Genen von Eukaryoten liegen oft lange Abschnitte von DNA, die keine Information zur Herstellung von Proteinen tragen. Das ist auch ein Grund dafür, warum die DNA-Moleküle in den Zellkernen von Eukaryoten viel länger sind, als man aufgrund von Schätzungen über die Zahl der Gene erwarten würde. Einige Werte gibt die Tab. 2.3 wieder. Folgende Anmerkungen sind dazu notwendig:
– In den Kernen der meisten Zellen von Tieren und höheren Pflanzen kommt die DNA/das Genom in zweifacher Ausfertigung vor. Man sagt, daß diese Zellen oder Organismen **diploid** sind. Die Werte der Tabelle betreffen das einfache, **haploide** Genom.
– Die DNA in den Zellkernen ist in Einzelabschnitte aufgeteilt. Das wird zur Zeit der Mitose sichtbar, wenn die Chromosomen gebildet werden. Chromosomen sind dicht gepackte Komplexe aus DNA und Protein. Jedes Chromosom enthält ein DNA-Molekül (S. 154). Man kann z. B. aus den Angaben der Tab. 2.3 ableiten, daß die DNA (haploid) im Kern einer Säugetier-Zelle etwa einen Meter lang ist. Aber diese Strecke ist in Zellen der Maus in 20 und in Zellen des Menschen in 23 Abschnitte (Chromosomen) aufgeteilt.

Tab. 2.3 DNA im Zellkern einiger Eukaryoten*

Art	Größe des Genoms (Anzahl der Basenpaare)	Chromo-somen
Hefe *Saccharomyces cerevesiae*	$14 \cdot 10^6$	16
Fadenwurm *Caenorhabditis elegans*	$80 \cdot 10^6$	4
Taufliege *Drosophila melanogaster*	$165 \cdot 10^6$	4
Krallenfrosch *Xenopus laevis*	$3000 \cdot 10^6$	18
Maus *Mus musculus*	$3000 \cdot 10^6$	20
Mensch *Homo sapiens*	$3000 \cdot 10^6$	23
Mais *Zea mays*	$5000 \cdot 10^6$	10
Zwiebel *Allium cepa*	$15000 \cdot 10^6$	8

* Angaben gelten jeweils für das haploide Genom bzw. für die haploide Chromosomenzahl.

Tab. 2.4 Vergleich Prokaryoten/Eukaryoten

	Prokaryot	Eukaryot
Arten	Bakterien blaugrüne Algen	alle Tiere und Pflanzen Pilze, Hefen Einzeller wie Ciliaten und Flagellaten
Organisation der DNA	als dichtes Knäuel (Nucleoid) in der Zelle	im Zellkern eingeschlossen, Protein-DNA-Komplex: Chromatin
Mitochondrien	nicht vorhanden	vorhanden
endoplasmatisches Retikulum	nicht vorhanden	vorhanden

Biologen teilen die belebte Welt in drei große Bereiche. Die zu den Reichen der Prokaryoten und Eukaryoten gehörenden Arten sind in Tab. 2.**4** kurz beschrieben. Als dritter und gesonderter Bereich gelten die Archaebakterien, die früh in der Evolution auf einen eigenen Weg geraten sind und deswegen in keines der beiden Reiche passen.

Zusätzlich zu den in Tab. 2.**4** beschriebenen Unterschieden, sind Besonderheiten in Struktur und Aufbau der Zellmembran und -wand vorhanden. Molekularbiologen finden zudem, daß die Unterschiede zwischen Pro- und Eukaryoten besonders beim Vergleich der Struktur und Funktion von Genen und Genomen auffällig werden.

Mit Hilfe der Gentechnik hat man in den letzten beiden Jahrzehnten lange Bereiche aus den Genomen vieler verschiedener Eukaryoten-Arten vermessen können. Täglich werden neue Nucleotid-Sequenzen von eukaryotischen Genen und Zwischen-Gen-Abschnitten bestimmt. Seit einigen Jahren haben wir einen guten Einblick in den Aufbau von Eukaryoten-Genomen. Trotzdem beruhen alle Abschätzungen von Gen-Anzahlen noch auf Vermutungen. Man nimmt an, daß nur etwa 5 bis höchstens 10 % eines Säugetiergenoms für Gene reserviert sind, oder anders gesagt, daß ein Maus- oder Mensch-Genom zwischen 50 000 und 100 000 Gene enthält (siehe Kasten „Das C-Wert-Paradox"). Viele Gene kommen als Einzelkopie im Genom vor, aber andere Gene sind in mehreren Kopien vertreten (S. 420).

Im Eukaryoten-Genom liegen Gene oft weit voneinander entfernt, getrennt durch genfreie DNA. In den Bereichen zwischen den Genen kommen **repetitive DNA-Elemente** vor, viele Kopien ähnlicher DNA-Abschnitte (Abb. 2.**24**):

1. **Satelliten-DNA:** erscheint in den Centromer-Bereichen und an den Enden von Chromosomen (Telomere), wo sie eine Funktion bei der Aufrechterhaltung der Chromosomen-Struktur hat (S. 149). Satelliten-DNA renaturiert mit niedrigen c_0t-Werten im Reassoziations-Experiment (Abb. 2.**11**). Sie macht immerhin etwa 5 % der Gesamt-DNA im Mensch- und Mausgenom aus.
2. **SINE** (*short interspersed repetitive elements*): Abschnitte von 100–500 Basenpaaren. Mehrere Familien von SINE-Abschnitten sind bekannt. Bei Säugetieren ist die **Alu**-Familie am besten untersucht. Ihre Mitglieder bestehen aus etwa 300 Basenpaaren mit ähnlichen, aber nicht identischen Sequenzen. Davon gibt es fast eine Million Kopien im

Das C-Wert-Paradox

Als C-Wert bezeichnet man die Gesamtmenge an DNA in einem Genom, ursprünglich in Picogramm (pg)/Zellkern und heute meist in Basenpaaren (bp) ausgedrückt. Der C-Wert ist ein charakteristisches Merkmal einer gegebenen Tier- oder Pflanzenart. Er steigt im allgemeinen mit zunehmendem Komplexitätsgrad: die DNA von Pilzen und Algen besteht aus etwa 10^8 Basenpaaren, die DNA von Vögeln und Säugetieren aus mehr als 10^9 Basenpaaren.

Das Verblüffende oder „Paradoxe" sind die Ausnahmen: Organismen mit vergleichbar komplexem Körperaufbau können manchmal drastische Unterschiede in ihrer DNA-Menge aufweisen. So gibt es Amphibien-Arten, deren DNA weniger als 10^9 Basenpaare hat und andere, bei denen die Gesamtgröße der DNA fast 10^{11} Basenpaare beträgt. Ähnliches findet man bei Blütenpflanzen, wo sich die Größen von etwa $5 \cdot 10^8$ bis über 10^{11} Basenpaare/Genom erstrecken. Dies läßt sich nicht nur durch die Annahme erklären, daß die Zahl der Gene bei verwandten Amphibien- oder Blütenpflanzen-Arten um einen Faktor von bis zu 100 verschieden ist. Die Unterschiede beruhen vielmehr auf einem mehr oder weniger großen Anteil an DNA zwischen den Genen.

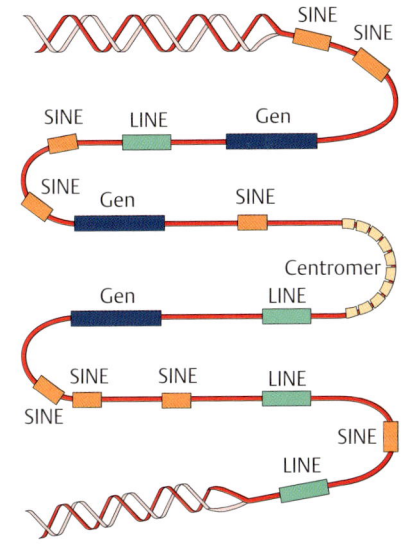

Telomer (5'-TTAGGG-3')

Abb. 2.24 Organisation der Genome von Tieren und Pflanzen: Einzelkopie-DNA und repetitive DNA im Wechsel.

Mensch- oder Maus-Genom. Insgesamt bestehen bis zu 20 % eines Säugetier-Genoms aus SINE-Abschnitten.

3. **LINE** *(long interspersed repetitive elements)*: Der Protoyp besteht aus 6000–7000 Basenpaaren, aber viele Mitglieder von LINE-Familien sind verkürzte Versionen. Insgesamt addieren sich die DNA-Abschnitte von LINE-Familien zu bis zu 10 % eines Säugetier-Genoms.

Jede Tier- und Pflanzenart hat ihr eigenes Repertoire von SINE- und LINE-DNA: Man hat eine ungefähre Vorstellung von der Entstehung und Ausbreitung dieser repetitiven Abschnitte. Darüber werden wir später Genaueres erfahren. Es gibt jedoch bisher keine plausible Idee im Hinblick auf die Funktion dieser DNA. Manche Forscher meinen, daß sie tatsächlich nur Abfall- oder Überschuß-DNA ist.

Wie man DNA untersucht

Molekulare Genetik besteht heute zum großen Teil aus der Untersuchung von DNA-Stücken, oft mit dem Ziel der Aufklärung von Nucleotid-Sequenzen. Um dieses Ziel experimentell zu erreichen, bedarf es fast immer mehrerer Methoden. Eine zentrale Rolle nimmt dabei die Gentechnik ein, deren Grundprozesse wir erst dann besprechen, nachdem wir uns die wichtigsten Voraussetzungen erarbeitet haben werden (Kap. 9, S. 262 ff.).

Hier beginnen wir mit einer kurzen Beschreibung einiger biophysikalischer und biochemischer Methoden. Dabei legen wir besonderen Wert auf eines der ältesten Verfahren der Molekularbiologie, das noch immer zum Repertoire gehört: die Zentrifugation.

Zentrifugation

Der Grundvorgang bei der Zentrifugation ist die Bewegung von Partikeln – Zellen, Organellen oder Einzelmoleküle – durch ein flüssiges Medium unter dem Einfluß eines Zentrifugalfeldes. Für die Geschwindigkeit eines kugelförmigen Partikels gilt dabei nach dem Stoke-Gesetz:

$$\nu = \frac{K}{6\,\pi\,\eta\,r_p} = \frac{ma}{6\,\pi\,\eta\,r_p} \tag{1}$$

Hierbei ist $K = ma$ die auf das Partikel mit der Masse m und dem Radius r_p ausgeübte Kraft im Schwerefeld. Im Feld herrscht die Beschleunigung a, angegeben in Vielfachen der Erdbeschleunigung $g = 981$ $(cm \cdot s^{-2})$. Gebräuchliche Ultrazentrifugen erreichen heute Werte bis zu $5 \cdot 10^5\,g$ bei Umdrehungen bis zu 75 000 rpm (Rotationen pro Minute). η ist in dieser Gleichung die Viskosität des Mediums, in dem sich das Partikel bewegt.

Die Sedimentationsgeschwindigkeit eines Partikels ist also proportional seiner Masse und der angewendeten Zentrifugalbeschleunigung und umgekehrt proportional dem Teilchenradius und der Viskosität des Mediums.

Für das Zentrifugalfeld gilt:

$$a = \omega^2 r_R \tag{2}$$

Da wir an der Zentrifuge die Umdrehungen pro Minute (rpm) angezeigt bekommen, setzen wir ein:

$$a = \frac{4\,\pi^2 (rpm)^2}{3600}\,r_R \tag{3}$$

Noch handlicher wird der Ausdruck, wenn wir das relative Zentrifugalfeld (RCF) in g-Einheiten angeben. Es gilt:

$$RCF = \frac{a}{g} = 1{,}118 \cdot 10^{-5} \, (rpm)^2 \cdot r_R \qquad (4)$$

Diese Beziehung läßt sich in einem Nomogramm (Abb. 2.**25**) darstellen.

r_R ist der Radius des Rotors oder, genauer, die jeweilige Entfernung des Partikels von der Drehachse und ω die Winkelschwindigkeit, ausgedrückt z. B. in Radian pro Sekunde. Eine volle Umdrehung des Rotors entspricht 2π Radianen.

Zur Beschreibung eines Zentrifugenlaufes müssen demnach der Rotortyp, die Laufzeit, die RCF oder die *rpm* und die Temperatur angegeben werden. Die Temperatur ist wegen ihres Einflusses auf die Viskosität sehr wichtig.

In den meisten Fällen benutzen wir entweder einen **Schwenkbecher-Rotor (SW-Rotor)** oder einen Festwinkel-Rotor (Abb. 2.**26**). Der SW-Rotor hat beweglich am Rotorkörper angebrachte Zentrifugenbecher, die während des Laufes ausssschwingen, so daß die Achse des Zentrifugenröhrchens senkrecht auf der Drehachse steht. Beim **Festwinkelrotor** sind die Röhrchen starr im Rotorkörper in einem Winkel von $20–25°$ zur Rotorachse untergebracht. Dieser Rotortyp wird vor allem bei der differentiellen Zentrifugation zum Abzentrifugieren von Partikeln oder bei der isopyknischen Zentrifugation verwendet. SW-Rotoren finden vor allem in der Zonensedimentation Verwendung.

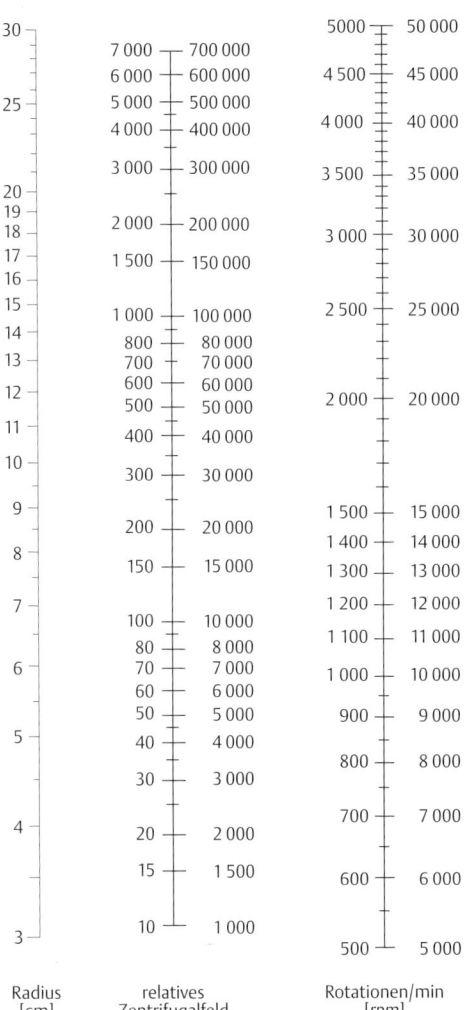

Radius [cm]	relatives Zentrifugalfeld	Rotationen/min [rpm]

Abb. 2.25 Nomogramm zur Berechnung des relativen Zentrifugalfeldes (RCF). Bei bekanntem Radius (aus den Bedienungsanleitungen der Rotoren) kann mit Hilfe eines Lineals bei gegebener Drehzahl *(rpm)* die RCF abgelesen werden *(g)*.

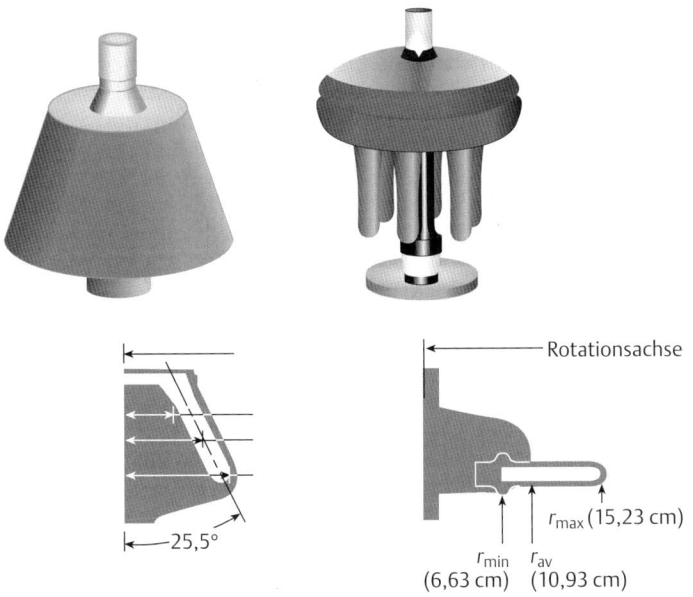

Rotationsachse

r_{max} (15,23 cm)

25,5°

r_{min} (6,63 cm) r_{av} (10,93 cm)

Abb 2.26 Die wichtigsten Rotortypen. links Festwinkel-Rotor. Die Planskizze zeigt eine von mehreren Ausführungen, die sich durch die Bohrung, den Radius und den Neigungswinkel voneinander unterscheiden. **rechts** Schwenkbecher-Rotor. Das Foto zeigt einen Rotor außerhalb der Zentrifuge. Die Planskizze gibt die Situation während der Zentrifugation wieder. Auch hier gibt es zahlreiche Variationen bezüglich r_{max} und Volumen der Schwenkbecher.

Differentielle Sedimentation

Wenn wir Zellen in einem Homogenisator aufbrechen, erhalten wir ein Gemisch von Zellorganellen und anderen Komponenten sehr unterschiedlicher Masse und Größe. Am größten und schwersten sind die Zellkerne, dazwischen liegen Mitochondrien, Lysosomen und Ribosomen, und am anderen Ende stehen die einzelnen RNA- oder Protein-Moleküle. Bei niedrigtouriger Zentrifugation erhalten wir einen Niederschlag (engl. *pellet),* der fast nur aus Kernen besteht. Darüber erhalten wir eine Zone, in der Mitochondrien angereichert sind, während Ribosomen und gelöste Moleküle im gesamten Überstand verteilt bleiben. Durch mehrmaliges Aufschwemmen des Niederschlages und wiederholter Zentrifugation erhalten wir reine Zellkerne.

Weil bei diesem Verfahren die unterschiedlichen Sedimentationsraten der einzelnen Partikel ausgenutzt werden, sprechen wir von differentieller Zentrifugation. Praktisch reine Fraktionen können wir dadurch nur gewinnen, wenn sich die Sendimentationsraten genügend unterscheiden, wie im genannten Beispiel. Durch eine weitere Zentrifugation bei hoher RCF lassen sich die Mitochondrien aus dem verbleibenden „postnukleären" Überstand und danach in einem dritten Schritt die Ribosomen aus dem „postmitochondrialen" Überstand abtrennen.

Zonensedimentation

Oft unterscheiden sich die Sedimentationsraten der zu trennenden Komponenten nicht genügend voneinander. Bei einem solchen Fall ersetzen wir die homogene Lösung im Zentrifugenröhrchen durch eine Lösung, deren Dichte von oben nach unten zunimmt, also einen Dichtegradienten. Die am häufigsten verwendeten Substanzen dafür sind Rohrzucker (engl. *sucrose)* und Glycerin. Beide Substanzen sind billig, in großer Reinheit herzustellen und bis zu relativ hohen Konzentrationen bzw. Dichten in Wasser löslich. Zudem beeinflussen sie die Eigenschaften biologischer Moleküle kaum. Das Probengemisch wird als Bande oben auf den Gradienten aufgetragen (Abb. 2.27). Im Zentrifugalfeld bewegen sich die Komponenten entsprechend ihren von Teilchenradius und -masse abhängigen Sedimentationsraten in den Gradienten hinein. Da sie sich dabei immer mehr von der Rotorachse entfernen und r_R dementsprechend größer wird, wächst auch die auf sie wirkende Zentrifugalbeschleunigung a nach Gleichung (3) (S. 33). Die Teilchen würden also immer schneller sedimentieren, wenn der Gradient nicht folgende Wirkungen hätte:

1. Durch die zunehmende Dichte erleiden die wandernden Teilchen einen ebenfalls zunehmenden scheinbaren Gewichtsverlust durch den Auftrieb.
2. Einen noch stärkeren Bremseffekt übt die nichtlinear ansteigende Viskosität des Gradienten aus. Vor allem bei Sucrose-Konzentration über 40 % macht sich dies besonders bemerkbar.
3. Der Gradient stabilisiert die langsam wandernden Banden gegen Konvektionsströmungen und erhält ihre Schärfe.

Zusammengenommen führt das zu einer guten Trennkapazität auch komplizierter Gemische.

a Zonenzentrifugation

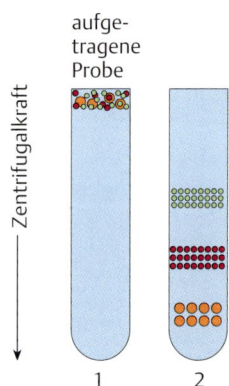

b Gleichgewichtszentrifugation

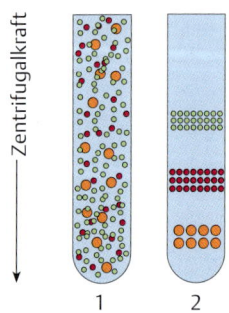

Abb. 2.27   Die wichtigsten Zentrifugationsverfahren. a Zonenzentrifugation. **b** Gleichgewichtszentrifugation. 1 vor, 2 nach der Zentrifugation.

S-Wert und Bestimmung der relativen Molmasse

Die Sedimentationsgeschwindigkeit eines Teilchens läßt sich durch die Beziehung beschreiben:

$$\frac{dr}{dt} = s \cdot a = s \cdot \omega^2 r \tag{5}$$

Umformung und Integration ergeben:

$$s = \frac{d(\ln r)}{\omega^2 dt} = \frac{\ln \frac{r_2}{r_1}}{\omega^2 (t_2 - t_1)} \tag{6}$$

r = Abstand des Teilchens von der Rotorachse
t = Laufzeit
a = Zentrifugalbeschleunigung oder die „Feldstärke"
s = Sedimentationskoeffizient; er entspricht der Sedimentationsgeschwindigkeit pro Einheit der Feldstärke
r_1 und r_2 = die jeweiligen Positionen des Teilchens zu den Meßzeiten t_1 und t_2. Für $t_1 = 0$ wird $r_1 = r_M$, d. i. der Abstand Rotorachse – Meniskus des Röhrchens (Einheit des Sedimentationskoeffizienten ist das *Svedberg: 1S* = 10^{-13} Sekunden)

In speziellen Zentrifugen, den analytischen Ultrazentrifugen, kann die Sedimentation mit verschiedenen Techniken während des Laufes verfolgt werden. Wird nach solchen Messungen $\ln r$ gegen t aufgetragen, so gibt die Steilheit der erhaltenden Gerade $\omega^2 s$ an, woraus s bestimmt werden kann. Um vergleichbare Werte zu erhalten, wird der S-Wert auf die Sedimentation in Wasser bei 20 °C bezogen.

Den Sedimentationskoeffizienten benutzt man zur Charakterisierung der untersuchten Teilchen. So spricht man selten von der „kleinen oder großen ribosomalen RNA", sondern es heißt meist 16S und 23S rRNA (bei Bakterien) bzw. 18S und 28S rRNA (bei Eukaryoten). Entsprechendes gilt für die Ribosomen: 30S- und 50S-Untereinheiten bilden das intakte 70S-Monosom in Bakterien. Der S-Wert läßt sich auch aus einer vereinfachten Form der sogenannten Svedberg-Gleichung ableiten:

$$s = \frac{MD(1 - \bar{v}\rho)}{RT} \tag{7}$$

Daraus formen wir um zu:

$$M = s \frac{RT}{D(1 - \bar{v}\rho)} \tag{8}$$

R = Gaskonstante
T = absolute Temperatur in K
$\bar{v}$ = partialspezifische Volumen des Teilchens (der Kehrwert der Dichte)
ρ = Dichte des Sedimentationsmediums
D = Diffusionskoeffizient des Teilchens in diesem Medium

Bei Kenntnis von $\bar{v}$ und D (hier geht z. B. der Radius des Teilchens ein) kann M angegeben werden. Dadurch gewinnen wir eine Formel, mit der wir über eine S-Wert-Bestimmung die Molmasse eines Moleküls oder eines Molekül-Komplexes ableiten können. Die **analytische Ultrazentrifuge** hat für solche Molmassen-Bestimmungen Bedeutung, zumal daneben auch die Reinheit von Stoffen oder konformative Änderungen gut bestimmt werden können. Die Methode ist recht aufwendig.

Im Laboralltag haben deshalb Vergleichsmessungen mit Rohrzukkergradienten bei S-Wert-Angaben oder elektrophoretische Methoden bei der Molmassen-Bestimmung den Vorrang gewonnen.

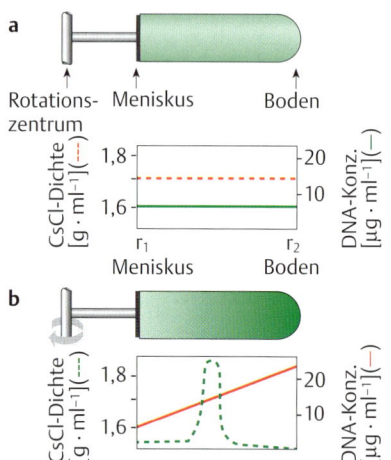

Abb. 2.28 Technik der Cäsiumchlorid-(CsCl)-Gleichgewichtszentrifugation. a Vor der Zentrifugation. Zentrifugenröhrchen mit hochprozentiger CsCl-Salzlösung und DNA. **b** Nach der Zentrifugation.

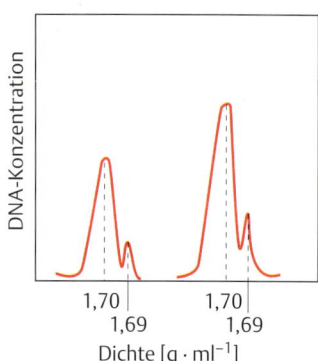

Abb. 2.29 Die Maus-Satelliten-DNA. Maus-DNA wurde (von links nach rechts) aus ganzen Leberzellen und aus Zellkernen isoliert. Die Untersuchung erfolgte mit der CsCl-Zentrifugationstechnik. Die Auftriebsdichte der betreffenden DNA-Fraktion ist auf der Abszisse angegeben. Die Satelliten-DNA hat eine geringere Auftriebsdichte als die Haupt-DNA: $1,69 \cdot ml^{-1}$ bzw. $1,70 \cdot ml^{-1}$ [nach 1].

Isopyknische Zentrifugation

Ein Teilchen schwebt in einer Lösung, wenn seine Dichte gleich der der umgebenden Lösung ist. Von dieser Eigenschaft macht eine Zentrifugationstechnik Gebrauch, die man isopyknische Zentrifugation nennt. – Im einfachsten Fall mischen wir die Probe einfach mit einem Medium. Während des Laufes bildet sich durch Sedimentation der Moleküle des Mediums ein Konzentrations- und dadurch ein Dichtegradient im Röhrchen aus. Die Moleküle der Probe werden dabei im oberen Teil des Gradienten sedimentieren und aus dem unteren Teil so lange aufsteigen, bis sie sich an einer Stelle des Gradienten treffen, die ihrer eigenen Schwebedichte *(buoyant density)* entspricht. Nach einer bestimmten Zeit, die vom Medium und den Bedingungen des Zentrifugenlaufes (Rotor, RCF, Temperatur) abhängt, erreichen wir einen stabilen Gleichgewichtszustand (Abb 2.**28**). Das Medium muß dabei eine Substanz genügend hoher Mol- oder Ionenmasse enthalten, damit sich im Schwerefeld der Zentrifuge innerhalb eines vernünftigen Zeitraums ein Dichtegradient ausbildet. Diese Substanz darf nicht mit den zu trennenden Molekülen der Partikel reagieren.

Die Standardsubstanz für isopyknische Zentrifugationen ist das Cäsiumchlorid (CsCl). Cäsium-Ionen bilden in den benutzten Schwerefeldern aufgrund ihrer Ionenmasse von 133 innerhalb von ca. 40 Stunden im Gleichgewicht stehende Gradienten aus. Je nach Ausgangsdichte des CsCl entstehen Gradienten im Bereich von $1,0$–$1,9\ g \cdot ml^{-1}$. Bis auf RNA mit einer Schwebedichte von mehr als $1,9\ g \cdot ml^{-1}$ (in CsCl) bilden damit alle anderen Molekülarten Banden innerhalb des Gradienten aus. Neben CsCl sind auch andere Salze des Cäsiums verwendet worden. Insbesondere wird Cäsiumsulfat (Cs_2SO_4) zur Dichtebestimmung bei RNA benutzt. Bei der Bereitung der Gradienten entnimmt man den geeigneten Wert der CsCl-Konzentration in Massengehalt in % (W/W) aus Tabellen.

Anwendungen

Werden die DNAs zweier Organismen wie Mensch und *E. coli* gemischt und in einem CsCl-Gradienten (25°, 133000 g) gefahren, so erhalten wir am Ende zwei knapp getrennte Banden bei den Dichten $\rho = 1,7035\ g \cdot ml^{-1}$, die sich den beiden ursprünglichen DNAs zuordnen lassen. Für diesen Dichte-Unterschied ist die Basen-Zusammensetzung der DNA verantwortlich. Dabei ist die Dichte dem GC-Gehalt proportional. Es gilt

$$\rho = 1,66 + 0,098\ (\%GC)$$

für die Dichte ρ in $g \cdot ml^{-1}$ bei 25 °C in CsCl

Bei genügendem Unterschied können so die DNAs von Viren und Bakterien getrennt werden. Bei Eukaryoten werden wegen der Aufteilung der DNA auf Chromosomen und der praktisch nicht intakt zu isolierenden Riesenfäden der DNA immer Genom-Fragmente anfallen, die sich oft deutlich in ihrem GC-Gehalt unterscheiden. Dadurch tauchen neben der Hauptbande der DNA eine oder mehrere Nebenbanden auf, die sogenannte Satelliten-DNA (Abb. 2.29), die aus hochrepetitiven Sequenzen besteht.

Die Satelliten-DNA der Maus ist geradezu der Prototyp einer hochrepetitiven Sequenz: DNA-Abschnitte von etwa 240 Nucleotidpaaren Länge kommen annähernd eine Million mal im Genom vor, d.h. insgesamt 5–10 % der Gesamt-DNA dieses Organismus besteht aus solchen hochrepetitiven Sequenzen. Die Bestimmung der Nucleotid-Sequenzen bestätigt das Zentrifugationsergebnis. Satelliten-DNA ist reich an AT-Paaren (65 % aller Nucleotidpaare).

Neben der Basen-Zusammensetzung können für manche Zwecke auch Strukturunterschiede ausgenutzt werden, um DNA im isopyknischen Gradienten aufzutrennen. Das Auftreten superhelikaler DNA bei geschlossenen doppelsträngigen Ringen wurde schon erwähnt (S. 28). In der Natur treten solche Superhelices bei vielen Viren, sowohl von Prokaryoten wie von Eukaryoten, bei bakteriellen Plasmiden und der mitochondrialen DNA auf. Nun unterscheiden sich offene, entspannte Ringe mit einem Einzelstrangbruch in ihrer Schwebedichte nicht von doppelsträngigen, superhelikalen Ringen. Für die Trennung beider Formen wird oft eine charakteristische Eigenschaft dieser Molekülformen ausgenutzt: Die Bindung von Ethidiumbromid, eine farbige Verbindung, die sich zwischen die Basenpaare der DNA zwängt, „interkaliert" (Abb. 2.**30**). Da bei hohen Ethidiumbromid-Konzentrationen die offene DNA-Form mehr Ethidiumbromid bindet als die superhelikale DNA, erhält erstere eine niedrigere Dichte und kann so in der Gleichgewichtszentrifugation von superhelikaler DNA abgetrennt werden.

Elektronenmikroskopie

DNA in ihrer natürlichen Umgebung liegt nie als ausgestrecktes Molekül vor, sondern ist immer in der einen oder anderen Art gefaltet oder geknäuelt. Um DNA im Elektronenmikroskop (EM) sichtbar zu machen, müssen zwei Probleme gelöst werden. Die dreidimensionale Anordnung muß ohne Bruch der DNA-Stränge in eine zweidimensionale Anordnung verwandelt werden. Dabei muß so schonend vorgegangen werden, daß die entstehende Struktur nicht dem heillosen und nicht interpretierbaren Durcheinander eines falsch abgewickelten Garnknäuels entspricht. Dazu ist eine Methode der Spreitung langer DNA-Ketten auf einer Oberfläche erforderlich.

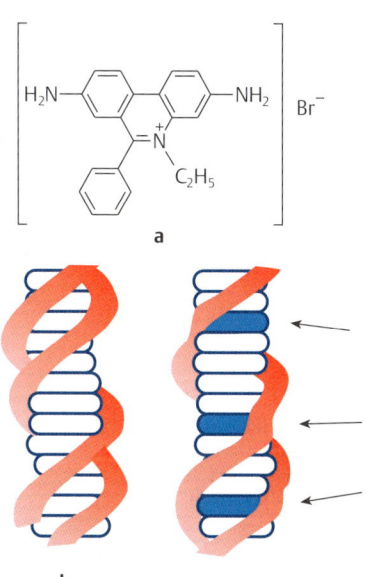

Abb. 2.30 Interkalation von Ethidiumbromid zwischen die Basenpaare der DNA. a Formel von Ethidiumbromid. Das flache, mehrgliedrige Ringsystem lagert sich zwischen zwei benachbarte Basenpaare. **b** Schematische Darstellung der DNA-Doppelhelix mit den gestapelten Basen in der Mitte. **c** Gestreckte DNA-Helix durch eingelagerte Farbstoffmoleküle.

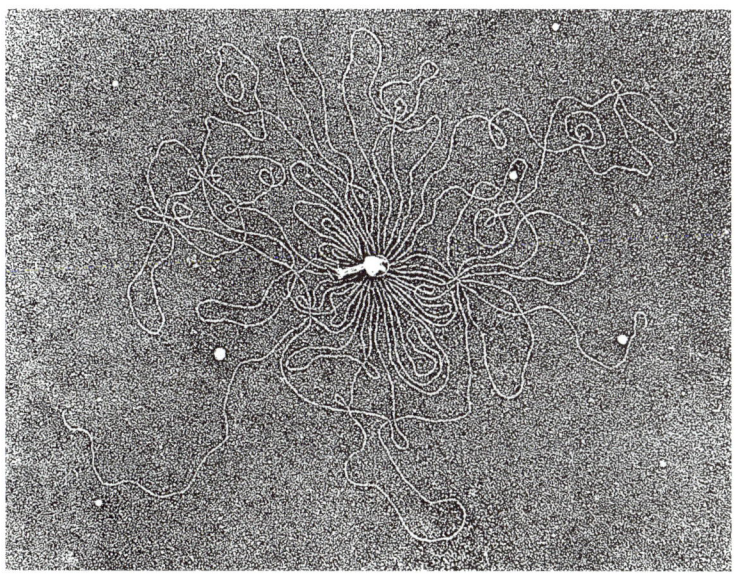

Abb. 2.31 Die klassische elektronenmikroskopische Aufnahme einer Phagen-DNA. Mit der hier abgebildeten Aufnahme begann der Einzug der Elektronenmikroskopie in die molekulare Genetik. Eine Präparation des Bakteriophagen T2 wurde rasch in Wasser verdünnt, so daß im „osmotischen Schock" die Proteinhülle des Phagenkopfes aufbrechen und die DNA austreten konnte. Inmitten des DNA-Knäuels ist die leere Phagenhülle noch sichtbar. Vergrößerung 42 000fach [aus 5].

Das zweite Problem steht in der eigentlichen Sichtbarmachung der DNA-Ketten. Selbst bei genügend hohen Vergrößerungen bis hinunter in den molekularen Bereich macht der mangelnde Kontrast gegen den Untergrund klare Bilder unmöglich. Die Lösung liegt in einer Erhöhung des Kontrastes durch Metall-Atome.

Die Spreitung geschieht dadurch, daß ein Tröpfchen der Nucleinsäure-Lösung mit nur wenigen Mikrogramm pro ml an einer schrägen Glasoberfläche entlangrinnt und auf eine Wasseroberfläche trifft. Die Wasseroberfläche ist mit einem dünnen Film eines basischen Proteins, z.B. Cytochrom *c*, oder auch anderer Verbindungen bedeckt. Das Protein liegt dabei mehr oder weniger denaturiert vor, je nach der gewählten Zusammensetzung der wässerigen Unterphase. Die auftreffende Nucleinsäure wird von dem basischen Protein innerhalb des Oberflächenfilms gebunden und dabei gespreitet (Abb. 2.**31**).

Ein guter Kontrast wird erzielt, wenn das Präparat in eine Lösung von Uranylacetat eingetaucht wird. Die Uranyl-Ionen $(UO_2)^{2+}$ adsorbieren dabei an die Nucleinsäure und umgeben sie gleichsam mit einem Mantel aus Metall-Ionen, die den gewünschten Kontrast erzeugen (sog. *positive staining*). Phosphorwolframsäure $\{H_3[P(W_3O_{10})_4] \cdot nH_2O\}$ hat einen ähnlichen Effekt.

Die zweite oft benutzte Methode beruht in einer Bedampfung des Präparates mit Metall-Atomen im Hochvakuum. Die Probe wird dazu auf einen Drehtisch montiert und einem Strom von Metall-Atomen wie Platin, Palladium oder Uran ausgesetzt. Die Metall-Atome treffen in einem bestimmten Winkel auf die Probe und erzeugen einen „Schatten", etwa der Bildung einer Schneewehe hinter einem Zaunpfahl im Winter vergleichbar. Diese Metall-Ablagerungen ergeben dann das eigentliche Bild.

Elektrophorese

Vermutlich die wichtigste Technik im Umgang mit DNA-Molekülen sind die Elektrophorese-Verfahren. Die Verfahren sind billig in der apparativen Ausstattung und technisch einfach in der Anwendung, dazu relativ schnell und genau.

Ein Standardverfahren ist die Elektrophorese in Agarose-Gelen. Die Geschwindigkeit, mit der DNA-Stücke durch Agarose-Gele im elektrischen Feld wandern, hängt von verschiedenen Bedingungen ab. Am wichtigsten ist die Größe der DNA: lineare, doppelsträngige DNA-Moleküle bewegen sich durch die Agarose-Matrix mit einer Geschwindigkeit, die umgekehrt proportional zum Logarithmus ihrer Größe ist (Abb. 2.**32**). Weiter hängt dann die Wanderung der DNA-Stücke von der Stromstärke, den Pufferbedingungen und vor allem der Agarose-Konzentration ab. Gerade die letzte Eigenschaft nutzt man zur Trennung von DNA-Fragment-Gemischen verschiedener Größenklassen aus. Zum Beispiel lassen sich in Gelen mit 0,5% Agarose DNA-Fragmente im Bereich von 1000 bis zu 15000 Basenpaaren gut auftrennen. Gele mit höherer Agarose-Konzentration sind geeignet zur Auftrennung von DNA-Fragmenten zwischen 100 und 2000 Basenpaaren (Abb. 2.**33**).

Die Wanderung im elektrischen Feld hängt weiter von der Konformation der DNA ab: ringförmig superhelikale DNA wandert schneller als ringförmig offene („relaxierte") DNA (Abb. 2.**34**), sehr wahrscheinlich, weil die dichter gepackte superhelikale DNA sich schneller durch die Poren des Agarose-Gels bewegen kann.

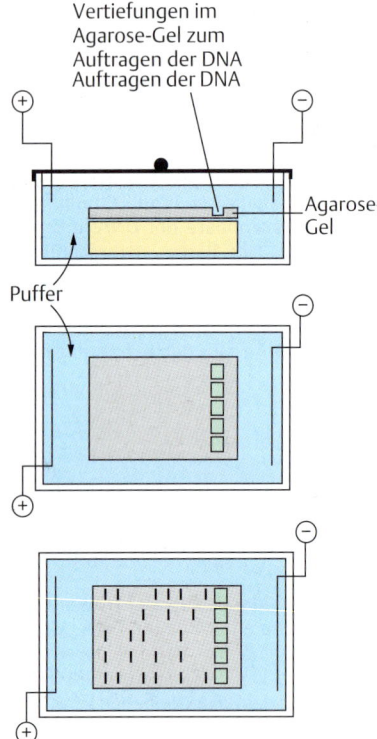

Vertiefungen im Agarose-Gel zum Auftragen der DNA
Auftragen der DNA

Agarose-Gel

Puffer

Abb. 2.32 Durchführung der Agarose-Gel-Elektrophorese. oben Seitenansicht. Ein Plastikgefäß, gefüllt mit geeignetem Puffer, enthält ein Gel in Abmessungen von beispielsweise 10 cm · 18 cm und 0,5 cm Dicke. Das Agarose-Gel ist vollständig im Puffer eingetaucht. **Mitte** Aufsicht. Am „Start" enthält das Agarose-Gel einzelne Vertiefungen oder Kerben zum Auftragen des zu trennenden Gemisches von DNA-Fragmenten. **unten** Nach dem Anlegen des elektrischen Feldes wandert die negativ geladene DNA auf den positiven Pol zu. Nach Beendigung der Elektrophorese werden die getrennten DNA-Banden mit Ethidiumbromid (Abb. 2.**30**) angefärbt. Die DNA leuchtet im ultravioletten Licht hell auf.

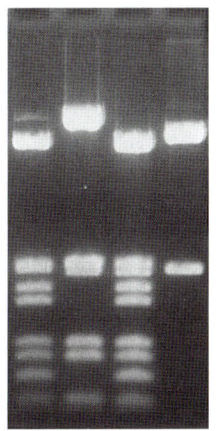
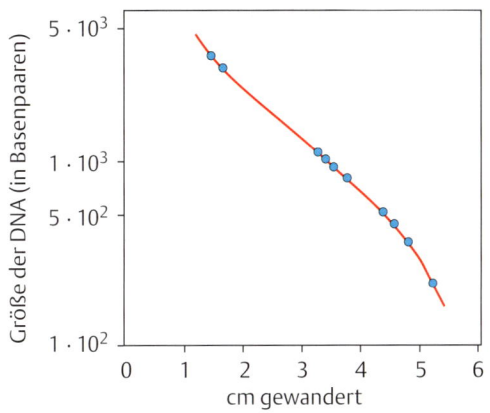

Abb. 2.33 Agarose-Gel-Elektrophorese. Experimentelle Bedingungen: 1,2 % Agarose in TBE-Puffer (90 mM Tris-Borat, pH 8,3; mM EDTA[a]). Spannung 50 mV; Stromstärke 30 mAMP. Dauer der Elektrophorese: 10 Stunden bei Raumtemperatur. **links** Polaroid-Foto des mit Ethidiumbromid (S. 37) gefärbten Gels. Am oberen Rand sind die Auftragsstellen für die DNA als dunkle rechteckige Löcher zu erkennen. Die aufgetrennten DNA-Fragmente sind als helle Banden sichtbar. Die oberen, langsam wandernden Banden enthalten DNA-Fragmente von 3000–3600 bp Länge. Die Gruppe der schneller wandernden Banden besteht aus Fragmenten zwischen 215 und 1100 Basenpaaren. **rechts** Die Beziehung zwischen der Größe der DNA und der Wanderungsgeschwindigkeit im elektrischen Feld.

[a] Ethylendiamintetraessigsäure

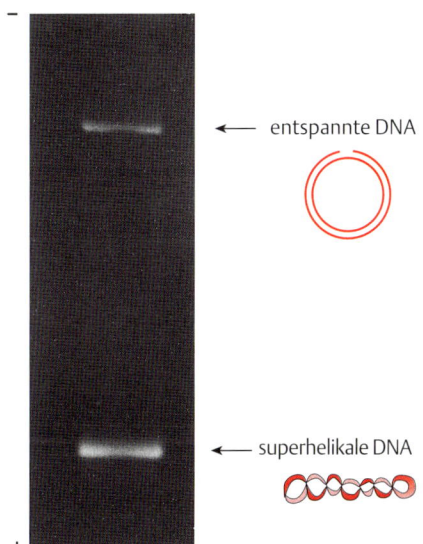

Abb. 2.34 DNA-Form und Wanderung im Gel.

Enzyme als Hilfsmittel: Deoxyribonuclease

Endonucleasen, Exonucleasen

DNA-abbauende Enzyme nennt man allgemein Deoxyribonucleasen, oder kurz DNasen. Solche Enzyme kommen oft in relativ großen Mengen in allen Zellen vor, in Bakterien genauso wie in Säugetier-Zellen oder in einfachen Eukaryoten wie Hefe-Zellen oder Pilzen (Abb. 2.35 u. 2.36). Manche Bakteriophagen wie Lambda, T4 und T7 tragen auf ihrer DNA Gene, die die Information für die Herstellung eigener DNasen mit in die infizierte Zelle bringen. Um in der Fülle der DNasen eine erste Ordnung zu bringen, unterscheidet der Biochemiker zwischen Endonuclease und Exonuclease.

Endonucleasen bauen die DNA durch Spaltung „innerer" Phosphodiester-Bindungen ab. **Exonucleasen** dagegen bauen die DNA von den Enden her ab. Beide Nuclease-Arten sind wichtige Hilfsmittel in der molekularen Biologie, wie wir später an vielen Beispielen sehen werden. Eine Zusammenstellung gebräuchlicher DNasen findet man in den Tab. 2.**5** und 2.**6**.

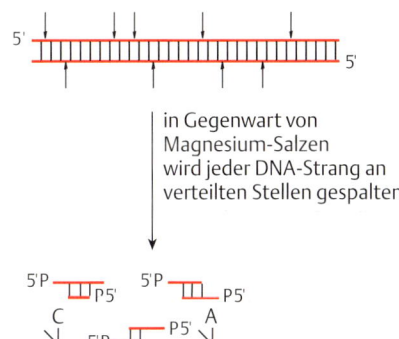

in Gegenwart von Magnesium-Salzen wird jeder DNA-Strang an verteilten Stellen gespalten

es entsteht ein Gemisch von Mononucleotiden und kurzen DNA-Stücken (Oligonucleotiden) mit Phosphat-Resten an den 5'-Enden

Abb. 2.35 Wirkungsweise der DNase I.

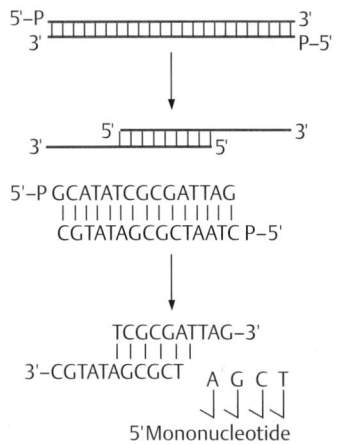

```
5'-P ┌┬┬┬┬┬┬┬┬┬┬┬┬┬┬┬┬┐ 3'
 3' └┴┴┴┴┴┴┴┴┴┴┴┴┴┴┴┴┘ P-5'
              │
              ↓
          5' ┌┬┬┬┬┬┬┐
3' ─────────└┴┴┴┴┴┴┘────── 3'
              5'
```

5'-P GCATATCGCGATTAG
     | | | | | | | | | | | | | |
     CGTATAGCGCTAATC P-5'

               ↓

         TCGCGATTAG–3'
         | | | | | |
3'–CGTATAGCGCT   A G C T
                 ↓ ↓ ↓ ↓
            5'Mononucleotide

Abb. 2.36   Wirkungsweise der Lambda-Exonu-clease.

Tab. 2.5   Endonucleasen

Bezeichnung	Herkunft	DNA-Struktur	Besonderheiten*
DNase I	Pankreas	einzelsträngig doppelsträngig	bevorzugtes Abbauprodukt: Tetranucleotide
DNase II	Thymus	einzelsträngig doppelsträngig	Mg^{2+}-unabhängig; produziert 3'-Phosphatenden
Mikrokokken-Nuclease	*Staphylococcus*	einzelsträngig doppelsträngig	benötigt Ca^{2+}, produziert 3'-Phosphatenden; wirkt auch auf RNA
Endonuclease I	*E. coli*	einzelsträngig doppelsträngig	bevorzugtes Abbauprodukt: Oligomere mit 7 Bausteinen
Endonuclease II	*E. coli*	AP-Endonuclease	(Abb. 8.**10**, S. 239)
Endonuclease	*Neurospora crassa*	einzelsträngig	wirkt auch auf RNA
S1-Endonuclease	*Aspergillus oryzae*	einzelsträngig	wirkt auch auf RNA

* Wenn nicht anders vermerkt, benötigen die Enzyme Magnesium-Salze und produzieren 5'-Phosphatenden.

Tab. 2.6   Exonucleasen

Bezeichnung	Herkunft	Abbau-richtung	Besonderheiten
Exonuclease I	*E. coli*	3' → 5'	einzelstrangspezifisch
Exonuclease II (3'-5'-Exonuclease der DNA-Polymerase I)	*E. coli*	3' → 5'	Korrekturfunktion (S. 166)
Exonuclease III	*E. coli*	3' → 5'	doppelstrangspezifisch; dazu noch weitere Funktionen: 1. Phosphomonoesterase an 3'-Phosphat-Gruppen 2. Endonuclease an apurinischen und apyrimidinischen Stellen: AP-Endonuclease
Exonuclease IV	*E. coli*	3' → 5'	einzelstrangspezifisch
Exonuclease V	*E. coli*	3' → 5' 5' → 3'	*rec BC*-Nuclease (s. S. 206)
Exonuclease VI	*E. coli*	3' → 5' 5' → 3'	nicht abhängig von Magnesium-Salzen: produziert Oligonucleotide
Schlangengift-Phoshodiesterase	*Crotalus adamanteus*	3' → 5'	wirkt auch auf RNA
Milz-Phosphodiesterase	Milz	5' → 3'	produziert 3'-Mononucleotide; wirkt auch auf RNA
Lambda-Exonuclease	Lambda	5' → 3'	bevorzugt doppelsträngige DNA; ein Lambda-Rekombinations-enzym
T7-Exonuclease	Phage T7	5' → 3'	doppelstrangspezifisch

Restriktionsnucleasen

Das historisch wichtige Experiment der Transformation (S.15) hat gezeigt, daß DNA verhältnismäßig leicht von Bakterien-Zellen aufgenommen werden kann. Wenn es sich dabei um DNA der gleichen Bakterienart handelt, kann die genetische Information abgelesen werden. Dies ist die Grundlage des Transformationsexperimentes. Artfremde DNA wird dagegen bald nach ihrem Eindringen zerstört, ein Vorgang, den man **Restriktion** nennt. Dafür sind besondere, DNA-abbauende Enzyme verantwortlich, nämlich die Restriktionsendonucleasen.

Warum wird die arteigene DNA nicht abgebaut? An welchen Merkmalen können die Restriktionsendonucleasen arteigene von artfremder DNA unterscheiden?

Restriktionsendonucleasen erkennen die DNA an kurzen Folgen von Nucleotiden. Eine Klasse von Restriktionsnucleasen schneidet die Polynucleotid-Kette direkt an dieser Erkennungssequenz, andere bewegen sich noch eine Strecke an der DNA entlang, bevor sie die DNA endonucleolytisch angreifen. Die eigene DNA enthält die gleichen kurzen Nucleotid-Sequenzen, allein schon aus statistischen Gründen, aber geschützt gegen den Abbau durch eine biochemische Markierung, die man **Modifikation** nennt. Darunter versteht man hier das Vorhandensein eines methylierten Adenin- oder eines methylierten Cytosin-Bausteins, also von N^6-Methyladenin, bzw. 5-Methylcytosin (s. S.17).

Zur Illustration wollen wir ein Beispiel besprechen: In manchen Arten von *E. coli* ist das jeweils zweite Adenin (vom 5'-Ende her) methyliert. Deswegen kann die eigene Restriktionsnuclease diese Sequenz nicht spalten. Wenn aber nun eine fremde DNA, ohne Methyl-Gruppe am Adenin-Rest, in die Zelle gelangt, greift die zelleigene Restriktionsnuclease an und leitet damit die Zerstörung der eingedrungenen DNA ein.

Eine DNA, in der die Erkennungssequenz an einem Adenin-Rest methyliert ist, kann nicht geschnitten werden. Dagegen wird eine nichtmodifizierte DNA an den angebenen Stellen geschnitten: Phosphodiester-Bindungen werden geöffnet, so daß ein Ende mit einer 5'-Phosphat- und ein Ende mit einer 3'-OH-Gruppe an der Deoxyribose entstehen (Abb. 2.37). Als Beispiel ist hier die Restriktionsendonuclease Hind III gezeigt, ein Restriktionsenzym aus der Bakterienart *Haemophilus influencae* (Stamm d).

Die Restriktionsendonuclease Hind III ist nur ein Beispiel aus einer Reihe von mehreren hundert verschiedenen Restriktionsenzymen aus vielen verschiedenen Bakterienarten, die sich voneinander durch ihre Erkennungssequenzen unterscheiden. Die Tab. 2.7 gibt nur Beispiele, wobei jeweils nur ein Strang der doppelsträngigen Erkennungssequenz gezeigt ist. Wir sehen, daß Erkennungssequenzen meist aus 4 und 6 Nucleotiden bestehen.

Wir sehen, daß Modifikation und Restriktion ein zusammengehörendes funktionelles System darstellen, dessen Spezifität auf der Wechselwirkung zweier verschiedener Enzyme mit einer genau definierten Nucleotid-Folge beruht. Der biologische Sinn des Modifikations-Restriktions-Systems ist der Schutz der genetischen Eigenart eines gegebenen Bakterienstammes. Entsprechend haben die verschiedenen Bakterienstämme oder Bakterienarten jeweils eigene Modifikationsenzyme und Restriktionsnucleasen.

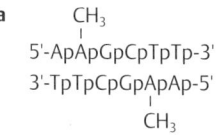

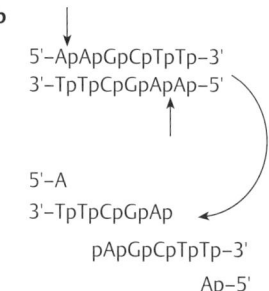

Abb. 2.37 Restriktionsnucleasen. a DNA mit methylierten Adenin-Resten wird nicht geschnitten. Deswegen kann die eigene Restriktionsnuclease diese Sequenz nicht spalten. **b** Spezifität der Restriktionsnuclease Hind III.

N = ein beliebiges Nucleotid
Pu = ein Purin, also entweder A oder G
Py = ein Pyrimidin, C oder T

Die Schnittstellen sind durch ▼ angezeigt. Da wir uns nach der Konvention richten und die 5′-Enden der Erkennungssequenzen immer links notieren, ist durch die Lage des Pfeils die Art eines Schnittes genau beschrieben. Einige Restriktionsnucleasen erkennen die gleiche Erkennungssequenz, z. B. Sma I und Xma I oder Sau 3A und Mbo I. Gleiche Erkennungssequenz bedeutet allerdings nicht immer gleiche Schnittstelle. Enzyme mit gleicher Erkennungssequenz nennt man Isoschizomere.

Beachte, daß die Restriktionsnuclease Dpn I nur schneidet, wenn die Erkennungssequenz 6-Methylaminopurin (N^6-Methyladenin) statt A enthält.

Tab. 2.7 Einige Restriktionsendonucleasen

Bezeichnung	Herkunft	Erkennungssequenz
Alu I	*Arthrobacter luteus*	AG▼CT
Ava I	*Anabaena variabilis*	C▼PyCGPuG
Bal I	*Brevibacterium albidum*	TGG▼CCA
Bam HI	*Bacillus amyloliquefaciens*	G▼GATCC
Bcl I	*Bacillus caldolyticus*	A▼GATCT
Bgl II	*Bacillus globigii*	A▼GATCT
Dpn I	*Diplococcus pneumoniae*	$G^{me}A$▼TC
Eco RI	*Escherichia coli*, Stamm RY13	G▼AATTC
Eco RV	*Escherichia coli*, Stamm J62	GAT▼ATC
Hae II	*Haemophilus aegyptius*	PuGCGC▼Py
Hae III	*Haemophilus aegyptius*	GG▼CC
Hind II	*Haemophilus influencae*, Stamm Rc	GTPy▼PuAC
Hind III	*Haemophilus influencae*, Stamm Rd	A▼AGCTT
Hpa	*Haemophilus parainfluencae*	GTT▼AAC
Kpn I	*Klebsiella pneumoniae*	GGTAC▼C
Mbo I	*Moraxella bovis*	▼GATC
Nco I	*Nocardia corallina*	C▼CATGG
Pvu I	*Proteus vulgaris*	CGAT▼CG
Pvu II	*Proteus vulgaris*	CAG▼CTG
Sal I	*Streptomyces albus*	G▼TCGAC
Sau 3A	*Staphylococcus aureus*, Stamm 3A	▼GATC
Sau 96	*Staphylococcus aureus*, Stamm PS96	G▼GNCC
Sma I	*Serratia marcescens*	CC▼GGG
Taq I	*Thermus aquaticus*	T▼CGA
Xho II	*Xanthomonas holcicola*	Pu▼GATCPy
Xma I	*Xanthomonas malvacerum*	C▼CCGGG
Bgl I	*Bacillus globigii*	GCCNNNN▼NGGC

Nach den Basen-Paarungsregeln kann man leicht den komplementären Strang zu jeder Sequenz aufschreiben. Dabei stellt man dann fest, daß sich bei den meisten Erkennungssequenzen einer der beiden Stränge von links nach rechts genauso liest wie der andere Strang von rechts nach links. Die meisten Erkennungssequenzen von Restriktionsenzymen sind symmetrisch.

Man kann drei Arten von **Restriktionsschnitten** unterscheiden:
1. Solche, die wie im Beispiel der Restriktionsnuclease Hind III überstehende 5′-Enden liefern.
2. Schnitte, die zu überstehenden 3′-Enden führen.
3. Durchgehende Schnitte ohne überstehende DNA-Enden.

Die Restriktionsnucleasen sind die wichtigsten Werkzeuge der heutigen Genetik. Mit ihnen können lange DNA-Moleküle in experimentell handhabbare Fragmente zerlegt werden. Dabei können zugleich interessante Informationen über die Struktur der DNA gewonnen werden. In der Abb. 2.**38** zeigen wir ein Beispiel. Zahlreiche weitere Anwendungen der Restriktionsnucleasen für viele verschiedene Fragestellungen werden wir später kennenlernen.

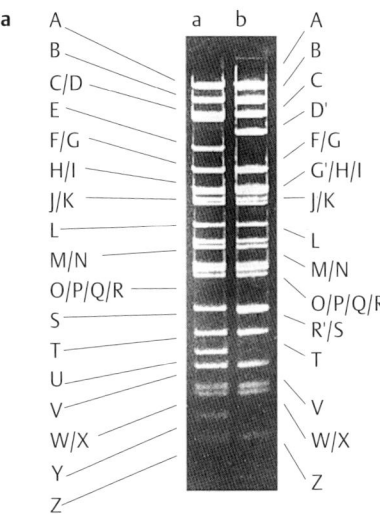

Abb. 2.38 Restriktionsfragmente der DNA des Bakteriophagen T7. a Die DNA aus zwei verschiedenen T7-Stämmen wurde mit der Restriktionsnuclease **Hae II** geschnitten. Die entstandenen Fragmente sind in einem 1%igen Agarose-Gel aufgetrennt. Das längste Fragment A besteht aus etwa 6500, das kleinste Fragment Z aus etwa 165 Basenpaaren. Die meisten Fragmente der DNA des T7-Stammes *a* findet man auch nach Restriktion der DNA des Stammes *b*. Doch gibt es einige Unterschiede. Zum Beispiel fehlt in der DNA des Stammes *b* das Fragment E. Dafür tauchen dort neue Fragmente auf, D′ und G′. Unter Zuhilfenahme mehrerer anderer Restriktionsnucleasen kann die Reihenfolge der Fragmente im T7-Genom bestimmt werden. **b** Die Anordnung der Hae II-Restriktionsfragmente in den DNAs der T7-Stämme *a* und *b*, sogenannte **Restriktionskarten**. Aus der Skizze entnehmen wir:
1. Die DNA des Stammes *a* ist länger als die des Stammes *b*. Am linken Ende fehlen der DNA *b* einige Hae II-Fragmente.
2. Die DNA *b* hat im Vergleich zur DNA *a* eine zusätzliche Hae II-Schnittstelle (Pfeil) (G. Krämer, Konstanz).

Literatur

Originalarbeiten aus den Anfangszeiten der Molekularbiologie

1. Bond, H. E., Flamm, W. G., Burr, H. E., Bond, S. B.: Mouse satellite DNA: further studies on its biological and physical characteristics and its intracellular localization. J. Mol. Biol. **27** (1967) 289–302
2. Britten, R. J., Kohne, D. E.: Repeated sequences in DNA. Science **161** (1968) 529–533
3. Crawford, L. V., Waring, M. J.: Supercoiling of polyoma virus DNA by its interaction with ethidium bromide. J. Mol. Biol. **25** (1967) 23–30
4. Feughelham, M., Langridge, R., Weeds, W. E., Stokes, A. R., Wolson, H. R., Hooper, C. W., Wilkins, M. H. F., Barclay, R. C., Hamilton, L. D.: Molecular structure of desoxyribose nucleic acid and nucleoprotein. Nature **175** (1955) 834–839

5. Kleinschmidt, A. K., Lang, D., Jacherts, D., Zahn, R. K.: Darstellung und Längenmessung des gesamten Desoxyribonucleinsäure-Inhaltes von T2-Bakteriophagen. Biochem. Biophys. Acta **61** (1962) 857–864

6. Schildkraut, C. L., Mamur, J., Doty, P.: Determination of the base composition of desoxyribonucleic acid from its buoyant density in CsCl. J. Mol. Biol. **4** (1962) 430–443

7. Watson, J. D., Crick, F. H. C.: A structure of desoxyribose nucleic acid. Nature **171** (1953) 737–738

8. Watson, J. D., Crick, F. H. C.: Genetical implications of the structure of desoxyribonucleic acid. Nature (1953) 962–967

Neuere Arbeiten

9. Buchman, A. T., Burnett, L., Berg, P.: The SV40 nucleotide sequence. In J. Tooze (Hrsg.) Cold Spring Harbor Laboratory Press, Cold Spring Harbor 1980, p. 799–829

10. Diekman, S.: DNA curvature. In Eckstein, F., Lilley, D. M. J. (Hrsg).: Nucleic acid and molecular biology, Vol. 1. Springer, Heidelberg, 1987, 138–156

11. Diekman, S. et al.: Definitions and nomenclature of nucleic acid structure parameters. EMBO J. 8 (1989) 1–4

12. Hageman, P. J.: Sequence-directed curvature of DNA. Ann. Rev. Biochem. 59 (1990) 753–781

13. Rich, A., Nordheim, A. H., Wang, J.: The chemistry and biology of left-handed Z-DNA. Ann. Rev. Biochem. 53 (1984) 791–846

14. Wells, R., Collier, D. A., Hanvey, J. C., Shimizu, M., Wohlrab, F.: The chemistry and biology of unusual DNA structures adopted by oligopurine sequences. FASEB J. (1988) 2939–2949

Bücher

15. Adams, R. L. P., Knowler, J. T., Leader, D. P.: The biochemistry of the nucleic acids. Chapman and Hall, New York 1993

16. Bates, A. D., Maxwell, A.: DNA topology. Oxford University Press, Oxford, New York 1993

17. Cairns, J., Stent, G. S., Watson, J. D.: Phage and the origin of molecular biology. Cold Spring Harbor Laboratory Press, Cold Spring Harbor 1966

18. Cozzarelli, N., Wang, J. J.: DNA topology and its biological molecular biology. Cold Spring Harbor Laboratory Press, Cold Spring Harbor 1992

19. Portugal, F. H., Cohen, J. S.: A century of DNA. A history of the discovery of the structure and function of the genetic substance. MIT Press, Cambridge 1977

20. Saenger, W.: Principles of nucleic acid structure. Springer, Heidelberg 1984

3. Transkription, Translation und der genetische Code

Bausteine und Struktur der RNA

Deoxyribonucleinsäure, DNA *(deoxyribonucleic acid),* ist der Träger der genetischen Information, die in Form von Deoxyribonucleotid-Folgen niedergeschrieben ist. Ribonucleinsäuren, RNA *(ribonucleic acid),* sind dagegen bei der Realisierung der genetischen Information beteiligt. Diese Aussage gilt für Bakterien und für die Zellen von Tieren und Pflanzen und einzelligen Eukaryoten. Sie ist aber nicht allgemein gültig, denn zahlreiche Viren haben RNA als Träger ihrer Gene. Dazu gehören krankheitserregende Viren wie die Polio-, Schnupfen- oder Influenza-Viren, und auch der Erreger der AIDS-Krankheit, das Humane Immundefizienz-Virus (HIV). Ebenfalls zählen dazu experimentell interessante RNA-Phagen wie MS2, Qβ und andere (Abb. 4.**4**).

In der Zelle übernehmen RNA-Moleküle Aufgaben, die zur Synthese von Proteinen führen. Vom Gen bis zum Protein ist es ein langer Weg, den wir in diesem Kapitel nachzeichnen werden.

Zunächst machen wir einige Vorbemerkungen zur **Struktur der RNA**. Ribonucleinsäuren sind Ketten von Nucleotiden, die, wie die Deoxynucleotide der DNA, durch Phosphodiester-Brücken miteinander verknüpft werden.

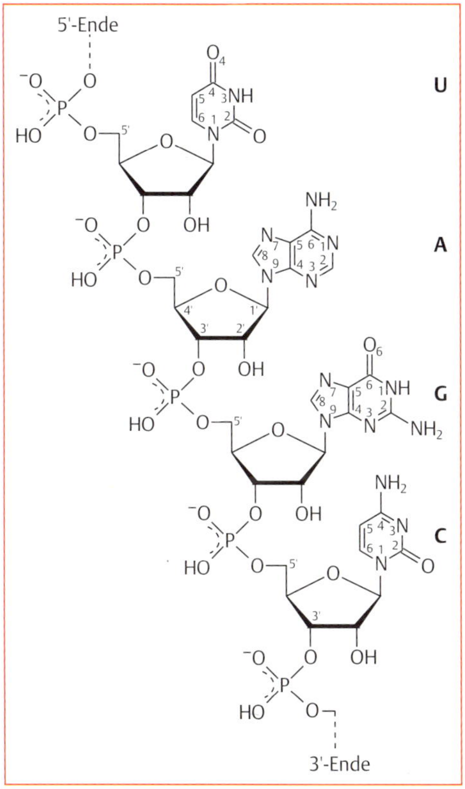

> Die Bausteine der RNA unterscheiden sich von den Deoxynucleotiden:
> – sie enthalten als Zucker-Bestandteil Ribose (statt Deoxyribose),
> – die Pyrimidin-Base Uracil (U) anstelle von Thymin.

Durch die Art der Verknüpfung der monomeren Bausteine über Phosphat-Brücken zwischen der 5′-OH-Gruppe in der Ribose des einen mit der 3′-OH-Gruppe des benachbarten Ribonucleotids enthält ein RNA-Molekül eine definierte Richtung mit einem freien 5′-Ende und einem freien 3′-Ende, wie ein Blick auf Abb. 3.**1** zeigt.

Man kann die natürlich vorkommenden RNA-Arten der Zelle (Tab. 3.**1**) als unterschiedlich lange, unverzweigte und einzelsträngige Ketten von Ribonucleotiden ansehen. Diese Beschreibung ist jedoch nicht umfassend, denn RNAs neigen zur Ausbildung von Doppelstrang-Formen. Diese treten vor allem innerhalb einer RNA-Kette auf, sofern Abschnitte mit komplementären Ribonucleotid-Folgen in einem Molekül vorkommen.

Zur Illustration zeigen wir ein einfaches Beispiel solcher intramolekularer Schleifen-Bildung in der Abb. 3.**2**. Später werden wir noch viele andere und teilweise komplexe Sekundärstruktur-Formen von RNA-Molekülen kennenlernen. Wir werden auch sehen, daß die Fähigkeit von RNA-Molekülen zur Schleifen-Bildung nicht selten wichtige strukturelle und genetische Konsequenzen hat.

Abb. 3.1 **Nucleotide in der RNA.**

Abb. 3.2 Schleifen-(Sekundärstruktur-)Bildung in einem Abschnitt einer mRNA von _E. coli_. Die mRNA hat eine Länge von mehreren tausend Nucleotiden. Nur ein kleiner Abschnitt davon ist gezeigt. In diesem Abschnitt befinden sich komplementäre Nucleotid-Folgen, die sich zu einem doppelsträngigen Abschnitt zusammenlegen können, so daß an dieser Stelle des langen mRNA-Moleküls eine Schleife entsteht. Beachte, daß Cytosin mit Guanin und Uracil mit Adenin paart. Anders gesagt, Uracil hat in der RNA die Basen-Paarungseigenschaften, die Thymin in der DNA hat. Doppelsträngige RNA hat eine Geometrie, die in manchen Einzelheiten der A-Form einer DNA-Struktur (s. Abb. 2.**14**) entspricht.

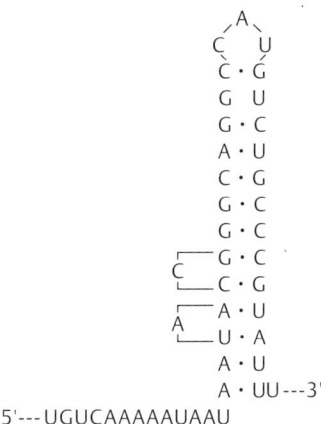

5'--- UGUCAAAAAUAAUAAUAACCGGGCAGGCCAUGUCUGCCCGUAUUU ---3'

5'--- UGUCAAAAAUAAU

Tab. 3.1 Die drei RNA-Arten

	Größe (ungefähre Angaben)	Funktion
transfer-RNA (tRNA)	80–90 Nucleotide	Übertragung von Aminosäuren zum Proteinsynthese-Apparat der Zelle
ribosomale RNA (rRNA)	4 Arten (bei Eukaryoten) mit je ca. 120, 150, 1700, 3500 Nucleotiden	Struktur und Funktionselemente der Ribosomen
messenger-RNA (mRNA)	sehr verschieden (einige 100 bis über 10000 Nucleotide)	die Boten-(_messenger-_)RNA überbringt dem Proteinsynthese-Apparat eine Abschrift des Gens

Ein interessanter Sonderfall: Ringförmige RNA

Im Kapitel 2 haben wir uns ausführlich mit der Struktur ringförmiger DNA beschäftigt (S. 27). Wir haben gesehen, daß sie in der Natur weit verbreitet ist. Deswegen liegt die Frage nach dem Vorkommen ringförmiger RNA nahe. Tatsächlich konnten solche Moleküle gefunden werden, und zwar bei der Erforschung spezifischer Pflanzenkrankheiten, die in tropischen und subtropischen Ländern bei Kartoffeln, Zitruspflanzen, Kokospalmen u. a. zu Wachstumshemmungen mit Verkrümmung und Vergelbung der Blätter führen. Als Verursacher dieser ökonomisch bedeutsamen Krankheitsformen konnten in den Jahren nach 1970 Erreger identifiziert werden, die man aufgrund einiger Eigenschaften als **Viroide** bezeichnet hat. Molekularbiologische Untersuchungen zeigten dann, daß Viroide kleine RNA-Moleküle sind, die aus einer ringförmig geschlossenen Kette von etwa 360 Nucleotiden bestehen (Abb. 3.**3**). Die Viroid-RNA greift störend in den mRNA-Bildungsprozeß ein und beeinträchtigt damit die Funktionen der befallenen Zelle.

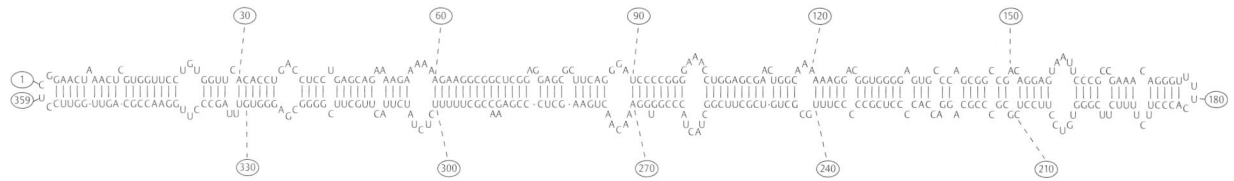

Abb. 3.3 Ringförmige RNA. Struktur des „Potato spindle tuber viroid" (PSTV). Beachte, daß das Molekül aufgrund zahlreicher Basen-Paarungen die Form eines Stäbchens einnimmt [nach 12].

Transkription oder die Synthese von RNA

Das grundlegende Schema

Alle RNA-Arten der Zelle werden durch einen im Prinzip gleichartigen Mechanismus gebildet: eine Abschrift oder Umschrift der Nucleotid-Folge eines Gen-Abschnitts auf der DNA. Allgemein bezeichnet man das Umschreiben eines Textes als Transkription. In Analogie dazu wird auch die RNA-Synthese als **Transkription** bezeichnet.

Die für die Transkription notwendigen Enzyme heißen RNA-Polymerasen, oder genauer **DNA-abhängige RNA-Polymerasen**. Die genauere Bezeichnung ist dann nützlich, wenn man beispielsweise DNA-abhängige von RNA-abhängigen Polymerasen unterscheiden möchte. Manche Viren, die als genetisches Material RNA tragen, benötigen für ihre Vermehrung RNA-abhängige RNA-Polymerasen (S. 414).

Biochemiker können die Wirkungsweise von RNA-Polymerasen im Reagenzglas *(in vitro)* untersuchen, wenn folgende Voraussetzungen gegeben sind (Abb. 3.**4**):
– Erste und wichtigste Voraussetzung ist, daß das Reaktionsgemisch eine aktive RNA-Polymerase enthält.
– Zweites Erfordernis ist das Vorhandensein von DNA, deren Nucleotid-Folge durch das Enzym kopiert wird.
– Dann müssen genügende Mengen der RNA-Vorläufer angeboten werden: die Ribonucleosid-Triphosphate ATP, GTP, CTP und UTP.
– Schließlich müssen Temperatur (30–37 °C), pH-Wert und Ionenmengen stimmen. Unersetzlich sind Magnesium-Salze in geeigneten Konzentrationen.

Unter diesen Bedingungen kopiert die RNA-Polymerase die Nucleotid-Folge des DNA-Matrizen-Stranges nach den Regeln der Basen-Paarung. Dort, wo in der DNA ein Guanin-Baustein steht, wird in der RNA ein Cytosin-Nucleotid eingebaut, und umgekehrt. Gegenüber einem Thymin in der DNA gelangt ein Adenin-Nucleotid in die RNA, und gegenüber einem Adenin- ein Uracil-Nucleotid. Uracil nimmt also in der RNA die Stelle des Thymins ein. Die RNA-Polymerase knüpft ein Nucleotid nach dem anderen an das 3′-OH-Ende einer wachsenden RNA-Kette. Dabei werden die endständigen Pyrophosphate von den Ribonucleosid-Triphosphaten abgespalten und Phosphodiester-Bindungen gebildet.

Tab. 3.2   RNA-Polymerase von *E. coli*

Untereinheit	Zahl/Molekül	Molmasse [Da]
α	2	36 512
β	1	150 618
β′	1	155 613
σ*	1	70 263

* Bakterien-Zellen haben mehrere σ-Untereinheiten, die für die Transkription unterschiedlicher Gengruppen verantwortlich sind (S. 105). Hier haben wir nur die häufigste σ-Untereinheit angegeben, aufgrund ihrer Molmasse auch ^{70}σ genannt.

RNA-Polymerase in Bakterien

Die RNA-Polymerasen einiger Bakteriophagen, etwa der Phagen T3 und T7, bestehen aus einer einzigen Polypeptid-Kette mit einer Molmasse von etwa 110 kDa. Diese RNA-Polymerasen sind hochspezialisiert und erkennen nur die Gene der zugehörigen Phagen-Genome.

Alle zellulären RNA-Polymerasen sind aus mehreren Untereinheiten aufgebaut: Die RNA-Polymerasen von Bakterien bestehen aus 5 (Tab. 3.**2**) und die RNA-Polymerasen von Eukaryoten-Zellen aus etwa 12 Untereinheiten (S. 300). Hier geht es um die RNA-Polymerase von Bakterien, genauer von *Escherichia coli*. Für eine RNA-Synthese von der Art der Abb. 3.**4** genügt ein Komplex aus zwei α-Untereinheiten und je einer β- und einer β′-Untereinheit. Man spricht vom sogenannten **Minimal- oder Core-Enzym**.

Doch für die korrekte und effiziente Transkription bakterieller Gene ist ein **Holoenzym** notwendig, das außer den Untereinheiten des Core-Enzyms noch die Sigma (σ)-Untereinheit besitzt.

Wenn die RNA-Polymerase aus Bakterien-Zellen isoliert wird, werden oft noch zusätzliche gebundene Proteine gefunden. Wie wir später sehen werden (S. 128), können manche dieser Proteine die Funktionen der RNA-Polymerase bei der Transkription von Bakterien-Genen beeinflussen. Sie haben jedoch keine signifikanten Auswirkungen auf die Grundreaktionen der Abb. 3.**4** und werden deshalb nicht zu den Bestandteilen des Holoenzyms gerechnet.

Abb. 3.4 Schema der RNA-Synthese. oben Der DNA-Doppelstrang ist im Bereich der RNA-Polymerase teilweise entwunden: Nucleotid-Folgen werden frei für die Anpassung komplementärer Nucleotide durch Basen-Paarungen. Das 3′-OH-Ende der wachsenden RNA-Kette (offenes Dreieck) bleibt über Wasserstoff-Brücken mit dem Matrizenstrang verbunden. Die Strecke dieses DNA-RNA-Hybrids ist 2–12 Basenpaare lang [aus 6]. **unten** Die großen Untereinheiten der RNA-Polymerase sind als ovale Formen gezeichnet. Sie sind Bestandteile des „ternären" oder Dreierkomplexes aus Enzym, DNA und RNA. Die RNA-Polymerase bewegt sich in Richtung des unteren waagrechten Pfeiles relativ zur DNA-Doppelhelix. Dazu sind an den gekennzeichneten Stellen (schwarze Dreiecke) komplizierte Entwindungs- und Windungsreaktionen notwendig (gebogene Pfeile). Das offene Dreieck weist auf das 3′-OH-Ende der RNA [nach 11].

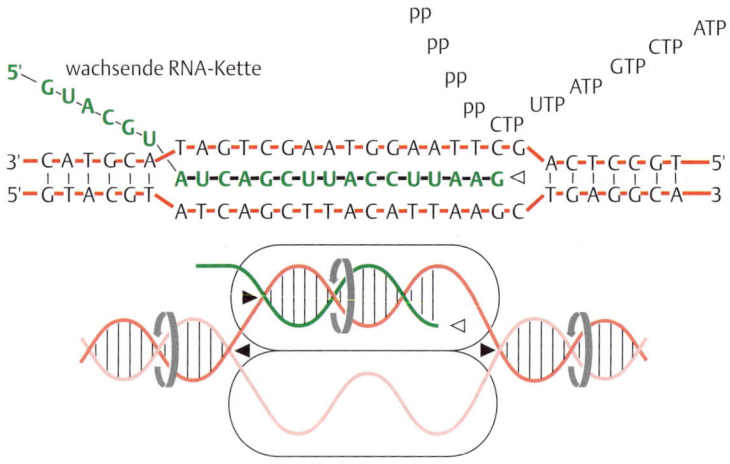

Aus Untersuchungen kennt man weitgehend die Funktionen der RNA-Polymerase-Untereinheiten:

– Die **β-Untereinheit** ist hauptsächlich für die Bindung der Nucleotide verantwortlich und spielt eine Rolle bei der Einleitung der RNA-Synthese. Letzteres kann dadurch gezeigt werden, daß das Antibiotikum Rifamycin durch Binden an die β-Untereinheit den Start der Transkription verhindert. Auch chemische Untersuchungen sprechen für eine Aufgabe am Start, denn das erste Nucleotid am 5′-Ende der RNA läßt sich kovalent an die Seitengruppe einer Aminosäure in der β-Untereinheit binden. Die β-Untereinheit ist auch an der Wechselwirkung mit der RNA beteiligt.

- Die **β′-Untereinheit** hat als wichtige Aufgabe die Bindung des Enzyms an DNA.
- Die **α-Untereinheiten** halten die Struktur des Enzyms zusammen. Wie unter anderem aus Untersuchungen über die Zusammenlagerung der getrennten Untereinheiten hervorgeht, bildet sich zuerst ein Dimer aus den beiden α-Untereinheiten, an das sich nacheinander die β-Untereinheit und die β′-Untereinheit lagern. Die α-Untereinheiten vermitteln Kontakte des Enzyms mit regulatorischen Proteinen, die den Start der Transkription bei bestimmten Bakterien-Genen beeinflussen (S. 119).
- Die **σ-Untereinheit** hat eine spezielle Aufgabe bei der Erkennung von Startstellen der Transkription von Bakterien-Genen. Um dies korrekt beschreiben zu können, müssen wir weiter ausholen.

Gen-Anfang: Der Promotor

Wie wird die RNA-Polymerase an den Gen-Anfang geleitet? Wie unterscheidet sie den Strang, der transkribiert werden soll, vom komplementären Strang?

Die RNA-Synthese sollte nicht irgendwo auf der DNA beginnen, sondern genau vor einem Gen. Es sollte auch nicht irgendein Strang transkribiert werden, sondern nur der Strang, dessen Transkript die genetische Information trägt, der **codogene oder Sinnstrang**.

Die RNA-Polymerase (Holoenzym) bindet bevorzugt an Stellen auf der DNA, die vor einem Gen-Anfang liegen. Eine solche Erkennungs- und Bindestelle nennt man **Promotor**.

Man kennt die Nucleotid-Sequenzen von einigen hundert verschiedenen Promotoren im Genom von *E. coli*. Beim Vergleich dieser Sequenzen fallen einige Regelmäßigkeiten auf (Abb. 3.**5**):

1. In dem Bereich, der etwa 10 Basenpaare stromaufwärts vor dem Start der RNA-Synthese liegt, kommt eine Sequenz von Nucleotiden vor, die eine mehr oder weniger große Ähnlichkeit mit der Folge 5′-TATAAT-3′ hat. Diese Sequenz wird gelegentlich nach ihrem Erstbeschreiber als **Pribnow-Box**, meist als **TATA-Box** oder einfach als –10-Region bezeichnet (wobei als +1 das Nucleotid am Startpunkt der RNA-Synthese angegeben wird).

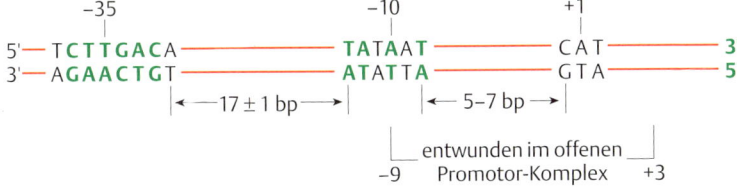

Abb. 3.5 Ein Musterpromotor des *E. coli*-Genoms. Der Abstand zwischen dem Transkriptionsstart und dem ersten Nucleotid der –10-Region beträgt 5–7 Basenpaare (bp); der Abschnitt zwischen der –10-Region und der –35-Region 17 ± 1 bp. Der untere der beiden DNA-Stränge ist der transkribierte oder „codogene" Strang, der obere der nichttranskribierte Strang [nach 13].

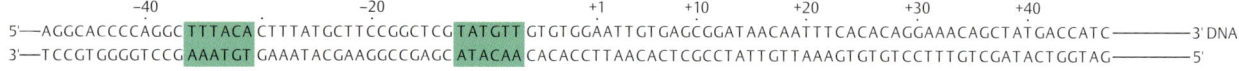

```
      -40                    -20                         +1      +10       +20       +30       +40
5'—AGGCACCCCAGGC TTTACA CTTTATGCTTCCGGCTCG TATGTT GTGTGGAATTGTGAGCGGATAACAATTTCACACAGGAAACAGCTATGACCATC————3' DNA
3'—TCCGTGGGGTCCG AAATGT GAAATACGAAGGCCGAGC ATACAA CACACCTTAACACTCGCCTATTGTTAAAGTGTGTCCTTTGTCGATACTGGTAG————5'

                                               pppAAUUGUGAGCGGAUAACAAUUUCACACAGGAAACAGCUAUGACCAUG————RNA
                                                                                          F-Met-Thr-Met————Protein
```

Abb. 3.6   Die Nucleotid-Sequenz am Anfang der *lac*-Genfolge von *E. coli*. Beachte die Abweichungen an der Transkriptions-Startstelle, an der −10- und an der −35-Region von der Konsensus-Sequenz der Abb. 3.5. Der Anfang der mRNA ist angegeben. Aus deren Sequenz kann man auf den transkribierten Sinnstrang der DNA schließen. In einem anderen Zusammenhang (S. 120) werden wir der Sequenz noch einmal begegnen und dabei auf einige weitere Strukturmerkmale eingehen [nach 9].

2. In dem Bereich, der etwa 35 Nucleotide stromaufwärts vom Start liegt (in der **−35-Region**), gibt es innerhalb eines AT-reichen Abschnitts eine zweite Folge von oft vorkommenden Nucleotiden, im Idealfall 5′-TTGACA-3′.

Diese Beziehungen sind in der Abb. 3.5 zusammengefaßt. Die dort gezeigten Verhältnisse treffen für einen Musterpromotor zu. Man spricht von einer **Konsensus-Sequenz**, weil die meisten natürlich vorkommenden Promotoren im Genom von *E. coli* in mehreren Positionen mit der Muster-Sequenz übereinstimmen.

Tatsächlich stimmt jedoch fast kein Promotor genau mit der Struktur der Konsensus-Sequenz überein. Beim Vergleich der bekannten *E. coli*-Promotoren findet man in etwa 60 % der Fälle die in der Abb. 3.5 hervorgehobenen Nucleotide an den angegebenen Stellen. Als Beispiel zeigt die Abb. 3.6 den Promotor eines speziellen Gens, und wir erkennen an mehreren Stellen in der −10- und in der −35-Region Abweichungen von der Sequenz des Musterpromotors.

Die −10- und die −35-Region sind die Grundelemente eines Promotors von *E. coli* und verwandten Bakterien, aber DNA-Abschnitte stromaufwärts und stromabwärts davon beeinflussen die Effizienz der Transkription, besonders von Genen, deren Aktivität unter dem Einfluß von Regulationsmechanismen steht (siehe Kap. 4, S. 83 ff.). Viele Bakterien-Promotoren besitzen unmittelbar stromaufwärts von der −35-Region eine AT-reiche Sequenz von 20 Basenpaaren-(UP-)Element, die die Aktivität dieser Promotoren stark erhöhen.

Wie findet die RNA-Polymerase einen Promotor? Der erste Schritt ist die (schwache) Bindung der RNA-Polymerase an irgendeine Stelle auf der Bakterien-DNA. Von dort aus gleitet sie an der DNA entlang, d. h. sie löst und bindet sich im Wechsel, bis sie auf eine Promotor-Sequenz trifft, an die sie bereitwillig und mit großer Stabilität haften bleibt.

Ereignisse am Promotor

Die σ-Untereinheit spielt eine wichtige Rolle, denn erstens verringert sie drastisch die Wechselwirkung der RNA-Polymerase mit unspezifischer DNA. Zweitens erkennt sie im Verbund des Holoenzyms die Nucleotid-Sequenzen sowohl in der −10-Region als auch in der −35-Region und vermittelt die spezifische Bindung der RNA-Polymerase an den Promotor.

Molekularbiologen haben die Folge der Ereignisse unter anderem mit Nuclease-Schutz-Experimenten untersucht. Dabei wird ein Enzym-Promotor-Komplex isoliert und unter genau kontrollierten Bedingungen mit der Endonuclease DNase I (Tab. 2.5, S. 40) behandelt. Überstehende DNA-Enden werden abgebaut, aber der Teil der DNA, an den das Enzym gebunden ist, bleibt vor dem Angriff der Nuclease geschützt. Die Länge des geschützten Teils wird mit Hilfe der Gel-Elektrophorese (Abb. 2.32, S. 38) genau vermessen. Auf Ergebnisse solcher Untersuchungen beziehen sich im wesentlichen die folgenden Aussagen (Abb. 3.7).

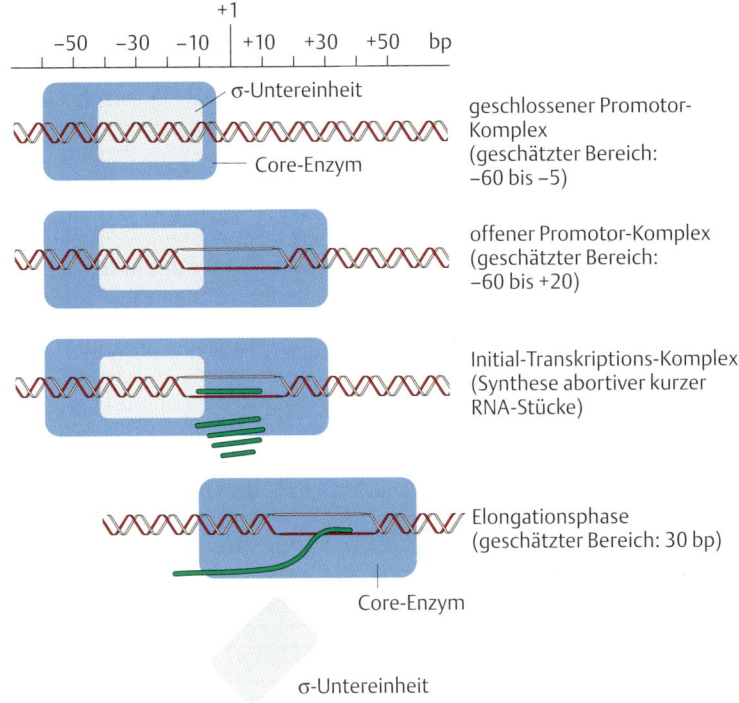

Abb. 3.7 Ereignisse am Promotor. Der Maßstab zeigt die Dimensionen des Promotors: +1 entspricht dem Nucleotid, das bei der Transkription zuerst kopiert wird. Alle Basenpaare stromabwärts – in Richtung der Transkription – erhalten positive Vorzeichen. Umgekehrt erhalten alle stromaufwärts liegenden Basenpaare negative Vorzeichen. Die Konformationen der gebundenen RNA-Polymerase sind durch Änderungen in Form und Größe des blauen Rechtecks angedeutet [nach 6].

Die einfache Bindung der RNA-Polymerase an den Promotor ist nur der erste Schritt, dem rasch der Übergang vom geschlossenen in den offenen Promotor-Komplex folgt. Damit einher geht eine Entwindung der DNA-Doppelhelix in einem Abschnitt von etwa 12 Basenpaaren um den Transkriptionsstart herum (Abb. 3.**5**). Die Konformation der RNA-Polymerase wird verändert. Diese bedeckt nun einen Abschnitt von ungefähr 80 Basenpaaren im Promotor. Der offene Promotor-Komplex bleibt im Reagenzglas über Stunden bis Tage stabil.

Die Situation ändert sich erst mit der Zugabe von Ribonucleosid-Triphosphaten. Fast immer beginnt die Transkription mit einem Purin-Nucleotid, meist mit ATP, etwas seltener mit GTP, aber oft geht die RNA-Synthese nicht über ein Stück von bis zu zehn Nucleotiden hinaus. Abhängig von der Art der Promotor-Sequenz und den Versuchsbedingungen kann sich eine solche abgebrochene RNA-Synthese vielfach wiederholen, ohne daß die RNA-Polymerase ihre Position verändert oder verläßt. Man spricht vom **Initial-Transkriptions-Komplex**.

Erst wenn die RNA-Stücke Längen von 12 oder mehr Nucleotiden erreichen, geht der Initial-Transkriptions-Komplex in den Elongations-Komplex über. Die σ-Untereinheit fällt ab, das Minimal- oder Core-Enzym verläßt den Promotor und begibt sich auf den Weg entlang des Matrizen-Stranges. Dabei nimmt die RNA-Polymerase eine neue Konformation ein, denn Nuclease-Schutz-Experimente zeigen, daß die RNA-Polymerase im Stadium der Kettenverlängerung nur noch einen DNA-Abschnitt von etwa 30 Basenpaaren bedeckt (Abb. 3.**7**).

Ereignisse am Promotor bestimmen wesentlich die Häufigkeit, mit der Gene transkribiert werden. Dabei spielen zwei Reaktionen eine Rolle:

1. Die Bindung der RNA-Polymerase an den Promotor. Als Faustregel gilt: Je mehr eine gegebene Promotor-Sequenz der Idealsequenz des Muster-Promotors (Abb. 3.**5**) gleicht, desto stärker ist der Promotor. Umgekehrt gilt: Je weiter der Promotor von der Konsensus-Sequenz abweicht, desto schwächer ist er. Die RNA-Polymerase hat größere Affinität zu starken Promotoren.

2. Die Rate, mit der die RNA-Polymerase den Promotor verläßt *(promotor clearance)*. Dies ist ein wichtiger Teilschritt, denn nur ein freier Promotor kann wieder eine neue RNA-Polymerase empfangen. Und wenn ein starker Promotor rasch frei wird, können viele RNA-Polymerasen einander auf dem Fuß folgen und gleichzeitig die Transkription eines Gens durchführen (Abb. 3.**8**).

Abb. 3.8 Schema der Transkription. Die Transkription beginnt mit dem „offenen Promotor-Komplex". Das Holoenzym führt die Entwindung eines engen Bereiches um den Startpunkt der Transkription (+1) herbei. Nach wenigen Polymerisationsschritten verläßt der σ-Faktor (Halbkreis) das Core-Enzym, das nun seinen Weg entlang des transkribierten DNA-Stranges fortsetzt. Der freigewordene Promotor wird wieder besetzt. Gleichzeitig sind mehrere RNA-Polymerasen mit der Transkription beschäftigt. Beachte, daß die RNA-Polymerasen auf ihrem Weg eine umschriebene Region entwundener DNA gleichsam wie eine Bugwelle mit sich führen.

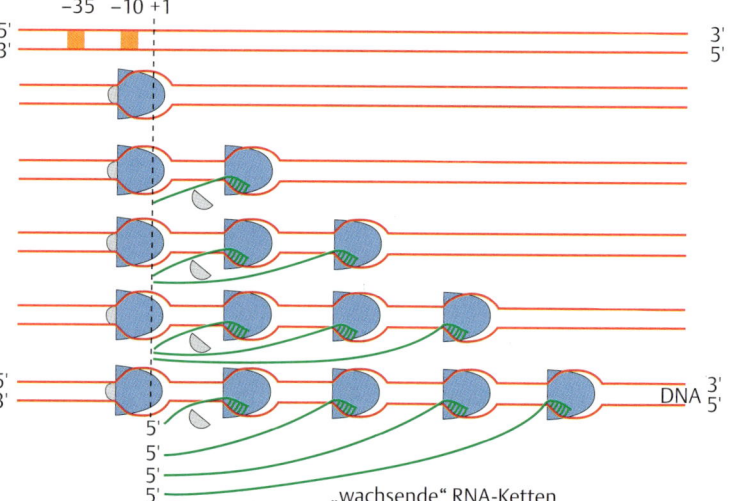

Man schätzt, daß die Hälfte der mehr als 3000 RNA-Polymerase-Moleküle einer *E. coli*-Zelle unter optimalen Lebensbedingungen mit der RNA-Synthese beschäftigt ist. Ein Viertel aller RNA-Polymerasen sitzt am Promotor, und der Rest ist unspezifisch an DNA gebunden. Nur wenige RNA-Polymerase-Moleküle, vielleicht ein Prozent, liegen frei und ungebunden in der Zelle vor.

Elongation: Verlängerung der RNA-Kette

Das Prinzip der Kettenverlängerung liegt in der ständigen Wiederholung der Reaktionsfolge: Auswahl des passenden Nucleotids, dessen Anheftung an das 3'-OH-Ende und Bewegung des Enzyms relativ zur DNA-Matrize. Dies läuft mit einer Geschwindigkeit von durchschnittlich 30–60 Nucleotiden/Sekunde bei optimalen Bedingungen (37 °C) ab.

Die Wanderung der RNA-Polymerase entlang der DNA ist jedoch nicht gleichförmig, denn – abhängig von der Nucleotid-Sequenz – kann es immer wieder zu Verzögerungen und Stillstand kommen. Um diese Probleme zu bewältigen, benötigt die RNA-Polymerase zusätzliche Elongationsfaktoren, die mit der aktiven RNA-Polymerase in Wechselwirkung treten und sie, je nach Bedarf, wieder verlassen (S. 128).

Stillstände in ihrer Wanderung bewältigt die RNA-Polymerase oft durch neue Anläufe. Ein endständiges Stück bis zu einer Länge von 9 Nucleotiden wird vom 3'-OH-Ende der RNA abgeschnitten und entfernt. Dann werden, als neuer Anlauf zur Überwindung der Blockierung, einige neue Nucleotide synthetisiert. Dazu braucht die RNA-Polymerase die Hilfsproteine Gre A und Gre B, die sich bei einem Stillstand an die RNA-Polymerase binden. Weder RNA-Polymerase noch Hilfsproteine können das Abschneiden des RNA-Endes allein durchführen. Die Funktion der Proteine Gre A und Gre B ist die Aktivierung einer Schneideaktivität des Enzyms (Abb. 3.**9**).

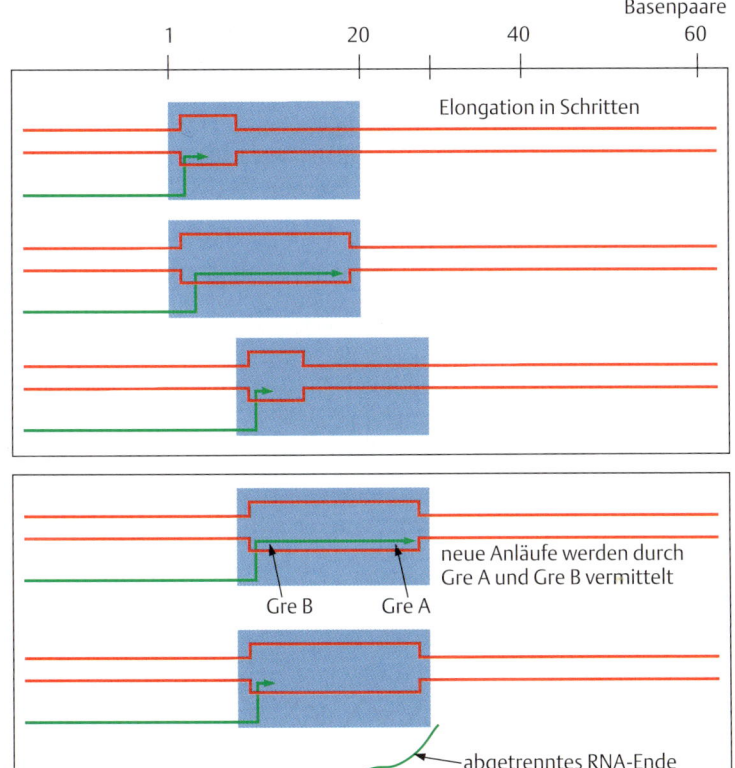

Abb. 3.9   Kettenverlängerung (Elongation). [nach 4, 10].

Die Abtrennung von bis zu 9 Nucleotiden RNA-Stücken setzt eine enge Bindung des wachsenden RNA-Endes mit dem Enzym voraus. Entsprechende Experimente zeigen, daß die isolierte RNA-Polymerase – auch in Abwesenheit von DNA – effizient an RNA binden kann.

Solche experimentellen Beobachtungen fügen sich zu einem Reaktionsschema der Elongation zusammen (Abb. 3.**9**). Die wesentlichen Merkmale sind:
- Der Synthese- und RNA-Bindeort des Enzyms enthält zu Beginn eines Synthesezyklus das 3'-OH-Ende, an das nacheinander bis zu 10 Nucleotide angeheftet werden.

– Damit ist der Syntheseort gefüllt und die RNA-Polymerase bewegt sich um die entsprechende Strecke relativ zur DNA-Matrize (**Translokation**). Das 3′-OH-Ende liegt jetzt wieder an einem Ende des leeren Syntheseortes, der erst wieder gefüllt wird, bevor die nächste Translokation erfolgt.

Termination

Das Ende eines Transkriptionsabschnittes auf der DNA bezeichnet man als Terminator. Dort kommt die RNA-Polymerase zum Stillstand. Es folgt eine Ablösung von RNA und Enzym. Bei *E. coli* unterscheidet man zwei Arten der Termination:

1. **Einfache (oder Rho-unabhängige) Termination**, die im wesentlichen durch die Sequenz von DNA oder RNA bestimmt wird. Eine solche Sequenz findet sich am Ende vieler Transkriptionsabschnitte im Bakterien-Genom. Sie besteht aus Folgen von GC-Nucleotiden mit einem anschließenden Block von Adenin-Resten. Nach der Transkription kann sich dann in der gerade synthetisierten RNA eine Doppelstrang-Struktur bilden mit einem Stamm aus 4–10 GC-Basenpaaren und einer Schleife von 3–8 Nucleotiden (Abb. 3.**10**). Vermutlich lagert sich der RNA-Doppelstrang an den Syntheseort der RNA-Polymerase und verändert dadurch die Konformation des Enzyms, so daß der ternäre Komplex aus Enzym, RNA und DNA auseinanderfällt. Die Effizienz der Reaktion hängt von der Sequenzumgebung in der RNA ab und wird durch Protein-Faktoren beeinflußt, wie wir an geeigneter Stelle im Kap. 4 (S. 128) genauer besprechen wollen.

2. **Rho-abhängige Termination.** Das Rho-Protein (oder Rho-Faktor) besteht aus sechs identischen Untereinheiten mit einer Molmasse von je etwa 50 kDa. Es bindet an die gerade gebildete RNA in der Nähe des Terminators (Abb. 3.**11**) und vermittelt die Ablösung der RNA vom Enzym und von der DNA. Dazu ist die Bereitstellung biologischer Energie in Form von ATP-Spaltung notwendig. Eine Funktion des Rho-Proteins ist die Trennung von Wasserstoff-Brücken zwischen komplementären DNA- und RNA-Strängen (Helikase). Letzteres mag die Terminations-Funktion des Proteins beeinflussen.

Abb. 3.10 Haarnadelförmige Sekundärstruktur im 3′-Nichtkodierungsbereich einer bakteriellen mRNA. Das hervorgehobene Triplett UAA deutet das Ende des Kodierungsabschnittes an (S. 71).

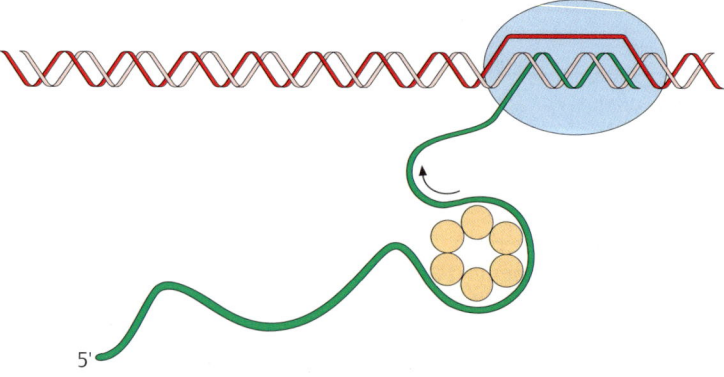

Abb. 3.11 Rho-Protein und Termination. Das Rho-Protein, ein Hexamer aus identischen Untereinheiten, lagert sich an einen wenig strukturierten Bereich der RNA-Kette. Nach der Bindung an RNA kann das Rho-Protein ATP spalten (RNA-abhängige ATPase), und das ist eine Voraussetzung für seine Funktion als Terminationsprotein [nach 8].

Stabile und nichtstabile RNA

Die Geschwindigkeit der RNA-Synthese liegt bei 30–60 Polymerisationsschritten in der Sekunde (bei 37°C). Alle Klassen von RNA, also mRNA, rRNA und tRNA, werden in *E. coli*-Zellen mit etwa gleicher Rate synthetisiert. Trotzdem ist nur ein Anteil von 5–10% der Gesamt-RNA einer Bakterien-Zelle vom Typ der mRNA , 75–80% ist rRNA, der Rest tRNA. Auf den ersten Blick sind diese Werte auch deswegen erstaunlich, weil zu einer gegebenen Zeit 1000 oder mehr proteinkodierende *E. coli*-Gene transkribiert werden und mRNA liefern, während nur höchstens sieben rRNA-Gene und vielleicht 50 tRNA-Gene transkribiert werden (siehe S. 105).

Die Diskrepanz wird deutlich, wenn man den momentanen Status der Transkriptionsaktivität einer Bakterienkultur mit der Menge an vorhandener RNA vergleicht, wie es im Experiment der Abb. 3.**12** getan wird. Den „momentanen Status der Transkriptionsaktivität" kann man zum Beispiel mit einem Pulsmarkierungs-Experiment messen (siehe Box).

Man muß aus Experimenten von der Art der Abb 3.**12** schließen: mRNA wird bald nach ihrer Synthese wieder abgebaut; dagegen bleiben rRNA und tRNA für längere Zeit erhalten. Die letztgenannten RNA-Arten werden deswegen auch als **stabile** RNA und die mRNA als **nichtstabile** RNA bezeichnet.

Die Halbwertszeit des Überlebens durchschittlicher bakterieller mRNA liegt tatsächlich nur im Bereich von wenigen Minuten, meist 0,5–2 Minuten. Dies mag verschwenderisch erscheinen. Es hat aber für die Bakterien den Vorteil der größeren Flexibilität, denn die Bakterienzellen können ihr genetisches Programm rasch umstellen. Neue Transkripte können produziert werden und in der Zelle zu wirken beginnen, ohne daß ihr Effekt für längere Zeit von der Aktivität vorhandener mRNA überdeckt wird.

Die *stabilen* RNA-Arten sind Bestandteile des Proteinsynthese-Apparates. Bevor wir auf die Protein-Synthese zu sprechen kommen, wollen wir zunächst die Struktur und Funktion der stabilen RNAs, tRNA und rRNA, kennenlernen.

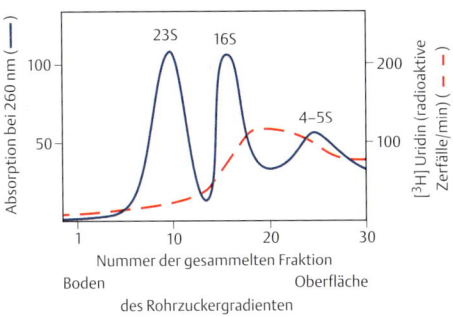

Abb. 3.12 Pulsmarkierung mit [³H]-Uridin. Die RNA wird durch Sucrose-Gradienten-Zentrifugation (S. 34) aufgetrennt. In jeder einzelnen Fraktion wird bestimmt:
– Radioaktivität im Szintillationszähler (als Maß für die Syntheserate),
– Absorption des ultravioletten Lichtes bei 260 nm (als Maß für die Gesamtmenge an RNA).

Methode

Pulsmarkierungs-Experiment. Einer Bakterienkultur wird für einige Minuten ein radioaktiv markierter RNA-Baustein, beispielsweise [³H]-Uridin, zugegeben. Das radioaktiv markierte Nucleosid wird in der Zelle rasch in das entsprechende Nucleosidtriphosphat umgewandelt und, gemeinsam mit nichtradioaktiven Nucleotiden, in wachsende (und nur in wachsende) RNA-Ketten eingebaut. Nach der kurzzeitigen („Puls")-Markierung wird die RNA aus den Zellen extrahiert und analysiert, z. B. durch Gradienten-Zentrifugation (s. S. 34). Die radioaktive RNA sedimentiert in einem breiten Bereich von 4–20S und besteht demnach aus einem weiten Spektrum von RNA-Molekülen verschiedener Größen. Weitergehende Untersuchungen zeigen, daß die radioaktiv markierte RNA hauptsächlich aus mRNA verschiedener Längenklassen zusammengesetzt ist. Doch die Hauptmenge der vorhandenen RNA findet man in klar definierten, einheitlichen Größenklassen, nämlich als 23S- und 16S rRNA sowie als 5S rRNA und als tRNA. Die beiden letzteren RNA-Arten sind im Experiment der Abb. 3.**12** allerdings nicht voneinander getrennt, weil die tRNA einen Sedimentationskoeffizienten von 4S hat und deswegen in den gleichen Fraktionen erscheint wie die 5S rRNA.

Transfer-RNA und die Aktivierung von Aminosäuren

Wie beschrieben, werden die Deoxynucleotid-Folgen von Genen mit Hilfe der RNA-Polymerase in eine Folge von Ribonucleotiden umgeschrieben und dem Proteinsynthese-Apparat zur Verfügung gestellt. Die Reihenfolge der Nucleotide bestimmt dabei als eine Art Bauplan die Reihenfolge der Aminosäuren im Protein. Bei dem Prozeß der Übersetzung des RNA-Codes in die Sprache der Proteine nehmen die tRNAs eine zentrale Funktion ein, denn sie dirigieren die richtigen Aminosäuren an die von der mRNA-Sequenz vorgegebene Position.

Dazu haben die tRNAs zwei besondere Strukturelemente. Sie besitzen, erstens, eine exponierte Dreiergruppe von Nucleotiden, die mit der komplementären Folge von Nucleotid-Tripletts auf der mRNA Wasserstoff-Brückenbindungen eingeht, und zweitens haben sie eine Stelle, an die eine spezifische Aminosäure gebunden wird.

Die Dreiergruppe von Nucleotiden auf der tRNA nennt man **Anticodon**, weil sie komplementär zum Codon in der mRNA ist. Da es über 60 verschiedene Codons gibt, muß es auch über 60 verschiedene tRNA-Arten geben, mindestens je eine für jedes einzelne Codon. Jeder tRNA-Art muß genau eine Aminosäure zugeordnet sein. Weil es 20 Aminosäuren gibt, aber über 60 verschiedene tRNA-Arten, können wir schließen, daß manche tRNA-Arten die gleichen Aminosäuren übertragen. Man spricht von **synonymen tRNA-Arten**.

Zur Unterscheidung bezeichnet man eine tRNA nach ihrer zugehörigen Aminosäure. Beispielsweise notiert man die Leucin-spezifische tRNA als $tRNA_1^{Leu}$, $tRNA_2^{Leu}$ usw.

Wir haben gesehen, daß 10–15 % der Gesamt-RNA einer Bakterien-Zelle aus tRNA bestehen. Daraus kann man auf eine Zahl von etwa 400 000 tRNA-Molekülen pro Bakterien-Zelle schließen. Wir wollen uns einen Eindruck von ihrer Struktur und Funktion machen.

Struktur der tRNA

Inzwischen kennt man die Nucleotid-Folgen von vielen hundert verschiedenen tRNAs aus zahlreichen Bakterien-, Pilz-, Tier- und Pflanzenarten. Sie sind aus 74–94 Ribonucleotid-Bausteinen aufgebaut. Eine merkwürdige Eigenart der Nucleotid-Folge wird sichtbar, wenn man versucht, die größtmögliche Zahl von Basen-Paarungen zwischen den einzelnen Nucleotiden innerhalb eines tRNA-Moleküls zu formulieren.

Es ergibt sich dann die charakteristische Sekundärstruktur von tRNA, die Kleeblatt-Form. In Abb. 3.**13** sind einige tRNA-Arten von *E. coli* abgebildet.

Beim Vergleich der Sekundärstrukturen vieler tRNAs erkennt man Gemeinsamkeiten (Abb. 3.**14**):
– 5′- und 3′-Ende sind über einen 7-Basenpaar-Stamm aneinandergebunden. Das 3′-Ende überragt den Stamm mit der charakteristischen Folge CCA. Die Aminosäure wird an den endständigen Adenosin-Baustein geheftet. Deswegen nennt man diesen Arm des Moleküls den **Akzeptor**-(Empfänger-)Arm.
– Das Anticodon liegt im Zentrum der 7-Nucleotid-Schleife des **Anticodon**-Arms.
– Der linksgelegene **D-Arm** enthält das ungewöhnliche Dihydrouridin und besteht aus einem Stamm und einer Schleife variabler Länge.

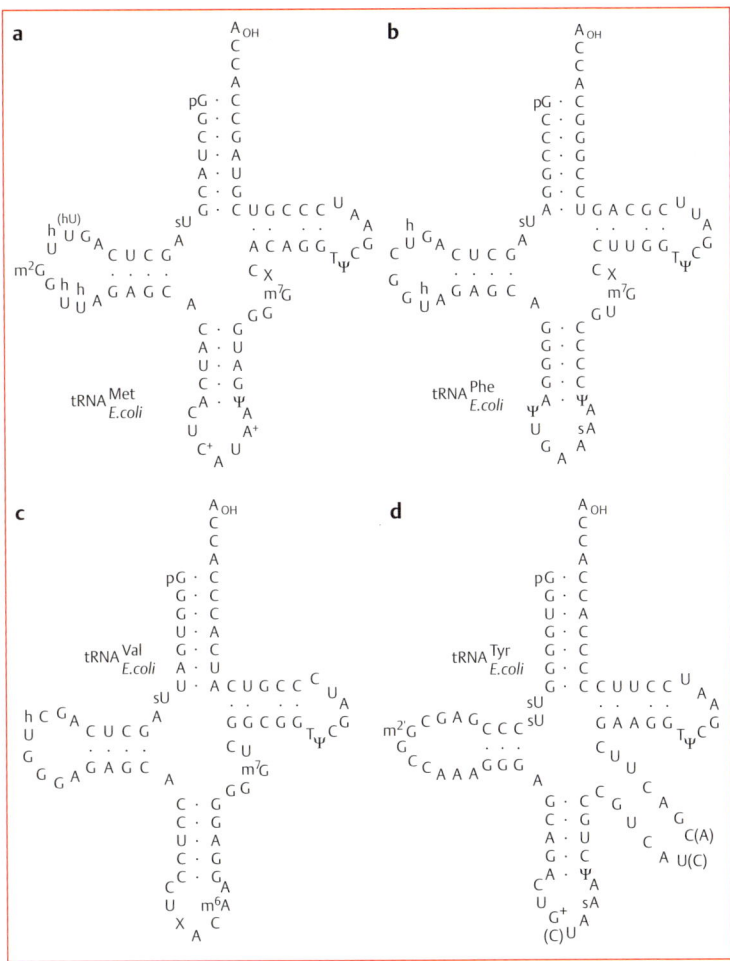

Abb. 3.13 Sekundärstruktur von tRNAs.

- Der rechtsgelegene Arm hat einen 5-Basenpaar-Stamm und eine 7-Nucleotid-Schleife. Weil dieser Arm immer eine Folge von Nucleotiden mit Thymidin, Pseudouridin, Cytosin (TΨC) enthält, nennt man ihn den **T-Arm** oder den (TΨC)-Arm.
- Zwischen dem Anticodon-Arm und dem T-Arm liegt eine Schleife, deren Länge von tRNA-Art zu tRNA-Art verschieden ist. Deswegen spricht man von der variablen Schleife oder der **V-Schleife**.

Bei der Aufzählung der gemeinsamen Strukturmerkmale der tRNA mußten wir schon eine weitere Besonderheit der tRNA vorwegnehmen: Etwa 10 % aller Nucleoside weichen von der Struktur der Standard-Nucleoside ab, d. h. sie sind modifiziert. Modifizierte Nucleotide sind nicht statistisch über das Molekül verteilt. Das Vorkommen von Dihydrouridin kennzeichnet zum Beispiel den D-Arm, so wie Pseudouridin und Thymidin den T-Arm kennzeichnen. Die Verteilung modifizierter Basen im Vergleich zahlreicher tRNAs von *E. coli* ist in der Abb. 3.**14** wiedergegeben. Wir sehen, daß viele modifizierte Basen in der Umgebung des Anticodons vorkommen.

Abb. 3.14 Sekundärstruktur von tRNA: Gemeinsamkeiten und Unterschiede. Zur besseren Verständigung unter den tRNA-Forschern wurde ein Numerierungssystem eingeführt. Das 5′-Guanin-Nucleotid hat die Nummer 1, das darauffolgende Nucleotid die Nummer 2 usw. Die Länge des D-Arms ist bei den verschiedenen tRNAs unterschiedlich. Deswegen muß hier die Numerierung flexibel sein: auf das Nucleotid 20 können die Nucleotide 20A und 20B folgen. Entsprechendes gilt für die variable Schleife, wo auf das Nucleotid 47 die Nucleotide 47A, 47B usw. folgen können. Stellen, an denen bestimmte Standard-Nucleotide in fast allen tRNAs vorkommen, sind mit den Buchstaben A, G, C oder U gekennzeichnet. R steht für eines der Purin-Nucleotide A oder G, während Y für eines der Pyrimidin-Nucleotide C oder U steht. Ein Kennzeichen von tRNA ist das Vorkommen von ungewöhnlichen Nucleosid-Bausteinen wie Dihydrouridin (D), Ribothymidin (T) oder Pseudouridin (Ψ). Einzelne tRNA-Arten unterscheiden sich durch das Vorkommen verschieden modifizierter Basen (s. auch Abb. 3.**13**), deren Positionen im tRNA-Molekül angegeben sind. Über deren Funktion ist jedoch bisher wenig bekannt [nach 24].

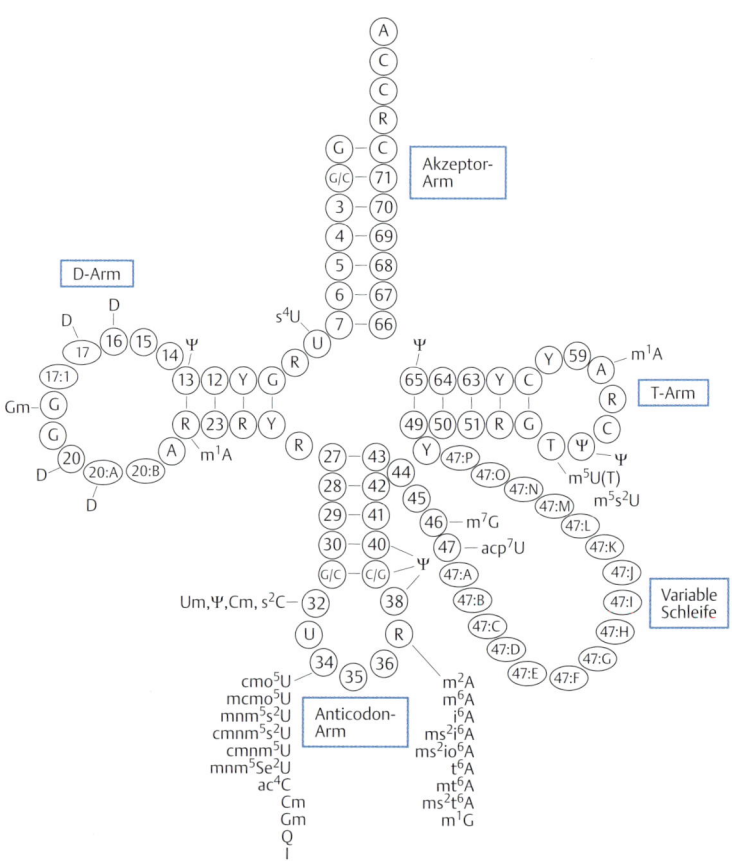

Abb. 3.15 Einige modifizierte tRNA-Basen.

Ribothymidin (T)

Pseudouridin (ψ)

4-Thiouridin (S⁴U)

Dihydrouridin (D)

3-Methylcytidin (m³C)

Inosin (I)

N⁶-Isopentenyladenosin (i A)

Queuosine (Q)

Es gibt mindestens 30 verschiedene Modifikationen in den tRNAs von *E. coli*. Nur wenige davon zeigen wir in der Abb. 3.15. Wir können uns auf diese Auswahl beschränken, denn gegenwärtig ist über die Funktion der modifizierten Basen in der tRNA nicht viel bekannt. Sicher ist, daß ein Ausfall einer Modifikation in den meisten Fällen nicht tödlich für eine Bakterienzelle ist, denn man kennt Mutationen, denen das eine oder andere Enzym fehlt, welches die Modifikation in die tRNA einführt. Solche Mutanten sind im allgemeinen wenig in ihrer Lebensfähigkeit beeinträchtigt. Genauso sicher ist aber, daß viele Basen-Modifikationen einen positiven Einfluß auf die Effizienz und Genauigkeit der Protein-Synthese haben. Sie beeinflussen in manchen Fällen auch die Präzision, mit der die richtige Aminosäure an die tRNA geknüpft wird. Die Modifikationen haben also eher eine Funktion bei der Feineinstellung des Proteinsynthese-Apparates und nicht so sehr bei dem allgemeinen Ablauf der Aminosäure-Verknüpfung. Auch bestehen zahlreiche und noch längst nicht ganz erforschte Wechselbeziehungen zwischen der Synthese der modifizierten Basen und Ereignissen im intermediären Stoffwechsel, bei der Regulation des Zellwachstums und der Entwicklung.

Die **Kleeblatt-Form** gibt die Struktur der tRNA nur stark vereinfacht wieder. Aus Röntgenstruktur-Untersuchungen kennt man nämlich die dreidimensionale Anordnung der Nucleotid-Kette (Abb. 3.**16**). Diese zeigen, daß die tRNA eher die Form eines umgekehrten und verbogenen L hat, eine Struktur, die durch mehrere, auch ungewöhnliche Wasserstoff-

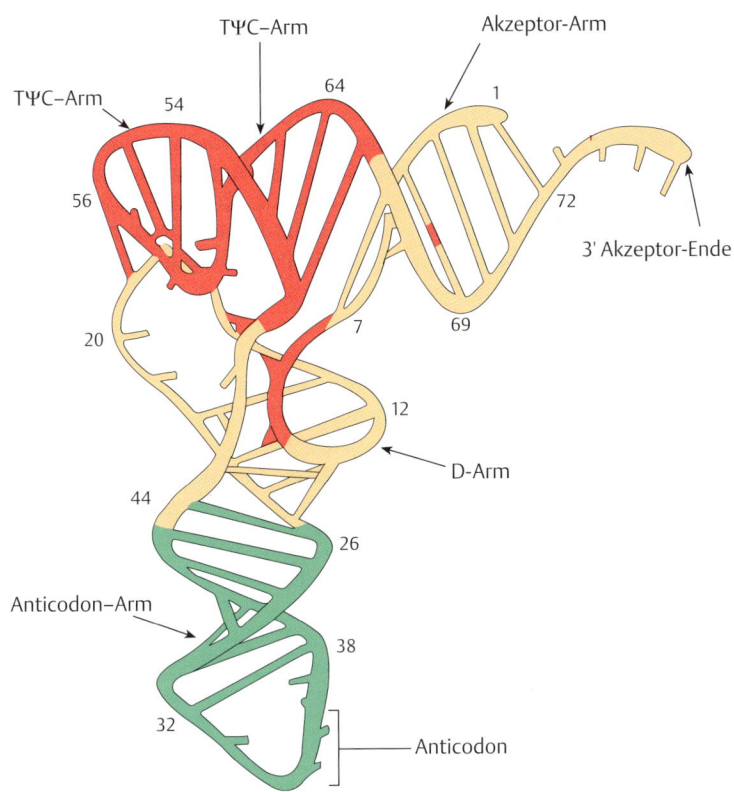

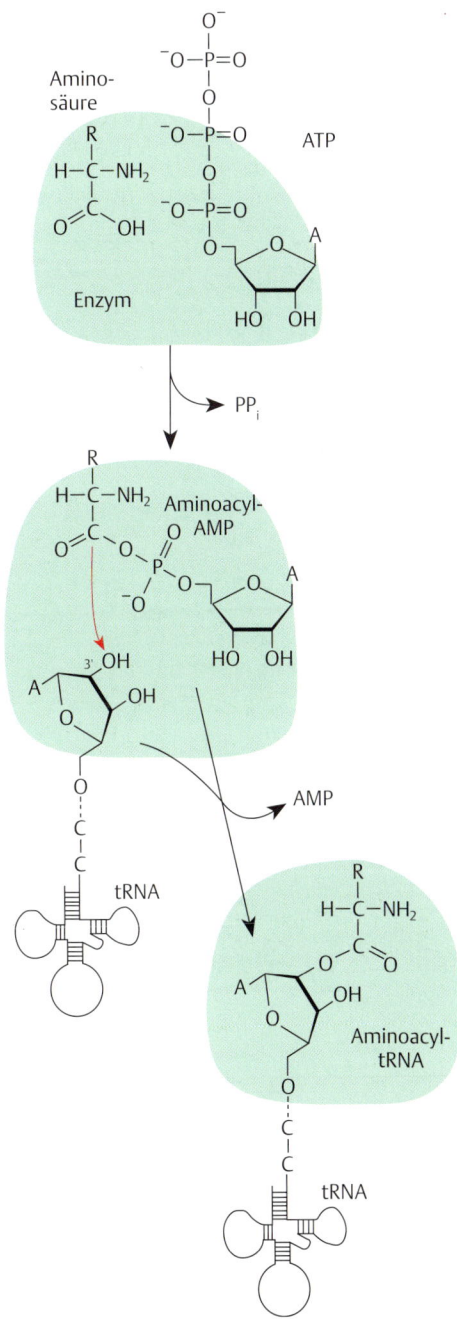

Abb. 3.16 Dreidimensionale Struktur einer tRNA. Ein allgemeines Bild der Struktur mit dem durchgehenden Phosphodiester-Band und den intramolekularen Basenpaaren [nach 19].

Brücken aufrechterhalten wird. Für uns ist hierbei vor allem wichtig, daß der Anticodon-Arm und der Akzeptor-Arm auch in der dreidimensionalen Struktur an den äußersten Enden des Moleküls liegen.

Beladung der tRNA

Die Anheftung von Aminosäuren an das 3′-OH-Ende der tRNA ist ein genetischer Prozeß von zentraler Bedeutung. Es ist der erste und entscheidende Schritt bei der Verwertung des RNA-Codes für die Herstellung von Proteinen.

Die Beladung von tRNAs mit Aminosäuren wird durch eine Klasse von Enzymen mit der allgemeinen Bezeichnung **Aminoacyl-tRNA-Synthetasen** durchgeführt. In allen Zellen gibt es 20 verschiedene Synthetasen, je eine für jede Aminosäure, also eine Alanyl-tRNA-Synthetase, eine Glycyl-tRNA-Synthetase, eine Histidyl-tRNA-Synthetase usw.

Alle Aminocyl-tRNA-Synthetasen führen im wesentlichen die gleichen Reaktionen aus (Abb. 3.**17**):
- ATP, Aminosäure und tRNA lagern sich an das Enzym, und unter Spaltung von ATP entsteht zuerst ein Aminoacyl-Adenylat (Aminoacyl-AMP).

Abb. 3.17 Beladung einer tRNA mit einer Aminosäure. Schema des Reaktionsablaufs am Enzym.

– Das enzymgebundene Aminoacyl-Adenylat reagiert dann mit der tRNA, wobei ein Aminoacyl-Ester mit einer der beiden Hydroxy-Gruppen in der Ribose des endständigen Adenosins entsteht.

Obwohl alle Synthetasen die gleichen Reaktionen katalysieren, unterscheiden sie sich beträchtlich in Sequenz, Größe und Struktur (Tab. 3.**3**). Ein Vergleich soll das illustrieren: Die kleine Cysteyl-tRNA-Synthetase besteht aus einer Untereinheit mit 461 Aminosäuren, die große Alanyl-tRNA-Synthetase dagegen aus vier identischen Untereinheiten, je aufgebaut aus 875 Aminosäuren.

Tab. 3.3. Aminoacyl-tRNA-Synthetasen von *E. coli*

Klasse I		Klasse II	
Spezifität	Untereinheiten*	Spezifität	Untereinheiten
Arginin	577 (M)	Alanin	875 (T)
Cystein	461 (M)	Asparagin	467 (D)
Glutaminsäure	471 (M)	Asparaginsäure	590 (D)
Glutamin	551 (M)	Glycin	303/689 (T, $\alpha_2\,\beta_2$)
Isoleucin	939 (M)	Histidin	424 (D)
Leucin	860 (M)	Lysin	505 (D)
Methionin	676 (D)	Phenylalanin	327/795 (T, $\alpha_2\,\beta_2$)
Tyrosin	424 (D)	Prolin	527 (D)
Tryptophan	334 (D)	Serin	430 (D)
Valin	951 (M)	Threonin	624 (D)

* Die Größen sind als Anzahl der Aminosäuren/Untereinheit angegeben. Beachte, daß alle Klasse-II-Synthetasen aus mehr als einer Untereinheit aufgebaut sind (D = Dimer; T = Tetramer), während viele Klasse-I-Enzyme Monomere (M) sind [aus 5].

Während sich also die Synthetasen mit unterschiedlichen Aminosäure-Spezifitäten drastisch voneinander unterscheiden, ist die Struktur jeder gegebenen Synthetase in der Evolution hoch konserviert. So sind zum Beispiel die Aminosäure-Sequenzen in manchen Abschnitten der Glutaminyl-tRNA-Synthetase von Bakterien und Säugetieren bis zu 70% identisch. Aus diesen Beobachtungen hatte man zwei Schlüsse gezogen. Erstens, die Synthetasen gehören zu den ältesten Proteinen, die mit der Ausbildung des genetischen Codes, also ganz zu Beginn des Lebens auf der Erde, entstanden sind. Zweitens, für jede Aminosäure hat sich eine eigene Synthetase entwickelt.

Die Annahme, für jede Aminosäure habe sich eine eigene Synthetase entwickelt, läßt sich heute nicht mehr aufrechterhalten. Mit der Kenntnis der Primärstruktur aller Synthetasen und vor allem mit der Aufklärung der dreidimensionalen Struktur einiger Synthetasen (Abb. 3.**18**) lassen sich zwei Klassen unterscheiden:
– Die **Klasse-I-Synthetasen** besitzen an ihrem aktiven Zentrum eine sogenannte *Rossman-Schleife* aus alternierenden α-Helices und β-Strängen für die Bindung von ATP, ähnlich der ATP-Bindestelle in anderen ATP-verwertenden Enzymen. Merkmale dieser Struktur sind die sogenannten Signatur-Sequenzen HIGH und KMSKS (Ein-Buchstaben-Abkürzungen für kurze Aminosäure-Sequenzen). Klasse-I-

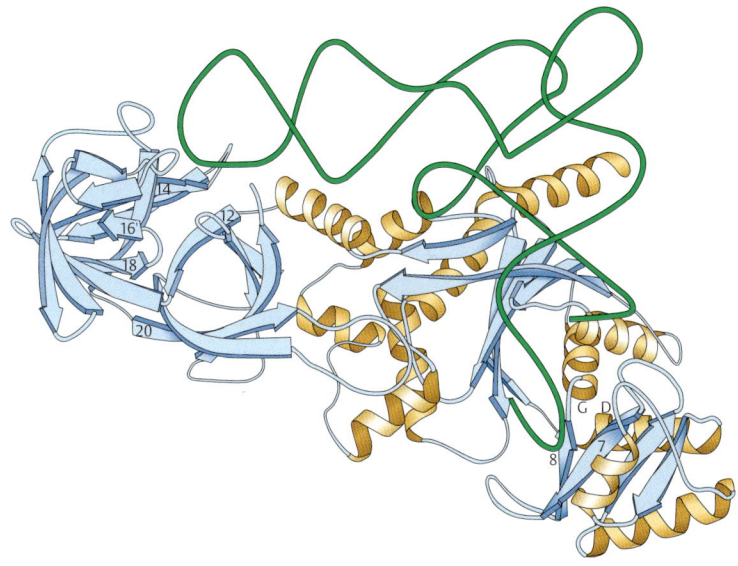

Abb. 3.18 Komplex aus tRNA und Glutaminyl-tRNA-Synthetase. Dieses Bild ist eine vereinfachte Darstellung der dreidimensionalen Struktur, aber es zeigt deutlich den engen Kontakt zwischen Enzym und tRNA (das Ribose-Phosphat-Rückgrat als grüne Linie), insbesondere die Lage von Anticodon-Arm links und Akzeptor-Arm rechts, wo sich die Identitätszeichen der tRNA^{Gln} befinden [nach 20].

Synthetasen heften die Aminosäuren an die 2′-OH-Gruppe der endständigen Ribose in der tRNA an.
– Die **Klasse-II-Synthetasen** haben diese Sequenzen nicht und ein ganz anders geformtes aktives Zentrum. Sie binden die Aminosäure an die 3′-OH-Gruppe der endständigen Ribosen. Aus dem Vorkommen von zwei Enzym-Klassen muß man schließen, daß zu Beginn der Evolution zwei verschiedene Ur-Synthetasen vorlagen, die dann im Laufe der Zeit zunehmende Spezialisierungen erfahren haben.

Woran erkennt eine gegebene Synthetase die zu ihr passende tRNA? Dieser Schlüsselfrage sind viele Experimente und theoretische Betrachtungen gewidmet worden. Biochemische und genetische Untersuchungen sind entscheidend durch die Aufklärung der dreidimensionalen Formen von Enzym-tRNA-Komplexen ergänzt worden. Struktur-Untersuchungen zeigten nämlich einen engen Kontakt der Synthetase mit der gesamten Länge der tRNA (Abb. 3.**18**). Mit anderen Worten: Das Enzym kann gleichzeitig mit verschiedenen Bereichen der tRNA in spezifische Wechselwirkung treten.

In vielen systematischen Untersuchungen hat man die Erkennungs- oder Identitätszeichen auf den tRNAs herausgefunden, die Grundlage für die spezifische Wechselwirkung mit der jeweils zugehörigen Synthetase sind (Abb. 3.**19**). Synthetasen müssen nicht nur die richtige tRNA an ihren Identitätszeichen erkennen, sondern auch die richtige Aminosäure. Erst wenn beides paßt, kann die Beladungsreaktion erfolgreich ablaufen. Dabei passieren Fehler, die bei manchen Synthetasen durch eine Korrektur-Lesefunktion beseitigt werden. Die Valyl-tRNA-Synthetase heftet zum Beispiel mit einer Häufigkeit von immerhin 1 % die Aminosäure Threonin an tRNA^{Val}. Dies wäre eine unerträglich hohe Fehlerrate, wenn sich das Enzym nicht, wie auch andere Synthetasen in vergleichbarer Situation, dagegen schützen könnte. Die Enzyme können über eine schwache Esterase-Aktivität die falsch übertragene Aminosäure entfernen, um dann einen neuen Anlauf zu beginnen. Die Korrektur kann die Ablösung der falschen Aminosäure von der tRNA betreffen,

Abb. 3.19   Identitätszeichen auf tRNAs. Woran erkennt eine Synthetase die passende tRNA? Die spezifische Wechselwirkung von Synthetase und tRNA erfolgt an einigen wenigen Stellen auf der tRNA. Erkennungszeichen kommen bevorzugt am Anticodon und im Akzeptor-Arm vor. Aber im einzelnen gibt es Unterschiede bei den verschiedenen Synthetasen (angegeben in der Ein-Buchstaben-Abkürzung von Aminosäuren). Beispiele: Die Alanyl-tRNA-Synthetase (A) reagiert mit Nucleotiden in der variablen Schleife, am Akzeptor-Stamm und an der Posititon 73; die Glutaminyl-tRNA-Synthetase (Q) benötigt für die spezifische Wechselwirkung mit der zugehörigen tRNA die Nucleotide am Anticodon, am Akzeptor-Stamm und an der Position 73 [nach 21].

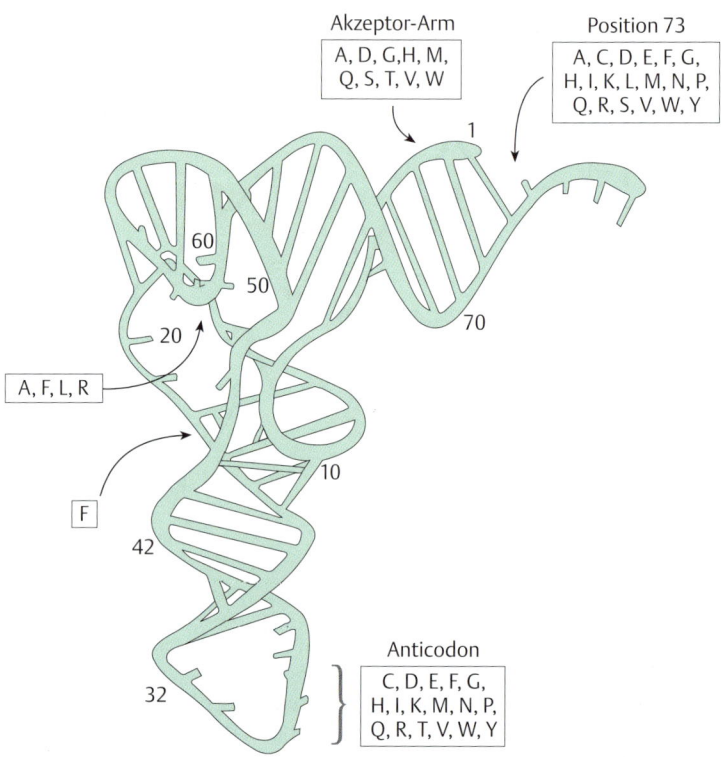

wie im genannten Beispiel, oder die Spaltung eines nicht korrekten Aminoacyl-AMP, wie es für die Isoleucyl-tRNA-Synthetase gezeigt werden konnte.

Translation: Ribosomen und Protein-Synthese

Wie gesagt, überbringen mRNA's die genetische Information von der DNA zum Proteinsynthese-Apparat, und die beladenen tRNAs tragen die Aminosäuren herbei. Im folgenden geht es um die Verknüpfung der Aminosäuren zu einer geordneten Reihe. Einfach zusammengefaßt, erfolgt die Übersetzung (Translation) einer linearen Basen-Sequenz in die Folge von Aminosäuren eines Peptids in zwei Schritten:
1. spezifische Wechselwirkung von Codon in der mRNA und Anticodon in der beladenen tRNA.
2. Ausbildung der Peptid-Bindung zwischen den Aminosäuren auf benachbart gelegenen tRNAs.

In Wirklichkeit ist dieser Prozeß von geradezu verwirrender Komplexität. Das zeigt sich daran, daß mehr als 100 verschiedene Makromoleküle – Proteine und RNA – an der Protein-Synthese beteiligt sind. Deswegen ist es nicht erstaunlich, daß das Kapitel Protein-Synthese, trotz einer 30 Jahre währenden Forschungsgeschichte, noch viele Geheimnisse birgt. Aber die wesentlichen Ereignisse lassen sich gut beschreiben. Im Mittelpunkt jeder Beschreibung steht das Ribosom, wo sich mRNA und beladene tRNAs treffen.

Ribosomen: Eine kurze Beschreibung

> Obwohl es viele und wichtige Unterschiede im Detail gibt, haben die Ribosomen aller Organismen zwei gemeinsame Eigenschaften:
> 1. Alle Ribosomen bestehen aus zwei Untereinheiten.
> 2. Sie sind aus RNA und Proteinen zusammengesetzt.

Eine Bakterien-Zelle hat etwa 20 000 Ribosomen, die insgesamt fast ein Drittel der gesamten Zellmasse ausmachen. Die Präparation von Ribosomen schließt üblicherweise eine Zentrifugation in der Ultrazentrifuge ein. Wenn dies bei niedriger Konzentration von Magnesium-Salzen (etwa 1 mM) erfolgt, kann man leicht zwei unterschiedlich große Partikel identifizieren (Abb. 3.**20** und 3.**21**). Die große Untereinheit sedimentiert mit 50S und die kleine mit 30S im Schwerefeld der Ultrazentrifuge (S. 34). Man spricht daher von der 50S- und der 30S-Untereinheit. Bei höherer Konzentration an Magnesium-Salzen (etwa 5 mM) lagern sich die Untereinheiten zum intakten 70S-Ribosom zusammen.

Jede ribosomale Untereinheit besteht aus rRNA (ribosomaler RNA) und Proteinen. Die kleine Untereinheit des bakteriellen Ribosoms ist aus der 16S rRNA mit 1542 Nucleotiden und 21 verschiedenen Proteinen, den ribosomalen Proteinen S1 bis S21, aufgebaut (Abb. 3.**22** und 3.**23**). Die große Untereinheit hat zwei rRNA-Arten, eine 23S rRNA aus 2904 Nucleotiden und eine 5S rRNA aus 120 Nucleotiden. Dazu kommen 33 Proteine, die ribosomalen Proteine L1 bis L36. Der Unterschied zwischen der Zahl und der Bezeichnung der Proteine hat historische Gründe, denn erst nach der Namensgebung stellte man fest, daß das Protein L7 und das Protein L12 identisch sind, wobei L12 allerdings eine Acetyl-Gruppe am Amino-Ende trägt. Das ursprünglich als L8 bezeichnete Protein stellte sich als Komplex aus anderen ribosomalen Proteinen heraus (siehe Abb. 3.**22**). Schließlich ist das Protein L26 identisch mit dem Protein S20, das sowohl in der großen als auch in der kleinen Untereinheit vorkommen kann.

Ein Kennzeichen ribosomaler RNA ist die Fähigkeit zur Ausbildung ausgedehnter intramolekularer Doppelhelix-Bereiche (Abb. 3.**24**), die sich dann wieder zu definierten dreidimensionalen Strukturen falten können. Diese Eigenschaft ist für die Funktion des Ribosoms entscheidend wichtig. Früher hat man oft angenommen, daß die rRNA nichts anderes als eine Art Gerüst für die Anlagerung der ribosomalen Proteine ist. Aber heute weiß man, daß mRNA und tRNA durch Bindung an rRNA in funktionell wichtige Positionen geleitet werden.

In der Abb. 3.**24** (siehe S. 66) sehen wir als Beispiel die Sekundärstruktur der 16S rRNA, in der einige Kontaktpunkte mit der tRNA eingetragen sind. Die Kontaktpunkte mit der tRNA erscheinen bei dieser Art der Darstellung weit voneinander entfernt. Bei der dreidimensionalen Faltung der rRNA gelangen sie jedoch in räumliche Nähe. Zerstörung oder Veränderung dieser Kontaktpunkte haben einen Funktionsverlust des Ribosoms zur Folge.

Als Ausblick auf die folgenden Seiten ergänzen wir, daß Ribosomen in der Zelle meist in zwei Zuständen vorkommen, getrennt in beide Untereinheiten oder als intaktes 70S-Partikel. Vollständige Ribosomen finden sich meist aufgereiht auf einem mRNA-Faden, ein Komplex, der als Polysom bezeichnet wird (Abb. 3.**21**, Abb. 3.**34**). Die Größe der Polysomen hängt von der Länge der mRNA ab. Elektronenmikroskopische Untersuchungen ergeben Werte von 10–20 Ribosomen in Polysomen-Komplexen von *E. coli*, aber lange mRNA-Moleküle können bis zu 40 Ribosomen tragen.

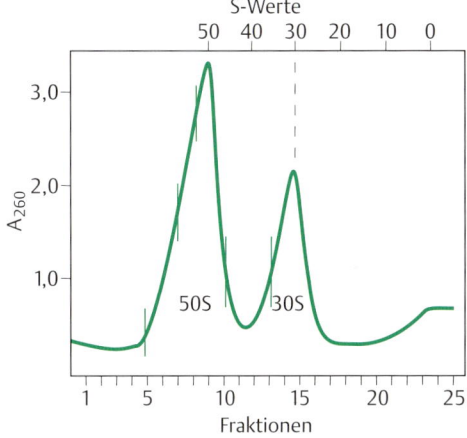

Abb. 3.20 Trennung von ribosomalen Untereinheiten. Die Zentrifugalkraft wirkt von rechts nach links, wo sich der Boden des Zentrifugationsröhrchens befindet. Nach Beendigung des Laufes wird der Inhalt des Röhrchens in 25 gleich großen Fraktionen gesammelt. Dabei läßt man den Sucrose-Gradienten duch eine Quarzküvette laufen und registriert fortlaufend die Absorption des UV-Lichtes bei 260 nm (A_{260}). Die Zahlen oben geben die S-Werte von Partikeln an, die bis zu den entsprechenden Positionen unter den gegebenen Zentrifugationsbedingungen wandern.

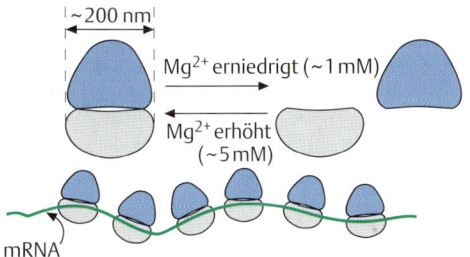

Abb. 3.21 Ribosomen und Polysomen.

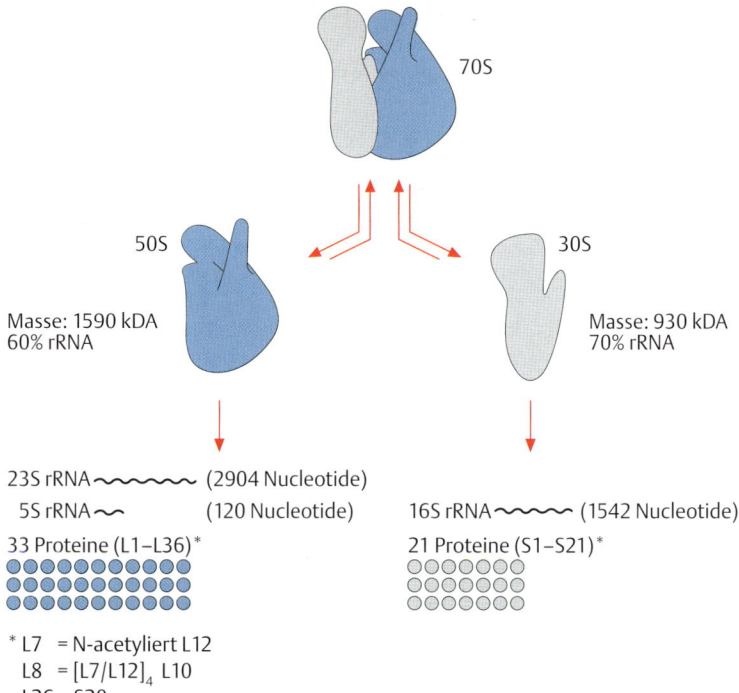

Abb. 3.22 Bestandteile von bakteriellen Ribosomen. In Lösungen mit niedrigen Magnesium-Salzkonzentrationen zerfällt das Ribosom in seine Untereinheiten. Unter denaturierenden Bedingungen läßt sich dann jede Untereinheit in die Bestandteile, rRNA und Proteine, zerlegen. Unter geeigneten Bedingungen können sich die getrennten Bestandteile wieder zum intakten Ribosom zusammenfügen (Rekonstitution) [nach 25].

Ribosomen in Eukaryoten-Zellen

Die Ribosomen in Tier- und Pflanzen-Zellen sind größer und komplizierter als die Ribosomen von Bakterien. Ein intaktes eukaryotisches Ribosom sedimentiert mit 80S und besteht aus einer großen 60S-Untereinheit und einer kleinen 40S-Untereinheit. Über die Zusammensetzung aus rRNA und Proteinen informiert die Tabelle, aus der hervorgeht, daß eukaryotische Ribosomen insgesamt 4 rRNA-Arten und über 80 ribosomale Proteine enthalten.

Untereinheit	RNA	Nucleotide	Proteine
60S	28 S rRNA	4718	49 Polypeptide
	5,8S rRNA	160	
	5 S rRNA	120	
40S	18 S rRNA	1874	33 Polypeptide

Die Werte stammen von Ribosomen aus Säugetier-Zellen.

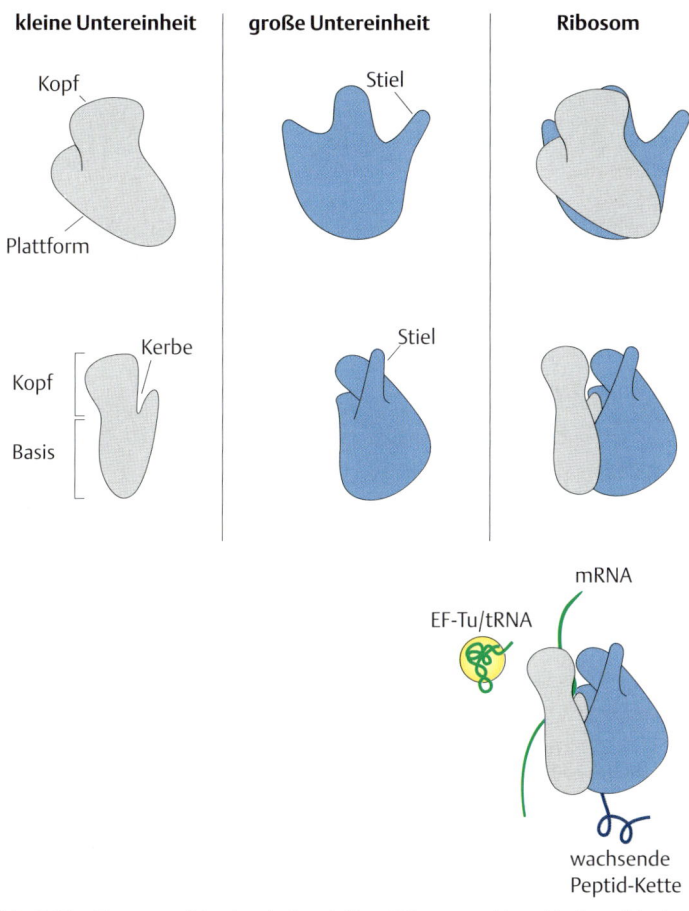

kleine Untereinheit | **große Untereinheit** | **Ribosom**

Kopf

Plattform

Stiel

Kopf

Kerbe

Basis

Stiel

mRNA

EF-Tu/tRNA

wachsende
Peptid-Kette

Abb. 3.23 Topographie des bakteriellen Ribosoms. Verschiedene biochemische und bildgebende Untersuchungen haben eine asymmetrische Struktur des Ribosoms mit charakteristischen Einkerbungen und Ausstülpungen erkennen lassen. Einzelne Forschergruppen kommen zu etwas unterschiedlichen Ergebnissen, aber in den wesentlichen Zügen sind die einzelnen Modelle vergleichbar. **oben** Ansicht von vorn. **Mitte** Ansicht von der Seite. **unten** Das Ribosom in Aktion: Eintrittstelle für die tRNA (im Komplex mit dem Faktor EF-Tu, siehe unten), Lage der mRNA, Austrittstelle für die wachsende Polypeptid-Kette [nach 7].

Protein-Synthese: Genauigkeit des Starts

In der Praxis des Labors wird die Protein-Synthese am einfachsten mit radioaktiv markierten Aminosäuren untersucht. Die gebildeten Polypeptid-Ketten können durch Zusatz von Säure (z.B. 5% Trichloressigsäure) ausgefällt und auf feinporigen Nitrocellulose-Filtern aufgefangen werden. Freie Aminosäuren und Aminoacyl-tRNAs laufen durch die Poren des Filters. Folglich ist die filtergebundene Radioaktiviät ein direktes Maß für die Menge an polymerisierten Aminosäuren. Mit diesem einfachen Versuch gelingt der Nachweis, daß isolierte Ribosomen – in Gegenwart eines Gemisches von Aminoacyl-tRNAs und einer mRNA – beträchtliche Mengen an Aminosäuren zu Polypeptid-Ketten verknüpfen können. Aber Untersuchungen ergeben eine vollständig ungeordnete Protein-Synthese. Sie beginnt irgendwo auf der mRNA und schreitet

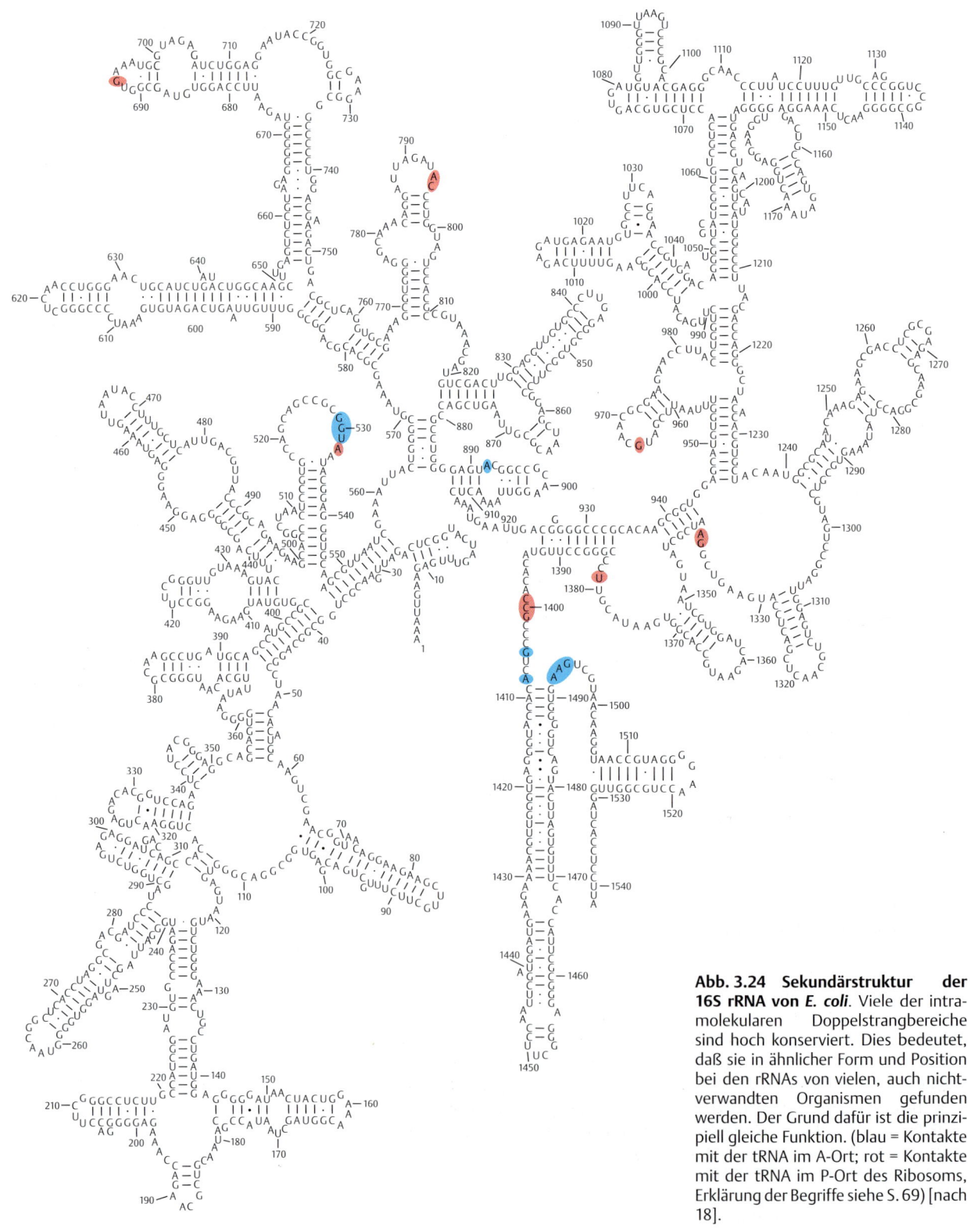

Abb. 3.24 Sekundärstruktur der 16S rRNA von *E. coli*. Viele der intramolekularen Doppelstrangbereiche sind hoch konserviert. Dies bedeutet, daß sie in ähnlicher Form und Position bei den rRNAs von vielen, auch nichtverwandten Organismen gefunden werden. Der Grund dafür ist die prinzipiell gleiche Funktion. (blau = Kontakte mit der tRNA im A-Ort; rot = Kontakte mit der tRNA im P-Ort des Ribosoms, Erklärung der Begriffe siehe S. 69) [nach 18].

mRNA	5′ — CACACAGGAAACAGCCAUGACCAUGAUUACG • • 3′
Polypeptide	His-′ Thr-′ Gly-′ Asn-′ Ser-′ His-′ Asp-′ His-′ Asp-′ Tyr- • • • ′ His-′ Arg-′ Lys-′ Gln-′ Pro ′ ′ Thr-′ Ala-′ Met-′ Thr-′ Met-′ Ile-′ Thr • • • • ′ Thr-′ Gln-′ Glu-′ Thr-′ Ala-′ Met-′ Thr-′ Met-′ Ile-′ Thr • • • •

Abb. 3.25   Ungeordnete Peptid-Synthese.

dann in einem zufällig eingeschlagenen Dreiertakt der Tripletts auf der mRNA weiter. Es entsteht ein Gemisch verschieden langer und verschieden zusammengesetzter Polypeptide (Abb. 3.**25**).

Dieses *in vitro* gemessene Ergebnis kann nicht der Situation in der Zelle entsprechen. Und einige wichtige Fragen liegen auf der Hand:
– Wie kommt die Translation in den Takt, der zum richtigen Protein führt?
– Gibt es eine Stelle auf der mRNA, die den Startpunkt der Protein-Synthese bestimmt?

Den ersten Hinweis für einen definierten Startpunkt gab die Beobachtung, daß eine überdurchschnittlich große Zahl von Proteinen in *E. coli* am aminoterminalen Ende die Aminosäure Methionin trägt. Dann fanden im Jahre 1964 drei Forschergruppen zur etwa gleichen Zeit eine besondere Form der Methionyl-tRNA, die für die Startgenauigkeit verantwortlich ist.

Es gibt zwei verschiedene Methionin-spezifische tRNA-Arten in etwa gleich großen Mengen in *E. coli*-Zellen, tRNA$_f^{Met}$ und tRNA$_m^{Met}$. Beide tRNA-Arten werden durch dieselbe Methionyl-tRNA-Synthetase beladen. Aber das Methionin an der tRNA$_f^{Met}$ wird in Bakterienzellen anschließend durch ein spezielles Enzym-System modifiziert, das einen Formyl-Rest an die Amino-Gruppe im Methionin anheftet (Abb. 3.**26**). So entsteht fMet-tRNA. Das Methionin an der „gewöhnlichen" tRNA$_m^{Met}$ wird nicht formyliert. Ebenso erhält keine Aminosäure an einer der anderen Aminoacyl-tRNAs einen Formyl-Rest.

Die tRNA$_f^{Met}$ unterscheidet sich durch einige Merkmale von anderen tRNA-Arten: Das 5′-Nucleotid im Akzeptor-Arm bildet kein Basenpaar, der Anticodon-Arm enthält drei GC-Basenpaare und der Adenin-Baustein an Position 37, gleich hinter dem Anticodon, ist nicht modifiziert, wie in den meisten anderen tRNA-Arten (siehe Abb. 3.**12**). Das mag der tRNA$_f^{Met}$ eine besondere Flexibilität bei der Wechselwirkung von Anticodon und Codon und eine eigene Art zur Bindung an das Ribosom verleihen, aber genauere Informationen über die Bedeutung der Strukturbesonderheiten fehlen noch.

Die Funktion fMet-tRNA als Initiator für die Protein-Synthese hat eine Reihe von Konsequenzen:
1. Wir können schließen, daß jeder Translationsabschnitt auf der mRNA mit einem Codon beginnen muß, welches komplementär zum Anticodon der tRNA^{Met} ist. Tatsächlich ist **das Methionin-Codon AUG das universelle Start-Codon** für die Protein-Synthese. Mehr als 90 % der Translationsabschnitte auf bakteriellen oder eukaryotischen mRNAs beginnen mit AUG. Nur etwa 8 % der Translationsabschnitte haben GUG und einige wenige UUG am Anfang.

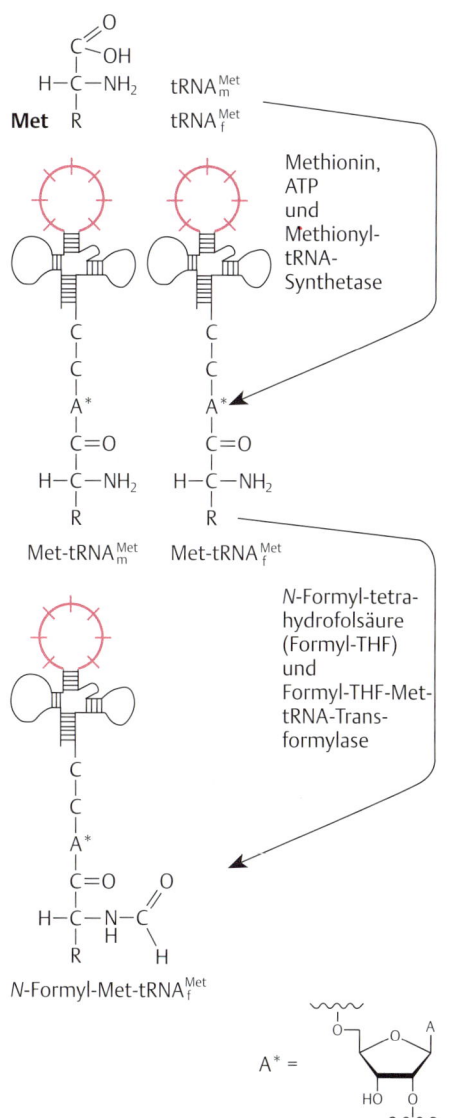

Abb. 3.26   Zwei funktionell verschiedene Methionin-spezifische tRNA-Arten.

Tab. 3.4 Auswirkung der zweiten Aminosäure auf die Aktivität der Methionin-Aminopeptidase

Methionin wird abgespalten	Methionin bleibt erhalten
Ala	Lys
Gly	Arg
Pro	Leu
Ser	Ile
Thr	Asn
	Phe

Aminosäuren, die nicht in der Tabelle aufgeführt sind, haben keinen eindeutigen Effekt. In einigen Proteinen mit solchen Aminosäuren an zweiter Stelle wird Methionin entfernt, in anderen nicht [nach 2].

Tab. 3.5 Initiations-Faktoren von *E. coli*

Faktor	Größe (Zahl der Amino-säuren)	Funktion
IF1	71	stimuliert die Aktivität von IF2 und IF3
IF2	889	bindet an fMet-tRNA und leitet sie zum P-Ort am Ribosom; spaltet gebundenes GTP (GTPase-Aktivität)
IF3	181	hält die Ribosomen-Unter-einheiten getrennt; fördert die Ablösung von Nicht-Initiator-tRNAs vom Ribosom

2. Der Formyl-Rest versiegelt gleichsam die Amino-Gruppe der ersten Aminosäure, so daß eine Syntheserichtung vorgegeben ist. Die Synthese eines Proteins beginnt am Amino-Ende und setzt sich dann in Richtung Carboxy-Ende fort. Aminosäuren werden also **an das Carboxy-Ende einer wachsenden Polypeptid-Kette angeheftet**. Diese Schlußfolgerung werden wir im folgenden bestätigt sehen, wenn wir die Einzelschritte bei der Protein-Synthese kennenlernen.

3. Fertige Proteine tragen keinen Formyl-Rest an ihrer aminoterminalen Aminosäure, denn er wird noch während der laufenden Synthese durch das Enzym **Polypeptid-Deformylase** entfernt. Ebenso tragen bei weitem nicht alle Proteine ein endständiges Methionin. Auch hier erfolgt die Abtrennung an der noch unfertigen, wachsenden Polypeptid-Kette, und zwar durch das Enzym Methionin-Aminopeptidase, dessen Wirkungsweise maßgeblich durch die vorletzte Aminosäure bestimmt wird (Tab. 3.**4**).

Initiations-tRNA auch in Eukaryoten-Zellen

Auch in den Zellen höherer Organismen kommen zwei funktionell verschiedene Arten von tRNA^{Met} vor. Die eine bindet sich an das AUG-Triplett, das auch hier den Beginn einer Kodierungssequenz auf der mRNA kennzeichnet und bringt dadurch den Proteinsynthese-Apparat in den richtigen Takt. Die andere tRNA^{Met} dient zum Einbau einer internen Aminosäure in die wachsende Polypeptid-Kette, wie alle anderen tRNA-Arten auch. Im Unterschied zum bakteriellen System ist das Methionin auf der Initiations-tRNA in Eukaryoten *nicht* durch eine Formyl-Gruppe modifiziert. Die Formylierung des Methionins ist also nicht für die phasengerechte Initiation der Protein-Synthese notwendig.

Initiation der Translation

Eine wesentliche Voraussetzung für eine geordnete Translation ist die Anwesenheit der Initiations-tRNA. Zusätzlich müssen noch eine Gruppe von Proteinen, Faktoren genannt, und GTP vorhanden sein.

Für die Initiation der Translation in Eukaryoten-Zellen ist eine große Zahl von Faktoren notwendig (S. 409). Bei Bakterien sind die Verhältnisse viel einfacher, denn hauptsächlich spielen nur drei Initiations-Faktoren (IF) eine Rolle (Tab. 3.**5**).

Die Funktion der Initiations-Faktoren bestimmt die Reaktionen, die schließlich zum Start der Protein-Synthese führen (Abb. 3.**27**):
– Der Faktor IF3 reagiert mit der 30S-Ribosomen-Untereinheit und verhindert eine vorzeitige Anlagerung der 50S-Untereinheit.
– IF2 (in seinem aktiven Zustand mit gebundenem GTP) fördert die Anlagerung von fMet-tRNA an die 30S-Untereinheit, wo das Zusammentreffen mit der mRNA erfolgt.
– Als nächster Schritt verläßt IF3 den Komplex. Damit kann die Anlagerung der 50S-Ribosomen-Untereinheit erfolgen. Im Zuge dieses Vorgangs wird GTP gespalten und IF2-GDP freigesetzt.

Das Ribosom mit mRNA und fMet-tRNA wird als **Initiations-Komplex** bezeichnet. Die Stabilität der Wechselwirkung von mRNA und Ribosom wird stark von der Nucleotid-Sequenz in der Umgebung des Start-Codons AUG geprägt. Es ist hier zu beachten, daß mRNAs nie direkt mit

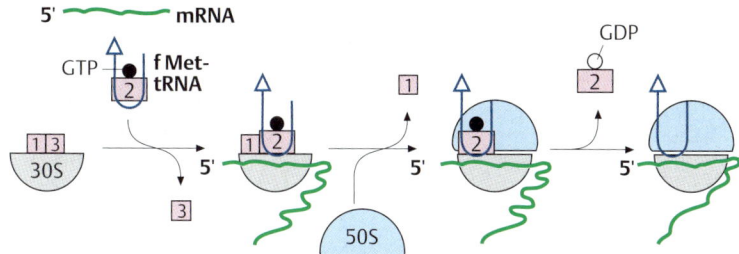

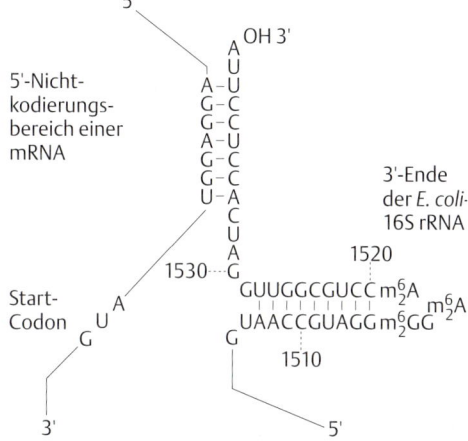

Abb. 3.27 Bildung des Initiations-Komplexes. Die Quadrate kennzeichnen die Initiations-Faktoren. IF2 trägt GTP (als Punkt gekennzeichnet). Nach Bindung der 50S-Untereinheit wird IF2 abgelöst und GTP in GDP und anorganisches Phosphat gespalten.

dem Start-Codon beginnen, sondern immer einen Abschnitt haben, der dem AUG vorgeschaltet ist, der **5′-Nichtkodierungsbereich**.

Eine wichtige Funktion dieses mRNA-Bereiches betrifft die Einleitung der Translation. Ein Abschnitt, der 5–9 Nucleotide vor dem AUG-Codon im Nichtkodierungsbereich liegt, bildet Wasserstoff-Brücken mit komplementären Sequenzen am 3′-Ende der 16S rRNA (Abb. 3.**24** und 3.**28**). Die Länge des komplementären Abschnitts und sein Abstand vom AUG-Codon bestimmen die Stabilität der mRNA-Bindung an das Ribosom. Die Wechselwirkung von mRNA und 16S rRNA wird durch die beiden ribosomalen Proteine S1 und S21 gefördert und stabilisiert. Auf die Bedeutung der Basenpaarung zwischen mRNA und 16S rRNA haben erstmals J. Shine und L. Dalgarno (1975) aufmerksam gemacht. Deswegen spricht man auch von der **Shine-Dalgarno-Sequenz** der mRNA.

Elongation: Die programmierte Verknüpfung von Aminosäuren

Mit der Ausbildung einer stabilen Wechselwirkung zwischen dem AUG-Codon und dem Anticodon der Initiator-tRNA am Ribosom liegt der genaue Start für die Translation fest. Die geordnete Verknüpfung von Aminosäuren folgt jetzt im vorgegebenen Triplett-Takt.

Für ein besseres Verständnis der folgenden Ereignisse ist die Unterscheidung von zwei Bindungsorten für beladene tRNAs auf dem Ribosom wichtig:
– Aminoacyl- oder Erkennungsort (**A-Ort**),
– Peptidyl- oder Bindungsort (**P-Ort**).

Zu Beginn der Protein-Synthese befindet sich die Initiations-tRNA im P-Ort, und das nächstfolgende Triplett der mRNA liegt im A-Ort des Ribosoms. Dorthin gelangt nun die Aminoacyl-tRNA, deren Anticodon zum Triplett im A-Ort paßt (Abb. 3.**29**). Für diese Reaktion müssen jedoch Aminoacyl-tRNAs durch Bindung an einen Elongations-Faktor (EF) vorbereitet werden. Der Faktor hat die Bezeichnung EF-Tu und trägt GTP in seinem aktiven Zustand. Im Komplex mit EF-Tu/GTP gelangt die Aminoacyl-tRNA an das Ribosom.

Am Ribosom wird das gebundene GTP gespalten. Dies hat die Trennung des EF-Tu/GDP vom Ribosom zur Folge und leitet den nächsten Schritt ein: Das *N*-Formyl-methionin wird von seiner tRNA getrennt, und es wird eine Peptid-Bindung zwischen der freiwerdenden Carboxy-Gruppe des *N*-Formyl-methionins und der Amino-Gruppe der neuen Aminosäure gebildet. Die Reaktion wird von dem Enzym **Peptidyl-Transferase** katalysiert. Daran beteiligt sind die rRNAs, die ihre spezifischen Kontakte mit den tRNAs im A-Ort und im P-Ort ausgebildet haben (siehe Abb. 3.**24**), sowie mehrere Proteine der 50S-Untereinheit.

Abb. 3.28 Struktur und Funktion der Ribosomen-Bindungsstelle im 5′-Nichtkodierungsbereich prokaryotischer mRNA. Dargestellt sind die etwa 40 Nucleotide am 3′-Ende der 16S rRNA. Die Haarnadelschleife weist auf eine ausgeprägte Sekundärstruktur des ribosomalen RNA-Moleküls hin (Abb. 3.**24**). Ebenfalls kommen die modifizierten Purine N^6-Methyladenin und 7-Methylguanin in der abgebildeten rRNA-Sequenz vor. Auch an anderen Stellen des rRNA-Moleküls tauchen modifizierte Nucleotide auf. Ihre Funktion ist unbekannt.

Ein Abschnitt aus der 5′-Nichtkodierungssequenz der mRNA geht eine Basenpaarung mit einer Folge von sieben Nucleotiden der 16S rRNA ein, der sogenannten Shine-Dalgarno-Sequenz. In anderen mRNA-Molekülen ist die Komplementarität weniger stark ausgeprägt, so daß zum Beispiel nur drei bis sechs Wasserstoff-Brückenbindungen gebildet werden können.

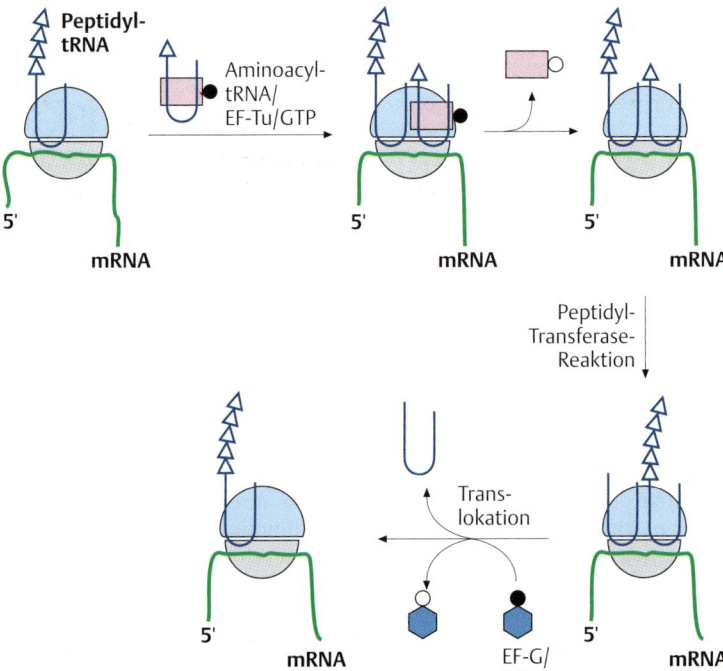

Abb. 3.29 Kettenverlängerung. Bindung von Aminoacyl-tRNA, Peptidyl-Transferase-Reaktion, Translokation. blaue Dreiecke: Aminoacyl-Reste; geschlossene Punkte: GTP; offene Punkte: GDP.

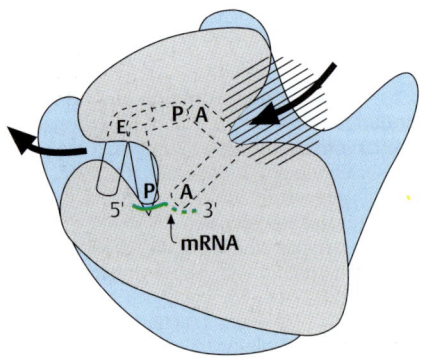

Abb. 3.30 Der Weg der tRNA durch das Ribosom. Der Faktor EF-Tu/GTP mit gebundener Aminoacyl-tRNA gelangt an der schraffierten Stelle (rechts oben) an das Ribosom. Von dort geht der Weg in den A-Ort, und der Akzeptor-Arm der Aminoacyl-tRNA kommt in die Nähe des Akzeptor-Arms der Peptidyl-tRNA. Nach dem Peptidtransfer liegt die leere tRNA im E-Ort. Das eingezeichnete Stück mRNA gibt die Polarität an. Am 3′-wärts liegenden Codon erfolgt die spezifische Auswahl der passenden Aminoacyl-tRNA. Das Bild gibt einen ungefähren Eindruck von den Größenverhältnissen tRNA – Ribosom, aber man muß beachten, daß beim normalen Synthese-Prozeß A-Ort und E-Ort nicht gleichzeitig besetzt sind. Erst wenn die leere tRNA aus dem E-Ort entlassen ist, kann eine neue Aminoacyl-tRNA an den A-Ort binden [nach 18].

Nach Schluß der Peptid-Bindung liegt vorübergehend auf dem Ribosom eine leere tRNA im sogenannten Ausgangs- oder Exit-Ort (**E-Ort**) und eine Dipeptidyl-tRNA im A-Ort (Abb. 3.**30**).

Darauf folgt die **Translokation**, katalysiert durch den Elongations-Faktor EF-G. Dieser Faktor ist in GTP-gebundener Form aktiv und bewirkt zunächst die Abstoßung der leeren tRNA aus dem E-Ort, und dann die Verlagerung der Dipeptidyl-tRNA vom A-Ort in den P-Ort. Dabei bewegt sich das Ribosom um die Länge eines Tripletts entlang der mRNA.

Mit der Ablösung der leeren tRNA und dem Freiwerden des A-Orts kann ein neuer Synthesezyklus beginnen (Abb. 3.**29**):

– Die Peptidyl-tRNA liegt am P-Ort.
– Am A-Ort steht ein Codon zur Bindung an das komlementäre Anticodon einer Aminoacyl-tRNA bereit. Mit Hilfe des EF-Tu/GTP-Komplexes wird die passende Aminoacyl-tRNA dorthin geleitet. GTP-Spaltung erfolgt, EF-Tu/GDP verläßt das Ribosom.
– Bei der Peptidyl-Transferase-Reaktion wird eine Peptid-Bindung zwischen der Carboxy-Gruppe der wachsenden Kette und der Amino-Gruppe der Aminosäure an der tRNA geknüpft. Am P-Ort liegt nun eine entladene tRNA und am A-Ort die Peptidyl-tRNA.
– Der EF-G/GTP-Komplex ermöglicht die Translokation: Abstoßen der leeren tRNA, Bewegung um die Länge eines Tripletts entlang der mRNA und Verlagerung der Peptidyl-tRNA in den P-Ort. Dabei findet die Spaltung von GTP und Entlassung des Faktors EF-G statt.

Dieser Zyklus von Schritten wird fortlaufend wiederholt, mit einer Geschwindigkeit von 10–20 Polymerisationsschritten in der Sekunde.

Die Grundzüge des Protein-Syntheseweges sind in den Jahren von 1965 bis 1975 entdeckt worden. Damals wurde bereits erkannt, daß es außer den beiden genannten Elongations-Faktoren EF-Tu und EF-G noch einen dritten gibt, EF-Ts (Tab. 3.**6**). Dieser Faktor ist für die Regeneration von EF-Tu notwendig.

Wie angemerkt, verläßt ein EF-Tu/GDP-Komplex das Ribosom. Zu seiner erneuten Aktivierung muß GDP durch GTP ersetzt werden. Diese Reaktion läuft spontan nur sehr langsam ab. Dagegen wird sie durch EF-Ts stark beschleunigt. Das Recycling von EF-Tu ist in Abb. 3.**31** skizziert.

Es ist nicht überraschend, daß die Elongations-Faktoren in hoher Konzentration in wachsenden Bakterien-Zellen vorkommen. Etwa 5 % des gesamten löslichen Proteins einer Bakterien-Zelle besteht aus EF-Tu, so daß nahezu alle beladenen tRNA-Moleküle in einem Dreierkomplex mit EF-Tu und GTP vorliegen. Man spricht vom **„ternären Komplex"** aus Aminoacyl-tRNA/EF-Tu/GTP. Die beiden anderen Elongations-Faktoren sind weniger häufig. Immerhin machen sie je 0,5 % des löslichen Proteins in *E.coli* aus.

Termination

Das Ende der genetischen Information wird auf der mRNA durch eines der drei **Stop-Tripletts** signalisiert: **UAG, UAA oder UGA**. Oft kommen im Triplett-Takt der mRNA (phasengerecht), mehrere hintereinandergeschaltete Stop-Tripletts am Ende der Kodierungsregion der mRNA vor.

Die Stop-Tripletts werden oft auch **Unsinn-Tripletts** oder Unsinn-Codons genannt, weil sie keinen Sinn im Hinblick auf die Kodierung von Aminosäuren haben.

In normalen Zellen gibt es keine tRNA, dessen Anticodon komplementär zu Stop-Tripletts ist. Deswegen hält die Proteinsynthese-Maschine an Stellen mit Stop-Tripletts an. In Gegenwart sogenannter Terminations-Faktoren (Tab. 3.**7**) trennt dann die ribosomale Peptidyl-Transferase-Aktivität die Peptid-Kette von der Peptidyl-tRNA ab (Abb. 3.**32**). Dadurch wird das fertige Protein freigesetzt. Das Ribosom fällt von der mRNA ab und wird in seine Untereinheiten zerlegt, wobei der Initiations-Faktor IF3, wie anfangs erwähnt, den dissoziierten Zustand aufrechterhält. Erst bei der Initiation finden die Untereinheiten wieder zum intakten Ribosom zusammen.

Stop-Codons liegen so gut wie nie am Ende einer mRNA. Auf das Stop-Codon folgt fast immer noch ein mehr oder weniger langes Stück RNA, der **3'-Nichtkodierungsbereich**. Er spielt u. a. eine Rolle bei der Stabilität der mRNA in der Zelle und bestimmt damit die Länge der Zeit zwischen der Synthese der mRNA und ihrem Abbau.

Ein RNA- oder DNA-Abschnitt, der nicht durch ein Stop-Codon unterbrochen ist, wird als **offenes Leseraster** (*open reading frame*, **ORF**) bezeichnet. In der Abb. 3.**33** ist auf einer vollständigen mRNA das offene Leseraster vom Start-Codon AUG und von einem der drei Stop-Codons UAA, UAG oder UGA gezeigt. Im Kapitel 4 (S. 83) zeigen wir, daß bakterielle mRNAs typischerweise mehrere offene Leseraster tragen. Man sagt, bakterielle mRNAs sind polygenisch.

Eukaryotische mRNAs enthalten dagegen immer nur ein offenes Leseraster. Sie sind monogenisch und bestehen aus der 5'-Nichtkodierungsregion, dem offenen Leseraster und der 3'-Nichtkodierungsregion.

Tab. 3.6 Elongations-Faktoren

Faktor	Größe (Zahl der Aminosäuren)	Funktion
EF-Tu*	393	Bindung von Aminoacyl-tRNA und Leitung zum A-Ort; GTP-Spaltung (GTPase-Aktivität), aktiviert durch Bindung an das Ribosom
EF-G	703	GTPase; Ablösen der leeren tRNA aus dem E-Ort; Translokation
EF-Ts	282	Austausch von GDP durch GTP am EF-Tu und damit Regeneration eines aktiven EF-Tu

* In *E. coli* gibt es zwei EF-Tu-Proteine. Sie haben gleiche Größe, unterscheiden sich aber durch die carboxyterminale Aminosäure. Die häufigere Form trägt Gly, die seltenere Ser am Carboxy-Ende. Es ist nicht bekannt, ob die beiden Formen von EF-Tu unterschiedliche Funktionen haben.

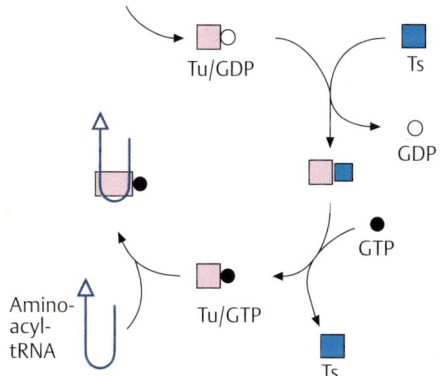

Abb. 3.31 Funktion von EF-Ts: Recycling von EF-Tu/GDP.

Tab. 3.7 Terminations-Faktoren (RF, *release factor*)

Faktor	Größe (Zahl der Aminosäuren)	Funktion
RF1	323	Erkennung der Stop-Codons UAA und UAG
RF2	329	Erkennung der Stop-Codons UAA und UGA

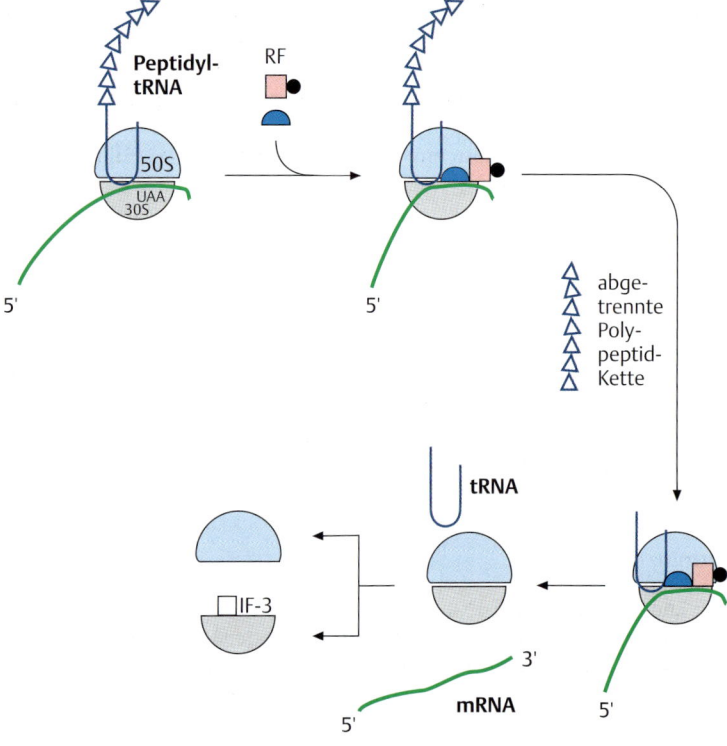

Abb. 3.32   Termination der Protein-Synthese.

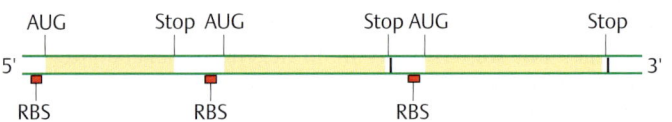

Abb. 3.33   Schema der mRNA-Struktur von Bakterien.
AUG = Startcodon
RBS = Ribosomen-Bindungsstelle
Stop = eines der drei Stop-Codons

Geschwindigkeit und Genauigkeit

Die Aufgabe des Ribosoms ist die schrittweise Verknüpfung von Aminosäuren unter der Programmanleitung einer Folge von Nucleotid-Tripletts der mRNA. Die Einzelreaktionen der Abb. 3.**29** müssen so schnell wie möglich, aber auch so genau wie möglich erfolgen.

„So schnell wie möglich" bedeutet: In *E. coli*-Zellen wächst eine Polypeptid-Kette mit einer Geschwindigkeit von 10–20 Aminosäuren/Sekunde. Daraus folgt, daß ein durchschittliches Protein in 20–60 Sekunden fertig wird. Noch während ein Ribosom mit der Protein-Synthese beschäftigt ist, springen immer wieder neue Ribosomen auf die mRNA auf und beginnen neue Syntheserunden. Polysomen entstehen, bei denen, in dichtester Packung, ein Ribosom dem anderen in einem Abstand von etwa 80 Nucleotiden folgen kann. Anders gesagt, auf einer mRNA mit einer Kodierungssequenz von beispielsweise 1200 Nucleotiden können gleichzeitig 10–15 Ribosomen auf dem Weg vom 5'- bis zum 3'-Ende sein, die dabei an ihren Peptidyl-tRNA-Molekülen ständig wachsende Peptid-Ketten tragen.

„So genau wie möglich": Falscheinbauten bei der Protein-Synthese liegen normalerweise bei 1 bis höchstens 5 Fehlern in 10 000 Polymerisa-

tionsschritten. Diese Fehlerrate ist erstaunlich niedrig, wenn man bedenkt, daß der wichtigste Selektionsmechanismus für die richtige Aminosäure die Komplementarität von Codon und Anticodon ist, und daß eine Folge von drei Basenpaaren bei physiologischen Temperaturen nicht stabil ist. Nun weiß man, daß die Wechselwirkung zwischen tRNA und mRNA durch rRNA und ribosomale Proteine gefestigt wird. Aber die Stabilisierung der mRNA-tRNA-Wechselwirkung ist nicht der einzige Grund für die Genauigkeit der Translation. Es kommt noch ein Vorgang hinzu, den man anschaulich als Korrekturlese-Funktion *(proof reading)* bezeichnet. Das Korrekturlesen findet nach der Bindung des ternären Komplexes Aminoacyl-tRNA/EF-Tu/GTP an das Ribosom statt. Zwischen der ersten Kontaktaufnahme des ternären Komplexes mit dem Ribosom und der Festsetzung der Aminoacyl-tRNA im Aminoacyl-Ort vergeht eine kurze Zeit, in der das GTP gespalten und EF-Tu freigesetzt wird. Während dieser Zeit wird geprüft, ob Codon und Anticodon aufeinanderpassen. Nichtpassende Aminoacyl-tRNAs trennen sich und dissoziieren um ein Vielfaches bereitwilliger vom Ribosom als die passende Aminoacyl-tRNA. Anders gesagt, die Freisetzung von EF-Tu/GDP ist der zeitbegrenzende Schritt vor der Bildung der Peptid-Bindung. Während dieser Reaktion besteht Gelegenheit zur Überprüfung der Codon-Anticodon-Wechselwirkung. Genauigkeit und Geschwindigkeit beeinflussen sich also gegenseitig: Eine hohe Synthesegeschwindigkeit wird um den Preis der Genauigkeit erkauft, und umgekehrt. Die beobachteten Syntheseraten von 10–20 Polymerisationsschritten/Sekunde sind ein natürlicher Kompromiß.

Besonderheiten bei Bakterien

Für Bakterien ist die Kopplung von Transkription und Translation charakteristisch. Wir hatten in der Abb. 3.**7** gesehen, daß die mRNA-Synthese am 5′-Ende beginnt. In der Nähe des 5′-Endes einer mRNA befindet sich aber auch das Initiationscodon AUG, d. h. die Übersetzung der mRNA erfolgt vom 5′-Ende zum 3′-Ende. Transkription und Translation verlaufen in die gleiche Richtung (Abb. 3.**34**). Tatsächlich binden sich Ribosomen an die noch wachsende mRNA und können der transkribierenden RNA-Polymerase sogar auf dem Fuß folgen. Bei Bakterien wird also mit der Protein-Synthese an der noch unfertigen mRNA begonnen.

In Eukaryoten ist eine Kopplung von Transkription und Translation nicht möglich. Beide Vorgänge sind räumlich getrennt, denn Transkription findet im Zellkern und Translation im Cytoplasma statt.

In der Struktur von Ribosomen und Faktoren gibt es, trotz vieler Ähnlichkeiten, beträchtliche Unterschiede im Detail zwischen Bakterien und

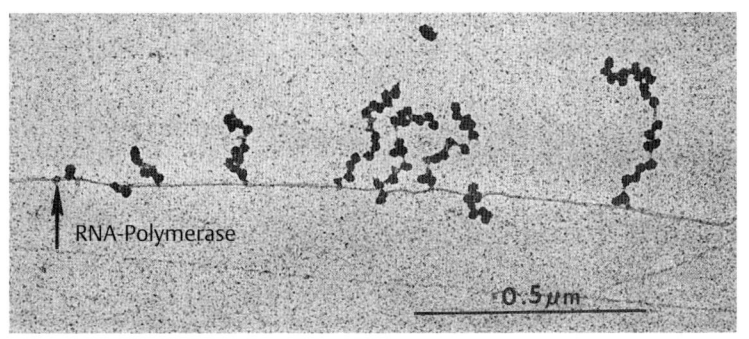

Abb. 3.34 Kopplung von Transkription und Translation bei Bakterien. Quer über das Bild läuft die DNA als durchgehende Linie. Der Pfeil kennzeichnet eine RNA-Polymerase am oder in der Nähe des Promotors. Zuerst entsteht das 5′-Ende der RNA, und neue Nucleotide werden an das 3′-Ende der wachsenden RNA geheftet. Es ist deutlich zu sehen, daß sich Ribosomen schon an die promotornahe und deswegen noch recht kurze RNA binden. Später (rechts) bilden sich – an der noch wachsenden RNA – Polysomen mit 20 oder mehr Ribosomen [aus 17].

Eukaryoten. Die Wirkungsweise vieler, auch klinisch wichtiger, Antibiotika beruht gerade auf diesen Unterschieden. Sie stören den Ablauf der Protein-Synthese bei Bakterien, aber nicht in Zellen von Tier und Mensch. Die Antibiotika Tetracyclin und Streptomycin blockieren zum Beispiel den Zugang zum A-Ort am bakteriellen Ribosom; Chloramphenicol stört den Peptidyl-Transfer.

Der genetische Code

Eine Folge von drei Nucleotiden auf der DNA steht für eine Aminosäure im Genprodukt Protein. Diese Dreierfolge wird **Triplett** oder, als Einheit des genetischen Codes, **Codon** genannt. Daraus folgt die Frage, welche Tripletts für welche Aminosäuren kodieren.

Der experimentelle Durchbruch zur Beantwortung dieser Frage gelang 1961 J. H. Matthaei und M. W. Nirenberg. Sie gaben zu einem Gemisch von Aminosäure-beladenen tRNA-Molekülen und Ribosomen unter geeigneten Bedingungen eine künstliche mRNA, die einheitlich aus Uridinmonophosphat-Resten aufgebaut war (poly-U). Von den 20 möglichen Aminosäuren wurde nur eine zu einem Polypeptid polymerisiert: *Phenylalanin.* Damit war die Bedeutung des ersten Codons aufgeklärt: Die Dreierfolge UUU auf der mRNA bedeutet Phenylalanin.

Zu Beginn dieser aufregenden Periode in der Geschichte der molekularen Genetik standen nur künstliche mRNA-Moleküle mit bekannter Basen-Zusammensetzung zur Verfügung. Mit Hilfe des zellfreien proteinsynthetisierenden Systems konnte man somit herausfinden, welche Basen-Zusammensetzung die einzelnen Tripletts haben müssen, um die Polymerisation bestimmter Aminosäuren zu dirigieren. Damit konnte jedoch nur auf die Basen-Zusammensetzung, nicht aber auf die Reihenfolge der Nucleotide im Triplett geschlossen werden. Eine Ausnahme bildeten dabei die strukturell so einfachen Codewörter wie UUU, CCC und GGG.

Mit den Fortschritten der Nucleinsäure-Chemie wurde es bald auch möglich, Trinucleotide mit definierter Reihenfolge zu synthetisieren. Mit einer geschickten Kombination von organisch-chemischen Synthesetechniken und enzymatischer Nucleotid-Polymerisation gelang es, aufgrund der Pionierarbeiten im Labor von H. G. Khorana, alle 64 möglichen Tripletts und kurze mRNA-Moleküle mit definierter Basen-Folge im Reagenzglas herzustellen.

Einfache Folgen dreier Nucleotide heften sich an Ribosomen wie ein kleines Stück mRNA. Ein solcher Trinucleotid-Ribosomen-Komplex kann über spezifische Basen-Paarungen eine Aminoacyl-tRNA binden, wobei jedes Trinucleotid nur die tRNA mit dem jeweils komplementären Anticodon bindet.

Nirenberg entwickelte einen einfachen experimentellen Trick zur Auswertung der oben beschriebenen Bindungsexperimente. Trinucleotid-Ribosomen-Komplexe wurden auf Membranfiltern mit einer bestimmten definierten Porengröße zurückgehalten, während die viel kleineren, freien, nicht ans Ribosom gebundenen tRNA-Moleküle ungehindert durch das Filter laufen. Mit Hilfe dieser einfachen experimentellen Anordnung war es möglich, die notwendigen langen Meßreihen rasch und bequem durchzuführen. In der Box auf der folgenden Seite ist eine dieser Messungen zur Illustration der Methode beschrieben:

Methode

Bindungsexperimente. Das Triplett UCU bindet sich unter geeigneten Salz- und Temperaturbedingungen spontan an ein Ribosom. Dieser Triplett-Ribosomen-Komplex wurde nun zu Gemischen mit beladenen tRNA-Molekülen gegeben. In einem Gemisch war die an tRNA gebundene Aminosäure 1 radioaktiv markiert, im zweiten Gemisch die Aminoäure 2, im dritten die Aminosäure 3 usw. Nach einer bestimmten Reaktionszeit wurden alle Gemische durch Membranfilter filtriert. Nur in einem der Ansätze blieb eine signifikante Radioaktivität auf dem Membranfilter haften, d.h. nur in einem der

Ansätze hat sich ein radioaktiver Komplex aus Aminoacyl-tRNA, Triplett und Ribosom gebildet, in allen anderen Ansätzen passierten die radioaktiven Aminoacyl-tRNA-Moleküle das Filter. Der Ansatz, der zu einem positiven Filtrierungsergebnis führte, enthielt radioaktive *Seryl-tRNA*. Das Triplett UCU bedeutet also Serin.

Die Bedeutung von etwa 50 Nucleotid-Tripletts konnte auf diese Weise aufgeklärt werden, in den restlichen Fällen gab es unklare Ergebnisse oder gar keine Bindung der beladenen tRNA-Moleküle an den Trinucleotid-Ribosomen-Komplex.

In der lebenden Zelle ist die mRNA eine getreue Kopie der Basen-Folge auf einem DNA-Strang und Uracil der RNA paart sich mit Adenin der DNA. Daher entspricht die Folge UUU der mRNA der Folge AAA der DNA. Die meisten Experimente zur Entzifferung des genetischen Codes wurden mit Hilfe von künstlichen mRNA-Molekülen oder Ribonucleotid-Folgen durchgeführt. Deshalb hat es sich durchgesetzt, die Tripletts in der Weise anzugeben, wie sie in der mRNA erscheinen. Man kann sie dann leicht aufgrund der Nucleotid-Paarungsregeln als DNA-Tripletts umschreiben.

Experimente mit künstlicher mRNA

Noch vorhandene Lücken im genetischen Code wurden durch H. G. Khoranas Experimente mit künstlichen mRNA-Molekülen von bekannter Basen-Sequenz gefüllt. Khorana und seine Mitarbeiter synthetisierten eine RNA mit einer eintönigen Folge von AAG-Sequenzen. Da der Beginn der Translation einer künstlichen mRNA nicht genau definiert ist, lag in diesem Fall eigentlich ein Gemisch von drei mRNA-Molekülen vor (Abb. 3.**35**).

Das 1. Nucleotid in der Reihe bestimmt immer das Lesemuster, und die Einheit des genetischen Codes ist ein Triplett. Daher war zu erwarten, daß im zellfreien proteinsynthetisierenden System drei Typen von Polypeptiden synthetisiert werden. Das experimentelle Ergebnis entsprach dieser Erwartung (Abb. 3.**35**). Aufgrund der schon durch Bindungsstudien bekannten Tripletts ließ sich die Unklarheit, die bei einem der drei möglichen Tripletts bestand, aufklären: AAG bedeutet *Lysin*, AGA steht im genetischen Wörterbuch für *Arginin* und GAA für *Glutaminsäure*.

```
G. A. A G. A. A G. A. A G. A. A G. A. A ——— poly-Lysin
G A. A G A. A G A. A G A. A G A. A ——— poly-Arginin
G A A. G A A. G A A. G A A. G A A ——— poly-Glutaminsäure
```

Abb. 3.35 Verwendung von künstlichen RNA-Molekülen zur Aufklärung der Bedeutung von Codewörtern. Die verwendete RNA kann drei verschiedene Polypeptide „kodieren". Das Ribosom setzt die Interpunktion, indem es zufällig an einem „Triplett" mit der Synthese beginnt.

Wann immer in Khoranas künstlichen mRNA-Molekülen die Triplets UAG, UAA oder UGA auftauchten, wurde entweder keine Aminosäure polymerisiert, oder eine einmal begonnene Polymerisation abgebrochen. Das ließ vermuten, daß diese drei Triplets keine Aminosäure spezifizieren oder in der Sprache der Genetiker „Unsinn" (*nonsense*) bedeuten. Wir haben schon im vorigen Abschnitt gelernt, daß UAG, UAA und UGA auch in der lebenden Zelle Unsinn bedeuten und zum Kettenabbruch bei der Protein-Synthese führen.

Die Ergebnisse dieser Arbeiten sind in Abb. 3.**36** zusammengefaßt. Sie enthält alle 64 möglichen Triplets und ihre Bedeutung. Die Bezeichnung „amber", „ochre" und „opal" für die Unsinntriplets werden später erklärt (S. 276).

Abb. 3.36 Der genetische Code. Die 64 möglichen Triplett-Kombinationen und die dazugehörigen Aminosäuren sind angegeben. *„Amber", „ochre"* und *„opal"* sind Bezeichnungen für die drei Stop-Codons. Diese Triplets sind Signale für das „Kettenende" bei der Protein-Biosynthese (s. S. 72).

zweite Base

erste Base

	U	C	A	G	
U	UUU ⎫ Phe UUC ⎭ UUA ⎫ Leu UUG ⎭	UCU ⎫ UCC ⎪ Ser UCA ⎪ UCG ⎭	UAU ⎫ Tyr UAC ⎭ UAA Stop (ochre) UAG Stop (amber)	UGU ⎫ Cys UGC ⎭ UGA Stop (opal) UGG Trp	U C A G
C	CUU ⎫ CUC ⎪ Leu CUA ⎪ CUG ⎭	CCU ⎫ CCC ⎪ Pro CCA ⎪ CCG ⎭	CAU ⎫ His CAC ⎭ CAA ⎫ Gln CAG ⎭	CGU ⎫ CGC ⎪ Arg CGA ⎪ CGG ⎭	U C A G
A	AUU ⎫ AUC ⎬ Ile AUA ⎭ AUG Met	ACU ⎫ ACC ⎪ Thr ACA ⎪ ACG ⎭	AAU ⎫ Asn AAC ⎭ AAA ⎫ Lys AAG ⎭	AGU ⎫ Ser AGC ⎭ AGA ⎫ Arg AGG ⎭	U C A G
G	GUU ⎫ GUC ⎪ Val GUA ⎪ GUG ⎭	GCU ⎫ GCC ⎪ Ala GCA ⎪ GCG ⎭	GAU ⎫ Asp GAC ⎭ GAA ⎫ Glu GAG ⎭	GGU ⎫ GGC ⎪ Gly GGA ⎪ GGG ⎭	U C A G

Degeneriertheit des genetischen Codes: Synonyme Codons

Bereits eine einfache Betrachtung der Abb. 3.**36** erlaubt wichtige Schlußfolgerungen:

1. Der genetische Code ist **„degeneriert"**: je 6 Triplets stehen für die Aminosäuren Leucin, Arginin und Serin; andere Aminosäuren werden durch 2, 3 oder 4 Triplets repräsentiert, und nur Tryptophan und Methionin haben ein einziges spezifisches Triplett.
2. Die verschiedenen degenerierten Triplets für eine Aminosäure sind einander oft sehr ähnlich. Beispielsweise beginnen alle vier Glycin-Triplets mit *GG*, nur an 3. Stelle stehen unterschiedliche Basen. Das-

selbe gilt für die Tripletts von sieben anderen Aminosäuren. Bei genauerer Betrachtung der Abb. 3.**36** finden wir, daß zwei Tripletts der allgemeinen Form XYC und XYU in jedem Fall dasselbe bedeuten (synonym sind) und daß die Tripletts XYA und XYG häufig für dieselbe Aminosäure stehen (mit Ausnahme von Methionin und Tryptophan).

Wir schließen daraus, daß eine Aminosäure im allgemeinen allein durch die beiden ersten Plätze im Triplett bestimmt ist, mit Ausnahme von Leucin, das durch die Tripletts UUA, UUG sowie CUU, CUC, CUA und CUG repräsentiert ist, sowie von Arginin (CGU, CGC, CGA, CGG bzw. AGA und AGG) und Serin (UCU, UCC, UCA, UCG bzw. AGU und AGC).

In jeder Zelle gibt es etwa 60 verschiedene tRNA-Arten, d.h. es kann mehrere tRNA-Arten für ein- und dieselbe Aminosäure geben. Zum Beispiel gibt es in *E. coli*-Zellen verschiedene Leucin-spezifische tRNA-Arten. tRNA^Leu^I bindet sich nur an Tripletts vom allgemeinen Typ CUX. Die tRNA^Leu^III bindet sich ungefähr gleich gut mit dem Triplett UUA wie mit dem Triplett UUG, aber nicht mit Tripletts vom CUX-Typ.

Ein anderes Beispiel: In *E. coli* findet man drei verschiedene Serin-spezifische tRNA-Moleküle. Eines für die Codons UCU und UCC, ein zweites für UCA und UCG und ein drittes für AGU und AGC. Aus diesen beiden Beispielen und mehreren ähnlichen Beobachtungen kann man schließen, daß manche tRNA-Arten an verschiedene Codons binden können.

„Wobble" bei der Wechselwirkung von Anticodon und Codon

Die Regelmäßigkeiten im genetischen Vokabular der Abb. 3.**35**, das Vorkommen multipler tRNA-Arten und die Betrachtungen über die Flexibilität chemischer Bindungen, insbesondere, nachdem die ungewöhnliche Base Inosin im Anticodon einiger tRNA-Arten (Abb. 3.**15**) entdeckt worden war, veranlaßten F. H. C. Crick (1965) zur Formulierung der *„Wobble"*-Hypothese. Der Vorschlag von Crick ist inzwischen durch zahlreiche Beobachtungen bestätigt worden und gehört seither zum grundlegenden Wissensschatz der molekularen Genetik.

Bevor wir uns die Verhältnisse bei der Codon-Anticodon-Paarung ansehen, müssen wir uns noch einmal klar machen, daß Codon und Anticodon „antiparallel" gebunden sind. Mit anderen Worten, die erste 5'-Base eines Codons geht eine Wasserstoff-Brückenbindung mit der 3'-Base eines Anticodons ein (Abb. 3.**37**).

Die 3'-Base und die mittlere Base des Anticodons bilden die Standard-Wasserstoff-Brücken mit den entsprechenden Basen des zugehörigen Codons. Die dritte 5'-Base des Anticodons kann jedoch in ihrer Partnerwahl „schwanken". Zum Beispiel hat die tRNA^Ala^ (Abb. 3.**38**) das Anticodon 3'-CGI-5', das an drei der vier Alanin-Codons binden kann, an 5'-GCU-3', 5'-GCC-3' und 5'-GCA-3'. Das heißt, Inosin im Anticodon kann mit Uracil, Cytosin oder Adenin an 3. Stelle des Codons paaren. Die Paarungsmöglichkeiten anderer Nucleotide an der 5'-Stelle des Anticodons zeigt die Tab. 3.**8**.

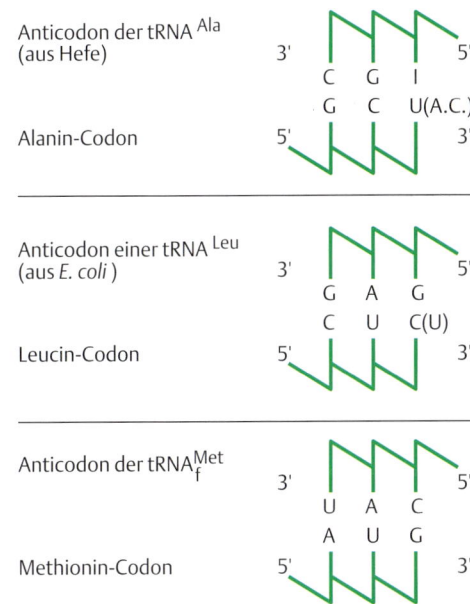

Anticodon der tRNA^Ala^ (aus Hefe)

3'   C G I   5'
5'   G C U(A.C.)   3'

Alanin-Codon

Anticodon einer tRNA^Leu^ (aus *E. coli*)

3'   G A G   5'
5'   C U C(U)   3'

Leucin-Codon

Anticodon der tRNA^Met^f

3'   U A C   5'
5'   A U G   3'

Methionin-Codon

Abb. 3.37 Codon-Anticodon-Paarungen.

Tab. 3.8 „Wobble"-Abweichungen von den Standard-Basen-Paarungen bei der Bindung des Anticodons an das Codon

Base im Anticodon der tRNA	paart mit Basen an der 3. Stelle eines Codons
U	A oder G
C	G
A	U
G	U oder C
I	U, C oder A

Die Angaben der Tab. 3.**8** lassen sich auch folgendermaßen ausdrücken. Wenn das 5'-Nucleotid in einem Anticodon bekannt ist, kann man vorhersagen, mit wieviel Codons die betreffende tRNA paaren kann. Inosin mit drei, Uracil oder Guanin mit je zwei, Cytosin oder Adenin mit nur je einem Codon (Abb. 3.**38**).

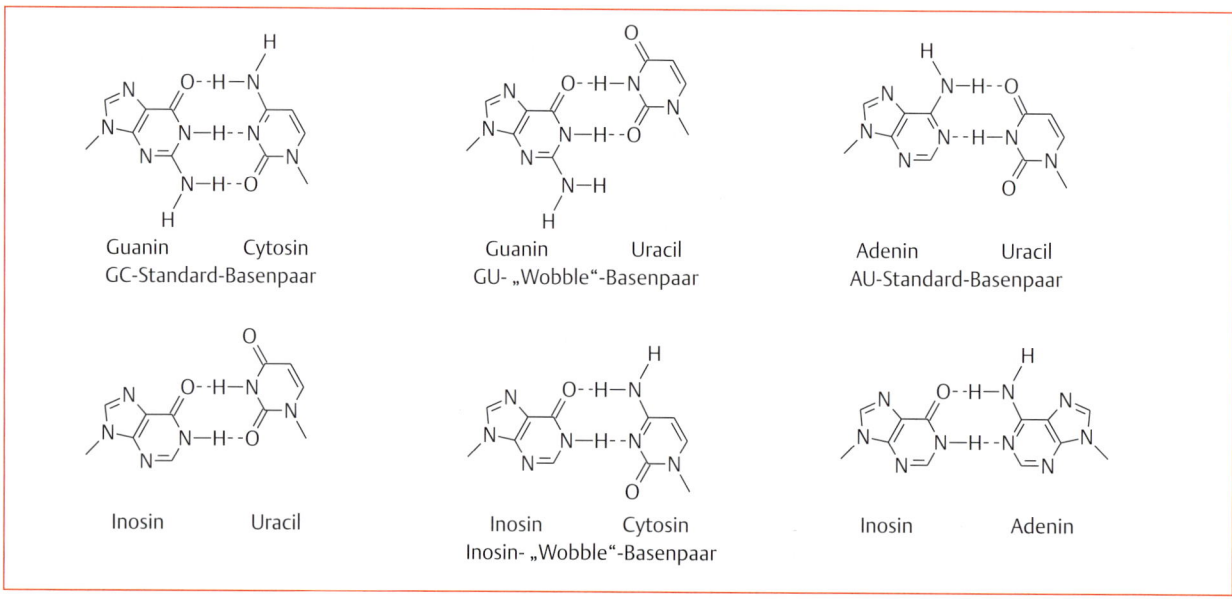

Abb. 3.38   „Wobble"-Basenpaare.

Der genetische Code in der Zelle

In den Jahren, als das genetische Wörterbuch der Abb. 3.**36** zusammengestellt wurde, haben die beteiligten Forscher sich immer wieder die Frage gefallen lassen müssen, ob die Code-Wörter auch in der lebenden Zelle gültig sind. Es konnte ja nicht ausgeschlossen werden, daß die experimentellen Bedingungen der biochemischen Tests zu Ergebnissen führen, die nicht dem natürlichen Gebrauch der Codons entsprechen.

Bis zum Jahre 1969 konnte die Frage nicht direkt beantwortet werden. Dann bestimmte die Arbeitsgruppe von F. Sanger die Nucleotid-Sequenz eines kurzen Abschnitts aus dem Hüllprotein-Gen des RNA-Phagen R17 (Abb. 3.**39**). Ein Vergleich der RNA-Sequenz mit der schon zuvor bestimmten Aminosäure-Sequenz des Gen-Produktes ergibt eine vollständige Übereinstimmung der Codons, die das Virus für das Hüllprotein braucht, mit denen, die aufgrund von Reagenzglas-Versuchen in die Abb. 3.**36** aufgenommen wurden. Interessant ist auch, daß die genetische Information des Virus-Genoms degeneriert ist: Threonin, Asparagin und Alanin kommen je zweimal in der Protein-Sequenz vor und werden jeweils durch ein anderes Codon auf der RNA repräsentiert.

Im Jahre 1976 haben W. Fiers und Mitarbeiter dann die gesamte Folge der 3569 Nucleotide eines dem Phagen R17 eng verwandten bakteriellen

Abb. 3.39   Die Gültigkeit des genetischen Wörterbuches in der lebenden Zelle. Vergleich einer Nucleotid-Sequenz aus dem Hüllprotein-Gen des Phagen R17 mit dem entsprechenden Abschnitt des Hüllproteins. Vergleiche die Tripletts oberhalb der Aminosäuren mit den der Abb. 3.**35** [nach 1].

Nucleotid-Sequenz aus einem Stück des
Hüllprotein-Gens des Phagen R17

CA UGG CGU UCG UAC UUA AAU AUG GAA UUA ACU AUU CCA AUU UUC GCU ACG AAC UCC G

···Ala. Ala. Try. Arg. Ser. Tyr. Leu. Asn. Met. Glu. Leu. Thr. Ile. Pro. Ile. Phe. Ala. Thr. Asn. Ser. Asp.···

die entsprechende Aminosäure-Sequenz
im Gen-Produkt

Virus (MS2) veröffentlicht. Die RNA der Bakteriophagen R17 und MS2 wird vom bakteriellen Proteinsynthese-Apparat wie eine mRNA behandelt. Das Vorkommen aller 61 Sinn-Tripletts und der End-Tripletts in diesem Molekül zeigten deshalb zum ersten Mal eindeutig, daß die Bakterienzelle das gesamte genetische Wörterbuch benutzt.

Im Laufe der Jahre wurden dann die Nucleotid-Sequenzen der Genome von DNA-Viren und immer mehr und immer längere Abschnitte aus den Genomen vieler zellulärer Organismen – von Bakterien bis zu Mensch, Tier und Pflanze – bekannt.

Heute besteht kein Zweifel mehr, daß die Code-Wörter der Abb. 3.**36** für alle Organismen auf der Erde gelten. Daraus folgt ein einfacher und grundlegender Satz der Biologie: **Der genetische Code ist universell**.

Es gibt allerdings Ausnahmen von der Universalität, die zuerst bei der Erforschung der genetischen Struktur von Mitochondrien-DNA entdeckt wurden (S. 481).

Das Vorkommen ungewöhnlicher Code-Wörter mag zunächst als eine einfache Kuriosität erscheinen. Es hat aber wichtige Konsequenzen für Überlegungen zur Evolution des Lebens. Der genetische Code hat sich früh in der Evolution herausgebildet und blieb dann konstant. Die Veränderung nur eines einzigen Code-Wortes hätte das ganze genetische System durcheinandergebracht. Abweichungen vom Standard-Gencode bedeuten demnach, daß sich die betreffenden Genome sehr früh vom Hauptstrom der Evolution getrennt haben. Mitochondrien müssen also ihr eigenes genetisches System – teilweise unabhängig vom Hauptgenom – entwickelt haben. Auf diesen Punkt kommen wir bei der Besprechung der Mitochondrien-DNA zurück (Kap. 16).

Selenocystein: Ein Sonderfall

Einige wenige Enzyme in Bakterien- und in Säugetier-Zellen enthalten eine ungewöhnliche selenhaltige Aminosäure als Baustein: Selenocystein (SeC) (Abb. 3.**40**).

Selen hat ähnliche Eigenschaften wie Schwefel, aber organische Selen-Verbindungen sind viel reaktiver als die entsprechenden Schwefel-Verbindungen. Dies wird von einigen Enzymen ausgenutzt, die Selenocystein in ihrem aktiven Zentrum tragen. Bei neutralem pH-Wert ist die Selenol-Gruppe ionisiert (pK_{SeH} = ca. 5 im Vergleich zu pK_{SH} = ca. 9) und besitzt ein Redox-Potential, das beträchtlich unter dem der Thiol-Gruppe von Cystein liegt. Dies ist für die Funktion der betreffenden Enzyme notwendig, zum Beispiel für das Enzym Formia-Dehydrogenase bei *E. coli* oder für die Glutathion-Peroxidase in Säugetier-Zellen.

Im Zusammenhang unseres Kapitels ist von Bedeutung, daß das mRNA-Codon, das für den Einbau von Selenocystein verantwortlich ist, dem Stop-Codon **UGA** entspricht. Wie stimmt das mit dem Satz von der Universalität des genetischen Codes überein?

Die Antwort hängt mit der Struktur der SeC-spezifischen tRNA zusammen. Die Struktur weicht nämlich in mancher Hinsicht von der einer typischen tRNA ab (Abb. 3.**41**). Diese tRNA wird zunächst von einer serinspezifischen tRNA-Synthetase mit Serin beladen. In einer Serie von Reaktionen wird dann die OH-Gruppe des Serins durch eine Selenol-Gruppe ersetzt. In dieser Form und unter Mitwirkung eines speziellen Translationsfaktors wird die Selenocysteyl-tRNA an das Ribosom dirigiert und dort, wo im Leseraster der mRNA das Codon UGA vorkommt, in

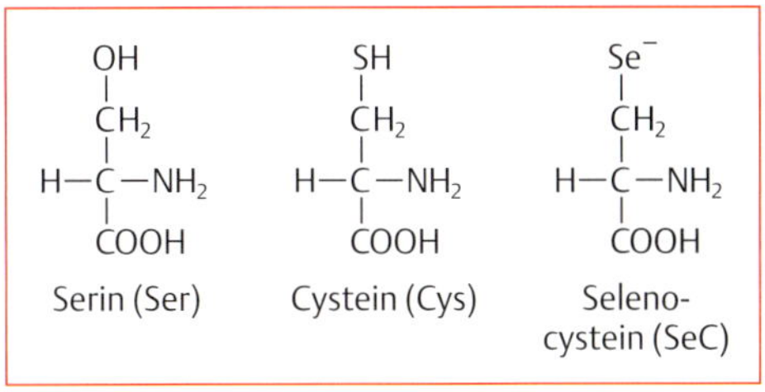

Abb. 3.40   Selenocystein

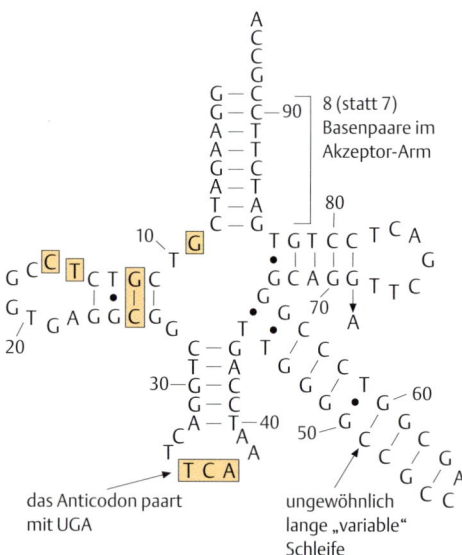

das Anticodon paart
mit UGA

ungewöhnlich
lange „variable"
Schleife

Abb. 3.41 Selenocystein als 21. Aminosäure. Die Selenocystein-spezifische tRNA ist mit 95 Nucleotiden ungewöhnlich lang und trägt ein Anticodon, das mit dem Stop-Codon UGA Basen-Paarungen eingehen kann. Weitere Besonderheiten der Struktur sind in der Zeichnung angegeben. Beachte, daß die gezeigte Struktur aus der Nucleotid-Sequenz des Gens abgeleitet wurde. Deswegen kennt man nicht die Lage und Art der modifizierten Nucleotide, und deswegen erscheint auch Thymin anstelle von Uracil [nach 15].

die wachsende Polypeptid-Kette eingebaut. Ein Einbau erfolgt nicht, wenn UGA als Stop-Codon am Ende des Leserasters auftritt. Die Selenocysteyl-tRNA im ternären Komplex mit ihrem eigenen Translationsfaktor und GTP muß also in der mRNA mehr erkennen als nur das UGA-Codon, vermutlich zusätzliche Nucleotid-Sequenzen oder andere Struktur-Eigenarten in seiner Umgebung.

Selenocystein ist als 21. Aminosäure bezeichnet worden. Diese seltene Extra-Aminosäure verlangt ein eigenes Code-Wort, das freilich nur im Kontext eines offenen Leserasters und nur für eine spezielle tRNA gilt.

Über die Verwendung von Codewörtern

Ein aufmerksamer Leser erinnert sich an die Abb. 2.9, in der die DNA verschiedener Organismen in Abhängigkeit von ihrem prozentualen Gehalt an Guanin- und Cytosin-Resten eingetragen ist.

Wie kann ein artspezifischer Gehalt von Nucleotiden mit der Universalität des genetischen Codes in Einklang gebracht werden? Die Antwort ergibt sich aus dem Vorkommen synonymer Codons. Wenn ein Organismus bevorzugt Codons benutzt, die auf Guanin oder Cytosin enden, ein anderer aber solche, die auf Adenin oder Thymin enden, kann leicht der Unterschied von 33% im GC-Gehalt zustande kommen, der aus der Abb. 2.9 zu entnehmen ist.

Aber auch im Genom eines gegebenen Organismus, wie etwa *E. coli,* sind die 61 Sinn-Codons nicht gleichmäßig verteilt. Nehmen wir ein Beispiel: Ein Blick auf die Abb. 3.36 zeigt, daß es für die Aminosäure Leucin sechs verschiedene Code-Wörter gibt, aber in den *E. coli*-Genen kommt das Codon CUG viel häufiger vor, als man erwarten könnte, wenn alle sechs Code-Wörter gleichmäßig benutzt würden. Umgekehrt kommt das Codon CUA viel seltener vor. Entsprechendes gilt für andere synonyme Codons im genetischen Wörterbuch der Abb. 3.36.

Für seltene Codons gibt es in der Bakterien-Zelle auch nur geringere Mengen der passenden tRNA. Dadurch werden mRNAs von Genen mit vielen „seltenen" Codons nur verzögert translatiert. Dies könnte in den Dienst der Gen-Regulation gestellt sein: Gene mit einem hohen Vorkommen seltener Code-Wörter werden mit einer niedrigeren Effizienz translatiert als solche, die weniger seltene Codons haben.

Literatur

Original- und Übersichtsartikel

1. Adams, J. M., Jeppersen, P. G. N., Sanger, F., Barrell, B. G.: Nucleotide sequence from the coat protein cistron of R17 bacteriophage RNA. Nature **223** (1969) 1009–1014
2. Ben-Bassat, A., Bauer, K.: Amino-terminal processing signals. Nature **326** (1987) 315
3. Björk, G. R. et al.: Transfer RNA modification. Ann. Rev. Biochem. **56** (1987) 263–287
4. Boruhkov, S., Sagitov, V., Goldfarb, A.: Transcript cleavage factors from E. coli. Cell **72** (1993) 459–466
5. Burbaum, J. J., Schimmel, P.: Structural relationships and the classification of aminoacyl-tRNA-synthetases. J. Biol. Chem. **266** (1991) 16 965–16 968

6. Chamberlin, M.J.: New models of transcription, elongation and termination. Harvey Lectures 1993
7. Dakes, M.I., Scheiman, A., Atha, T., Shankweiler, G., Lake, J.A.: Ribosome structure: three-dimensional location of rRNA and protein. In Hill, W.E., et al. (Hrsg): The Ribosome. Structure, function and evolution. Am. Soc. Microbiol., Washington 1990
8. Das, A.: Control of transcription termination by RNA-binding proteins. Ann. Rev. Biochem. **62** (1993) 893–930
9. Dickson, R.C., Abelson, J., Barnes, W.M., Reznikoff, W.S.: Genetic regulation: the lac control region. Science **177** (1975) 27–35
10. Eick, D., Wedel, A., Heumann, H.: From initiation to elongation: comparison of transcription by procaryotic and eucaryotic RNA polymerases. Trends Genet. **10** (1994) 292–296
11. Gamper, H.B., Hearst, J.F.: A topological model for transcription based on unwinding angle analysis of E. coli RNA polymerase binary, initiation and ternary complexes. Cell **29** (1982) 81–90
12. Gross, H.J., Riessner, D.: Eine Klasse subviraler Krankheitserreger. Angew. Chemie **92** (1980) 233–245.
13. Hawley, D.K., McClure, W.R.: Compilation and analysis of Escherichia coli promotor DNA sequence. Nucl. Acids Res. **8** (1983) 2237–2255
14. Krummel, B., Chamberlin, M.: RNA chain initiation by Escherichia coli RNA polymerase. Structural transition for the enzyme in early ternary complexes. Biochemistry **28** (1989) 7829
15. Leinfelder, W., Zehelein, E.J., Mandrand-Berthelot, M.A., Böck, A.: Gene for a novel tRNA species that accepts L-serine and cotranslationally inserts selenocysteine. Nature **331** (1988) 723–725
16. Mc Carthy, J.E.G., Gualerzi, C.: Translational control of procaryotic gene expression. Trends in Biochem. Sci. **6** (1990) 78–85
17. Miller, O.L., Hamkalo, B.A., Thomas C.A.: Visualization of bacterial genes in action. Science **169** (1970) 392–395
18. Noller, H.F.: Ribosomal RNA and translation. Ann. Rev. Biochem. **60** (1991) 199–227
19. Rich, A.: Transfer RNA: three-dimensional structure and biological function. Trends Biochem. Sci. **3** (1978) 263–287
20. Rould, M.A., Perona, J.J., Söll, D., Steitz, T.A.: Structure of E. coli glutaminyl-tRNA synthetase complex with tRNAGln and ATP at 2.8 Å resolution. Science **246** (1989) 1135–1142
21. Saks, M.E., Sympson, J.R., Abelson, J.N.: The transfer RNA identity problem: a search for rules. Science **263** (1994) 191–197
22. Schwob, E., Söll, D.: Selection of a minimal glutaminyl-tRNA synthetase and the evolution of class I synthetases. EMBO J. **12** (1993) 5201–5208
23. Sharp, P.M., Li, W.H.: Codon usage in regulatory genes in Escherichia coli does not reflect selection for rare codons. Nucl. Acids Res. **14** (1986) 7737–7749
24. Singhal, R.P., et al.: Structure of tRNA: listing of 150 sequences. Progr. Nucl. Acids Res. Mol. Biol. **28** (1983) 211–252
25. Wittman, H.G.: Ribosomen und Proteinbiosynthese. Biol. Chem. Hoppe-Seyler **370** (1989) 87–99

4. Das Bakterium *Escherichia coli* als genetisches System: Gene und Gen-Expression

Ein Überblick

Unter dem Oberbegriff Bakterien faßt man eine ganze Reihe zum Teil recht unterschiedlicher Organismen zusammen, deren Zellhüllen verschieden aufgebaut sind und die, in Anpassung an ihr jeweiliges Biotop, unterschiedliche Stoffwechselleistungen vollbringen können. Sie ähneln einander in anatomischen Merkmalen (Abb. 4.1).

Der wohl populärste Bakterienstamm unter Molekularbiologen ist *Escherichia coli*, kurz *E. coli* genannt, dessen im Labor benutzte Stämme harmlose Parasiten im Darm von Säugetieren sind.

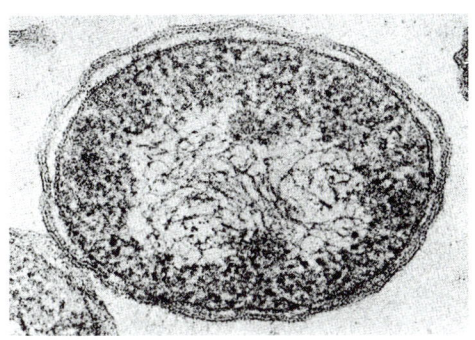

Abb. 4.1 Schnitt durch eine Bakterien-Zelle. Elektronenmikroskopische Aufnahme (Endvergrößerung etwa 200 000 fach). Die Zellhülle besteht aus drei Schichten:
1. Die als Doppellinie sichtbare äußere Membran ist zusammengesetzt aus Lipopolysacchariden, Phospholipiden und porenbildenden Proteinen, die die Passage kleiner Moleküle wie Zucker und Aminosäuren erlauben, große Moleküle wie Enzyme oder andere Proteine jedoch zurückhalten.
2. Dicht darunter, als dünne Einzellinie erkennbar, liegt die starre Peptidoglykan-Schicht, ein sackförmiges Riesenmolekül, dessen Maschenwerk aus langen Polysaccharid-Ketten und kurzen quervernetzenden Peptid-Ketten besteht.
3. Die Doppellinie, die dem Cytoplasma direkt aufliegt, entspricht der cytoplasmatischen Membran. Dies ist eine Lipid-Doppelschicht, in der viele verschiedene Proteinarten eingelagert sind. Einige dieser Proteine besorgen den aktiven Transport von Nährstoffen und Ionen, wieder andere den Transport zum Signalleitungsapparat, der Außenreize verarbeitet und den Bakterien das gerichtete Anschwimmen günstiger Bereiche (Chemotaxis) erlaubt (Aufnahme Dr. H. Frank, Tübingen).

Entdeckungsgeschichte

Der Kinderarzt Theodor Escherich beschrieb im Jahre 1886 erstmals eine bis dahin unbekannte Bakterienart, die er in den Darmausscheidungen von Kleinkindern entdeckt hatte. Er bezeichnete die Art *Bacterium coli commune*, d.h. allgemeines Dickdarm-Bakterium. Tatsächlich kommt diese Bakterienart nicht nur im Darm von Kleinkindern vor, sondern auch im Darm aller gesunden Menschen und der meisten Wirbeltiere. Inzwischen trägt diese Art den Namen ihres Entdeckers: *Escherichia coli.*

Die *E. coli*-Zelle ist ein kurzes stumpfes Stäbchen, 2–4 µm im Durchmesser. Im gewöhnlichen Lichtmikroskop ist es bereits bei 400 facher Vergrößerung sichtbar, doch erkennt man Einzelheiten des Aufbaus einer Bakterien-Zelle erst mit dem Elektronenmikroskop (Abb. 4.1).

Die Bakterien leben in Symbiose mit ihrem Wirt. Sie helfen ihm beim Abbau von Nahrungsmitteln, im Gegenzug erhalten sie Nährstoffe für die eigene Verwendung. Im Darm sind *E. coli*-Bakterien nicht nur harmlos, sondern sogar nützlich. Aber sie können unangenehme Entzündungen hervorrufen, wenn sie in andere Organe eindringen. Am häufigsten sind Blasen- und Nierenentzündungen.

Manche *E. coli*-Stämme produzieren als Giftstoff ein Enterotoxin, das vor allem bei Säuglingen Darmentzündungen verursachen kann.

In den Jahren 1950–1960 wurde *E. coli* zu einem der wichtigsten Untersuchungsobjekte der Molekularbiologie. Der Bakterienstamm wurde mit einem beträchtlichen Aufwand an technischen Hilfsmitteln, Fleiß und Intelligenz untersucht. Die Ergebnisse dieser Anstrengungen haben unser Denken über biologische Prozesse tief beeinflußt. Grundlegende Entdeckungen gelangen: die Entschlüsselung des genetischen Codes, die Funktion des genetischen Materials über Transkription und Translation, wichtige Erkenntnisse über die Regulation der genetischen Aktivität und über die Entstehung und Reparatur von Mutationen sowie vieles mehr.

Seit etwa 1975 wenden sich zunehmend mehr Biologen dem Studium der molekularen Genetik von Tieren und Pflanzen und von Einzellern wie Hefe, Flagellaten u. a. zu. *E. coli* bleibt weiterhin interessant, denn es dient nun als eines der wichtigsten Mittel für die **Gentechnik**. Als Gentechnik bezeichnet man zusammenfassend einen wesentlichen Teil des Methodenarsenals der modernen Genetik (s. Kap. 9, S. 262 ff.).

Das größte Molekül im Zellinneren von *E. coli* ist die **DNA (Deoxyribonucleinsäure)**. Die DNA erscheint in elektronenmikroskopischen Bildern von Bakterien (Abb. 4.**1**) als ein dichtes Knäuel. Bei guter Ernährung findet man in den Bakterien-Zellen bis zu vier DNA-Moleküle, im Hungerzustand dagegen nur eines.

Neben der DNA finden wir noch eine zweite Nucleinsäureart der Zelle, die **RNA (Ribonucleinsäure)**, welche in mindestens drei funktionell und strukturell verschiedenen Unterarten vorkommt. Während die DNA in Form ihrer chemischen Zusammensetzung die genetische Information enthält, sind die drei RNA-Arten in die Vorgänge bei der Realisierung der genetischen Information eingeschaltet (Tab. 4.**1**).

Tab. 4.1 Makromoleküle im Inneren einer *E. coli*-Zelle bei optimalen Wachstumsbedingungen

		Anzahl der Moleküle	unterschiedl. Arten	Anteil an Zellmasse (in %)
Nucleinsäuren				
DNA		2–4	1	1
RNA				6
	16S rRNA	$3 \cdot 10^4$	1	
	23S rRNA	$3 \cdot 10^4$	1	
	tRNA	$4 \cdot 10^5$	60	
	mRNA	10^3	1000	
Proteine		10^6	3000	15

Die Werte der Tab. 4.**1** sind grobe Schätzungen. Sie können sich mit dem physiologischen Zustand der Zelle stark ändern. Weitere 10–12 % der Zellmasse bestehen aus den Komponenten der Zellhülle und aus niedrigmolekularen Verbindungen. Der Rest ist Wasser.

Tab. 4.2 Medien für die *E. coli*-Aufzucht im Labor

Minimalmedium/1 l Wasser	Vollmedium/1 l Wasser
12 g Tris-HCl-Puffer (pH 7,5)	10 g Fleischextrakt (Tryptone)
5 g KCl	5 g NaCl
1 g NaCl	0,1 g CaCl$_2$
0,5 g Na$_2$HPO$_4$	
0,2 g MgSO$_4$	
0,1 g CaCl	
1,1 g NH$_4$Cl	
1 g Glucose	

E. coli-Zellen lassen sich leicht im Labor züchten, weil sie nicht anspruchsvoll sind und sich ihre normalen Umweltbedingungen experimentell nachahmen lassen. Sie vermehren sich gut in einer wässerigen Salzlösung, der als Nährstoff Glucose beigegeben ist (Tab. 4.**2**). Glucose braucht die Bakterien-Zelle für ihren Stoffwechsel. Sie baut das Kohlenstoff-Gerüst ab und synthetisiert mit Hilfe ihrer Enzyme und unter Ausnutzung des Phosphats im Medium die Bausteine der Nucleinsäuren und unter Ausnutzung des Ammonium-Salzes (NH$_4$Cl) und der Sulfate (MgSO$_4$) die Aminosäuren.

Unter günstigen Ernährungsbedingungen ist eine Bakterien-Zelle fast ständig damit beschäftigt, ihre DNA zu verdoppeln. Gleichzeitig vergrößern sich Zellmembran und Zellwand. Das Ende jedes DNA-Verdopplungszyklus, jeder **DNA-Replikation**, wird von der Zelle in einer noch nicht genau bekannten Weise registriert. Dann entsteht eine querverlaufende Zellscheidewand zwischen den neu synthetisierten DNA-Molekülen, und die Bakterien-Zelle teilt sich.

Die Zeit, in der sich die Zahl der Bakterien in einem gegebenen Volumen Nährlösung verdoppelt, wird als **Generationszeit** bezeichnet.

Die Generationszeit im Minimalmedium nach Tab. 4.**2** beträgt 60–90 Minuten bei 37 °C, dem Temperatur-Optimum von *E. coli*. Die Generationszeit ist kürzer in einem Medium das Aminosäuren und andere niedrigmolekulare Verbindungen enthält. Ein entsprechendes Medium ist flüssiger Fleischextrakt (Tab. 4.**2**). Die Generationszeit (bei 37 °C) in einem solchen „Vollmedium" beträgt nur 20–25 Minuten. Diese Zeit ist jedoch das Minimum, denn schneller können die Bakterien nicht die notwendigen Makromoleküle aus den Bausteinen synthetisieren.

In einem konstanten Volumen einer Nährstofflösung vermehren sich die Bakterien so lange, bis die Nährstoffe erschöpft sind. Die Konzentration der Bakterien liegt dann bei $1 \cdot 10^9$ bis $3 \cdot 10^9$ Zellen pro Milliliter. Das Wachstum stagniert und hört schließlich ganz auf. Die Zellen beginnen mit dem Wachstum erst wieder, wenn sie in einem größeren Volumen frischer Nährlösung aufgenommen werden. Danach vermehren sich die Bakterien nach einer Ruhepause von unterschiedlicher Dauer mit der Generationszeit, die für die Nährlösung, den Bakterienstamm und die Temperatur charakteristisch ist (Abb. 4.**2**).

Für viele Untersuchungen ist ein flüssiges Nährmedium nicht geeignet. Als fester Nährboden ist Agar in Plastik- oder Glasschalen (Petrischalen) geeignet. Agar bildet ein gelatinöses, feinporiges und schwammartiges Gerüst, das von Bakterien nicht abgebaut werden kann. Eine beigemischte Nährlösung dringt in die Poren des Agars ein. Die Bakterien nutzen diese Nährlösung aus und wachsen auf der Oberfläche der Agarplatte (Abb. 4.**3**).

Die Bakteriophagen von *E. coli*

Bakteriophagen sind Viren, die Bakterien-Zellen infizieren. Wie alle Viren bestehen Bakteriophagen hauptsächlich aus einer Nucleinsäure, die von einer Proteinhülle umschlossen ist. Eine kurze Einführung in die Natur der Bakteriophagen ist für das Verständnis einiger grundlegender Experimente wichtig.

Folgende Arten von Bakteriophagen spielen im Laufe des Buches eine Rolle:
- DNA-haltige Phagen wie T2, T4 und T7, Lambda (λ), M13 oder fd.
- RNA-haltige Phagen mit Bezeichnungen wie f2, MS2, R17 und Qβ.

Viele der frühen Untersuchungen über die Vermehrung und über die Genetik von bakteriellen Viren sind an den sogenannten T-Phagen (T steht für Typ) unternommen worden. Wir kennen sieben T-Phagen (T1–T7). Zufällig unterscheiden sich die ungeradzahligen in einer Reihe von Merkmalen von den geradzahligen T-Phagen. Viele historisch wichtige Experimente wurden an den beiden Phagen T2 und T4 in den Jahren von 1945–1965 durchgeführt (Abb. 4.**4**). Auch heute noch sind sie ein faszinierendes Objekt molekularbiologischer Forschung.

T-Phagen bezeichnet man gelegentlich als **virulente** Phagen, weil sie am Ende des Infektionsprozesses die bakterielle Wirtszelle durch Auflösen der Zellwand (**Lyse**) zerstören. Dabei werden etwa 100 Nachkommen-Phagen pro infizierte Zelle freigesetzt. Über die Stationen des Infektionsprozesses informiert die Abb. 2.**2**., S. 16).

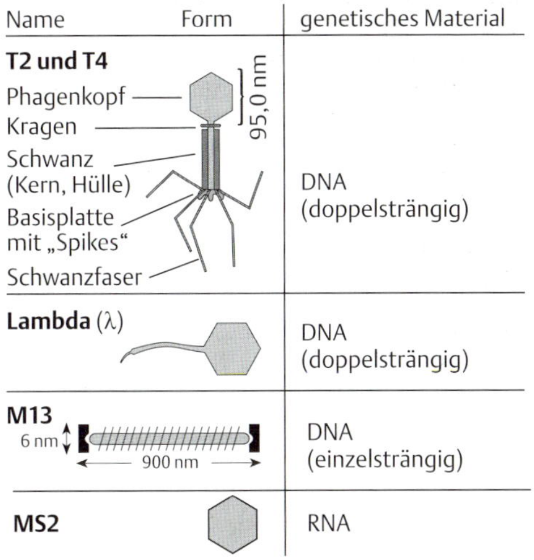

Viren vom Typ des Phagen Lambda sind **temperente** Phagen, die nach dem Eindringen in die Wirtszelle alternative Wege einschlagen können:
- Vermehrung innerhalb der Wirtszelle und Zerstörung der Zelle durch Lyse.

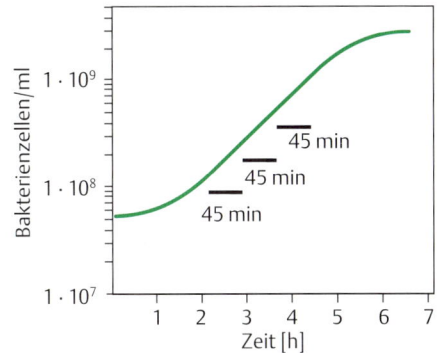

Abb. 4.2 Wachstumskurve von *E. coli*-Zellen. Temperatur 30 °C, Generationszeit 45 Minuten. Im Vergleich dazu beträgt die Generationszeit sich schnell vermehrender Säugetier-Zellen 18–24 Stunden.

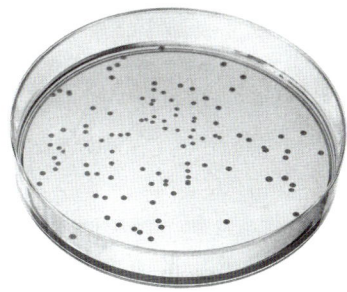

Abb. 4.3 Agarplatte mit Kolonien des Bakterienstammes *E. coli*-K12. Jede Kolonie enthält die Nachkommen einer einzigen Bakterien-Zelle.

Name	Form	genetisches Material
T2 und T4 Phagenkopf Kragen Schwanz (Kern, Hülle) Basisplatte mit „Spikes" Schwanzfaser	95,0 nm	DNA (doppelsträngig)
Lambda (λ)		DNA (doppelsträngig)
M13 6 nm 900 nm		DNA (einzelsträngig)
MS2		RNA

Abb. 4.4 Einige *E. coli*-Phagen. Die Zeichnungen vermitteln einen Eindruck von der Vielfalt der Formen. Sie sind nicht maßstabsgerecht.

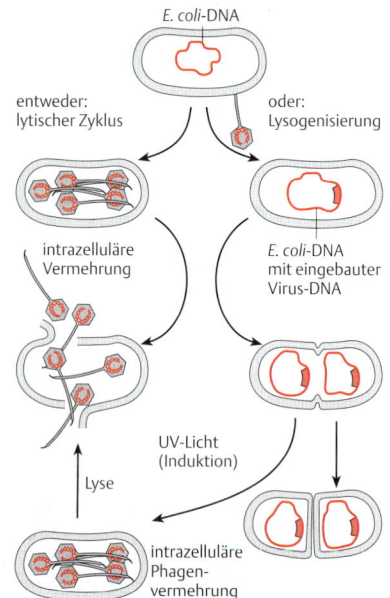

E. coli-DNA

entweder:
lytischer Zyklus

oder:
Lysogenisierung

intrazelluläre
Vermehrung

E. coli-DNA
mit eingebauter
Virus-DNA

UV-Licht
(Induktion)

Lyse

intrazelluläre
Phagen-
vermehrung

Abb. 4.5   Infektionsablauf bei temperenten Phagen.

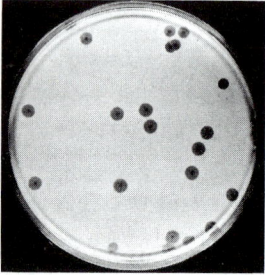

Abb. 4.6   Plaques, entstanden durch die Infektion von *E. coli* mit dem Bakteriophagen T7. Etwa 20 infektiöse Partikel des Bakteriophagen T7 wurden mit etwa 100 Millionen Zellen des Bakterienstammes *E. coli*-B auf der Oberfläche einer Agarplatte verteilt. Nach 10–12stündiger Bebrütung sieht man Plaques im trüben Bakterienrasen. Jeder Plaque ist durch ein einziges infektiöses Phagen-Partikel entstanden.

– Einbau der Phagen-DNA ins Genom der Wirtszelle und Weitergabe zur nächsten Bakterien-Generation (Abb. 4.**5**).

Im zweiten Fall ist die eingedrungene Phagen-DNA immer noch latent gefährlich für ihren Wirt (**Temperenz**). Bestrahlt man nämlich die Lambda-DNA-tragenden Zellen mit UV- oder Röntgenstrahlen oder behandelt man sie mit Chemikalien wie dem Antibiotikum Mitomycin, so wird die integrierte Phagen-DNA freigesetzt. Man spricht dann von **Induktion**. Die auf der Lambda-DNA gelegene Information zur Virus-Vermehrung wird abgelesen, Lambda-DNA und Hüllprotein werden synthetisiert und es läuft ein Infektionszyklus ab, wie wir ihn für die virulenten Phagen beschrieben haben. Die in die Wirts-DNA eingebaute Lambda-DNA nennt man **Prophage**. Zellen mit Prophagen in ihrem Genom heißen **lysogene** Bakterien. Die Infektionsabläufe werden in einer komplizierten Weise genetisch reguliert. Wir werden die molekularen Mechanismen dieser Regulation später in diesem Kapitel kennenlernen.

Methode

Der Plaque-Assay. Grundsätzlich können Bakteriophagen mit dem Elektronenmikroskop gezählt werden. Das wäre aber für Routinemessungen viel zu umständlich und praktisch nicht durchführbar. Statt dessen benutzt man das einfache Plattierungsverfahren. Eine Agarplatte wird mit einer großen Menge Bakterien (10^8) besät, so daß die zahlreich entstehenden Kolonien vollständig die Oberfläche bedecken. Gibt man zusammen mit den Bakterien einige wenige (1–200) Phagen auf die Agarplatte, dann bildet sich dort, wo ein intaktes Phagen-Partikel hingelangt ist, ein **Plaque** (Loch) im Bakterienrasen (Abb. 4.**6**). Das ursprüngliche Phagen-Teilchen infiziert eine günstig gelegene Bakterien-Zelle; diese Zelle lysiert nach einer gewissen Zeit, gibt 100–200 Phagen-Nachkommen frei, die ihrerseits neue Zellen angreifen usw. Schließlich sind so viele Bakterien-Zellen lysiert, daß ein deutlich sichtbares Loch im sonst trüben Bakterienrasen erscheint. Die Größe und Art (trübe, klar oder gesprenkelt) des Plaques ist oft typisch für eine Phagen-Art. Manche **Phagen-Mutanten** haben eine vom Wildtyp verschiedene **Plaque-Morphologie**.

Das Nucleoid von *E. coli*

Das Genom von *E. coli* ist eine ringförmige DNA, die aus etwa 4,72 Mill. Basenpaaren besteht. Dies entspricht einer Länge von ungefähr 1,6 mm. Damit ist die DNA etwa 1000mal länger als der Längsdurchmesser einer gewöhnlichen *E. coli*-Zelle. Die DNA füllt überdies nicht einmal das gesamte Innere der Bakterien-Zelle aus, sondern ist auf engem Raum konzentriert, wie wir der Abb. 4.**1** entnehmen können. Dieses dichte DNA-Knäuel wird als Nucleoid („kernähnlich") bezeichnet.

Wie kommt die dichte Packung der DNA im Nucleoid zustande? Eine wichtige Voraussetzung zur Untersuchung dieser Frage ist die Isolierung des Nucleoids als kompakte Struktur. Dazu werden die Zellwände von Bakterien-Zellen mit Hilfe des Enzyms Lysozym in Gegenwart hoher NaCl-Konzentrationen und eines Detergens (Triton X-100) aufgebrochen. Die Trennung des Nucleoids von den übrigen Zellresten erfolgt durch Sucrose-Gradienten-Zentrifugation: Das Nucleoid sedimentiert als dicht gepackte, einheitliche Struktur (Abb. 4.**7**).

Die Erhaltung der dichten Packung des Nucleoids erfordert eine Neutralisierung der negativen Ladungen in den Phosphat-Gruppen der DNA durch hohe Salz-Konzentrationen. Man nimmt an, daß diese Aufgabe in der Zelle durch divalente Magnesium-Ionen und durch positiv geladene organische Verbindungen (Spermidin, Putrescin) übernommen wird.

Das Nucleoid erhält außer der DNA eine ganze Reihe verschiedener Proteine. Dazu gehören Enzyme wie RNA-Polymerasen und Topoisomerasen (S. 173), vor allem auch kleine basische Proteine mit relativ hohem Gehalt an Arginin- und Lysin-Bausteinen. Das häufigste dieser basischen Proteine ist das Protein HU, ein Dimer aus zwei ähnlichen, aber nicht identischen Untereinheiten, mit je einer Molmasse von 9 kDa. Das Protein HU bindet unspezifisch an DNA und erleichtert Biegungen und Faltungen, die vermutlich zur Bildung einer kompakteren DNA-Struktur beitragen.

Besonders wichtig für die Aufrechterhaltung der kompakten Struktur ist die Konformation der DNA als Superhelix. Das zeigt sich unter anderem durch eine vorsichtige Behandlung des Nucleoids mit Endonucleasen (S. 40). Nach Einführung eines einzigen endonucleolytischen Schnitts wird die DNA jedoch nicht vollständig entspannt, wie man es aufgrund unserer früheren Überlegungen über superhelikale DNA erwarten würde (S. 28). Ein einziger Schnitt hat nur die Entspannung eines Teil des Nucleoids zur Folge. Erst mit dem längeren Einwirken der Endonuclease kommt es schließlich zur Entspannung der Gesamt-DNA (Abb. 4.8). Aus diesen Befunden schließt man, daß die Nucleoid-DNA in einzelnen Schleifen oder Domänen organisiert ist, die getrennte, topologische Einheiten darstellen.

Man schätzt, daß die Nucleoid-DNA aus 50–100 solcher Schleifen aufgebaut ist. Manche Forscher nehmen an, daß die Schleifen an ihrer Basis durch Verankerung mit der Zellmembran zusammengehalten werden.

Die superhelikale Struktur der Bakterien-DNA wird durch die ausgewogene Wirkung von zwei Topoisomerasen aufrechterhalten:

– Das Enzym **Gyrase** führt superhelikale Windungen ein (S. 175).
– Die **DNA-Topisomerase** vom **Typ I** relaxiert hingegen die superhelikal gespannte DNA (S. 174).

Jede Störung dieses Gleichgewichts durch den Ausfall eines der beiden Enzyme ist für die Zelle tödlich.

Genkarten

Eine wichtige Voraussetzung zur Erforschung der Struktur und Organisation von Genen ist die Aufstellung sogenannter Genkarten. Allgemein versteht man darunter eine Beschreibung der Anordnung oder Reihenfolge der Gene in einem Genom.

Zu Beginn der Forschungsgeschichte waren Genetiker ganz auf biologische Verfahren angewiesen. Wie wir im nächsten Abschnitt erklären werden, können Bakterien unter bestimmten Umständen ihre DNA in andere Bakterien übertragen. Diese Übertragung kann man experimentell verfolgen und zur Vermessung des Bakterien-Genoms ausnutzen. Wir werden sehen, daß diese Methode zu verläßlichen Ausagen über die Lage und Reihenfolge der Gene im *E. coli*-Genom führt.

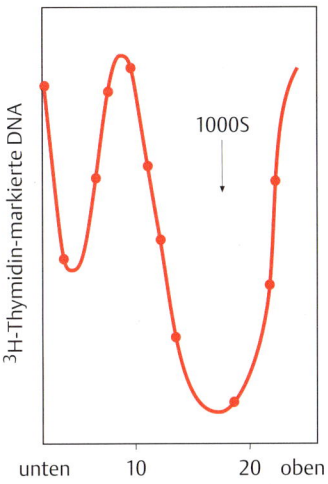

Abb. 4.7 Isolierung des Nucleoids durch Zentrifugation im Sucrose-Gradienten. Zum besseren Nachweis wurden die *E. coli*-Zellen mit [³H]-Thymidin behandelt. Die radioaktive Verbindung wird von den Bakterien rasch aufgenommen, in [³H]-dTTP überführt und dann in DNA eingebaut. Als Sedimentationsmarker dient der Bakteriophage T4, der mit 1000S deutlich langsamer im Schwerefeld der Ultrazentrifuge wandert als das Nucleoid [nach 24].

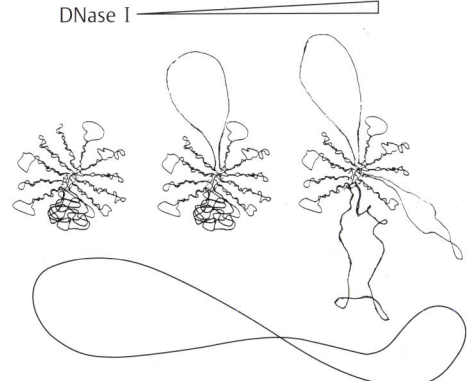

Abb. 4.8 Schema des Nucleoid-Aufbaus aus DNA-Schleifen. Zunehmende Einwirkung einer Endonuclease führt zur Entspannung einzelner superhelikaler DNA-Schleifen. Damit verliert die Struktur allmählich ihre kompakte Form. Der Reibungswiderstand im Sucrose-Gradienten nimmt zu. Dementsprechend verringert sich der Sedimentationskoeffizient von etwa 1500 S vor Einwirkung der Endonuclease auf 155 S im völlig entfalteten Zustand [nach 26].

Das Ergebnis ist eine **biologische oder genetische Karte** *(genetic map)*, deren Einheit die Minute ist. Diese Einheit resultiert daraus, daß in der Nähe des Startpunkts liegende Gene bereits nach wenigen Minuten, entfernt gelegene Gene erst nach längerer Zeit übertragen werden. Insgesamt hat die genetische Karte von *E. coli* 100 Minuten-Einheiten.

Inzwischen setzen alle molekulargenetischen Laboratorien wirkungsvolle gentechnische Verfahren und relativ einfache Methoden zur Bestimmung von Nucleotid-Sequenzen ein. Forschergruppen in den USA, Japan und Europa nutzen dies aus zur Bestimmung der Reihenfolge aller Nucleotide des *E. coli*-Genoms und der Genome von anderen Bakterien sowie von Hefe-, Tier- und Pflanzen-Zellen, wie wir später sehen werden.

Zur Zeit kennt man mehr als zwei Drittel der Nucleotid-Sequenz des *E. coli*-Genoms (Abb. 4.**9**). Die bestehenden Lücken sind durch überlappende Folgen von Restriktionsfragmenten bekannter Längen abgedeckt. In wenigen Jahren werden auch die Nucleotid-Sequenzen der noch vorhandenen weißen Flecke auf der Genkarte von *E. coli* bekannt sein.

Das Ergebnis dieser Arbeiten ist die **physikalische Karte** *(physical map)*, deren Einheit das Basenpaar oder – gebräuchlicher – das Kilobasenpaar (kb: Sequenz-Abschnitte von 1000 Basenpaaren) ist.

Physikalische Karten sind wichtige Hilfsmittel biologischer Forschung, denn durch einfache Suche über den Computer ist jedes bekannte Gen unmittelbar und schnell zugänglich. Der Computer übersetzt, unter Berücksichtigung des genetischen Wörterbuchs der Abb. 3.**36**, die Nucleotid-Sequenz der DNA in die Primärstruktur (Aminosäure-Sequenz) des betreffenden Gen-Produktes. Diese Information kann unter anderem als Ausgangspunkt von Arbeiten über die Funktion des kodierten Proteins dienen.

Vermutlich noch wichtiger ist, daß der Computer in der Sequenz des Genoms auch bis dahin noch unbekannte Gene identifizieren kann, indem er offene Leseraster zwischen dem Initiationscodon ATG und einem

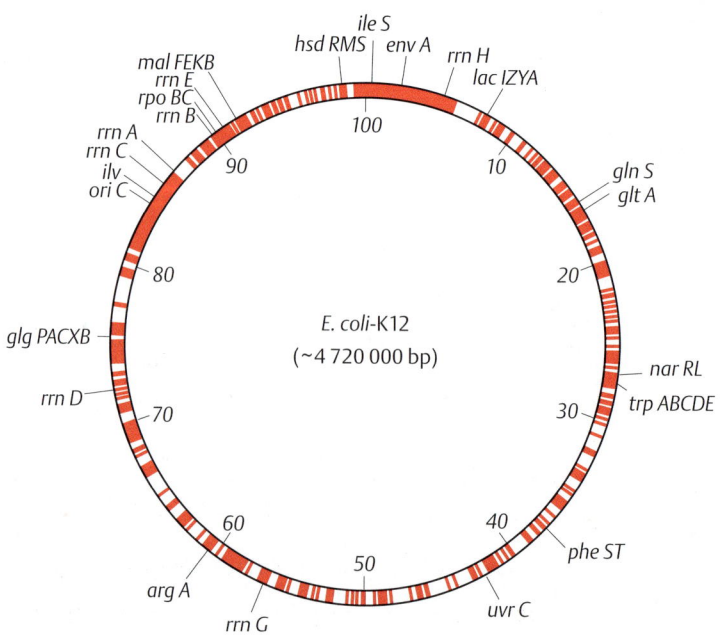

Abb. 4.9   Eine physikalische Genkarte von *E. coli*. Im Inneren des Kreises sind die traditionellen Genkarten-Einheiten in Minuten angegeben, wobei eine Minute einem DNA-Stück von 47 200 Basenpaaren (47,2 kb) entspricht. Die Nucleotid-Sequenzen der rot eingezeichneten Bereiche waren am 23. 4. 1993 bekannt. Im Juni 1996 waren etwa 80 % der Nucleotid-Sequenz des *E.-coli*-Genoms bestimmt. Am äußeren Rand sind einige Gene oder Gen-Folgen als Orientierungshilfen eingetragen [nach 14].

der drei Stop-Codons TAA, TGA und TAG aufzeichnet. Solche neu entdeckten Gene sind die Grundlage für neue Forschungsarbeiten über den Stoffwechsel und die Physiologie von *E. coli*.

Genetische Organisation

In der Abb. 4.**10** ist ein Abschnitt von etwa 90 kb zwischen den Einheiten 89–93 Minuten der Standard-Genkarte (Abb. 4.**9**, Abb. 4.**23**) wiedergegeben. Eine Betrachtung dieses fast beliebigen Genom-Abschnitts lehrt uns viel über die Organisation der Gene bei *E. coli*.

Offene Leseraster sind in der Abb. 4.**10** als breite, beschriftete Pfeile eingezeichnet. Man sieht sofort, daß die Gene eng gepackt sind. Jedes Gen liegt in enger Nachbarschaft eines anderen Gens.

Die Pfeile zeigen in die Richtung der Transkription, wobei etwa die Hälfte der Pfeilspitzen nach rechts (im Uhrzeigersinn der Standard-Genkarte, Abb. 4.**9**), die andere nach links weist. Mit anderen Worten, in einem Gen wird der eine und manchmal gleich nebenan im benachbarten Gen der andere Strang der DNA-Doppelhelix transkribiert. – Wem

Abb. 4.10 Gene und offene Leseraster. Die rote Doppellinie stellt einen Abschnitt der DNA aus dem Bereich zwischen 89,2 und 92,8 Minuten der *E. coli*-Genkarte dar. Buchstaben über der Doppellinie zeigen Schnittstellen für Restriktionsendonucleasen (Tab. 2.**7**). *P* = Pvu II; *R* = Eco RI; *H* = Hind III usw.

Bekannte Gene (breite Pfeile in Transkriptionsrichtung) sind mit ihren traditionellen Bezeichnungen eingetragen (*met H, lys C* usw.) und Gene unbekannter Funktion, sogenannte offene Leseraster, sind mit Code-Bezeichnungen (*o543, o290, f191* usw.) dargestellt. Schwarze Dreiecke zeigen die Lage der Promotoren und die schmalen Pfeile die Länge der Transkriptionseinheiten. Beachte, daß die REP-Elemente fast immer im Bereich von Gen-Enden vorkommen [nach 3].

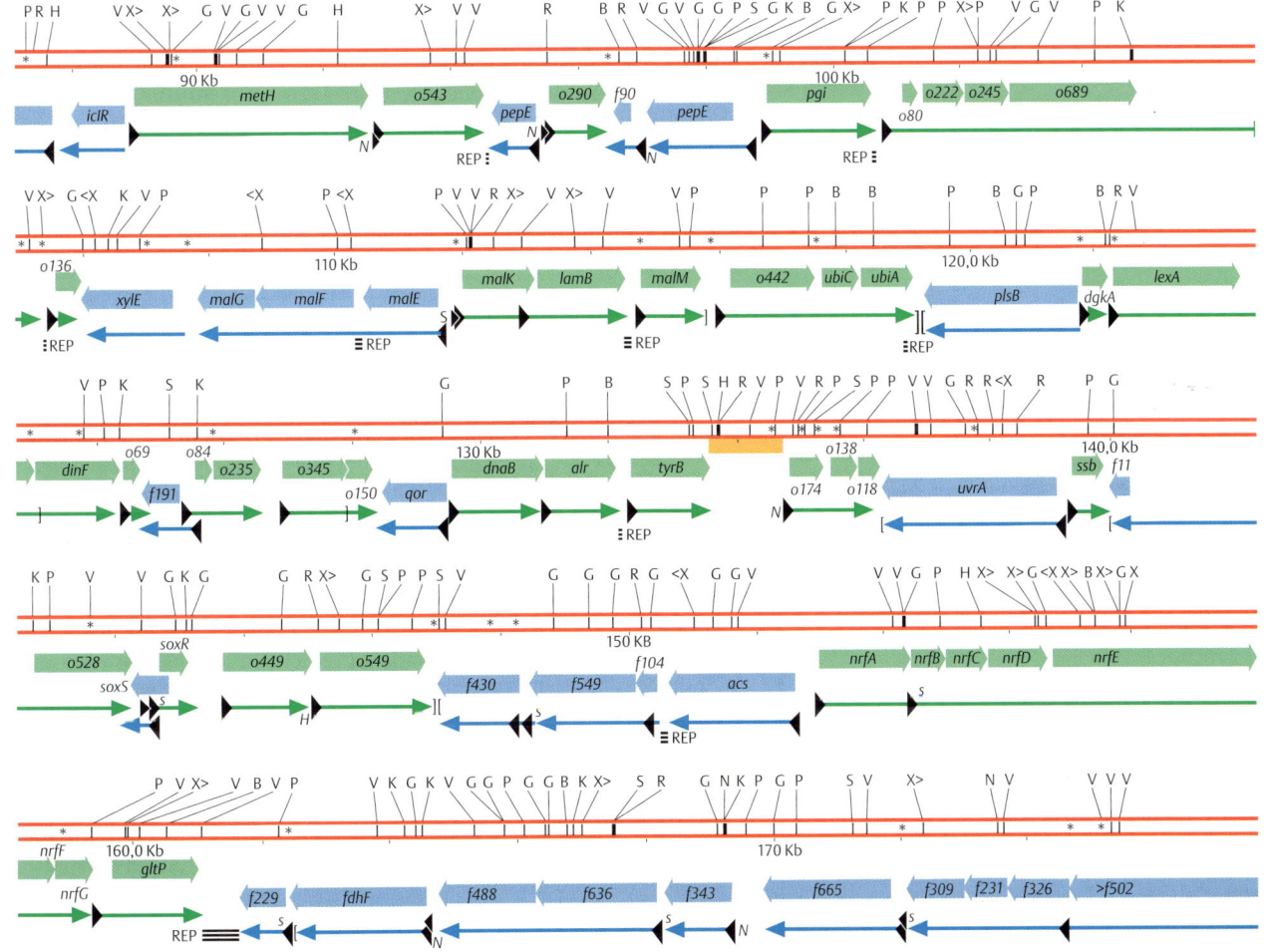

diese Schlußfolgerung nicht einleuchtet, sollte noch einmal die Abb. 3.**4** (S. 48) zu Rate ziehen, in der die grundlegenden Tatsachen der Transkription zusammengefaßt sind.

Eine Computeranalyse der Sequenz deckt auch die Lage von Promotoren auf. Diese sind als schwarze Dreiecke unter den Gen-Pfeilen gezeichnet. Von dort aus zeigen schmale Pfeile die Länge der transkribierten Abschnitte bzw. die Länge der mRNAs an (Abb. 4.**10**).

Man erkennt, daß manche Transkripte mehrere Gene umfassen. Meist haben solche Gene eine gemeinsame Funktion. Als Beispiel nennen wir die Gene *mal E*, *mal F* und *mal G*. Jedes dieser drei Gene kodiert ein Protein. Zusammen sind sie für den Transport des Zuckers Maltose aus dem Medium in das Zellinnere verantwortlich. Diese Gene werden in Form einer langen, sogenannten polygenischen mRNA transkribiert.

Die Folgen solcher gemeinsam oder koordiniert exprimierten Gene bezeichnet man in der Tradition der Bakteriengenetik als **Operons**. Dies sind charakteristische Merkmale von Bakterien-Genomen, wie wir im Laufe des Kapitels noch sehen werden, aber längst nicht alle Gene des *E. coli*-Genoms sind als Operons organisiert, wie man am Beispiel von Genen wie *met H* oder *lys C* sehen kann (Abb. 4.**10**).

Diese Darstellung zeigt, daß fast die gesamte DNA mit Genen besetzt ist. Von diesen Genen war vor der Sequenz-Bestimmung nur etwa die Hälfte bekannt. Die bekannten Gene sind mit der überlieferten Bezeichnung (Beispiel: *met H*) versehen, alle anderen Gene kennt man nur als offene Leseraster und haben vorläufige Code-Nummern wie *o543*, *o290* oder *f488* usw. erhalten. Entsprechendes gilt nicht nur für den kleinen Genom-Abschnitt der Abb. 4.**10**, sondern für das gesamte *E. coli*-Genom. Eine Schätzung, die auf den vorhandenen Daten basiert, ergibt eine Gesamtzahl von 3500 bis maximal 3800 Genen im *E. coli*-Genom.

Die Gene sind fast überall auf dem *E. coli*-Genom so dicht gepackt wie auf dem hier gezeigten kleinen Abschnitt (Abb. 4.**10**). Wir haben dies bei der Besprechung der Reassoziationskinetiken von denaturierter DNA (Abb. 2.**10**) vorausgesagt, denn Gen-Abschnitte sollten sich während der Renaturierung wie Einzelkopie-Sequenzen verhalten. Das bedeutet nicht, daß das *E. coli*-Genom frei von repetitiven Sequenzen ist. Zum Beispiel kommen Gen-Folgen, die die ribosomale RNA kodieren, in sieben Kopien pro Genom vor. Das Reassoziationsverfahren ist zu unempfindlich, um die Sequenz-Wiederholungen vor dem Hintergrund der großen Menge an Einzelkopien wiederzugeben. Ebenso gibt das Verfahren keinen Hinweis auf das häufige Vorkommen kurzer DNA-Abschnitte.

Untersuchungen geben Auskunft über kurze Wiederholungssequenzen:
– **REP** (*repeated extragenic palindrome*) sind kurze gegenläufige (palindrome) Sequenz-Abschnitte von 30–40 Basenpaaren, die oft in mehreren Exemplaren hintereinandergeschaltet im Bereich von Gen-Enden vorkommen. Das *E. coli*-Genom enthält einige hundert REP-Sequenzen, die insgesamt immerhin 0,5 % der Gesamt-DNA ausmachen. Ihre Funktion ist nicht ganz klar. Sie sind bevorzugte Bindestellen für Proteine im Nucleoid und könnten eine Rolle bei der Ausbildung der Domänen-Schleifen spielen. Gelegentlich ist vermutet worden, daß ihr Vorkommen die Stabilität von mRNAs beeinflußt, denn nach der Transkription gelangen REP-Sequenzen in den 3′-Nichttranslationsbereich von mRNAs (Abb. 4.**11**).

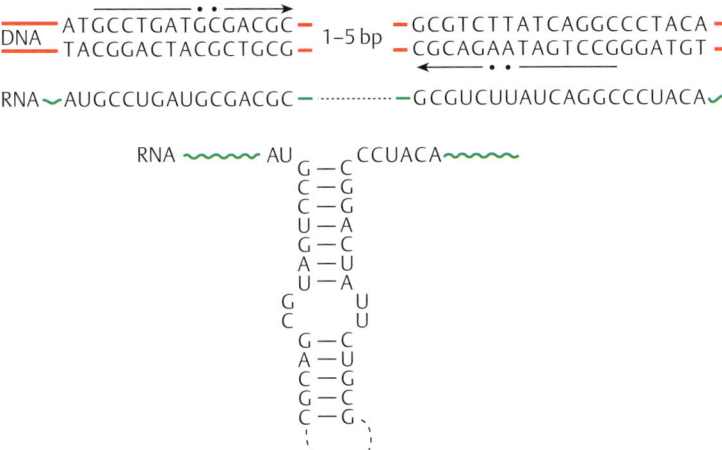

Abb. 4.11 Repetitive DNA-Elemente im *E. coli*-Genom. REP *(repetitive extragenic palindromes)*. **oben** Es ist eine DNA-Konsensus-Sequenz gezeigt, die zu 80 % jedem der mehr als 100 REP-Elemente entspricht. **unten** Nach Transkription kann die entstandene RNA eine Sekundärstruktur-Schleife bilden [nach 10].

– **CHI-**(*cross over hot spot instigator-*)Sequenzen sind Abschnitte von 8 Basenpaaren, die in der Abb. 4.**10** als Haken (>) oberhalb der DNA-Doppellinie eingetragen sind. *Chi*-Sequenzen kommen durchschnittlich einmal in jedem 5-kb-Abschnitt vor und haben eine Funktion bei der Rekombination, wie wir später in dem entsprechenden Zusammenhang noch ausführlich besprechen wollen (S. 206).

Die genetische Karte

Wir unternehmen aus verschiedenen Gründen einen kurzen Ausflug in die Bakterien-Genetik:
- Mit dem Studium der Genetik von Bakterien und Bakteriophagen wurden die ersten Grundlagen für die Entwicklung der molekularen Genetik gelegt. Ohne Wissen über die historischen Hintergründe bleibt ein wichtiger Teil der Terminologie und der Konzepte der heutigen Genetik unverständlich.
- Wir können uns bei diesem Ausflug mit einigen genetischen Besonderheiten vertraut machen. Deren Kenntnis ist für die Analyse allgemeiner genetischer Prozesse wie Replikation, Rekombination und Mutation von Bedeutung.
- Bakterien-Genetik wird im Zusammenhang mit gentechnischen Verfahren in vielen biologischen Laboratorien praktiziert. Wenigstens ein erster Einblick ist nützlich, damit die Anwender der Gentechnik wissen, was sie tun, wenn sie die Werkzeuge benutzen, die ihnen von Gentechnik-Firmen in die Hand gegeben werden.

Heute kann man viele Bakterien-Gene eindeutig durch ihre Nucleotid-Sequenzen kennzeichnen. Aber vor der Einführung gentechnischer Methoden waren die Genetiker auf eine biologische Markierung von Genen angewiesen. Als Genmarker dienten meist Mutationen, die ein Gen verändern oder ganz ausschalten. Genetiker registrierten dann spezifische Veränderungen in der Physiologie der betroffenen Bakterien, wodurch sich die Mutanten eindeutig von den sogenannten Wildtyp-Formen unterscheiden. Diese allgemeinen Bemerkungen werden wir im folgenden illustrieren (siehe Box).

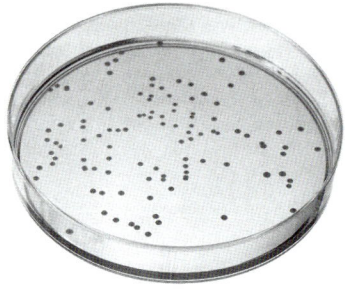

Abb. 4.12   Kolonien des Bakterienstammes *E. coli*-K12 auf einer Agarplatte.

Agarplatte mit *E. coli*-
Mutanten auf Vollmedium

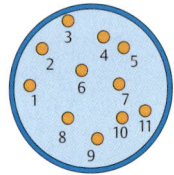

Agarplatten mit Minimalmedium
+19 übrige Aminosäuren

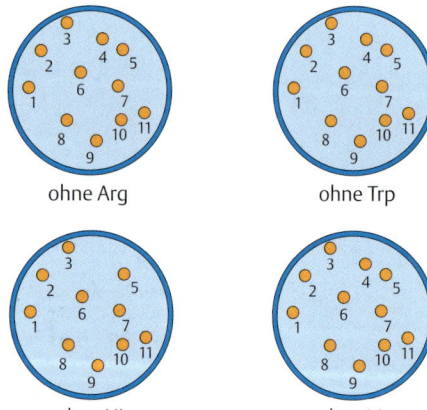

ohne Arg   ohne Trp

ohne His   ohne Met

Die Kolonie Nr. 4 fehlt:
Sie besteht aus
his⁻-Mutanten

Abb. 4.13   Verfahren zur Isolierung von *E. coli*-Mutanten: Die Replika-Plattierung. Die isolierte Mutante wird als *his⁻* bezeichnet, und, wenn es sich um den *E. coli*-Stamm K12 handelt, als K12 *his⁻*. Die nichtmutierte Variante (der Wildtyp) heißt entsprechend K12 *his⁺*.

Erkennung und Isolierung von Bakterien-Mutanten. Die methodische Grundlage ist ein Standardverfahren der Bakteriologie. Eine Bakterienkultur wird verdünnt und dann gleichmäßig auf einer Agarplatte ausgestrichen. Wenn die Agarplatte Vollmedium (Tab. 2.**2**) als Nährlösung enthält, findet man nach 12–24 Stunden bei der optimalen Temperatur im Brutschrank dort, wo ursprünglich eine Bakterien-Zelle gelegen hat, ein Bakterienhäufchen, eine Kolonie (Abb. 4.**12**). Die 10⁶–10⁷ Bakterien in jeder Kolonie sind genetisch identisch, denn sie sind die Nachkommen einer einzigen Elternzelle.

Mutanten sind selten, auch wenn man ihre Zahl durch Behandlung mit mutationsauslösenden Chemikalien oder Strahlen erhöht. Deswegen sind Selektionsverfahren notwendig, die eine mutierte Bakterien-Zelle unter vielen tausend Wildtyp-Bakterien erkennen lassen.

Die Selektionsverfahren richten sich nach der Art der gesuchten Mutante. Hier nehmen wir als Beispiel eine biochemische Mutante, die eine Stoffwechselleistung, etwa die Synthese einer Aminosäure, nicht mehr erbringen kann.

Zum Auffinden der Bakterien-Mutanten benutzt man einen Kunstgriff. Bei der Suche nach einer Aminosäure-Mutante werden die Bakterien in einem Minimalmedium (S. 84) ohne Aminosäuren aufgenommen. Zu dieser Bakterien-Suspension gibt man das Antibiotikum Penicillin, das bevorzugt teilungsfähige Bakterien angreift. Aminosäure-Mutanten können sich unter den Kulturbedingungen nicht vermehren und entgehen deswegen weitgehend dem Angriff von Penicillin. Die Bakterien-Suspension mit einer Anreicherung der gesuchten Mutanten wird nach geeigneter Verdünnung auf Agarplatten mit Vollmedium ausgestrichen.

Statt einer mühsamen Untersuchung jeder einzelnen Kolonie verwendet man die Methode der **Replika-Plattierung**. Die Ausgangsplatte mit den Kolonien auf dem Vollmedium-Agar wird auf ein Samttuch gedrückt. Einige Zellen aus jeder der ursprünglichen Kolonien bleiben an den Haaren des Samttuches hängen. Nun werden Platten mit Minimalmedium, die alle Aminosäuren außer einer enthalten (Replikaplatten), auf das Samttuch gedrückt. Wie beim Stempeln werden die Zellen des Samttuches im Muster der ursprünglichen Kolonie-Anordnung auf die Replikaplatten übertragen. Nach ausreichender Inkubation im Wärmeschrank findet sich auf den Replikaplatten eine Verteilung der Kolonien wie auf der Ausgangsplatte. Nur die Kolonie *auxotropher* Zellen fehlt auf der Replikaplatte (Abb. 4.**13**). Diese Kolonie ist jedoch auf der Ausgangsplatte vorhanden, deren Zellen im Aminosäure-ergänzten Medium gezüchtet werden können.

Die hier für *E. coli* beschriebene Technik zur Gewinnung von Mutanten ist im Prinzip auf alle Mikroorganismen anwendbar, sogar auf Zellkulturen eukaryotischer Organismen wie Pflanzen und Tiere.

Biochemische Bakterien-Mutanten wurden um 1955 von J. Lederberg und Mitarbeitern in die Biologie eingeführt. Ihre Verwendung hat die Bakterien-Genetik entscheidend vorangebracht. In diesem Zusammenhang ist eine Definition nützlich: Wildtyp-Bakterien, die die benötigten Nahrungsbausteine selbst synthetisieren, werden **prototroph** genannt. Bakterien, die einen bestimmten Syntheseschritt nicht vollziehen können, bezeichnet man als **auxotroph**.

Austausch von Gen-Material

J. Lederberg und E.L. Tatum (1946) haben zum ersten Mal die Übertragung von genetischer Information zwischen Bakterien-Zellen beobachtet und mit dieser Entdeckung das Forschungsgebiet Bakterien-Genetik eröffnet.

Die ursprüngliche Beobachtung war einfach: Zwei auxotrophe Bakterienstämme, *E. coli* 58–161 *(met⁻ bio⁻)* und *E. coli* W677 *(thr⁻ leu⁻)*, wurden zusammen in einem Gefäß mit Nährlösung kultiviert. Nach einiger Zeit konnten prototrophe Bakterien nachgewiesen werden, und zwar in einer Häufigkeit von 10^{-5} bis 10^{-6} relativ zur ursprünglich vorhandenen Zahl der Bakterien. Die Entstehung der prototrophen Bakterien-Zellen kann nur durch einen Austausch von genetischem Material zustande gekommen sein. Spontane Rückmutationen, die im Prinzip ebenfalls zu prototrophen Zellen führen könnten, wären viel seltener: Sie sollten nur einmal unter 10^{10} bis 10^{12} Bakterien vorkommen.

Die Abschätzung der Häufigkeit von Rückmutationen beruht auf folgender Überlegung. Rückmutationen sind wie Erst- oder Hinmutationen Veränderungen der Nucleotid-Folgen in der DNA. Die Häufigkeit spontaner Rückmutationen sollte also der von Erstmutationen entsprechen, einmal pro 10^5 oder 10^6 Bakterien-Zellen, oder 10^{-5} bis 10^{-6}. Da die verwendeten Zellen Doppelmutanten waren *(met⁻ bio⁻* bzw. *thr⁻ leu⁻)*, müßten zwei Rückmutationen stattfinden: $10^{-5} \cdot 10^{-5} = 10^{-10}$ oder $10^{-6} \cdot 10^{-6} = 10^{-12}$.

Nach der grundlegenden Entdeckung brachten sorgfältige Analysen zwei weitere wichtige Tatbestände zutage:
1. Für den Gen-Austausch ist ein direkter Kontakt zwischen beiden Bakterien-Typen notwendig.
2. Die Übertragung des Gen-Materials erfolgt in einer Richtung: Bei unserem historischen Beispiel vom Stamm *E. coli* 58–161 in den Stamm *E. coli* W677. Der erste ist der **Donor**, der zweite der **Empfänger** oder Rezipient von genetischem Material. Oft wird eine Donor-Bakterien-Zelle auch als „männlich", eine Empfänger-Zelle als „weiblich" bezeichnet.

Heute weiß man, daß eine Donor-Zelle durch ein Extrastück an DNA ausgezeichnet ist, das sogenannte F-Plasmid (F steht für *fertility*, engl. Fruchtbarkeit). Das F-Plasmid kann als DNA-Ring isoliert vom Chromosom vorkommen. In solchen F⁺-Zellen wird gelegentlich das F-Plasmid in das Bakterien-Chromosom eingebaut. Dadurch entstehen sogenannte Hfr-Zellen *(high frequency of recombination)*. Die „große Häufigkeit von Rekombinationen" ist eine Folge der F-Plasmid-Integration.

Die Abb. 4.**14** faßt die drei verschiedenen, an der Bakterien-Paarung beteiligten Typen noch einmal zusammen. Die Konsequenzen, die die jeweilige genetische Konfiguration für den Gen-Austausch hat, wollen wir später besprechen. Hier wollen wir uns zunächst die Struktur des F-Plasmids ansehen, das für die Bakterien-Paarung essentiell ist.

Oft bezeichnet man in der Bakterien-Genetik das Hauptgenom als Chromosom, um es von den Extra-DNA-Stücken, den Plasmiden, zu unterscheiden. Strukturell besteht selbstverständlich keine Ähnlichkeit mit den tierischen oder pflanzlichen Chromosomen (Kap. 5).

F⁻-Zellen, „weiblich", enthalten nur das Hauptchromosom

F⁺-Zellen, „männlich", enthalten neben dem Hauptchromosom ein Extrastück DNA, das F-Plasmid

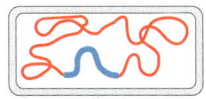

Hfr-Zellen, „männlich", enthalten das F-Plasmid integriert im Hauptchromosom

Abb. 4.14 Partner der bakteriellen Konjugation. Bakterien enthalten ein bis höchstens drei F-Plasmide.

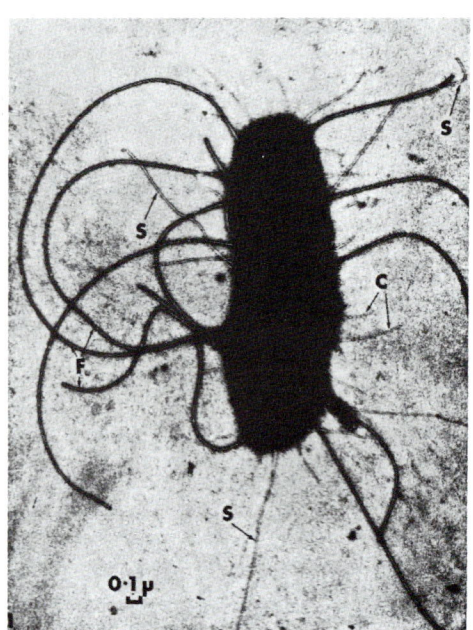

Abb. 4.15   Morphologie einer F⁺-Zelle.
F = Flagellen, C = gewöhnliche Pili *(common pili)*,
S = F-Pili *(sex pili)* [aus 17].

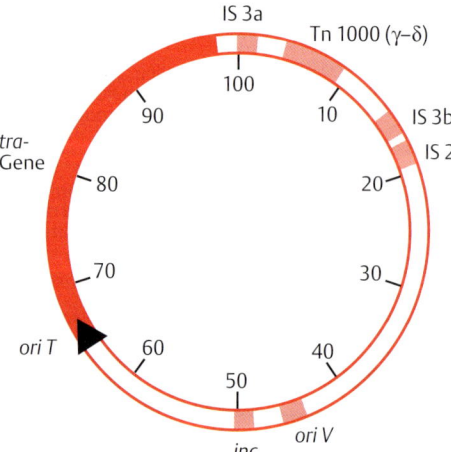

Abb. 4.16 Physikalische Karte des F-Plasmids. Die
DNA besteht aus 100 000 Basenpaaren. Das linke
Ende des IS 3-Elementes gilt als Beginn der Karte.
Nur ein kleiner Teil der ca. 60 Gene des F-Plasmids ist
angegeben. Weitere Beschreibungen im Text [nach
25].

F-Plasmid

Das F-Plasmid ist ein Beispiel für eine größere Zahl verschiedenartiger extrachromosomaler DNA-Moleküle in Bakterien-Zellen (Abb. 4.**15**). Solche extrachromosomalen ringförmigen DNA-Strukturen bezeichnet man allgemein als Plasmide, gelegentlich auch als Episomen, ein vor längerer Zeit geprägter Begriff, mit dem man DNA-Moleküle benennt, die sowohl extrachromosomal als auch integriert im Hauptchromosom vorkommen können.

Über andere Plasmide werden wir später berichten (Kap. 7, S. 195 ff.). Hier konzentrieren wir uns auf das F-Plasmid von *E. coli*.

Das ringförmige DNA-Molekül besteht aus rund 100 000 Basenpaaren. (Abb. 4.**16**) und enthält etwa 60 Gene.

Eine Serie von 25 Genen, in der Abb. 4.**16** als *tra*-Gene bezeichnet, ist für den Transfer der DNA zwischen Donor und Rezipient notwendig. Dazu gehören die Gene, die für den Aufbau des F-Pilus notwendig sind. Ein Beispiel ist das Gen *tra A*, das im Bereich der Genkarten-Einheiten 68,8–69,2 des F-Plasmids liegt. Dieses Gen trägt die Information zur Herstellung des Proteins *Pilin*, ein Hauptbaustein des F-Pilus. Zahlreiche Pilin-Proteine (M_r ca. 7000) bilden einen ca. 2 µm langen hohlen Zylinder von 8 nm Durchmesser mit einer 2 nm inneren zentralen Röhre. Andere Gene der *tra*-Gengruppe sind für den Zusammenbau des Pilus, für die DNA-Synthese während des F-Transfers und für andere Prozesse notwendig.

Manche Bakteriophagen, z. B. die RNA-Phagen MS2, R17, fr, Qβ sowie die filamentösen DNA-Phagen fd und M13, heften sich an die F-Pili an. Das ist der erste Schritt ihres Infektionsprozesses in der Zelle. Diese Phagen infizieren dementsprechend nur „männliche" Zellen.

Weitere charakteristische genetische Elemente des F-Plasmids sind die Gene der *inc*-Gruppe und die Insertions-Sequenzen (IS-Elemente). Die *inc*-Gene sind für eine Eigenschaft verantwortlich, die viele bakterielle Plasmide auszeichnet, die **Inkompatibilität**. Darunter versteht man in diesem Zusammenhang die Tatsache, daß ein einmal in der Zelle etabliertes Plasmid eine Vermehrung und/oder Weitergabe anderer, verwandter Plasmide verhindert.

Die DNA-Abschnitte, die mit IS 2, IS 3 und Tn 1000 bezeichnet sind (Abb. 4.**16**), enthalten **IS-Elemente bzw. Transposons** (Tn 1000, auch als Tn γδ bezeichnet). IS-Elemente sind DNA-Abschnitte von 800–1500 Basenpaaren, die nicht nur im F-Plasmid, sondern auch im Hauptchromosom vorkommen. Über ihre genetische Struktur und über ihre Eigenschaften werden wir in einem anderen Zusammenhang berichten (Kap. 7, S. 195 ff.). Hier interessiert der Befund, daß die Integration des F-Faktors in das Hauptchromosom sehr wahrscheinlich über einen Mechanismus erfolgt, dem ein gegenseitiges Erkennen der Nucleotid-Sequenzen der IS-Elemente zugrunde liegt. Anders gesagt, freie F-Plasmide integrieren bevorzugt an solchen Stellen des Hauptchromosoms, die IS-Elemente tragen, wie in Abb. 4.**17** angedeutet.

Eine F⁺-Zelle hat 1–3 F-Plasmide pro Hauptchromosom. Daraus kann man schließen, daß die Vermehrung (Replikation) des F-Plasmids genau reguliert wird: Es teilt sich nur einmal pro Zell-Generation. Die Regulation findet über eine Wechselwirkung von Replikationsfaktoren mit dem *ori V* statt. Die Abkürzung *ori* steht für *Origin*, womit man allgemein den Ursprung oder die Startstelle einer DNA-Replikationsrunde bezeichnet (Kap. 6, S. 162 ff.). Der *ori V* wird nur einmal pro Zell-Generation aktiviert.

Anders verhält sich der *ori T*, der *Origin* für den DNA-Transfer zwischen Donor und Rezipient. Dieser Replikationsstartpunkt bleibt bei der

„vegetativen" Vermehrung des Plasmids unbenutzt. Er wird erst „aktiviert", wenn Donor- und Rezipienten-Zelle über den F-Pilus Kontakt
miteinander aufgenommen haben. Dann wird einer der beiden DNA-
Stränge am *ori T* endonucleolytisch geöffnet. Das entstandene 5′-Ende
des geschnittenen Stranges wird über die F-Pilus-Brücke in die Rezipienten-Zelle übertragen, und zwar in einer definierten Richtung, die
durch die Pfeilspitze in der Skizze der Abb. 4.**18** angedeutet ist. Gleichzeitig mit der Übertragung findet DNA-Synthese statt: Der übertragene
Strang wird zum Doppelstrang vervollständigt; der zurückbleibende
Strang wird ebenfalls wieder zu einem Doppelstrang ergänzt (Abb. 4.**18**).
Bei diesem komplizierten Vorgang wirken Enzyme zusammen, die sowohl von Genen des F-Plasmids als auch von Genen des Hauptchromosoms kodiert werden.

Die Molekularbiologie der DNA-Replikation ist eine komplizierte An-
gelegenheit, die wir ausführlich erst im Kap. 6 (S. 162 ff.) besprechen
werden. Hier geht es zunächst nur um den Vorgang des DNA-Transfers
bei der Konjugation, so daß eine etwas oberflächliche Beschreibung des
Prozesses zunächst einmal genügen mag.

F′-Plasmide

Als ein seltenes Ereignis kann das integrierte F-Plasmid wieder aus dem
Hauptchromosom „ausgeschnitten" werden.

Gelegentlich verläuft eine solche Exzision ungenau. Benachbarte
chromosomale DNA-Abschnitte werden mit den F-Sequenzen ausgeschnitten (Abb. 4.**19**). Dabei entstehen dann F-Plasmide mit zusätzlichen
chromosomalen Genen, **substituierte** F-Plasmide oder F′-Plasmide.

F′-Plasmide können über den gleichen Mechanismus wie die un-
substituierten F-Plasmide mit hoher Effizienz in Rezipienten-Zellen
übertragen werden. Diese Zellen sind nun in Bezug auf die eingeführten
chromosomalen Gene diploid, mit der Konsequenz, daß auch eine Heterozygotie vorkommen kann, wenn die beiden Allele, nämlich das Allel
auf dem F′-Plasmid und das Allel im Hauptchromosom, verschiedene
genetische Inhalte haben.

Solche partiell diploiden Stämme, oft auch als **Merodiploide** oder
Heterogenote bezeichnet, haben in der Geschichte der molekularen
Genetik eine wichtige Rolle gespielt, wie wir bald sehen werden.

Konjugation

Mit Hilfe des F-Pilus erkennt die F⁺-Zelle die Rezipienten-Zelle. Beide
Zellen werden über den Pilus miteinander verbunden. Der Pilus verkürzt
sich, so daß schließlich ein enger Kontakt von Zellwand zu Zellwand
entsteht. Über diesen Kontakt wird das F-Plasmid von der Donor- in die
Empfänger-Zelle übertragen.

Außer dem F-Plasmid wird kein weiteres genetisches Material transferiert. Anders bei Hfr-Zellen. Durch den Zell-Zell-Kontakt entsteht ein
Signal, das in der Donor-Zelle eine DNA-Replikationsrunde am integrierten F-Plasmid, genauer an der Stelle *ori T* einleitet. Wie in der
Abb. 4.**20** (siehe S. 97) angezeigt, gelangt dann einer der beiden Äste der
Replikationsgabel als DNA-Einzelstrang in die Empfänger-Zelle, wo er zu
einer Doppelstrang-DNA ergänzt wird. Mit dem eindringenden F-Plas-
midteil gelangt benachbartes Genmaterial vom Hauptchromosom in die
F⁻-Zelle. Daraus folgt, wie ebenfalls in der Abb. 4.**20** angedeutet, daß je
nach Integrationsort des F-Plasmids verschiedene Abschnitte des

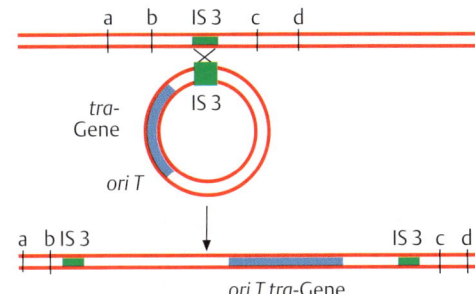

**Abb. 4.17   Schema der Integration eines F-Plas-
mids.**

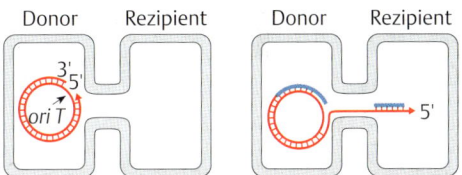

Abb. 4.18   DNA-Transfer bei der Übertragung.
Bei oder unmittelbar nach der Herstellung der Brük-
ke zwischen der Donor-Zelle und der Rezipienten-
Zelle wird einer der beiden DNA-Stränge am *ori T*
geöffnet. Das 5′-Ende des geöffneten Stranges wird
in die Rezipienten-Zelle „transferiert". Die Einzelstrang-Bereiche im übertragenen Strang und am
zurückbleibenden Ring werden durch DNA-Neusyn-
these zu Doppelsträngen ergänzt. Als Konsequenz
wird eine Kopie des F-Plasmids in die Empfänger-
Zelle übertragen. Eine zweite Kopie bleibt in der
Donor-Zelle zurück.

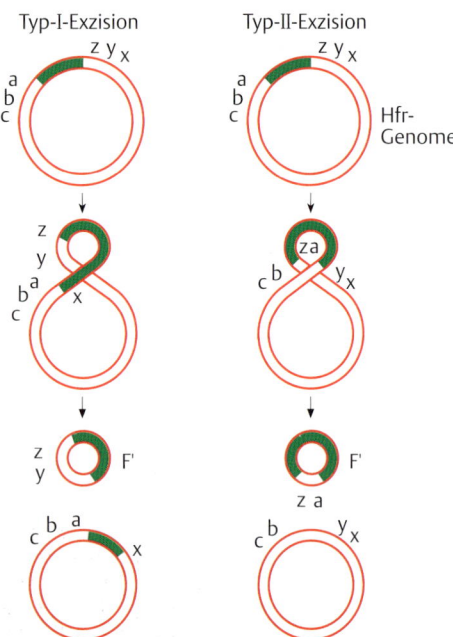

Typ-I-Exzision   Typ-II-Exzision

Hfr-Genome

F'   F'

Abb. 4.19 Exzisionswege bei der Bildung von F′-Plasmiden.
Beachte:
1. Bei der **Typ-I-Exzision** bleibt ein Teil des Plasmids im Hauptchromosom zurück. Das entstandene Exzisionsprodukt kann als Plasmid in der Zelle replizieren, wenn es noch mindestens die plasmidalen Replikationsfunktionen und den *ori V* (s. Abb. 4.**11**) besitzt. Falls die *tra*-Gene im Hauptchromosom zurückgeblieben sind, hat das Plasmid die Fähigkeit zum Konjugationstransfer verloren. Der chromosomale DNA-Abschnitt im F′-Plasmid entspricht einer Folge von genetischen Elementen, die ursprünglich auf einer Seite des integrierten Plasmids lagen.
2. Das unterscheidet die Typ-I- von der Typ-II-Exzision, bei der chromosomale DNA-Abschnitte von beiden Seiten des integrierten F-Plasmids ausgeschnitten werden. Bei der **Typ-II-Exzision** bleiben keine plasmidalen Sequenzen im Hauptchromosom zurück.

Hauptchromosoms zuerst übertragen werden. Im Prinzip kann dann das gesamte *E. coli*-Genom von der Donor- in die Rezipienten-Zelle gelangen. Die meisten Paarungen kommen jedoch schon vorher zu einem Ende, vermutlich weil die Zell-Zell-Kontaktstelle zerbricht. Demnach wird im allgemeinen bei einer Paarung von Hfr- und F⁻-Zellen bevorzugt *der* Teil des Genoms übertragen, der am Beginn des transferierenden DNA-Abschnittes liegt.

Das Eindringen von Donor-DNA ist die Voraussetzung für die dann folgende Rekombination. Doch dazu reicht das gleichzeitige Vorkommen von Donor- und Rezipienten-DNA in einer Zelle allein nicht aus. Zusätzlich müssen noch Enzyme vorhanden sein, die die biochemischen Reaktionen des Rekombinationsprozesses ermöglichen. Diese Enzyme werden zum Teil von den *rec*-Genen des Bakterien-Genoms kodiert. Über die Rec-Proteine werden wir in Kap. 7 (S. 195 ff.) Näheres erfahren. Hier betrachten wir die eher formalen Konsequenzen des Konjugationsprozesses.

Gen-Kartierung durch „Unterbrechung der Paarung"

Der Vorgang der Konjugation zwischen Hfr-Donor-Zellen und F⁻-Empfänger-Zellen bietet eine interessante Möglichkeit zur Vermessung der *E. coli*-Genkarte, wie E. L. Wollman und F. Jacob (1955) zuerst erkannt haben. Diese Forscher haben das klassische Experiment der „unterbrochenen Paarung" erfunden.

Forschungsgeschichte

„Die unterbrochene Paarung". Zur Illustration des Verfahrens betrachten wir ein Experiment von Wollman und Jacob aus dem Jahre 1957. Ein Hfr-Stamm (Hfr H) hat die genetischen Eigenschaften *thr⁺ leu⁺ gal⁺ lac⁺ ton^R azi^R str^R*, die F⁻-Empfänger-Zelle die Eigenschaften *thr⁻ leu⁻ gal⁻ lac⁻ ton^S azi^S str^S*. Die Bedeutung dieser Genmarker ist in der Tab. 4.**3** zusammengefaßt, wobei für das Verständnis des Experiments allerdings eine rein formale Betrachtung ausreicht.

Hfr-Stamm und F-Stamm werden in einer Kulturflasche gemischt und bei der optimalen Temperatur von 37 °C inkubiert. Die Konjugation setzt gleich nach der Mischung beider Stämme ein. In regelmäßigen Zeitabständen nach Beginn der Konjugation werden dann Proben entnommen und zur Trennung der Konjugationspaare in einem Waring-Blendor, einer Art Küchenmix-Gerät, heftigen Scherkräften ausgesetzt. Um zu prüfen, welche Genmarker während der bis dahin abgelaufenen Zeit in die Empfänger-Zelle gelangt sind, werden die Bakterien-Zellen dann auf Selektionsnährböden ausgestrichen (Abb. 4.**21**). Diese Nähr-

böden enthalten genügend Streptomycin, um die *str^S*-Hfr-Donor-Zellen abzutöten. Um nur richtige Rekombinanten erfassen zu können, sind die Nährböden auch frei von Threonin und Leucin. Dabei muß allerdings zum Verständnis hinzugefügt werden, daß vor der Durchführung des Experiments bekannt war, daß die Marker *leu* und *thr* bereits in den ersten wenigen Minuten nach Beginn der Paarung in den Empfänger übertragen werden (was in der Abb. 4.**21** nicht gezeigt ist). Nun läßt sich die Frage beantworten, in welcher zeitlichen Reihenfolge die übrigen Marker im Rezipienten-Stamm erscheinen. Das Ergebnis ist in Abb. 4.**21** gezeigt. Nach 9 Minuten tauchen die ersten Azid-resistenten Rekombinanten auf, nach etwa 10 Minuten die ersten Bakterien, die resistent gegenüber einer Infektion mit dem Phagen T1 sind. Führt man das Experiment über 60 Minuten durch, so erwerben schließlich 90 % bzw. 70 % aller Rekombinanten die Eigenschaften *azi^R* bzw. *ton^R*. Die Marker *lac* und *gal* werden erst später übertragen. Die maximale Zahl der Rekombinanten, die *lac⁺* bzw. *gal⁺* werden, liegt nur bei 40 bzw. 30 %.

Tab. 4.3 Bedeutung der im Wollman-Jacob-Experiment benutzten Gen-marker

Bezeichnung	Phänotyp
thr^-, leu^-	keine Synthese der Aminosäuren Threonin (Thr) bzw. Leucin (Leu)
gal^-, lac^-	keine Verwertung der Zucker Galactose (Gal) bzw. Lactose (Lac)
ton^R, ton^S	Resistenz bzw. Sensitivität gegenüber dem Bakteriophagen T1 (bei ton^R ist durch Mutation ein Protein der Bakterien-Oberfläche ausgefallen. Dieses Protein wird als Anheftungsstelle vom Phagen T1 benutzt)
str^R, str^S	Resistenz bzw. Sensitivität gegenüber Streptomycin (zugrunde liegt eine Veränderung im Strukturgen für ein ribosomales Protein)
azi^R, azi^S	Resistenz bzw. Sensitivität gegenüber NaN_3 (ebenfalls Veränderung einer Oberflächenstruktur)

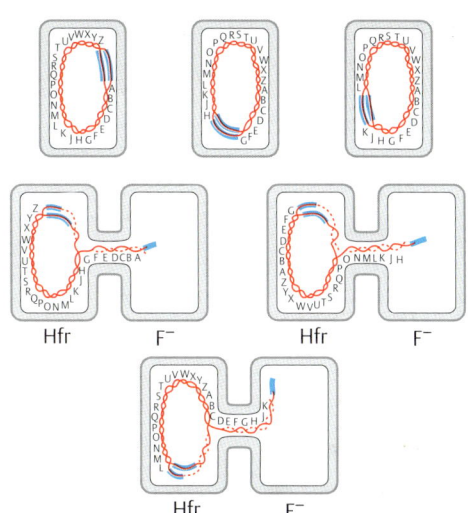

Abb. 4.20 Konjugation. In unterschiedlichen Hfr-Stämmen ist das F-Plasmid (blau) an verschiedenen Stellen des Hauptchromosoms eingebaut. Es wird mit dem daranhängenden Strang des Hauptchromosoms in die Empfänger-Zelle übertragen. Dabei findet DNA-Synthese statt (gestrichelte Linie). Daraus folgt: Bei der Konjugation kann die Reihenfolge, in der die Gene übertragen werden, verschieden sein, abhängig von der Art des untersuchten Hfr-Stammes. Die DNA in der Empfänger-Zelle ist nicht eingezeichnet.

Das Ergebnis dieser Untersuchung ist ohne weiteres mit unserer Kenntnis vom Konjugationsvorgang zu deuten. Die Marker *leu* und *thr* müssen in nächster Nähe des integrierten F-Plasmids liegen, gefolgt von den Markern *azi*, *ton*, *lac* und *gal* (Tab. 4.3). Mit abnehmender Entfernung vom Tranferstart am integrierten F-Plasmid nimmt auch die Häufigkeit der Rekombination ab, wie man erwarten wird, wenn die Konjugationspaare nicht stabil sind, sondern sich mit einer bestimmten Wahrscheinlichkeit voneinander trennen.

Das Verfahren der „unterbrochenen Paarung" ermöglicht eine Vermessung des Bakterien-Genoms, d.h. eine Feststellung der Reihenfolge und des relativen Abstandes der Genorte auf dem Genom. Die Maßeinheit für die Bakterien-Genkarte ist die Minute.

Für eine komplette Kartierung des Bakterien-Genoms müssen möglichst viele Marker verwendet werden, aber auch viele Hfr-Stämme, die sich durch die Lage des integrierten F-Plasmids unterscheiden. Denn wie die Abb. 4.**21** schon andeutet, nimmt die Zahl der Rekombinanten mit der Entfernung vom Startpunkt des Tranfers *ori T* ab. Damit läßt dann auch die Genauigkeit der Untersuchung nach. Durch Verwendung verschiedener Hfr-Stämme kann dieses Problem vermieden werden, wie aus der Abb. 4.**22** abgeleitet werden kann.

Mittels solcher Zusatzmessungen kann die *E. coli*-Genkarte in 100 Minuten eingeteilt werden. Die Lage einiger der bekannten Gen-Loci auf der ringförmigen 100-Minuten-Genkarte von *E. coli* zeigt die Abb. 4.**23** (siehe S. 100). Erläuterungen zu den Genmarkern sind in Tab. 4.**4** zu finden.

Die durch das Verfahren der „unterbrochenen Paarung" aufgestellte *E. coli*-Genkarte hat einen wichtigen Nachteil: Sie ist nicht genau genug. Das geht aus der folgenden einfachen Überlegung hervor. Das *E. coli*-Genom besteht aus etwa $4,7 \cdot 10^6$ Nucleotidpaaren. Bei einer Einteilung in 100 Minuten umfaßt ein 1-Minuten-Abschnitt also etwa 47000 Nucleotidpaare. Ein Blick auf die Abb. 4.**21** zeigt sofort, daß die „unterbrochene Paarung" unmöglich eine Auflösung unterhalb des Bereiches von 1 Minute liefern kann.

Eine bessere Auflösung erreicht man durch eine Analyse der Rekombinationshäufigkeit zwischen eng benachbarten Markern (S. 208) oder durch die Methode der Transduktion.

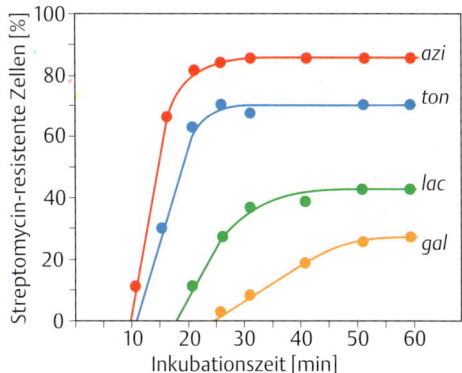

Abb. 4.21 Das Experiment der „unterbrochenen Paarung".

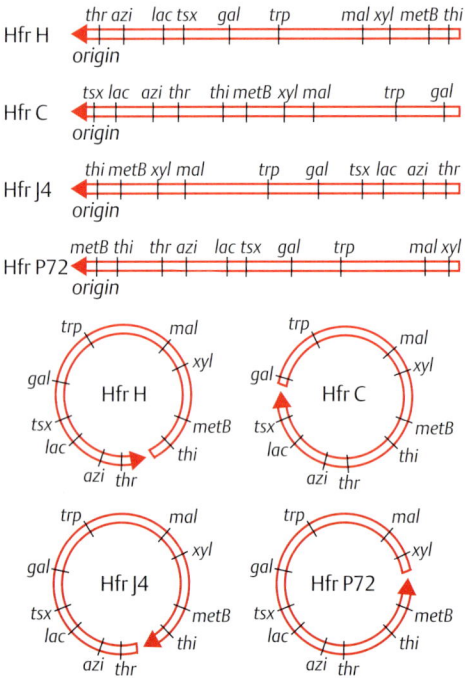

Abb. 4.22   Reihenfolge des Marker-Transfers bei einigen verschiedenen Hfr-Stämmen.

Tab. 4.4   Genmarker auf dem E.coli-Genom

Symbol	Bedeutung	Bemerkungen	Hinweis
adk	Adenylkinase	–	–
ala S	Alanyl-tRNA-Synthetase	–	S. 60
ara	Arabinose	Folge von 3 Genen des Arabinose-Stoffwechsels	
arg A, B, C, D, F, G, H, I	Arginin	Gene für Enzyme des Arginin-Synthese-weges	–
aro A, H, C		Gene für Enzyme des Syntheseweges aromatischer Aminosäuren (Phe, Tyr)	
asp C	Asparaginsäure	Aspartat-Amino-Transferase	–
att	„attachment"	Integrationsstelle für die DNA des Bakteriophagen Lambda	S. 126
bio	Biotin	Folge von 4 Struktur-Genen für die Biotin-Synthese	–
chl E	Chlorat	Nitratreductase (C-Untereinheit)	–
cys	Cystein	Folge von 5 Genen des Cystein-Synthese-wegs	–
dam	DNA-Adenin-Methylierung	–	S. 236
deo	Desoxyribose	Folge von 4 Genen	–
dna A	DNA-Synthese	Initiator-Protein	S. 181
dna B	DNA-Synthese	Kettenverlängerung	S. 173
dna E	DNA-Synthese	DNA-Polymerase III (große Untereinheit)	S. 168
dna G	Primase	DNA-Synthese	S. 170
gal	Galactose	Folge von 3 Genen für die Galactose-Verwertung	–
glc	Glykolat	Verwertung von Glykolat: Malat-Synthese G	–
gln U	Glutamin-tRNA 2	sup 2	S. 258
gly A	Glycin	Serin-Hydroxymethyl-Transferase	–
gua	Guanin	2 Gene für die Guanin-Synthese	–
gyr A,B	Gyrase	–	S. 175
his	Histidin	Folge von 10 Genen des Histidin-Syntheseweges	S. 123
hfl	„high frequency of lysogenization"	ein Bakterien-Protein, das die Integration von Lambda-DNA beeinflußt	S. 127
hsd	„host specificity"	Gene des Restriktions-Modifikations-Mechanismus (DNA-Methylase, Restriktionsnuclease)	S. 41
ilv	Isoleucin-Valin	Folge von 7 Genen für Enzyme des Syntheseweges verzweigter Aminosäuren	–
kdp	„K+-dependence"	Gene für Proteine des Kalium-Transport-systems in der zytoplasmatischen Membran	–
lac	Lactose	Folge von 3 Genen für Enzyme des Lactose-Stoffwechsels	S. 114
leu	Leucin	Folge von 4 Genen für Enzyme des Leucin-Syntheseweges	–
leu S	Leucyl-tRNA-Synthetase	–	S. 60
lig	Ligase	–	S. 176
mal A	Maltose	Folge von 5 Genen für Proteine des Mal-tose-Transportsystems in der Zellmembran	–
mal B	Maltose	Folge von 5 Genen für Proteine des Mal-tose-Transportsystems in der Zellmembran	–

Tab. 4.4 (Fortsetzung)

Symbol	Bedeutung	Bemerkungen	Hinweis
man A	Mannose	Mannosephosphat-Isomerase	–
mel A, B	Melibiose	Gene für Enzyme des Melibiose-Stoffwechsels	–
met E	Methionin	ein Enzym des Methionin-Syntheseweges	–
met D	Methionin	Gen für ein Protein des Methionin-Transportsystems	–
mtl	Mannitol	Folge von 3 Genen für Enzyme des Mannitol-Stoffwechsels	–
omp A	„outer membrane protein"	Gene für Proteine der äußeren Bakterien-Membran	–
phe T	Phenylalanyl-tRNA-Synthetase	β-Untereinheit	S. 60
pho A	alkalische Phosphatase	–	–
pro C	Prolin	Gen für ein Enzym des Prolin-Syntheseweges	–
pol A	DNA-Polymerase I	–	S. 166
pur A, E, F	Purin	Gene für Enzyme der Purin-Synthese	–
pyr B, C, D	Pyrimidin	Gene für Enzyme der Pyrimidin-Synthese	–
rec A	„recombination"	Rec A-Protein	S. 204
rec B, C	„recombination"	Rec BC-Nuclease	S. 206
rha	Rhamnose	Folge von 4 Genen für Enzyme des Rhamnose-Stoffwechsels	–
rpl	„ribosomal proteins, large subunit"	Proteine der 50S-Ribosomen-Untereinheit	S. 108
rsp	„ribosomal proteins, small subunit"	Proteine der 30S-Ribosomen-Untereinheit	S. 108
rpo A, B, C	RNA-Polymerase	Gene für die Untereinheiten α, β und β′ der RNA-Polymerase	S. 108
rrn A-G	ribosomale RNA	–	Abb. 4.**30**
ser A	Seryl-tRNA-Synthetase	–	S. 60
ssb	„single-strand binding protein"	einzelstrangspezifisches DNA-Bindungs-protein	S. 169
thr	Threonin	Folge von 3 Genen des Threonin-Syntheseweges	–
thy A	Thymin	Thymidilat-Synthetase	–
trp	Tryptophan	Folge von 5 Genen des Tryptophan-Syntheseweges	Abb. 4.**46**
tyr R	Tyrosin	Regulation der Aktivität der Gene für die Synthese aromatischer Aminosäuren, einschl. Tyrosin	
tyr S	Tyrosyl-tRNA-Synthetase	–	S. 60
tyr T	Tyrosin-tRNA	su-3, sup F	S. 258
umu C	„uv-mutation"	das Produkt des Gens ist für die Auflösung von Mutationen nach Bestrahlung mit UV-Licht verantwortlich	S. 255
unc	„uncoupling"	Folge von 6 Genen des ATP-synthetisierenden Systems	
uvr B, C	„uv-repair"	Bestandteil des Reparatursystems für UV-Schäden	S. 250
xth A	„exonuclease III"	–	S. 40
xyl	Xylose	Enzyme des Xylose-Stoffwechsels	

Abb. 4.23   Die Genkarte von *E. coli*. Nur ein Teil der bekannten Genorte ist in dieser Karte eingetragen, vor allem auch solche Gene, deren Struktur und Funktion an anderen Stellen des Buches erwähnt oder besprochen werden. Im Innern des Kreises sind der Startpunkt („origin", ori) und der Endpunkt („termination", ter) der Replikation eingetragen. Beachte, daß in der Umgebung des Terminationspunktes sehr wenig Genorte gefunden werden. Der Grund für diese ungleichmäßige Verteilung der Genorte ist unbekannt. Die Genkarte wurde hauptsächlich mit den im Text besprochenen Verfahren der unterbrochenen Paarung und der Transduktion aufgestellt. Es handelt sich hier um eine „biologische" Genkarte.

Eine Verzerrung kommt durch den Maßstab zustande. Man bedenke, daß 1 Minute der *E. coli*-Genkarte etwa 47 000 Nucleotidpaaren entspricht. Das bedeutet, daß eine Eintragung in der *E. coli*-Karte manchmal ein einzelnes Gen bedeutet, z. B. bei den Genorten *rec A* oder *ssb*, manchmal aber auch eine Folge von Genen. Es liegt z. B bei der Eintragung von *lac* eine Folge von drei Genen, bei *trp* eine Folge von fünf und bei *his* sogar eine Folge von zehn Struktur-Genen vor (Tab. 4.**2**) [nach 2].

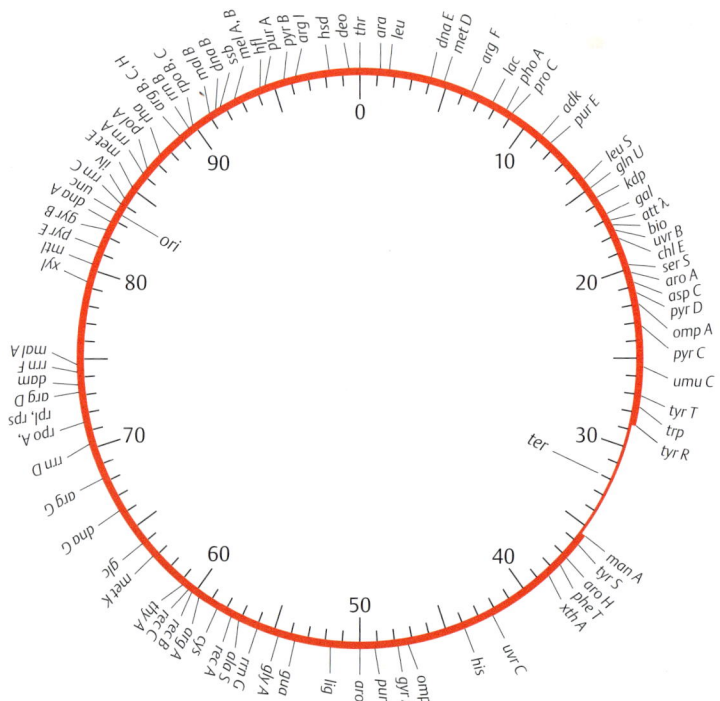

Transduktion

Einige Bakteriophagen, z. B. P22 bei *Salmonella typhimurium* oder P1 bei *E. coli,* übertragen genetisches Material der Wirtszelle von einer Bakterien-Zelle in eine andere („allgemeine" Transduktion; N. Zinder und J. Lederberg, 1952).

Wenn sich diese Phagen in einer Bakterien-Zelle vermehren, packen sie nicht nur, wie bei einem normalen Infektionszyklus, virale DNA, sondern gelegentlich auch ein Stück des Wirtszell-Genoms in die Virushülle ein. Die Länge des eingepackten Stücks Bakterien-DNA entspricht der Länge des Virus-Genoms. Bei P1 sind das ungefähr $90 \cdot 10^3$ Nucleotidpaare. Wenn ein Phagen-Partikel mit einem Stück Wirtszell-DNA eine andere Zelle infiziert, wird dort dieses DNA-Stück aus der früheren Wirtszelle freigesetzt und kann nun dort mit dem Chromosom rekombinieren (Abb. 4.**24**).

Meist wird für die Gen-Kartierung das Verfahren der **Cotransduktion** verwendet. Man fragt, mit welcher Häufigkeit zwei benachbarte Marker gemeinsam übertragen werden. Je größer diese Häufigkeit ist, desto enger liegen die beiden Marker benachbart im Genom. Mit der Annahme, daß alle Bereiche des bakteriellen Genoms mit gleicher Wahrscheinlichkeit übertragen werden können, gilt folgende Beziehung zwischen der Cotransduktionsfrequenz c und dem Abstand zwischen einzelnen Markern in Minuten d:

$$c = \left(1 - \frac{d}{L}\right)^3$$

wobei L die Gesamtlänge des transduzierten Fragmentes (in Minuten) ist. Für den Phagen P1 mit seiner $90 \cdot 10^3$ Nucleotidpaare langen DNA beträgt *L* etwa 2 Minuten. Da Cotransduktions-Häufigkeiten von *c* = 0,01 noch gut gemessen werden können, kann mit diesem Verfahren die Gen-Kartierung verfeinert werden.

Ein Nachteil biologischer Verfahren bleibt unvermeidlich: Der zugrundeliegende Rekombinationsprozeß hängt, wie wir später genau besprechen werden (Kap. 7, S. 195 ff.), von der Art der DNA-Sequenzen in der Umgebung des Rekombinationsereignisses ab und überdies von der Verfügbarkeit und Aktivität der Rekombinations-Proteine.

> Daraus folgt, daß die genetische Karte meist die Reihung der Gene korrekt wiedergibt, aber keine genauen Informationen bezüglich der Größe von Genen und des Abstandes zwischen Genen erlaubt. Man hat dies gelegentlich mit einem Satz formuliert: **Genetische und physikalische Karten sind colinear, aber nicht kongruent** (deckungsgleich).

Mechanismen bakterieller Gen-Regulation

Nur ein Teil der Gene des *E. coli*-Genoms ist ständig aktiv. Viele Gene sind verschlossen und werden erst bei Bedarf angedreht, etwa wenn Veränderungen im Angebot von Nährstoffen eine besondere Ausstattung an Enzymen erfordern. In der Fachsprache ausgedrückt: Ein Teil der Gene wird **konstitutiv** exprimiert; dagegen unterliegt die Expression anderer Gene einer Regulation.

Eine wichtige Erkenntnis der Forschungsgeschichte auf dem Gebiet der Gen-Regulation bei Bakterien – und besonders bei Eukaryoten – besagt, daß es nicht einen allgemeinen Mechanismus der Regulation gibt, der für alle Gene gültig ist, sondern daß jedes Gen auf seine eigene Art reguliert wird. Aber man kann einige allgemeine Prinzipien erkennen, die wir im folgenden anhand von Beispielen kennenlernen.

Regulons: Gen-Gruppen unter der Kontrolle eines gemeinsamen Transkriptions-Faktors

Als Reaktion auf Veränderungen in der Umwelt werden manchmal viele *E. coli*-Gene gleichzeitig angeschaltet. Auslösende Faktoren können z. B. Mangel an stickstoffhaltigen oder phosphathaltigen Verbindungen im Nährmedium, Schädigung der DNA (SOS-Reparaturweg, S. 255) oder eine plötzliche Erhöhung der Temperatur sein. Solche funktionell zusammengehörenden Gene können oft weit verteilt auf dem Bakterien-Genom vorkommen, aber unterliegen trotzdem einer gemeinsamen Kontrolle. Eine solche Gruppe gemeinsam regulierter Gene bildet ein **Regulon**.

Wir wählen als Beispiel das Hitzeschock-Regulon, um die Verhältnisse näher zu betrachten. Dies ist besonders interessant, weil die Antwort einer Zelle auf eine Erhöhung der Temperatur in der Evolution hoch konserviert ist. Viele der im Zuge dieser Antwort gebildeten Proteine findet man nämlich nicht nur in Bakterien, sondern auch in Tier- und Pflanzen-Zellen.

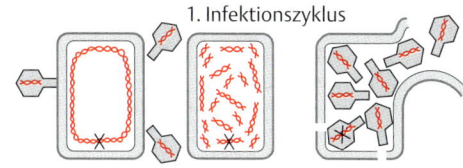

1. Infektionszyklus

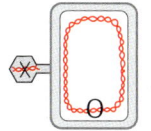

2. Infektionszyklus

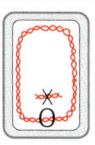

Rekombination ?

Abb. 4.24 Transduktion.

1. Infektionszyklus: Eine Bakterienkultur wird mit transduzierenden Phagen (etwa mit dem Phagen P1) infiziert. Während der Infektion kommt es zur Zerstückelung des Bakterien-Chromosoms und – natürlich – zur Vermehrung der Phagen-DNA. Im weiteren Verlauf der Infektion werden die Strukturproteine der Phagenhüllen gebildet, die die vorhandenen DNA-Moleküle einschließen. Auch Bruchstücke des Bakterien-Chromosoms werden in die Phagenhülle gepackt, u. a. das Bruchstück, das den genetischen Marker X enthält.

2. Infektionszyklus: Bakterien mit der Mutation 0 werden infiziert. In den meisten Zellen der Kultur läuft ein gewöhnlicher Infektionszyklus ab. Ein Teil der Zellen wird jedoch durch Partikel infiziert, die statt des Phagen-Genoms Bruchstücke des Bakterien-Chromosoms enthalten. So wird in einigen Fällen auch das Fragment mit dem Marker X übertragen. Findet man unter den überlebenden Zellen Rekombinanten vom Typ X0, dann kann man schließen, daß die Mutation X sich an einer anderen Stelle auf dem Bakterien-Genom befindet als die Mutation 0. Häufig wird die *Cotransduktion* als Maß für die räumliche Nähe von genetischen Markern bestimmt. Dabei wird die Frage gestellt, wie oft zwei genetische Marker gemeinsam auf einem Chromosomen-Fragment in einer Population transduzierender Phagenpartikel angetroffen werden. Je häufiger ein solches Zusammentreffen zweier Marker auf einem Chromosomen-Bruchstück ist, desto näher benachbart müssen beide Marker auf dem Bakterien-Chromosom liegen.

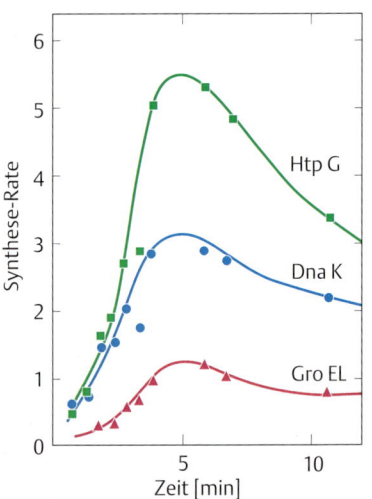

Abb. 4.25   Synthese von Hitzeschock-Proteinen.
Die Abbildung zeigt die Zunahme von Synthese-Raten (Menge an Protein, gebildet innerhalb von 45 Sekunden) in der Zeit nach Erhöhung der Temperatur von 30 °C auf 42 °C [nach 27].

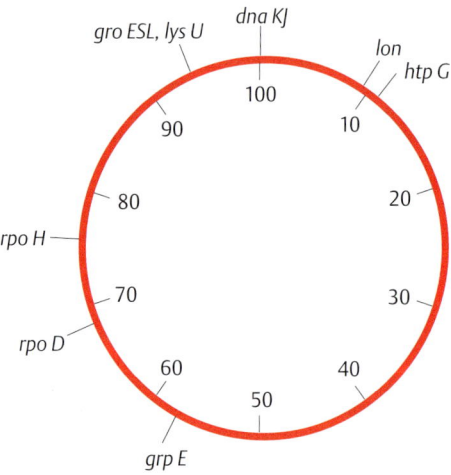

Abb. 4.26   Lage einiger Hitzeschock-Gene auf der *E. coli*-Genkarte (Erklärung s. Tab. 4.5, S. 104).

Beispiel: Hitzeschock-Gene

Innerhalb weniger Minuten nach der Erhöhung der Temperatur von 30 °C auf 42–45 °C werden in *E. coli* etwa 20 verschiedene Proteine mit zum Teil stark erhöhter Rate synthetisiert. Aber bald fällt die Synthese-Rate auf einen Wert zurück, der meist dem Zwei- bis Vierfachen des Wertes bei niedriger Temperatur entspricht (Abb. 4.25). Nach der Rückkehr zur Ausgangstemperatur wird rasch wieder der Normalwert erreicht. Der gleiche Effekt wird nicht nur nach Temperaturerhöhung, sondern auch nach anderen schädlichen Einwirkungen beobachtet, z. B. bei Veränderungen des pH-Wertes, bei manchen Antibiotika, nach Zusatz von Ethanol oder Schwermetallen u. a. Manchmal spricht man deshalb von einer Streßreaktion. Wir bleiben hier jedoch bei der gebräuchlicheren Bezeichnung Hitzeschock-Reaktion, weil diese auch die Nomenklatur beeinflußt hat.

Die Ursache für die vermehrte Synthese der Hitzeschock-Proteine ist eine gesteigerte Transkription von Genen, die an ganz verschiedenen Stellen des *E. coli*-Genoms lokalisiert sind (Abb. 4.26). Die gesteigerte Transkription wird von einer starken Zunahme eines Regulators hervorgerufen, dem **alternativen Sigma-Faktor** mit der Bezeichnung Sigma-32 (σ^{32}.) Die Zahl 32 entspricht der ungefähren Molmasse von 32 kDa.

Der Faktor Sigma-32 nimmt auf der RNA-Polymerase die Stelle des Standard-Sigma-Faktors Sigma-70 (σ^{70}) ein. Mit Hilfe von Sigma-32 erkennt die RNA-Polymerase die Hitzeschock-Promotoren, die eine andere Nucleotid-Sequenz als normale Promotoren haben (Abb. 4.27), und die deswegen einer RNA-Polymerase mit dem Sigma-70-Faktor verschlossen bleiben. Umgekehrt bindet eine RNA-Polymerase mit Sigma-32 nur schlecht an Promotoren von Genen, die nicht zum Hitzeschock-Regulon gehören.

Die Zunahme der Zahl von normalerweise etwa 30 auf mehr als 500 Sigma-32-Moleküle pro Bakterien-Zelle hat drei Gründe:
1. Eine Aktivierung des Gens *rpo H*, das den Transkriptions-Faktor Sigma-32 kodiert.
2. Eine Steigerung der Translation der betreffenden mRNA.
3. Die Stabilisierung des Proteins: Bei niedriger Temperatur wird die Hälfte des gebildeten Sigma-32-Proteins innerhalb einer Minute wieder abgebaut, aber bei hoher Temperatur ist das Protein ungefähr zehnmal stabiler.

Wenn eine dieser drei Reaktionen gestört ist, fällt die Hitzeschock-Reaktion schwächer aus oder fehlt ganz. Das verringert dann drastisch die Chancen der Bakterien-Zelle, bei erhöhter Temperatur zu überleben. Wenn das Sigma-32-Protein ganz fehlt, etwa bei Verlust des Gens *rpo H*, sind Temperaturen über 30 °C tödlich für *E. coli*.

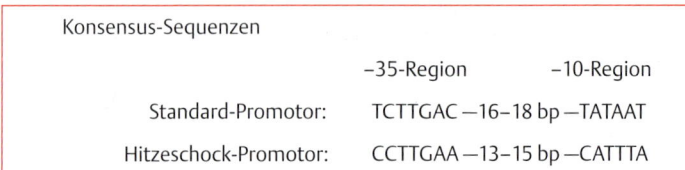

Abb. 4.27   Vergleich von Promotor-Sequenzen.

Eine Schlüsselrolle hat der Sigma-32-Faktor auch bei der weiteren Regulation der Hitzeschock-Antwort. Wir hatten in der Abb. 4.25 gesehen, daß nach anfänglich starker Aktivierung der Synthese von Hitzeschock-Proteinen eine Phase der Adaptation eintritt, bei der die Synthese der Proteine kaum höher als normalerweise ist. Dies beruht auf einer Inaktivierung von Sigma-32 über eine negative Rückkopplung. Eines der Hitzeschock-Proteine (das Dna J-Protein) bindet an Sigma-32 und blockiert damit dessen Funktion (Abb. 4.**28**). Mit anderen Worten: Sigma-32 aktiviert die Hitzeschock-Gene, aber sobald genügende Mengen an Hitzeschock-Proteinen vorhanden sind, regulieren sie selbst ihre Produktion durch Blockade des Aktivators.

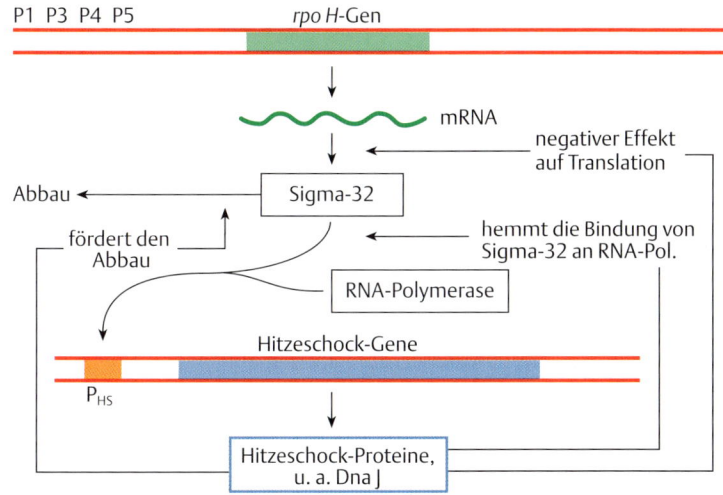

Abb. 4.28 Selbstregulation. Das Ausmaß der Hitzeschock-Antwort hängt von verfügbarem Sigma-32-Faktor ab. Wenn die Menge des Hitzeschock-Proteins Dna J einen kritischen Wert überschreitet, bindet es an Sigma-32. Die Konsequenzen sind eine Blockade der Wechselwirkung von Sigma-32 mit der RNA-Polymerase und eine Beschleunigung des Abbaus von Sigma-32 [nach 4].

So kommen wir schließlich zur Frage nach der Natur und Funktion der Hitzeschock-Proteine. Dabei müssen wir uns zwei Punkte klarmachen: Erstens werden diese Proteine auch bei normaler Temperatur gebildet (s. Abb. 4.**25**) und üben deshalb auch eine Funktion unter Normalbedingungen aus. Zweitens hat eine Erhöhung der Temperatur oder andere Umstände, die zur Hitzeschock-Antwort führen können, eine Denaturierung von Proteinen zur Folge. Tatsächlich ermöglichen viele Hitzeschock-Proteine eine korrekte Faltung von Polypeptid-Ketten. Eine kurze Zusammenfassung vieler Untersuchungen auf diesem aktuellen Gebiet der Biochemie findet man im Kasten auf S. 104.

Zu den Hitzeschock-Proteinen gehören auch:
- eine Protease, die denaturierte Proteine abbaut,
- der Standard-Sigma-70-Faktor, dessen vermehrte Synthese wohl als Vorbereitung auf die Zeit nach der Normalisierung der Temperatur verstanden werden kann,
- eine Lysyl-tRNA-Synthetase, deren Rolle bei der Hitzeschock-Antwort noch nicht bekannt ist, sowie mehrere Proteine unbekannter Funktion (Tab. 4.**5**).

Tab. 4.5 Einige Hitzeschock-Gene und Hitzeschock-Proteine von *E. coli*

Gen	Protein	Funktion
dna K	Dna K-Protein (Hsp70)	diese 3 Proteine bilden zusammen
dna J	Dna J-Protein	eine funktionelle
grp E	Grp E-Protein	Einheit, die als Chaperon die native Faltung von Polypeptiden fördert
gro EL	Gro EL-Protein	auch diese Proteine bilden ein Chaperon,
gro ES	Gro ES (Hsp10)	das die native Protein-Faltung fördert
htp G	ähnlich dem eukaryotischen Protein Hsp90	
lon	ATP-abhängige Protease	
lys U	Lysyl-tRNA-Synthetase, Form II	
rpo D	Sigma-70-Faktor	

Hitzeschock-Proteine sind hoch konserviert. Sie kommen nicht nur bei Bakterien vor, sondern auch in Hefe-, Tier- und Pflanzen-Zellen. Die *E. coli*-Proteine haben jedoch besondere Bezeichnungen, die historisch sind: Die Gene *dna K* und *dna J* wurden bei Untersuchungen der DNA-Replikation von Bakteriophagen entdeckt. Die Gene *gro EL*, *gro ES* und *grp E* beeinflussen die Vermehrung *(growth)* von Bakteriophagen. Sie tragen den Zusatz E, weil die entsprechenden Gen-Produkte mit dem Gen E-Protein des Phagen Lambda reagieren. S und L stehen für *small* und *large* als Hinweise auf die Größe der betreffenden Proteine.

Ein molekulares Chaperon ist ein Protein-Komplex, der die korrekte Faltung von Polypeptid-Ketten ermöglicht. Ein solches Chaperon „begleitet" sozusagen die Polypeptid-Kette vom Ort ihrer Synthese bis zum Ort ihrer Funktion in der Zelle. (Chaperon: „... ältere Dame, die eine jüngere als Beschützerin begleitet", aus Meyers Enzyklopädisches Lexikon, 1972).

Überblick über die Funktion von Hitzeschock-Proteinen

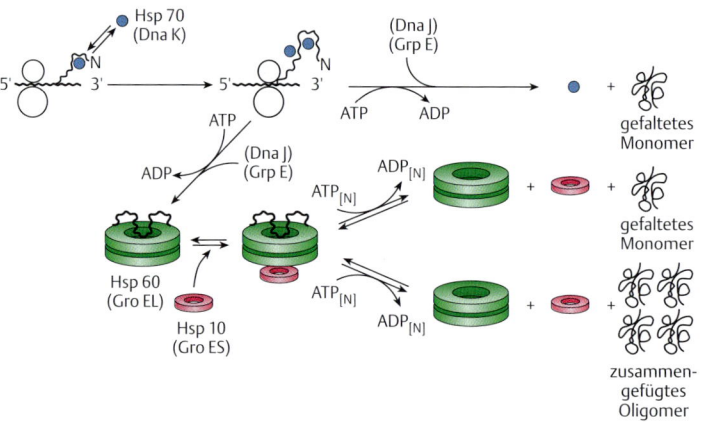

Die Abbildung gibt eine Vorstellung von der Wirkungsweise der Hitzeschock-Proteine (Hsp) [nach 9]. Das Dna K-Protein bindet an die Polypeptid-Kette noch während ihrer Synthese am Ribosom und verhindert eine unkorrekte Faltung. Die Funktion des Proteins wird durch das Dna J-Protein und das Grp E-Protein unterstützt.

Während des Syntheseprozesses, aber auch unabhängig davon, nämlich durch die Bindung an ein denaturiertes Protein, kann die Gro E-Chaperon-Maschine in Aktion treten:
- Partiell gefaltete Polypeptid-Ketten binden sich an einen Doppelring aus je 7 Gro EL-Molekülen,
- daran lagert sich dann der Ring aus 7 Gro ES-Molekülen,
- unter Verbrauch von ATP werden schrittweise in einer Serie von Bindungen und Freisetzungen des Substrats die korrekten Faltungen in das Polypeptid eingeführt.

Die Reaktionen laufen im Innern des Gro E-Protein-Zylinders ab. Eine Erklärung der Bezeichnungen für die beteiligten Proteine findet man unter Tab. 4.**5**.

Alternative Sigma-Faktoren

Die größte Zahl der *E. coli*-Gene benötigt den Standard-Sigma-70-Faktor für die Expression. Aber einige Gruppen von Genen (Regulons) brauchen für ihre Expression andere, alternative Sigma-Faktoren als besondere „positive" Regulatoren.

Als Beispiele hat uns das Hitzeschock-Regulon gedient, dessen Gene den Sigma-32-Faktor für ihre Aktivierung brauchen. Dieser und einige andere Sigma-Faktoren von *E. coli* sind in der Tab. 4.**6** zusammengestellt. Die einzelnen Faktoren unterscheiden sich in ihrer Größe, aber sie sind miteinander verwandt, wie Vergleiche der Aminosäure-Sequenzen zeigen. Das ist verständlich, denn alle Faktoren haben im Prinzip die gleiche Funktion, nämlich einen spezifischen DNA-Abschnitt zu erkennen und mit der RNA-Polymerase in Wechselwirkung zu treten.

Tab. 4.6 Einige Sigma-Faktoren von *E. coli*

Bezeichnung	Molmasse	Gen	Funktion
Sigma-70 ($^{70}\sigma$)	70 kDa	*rpo D*	Standard- oder Haupt-Sigma-Faktor
Sigma-32 ($^{32}\sigma$)	32 kDa	*rpo H*	Hitzeschock-Reaktion
Sigma-54 ($^{54}\sigma$)	54 kDa	*pro N*	Mangel an Stickstoff-Verbindungen
Sigma-28 ($^{28}\sigma$)	28 kDa	*fla I*	Synthese von Flagellen
Sigma-24 ($^{24}\sigma$)	24 kDa	*rpo E*	Aktivierung des rpo H-Promotors (Abb. 4.**28**)
Sigma-S ($^{S}\sigma$)	38 kDa	*rpo S*	Aktivierung von Genen, die beim Übergang in die stationäre Wachstumsphase exprimiert werden

Stringente Antwort

Es geht in diesem Abschnitt um die Produktion von Ribosomen, genauer gesagt, um die Synthese von ribosomaler RNA (rRNA) und von ribosomalen Proteinen. Die Produktion von Ribosomen ist eng an die Proliferationsrate von *E. coli* gekoppelt: In schnell wachsenden Bakterienkulturen werden viele Ribosomen gebildet, die schließlich mehr als ein Drittel der gesamten Zellmasse ausmachen. Bei Verringerung der Vermehrungsrate nimmt die Produktion von Ribosomen entsprechend ab.

Die Kopplung zwischen Bakterien-Vermehrung und Ribosomen-Bildung ist auf eine komplexe Weise reguliert. Hier besprechen wir eine spezifischere Beziehung zwischen Umweltbedingungen und Ribosomen-Bildung: die Reaktion von Bakterien auf Aminosäure-Mangel. Unter diesen Bedingungen wird die Synthese von rRNA und tRNA abgedreht, während die mRNA-Synthese zumindest teilweise weiterläuft. Diese Antwort auf Aminosäure-Mangel bezeichnet man als **stringente Kontrolle.**

Wir beginnen die Besprechung mit einer kurzen Beschreibung der rRNA-Gene und der tRNA-Gene von *E. coli*.

Gene für ribosomale RNA. Wie schon zuvor gesagt, trägt das *E. coli*-Genom sieben Gene für rRNA, die zwar verteilt auf der Genkarte vorkommen (Abb. 4.**29**), aber einer gemeinsamen Regulation unterworfen sind.

Die sieben rRNA-Gene haben sehr ähnliche Strukturen:
– Jedes Gen enthält hintereinanderliegende Abschnitte für die 16S rRNA, die 23S rRNA und die 5S rRNA mit kurzen Trennstrecken *(Spacer)* dazwischen.
– Im *Spacer*-Bereich zwischen dem 16S rRNA-Gen-Abschnitt und dem 23S rRNA-Gen-Abschnitt liegen ein oder zwei Gene für tRNAs. Manche rRNA-Gene haben zusätzlich noch weitere tRNA-Gene im 3′-Bereich hinter dem 5S rRNA-Gen (Tab. 4.**7**).
– Alle rRNA-Gene besitzen zwei Promotoren: Der Promotor P2 liegt etwa 200 bp, der Promotor P1 etwa 300 bp vor dem Beginn des 16S rRNA-Gen-Abschnitts. Der Promotor P1 ist bei weitem der stärkere Promotor, und die meisten Regulationsvorgänge betreffen die Aktivität des Promotors P1.
– Das gesamte Gen wird in Form einer langen RNA transkribiert. Es wird oft als primäres Transkriptionsprodukt bezeichnet, weil es erst durch weitere Reaktionen in seine Bestandteile zerlegt wird (Abb. 4.**30**).

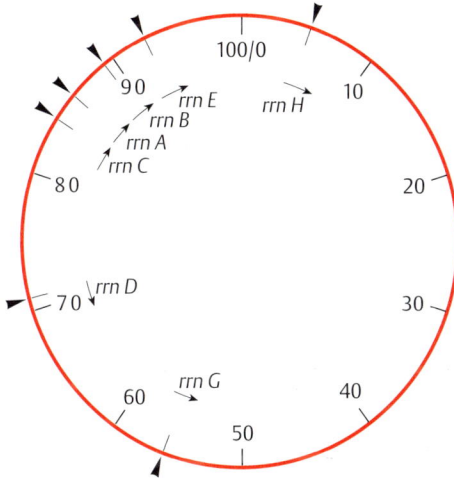

Abb. 4.29 Lage der sieben rRNA-Gene im *E. coli*-Genom. Fünf der rRNA-Gene *(rrn A, rrn B, rrn C, rrn E und rrn H)* werden im Uhrzeigersinn und zwei *(rrn D und rrn G)* werden im Gegenuhrzeigersinn transkribiert. Das bedeutet natürlich auch, daß der transkribierte DNA-Strang in der ersten Gruppe ein anderer als in der zweiten Gruppe ist.

Tab. 4.7 Gene für tRNAs in den rRNA-Transkriptionsabschnitten

Gen	tRNA zwischen 16S und 23S rRNA-Gen	tRNA im 3′-Ende des Gens
rrn A	tRNA$_1^{Ile}$; tRNA$_{1B}^{Ala}$	–
rrn B	tRNA$_2^{Glu}$	–
rrn C	tRNA$_2^{Glu}$	tRNA$_1^{Asp}$; tRNA^{Trp}
rrn D	tRNA$_1^{Ile}$; tRNA$_{1B}^{Ala}$	tRNA$_1^{Thr}$
rrn E	tRNA$_2^{Glu}$	
rrn G	tRNA$_2^{Glu}$	
rrn H	tRNA$_1^{Ile}$; tRNA$_{1B}^{Ala}$	tRNA$_1^{Asp}$

Abb. 4.30   Aufbau eines bakteriellen rRNA-Gens.
Die obere Linie gibt die Länge des Gens in Basenpaaren (bp) an. Von einem der beiden Promotoren (P1, P2) wird ein langes primäres Transkriptionsprodukt hergestellt, das dann in weiteren Einzelschritten in die Bestandteile zerlegt wird:
1. Die Endonuclease RNase III trennt die einzelnen Abschnitte voneinander.
2. Die noch unfertigen rRNAs lagern sich an ribosomale Proteine. Dann entfernen weitere RNasen endständige Nucleotide, um die 5'-Enden und 3'-Enden der reifen rRNAs zu bilden. Die Reifung der tRNA erfolgt über einen besonderen Mechanismus (s. Abb. 4.31).

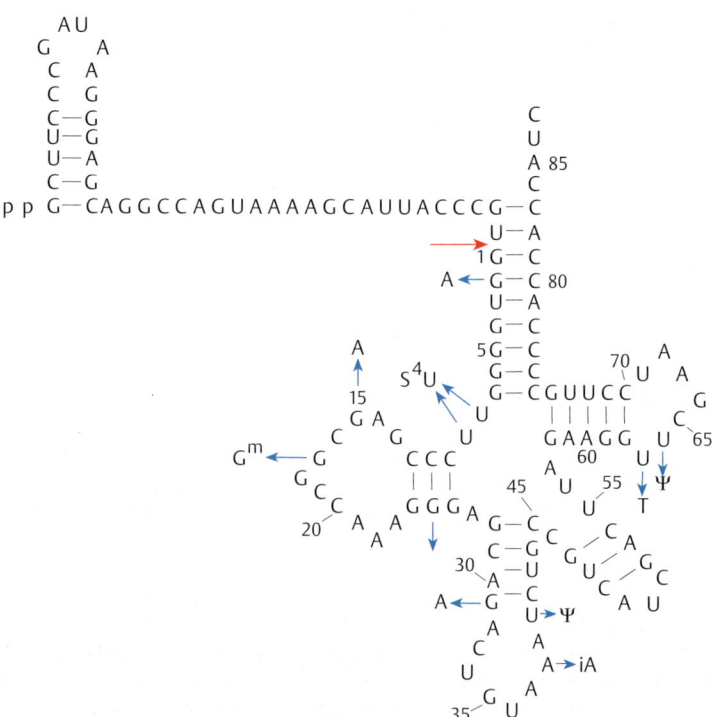

Gene für tRNA. Das *E. coli*-Genom enthält 80 tRNA-Gene, von denen 14 in den Transkriptionsabschnitten der rRNA-Gene vorkommen (Tab. 4.7). Die übrigen Gene kommen entweder einzeln vor, mit je einem starken Promotor versehen, oder als hintereinanderliegende Gruppen, die dann gemeinsam von einem Promotor als eine Art Operon transkribiert werden. Hier müssen aus dem primären Transkriptionsprodukt die einzelnen tRNA-Sequenzen ausgeschnitten werden, ähnlich wie wir es zuvor bei den rRNA-Genen gesehen hatten.

In keinem Fall sind die entstehenden RNAs damit fertiggestellt: Sie tragen noch überstehende Sequenzen am 5'-Ende und meist noch einige Nucleotide am 3'-Ende. Einige Bemerkungen zur Reifung der tRNA-Vorläufer findet man unter Abb. 4.31.

Abb. 4.31   Vorläufer-Sequenz einer tRNA. Die Zahlen benennen die Nucleotide in der fertigen tRNA (Abb. 3.14). Der nach innen gerichtete rote Pfeil vor dem mit 1 bezeichneten Guanin-Nucleotid gibt die Schnittstelle für das Enzym RNase P an. Die bakterielle RNase P ist ein Ribonucleoprotein, aufgebaut aus einem basischen Protein (ca. 120 Aminosäuren) und einer RNA (377 Nucleotide). Der RNA-Baustein von RNase P vermittelt die Spaltung der Vorläufer-RNA, während das Protein nur eine stabilisierende Funktion hat. Die RNA in RNase P ist ein Beispiel für katalytisch wirkende RNA [aus 1]. Andere Beispiele lernen wir später kennen (S. 388).

Die überschüssigen Nucleotide am 3'-Ende des tRNA-Vorläufers werden durch konventionelle RNasen entfernt. Schließlich muß die tRNA noch modifiziert werden (Abb. 3.14), und zwar an den Stellen, die durch auswärts gerichtete blaue Pfeile gekennzeichnet sind.

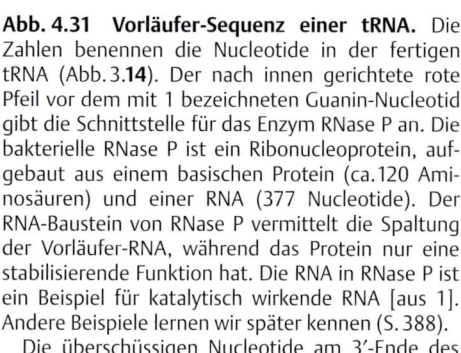

Die Zahl von 80 Genen erscheint hoch, wenn man sich an die Zahl der notwendigen Anticodons und den „*Wobble*" bei der Codon-Anticodon-Erkennung erinnert (siehe S. 77). Tatsächlich kommen einige tRNA-Gene in vierfacher Ausführung vor (s. Tab. 4.**7**), während andere tRNA-Gene nur ein- oder zweimal vertreten sind. Eine Erklärung dafür ist, daß mehrfach vorkommende Gene tRNAs kodieren, die häufige Codons bedienen können, während einfach vorhandene Gene tRNAs kodieren, die zu seltenen Codons passen (siehe S. 80).

„*Stringent factor*": ppGpp-Synthetase. Wir haben gesagt, daß die stringente Kontrolle bei Aminosäure-Mangel einsetzt und zu einer starken Abnahme der Synthese von rRNA und tRNA führt. Die Erforschung dieser Regulation begann mit der Untersuchung einer *E. coli*-Mutante, bei der diese Antwort nicht auftritt (Abb. 4.**32**). Die Kontrolle bei dieser Mutante ist nicht mehr „stringent", sondern „relaxiert". Daher stammt die Bezeichnung *rel* für diese Mutante, oder genauer *rel A*.

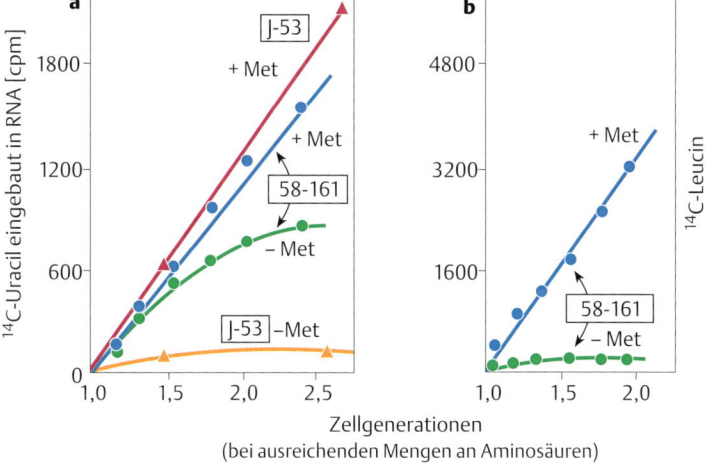

Abb. 4.32 Stringente und relaxierte Kontrolle.
a Effekt eines Aminosäure-Entzuges auf die RNA-Synthese. Der *E. coli*-Stamm J-53 ist Methionin-bedürftig (lila Kurve). In Gegenwart von genügenden Methionin-Mengen baut er das radioaktive [^{14}C]-Uracil in RNA ein. Bei Methionin-Entzug sinkt die Rate des [^{14}C]-Uracil-Einbaus und damit die Menge an synthetisierter RNA drastisch (orange Kurve). Der *E. coli*-Stamm 58–161 ist ebenfalls Methionin-bedürftig (blaue Kurve). Im Kontrollexperiment mit genügendem Methionin-Angebot unterscheidet er sich nur unwesentlich vom Stamm J-53. Anders bei Methionin-Entzug (grüne Kurve): Der Einfluß auf die RNA-Synthese ist bei weitem nicht so ausgeprägt wie beim Stamm *E. coli* J-53. Der Stamm 58–161 ist eine *rel*-Mutante.
b Dies ist ein Kontrollexperiment. Es zeigt, daß durch Methionin-Entzug die Protein-Synthese (gemessen am Einbau von [^{14}C]-Leucin) erwartungsgemäß gehemmt wird. Einbau von [^{14}C]-Leucin in Protein in Gegenwart von Methionin (blaue Kurve). Einbau in Abwesenheit von Methionin (grüne Kurve) [nach 23].

In *rel A*-Mutanten ist ein Gen für ein Enzym ausgefallen, das man zuerst als „*stringent factor*" bezeichnet hatte. Bald lernte man, daß dieses Enzym locker an Ribosomen gebunden vorkommt und dort normalerweise in einem nichtaktiven Zustand verbleibt. Wenn als Konsequenz eines Aminosäure-Mangels unbeladene tRNAs an das Ribosom gelangen, wird das Enzym aktiv und stellt nun mit Hilfe von ATP aus GTP die Verbindung pppGpp her, welche in einem zweiten Schritt in ppGpp (Guanosin-3′,5′-bis-diphosphat) überführt wird (Abb. 4.**33**).

Das Ausmaß der stringenten Regulation und die Menge an produziertem ppGpp sind eng korreliert. Große Mengen ppGpp (0,5–1 mM) gehen mit einer kompletten Hemmung der rRNA-Synthese einher. Eine Reduktion der ppGpp-Konzentration führt rasch wieder zu einer Zunahme der rRNA-Bildung.

Wie ppGpp seinen Effekt auf die Bildung der rRNA und der tRNA ausübt, ist noch nicht ganz geklärt. Am wahrscheinlichsten ist ein direkter Effekt auf die RNA-Polymerase, die in Gegenwart von ppGpp ihre Affinität zum Promotor P1 der rRNA-Gene und zum entsprechenden Promotor von tRNA-Genen verliert. Andere Forscher haben Hinweise für einen Effekt von ppGpp auf die Elongationsphase der Transkription. Jedenfalls

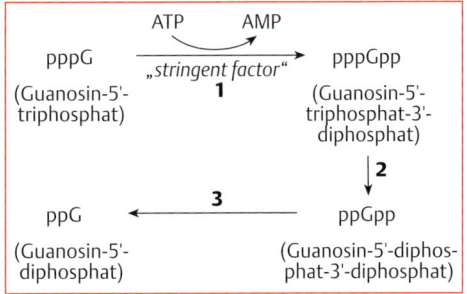

Abb. 4.33   Synthese von ppGpp.
1. Bei Aminosäure-Mangel wird der „*stringent factor*" (pppGpp-Synthetase; ATP: GTP-Pyrophosphat-Transferase) aktiv und überträgt eine Pyrophosphat-Gruppe von ATP auf die 3′-OH-Gruppe der Ribose des GTP.
2. Das entstandene pppGpp wird in ppGpp umgewandelt (durch das Enzym pppGpp-5′-Phosphohydrolase).
3. Nach Zusatz von Aminosäure wird ppGpp rasch in ppG überführt (durch das Spo T-Protein, die ppGpp-3′-Pyrophosphohydrolase).

sprechen Beobachtungen an bestimmten Mutanten für eine direkte Einwirkung auf die RNA-Polymerase, denn der Austausch von Aminosäuren in ihrer β-Untereinheit hat zur Folge, daß die RNA-Polymerase nicht mehr auf eine Erhöhung der Konzentration von ppGpp anspricht.

Trotz des noch nicht vollständig aufgeklärten Wirkungsmechanismus steht fest, daß die stringente Kontrolle eine sinnvolle und zugleich flexible Reaktion auf eine Änderung in der Nährstoffzufuhr darstellt. Es wäre nämlich eine Verschwendung von zellulärer Energie, wenn Ribosomen in normalem Umfang weiter gebildet würden, aber wegen Aminosäure-Mangel ohne Aufgabe blieben.

Bisher haben wir nur von der rRNA-Synthese gesprochen. Man weiß aber, daß die rRNA-Synthese mit der Bildung ribosomaler Proteine gekoppelt ist. Im folgenden werden wir sehen, was dieser Kopplung zugrunde liegt. Dazu ist eine Einführung in die Struktur der Gene für ribosomale Proteine notwendig.

Gene für ribosomale Proteine. Die meisten Gene für ribosomale Proteine von *E. coli* sind als Transkriptionseinheiten oder Operons zusammengefaßt, d. h. die Gene werden in Form von langen, polygenischen mRNAs abgelesen. Aber ein Blick auf die Abb. 4.34 zeigt, daß die Struktur und Anordnung der Gene für ribosomale Proteine alles andere als einheitlich sind.

Abb. 4.34   Gene für ribosomale Proteine in *E. coli*. Die meisten Transkriptionseinheiten werden nach einem der beteiligten Gene bezeichnet (S1, S2, S20, L11 und L10 usw.).

Die Längen der Gene sind (ungefähr) maßstabsgerecht wiedergegeben. Die Promotoren sind mit P (blau) bezeichnet, d. h. die Transkription erfolgt in der gewählten Darstellung von links nach rechts. Neben den Promotoren am Beginn einer Gen-Folge kommen auch „interne" Promotoren vor. So kann die Transkriptionseinheit L11–L10 sowohl vom links außen gelegenen Promotor oder vom „internen" Promotor vor dem L10-Gen transkribiert werden. In manchen Einheiten kann die Transkription an inneren Terminationsstellen (t) vorzeitig zum Halt kommen. Manche polygenische mRNAs können durch RNase III in Einzelstücke zerlegt werden (grün, III). Ein Anteil der gezeigten Transkriptionseinheiten enthält außer den Genen für ribosomale Proteine auch Gene für andere Proteine (Tab. 4.8) [nach 29].

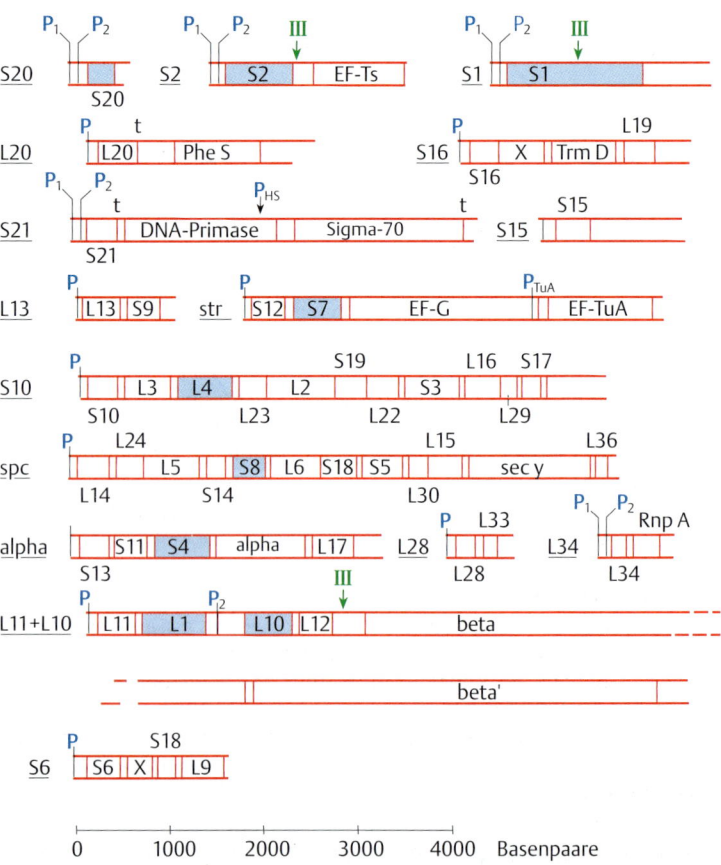

Interessanterweise können Transkriptionseinheiten auch Gene für nichtribosomale Proteine enthalten, etwa für die Untereinheiten der RNA-Polymerase u. a. (Tab. 4.**8**). Mit anderen Worten, ribosomale und nichtribosomale Proteine werden koordiniert exprimiert. Dies führte zu einigen Spekulationen über die Evolution und Physiologie solcher Gen-Systeme.

Tab. 4.8 **Transkriptionseinheiten für ribosomale Proteine**

Bezeichnung der Transkriptionseinheit	Lage auf der E.coli-Genkarte	Zahl der Gene pro Einheit	davon nichtribosomale Proteine
S10	72	11	–
spc	73	12	Sec Y (Funktion beim Export von Proteinen durch die Zellmembran); Protein unbekannter Funktion
alpha	72	5	alpha (Untereinheit der RNA-Polymerase)
str	73	4	EF-G und EF-Tu (Faktoren für die Protein-Synthese
L28	81	2	–
L34	82	2	rnp A (Protein-Bestandteil der RNase P, Abb. 4.**31**)
L11–L10	90	6	β und β′ (Untereinheiten der RNA-Polymerase)
S2	4	2	EF-Ts (Faktor für die Protein-Synthese)
L20	37	2	Phe S (Phenylalanyl-tRNA-Synthetase)
S21	67	3	DNA-Primase (Dna G-Protein, S. 170)
S16	57	4	Trm D (tRNA-Methyltransferase)
S15	68	2	Polynucleotid-Phosphorylase (eine 3′-Exonuclease, die am Abbau von mRNA beteiligt ist)

In vielen Operons nimmt eines der Gene eine Sonderstellung ein (hervorgehoben in Abb. 4.**34**). Das Produkt solcher „Sonder-Gene" ist für die Regulation des betreffenden Operons verantwortlich. Wir können hier nicht alle bekannten Einzelheiten der Regulation beschreiben, aber es läßt sich ein gemeinsames Prinzip benennen. Jedes regulatorische Protein geht eine Wechselwirkung mit seiner eigenen (polygenischen) mRNA ein.

Diese Wechselwirkung kann sich folgendermaßen auswirken:
– Regulation der Einleitung der Translation: Ein regulatorisches Protein heftet sich in die Nähe der Ribosomen-Bindestelle auf der mRNA (Abb. 4.**35**) und verhindert damit die Ausbildung eines Initiations-Komplexes (Abb. 3.**28**).
– Kontrolle der Stabiliät der mRNA: Das gebundene Protein verringert die Ribosomen-Dichte auf der mRNA, die damit vermehrt dem Angriff von Nuclease ausgesetzt ist.

Wie solche Vorgänge zu einer Kopplung zwischen der Synthese von rRNA und ribosomalen Proteinen beitragen können, zeigt beispielhaft

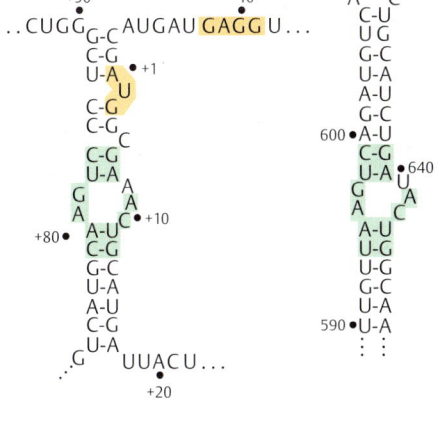

spc mRNA   16S rRNA

Abb. 4.35 **Bindestellen für das ribosomale Protein S8**. **links** Eine vom Computer ermittelte Sekundärstruktur der mRNA des *spc*-Operons. Die Ribosomen-Bindestelle und das Startcodon AUG sind orange eingerahmt. Die Numerierung beginnt mit +1 am AUG. Die Nucleotide 23–73 sind nicht angegeben. Die experimentell ermittelte Bindestelle für S8 ist grün hervorgehoben. **rechts** Ein Abschnitt aus der 16S rRNA (Numerierung s. Abb. 3.**24**, S. 66). Die Bindestelle für das Protein S8 in der 16S rRNA gleicht der Bindestelle in der mRNA [nach 29].

die Abb. 4.**35**. Die Struktur am 5′-Ende der mRNA des *spc*-Operons hat Ähnlichkeit mit der Bindestelle des Proteins S8 auf der 16S rRNA, und Experimente haben gezeigt, daß das Protein S8 gut an jede der beiden RNA-Arten bindet.

Aus diesen und ähnlichen Beobachtungen läßt sich ein einfaches Modell ableiten:
– Die regulatorischen Proteine der Abb. 4.**34** binden direkt an rRNA. Normalerweise kommen deswegen freie ribosomale Proteine in nur sehr geringen Mengen in Bakterien vor.
– Wenn im Zuge der stringenten Regulation keine rRNA gebildet wird, sammeln sich freie ribosomale Proteine in der Zelle an. Diese Proteine binden an definierte Stellen auf der eigenen mRNA und verhindern damit ihre Synthese und die Synthese der anderen Proteine des Operons.

Dieses Modell der **Autoregulation** hat den Vorteil einer einfachen Erklärung für einen komplexen Sachverhalt. Es schließt jedoch andere Regulationsvorgänge nicht aus. Zum Beispiel lassen einige Experimente vermuten, daß die ppGpp-vermittelte Hemmung der RNA-Polymerase sich auch bei der Transkription von Genen für ribosomale Proteine auswirkt.

Anmerkungen über Gene für ribosomale Proteine

Viele Transkriptionseinheiten werden nach einem der beteiligten Gene bezeichnet, als S1-, S2-, L20-Operon usw. (s. Abb. 4.**34**). Aus historischen Gründen werden aber zwei Operons nach Antibiotika benannt, das *str*-(Streptomycin-) und das *spc*-(Spectromycin-)Operon. Sie wurden bei *E. coli*-Mutanten entdeckt, die gegenüber den genannten Antibiotika resistent sind. Es zeigte sich bei einer genaueren Untersuchung, daß Streptomycin z.B. mit dem ribosomalen Protein S12 reagiert und dadurch eine ungenaue Protein-Synthese verursacht. Entsprechendes gilt für Spectromycin.

Noch einige Bemerkungen zum S21-Operon, das gelegentlich auch MMS-Operon genannt wird. MMS ist die Abkürzung für *„macromolecular synthesis"* und bedeutet, daß die Gene in diesem Operon die Information für Proteine tragen, die jeweils eine Schlüsselrolle bei der Synthese von genetisch interessanten Makromolekülen tragen:
– Protein S21 hat eine Schlüsselrolle in der Protein-Synthese, indem es sich durch Bindung der mRNA an der Ausbildung des Initiations-Komplexes beteiligt.
– Der Sigma-70-Faktor ist für die Synthese der RNA wichtig.
– Die DNA-Primase hat eine Funktion bei der Synthese von DNA (S. 170).

Das S21/MMS-Operon ist exquisit reguliert:
1. Es enthält mehrere Promotoren, die unterschiedlich auf Regulationssignale reagieren.
2. Hinter dem S21-Gen liegt eine Terminationsstelle (Abb. 4.**34**). In mehr als 90 % aller Transkriptionsvorgänge kommt es hier zu einem Stopp. Das ist sinnvoll, weil in schnell wachsenden Bakterien-Zellen viele zehntausend S21-Moleküle, aber nur einige hundert Sigma-70- und Primase-Moleküle benötigt werden.
3. Schließlich liegt direkt vor dem Sigma-70-Gen noch ein Extra-Promotor (Abb. 4.**34**), der nur bei der Hitzeschock-Reaktion aktiv ist.

Negative und positive Kontrolle: Das *lac*-Operon als Bezugssystem

J. Monod hat in grundlegenden Arbeiten seit 1945 die Schaltmechanismen an einer experimentell gut zugänglichen Gen-Gruppe untersucht. Im Jahre 1961 konnte er gemeinsam mit F. Jacob in einer der einflußreichsten Arbeiten der modernen Biologie ein umfassendes Modell der Gen-Regulation vorstellen, das bis heute als Paradigma oder Bezugssystem für Überlegungen über die Regulation genetischer Aktivität gilt. Die Wertschätzung des Modells von Jacob und Monod zeigt sich nicht zuletzt in der weiteren Anwendung der ihrer ursprünglichen Terminologie.

Die beiden Forscher führten ihre Untersuchungen an einem wohldefinierten Beispielsystem durch: an den Genen, die die Information zur Synthese von Enzymen des Lactose-Stoffwechsels tragen. Die Aktivität dieser Gene unterliegt einer genauen Regulation, denn im Lactose-freien Nährmedium werden in einer Bakterien-Zelle nur wenige Moleküle der Lactose-verwertenden Enzyme gebildet, aber in Gegenwart von Lactose als einziger Kohlenstoffquelle nimmt die Menge an Lactose-Enzymen um das mehr als 1000fache zu. Der Grund dafür ist, daß die von der Zelle aufgenommene Lactose bzw. ein Umwandlungsprodukt die Transkription der Lactose-Gene anregt. Dieses Regulationsphänomen wollen wir im folgenden genauer analysieren.

Die Gen-Produkte

Schon 3 Minuten nach Zusatz von Lactose zu einer Bakterienkultur kann eine Zunahme der intrazellulären Menge des Enzyms **β-Galactosidase** gemessen werden. In Gegenwart von Lactose als einziger Kohlenstoff-Quelle nimmt die Zahl der Enzym-Moleküle von 60 bis auf 60 000 pro Zelle zu. Nach Entfernung der Lactose sinkt die Konzentration rasch wieder auf den Ausgangswert ab.

β-Galactosidase, ein Tetramer aus vier gleichen Untereinheiten mit je 1023 Aminosäuren, ist eines der größten Proteine der Bakterien-Zelle. Es spaltet das Disaccharid Lactose in Glucose und Galactose, die dann jeweils über den eigenen Stoffwechselweg zur Gewinnung zellulärer Energie abgebaut werden.

Zugleich mit der β-Galactosidase wird die Synthese zweier anderer Proteine induziert:
- **Permease**, ein membrangebundenes Protein, das die Aufnahme der Lactose in die Zelle erleichtert.
- **Transacetylase**, das die Anheftung von Acetyl-Gruppen an Phenyl-, Thiophenyl- und Nitrophenyl-galactosiden katalysiert. Die physiologische Bedeutung dieses Enzyms für den Bakterien-Stoffwechsel ist nicht bekannt.

Außer Lactose können mehrere andere Galactoside die Synthese der drei Proteine induzieren, darunter sind auch solche Galactoside, die von der β-Galactosidase nicht gespalten werden. Der stärkste Induktor, Isopropyl-β-ᴅ-thiogalactosid (IPTG), gehört zu dieser Gruppe von Galactosiden (Abb. 4.**36**). Diese Tatsache hat in der Geschichte der Regulationsforschung eine große Rolle gespielt. Denn, wenn Induktoren wie IPTG nicht vom Enzym β-Galactosidase als Substrat erkannt werden, kommt das Enzym nicht als Kontrollelement seiner eigenen Synthese in Betracht. Es kann daher auf ein besonderes Kontrollelement geschlossen werden, das zugleich die Synthese der Permease und Transacetylase re-

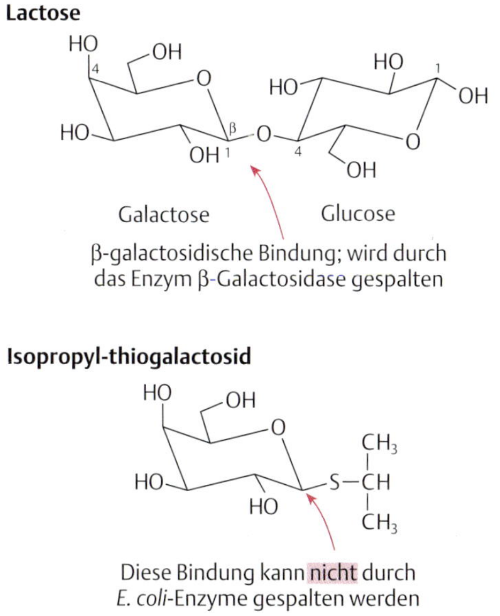

Lactose

β-galactosidische Bindung; wird durch das Enzym β-Galactosidase gespalten

Isopropyl-thiogalactosid

Diese Bindung kann nicht durch *E. coli*-Enzyme gespalten werden

Abb. 4.36 **Lactose und Isopropyl-thiogalactosid (IPTG).**

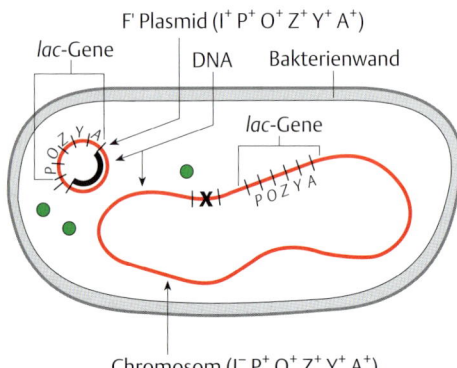

F' Plasmid ($I^+ P^+ O^+ Z^+ Y^+ A^+$)

lac-Gene   DNA   Bakterienwand

lac-Gene

Chromosom ($I^- P^+ O^+ Z^+ Y^+ A^+$)

Abb. 4.37   Merodiploide Zelle vom Typ I⁻/F′I⁺. Das *lac*-Gen ist im Verhältnis zu groß gezeichnet. Es nimmt in Wirklichkeit nur den Platz von etwa 0,15 % des *E. coli*-Chromosoms ein. Das Wildtyp-*lac I*-Gen des Plasmids produziert einen aktiven Repressor (grüne Kugeln), der sich frei in der Zelle befindet und deshalb sowohl am chromosomalen *lac*-Operator als auch am plasmidalen *lac*-Operator angreifen kann. Zur Bedeutung der genetischen Elemente P und O siehe Text.

Tab. 4.9   Konstitutive Synthese der β-Galactosidase (Teil I)

Stamm	Genotyp	Phänotyp β-Galactosidase-Aktivität	
		nicht induziert	induziert (durch 10^{-4} IPTG)
Wildtyp	I^+Z^+	< 0,1	1000
i-Mutante	I^-Z^+	140	130
Merodiploid	$I^-Z^+/F'I^+Z^+$	< 0,1	280
Merodiploid	$I^+Z^+/F'I^-Z^+$	< 0,1	240
Merodiploid	$I^-Z^+/F'I^-Z^+$	195	190

Anmerkung: Die β-Galactosidase-Aktivität ist in relativen Einheiten angegeben: 100 bedeutet die β-Galactosidase-Aktivität in maximal induzierten Wildtyp-Zellen. Die Expression des *lac A*- und des *lac Y*-Gens ist hier nicht dargestellt [nach 13].

guliert. Übrigens ist auch nicht die Lactose selbst der natürliche Induktor, sondern das intrazelluläre Umwandlungsprodukt Allolactose („1–6-*O*-β-D-Galactopyranosyl-D-glucose"). Wir werden gleich sehen, daß bestimmte genetische Untersuchungen die Existenz eines eigenen Kontrollelementes direkt beweisen.

Zunächst noch eine Bemerkung zur genetischen Organisation der *lac*-Gene. Die Gene der drei koordiniert exprimierten Proteine haben die Bezeichnungen Z (β-Galactosidase), Y (Permease) und A (Transacetylase). Die Gene liegen eng hintereinandergeschaltet im *lac*-Locus bei etwa 8 Minuten auf der Standard-Genkarte (Abb. 4.**23**), und zwar in der Reihenfolge *lac Z, lac Y, lac A.* Die drei Gene werden nach der Induktion in Form einer langen polygenen mRNA transkribiert.

Mutanten mit veränderter Gen-Regulation

A. B. Pardee, F. Jacob und J. Monod (1959) entdeckten eine *E. coli*-Mutante, die auch in Abwesenheit eines Induktors maximale Mengen an β-Galactosidase, Permease und Transacetylase produzierte („konstitutive Synthese"). Das für diese sogenannte i^--Eigenschaft verantwortliche Gen *lac I* wurde nahe vor der Gen-Folge *Z, Y, A* lokalisiert.

Die entscheidende Information über die Funktion des *lac I*-Gens brachte folgende experimentelle Anordnung:

In die i⁻-Mutante wurde ein F′-Faktor eingeführt, der alle drei Gene der *Lactose*-Regulationseinheit und außerdem ein funktionierendes *lac I*-Gen trug (Abb. 4.**37**). Diese Bakterien-Zelle war also, in Bezug auf das Lactose-System, diploid: Je eine Kopie der Gen-Gruppe befindet sich auf dem Hauptchromosom und auf dem F′-Plasmid. Man spricht auch von **merodiploiden** oder **teildiploiden** Bakterien. Das Ergebnis (Tab. 4.**9**): Die merodiploiden Zellen zeigen die normale *lac*-Gen-Regulation. Daraus folgt, daß das Gen *lac I* auf dem F′-Faktor ein Produkt herstellt, welches die Gen-Aktivität auf dem Hauptchromosom reguliert.

Die Kontrollen zu diesem Experiment sind ebenfalls in der Tab. 4.**9** gezeigt:
1. Mutationen sowohl im *lac I*-Gen des Plasmids als auch im *lac I*-Gen des Hauptchromosoms führen zur konstitutiven *lac*-Gen-Expression.
2. Das *lac I*-Produkt des Hauptchromosoms kann die *lac*-Gene des F′-Faktors regulieren.

Die Kontrollen zeigen, daß das Produkt des *lac I*-Gens frei durch das Cytoplasma der Zelle diffundieren kann. In der Sprache der klassischen Genetik heißt das: Der i⁺-Genotyp ist **dominant** über den i⁻-Genotyp. Man spricht auch von **trans-dominanten** oder – allgemein – *trans*-wirkenden Faktoren, weil sie ihre Funktion nicht im Bereich ihres Gens, sondern an räumlich getrennten Genen im Genom der Zelle ausüben. Da das Produkt des *lac I*-Gens die Expression einer Gen-Folge unterdrückt, wurde es als **Repressor** bezeichnet.

Außer i-Mutanten wurde noch eine andere Klasse von konstitutiven Mutanten (o^c) gefunden, die ebenfalls in Abwesenheit eines Induktors große Mengen an β-Galactosidase herstellen, sich aber in folgenden Eigenschaften von den i⁻-Mutanten unterscheiden:

1. Der Phänotyp „konstitutive Gen-Expression" wird nicht durch Einführen eines intakten *lac I*-Gens auf einem F'I$^+$-Plasmid beeinflußt.
2. Der Genort für die Mutation o^c liegt nicht im Bereich des *lac i$^-$*-Gens.
3. Die Mutation o^c ist ebenfalls dominant, im Unterschied zur i-Mutation jedoch **cis-dominant**. Man spricht von *cis*-Dominanz oder von *cis*-wirkenden Elementen, wenn deren Funktion nur die Expression der Gene auf dem gleichen Chromosom beeinflußt.

Die *cis*-Dominanz läßt sich mit folgendem Experiment nachweisen: Merodiploide Zellen werden hergestellt, bei denen das Hauptchromosom eine o^c-Mutation hat und zugleich eine Mutation im *lac Z*-Gen, die die Synthese einer abartigen β-Galactosidase zur Folge hat. Diese abartige β-Galactosidase ist enzymatisch nicht aktiv, läßt sich aber mit immunologischen Methoden als Protein nachweisen (β-Galactosidase$_{CRM}$). In den gleichen Zellen befindet sich ein F'-Plasmid mit normalen lac-Genen.

In Abwesenheit eines Induktors ist (wegen der o^c-Mutation) nur das β-Galactosidase-Gen des Hauptchromosoms aktiv, so daß die Synthese der abartigen β-Galactosidase erfolgen kann. In Gegenwart von IPTG findet man beide Formen der β-Galactosidase in der Zelle, weil nun auch das Gen auf dem F'-Plasmid exprimiert wird (Tab. 4.**10**).

Rekombinationsanalysen zeigen, daß der Genort für die o^c-Mutation unmittelbar vor der Folge der Gene *Z, Y, A* liegt.

Tab. 4.10 Konstitutive Synthese der β-Galactosidase (Teil II)

Stamm	Genotyp	Phänotyp			
		β-Galactosidase normal		β-Galactosidase abnormal (CRM)	
		nicht-induziert	induziert 10^{-4} M IPTG	nicht-induziert	induziert 10^{-4} M IPTG
Wildtyp	O$^+$Z$^+$	< 0,1	100	–	–
Merodiploid	O$^+$Z$^+$/F'O$^+$Z$_{CRM}$	< 0,1	105	< 0,1	310
o^c-Mutante	O^{c}Z$^+$	25	95	–	–
Merodiploid mit o^c-Mutation	O$^+$Z$^+$/F'O^{c}Z$^+$	70	220	–	–
Merodiploid mit o^c-Mutation	O$^+$Z$^+$/F'O^{c}Z$_{CRM}$	< 0,1	90	30	180

Beachte:
1. Die Expression der *Z*-Gen-Aktivität in o^c-Mutanten ist nicht so ausgeprägt wie in i-Mutanten (Tab. 4.**9**).
2. CRM bedeutet „*cross reacting material*". Diese Bezeichnung bezieht sich auf die immunologische Methode zum Nachweis der abartigen β-Galactosidase$_{CRM}$. Eine Vorinkubation eines spezifischen Antikörpers mit β-Galactosidase$_{CRM}$ hemmt dessen Aktivität gegenüber der normalen β-Galactosidase. Der Grad dieser Hemmung ist proportional der Menge an vorhandener β-Galactosidase$_{CRM}$.
3. Alle Stämme enthalten ein aktives *I*-Gen [nach 13].

Farbreaktionen zur einfachen Identifizierung von Bakterienkolonien mit Mutationen im *lac*-Operon und im *lac I*-Regulator-Gen.
Solche Verfahren sind bei Forschungen zum *lac*-System unentbehrliche Hilfsmittel, weil sie rasch zur Isolierung und ersten Charakterisierung einer Mutante führen (Tab. 4.**11**).
Von den Färbeverfahren erwähnen wir die beiden gebräuchlichsten:

1. **Neutralrot plus Kristallviolett** (McConkey-Agar). Auf Agarplatten, die neben dem Zucker Lactose diese beiden Farbstoffe enthalten, bilden *lac*⁻-Bakterien tiefrote Kolonien. Der Grund dafür ist die Tatsache, daß durch die Fermentierung von Zuckern, wie der Lactose, der pH-Wert abnimmt.
2. **X-Gal** [(5-Brom-4-chlor-3-indolyl)-β-D-galactosid]. Minimalmedium-Agarplatten, die außer Glucose diesen Farbstoff enthalten, ermöglichen die Identifizierung von konstitutiven Mutanten. X-Gal ist kein Induktor der Lactose-Gene. Die Verbindung ist normalerweise farblos. Wenn sie jedoch durch β-Galactosidase gespalten wird, entsteht das tiefblaue 5-Brom-4-chlor-indigo. Aus der Tab. 4.**11** können die Anwendungsmöglichkeiten der Farbreaktionen abgelesen werden.

Tab. 4.11   Farbreaktionen zur einfachen Identifizierung von *lac*-Mutanten

Indikatorplatte	Genotypen			
	I⁺O⁺Z⁺	I⁺O⁺Z⁻	I⁻O⁺Z⁺	I⁺OᶜZ⁺
McConkey (Lactose)	rot	weiß	rot	rot
X-Gal	weiß	weiß	blau	hellblau
X-Gal (plus IPTG)	blau	weiß	blau	dunkel-blau

Abb. 4.38   Repression und Expression des *lac*-Operons. oben In Abwesenheit eines Induktors bindet sich der Repressor an die Operator-Sequenz und blockiert damit den Zugang der RNA-Polymerase zum Promotor. Das *lac*-Operon ist geschlossen. **unten** Ein Induktor wie Allolactose oder IPTG bindet an den Repressor, der dabei seine Konformation verändert und die Fähigkeit zur DNA-Bindung verliert. Die RNA-Polymerase kann nun die Synthese von mRNA durchführen. Das *lac*-Operon wird exprimiert.

Das Modell

Aus den Eigenschaften der beiden Mutationen i⁻ und oᶜ wurde ein Modell der Lactose-Gen-Regulation abgeleitet (Abb. 4.**38**). Dieses Modell besagt folgendes:

1. Das *lac I*-Gen stellt einen Repressor her, der sich im nichtinduzierten Zustand an einen DNA-Abschnitt vor der Gen-Folge *Z, Y, A* bindet und dadurch deren Transkription verhindert.
2. Ein Induktor wie IPTG heftet sich an den Repressor, der dadurch seine Bindungseigenschaften ändert und von der DNA abfällt. Die *lac*-Gene sind nun frei für die Transkription.

Die DNA-Bindungsstelle vor den *lac*-Genen ist durch die oᶜ-Mutation charakterisiert, bei der die Struktur der DNA so verändert ist, daß eine Repressor-Anheftung nicht mehr stattfindet. Diese Bindungsstelle nennt man **Operator**. Die gesamte Regulationseinheit, bestehend aus dem Operator und der Folge der Struktur-Gene, wird als **Operon** bezeichnet.

Wo liegt der Promotor? Der Promotor P für die *lac*-Gene liegt direkt vor dem Operator, wie zuerst Studien an Promotor-Mutanten und dann später biochemische Untersuchungen gezeigt haben. Diese Ergebnisse werden wir uns bald genauer ansehen.

Zusammenfassend können wir also die Organisation des *lac*-Operons folgendermaßen notieren: Promotor – Operator – *lac Z* – *lac Y* – *lac A* (P-O-Z-Y-A).

Aus dem Modell der Abb. 4.**38** folgern wir, daß der Repressor zwei Bindungsstellen hat: eine für den Operator und eine zweite für den Induktor. Gen-Mutationen, die die erste der beiden Bindungsstellen verändern, haben den i⁻-Phänotyp zur Folge. Wir können aber ebenso gut Mutanten erwarten, bei denen die zweite Bindungsstelle ausgefallen ist. Solche Mutanten sollten auch in Gegenwart eines Induktors ihre *lac*-Gene nicht exprimieren können. Entsprechende Mutanten sind gefunden worden: iˢ-Mutanten, deren Repressor kein IPTG binden kann und die deswegen „superreprimiert" sind.

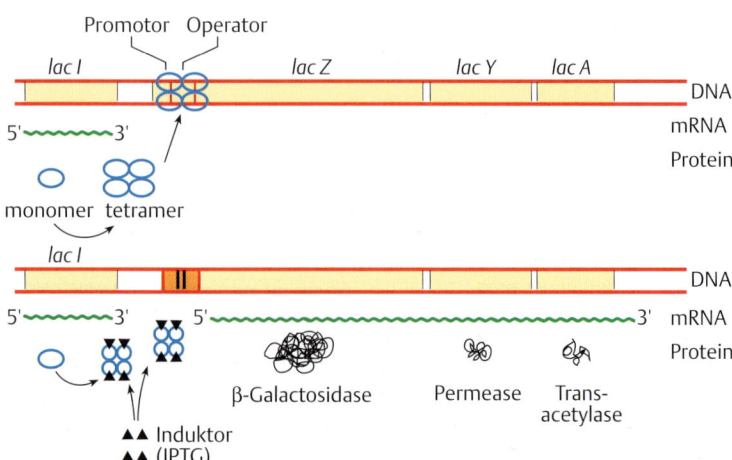

Der Lac-Repressor

Expression. Der Lac-Repressor wird vom Gen *lac I* kodiert. Diesem Gen ist eine Promotor-Sequenz von etwa 50 Basenpaaren vorgeschaltet. Der Promotor des *lac I*-Gens ist „schwach", d.h. er wird nur wenige Male während einer Generationszeit benutzt. Aber das reicht aus, um eine Zelle mit der notwendigen und ausreichenden Menge von 10–20 Repressor-Molekülen zu versorgen.

Vergleiche des *lac I*-Promotors (Abb. 4.**39**) mit dem Ideal- oder Standard-Promotor (Abb. 3.**5**) zeigen deutliche Unterschiede und erklären seine geringe Effizienz:
- Zwischen dem Startpunkt der Transkription und der –10-Region liegen ausschließlich GC-Basenpaare, während ein „starker" Promotor hier bevorzugt AT-Basenpaare hat.
- Die –10-Region in der Standardsequenz lautet: TATAAT. Im *lac I*-Gen-Promotor kommen dagegen GC-Paare vor.
- Auch die –35-Region des *lac I*-Gen-Promotors weicht deutlich von der Standardsequenz ab.

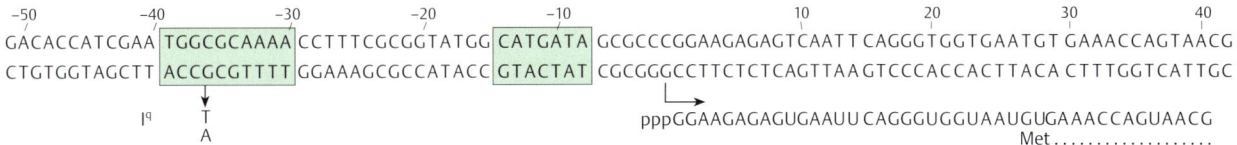

Man kennt *E.coli*-Mutanten, die sehr viel mehr Repressor bilden als Wildtyp-Bakterien. Diese I^q-Mutanten (q, *quantity*) entstehen durch den Austausch von Basenpaaren in der Promotor-Sequenz, die sich dadurch dem Standard annähert.

I^q-Mutanten haben bei frühen Arbeiten über die Wirkungsweise des Lac-Repressors eine große Rolle gespielt, denn mit ihrer Hilfe konnten die großen Proteinmengen produziert werden, die eine biochemische Untersuchung erst möglich machen. Heute stellen Biochemiker große Mengen eines an sich seltenen Proteins mit gentechnischen Verfahren her (S. 273).

Abb. 4.39 Der Promotor des *lac I*-Gens. Die wichtigen Regionen um die Nucleotide –35 und –10 sind hervorgehoben. Durch den Austausch des CG-Basenpaars gegen ein AT-Basenpaar bei der Position –36 erfolgt eine Annäherung an die Sequenz eines Konsensus-Promotors. Damit steigt die Effizienz der Transkription. Das Ergebnis ist der Phänotyp einer I^q-Mutation: vermehrte Bildung des Repressors [nach 5].

Struktur. Der native Lac-Repressor ist ein Tetramer, aufgebaut aus vier gleichen Untereinheiten, die je aus 360 Aminosäuren bestehen. Eine Untereinheit des Repressors hat zwei Domänen:
- eine DNA-Bindedomäne, die von den aminoterminalen Aminosäuren 1–60 gebildet wird, und für die spezifische Bindung an den Operator verantwortlich ist (Abb. 4.**40**);
- eine weitere Domäne im carboxyterminalen Teil, wo die Bindestelle für den Induktor (Allolactose, IPTG) und die Region zur Wechselwirkung mit anderen Untereinheiten liegen.

Für eine effiziente Bindung des Repressors ist eine vollständige Operator-Sequenz von etwa 24 Basenpaaren notwendig, die – wie aus der *lacO1*-Sequenz der Abb. 4.**42** zu sehen ist – aus zwei gegenläufigen (palindromen) Hälften besteht. An jede Hälfte des Operators bindet eine Untereinheit, d.h. die Minimalstruktur für die effiziente und spezifische DNA-Bindung ist ein Repressor-Dimer.

Abb. 4.40 Die DNA-Bindedomäne des Lac-Re-pressors. oben Die Primärstruktur der aminoter-minalen Domäne. NMR-Analysen zeigen, daß sich drei α-Helices ausbilden. Mutationen mit Amino-säure-Austauschen in der zweiten α-Helix verur-sachen einen Verlust der DNA-Bindung und den i⁻-Phänotyp. **Mitte** Lage der C$_\alpha$-Bausteine der einzel-nen Aminosäuren im Raum. **unten** Das Helix-Turn-Helix-Motiv: Die Erkennungshelix II liegt in der gro-ßen Rinne der DNA [nach 15, 16].

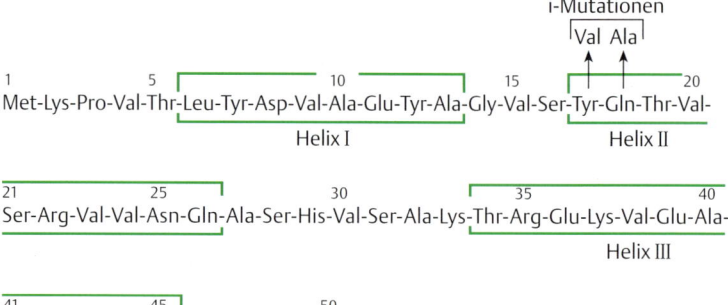

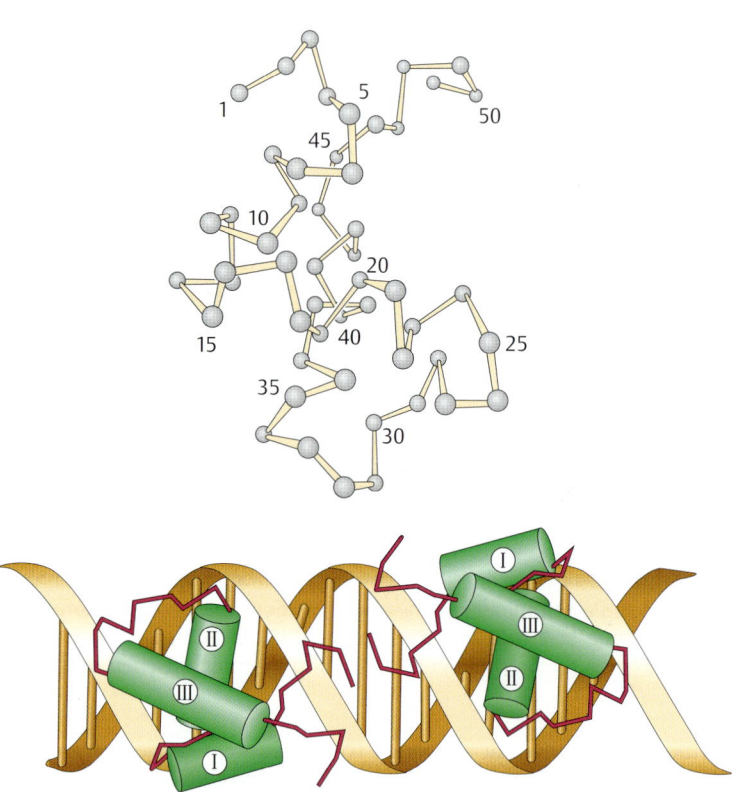

Biochemiker können nach vorsichtiger Behandlung mit Proteasen die beiden Protein-Domänen des Repressors voneinander trennen. Dabei zeigt sich, daß das Kopfstück aus 50–60 Aminosäuren, auch abgetrennt vom Rest des Moleküls, seine Fähigkeit zur spezifischen Bindung an DNA behält. Untersuchungen ergeben eine kompakte Struktur der Domäne mit hydrophoben Aminosäuren im Innern und hydrophilen Amino-säuren auf der Oberfläche. Die Polypeptid-Kette bildet eine Folge von drei hintereinandergeschalteten kurzen α-Helix-Bereichen, die vonein-ander durch definierte Drehungen *(turns)* in der Polypeptid-Kette ge-trennt sind, dem **Helix-Turn-Helix-Motiv DNA-bindender Proteine**.

Eine zentrale Funktion übernimmt die α-Helix II, die **Erkennungs-helix**. Sie legt sich in die große Rinne der DNA, wo die Seitenketten der hydrophilen Aminosäuren Arginin, Glutamin, Serin und Tyrosin mit den Basenpaaren im Operator spezifische Wasserstoff-Brücken bilden (Abb. 4.41). Die beiden anderen α-Helix-Bereiche liegen quer zur Erkennungshelix und stabilisieren den Protein-DNA-Kontakt (Abb. 4.41).

Die Ergebnisse der Strukturuntersuchungen werden eindrucksvoll durch Analysen von i⁻-Mutanten-Proteinen bestätigt. Beispiele sind die Austausche des Tyrosins an Stelle 17 oder des Glutamins an Stelle 18 gegen andere Aminosäuren (Abb. 4.40). Dies führt zum Verlust der spezifischen DNA-Bindung und damit zum Phänotyp einer konstitutiven *lac*-Gen-Expression (Tab. 4.9).

Wir hatten gesagt, daß ein Dimer aus zwei Repressor-Untereinheiten für eine effiziente Bindung an den Operator ausreicht. Warum besteht dann der native Lac-Repressor aus vier identischen Untereinheiten?

Eine Antwort hat mit dem Vorkommen von zwei weiteren Repressor-Bindestellen im *lac*-Operon zu tun: Eine Operator-Sequenz mit der Bezeichnung *lacO2* liegt innerhalb des *lac* Z-Gens, etwa 400 Basenpaare stromabwärts vom Hauptoperator *lacO1*. Eine weitere Sequenz, *lacO3*, liegt etwa 90 Basenpaare stromaufwärts (Abb. 4.42). Die Nebenoperatoren binden im biochemischen Versuch den Lac-Repressor weniger gut als der Hauptoperator, aber für die Regulation des *lac*-Operons ist das Vorhandensein mindestens eines der beiden Nebenoperatoren wichtig. Das zeigt folgender Zahlenvergleich. Bei intakten Kontrollelementen, also mit allen drei Operator-Sequenzen, wird nach Entzug des Induktors oder der Lactose im Nährmedium die Expression des *lac*-Operons auf 0,1 % des Wertes im vollinduzierten Zustand zurückgedreht. Wenn aber nur der Hauptoperator vorhanden ist, beträgt die Expression der Gene unter den gleichen Bedingungen immerhin noch 2,5 % des Maximalwertes.

Experimente zeigen nun, daß der tetramere Lac-Repressor gleichzeitig an zwei Operatoren binden kann, je ein Dimerpaar an einen Ope-

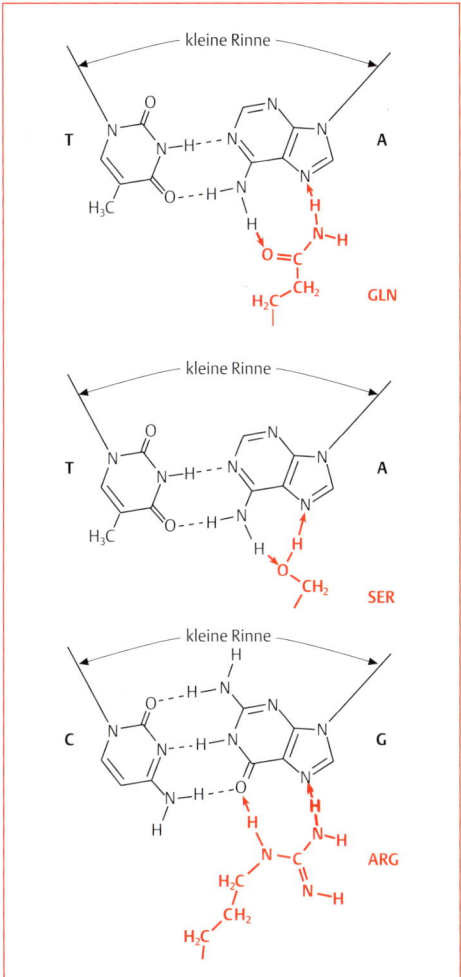

Abb. 4.41 Mögliche Wasserstoff-Brückenbindungen zwischen Aminosäure-Seitenketten und reaktiven Gruppen in der großen Rinne der DNA [nach 19].

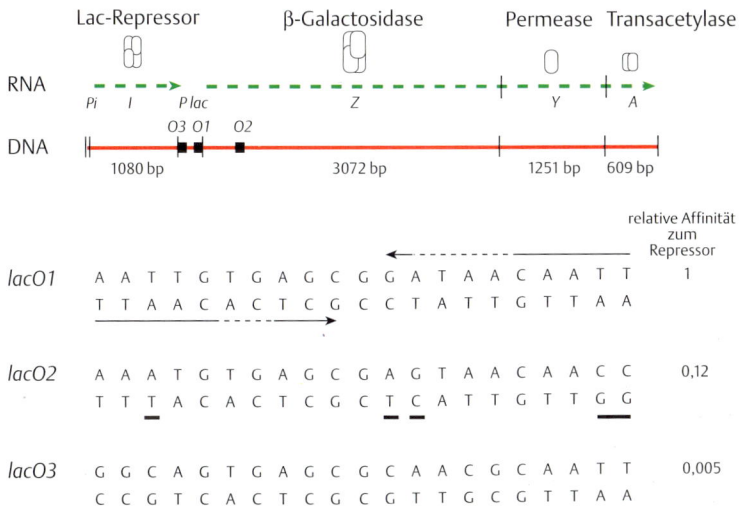

Abb. 4.42 Das *lac*-Operon und die *lac*-Operatoren. oben Lage der Repressor-Bindestellen im *lac*-Operon: *O1*, *O2* und *O3*. **unten** Nucleotid-Sequenzen: Der Lac-Repressor bindet mit höchster Affinität an das (fast perfekte) Palindrom des *lacO1*-Operators [aus 18].

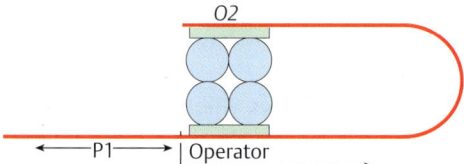

Abb. 4.43   DNA-Schleife zwischen zwei *lac*-Operator-Stellen [nach 18].

rator. Daraus folgt, daß der dazwischenliegende DNA-Abschnitt (Abb. 4.**43**) eine Schleife ausbildet, was zu einem effektiven Verschluß des gesamten Regulationsbereiches beiträgt. So wird die RNA-Polymerase blockiert und kann den Promotor bei gebundenem Lac-Repressor nicht mehr verlassen. Wahrscheinlich bleibt sie im Zustand des Initial-Transkriptions-Komplexes hängen (s. Abb. 3.**7**, S. 51).

Positive Kontrolle: Das CAP-Protein

Neben Repressor-Operator- und RNA-Polymerase-Promotor-Wechselwirkung beeinflußt noch ein drittes System die Expression der *lac*-Gene. Dieses System wurde von J. Monod (1947) als **Katabolit- oder Glucose-Repression der Lactose-Verwertung** bezeichnet. Seinen Einfluß übt das Katabolit-Repressions-System aus, wenn den *E. coli*-Zellen neben Lactose auch Glucose als Kohlenstoff-Quelle angeboten wird. Unter diesen Bedingungen bleiben die *lac*-Gene verschlossen. Dies ist für die Zelle ökonomischer, da eine energetisch kostspielige Synthese von Lac-Enzymen in Gegenwart der leichter verwertbaren Kohlenstoff-Quelle überflüssig wäre.

Übrigens betrifft die Katabolit-Repression nicht nur die Expression der Lac-Enzyme, sondern zugleich die Expression weiterer Enzyme, welche für die Degradation oder für die Verwertung anderer Kohlenstoff-Verbindungen notwendig sind, z. B. die Expression der Gene des Galactose- und des Arabinose-Stoffwechsels.

Einige Beobachtungen führten auf die Spur, die dann schließlich eine Klärung der Phänomene ermöglichte. In Abwesenheit von Glucose steigt die intrazelluläre Konzentration von cAMP (zyklisches AMP; Adenosin-3′-5′-monophosphat). Der Zusatz von Glucose verursacht eine Abnahme der cAMP-Konzentration.

Der Wechsel in der cAMP-Konzentration beruht auf der Aktivitätsveränderung des Enzyms **Adenylatcyclase**, das aus ATP das regulatorische cAMP herstellt.

Die Adenylatcyclase registriert ihrerseits die Anwesenheit bzw. das Fehlen von Glucose durch Vermittlung eines membrangebundenen Transportproteins:

– Dieses Protein befindet sich, als Bestandteil des Glucose-Transport-Systems, in einer Art Ruhezustand, wenn Glucose in der Umgebung der Bakterien-Zellen fehlt. Es ist unter diesen Bedingungen phosphoryliert und aktiviert als Phosphoprotein die Adenylatcyclase.
– Umgekehrt jedoch, wenn Glucose aus der Nährlösung in die Zellen transportiert werden muß, wird das Transportprotein dephosphoryliert, weil es seine Phosphat-Gruppe an die Glucose weitergibt. Das nichtphosphorylierte Transportprotein hemmt die Adenylatcyclase und der cAMP-Spiegel fällt.

Die Erhöhung der cAMP-Konzentration ist der eine Teil des Geschehens. Der zweite ist die Bindung des cAMP an ein Protein, das als **CAP** *(catabolite activator protein)* oder als **CRP** *(cAMP receptor protein)* bezeichnet wird. Das Protein besteht in seiner aktiven Form aus zwei identischen Untereinheiten mit je 209 Aminosäuren. Jede Untereinheit bindet ein Molekül cAMP. Die Bindung verursacht eine Strukturveränderung des Proteins, das nun in der Lage ist, sich mit hoher Spezifität an einen DNA-Abschnitt direkt vor dem eigentlichen Promotor des *lac*-Operons (Abb. 4.**44**), aber auch anderer Gene, etwa des Arabinose- oder

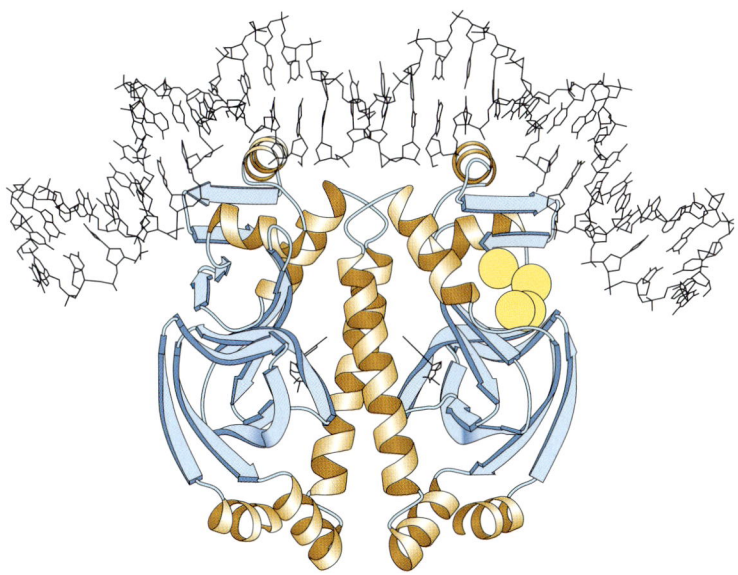

Abb. 4.44 Beugung der DNA durch ein gebundenes CAP-Dimer. Die beiden CAP-Proteine treffen sich zur Dimerbildung an der langen α-Helix (Helix C in Abb. 1.**13**). Wir blicken von oben auf die Erkennungshelix (Helix F in Abb. 1.**13**), die in der großen Rinne der DNA liegt. Im rechten CAP-Molekül sind durch gelbe Kugeln die Aminosäuren gekennzeichnet, die Kontakte mit der RNA-Polymerase aufnehmen [nach 8, 22].

Galactose-Operons, zu legen. Durch die Bindung des cAMP/CAP-Komplexes an die DNA wird die Affinität der RNA-Polymerase zum Promotor erhöht.

Das Ergebnis kristallographischer Untersuchungen des CAP-Proteins haben wir schon im Kap. 1 gesehen. Es diente uns als Illustration zum Thema Protein-Domänen (Abb. 1.**13**, S. 11), denn bei dem CAP-Protein sehen wir deutlich das Architekturprinzip von genregulatorischen Proteinen ausgeprägt: eine Domäne für die spezifische DNA-Bindung und eine zweite Domäne für die Bindung von cAMP und zur Dimerbildung.

Das aktive CAP-Protein ist ein Dimer. Jede Untereinheit bindet an eine der beiden Hälften der DNA-Bindestelle. Das gebundene Protein verursacht eine kräftige Beugung der DNA. Der Beugungswinkel beträgt 90°, wenn der Protein-DNA-Komplex in kristalliner Form vorliegt (Abb. 4.**44**), und kann Werte zwischen 80° und 180° annehmen, wenn der Komplex in Lösung vorliegt. Man nimmt an, daß die Beugung für eine Kontaktaufnahme zwischen gebundenem CAP-Protein und der RNA-Polymerase notwendig ist. Diese Kontaktaufnahme erfolgt zwischen einem definierten Bereich des Aktivators (Abb. 4.**44**) und der α-Untereinheit der RNA-Polymerase. Dadurch wird die Wechselwirkung zwischen RNA-Polymerase und Promotor gefördert und die Transkription gesteigert.

Zusammenspiel der Kontrollelemente. Bei voller Induktion wird das *lac*-Operon mindestens 1000mal häufiger transkribiert als das konstitutiv exprimierte *lac* I-Gen mit seinem schwachen Promotor. Dafür müssen jedoch zwei Voraussetzungen erfüllt sein:
- Der positive Regulator CAP muß seine Stelle auf der DNA einnehmen und damit die Bindung der RNA-Polymerase an den Promotor erleichtern.
- Die Operator-Sequenz muß frei sein und darf nicht vom Repressor blockiert werden. Ein gebundener Repressor versperrt den Weg für die RNA-Polymerase. Der Repressor ist ein negativer Regulator.

Diese Sätze sind Ergebnis einer langen Forschungsgeschichte. Aber unsere Beschreibung bleibt unvollständig, denn in der Sequenz der Abb. 4.**45** und in deren Umgebung befindet sich noch mindestens eine weitere Bindestelle für das CAP-Protein und einige schwache Promotoren. Aber deren mögliche Funktionen sind noch nicht genau bekannt.

Abb. 4.45 Kontrollelemente des *lac*-Operons. Beachte die Lage der CAP-Bindestelle und die Lage des Operators relativ zum Promotor mit der –10- und der –35-Region. Das CAP-Protein dient als positiver Regulator für viele *E. coli*-Gene, aber seine Bindestelle liegt nicht immer vor den Promotor-Grundelementen, sondern oft auch an anderen Stellen vor dem Transkriptionsstart. CAP-Stellen ebenso wie Operator-Sequenzen sind als Palindrome organisiert. Im Bild wird das Zentrum des Palindroms durch eine grüne Wellenlinie gekennzeichnet. Jede Palindromhälfte wird durch einen Partner im dimeren DNA-Bindeprotein besetzt [nach 7].

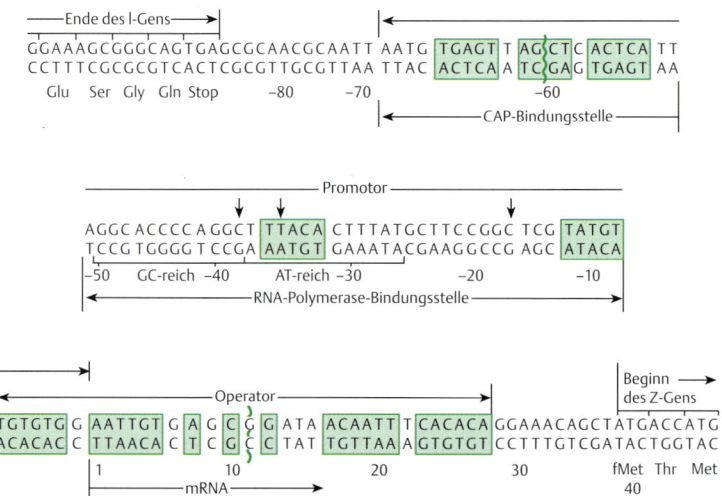

Regulation durch Attenuation

Das *lac*-Operon zeigt beispielhaft einige wichtige Mechanismen der Gen-Regulation bei *E. coli*, aber der Leser möge sich an einen weiter oben in diesem Kapitel geschriebenen Satz erinnern: Mit jedem Gen hat sich ein eigener Regulationsmechanismus entwickelt.

Der im folgenden beschriebene Mechanismus illustriert eindrucksvoll das Spektrum der Möglichkeiten. Dabei bewegen wir uns von vertrautem Terrain auf neues Gelände und beginnen mit der Vorstellung des Operons für die Enzyme der **Tryptophan-Synthese**.

Die Gene für die Synthese der Aminosäure Tryptophan (Trp) sind in einem großen Operon organisiert (Abb. 4.**46**). Das Regulator-Gen *trp R* kodiert den Repressor dieses Operons. Der Repressor nimmt seine aktive Form ein, wenn Tryptophan gebunden ist. Dann legt er sich auf den Operator und verschließt die *trp*-Genfolge.

Beachte den Unterschied zum Lac-Repressor! Während dieser gerade durch Bindung des kleinmolekularen Induktors inaktiviert wird, wird der Trp-Repressor erst durch Bindung des Tryptophans aktiv. Dies ist eine sinnvolle Reaktion, denn in Gegenwart großer Tryptophan-Mengen wäre die Transkription der Synthese-Gene überflüssig.

Es gibt noch einen weiteren Unterschied zum *lac*-Operon: Eine Zerstörung des *trp R*-Gens mit einem Verlust des Trp-Repressors führt nicht zu einer konstitutiven Expression der *trp*-Gene, wie man aufgrund des Wissens vom *lac*-Operon vorausgesagt hätte.

Wenn die Bakterien mit viel Tryptophan versorgt werden, wird eine kurze RNA synthetisiert, die einem Stück aus etwa 140 Nucleotiden am 5'-Ende der normalen mRNA entspricht, die Leit-RNA *(leader RNA)*. Die Synthese der Leit-RNA zeigt, daß bei Verfügbarkeit von Tryptophan die Transkription des Operons eingeleitet, aber nicht zu Ende geführt wird.

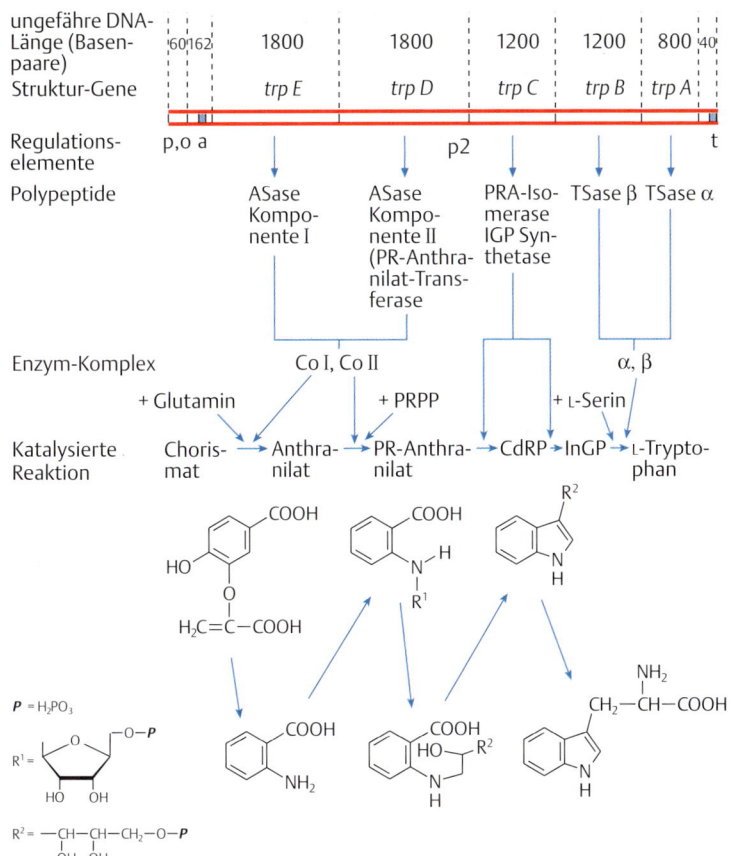

Abb. 4.46 **Struktur des *trp*-Operons.** Am Promotor-Operator p, o beginnt die RNA-Synthese, die in Gegenwart von Tryptophanyl-tRNA^{Trp} am Attenuator (a) endet, in Abwesenheit von beladener tRNA^{Trp} jedoch bis zum Terminator (t) fortschreitet. P2 ist ein „schwacher" interner Promotor, von wo aus die Gene *trp C*, *trp B* und *trp A* mit sehr niedriger Rate transkribiert werden, auch wenn der Hauptpromotor p verschlossen ist [nach 28].

Zur Klärung dieser Verhältnisse ist eine Betrachtung der Sequenz der Leit-RNA wichtig. Sie enthält nämlich ein offenes Leseraster mit zwei aufeinanderfolgenden Tryptophan-Codons (Abb. 4.**47**). Die weiteren Argumente werden verständlich, wenn man sich erinnert, daß bei Bakterien Transkription und Translation gekoppelt ablaufen (Abb. 3.**34**). Überdies müssen wir an die Fähigkeit von RNA zur Ausbildung von – verschiedenen – Sekundärstrukturen denken (S. 46).

Bei Anwesenheit von Tryptophan wird das offene Leseraster in der Leit-RNA ohne Probleme translatiert, und die gebundenen Ribosomen verzögern ihren Lauf erst am Stop-Codon. Das ermöglicht die Ausbildung einer Terminationsschleife im 3′-Bereich der Leit-RNA (Abb. 4.**47**). Die Konsequenz ist die Ablösung der RNA-Polymerase von der DNA (S. 54).

Anders bei Fehlen von ausreichenden Tryptophan-Mengen: Die Ribosomen werden unter diesen Bedingungen vorzeitig an den beiden Tryptophan-Codons im offenen Leseraster aufgehalten. Jetzt bilden sich andere Sekundärstruktur-Schleifen, die die Ausbildung einer Terminationsschleife ausschließen. Die Konsequenz ist die Fortsetzung der Transkription und die Synthese der langen polygenischen RNA (Abb. 4.**48**). Dieser Mechanismus wird als **Gen-Regulation durch Attenuation** bezeichnet (*attenuation*, engl. Abschwächung), weil die Transkription durch Ausbildung einer vorzeitigen Terminationsschleife abgeschwächt wird.

a

Met—Lys — Ala — Ile — Phe—Val — Leu—Lys —Gly — Trp — Trp — Arg — Thr —Ser

pppAAGUUCACGUAAAAAGGGUAUCGACA AUG AAA GCA AUU UUC GUA CUG AAA GGU UGG UGG CGC ACU UCC UGAAACGGGCAGUGUA
         10   20   30   40   50   60   70   80

trp E-Protein

Met— Gln—Thr —Gln — Lys — Pro

UUCACCAUGCGUAAAGCAAUCAGAUACCCAGCCCGCCUAAUUGAGCGGGCUUUUUUUUGAACAAAAUUAGAGAAUAACA AUG CAA ACA CAA AAA CCG ... 3'
     90   100   110   120   130   140   150   160   170   180

b
```
            AAUU
          U      G
          C      A
      120—C · G
          G · C—130
          C · G
          C · G
          C · G
      110 G · C  140
    5'  CAGAUACCCA · UUUUUUUU   3'
```

c
```
            UCC
          U      G
          G · C
          A · U
          C · G
          C · G
          G · C
          G · C
          C · G
    5'  UAAUCCCACAG · CAUUUU   3'
```

Abb. 4.47   Stoppsignale der Transkription.
a Leitsequenz der polygenen Trp-mRNA. Im Bereich dieser Sequenz befindet sich ein Initiationscodon, AUG, und ein Stop-Codon, UGA, in der Phase eines Triplett-Taktes. Dort könnte also ein Peptid synthetisiert werden, dessen Sequenz angegeben ist.
b In Anwesenheit beladener tRNA^Trp kommt es zum Stopp der Transkription nach dem Nucleotid 140. Vor diesem Nucleotid besteht eine Folge von Nucleotiden, die sich haarnadelförmig zu einer Sekundärstruktur zusammenlegen können.
c Dabei entsteht dann eine Struktur, die man typischerweise am Ende einer mRNA findet [nach 28].

Abb. 4.48   Regulation der Transkription durch Attenuation des Tryptophan-Operons. Das hier abgebildete Modell und vergleichbare andere Überlegungen beruhen auf der Tatsache, daß die Nucleotid-Sequenz der Leit-RNA verschiedene Sekundärstrukturen annehmen kann.

oben Bei genügend hoher Tryptophan-Konzentration in der Zelle kann das Leitpeptid synthetisiert werden. Das Ribosom kommt erst am Stop-Codon zum Halt. Im übrigen Teil der Leit-RNA bildet sich eine Haarnadelschleife aus, die dem normalen Terminationssignal für die RNA-Polymerase entspricht. Die RNA-Polymerase verläßt die DNA.

unten Bei Tryptophan-Mangel hält das Ribosom an einem Tryptophan-Codon an. Nun bildet sich als Konkurrenz zur Terminationsschleife ein anderer innermolekularer RNA-Doppelstrang aus, der nicht die Transkription unterbricht [nach 28].

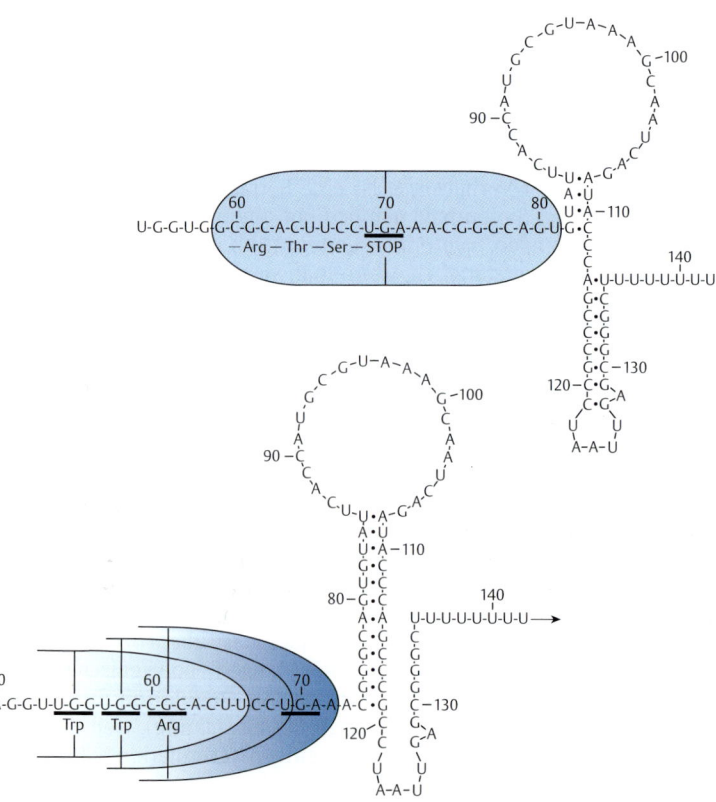

Durch Attenuation werden mehrere Operons für Enzyme der Aminosäure-Synthese reguliert. Dies kommt besonders deutlich durch die Sequenzen der Leit-RNA zum Ausdruck. Als Beispiel sehen wir in der Abb. 4.**49** den Beginn der mRNA des Histidin-Operons mit dem Abschnitt, der bei Überschuß an Histidin als Leit-RNA gebildet wird. Wir zählen hier im offenen Leseraster sieben hintereinandergeschaltete Histidin-Codons, die eine beachtliche Hürde für Ribosomen unter Histidin-Mangel darstellen. Unter diesen Bedingungen kann sich keine Terminationsschleife bilden. Die Synthese der langen polygenischen Histidin-mRNA kann weiterlaufen. Umgekehrt sind die sieben Codons bei ausreichenden Histidin-Mengen kein Problem: Die Ribosomen kommen erst am Ende des offenen Leserasters in der Leit-RNA zum Halten, eine Terminationsschleife bildet sich aus und die RNA-Polymerase beendet ihre Funktion.

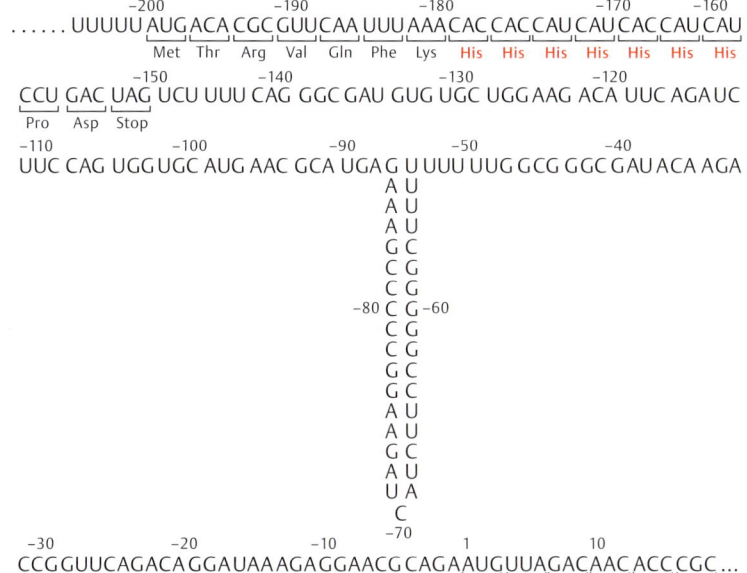

Abb. 4.49 Ein Ausschnitt aus der 5'-Region der mRNA des Histidin-Operons. Wir weisen insbesondere auf die Kodierungssequenz des Leitpeptids hin mit seinen sieben hintereinandergeschalteten Histidin-Codons. Der Bereich der Leitsequenz und die folgenden Abschnitte der Sequenz können sich auf vielfältige Weise zu Sekundärstruktur-Schleifen zusammenlegen. Als Beispiel zeigen wir hier die Ausbildung einer Terminationsschleife. Beachte die Numerierung in dieser Abbildung: +1 entspricht dem A im Start-Codon (AUG) des ersten Gens der polygenischen mRNA. Nucleotide zum 5'-Ende hin erhalten deswegen negative Vorzeichen.

Entsprechendes gilt für andere Aminosäure-Operons: vier Leucin-Codons in der Leit-RNA des Leucin-Operons, sieben Phenylalanin-Codons in der Leit-RNA des Phenylalanin-Operons usw.

Die Grundlage der Gen-Regulation durch Attenuation ist die Fähigkeit von RNA-Sequenzen zur Ausbildung alternativer Sekundärstrukturen, die nicht zur Termination der Transkription führen. Dieses Grundprinzip kommt in manchen anderen Bereichen der molekularen Genetik vor. Aber Gen-Regulation durch Attenuation der RNA-Synthese ist eine Besonderheit von Bakterien, weil hier Transkription und Translation gekoppelt erfolgen können.

Zusammenfassende Anmerkungen

– Verschiedene Operons nutzen unterschiedliche Mechanismen der Gen-Regulation. Allen gemeinsam ist das Vorkommen einer Promotor-Sequenz als Stelle einer Wechselwirkung von RNA-Polymerase und DNA. Die Affinität der RNA-Polymerase zum Promotor ist das grundlegende Ereignis im Regulationsprozeß.

– Der Promotor enthält eine eingebaute Spezifität. Promotoren von Regulator-Genen wie *lac I* oder *trp R* sind „schwache" Promotoren, weil 10–20 Moleküle der betreffenden Gen-Produkte zur Versorgung der Zellen ausreichen. Die Promotoren am Beginn vieler Struktur-Gen-Sequenzen sind viel „stärker". Sie haben eine 100–1000fach höhere Affinität zur RNA-Polymerase mit entsprechender Steigerung der Transkriptionshäufigkeit.

– Die Expression der Gene, die die überlebenswichtigen und ständig benötigten Enzyme kodieren, z. B. Enzyme der Energieproduktion wie der Glykolyse und der oxidativen Phosphorylierung, wird weitgehend über die Wechselwirkung von Promotor und RNA-Polymerase gesteuert.

– Zusätzliche Kontrollelemente benötigt die Zelle für die Regulation solcher Gene, deren Produkte nur unter bestimmten Umweltbedingungen vorhanden sein müssen, z. B. wenn andere Zucker als Glucose die einzige verfügbare Kohlenstoff-Quelle für die Zelle sind. Wie wir gesehen haben, erhöht dann z. B. der CAP/cAMP-Komplex die Effizienz der Wechselwirkung zwischen RNA-Polymerase und Promotor.

– Die höhere Spezifität in der Gen-Regulation wird durch Repressor-Operator-Wechselwirkungen gewährleistet, bei der für jedes Operon spezifische kleinmolekulare Induktoren die Synthese der mRNA ermöglichen. Unsere Beispiele waren der Lac-Repressor, der mit Lactose-Derivaten reagiert, und der Trp-Repressor, der an Tryptophan bindet.

All diesen Mechanismen liegt eine Wechselwirkung von Nucleotid-Sequenzen in der DNA und Aminosäure-Sequenzen im Protein zugrunde.

Einige Möglichkeiten der Regulation der Gen-Expression blieben in diesem Kapitel unberücksichtigt: z. B. die unterschiedliche Halbwertszeit der mRNA-Moleküle oder die Beeinflussung der Translationsgeschwindigkeit über die Häufigkeit der synonymen Codons in der mRNA und die Menge der verfügbaren tRNA mit passenden Anticodons.

Regulation von Genen des Bakteriophagen Lambda

Die Forschung an dem Bakteriophagen Lambda (λ) geht bis an den Anfang der fünfziger Jahre zurück (Abb. 4.**50**). Trotzdem hat Lambda seine Faszination für viele Molekularbiologen nicht verloren. Die Berühmtheit des Bakteriophagen Lambda hat mehrere Gründe: Es handelt sich um ein gut zugängliches System, an dem grundsätzliche Probleme der Gen-Expression bei Bakterien untersucht werden können. Lambda hat außerdem eine weite Verbreitung als Mittel in der Gentechnik gefunden. Deshalb bietet auch dieses einführende Lehrbuch der Molekularen Genetik einen Ausflug in die Lambda-Forschung.

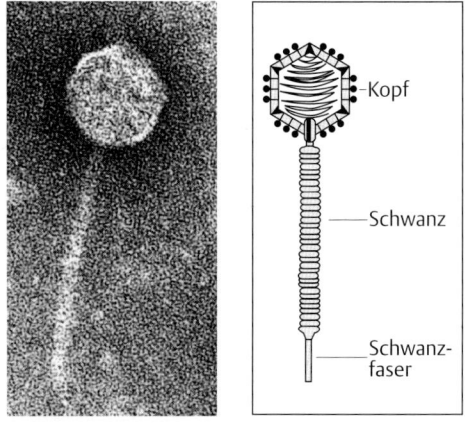

Abb. 4.50 Der Bakteriophage Lambda. links Elektronenmikroskopisches Bild (Kopf-Durchmesser 50–60 nm; U. Ramsperger, Konstanz). **rechts** Interpretationsskizze: Kopf, Schwanz und Schwanzfaser sind bezeichnet.

Die Infektion beginnt mit der Adsorption des Phagen an einen spezifischen Rezeptor auf der Oberfläche und mit dem Eindringen der DNA in die Bakterien-Zelle. Die bakterielle RNA-Polymerase liest dann die genetische Information des Phagen-Genoms ab. Daraufhin wird einer der beiden folgenden Entwicklungswege eingeschlagen (Abb. 4.**5**):

- **Lytische Vermehrung:** Grundlage ist die Aktivierung von Genen für die Vermehrung (Replikation) der DNA, für den Zusammenbau von Phagen-Partikeln und für die Lyse der Wirtszellen. Im Laufe von ca. 60 Minuten sind ungefähr 100 Nachkommen-Phagen entstanden.
- **Lysogene Entwicklung:** Gene für die lytische Vermehrung werden abgeschaltet. Die Phagen-DNA wird in das Genom der Wirtszelle eingebaut und bis auf weiteres wie ein bakterieneigenes Gen von Generation zu Generation weitergegeben.

Ein wichtiger Teil der folgenden Darstellung betrifft die Frage nach den genetischen Grundlagen der alternativen Entwicklungswege. Wir werden uns dabei auf die wesentlichen Punkte beschränken. Viele, auch genetisch interessante, Einzelheiten werden unerwähnt bleiben, um die komplexen Vorgänge allgemein verständlich zu halten.

Das Lambda-Genom

Die DNA des Bakteriophagen Lambda besteht aus 48 502 Nucleotiden, deren vollständige Sequenz seit 1982 bekannt ist. Das DNA-Molekül im Phagen-Partikel ist linear und hat einzelsträngige Enden von je 12 Nucleotiden. Die beiden einsträngigen Enden sind komplementär. Deshalb können sie Wasserstoff-Brückenbindungen miteinander eingehen und die lineare DNA zu einem Ring schließen. Nach der Infektion wird der Doppelstrang-Ring durch das Enzym Ligase (Abb. 2.**23**) kovalent geschlossen.

Zahlreiche Lambda-Mutanten sind isoliert und kartiert worden. Einige der entsprechenden Genmarker sind in die Genkarte der Abb. 4.**51** eingetragen.

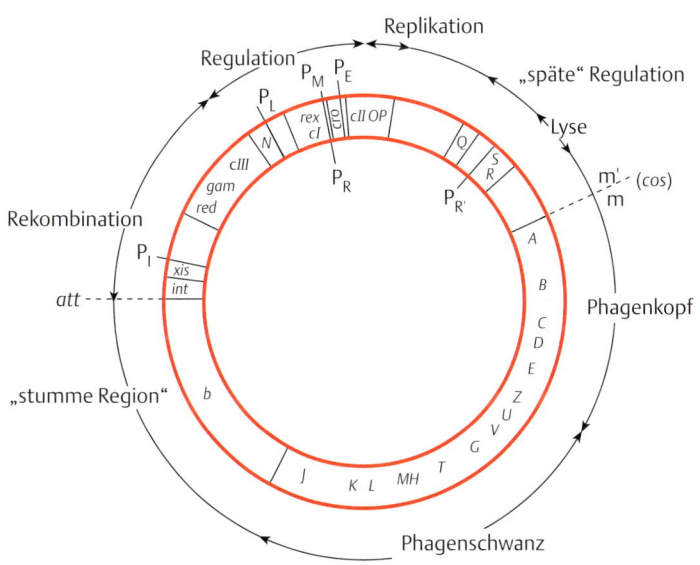

Abb. 4.51 Eine Genkarte des Phagen Lambda [nach 21].

Genmarker, die ursprünglich durch bestimmte Mutanten charakterisiert waren, werden durch Großbuchstaben wie *A, B, C ... N, O, P* usw. bezeichnet. Obwohl man inzwischen die Funktion dieser Gene kennt, hat man meist die ursprüngliche Bezeichnung beibehalten und spricht vom GenN-Protein, GenO-Protein usw. oder kurz vom N-Protein usw.

Die Genorte *cI, cII* und *cIII* sind durch Mutanten definiert, die auf den üblichen Bakterienrasen klare *(clear)* Plaques erzeugen. Wildtyp-Phagen machen trübe Plaques. Wir werden bald die Ursache für den Mutanten-Phänotyp kennenlernen. Die drei Gene **cI**, **cII** und **cIII** tragen die Information für Proteine, die bei der Gen-Regulation von Bedeutung sind. Das Produkt des Gens **cro** *(control of repressor and other genes)* hat ebenfalls eine wichtige Funktion bei der Regulation der „frühen" Gene.

rex ist die Abkürzung für „*T4rII-exclusion*" und bedeutet, daß in Bakterien-Zellen, die einen Lambda-Prophagen mit einer Mutation im *rex*-Gen tragen, die Entwicklung von T4rII-Phagen (S. 85) nicht möglich ist.

Die Bezeichnung *red* für die entsprechenden Genmarker stammt von dem beobachteten Phänotyp „*reduction of recombination*". Man unterscheidet drei **red**-Gene: *red* α und β, die in der Abb. 4.**51** nicht gesondert aufgeführt sind, und *red* γ, als *gam* in der Abb. 4.**51** bezeichnet. Die Produkte der Gene **xis** und **int** sind für die Exzision bzw. Integration der Lambda-DNA in das bakterielle Genom notwendig.

In unserer Genkarte ist die *b*-Region als „stumm" bezeichnet. Das soll andeuten, daß in diesem Bereich des Lambda-Genoms keine essentiellen Gene liegen. Übrigens wird diese Tatsache in der Gentechnik ausgenutzt, denn die *b*-Region kann ohne Beeinflussung des Infektionsprozesses durch ein gleichlanges Stück beliebiger anderer DNA ersetzt werden (S. 267).

Kontrollelemente

In der Abb. 4.**51** sind die Promotoren, die die Transkription bei der hier gewählten Darstellung nach links leiten, außerhalb des Doppelkreises notiert. Von den Promotoren P_E und P_M aus erfolgt die Transkription der Gene *cI* und *rex*. Von P_L aus wird eine große mRNA (mit etwa 7500 Nucleotiden) bis zum Ende des *int*-Gens transkribiert. P_I kennzeichnet einen speziellen Promotor für das Gen *int*.

Von P_R und $P_{R'}$ verläuft die Transkription nach rechts, von P_R aus bis maximal zum Gen *Q*, während von $P_{R'}$ aus die Transkription der Strukturgene des Phagenkopfes und -schwanzes erfolgt.

Integration und Exzision

An der Stelle m′/m sind die beiden Enden der linearen Lambda-DNA zum Ring verknüpft. Da bei m′/m die „kohäsiven" Enden *(cohesive ends)* verbunden sind, spricht man oft auch von der *cos*-Stelle. Dieser Begriff ist besonders in der Gentechnik geläufig (Kap. 9, S. 262 ff.).

An der Stelle *att (attachment)* erfolgt die Integration der Lambda-DNA in das bakterielle Chromosom (Abb. 4.**52**).

Über die Topographie vor und nach Einbau der Phagen-DNA unterrichtet die Abb. 4.**52**. Die *att*-Stelle auf der Lambda-DNA besteht aus zwei Teilbereichen PP′, ebenso wie die entsprechende Stelle auf der Bakterien-DNA aus den zwei Bereichen BB′ besteht. Die Abb. 4.**52** gibt das Schema der Integration an. Die Integration erfolgt bevorzugt in dem angegebenen Bereich des bakteriellen Chromosoms, nämlich in der Nachbarschaft

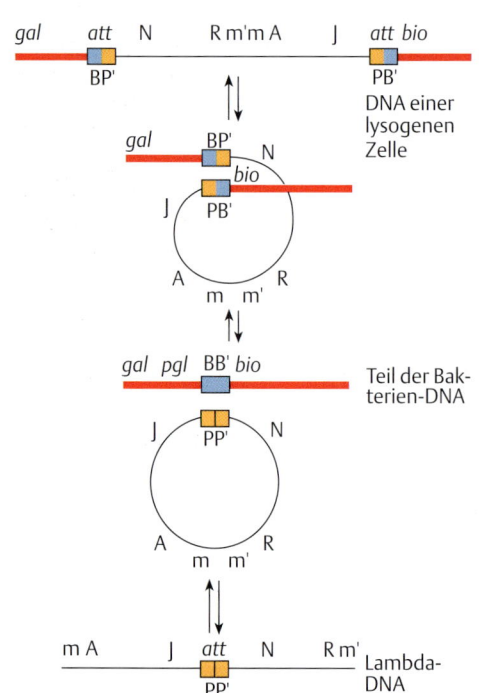

Abb. 4.52 Schema der Integration (von unten nach oben) **und Exzision** (von oben nach unten) **der Lambda-DNA.**

des Galactose-*(gal-)* und des Biotin-*(bio-)*Operons (siehe *E. coli*-Genkarte in Abb. 4.**23**). Wenn die Stelle BB′ auf dem Bakterien-Chromosom fehlt, kann sich die Lambda-DNA auch an anderen Stellen integrieren, allerdings mit einer geringeren Effizienz.

Frühe Transkription

Unmittelbar nach der Infektion und dem Ringschluß der Lambda-DNA beginnt die Transkription durch die Wirtszell-RNA-Polymerase (Abb. 4.**51** und 4.**53**):

1. Vom Promotor P_R aus wird eine mRNA gebildet, deren Synthese meist am Transkriptionsterminator t_R1 endet. Dieser Stopp funktioniert jedoch nicht hundertprozentig. Deswegen kommt es außerdem zur Synthese einer geringeren Menge einer zweiten mRNA, die ebenfalls bei P_R beginnt und dann am Terminator t_R2 endet.
2. Die RNA-Polymerase transkribiert vom Promotor P_L aus bis zum „linken" Terminator t_L. Die Termination der Transkription wird durch den Faktor Rho (S. 54) vermittelt.

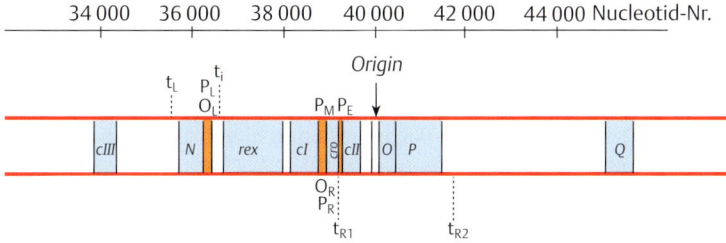

Abb. 4.53 Regulationsgene auf dem Lambda-Genom. Zur Orientierung: Das Lambda-Genom besteht aus 48 502 Basenpaaren. Die Nucleotidpaare werden von der m′/m-Stelle (Abb. 4.**51**) aus im Uhrzeigersinn gezählt. Die Zahlen über der oberen Linie der Abbildung geben die Basenpaar-Koordinaten nach dieser Konvention an. Wir sehen also einen Abschnitt von etwa 12 000 Basenpaaren, entsprechend fast einem Viertel des gesamten Genoms. Die Genorte sind innerhalb der Doppellinie notiert. Promotor-Bereiche sind hervorgehoben.

Dazu folgende ergänzende Bemerkungen: Die ca. 3600 Nucleotidpaare zwischen dem Ende des *P*-Gens und dem Anfang des *Q*-Gens enthalten neun offene, von Start- und Stop-Codons eingerahmte Leseraster. Sie kodieren also neun Proteine, die für die Lambda-Entwicklung in den üblichen *E. coli*-Wirtsstämmen entbehrlich sind und im Text nicht weiter erwähnt werden. Auch im Bereich zwischen dem *N*- und dem *cIII*-Gen befinden sich zwei Gene, die wir hier übergehen können.

Beachte folgende Kuriosität: Das *cro*-Gen kann in beiden Richtungen transkribiert werden: einmal von P_R aus nach rechts, dann von P_E nach links, hier am 5′-Ende der cI-rex-mRNA. Die P_R-mRNA enthält das Transkript des Sinnstranges [nach 6].

Beachte: Es gibt zwei Promotoren für das *cI*-Gen: zu Beginn des lysogenen Infektionsweges der Promotor P_E *(establishment of lysogeny);* später der Promotor P_M *(maintenance of lysogeny).*

Nach dieser frühen Phase der Transkription liegen die Produkte der Gene *cro, cII, O* und *P* sowie des Gens *N* vor. Wir werden die Funktionen dieser Proteine in den folgenden Abschnitten nennen, wenn es in den Ablauf unseres Berichtes von der Lambda-Entwicklung paßt.

An dieser Stelle ist zunächst eine Beschreibung der Funktion des N-Proteins angebracht. Das N-Protein wirkt als Antiterminator. Es ermöglicht der RNA-Polymerase, über die Stopp-Stellen t_R1, t_R2 und t_L hinaus die RNA-Synthese fortzusetzen (siehe Kasten).

Die Entscheidung: Lyse oder Lysogenie

Nach der Transkription von P_L bis zum *N*-Gen und von P_R bis zum *Q*-Gen fällt die Entscheidung über den weiteren Verlauf der Infektion. Entweder setzt der lytische Ablauf mit DNA-Replikation und Expression der „späten" Gene ein oder Lysogenie mit der Integration der Lambda-DNA.

Bei der Einleitung des Weges zur Lysogenie steht das cII-Protein im Mittelpunkt. Die intrazelluläre Konzentration dieses Proteins hängt von der Aktivität und der Menge sowohl einiger zellulärer als auch viraler Proteine ab (Abb. 4.**54**).

– Das bakterielle Hfl AB-Protein, eine Protease oder ein Protease-aktivierendes Protein, zerstört das cII-Protein. Die Bezeichnung der Proteine Hfl und Him leiten sich vom Phänotyp der Mutanten in den entsprechenden Genorten ab. Eine Mutation im Gen für das Hfl A-Protein führt, wie aus dem Zusammenhang verständlich wird, zu einer gro-

Das N-Protein und die Antitermination

Die Antitermination als Mechanismus der Gen-Regulation wurde bei Untersuchungen über die Gen-Regulation von Lambda entdeckt. Sie ist ein weit verbreitetes Regulationsprinzip bei Bakterien und Viren (einschließlich des HIV-Virus).

Um die Antiterminator-Aktivität des N-Proteins nutzen zu können, muß die RNA-Polymerase während der Transkription eine bestimmte DNA-Sequenz passieren. Es handelt sich dabei entweder um die Sequenz *nut R* (N-*utilization*, engl. Verbrauch), die zwischen dem *cro*-Gen und dem *cII*-Gen liegt, oder die Sequenz *nut 2* , die gleich hinter dem Promotor P_L liegt.

In der transkribierten RNA nimmt ein Teil der *nut*-Sequenz eine Sekundärstruktur-Faltung ein, die in der unten gezeigten Abbildung als Box B bezeichnet ist [nach 11]. Daran bindet sich das N-Protein, das aber zur vollen Aktivität die bakteriellen Proteine Nus A, Nus B und Nus G sowie das ribosomale Protein S10 braucht. Mit diesen Proteinen beladen, kann die RNA-Polymerase ihren Weg entlang der DNA fortsetzen, unbeeinflußt von Rho-abhängigen oder Rho-unabhängigen Terminationsstellen.

Der zweite Antiterminator des Lambda-Genoms, das Q-Protein, braucht ebenfalls eine DNA-Sequenz, genannt *qut*, für seine Wirkung. Anders jedoch als das N-Protein bindet das Q-Protein an die DNA, um gezielt auf die vorbeilaufende RNA-Polymerase zu springen. Der Komplex aus Q-Protein und RNA-Polymerase durchläuft dabei sehr effizient alle Terminationssignale.

Im *E. coli*-Genom werden die rRNA-Gene durch Antitermination reguliert. Bald nach Beginn der Transkription bildet sich in der RNA eine Sekundärstruktur-Schleife (Box A), an die sich ein Komplex aus Nus B und S10 anheften kann. Dieser Komplex bindet dann die RNA-Polymerase und hilft ihr über eine Terminationsstelle am Beginn der rRNA-Gene. Übrigens ist dies eine interessante Ergänzung zu unserer Besprechung der Expression von bakterieller rRNA (S.106): Überschuß an ribosomalem Protein S10 stimuliert die Synthese von rRNA.

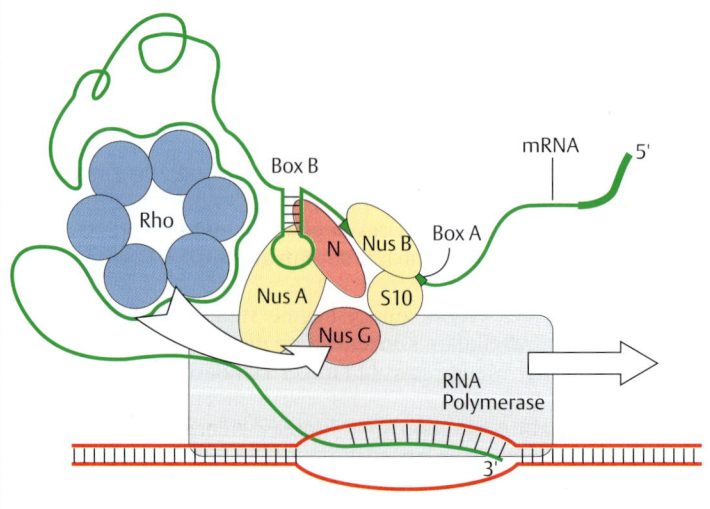

ßen Häufigkeit lysogener Infektionsabläufe *(high frequency of lyso-genization)*.

– Gegen den Abbau schützt das Lambda-kodierte cIII-Protein, oder, anders gesagt, hohe cIII-Konzentrationen stabilisieren das cII-Protein.
– Die cII-Menge wird auch von den bakteriellen Proteinen Him A und Him D positiv beeinflußt. Diese Proteine stimulieren die Synthese von cII, vermutlich durch Steigerung der Translation. Die beiden Proteine Him A (M_r ca. 11000) und Him D (M_r ca. 9500) bilden ein Dimer als funktionelle Einheit. Das Him AD-Dimer spielt noch eine ganz andere Rolle bei der Lambda-Entwicklung: Es ist notwendiger Faktor für die Integration. Him steht für *„host immunity function"*, denn durch die entsprechenden Proteine wird die Lysogenie eingerichtet, und lysogene Bakterien sind gegen Infektion mit Lambda „immun".

Die Aktivität der gegensätzlich wirkenden Wirtszell-Faktoren wird in einer noch nicht bekannten Weise von den Umweltbedingungen der Bakterien-Zelle bestimmt. Beispielsweise wird bei einer ungünstigen Ernährungssituation, insbesondere bei einer knappen Versorgung mit Kohlenstoff-Verbindungen, der lysogene vor dem lytischen Infektionsweg bevorzugt.

Das **cII-Protein ist ein Aktivator** für die Promotoren P_E und P_I, denn in Gegenwart von cII wird die Gen-Folge *cI* und *rex* vom Promotor P_E bis zum Terminator t_i sowie der Abschnitt *xis-int* des Lambda-Genoms transkribiert (Abb. 4.**51**).

Wir betrachten die Konsequenzen dieser Gen-Expression nacheinander.

Der Lambda-Repressor

Die Transkription von P_E aus führt zur Expression der Gene *cI* und *rex*. Da das *rex*-Gen für unsere Betrachtungen keine Rolle spielt, können wir uns auf die Funktion des *cI*-Gens konzentrieren.

Das Produkt des *cI*-Gens ist der Lambda-Repressor, ein Dimer aus zwei identischen Untereinheiten mit je 236 Aminosäuren. Der Repressor bindet mit hoher Affinität an drei Bindestellen, die nach der üblichen Nomenklatur der Bakterien-Genetik als Operatoren bezeichnet werden. Diese Bindestellen liegen im Bereich der Promotoren P_R und P_L. Abb. 4.**55** entnehmen wir, daß die Operator-Stellen O_R1 und O_R2 bzw. O_L1 und O_L2 direkt mit den wesentlichen Promotor-Elementen überlappen, nämlich den –10- und den –35-Regionen: Die RNA-Polymerase findet nach Bindung des Repressors keinen Zugang mehr zu diesen Promotoren. Der größte Teil des Lambda-Genoms ist damit stillgelegt.

Aber auch die Transkription des *cI*-Gens vom Promotor P_E aus ist nicht mehr möglich. Der Repressor liegt im Weg der RNA-Polymerase. Für den ständigen Nachschub vom Repressor sorgt jetzt der Promotor P_M. Seine Lage, relativ zu den Operator-Elementen, ist in der Übersichtsskizze (Abb. 4.**55**) und genauer in der Nucleotid-Sequenz der Abb. 4.**56** angegeben.

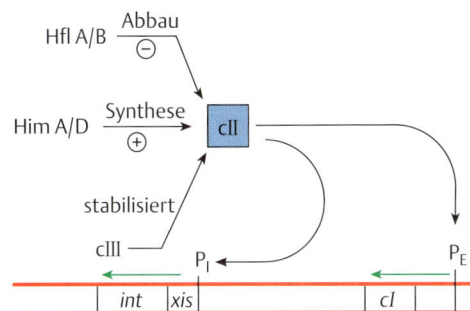

Abb. 4.54 Die Rolle des Proteins cII als Aktivator der Transkription. In der aktiven Form ist das cII-Protein ein tetrameres DNA-Bindeprotein. Das cII-Protein wird in kurzer Zeit nach seiner Synthese wieder abgebaut, falls es nicht durch das Protein cIII stabilisiert wird.

Abb. 4.55 Schematische Darstellung der Regulationsorte für die links- und rechtsgerichtete Transkription. Jeder Regulationsort hat drei Repressor-Bindungsstellen, nämlich die Operatoren O_R1, O_R2, O_R3 bzw. O_L1, O_L2, O_L3. Jedes dieser Elemente ist 17 Nucleotidpaare lang. Die Zwischenräume sind AT-reiche Abschnitte von 2–7 Nucleotidpaaren Länge.

Die Promotoren mit ihren orange gezeichneten –10- und –35-Regionen liegen im Bereich der Repressor-Bindungsstellen. Von P_R aus erfolgt die Transkription des *cro*-Gens, von P_M die des *cI*-Gens. Die P_R-Transkription wird durch Repressoren an O_R1 und O_R2, die P_M-Transkription durch Repressoren an O_R3 blockiert.

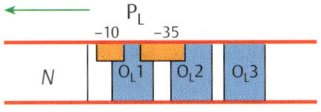

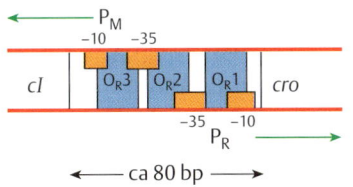

← ca 80 bp →

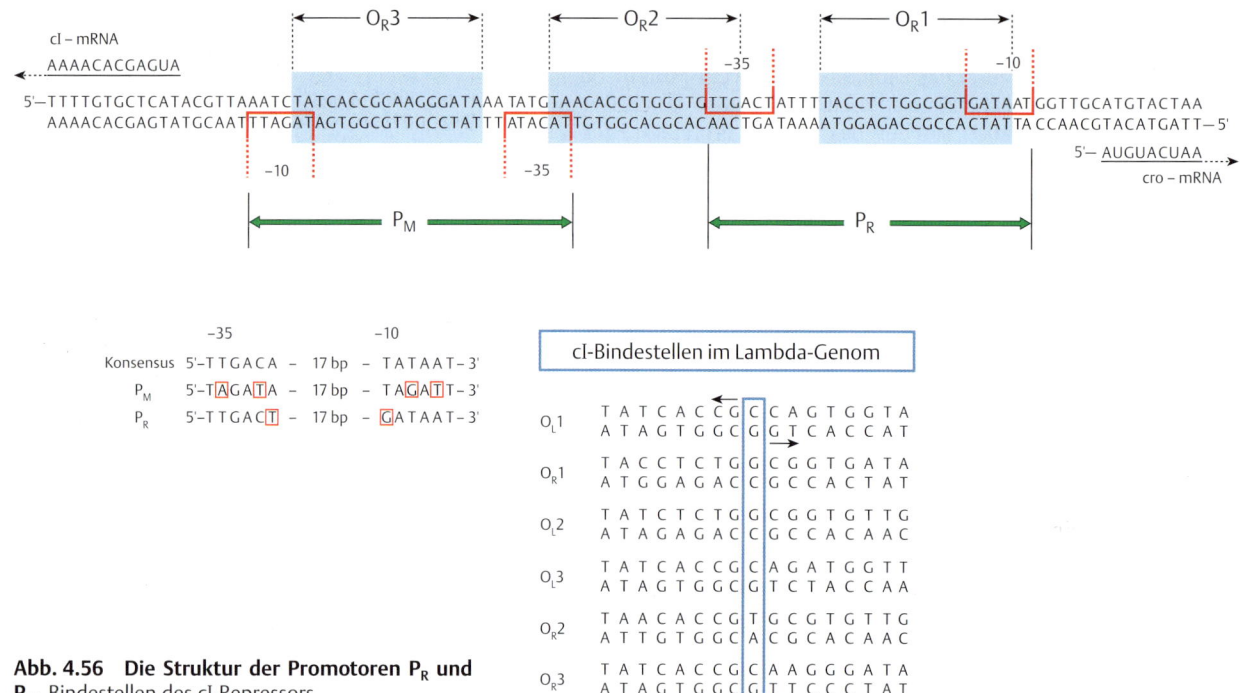

Abb. 4.56 Die Struktur der Promotoren P_R und P_M. Bindestellen des cI-Repressors.

Die Abb. 4.**56** zeigt eine Zusammenstellung der sechs Repressor-Binde-orte im Lambda-Genom, angeordnet in der Reihenfolge ihrer Affinität zum Repressor. Man erkennt, daß der Lambda-Repressor bevorzugt an die Operatoren O_L1 und O_R1 bindet. Er kann damit schon bei niedriger intrazellulärer Konzentration die Transkription von P_L und P_R blockieren. Aber ein Repressor, der an O_L1 und O_R1 sitzt, erleichtert die Bindung weiterer Repressor-Moleküle an die Stellen O_L2 und O_R2.

Um dies zu verstehen, müssen wir uns etwas genauer die Struktur des Repressors ansehen.

Das Protein besteht aus zwei Domänen: der N-terminalen Domäne von Aminosäure 1–92 und der C-terminalen Domäne von Aminosäure 132–236. Zwischen beiden Domänen liegt eine Folge von Aminosäuren, die leicht durch Protease-Behandlung *in vitro* angegriffen wird, so daß man beide Domänen voneinander trennen kann. Die Untersuchung der getrennten Domänen ergibt, daß die DNA-Bindungsstelle in der N-ter-minalen Domäne liegt, während die C-terminale Domäne für den Kontakt zwischen einzelnen Repressor-Molekülen bei der Bildung des Di-mers verantwortlich ist.

Wechselwirkungen zwischen den C-terminalen Domänen bewirken auch die erleichterte Bindung eines zweiten Repressors an die Operator-Elemente O_R2 und O_L2, wie aus der Abb. 4.**57** hervorgeht. Damit sind die Promotoren P_L und P_R geschlossen. Aber der Promotor P_M bleibt für die Transkription offen. Der an O_R2 gebundene Repressor erhöht sogar noch die Affinität der RNA-Polymerase zum Promotor P_M. **Der Repressor dient also als Aktivator der Transkription seines eigenen Gens.** Dafür ist der direkte Kontakt zwischen dem gebundenen Repressor und der RNA-Polymerase notwendig. Dieser Kontakt findet in dem zwei Basen-paare umfassenden Überlappungsbereich zwischen dem O_R2-Element

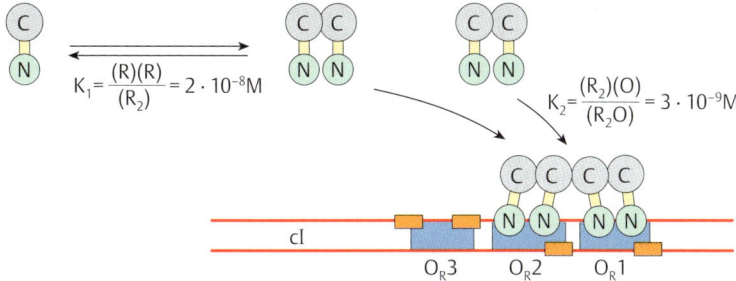

$$K_1 = \frac{(R)(R)}{(R_2)} = 2 \cdot 10^{-8}M$$

$$K_2 = \frac{(R_2)(O)}{(R_2O)} = 3 \cdot 10^{-9}M$$

cI

O_R3 O_R2 O_R1

Abb. 4.57 Dimerisierung und DNA-Bindung. Monomere Repressor-Moleküle findet man bei Konzentrationen um 10^{-9} M. Bei einer Konzentration von $2 \cdot 10^{-8}$ M liegt die Hälfte der Repressor-Moleküle als Dimer vor. Da die intrazelluläre Konzentration um $4 \cdot 10^{-7}$ M ist, müssen mehr als 95 % aller Repressor-Moleküle Dimere sein. Die Assoziationskonstante zwischen Repressor (R) und den Operator-Elementen O_R1 und O_R2 liegt bei $3 \cdot 10^{-9}$ M. Daraus folgt, daß der Promotor P_R (und P_L) praktisch nie frei ist. Der Großteil des Lambda-Genoms bleibt wirkungsvoll geschlossen. Anders der P_M-Promotor: Die Affinität des Repressors zum Element O_R3 ist um den Faktor 25 niedriger als seine Affinität zu O_R1/O_R2. Das heißt, bei Abnahme der intrazellulären Repressor-Konzentration auf ein Viertel des normalen Wertes wird O_R3 frei und der Promotor P_M steht für eine Transkription offen [nach 20].

und der –35-Region des P_M-Promotors statt (Abb. 4.**56**). Der P_M-Promotor ist ein „schwacher" Promotor: Sowohl im –35-Bereich als auch im –10-Bereich weicht er an zwei Stellen von der Konsensus-Sequenz ab (Abb. 4.**56**).

Wie schon früher besprochen, sind „schwache" Promotoren oft auf die Hilfe von Aktivatoren angewiesen. Das CAP-Protein am *lac*-Promotor hat uns als erstes Beispiel gedient. Entsprechendes gilt auch hier: Der schwache Promotor P_M wird durch den benachbarten Repressor „verstärkt", denn er fördert die Bindung der RNA-Polymerase. Die Besonderheit des P_M-Promotors ist die Autoregulation: Das Produkt des eigenen Gens dient als Aktivator. Es kann aber zugleich auch als Repressor dienen, wenn die intrazelluläre Aktivator-Konzentration einen Grenzwert überschreitet, bindet er sich auch an O_R3 und blockiert damit die Transkription vom Promotor P_M.

In der N-terminalen Domäne des Lambda-Repressors befinden sich fünf α-helikale Bereiche. Zwei davon in jeder der beiden Untereinheiten des Dimers sind direkt an der DNA-Bindung beteiligt. Je ein α-helikaler Abschnitt liegt in der großen Rinne der DNA in einem Halbabschnitt der symmetrisch aufgebauten Operator-Sequenz, ein anderer quer darüber: das **Helix-Turn-Helix-Motiv** (siehe S. 116 und Abb. 4.**58**).

Die lysogene Zelle enthält etwa 100 Repressor-Moleküle, mehr, als für die Blockade der Promotoren P_L und P_R notwendig ist. Deswegen ist eine lysogene Bakterien-Zelle gegen Infektion mit Lambda-Phagen immun. Die überschüssigen Repressor-Moleküle binden sich an die Kontrollregionen eines infizierenden Phagen und verhindern dessen Gen-Expression.

Über die Immunität lassen sich temperente Phagen klassifizieren: Lambdoide Phagen mit Kontrollregionen, die denen von Lambda entsprechen, werden stillgelegt. Dagegen können artfremde temperente Phagen, zu deren Operatoren der Lambda-Repressor keine Affinität hat, einen erfolgreichen Infektionsprozeß durchlaufen.

Transkription des *int*-Gens

Das Produkt des *int*-Gens ist sowohl für die Integration als auch für die Exzision des Lambda-Genoms notwendig. Dagegen wird das *xis*-Gen nur für die Exzision benötigt. Auf dem Weg zur Lysogenie sollte daher nur das *int*-Gen aktiv sein. Möglich wird dies aufgrund der merkwürdigen Verschachtelung beider Gene, denn das Ende des *xis*-Gens überlappt um etwa 20 Basenpaare mit dem Beginn des *int*-Gens (Abb. 4.**59**).

Aber wichtiger ist noch, daß der Promotor P_I innerhalb des *xis*-Gens liegt. Eine Transkription von P_I aus liefert also keine komplette *xis*-mRNA. Für die Bindung der RNA-Polymerase an P_I ist die Anwesenheit des cII-Aktivator-Proteins unbedingt erforderlich. Da aber das cII-Protein

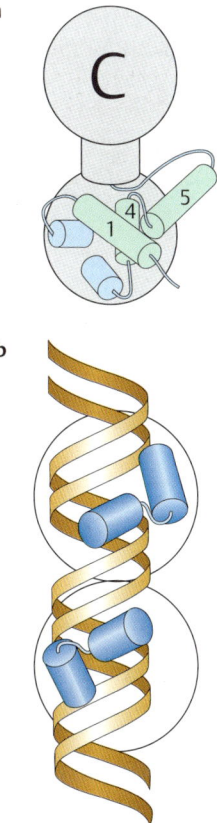

a

C

b

Abb. 4.58 Der Lambda-Repressor. a Schema der Domänen-Struktur mit α-helikalen Abschnitten in der N-terminalen Domäne. **b** Das **Helix-Turn-Helix-Motiv** der DNA-Bindung [nach 20].

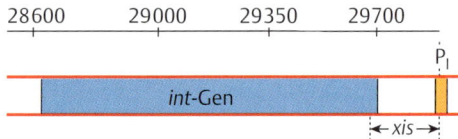

Abb. 4.59 Anordnung des P_I-Transkriptionsbereiches. Die obere Linie gibt die Nucleotidpaar-Koordinaten an. Dabei haben wir das in der Abb. 4.**53** beschriebene Notierungsschema benutzt. Der Promotor P_I liegt im Beginn des *xis*-Gens. Die Transkription von P_I aus führt also nur zur Expression des *int*-Gens, ausreichend für die Integration der Lambda-DNA in das bakterielle Chromosom. Aus der Zeichnung wird auch ersichtlich, daß das Ende des *xis*-Gens in den Beginn des *int*-Gens hineinragt. Der Überlappungsbereich umfaßt etwa 20 Basenpaare.

sehr labil ist und der Nachschub von cII-Protein mit der Blockade des P_R-Promotors durch den Repressor nachläßt, bleibt die P_I-Aktivierung eine kurze Episode bei der Einrichtung des lysogenen Zustandes.

Nach gelungenem Einbau der Lambda-DNA in das Bakterien-Genom wird das *int*-Gen nicht mehr benötigt. Es bleibt stumm, wie der ganze Rest des Lambda-Genoms, mit Ausnahme des kleinen Abschnitts, der unter der Kontrolle des Promotors P_M steht.

Induktion und lytischer Infektionsweg

Jede Schädigung der bakteriellen DNA, beispielsweise nach Bestrahlung durch ultraviolettes Licht, leitet eine Reaktion ein, die man treffend als SOS-Antwort der Zelle bezeichnet hat. Eine ausführlichere Besprechung dieser Reaktion erfolgt auf S. 255. Hier interessiert uns nur ein Teilaspekt. Im Zuge der SOS-Antwort wird das Rec A-Protein der Wirtszelle so verändert, daß es eine Protease aktiviert und damit die Fähigkeit erwirbt, bestimmte Proteine zu zerstören, darunter auch den Lambda-Repressor. Damit werden die Promotoren P_R und P_L frei. Der lytische Infektionsweg ist induziert. Unmittelbar nach Beginn der Induktion werden die Gene *N* und *cro* exprimiert (s. Abb. 4.**51**).

Das N-Protein, der Anti-Terminator, ermöglicht die Transkription nach links über t_L hinaus, so daß die Gene *cIII, gam, red* und die für die folgenden Schritte notwendigen Gene *xis* und *int* exprimiert werden können. Beide Funktionen, *int* und *xis*, werden für das Ausschneiden, die Exzision, des Lambda-Prophagen benötigt. Beachte, daß in dieser Phase der Lambda-Entwicklung ein aktives xis-Protein gebildet werden kann, weil nun die Transkription vom P_L-Promotor ausgeht und deswegen ein vollständiges *xis*-Gen-Transkript gebildet werden kann.

Die Anti-Terminator-Wirkung des N-Proteins ermöglicht auch die Transkription vom Promotor P_R nach rechts (über t_R1 und t_R2 hinaus) bis zum Ende des Gens *Q*.

Dabei wird zunächst das *cro*-Gen exprimiert. Das *cro*-Gen-Produkt, ein kleines Protein (Molmasse: 7,4 kDa) (Abb. 1.**12**), bindet an die Operator-Sequenzen O_R1, O_R2 und O_R3 (Abb. 4.**55**), allerdings mit einer Affinitätsreihenfolge, die der des Repressors genau entgegengesetzt ist. Für den Repressor gilt, wie schon gesagt O_R1 = O_R2 > O_R3; dagegen gilt für das cro-Protein O_R3 > O_R1, O_R2. Aufgrund dieser Eigenschaften blockiert das cro-Protein die Expression des *cI*-Gens und verhindert damit eine weitere Synthese von Repressor-Molekülen.

Das cro-Protein bindet auch an die O_L-Elemente und schaltet damit die P_L-gerichtete Transkription ab. Ebenso schaltet es – freilich bei einer höheren intrazellulären Konzentration von cro-Protein – die weitere P_R-gerichtete Transkription ab.

Zu diesem Zeitpunkt sind allerdings genügend xis- und int-Proteine für die Exzision vorhanden. Außerdem liegen die O- und P-Proteine in einer Menge vor, die ausreichend für die Einleitung der DNA-Replikation ist. Entscheidend ist, drittens, das Vorhandensein des Q-Proteins, das als positives Kontrollelement die Transkription vom stärksten Lambda-Promotor P_R' (Abb. 4.**51**) ermöglicht. Damit werden die Lysis-Gene *R* und *S* und die Gene für die Struktur-Proteine der Phagenhülle exprimiert, so daß jetzt alle Voraussetzungen für einen erfolgreichen lytischen Infektionsweg geschaffen sind.

Die Entwicklungswege des Bakteriophagen Lambda werden hier nur in groben Zügen skizziert. Viele, teilweise auch genetisch wichtige Einzelheiten haben wir nicht erwähnt, um im Rahmen eines einführenden

Berichts zu bleiben und die schon in den Grundzügen komplizierten Entwicklungswege von Lambda auch einem Nicht-Lambdalogen verständlich zu machen.

Aber gerade wegen der verschachtelten und verzweigten Mechanismen der Gen-Regulation ist Lambda, auch viele Jahre nach seiner Entdeckung durch E. M. Lederberg (1953), noch immer ein beliebtes Untersuchungsobjekt der Molekularbiologen. Lambda dient aber auch als Modellsystem zur Untersuchung weiterer molekulargenetischer Prozesse, beispielsweise der DNA-Replikation und der Bildung der Phagen-Form, **Morphogenese**. Dazu geben wir im folgenden eine kurze Beschreibung.

Wege der Lambda-Replikation

Die Replikation von DNA ist ein genetischer Prozeß von fundamentaler Bedeutung. Wir werden in einem eigenen Kapitel ausführlicher darüber berichten. Hier folgen nur einige Bemerkungen, die das weitere Geschehen im Verlauf des Lambda-Infektionsweges verständlich machen sollen.

Ähnlich wie es DNA-Abschnitte zur Einleitung der Transkription, sogenannte Promotoren gibt, gibt es auch spezielle DNA-Abschnitte zur Einleitung der Replikation. Diese werden Startpunkte der Replikation oder, in der genetischen Fachsprache, **Origin** (Ursprung) genannt (Abb. 4.**60**). Auf dem Lambda-Genom existiert ein Origin, der im Bereich des *O*-Gens liegt. Als Voraussetzung für die Aktivierung des Origins muß ein spezielles Lambda-Protein, das Gen O-Protein oder, kurz, O-Protein, mit dem Origin in Wechselwirkung treten. Dann kommt es unter Mitwirkung des P-Proteins und von Proteinen der Wirtszelle zunächst im Origin-Bereich zur Entwindung der DNA. Von dort aus schreitet die Entwindung in beide Richtungen entlang der DNA-Helix fort. Gleichzeitig werden Nucleotid-Folgen der entwundenen Stränge als Matrize zur Synthese neuer, komplementärer Stränge verwendet. Es entstehen zwei Nachkommen-DNA-Ringe, die genaue Kopien des ersten, „parentalen" DNA-Moleküls sind.

Hier ist wichtig, daß die Ring-zu-Ring-Replikation nach den ersten 15 Minuten des Infektionsweges zu Ende geht. Dann liegen etwa 50 Nachkommen-DNA-Ringe in der Zelle vor. Jetzt wird weitere DNA nach dem Mechanismus des „rollenden Ringes" produziert, wie in der Abb. 4.**60** beschrieben ist. Das Besondere an diesem Mechanismus ist die Produktion langer End-zu-End verknüpfter Lambda-Moleküle, die oft bis zu acht einheitlich lange DNA-Moleküle umfassen. Man nennt diese langen DNA-Formen **Concatemere**. Die Bildung der Concatemere ist die Voraussetzung für den abschließenden Vorgang bei der Infektion, der Bildung der Nachkommen-Phagen.

Entstehung der Phagen-Partikel

Mehr als ein Drittel des Lambda-Genoms (Abb. 4.**51**, S. 125) ist mit Genen ausgefüllt, die die Struktur-Proteine des Virus-Partikels kodieren. Wir betrachten hier die Bedeutung dieser Proteine für den Aufbau der Virus-Struktur. In den Zusammenbau des Partikels greifen steuernd einige weitere Phagen-Proteine ein, aber auch ein zelluläres Protein, wie wir gleich sehen werden.

Am Anfang der Forschungen über die Morphogenese von Lambda stand die grundlegende Entdeckung, daß die beiden wichtigsten Struk-

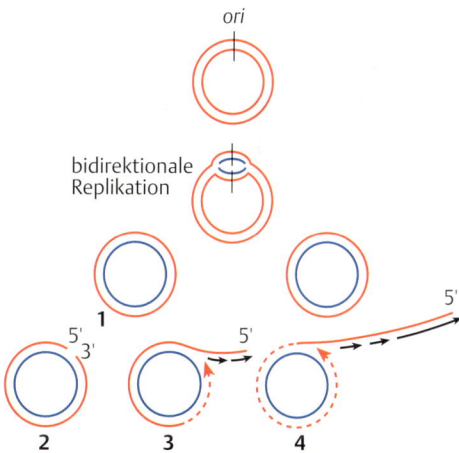

Abb. 4.60   Lambda-DNA-Replikation. In den ersten 10–15 Minuten eines lytischen Infektionsweges wird die parentale DNA einige Male nach dem Schema der bidirektionalen Replikation repliziert. Falls die Lambda-*red*-Gene (Abb. 4.**51**, S. 125), insbesondere das *gam*-Gen, aktiv sind, folgt die Umschaltung auf den Replikationsmechanismus des „rollenden Ringes":

(1, 2) Ein Strang des DNA-Ringes wird endonucleolytisch gespalten.

(3) An den 3′-OH-Ende werden Nucleotide angeheftet und dabei das 5′-Strang-Ende vom Partnerstrang verdrängt. Am 3′-OH-Ende findet eine kontinuierliche DNA-Synthese statt; auf dem abgehobenen 5′-Strang-Ende dagegen eine diskontinuierliche DNA-Synthese in Form kurzer DNA-Fragmente (Abb. 6.**17**, S. 178), die später verknüpft werden.

(4) Man kann sich vorstellen, daß der innere intakte Ring sich ständig dreht oder „rollt" und dabei dem Replikationsapparat immer wieder Nucleotid-Sequenzen zum Kopieren anbietet. So können lange Schwänze concatemerer DNA entstehen.

Der Replikationsmechanismus nach dem „rollenden Ring" ist uns schon bei der Konjugation von Bakterien (Abb. 4.**18**, S. 95) begegnet. Auch bei Eukaryoten kommt er in einer besonderen Situation vor, nämlich bei der Amplifikation von rDNA während der Oogenese.

turelemente des Phagen, Kopf und Schwanz, unabhängig voneinander gebildet und schließlich als eigene Bauelemente zusammengefügt werden.

Im folgenden Kasten skizzieren wir die morphogenetischen Wege der Phagen-Entstehung.

Morphogenese der Phagen-Partikel

Der folgende Text bezieht sich auf die Abb. 4.**61**, ohne die die Beschreibung unverständlich bliebe.

Schauen wir uns zunächst die Bildung des Phagenkopfes an:

1. Der Hauptbaustein des Phagenkopfes ist das Gen E-Protein, das sich mit Hilfe eines Gerüstes, dargestellt unter anderem durch das virale Gen Nu3-Protein, zunächst zu einem kugelförmigen Vorkopf zusammenlagert. Bestandteile des Vorkopfes sind außerdem Gen B- und Gen C-Proteine, ohne die dieser erste Schritt der Morphogenese des Phagenkopfes nicht getan werden kann.
2. Für den nächsten Schritt, die Bildung des fertigen Vorkopfes, wird das zelluläre Protein Gro E benötigt. Gro E ist eines der Hitzeschock-Proteine, die vermehrt nach Temperaturerhöhung gebildet werden (S. 104). Dabei wird das Nu3-Protein-Gerüst abgebaut, die Gen B- und Gen C-Proteine werden proteolytisch gespalten.
3. Der leere Vorkopf kann jetzt mit DNA gefüllt werden. Voraussetzung dafür ist das Vorhandensein von concatemerer DNA und das Produkt des Gens *A,* das sich, in einem Komplex mit dem Protein Nu1, an die mm'-Stellen (Abb. 4.**49**, S. 163) der Lambda-DNA bindet.
4. Durch Wirkung des F1-Proteins und Aufnahme des zweiten Haupthüllproteins, des Gen D-Proteins, wird aus dem Vorkopf der fertige Phagenkopf.
5. Die *Terminase*, eine spezifische Endonuclease-Aktivität des Komplexes aus dem Gen A- und dem Gen Nu1-Protein, schneidet die concatemere Lambda-DNA an den *cos* (m/m')-Stellen.
6. Die FII- und W-Proteine bereiten nun die fertigen Köpfe für die Kopplung an den Phagenschwanz vor.

Nun zur Bildung des Phagenschwanzes. Dieser Prozeß erfolgt in zwei Schritten:

7. Zuerst wird die sogenannte Basalstruktur gebildet, die aus den Produkten der Gene *J, I, L, K, G, H* und *M* zusammengesetzt ist. Dabei kommen das I- und das K-Protein nicht im fertigen Phagen-Partikel vor. Sie haben also eine Art Gerüstfunktion, wie andere Proteine bei den ersten Schritten der Kopfbildung.
8. Zahlreiche Exemplare des Hauptproteins im Phagenschwanz, des Gen V-Proteins, polymerisieren in Form einer Röhre auf der Basalstruktur. Ein weiteres Protein, das Gen U-Protein, schließt die Struktur ab. Kopf- und Schwanzteil der Phagen-Struktur können nun miteinander zum fertigen „reifen" Phagen-Partikel verbunden werden.

Noch ein Wort zum J-Protein, aus dem die Schwanzfaser besteht. Dieser Bestandteil des Virus-Partikels ist für den ersten Schritt des Infektionsprozesses wichtig, für die Adsorption, bei dem ein Kontakt zwischen Rezeptoren auf der Zelloberfläche und dem Phagenschwanz hergestellt wird. Über diese Brücke kann dann die DNA in die Zelle eindringen. Phagen-Partikel ohne Schwanzfaser sind nicht infektiös.

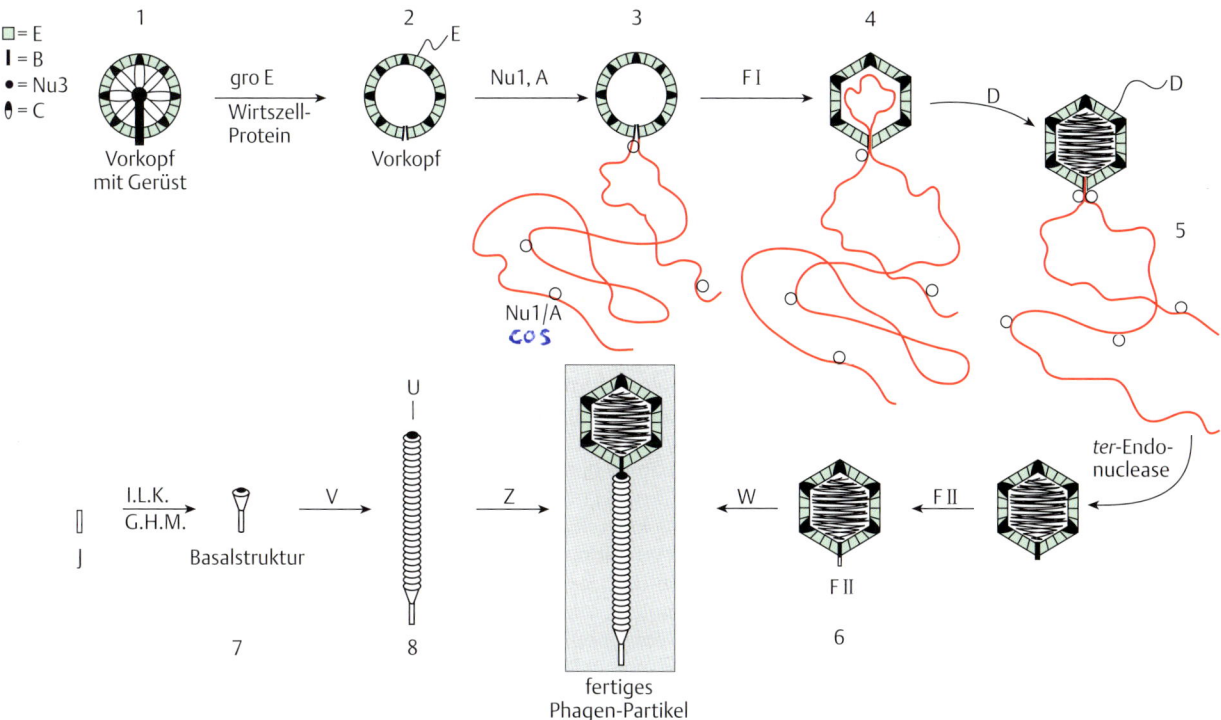

Abb. 4.61 Zusammenbau der Phagen-Partikel.
Erklärung findet sich in dem Kasten auf S.134 [nach 12].

Die Morphogenese von Lambda ist nicht allein von theoretischem Interesse. Sie hat eine praktische Bedeutung in der Gentechnik. Artfremde DNA kann, wie schon gesagt, anstelle der „stummen" *b2*-Region in das Lambda-Genom eingebaut werden. Um diese DNA zu vermehren, muß sie in die Phagenhülle verpackt werden. Dabei nutzt man die Tatsache aus, daß die wichtigsten Teilschritte der Lambda-Morphogenese im Reagenzglas nachvollzogen werden können (s. S.268).

Am Ende des lytischen Infektionsweges

Über DNA-Replikation, Expression der Struktur-Gene und Morphogenese sind schließlich, etwa 60 Minuten nach Beginn des lytischen Infektionsweges, ungefähr 100 Nachkommen-Phagen/Zelle entstanden. Die bakterielle Zellmembran wird jetzt durch das vom Gen R kodierte Enzym Endolysin und das Gen S-Produkt zerstört. Die intrazellulären Phagen werden frei und sind bereit, andere Bakterien zu infizieren, um dort einen neuen Infektionsweg zu durchlaufen.

Literatur

Original- und Übersichtsartikel

1. Altman, S., Kirsebom, L., Talbot, S.: Recent studies of ribonuclease P. FASEB J. **7** (1993) 7–14
2. Bachman, B. J.: Linkage map of Escherichia coli K12. Edition 8. Microbiol. Rev. **54** (1990) 130–197
3. Blattner, F. R., Burland, V., Plunkett, G., Sofia, H. J., Daniels, D. L.: Analysis of the Escherichia coli genome. IV: DNA sequence of the region from 89.2 to 92.8 minutes. Nucleic Acids Res. **21** (1993) 5408–5417
4. Bukau, B.: Regulation of the Escherichia coli heat-shock response. Mol. Microbiol. **9** (1993) 671–680
5. Calos, M.: DNA-sequence for a low level promoter of the lac repressor gene and an up promoter mutation. Nature **274** (1978) 762–766
6. Daniels, D. L., Schroeder, J. L., Szybalski, W., Blattner, F. R.: A molecular map of bacteriophage lambda. In O'Brien, S. J.: Genetic Maps. Cold Spring Harbor Lab. Press, Cold Spring Harbor, New York 1982
7. Dickson, R. C., Abelson, J. N., Barnos, W. M., Reznikoff, W. S.: Genetic regulation: the lac control region. Science **182** (1975) 27–35
8. Ebright, R. H.: Transcription activation at class I CAP-dependent promoters. Mol. Microbiol. **8** (1993) 797–802
9. Georgopoulos, C., Welch, W. J.: Role of the major heat shock proteins as molecular chaperones. Ann. Rev. Cell. Biol. **9** (1993) 601–634
10. Gilson, E., Clement, J. M., Perrin, D., Hoffnung, M.: Palindromic units: a case of highly repetitive DNA sequences in bacteria. Trends Genet. **3** (1987) 226–230
11. Greenblatt, J., Nodwell, J. R., Mason, S. W.: Transcriptional antitermination. Nature **364** (1993) 401–406
12. Hohn, B.: In vitro packaging of λ and cosmid DNA. Methods Enzymol. **68** (1979) 299–320
13. Jacob, F., Monod, J.: Genetic regulatory mechanisms in the synthesis of proteins. J. Mol. Biol. **3** (1961) 318–356
14. Kröger, M., Wahl, R., Rice, P.: Compilation of DNA sequences of Escherichia coli (update 1993). Nucleic Acids Res. **21** (1993) 2973–3000
15. Lamerichs, R. M. J. N., Boelens, R., van der Marel, G. A., van Boom, H. H., Kaptein, R., Buck, F., Fera, B., Rüterjans, H.: 1H NMR study of a complex between the lac repressor headpiece and a 22 base pair symmetric lac operator. Biochemistry **28** (1989) 2985–2991
16. Lehmin, N., Sartorius, J., Niemöller, M., Genenger, G., von Wilcken-Bergmann, B., Müller-Hill, B.: The interaction of the recognition helix of lac repressor with lac operon. EMBO J. **6** (1987) 3145–3153
17. Meynell, E., Meynell, G. G.: Phylogenetic relationships of drug resistance factors and other transmissible bacterial plasmids. Bacteriol. Rev. **32** (1988) 55–83
18. Oehler, S., Anouyal, M., Kolkhof, P., von Eicken-Bergmann, B., Müller-Hill, B.: Quality and position of three lac operators of E. coli define efficiency of repression. EMBO J. **13** (1994) 3384–3355
19. Pabo, C. O., Sauer, R. T.: Protein-DNA recognition. Ann. Rev. Biochem. **53** (1984) 293–321
20. Ptashne, M.: A genetic switch. Gene control and phage λ. Blackwell, Palo Alto 1986
21. Sanger, F., Coulson, A. R., Hong, G. F., Hill, D. F., Petersen, G. B.: Nucleotide sequence of bacteriophage lambda DNA. J. Mol. Biol. **162** (1982) 729–773

22. Schultz, S. C., Shields, G. C., Steitz, T. A.: Crystal structure of a CAP-DNA complex: the DNA is bent by 90°. Science **253** (1991) 1001–1007
23. Stent, G. S., Brenner, S.: A genetic locus for the regulation of ribonucleic acid synthesis. Proc. Nat. Acad. Sci. USA **47** (1961) 2005–2014
24. Stonington, O. G., Pettijohn, D. E.: The folded genome of Escherichia coli. J. Mol. Biol. **68** (1971) 6–9
25. Willets, N., Skurray, R.: Structure and function of F factor and mechanisms of conjugation. In F. C. Neidhardt: Escherichia coli and Salmonella typhimurium. Cell. Mol. Biol., Amer. Soc. Microbiol., Washington D. C. 1987
26. Worcel, A., Burgi, E.: On the structure of the folded chromosome of Escherichia coli. J. Mol. Biol. **71** (1972) 127–147
27. Yamamori, T., Yura, T.: Temperature-induced synthesis of specific proteins in Escherichia coli: evidence for transcriptional control. J. Bacteriol. **142** (1980) 843–851
28. Yanofsky, C.: Attenuation in the control of expression of bacterial operons. Nature **289** (1981) 751–758
29. Zengel, J. M., Lindahl, L.: Diverse mechanisms for regulating ribosomal protein synthesis in Escherichia coli. Progr. Nucleic Acids. Res. Mol. Biol. **47** (1994) 331–370

5. DNA im Zellkern: Chromatin und Chromosomen

> Der genetische Code ist universell gültig (mit wenigen Ausnahmen, S. 481), und die grundlegenden genetischen Prozesse laufen bei allen Lebewesen ähnlich ab. Es gibt jedoch wichtige Unterschiede in der Organisation und Regulation der Genome von Prokaryoten und Eukaryoten:
> – In den Genomen von Bakterien und Bakteriophagen sind die Gene dicht gepackt. Ein Gen folgt dem anderen in engem Abstand. Dagegen sind die Gene in den Genomen der meisten Eukaryoten oft durch lange Strecken genfreier DNA voneinander getrennt (S. 31).
> – Ein anderer Unterschied betrifft die Lagerung des Genoms in der Zelle. Wie zuvor beschrieben (S. 87), ist die DNA bei Bakterien mehr oder weniger frei und liegt als dichtes Knäuel im Zellinneren *(Nucleoid)*. In diesem Kapitel werden wir sehen, daß im Gegensatz dazu die DNA bei Eukaryoten dicht gepackt mit Proteinen im Zellkern eingeschlossen ist.

Das Schema der Abb. 5.**1** gibt einen ersten Überblick vom Aufbau einer tierischen Zelle. Das wichtigste Merkmal ist die Einteilung des Zellinnern in Cytoplasma und Zellkern. Ein anderes Merkmal ist das Vorkommen von ausgedehnten intrazellulären Membransystemen, zusammengefaßt als endoplasmatisches Retikulum bezeichnet, und das Vorkommen von Zellorganellen, von denen nur die Mitochondrien in das Schema aufgenommen wurden.

Die Abb. 5.**1** stellt die tatsächlichen Verhältnisse nur vereinfacht dar. Hinweise auf andere membranumschlossene Organellen wie Lysosomen und Peroxisomen fehlen, ebenso wie Hinweise auf das Cytoskelett, ein Maschenwerk langgestreckter Protein-Komplexe, die der Zelle Form und Beweglichkeit verleihen.

Das Schema der Abb. 5.**1** kann nicht auf Pflanzen-Zellen ausgedehnt werden, weil Pflanzen-Zellen noch mindestens drei andere typische Merkmale aufweisen:
1. Eine starre Zellwand mit Cellulose als Grundgerüst, das der Plasmamembran von außen aufliegt.
2. Große, flüssigkeitsgefüllte Vakuolen, die den Zellkern oft gegen die Zellwand drängen und dessen Form beeinflussen.
3. Das Vorkommen von Chloroplasten, Zellorganellen, die Orte der Photosynthese sind (S. 485).

Hier werden wir uns mit dem Zellkern beschäftigen, dessen wesentliche Bauelemente bei allen Eukaryoten ähnlich sind.

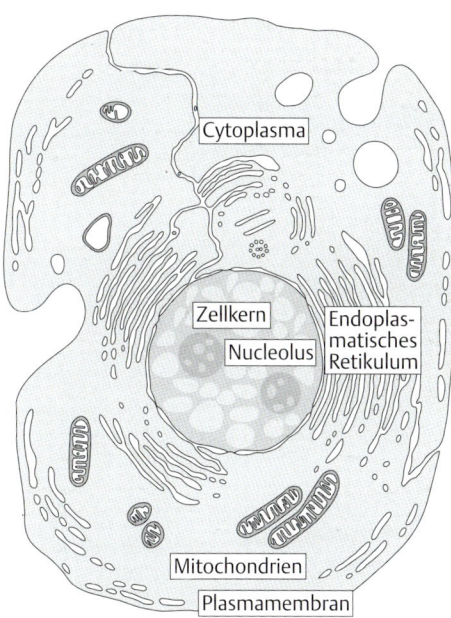

Abb. 5.1   Der Kern als prominenter Bestandteil einer typischen Eukaryoten-Zelle (Schema).

Zellkern

Die Hülle des Zellkerns trennt Genom und Cytoplasma. Im Innern des Zellkerns wird die genetische Information gespeichert und bei Bedarf abgelesen (Transkription). Im Cytoplasma werden die Produkte der Transkription (mRNA) für die Protein-Synthese ausgenutzt (Translation).

Kernhülle

Wie die Schema-Zeichnung der Abb. 5.**2** und das elektronenmikroskopische Bild der Abb. 5.**3** zeigen, besteht die **Kernhülle** aus *zwei* Standard-Lipidmembranen, von denen die äußere sich in das endoplasmatische Retikulum fortsetzt. Unter der inneren Membranschicht liegt ein Maschenwerk fadenförmiger Protein-Strukturen, die **Kernlamina.** Die Lamina besteht aus Typ-A- und Typ-B-Laminae, Spezialformen der sogenannten Intermediär-Filament-Proteine. Im einzelnen ist die Kernlamina bei verschiedenen Organismen unterschiedlich aufgebaut.

Abb. 5.2 Aufbau der Kernhülle (Schema).

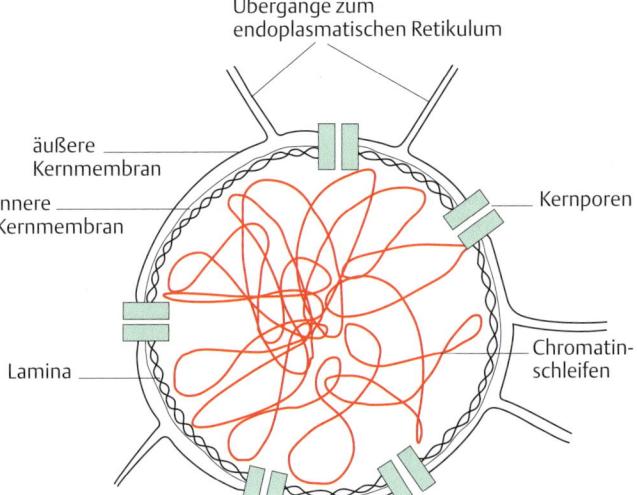

Übergänge zum
endoplasmatischen Retikulum

äußere
Kernmembran

innere
Kernmembran

Kernporen

Chromatin-
schleifen

Lamina

Die Kernhülle wird von **Kern-Poren-Komplexen** durchbrochen. Ein Poren-Komplex besteht aus zwei Ringen mit je acht globulären Protein-Strukturen, von denen speichenförmig Fortsätze zum Zentrum der Porenöffnung gehen. Zellbiologen nehmen an, daß ein Poren-Komplex aus 100 verschiedenen Protein-Bausteinen zusammengesetzt sein kann, deren Erforschung freilich noch am Anfang steht.

Die Zahl der Poren-Komplexe wechselt von Zelltyp zu Zelltyp und mit dem Funktionszustand der Zelle. Werte liegen zwischen hundert und mehr als einer Million Poren/Zellkern. Die Funktion des Kern-Poren-Komplexes ist der geregelte Transport von Stoffen in den Zellkern und aus dem Zellkern heraus.

Man kann sich leicht die Bedeutung der Poren-Komplexe klarmachen: Obwohl die Proteine im Cytoplasma gebildet werden, müssen zahlreiche spezifische Proteine im Kern verfügbar sein, um die Funktion des Genoms aufrechtzuerhalten. Viele Proteine, die für den Kern bestimmt

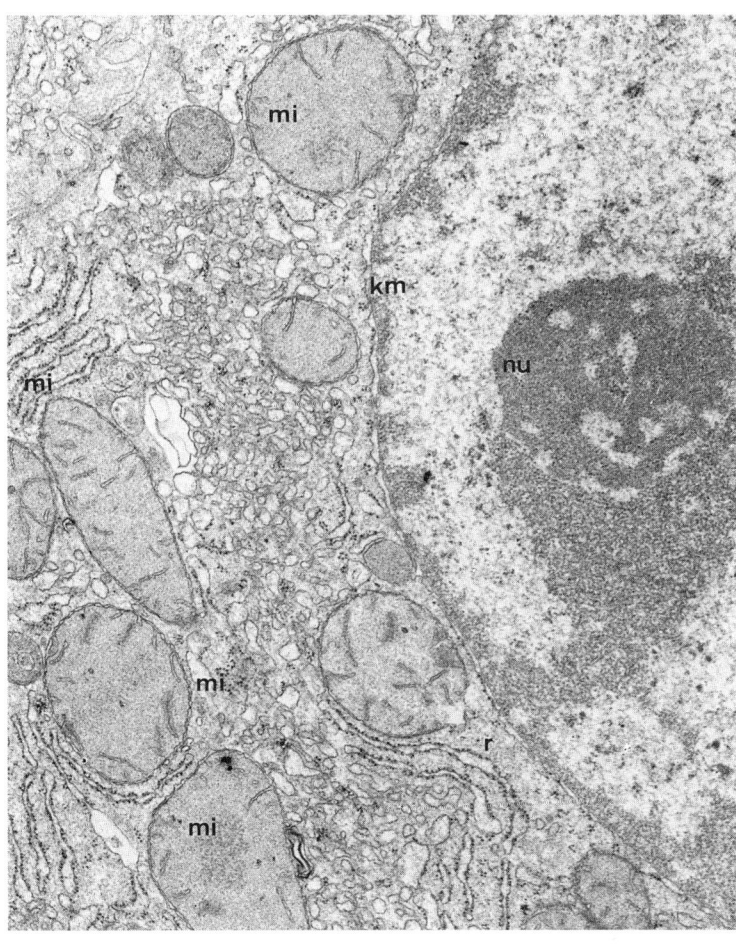

Abb. 5.3 Ausschnitt aus einer Säugetier-Zelle: elektronenmikroskopisches Bild: Das Schema der Abb. 5.1 erleichtert die Orientierung. Mi = Mitochondrien; r = „rauhes" endoplasmatisches Retikulum; km = die doppelte Kernmembran; nu = Nucleolus. Die auffälligste Struktur im Zellkern ist der Nucleolus (rechts); überdies läßt sich dichteres Heterochromatin, entlang der Kernmembran (links), und helleres Euchromatin unterscheiden (H. Plattner, Konstanz).

Tab. 5.1 Kern-Lokalisationssequenz (NLS)

Protein	Vorkommen	Sequenzmotiv
Nucleoplasmin	Xenopus	KR xxxxxxxxx KKKK
Glucocorticoid-Rezeptor	Mensch	RK xxxxxxxxx RKXKK
Androgen-Rezeptor	Mensch	RK xxxxxxxxx RKXKK
p53 Protein	Mensch	KR xxxxxxxxx KKK
SV40 T-Antigen	Siman Virus 40	PKKKRKV

sind, tragen ein besonderes Merkmal, die Kern-Lokalisationssequenz (NLS, *nuclear localization sequence*) (Tab. 5.1).

Auch der Transport aus dem Kern ins Cytoplasma unterliegt Kontrollen. Das wichtigste Transportgut nach außen sind mRNA-Moleküle, die allesamt für ihren Transport mit Proteinen bedeckt sind und gerichtet durch den Poren-Komplex nach außen gefördert werden.

Kern-Innenraum

Das Innere des Zellkerns ist gefüllt mit einem Komplex aus DNA und Proteinen, den man seit Beginn der zellbiologischen Forschung als **Chromatin** bezeichnet, weil er sich durch mikroskopische Färbemethoden besonders deutlich anfärbt (*chromos*, griech. Farbe). Der Aufbau von Chromatin ist ein Thema von eigener Bedeutung und wird im nächsten Abschnitt besprochen.

In den vergangenen Jahren ist deutlich geworden, daß der Kern nicht einfach ein Behälter voller Chromatin ist, sondern eine innere Struktur besitzt. Wenn nämlich das Chromatin durch Endonucleasen komplett abgebaut wird, dann bleibt immer noch ein Protein-Gerüst im Kern-Innenraum zurück, die **Kern-Matrix.** Die Erforschung der Verhältnisse ist

Viele der für den Kern bestimmten Proteine haben das hier gezeigte Sequenzmotiv: zwei kurze Folgen von basischen Aminosäuren (K = Lysin; R = Arginin), getrennt durch zehn beliebige Aminosäuren (x), zu denen oft Prolin gehört. Zuerst wurde ein Kern-Transportsignal bei einem Protein des Simian Virus 40 (SV40) entdeckt, dem sogenannten großen T-Antigen. Die Sequenz im SV40-Protein ist aber nicht zweigeteilt, sondern besteht aus einer kurzen Folge von 5 basischen Aminosäuren. Proteine mit NLS binden an einen Rezeptor am Kern-Poren-Komplex und werden unter Verbrauch von ATP ins Kern-Innere befördert [aus 13].

methodisch nicht einfach, weil die Matrix-Proteine unter den üblichen Bedingungen der Proteinchemie unlöslich sind. Deshalb kann man zur Zeit die Existenz der Kern-Matrix nur zur Kenntnis nehmen. Doch vermuten viele Forscher, daß wichtige genetische Prozesse wie Transkription und Replikation gekoppelt an Elementen der Kern-Matrix ablaufen. Überdies ist, wie wir gleich sehen werden, Chromatin in Form von Schleifen organisiert, die an bestimmten Stellen an Bestandteile der Kern-Matrix gebunden sind.

Chromatin

Wie schon angedeutet, kommt die DNA im Innern des Zellkerns als ein Komplex mit Proteinen vor, als Chromatin. In erster Näherung bildet das Chromatin ein dichtes Fadenknäuel, das entweder relativ locker (Euchromatin) oder an anderen Stellen fest gepackt ist (Heterochromatin). Dazwischen liegt die auffälligste Struktur im Zellkern, der **Nucleolus,** ein Ort der Synthese von rRNA, über den wir mehr an anderer Stelle zu sagen haben (S. 322).

Wir betrachten hier den Aufbau von Chromatin, das im wesentlichen aus den folgenden Komponenten besteht: DNA, eine Gruppe basischer Proteine, die als Histone bekannt sind, und eine weite Kollektion von Nicht-Histon-Chromatin-Proteinen. Gewichtsmäßig enthält jeder Zellkern etwa gleichviel DNA und Histone. Dieses Verhältnis bleibt in allen Zelltypen gleich und ändert sich auch nicht mit dem Funktionszustand der Zelle. Dagegen wechseln Menge und Art der Nicht-Histon-Chromatin-Proteine deutlich mit dem Zelltyp und der Zellfunktion.

Die Struktur von Chromatin wird hauptsächlich durch die Wechselwirkung der DNA mit Histonen bestimmt. Deswegen steht jetzt die Besprechung dieser Verhältnisse im Vordergrund.

Histone

In den Kernen von Tier- und Pflanzen-Zellen kommen fünf Histonarten vor, die Histone H1, H2A, H2B, H3 und H4 (Abb. 5.4). In Hefezellen fehlt das Histon H1.

Mit einigem Abstand betrachtet, haben alle Histone eine ähnliche Struktur, d.h. eine globuläre zentrale Domäne, einen flexiblen aminoterminalen und oft auch einen carboxyterminalen Arm (Abb. 5.5). Ein Kennzeichen von Histonen ist der relativ große Anteil an basischen Aminosäuren, Arginin und Lysin, die aber nicht gleichmäßig im Molekül verteilt sind, sondern bevorzugt in den flexiblen Armen vorkommen.

Freie, von der DNA abgelöste Histone neigen zu Wechselwirkungen untereinander: Die Histone H2A und H2B bilden stabile Dimere, die Histone H3 und H4 lagern sich zu stabilen Tetrameren zusammen (Abb. 5.5).

Die Aminosäure-Sequenzen der Histone haben sich im Laufe der Evolution wenig verändert. Zum Beispiel unterscheidet sich das Histon H3 aus Tier-Zellen nur an vier Stellen von dem Histon H3 in Pflanzen-Zellen, und die Histone H4 von Tier und Pflanze sind nur an zwei Stellen verschieden (Abb. 5.6). Auch die Strukturen der Histone H2A und H2B sind während der Evolution weitgehend erhalten geblieben, aber nicht so ausgeprägt wie die Strukturen der Histone H3 und H4. Das zeigt ein Vergleich unter Wirbeltieren: Die Histone H2B von Fisch und Säugetier

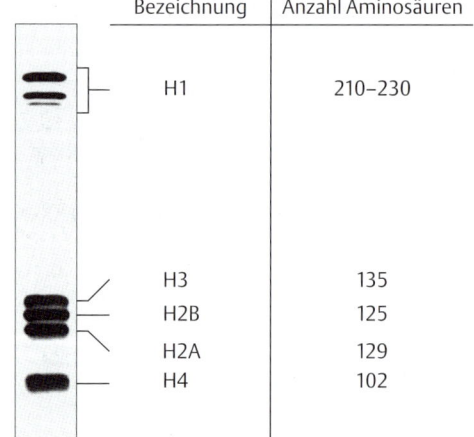

Bezeichnung	Anzahl Aminosäuren
H1	210–230
H3	135
H2B	125
H2A	129
H4	102

Abb. 5.4 Histone in der elektrophoretischen Untersuchung. Histone sind säurelöslich. Sie können deswegen mit 0,1 M Salzsäure oder Schwefelsäure aus isolierten Zellkernen präpariert werden. **links** Analyse der Histone durch Polyacrylamid-Gelelektrophorese in Gegenwart des Detergens Natrium-dodecylsulfat. Die Wanderung erfolgt von oben nach unten in Richtung des positiven elektrischen Pols. **rechts** Bezeichnung der einzelnen Histone mit Angabe der Zahl der Aminosäuren. Beachte, daß das Histon H1 in verschiedenen Subtypen vorkommt, die unterschiedlich weit im elektrischen Feld wandern (C. Gruss, Konstanz).

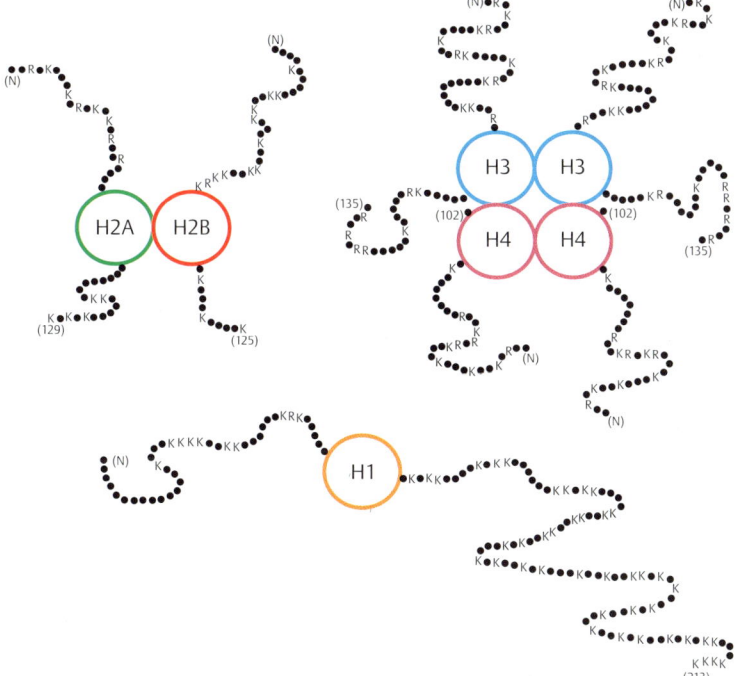

Histon H3

Ala–Arg–Thr–Lys–Gln–Thr–Ala–Arg–Lys–Ser– Me Ac P

Thr–Gly–Gly–Lys–Ala–Pro–Arg–Lys–Gln–Leu– 20 Ac Ac

Ala–Thr–Lys–Ala–Ala–Arg–Lys–Ser–Ala–Pro– 30 Ac Me P

Ala–Thr–Gly–Gly–Val–Lys–Lys–Pro–His–Arg– 40

Tyr–Arg–Pro–Gly–Thr–Val–Ala–Leu–Arg–Glu– 50
Phe (Erbse)

Ile–Arg–Arg–Tyr–Gln–Lys–Ser–Thr–Glu–Leu– 60
Lys (Erbse)

Leu–Ile–Arg–Lys–Leu–Pro–Phe–Gln–Arg–Leu– 70

Val–Arg–Glu–Ile–Ala–Gln–Asp–Phe–Lys–Thr– 80

Asp–Leu–Arg–Phe–Gln–Ser–Ser–Ala–Val–Met– 90
Ser (Erbse)

Ala–Leu–Gln–Glu–Ala–Cys–Glu–Ala–Tyr–Leu–
Ala (Erbse)
Ser (Maus)

Val–Gly–Leu–Phe–Glu–Asp–Thr–Asn–Leu–Cys– 110

Ala–Ile–His–Ala–Lys–Arg–Val–Thr–Ile–Met– 120

Pro–Lys–Asp–Ile–Gln–Leu–Ala–Arg–Arg–Ile– 130

Arg–Gly–Glu–Arg–Ala

Abb. 5.5   Histone: Strukturschema. Alle Histone bestehen aus einer zentralen globulären Domäne und flexiblen Armen mit vielen positiv geladenen Aminosäuren: R = Arginin; K = Lysin; O = andere Aminosäuren; N = aminoterminales Ende. Die Histone H2A und H2B lagern sich als Dimere, die Histone H3 und H4 als Tetramere aneinander [nach 8].

Histon H4

AcSer–Gly–Arg–Gly–Lys–Gly–Gly–Lys–Gly–Leu– 10 P Ac Ac

Gly–Lys–Gly–Gly–Ala–Lys–Arg–His–Arg–Lys– Ac Ac Me

Val–Leu–Arg–Asp–Asn–Ile–Gln–Gly–Ile–Thr– 30

Lys–Pro–Ala–Ile–Arg–Arg–Leu–Ala–Arg–Arg– 40

Gly–Gly–Val–Lys–Arg–Ile–Ser–Gly–Leu–Ile– 50

Tyr–Glu–Glu–Thr–Arg–Gly–Val–Leu–Lys–Val– 60
Ile (Erbse)

Phe–Leu–Glu–Asn–Val–Ile–Arg–Asp–Ala–Val– 70

Thr–Tyr–Thr–Glu–His–Ala–Lys–Arg–Lys–Thr– 80
Arg (Erbse)

Val–Thr–Ala–Met–Asp–Val–Val–Tyr–Ala–Leu– 90

Lys–Arg–Gln–Gly–Arg–Thr–Leu–Tyr–Gly–Phe– 100

Gly–Gly

Abb. 5.6   Primärstruktur der Histone H3 und H4 aus Kalbsthymus-Zellen. Wie angedeutet, unterscheiden sich die Aminosäure-Sequenzen der Säugetier-Histone an nur wenigen Stellen von denen der Histone H3 und H4 einer Pflanze (Erbse). Aminosäuren, die modifiziert werden können, sind gekennzeichnet: P = Phosphorylierung; Ac = Acetylierung, Me = Methylierung.

unterscheiden sich an acht Positionen in ihren Sequenzen. Noch größere Unterschiede fallen beim Vergleich der H1-Histone verschiedener Tier- oder Pflanzenarten auf. Aber insgesamt gilt, daß Histone zu den höchst konservierten Proteinen gehören. Das spricht für ihre fundamental wichtige Funktion bei der Organisation des Chromatins.

Histone bleiben aber nicht zu allen Zeiten im Leben einer Zelle unverändert. Erstens besitzen alle höheren Eukaryoten mehrere Gene für jedes Histon. Manche Gene unterscheiden sich von anderen der gleichen Klasse durch geringfügige Unterschiede in der Kodierungssequenz. Dementsprechend können sogenannte Histon-Subtypen gebildet werden. Zum Beispiel kennt man sieben Histon-H1-Subtypen, von denen einige nur unter bestimmten Bedingungen gebildet werden: Ein Histon-H1-Subtyp, das sogenannte Histon H5, kommt nur in den hochdifferenzierten, kernhaltigen Erythrozyten von Vögeln vor, wo es zur Blockade der genetischen Aktivität beiträgt.

Zweitens können Seitenketten von Aminosäuren in den flexiblen Armen durch Modifikation verändert werden.

Die wichtigsten Modifikationen der Aminosäure-Seitenketten sind:

– **Acetylierung:** Acetyl-Gruppen werden durch spezifische Enzyme (Acetyltransferasen) auf bis zu vier Lysin-Reste in den Histonen H2A, H2B, H3 und H4 übertragen (Abb. 5.**6**). Acetylierte Histone findet man in aktiv transkribierten Chromatin-Abschnitten und im neu ge-

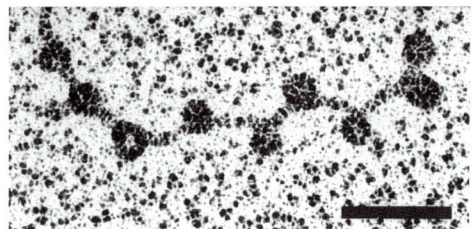

Abb. 5.7   Histone im Chromatin: eine „Perlen-kette" im elektronenmikroskopischen Bild. Län-genmaß: 50 nm, Vergrößerung 300 000fach (U. Ramsperger, Konstanz).

bildeten Chromatin bei der Replikation. Acetylierungen sind rever-sibel, denn spezifische Deacetylasen können die Acetyl-Gruppen wieder entfernen.

– **Phosphorylierung:** Proteinkinasen übertragen Phosphat-Gruppen auf Serin-Seitenketten des Histons H3 (Abb. 5.**6**), und zwar oft als Re-aktion auf Wachstumssignale, die eine Zelle von außen empfängt. Das Histon H2A wird während des Zusammenbaus von Chromatin phos-phoryliert. Gut untersucht ist auch die Phosphorylierung von Histon H1 während der Phase der DNA-Replikation und in der Mitose, wenn bis zu sieben Serin- und Threonin-Reste mit Phosphat-Gruppen be-laden werden. Phosphorylierungen können durch die Wirkung von Phosphatasen rückgängig gemacht werden.

– **Methylierung:** Dies betrifft eine irreversible Anheftung von Methyl-Gruppen an die Amino-Gruppe von Lysin-Resten in den Histonen H3 und H4 (Abb. 5.**6**). Die physiologische Bedeutung der Methylierung ist nicht bekannt.

– **Ubiquitin-Anheftung:** Hier handelt es sich um eine besonders bi-zarre Modifikation von Histon H2A. Dabei wird an einen Lysin-Rest (an 119. Stelle in der Sequenz) das Protein Ubiquitin gehängt. Unge-fähr 10 % aller Histon H2A-Moleküle sind durch Ubiquitinierung mo-difiziert, aber ihre Bedeutung für die Funktion des Chromatins kennt man noch nicht. Manchmal wird das ubiquitinierte Histon H2A als Protein A24 bezeichnet.

Ubiquitin ist ein Protein aus 74 Aminosäuren, das, wie sein Name schon sagt, weit verbreitet ist und in vielen Zellen vorkommt. Im Cy-toplasma wird es kovalent an solche Proteine gehängt, die für einen Abbau durch Proteasen bestimmt sind. Dort ist also die Ubiquitinie-rung ein Teil eines selektiven Abbauweges von Proteinen. Dies gilt vermutlich nicht für die Modifikation von Histon H2A durch Ubiqui-tin-Anheftung, aber genauere Informationen dazu fehlen noch.

Nucleosomen

Nach geeigneter Aufbereitung zeigt die elektronenmikroskopische Un-tersuchung, daß die Histone auf der DNA in kompakten Strukturen vor-kommen wie „Perlen auf einer Kette" (Abb. 5.**7**). Diese Beschreibung ist aber nicht ganz zutreffend, wie aus biochemischen Untersuchungen, er-gänzt durch Röntgen-Strukturanalysen, hervorgeht. Denn die kompak-ten Chromatin-Einheiten können besser beschrieben werden als kurze Zylinder, bestehend aus je zwei Exemplaren der Histone H2A, H2B, H3 und H4 (Histon-Oktamer), um die die DNA in fast zwei Windungen her-umgeschlungen ist (Abb. 5.**8**).

Molekularbiologen untersuchen die Chromatin-Struktur mit einem relativ einfachen Verfahren, nämlich mit einer Behandlung von Zellker-nen oder isoliertem Chromatin mit Endonucleasen (Mikrokokken-Nu-clease, Tab. 2.**5**). Dieses Enzym schneidet bevorzugt die DNA in den Berei-chen, die zwischen den Histon-Oktameren liegen. Im Zuge der Nuclease-Behandlung entstehen zuerst Partikel aus Histon-Oktameren, Histon H1 und DNA. Diese Partikel bezeichnet man als **Nucleosomen** (Abb. 5.**9**).

Die Länge der DNA in einem Nucleosom liegt zwischen 165 und 220 Basenpaaren, je nach Zelltyp und Organismus. Diese Unterschiede lassen sich auf die DNA-Längen zwischen einzelnen Histon-Oktameren zu-rückführen (*linker DNA*). Wenn diese DNA-Verbindung durch weiterge-henden Abbau mit Nucleasen entfernt wird, bleibt schließlich der soge-nannte Nucleosomen-Kern (*core*) übrig, der aus dem Histon-Oktamer

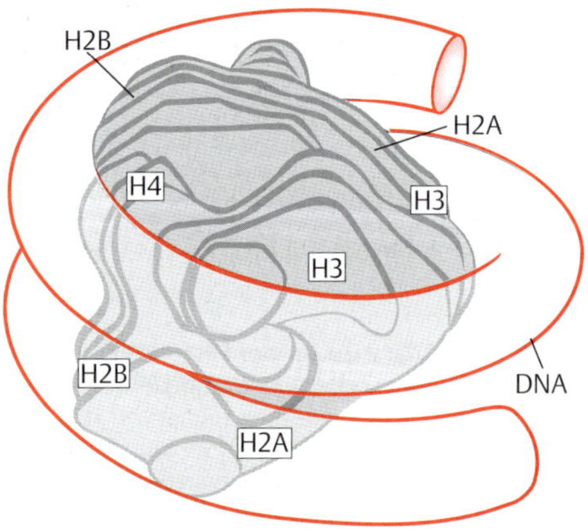

Abb. 5.8   Nucleosomen-Kern. Die DNA ist in die-sem Modell als Schlauch dargestellt, der in etwa $1\frac{3}{4}$ Windungen an das Histon-Oktamer gebunden ist. Im Zentrum des Histon-Oktamers liegt das Histon H3/H4 -Tetramer, beiderseits angelagert die Histon H2A/H2B-Dimere. Abmessungen: Durchmesser (von links nach rechts): 10–11 nm, Höhe ca. 5 nm [nach 9].

und einem DNA-Stück von 146 Basenpaaren besteht (Abb. 5.**8**). Die Struktur des Nucleosomen-Kerns ist bei allen Organismen gleich.

Die Beschreibung des experimentellen Vorgehens zeigt schon, daß das Histon H1 eine Sonderstellung einnimmt, denn es geht bei fortschreitender Nuclease-Behandlung verloren und muß deswegen außerhalb des Nucleosomen-Kerns liegen. Tatsächlich zeigen Experimente, daß das Histon H1 die Eintritts- und Austrittsstellen der DNA am Nucleosom zusammenhält (Abb. 5.**9**).

Anordnung von Nucleosomen

Das Histon H1 hat eine wichtige Funktion bei der Ausbildung und Aufrechterhaltung übergeordneter Chromatin-Strukturen.

Molekularbiologen zeigten schon vor 20 Jahren, daß eine Behandlung von Chromatin mit 0,5 M NaCl zur Ablösung von Histon H1 und zugleich zu einer Auflockerung des Chromatins führt. Umgekehrt hat der Zusatz von Histon H1 wieder eine Verdichtung der Struktur zur Folge.

Diese Vorgänge lassen sich mit Hilfe des Elektronenmikroskops gut verfolgen. Dichtes, Histon-H1-haltiges Chromatin nimmt eine faserähnliche Struktur von 30 nm Durchmesser ein, während aufgelockertes, Histon-H1-freies Chromatin eine Faser mit einem Durchmesser von 10 nm bildet. Dieser Wert entspricht dem Durchmesser eines Nucleosoms, und tatsächlich sind die Nucleosomen in der 10 nm-Faser Kante an Kante hintereinander angeordnet. Die genaue Struktur der 30 nm-Faser ist unter Fachleuten noch umstritten, aber viele bevorzugen das Modell der Abb. 5.**10**, eine umeinander gewundene Kette mit 6–8 Nucleosomen pro Drehung, das **Solenoid-Modell**. Wir fügen allerdings gleich hinzu, daß Experimente eher für eine ungeordnete Lage von Nucleosomen in der 30 nm-Faser sprechen. Die Frage nach der genauen Struktur ist wichtig, weil der bei weitem größte Teil des Chromatins im Zellkern als 30 nm-Faser vorkommt.

Die 30 nm-Faser bildet im Zellkern kein ungeordnetes Knäuel, sondern ist in vielen tausend definierten Schleifen organisiert, die DNA-Abschnitte mit Längen von 60–150 kb einschließen. Experimente zeigen, daß die Basis jeder Schleife an eine noch wenig erforschte innere Struktur des Zellkerns gebunden ist, an die sogenannte Kern-Matrix (Abb. 5.**11**).

Die Chromatin-Struktur gewährleistet eine dichte Verpackung des Genoms im Zellkern. Wir können uns das an einem einfachen Zahlenvergleich deutlich machen:

Ein Millimeter einer proteinfreien DNA in Lösung besteht aus etwa $3 \cdot 10^6$ Basenpaaren; eine gleichlange 10 nm-Faser enthält DNA mit $20 \cdot 10^6$ Basenpaaren und eine 1 mm lange 30 nm-Faser einen DNA-Abschnitt von $120 \cdot 10^6$ Basenpaaren.

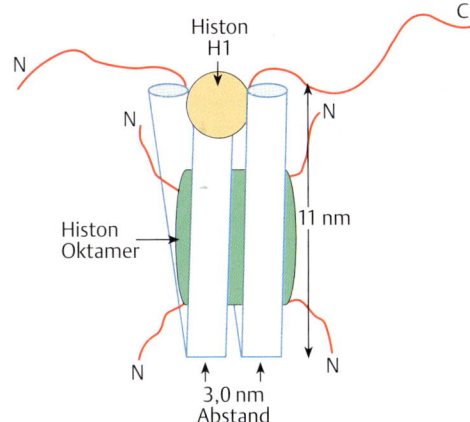

Abb. 5.9 Nucleosom (Modell). Im Vergleich zum Nucleosomen-Kern enthält ein vollständiges Nucleosom das „äußere" Histon H1 und ein DNA-Stück von etwa 200 Basenpaaren, das sich zweimal um das Histon-Oktamer windet. Die Eintritt- und Austrittstelle der DNA wird durch das Histon H1 zusammengehalten.

Abb. 5.10 Nucleosomen im Chromatin. Die hier gezeigte Struktur ist eine Interpretation von elektronenmikroskopischen Bildern, die F. Thoma, T. Koller und A. Klug bei Untersuchungen von Chromatin im Reagenzglas erhalten haben [14]. **unten** Bei niedriger Salz-Konzentration liegen die Nucleosomen voneinander getrennt auf der DNA, aber mit zunehmender Salzkonzentration nehmen sie zueinander auf. **oben** Schließlich kommen 6–8 Nucleosomen in einer Windung vor und bilden eine Faser mit 30 nm Durchmesser. Für die dichte Packung von Nucleosomen ist die Anwesenheit von Histon H1 notwendig. Chromatin im Zellkern kommt hauptsächlich als 30 nm-Faser vor, aber unter bestimmten Bedingungen, etwa bei der Transkription von Genen oder bei der Replikation kann sich die 30 nm-Faser zur 10 nm-Faser entfalten.

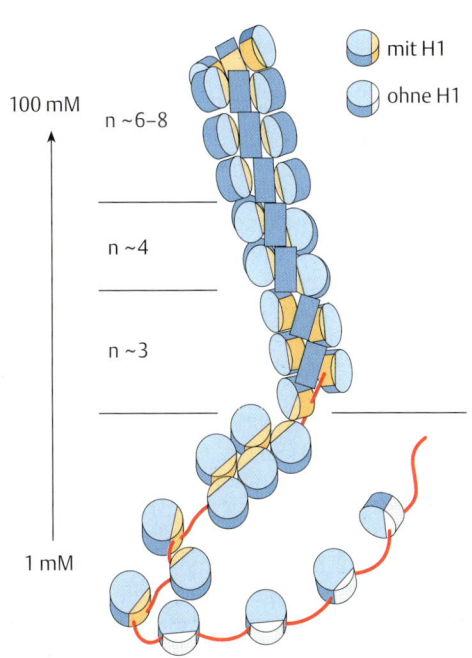

Abb. 5.11 Das Genom im Zellkern: eine Hierarchie von DNA-Windungen.

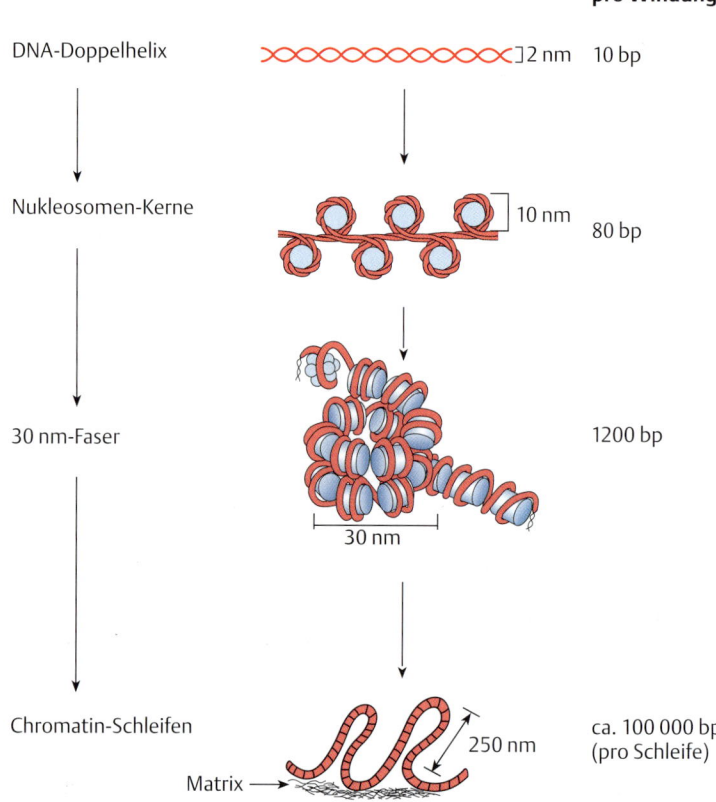

	Basenpaare pro Windung
DNA-Doppelhelix	2 nm — 10 bp
Nukleosomen-Kerne	10 nm — 80 bp
30 nm-Faser	30 nm — 1200 bp
Chromatin-Schleifen	250 nm — ca. 100 000 bp (pro Schleife)

Matrix →

Man sagt, das Verpackungsverhältnis der 10 nm-Faser beträgt 6–7 und das der 30 nm-Faser etwa 40. Ein noch höheres Verpackungsverhältnis wird durch die Schleifenbildung der DNA erreicht.

Das Problem für die Molekularbiologen ist, wie so dicht verpacktes Gen-Material für Vorgänge wie Transkription und Replikation zugänglich gemacht wird. Auf diese Frage werden wir später in geeigneten Zusammenhängen zurückkommen.

Einige Nicht-Histon-Chromatin-Proteine

Eine Beschreibung der Chromatin-Struktur, wie etwa in der Abb. 5.**11**, ist notwendigerweise unvollständig, denn sie berücksichtigt nicht, daß Chromatin außer Histonen noch zahlreiche andere Proteine enthält. Dazu gehören RNA-Polymerasen und weitere Elemente des Transkriptionsapparates. Die Menge und die Art dieser Proteine sind von Zelltyp zu Zelltyp verschieden, je nach Aufgabe und Funktionszustand der Zelle.

Aber einige Nicht-Histon-Chromatin-Proteine kommen weitgehend unabhängig von der Zellfunktion in den meisten Zellkernen aller Tier- und Pflanzenarten vor.

Am besten untersucht sind die sogenannten **HMG-Proteine**. HMG bedeutet *„high mobility group"* [10]. Die Proteine haben diese Bezeichnung erhalten, weil sie in der Elektrophorese schneller als die meisten anderen Nicht-Histon-Proteine des Zellkerns wandern.

Man unterscheidet mindestens drei Gruppen von HMG-Proteinen:

1. **HMG1**- und **HMG2**-Proteine. Diese beiden verwandten Proteine bestehen aus etwa 250 Aminosäuren (Molmasse: ca. 29 kDa) und enthalten zwei hintereinandergeschaltete Domänen: die sogenannten HMG-Boxen mit einem hohen Anteil aus basischen Aminosäuren; sowie im carboxyterminalen Bereich eine ununterbrochene Folge von etwa 30 Asparaginsäure- und Glutaminsäure-Resten.

   Die Proteine binden gut an DNA, aber bevorzugen ungewöhnliche DNA-Strukturen, wie etwa kreuzförmige DNA oder Stellen, wo B-Form- und Z-Form-DNA aufeinander treffen (S. 25, 26). HMG1 und HMG2 befinden sich im intakten Chromatin auf der Linker-DNA zwischen benachbarten Nucleosomen. Obwohl zur Zeit viel untersucht, ist die genaue Funktion von HMG1 und HMG2 noch nicht bekannt (1994). Vermutlich spielen sie eine Rolle bei der Transkription und Replikation. Die beiden Proteine haben in den letzten Jahren unter Molekularbiologen an Popularität gewonnen, weil HMG-Boxen in einigen Transkriptions-Faktoren vorkommen (S. 321).

2. **HMG14** und **HMG17**. Diese beiden verwandten kleinen Proteine haben eine Molmasse von 10–12 kDa und besitzen einen basischen, Arginin- und Lysin-reichen aminoterminalen Abschnitt und einen sauren, an Asparaginsäure und Glutaminsäure reichen carboxyterminalen Abschnitt. Sie binden an den Nucleosomen-Kern, insbesondere in Bereichen des Chromatins, an denen RNA-Synthese stattfindet. Dort können HMG14 und HMG17 die Stelle des Histons H1 einnehmen.

3. **HMG1**. Dieses Protein bindet an die sogenannten α-Satelliten-Sequenzen in den Centromer-Bereichen von Chromosomen (S. 149).

Chromosomen

Eine maximale Verdichtung erfährt das Chromatin mit der Ausbildung von Chromosomen während der **Mitose** (Verpackungsverhältnis: $> 10^4$).

Wir wollen hier keine umfassende Darstellung der Mitose geben, da sie ausführlich in den Lehrbüchern der Zellbiologie besprochen wird. Hier folgt nur eine Skizze des allgemeinen Ablaufs, wie er mit einigen Variationen bei allen Eukaryoten beobachtet wird. Wir werden dann einen ersten Blick auf die Struktur menschlicher Chromosomen werfen, und eine genauere genetische Beschreibung für das Kap. 15 (S. 420) aufheben.

Das Ziel der Mitose ist die Weitergabe der zuvor replizierten DNA, verpackt in „handlichen Paketen", an die Nachkommen-Zellen.

Mitose: Von der Prophase zur Metaphase

Die Mitose beginnt mit zwei parallel laufenden Prozessen, dem Aufbau des Spindelapparates und der Verdichtung des Chromatins zu Chromosomen.

Der **Spindelapparat** entwickelt sich aus Mikrotubuli, deren Bausteine Tubulin-Dimere sind, bestehend aus je einer α-Tubulin- und einer β-Tubulin-Untereinheit (Molmasse je etwa 50 kDa). Ein Mikrotubulus verlängert sich durch Anlagerung von GTP-tragenden Tubulin-Dimeren bevorzugt an das Plus-Ende. In Interphase-Zellen bilden Mikrotubuli einen Teil des Cytoskeletts und beteiligen sich an der Organisation des Cytoplasmas. In manchen Zellen haben Mikrotubuli zudem eine Funktion bei der Zellbewegung.

Mit dem Eintritt in die Mitose werden die Mikrotubuli umgebaut, und aus ihren Bausteinen entsteht eine neue Struktur, der Spindelapparat. Der Neuaufbau geht von einer definierten Struktur aus, dem **Centrosom**, das als Mikrotubuli-Organisationszentrum (MTOC) dient. Bei Tier-Zellen liegen im Innern des Centrosoms rechtwinklig zueinander gelagerte kurze Mikrotubuli-Zylinder (**Centriol**), die von einer dichten Protein-Schicht (pericentriolares Material) umgeben sind. Das Centrosom teilt sich vor Beginn der Mitose. Die beiden entstandenen Teilungsprodukte trennen sich dann und gelangen an gegenüberliegende Stellen beiderseits des Zellkerns. Jedes Centrosom besteht aus mehreren Proteinen, zu denen das γ-Tubulin gehört. Dieses Protein dient vermutlich als eine Art Kristallisationskern, indem es Kontakte mit dem β-Tubulin aufnimmt und damit zum Ausgangspunkt für wachsende Mikrotubuli des Spindelapparates wird (Abb. 5.**12**).

Abb. 5.12   Mitose: Von der Prophase zur Metaphase.

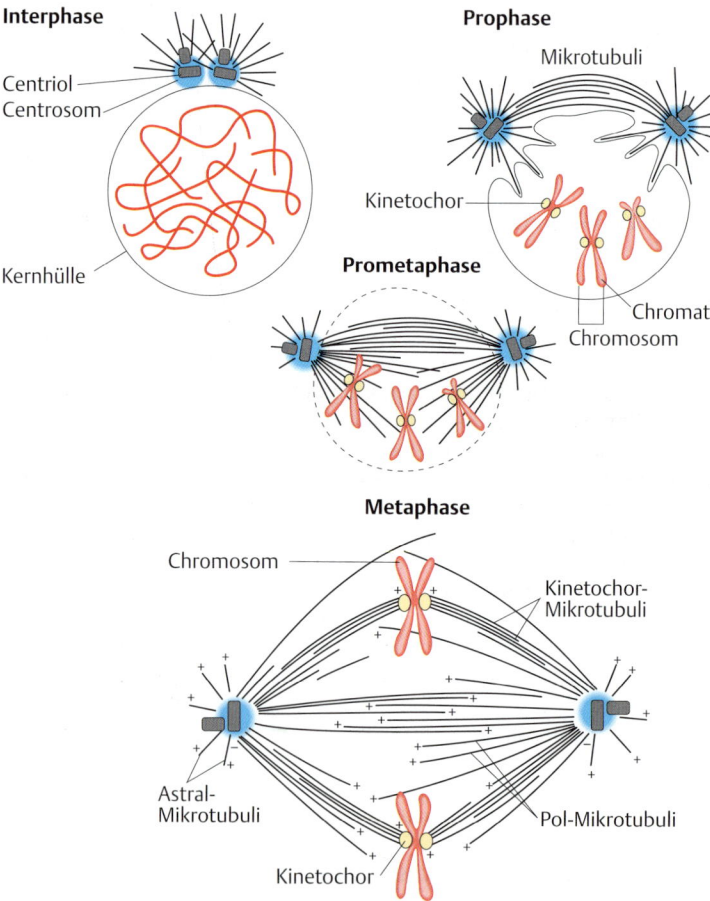

Parallel zur Ausbildung des Spindelapparates erfolgt die **Verdichtung des Chromatins** im Zellkern. Die molekularen Grundlagen dieses komplizierten Vorgangs sind noch längst nicht genau bekannt. Manche Forscher vermuten, daß es sich um zwei aufeinanderfolgende helikale Verschraubungen handelt, eine erste, die zu einer dicken 250 nm-Faser führt, gefolgt von einer zweiten, bei der die dicke Faser selbst noch einmal gewunden wird. Aber vielen scheint heute wahrscheinlicher, daß die Schleifen des Interphasen-Chromatins (Abb. 5.**11**) erhalten bleiben und sich in extremer Verdichtung an die entstehende Achse des Chromosomen-Gerüstes *(scaffold)* binden. Dafür sprechen elektronenmikroskopische Aufnahmen von Chromosomen, denen mit geeigneten Methoden alle Histone und viele Nicht-Histon-Proteine entzogen wurden. Nach dieser Behandlung sieht man zahlreiche eng gelegene Schleifen, die von einem zentral gelegenen Protein-Gerüst ausgehen (Abb. 5.**13**).

Das Chromosomen-Gerüst besteht hauptsächlich aus zwei Proteinen, ScI und ScII. Das Protein ScI ist eine Typ II-DNA-Topoisomerase, die in einer konzertierten Aktion von DNA-Schnitten und Wiederverknüpfungen Verdrillungen in der DNA auflösen kann (S. 175).

Das Protein ScII gehört zu einer Protein-Familie (SMC-Proteine), deren Mitglieder insgesamt für die Kompaktierung von Chromatin notwendig sind, indem sie vermutlich Interphase-Schleifen verkürzen und verdichten [12].

Ausgebildete Chromosomen bestehen aus zwei parallel laufenden Teilen, den **Chromatiden,** die an einer Stelle miteinander verbunden sind, dem **Centromer** (Abb. 5.**14**). Beachte, daß jedes Chromatid einen

Abb. 5.13 DNA am Chromosomen-Gerüst. un-ten Metaphase-Chromosomen werden zur Entfernung der Histone mit geeigneten Methoden behandelt. Entsprechend erkennt man in der elektronenmikroskopischen Aufnahme proteinfreie DNA, die in einzelnen langen Schleifen am Chromosomen-Grundgerüst hängt (Maßstab 2 μm). Dieses oft gezeigte und vielgerühmte Bild stammt aus der Arbeit von J. R. Paulson und U. Laemmli [nach 11].

Das Centromer

Dem Centromer liegen besondere DNA-Sequenzen zugrunde. Bei Hefe *(Saccharomyces cerevisiae)* sind dies kurze AT-reiche Strecken von weniger als 150 bp. Bei vielen anderen Organismen sind es aber komplizierte DNA-Abschnitte mit mehreren Millionen Basenpaaren, die bei Säugetieren 1–2 % der Gesamt-DNA eines Chromosoms umfassen können. Kennzeichnend sind dabei Satelliten-DNA-Wiederholungen, an die sich spezifische Proteine binden und eine Basis für das **Kinetochor** bilden, der Kontaktstelle für Mikrotubulus-Enden (Abb. 5.**14**).

Die Erforschung der Kinetochore wird entscheidend vorangebracht durch die Verwendung von Antikörpern, die von Patienten mit bestimmten Autoimmunkrankheiten (Skleroderma) gebildet werden. Diese Antikörper ermöglichen die Erkennung von Kinetochor-Proteinen, welche mit den üblichen Methoden der Biochemie nicht oder nur unter größten Schwierigkeiten untersucht werden könnten.

Das Centromer ist für die Auftrennung der Chromatiden im Verlauf der Mitose absolut notwendig. Chromosomen, die das Centromer, etwa durch Einwirkung von ionisierenden Strahlen (S. 254) verloren haben, werden unregelmäßig auf die Nachkommen-Zellen verteilt.

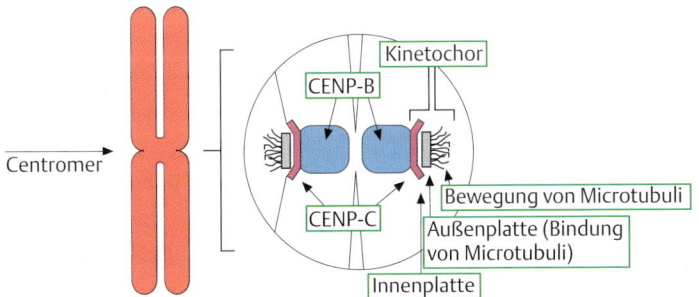

Abb. 5.14 Centromer und Kinetochor. Centromer-Proteine (CENP-B und CENP-C) binden an die Centromer-DNA und bilden die Basis für den Aufbau des Kinetochors mit den Anheftungsstellen für Microtubuli und den „Protein-Motoren", die die Bewegung der Microtubuli ermöglichen [nach 15].

der beiden DNA-Fäden enthält, die zuvor im Zuge der Replikation gebildet worden sind.

Am Ende der Prophase löst sich die Kernhülle auf, und Mikrotubuli nehmen mit ihren Plus-Enden Kontakte mit den Chromosomen auf. Diese Kontakte erfolgen an den Centromeren, wo sich beiderseits komplizierte Anheftungsstellen ausgebildet haben, die **Kinetochoren** (Abb. 5.**14**).

Zunächst kommt es zu ungerichteten Bewegungen der Chromosomen zwischen den Spindelpolen, bis dann beide Kinetochoren am Centromer Mikrotubulus-Enden eingefangen haben, und sich entgegengesetzt wirkende Kräfte ausgleichen können. In Säugetier-Zellen hängen dann 20–30 Mikrotubuli an jedem Kinetochor.

Mit diesem Zustand ist die **Metaphase** der Mitose erreicht:
– der Spindelapparat ist voll ausgebildet;
– die Chromosomen liegen in einer Ebene (Äquatorialebene) zwischen den Spindelpolen.

Man erkennt drei Mikrotubuli-Typen (Abb. 5.**12**):
– Kinetochor-Mikrotubuli (vom Spindelpol zum Kinetochor).
– Pol-Mikrotubuli (vom Spindelpol zur Äquatorialebene).
– Astral-Mikrotubuli (vom Pol nach außen).

Mitose: Von der Anaphase zur Telophase

In der Anaphase werden die Chromatiden (und damit die Produkte der vorangegangenen DNA-Replikation) voneinander getrennt.

Zellbiologen unterscheiden zwei Bewegungsvorgänge (Abb. 5.**15**), die gleichzeitig, aber unabhängig voneinander ablaufen:
– **Anaphase A:** Trennung der Chromatiden und Bewegung der Chromatiden zu den entgegengesetzten Zellpolen. Dieser Teil der Anaphase

Abb. 5.15   Mitose: Anaphase A und Anaphase B.

Anaphase A

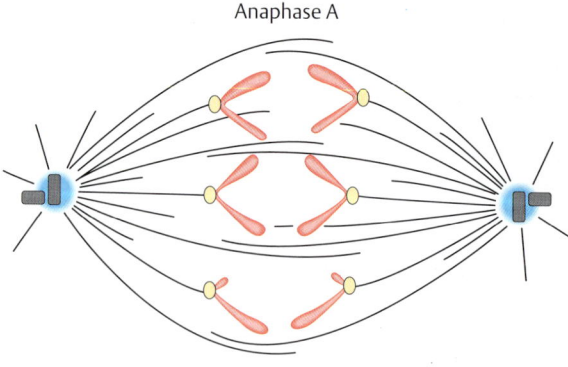

Anaphase B

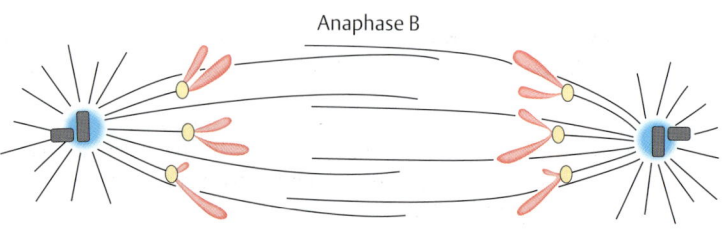

erfordert eine Verkürzung der Kinetochor-Mikrotubuli durch Depolymerisation an den Kinetochor-Enden.
- **Anaphase B:** Entfernung der Pole voneinander durch Verlängerung
  der Pol-Mikrotubuli. Hierbei wird ATP als Energielieferant für ein
  „Motor-Protein" benötigt, das ein paralleles Gleiten der Pol-Mikrotubuli ermöglicht.

Mit dem Ende dieser Bewegungen gelangen die Chromatiden an ent-
fernte, gegenüberliegende Stellen in der Zelle. Damit ist die **Telophase**
erreicht, die sich mit dem Abbau des Spindelapparates, der Wiederherstellung der Kernhülle und der Entfaltung der Chromatiden zum Chromatin fortsetzt.

In der Mitte zwischen den beiden getrennten Chromatid-Paketen erfolgt die Zellteilung: Die Nachkommen-Zellen erhalten außer der replizierten DNA noch je einen gleichen Anteil des Cytoplasmas mit den Zellorganellen (Mitochondrien usw.), Komponenten des Cytoskeletts u. a.

Heterochromatin

In Säugetier-Zellen macht ein Anteil von etwa 5–10 % des Chromatins die
„Entpackung" am Ende der Mitose nicht oder nicht vollständig mit. Diese
Restbestände dichter Chromatin-Packung nennt man Heterochromatin,
das sich bei der mikroskopischen Untersuchung von Zellkernen leicht an
der intensiveren Färbung erkennen läßt (Abb. 5.**3**, S. 141).

Man unterscheidet zwei Typen von Heterochromatin:
- Konstitutives Heterochromatin: Dazu gehören insbesondere die cen-
  tromernahen Bereiche der Chromosomen. Wie schon gesagt, befinden
  sich hier genetisch nichtaktive Satelliten-DNA-Sequenzen.
- Fakultatives Heterochromatin: Wie wir gleich sehen werden, besitzen
  die weiblichen Organismen von Säugetieren zwei X-Chromosomen, die
  männlichen aber nur ein X-Chromosom. Offensichtlich als Ausgleich
  zwischen den Geschlechtern bleibt bei vielen Säugetier-Arten eines der
  beiden X-Chromosomen als Heterochromatin dicht verpackt. Dieses X-
  Chromosom ist zum großen Teil (aber nicht vollständig, S. 449) genetisch stumm. Die Inaktivierung eines der beiden weiblichen X-Chromosomen ist ein genetisches Phänomen eigener Bedeutung, das wir an
  anderer Stelle noch einmal genauer betrachten werden. Auch Teile des
  menschlichen Y-Chromosoms sind heterochromatisch (S. 448).

Metaphase-Chromosomen

Die Untersuchung von Metaphase-Chromosomen ist für viele Fragestellungen in der Biologie von Bedeutung. Besonders wichtig ist dies in
der Humangenetik und angrenzenden Bereichen der Medizin.

Ein wichtiges Hilfsmittel ist das Alkaloid *Colchicin* oder seine Derivate.
Diese Verbindung lagert sich an die Tubulin-Bausteine und führt so zur
Depolymerisation der Mikrotubuli und damit zur Auflösung des Spindelapparates. Davon unbeeinflußt bleibt die Kondensation des Chromatins zu Chromosomen.

Wenn man Chromosomen untersuchen will, behandelt man eine
proliferierende Zellpopulation mit Colchicin. Nach geeigneter Präparation und Färbung lassen sich dann die Metaphase-Chromosomen gut mit
dem Lichtmikroskop studieren.

Tab. 5.2   Chromosomensätze verschiedener Spezies

Spezies	Zahl der Chromosomen (diploider Satz)
Hefe	32
Korbblütler	4
Mais	20
Reis	24
Weizen	42
Tabak	48
Farn-Arten	> 600
Drosophila	8
Hausfliege	12
Ameise	48
Frosch	26
Karpfen	104
Hund	38
Katze	64
Maus	40
Ratte	42
Rind	60
Rhesusaffe	42
Mensch	46

Tab. 5.3   Konstitution der Geschlechtschromosomen

Spezies	Männchen	Weibchen
Säugetiere	XY	XX
Vögel	ZZ	WZ
Reptilien	ZZ	WZ
Amphibien		
Xenopus laevis	ZZ	WZ
Rana temporaria	XY	XX
Lepidoptera	ZZ	WZ
Diptera		
Drosophila	XY	XX
Orthoptera		
Locusta migratoria	X	XX

Dabei macht man folgende grundsätzliche Beobachtungen:

1. **Anzahl der Chromosomen.** Organismen einer gegebenen Art haben im allgemeinen dieselbe Anzahl an Chromosomen. Unterschiedliche Arten haben hingegen verschiedene Chromosomensätze. Die Tab. 5.**2** gibt einige Beispiele.

   Es gibt keine Systematik, die darauf beruht, daß z. B. komplexer organisierte Tiere mehr Chromosomen haben als einfachere. Anders gesagt: Obwohl alle Säugetiere mit etwa $6 \cdot 10^9$ Basenpaaren gleich viel DNA pro Zelle haben, ist die Zahl der Chromosomen von Spezies zu Spezies verschieden.

2. **Paarweise Zuordnung von Chromosomen.** In den Körperzellen der meisten Organismen kommen Chromosomen paarweise vor. Fast jedes Chromosom hat ein identisch aussehendes Partnerchromosom. Man sagt: Körperzellen enthalten einen **diploiden** Chromosomensatz. Diese Eigentümlichkeit ist die Grundlage für die wichtigsten Regelmäßigkeiten der Erbgänge der Eukaryoten. Wir werden darauf noch zurückkommen, wenn wir über die Reduktion des diploiden auf den einfachen, **haploiden**, Chromosomensatz bei der Reifung von Geschlechtszellen sprechen (S. 196).

3. **Unterschiede im Chromosomensatz bei Geschlechtern.** Bei den meisten Arten wird das Geschlecht eines gegebenen Organismus durch Chromosomen bestimmt (**genotypische Geschlechtsbestimmung**). Die *Männchen* fast aller Säugetiere, einiger Reptilien, der meisten Fliegen und Mücken haben ein geschlechtsspezifisches Y-Chromosom neben einem X-Chromosom. Das ist die Ausnahme von der Regel des paarweisen Vorkommens identischer Chromosomen. Die *Weibchen* der genannten Arten haben 2 X-Chromosomen als geschlechtsbestimmende Chromosomen.

   Bei manchen Fisch- und Amphibien-Arten sowie bei Vögeln ist es umgekehrt: Die Weibchen sind *heterogametisch*, d. h. sie haben zwei verschiedene Geschlechtschromosomen, die man hier Z und W nennt, während die Männchen homogametisch sind und 2 Z-Chromosomen haben. Geschlechtsbestimmend kann auch das Vorhandensein oder Fehlen eines Geschlechtschromosoms sein. Die Tab. 5.**3** gibt einen Eindruck von der Vielfalt.

Nicht überall im Tierreich wird das Geschlecht durch die Chromosomen festgelegt. Bei manchen Würmern bestimmt z. B. die Körpergröße das Geschlecht, bei manchen Insekten und Reptilien die Temperatur. Man spricht dann von **phänotypischer Geschlechtsbestimmung**.

Eine Anmerkung zur Nomenklatur: Den Geschlechtschromosomen stellt man oft die Gesamtheit der übrigen Chromosomen als **Autosomen** gegenüber.

Als Besonderheit soll noch erwähnt werden, daß bei staatenbildenden Insekten alle diploiden Organismen weiblich sind. Sie stammen aus befruchteten Eiern, während die Männchen sich hier aus parthenogenetisch aktivierten Eiern entwickeln und entsprechend haploid sind.

Als Illustration dieser allgemeinen Bemerkungen zu Zahl und Anordnung der Chromosomen wollen wir nun den menschlichen Chromosomensatz genauer betrachten.

Chromosomen des Menschen

Die 46 Chromosomen des Menschen lassen sich durch ihre Größe, die Lage des Centromers und durch ein spezifisches Bandenmuster eindeutig voneinander unterscheiden (Abb. 5.**16**). Ihre Untersuchung ist ein wichtiger Teil der Humangenetik, weil Abweichungen von der normalen Anzahl oder Struktur der Chromosomen oft die Grundlage menschlicher Krankheiten sind (s. a. Abb. 15.**1**, S. 421).

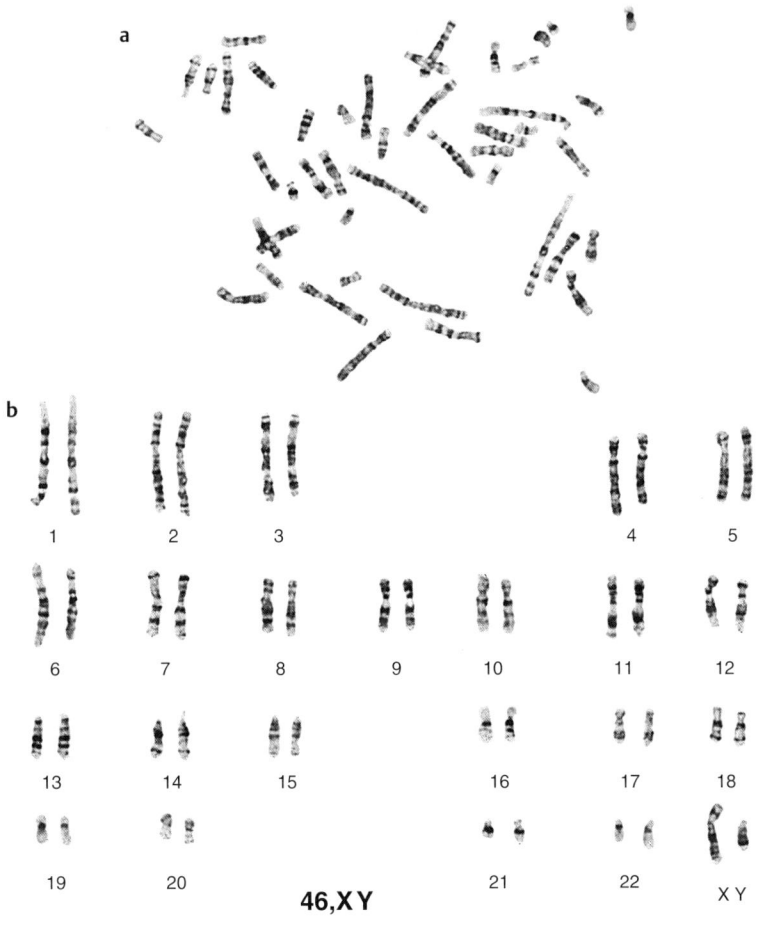

Abb. 5.16 Chromosomen des Menschen.
a Metaphase-Chromosomen eines Mannes (G-Banden). **b** Karyotyp: Ordnung der Chromosomen nach ihrer Größe, der Lage des Centromers und dem Bandenmuster (H. Hameister, Ulm).

46,X Y

46, XY = normaler Karyotyp eines Mannes

Während der beginnenden Ausbildung der menschlichen Chromosomen kann man insgesamt etwa 2000 helle und dunkle Banden erkennen. In dicht gepackten Metaphase-Chromosomen findet man noch ungefähr 800 Banden. Die genaue Untersuchung der Chromosomen-Banden ist für viele humangenetische Fragestellungen von großem Wert, wie wir später an geeigneter Stelle (Kap. 15, S. 420 ff.) noch zeigen werden. Aber wir wollen schon hier anmerken, daß selbst die kleinste sichtbare Chromosomen-Bande noch einen DNA-Abschnitt von mehr als einer Million Basenpaaren enthält (siehe Kasten). Deswegen gibt eine Orientierung am menschlichen Karyotyp nur einen ersten und groben Einblick in die Anordnung von Genen im menschlichen Genom.

Bestimmung des Karyotyps. Für medizinische Untersuchungen der menschlichen Chromosomen sind Blutzellen am besten geeignet. Weiße Blutzellen (Lymphozyten) lassen sich in der Zellkultur durch pflanzliche Glykoproteine (Lektine) wie Phytohämagglutin oder Concavalin A zur Zellteilung anregen. Nach einigen Tagen werden dann die Zellen mit Colcemid, einer colchicinähnlichen Verbindung, behandelt und damit im Zustand der Metaphase angehalten.

Zur Ausbreitung der Metaphase-Chromosomen bringt man die Zellen in ein hypotones Medium. Dann werden die Zellen fixiert (zum Beispiel mit einem Gemisch aus Methanol und Essigsäure), mit Trypsin behandelt und mit Farbstoffen wie Giemsa gefärbt. Giemsa ist ein Gemisch aus Farbstoffen wie Methylenblau, Eosin u. a.

Im mikroskopischen Bild liegen die Chromosomen in ungeordneten Gruppierungen. Zur Orientierung stellt man Fotografien der Chromosomen-Gruppen her (Abb. 5.**16**). Daraus werden die Bilder der Chromosomen ausgeschnitten und in Reihen angeordnet.

Die Aufreihung der Chromosomen erfolgt zunächst nach der Größe und der Lage des Centromers. Zu Hilfe genommen wird dabei der sogenannte **Centromer-Index:** Länge des kurzen Arms/Länge des Gesamtchromosoms. Die endgültige Zuordnung erfolgt nach dem Bandenmuster (G- bzw. Q-Banden in der Abb. 5.**16**).

Die geordnete Darstellung der Chromosomen bezeichnet man als **Karyotyp.**

Ausgehend vom normalen Karyotyp sind schematische Darstellungen der menschlichen Chromosomen entwickelt worden (S. 421), die eine Beschreibung von Strukturveränderungen erleichtern. Dabei wird dann, unter Angabe des betreffenden Chromosomen-Abschnitts, der kleine Arm mit *p* und der große Arm mit *q* bezeichnet.

Farbstoffe wie Giemsa und Quinacrin geben ein sehr ähnliches Bandenmuster: Dunkle G- oder Q-Banden sind von helleren Zwischenbanden getrennt (Abb. 5.**16**). Andere Farbstoffe, wie Acridin-Orange oder Chromomycin-Derivate, färben umgekehrt die Zwischenbanden bevorzugt an. Deswegen spricht man von R-Banden (reversed, umgekehrt). Die molekularen Grundlagen, die das Bandenmuster bestimmen, sind noch nicht genau bekannt.

Experimente zeigen, daß ultraviolettes Licht die Fluoreszenz von DNA-gebundenem Quinacrin induziert, wenn es in AT-reichen Sequenzen sitzt. Aufgrund dieser Experimente schließt man, daß G- oder Q-Banden DNA-Abschnitte mit vielen AT-Basenpaaren enthalten. Das unterscheidet sie von R-Banden, denn Chromomycin reagiert bevorzugt mit GC-reicher DNA. Von größerem genetischen Interesse ist, daß die DNA in G- und Q-Banden nur wenige aktive Gene enthält, während die meisten gut bekannten und gut kartierten Gene auf R-Banden-DNA vorkommen.

Eine überzeugende Erklärung der Banden-Bildung geht vom **Schleifen-Modell** der Chromosomen-Struktur aus. Ein wichtiger Punkt ist, daß die an das Kern- oder Chromosomen-Gerüst gebundenen Schleifenböden (SAR, *scaffold attachment regions;* Abb. 5.**11**) besonders viele AT-Basenpaare enthalten. In Q-Band-Abschnitten könnten demnach viele, relativ kleine Schleifen vorkommen. Die Konsequenz ist eine dichte Reihung der AT-reichen Schleifenböden, was ohne weiteres die bevorzugte Anfärbung mit Quinacrin erklärt. Umgekehrt sind in der genhaltigen R-Band-DNA die Schleifen größer, so daß die Dichte der Schleifenböden am Chromosomen-Gerüst geringer wird. Dementsprechend ist hier die Anfärbung durch Quinacrin weniger deutlich [16].

DNA in Chromosomen

Das haploide Genom des Menschen besteht aus etwa $3000 \cdot 10^6$ Basenpaaren. Das Vorkommen von Chromosomen zeigt, daß die Gesamt-DNA in 23 ungleiche Stücke aufgeteilt ist. So enthält das Chromosom Nr. 1 mit ca. $263 \cdot 10^6$ Basenpaaren das größte, und das Chromosom Nr. 21, mit etwa $50 \cdot 10^6$ Basenpaaren, das kleinste Stück der Gesamt-DNA. Die folgende Zusammenstellung gibt einen Überblick [nach 1].

Chromosom-Nr.	Basenpaare (Millionen)	Chromosom-Nr.	Basenpaare (Millionen)
1	263	13	114
2	255	14	109
3	214	15	106
4	203	16	98
5	194	17	92
6	183	18	85
7	171	19	63
8	155	20	72
9	145	21	50
10	144	22	60
11	144	X	164
12	143		

Chromosomensätze

Der Karyotyp der Abb. 5.**16** demonstriert deutlich das paarweise Vorkommen der Chromosomen (Diploidie). Mit Recht kann man daher auf eine zweifache Ausführung der genetischen Information schließen. Das bedeutet aber nicht, daß der Verlust eines Chromosoms oder auch nur von Teilen eines Chromosoms ohne Konsequenzen bliebe. Im Gegenteil: Das Fehlen eines **Autosoms** verursacht schwere Störungen der Embryonal-Entwicklung. Noch erstaunlicher ist die Tatsache, daß auch ein Zuviel an Chromosomen zu Entwicklungsstörungen beim Menschen führt.

Menschliche Embryonen mit einem dreifachen Chromosomensatz **(Triplopidie)** sterben meist schon in einer frühen Phase ihrer Entwicklung. Selbst das dreifache Vorkommen eines einzelnen Chromosoms **(Trisomie)** verursacht beim Menschen meist den Tod des betroffenen Embryos in den ersten Monaten seiner Entwicklung. Nur wenige Embryonen mit einer Trisomie überleben bis zum Ende der Schwangerschaft. Dazu gehören die Trisomien der Chromosomen 13, 18 und 21. Doch auch hier leiden die betroffenen Neugeborenen unter schweren Entwicklungsanomalien, die unter anderem eine geringere Lebenserwartung zur Folge haben (Tab. 5.**4**).

Tab. 5.4   Trisomien beim Menschen [aus 3]

	Trisomie 13	Trisomie18	Trisomie 21
Häufigkeit	1 : 8000	ca. 1 : 5000	1 : 600
Mittlere Lebenserwartung des Neugeborenen	1 Monat	2 Monate	15 Jahre
Defekte	Mißbildungen des Schädels, des Herzens und der Nieren	Mißbildungen des Schädels, Herzfehler	unter anderem: charakteristische Deformation der Kopfform, oft Herzfehler
Karyotyp	47, XX + 13 47, XY + 13	47, XX + 18 47, XY + 18	47,XX + 21 47,XY + 21

Beachte: Als Kurzbezeichnung des menschlichen Karyotyps wurde folgendes Verfahren eingeführt: Die Gesamtzahl der Chromosomen wird notiert und nach einem Komma noch zusätzlich die Geschlechtschromosomen. Veränderungen der Chromosomen-Konstitution werden dann gesondert angegeben. Der normale Karyotyp einer Frau wäre in dieser Schreibweise 46,XX und der eines Mannes 46,XY.

Veränderungen in der Zahl der **Geschlechtschromosomen** haben weniger tiefgreifende Folgen für die Entwicklung. Menschen mit nur einem X-Chromosom oder mit drei X-Chromosomen haben eine normale Lebenserwartung. Doch verursachen eine Monosomie des X-Chromosoms oder andere Anomalien der Geschlechtschromosomen deutliche klinische Symptome (Tab. 5.**5**).

Eine genauere Beschreibung der Verhältnisse findet man in den Lehrbüchern der medizinischen Genetik, aber wir möchten hier noch auf eine Folgerung hinweisen, die aus der Tab. 5.**5** abgeleitet werden kann. Menschen mit nur einem X-Chromosom (Turner-Syndrom, Karyotyp: 45, X0) sind weiblich, und Menschen mit zwei X-Chromosomen und einem Y-Chromosom (Klinefelter-Syndrom; Karyotyp: 47, XXY) sind männlich. Daraus folgt, daß bei Menschen (und Säugetieren überhaupt) das Vorhandensein eines Y-Chromosoms die Entwicklung in Richtung „männlich" leitet. Das ist nicht selbstverständlich, denn bei anderen Arten, wie etwa bei der viel untersuchten Fliege *Drosophila,* wird der Phänotyp durch die Anzahl der X-Chromosomen bestimmt: Tiere mit zwei

Tab. 5.5 Anomalien von Geschlechtschromosomen [aus 3]

Karyotyp	Klinische Bezeichnung	Häufigkeit (pro 10 000 Menschen)	Symptome
45, X0	„Turner-Syndrom"	ca. 10	Kleinwuchs, unterentwickelte Ovarien, Unfruchtbarkeit
47, XXX	–	5–10	meist unauffällig
47, XXY	„Klinefelter-Syndrom"	10–30	Unterentwicklung der Geschlechtsmerkmale; fehlende Spermiogenese mit entsprechender Unfruchtbarkeit
49, XXXXY	„Klinefelter-Syndrom"	sehr selten	
47, XYY		ca. 20	Hochwuchs, sonst meist klinisch unauffällig

X-Chromosomen sind weiblich, und Tiere mit nur einem X- Chromosom sind männlich. Allerdings sind diese Männchen unfruchtbar, weil sich die genetische Information zur Ausbildung der Spermien auf dem Y-Chromosom befindet.

Die Ursache für Anomalien der Chromosomensätze ist eine Störung bei der Reifung der **Geschlechtszellen** (S. 198). Deshalb wirken sich diese Veränderungen während der Embryonal-Entwicklung aus. Aber auch in **Körperzellen** können Chromosomen in ungewöhnlichen Zahlen vorkommen. Beispielsweise kann ohne Auswirkungen auf die Funktion ein geringer Prozentsatz der Leberzellen **tetraploid** sein, also 92 statt der normalen Zahl von 46 Chromosomen enthalten. Monosomien und Tri-

Tab. 5.6   Trisomien-Häufigkeit

Alter der Mutter	Häufigkeit der Trisomie 21
bis 20	1 : 2400
21–30	1 : 1400
31–34	1 : 870
35–40	1 : 300
über 40	häufiger als 1 : 100

Vorgeburtliche Diagnostik von Chromosomen-Anomalien

Chromosomen-Anomalien sind Folgen von Störungen bei der Reifung der Geschlechtszellen, insbesondere der Bildung von Ei-Zellen. Diese Störungen nehmen mit dem Alter der Eltern zu (Tab. 5.**6**). Deshalb wird vielerorts Frauen über 35 Jahren im Rahmen einer Schwangerschaftsberatung zu einer Untersuchung der embryonalen Chromosomen geraten. Dazu werden zwei Verfahren verwendet:

- **Amniozentese:** Entsprechend ausgebildete Ärzte entnehmen in der 14.–16. Schwangerschaftswoche Fruchtwasser aus der Amnionhöhle. Die embryonalen Zellen müssen zuerst in der Zellkultur vermehrt werden, bevor sie zur Untersuchung des Karyotyps geeignet sind.
- **Chorionzotten-Biopsie:** Dieses neuere Verfahren bietet gegenüber der Amniozentese den Vorteil einer früheren Untersuchung (7.–12. Schwangerschaftswoche) und einer schnelleren Diagostik, weil der Karyotyp direkt an den entnommenen Zellen bestimmt werden kann. Das Chorion umgibt als Gewebsschicht den Fötus und entwickelt Zotten oder Fortsätze, die in die Uteruswand eindringen. Bei der Biopsie wird ein kleines Stück des Gewebes für die Untersuchung entnommen.

Wenn die Untersuchung des embryonalen Karyotyps eine Chromosomen-Anomalie aufdeckt, bleibt als mögliche Konsequenz ein Schwangerschaftsabbruch.

somien findet man nicht selten in Tumorzellen. Aber das besondere Kennzeichen von Tumor-Zellen sind in erster Linie Anomalien der Chromosomen-Struktur, einschließlich Verlusten von Chromosomen-Stücken (Deletionen) und Umlagerungen von Stücken von einem auf ein anderes Chromosom (Translokationen) (siehe S. 464).

Polytäne Chromosomen

In den Zellen mancher Organismen kommen unter Umständen Abweichungen vom allgemeinen Mitose-Schema vor.

Eine dieser Abweichungen hat eine besonders wichtige Bedeutung für die experimentelle Genetik: dic Polytänisierung, oder die Bildung sogenannter Riesen-Chromosomen (Abb. 5.**17**).

Polytäne Chromosomen entstehen, wenn auf die Phase der DNA-Replikation keine Mitose folgt. Die normale Verdichtung der Chromatinfäden unterbleibt. Chromatiden trennen sich nicht, sondern legen sich eng gepaart aneinander. Das gilt auch für die Chromatiden von homologen Chromosomen. Beispielsweise bilden Zellen mit acht Chromosomen (vier Chromosomenpaaren) vier Riesen-Chromosomen. Die Polytänisierung geht oft mit zehn oder mehr Replikationsrunden einher, so daß „Kabel" von 1000–2000 identischen ausgestreckten Chromatin-Fäden entstehen.

Aber der Prozeß ist kompliziert, denn nicht alle DNA-Abschnitte nehmen gleichmäßig an der Replikation teil. Zum Beispiel sind die heterochromatischen Centromer-Bereiche mit ihrer hochrepetitiven DNA in den Riesen-Chromosomen unterrepräsentiert, und ähnliches gilt für andere Genom-Abschnitte mit repetitiven Nucleotid-Folgen, die nur einen Teil der Replikationsrunden mitmachen.

Am besten untersucht sind die polytänen Chromosomen in den Zellen der Speicheldrüsen von Insektenlarven (Fliegen, Mücken und andere Insekten). Doch findet man polytäne Chromosomen auch in anderen Organen dieser Tiere und vereinzelt auch bei anderen Tier- und Pflanzenarten.

Abb. 5.17 Polytäne Chromosomen. a Normale mitotische Chromosomen einer weiblichen *Drosophila melanogaster*. Der Pfeil weist auf das kleinste Chromosom 4. **b** Als Vergleich in der gleichen Vergrößerung: das Chromosom 4 als Riesen-Chromosom in der Speicheldrüse von Drosophila-Larven [aus 2]. **c–e** Mikroskopische Aufnahmen von geeignet gefärbten Riesen-Chromosomen in Insektenlarven. Die Banden und Zwischenbanden sowie die aufgelockerten Balbiani-Ringe sind gut zu erkennen (K. Hägele, Bochum). **f** Modell eines Balbiani-Rings [nach 2].

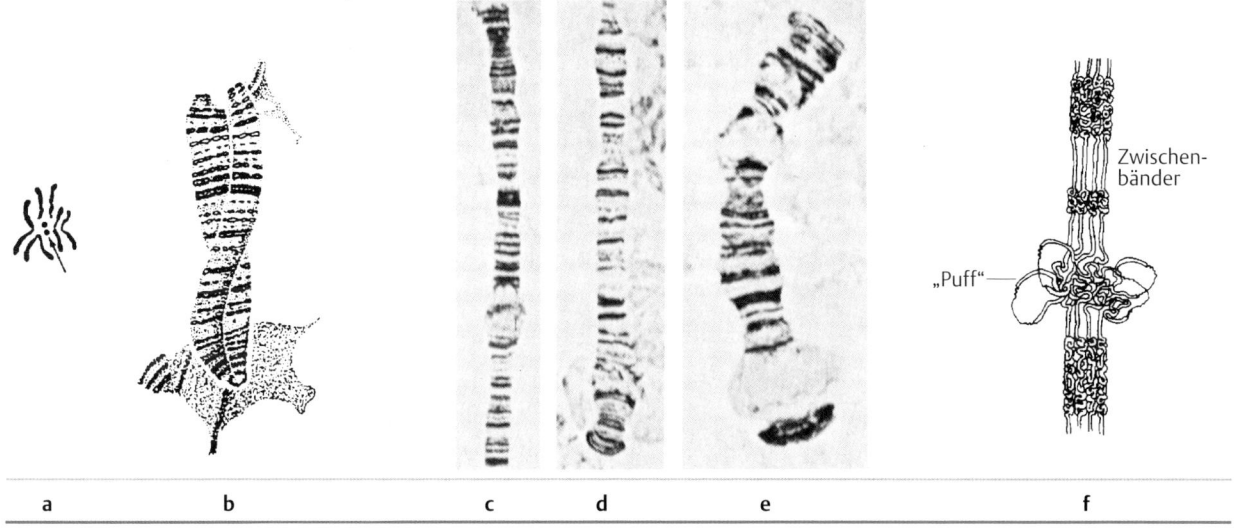

a   b   c   d   e   f

Zwischenbänder

„Puff"

Die experimentelle Bedeutung der polytänen Chromosomen wird bei der mikroskopischen Untersuchung deutlich, denn bei geeigneter Färbung werden Bandenmuster sichtbar (Abb. 5.**17**). Diese Bandenmuster sind Ausdruck der genauen Paarung von vielen nebeneinanderliegenden ausgestreckten Chromatin-Fäden. Dunklere Banden und hellere Zwischenbanden bilden ein Muster, das für eine gegebene Art charakteristisch ist. Beispielsweise haben die polytänen Chromosomen der Fliege *Drosophila melanogaster* etwa 5000 Banden bzw. Zwischenbanden. Das Muster kommt durch unterschiedliche Organisation des Chromatins zustande: dichte Verpackung des Chromatins in den Banden, weniger dichte Verpackung in den Zwischenbanden.

Die regelmäßige Anordnung der Banden ermöglicht eine Orientierung auf dem Genom der betreffenden Organismen, denn man kann mit dem Mikroskop eindrucksvoll die Aktivität von Genen beobachten. Man erkennt einige Banden, die aufgelockert erscheinen, weil die einzelnen Chromatin-Fäden dort nicht eng gepackt liegen, sondern sich gleichsam aus der Verpackung herausrollen. Diese Stellen nennt man **Balbiani-Ringe** oder – nach dem englischen Wort für Wattebausch – Puffs.

Experimente zeigen, daß die *Puffs* Orte intensiver RNA-Synthese sind, und daß ihre Ausbildung mit der Bildung spezifischer Proteine einhergeht. Dementsprechend kommen in verschiedenen Geweben die *Puffs* an unterschiedlichen Stellen der Riesen-Chromosomen vor, weil jeweils andere, Zelltyp-spezifische Gene aktiviert werden.

Im Zuge der Entwicklung entstehen *Puffs* nach einem festgelegten Programm, zu unterschiedlichen Zeiten und an unterschiedlichen Stellen der Riesen-Chromosomen. Das wurde besonders intensiv bei Larven von *Drosophila* untersucht. Zum Beispiel bilden sich als Antwort auf die Wirkung des Hormons Ecdyson etwa 10 Stunden vor dem Verpuppungsstadium neue *Puffs* in den Riesen-Chromosomen der Speicheldrüse. Die aktivierten Gene kodieren sekretorische Proteine, die für den Aufbau der Puppenhülle notwendig sind.

Literatur

Bücher

1. O'Brien, S.J. (Hrsg.): Genetic Maps. Cold Spring Harbor Laboratory Press, New York 1993
2. Strickberger, M.W.: Genetics, McMillan, New York 1976, 2. Aufl.
3. Traut, W.: Chromosomen. Klassische und Molekulare Cytogenetik. Springer, Heidelberg 1991
4. Van Holde, K.E.: Chromatin. Springer, Heidelberg 1989
5. Wagner, R.P., Maguire, M.P., Stallings, R.L.: Chromosomes. A synthesis. Wiley-Liss, New York 1993
6. Wolffe, A.: Chromatin. Structure and Function. Academic Press, San Diego, USA 1992

Original- und Übersichtsartikel

7. Forbes, D.J.: Structure and function of the nuclear pore complex. Ann. Rev. Cell Biol. **8** (1992) 495–527
8. Gruss, C., Knippers, R.: The structure of replicating chromatin. Progr. Nucl. Acid Res. Mol Biol. (**1996**), 52, 337–365
9. Kornberg, R.D., Klug, A.: The nucleosome. Sci. Amer. **244** (1981), 48–60
10. Landsman, D., Bustin, M.: A signature for the HMG-1 box DNA-binding proteins. Bioessays (**1993**) 15, 539–546
11. Paulson, J.R., Laemmli, U.K.: The structure of histone-depleted metaphase chromosomes. Cell **12** (1977) 817–828
12. Petersen, C.L. The SMC family: novel motor proteins for chromosome condensation. Cell **79** (1994) 389–392
13. Robbins, J., Dilworth, S.M., Laskey, R.A., Dingwall, C.: Two interdependent basic domains in nucleoplasmin nuclear targeting sequence: identification of a class of bipartite nuclear targeting sequence. Cell **64** (1991) 615–623
14. Thoma, F., Koller, T., Klug, A.: Involvement of histone H1 in the organization of the nucleosome and of the salt dependent superstructures of chromatin. J. Cell Biol. **83** (1979) 403–427
15. Saitoh, H., Tomkiel, J., Cooke, C.A., Ratrie, H., Maurer, M., Rothfield, N.F., Earnshaw, W.C.: CENP-C, an autoantigen in scleroderma, is a component of the human inner core plate. Cell **70** (1992) 115–12
16. Saitoh, Y., Laemmli, U.: Metaphase chromosome structure: bands arise from a differential folding path of the highly AT-rich scaffold. Cell **76** (1994) 609–622

Teil II   Allgemeine genetische Prozesse

6. DNA-Replikation: Weitergabe der genetischen Information

Genetische Information wird von Zelle zu Zelle und von Generation zu Generation weitergegeben. Die molekulare Grundlage dieses wichtigen genetischen Prozesses ist die Replikation von DNA.

Eine gute Vorstellung vom grundlegenden Mechanismus der Replikation gibt die Abb. 6.**1**. Die beiden Stränge der elterlichen (parentalen) DNA trennen sich durch eine Entwindung der Doppelhelix. Dabei entsteht eine Y-förmige Struktur mit einem doppelsträngigen DNA-Stamm und zwei zunächst einzelsträngigen DNA-Zweigen. Die Nucleotid-Folgen jedes Einzelstrang-Zweiges dienen dann als Matrize zur Synthese von neuen komplementären Polynucleotid-Strängen. So entstehen zwei Nachkommen-DNA-Moleküle mit den Nucleotid-Sequenzen des parentalen Doppelstranges.

Diesen Vorgang bezeichnet man, nach mehr als vierzigjähriger Tradition, als **semikonservative Replikation**. Man spricht von „semi"- also „halb"-konservativ, weil die komplementären Einzelstrang-Komponenten der parentalen DNA erhalten bleiben, aber nicht deren Doppelstrang-Natur. Jeweils einer der beiden ursprünglichen Komplementärstrang-Partner wird an die Nachkommen-Moleküle weitergegeben.

Abb. 6.1　**Semikonservative DNA-Replikation**
[nach 24].

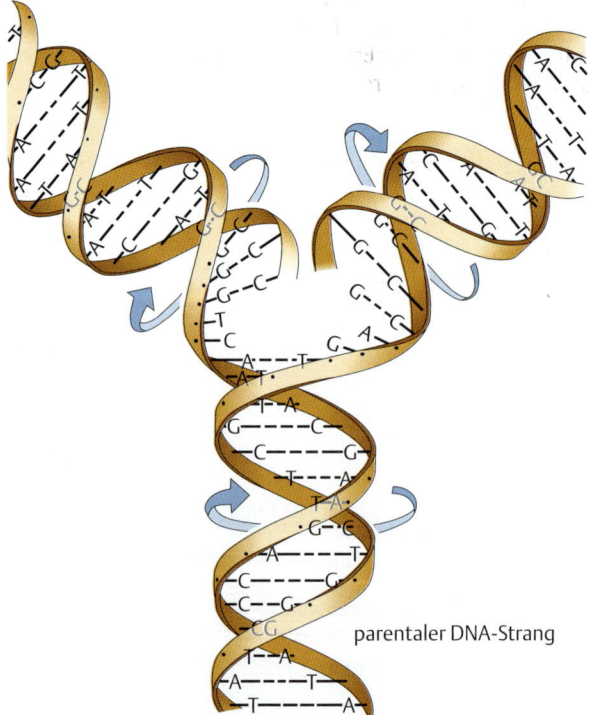

parentaler DNA-Strang

Ein klassisches Experiment

M. Meselson und F. W. Stahl haben im Jahre 1957 als erste gezeigt, daß DNA nach dem Schema der semikonservativen Replikation vermehrt wird. Ihre Arbeit wird zu Recht zu den klassischen Experimenten in der Geschichte der Naturwissenschaften gezählt.

Die beiden Forscher kultivierten Bakterien-Zellen in einem Minimalmedium, das, statt der gewöhnlichen stickstoffhaltigen Salze, ein durch das schwere Stickstoff-Isotop ^{15}N modifiziertes Ammoniumchlorid enthielt. Die Bakterien können zwischen dem leichten $^{14}NH_4Cl$ und dem schweren $^{15}NH_4Cl$ nicht unterscheiden und bauen in alle Zell-Bestandteile, unter anderem auch in ihre DNA, den schweren Stickstoff ein.

Wie kann man zwischen der „schweren" und der „leichten" DNA unterscheiden?

Dazu entwickelten Meselson und Stahl gemeinsam mit J. Vinograd das Verfahren der CsCl-Gleichgewichtszentrifugation, das inzwischen längst zu einer Standard-Methode in den molekularbiologischen Laboratorien geworden ist (Abb. 2.**28**, S. 36).

Bakterien-Zellen wurden zuerst in schwerem Medium kultiviert und dann in leichtes, ^{14}N-haltiges Medium überführt. Vor und nach dem Medium-Wechsel wurde die DNA aus einem Teil der Bakterien isoliert und im CsCl-Gleichgewichtsgradienten analysiert. Die ^{15}N-DNA hat eine höhere Auftriebsdichte als die ^{14}N-DNA, so daß sich das Schicksal der DNA-Stränge während des Übergangs vom schweren in das leichte Medium verfolgen läßt.

Das Ergebnis zeigt die Abb. 6.**2**: Aus der ursprünglich „schweren" ist nach einer Zell-Generation im ^{14}N-Medium eine DNA geworden, deren einer Strang offensichtlich aus ^{15}N-Nucleotiden und deren anderer Strang aus ^{14}N-Nucleotiden zusammengesetzt ist. Nach zwei Zellgenerationen tauchte im CsCl-Gradienten, neben dieser „schwer-leichten" DNA, eine vollständig „leichte" DNA auf.

Die Interpretation dieser Ergebnisse ist, daß doppelsträngige DNA semikonservativ repliziert wird.

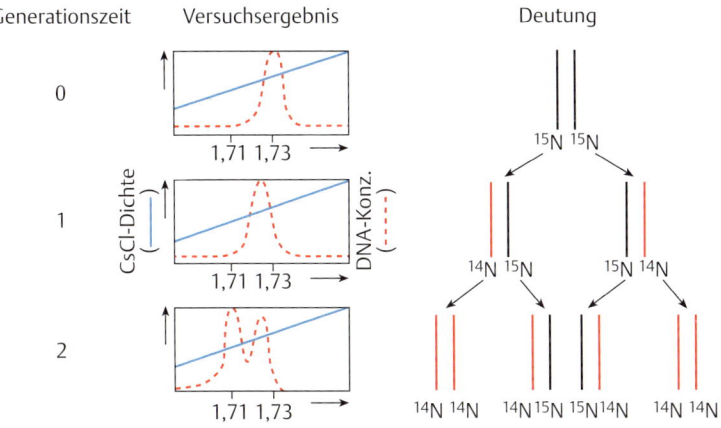

Abb. 6.2 Dichte-Gradienten-Zentrifugation zur Untersuchung replizierter DNA. Das Experiment von M. Meselson und F. W. Stahl (1958).

Der Vorgang der semikonservativen Replikation nach dem Schema der Abb. 6.**1** erfordert zwei grundlegende Reaktionen:

– Eine Entwindung des parentalen DNA-Stranges, wodurch dem DNA-Synthese-Apparat die Nucleotid-Folgen als Matrizen zur Kopie bereitgestellt werden.
– Eine Synthese von neuen DNA-Strängen, die komplementär zu den Matrizen-Strängen sind.

Wir werden im Laufe des Kapitels sehen, daß einige Dutzend verschiedener Proteine für die Replikation der DNA notwendig sind. Von besonderer Bedeutung sind DNA-Polymerasen, die für die Synthese der neuen DNA-Stränge verantwortlich sind. Wir beginnen deswegen unsere Besprechung mit einer Beschreibung der DNA-Polymerasen von Bakterien und Eukaryoten.

DNA-Polymerasen

Bakterien-Zellen, wie zum Beispiel *Escherichia coli*, besitzen drei und die meisten Eukaryoten-Zellen mindestens fünf verschiedene DNA-Polymerasen. Wie wir sehen werden, unterscheiden sich die einzelnen DNA-Polymerasen in ihrer Struktur und Funktion, aber der grundlegende Mechanismus der Polymerisation von Nucleotiden erfolgt nach dem gleichen Schema. Diese Tatsache kann man im biochemischen Test gut zum Nachweis einer DNA-Polymerase-Aktivität ausnutzen.

Polymerisation von Deoxynucleotiden

DNA-Polymerasen verknüpfen monomere Deoxynucleotide zu langen Polynucleotid-Ketten. Wenn im Reagenzglas-Versuch folgende Voraussetzungen erfüllt sind (Abb. 6.**3**):

– Die Vorläufer der DNA müssen in ausreichenden Mengen als Deoxynucleosid-**tri**phosphate zur Verfügung stehen (als dNTPs, ein Gemisch aus dATP, dGTP, dCTP, dTTP).

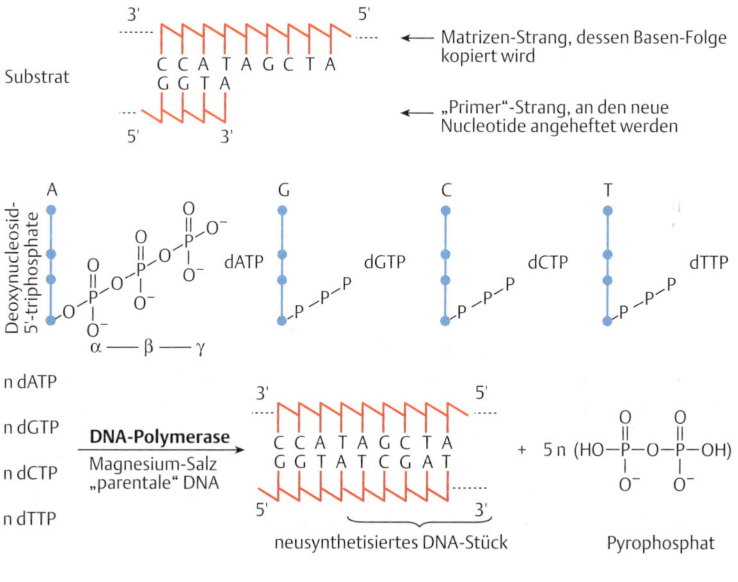

Abb. 6.3 Reaktionen einer DNA-Polymerase im biochemischen Test.

– Das Reaktionsgemisch muß Magnesium- und Natrium- oder Kalium-Salze enthalten und zwar in Konzentrationen und bei pH-Werten, die für die jeweilige DNA-Polymerase optimal sind. Typische Konzentrationen sind: 5–10 mM $MgCl_2$, 50–100 mM KCl und pH 7,5 bei 30–37 °C.
– Die angebotene DNA muß teilweise einzelsträngig sein, indem beispielsweise einer der beiden DNA-Stränge den anderen überragt. Neue Nucleotide werden dann an das 3′-OH-Ende des kürzeren Stranges geheftet, während die Reihenfolge der Nucleotide durch die Sequenz des Einzelstranges bestimmt wird.

Mit anderen Worten, das 3′-OH-Ende dient als **Startpunkt** *(primer)* der Reaktion, und der überragende Einzelstrang als **Matrize** *(template)*, dessen Nucleotidfolge durch Synthese der Komplementär-Sequenz kopiert wird.

Beachte, daß bei der DNA-Synthese neue Nucleotide immer an ein 3′-OH-Ende geheftet werden, oder, anders gesagt, daß die DNA-Synthese immer in 5′-3′-Richtung läuft.

Die enzymatische Polymerisierung von Deoxynucleosid-triphosphaten erfolgt in Einzelschritten:
– Korrekte Bindung des Enzyms an die DNA, wobei deren 3′-OH-Ende im aktiven Zentrum zu liegen kommt.
– Leitung eines dNTP an die Nucleotid-Bindestelle des Enzyms. Der entscheidende Vorgang ist hier die Anpassung des hereinkommenden Deoxynucleotids über Basenpaarung an die komplementäre Base im Matrizen-Strang. Wenn das vorhandene Deoxynucleotid paßt, reagiert das Enzym mit einer Änderung seiner Konformation.
– Die Konsequenz ist ein nucleophiler Angriff des 3′-OH-Primer-Endes auf das α-Phosphat des freien Nucleotids und die Bildung einer Phosphodiester-Bindung unter Freisetzung von Pyrophosphat (Abb. 6.**3**).
– Abstoßen des Pyrophosphats und Rückbildung der ursprünglichen Konformation. Das Enzym orientiert sich neu, so daß das neue 3′-OH-Primer-Ende ins aktive Zentrum gelangt. Das bedeutet, daß die DNA-Polymerase sich um die Länge eines Basenpaars an der DNA entlang bewegt. Dabei kann das Enzym an der DNA bleiben, bis schließlich alle vorhandenen Einzelstrangbereiche in Doppelstränge überführt sind. Man spricht dann von einer **prozessiven DNA-Synthese**.

Viele DNA-Polymerasen fallen aber nach einigen wenigen Polymerisationsschritten von der DNA ab und müssen zum Start eines neuen Synthesezyklus erst wieder an das Primer-Ende binden. Dabei handelt es sich um eine nichtprozessive DNA-Synthese.

Nichtprozessive DNA-Polymerasen benötigen Hilfsproteine, die das ständige Abfallen von der DNA verhindern. Die Rate der Polymerisation liegt typischerweise bei einigen hundert Nucleotiden pro Sekunde. Dabei wird einmal unter zehn- bis hunderttausend Polymerisationsschritten ein Deoxynucleotid „falsch" eingebaut, d.h. nicht nach Maßgabe der Basenpaarung. Auf dieses eigene Thema werden wir später in diesem Kapitel und besonders bei der Besprechung von Mutationen in Kap. 8 (S. 227) zurückkommen.

Die gerade beschriebenen Reaktionsfolgen treffen mehr oder weniger gut auf alle DNA-Polymerasen zu. Es gibt jedoch wichtige Unterschiede im Detail, wie wir im folgenden sehen werden.

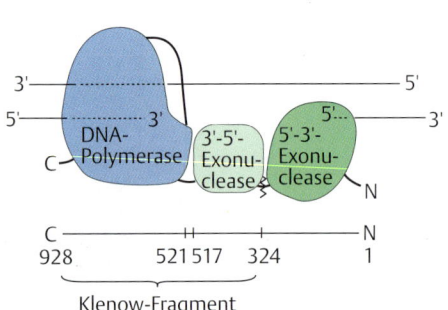

Abb. 6.4   DNA-Polymerase I von *Escherichia coli*. Die Lage der drei funktionellen Domänen am DNA-Substrat: DNA-Polymerase und 3′-5′-Exonuclease am 3′-OH-Ende, 5′-3′-Exonuclease am 5′-Ende [nach 11].

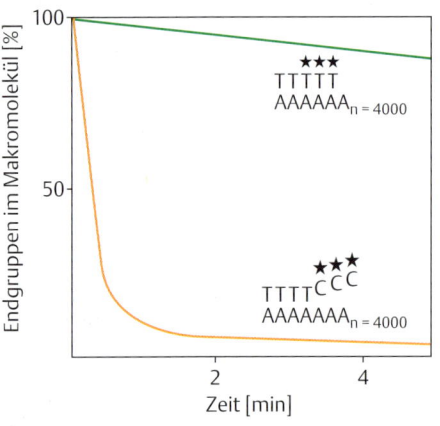

Abb. 6.5   Funktion der 3′-5′-Exonuclease: Entfernung ungepaarter Nucleotide am 3′-OH-Ende. Die eigens für diesen Versuch hergestellten DNA-Substrate bestehen je aus einem langen Matrizen-Strang von Adenin-Nucleotiden (poly-dA) und kurzen Komplementär-Strängen, die entweder komplett gepaart sind (oben) oder 3′-endständig ungepaarte Cytosin-Nucleotide tragen. Das Ergebnis des Experimentes: Die 3′-5′-Exonuclease der DNA-Polymerase I entfernt nur ungepaarte Nucleotide [nach 7].

DNA-Polymerasen von *Escherichia coli*

Bakterien-Zellen besitzen drei verschiedene DNA-Polymerasen mit verschiedenen Strukturen und Funktionen (Tab. 6.1).

Tab. 6.1   DNA-Polymerasen in *Escherichia coli* [15]

Bezeichnung	Aufbau	Biochemische Funktionen	Funktion in der Zelle
DNA-Polymerase I (Pol I)	1 Untereinheit: 928 Aminosäuren (103 kDa)	DNA-Polymerase 3′-5′-Exonuclease 5′-3′-Exonuclease	Entfernung von RNA-Primer (Abb. 6.4), Reparatur von DNA-Schäden
DNA-Polymerase II (Pol II)	88 kDa	DNA-Polymerase	Reparatur (?)
DNA-Polymerase III (Pol III)	10 verschiedene Untereinheiten (siehe Abb. 6.8)		**die** Replikations-Polymerase

DNA-Polymerase I

Seit der Entdeckung der DNA-Polymerase I (Pol I) durch A. Kornberg (1956) ist viel über dieses Enzym gearbeitet worden, so daß wir inzwischen einen guten Einblick in seine Struktur und Wirkungsweise haben. Deswegen wollen wir uns eine Zeitlang mit Pol I beschäftigen, obwohl sie nur eine Hilfsfunktion bei der Replikation hat (Tab. 6.1).

Pol I vereinigt auf einer Kette von 928 Aminosäuren drei enzymatische Aktivitäten: Im carboxyterminalen Bereich (Aminosäuren 521–928) die DNA-Polymerase-Funktion, die wir im wesentlichen im vorangegangenen Abschnitt beschrieben haben; im mittleren Bereich (Aminosäuren 324–517) eine Exonuclease, die bevorzugt ungepaarte DNA-Stränge vom 3′-Ende her abbaut (3′-5′-Exonuclease) und im aminoterminalen Bereich (Aminosäuren 1–324) eine 5′-3′-Exonuclease (Abb. 6.4).

Eine **3′-5′-Exonuclease** gehört zur typischen (aber nicht regelmäßigen) Ausstattung einer DNA-Polymerase, entweder als Teil der gleichen Polypeptid-Kette, wie hier bei Pol I, oder als eine assoziierte gesonderte Untereinheit (wie bei der DNA-Polymerase III, siehe Abb. 6.8). Die wichtige Aufgabe der 3′-5′-Exonuclease wird oft als **Korrekturlese-Funktion** beschrieben, denn sie erkennt und entfernt falsch eingebaute Deoxynucleotide. Wie wir später bei der Besprechung von Mutationen (Kap. 8, S. 217) zeigen werden, ist die Genauigkeit der DNA-Synthese – schon aus theoretischen Gründen – nie hundertprozentig. Einmal unter einigen zehntausend Polymerisationsschritten entgeht ein Nucleotid der Selektion durch den Anpassungsprozeß an der Nucleotid-Bindestelle und wird an das 3′-OH-Ende geheftet, obwohl es nicht komplementär zum Nucleotid des Matrizen-Stranges ist. Ein falsch eingebautes und nicht korrekt gepaartes Nucleotid wird von der 3′-5′-Exonuclease entfernt, so daß die DNA-Polymerase einen neuen Polymerisationsschritt unternehmen kann.

Die Spezifität der 3′-5′-Exonuclease läßt sich gut im Reagenzglas-Versuch überprüfen: 3′-endständige Nucleotide werden nur entfernt, wenn sie ungepaart vorkommen (Abb. 6.5).

Außer der 3′-5′-Exonuclease, die, wie gesagt, ein Bestandteil vieler DNA-Polymerasen ist, enthält Pol I noch eine zweite Exonuclease mit umgekehrter Wirkungsrichtung, die **5′-3′-Exonuclease.** Dieses Enzym greift nur DNA an, die in komplett doppelsträngiger Form vorliegt und spaltet dabei vom 5′-Ende her nacheinander einzelne Nucleotide, aber auch kurze Oligonucleotide ab. Bakterien-Mutanten ohne 5′-3′-Exonuclease sind viel empfindlicher gegenüber ultravioletten Strahlen, Röntgenstrahlen und mutationsauslösenden Chemikalien. Das spricht für eine Rolle des Enzyms bei der Reparatur geschädigter DNA. Tatsächlich zeigen Experimente, daß die 5′-3′-Exonuclease DNA-Abschnitte mit geschädigter DNA entfernen kann, während die DNA-Polymerase gleichzeitig die entstehende Lücke schließt (Exzisionsreparatur, S. 250).

Im Reagenzglas-Versuch kann man dies gut in einer Reaktion nachahmen, die als **Nick Translation** bekannt geworden ist. Ein „nick" (Schnitt) ist eine offene Phosphodiester-Bindung in einer doppelsträngigen DNA. Die 5′-3′-Exonuclease greift an dem 5′-Ende der Öffnung an und baut DNA-Sequenzen ab, während die DNA-Polymerase gleichzeitig neue Nucleotide an das 3′-OH-Ende knüpfen kann. Im Endeffekt wandert der Schnitt dabei entlang der DNA. Der Begriff „translation" (Übertragung) bedeutet in diesem Zusammenhang, daß der Schnitt von einer Stelle auf der DNA auf eine andere übertragen wird (Abb. 6.**6**). Die *Nick Translation* durch Pol I ist eine in der Praxis des molekularbiologischen Laboratoriums geläufige Reaktion, denn mit ihr kann man problemlos ein Stück DNA markieren, z. B. unter Verwendung von radioaktiv markierten (oder in anderer Form veränderten) Deoxynucleotiden.

Wie schon in der Abb. 6.**4** angedeutet, ist Pol I aus einzelnen Domänen zusammengesetzt. Das kann man gut durch einfache Behandlung mit Proteasen (Trypsin) überprüfen, denn schon nach kurzer Einwirkung wird das Enzym in einen kleineren aminoterminalen Anteil mit der 5′-3′-Exonuclease und einen größeren carboxyterminalen Anteil gespalten. Der größere Anteil, oft nach dem Entdecker der Protease-Reaktion als **Klenow-Fragment** bezeichnet, trägt die 3′-5′-Exonuclease und die DNA-Polymerase.

Ein entscheidender Fortschritt bei der Erforschung von DNA-Polymerasen ist mit der Aufklärung der dreidimensionalen Struktur des Klenow-Fragmentes durch T. A. Steitz und Mitarbeiter (1987) gelungen. In der Abb. 6.**7** ist in einer stark vereinfachten Form der carboxyterminale Teil der dreidimensionalen Struktur mit der Polymerase-Domäne dargestellt. Man erkennt eine hufeisenförmige Struktur, deren Boden durch β-Faltblatt-Strukturen und deren Seiten durch α-Helices gebildet wird. Der freie Raum kann die DNA umfassen, wobei α-Helices für die Orientierung der DNA wichtig sind. Das aktive Zentrum mit dem 3′-OH-Ende und der Nucleotid-Bindestelle liegt im Bereich der Helix O, und die wenig strukturierte, flexible Schleife (Mitte oben in der Abb. 6.**7**) mag eine Rolle bei der Konformationsänderung des Enzyms nach Anpassung des freien Deoxynucleotids spielen.

Die dreidimensionale Struktur der Pol I gibt ein gutes Bild vom Aufbau und zugleich von der Funktion einer DNA-Polymerase, aber noch ist nicht sicher, ob sich dieses Bild verallgemeinern läßt, denn die dreidimensionalen Strukturen der beiden anderen bakteriellen DNA-Polymerasen und der eukaryotischen DNA-Polymerasen sind noch unbekannt (1994).

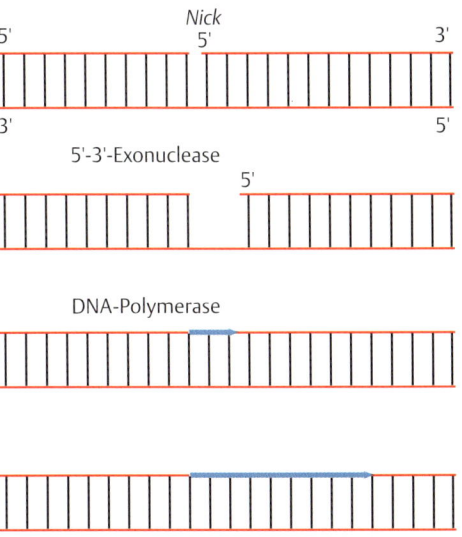

Abb. 6.6 *Nick Translation:* DNA-Polymerase und 5′-3′-Exonuclease in konzertierter Aktion.

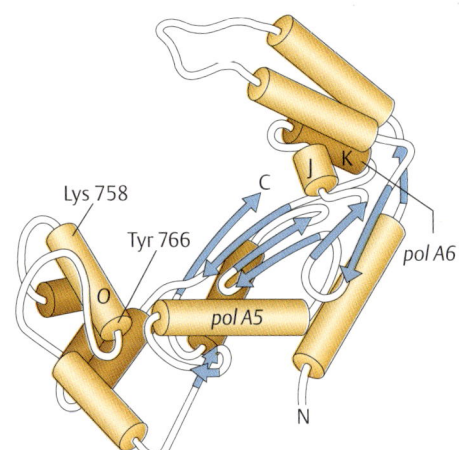

Abb. 6.7 DNA-Polymerase I: Das aktive Zentrum. Die Abbildung zeigt die dreidimensionale Struktur der Polymerase-Domäne von den Aminosäuren 520 (N) bis 928 (C) (siehe auch Abb. 6.**4**). Die Mutationen *pol A6* (Austausch der normalen Aminosäure Arg 690 gegen His) und *pol A5* (Austausch von Gly 850 gegen Arg) verursachen einen Defekt in der DNA-Bindung. Das 3′-OH-Primer-Ende und die Nucleotid-Bindestelle liegen im Bereich der Helix 0. Enzymgebundene Nucleotide haben Kontakt mit den Aminosäuren Lys 758 und Tyr 766 [nach 11].

DNA-Polymerase II

Das Enzym DNA-Polymerase II (Pol II) unterscheidet sich von den anderen bakteriellen DNA-Polymerasen durch eine Reihe von biochemischen Merkmalen. Seine Funktion in der Bakterien-Zelle ist noch nicht geklärt, aber man hat gezeigt, daß Pol II vermehrt gebildet wird, wenn Bakterien auf Schäden in ihrer DNA reagieren (SOS-Antwort, S. 255). Deswegen wird vermutet, daß Pol II eine Funktion bei der Reparatur von DNA-Schäden hat.

DNA-Polymerase III

Die Erforschung der replikativen DNA-Polymerase III (Pol III) konnte erst etwa 20 Jahre nach der Entdeckung von Pol I beginnen. Der Grund dafür ist, daß eine Bakterien-Zelle nur 10–20 Moleküle Pol III, aber mehr als 400 Moleküle Pol I enthält. Deswegen mißt man in Extrakten von normalen Bakterien eigentlich nur die Aktivität von Pol I. Im Jahre 1969 wurde eine Pol I-freie Bakterien-Mutante *(pol A*-Mutante) gefunden, aus der dann die Isolierung von Pol III gelang.

Das replikationsaktive Enzym, das **Pol III-Holoenzym**, ist aus mindestens zehn Untereinheiten aufgebaut, aber unter bestimmten biochemischen Bedingungen zerfällt es in kleinere Komplexe (Abb. 6.**8**).

Abb. 6.8   DNA-Polymerase III *von Escherichia coli* [aus 15].

Bezeichnung	biochemische Eigenschaften	Untereinheiten
Pol III-Core	Prozessivität: 10 Nucleotide Geschwindigkeit: 10—20 Nucleotide/Sekunde	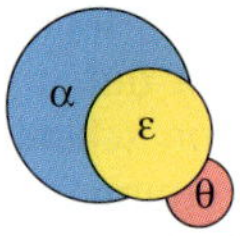
Pol III ' (Dimer)	Prozessivität: ca. 60 Nucleotide	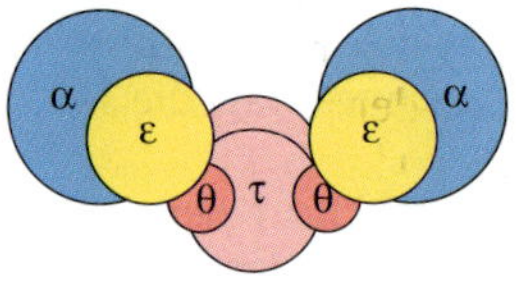
Pol III*	Prozessivität: ca. 200 Nucleotide (in Gegenwart von SSB)	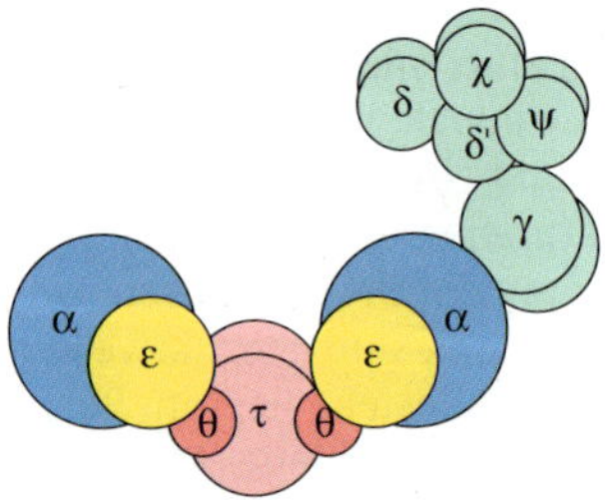
Pol III- Holoenzym	Prozessivität: > 10 000 Nucleotide Geschwindigkeit: ca. 1 000 Nucleotide/Sekunde (in Gegenwart von SSB) dazu notwendig: ATP-Spaltung	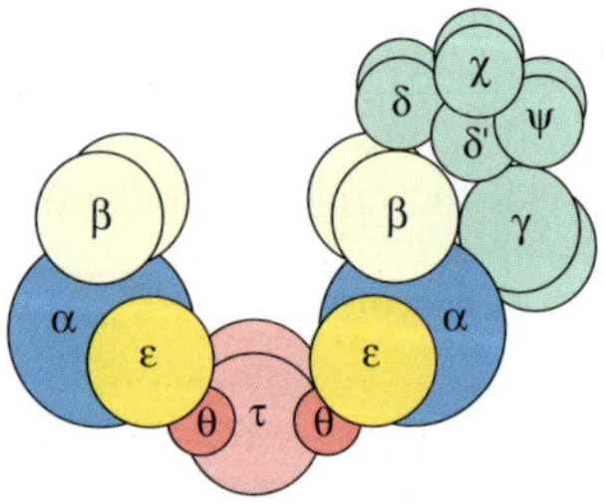

Die kleinste funktionelle Form, der **Pol III-Core** (Kern), besteht aus einer α-Untereinheit (130 kDa) mit der Polymerase-Aktivität, aus der ε-Untereinheit (27,5 kDa), die die 3'-5'-Exonuclease mit Korrekturlese-Aktivität trägt, und einer kleinen 10 kDa-Untereinheit unbekannter Funktion. Pol III kommt normalerweise als Dimer aus zwei Pol III-Core-Einheiten vor, verbunden durch das Protein τ. Wir werden später sehen, daß die Dimer-Bildung für den Replikationsvorgang wichtig ist (S. 179).

Für die Analyse der enzymatischen Aktivität von Pol III ist ein Substrat nützlich, das als eine Variation des Standardsubstrats der Abb. 6.**3** angesehen werden kann. Hier besteht das Substrat aus einem Einzelstrang-DNA-Ring von nahezu 8000 Nucleotiden (dem Genom des Bakteriophagen M13; S. 276) mit einem komplementären Primer-DNA-Strang aus hundert oder weniger Nucleotiden (Abb. 6.**9**). Die Pol III-vermittelte DNA-Synthese wird enorm erleichtert, wenn der Einzelstrang-Bereich durch gebundenes **SSB-Protein** (SSB, *single strand binding*) gespreitet wird (siehe Kasten).

Die Verwendung des experimentellen Systems der Abb. 6.**9** zeigt, daß die einfachen Formen von Pol III (Pol III-Core, Pol III') wenig prozessiv sind (Abb. 6.**8**). Sie synthetisieren nur kurze DNA-Folgen, fallen dann von der DNA ab und müssen durch Bindung an das Primer-Ende ständig neu mit Synthese-Vorgängen beginnen. Es ist offensichtlich, daß dies äußerst ungünstige Eigenschaften für ein Replikationsenzym sind. Tatsächlich erwirbt die Pol III die Fähigkeit zur prozessiven DNA-Synthese durch den sogenannten γ-Komplex (mit seinen fünf eigenen Untereinheiten; Abb. 6.**8**, Pol III*) und durch die β-Untereinheiten. In dieser Form kann Pol III als Holoenzym, ohne abzusetzen und mit höchster Geschwindigkeit die gesamten 8000 Nucleotide der Matrize durch Synthese des Komplementärstranges kopieren. Dazu muß biochemische Energie in Form von ATP- (oder dATP-) Spaltung verfügbar sein. Die bemerkenswerte Prozessivität des Holoenzyms kommt durch die β-Untereinheit zustande. Die aktive Form der β-Untereinheit ist ein Dimer, das sich zum Ring um die DNA schließen kann (Abb. 6.**10**).

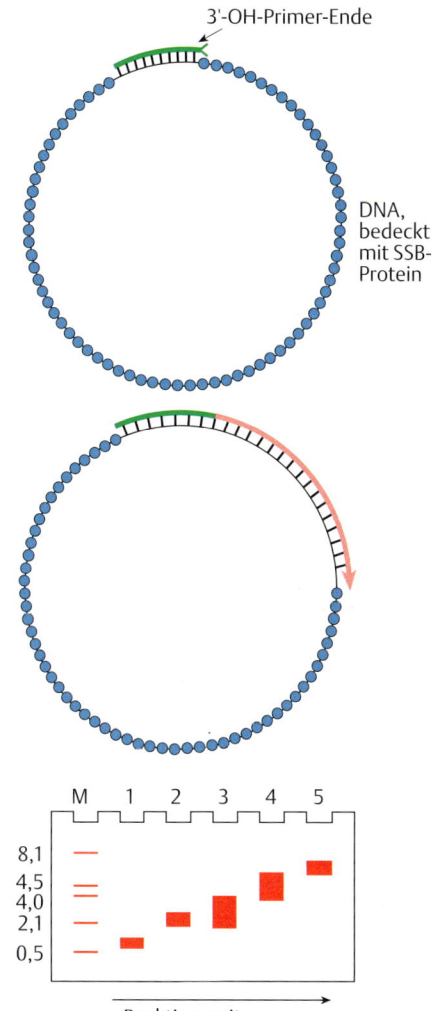

Abb. 6.9 Bestimmung der DNA-Polymerase-Aktivität. **oben** Das Substrat für den biochemischen Test besteht aus ringförmiger Einzelstrang-DNA (des Bakteriophagen M13, S. 276) mit einem kurzen komplementären Primer-Strang. Einzelstrang-Bereiche sind mit SSB-Protein bedeckt. **Mitte** DNA-Polymerasen heften radioaktive (oder anders markierte) Nucleotide an das 3'-OH-Ende des Primers. **unten** Die DNA-Synthese wird mit Hilfe der Gel-Elektrophorese (S. 38) bestimmt: Zu bestimmten Zeiten werden Proben aus dem Reaktionsansatz entnommen und durch Erhitzen auf 90–100 °C denaturiert (S. 20), bevor sie zur Vermessung der neu synthetisierten DNA auf ein Agarose-Gel aufgetragen werden. Die mit M bezeichnete Gel-Spur enthält Marker-DNA bekannter Länge (Angaben in kb).

Einzelstrang-Binde-Protein (SSB)

Das **bakterielle SSB-Protein** ist ein Tetramer aus vier identischen Untereinheiten, je mit einer Molmasse von etwa 19 kDa. Das Protein bindet spezifisch an einzelsträngige DNA und bedeckt dabei einen Bereich von 8–12 Nucleotiden. Ein gebundenes SSB-Protein erleichtert die Bindung weiterer SSB-Proteine (kooperative Bindung). Das Protein ist absolut notwendig für die DNA-Replikation: Bakterien-Mutanten mit geschädigtem SSB-Protein sind nicht vermehrungsfähig. Das SSB-Protein fördert nicht nur die Funktion von DNA-Polymerasen, sondern beteiligt sich auch an Reparatur und Rekombination von DNA, kurz, immer dann, wenn im Zuge eines genetischen Prozesses vorübergehend einzelsträngige Regionen entstehen.

Das **eukaryotische Einzelstrang Protein** wird meist als **RPA** (*replication protein A*) bezeichnet. Es besteht aus drei nicht identischen Untereinheiten mit Molmassen von 70 kDa, 34 kDa und 14 kDa.

Viele DNA-Viren kodieren ihre eigenen SSB-Proteine. Trotz gleicher Funktion können sie ganz unterschiedliche Strukturen haben.

a

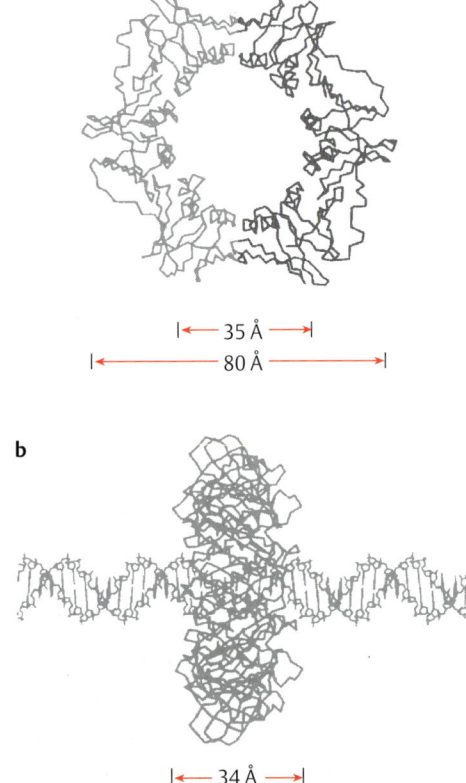

|← 35 Å →|

|← 80 Å →|

b

|← 34 Å →|

Abb. 6.10 Die β-Ringklemme. a Der Ring ist aus zwei β-Untereinheiten aufgebaut, deren Enden sich am oberen und unteren Ringbogen treffen. Beide Untereinheiten gemeinsam bilden 12 symmetrisch gelagerte α-Helices auf der Innenseite des Rings. **b** Die β-Ringklemme auf der DNA in Seitenansicht [aus 13, 26].

Die Proteine des γ-Komplexes haben eine Hilfsfunktion: Sie erkennen den Übergang vom Einzel- zum Doppelstrang am Primer-Ende des Substrats und beladen die DNA mit dem β-Ring *(clamp loading)*. Diese Reaktion geht mit Konformationsänderungen in den beteiligten Proteinen einher und erfordert die Spaltung von ATP. Die dimere Polymerase-Form (Pol III′) bindet sich an den β-Ring, der als eine Art Ringklemme *(sliding clamp)* dient und den Kontakt der DNA-Polymerase mit der DNA während des gesamten Synthese-Vorgangs gewährleistet. Erst nachdem das letzte Deoxynucleotid eingebaut ist, verläßt die Pol III die β-Ringklemme. Sie kann dann den Kontakt mit einer anderen β-Klemme an einem neuen Primer-Ende aufnehmen. Der β-Ring bleibt auf der fertigen DNA zurück und wird erst durch Einwirkung des γ-Komplexes wieder gelöst (Abb. 6.**11**).

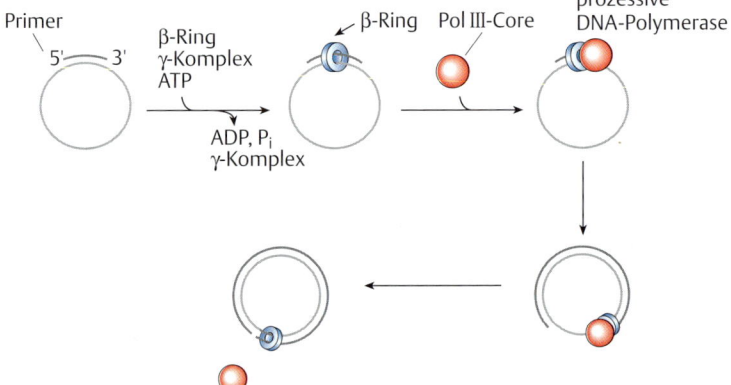

Abb. 6.11 Der β-Ring als Prozessivitäts-Faktor. Der γ-Komplex belädt unter Verbrauch von ATP das DNA-Substrat mit dem β-Ring. Daran bindet sich das Pol III-Core-Enzym, das nun ohne Unterbrechung den langen DNA-Matrizen-Strang kopieren kann, bis das letzte Nucleotid niedergelegt ist. Pol III verläßt die fertige DNA, der β-Ring bleibt zurück und muß durch erneuten Kontakt mit dem γ-Komplex abgelöst werden [nach 26].

Der schrittweise Aufbau der replikationsaktiven Pol III über Assoziation mit der β-Ringklemme und der Zerfall des Komplexes nach Beendigung des Synthesevorgangs sind entscheidende Voraussetzungen für die Bewegungen, die die DNA-Polymerase an Replikationsgabeln durchführen muß (S. 179).

Primase

Die Synthese von DNA-Strängen benötigt kurze **Startstücke** *(primer)*. Die Substrate der biochemischen Experimente in den Abb. 6.**3** und 6.**9** wurden künstlich durch Hybridisierung von langen Einzelstrang-Matrizen mit kurzen DNA-Primer-Stücken hergestellt. Bei der DNA-Replikation in der Zelle dienen hingegen kurze **RNA-Stücke** als Primer. DNA-Polymerasen heften Deoxynucleotide an die 3′-OH-Enden der RNA-Primer. Die RNA-Primer werden mit Hilfe spezifischer Enzyme, Primasen, gebildet. Die **Primase** in *E. coli* ist eine einfache Polypeptid-Kette (Molmasse 60 kDa), die auch als Dna G-Protein bezeichnet wird, weil sie vom Gen *dna G* kodiert wird. Wie eine RNA-Polymerase (S. 48) kann die Primase direkt, d. h. ohne vorgefundene 3′-OH-Enden, mit der Kopie der

DNA-Matrize beginnen. Dabei entstehen RNA-Stücke, die meist am 5′-Ende ein Adenin-Nucleotid, oft gefolgt von einem Guanin-Nucleotid, tragen und 20–30 Nucleotide lang sind, wenn die Reaktion *in vitro* durchgeführt wird (Abb. 6.**12**). Bei der DNA-Replikation in der Zelle sind die RNA-Primer meist kürzer als 10 Nucleotide, denn schon bald übernimmt die DNA-Polymerase die enstandenen 3′-OH-Enden für die Anheftung von Deoxynucleotiden.

Selbstverständlich enthält die neu synthetisierte DNA keine RNA-Sequenzen. Der Grund dafür ist, daß noch bei laufender Replikation die RNA-Primer entfernt werden. In *E. coli* ist dies eine der Funktionen der 5′-3′-Exonuclease von Pol I, die dann gleich die entstehende Lücke durch Neusynthese wieder schließen kann (Abb. 6.**12**). Zusätzlich stehen aber noch andere Enzyme für die Entfernung von RNA-Primer zur Verfügung, z. B. ein Enzym mit der Bezeichnung RNase H.

Eukaryotische DNA-Polymerasen

Einen Überblick über eukaryotische DNA-Polymerasen gibt die Tab. 6.**2**.

Tab. 6.2 Eukaryotische DNA-Polymerasen [29]

DNA-Polymerase	katalytische Untereinheit	andere Untereinheiten	3′-5′-Exonuclease	Hauptfunktion
α	180 kDa	86 kDa 58 kDa 48 kDa	nein	Primase; Synthese kurzer DNA-Stücke; Einleitung der Replikation
δ	125 kDa	53 kDa	ja	Replikation; Reparatur
ε	200 kDa	mehrere	ja	Replikation; Reparatur
β	40 kDa	nein	nein	Reparatur von DNA
γ	125	50 kDa	ja	mitochondriale DNA-Replikation

Zur Reparatur von DNA-Schäden siehe S. 251; zur Replikation von Mitochondrien-DNA siehe S. 476.

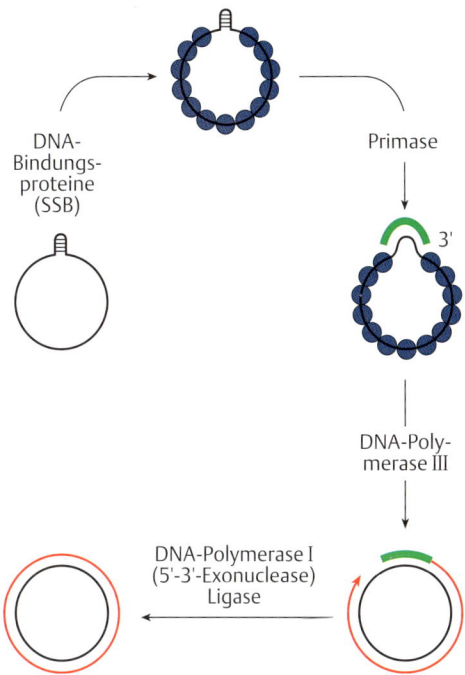

Abb. 6.12 Primase im biochemischen Test. Der Einzelstrang-DNA-Ring (des Bakteriophagen G4) enthält eine intramolekulare Doppelstrang-Schleife, an die sich das SSB-Protein nicht binden kann. An diesem Bereich synthetisiert die Primase ein kurzes Stück RNA, dessen 3′-OH-Ende die Pol III für die Synthese eines DNA-Stranges ausnutzt. Die 5′-3′-Exonuclease der DNA-Polymerase I kann das RNA-Stück entfernen und zugleich die entstehende Lücke wieder schließen [nach 5].

Wir berücksichtigen bei unserer Besprechung nur die DNA-Polymerase α sowie die DNA-Polymerasen δ und ε, weil die DNA-Polymerasen β und γ im Rahmen dieses Kapitels keine Rolle spielen.

Die **DNA-Polymerase α** (Pol α) besteht aus vier Untereinheiten (Tab. 6.**2**), von denen die größte die DNA-polymerisierende Aktivität trägt und die beiden kleineren gemeinsam als Primase aktiv sind. Die eukaryotische Primase funktioniert mehr oder weniger so, wie wir es zuvor für das bakterielle Enzym beschrieben hatten, nur, daß bei Eukaryoten die Primase keine abgetrennte Einheit ist, sondern im Komplex mit einer DNA-Polymerase vorkommt. Die Funktion der mittleren Untereinheit von Pol α ist nicht genau bekannt, aber man weiß, daß sie Kontakte mit anderen Replikations-Proteinen eingehen kann.

Die **DNA-Polymerase δ** (Pol δ) ist für die replikative DNA-Kettenverlängerung verantwortlich. Für sich genommen ist das Enzym wenig prozessiv. Es benötigt – genauso wie die bakterielle Pol III – Hilfsproteine, nämlich das Protein PCNA als Ringklemme und das Protein RF-

C als Beladungsfaktor. PCNA bedeutet *„proliferating cell nuclear antigen"*, weil das Protein zuerst im Zellkern von sich schnell vermehrenden (proliferierenden) Säugetier-Zellen entdeckt wurde. Drei PCNA-Moleküle bilden eine Ringklemme um den DNA-Strang (im Gegensatz zum bakteriellen β-Protein, wo zwei Untereinheiten die Ringklemme bilden). Das Protein RF-C *(replication factor C)* ist – wie sein bakterielles Gegenstück, der γ-Komplex (Abb. 6.**8**) – aus mehreren Untereinheiten aufgebaut. Es erkennt die Primer-Enden auf DNA-Substraten und belädt die DNA unter Spaltung von ATP mit der PCNA-Ringklemme. In Gegenwart von RF-C und PCNA kann Pol δ mit hoher Prozessivität lange DNA-Matrizen kopieren.

Auch die **DNA-Polymerase ε** benötigt das Protein PCNA als Prozessivitäts-Faktor. Pol δ und Pol ε teilen sich die Synthese-Aufgaben an den Replikationsgabeln.

DNA-Entwindung

Bei der Besprechung der Abb. 6.**1** (S. 162) hatten wir notiert, daß für die Replikation der doppelsträngigen DNA zwei grundlegende Reaktionen notwendig sind: die Synthese von DNA-Komplementärsträngen und die Bereitstellung von neuen Matrizen-Sequenzen durch eine fortlaufende Entwindung des parentalen Doppelstranges. Die Hauptakteure für die erste dieser beiden Reaktionen, DNA-Polymerasen, haben wir kennengelernt. Im folgenden geht es um die Entwindung der DNA. Dafür steht eine Klasse von Enzymen zur Verfügung, die zusammengefaßt als DNA-Helikasen bezeichnet werden.

DNA-Helikasen

Die Enzyme bewegen sich entlang eines DNA-Stranges und lösen unter Verbrauch von ATP die Wasserstoff-Brücken zwischen den komplementären DNA-Strängen (Abb. 6.**13**).

Nach Entdeckung der ersten DNA-Helikase durch H. Hoffmann-Berling (1976) sind mehr als zehn verschiedene DNA-Helikasen in *Escherichia coli* und mindestens genauso viele in Eukaryoten gefunden worden. Viele DNA-Viren bringen die Information für eigene DNA-Helikasen mit.

Die Helikasen werden, biochemisch gesehen, nach der Polarität ihrer Bewegung auf dem gebundenen DNA-Strang (in 3'-5'-Richtung oder in 5'-3'-Richtung) oder nach Art des Substrats eingeteilt. Viele Helikasen benötigen z. B. überstehende Einzelstrang-Enden als Eintrittsstellen, während andere von Doppelstrang-Enden aus wirken können. Aber interessanter ist eine Einteilung nach der Funktion, denn Helikasen sind an allen Reaktionen beteiligt, die mit der Ausbildung von Einzelstrang-Bereichen einhergehen. Deswegen gibt es spezifische Helikasen für die DNA-Reparatur, für die Rekombination und für andere genetische Prozesse. Die Tab. 6.**3** zeigt eine kleine (unvollständige) Auswahl.

Die replikative DNA-Helikase in *E. coli* ist als Dna B-Protein bekannt (kodiert vom Gen *dna B*). Es ist ein Hexamer aus 50 kDa-Untereinheiten, das sich unter Verbrauch von ATP in 5'-3'-Richtung entlang des gebundenen DNA-Stranges bewegt und dabei die beiden Komplementärstränge trennt.

Es ist noch nicht bekannt, welche der vielen DNA-Helikasen in Eukaryoten-Zellen für die DNA-Replikation verantwortlich sind.

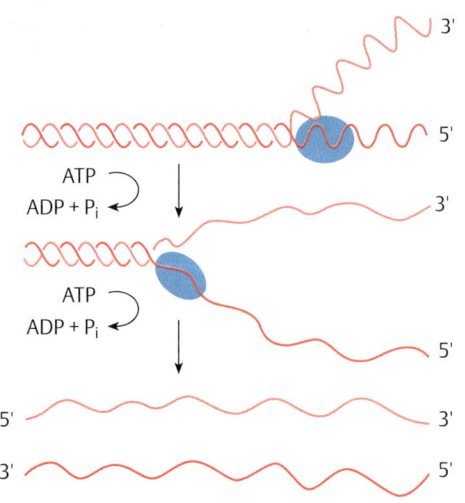

Abb. 6.13 Wirkungsweise von DNA-Helikasen [nach 14, 27].

Tab. 6.3   Einige DNA-Helikasen in *Escherichia coli*

Bezeichnung	Gen	Richtung	Funktion	Hinweis
DNA-Helikase I	*tra I*	$5' \rightarrow 3'$	konjugativer DNA-Transfer	S. 95
DNA-Helikase II	*uvr D*	$3' \rightarrow 5'$	Reparatur von DNA	S. 251
DNA B-Protein	*dna B*	$5' \rightarrow 3'$	Replikation	S. 178
Rep-Protein	*rep*	$3' \rightarrow 5'$	Replikation bestimmter Einzelstrang-DNA-Phagen; unbekannte Funktion in nichtinfizierten Bakterien-Zellen	S. 276
Rec BCD-Protein	*rec B, C, D*	–	Rekombination	S. 206

An dieser Stelle müssen wir uns eine topologische Konsequenz der Entwindung von DNA klar machen. Relativ kurze DNA-Stücke, wie in der Skizze der Abb. 6.**13**, können sich während des Entwindungsvorgangs frei drehen. Aber eine Entwindung der langen natürlichen DNA-Moleküle von Eukaryoten oder der ringförmigen DNA von Bakterien wird notwendigerweise zu Verdrillungen und hohen Drehungsspannungen führen (Abb. 6.**14**), wenn sie nicht ständig von Entspannungsreaktionen begleitet wäre. Diese Leistung vollbringt eine weitere Klasse von Enzymen, die DNA-Topoisomerasen.

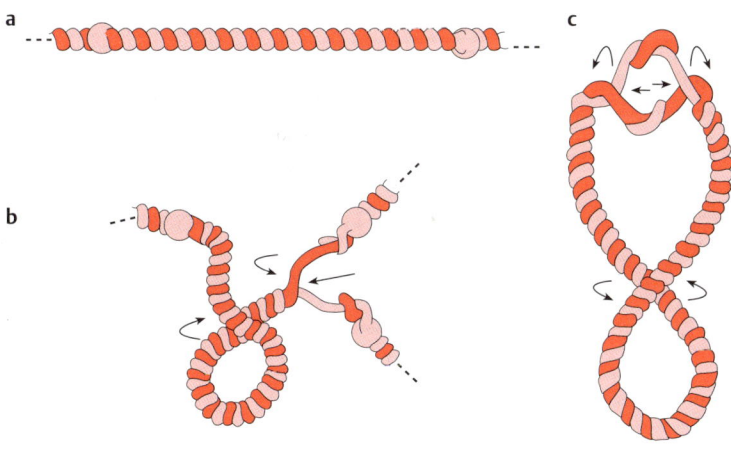

Abb. 6.14   Topologische Probleme. Die Entwindung langer linearer oder ringförmig geschlossener DNA führt zu Verdrillungen [nach 9].

DNA-Topoisomerasen

DNA-Topoisomerasen sind für den Replikationsablauf absolut notwendig und gehören deswegen zur Grundausstattung aller Zellen. Aber wir wollen gleich hinzufügen, daß die Funktion bei der Replikation nur eine unter den vielen Aufgaben von Topoisomerasen ist. Sie sind an allen Reaktionen beteiligt, die mit einer Änderung der DNA-Topologie einhergehen, also auch an der Transkription von Genen, bei der Rekombination u. a.

Topoisomerasen wirken über eine vorübergehende Öffnung des Phosphodiester-Bandes, gefolgt von der Leitung eines DNA-Stranges durch die Lücke und nachfolgender Wiederherstellung der Phosphodiester-Bindung. Als Ergebnis dieser Reaktion ändert sich die Verknüpfungszahl *(linking number)* und damit die Topologie der DNA (S. 28).

Biochemiker teilen Topoisomerasen in zwei Klassen ein (Tab. 6.**4**):
- **Typ I DNA-Topoisomerasen** (Topoisomerase I) überführen superhelikale DNA in entspannte DNA durch vorübergehende Spaltung **einer der beiden DNA-Stränge**. Bei jeder Reaktionsrunde verändert sich die Verknüpfungszahl um 1.
- **Typ II DNA-Topoisomerasen** (Topoisomerase II) spalten vorübergehend **beide DNA-Stränge**. Sie benötigen für ihre Funktion biochemische Energie in Form von ATP. Typ II-Topoisomerasen beeinflussen die Topologie der DNA durch Veränderung der Verknüpfungszahl in Schritten von 2.

Tab. 6.4   DNA-Topoisomerasen: Eine Zusammenfassung

	Moleküle/Zelle	Struktur	wichtigste Reaktion
Typ I-Topoisomerase			
Bakterien	ca. 1000	eine Untereinheit (97 kDa)	Relaxation negativ superhelikaler DNA
Eukaryoten	1 Million	eine Untereinheit (100 kDa)	Relaxation negativ und positiv superhelikaler DNA
Typ II-Topoisomerase (ATP-abhängig)			
Bakterien, Gyrase	ca. 500	Tetramer: 2 · Gyr A (97 kDa) 2 · Gyr B (90 kDa)	Relaxation von negativen Supercoils; Relaxation negativ superhelikaler DNA
Eukaryoten	10^4–10^5	Dimer: identische Untereinheiten (160–180 kDa)	Relaxation negativ und positiv superhelikaler DNA

Topoisomerase I

Wir betrachten jetzt die Reaktionsfolgen im einzelnen. Wir beginnen mit der **Topoisomerase I** aus Bakterien.

Man unterscheidet die folgenden Einzelschritte:
- Bindung an negativ superhelikale DNA.
- Öffnung einer der beiden DNA-Stränge, wobei das Enzym kovalent über die Hydroxy-Seitengruppe eines spezifischen Tyrosins an das 5′-Phosphat des gespaltenen DNA-Stranges bindet.
- Der intakte Strang wird durch den DNA-Spalt geführt.
- Abtrennung des gebundenen Enzyms mit gleichzeitigem Wiederverschluß der Phosphodiester-Bindung.

Durch die kovalente Bindung von Protein an DNA wird chemische Energie gespeichert, die später wieder frei wird, wenn das Enzym die DNA verläßt und der DNA-Strang verschlossen wird.

Die eukaryotische Topoisomerase I durchläuft einen ganz ähnlichen Reaktionszyklus. Der Unterschied ist, daß das Eukaryoten-Enzym sowohl an negativ als auch an positiv superhelikale DNA binden kann, und daß zwischenzeitlich eine kovalente Bindung an ein 3′-Phosphat erfolgt.

Topoisomerase II

Typ II-Topoisomerasen bestehen immer aus mehreren Untereinheiten: Die bakterielle Topoisomerase II, meist **Gyrase** genannt, hat vier Untereinheiten, je zwei A- und zwei B-Untereinheiten (auch als Gyr A- und Gyr B-Protein bekannt). Die eukaryotische Topoisomerase II besteht aus zwei identischen Untereinheiten (Tab. 6.**4**).

Ein wesentlicher funktioneller Unterschied ist, daß die bakterielle Topoisomerase II nicht nur negativ superhelikale DNA entspannen kann (ohne ATP), sondern umgekehrt auch negative Supercoils in ringförmige DNA einführen kann (mit ATP), während die eukaryotische Topoisomerase II nur die Entspannungsreaktion durchführt, aber sowohl mit negativ als auch mit positiv superhelikaler DNA reagieren kann.

Diese Reaktionen lassen sich als enzymgebundene Strangpassage formulieren. Das wird offensichtlich bei einem Versuch, den Biochemiker durchführen, wenn sie die Aktivität einer Topoisomerase II messen möchten.

Dabei geht es um den Vorgang der Decatenierung. Als **Catenane** bezeichnet man DNA-Ringe, die wie Glieder einer Kette aneinanderhängen. Solche Strukturen treten am Ende einer Replikationsrunde von DNA-Ringen auf (S. 183). Man findet sie zudem in den Mitochondrien von Trypanosomen (S. 471). Die Topoisomerase II kann solche DNA-Kettenglieder voneinander lösen. Dies ist offensichtlich nur über eine konzertierte Aktion von Schneiden und Wiederverknüpfen möglich (Abb. 6.**15**).

Im einzelnen erfolgt die Reaktion über folgende Teilschritte:
- Bindung an DNA (wobei die eukaryotische Topoisomerase II AT-reiche Sequenzen bevorzugt, wie schon an anderer Stelle erwähnt, S. 146).
- Schneiden des gebundenen DNA-Doppelstranges. Dabei entstehen kurze überstehende Einzelstrang-Enden, deren Phosphat-Gruppen kovalent an die OH-Gruppe einer Tyrosin-Seitenkette in der Enzym-Untereinheit gebunden werden.
- Durchtritt (Passage) eines intakten DNA-Stranges durch die Öffnung.
- Wiederverschluß der DNA-Lücke durch Lösung der kovalenten Protein-DNA-Bindung.

Die freie Energie der ATP-Spaltung ist notwendig für die Konformationsänderung, die das Enzym während des Reaktionszyklus durchläuft (Abb. 6.**15**). Die Untereinheiten der bakteriellen Gyrase teilen sich die Aufgaben: Das Gyr A-Protein bindet an DNA und vermittelt die DNA-Spaltung, das Gyr B-Protein katalysiert die Hydrolyse von ATP.

Außer diesen beiden Haupttypen, Topoisomerase I und II, kennt man noch weitere Topoisomerasen, die aber im wesentlichen so funktionieren, wie gerade beschrieben.

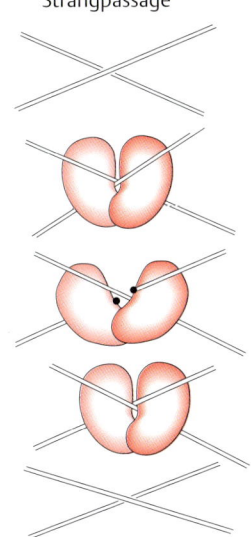

Strangpassage

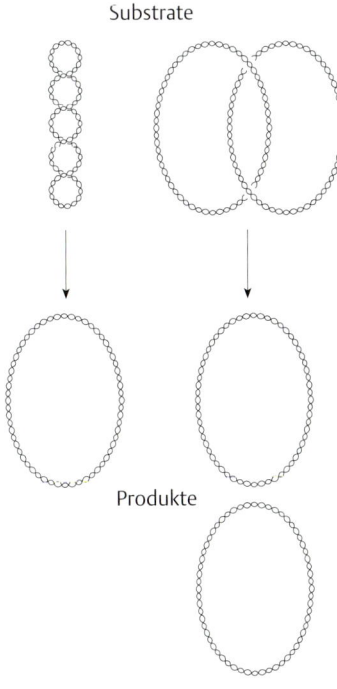

Substrate

Produkte

Abb. 6.15 Typ II-DNA-Topoisomerase. Eine konzertierte Aktion von Schneiden und Wiederverknüpfen, gezeigt an der Entspannung von superhelikaler DNA und an der Auflösung von DNA-Ringen [nach 28].

Experimente mit Säugetier- und Hefe-Zellen zeigen, daß Spannungen in replizierender DNA normalerweise durch die Topoisomerase I aufgelöst werden. Aber Hefe-Mutanten ohne Topoisomerase I sind lebensfähig, weil die Topoisomerase II die Aufgabe übernehmen kann. Eine Topoisomerase II ist für das Überleben von Eukaryoten- und für Bakterien-Zellen absolut notwendig, denn sie ist für entscheidende Vorgänge am Ende einer Replikationsrunde verantwortlich (S.183, 191). Überdies hat die Topoisomerase II in Eukaryoten eine wichtige Funktion bei der Bildung von Chromosomen während der Mitose (S.146).

Bakterielle und eukaryotische Typ II-Topoisomerasen unterscheiden sich in Struktur und Funktion. Diese Tatsache ist eine Grundlage für die Wirkung von Antibiotika, den sogenannten Gyrase-Hemmstoffen: Nalidixinsäure-Derivate und andere Verbindungen blockieren die Funktion der Untereinheit A; Coumermycin A und Novobiocin hemmen die ATP-Bindung an die Untereinheit B der Gyrase.

DNA-Ligase

Wie die Experimente der Abb. 6.**9** und 6.**12** zeigen, synthetisieren DNA-Polymerasen lange Polynucleotid-Sequenzen, die schließlich der Länge der gesamten DNA-Ring-Matrize entsprechen. Aber es fehlt ein letzter Schritt, nämlich die kovalente Verknüpfung der neugebildeten DNA-Kette zum geschlossenen Ring. Noch deutlicher wird die Notwendigkeit für eine kovalente Verbindung von DNA-Synthese-Produkten, wenn wir im folgenden das Zusammenspiel der Replikationsproteine an der Replikationsgabel betrachten. Denn dort werden wir sehen, daß wichtige Synthese-Produkte kurze DNA-Stücke sind, die erst in einem zweiten Schritt zu langen Ketten zusammengefügt werden. Diese Funktion wird von **DNA-Ligasen** übernommen.

Ligasen sind unentbehrliche Werkzeuge in der Gentechnik, wo sie für die Verknüpfung von DNA-Fragmenten im Reagenzglas-Versuch benötigt werden (S.264, 265).

DNA-Ligasen schließen die Phosphodiester-Bindung zwischen einer 5′-Phosphatgruppe an einem DNA-Ende und der 3′-OH-Gruppe an dem anderen DNA-Ende. Bakterien besitzen eine, Eukaryoten-Zellen mindestens zwei verschiedene DNA-Ligasen. Der Unterschied ist, daß das Bakterien-Enzym NAD (Nicotinamid-Adenin-Dinucleotid) und die Eukaryoten-Enzyme ATP als Cofaktoren brauchen.

In beiden Fällen verläuft jedoch die Reaktion über ähnliche Einzelschritte (Abb. 6.**16**):
- Bildung eines Enzym-Nucleotid-Intermediats durch Transfer des AMP-Anteils von NAD oder ATP auf die ε-Amino-Gruppe einer Lysin-Seitenkette des Enzyms.
- Übertragen des AMP-Restes auf das 5′-Phosphatende der DNA.
- Bildung der Phosphodiester-Bindung über den Angriff der 3′-OH-Gruppe auf das aktivierte 5′-Phosphat mit der Freisetzung des AMP-Restes und des Enzyms.

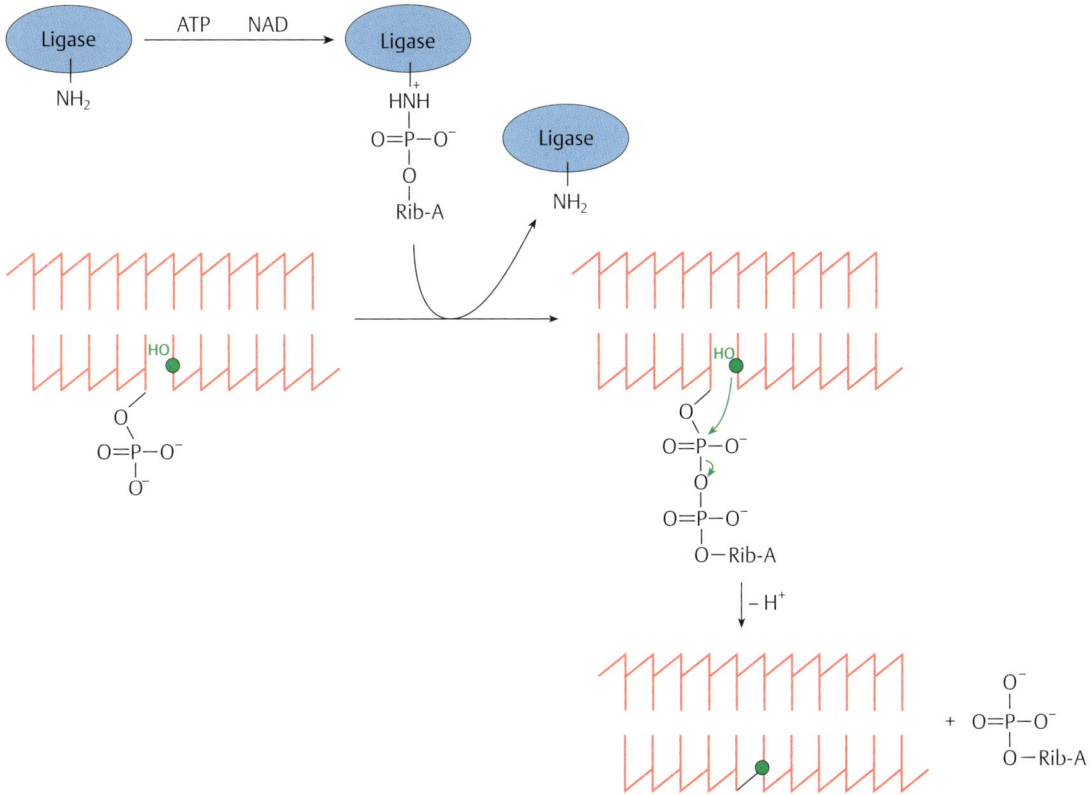

Ereignisse an der Replikationsgabel

Mit der Kenntnis der Replikations-Enzyme besitzen wir jetzt die Voraussetzung für eine erneute, aber genauere Betrachtung der Abb. 6.1 (S. 161). Der wichtigste Punkt, den es zunächst zu beachten gilt, ist die Polarität der DNA: Die beiden Stränge der DNA verlaufen antiparallel, aber alle DNA-Polymerasen benötigen die 3′-OH-Enden von Primern für ihre Funktion und verknüpfen deswegen Deoxynucleotide nur in der 5′-3′-Richtung. Dies bringt zunächst große Probleme für das Verständnis von Ereignissen an der Replikationsgabel, denn bei der Entwindung der Doppelhelix des parentalen DNA-Stammes entstehen Matrizen mit entgegengesetzter Polarität, so daß die Richtung der Synthese auf dem einen Strang zur Entwindungsgabel hin weist (**Vorwärts-Strang**, *leading strand*), auf dem anderen Strang aber umgekehrt verläuft (**Rückwärts-Strang**, *lagging strand*). Überdies stellt sich die Frage nach der Herkunft der Primer.

Diese Probleme haben in den Anfängen der Replikationsforschung viel Verwirrung gestiftet, bis R. Okazaki (1965) eine Lösung fand. Er konnte als erster zeigen, daß ein Teil der gerade neusynthetisierten DNA in Form von kurzen Stücken vorliegt, die dann in einem Folgeschritt zu den langen DNA-Ketten verknüpft werden. Diese **Okazaki-Fragmente** bestehen bei Bakterien aus 1000–2000 Nucleotiden, bei Eukaryoten nur aus bis zu 200 Nucleotiden. Okazaki-Fragmente tragen am 5′-Ende oft kurze RNA-Abschnitte.

Mit dieser Information und mit dem Wissen über die wichtigsten Replikations-Enzyme können wir in einer einfachen Skizze ein Modell der Replikationsgabel entwerfen (Abb. 6.**17**).

Abb. 6.16   DNA-Ligase. Reaktionsweg:
1. An die Seitenkette eines Lysin-Bausteins gelangt AMP.
2. Der AMP-Rest wird auf die 5′-Phosphat-Gruppe des offenen DNA-Stranges übertragen.
3. Dies ist die Voraussetzung für die Herstellung der Phosphodiester-Bindung.
4. Das entladene Enzym verläßt die DNA.

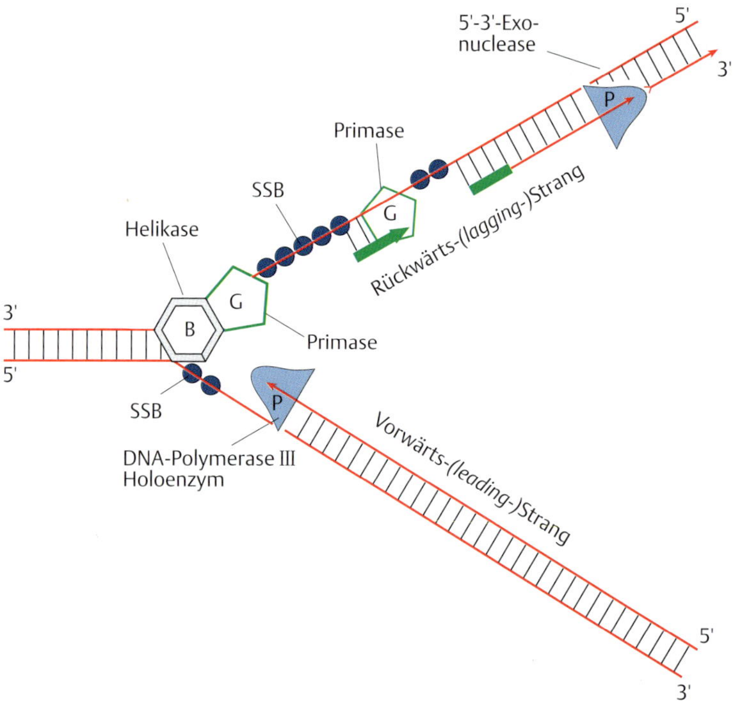

Abb. 6.17   Replikationsgabel: Einfache Version.
Die RNA-Primer sind als dicke grüne Linien gezeichnet. Beachte, daß einige wichtige Enzyme in der Skizze nicht erwähnt werden: DNA-Ligase, DNA-Topoisomerase u. a.

Auf die Verhältnisse bei Bakterien bezogen, sind die wesentlichen Elemente der Replikationsgabeln:
– Die Dna B-Helikase bewegt sich in 5′-3′-Richtung des Stranges, an den sie gebunden ist, auf den parentalen DNA-Stamm zu und entwindet unter Verbrauch von ATP die vor ihr liegende Doppelhelix.
– Entstehende Einzelstrang-Bereiche werden durch Einzelstrang-Binde-Protein (SSB-Protein) abgedeckt.
– Auf dem Vorwärts-Strang heftet die DNA-Polymerase III (Holoenzym) neue Deoxynucleotide an das 3′-OH-Ende des wachsenden DNA-Stranges.
– Auf dem Rückwärts-Strang bildet die Primase kurze Primer-Stücke, die von der DNA-Polymerase III (Holoenzym) zu Fragmenten von 1000–2000 Nucleotiden verlängert werden. Die RNA-Primer werden von der 5′-3′-Exonuclease der DNA-Polymerase I oder von der RNase H entfernt. Entstehende Lücken werden durch DNA-Synthesen geschlossen.
– Die DNA-Ligase verknüpft schließlich aufeinanderfolgende Okazaki-Fragmente miteinander.

In Wirklichkeit ist die Situation komplizierter als in der Abb. 6.**17** angedeutet. Das folgt schon aus der Lage von Pol III am Vorwärts- und am Rückwärts-Strang. Wir haben gesehen (Abb. 6.**8**), daß das Pol III-Holoenzym als Dimer vorkommt, also in der Lage sein sollte, die Synthesen am Vorwärts- und Rückwärts-Strang gleichzeitig durchzuführen. Dies legt eine Erweiterung des Modells der Replikationsgabel nahe. Das erweiterte Modell berücksichtigt die Struktur des Pol III-Holoenzyms, die Funktion des γ-Komplexes und die Rolle des β-Rings als Ringklemme (Abb. 6.**10**).

Die Funktion der DNA-Polymerase III am Vorwärts-Strang ist einfach zu verstehen, denn Syntheserichtung und Matrizen-Polarität passen zueinander. Aber die Synthese der Okazaki-Fragmente am Rückwärts-Strang erfordert eine ständige Ortsveränderung: Pol III setzt ihre Synthese bis zur Fertigstellung des Okazaki-Fragments fort, sie muß die Stelle dann verlassen und rasch Kontakt mit dem inzwischen neugebildeten RNA-Primer aufnehmen. Das wird ermöglicht durch den γ-Komplex, der am 3′-Ende des RNA-Primers eine neue β-Ringklemme auflädt, an die sich die Pol III bindet und mit deren Hilfe sie die Synthese des neuen Okazaki-Fragmentes aufnimmt (Abb. 6.**18**).

Im wesentlichen gilt das Modell der Abb. 6.**18** auch für die Replikationsgabel im Eukaryoten-Genom. Ein wichtiger Unterschied ist, daß die Synthese der Okazaki-Fragmente durch die DNA-Polymerase α erfolgt, die zuerst einen kurzen RNA-Abschnitt aus 8–10 Ribonucleotiden bildet, diesen dann noch durch etwa 20 Deoxynucleotide verlängert, bevor die DNA-Polymerase δ (oder ε) dann die Synthese weiterführt, bis das Ende des vorherigen Okazaki-Fragmentes erreicht ist. Inzwischen hat dann das RF-C-Protein eine PCNA-Ringklemme am neuen Primer-Ende gebildet, von wo aus die Synthese des nächsten Okazaki-Fragmentes beginnt (Abb. 6.**19**).

Zur Zeit ist noch nicht klar, wie sich die eukaryotischen DNA-Polymerasen δ und ε die Aufgabe an der Replikationsgabel teilen, d.h. ob eine für die Synthese am Vorwärts- und die andere für die Synthese am Rückwärts-Strang verantwortlich ist. In biochemischen Testsystemen kann die DNA-Polymerase δ gut die erforderlichen Synthesen auf beiden Seiten der Replikationsgabel durchführen.

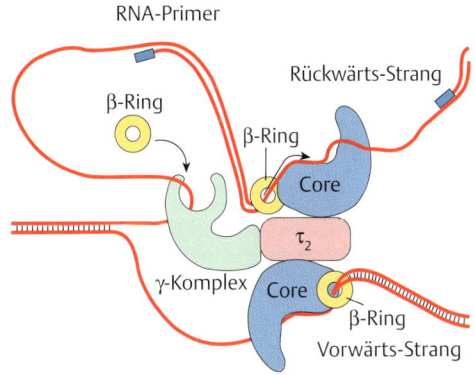

Abb. 6.18 Replikationsgabel. DNA-Helikase, Primase und SSB-Protein sind in diesem Bild nicht gezeichnet, um die komplizierte Situation nicht noch komplizierter zu machen. Es geht um die Position des DNA-Polymerase III-Holoenzyms an der Gabel. Das Enzym ist ein Dimer aus zwei Core-Einheiten, die durch das Protein τ zusammengehalten werden (Abb. 6.**8**). Am Vorwärts-Strang sorgt ein β-Ring für die Prozessivität der Pol III. Auch auf dem Rückwärts-Strang ist die Pol III über eine β-Ringklemme an die DNA gebunden. Aber sobald das Okazaki-Fragment fertig ist, verläßt Pol III ihren Platz, um sich an die β-Ringklemme zu binden, die inzwischen weiter vorn vom γ-Komplex aufgeladen wurde. Mit anderen Worten, auf dem Rückwärts-Strang springt die Pol III zwischen zwei β-Ringklemmen, nämlich zwischen der einen am Ende des Okazaki-Fragments und der anderen, die am RNA-Primer zu liegen kommt [nach 13, 20].

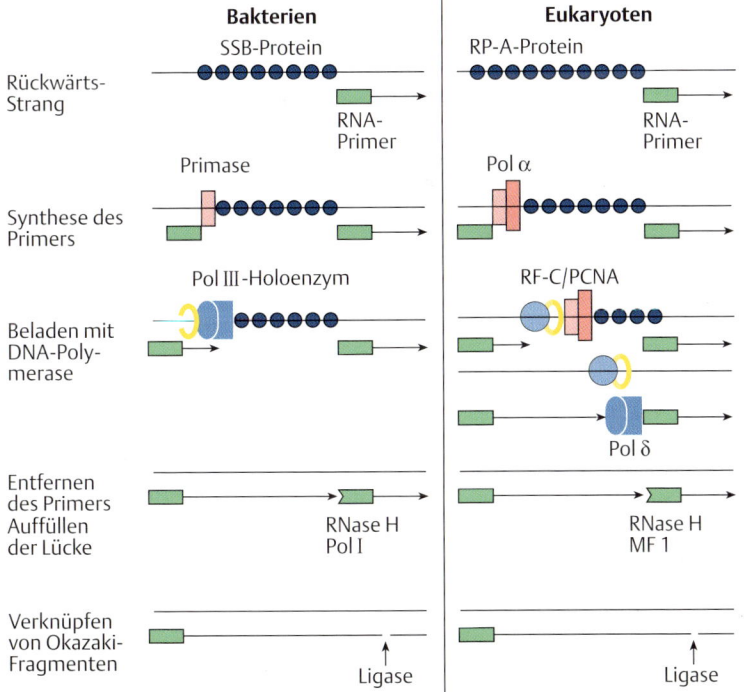

Abb. 6.19 Synthese von Okazaki-Fragmenten. Unterschiede zwischen Replikationsgabeln von Prokaryoten und Eukaryoten. **links** Bakterien. **rechts** Eukaryoten: Die DNA-Polymerase α bildet den RNA-Primer und verlängert ihn um eine kurze Strecke, dann lädt das Protein RF-C die Ringklemme (PCNA) auf und DNA-Polymerase δ vollendet das Okazaki-Fragment [nach 25].

Noch ein anderer wichtiger Punkt muß berücksichtigt werden: Die DNA im Zellkern von Eukaryoten ist als Chromatin organisiert. Deswegen wird die Replikation der DNA von Veränderungen in der Chromatin-Struktur begleitet:

– In der Umgebung von Replikationsgabeln ist das Chromatin entfaltet, vermutlich als 10 nm-Faser (siehe Abb. 5.**10**, S. 145).

– Die Nucleosomen unmittelbar vor der Replikationsgabel verlieren die Histon H2A/H2B-Dimere, während die verbleibenden Histon H3/H4-Tetramere auf die neu replizierte DNA übertragen werden. Hinter der Replikationsgabel werden die Tetramere durch Aufnahme von Histon H2A/H2B bald wieder zu intakten Nucleosomen vervollständigt (siehe Abb. 5.**9**, S. 145).

– Gleichzeitig findet ein Zusammenbau von neuen Nucleosomen aus neu gebildeten Histon-Bausteinen auf der replizierten DNA statt. Der Zusammenbau erfolgt ebenfalls in einem Zwei-Schritt-Prozeß: Bindung von Histon H3/H4-Tetrameren an die DNA (vermittelt durch ein Protein mit der Bezeichnung *Chromatin Assembly Factor,* CAF 1), gefolgt von der Anlagerung der Histon H2A/H2B-Dimere. Mit anderen Worten, die Nucleosomen auf der replizierten DNA sind genau zur Hälfte aus den alten Histonen der parentalen DNA und aus neu gebildeten Histonen zusammengesetzt.

Der Aufbau von Chromatin, der die DNA-Synthese begleitet, mag ein Grund dafür sein, daß eukaryotische Replikationsgabeln sich langsamer fortbewegen (etwa 3000 bp/min) als Replikationsgabeln am Bakterien-Genom (mehr als 10 000 bp/min).

Ablauf der Replikation des Bakterien-Genoms

In jeder Zelle ist die Einleitung der DNA-Replikation ein entscheidender Schritt, denn wenn die Einleitung geglückt ist und Replikationsgabeln eingerichtet sind, erfolgen die übrigen Prozesse der Replikation fast automatisch, und meist folgt auf die Replikation des Genoms bald die Teilung der Zelle.

Das grundlegende Prinzip wurde von F. Jacob, S. Brenner und F. Cuzin (1963) als das **Replikon-Modell** in die Genetik eingeführt. Wesentliche Punkte dieses Konzeptes sind:

– Für die Einleitung der Replikation muß ein Regulator- oder Initiator-Protein mit einer umschriebenen Stelle auf dem Genom in Kontakt treten. Diese spezifische DNA-Region wird als **Origin** bezeichnet.

– Die Verfügbarkeit eines aktiven Initiator-Proteins und seine Kontakt-aufnahme mit der DNA werden genau reguliert.

Untersuchungen über die Replikation der Genome von Bakterien, Bakteriophagen und von tierischen Viren haben das Replikon-Modell im wesentlichen bestätigt. Molekularbiologen gehen davon aus, daß das Modell auch für Eukaryoten-Zellen gilt. Freilich ist dort die Forschung noch nicht so weit fortgeschritten.

Die **Replikation des Genoms** von *E. coli* geht von einem definierten DNA-Abschnitt aus, dem *ori C*, der bei etwa 83,5 Minuten auf der Standard-Genkarte liegt (Abb. 6.**20**). Die DNA in diesem Abschnitt wird entwunden, so daß sich Replikationsgabeln bilden können, die sich dann in entgegengesetzten Richtungen voneinander entfernen („bidirektionale Replikation"), um sich am Terminationspunkt *(ter C)* wieder zu treffen.

Die Erforschung von Origin und Initiator-Proteinen erfolgte über zwei unterschiedliche experimentelle Wege. Bakteriengenetiker haben ein DNA-Stück aus dem ori C-Bereich des Bakterien-Genoms mit Hilfe gentechnischer Methoden in Plasmid-DNA (S. 264) übertragen und gezeigt, daß diese Plasmide mit Hilfe des Replikationsapparates von Bakterien repliziert werden. Diese Studien waren für die Identifizierung der ori C-DNA wichtig. Biochemiker haben diese *in-vivo*-Versuche bestätigt und erweitert. Sie präparierten Protein-Extrakte, die alle Funktionen für die Replikation von ori C-tragenden Plasmiden im biochemischen Test enthielten. Über diesen Weg konnten schließlich die Initiator-Proteine isoliert und untersucht werden.

Untersuchungen zeigten, daß der Origin von *E. coli* und von anderen Bakterien aus etwa 250 Basenpaaren besteht und unter anderem folgende Besonderheiten einschließt (Abb. 6.**21**):
- Vier Wiederholungen von 9-Basenpaar-Sequenzen, auch Dna A-Boxen genannt, weil sie Bindestellen für das Initiator-Protein Dna A sind (R1-R4 in Abb. 6.**21**).
- Drei hintereinandergeschaltete AT-reiche Sequenz-Wiederholungen von 13 Basenpaaren, die sogenannten 13-mer-Sequenzen,
- Mehr als 10 GATC-Folgen, deren Adenin-Reste in *E. coli* methyliert werden können (S. 17). Aus statistischen Gründen würde man das Vorkommen von nur einem oder zwei GATC-Blöcken erwartet haben.

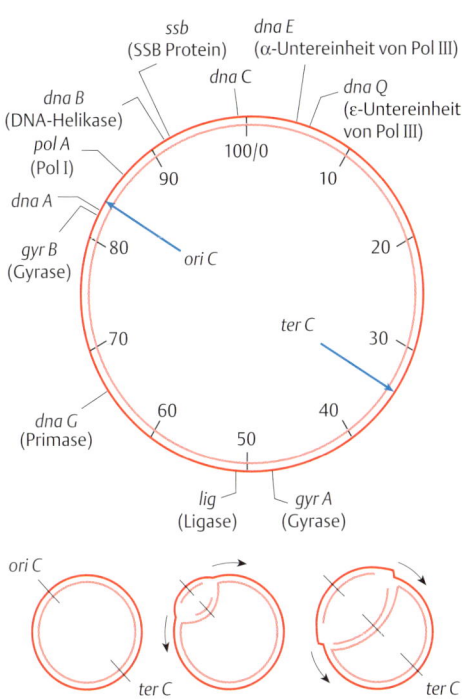

Abb. 6.20   Origin und Terminator auf der *E. coli*-Genkarte. Außer dem Ursprung und dem Ende der Replikation enthält die Karte noch einige Genorte, die Information zur Herstellung von Replikationsproteinen enthalten: *dna A* = Initiator-Protein; *dna B* = Helikase; *dna C* = Hilfsprotein bei der Initiation (s. Abb. 6.**22**); *dna E* = α-Untereinheit von Pol III; *dna G* = Primase; *dna Q* = 3′-5′-Exonuclease; *gyr A*, *gyr B* = Untereinheiten der Gyrase; *lig* = Ligase; *pol A* = DNA-Polymerase I; *ssb* = Einzelstrang-Binde-Protein

Abb. 6.21   Struktur des Origins auf dem Genom von *E. coli* [nach 16].

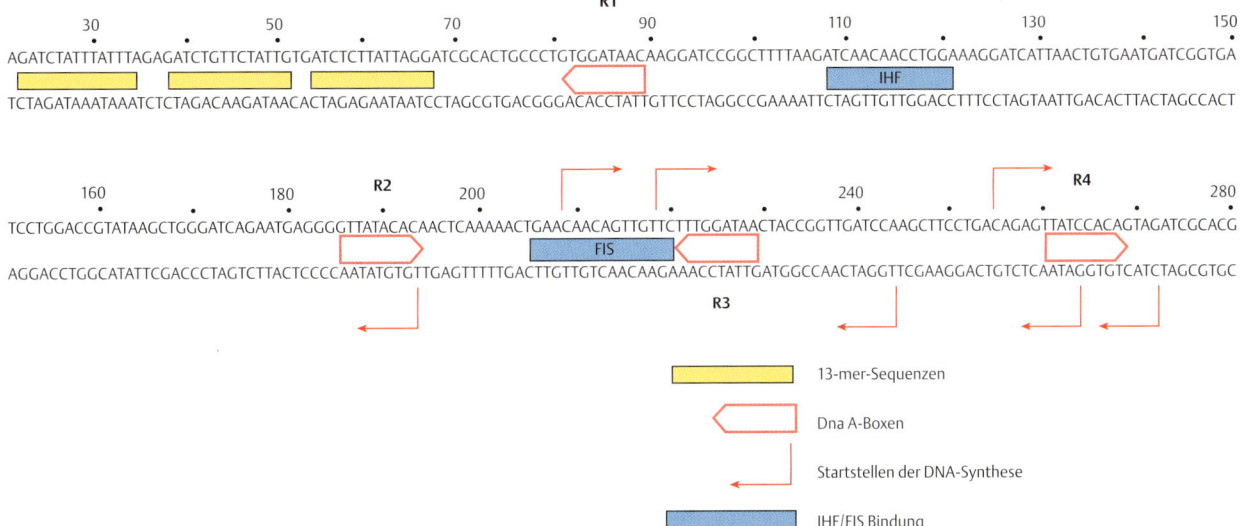

Betrachten wir nun die Einleitung der Replikation. Im ersten Schritt lagern sich Dna A-Proteine an die entsprechenden Bindestellen im Origin. Dazu müssen die Dna A-Proteine mit ATP beladen sein. So kommt es zur Ausbildung eines dichten Proteinkerns aus 20–40 Dna A-Molekülen, auf dessen Oberfläche die Ori C-DNA gelagert ist (Abb. 6.**22**). Mit der Ausbildung dieses Protein-DNA-Komplexes geht die Entwindung der DNA im Bereich der 13-mer-Sequenzen einher. Voraussetzung ist, daß die DNA viele negative Supercoils enthält, die die Trennung von komplementären DNA-Strängen erleichtert (S. 27). An diesen „offenen Komplex", stabilisiert durch das SSB-Protein (Abb. 6.**22**), wird nun die Dna B-Helikase geleitet. Das Initiationsprotein Dna C unterstützt diese Reaktion.

Die DNA-Helikase erweitert den entwundenen DNA-Bereich, ermöglicht die Anlagerung der Primase und legt auf beiden DNA-Strängen die ersten RNA-Primer nieder. Damit beginnt die Synthese der langen Vorwärts-Stränge (Abb. 6.**22**).

Abb. 6.22 Einleitung der Replikation. 1. Ein hochmolekularer Komplex aus Dna A-Protein (mit gebundenem ATP) fördert die Entwindung der DNA-Doppelhelix. 2. Das Dna C-Protein leitet die Helikase (Dna B-Protein) an den Origin: weitere Entwindung. 3. Die Primase bildet die ersten RNA-Primer als Ansatzstellen für die Pol III-Holoenzym [nach 6].

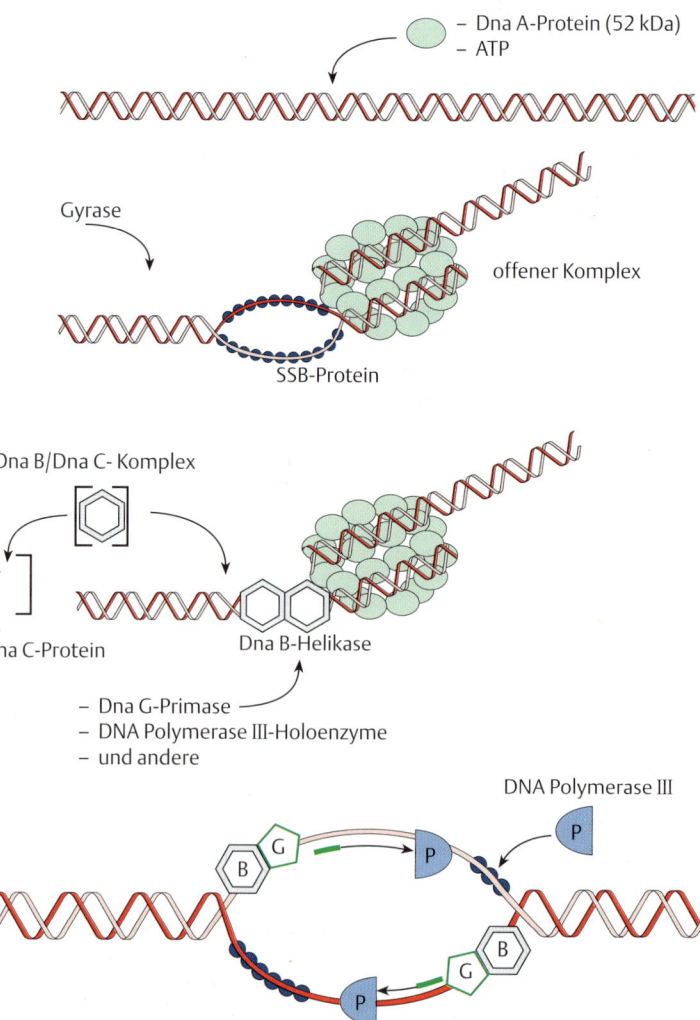

– Dna A-Protein (52 kDa)
– ATP

Gyrase

offener Komplex

SSB-Protein

Dna B/Dna C- Komplex

Dna C-Protein

Dna B-Helikase

– Dna G-Primase
– DNA Polymerase III-Holoenzyme
– und andere

DNA Polymerase III

Abb. 6.23 Am Ende einer Replikationsrunde. links Vor Ende der Replikation ▶
verzögert sich der Lauf der Replikationsgabeln. **rechts oben** Die beiden Nachkommen-Moleküle können durch Einwirkung einer Topoisomerase direkt voneinander gelöst werden, wobei die vorhandenen Lücken durch Rest-Synthese geschlossen werden. **rechts unten** Oder die Replikation läuft weiter und führt zur
Bildung von Catenanen. Hier wird die Aktivität einer Typ II DNA-Topoisomerase
notwendig (siehe Abb 6.**15**) [nach 12].

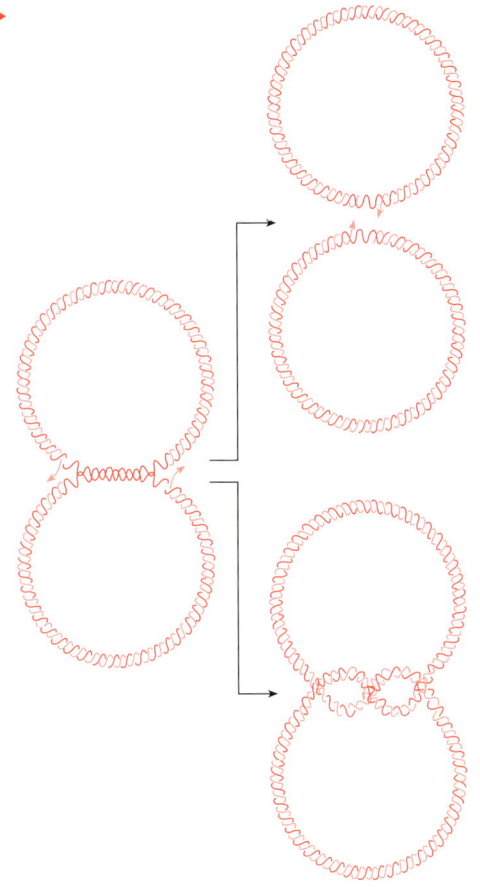

Mit dem Fortschreiten der Entwindung werden weitere Matrizen-
Stränge auch für die Synthese von Okazaki-Fragmenten frei. Die Einrichtung der Replikationsgabeln ist abgeschlossen. Sie können sich nun
mit einer Geschwindigkeit von etwa 12 μm/min (oder mit $3-4 \cdot 10^4$ Ba-
senpaaren/min) voneinander entfernen (bei 37 °C). Dabei wirken Topoisomerasen wie Drehscheiben, die eine zunehmende Torsionsspannung
verhindern (S. 173).

Nach etwa 40 Minuten treffen sich die Replikationsgabeln an einer
Stelle, dem **Terminator,** gegenüber dem Origin. Diese Stelle ist durch
besondere Nucleotid-Sequenzen gekennzeichnet. An die Terminator-Se-
quenzen bindet sich das Protein Tus *(terminator utilization substance)*,
das die DNA-Helikasen blockiert und damit die Wanderung der Replikationsgabeln zum Stillstand bringt. Untersuchungen an Modellsub-
straten zeigen, daß dies nicht unbedingt das Ende der Replikationsrunde
sein muß, denn die beiden Nachkommen-DNA-Moleküle hängen noch
über einen kurzen unreplizierten Abschnitt zusammen (Abb. 6.**23**). Dieser kann direkt durch Einwirkung einer Topoisomerase aufgelöst werden. Die entstehenden Lücken werden sofort aufgefüllt. Aber oft beobachtet man eine weitergehende DNA-Synthese mit der Ausbildung von
Catenanen (Abb. 6.**23**). Wie zuvor beschrieben (S. 175), ist zur Auflösung
der Catenane und zur Freisetzung der replizierten DNA die Einwirkung
einer Typ II-Topoisomerase notwendig.

Wie wird die Replikation des bakteriellen Genoms reguliert? Der Wert
von 40 Minuten für eine Replikationsrunde (bei 37 °C) bleibt konstant,
unabhängig von der Teilungsrate der Bakterien. Wenn sich unter ungünstigen Bedingungen die Bakterien einmal in 60 Minuten oder noch
seltener teilen, vergeht zwischen dem Ende der Replikationsrunde und
der Teilung eine Zeit von 20 oder mehr Minuten. Wenn Teilungen aber
einmal in 20–30 Minuten erfolgen, wird eine Replikationsrunde eingeleitet, bevor die vorangegangene abgeschlossen ist (Abb. 6.**24**). Kurz, die
Rate der DNA-Replikation wird über die Häufigkeit von Initiations-
ereignissen reguliert.

Dies hängt von vielen zellphysiologischen Bedingungen ab, die unter
anderem die Menge an verfügbarem Dna A-Protein bestimmen. Je höher
die Menge an Dna A-Protein ist, um so bereitwilliger kommt es zur Initiation der Replikation und umgekehrt.

Wir haben gesehen, daß sich das Dna A-Protein an Sequenz-Wiederholungen (Dna A-Boxen) im *ori C* bindet. Dna A-Boxen kommen auch im

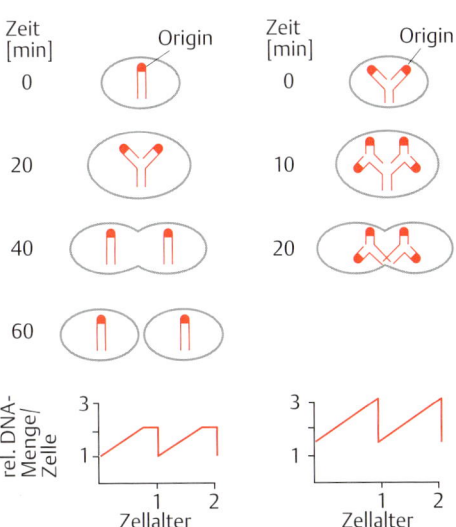

Abb. 6.24 Koordination von Replikation und Zellteilung bei Bakterien. Eine ▶
Replikationsrunde dauert 40 Minuten, unabhängig von der Länge der Genera-
tionszeit. **links** Bei langen Generationszeiten ist die DNA repliziert, bevor die Tei-
lung einsetzt. **rechts** Anders ist es bei kurzen Generationszeiten, wenn die DNA-
Replikation nie unterbrochen wird. Zur besseren Darstellung ist das Bakterien-
Genom als Doppellinie (und nicht als Ring) skizziert.

Promotor des *dna A*-Gens vor. Eine Bindung des Dna A-Proteins an den Promotor wirkt dort wie ein Repressor, d. h. das Dna A-Protein kann seine eigene Synthese hemmen, wenn seine Konzentration einen Schwellenwert überschreitet. Störungen dieser Autoregulation (S. 103) können die Mengen an Dna A-Protein in der Zelle verändern.

Ein anderer Regulationsmechanismus hängt von der Methylierung der GATC-Sequenzen im Origin ab. Der *ori C* kann nicht aktiviert werden, wenn nur einer der beiden Stränge Methyl-Gruppen trägt (Hemi-Methylierung). Da die Methylierung des neuen Stranges immer um einige Zeit nach der Synthese erfolgt, können Veränderungen der Zeit zwischen Synthese und Methylierung die Initiationsereignisse beeinflussen.

Das Bakterien-Genom ist an die Cytoplasma-Membran der Zellhülle gebunden. Dies scheint eine Voraussetzung für eine erfolgreiche Initiation *in vivo* zu sein. Da die Zusammensetzung der Zellmembran mit dem physiologischen Zustand der Zelle wechselt, kann dies Auswirkungen auf die Initiation haben.

Damit werden nur einige Möglichkeiten angedeutet, wie sich Veränderungen in der Physiologie der Zelle auswirken können. Eine Besprechung aller Details würde uns zu weit in das Gebiet der Bakteriologie führen.

Ablauf der Replikation in Eukaryoten

Wir haben gesehen, daß alle Bakterien einer Kultur mit der Replikation des Genoms beschäftigt sind. Dies trifft nicht auf die Zellen eines Tieres oder einer Pflanze zu, und nicht einmal auf alle Zellen in einer Zellkultur.

Die Zellen in den Geweben eines erwachsenen Tieres oder einer erwachsenen Pflanze beginnen mit der DNA-Replikation normalerweise im Zuge eines Proliferationsprogramms, das eingeleitet wird, wenn Zellverlust einen Ersatz durch Neubildung notwendig macht. Ein Beispiel sind die Stammzellen im Knochenmark, die ständig für den Ersatz der Blut-Zellen sorgen. Ein anderes Beispiel sind Zellen, die sich in der Nachbarschaft von Verwundungen und Entzündungen befinden. Signale von außen lösen DNA-Replikation und Zellteilung aus, wodurch schließlich die Lücke im Gewebe wieder geschlossen wird.

Zellzyklus

Zellbiologen können diese Ereignisse gut in Modellsystemen untersuchen, z. B. in Kulturen von Fibroblasten-Zellen, die sich in Gegenwart von Serum (oder genauer: in Gegenwart der Protein-Wachstumsfaktoren des Serums) in Kulturschalen vermehren. Bei Entzug der Wachstumsfaktoren beenden die Zellen ihre Proliferation, und erst der Zusatz neuer Wachstumsfaktoren löst neue Teilungsrunden aus. Wie wir an anderer Stelle sehen werden (S. 332), setzt der Zusatz von Wachstumsfaktoren ein genetisches Progamm in Gang, das u. a. für die Bereitstellung von Proteinen des Replikationsapparates sorgt. Tatsächlich erfolgt, mehrere Stunden nach Zusatz von Wachstumsfaktoren, die Replikation der DNA, gefolgt, nach einem Abstand von einigen weiteren Stunden, von Mitose und Zellteilung. Die Nachkommen dieser Zellteilung besitzen eine Grundausstattung an Replikations-Proteinen, aber trotzdem dauert es viele Stunden, bevor bei ihnen die DNA-Replikation einsetzt, und nach dem Ende der Replikation vergeht wieder einige Zeit bis zur Mitose und Zellteilung. Mit anderen Worten, proliferierende Eukaryoten-Zellen replizieren ihr Genom nur während eines umschriebenen Zeitabschnitts. Dieser Zeitabschnitt wird als DNA-Synthese-Phase oder kurz als S-Phase bezeichnet. Sie ist ein Bestandteil des sogenannten Zellzyklus, den man in vier Phasen einteilt: G1-Phase, S-Phase, G2-Phase und Mitose (Abb. 6.**25**).

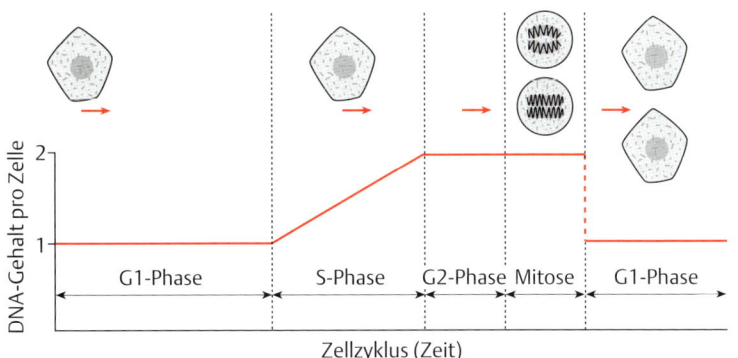

Abb. 6.25 Phasen des Zellzyklus. Die DNA-Synthese-Phase bestimmt man mit Hilfe autoradiographischer Methoden (siehe Box); und die M-Phase durch einfache mikroskopische Beobachtung. Die experimentell nicht direkt zugänglichen Zeiten dazwischen sind die beiden G-Phasen (*gap*, Lücke). Die G1-Phase ist von unterschiedlicher Länge: In schnell proliferierenden Zellen liegt sie zwischen 2 und 20 Stunden. In ruhenden Geweben, etwa in Nervenzellen, kann sie ein Erwachsenenleben dauern. Man spricht dann – und in vergleichbaren zellbiologischen Situationen – von der G0-Phase. Im Gegensatz dazu sind die übrigen Zellzyklus-Zeiten relativ konstant: S-Phase: 6–10 Stunden; G2-Phase: 2–4 Stunden; M-Phase (Mitose): 3–4 Stunden.

Methode

Zellen in der S-Phase. Oft ist eine Bestimmung des Anteils von DNA-replizierenden Zellen in einer Zellkultur oder in einem Gewebe von Interesse. Aber Zellen in der S-Phase unterscheiden sich mikroskopisch nicht von Zellen in G1- oder G2-Phase. Das traditionelle Verfahren zum Nachweis von S-Phase-Zellen verwendet daher radioaktiv markierte DNA-Vorläufer, meist [³H]-Thymidin, das einem Tier injiziert oder zu den Zellen einer Kultur gegeben wird. Die Zellen nehmen diese Verbindung auf und überführen sie in das entsprechende Deoxynucleosid-Triphosphat. Nur Zellen, deren DNA repliziert, bauen den markierten Vorläufer in die DNA ein. Der Nachweis erfolgt über Autoradiographie: Die Zellen werden fixiert, zur Entfernung von nicht eingebauten Nucleotiden mit Puffer-Lösungen gewaschen und dann mit einer fotografischen Emulsion bedeckt. Radioaktive Zerfälle führen zu Schwärzungen in der foto-grafischen Schicht (Autoradiographie) und bilden schwarze Flächen oder „Körner" über Zellkernen in der S-Phase, während Kerne in Zellen außerhalb der S-Phase unauffällig bleiben (Abb. 6.26). Dieses Verfahren ist wegen der Vorsichtsmaßnahmen beim Umgang mit Radiochemikalien umständlich und wegen der notwendigen Exposition von vielen Tagen oder Wochen langwierig. Deswegen verwendet man heute meist einen anderen DNA-Vorläufer, das 5-Bromdeoxyuridin (BU; S. 246), dessen Einbau in replizierende DNA mit Hilfe von BU-spezifischen Antikörpern nachgewiesen wird. Ein drittes Verfahren ist die Färbung von DNA mit Ethidium-bromid (S. 37) und die Analyse des relativen DNA-Gehaltes durch Impuls-Cytometrie: Zellen in G1-Phase haben den einfachen, Zellen in G2-Phase den doppelten DNA-Gehalt und S-Phase-Zellen Werte, die zwischen den beiden Extremen liegen.

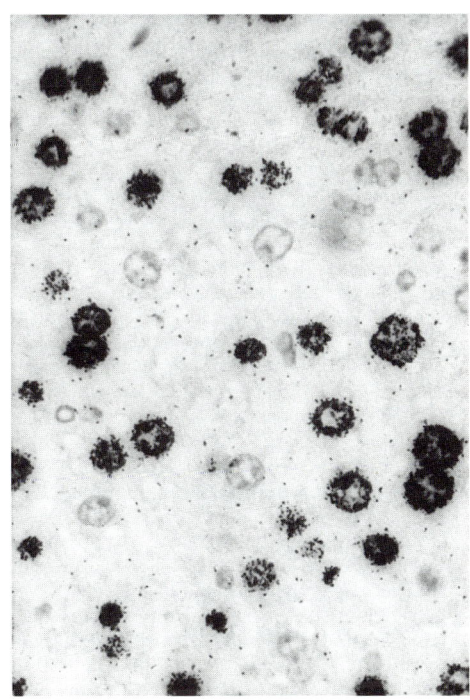

Abb. 6.26 Nachweis von S-Phase-Zellen durch Autoradiographie. Beispiel: Leber-Regeneration (Maus). Ein Verlust von Leber-Zellen wird durch Proliferation der vorhandenen Zellen ausgeglichen. Injektion von [³H]-Thymidin in ein Versuchstier. Man erkennt einige unauffällige Zellkerne neben anderen mit autoradiographischen Schwärzungen (E. Bade, Konstanz).

Regulation des Zellzyklus von Hefe-Zellen. Genetiker legten wichtige Grundlagen mit der Untersuchung von Hefe-Mutanten, deren Gang durch den Zellzyklus in der späten G1-Phase, in der S-Phase oder beim Übergang der G2-Phase zur Mitose blockiert ist. Solche Mutanten werden *cdc*-Mutanten genannt *(cdc, cell division cycle)*. Für viele Untersuchungen sind temperatursensitive *cdc*-Mutanten nützlich, die sich etwa bei niedriger Temperatur (permissiv) normal verhalten, aber bei erhöhter Temperatur (nichtpermissiv) den Mutanten-Phänotyp zeigen. Solche Studien wurden mit der Bäckerhefe *Schizosaccharomyces cerevisiae,* die sich durch Knospung vermehrt, und mit der Spalthefe *Saccharomyces pombe* durchgeführt. Der Vergleich beider Hefe-Arten ist lohnend, da sie nicht miteinander verwandt sind und sich deutlich in der Organisation ihrer Genome unterscheiden. Aus dem Vergleich ergeben sich Schlußfolgerungen auf die allgemeine Bedeutung eines Befundes.

Die Abb. 6.27 enthält nur die Ergebnisse mit einigen wenigen der zahlreichen bekannten *cdc*-Mutanten. Sie zeigen aber, daß der Zellzyklus je nach Mutanten-Typ an verschiedenen Stellen unterbrochen wird. Bei einigen *cdc*-Mutanten, die in der S-Phase anhalten, liegt die Erklärung auf der Hand. Die betroffenen Gene *CDC8* und *CDC21* bei *S. cervisiae* kodieren Enzyme des Deoxynucleotid-Stoffwechsels. Andere Gene kodieren Enzyme des Replikationsapparates: *CDC17* für DNA-Polymerase α, *CDC9* für Ligase. In unserem Zusammenhang sind die Gene *CDC28* von *S. cerevisiae* und *cdc2* von *S. pombe* von Bedeutung. Die Produkte dieser Gene haben nämlich eine Funktion bei der Überwindung des START-Punktes und bei der Einleitung der Mitose. Gen-Produkte sind die katalytischen Untereinheiten von Proteinkinasen (cdc2-Kinase; p34^{cdc2}). Diese **Proteinkinasen** sind in allen Phasen des Zellzyklus vorhanden, aber für ihre Aktivierung müssen sie mit spezifischen regulatorischen Untereinheiten reagieren. Diese regulatorischen Untereinheiten nennt man **Cycline**, weil sie im Zuge des Zellzyklus zu spezifischen Zeiten gebildet und dann wieder abgebaut werden. Für die Funktion der cdc2-Kinase sind in der späten G1-Phase spezielle G1-Cycline zur Überwindung des START-Punktes, und in der G2-Phase spezielle G2-Cycline zur Einleitung der Mitose notwendig. Die cyclinabhängigen Kinasen sind die Schalter für die Zellzyklus-Regulation. Die cdc2-Kinase von *S. pombe* kann das geschädigte Produkt des *CDC28*-Gens in *S. cerevisiae* ersetzen und umgekehrt. Überhaupt ist die Struktur und Funktion dieser cyclinabhängigen Proteinkinase bei allen daraufhin untersuchten Eukaryoten konserviert.

Regulation des Zellzyklus durch Proteinkinasen

Eine genauere Analyse der G1-Phase in proliferierenden Zellen hat ergeben, daß anfangs der Entzug von Wachstumsfaktoren noch zu einer Unterbrechung des Zellzyklus führen kann. In dieser Zeit ist deshalb die Entscheidung über Wachstumsstillstand (und eventuell Differenzierung) oder Proliferation mit Zellteilung noch offen. Zu einem späteren Zeitpunkt in der G1-Phase fällt die Entscheidung, und die Zelle ist voll auf DNA-Replikation programmiert. Das entscheidende Ereignis in der G1-Phase nennt man R-Punkt (Restriktion, also Einschränkung in der Entscheidungsmöglichkeit) oder, bei Hefe-Zellen, START (in die S-Phase). Experimente zeigen, daß bei der Regulation der wichtigen Übergänge im Zellzyklus spezielle **Proteinkinasen** eine entscheidende Funktion haben. Diese Untersuchungen wurden maßgeblich an Hefe-Zellen durchgeführt (siehe Box). Die Regulationsmechanismen gelten aber im wesentlichen für alle Eukaryoten-Zellen. Wir fassen im folgenden die Verhältnisse bei tierischen Zellen zusammen.

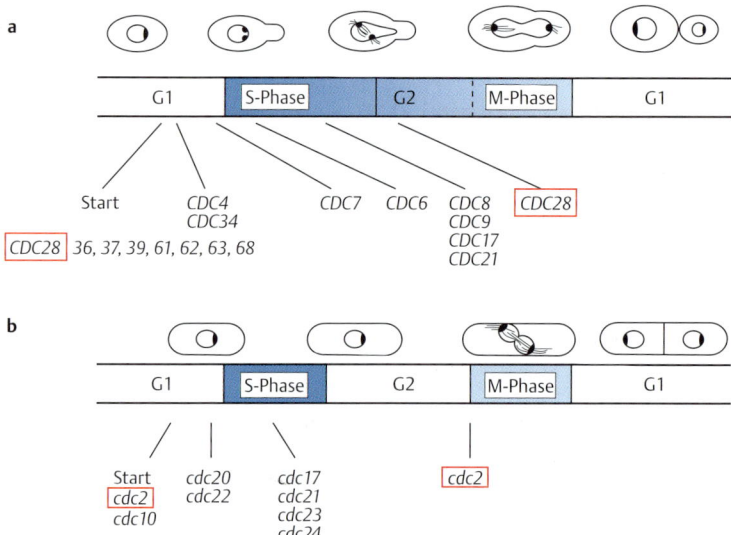

Abb. 6.27   Zellzyklus-Mutanten. a *Saccharomyces cerevisiae* (Bäcker-Hefe). Die Einleitung der DNA-Replikation, die Verdopplung des Spindelpols und die Ausbildung der Knospe erfolgen etwa zu gleichen Zeiten. Deswegen können S-Phase, G2-Phase und Mitose nicht eindeutig voneinander abgegrenzt werden. Die durch Knospung entstandene „Tochter"-Zelle ist zunächst kleiner als die „Mutter"-Zelle. **b** *Saccharomyces pombe* (Spalt-Hefe). Beachte, die Stelle START wird überschritten und die Mitose eingeleitet, wenn die Gene *CDC28* (bei *S. cerevisiae*) bzw. *cdc2* (bei *S. pombe*) aktiv sind [nach 1].

Cyclinabhängige Kinasen und ihre Inhibitoren

Zellen von Säugetieren und anderen Vertebraten enthalten mehrere verschiedene cyclinabhängige Proteinkinasen (CDK), von denen eine (CDK1) der cdc2-Kinase aus Hefe entspricht. Die cdc2-Kinase in höheren Eukaryoten hat eine spezielle Funktion bei der Einleitung der Mitose, während die anderen CDKs während der G1-Phase und der S-Phase wirken. Dazu müssen sie durch Bindung mit regulatorischen Cyclinen aktiviert werden. In der G1-Phase stehen dafür die Cycline D1, D2 und D3 zur Verfügung, beim Übergang von der G1- zur S-Phase wird das Cyclin E und später die Cycline A und B gebildet (Abb. 6.**28**). Die aufeinanderfolgenden Aktivierungen von CDKs leitet die Zelle durch den Zellzyklus.

Aber die Regulation der CDK-Aktivität ist komplex, denn zusätzlich zur Bindung von Cyclin muß die CDK selbst phosphoryliert werden (Abb. 6.**28**). Das zeigt, daß neben der inneren Uhr (Bildung und Abbau der Cycline) noch Signale von außen (über Phosphorylierungsreaktionen) die Funktion der CDKs bestimmen.

Ein weiterer regulatorischer Effekt wird durch die Gruppe der **CDK-Inhibitoren** vermittelt. Diese Proteine binden sich an das fertige Cyclin-CDK-Enzym und unterdrücken dessen Funktion (Abb. 6.**28**). Über CDK-Inhibitoren sind Eingriffe in die laufende Zell-Proliferation möglich.

Zum Beispiel kennt man seit längerem den Hemmeffekt des Proteins TGF-β (*transformation growth factor β*). Dieses Protein reagiert mit einem Rezeptor auf der Zelloberfläche und löst eine Signalkette aus (S. 331), die schließlich zur Blockade des Zellzyklus in der späten G1-Phase führt. Die Ursache dafür ist die Bereitstellung eines CDK-Inhibitors mit der Bezeichnung p27. Das Protein lagert sich an Cyclin E/CDK2 und verhindert damit den Eintritt in die S-Phase.

Ein anderes Beispiel ist der Inhibitor p21, der vermehrt nach Schädigung der DNA durch mutationsauslösende Chemikalien oder durch ultraviolette Strahlen gebildet wird (siehe Kasten). Das Protein p21 bindet an alle G1-aktive CDKs, unterbricht damit den Lauf des Zellzyklus und verhilft so der Zelle zu der nötigen Zeit für eine Reparatur der geschädigten DNA.

Im übrigen ist das Protein p21 für unser Kapitel noch aus einem zweiten Grund von Interesse, denn es kann auch mit der PCNA-Ringklemme, dem Prozessivitäts-Faktor für die DNA-Polymerasen δ und ε, in Wechselwirkung treten und seine Funktion hemmen. Dies hat, wie wir uns denken können (S. 172), einen unmittelbaren Stopp laufender DNA-Replikation zur Folge, was ebenfalls eine sinnvolle Reaktion nach Schädigung der DNA ist.

Cyclinabhängige Proteinkinasen sind also wichtige Schaltstellen der Zellzyklus-Regulation. Sofort stellt sich daher die Frage nach ihrer biochemischen Funktion, also nach den Zielstellen, die durch die Wirkung der CDKs beeinflußt werden. Wir erwarten, daß CDKs ihre Ziele über Phosphorylierung so beeinflussen, daß im Endeffekt in der S-Phase die DNA-Replikation eingeleitet werden kann. Zur Zeit sind die Informationen auf diesem Gebiet noch sehr spärlich.

Wir wissen, daß z. B. ein Protein mit der Bezeichnung pRB durch CDKs phosphoryliert wird. Vor der Phosphorylierung hemmt das Protein pRB die Funktion einiger Transkriptions-Faktoren. Die Übertragung von Phosphat-Gruppen hebt die Hemmung auf, so daß die Expression von wichtigen Replikations-Proteinen möglich wird (genauere Beschreibung, siehe S. 335). Ebenso ist eine Phosphorylierung des Proteins RPA (S. 169) durch

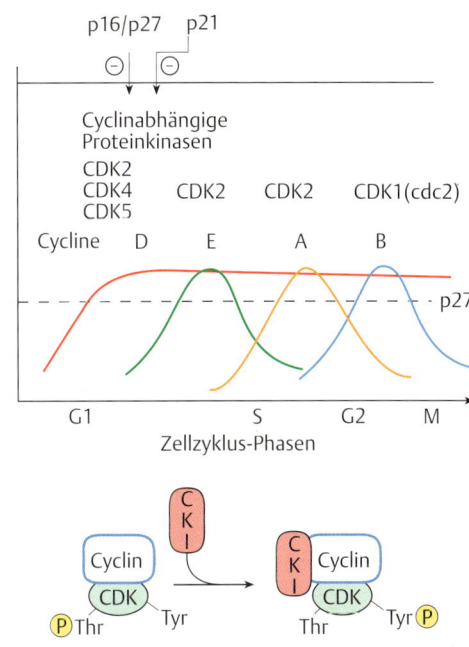

Abb. 6.28 Cyclinabhängige Proteinkinasen im Zellzyklus von Säugetier-Zellen.
oben. Im Zuge des Zellzyklus gehen verschiedene Proteinkinasen (gezeigt sind nur CDK2, 4, 5 und die Säugetier-Version der p34cdc2) Wechselwirkungen mit verschiedenen Cyclinen ein. Die Cycline E, A und B werden zu den angegebenen Zeiten gebildet und dann wieder abgebaut (über den Ubiquitin-abhängigen Weg, S. 144). Die Cycline D1, D2 und D3 bleiben relativ konstant im Verlauf des Zellzyklus.
unten. Die Aktivität von CDKs wird über verschiedene Mechanismen reguliert [nach 17, 18, 21].
1. Inhibitoren (CDI). Das p16-Protein und verwandte Inhibitoren hemmen die Kinase CDK4 und verhindern die Anlagerung von D-Cyclinen. Die Proteine p21 und p27 (und verwandte Proteine) sind weniger spezifisch und hemmen nicht nur die Kinase CDK4/Cyclin D, sondern auch andere Kinasen, etwa CDK2/Cyclin E, die für die Einleitung der S-Phase wichtig ist. Proteine p21 und p27 binden an den Komplex von CDK/Cyclin (unser Bild).
2. Phosphorylierung/Dephosphorylierung. Zur Aktivierung von CDKs ist die Anheftung einer Phosphat-Gruppe an einen speziellen Threonin-Baustein notwendig (Das dafür verantwortliche Enzym ist selbst wieder eine Cyclin-abhängige Kinase, CDK7/Cyclin H). Außerdem erfolgt eine Steuerung der Kinase-Funktion über die Phosphorylierung der Aminosäuren Threonin 14 und Tyrosin 15 (unser Bild): aber die Anwesenheit von Phosphat-Gruppen an diesen Stellen wirkt sich hemmend aus. Deswegen werden sie im Zuge einer CDK-Aktivierung entfernt, und zwar durch das Enzym Cdc25-Phosphatase (von der drei Formen in Säugetier-Zellen vorkommen).

Zellzyklus-Regulatoren und Krebsentstehung

Tumorforscher haben Chromosomen-Translokationen in B-Zell-Lymphomen (S.464) gefunden, die das Cyclin D1-Gen unter die Kontrolle eines starken Promotors bringen. Die Folge ist eine Überexpression dieses Cyclins, so daß die betroffenen Zellen unter vermehrtem Proliferationsdruck stehen. Auch in Tumoren der Nebenschilddrüse und in einem Prozentsatz von Fällen mit Ösophagus- und Brustkrebs wurde eine Überexpression von Cyclin D nachgewiesen.

Umgekehrt ist in vielen Krebs-Zellen, insbesondere in Melanom-Zellen, das Gen für den CDK-Inhibitor p16 ausgefallen. Entsprechend fehlt in diesen Zellen eine normale und wirkungsvolle Bremse des Zellzyklus.

Am wichtigsten erscheint der Ausfall des CDK-Inhibitors p21. Die Expression dieses Proteins wird positiv durch ein sogenanntes **Tumor-Suppressor-Protein** reguliert, das als p53-Protein bekannt geworden ist. In den Zellen vieler und klinisch bedeutender Krebsgewebe ist das Gen für das p53-Protein durch Mutationen geschädigt (S.462). Dies hat eine Reihe von Konsequenzen, weil das p53-Protein mehrere zellbiologische Aufgaben wahrnimmt. Zu diesen Aufgaben gehört auch die Aktivierung des Gens für den CDK-Inhibitor p21. Beim Verlust des p53-Proteins werden nur ungenügende Mengen von p21 gebildet, eine natürliche Zellzyklus-Bremse fällt aus, und unregulierte Zell-Proliferation ist die Folge.

CDK bekannt, aber die Auswirkung der RPA-Phosphorylierung auf die Ereignisse bei der Einrichtung von Replikationsgabeln ist unter Fachleuten umstritten. Wir vermuten, daß die Hauptfunktion der CDKs eine Aktivierung von Initiator-Proteinen sein sollte, aber der Stand der Forschung erlaubt uns hierzu noch keine sichere Aussage.

Wir können auf jeden Fall festhalten, daß die Wechselwirkung von Initiator-Proteinen mit Origin-Sequenzen und die Einrichtung der ersten Replikationsgabeln die zentralen Ereignisse bei der Einleitung der DNA-Replikation sind (S.182).

Einleitung der Replikation

Die regulatorische Aktivität der G1-Phase-spezifischen cyclinabhängigen Proteinkinasen sollte sich im Endeffekt auf Initiator-Proteine und die Einrichtung von Replikationsgabeln an den Startstellen der Replikation auswirken. Aber trotz intensiver Forschungsaktivität ist zur Zeit noch wenig darüber bekannt. Alle Überlegungen müssen von einigen lang bekannten Grundtatsachen ausgehen, die wir in den folgenden Sätzen zusammenfassen:

– **Eukaryoten-Genome enthalten viele Replikations-Startpunkte.** Diese Tatsache wurde zuerst von J. A. Huberman und A. D. Riggs (1968) bei der Analyse von Autoradiographien pulsmarkierter DNA entdeckt (Abb. 6.29). Die Verteilung der Schwärzungen entlang der DNA-Fasern zeigt, daß Replikations-Startpunkte in Abständen von 50 000 bis 200 000 Basenpaaren vorkommen. Daraus folgt, daß Eukaryoten-Genome einige zehntausend Replikations-Startpunkte besitzen, von wo aus sich Replikationsgabeln in beide Richtungen („bidirektional") be-

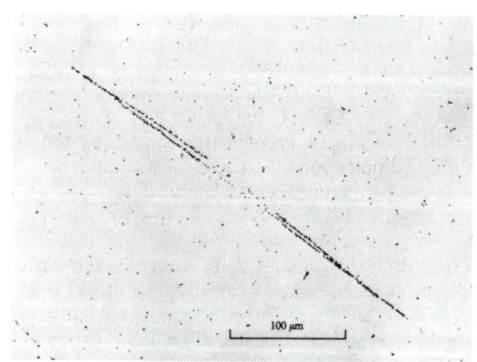

Abb. 6.29 Autoradiographie von DNA-Fasern. Zellkultur-Zellen werden für wenige Minuten mit [³H]-Thymidin markiert und zur elektronenmikroskopischen Darstellung von DNA aufbereitet. Dichte Folgen von Autoradiographie-Körnern an den Replikationsgabeln, wenig oder keine Körner in der Nähe der Origins [aus 19].

wegen (Abb. 6.**30**), und zwar mit einer Geschwindigkeit von ungefähr 3000 Basenpaaren/Minute. Das Genom ist also in viele Replikations-Abschnitte (Replicons) aufgeteilt, und Zellbiologen vermuten, daß jeder Replikations-Abschnitt einer Chromatin-Schleife entspricht (S. 146).

– **Replikations-Startpunkte sind meist nicht gleichzeitig aktiv.** Manche Genom-Abschnitte werden früh, andere spät in der S-Phase repliziert, und diese Reihenfolge bleibt bei aufeinanderfolgenden Zellzyklen erhalten. Einer der Gründe dafür ist die Struktur des Chromatins, denn DNA in dicht gepacktem Heterochromatin wird spät, und DNA in lockerem Euchromatin wird früh repliziert. Von der asynchronen Aktivierung der Replikations-Startpunkte gibt es Ausnahmen, beispielsweise während der extrem kurzen S-Phasen in der frühen Embryonalentwicklung vieler Organismen. Die Tab. 6.**5** zeigt dies am Beispiel von *Drosophila*-Zellen. Aus den Werten kann man auf zwei Gründe für kürzere S-Phasen-Zeiten schließen: kürzere Replikations-Abschnitte und gleichzeitige (synchrone) Aktivierung aller Startpunkte.

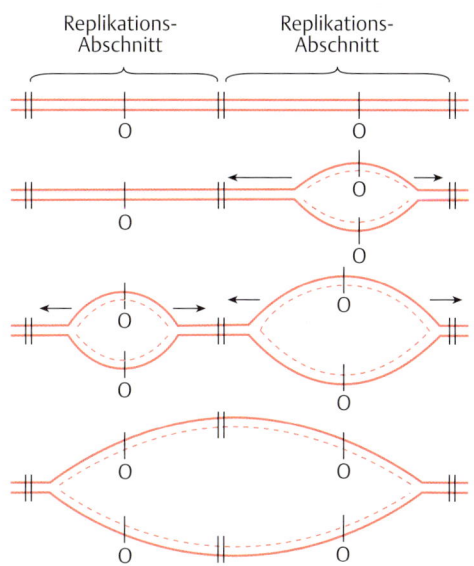

Abb. 6.30 *Origins* **im Eukaryoten-Genom.** O, Replikations-Startpunkte (Origins); gestrichelte Linien, neusynthetisierte DNA [nach 10].

Tab. 6.5 Zellzyklus-Zeiten von *Drosphila*-Zellen [aus 22]

Zellen	Zellzyklus-Dauer	S-Phasen-Dauer [min]	Abstand zwischen Starts [kb]	Elongationsrate [kb/min]
frühe Embryonal-Entwicklung (Furchungsstadium)	10 min	3–4	7,5	2,6
spätere Embryonal-Entwicklung (Blastoderm)	1 h	20	10,6	–
Zellkultur-Zellen (Zellen des adulten Tieres)	20 h	600	40–200	2,6

– **DNA-Replikation ist an Strukturen des Zellkerns gebunden.** Nach kurzen Markierungen mit [³H]-Thymidin findet man radioaktive, d. h. neusynthetisierte DNA an Strukturen der Kern-Matrix (S. 146). Aus diesen und anderen Experimenten schließen Zellbiologen, daß die Replikations-Enzyme an eine innere Kernstruktur gebunden sind, und daß die DNA während der Replikation durch den stationären Apparat gezogen wird (Abb. 6.**31**). Eine genaue Analyse von hochauflösenden Autoradiogrammen spricht für eine Konzentration von 20 oder mehr Replikationsgabeln an diesen Stellen aktiver DNA-Synthese (Replikations-„Fabriken").

– **Jeder Abschnitt des Genoms wird während der S-Phase nur ein einziges Mal repliziert.** Anders gesagt, Genom-Abschnitte, die sich früh in einer S-Phase verdoppeln, werden später in der S-Phase nicht noch einmal repliziert. Das ist alles andere als selbstverständlich, denn zwischen dem Anfang und dem Ende der S-Phase liegen normalerweise einige Stunden, und replizierte und noch nicht replizierte Genom-Abschnitte liegen gleichsam nebeneinander im engen Raum des ganz auf DNA-Synthese eingestellten Zellkerns. Ein populäres Modell zur Erklärung dieser Verhältnisse geht davon aus, daß an jedem Replikationsstart Initiator-Proteine liegen, die nur einmal während der S-Phase aktiv sind, danach aber in ihrer nichtaktiven Form zurückbleiben und den Zugang zur Startstelle versperren. Nach den Vorstellungen dieses Modells erfolgt im Verlauf der Mitose, wenn die Kernhülle aufgelöst und das Chromatin drastisch umstrukturiert wird,

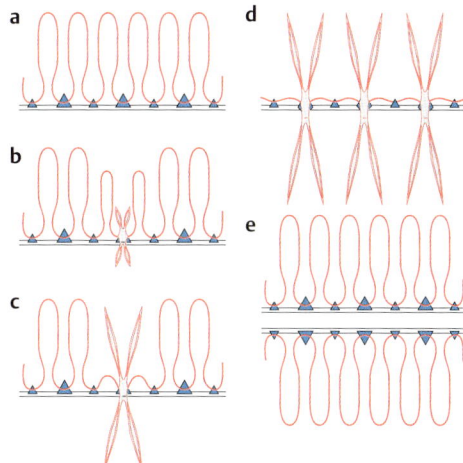

Abb. 6.31 Modell: DNA-Replikation an der Kern-Matrix. a Chromatin-Schleifen sind am Origin (große Dreiecke) und am Terminationspunkt an eine – ganz und gar – hypothetische innere Kernstruktur gebunden. **b** Zu Beginn der S-Phase werden Origin-gebundene Replikations-Proteine aktiv. **c** Die parentale DNA wird durch den Replikationspunkt gezogen. **d** Gegen Ende der S-Phase: Der größte Teil der DNA ist repliziert. Der Rest wird repliziert, bevor etwas später die Vorbereitung für die Mitose beginnt. **e** Nach der Mitose [nach 8].

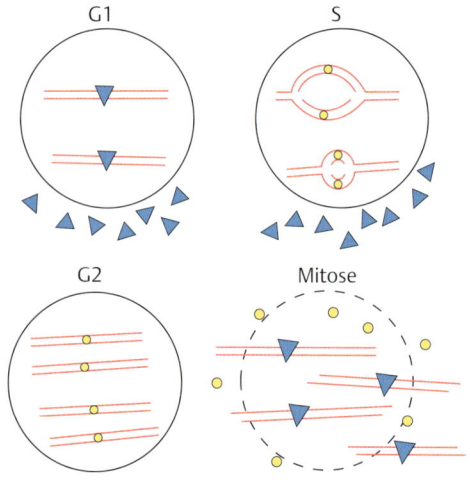

G1   S

G2   Mitose

◀ **Abb. 6.32   Lizenz-Faktor-Modell.** Aktive Initiator-Proteine (blaue Dreiecke) besetzen die Origins in der G1-Phase des Zellzyklus. Mit der Einleitung von Replikationsrunden werden die Initiator-Proteine inaktiviert (gelbe Kreise), aber verbleiben am Origin bis zur Mitose, wenn die Kernhülle zerfällt und ein Austausch der nichtaktiven gegen aktive Proteine möglich ist. Außerhalb der Mitose verhindert die Kernhülle den Zutritt von aktiven Initiator-Proteinen [nach 4].

ein Austausch der alten und verbrauchten Initiator-Proteine gegen neue Initiator-Proteine, die damit dem Chromatin die „Lizenz" zur Replikation geben, wenn dann später die nächste S-Phase eingeläutet wird (Abb. 6.**32**). Auch von der strikten Begrenzung der Replikation auf eine Runde gibt es Ausnahmen, denn in bestimmten Entwicklungsstadien bei Insekten, in Tumorzellen und nach chronischer Einwirkung von Zellgiften können sich umgrenzte Chromatin-Abschnitte der Restriktion entziehen und mehrfach im Laufe eines Zellzyklus replizieren. Man spricht von einer Amplifikation oder von einer lokalen Polytänisierung (siehe S. 157, Abb. 6.**33**, Kasten).

Die Erforschung der Ereignisse, die zur Einleitung der Replikation bei Eukaryoten führen, stehen noch am Anfang. Im Gegensatz zu entsprechenden Arbeiten mit Bakterien (S. 181), fehlen zwei wichtige Voraussetzungen:

– Die Initiation der Replikation von Zell-DNA in einem biochemischen Testsystem *(in vitro)* ist trotz vieler Bemühungen bisher noch nicht gelungen. Man mußte sich mit Modellsystemen begnügen. Das sind DNA-Viren, die zwar für die replikative Kettenverlängerung die Enzyme der Wirtszelle benutzen (und deswegen die experimentelle Grundlage für die meisten Aussagen im Abschnitt „Replikationsgabeln" lieferten, siehe S. 178 f.), die aber ihr eigenes Initiator-Protein besitzen. Dieses Protein dient dem Lebenszweck der Viren, nämlich häufige und schnelle Vermehrung ihrer DNA. Wir haben aber gesehen,

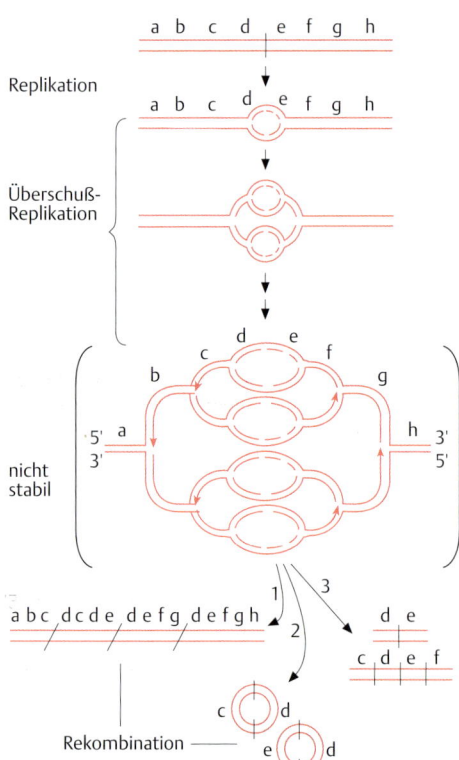

Replikation

Überschuß-Replikation

nicht stabil

Rekombination

Abb. 6.33   DNA-Amplifikation über lokale Polytänisierung. Aus unbekannten Gründen repliziert ein umschriebener DNA-Abschnitt mehrfach während eines Zellzyklus. Die Konsequenzen sind Rekombinationsvorgänge, die entweder zu langen Blöcken sich wiederholender DNA führen oder zu Abschnürungen mit der Ausbildung extrachromosomaler DNA [nach 23].

Amplifikation von Genom-Abschnitten

Die Verbindung Methotrexat wird in der Klinik oft als Bestandteil einer Chemotherapie von Tumor-Erkrankungen eingesetzt. Methotrexat hemmt das Enzym Dihydrofolat-Reduktase, eine Komponente des Synthesewegs für Nucleotide, und tötet deswegen schnell wachsende Zellen. Einige Zellen überleben die Behandlung und darunter sind solche, die im Verlauf der Methotrexat-Behandlung allmählich einen Genom-Abschnitt von etwa 150 kb Länge um das 20–50fache amplifizieren. Dieser Genom-Abschnitt enthält das Dihydrofolat-Reduktase-Gen, so daß die Zellen ein Vielfaches der normalen Enzym-Menge bilden können und resistent gegen Methotrexat werden. Die amplifizierte DNA kann sich in langen Blöcken hintereinander anordnen. Dies fällt schon bei einer einfachen mikroskopischen Betrachtung von Chromosomen auf (HSR, *homogeneously staining regions*). Die amplifizierte DNA kann aber auch aus dem Verband des Chromatins entlassen werden und als eine Art Minichromosom *(double minute chromosome)* weiter existieren. Die Minichromosomen enthalten keine Centromere und werden deshalb bei der Mitose ungleichmäßig auf die Nachkommen verteilt. Nur Zellen mit Mini-Chromosomen überleben in Gegenwart von Methotrexat.

daß die Replikation des Zellgenoms, im Gegensatz dazu, mit nur einer einzigen Runde im Zellzyklus genau reguliert wird. Die Schwierigkeit bei der Entwicklung eines zellfreien Replikations-Systems mag mit der Tatsache zu tun haben, daß der Replikationsapparat an Strukturen der Kern-Matrix gebunden ist (Abb. 6.**31**), die sich im Reagenzglas nicht nachbauen lassen.

– Viele Arbeiten sind der Frage nach der Struktur der Replikations-Startstellen (Origins) im Genom höherer Eukaryoten gewidmet worden. Ergebnisse zeigen kein einheitliches Muster, sondern sprechen für den Aufbau aus verschiedenen Sequenz-Motiven, u. a. auch aus kurzen Sequenzen, die sonst vor den Promotoren eukaryotischer Gene gefunden werden (S. 310). Es wäre wünschenswert, wenn diese Beobachtungen durch direkte Experimente überprüft werden könnten. Dafür käme der Einbau möglicher Origin-Sequenzen in Plasmid-DNA in Frage, gefolgt von der Übertragung dieser Plasmide in Zellkultur-Zellen und einer Untersuchung ihrer Replikationsfähigkeit. Wir haben erwähnt, daß nach diesem Muster wichtige Informationen über die Struktur der Origins von Bakterien erhalten wurden. Aber dieser experimentelle Weg ist bei Säugetier-Zellen verschlossen, denn innerhalb weniger Tage wird die übertragene DNA (mit oder ohne Origins) in das Genom der Empfänger-Zelle eingebaut und deshalb der Untersuchung entzogen.

Eine wichtige Ausnahme gibt es allerdings: Hefe-Zellen bauen aufgenommene DNA nicht in ihr Genom ein. Deshalb läßt sich hier überprüfen, ob ein Stück DNA einem übertragenen Plasmid die Fähigkeit zur eigenständigen Replikation verleiht. Tatsächlich wurden solche Sequenzen gefunden. Es sind kurze AT-reiche DNA-Abschnitte, die man als ARS-Elemente bezeichnet (ARS, *autonomously replicating sequences*). Der wichtige Punkt ist, daß ARS-Elemente nicht nur die Replikation von eingeführter Plasmid-DNA ermöglichen, sondern auch als Startpunkte der Replikation in intakten Hefe-Chromosomen dienen.

Hefe-Origins mit ARS-Elementen tragen einen Komplex aus sechs verschiedenen Proteinen (ORC, *origin recognition complex*). Und Molekularbiologen gehen davon aus, daß ORC-Proteine die Empfänger der Regulationssignale sind, die ursprünglich von den cyclinabhängigen Proteinkinasen ausgehen und über noch unbekannte Zwischenstationen an den Origin gelangen. Sie vermuten weiter, daß dann in einem Folgeschritt DNA-Helikasen an den ORC-Komplex herangezogen werden. Somit wäre die Einrichtung von Replikationsgabeln eingeleitet, analog den bekannten Ereignissen am bakteriellen *ori C* (siehe Abb. 6.**22**).

Ende der Replikation

Wir unterscheiden zwei Probleme. Das erste betrifft die Enden von benachbarten Replikationsabschnitten, wo sich zwei Replikationsgabeln treffen (Abb. 6.**30**). Dadurch kann es zur Ausbildung von Catenan-Strukturen kommen (Abb. 6.**34**), ähnlich wie bei der Termination der Bakterien-DNA-Replikation (Abb. 6.**23**). Replikationsforscher gehen davon aus, daß dieses Problem mit Hilfe der Typ II-Topoisomerase gelöst wird.

Das zweite Problem hängt mit der linearen Struktur eukaryotischer Chromosomen zusammen. Eine einfache Überlegung zeigt, daß die von Primern vermittelte diskontinuierliche DNA-Synthese quasi automatisch zu einem Verlust endständiger DNA führen muß, weil zumindest der DNA-Abschnitt, an dem die Synthese des letzten RNA-Primers stattfindet, unrepliziert bleiben muß (Abb. 6.**35**). Die Lösung dieses

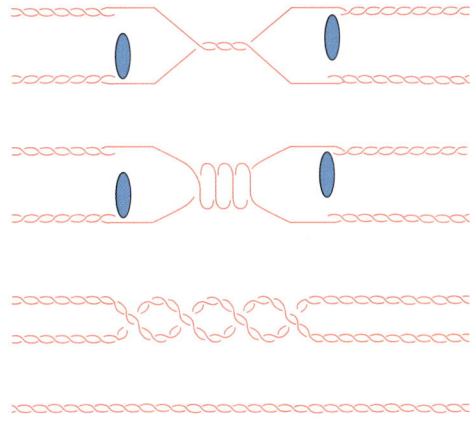

Abb. 6.34   Replikationsgabeln treffen sich. Die entstehenden Catenane werden durch Typ II-DNA-Topoisomerase aufgelöst.

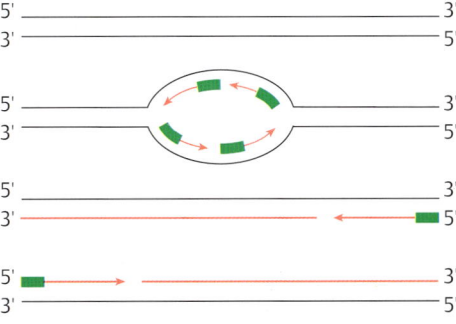

Abb. 6.35   Probleme an den Enden. Wie entsteht das 5′-Ende eines linearen DNA-Moleküls? Grün = RNA-Primer; Pfeilspitzen = 3′-Enden wachsender DNA-Stränge.

Tab. 6.6   Sequenz-Wiederholungen an Telomeren

Art	Sequenz
Tetrahymena (Ciliat)	TTGGG
Oxytricha (Ciliat)	TTTTGGGG
Trypanosoma	TTAGGG
Saccharomyces (Hefe)	$TG_{1-3}TG$
Mensch	TTAGGG

Die gezeigten Sequenzen laufen in 5′-3′-Richtung auf die Enden der Chromosomen zu, wie in der Abb. 6.36 angedeutet. Beachte die Ähnlichkeit der Sequenzen. Tatsächlich ist gezeigt worden, daß die menschliche Telomer-Sequenz in Hefe-Zellen funktioniert.

Problems hängt mit der besonderen Struktur der Chromosomen-Enden (Telomere) zusammen.

Telomere bestehen aus Folgen kurzer repetitiver DNA-Sequenzen, die sich nur wenig von Art zu Art unterscheiden (Tab. 6.6). An den Enden der Chromosomen des Menschen und anderer Vertebraten findet man viele hundert bis über tausend 6-Nucleotid-Blöcke vor: Die Folge 5′-TTAGGG-3′ in monotonen Wiederholungen auf dem einen DNA-Strang und die entsprechende Komplementär-Sequenz auf dem anderen DNA-Strang. Dort, wo eine verläßliche Untersuchung möglich ist (bei Ciliaten und Protozoen), zeigt sich, daß der Strang mit den Guanin-Bausteinen ein freies 3′-OH-Ende hat und den anderen Strang um einiges überragt. Die Telomer-Enden werden im Verlauf der vielen Replikationsrunden von normalen Säugetier-Zellen in der Zellkultur und im erwachsenen Tier kürzer. Dabei handelt es sich möglicherweise um einen unvermeidlichen Alterungsprozeß.

Dagegen enthalten reifende Geschlechtszellen, Embryonalzellen, Zellen aus Tumoren (HeLa-Zellen) und alle schnell proliferierenden eukaryotischen Einzeller (Hefe, Ciliaten) ein Enzym, das den Abbau der Telomer-Enden ausgleicht. Dieses Enzym ist als **Telomerase** bekannt.

Die Telomerase besteht aus zwei funktionellen Teilen, einem großen Proteinteil und einer RNA von etwa 160 Basen. Die RNA enthält einen Sequenz-Abschnitt, der mit den Telomer-Wiederholungen Basenpaare eingehen kann. Die RNA dient gleichsam als wandernde Matrize für die Synthese von Telomer-Enden, wie aus dem folgenden Reaktionsablauf hervorgeht (Abb. 6.**36**):

Abb. 6.36   Telomerase. Der RNA-Bestandteil der Telomerase enthält einen Abschnitt, der Basenpaarungen mit der Telomer-Sequenz eingehen kann. Überstehende RNA-Sequenzen dienen als Matrize für die DNA-Polymerisierung. Dann bewegt sich das Enzym um die Länge einer Telomer-Einheit weiter (Translokation), und der Syntheseschritt wiederholt sich [nach 3].

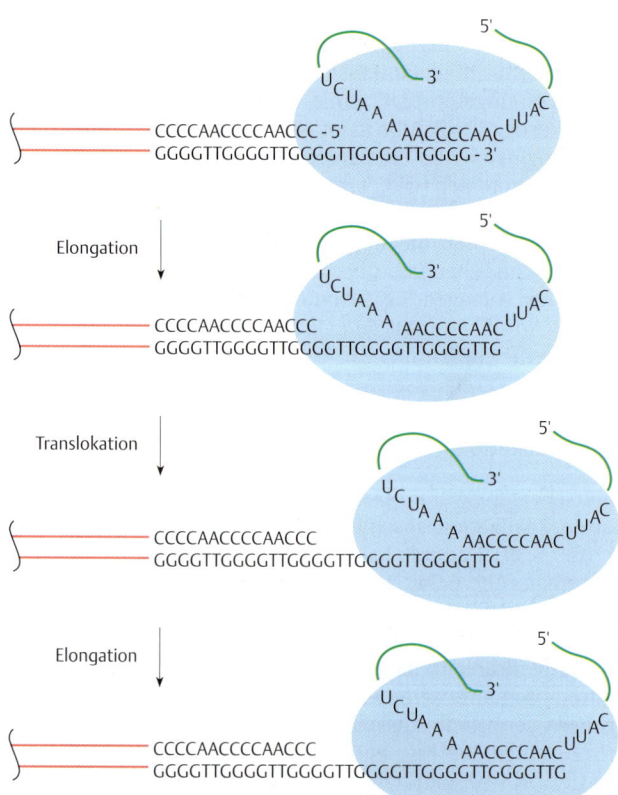

- Es bilden sich Basenpaarungen zwischen dem überstehenden DNA-Ende und der Telomerase-RNA.
- Deoxynucleotide werden an das 3′-OH-Ende der DNA nach Maßgabe der Matrizen-Sequenz in der RNA angeheftet.
- Es findet eine Translokation der Telomerase mit der Bereitstellung neuer Matrizen-Sequenzen statt.

Literatur

Buch

1. Kornberg, A., Baker, T.A.: DNA Replication. Second Edition. Freeman, New York 1992

Original- und Übersichtsarbeiten

2. Bartlett, R., Nurse, P.: Yeast as a model for understanding the control of DNA replication in eukaryotes. Bioessays **12** (1990) 457–463
3. Blackburn, E.H.: Telomerase. Ann. Rev Biochem. **61** (1992) 113–129
4. Blow, J.J., Laskey, R.A.: A role for the nuclear envelope in controlling DNA replication within the cell cycle. Nature **332** (1988) 546–548
5. Bouché, J.P., Rowen, L., Kornberg, A.: The RNA primer synthesized by primase to initiate phage G4 DNA replication. J. Biol. Chem. **253** (1978) 765–769
6. Bramhill, D., Kornberg, A.: Duplex opening by dna A protein at novel sequences in initiation of replication at the origin of the E. coli chromosome. Cell **52** (1988) 743–755
7. Brutlag, D., Kornberg, A.: Enzymatic synthesis of deoxyribonucleic acid. XXXVI. A proof reading function for the 3′-5′-exonuclease activity in deoxyribonucleic acid polymerase. J. Biol. Chem. **247** (1972) 241–245
8. Cook, P.R.: The nucleoskeleton and the topology of replication. Cell **66** (1991) 627–635
9. Forterre, P., Assairi, L., Duguet, M.: Topology, type II DNA topoisomerases and DNA replication in prokaryotes and eukaryotes, pp. 123–176. In de Recondo, A. (Hrgb.): New approaches in eukaryotic DNA replication, Plenum Press, New York 1983
10. Huberman, J.A., Riggs, A.D.: On the mechanism of DNA replication in mammalian chromosomes. J. Mol. Biol. **32** (1968) 327–341
11. Joyce, C.M., Steitz, T.A.: DNA polymerase I: from crystal structure to function via genetics. Trends Biochem. Sci. **12** (1987) 288–292
12. Kuempel, P.L., Pelletier, A.J., Hill, T.M.: Tus and the terminators: the arrest of replication in prokaryotes. Cell **59** (1989) 581–583
13. Kuriyan, J., O'Donnell, M.: Sliding clamps of DNA polymerases. J. Mol. Biol. **234** (1993) 915–925
14. Matson, J.W.: DNA Helicases of *Escherichia coli*. Progr. Nucl. Acids Res. Mol. Biol. **40** (1991) 282–326
15. McHenry, C.S.: DNA polymerase III Holoenzyme of *Escherichia coli*. Ann. Rev. Biochem. **57** (1988) 519–550
16. Messer, W., Hartmann-Kühlein, H., Langer, U., Mahlow, E., Roth, A., Schaper, S., Urmoneit, B., Woelker, B.: The complex for replication initiation of *Escherichia coli*. Chromosoma **102** (1992) Sl-S6
17. Nigg, E.A.: Cellular substrates of p34cdc2 and its companion cyclin-dependent kinases. Trends Cell Biol. **3** (1993) 296–301

18. Peter, M., Herskowitz, I.: Joining the complex: cyclin-dependent kinase inhibitory proteins and the cell cycle. Cell **79** (1994) 181-184

19. Prescott, D.M., Kuempel, P.L.: Autoradiography of individual DNA molecules. Methods Cell Biol. **7** (1973) 147–156

20. Roca, J., Wang, J.C.: The capture of a DNA double helix by an ATP dependent protein clamp: a key step in DNA transport by type II DNA topoisomerases. Cell **71** (1992) 833–840

21. Sherr, C.J.: Mammalian G1 cyclins. Cell **73** (1993) 1059–1065

22. Spradling, A., Orr-Weaver, T.: Regulation of DNA replication during Drosophila development. Ann. Rev. Genet. **21** (1987) 373–403

23. Stark, G.R., Debatisse, M., Giulotto, E., Wahl, G.M.: Recent progress in understanding mechanisms of mammalian DNA amplification. Cell **57** (1989) 901–908

24. Stent, G.: Molecular Biology of Bacterial Viruses. Freeman, San Francisco 1963

25. Stillman, B.W: Smart machines at the replication fork. Cell **78** (1994) 725–728

26. Stukenberg, P.T., Turner, J., O'Donnell, M.: An explanation for lagging strand replication: polymerase hopping among DNA sliding clamps. Cell **78** (1994), 877–887

27. Thömmes, P., Hübscher, U.: Eukaryotic Helicases: essential enzymes for DNA transactions. Chromosoma **101** (1992) 467–473

28. Wang, J.C.: DNA topoisomerases: Why so many? J. Biol. Chem. **266** (1991) 6659–6662

29. Wang, T.S.F.: Eukaryotic DNA polymerases. Ann. Rev. Biochem. **60** (1991) 513–552

7. Rekombination und Transposition

Als Rekombination bezeichnet man die Vereinigung ursprünglich ge-
trennter DNA-Moleküle. Man unterscheidet zwei Arten von Rekombination:
– **Homologe oder allgemeine Rekombination**, bei der eine Verknüpfung von DNA-Abschnitten mit gleicher oder sehr ähnlicher Nucleotid-Sequenz erfolgt.
– **Nichthomologe oder integrative Rekombination**, wenn eine Übereinstimmung der Nucleotid-Sequenzen keine Voraussetzung für die
  Verknüpfung von DNA-Molekülen ist. Hier muß auf wenigstens einem
  der beiden DNA-Partner eine definierte Nucleotid-Sequenz vorhanden
  sein, an der die Rekombination eingeleitet wird. Als Beispiel kennen wir
  die Integration der DNA des Bakteriophagen Lambda in das Genom der
  Wirtszelle. Die Integration von Lambda erfolgt meist an einer spezifischen Stelle des *E. coli*-Genoms (Abb. 4.**52**). Andere Beispiele für nichthomologe Rekombination lernen wir später in diesem Kapitel kennen.
Wir werden sehen, daß die molekularen Grundlagen für homologe und
nichthomologe Rekombination sehr verschieden sind, ebenso ihre genetischen Konsequenzen.

Homologe Rekombination

Wir beginnen mit einem Überblick über homologe Rekombination, die
zuerst bei Tieren und Pflanzen und dann bei eukaryotischen Einzellern
(Hefe, Pilze) beobachtet wurde, und kommen dann auf Untersuchungen
an Bakterien zu sprechen, wenn es um die molekularen Grundlagen der
Rekombination geht.

Bei Eukaryoten ereignen sich homologe Rekombinationen hauptsächlich während der Meiose und sehr viel seltener während der Mitose.
Homologe Rekombination ist wichtig für die Erzeugung genetischer
Vielfalt, aber auch für die ordentliche Trennung der Chromosomen bei
der Meiose und für die Reparatur von DNA-Brüchen (Kap. 8).

Meiose

Reduktion des diploiden auf den haploiden Chromosomensatz

Die Meiose gehört zum Entwicklungsweg von Geschlechtszellen bei
vielzelligen Eukaryoten. Der erste Schritt in den noch unreifen Geschlechtszellen ist eine Phase der DNA-Replikation, an deren Ende vier
homologe Chromatiden vorliegen, je zwei von jedem der beiden Eltern-
Chromosomen.

Nach der langen Prophase der Meiose erfolgt die **erste Reifeteilung**,
in der die **Chromosomen voneinander getrennt** werden (Abb. 7.**1**).

Die Verteilung der ursprünglich väterlichen und mütterlichen Chromosomen ist zufällig. Bei einem hypothetischen Organismus mit zwei

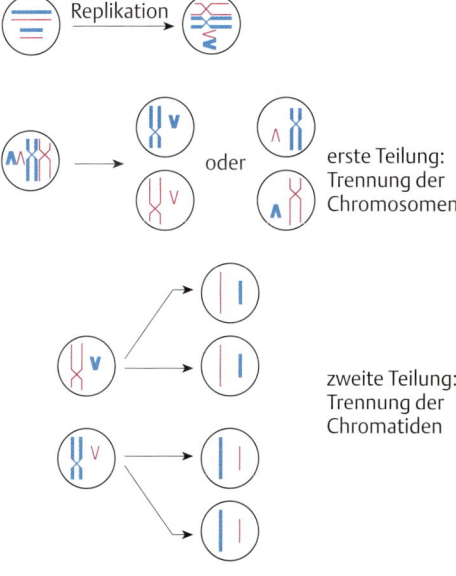

**Abb. 7.1 Meiose-Schema:
Erste und zweite Teilung.**

Chromosomen-Paaren gibt es vier Kombinationsmöglichkeiten (Abb. 7.**1**), bei *Drosophila* mit vier Chromosomenpaaren $2^4 = 16$, beim Menschen 2^{23}, d. h. ca. $8{,}4 \cdot 10^6$ Kombinationen, oder allgemein 2^n Möglichkeiten, wobei *n* die Zahl der Chromosomenpaare einer gegebenen Tier- oder Pflanzenart ist.

Die Reifung der Geschlechtszellen wird mit der **zweiten Teilung** fortgesetzt, bei der, wie in der Mitose, die **Chromatiden getrennt** werden. Aus einer unreifen Geschlechtszelle entstehen so über zwei Teilungsschritte vier reife Geschlechtszellen (Abb. **7.1**).

Die biologischen Konsequenzen dieses Ablaufs werden wir später nennen. Hier folgt nun ein Blick auf die verschiedenen Stadien der langen meiotischen Prophase.

Prophase der Meiose

Schon aus einem einfachen Zeitvergleich geht hervor, daß die meiotische Prophase ganz anders abläuft als die Prophase der Mitose: Die mitotische Prophase dauert einige Stunden (S. 147), die Prophase der Meiose dagegen Tage, Wochen oder Monate. Ein Beispiel: Die meiotische Prophase bei der Reifung der menschlichen Spermien (Spermiogenese) beansprucht eine Zeit von 20–24 Tagen. Die Reifung der menschlichen Eizelle (Oogenese) kann jahrelang im Stadium der meiotischen Prophase verharren.

Im Verlauf der Prophase verändern Chromatin und Chromosomen in charakteristischer Folge ihre Struktur und ihre Anordnung im Zellkern. Aufgrund dieser Kriterien unterscheidet man einzelne Phasen.

Leptotän (L). Die Chromosomen werden als dünne gestreckte Fäden sichtbar, wobei die Chromatiden sehr eng beieinanderliegen und nicht unterscheidbar sind. Die Enden der Chromosomen sind an die Kernhülle gebunden (Abb. 7.**2**).

Zygotän (Z). Homologe Chromosomen treffen sich. Dieser Prozeß beginnt meist an den Enden der Chromosomen. Von dort aus lagern sich die entsprechenden Abschnitte aneinander und kommen, wie in einem Reißverschluß, Seite an Seite zu liegen (Synapse). Die Aneinanderlagerung erfolgt mit hoher Präzision, so daß einzelne Gene in diesem Vierer-Komplex (Tetrade) direkt nebeneinanderliegen. Die sich ausbildende Struktur bezeichnet man als **synaptonemalen Komplex**, in dem die beiden Chromosomen die Ränder eines Bandes werden, zusammengehalten durch eine zentrale Protein-Struktur (Abb. 7.**2**). Durch Untersuchungen an Hefe-Zellen ist die Identifizierung einzelner Protein-Bausteine des Komplexes gelungen, aber der Mechanismus der Chromosomen-Paarung ist noch völlig unbekannt.

Pachytän (P). Die synaptonemalen Komplexe sind voll ausgebildet (Abb. 7.**2**). In diesem Stadium erfolgt die Rekombination zwischen Nicht-Schwester-Chromatiden. Auf den Chromosomen-Strukturen bilden sich in Abständen sogenannte Rekombinations-Knoten, in denen vermutlich der Austausch von Genom-Abschnitten *(Cross over)* erfolgt. In erster Näherung kann die Rekombination als „Bruch und Wiedervereinigung" beschrieben werden (Abb. 7.**3**).

Diplotän (D). Die homologen Chromosomen streben auseinander, aber jedes Chromosom bleibt mit seinem homologen Partner durch eine oder mehrere Überkreuzungen *(Chiasmata)* verbunden (Abb. 7.**2**). Ein Chiasma zeigt eine Stelle an, wo zuvor Rekombination stattgefunden hat. Im Zustand des Diplotäns kann die Reifung von Eizellen monate- bis jahrelang stehen bleiben. Zu dieser Zeit bildet sich eine eigentümliche Chromosomen-Struktur aus, die man in alter Tradition als Lampenbür-

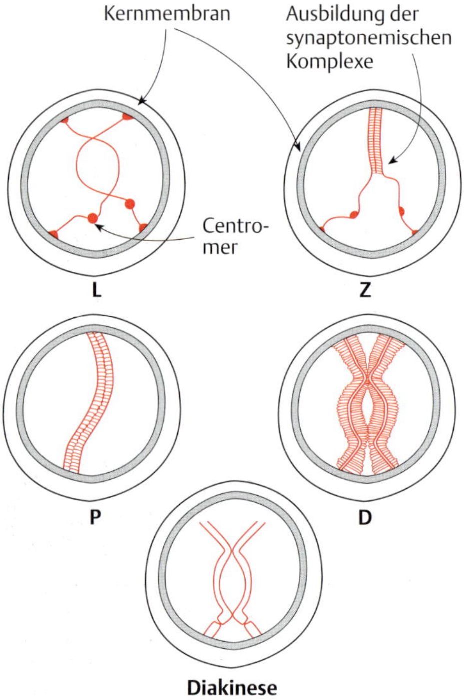

Kernmembran   Ausbildung der synaptonemischen Komplexe

Centromer

L   **Z**

P   **D**

Diakinese

Abb. 7.2   Stadien in der Prophase der Meiose.

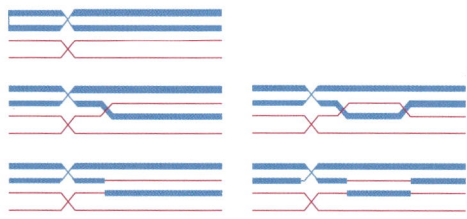

Abb. 7.3   Rekombination. Austausch von Genom-Bereichen zwischen homologen Chromosomen durch „Brechen und Wiedervereinigen".

sten-Chromosom bezeichnet (Abb. 7.**4**). Diese Struktur findet man während der Oogenese vieler Tierarten, besonders deutlich bei Amphibien, aber auch bei Säugetieren. Das Schema in der Abb. 7.**4** gibt Ergebnisse von Untersuchungen zur Struktur der Lampenbürsten-Chromosomen wieder: Jede Faser besteht aus zwei Chromatiden, die an manchen Stellen einen durchgehenden Stamm bilden, von dem DNA-Strang-Schleifen, die nicht mehr mit dem Schwester-Strang gepaart sind, ausgehen. Die Schleifen enthalten Chromatin mit bis zu 100 000 Basenpaaren DNA, und manche Forscher vermuten, daß sie den Schleifen im Interphase-Chromatin entsprechen (Abb. 5.**11**). An jeder Schleife findet intensive RNA-Synthese statt, vermutlich um die Eizelle mit den Proteinen zu versorgen, die sie für die folgende frühe Embryonal-Phase der Entwicklung braucht.

Diakinese. Die meiotische Prophase wird durch die Ablösung der Chromosomen von der Kernhülle zu Ende gebracht. Die Chromosomen verdichten sich, wobei die Chromatiden sichtbar werden. Nicht-Schwester-Chromatiden bleiben miteinander an Stellen der Chiasma-Bildung verbunden. Chromosomen ordnen sich in der Metaphase-Ebene an, ein Spindelapparat bildet sich aus, gefolgt von der **ersten Meiose-Teilung mit der Trennung der Chromosomen**.

Die biologische Bedeutung der Meiose kann in zwei Sätzen zusammengefaßt werden:
1. Der diploide Chromosomen-Satz wird auf den einfachen Satz reduziert. Damit ist die Voraussetzung für sexuelle Vermehrung bei Eukaryoten geschaffen.
2. Väterliches und mütterliches Gen-Material wird zu neuen Kombinationen zusammengestellt durch:
   – die zufallsmäßige Verteilung der Chromosomen auf die entstehenden Gameten;
   – Austausch von Genen zwischen homologen Chromosomen bei der Rekombination.

Mögliche Vorteile der Neuverteilung der Chromosomen und des Gen-Austausches für die Nachkommen liegen auf der Hand: Neue Gen-Kombinationen können zu Phänotypen führen, die sich den Bedingungen einer gegebenen Umwelt besser anpassen als die Phänotypen der jeweiligen Elternteile, und schädliche Mutationen auf Chromosomen können durch Rekombinationen eliminiert werden. Schließlich ist die Ausbildung von Chiasmata eine Voraussetzung für die geordnete Trennung der Chromosomen während der ersten meiotischen Teilung.

Folgerungen aus dem Meiose-Schema

Die zufallsmäßige Verteilung der ursprünglich väterlichen und mütterlichen Chromosomen bei der ersten Meiose-Teilung ist die zellbiologische Grundlage für Sätze, die G. Mendel zuerst um 1865 formuliert hat und die zu den wichtigsten Aussagen der Biologie gehören:

– Allele werden unabhängig voneinander kombiniert.
– Allele trennen sich bei der Reifung von Geschlechtszellen (Gameten). Wir müssen beide Aussagen durch den Zusatz ergänzen: „sofern sie nicht gekoppelt sind."

Hier ist eine Definition des Wortes **Allel** notwendig: Allele sind alternative Formen eines gegebenen Gens. Die Formen zeichnen sich

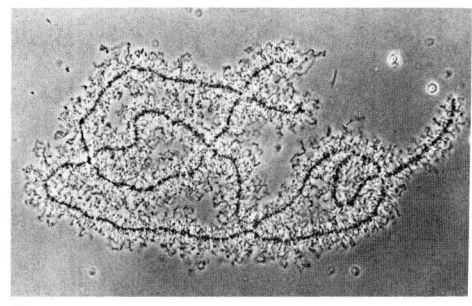

a

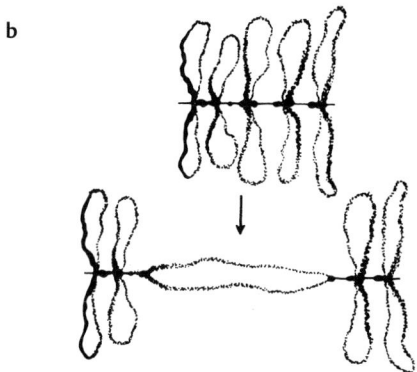

b

c

Abb. 7.4 Lampenbürsten-Chromosom. a Diplotän in Amphibien-Oozyten. Die Achse eines Lampenbürsten-Chromosoms ist 40–100mal länger als die eines mitotischen Chromosoms. **b** Auseinanderziehen zeigt, daß die Zentralachse und die Schleifen von durchgehenden Chromatin-Fäden gebildet werden. **c** Schema eines Schleifenpaares: Orte intensiver RNA-Synthese [aus 4, 7].

durch mehr oder weniger große Unterschiede in den Nucleotid-Sequenzen aus und haben Auswirkungen auf die Gen-Produkte. Anders gesagt, alle Allele tragen die Information zur Herstellung des gleichen (aber nicht unbedingt identischen) Proteins (siehe Kasten).

Das Meiose-Schema erlaubt auch eine zumindest formale **Erklärung für das Auftreten von Anomalien der Chromosomen-Sätze** (Trisomie, Triploidie u. a.), die, wie wir früher gesehen haben (Tab. 5.**4** und 5.**5**), nicht selten vorkommen. Die Ursache sind Fehler bei den Meiose-Teilungen (*non-disjunction,* Nicht-Trennung), wie in der Abb. 7.**5** erläutert.

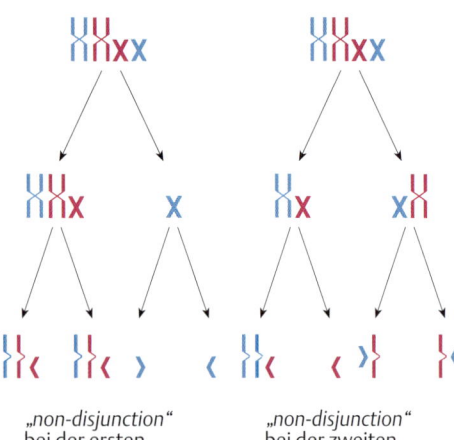

„non-disjunction"
bei der ersten
meiotischen Teilung

„non-disjunction"
bei der zweiten
meiotischen Teilung

Abb. 7.5   Formale Erklärung für die Entstehung von Trisomie und Monosomie. Gameten mit zwei homologen Chromatiden entwickeln sich nach der Befruchtung zu trisomalen Embryonen.

Allele: Ein Beispiel aus der Humangenetik

Das Gen für die β-Globin-Kette liegt am Ende des kurzen Arms des menschlichen Chromosoms Nr. 11. Jeder gesunde Mensch hat zwei β-Globin-Gene, die aber nicht immer identisch sein müssen. Zum Beispiel ist bei Westafrikanern und bei Amerikanern afrikanischer Herkunft mit einer Häufigkeit von etwa 1/500 eines der beiden Globin-Gene durch eine Mutation verändert: Das 6. Codon im Gen trägt die Information für Valin (statt für Glutaminsäure, wie im Standard-Globin-Gen). Die beiden β-Globin-Gene sind Allele. Man spricht von **Homozygotie**, wenn die beiden Allele eines Genoms identisch sind, und von **Heterozygotie**, wenn sie verschieden sind. In unserem Beispiel sind Heterozygote gesund, aber bei entsprechender Untersuchung findet man, daß die roten Blut-Zellen unter Sauerstoff-Mangel eine Sichelzell-Form annehmen, weil dann ein Teil des Hämoglobins ausfällt und unlöslich wird. Menschen, die heterozygot sind und neben dem Standard-β-Globin-Gen das Sichelzell-β-Globin-Gen besitzen, nennt man Sichelzell-Träger. Heterozygotie hat Konsequenzen für die Vererbung. Beide Eltern bilden Geschlechtszellen, die in Bezug auf das Allelen-Paar verschieden sind („Allele trennen sich bei der Bildung von Gameten").

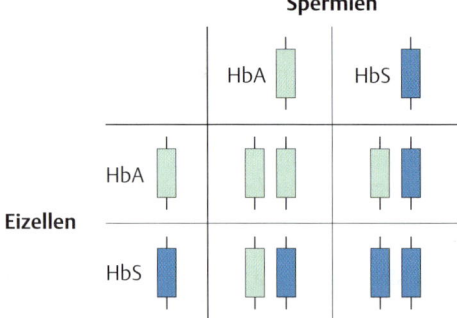

Die Vereinigung von Spermien und Eizellen erfolgt zufällig. Deswegen wird – statistisch – die Hälfte der Nachkommen heterozygot sein, ein Viertel homozygot mit beiden Standard-β-Globin-Genen und ein Viertel homozygot mit beiden Sichelzell-β-Globin-Genen. Heterozygote und Homozygote mit den Standard-Globin-Genen sind klinisch gesund, aber die Homozygoten mit veränderten Globin-Genen bilden statt des normalen Hämoglobins A (HbA) das pathologische Hämoglobin S (HbS). Die betroffenen Menschen leiden an der Sichelzell-Krankheit: HbS fällt in den roten Blut-Zellen aus, die Zellen verformen sich und verstopfen die kleinen Blutgefäße. In Folge treten schwere Organschäden auf.

Rekombination: Grundbegriffe aus der klassischen Genetik

Als Einführung betrachten wir die Abb. 7.**6**, die dem klassischen Lehr-buch „Grundriß der Vererbungslehre" von A. Kühn aus dem Jahre 1950 entnommen ist. In dieser Abbildung ist die Kreuzung zweier **homozygoter** *Drosophila*-Fliegen dargestellt. Das Männchen der Parental-Generation (P) trägt auf einem Chromosom zwei mutierte Gene, die die Phänotypen „schwarze Körperfarbe" *(a)* und „Stummelflügel" *(f)* bewirken. Das Weibchen hat die Standard-Allele („Wildtyp": a^+ und f^+). Die Allele *a* und *f* markieren gleichsam die Gene, deren Weg durch die Generationen verfolgt werden soll. Deshalb spricht man von **Genmarkern.**

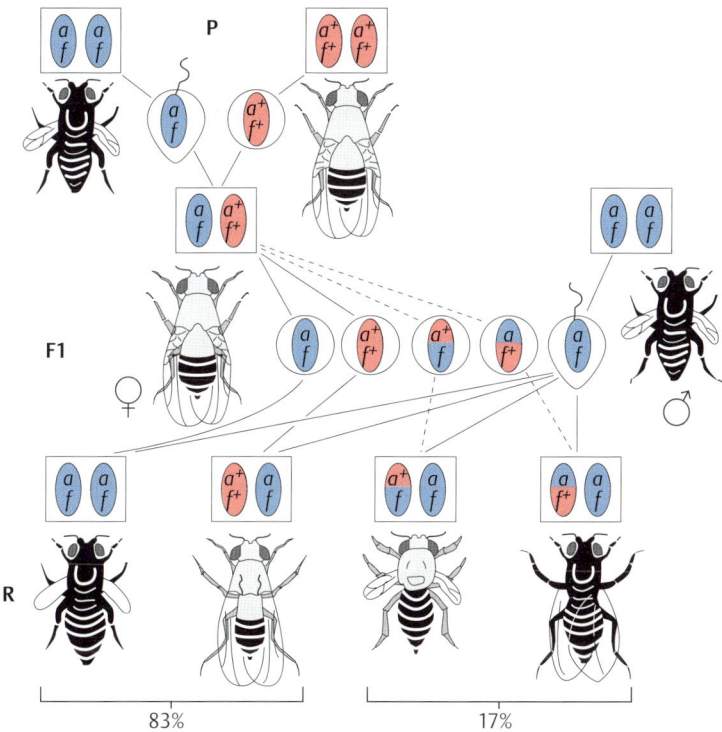

Abb. 7.6 *Drosophila melanogaster:* **Kreuzungs-experiment von Rekombinanten** [nach 1].

Alle Nachkommen einer Kreuzung zwischen den beiden Tieren haben je ein Chromosom von jedem Elternteil erhalten. Sie sind heterozygot, aber phänotypisch Wildtypen. Die Anwesenheit der Allele *a* und *f* werden am Phänotyp nicht sichtbar: Die beiden Allele sind **rezessiv.**

Weibchen der ersten Nachkommen-Generation (Filialgeneration F1) werden mit Mutanten-Männchen gekreuzt. Da beide Allele auf einem Chromosom vorkommen, erwarten wir, daß 50 % der Nachkommen dieser Rückkreuzung den Phänotyp Wildtyp und 50 % den Phänotyp Mutante haben. Aber eine Analyse von vielen hundert Nachkommen der Rückkreuzungen ergibt, daß die parentalen Phänotypen bei nur 83 % der Nachkommen vorkommen. Bei den übrigen erscheinen die Marker-Allele in neuen Kombinationen (Abb. 7.**6**). Die Ursache dafür ist Rekombination während der Reifung der Eizellen (Oogenese) von Weibchen in der F1-Generation, wenn die beiden homologen Chromosomen zum

Chromosomen-Schema

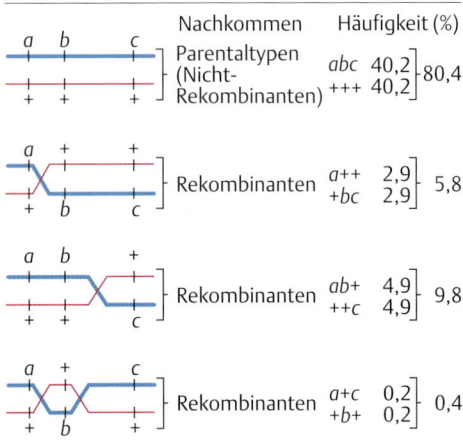

Nachkommen	Häufigkeit (%)

Parentaltypen (Nicht-Rekombinanten) *abc* 40,2 / +++ 40,2 ⎤ 80,4

Rekombinanten *a*++ 2,9 / +*bc* 2,9 ⎤ 5,8

Rekombinanten *ab*+ 4,9 / ++*c* 4,9 ⎤ 9,8

Rekombinanten *a*+*c* 0,2 / +*b*+ 0,2 ⎤ 0,4

Abb. 7.7 Dreifaktoren-Kreuzung: Analyse von Rekombinations-Frequenzen.

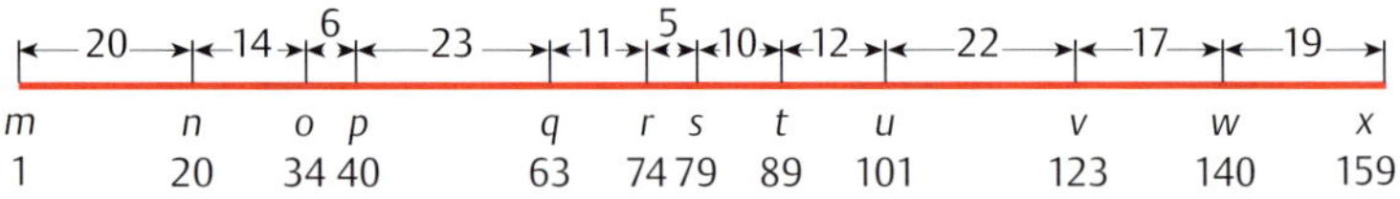

Abb. 7.8 Aufstellen einer Genkarte. Die Zahlen oberhalb der Linie geben die Rekombinations-Frequenzen zwischen benachbarten Markern an. Unterhalb der Linie sind Genkarten-Einheiten notiert, wie sie sich aus der Addition der Einzelwerte ergeben.

synaptonemalen Komplex verbunden sind (Abb. 7.**2**, S. 196). Wir weisen darauf hin, daß während der Spermiogenese von *Drosophila* keine Rekombination stattfindet.

T. H. Morgan, A. H. Sturtevant und andere haben in den Jahren nach 1910 viele Kreuzungen dieser Art analysiert und den wichtigen Schluß gezogen, daß die Häufigkeit der Rekombinationen zwischen Genen auf einem Chromosom als Maß für ihren relativen Abstand genommen werden kann.

Wir illustrieren dies an einem abstrakten Beispiel mit drei Genmarkern *a*, *b* und *c* auf einem Chromosom. Nach dem Prinzip der Abb. 7.**6** werden Wildtyp-Tiere mit Mutanten-Tieren zur Herstellung von Heterozygoten gekreuzt (Drei-Faktoren-Kreuzung).

Bei der Meiose erfolgen Rekombinationen, deren Produkte durch Rückkreuzungen analysiert werden können. Bei Drei-Faktoren-Kreuzungen sind $2^3 = 8$ Kombinationen möglich, von denen zwei seltener sind als die anderen, weil zu ihrer Entstehung zwei Rekombinations-Vorgänge (Doppel-Cross-Over) notwendig sind (Abb. 7.**7**). Demnach liegt dieses Marker-Gen zwischen den beiden anderen und bestimmt die Reihenfolge der Marker *a*, *b* und *c*. Der relative Abstand der Genmarker zueinander wird durch die Rekombinations-Frequenzen angegeben. Dieses Verfahren ist nur bei relativ eng beieinanderliegenden Allelen möglich, denn je weiter zwei Genorte voneinander entfernt sind, um so größer ist die Wahrscheinlichkeit, daß zwischen den Markern zwei Rekombinationen erfolgen. Die Konsequenz ist dann, daß die Genmarker auf einem Chromosom verbleiben, wie man sich anhand einfacher Strichskizzen leicht klarmachen kann (siehe Abb. 7.**3**).

Um mit Hilfe von Rekombinations-Analysen lange Chromosomen vermessen zu können, müssen die Ergebnisse vieler Kreuzungen zusammengefaßt und Rekombinations-Frequenzen hintereinandergereiht werden, wie Abb. 7.**8** zeigt. Hier wird angenommen, daß zuerst die Rekombinations-Häufigkeit zwischen den Markern *n* und *o*, dann zwischen *o* und *p* usw. bestimmt wird. So kommen Genkarten mit vielen hundert Eintragungen zustande.

Auf diesen **Genkarten** sind die Allele lokalisiert. Man spricht deswegen von **Gen-Loci** oder, in der Einzahl, von einem Gen-Locus. Die Einheit der Genkarte ist die Rekombinations-Frequenz, angegeben in Prozent und oft als *centi-Morgan (cM)* bezeichnet.

Als Beispiel zeigen wir in der Abb. 7.**9** eine stark vereinfachte Version der Genkarte von *Drosophila melanogaster*. Die Karte zeigt deutlich die Grenzen der Methode, denn eine Häufung der Gen-Loci in der Nähe der Centromere und an den Chromosomen-Enden bedeutet nicht unbedingt, daß in diesen Bereichen besonders viele Gene vorkommen, sondern daß hier seltener als an einem anderen Ort auf dem Chromosom Rekombinationen stattfinden. Die Vermessung einer Genkarte wird nicht nur durch die Struktur von DNA und Chromatin beeinflußt, sondern auch durch zahlreiche Einwirkungen wie Alter und physiologischer Zustand der Tiere, Temperatur und Nahrung usw.

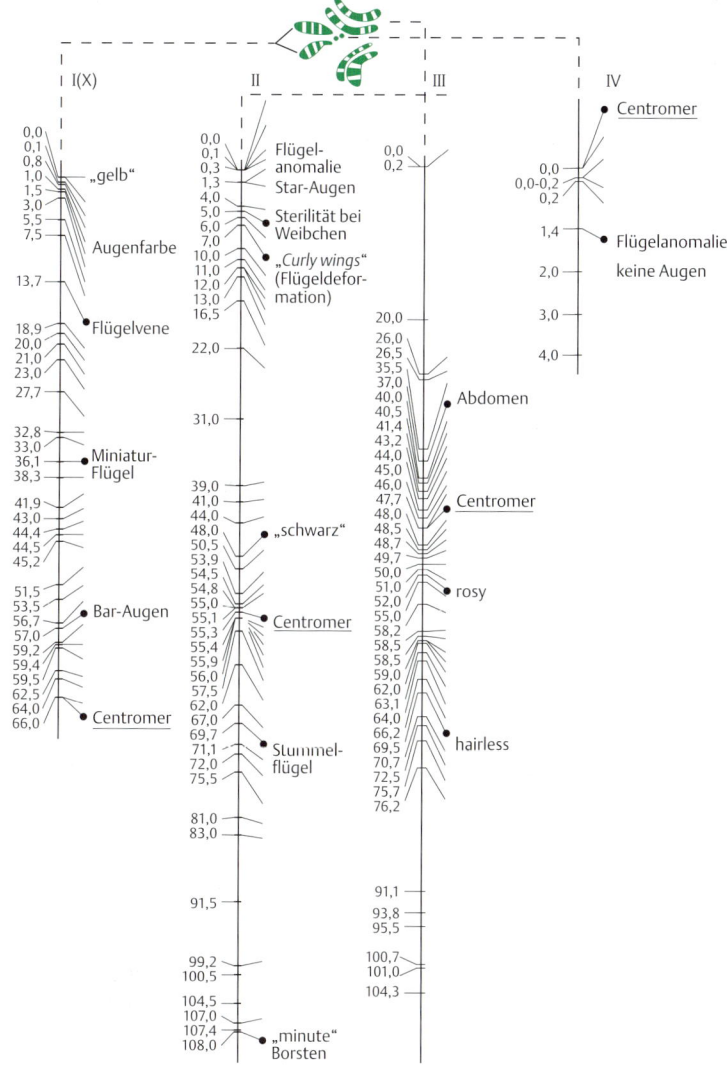

Abb. 7.9 Eine vereinfachte Genkarte von *Drosophila melanogaster*. oben Die Ideogramme der Drosophila-Chromosomen: Große Chromosomen haben lange und kleine Chromosomen haben kurze Genkarten. Querstriche zeigen Gen-Loci an, aber nur bei einigen ist der am Phänotyp ablesbare Genmarker angegeben. Zahlen bedeuten Genkarten-Einheiten [nach 2].

Mit anderen Worten, **biologische Genkarten** geben wichtige erste Informationen über die Lage und die Reihenfolge der Gene auf einem Chromosom. Aber sie haben ihre Grenzen, denn die Meßwerte werden durch die Verfügbarkeit und Aktivität von Rekombinations-Enzymen und durch andere Parameter stark beeinflußt. Deswegen ist der Vergleich mit sogenannten physikalischen Genkarten wichtig, deren Einheit nicht eine biologische Meßgröße, sondern das Basenpaar (oder das Kilo-Basenpaar) ist.

Molekulare Biologie der allgemeinen Rekombination

Voraussetzungen

Das Studium von einfachen Eukaryoten, Hefe- und Pilz-Zellen, hat wichtige erste Einblicke in den Ablauf der Rekombination gebracht und zur Formulierung von Modellen geführt, die bis heute ihren Wert behalten haben. Aber ein entscheidender Fortschritt wurde erreicht, als J. Lederberg und E. L. Tatum (1946) zum ersten Mal Rekombinationen bei Bakterien sowie A. D. Hershey und R. Rotman (1949) Rekombinationen bei Bakteriophagen beobachten konnten. Damit eröffneten sich neue und sehr wirkungsvolle Möglichkeiten für Untersuchungen auf diesem wichtigen Feld der Genetik. Natürlich durchlaufen Bakterien oder Phagen keine Meiose, aber Rekombinationen finden statt, wenn zwei homologe DNA-Moleküle in einer Zelle vorkommen, etwa bei der Konjugation, wenn Teile des Bakterien-Genoms von der Donor- in die Empfänger-Zelle übertragen werden (S. 97). Die DNA der Donor-Bakterien kann in das Genom der Empfänger-Zelle eingebaut werden. Wie wir gesehen haben, kann die Empfänger-Zelle neue genetische Eigenschaften erwerben und an die Nachkommen weitergeben.

Ausgehend von zahlreichen experimentellen Beobachtungen haben M. Meselson und C. Radding (1975) ein Modell der allgemeinen, homologen Rekombination entworfen. Dieses Modell enthält als wichtiges Element eine Struktur, die R. Holliday schon 1964 aufgrund seiner Studien an einfachen Eukaryoten (Schimmelpilzen) vorgeschlagen hat.

Die bis heute ungebrochene Attraktivität dieses Modells beruht auf folgendem:
- Elektronenmikroskopische Aufnahmen zeigen, daß die im Schema vorgesehenen DNA-Strukturen tatsächlich als Zwischenstufen bei der Rekombination von Bakteriophagen-DNA in der Zelle vorkommen.
- Untersuchungen an DNA-Modellen (S. 19) ergeben, daß alle Formen und Bewegungen der DNA sterisch ohne weiteres möglich sind.
- Vor allem aber sind aus Bakterien, Hefe und höheren Eukaryoten (bis hin zu menschlichen Zellen) Enzyme isoliert worden, die jeden einzelnen Schritt bei der Rekombination ermöglichen und fördern. Die wichtigsten Enzyme mit ihren Reaktionen werden wir im nächsten Abschnitt vorstellen.

Hier folgt zunächst eine Beschreibung der Einzelschritte, wobei wir uns an der Abb. 7.**10** orientieren.
1. Homologe DNA-Moleküle kommen in räumliche Nähe. In Eukaryoten übernimmt der synaptonemale Komplex während der Meiose-Prophase diese Aufgabe. Für die Einleitung der Rekombination sind Strangbrüche, DNA-Enden oder Einzelstrang-Regionen notwendig. Es ist unbekannt, wie solche Veränderungen während der Meiose in die DNA eingeführt werden, aber bei Bakterien sind Einzelstrang-Bereiche oder andere Unterbrechungen der DNA-Struktur normale Begleitumstände der Konjugation (S. 96). Experimente zeigen zudem, daß alle Maßnahmen, die zu Strangbrüchen führen, wie etwa vorsichtige Behandlung mit Röntgenstrahlen, eine Einleitung der Rekombination fördern, bei Bakterien genauso wie bei Eukaryoten.
2. Stränge des einen DNA-Moleküls gehen Basenpaarungen mit komplementären Bereichen im Partner-Molekül ein. Dies kann von Unterbrechungen in zwei Strängen gleicher Polarität ausgehen (links),

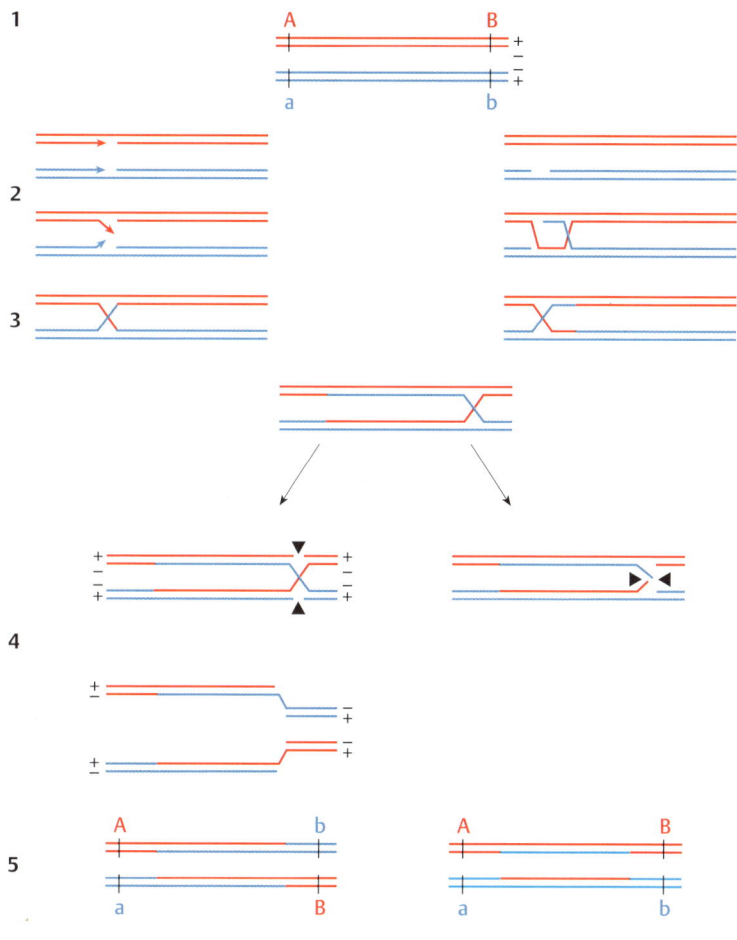

Abb. 7.10 Modell der homologen Rekombination. Erklärungen siehe Text [nach 9, 14].

von Einzelstrang-Lücken in einem DNA-Strang (rechts) oder allgemein von homologer Einzelstrang-DNA.

3. Die entstehende Struktur wird durch kovalente Verknüpfung der überkreuzten DNA-Stränge stabilisiert. Damit ist die **Holliday-Struktur** entstanden, die stabil, aber keineswegs statisch ist, denn die Überkreuzungsstelle bewegt sich nach rechts oder links entlang des Doppelstranges. Dieser Vorgang heißt **Branch Migration**, weil die Verzweigungsstelle (*branch*) ihre ursprüngliche Stelle verläßt *(migration)*. Dies geht mit Drehung der beiden DNA-Moleküle und ständigem Öffnen und Schließen von Wasserstoff-Brücken einher, ohne daß sich die Geometrie der DNA auffällig ändert (Abb. 7.**11**).

4. Ein letzter Schritt ist die **Auflösung** der Holliday-Struktur durch Enzyme, die die Überkreuzungsstelle erkennen und symmetrische Einzelstrang-Schnitte einführen (Pfeilspitzen), entweder entsprechend der senkrechten oder der waagrechten Richtung der Abb. 7.**10**.

5. Die Ergebnisse sind ganz verschieden: Kreuzweise Verknüpfung (links) oder Aufnahme eines Einzelstrang-Abschnitts vom Rekombinationspartner (rechts).

Die kreuzweise Verknüpfung führt zu einem Ergebnis, das in den Experimenten der klassischen Genetik als **reziproker Austausch** von Gen-Material zwischen den DNA-Molekülen gemessen werden kann.

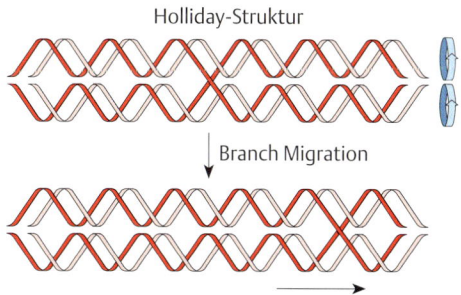

Abb. 7.11 Branch Migration [nach 27].

In der Skizze (Abb. 7.**10**) ist das Allel **A** mit dem Allel **b** und das Allel **a** mit dem Allel **B** zu neuen Kombinationen verbunden. Aber auch das Einfügen von Einzelstrang-„Flicken" ist ein wohlbekanntes Ergebnis von Rekombinationen, das vor allem Genetikern vertraut ist, die Experimente an Bakterien und Bakteriophagen durchführen.

Wichtig ist, daß beim Ablauf der Rekombination Überlappungsbereiche entstehen, die von Komplementärsträngen je eines der beiden parentalen DNA-Moleküle gebildet werden. Das sind sogenannte **Heteroduplex-Bereiche,** in denen sich die Nucleotid-Sequenzen der beiden Komplementärstränge an einer oder mehreren Stellen unterscheiden können. Das hat interessante genetische Konsequenzen, die wir später genauer besprechen werden.

Enzyme der Rekombination

Wir notieren gleich zu Anfang, daß die Rekombinations-Enzyme, die wir im folgenden vorstellen, hochkonserviert sind und bei allen untersuchten Spezies vorkommen: bei Bakterien, Hefen, Säugetieren u.a. Die Bakterien-Enzyme, oder genauer die Enzyme von *Escherichia coli,* sind sozusagen die biochemischen Prototypen und werden deswegen im Vordergrund unserer Besprechung stehen.

Die Grundlagen wurden durch Arbeiten von A.J.Clark und A.D. Margulies (1965) gelegt. Diese Forscher isolierten eine Reihe von *E.coli*-Mutanten, die die Donor-DNA nach Abschluß des Konjugationsvorgangs nicht in ihr Genom einbauen können. Viele dieser Mutanten sind nicht nur in der Rekombination defekt, sondern auch in der Reparatur von DNA-Schäden, wie sie nach Einwirkung von Strahlen oder chemischen Mutagenen auftreten. Wir werden im Kap. 8 (S. 227) erfahren, warum Rekombination und Reparatur durch Ausfall bestimmter Gene gleichermaßen betroffen sein können.

Die zuerst isolierten rekombinationsdefekten Mutanten erhielten Bezeichnungen wie *rec A, rec B, rec C* usw. Später konnten die Produkte dieser Gene isoliert und untersucht werden. Die Produkte wurden Rec A-Protein, Rec B-Protein usw. genannt.

Untersuchungen zeigten, daß Rekombinationen in Bakterien ohne aktives Rec A-Protein auf Werte von 10^{-4}–10^{-5}, im Vergleich zu Wildtyp-Bakterien, reduziert sind. Anders gesagt, das Rec A-Protein hat eine Funktion bei (fast) allen Rekombinations-Prozessen zwischen homologen DNA-Molekülen.

Strangaustausch und das Rec A-Protein

Dieses bemerkenswerte Protein besteht aus 352 Aminosäuren (ca. 38 kDa), aber funktioniert immer als Multimer mit vielen identischen Untereinheiten. In Gegenwart von ATP bindet sich das Rec A-Protein an einzelsträngige DNA jeder Länge und Sequenz. In dieser Form greift das Protein homologe DNA-Doppelstränge an, verdrängt einen Komplementärstrang und setzt die gebundene DNA an dessen Stelle. Im Endeffekt ermöglicht das Rec A-Protein den Austausch von Komplementärsträngen (Abb. 7.**12**).

Diese erstaunliche Reaktion erfolgt in Einzelschritten:
– Zunächst bindet das Rec A-Protein an Einzelstrang-DNA oder an Einzelstrang-Abschnitte in doppelsträngiger DNA. Ein aktiver Komplex enthält Rec A-Protein und gebundenes ATP. Ein Molekül Protein be-

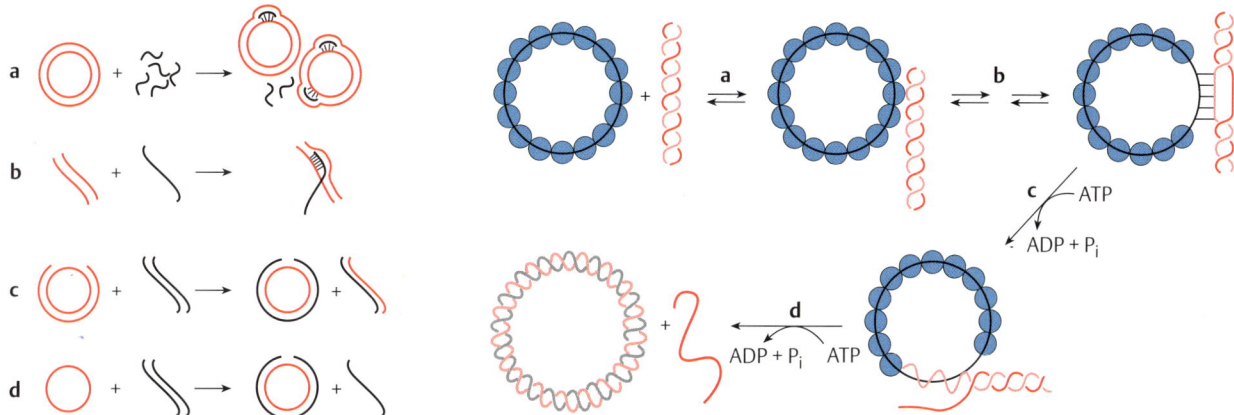

Abb. 7.12   Funktion des Rec A-Proteins.
links Voraussetzung für die Reaktion ist das Vorhandensein komplementärer DNA-Stränge, von denen einer als Einzelstrang vorliegen muß. **a–d** Größe und Form (linear oder ringförmig) der DNA-Substrate sind weniger wichtig, solange der Doppelstrang-Partner mindestens eine Strangöffnung hat. **rechts** Einzelschritte beim Strangaustausch. Zu Beginn der Reaktionsfolge liegen eine Einzelstrang-DNA, bedeckt mit Rec A-Protein, und ein Doppelstrang vor [nach 11, 16, 26].

deckt etwa 3–4 Nucleotide im gebundenen DNA-Strang. Es entstehen helikal angeordnete, oft lange Protein-DNA-Filamente.

- Dann sucht das Protein nach komplementären Abschnitten im (proteinfreien) Doppelstrang-DNA-Substrat und nimmt Kontakt mit homologer DNA auf. Dieser Teilschritt ist am wenigsten gut verstanden. Das Rec A-Protein entwindet teilweise den homologen Teil der DNA, so daß sich erste Basen-Paarungen zwischen dem ankommenden Einzelstrang und dem komplementären Strang im Empfänger-Molekül ausbilden können, vielleicht in Form nebeneinanderliegender DNA-Stränge (paranemisch) (Abb. 7.**12**). Dieser Komplex wird durch das Rec A-Protein stabilisiert.

- Im nächsten Schritt windet sich der eintreffende Einzelstrang um den Komplementärstrang im Empfänger-DNA-Molekül (Abb. 7.**13**), wobei sich eine normale (plektonemische) Doppelhelix ausbildet. Dieser Prozeß setzt sich in definierter Richtung (unidirektional) fort, bis dann schließlich der gesamte eintreffende Einzelstrang über Wasserstoff-Brücken an homologe komplementäre Sequenzen gebunden ist. Biochemische Experimente zeigen, daß das Rec A-Protein im Verbund mit ATP fest auf der DNA sitzt, aber für Bewegungen während des Strangaustausches die Hydrolyse von ATP als eine Voraussetzung für Konformationsänderungen benötigt.

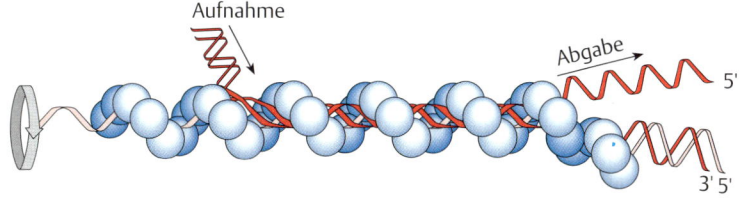

Abb. 7.13   Strang-Austausch. Am linken Ende wird DNA in den Rec A-DNA-Komplex eingespult, und rechts wird nach Partnertausch der neue Doppelstrang entlassen [nach 26].

Für den Vorgang der Rekombination ist wichtig, daß der Strangaustausch auch dann problemlos erfolgt, wenn die homologen DNA-Sequenzen hier und da durch nichtkomplementäre Nucleotid-Folgen unterbrochen sind. Als Beispiel nehmen wir die DNA-Moleküle der verwandten Bakteriophagen M13 und fd, die sich an 3 % der insgesamt etwa 8000 Nucleotide unterscheiden. Rec A-Protein kann ohne Schwierigkeiten einen M13-DNA-Einzelstrang gegen den entsprechenden Strang in einem doppelsträngigen fd-DNA-Molekül austauschen.

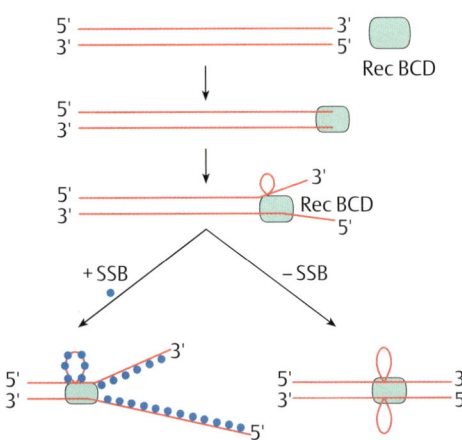

Abb. 7.14   DNA-Entwindung durch Rec BCD-Protein. Das Enzym bewegt sich entlang des unteren DNA-Stranges schneller als am oberen DNA-Strang. Deswegen entstehen Einzelstrang-„Blasen". Die entwundenen DNA-Abschnitte finden in Abwesenheit des Einzelstrang-Bindeprotein SSB (S.169) wieder zueinander. SSB-Protein stabilisiert die entwundenen Einzelstrang-Abschnitte [nach 11].

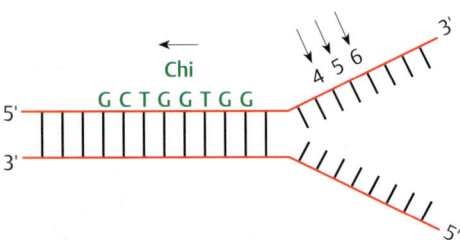

Abb. 7.15   Das Rec BCD-Protein schneidet kurz vor der Chi-Sequenz [nach 11].

Einzelstrang-Bereiche und das Rec BCD-Protein

Dieses Protein ist zusammengesetzt aus drei Untereinheiten, den Produkten der Bakterien-Gene *rec B, rec C* und *rec D*. Mutationen in den Genen *rec B* und *rec C* reduzieren die Rekombinations-Aktivität auf 0,1–1 % des Wertes von Wildtyp-Bakterien und sind verantwortlich für eine höhere Sensitivität gegenüber Strahlen und DNA-schädigenden Chemikalien.

Das Enzym wird auch als Exonuclease V (Tab. 2.**6**) bezeichnet, weil es, in Gegenwart von niedriger ATP-Konzentration und hoher Magnesium-Konzentration, einzel- und doppelsträngige DNA von den Enden her abbaut. Es gibt Mutanten-Proteine, die die Exonuclease-Reaktion nicht durchführen können, aber trotzdem aktiv bei der Rekombination sind. Überdies wird im biochemischen Test die Exonuclease-Aktivität durch hohe ATP-Konzentration und in Gegenwart des SSB-Proteins (S.169) unterdrückt. Deswegen erscheint es fraglich, ob die Exonuclease-Funktion bei der Rekombination eine Rolle spielt.

In Gegenwart hoher ATP-Konzentration wird eine andere Aktivität des Enzyms deutlich sichtbar, nämlich seine Fähigkeit, als DNA-Helikase doppelsträngige DNA von einem Ende her zu entwinden. Dabei bewegt sich eine Untereinheit auf dem einen Strang schneller als eine andere Untereinheit auf dem Komplementärstrang, so daß Einzelstrang-Schleifen als charakteristische Zwischenprodukte der Entwindung entstehen (Abb 7.**14**).

Das Rec BCD-Protein hat eine zweite wichtige Aktivität. Es wirkt als Endonuclease (Abb. 7.**15**), die bevorzugt Schnitte an bestimmten Stellen im entwundenen DNA-Bereich setzt, nämlich einige Nucleotide auf der 3′-Seite der Sequenz GCTGGTGG, der sogenannten **Chi-Sequenz** (siehe S.91).

Manche Forscher haben Hinweise dafür, daß an einer Chi-Sequenz die Untereinheit D des Proteins verlorengeht. Damit fällt die Endonuclease-Aktivität aus, aber die Helikase-Aktivität bleibt unbeeinflußt, so daß die Entwindung der DNA über viele hundert oder tausend Basenpaare fortgesetzt werden kann.

Chi-Sequenzen kommen in Abständen von etwa 5000 bp auf dem *E.coli*-Genom vor (S.91) und sind bevorzugte Stellen *(hot spots)* für die Einleitung der Rekombination. Modellstudien zeigen, daß DNA-Moleküle ohne Chi-Sequenzen erheblich seltener an Rekombinationen teilnehmen als Moleküle mit Chi-Sequenzen.

> Die Kenntnis von den Funktionen des Rec A- und des Rec BCD-Proteins läßt sich vorzüglich für die Formulierung eines Modells zur Einleitung der Rekombination ausnutzen: Die Rec BCD-Helikase-Endonuclease stellt die freien Einzelstrang-Enden her, an die sich das Rec A-Protein binden kann. Der Rec A-bedeckte Einzelstrang greift ein homologes Partner-Molekül an, an dem Strang-Austausch und Ligierung zur Bildung der Holliday-Struktur führen (Abb. 7.**16**). **Ruv-Proteine** treiben den Prozeß der *Branch Migration* und vermitteln die Auflösung der Holliday-Struktur.

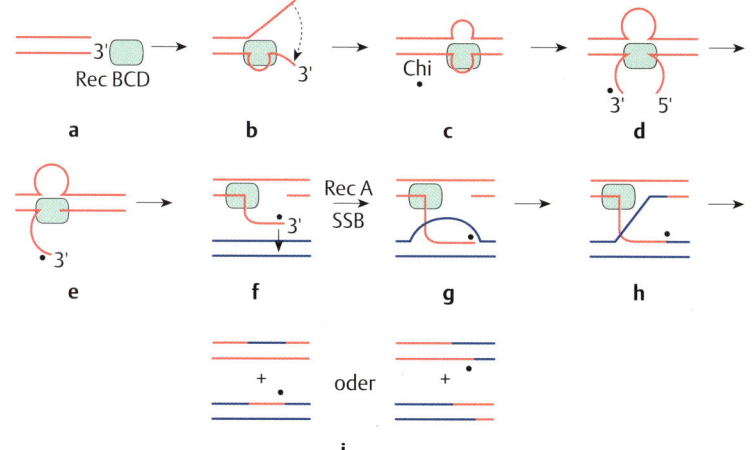

a

b

c

d

e

f

g

h

i

Abb. 7.16 Homologe Rekombination vermittelt durch das Rec BCD- und das Rec A-Protein. a Das Rec BCD-Protein bindet an das Ende von linearer DNA. **b–d** Es beginnt mit der Entwindung, bis es auf eine Chi-Sequenz trifft. **e** Der betreffende DNA-Strang wird geschnitten, aber die Entwindungsreaktion wird über Chi hinaus fortgesetzt. Der freie DNA-Einzelstrang wird mit Rec A-Protein besetzt und kann den passenden Komplementärstrang im Empfänger-Molekül aufsuchen. **f–g** Das Einzelstrang-Bindeprotein stabilisiert die Struktur. **h** Kovalente Verknüpfung von DNA-Enden führt zur Holliday-Struktur. **i** Die Auflösung der Struktur liefert die rekombinierte DNA [nach 21].

Branch Migration und das Ruv AB-Protein

Die Entdecker bezeichneten eine besondere Art von Bakterien-Mutanten als *ruv⁻*, weil sie sehr viel sensitiver gegenüber ultravioletten Strahlen als die entsprechenden Wildtyp-Bakterien sind (*ruv⁻*, Resistenz gegen UV-Strahlen negativ). Die Effekte dieser Mutation auf die Rekombination sind weniger drastisch als die Effekte bei einer *rec A*- oder *rec B*-Mutation. Der Grund dafür ist, daß es noch mindestens ein anderes Enzym-System mit ähnlicher Funktion gibt.

Für sich genommen hat das Ruv A-Protein in Form von – vermutlich – zwei Tetrameren aus identischen Untereinheiten (ca. 27 kDa) die Fähigkeit zur spezifischen Bindung an überkreuzte DNA, wie sie in der Holliday-Struktur vorkommt. Aber seine eigentliche Wirkung entfaltet es im Komplex mit dem Ruv B-Protein (ca. 37 kDa), das als Hexamer wirkt. Der Ruv AB-Komplex bindet an Holliday-Überkreuzungen und treibt unter ATP-Verbrauch den Prozeß der Branch Migration voran (Abb. 7.**11**). Dies findet bevorzugt statt, wenn das Rec A-Protein, der Initiator des Strang-Austausches, noch vorhanden ist.

Mindestens ein weiteres Rekombinations-Protein, kodiert vom Gen *rec G*, kann ebenfalls an Holliday-Überkreuzungen binden und Branch Migration bewirken, übrigens auch in die Rückwärtsrichtung. Letzteres führt zur Auflösung der Holliday-Struktur, wenn die Stränge noch nicht kovalent verknüpft sind.

Auflösung der Holliday-Struktur und das Ruv C-Protein

Eine letzte Funktion, die das Schema der Abb. 7.**10** verlangt, ist die Spaltung der überkreuzten DNA-Stränge. In *E. coli* wird diese Aufgabe vom **Ruv C-Protein** übernommen. Das Ruv C-Protein besteht aus zwei gleichen Untereinheiten (je ca. 19 kDa). Es bindet sich bevorzugt an Holliday-Überkreuzungen und verändert deren Struktur so, daß umgrenzte Einzelstrang-Regionen entstehen, die dann in symmetrischer Weise geschnitten werden (Abb. 7.**17**). Die entstandenen Brüche können später – nach Auflösen der Holliday-Struktur – mit Hilfe einer Ligase wieder verknüpft werden.

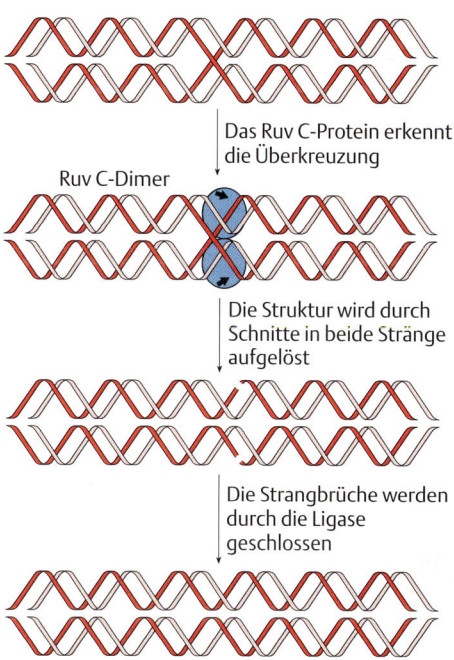

Ruv C-Dimer

Das Ruv C-Protein erkennt die Überkreuzung

Die Struktur wird durch Schnitte in beide Stränge aufgelöst

Die Strangbrüche werden durch die Ligase geschlossen

Abb. 7.17 Auflösen der Holliday-Struktur durch das Ruv C-Protein [nach 27].

Tab. 7.1   Zusammenfassung: Einige Rekombinationsenzyme in Bakterien [aus 11]

Bezeichnung	Funktion
Rec A-Protein	DNA-Strang-Austausch
Rec BCD-Protein	Exonuclease V: ATP-abhängige Exonuclease; DNA-Helikase; durch ATP stimulierte Endonuclease; Erkennung von Chi-Sequenzen
Ruv AB-Protein	Bindung an Holliday-Überkreuzungen und Branch Migration
Ruv C-Protein	Spaltung von Holliday-Überkreuzungen
SSB-Protein	Schutz von Einzelstrang-Regionen
Topoisomerasen	Auflösen von Torsionsspannungen
Ligase	Verknüpfung von DNA-Enden

weitere Proteine in alternativen Rekombinationswegen:

Rec E-Protein	5'-3'-Exonuclease
Rec G-Protein	Branch Migration
Rec Q-Protein	DNA-Helikase
Rec L-Protein	DNA-Helikase (andere Bezeichnungen: Mut U-Protein, Uvr D-Protein)

Heteroduplex-DNA (mit Mismatch-Nucleotidpaaren)

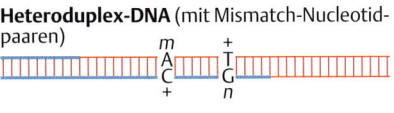

Genkonversion (Mismatch-Reparatur)   Genotyp

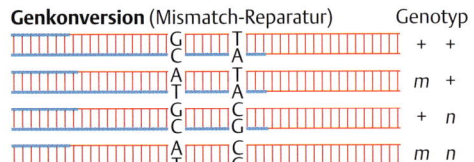

Abb. 7.18   Heteroduplex-Bereich: Genetische Konsequenzen. Homologe DNA-Moleküle mit den eng benachbarten Genmarkern *m* und *n* werden durch Rekombination vereinigt. Im Heteroduplex-Bereich treten Falschpaarungen (Mismatches) auf (A mit C; G mit T). Reparatur-Enzyme greifen hier ein und entfernen ungerichtet eine der falschgepaarten Basen. Als Konsequenz können anstelle der Genmarker Wildtyp-Sequenzen entstehen oder ein Marker wird in einen anderen überführt: Gen-Konversion.

Wir notieren als Zusammenfassung, daß alle enzymatischen Aktivitäten für den Aufbau und für die Trennung von Zwischenstufen der Rekombination identifiziert und – teilweise in beträchtlicher Genauigkeit – biochemisch analysiert worden sind (Tab. 7.1). Diese Reaktionen ereignen sich im Kontext langer DNA-Moleküle, und man kann sich leicht Verdrillungen in der DNA und andere topologische Konsequenzen vorstellen. Tatsächlich ist das Enzym Topoisomerase I ein wichtiger Bestandteil des Arsenals von Enzymen, die die allgemeine und homologe Rekombination durchführen.

Überdies sollten wir wissen, daß der Weg, den wir in der Abb. 7.**10** (S. 203) gezeichnet und dann ausführlich mit der Vorstellung der beteiligten Enzyme besprochen haben, nur einer von möglichen Rekombinationswegen in *Escherichia coli* ist. Wir haben den sogenannten Rec BCD-Weg besprochen. Daneben gibt es alternative Wege, an denen andere Proteine beteiligt sind (Rec F-Protein, Rec G-Protein u. a.). Aber das Rec A-Protein spielt immer eine Rolle, und die alternativen Wege der homologen Rekombination sind im Grunde Variationen des Grundschemas der Abb. 7.**10** (S. 203).

Gen-Konversion: Ereignisse im Heteroduplex-Bereich

Eine Konsequenz der Branch Migration ist die Entstehung eines DNA-Bereiches, dessen Komplementärstränge von verschiedenen Rekombinations-Partnern abstammen. Der Heteroduplex-Bereich kann einige tausend Basenpaare lang sein. Bei Rekombinationen während der Meiose von Eukaryoten stammt einer der DNA-Stränge im Heteroduplex-Bereich vom väterlichen, der andere Strang vom mütterlichen Elternteil ab.

Die Entstehung von Heteroduplex-Regionen hat keine Konsequenz, wenn die Rekombination von weit entfernten Genmarkern, sogenannten Außenmarkern, betrachtet wird. Dann beobachtet man eine reziproke Rekombination: Austausch von Genmarkern zwischen homologen Chromosomen nach klassischem Schema (Abb. 7.**10**, S. 203).

Die Situation ist anders, wenn Genmarker so eng beieinanderliegen, daß sie in den Bereich der Heteroduplex-Region gelangen. Da Allele sich voneinander durch ihre Nucleotid-Sequenzen unterscheiden, passen manche Basenpaare im Heteroduplex-Bereich nicht zueinander. Man spricht von Falschpaarungen oder *Mismatches* (Abb. 7.**18**).

An diesen Stellen weicht die DNA-Struktur von der Geometrie der Doppelhelix ab. Dies bleibt nicht unbemerkt: Reparatur-Enzyme erkennen Mismatches, entfernen falsch gepaarte Basen und führen passende Basen ein (in einer Reaktionsfolge, die ausführlich im Kap. 8 besprochen wird, S. 237). Im allgemeinen erfolgt die Reparatur zufällig, ohne Bevorzugung einer der beiden Stränge, oder anders gesagt, mit gleicher Wahrscheinlichkeit wird das eine oder das andere falsch gepaarte Nucleotid ersetzt (Abb. 7.**18**). Dies hat zur Folge, daß die beiden Allele aus der Rekombination nicht unverändert hervorgehen, wie bei der reziproken Rekombination von Außenmarkern, sondern daß ein Allel in das andere überführt werden kann. In der Tradition der klassischen Genetik nennt man dies **Gen-Konversion,** also die Überführung eines Gens (oder besser Allels) in ein anderes.

Transposition und integrative Rekombination

> Transposition bedeutet, daß ein im Genom vorhandenes DNA-Element an eine andere Stelle des gleichen oder eines anderen Genoms versetzt („transponiert") wird. Diese Veränderungen der Genom-Struktur findet man bei vielen Organismen, von Bakterien bis zu höheren Pflanzen oder Tieren.

Bewegliche genetische Elemente bei Bakterien

Bakterien wie *E. coli* können drei Typen von solchen beweglichen („transponierbaren") genetischen Elementen enthalten, nämlich Insertions-Sequenzen, Transposons und transponierbare Bakteriophagen.

Insertions-Sequenzen (IS-Elemente)

Diese Gruppe von beweglichen Elementen wurde in den Jahren um 1970 von H. Saedler, P. Starlinger und J. A. Shapiro bei der Untersuchung bestimmter Mutanten entdeckt. Die Mutationen waren durch Insertion von DNA-Stücken in Struktur-Genen entstanden, und bei der Suche nach der Herkunft und der Art der Insertions-Sequenzen stellte sich heraus, daß es sich um normale Bestandteile des Bakterien-Genoms handelt.

Eine *E. coli*-Zelle enthält etwa 10 Kopien solcher Sequenzen (Tab. 7.2). Gelegentlich, etwa einmal unter 10^7 Bakterien/Generation, wird eine Insertions-Sequenz an eine andere Stelle des Genoms übertragen. Falls diese Stelle inmitten eines Struktur-Gens liegt, ist ein Verlust der Gen-Funktion eine unvermeidliche Folge. Tatsächlich ist die Transposition von IS-Elementen eine häufige Ursache von Mutationen während der Stationärphase von Bakterien-Kulturen.

Tab. 7.2   Einige IS-Elemente im *E. coli*-Genom

Bezeichnung	Größe [bp]	Inverted Repeats [bp]	Sequenz-Wiederholung am Integrationsort [bp]	Zahl der Kopien im *E. coli*-Genom
IS 1	768	20/23	9	6–10
IS 2	1327	32/41	5	4– 5
IS 5	1195	15/16	4	10–12
IS 10	1329	17/22	9	2

Je nach Art bestehen IS-Elemente von *E. coli* aus 800–2000 Basenpaaren. Sie tragen an den Enden kurze gegenläufige Wiederholungen von sehr ähnlichen, aber nicht identischen Nucleotid-Sequenzen (**Inverted Repeats**) (Tab. 7.2). Der zentrale Bereich enthält offene Leseraster und kodiert Proteine, die für die Transposition verantwortlich sind (**Transposase**). Eine Funktion dieser Proteine ist die Vorbereitung der Integration durch Schneiden der Integrationsstelle. Die Schnitte erfolgen um einige Nucleotide versetzt. Ein Einbau des IS-Elementes an die Enden der geschnittenen DNA und nachfolgende Reparatursynthese hat eine Verdopplung einer kurzen Nucleotid-Folge in der Empfänger-DNA zur Folge (Abb. 7.**19**). Die Länge dieser gleichgerichteten Sequenz-Wiederholungen (**Direct Repeats**) hängt von der Art des IS-Elementes ab.

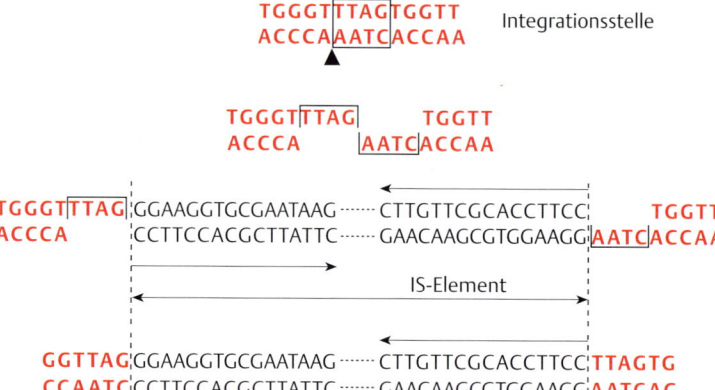

Integrationsstelle

Abb. 7.19 Direkte Sequenz-Wiederholungen an der Integrationsstelle eines IS-Elementes. Die Integrationsstelle wird während der Transposition um einige Nucleotide versetzt geschnitten. Das IS-Element (gezeigt sind nur die endständigen Inverted Repeats) wird angeheftet. Die vorhandenen Lücken in der DNA werden durch Synthese geschlossen. Als Ergebnis sehen wir direkte Wiederholungen von vier Basenpaaren an beiden Enden des eingebauten IS-Elementes. Unser Beispiel ist das IS 5 [Sequenzdaten aus 12].

Transposons

Diese DNA-Elemente sind ein Vielfaches länger als IS-Elemente, denn sie tragen außer den Genen für die Transposition noch andere genetische Funktionen. In vielen Fällen sind dies Gene, die den Bakterien ein Überleben in einer für sie gefährlichen Umwelt ermöglichen.

Man kennt lange Listen von Transposons bei *E. coli* und anderen Bakterien. Von praktischer Bedeutung sind Transposons mit sogenannten Resistenz-Genen zur Inaktivierung von Antibiotika (siehe Kasten).

Tab. 7.3 Einige bakterielle Transposons

Bezeichnung	ungefähre Größe [bp]	End-struktur	Resistenz gegen
Klasse I			
Tn 5	5700	IS 50	Kanamycin
Tn 9	2650	IS 1	Chloramphenicol
Tn 10	9300	IS 10	Tetracyclin
Klasse II			
Tn 3	5000	38 bp „repeat"	Ampicillin
Tn 501	8200	38 bp „repeat"	Quecksilber-Salze
Tn 1000 (γδ)	5700	35 bp „repeat"	-

Man unterscheidet gewöhnlich zwei Klassen von Transposons (Tab. 7.**3**):
- **Zusammengesetzte oder Klasse-I-Transposons** sind von IS-Elementen eingerahmt. Die IS-Elemente stellen die Funktionen für die Transposition (Transposase) des zentralen Abschnitts zur Verfügung.
- **Komplexe oder Klasse-II-Transposons** enthalten kurze umgekehrte Sequenz-Wiederholungen an den Enden. Dementsprechend kodieren Abschnitte im zentralen Bereich die Transpositions-Proteine.

Wir sehen uns nun nacheinander je einen Vertreter jeder Transposon-Klasse genauer an.

Unser Beispiel für ein Klasse-I-Transposon ist Tn 5, das beiderseits von gegenläufig angeordneten IS 50-Elementen eingerahmt ist (Tab. 7.**3**, Abb. 7.**20**). Wir erwarten, daß die IS 50-Elemente nicht nur das gesamte

Abb. 7.20 Aufbau des Transposons Tn 5. unten Die beiden IS 50-Elemente unterscheiden sich durch ein Nucleotid, wobei die Einführung eines Thymin-Bausteins links einen wirkungsvollen Promotor für das Gen *PT* (Phosphotransferase; *kan*^R) ergibt. Der waagrechte Pfeil von links nach rechts zeigt das offene Leseraster des *PT*-Gens. Die waagrechten Pfeile von rechts nach links zeigen die Gene auf dem IS 50R-Element [nach 17].

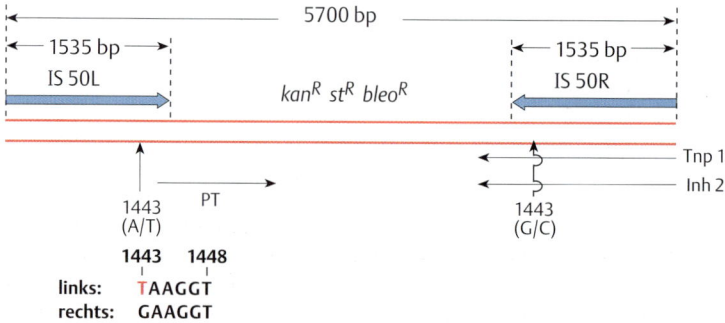

Transposon mobilisieren können, sondern auch als eigenständige Einheiten transponieren. Doch Experimente zeigen, daß dies nur für das rechte *IS 50R* gilt, während das linke Element, *IS 50L*, dazu nicht in der Lage ist. Der Grund dafür ist, daß *IS 50L* inmitten des Transposase-Gens das Stop-Codon TAA trägt. Das Transpositions-Protein (Tnp, Transposase) von IS 50R wirkt in *cis* auf den DNA-Abschnitt, der es kodiert, und kann deswegen nicht am linken *IS 50L* angreifen.

Der Austausch eines Guanin- gegen ein Thymin-Nucleotid im *IS 50L* hat eine interessante Konsequenz, denn es entsteht die Folge TAAGGT (Abb. 7.**20**), die der −10-Region des Standard-Promoters (S. 49) näher kommt als die Folge GAAGGT im „Wildtyp"-IS 50-Element. Tatsächlich dient der Bereich um die TAAGGT-Folge als Promotor für das Kanamycin-Resistenz-Gen.

Die Transposition ist ein seltenes Ereignis: 10^{-4} bis 10^{-5} Sprünge/Bakterien-Generation. Deswegen sollte die Expression der Transposase genau reguliert sein.

Ein Blick auf die Expression der *IS 50R*-Gene ist für ein Verständnis hilfreich. Das offene Leseraster des *IS 50R*-Elementes wird von zwei hintereinandergeschalteten Promotoren transkribiert (Abb. 7.**21**). So entstehen zwei verschieden lange mRNAs, und die kodierten Proteine unterscheiden sich nur durch ein kurzes Stück an ihren Amino-Enden. Das längere Protein Tnp wirkt als Transposase, während das kürzere Protein Inh die Transposition unterdrückt. Normalerweise wird eine größere Menge an Inh als an Tnp hergestellt. Ein Grund dafür ist, daß der Promotor für das Tnp-Transkript methylierte Adenin-Reste enthält, was eine Anlagerung der RNA-Polymerase erschwert.

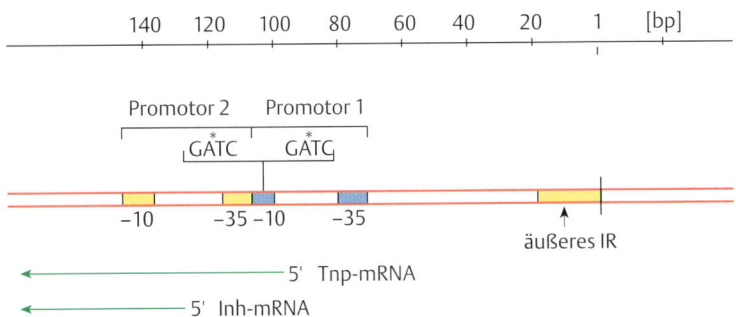

Abb. 7.21 Promotoren in IS 50R. Die Orientierung ist wie in der Abb. 7.**20**, so daß die Transkriptionsrichtung von rechts nach links verläuft [nach 17].

A* = N^6-Methyl-adenosin

IR = *Inverted Repeat*

Unser zweites Beispiel ist das **Transposon Tn 3,** das von kurzen Inverted Repeats begrenzt wird und im zentralen Teil, außer einem Ampicillin-Resistenz-Gen, noch Gene für die Transpositions-Proteine Tnp A und Tnp R trägt (Abb. 7.**22**).

Das Protein Tnp R (Tnp A; Molmasse 21 kDa) bindet mit hoher Affinität an eine Folge von Nucleotiden (*res*-Stelle, Abb. 7.**22**) zwischen den gegenläufigen Genen *tnp A* und *tnp R*. Auf diese Weise dient es als Repressor des Transposase-Gens *tnp A*. Das Produkt dieses Gens (Mol. Gew. 113 kDa) bindet an die Inverted Repeats und leitet damit die Transposition ein, die es dann gemeinsam mit anderen Bakterien-Proteinen durchführt. Wir werden gleich über mögliche Mechanismen der Trans-

R-Plasmide

Transposons können vom Bakterien-Hauptchromosom auf Plasmide übertragen werden. Dabei entstehen Plasmide mit einem, aber auch mit mehreren Resistenz-Genen. Solche R-Plasmide verbreiten sich durch Konjugation rasch in einer Population von Bakterien (S. 95), wenn die Kulturlösung Antibiotika enthält und Bakterien nur durch Inaktivierung der Antibiotika überleben können.

Schon bald nach Einführung der Antibiotika-Therapie sind um 1955 über diesen Mechanismus die ersten resistenten *Shigella*-Stämme entstanden, die auf eine Therapie mit Ampicillin (Penicillin), Tetracyclin und anderen Antibiotika nicht mehr ansprachen. Ähnliches wird bei der Enstehung von resistenten Stämmen anderer pathogener Bakterien beobachtet.

Die folgende Tabelle stellt einige der zahlreichen bekannten Resistenz-Gene vor.

Gen	Wirkungsweise des Gen-Produktes
amp	Spaltung des Penicillin-Ringes (β-Lactamase)
tet	Hemmung der Aufnahme von Tetracyclin in Bakterien
kan	Phosphorylierung und Inaktivierung von Kanamycin (Phosphotransferase)
Hg	Reduktion von Hg^{2+}-Ionen zu metallischem Quecksilber (Reductase)

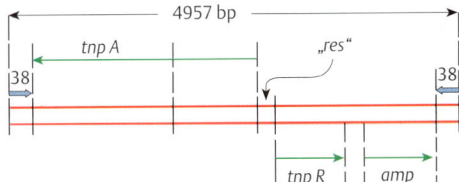

Abb. 7.22 Aufbau des Transposons Tn 3. Die Transkription des *tnp A*-Gens läuft von einem Promotor im *res*-Bereich nach links, die des *tnp R*-Gens nach rechts (Pfeile). Der *res*-Bereich ist ein AT-reicher DNA-Abschnitt von ungefähr 130 Basenpaaren [aus 8].

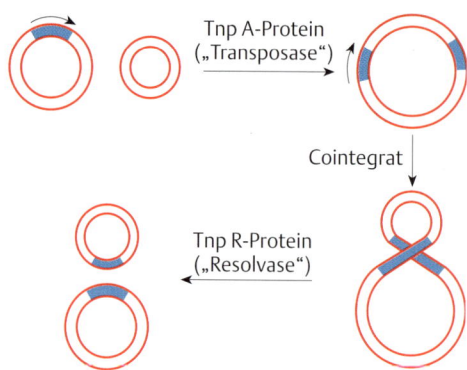

Tnp A-Protein ("Transposase")

Cointegrat

Tnp R-Protein ("Resolvase")

Abb. 7.23   Transposition über Cointegrat-Bildung.

position sprechen, aber schon hier anmerken, daß ein typisches Zwischenprodukt eine vorübergehende Verknüpfung von Donor- und Empfänger-DNA ist, ein Cointegrat (Abb. 7.**23**).

Zur Auflösung des Cointegrats ist das Protein Tnp R notwendig, das dieses Mal an beide *res*-Stellen in beiden Tn 3-Elementen bindet. Dort löst es in einer konzertierten Aktion von Schneiden und Wiederverknüpfen, ähnlich einer DNA-Topoisomerase (S.174), das Cointegrat in seine Einzelbestandteile auf. Deswegen nennt man das Protein auch Resolvase und seinen Wirkort die *res*-Stelle (*resolve*, auflösen).

Transponierbare Bakteriophagen

Der Bakteriophage Mu ist ein temperentes Bakterien-Virus (S.86), dessen DNA über den Mechanismus der Transposition vermehrt wird. Aber anders als bei den bisher besprochenen mobilen genetischen Elementen kann die Phagen-DNA als extrachromosomale Einheit existieren, weil sie mit Strukturproteinen bedeckt wird und dann wie andere Bakteriophagen Bakterien-Zellen infiziert.

Mechanismen der Transposition

Mit einem einzigen Modell läßt sich die Transposition beweglicher genetischer Elemente nicht beschreiben. Aber wir erkennen einige allgemeine Prinzipien, denn für die Transposition sind, erstens, intakte Inverted Repeats (IR) an den Enden der IS-Elemente oder Transposons notwendig, und, zweitens, muß eine aktive Transposase vorhanden sein.

Unter diesen Bedingungen erfolgt die Transposition im wesentlichen nach einem von zwei Mechanismen:
– Der konservative oder **Schnitt-und-Klebe-Weg** *(cut and paste)*. Das transponierbare Element wird aus der Donor-DNA ausgeschnitten und an einer neuen Stelle in der Empfänger-DNA eingebaut. Das Transposon Tn 5 wird durch diesen Mechanismus übertragen.
– Der **replikative Weg**. Das transponierbare Element wird repliziert, und eine Kopie bleibt an der Ursprungsstelle erhalten, während die zweite Kopie an neuer Stelle integriert wird. Eine Zwischenstufe ist das Cointegrat, das wir im vergangenen Abschnitt kennengelernt haben. Das Transposon Tn 3 wird über den replikativen Weg bewegt. Die DNA des Bakteriophagen Mu kann über beide Mechanismen freigesetzt werden.

Nach den heute geläufigen Vorstellungen beginnen beide Transpositionswege nach dem gleichen Schema (Abb. 7.**24**):
– Transposasen (und andere Proteine der Bakterien-Zelle) binden an die IR-Sequenzen im IS-Element oder Transposon und führen, genau am Ende eines jeden IR, zu Schnitten in einem der beiden DNA-Stränge.
– Die Zielstelle in der Empfänger-DNA wird durch Einführen versetzter Schnitte geöffnet (Abb. 7.**19**). Viele transponierbare Elemente können beliebige Stellen als Zielort benutzen, andere bevorzugen AT-reiche DNA-Regionen, und nur wenige haben eine mehr oder weniger ausgeprägte Vorliebe für spezifische DNA-Sequenzen an den Zielstellen.
– Enden des Transposons oder des IS-Elementes werden an Enden der geschnittenen Empfänger-DNA geknüpft. Donor- und Empfänger-DNA sind zum Zwischenprodukt gekoppelt.

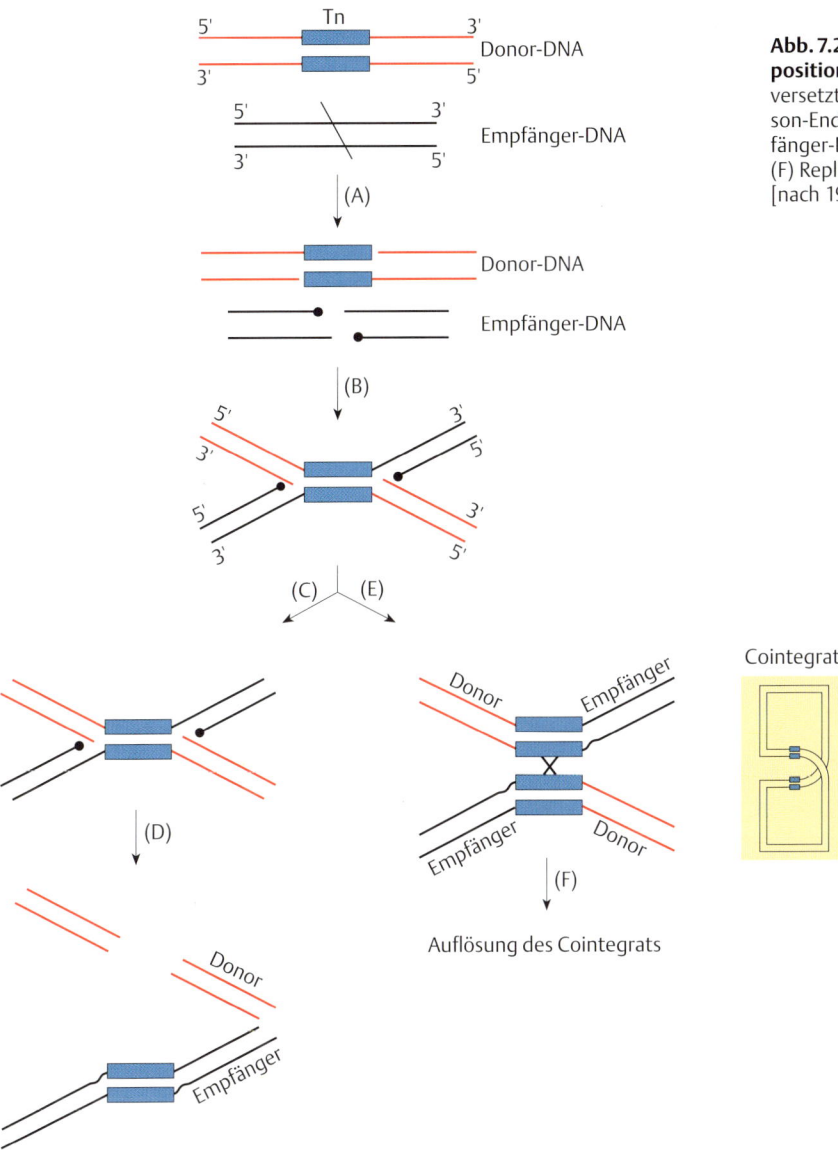

Abb. 7.24. Molekulare Mechanismen der Transposition. (A) Öffnen der Zielstelle durch Einführung versetzter Schnitte. (B) Verknüpfung der Transposon-Enden mit den Enden der geschnittenen Empfänger-DNA. (C) + (D) Schnitt- und Klebe-Weg. (E) + (F) Replikativer Weg. Weitere Erläuterungen im Text [nach 19].

Ab diesem Punkt unterscheiden sich die Tranpositionswege. Beim Schnitt-und-Klebe-Weg wird das Donor-DNA-Molekül abgetrennt, und der Transpositionsvorgang wird mit der Auffüll-Synthese (Abb. 7.**19**) und der kovalenten Verknüpfung der DNA-Enden abgeschlossen. Das Schicksal der Donor-DNA ist ungewiß. Sie kann unter Beschädigung repariert werden oder geht durch Abbau ganz verloren. Bakterien enthalten meist mehrere DNA-Moleküle (S. 183), deswegen ist ein Verlust der Donor-DNA nicht tödlich für die betroffene Bakterien-Zelle.

Beim replikativen Weg dienen die freien 3′-OH-Enden im Zwischenprodukt als Primer für die DNA-Synthese. So können die komplementären Stränge des Transposons oder IS-Elementes kopiert und schließlich mit den Enden der Donor-und Empfänger-DNA verknüpft werden. Die notwendige Konsequenz ist die Bildung eines Cointegrats, also die kovalente Verknüpfung von Donor- und Empfänger-DNA. Der abschließende Schritt ist die Auflösung dieser Struktur durch eine Resolvase-Reaktion, wie zuvor besprochen (Abb. 7.**23**).

Konsequenzen der Transposition: Umstrukturierung im Genom

Der Schnitt-und-Klebe-Weg hinterläßt Narben im Donor-Molekül, so daß unter Umständen Gene geschädigt oder zerstört werden.

Transpositionsvorgänge können auch Mutationen durch Insertionen in Struktur-Genen, aber auch Deletionen und Inversionen zur Folge haben. Das hängt mit dem Vorgang der Cointegrat-Bildung und -Auflösung zusammen, wenn er sich zwischen verschiedenen Stellen auf einem DNA-Molekül abspielt.

Die Verhältnisse sind in der Abb. 7.**25** dargestellt. Wir sehen, daß eine gleichläufige Orientierung zweier transponierbarer Elemente zu Deletionen und eine umgekehrte Orientierung zu Inversionen führen kann.

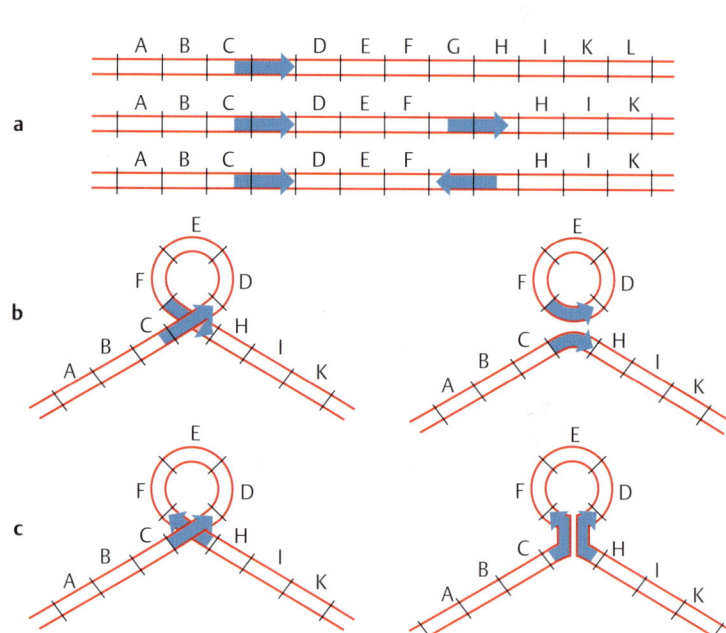

Abb. 7.25   Genetische Konsequenzen der Transposition.
a Insertion, **b** Deletion, **c** Inversion

Bewegliche genetische Elemente in Pflanzen

Die Transposition genetischer Elemente wurde in den Jahren 1940–1955 von Barbara McClintock im Zuge ihrer Studien über die Genetik von Mais entdeckt. Einer der Ausgangspunkte war die Beobachtung eines auffälligen Phänomens, nämlich die gesprenkelte Färbung von Körnern bestimmter Mais-Mutanten (Abb. 7.**26**).

Die Färbung von Maiskörnern beruht auf der Aktivität von Genen, die die Herstellung von Pigmenten in der Oberflächen-Schutzschicht bestimmen. Ein Ausfall dieser Gene durch Mutation sollte am Phänotyp der Farblosigkeit zu erkennen sein. Eine Sprenkelung muß demnach be-

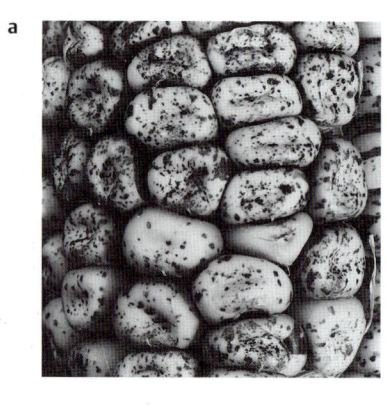

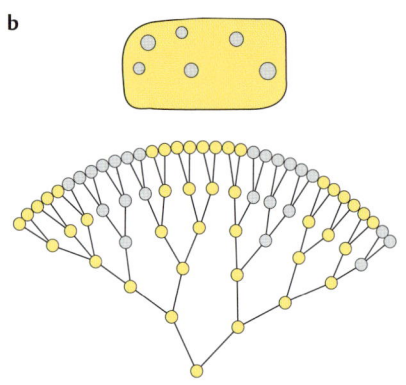

Abb. 7.26   Maiskörner mit Sprenkelung (Variegation). a Mais-Mutante (U. Wienand und H. Saedler, Köln). **b** Formale Deutung des Phänotyps. Während der Entwicklung des Korns wird in einigen Zellen die Mutation rückgängig gemacht: Vor dem farblosen Hintergrund einer Schicht von mutierten Zellen erscheinen Zell-Gruppen mit normaler Färbung [nach 28].

deuten, daß die Mutation in einigen Zellen während der Entwicklung des Korns rückgängig gemacht wird (Abb. 7.**26**). Die nichtstabilen Mutationen gehen oft mit Chromosomen-Brüchen einher. Deswegen wählte B. McClintock die Bezeichnung *Ds* für die Beschreibung solcher Stellen (*Ds, Dissociation*, Trennung). Weitere Untersuchungen ergaben, daß *Ds* nicht dauerhaft an eine bestimmte Stelle des Chromosoms gebunden ist, sondern an andere Stellen wechseln kann. Voraussetzung dafür ist freilich das Vorkommen eines anderen genetischen Elementes im gleichen Genom: *Ac (Activator)*. Studien zeigten dann, daß *Ac* selbst ein bewegliches Element ist, und daß dessen Funktionen zur Transposition von *Ds* notwendig sind.

Mit der Einführung gentechnischer Methoden um 1975 konnten die Verhältnisse genauer untersucht werden. Dabei stellte sich heraus, daß das Mais-Genom etwa 10 *Ac*-Elemente trägt. Jedes ist wie ein typisches Transposon aufgebaut:
- Es besteht aus 4565 Basenpaaren mit kurzen Inverted Repeats an den Enden, die eine innere Region mit offenen Leserastern begrenzen. Die Leseraster kodieren Transpositions-Proteine.
- An der Integrationsstelle entstehen direkte Sequenz-Wiederholungen von acht Basenpaaren, „rechts und links" vom integrierten Element,

Ds-Elemente unterschieden sich von *Ac*-Elementen durch mehr oder weniger lange Deletionen im zentralen Bereich. Der gemeinsame Nenner ist das Vorhandensein der Inverted Repeats (Abb. 7.**27**). Damit wird die Beziehung zwischen *Ac* und *Ds* verständlich: Transpositions-Funktionen, kodiert vom offenen Leseraster in *Ac*, wirken auf die eigenen Inverted Repeats oder auf die Inverted Repeats von *Ds*-Elementen und leiten deren Mobilisierung ein.

Das *Ac/Ds*-System ist nur ein Beispiel für transponierbare DNA im Mais-Genom. Schon B. McClintock hat andere Arten von transponierbarer DNA in Mais erkannt und beschrieben: *Spm (suppressor mutator)*, *Tz (transposon Zea mays), Cin (corn insertion)*. Auch andere Pflanzen, wie Sojabohnen, Löwenmäulchen u. a., haben bewegliche genetische Elemente, die jeweils ihre Eigenarten haben und nicht unbedingt mit dem *Ac/Ds*-System von Mais vergleichbar sind.

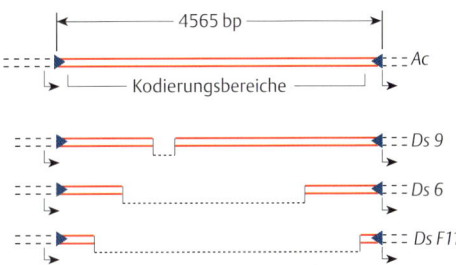

Abb. 7.27   *Ac*- und *Ds*-Elemente. *Ac*-Elemente bestehen aus 4565 Basenpaaren und sind beiderseits eingerahmt von Inverted Repeats aus 11 Basenpaaren (Dreiecke). An der Integrationsstelle findet sich eine direkte Sequenz-Wiederholung von 8 Basenpaaren (kleine waagrechte Pfeile). Der innere Kodierungsbereich trägt die Information zur Bildung eines Transposase-Faktors: *Ac* ist ein autonom transponierbares Element. Dagegen benötigen *Ds*-Elemente die Funktionen von *Ac* zur Transposition, weil der innere Kodierungsbereich von *Ds*-Elementen in mehr oder weniger großem Umfang durch Deletion verlorengegangen ist [nach 13].

Das Beispiel *Drosophila melanogaster*

Das Genom dieses genetisch gut untersuchten Organismus trägt eine Reihe verschiedener transponierbarer Elemente. Die Gruppe der **P-Elemente** ist besonders gut untersucht.

P-Elemente sind bei der Erforschung eines merkwürdigen Phänomens entdeckt worden, das als „Fehlbildung bei Hybriden" *(hybrid dysgenesis)* seit langem bekannt ist. Dies findet man nach der Kreuzung eines Männchens des P-Stammes mit einem Weibchen des M-Stammes. Unter den Nachkommen einer Kreuzung treten zahlreiche Mutationen, Strukturveränderungen von Chromosomen und Sterilität auf.

Die Ursache dafür ist das Vorkommen von 30–50 Kopien eines beweglichen genetischen Elementes, dem P-Faktor. Das ist ein Stück DNA aus 2907 Basenpaaren, beiderseits eingerahmt durch Inverted Repeats von 31 Basenpaaren. In den Zellen der P-Stamm-Tiere bleiben die P-Faktoren stabil integriert. Wenn aber die DNA eines P-Stamm-Männchens mit den Spermien in die Eizellen eines M-Stamm-Weibchens gelangt, erfolgt die Synthese einer aktiven Transposase und damit die

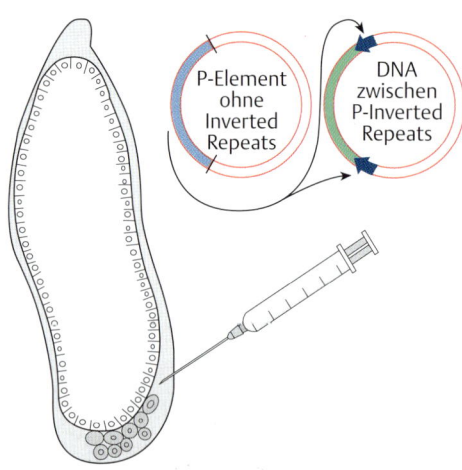

Embryo (*Drosophila*-M-Stamm)

Abb. 7.28 P-Element und Gen-Transfer. links Plasmid-DNA wird in den Bereich der Pol-Zellen, der Vorläufer der späteren Keimzellen, injiziert. Im Präblastoderm-Stadium des *Drosophila*-Embryos haben sich noch keine Zellwände gebildet. Die Zellkerne sind in einer zusammenhängenden Schicht angeordnet, nur die zukünftigen Keimzellen liegen abgeschnürt am Hinterpol des Embryos. **rechts** Ein Plasmid-DNA-Molekül trägt die Transposase-Funktion eines P-Elementes, und ein zweites Plasmid-Molekül die Inverted Repeats. Die Transposase greift die Inverted Repeats an und vermittelt die Transposition der Zwischen-DNA. Auf diese Weise kann so gut wie jede DNA in das Genom von *Drosophila*-Zellen eingebaut werden [nach 18].

Auslösung von Transpositionen mit den Konsequenzen von Insertions-mutationen, Chromosomen-Veränderungen usw.

Wie bei den anderen bisher besprochenen Transpositions-Vorgängen ist auch hier die Wechselwirkung der Transposase mit den IR-Sequenzen die erste und wichtigste Voraussetzung für die Transposition. Dementsprechend kann die Transposase des intakten P-Elementes jede Art von DNA-Abschnitten mobilisieren, wenn sie nur von korrekten IR eingerahmt sind. Genetiker haben diese Tatsache für die Entwicklung eines wirkungsvollen experimentellen Systems ausgenutzt (Abb. 7.28). Dabei werden zwei Plasmid-Moleküle in *Drosophila*-Keimzellen (vom M-Typ) injiziert. Das erste Plasmid trägt das innere offene Leseraster, aber keine IR an den Enden; das zweite enthält zwischen korrekten IRs eine quasi beliebige DNA-Sequenz. Nach Injektion in die Keimzellregion am Pol des frühen Drosophila-Embryos mobilisiert die Transposase des ersten Plasmids die IR-eingerahmte DNA im zweiten Plasmid, wodurch diese in die DNA der Empfänger-Zellen integriert werden. Alle Nachkommen der behandelten Eizelle tragen in ihrem Genom über die P-Faktor transportierte DNA.

Mit Hilfe dieser Methode hat man viele wichtige Informationen über die gewebs- und entwicklungsspezifische Expression von Genen erhalten. Man hat z.B. überprüfen können, ob bestimmte Promotor-Sequenzen für die korrekte Gen-Aktivierung notwendig sind. Auf weitere Punkte werden wir im Kap. 12 (S. 239 ff.) zu sprechen kommen.

Copia-Elemente: Retroposons

Das Genom von *Drosophila melanogaster* enthält mehrere und sehr verschiedene Gruppen von transponierbaren genetischen Elementen. Besonders umfangreich ist eine Gruppe von Elementen, die unter der Bezeichnung *copia* zusammengefaßt wird. Man kennt etwa 25 verschiedene, aber im Aufbau vergleichbare Untergruppen oder Familien von *copia*-Elementen, und jede Familie hat 30–50 Mitglieder, die im Genom verteilt vorkommen.

Auf den ersten Blick haben *copia*-Elemente Ähnlichkeiten mit zusammengesetzten Klasse-I-Transposons von Bakterien. Sie bestehen nämlich aus 5000–7000 Basenpaaren und sind beiderseits eingerahmt von Direct Repeats aus einigen hundert Basenpaaren, die ihrerseits an beiden Enden kurze Inverted Repeats tragen (Abb. 7.29). Aber ein genauer Blick auf die Struktur zeigt schon eine erste Abweichung vom Schema, denn die direkten Wiederholungen an den Enden enthalten (anders als die IS 50-Elemente des Tn 5; S. 210) keine offenen Leseraster, und die Sequenz im inneren Bereich von *copia* kodiert Proteine, die überhaupt keine Verwandtschaft mit Transposasen haben.

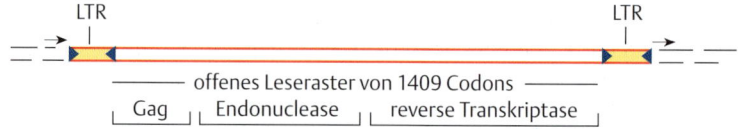

Abb. 7.29 *Copia*, ein Retroposon im *Drosophila*-Genom. Das gesamte Element besteht aus 5146 Basenpaaren, von denen entfallen zweimal 276 Basenpaare auf die Sequenz-Wiederholungen an den Enden, die hier LTR *(long terminal repeats)* heißen. Das offene Leseraster kodiert mindestens drei Proteine: Gag, Endonuclease und reverse Transkriptase. Die Bezeichnungen für Gene und Gen-Produkte entsprechen einer Terminologie, die bei der Erforschung der Retroviren entwickelt wurde (siehe folgende Abschnitte) [nach 15].

Ein drastischer Unterschied wird vor allem beim Vergleich der Transpositionswege deutlich, denn *copia* wird in Form von RNA, nach zwischengeschalteter Transkription, übertragen. Die *copia*-RNA dient als Matrize zur Synthese einer DNA, die dann an anderen Stellen des Genoms integriert wird (und dabei Mutationen verursacht, Abb. 7.**30**).

Was wir hier in aller Kürze notiert haben, bedeutet eine Umkehrung des normalen Flusses genetischer Information. Anders als bei der Transkription von Genen wird bei *copia* eine RNA-Sequenz zur Synthese einer DNA ausgenutzt. Deswegen bezeichnet man *copia* als Retroposon (retro-, rückwärts).

Retroposons kommen in den Genomen aller Eukaryoten vor, von Hefe bis zu höheren Pflanzen und Tieren, einschließlich des Menschen. Wir werden auf diesen Punkt später noch einmal zurückkommen, nach einer Besprechung der Prototypen von Retroposons, nämlich der RNA-Tumor-Viren oder Retroviren.

Retroviren: Ein Überblick

Die Erforschung der Retroviren begann schon um 1910 mit den Arbeiten von P. Rous, V. Ellermann und O. Bang. Diese Forscher stellten zellfreie Extrakte aus Tumor-Zellen von Hühnern her und konnten dann zeigen, daß eine Injektion dieser Extrakte bei gesunden Tieren zur Ausbildung von Tumoren führt.

Das Studium dieser Viren blieb lange Zeit eine Sache von Spezialisten, aber seit etwa 1975 zeigte sich, daß ihre Erforschung tiefe Einblicke in die Genetik von Eukaryoten ermöglicht und, vor allem, entscheidend zum Verständnis der Krebs-Entstehung beim Menschen beiträgt.

Retroviren sind im Tierreich weit verbreitet. Bei manchen Tierarten, etwa bei Mäusen und Hühnern, hat man mehrere verschiedene Arten von Retroviren gefunden.

Retroviren kommen auch bei Primaten, einschließlich des Menschen vor. Das HIV *(human immune deficiency virus)* ist ein Retrovirus, das an der Entstehung von AIDS *(acquired immune deficiency syndrome)* beteiligt ist. Andere menschliche Retroviren sind HTLV I und II *(human T cell leukemia virus)*, die sehr seltene Formen von Leukämie verursachen. Aber wir werden hier nicht auf die Besonderheiten der molekularen Genetik von HIV und HTLV eingehen können (s. Lit., S. 224).

Retroviren können, wie man sagt, „horizontal" durch Infektion weitergegeben werden, aber auch – als Spezialität dieses Virus-Typs – „vertikal", durch Vererbung über die Keimbahn. Die Gründe dafür werden wir gleich verstehen.

Gelegentlich sind Retroviren anscheinend harmlose Bewohner der infizierten Zellen. Aber oft können sie die Wirtszellen so verändern, daß sie sich der normalen Wachstumsregulation entziehen und schließlich als Krebsgeschwulst zum Tode des Wirtes führen.

Noch einige Worte zur Nomenklatur: Die Bezeichnung eines Virus leitet sich meist aus der Art des Tumors und dem Wirtsorganismus ab. Oft wird zur besseren Unterscheidung noch der Name des Entdeckers hinzugefügt. Als Beispiel beschreiben wir im Kasten auf S. 219 die genetische Struktur eines Maus-Leukämie-Virus, MLV. Da es mehrere Arten von MLV gibt, hat unser Beispiel-Virus die genauere Bezeichnung Moloney-MLV nach J. B. Moloney, der dieses Virus im Jahre 1960 erstmals beschrieben hat.

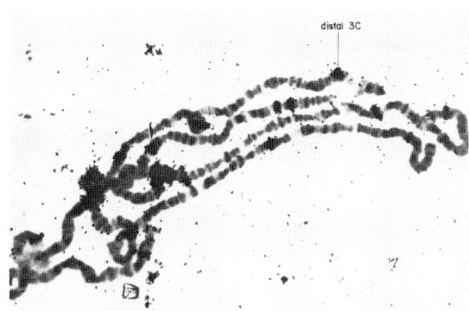

Abb. 7.30 *Copia*-**Elemente im** *Drosophila*-**Genom.** Wir zeigen eine Präparation von polytänen Chromosomen aus den Speicheldrüsen von *Drosophila*-Larven (S. 157). Radioaktiv markierte *copia*-DNA wurde nach geeigneter Vorbehandlung zu den Chromosomen gegeben. Die markierte DNA geht Basen-Paarungen mit chromosomalen DNA-Abschnitten ein *(in situ*-Hybridisierung; S. 424). Damit läßt sich die Lage von *copia* im Genom durch Autoradiographie (Stellen intensiver Schwärzung) bestimmen. Das *copia*-Element an der Stelle *distal 3C* ist in ein Gen für die Augenfarbe des Tieres transponiert. Das ist die Ursache für die Drosophila-Mutation „weißäugig", die als einer der ersten Genmarker in der Frühgeschichte der Genetik eine Rolle gespielt hat [aus 3].

Struktur und Vermehrungsweg

Alle Retrovirus-Partikel enthalten als Genträger zwei identische RNA-Moleküle, die wie typische eukaryotische mRNAs am 5′-Ende eine 7-Methylguanin-Kappe und am 3′-Ende einen poly(A)-Schwanz tragen. Jedes der beiden RNA-Moleküle besteht aus etwa 8000 Nucleotiden und enthält drei Gen-Bereiche, nämlich *gag, pol* und *env*. Wie genauer im Kasten erklärt, steht *gag* für gruppenspezifisches Antigen und bedeutet eine Gruppe von inneren Strukturproteinen. Die Bezeichnung *pol* ist die Abkürzung für ein wichtiges Produkt dieses Gen-Bereiches, die RNA-abhängige DNA-Polymerase. Der dritte Gen-Bereich wird *env* genannt, weil seine Produkte wichtige Bestandteile der Virushülle *(envelope)* sind.

Nach Eindringen in die Wirtszelle benutzt die RNA-abhängige DNA-Polymerase die Virus-RNA als Matrize und stellt eine DNA-Kopie her. Diese Reaktion ist eine Umkehr des gewöhnlichen Transkriptions-Prozesses. Deswegen wird die virale Polymerase meist als **reverse Transkriptase** bezeichnet (Abb. 7.**31**).

Abb. 7.31 Der Infektionsweg von Retroviren. Von oben nach unten: Die RNA des infizierenden Virus wird von der mitgebrachten reversen Transkriptase im Cytoplasma der Wirtszelle in DNA umgeschrieben. Die DNA gelangt in den Zellkern und wird dort mit Hilfe der viruseigenen Integrase (Endonuclease) in das Genom der Wirtszelle eingebaut. Die integrierte Virus-DNA verhält sich wie ein zelluläres Gen. Sie wird von Zellgeneration zu Zellgeneration weitergegeben und von der zelleigenen RNA-Polymerase transkribiert. Die Transkripte dienen als mRNA zur Herstellung von Virus-Proteinen oder als Genom für Nachkommen-Viren. In diesem Fall werden die RNA-Moleküle von Strukturproteinen eingepackt. Die Partikel lagern sich an die Innenseite der Cytoplasma-Membran und verlassen die Zelle durch „Knospung". Dabei werden die Partikel von der Cytoplasma-Membran umschlossen und verlassen als reife Viren die Zelle. In die umschließende Membran sind virale Env-Proteine eingebaut [nach 10, 23].

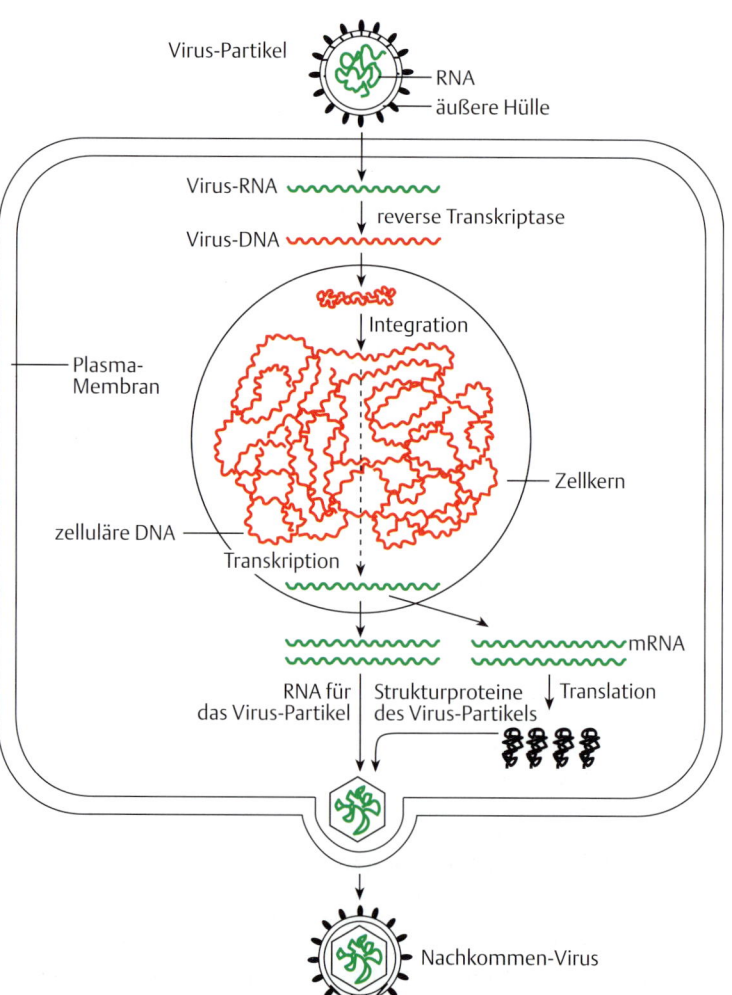

Molekulare Genetik eines Retrovirus

Die RNA eines Retrovirus kann in der infizierten Zelle drei Funktionen erfüllen. Sie kann als Matrize für die Synthese einer DNA-Kopie dienen, die Rolle einer mRNA übernehmen oder in Nachkommen-Virus-Partikel verpackt werden.

Wir betrachten zuerst die genetische Organisation der RNA. Folgende Strukturen spielen eine Rolle:

- *Repeats (R)*, Folgen von etwa 70 Nucleotiden, die sowohl am 5'-Ende als auch am 3'-Ende vorkommen;
- *Unique sequences (U5)*, etwa 100 Nucleotide am 5'-Ende;
- offene Leseraster für die Virus-kodierten Proteine; gefolgt von der U3-Region mit 500–800 Nucleotiden und dem endständigen *Repeat*.

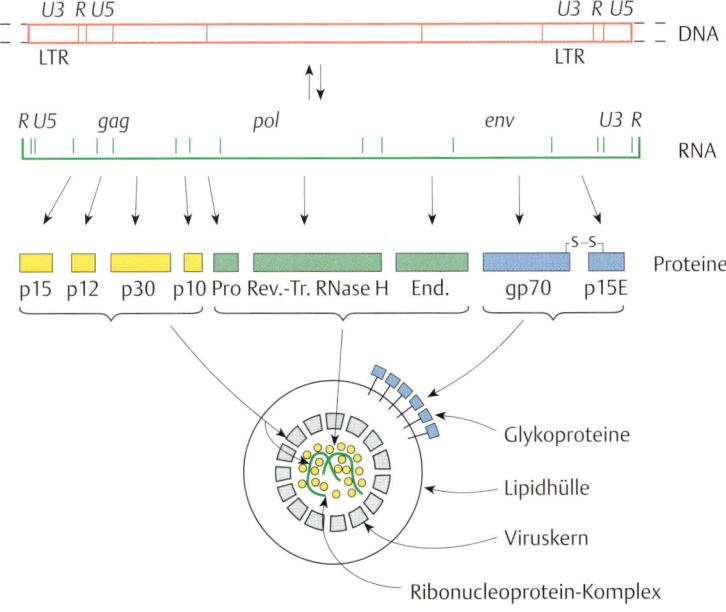

Eine virale mRNA mit dem Transkript der *gag*-Gene wird als Polyprotein translatiert, das dann durch eine Protease in vier Bestandteile zerlegt wird, die man nach ihren Molmassen als p15, p12, p30 und p10 bezeichnet. Diese Proteine sind Bausteine der inneren Virus-Struktur. Auch das Produkt des *pol*-Gens ist komplex. Es wird zuerst als Gag-Pol-Polyprotein hergestellt und später zerlegt, nämlich in eine Protease, eine reverse Transkriptase (die auf einer Peptid-Kette auch ein RNA-abbauendes Enzym, RNase H, trägt) und eine Endonuclease (oder Integrase) für den Einbau der Virus-DNA in das Zellgenom. Die *env*-Gen-Sequenz kodiert zwei Proteine, die als Spaltprodukte aus einem Polyprotein hervorgehen, aber über eine Disulfan-Brücke verknüpft bleiben. Das fertige Virus-Partikel entsteht, wenn sich der Viruskern von innen an die Cytoplasma-Membran legt. Dann stülpt sich der entsprechende Abschnitt der Membran aus und umkleidet den Virus-Kern als Lipidhülle, in die die Env-Proteine eingebaut sind.

Ein Virus-Partikel enthält außer zwei RNA-Virus-Genomen mehrere Moleküle der reversen Transkriptase. Ein weiterer Bestandteil im Virus-innern ist tRNA, deren 3′-OH-Enden als Primer für die ersten Reaktionen der reversen Transkriptase dienen.

In einer komplexen Folge von Synthese-Schritten wird die RNA dann in doppelsträngige DNA überführt, die in das Genom der Wirtszelle integriert wird. Bei der Synthese der DNA-Kopie kommt es zur Ausbildung von Endstrukturen, die jeweils die Sequenz-Elemente *U3, R* und *U5* umfassen. Diese Kombination nennt man LTR *(long terminal repeats)*. LTR dient als Promotor für die Transkription der integrierten Virus-DNA.

Die Transkription erfolgt konventionell wie die Transkription zellulärer Gene durch eine zelleigene RNA-Polymerase. Es entstehen mehrere mRNAs.

Für die Einzelheiten der komplizierten Synthese der retroviralen DNA verweisen wir Interessierte auf die Literatur am Ende des Kapitels. Hier notieren wir nur das Ergebnis: Es entstehen DNA-Moleküle, die beiderseits von direkten Sequenz-Wiederholungen *(LTR, long terminal repeats)* eingefaßt sind (siehe Kasten). Die DNA-Kopien, zunächst als freie Moleküle ringförmig geschlossen, werden in das Genom der Wirtszelle integriert (Abb. 7.**31**).

Das hat folgende Konsequenzen:
– Die Integration erfolgt an vielen Stellen des Wirtsgenoms und kann gelegentlich Insertionsmutationen verursachen.
– Die Integration führt zu Wiederholungen kurzer Nucleotid-Folgen an den Zielstellen. Diese umfassen 4, 5 oder 6 Nucleotide, je nach Art des Retrovirus-Elementes.
– Die integrierte Virus-DNA wird ein Bestandteil des Zell-Genoms und kann deswegen von Zelle zu Zelle, aber auch von Generation zu Generation vererbt werden, als Grundlage für die vertikale Weitergabe der Retrovirus-Infektion. Manche Tierarten tragen sogenannte „endogene Proviren" in ihrem Genom, die wie eigene Gene vererbt werden.
– Die integrierte Virus-DNA wird wie ein zelleigenes Gen von der RNA-Polymerase II der Wirtszelle transkribiert, wobei Abschnitte im LTR als Promotor dienen. Die Transkriptions-Produkte können als mRNA für die Expression der Gene *gag, pol* und *env* dienen; oder sie können als virale RNA in Virus-Hüllen verpackt werden. In diesem Fall wird sie als Bestandteil von Virus-Partikeln aus der Zelle ausgeschleust und kann einen neuen Infektionsprozeß beginnen (Abb. 7.**31**).

Transduktion durch Retroviren

Aufgrund der Darstellung im vorangegangenen Abschnitt verstehen wir nun die Bezeichnung Retroviren für die besprochene Virusart, denn ein wichtiger Teilschritt ist ein, gemessen am zellulären Geschehen, rückwärts gerichteter, retrograder Informationsfluß: von der RNA zur DNA.

Woher stammt die Bezeichnung Tumor-Viren? Die Entstehung eines Tumors, nach Infektion mit einem Standard-Retrovirus, ist ein seltenes Ereignis, und meistens vergeht eine lange Zeit, bis sich die ersten Tumoren im infizierten Tier entwickeln. Gelegentlich findet man jedoch aus Tumoren isolierte Virus-Varianten, die mit hoher Effizienz Tumoren erzeugen.

Zum Beispiel erzeugt das **Moloney-Maus-Leukämie-Virus** (MLV) 4–6 Monate nach Infektion die ersten Tumoren in neugeborenen Mäusen.

H. T. Abelson und L. S. Rabstein (1970) fanden in den Tumor-Zellen ver-änderte Virus-Formen, die nur wenige Wochen brauchen, um nach In-jektion Tumoren entstehen zu lassen. Überdies kann der neue Virus-Typ, das **Abelson-Murine-Leukämie-Virus,** Fibroblasten in der Zellkultur transformieren, während das ursprüngliche Moloney-Virus dazu nicht fähig ist.

Analysen zeigen:

- Die Population der Virus-Nachkommen ist eine Mischung von Molo-ney-MLV und Abelson-MLV. Das Abelson-Virus ist defekt und kann sich nicht selbst vermehren. Es braucht dazu die Hilfe des intakten Moloney-MLV.
- Das Abelson-MLV hat als Genom eine kleinere RNA mit einer ganz anderen genetischen Organisation: Die Gene *pol* und *env* sind ganz, das Gen *gag* teilweise verlorengegangen, statt dessen liegt eine Folge von etwa 3600 Nucleotiden vor, *v-abl* genannt, die keinerlei Ähnlich-keiten mit den viralen Sequenzen hat (Abb. 7.**32**).

Das Stück neuer Nucleinsäure stammt aus dem Genom der Wirtszelle, und die Abb. 7.**33** zeigt ein plausibles Modell, das die Aufnahme zellu-lärer Sequenzen in das Virus-Genom verständlich macht.

Das DNA-Stück *v-abl* ist direkt für die höhere Effizienz der Tumor-Bildung verantwortlich. Daher bezeichnet man *v-abl* und vergleichbare Sequenzen in anderen RNA-Tumor-Viren als Onkogene (*Onkos,* Tumor). Das virale Gen *v-abl* unterscheidet sich vom zellulären Gen *c-Abl* durch eine Reihe von Sequenz-Unterschieden. Deswegen spricht man gele-gentlich auch von Proto-Onkogenen, wenn man das unveränderte zellu-läre Gen von dem veränderten Gen im Virus-Genom unterscheiden will.

Das Gen *abl* ist nur ein Beispiel unter einigen Dutzend Onkogenen, von denen nur einige in die Tab. 7.**4** (siehe S. 222) aufgenommen wurden. Die meisten Onkogene wurden über spezifische Träger-Viren identifiziert. Daher stammt auch ihre Bezeichnung: Das Onkogen *Abl* wurde zuerst bei der Untersuchung des Abelson-Virus identifiziert, das bei Mäusen Leuk-ämie verursacht; das Onkogen *Myc* bei Viren, die in Hühnern Myelocyto-matose, eine bestimmte Leukämie-Form, hervorrufen usw. (Tab. 7.**4**). Aber es zeigte sich bald, daß *Abl* nicht nur im Genom von Mäusen und *Myc* nicht nur im Genom von Hühnern vorkommt, sondern im Genom aller Wir-beltiere, einschließlich des Menschen. Das gleiche trifft für andere Onko-gene zu. Überdies findet man Onkogene in den Genomen von Insekten und anderen Everetebraten, und sogar bei eukaryotischen Einzellern.

Welche Bedeutung haben Onkogene oder besser Proto-Onkogene für den Organismus? Ihre Produkte sind an einer von mehreren Stellen an der Vermittlung von Signalen von der Zelloberfläche in den Zellkern beteiligt. Dabei geht es insbesondere um Signale, die genetische Programme für Zellteilung und Proliferation andrehen. Einen ersten Überblick gibt die Tab. 7.**4**, und weiteres werden wir im Kap. 12 (S. 330) besprechen.

Demnach kann man die Onkogen-Produkte in vier Gruppen einteilen:

1. **Wachstumsfaktoren:** Peptide oder Proteine, die an Rezeptoren der Zelloberfläche binden. Dadurch werden intrazelluläre Ereignisse aus-gelöst, die schließlich zu DNA-Replikation und Zellteilung führen. Der bekannteste Vertreter dieser Gruppe ist das Produkt des Gens *v-sis* oder *c-sis.*
2. **Proteinkinasen:** Enzyme, die die γ-Phosphat-Gruppe von ATP auf die OH-Gruppe in den Seitenketten der Aminosäuren Tyrosin, Threonin

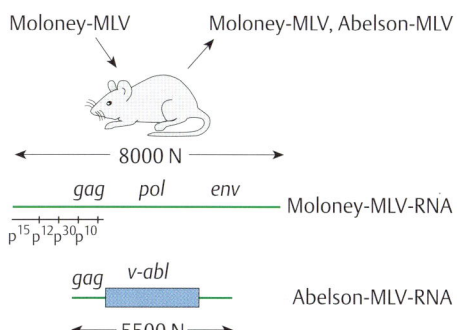

Abb. 7.32 Aufnahme von Onkogenen. oben Die Isolierung des Abelson-Maus-Leukämie-Virus (MLV) ist angedeutet. **unten** Wir sehen eine einfache Skiz-ze der Moloney-MLV-RNA, wobei das *gag*-Gen in seine funktionellen Abschnitte eingeteilt ist (siehe Kasten, S. 219). Diese Einteilung ermöglicht eine Abschätzung der Deletion in der Abelson-MLV-RNA, die statt der viralen Gene eine (durch Mutationen veränderte) Sequenz aus dem zellulären Genom enthält, das *v-abl*-Gen [nach 20].

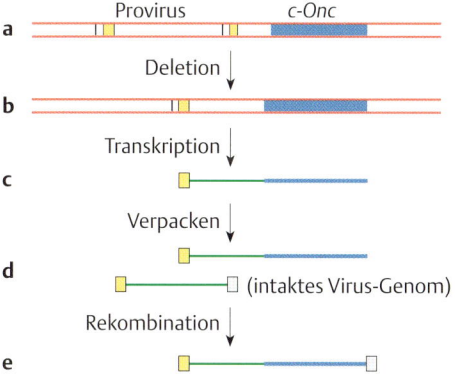

Abb. 7.33 Entstehung defekter Retroviren.
a Virus-DNA (Provirus) integriert in der Nähe eines zellulären Onkogens (*c-Onc*). Das ist ein seltenes Er-eignis, denn die Integration von Virus-DNA kann an vielen, möglicherweise beliebigen Stellen des Wirts-genoms erfolgen. Am Promotor im rechten LTR kann das benachbarte Onkogen transkribiert wer-den, ein möglicher Mechanismus zur Induktion von Tumoren durch nichtdefekte Retroviren. **b–c** Durch Deletion gehen Teile zwischen der integrierten Vi-rus-DNA und dem Onkogen verloren. Aber die ent-standene Einheit wird transkribiert. **d** Ein Transkript-Molekül wird gemeinsam mit einer intakten Virus-RNA in einer Hülle verpackt. (Wir erinnern uns, daß jedes Virus-Partikel zwei Moleküle RNA enthält). **e** Das Virus mit gemischter RNA infiziert eine neue Zelle. Aus beiden RNA-Matrizen werden über rever-se Transkription DNA-Moleküle gebildet, die mitein-ander rekombinieren [nach 23].

Tab. 7.4 Retroviren und Onkogene (eine Auswahl)

Onko-gen	transduzierendes Virus	virusinduzierter Tumor	Genprodukt
v-sis	Simian Sarcoma Virus	Sarkom (Katze, Affe)	entspricht der β-Kette des Wachstumsfaktors PDGF *(platelet derived growth factor)*
v-abl	Abelson Murine Leukemia Virus	Lymphom (Maus)	Tyrosin-spezifische Protein-kinase
v-src	Rous Sarkoma Virus	Sarkom (Huhn)	Tyrosin-spezifische Protein-kinase (Plasmamembran)
v-fps	Fujinama Sarcoma	Sarkom (Huhn)	Tyrosin-spezifische Protein-kinase (Plasmamembran)
v-fes	Snyder Theilin Feline Sarcoma Virus	Sarkom (Katze)	
v-mos	Moloney Sarcoma Virus	Sarkom (Maus)	Serin- und Threonin-spezifische Proteinkinase (Cytoplasma)
v-fms	McDonough Feline Sarcoma Virus	Sarkom (Katze)	Tyrosin-spezifische Protein-kinase mit Ähnlichkeit zu dem Rezeptor für den Wachstums-faktor CSF-1 *(colony stimulating factor)*, der normalerweise die Proliferation von Granulozyten und Makrophagen anregt.
v-erb B	Avian Erythro-blastosis Virus	Leukämie (Huhn)	Tyrosin-spezifische Protein-kinase, entspricht einem Teil des Rezeptors für den Wachs-tumsfaktor EGF *(epidermal growth factor)*
v-H-ras	Harvey Rat Sarcoma Virus	Sarkome (Maus, Ratte)	GTP-bindende Proteine in der Plasmamembran
v-K-ras	Kirsten Rat Sarcoma (Virus)		
v-erb-A	Avian Erythro-blasosis Virus	Leukämie (Huhn)	teilweise Ähnlichkeit mit Steroid-Hormon-Rezeptoren; Einfluß auf die Gen-Expression (S. 360)
v-jun	Avian Sarcoma Virus	Fibrosarkome (Huhn)	Untereinheit des Tran-skriptions-Faktors AP1 (S. 341)
v-myc	Avian Myelocytomatosis	Leukämie, Sarkom Karzinom (Huhn)	Transkriptions-Faktoren
v-myb	Avian Myeloblastosis	Leukämie (Huhn)	
v-fos	FBJ Murine Osteosarcoma Virus	Osteosarkom (Maus)	Transkriptions-Faktor (Gen-Regulation, S. 333)

oder Serin übertragen. Serien von Phosphatgruppen-Übertragungen sind als Signalketten von außen zum Zellkern bekannt (S. 331). Zu dieser Gruppe gehört auch das Produkt des *abl*-Gens.

3. **GTP-bindende Proteine:** membranständige Proteine, die ebenfalls eine Funktion bei der Signalübertragung haben. Die wichtigsten Vertreter dieser Gruppe sind die Ras-Proteine, die ursprünglich bei der Analyse von Ratten-Sarkom-Viren entdeckt wurden.

4. **Proteine des Zellkerns**, u. a. Transkriptions-Faktoren, die für die Aktivierung von Genen verantwortlich sind. Wir werden später ausführlich auf die Struktur und Funktion solcher Proteine eingehen (Kap. 12, S. 330).

Die Gene für diese Proteine sind normale Bestandteile des Genoms von Tieren. Aber bei ihrer Aufnahme in Virus-Genome können sich Mutationen ereignen, die allesamt dazu führen, daß die Proteine auch ohne Anregung von außen aktiv sind, so daß die infizierten Zellen ständig auf Zellteilung und Proliferation programmiert sind.

Vergleichbares geschieht oft auch als Voraussetzung für die Umwandlung normaler Zellen des Menschen in Tumor-Zellen: (Proto-)Onkogene werden durch Mutation so geschädigt, daß sie ständig aktiv sind. Damit begünstigen sie eine unregulierte Proliferation der betroffenen Zelle. Auf einige Aspekte im Zusammenhang mit Onkogenen und Onkogen-Produkten werden wir später zurückkommen.

Noch einmal: Retroposons

Wie aus dem vorangegangenen Abschnitt hervorgeht, hat die Erforschung der Retroviren einen großen Einfluß auf die molekulare Zellbiologie. Wir haben den kurzen Bericht über Retroviren hier eingefügt, weil Retroviren den Prototyp von Transpositionen über RNA-Zwischenstufen darstellen. Man spricht von Retrotransposition und bezeichnet das übertragbare genetische Element als Retrotransposon oder Retroposon.

Unser erstes Beispiel dafür war das *copia*-Element im Drosophila-Genom (Abb. 7.**29**). Das offene Leseraster zwischen den LTR bei *copia* hat im 5′-Bereich einige Ähnlichkeit mit dem *gag*-Gen und im 3′-Bereich mit dem *pol*-Gen von Retroviren. Die Sequenz-Übereinstimmung ist nicht sehr groß, aber eindeutig, vor allem auch im Bereich des Endonuclease-Abschnitts, der für die Integration der DNA-Kopie in das Wirtsgenom verantwortlich ist. Drosophila-Zellen enthalten viele *copia*-Transkripte. Einige davon werden mit Gag-Proteinen bedeckt und können in der Zelle als Virus-ähnliche Partikel nachgewiesen werden. Andere *copia*-Transkripte werden in DNA umgeschrieben und gelangen durch Integration an verschiedene Stellen des Genoms, wo sie durch Insertion in aktive Gene Mutationen hervorrufen können.

Retrotranspositionen sind keineswegs auf Drosophila beschränkt. Man findet ein Retroposon ähnlicher Struktur als TY-Element in der Hefe *Saccharomyces cerevisiae.* Aber auch bei vielen anderen Organismen, einschließlich Pflanzen (Mais) und Säugetieren (Maus, Ratte) sind Retroposons entdeckt und zum Teil gut untersucht worden.

Unsere Darstellung der Retroposons wäre unvollständig, wenn sie nicht auch die Entstehung und Verbreitung von hoch- und mittelrepetitiven Elementen in den Genomen von Säugetieren, einschließlich des Menschen, einschließen würde.

Ein Beispiel sind die als LINE *(long interspersed repetitive elements)* bezeichneten repetitiven Sequenzen (S. 32) in Säugetier-Genomen. Der

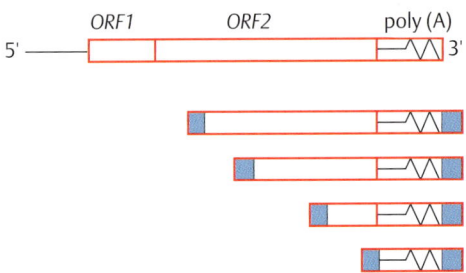

ORF1   ORF2   poly (A)

Abb. 7.34 LINE-Sequenzen im Säugetier-Genom. oben Vollständiges LINE mit offenen Leserastern für die Kodierung einer Integrase (Endonuclease) und einer reversen Transkriptase. Am 3'-Ende liegt die poly(A)-Sequenz, ein Kennzeichen für Retroposons vom nichtviralen Typ. **unten** Die allermeisten LINEs sind unvollständig: Sie unterscheiden sich vom intakten LINE durch Verluste im 5'-Teil des offenen Leserasters. Aber sie behalten charakteristische Merkmale: poly(A)-Sequenzen und kurze Sequenz-Wiederholungen an der Integrationsstelle (als Blöcke hervorgehoben) [aus 6, 25].

Prototyp einer LINE-Sequenz besteht aus etwa 7000 Basenpaaren. Die Sequenz schließt ein offenes Leseraster ein, das die Information für eine reverse Transkriptase trägt, die Ähnlichkeit zum retroviralen Enzym hat. Aber die wenigsten der vielen zehntausend LINE-Sequenzen im menschlichen Genom entsprechen der vollen Länge des Prototyps. Die meisten sind um verschieden lange Abschnitte im 5'-Bereich verkürzt, aber alle tragen ein poly(A)-Ende (Abb. 7.**34**). Überdies sind alle LINEs von kurzen direkten Sequenz-Wiederholungen eingerahmt. Alle Kennzeichen sprechen dafür, daß die meisten LINEs Produkte einer unvollständigen reversen Transkription von RNAs sind, die ins Genom integriert wurden. Tatsächlich findet man in Säugetier-Zellen Transkripte von LINEs, auch extrachromosomale LINE-DNA, die womöglich auf dem Weg zur Integration ist. Freilich bleibt vieles noch im dunkeln, insbesondere die Herkunft der ursprünglichen LINE-Sequenz und ihre genetische Funktion (wenn es denn eine geben sollte). LINE-Sequenzen haben sich früh in der Evolution im Genom von Säugetieren eingerichtet. Heute ist ihre Position im Genom relativ fixiert, aber gelegentlich beobachtet man Mutationen, die durch Transposition von LINE-Sequenzen in aktive Gene entstanden sind.

Auch die hochrepetitiven SINE-Sequenzen, etwa vom Typ der Alu-Familie (S. 31), sind durch Retrotransposition von RNA entstanden. Die **Alu-Sequenzen** im Genom stammen von revers transkribierten kleinen RNA-Molekülen ab, von der 7 SL-RNA, die eine Rolle bei der Regulation der Translation haben. Überhaupt müssen wohl viele hoch- und mittelrepetitive Sequenzen im Säugetier-Genom als Produkte von Retrotranspositionen angesehen werden, die sich allmählich im Laufe der Evolution der betreffenden Spezies ereignet haben. Dazu gehören auch die sogenannten prozessierten Pseudogene (S. 294).

Literatur

Bücher

1. Kühn, A.: Grundriß der Vererbungslehre. Verlag Quelle und Meyer, Heidelberg 1950
2. Strickberger, M. W.: Genetics. MacMillan, New York 1976

Original- und Übersichtsartikel

3. Bingham, P. M., Levi, R., Rubin, G. M.: Cloning of DNA sequences from the white locus of D. melanogaster by a novel and general method. Cell **25** (1981) 693–704
4. Callen, H. G.: The nature of lampbrush chromosomes. Intern. Rev. Cytol. **15** (1963) 1–34
5. Cullen, B. R.: Does HIV-1 Tat induce a change in viral initiation rights? Cell **73** (1993) 417–420
6. Deininger, P. L., Batzer, M. A., Hutchison, C. A., Edgell, M. H.: Master genes in mammalian repetitive DNA amplification. Trends in Genet. **8** (1992) 307–311
7. Gall, J. G.: On the submicroscopic structure of chromosomes. Brookhaven Symp. Biol. **8** (1956) 17–32
8. Heffron, F., Carthy, B. J., Ohtsubo, H. und Ohtsubo, E.: DNA sequence analysis of the transposon Tn3: three genes and three sites involved in transposition of Tn3. Cell **18** (1979) 1153–1163

9. Holliday, R.A: Mechanism for gene conversion in fungi. Genet. Res. **5** (1964) 282–304

10. Katz, R.A., Skalka, A.M.: The retroviral enzymes. Ann. Rev. Biochem. **63** (1994) 133–173

11. Kowalczykowski, S.S., Dixon, D.A., Eggleston, A.K., Lauder, S.D., Rehraurer, W.M.: Biochemistry of homologous recombination in Escherichia coli. Microbiol. Rev. **58** (1994) 401–465

12. Kröger, M., Hobom, G.: Structural analysis of insertion sequence IS5. Nature **297** (1982) 159–162

13. Kunze, R., Stochai, U., Laufs, J., Starlinger, P.: Transcription of transposable element Activator Ac of Zea mays. EMBO J. **6** (1987) 1555–1563

14. Meselson, M.S., Radding, C.: A general model of genetic recombination. Proc. Nat. Acad. Sci. USA **72** (1975) 358–361

15. Mount, S.M., Rubin, G.M.: Complete nucleotide sequence of the Drosophila transposable element copia: homology between copia and retroviral proteins. Mol. Cell Biol. **5** (1985) 1630–1638

16. Radding, C.M.: Helical RecA nucleoprotein filaments mediate homologous pairing and strand exchange. Biochim. Biophys. Acta **1008** (1989) 131–145

17. Reznikoff, W.S.: The Tn5 transposon. Ann. Rev. Microbiol. **47** (1993) 945–963

18. Rio, D.C.: Regulation of Drosophila P element transposition. Trends Genet. **7** (1991) 282–287

19. Shapiro, J.A.: Molecular model for the transposition and replication of bacteriophage Mu and other transposable elements. Proc. Nat. Acad. Sci. USA **76** (1979) 1933–1937

20. Shields, A., Paskind, M., Otto, G., Baltimore, D.: Structure of the Abelson Murine Leukemia Virus genome. Cell **18** (1979) 955–962

21. Smith, G.R.: Conjugational recombination in E.coli: myths and mechanisms. Cell **64** (1991) 19–27

22. Vaishnav, Y.N., Wong-Staal, F.: The biochemistry of AIDS. Ann. Rev. Biochem. **60** (1991) 577–630

23. Varmus, H.E.: Form and function of retroival provirus. Science **216** (1982) 812–820

24. Wain-Hobson, S.: AIDS: virological mayhem. Nature **373** (1995) 102

25. Weiner, A.M., Deininger, P.L., Efstratiadis, A.: Nonviral retroposons genes, pseudogenes, and transposable elements generated by the reverse flow of genetic information. Ann. Rev. Biochem. **55** (1986) 631–661

26. West, S.C.: Enzymes and molecular mechanisms of genetic recombination. Ann. Rev. Biochem. **61** (1992) 603–640

27. West, S.C.: The processing of recombination intermediates: mechanistic insights from studies of bacterial proteins. Cell **76** (1994) 9–15

28. Wienand, U., Saedler, H.: Plant transposable elements: unique structures for gene tagging and gene cloning. In: Hohn, T., Schell, J. (Hrgb.) Plant infection agents. Springer Verlag, Heidelberg 1987

8. Mutationen: DNA-Schäden und Reparaturen

Mutationen sind vererbbare Veränderungen der genetischen Information. Mutationen sind selten, wie erwartet, denn sonst wäre eine Weitergabe der genetischen Information von Generation zu Generation nicht möglich. Aber allein bereits durch die Labilität ihrer Bausteine, vor allem aber durch Umwelteinflüsse, insbesondere durch die ultravioletten Strahlen des Sonnenlichtes, ist die Struktur der DNA ständig gefährdet. Deswegen haben sich schon früh in der Evolution wirkungsvolle Reparatur-Mechanismen ausgebildet, die Schäden an der DNA ausgleichen und die Häufigkeit von Mutation auf einen erträglichen Wert einstellen.

Doch Mutationen sind für die Evolution notwendig. Genetische Unterschiede zwischen den Individuen einer gegebenen Art sind das Rohmaterial der Evolution. Durch Selektion wird der Organismus begünstigt, dessen Gene eine bessere Anpassung an die Umweltverhältnisse erlauben. Dieser zweite Aspekt an Mutations-Entstehung wird freilich in diesem Kapitel nicht berücksichtigt.

Arten der Mutation: Ein Überblick

Nach traditionellem Schema unterscheidet man Genom- und Chromosomen-Mutationen von sogenannten intragenischen Gen- oder Punkt-Mutationen.

Unter **Genom-Mutationen** versteht man drastische Veränderungen des gesamten Genoms, z.B. eine Veränderung der Zahl der Chromosomen. Beispiele sind die bereits früher erwähnten Trisomien (s. S. 155).

Chromosomen-Mutationen sind Veränderungen der Form und Struktur von Chromosomen. Dazu gehören:
- **Translokation:** Verlagerung eines Chromosomen-Stücks von seinem ursprünglichen Ort auf ein anderes Chromosom oder an eine andere Stelle des gleichen Chromosoms.
- **Deletion:** Verlust von Abschnitten eines Chromosoms.
- **Insertion:** Einbau eines DNA-Stücks in ein Chromosom.
- **Inversion:** Verdrehung eines Chromosomen-Abschnitts um 180°.

Medizinisch wichtige Beispiele für Chromosomen-Mutationen werden auf S. 464 beschrieben. Im folgenden werden wir uns hauptsächlich mit **Gen-Mutationen** beschäftigen. Sie entstehen „spontan", also ohne Einwirkungen von außen, oder sie werden „induziert" durch Chemikalien oder Strahlen in unserer natürlichen und zivilisatorischen Umwelt. Die Mechanismen der spontanen oder induzierten Mutations-Auslösung (Mutagenese) sind verschieden, aber sie haben die gleichen Konsequenzen. Wir betrachten nun diese Konsequenzen in einem ersten Überblick über die wichtigsten Typen intragenischer Mutationen.

Nucleotid-Austausch

Oft wird die genetische Information durch den Austausch eines „normalen" Nucleotids gegen ein anderes verändert. Einen informativen Überblick gibt die Abb. 8.1. In dieser Abbildung ist ein Stück DNA dargestellt, in dem sich eine Mutation ereignet hat, darunter dann das Stück mRNA, an der wir die uns geläufigen Codewörter ablesen können (Abb. 3.36), und schließlich der Abschnitt des Gen-Produkts, des Proteins, an dem sich die Mutation auswirkt, z. B. durch die Veränderung der Funktion eines Enzyms. Diese Veränderung der Protein-Funktion kann vom Beobachter registriert werden, indem er z. B. eine Veränderung der Fell- oder Hautfarbe eines Tieres bemerkt oder eine veränderte Stoffwechselfunktion bei einer Bakterien-Zelle mißt oder, um ein ganz anderes Beispiel zu nennen, die Krankheit Sichelzellanämie diagnostiziert. Der normale, d. h. besonders häufige Phänotyp, wird nach alter Tradition oft „Wildtyp" genannt, als Gegensatz zum beobachteten Mutanten-Phänotyp.

Abb. 8.1 Nucleotid-Austausch als Ursache von Mutationen. Beachte, daß Mutationen selten sind. Deswegen ist ein unabhängiger Austausch von zwei eng benachbarten Nucleotiden höchst unwahrscheinlich, ja geradezu ausgeschlossen.

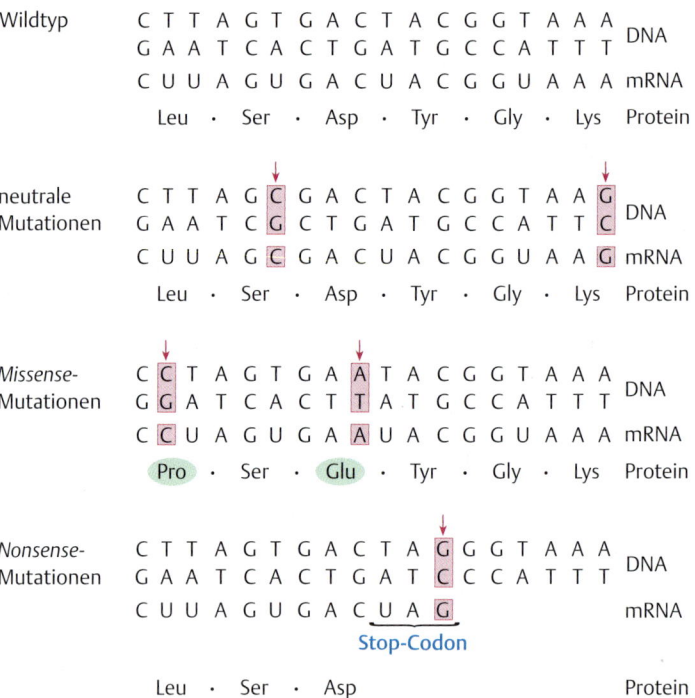

Ein Nucleotid-Austausch muß nicht zu einer Veränderung des Gen-Produktes führen. Er kann „neutral" oder „stumm" bleiben, wenn ein Codon in ein synonymes Codon umgewandelt wird. Die Folge der Aminosäuren im Gen-Produkt bleibt dann unverändert.

Andere Arten des Nucleotid-Austausches ändern dagegen die genetische Information. Die Bedeutung des betreffenden Codons ändert sich: Aus „Sinn" wird **„Falsch-Sinn"** *(missense)*. Im Gen-Produkt wird eine Aminosäure gegen eine andere ausgetauscht. Das kann für das Protein sehr verschiedene Folgen haben, abhängig von der Art der ausgetauschten Aminosäure und von der Lage der Aminosäure im Protein.

Wenn z. B. eine Aminosäure mit negativ geladener Seitenkette gegen eine andere, ebenfalls negativ geladene Aminosäure ausgetauscht wird („konservative Mutation": in unserer Skizze Asparaginsäure gegen Glutaminsäure), dann braucht die Funktion des Proteins nicht beeinträchtigt zu sein. Findet dagegen ein Aminosäure-Austausch im aktiven Zentrum eines Enzyms statt, kann die Folge ein vollständiger Funktionsverlust des Enzyms sein. Zwischen diesen beiden Extremen gibt es, wie leicht einzusehen ist, alle möglichen Zwischenformen mit mehr oder weniger starker Beeinflussung der Protein-Funktion.

Experimentell wichtige Beispiele für die Auswirkung von Missense-Mutationen sind **temperatursensitive Mutanten**. Diese Mutanten sind im gewöhnlich optimalen Temperaturbereich von 31–40 °C oft nicht lebensfähig, weil ein lebenswichtiges Protein als Folge einer Missense-Mutation schon bei einer Temperatur denaturiert, bei der das entsprechende Wildtyp-Protein noch voll intakt ist. Bei niedrigeren Temperaturen (25–30 °C) funktionieren die Mutanten-Proteine annähernd normal.

Man kann die Auswirkung einer solchen Mutation auf die Zelle oder auf einen Organismus leicht untersuchen. Wenn die Mutation ein Gen für ein lebenswichtiges Protein getroffen hat, dann kann diese Zelle bei der hohen („nichtpermissiven") Temperatur zugrunde gehen, bleibt aber bei niedriger („permissiver") Temperatur voll lebensfähig. Daher stammt der in diesem Zusammenhang häufig verwendete Ausdruck **„konditio-nal-letale" Mutation**.

Sinn-Codons können durch Nucleotid-Austausch in Stop-Codons umgewandelt werden. Solche **Unsinn-** oder **Nonsense**-Mutationen sind durch die Synthese unvollständiger Protein-Fragmente gekennzeichnet, denn das im Inneren der mRNA liegende Terminationscodon zwingt den Proteinsynthese-Apparat zum Halt und zur Freisetzung des bis dahin gebildeten Peptid-Fragments. Selbstverständlich haben **Nonsense**-Mutationen den Funktionsverlust eines Proteins zur Folge, es sei denn, das Stop-Codon befindet sich am Ende der mRNA und führt deswegen nur zum Verlust einiger weniger Aminosäuren am Carboxy-Ende des Proteins.

Anhand der Abb. 8.**1** wollen wir noch einen weiteren Begriff erläutern. Drei der fünf dort skizzierten Mutationen können durch den Austausch eines AT-Nucleotid-Paares gegen ein GC-Nucleotid-Paar (bzw. umgekehrt) gekennzeichnet werden. Wir lassen offen, wie die Mutation zustande gekommen ist und welches Nucleotid zuerst verändert wurde. Darüber werden wir bald mehr erfahren. In jedem Fall ist es zum Austausch eines Pyrimidin-Nucleotids bzw. Purin-Nucleotids gegen ein anderes Pyrimidin- bzw. Purin-Nucleotid gekommen. Man spricht von **Transition**.

In den beiden anderen Mutations-Beispielen muß ein Austausch eines Pyrimidin-Nucleotids durch ein Purin-Nucleotid stattgefunden haben: **Transversion** (Abb. 8.**2**).

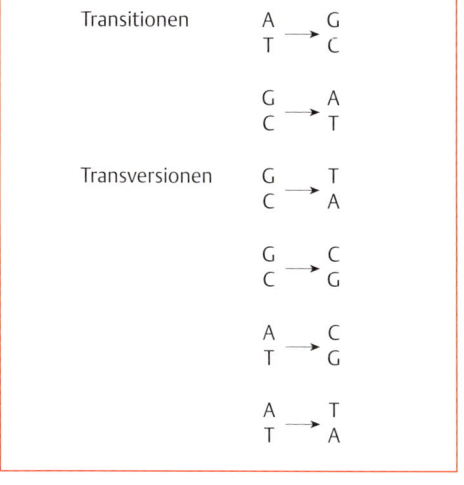

Abb. 8.2 Arten von Nucleotid-Austauschen: Transitionen und Transversionen.

Leseraster-Mutationen

Eine Veränderung der Codon-Folge in einem Gen entsteht durch Addition (Insertion) bzw. durch Verlust (Deletion) von 1 (oder 2) Nucleotiden, wie man sich anhand der Abb. 8.**3** klarmachen kann.

Der Triplett-Takt, mit dem die Information bei der Protein-Synthese übersetzt wird, hat eine andere Bedeutung bekommen. Das normale Leseraster ist verändert: **Leseraster-Wechsel** *(frame shift)*.

Abb. 8.3   Leseraster-Mutationen. Unterstrichene Sequenzen befinden sich im korrekten Leseraster.

Wildtyp	A C A A A A G T C C A T C A C T T A A C G C C	DNA
	T G T T T T T C A G G T A G T G A A T T G C G G	
	A C A A A A G U C C A U C A C U U A A C G C C	mRNA
	Thr · Lys · Ser · Pro · Ser · Leu · Asn · Ala	Protein
Addition eines AT-Paares	A C A A A A A G T C C A T C A C T T A A C G C C	DNA
	T G T T T T T T C A G G T A G T G A A T T G C G G	
	A C A A A A A G U C C A U C A C U U A A C G C C	mRNA
	Thr · Lys · Lys · Ser · Ile · Thr · Stop-Codon	Protein
Deletion eines AT-Paares	A C A A A G T C C A T C A C T T A A C G C C	DNA
	T G T T T C A G G T A G T G A A T T G C G G	
	A C A A A G U C C A U C A C U U A A C G C C	mRNA
	Thr · Lys · Val · His · His · Leu · Thr · Pro	Protein
Deletion eines AT-Paares und Addition eines GC-Paares	A C A A A G T C C A T C A C T T A A C C G C C	DNA
	T G T T T C A G G T A G T G A A T T G G C G G	
	A C A A A G U C C A U C A C U U A A C C G C C	mRNA
	Thr · Lys · Val · His · His · Leu · Thr · Ala	Protein

Wir sehen auch in der Abb. 8.**3**, daß das Leseraster wieder in den Wildtyp-Takt kommt, wenn in der Nähe einer Deletion eine Nucleotid-Addition erfolgt.

Eine Deletion (oder Addition) von drei Nucleotid-Paaren würde zu einem Verlust (bzw. zu einem Zusatz) von einer Aminosäure im Gen-Produkt führen, ohne daß insgesamt das entstehende Protein eine abartige Primärstruktur erhält, wie nach Deletion (oder Addition) von ein oder zwei Nucleotid-Paaren.

Diese Beobachtung hat in der Geschichte der molekularen Genetik eine Rolle gespielt, denn über diesen Weg konnte zuerst gezeigt werden, daß eine Dreierfolge von Nucleotiden die Einheit des genetischen Codes ist.

Untersuchung von Mutationen bei Bakterien

Bakterien sind für Untersuchungen über die molekularen Mechanismen der Mutagenese gut geeignet, denn Bakterien sind haploid, so daß eine Mutation in einem Gen bei den Nachkommen-Zellen oft direkt am Phänotyp abgelesen werden kann. Zudem folgen Bakterien-Generationen rasch aufeinander, was eine Analyse sehr erleichtert. Ein gebräuchliches Verfahren zum Nachweis von Mutanten haben wir schon im Kap. 4 kennengelernt, die Replika-Plattierung (S. 92). Bei anderen Experimenten über Art und Häufigkeit von Mutationen werden Färbe-Techniken ausgenutzt. Wir erinnern uns an das elegante Verfahren zur Identifizierung von Mutanten im *lac*-Operon (S. 114). Als Beispiel nennen wir Mutationen mit Veränderungen im *lac I*-Gen, das den Lac-Repressor kodiert.

Lac I-Gen-Mutanten bilden konstitutiv das Enzym β-Galactosidase. Das kann man gut mit dem Farbstoff X-Gal nachweisen, der die Mutanten-Kolonien blau anfärbt, aber Kolonien mit Wildtyp-Bakterien weiß läßt (Tab. 4.11). Ein anderes Beispiel ist der Nachweis von Bakterien mit Mutationen im Gen für das Enzym Phosphatase. Dabei besprüht man eine Replikaplatte mit der Verbindung 4-Nitrophenylphosphat, die von Wildtyp-Bakterien gespalten wird, so daß eine gelbe Färbung der Kolonien resultiert. Mutanten-Kolonien bleiben farblos.

Ein drittes einfaches Verfahren ist die Isolierung von Bakterien-Mutanten, die resistent gegen Antibiotika oder andere Chemikalien sind. Früher haben wir als ein Beispiel Streptomycin-resistente Bakterien-Mutationen erwähnt (S. 110). Streptomycin bindet an ein ribosomales Protein und stört normalerweise drastisch die Funktion der Ribosomen bei der Protein-Synthese. Streptomycin-resistente Mutanten haben eine veränderte Bindestelle für Streptomycin und können sich deswegen auch in Gegenwart hoher Streptomycin-Konzentration vermehren.

> Diese und andere Verfahren ermöglichen die einfache Bestimmung der Häufigkeit, mit der spontane Mutationen in Bakterien-Kulturen auftreten. Das Ergebnis ist: Jedes Gen kann durch **1–10 Mutationen/ 10^{10} Bakterien** pro Generation getroffen werden. Die Bestimmung der Nucleotid-Sequenzen von mutierten Genen zeigt, daß im allgemeinen etwa 70 % aller Mutationen auf Nucleotid-Austausche beruhen. Deswegen kann man schätzen, daß sich ein Nucleotid-Austausch pro 10^9– 10^{10} Basenpaare/Generation ereignet. Die übrigen Mutationen beruhen auf Deletionen oder Additionen von ein oder mehreren Nucleotiden mit einer Veränderung des Leserasters. Ein kleiner Anteil der spontanen Mutationen wird durch die Insertion eines IS-Elementes oder eines Transposons verursacht.

Der methodisch einfache Nachweis von Mutationen bei Bakterien ermöglicht die Untersuchung eines Problems von allgemeiner biologischer Bedeutung: Treten Mutationen zufällig auf, oder sind sie eine Folge gerichteter Anpassung an eine veränderte Umwelt? Auf den ersten Blick spricht einiges für die zweite Möglichkeit.

Wenn Bakterien zu einer Streptomycin-haltigen Nährlösung gegeben werden, wird zunächst, wie erwartet, der weitaus größte Teil der Bakterien getötet. Nach einiger Zeit läßt sich jedoch erneut wieder eine Bakterien-Vermehrung feststellen. Die Bakterien sind Streptomycin-resistent geworden. Haben sich die Bakterien an die veränderten Umweltbedingungen adaptiert, indem sie die genetische Eigenschaft **Resistenz** erworben haben? Oder werden die wenigen, spontan entstehenden Mutanten im Streptomycin-haltigen Medium selektiert?

Diese Frage wurde von S. E. Luria und M. Delbrück (1943) für eine ähnliche experimentelle Situation aufgrund einer statistischen Überlegung untersucht.

Falls Mutationen ungerichtet und zufällig auftreten, sollten in verschiedenen Bakterien-Kulturen unterschiedlich viele Mutanten vorkommen, je nachdem ob sich die Mutation in einer Zelle während einer sehr frühen Generation abgespielt hat, so daß viele Nachkommen mit der Mutanten-Eigenschaft entstehen können, oder ob die Mutation in einer späteren Generation auftritt, wenn nur noch wenig Gelegenheit zur Produktion von Nachkommen-Mutanten besteht (Abb. 8.4).

Experimentell prüft man diese Überlegung, indem zum Beispiel 10 Gefäße mit Nährlösung mit je der gleichen Menge Bakterien versetzt

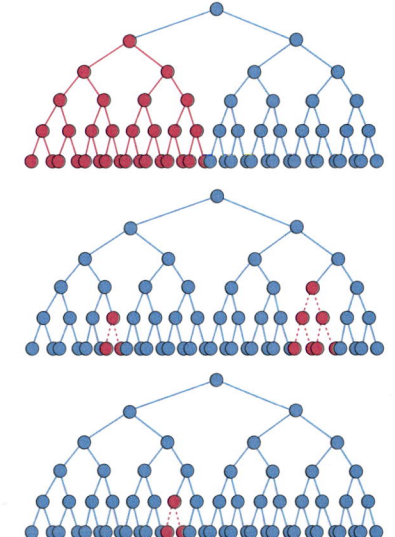

Abb. 8.4 Luria-Delbrück-Experiment: Mutationen entstehen ungerichtet.

werden. In Abwesenheit von Streptomycin wird nun zu verschiedenen Zeiten die Zahl der Streptomycin-resistenten Mutanten gemessen. Das Ergebnis vieler solcher Experimente: Die Zahl der Mutanten ist von Kulturgefäß zu Kulturgefäß signifikant verschieden. Daraus folgt, daß Mutationen zur Streptomycin-Resistenz in den einzelnen Kulturgefäßen zu verschiedenen Zeitpunkten stattgefunden haben, und weiter, daß demnach die Mutationen nicht gerichtet oder adaptiv, sondern zufällig erfolgt sein müssen.

Das Luria-Delbrück-Experiment ist eine der Grundlagen für eine wichtige allgemeine Aussage der Genetiker (Abb. 8.**4**):
– Mutationen treten zufällig und ungerichtet auf.
– Die Selektion begünstigt solche Mutanten, die unter den gegebenen Umweltbedingungen einen Vorteil gegenüber den Nicht-Mutanten haben.

Untersuchung von Mutationen bei Eukaryoten

In den späteren Abschnitten werden wir immer wieder darauf hinweisen, daß Mutationen im Prinzip bei allen Lebewesen nach den gleichen Mechanismen ausgelöst werden. Dafür sprechen zahlreiche Beobachtungen und experimentelle Befunde, aber auch die einfache Einsicht, daß die DNA der Träger der Gene ist, und daß das Makromolekül DNA auch in verschiedener Umgebung gleichartig reagieren sollte.

Aber bei allen Überlegungen zur Entstehung und Auswirkung von Mutationen bei vielzelligen Eukaryoten muß der folgende Satz beachtet werden: Mutationen in der DNA von Körperzellen haben für den betroffenen Organismus andere Konsequenzen als Mutationen in der DNA von Keimzellen.

Mutationen in Körper-Zellen können unter Umständen schwere Funktionsverluste und den Tod der Zelle verursachen. Die beschädigte Zelle kann durch Teilung benachbarter Zellen oder durch Vernarbung ausgeglichen werden, ähnlich wie nach einem Verlust von Zellen durch Verletzung. Davon gibt es wichtige Ausnahmen, wenn durch Mutationen Gene getroffen werden, die normalerweise eine Funktion bei der Wachstumsregulation haben, wie zum Beispiel Proto-Onkogene. Deren Schädigung kann eine normale Zelle in eine Tumor-Zelle überführen. Tatsächlich liegt der Entstehung von Tumor-Zellen immer die Mutation von einem oder meist mehreren Wachstum-Kontrollgenen zugrunde (S. 459).

Mutationen in Keim-Zellen haben für den betroffenen Organismus im allgemeinen keine Konsequenzen, aber sie können unter Umständen bei den Nachkommen sichtbar werden. Höhere Eukaryoten sind diploid, und es ist sehr unwahrscheinlich, daß beide allele Gene durch Mutationen getroffen werden. Deswegen kann das intakte Allel in den meisten Fällen den Organismus mit einem notwendigen Gen-Produkt versorgen.

Ausnahmen sind die seltenen dominanten Mutationen, die auch im heterozygoten Zustand einen pathologischen Phänotyp verursachen. Ein Beispiel ist die Huntington-Krankheit des Menschen (S. 458). Häufigere Ausnahmen sind Mutationen von Genen auf dem X-Chromosom: Männliche Nachkommen erwerben eines der beiden X-Chromosomen ihrer Mutter, und wenn das ererbte X-Chromosom eine Mutation trägt, kann die Mutation direkt am Phänotyp erkannt werden, etwa durch die

Diagnose einer genetischen Krankheit. Dies bietet eine naheliegende Möglichkeit zur Abschätzung von Mutationsraten beim Menschen.

Die Tab. 8.**1** gibt eine knappe Auswahl der über hundert bekannten X-chromosomal vererbten Krankheiten des Menschen. Die Werte der Tabelle sind überraschend, denn sie zeigen, daß manche Gene häufiger durch Mutation verändert werden als andere. Dies scheint im Widerspruch zu der Aussage zu stehen, wonach jeder Abschnitt der DNA, also auch jedes Gen, mit der gleichen Wahrscheinlichkeit durch Mutationen getroffen werden kann. Aber die Unterschiede in den Mutations-Häufigkeiten lassen sich plausibel erklären:

1. sind die verglichenen Gene unterschiedlich groß, und die Wahrscheinlichkeit für eine Mutation in einem großem Gen ist höher als die Wahrscheinlichkeit, mit der ein kleines Gen getroffen wird.
2. kommt es aufgrund unterschiedlicher Strukturen bei manchen Proteinen durch einen Aminosäure-Austausch eher zu einem Funktionsverlust als bei anderen Proteinen.

Diese Überlegungen zeigen, daß aus der Häufigkeit, mit der genetische Krankheiten in Bevölkerungen auftreten, nur schwer Rückschlüsse auf die Mutations-Raten im menschlichen (oder allgemein: im eukaryotischen) Genom gezogen werden können. Deswegen bemühen sich Mutationsforscher um die Bestimmung von Mutations-Raten in menschlichen, tierischen und pflanzlichen Zellen über Zellkultur-Verfahren.

Dabei kann man das Auftreten von Mutationen in Genen, die für normale Stoffwechselleistungen verantwortlich sind, verhältnismäßig leicht feststellen. Freilich besteht auch bei Zellkultur-Zellen das Problem, Mutationen in den Genen autosomaler Chromosomen zu erkennen, weil der Ausfall eines mutierten Gens durch die Funktion des intakten Allels auf dem homologen Chromosom ausgeglichen werden kann. Auch im Zellkultur-System bietet sich daher zunächst die Untersuchung des Auftretens von Mutationen in Genen des X-Chromosoms an. Ein experimentell günstiges Beispiel ist das Gen für die **Hypoxanthin-Guanin-Phosphoribosyl-Transferase (HPRT)** (siehe Kasten).

Tab. 8.1   Häufigkeit einiger X-chromosomal gekoppelter menschlicher Krankheiten

X-gekoppelte Mutationen	Häufigkeit (Zahl der Mutanten pro 1 Million Gameten)	Mutations-rate
Hämophilie A	30–66	$2–3 \cdot 10^{-5}$
Hämophilie B	2– 3	$2–3 \cdot 10^{-6}$
Duchenne-Muskelatrophie	43–92	$2–4 \cdot 10^{-5}$

Die Hypoxanthin-Guanin-Phosporibosyl-Transferase

Dieses Enzym hängt den Zucker-Phosphat-Rest an eine Guanin- bzw. Hypoxanthin-Base.

Zellen, die keine aktive HPRT besitzen, sind nicht in der Lage, Guanin zum Aufbau von Guanosintriphosphat zu verwenden und sind auf eine Neusynthese dieser Base angewiesen. Das Auftreten von Mutationen im HPRT-Gen untersucht man mit einem interessanten experimentellen Trick, der es erlaubt, einige wenige Mutanten unter einer großen Zahl von nicht veränderten Zellen zu entdecken.

Dazu verwendet man das Guanin-Analog 6-Thioguanin. Normale Zellen verwerten diese Verbindung, und nutzen sie zum Aufbau von Nucleotiden, aber zu ihrem Schaden, denn durch den Einbau von 6-Thioguanin-haltigen Nucleotiden kommt es zu so schweren Störungen der DNA- und RNA-Struktur, daß die Zellen nicht überleben können. Anders die HPRT-Mutanten: Sie können 6-Thioguanin nicht verwerten, beziehen ihre Guanin-haltigen Nucleotide ganz über den Neusynthese-Weg und – überleben. Das Auftreten von 6-Thioguanin-resistenten Zellen ist also ein Maß für das Auftreten von Mutationen im HPRT-Gen.

Es sind noch weitere Methoden entwickelt worden, die die Untersuchung von Mutations-Ereignissen in Säugetier-Zellen erleichtern. Diese Methoden gehen über einen Umweg, der folgende Stationen umfaßt.

Man verwendet Plasmide, die das *lac I*-Gen von *E. coli* tragen und zugleich einen Replikationsstartpunkt *(Origin)* des SV40-Virus (Abb. 8.**5**). Die Plasmid-Sequenzen ermöglichen die Vermehrung der DNA in *E. coli,* der virale Origin die Replikation in humanen Zellen.

Die Plasmide werden in Zellkultur-Zellen übertragen. Nach einiger Zeit (mit oder ohne Verwendung einer mutationsauslösenden Chemikalie) werden die Plasmide aus den Zellen isoliert und in Bakterien mit einem *lac*-Operon übertragen. An der Farbreaktion mit X-Gal kann man dann ablesen, ob das *lac I*-Gen mutiert ist oder nicht.

Abb. 8.5 Nachweis von Mutationen in der Zellkultur [nach 7].

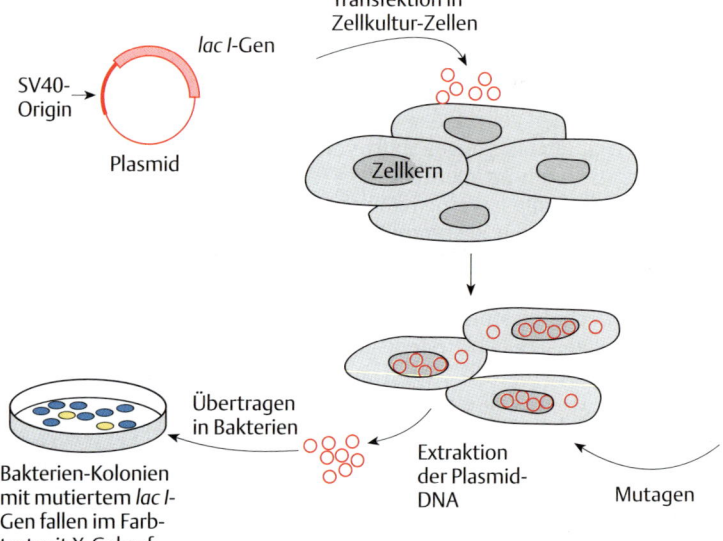

| | Starmutter | |

> Als Ergebnis zahlreicher Untersuchungen dieser Art gilt der Satz, daß, ohne Einwirkungen von außen, ein gegebener Gen-Bereich einmal unter 10^9–10^{10} Zellen pro Generation (Zellzyklus) durch eine Mutation verändert wird. Auch in Eukaryoten-Genomen beruhen die meisten Mutationen auf Nucleotid-Austausche: Ein Austausch erfolgt spontan unter 10^9–10^{10} Nucleotid-Paaren/Generation.

Diese Werte sind wichtig, denn sie zeigen, daß die spontanen Mutationsraten bei Bakterien und Eukaryoten übereinstimmen. Überdies sind sie eine Grundlage zur Abschätzung der Auswirkungen von mutationsauslösenden Chemikalien (Mutagene) und Strahlen: Induzierte Mutagenese steigert die Mutations-Rate über den Hintergrund spontaner Mutationen hinaus.

Spontane Mutationen

Falscheinbauten

Die DNA-Synthese im Zuge der Genom-Replikation ist höchst genau. Ein Einbau unpassender, „falscher" Nucleotide ist sehr selten. Zwei Mechanismen garantieren die hohe Genauigkeit: Die Auswahl des passenden Nucleotids durch die replikative DNA-Polymerase und die eingebaute Korrekturlese-Funktion der 3′-5′-Exonuclease (S. 166).

Im aktiven Zentrum einer DNA-Polymerase bilden sich Wasserstoff-Brücken zwischen der Base des DNA-Matrizen-Stranges und der Base des hereinkommenden Nucleotids. Die Standard-Basen-Paarungen sind stabiler als unkorrekte Paarungen, und passende Nucleotide fördern eher als unpassende Nucleotide eine Änderung der Polymerase-Konformation, als Voraussetzung für die Herstellung der Phosphodiester-Bindung zwischen dem hereinkommenden Nucleotid und dem 3′-OH-Primer-Ende (S. 165). Aus diesen Gründen verläßt das unpassende Nucleotid mit hoher Wahrscheinlichkeit das aktive Zentrum. Aber gelegentlich entgeht ein Nucleotid dieser Kontrolle, weil sich ungewöhnliche Basen-Paarungen ausbilden.

J. Watson und F. Crick haben in ihren ersten Publikationen über die DNA-Struktur (1953) auf Möglichkeiten eines Falscheinbaus zur Entstehung von Mutationen hingewiesen. Ihre Idee war, daß Thymin, statt in der

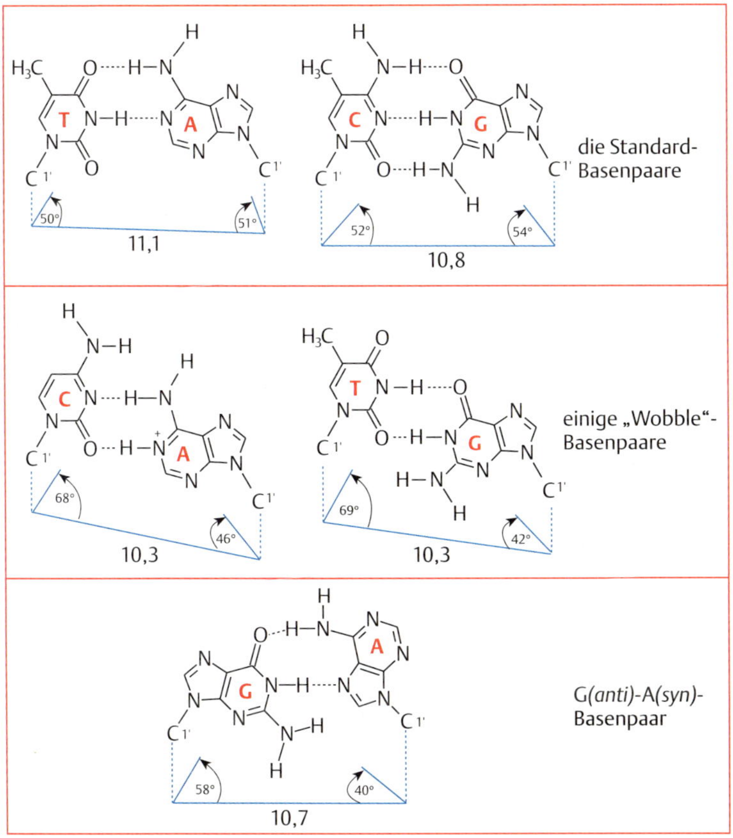

Abb. 8.6 Ungewöhnliche Basenpaare als Ursache für Falscheinbauten an der Replikationsgabel [nach 8, 19].

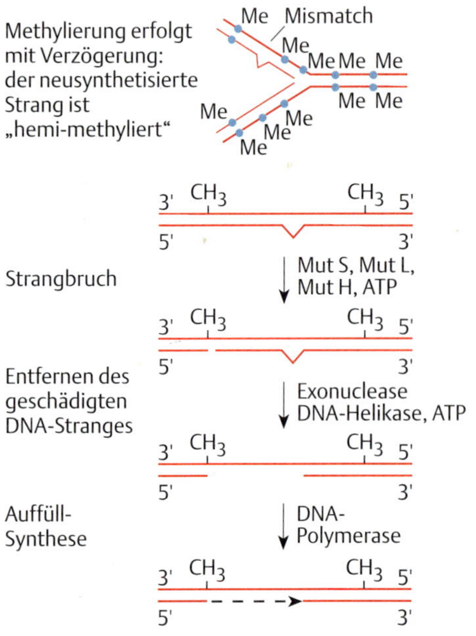

normalen Keto-Form (Abb. 8.**6** oben), gelegentlich in einer Enol-Form vorkommt und dann mit Guanin statt mit Adenin paaren könnte. Ebenso könnte Guanin gelegentlich in einer Imino-Form statt der normalen Amino-Form (Abb. 8.**6** oben) vorkommen und mit Thymin paaren. Die Idee der tautomeren Formen von Nucleotid-Basen hat lange alle Überlegungen zur Entstehung von Mutationen über Falscheinbauten geprägt, aber in den vergangenen Jahren ist deutlich geworden, daß die tautomeren Formen, unter Bedingungen der DNA-Polymerase-Reaktion, nicht vorkommen.

Vielmehr weisen Röntgen-Strukturanalysen von kurzen DNA-Stücken auf eine andere Möglichkeit hin, nämlich auf die Ausbildung ungewöhnlicher Basenpaare in Analogie zu den Wobble-Basen-Paarungen bei der Codon-Anticodon-Erkennung (Abb. 3.**38**, S. 78). Am häufigsten sind G-T- und C-A-Wobble-Paare (Abb. 8.**6**, Mitte), gefolgt von G-A-Paaren, wobei das Guanin in der üblichen *anti*-, aber das Adenin in der *syn*-Konformation vorliegt (Abb. 8.**6** unten).

Sehr viel seltener sind Wobble-Paare aus zwei Pyrimidin-Basen. Wie die Angaben in der Abb. 8.**6** zeigen, weichen die Wobble-Paare mehr oder weniger deutlich von der Geometrie der Standard-Basenpaare ab. Dies mag der Grund sein, warum in den meisten Fällen ein unpassendes Nucleotid von der DNA-Polymerase abgewiesen wird.

Aber gelegentlich wird doch ein falsches Nucleotid eingebaut. Dies ist ein Fall für das Enzym **3′-5′-Exonuclease**, das, wie wir gesehen haben (S. 166), zur normalen Ausstattung replikativer DNA-Polymerasen gehört. Die 3′-5′-Exonuclease erkennt das falsch eingebaute Nucleotid, weil es die Geometrie der DNA verändert und viel häufiger als ein korrektes Nucleotid seine Wasserstoff-Brücken zum Nucleotid im Matrizen-Strang wieder löst. Überdies zeigen Messungen, daß die Kettenverlängerung an ein falsch gepaartes Nucleotid verzögert ist, wodurch der 3′-5′-Exonuclease mehr Zeit für ihre Aufgabe bleibt, die Entfernung des falschen Nucleotids.

Die Rolle der 3′-5′-Exonuclease als Korrektur-Lesefunktion wird durch Untersuchungen bestimmter *E. coli*-Mutanten betont. Bakterien mit gestörter oder fehlender 3′-5′-Exonuclease haben eine mehr als tausendmal höhere Mutations-Rate als Wildtyp-Bakterien. Bakterien mit erhöhter Mutations-Rate werden als Mutator-Mutanten bezeichnet. Bevor Näheres über die Grundlage bekannt war, wurde für die hier besprochenen Mutanten die spezifische Bezeichnung *mut D* gewählt, bis weitere Untersuchungen zeigten, daß ihr Phänotyp auf Veränderungen in der ε-Untereinheit der DNA-Polymerase III beruht (Abb. 6.**8**, S. 168).

Ein falsch eingebautes Nucleotid wird mit hoher Effizienz durch die 3′-5′-Exonuclease entfernt, aber gelegentlich und oft genug bleibt es erhalten und wird in den wachsenden DNA-Strang eingebaut. Die Folgen sind Falschpaarungen, sogenannte Mismatches, in der replizierten DNA. Dies muß nicht notwendigerweise Mutationen nach sich ziehen, denn Mismatches können durch die postreplikative Reparatur erkannt und korrigiert werden.

Postreplikative oder Mismatch-Reparatur

Im Genom von *E. coli* trägt der Adenin-Baustein in der Nucleotid-Folge GATC eine Methyl-Gruppe (S. 17, 41). Die Methylierung des Adenins erfolgt mit einiger Verzögerung nach der replikativen Synthese eines neuen DNA-Stranges, oder, anders gesagt, neusynthetisierte DNA besitzt vorübergehend nur im parentalen Strang methylierte Adenin-Bausteine. Das ist ein Erkennungszeichen für das postreplikative Mismatch-Reparatur-System (Abb. 8.**7**).

Abb. 8.7 Postreplikative Mismatch-Reparatur. Die Proteine Mut S, Mut L und Mut H lenken die Reparatur auf den neusynthetisierten, nichtmethylierten Strang. Lange Abschnitte aus dem nichtmethylierten Strang werden entfernt und durch Neusynthese wieder ersetzt [nach 17].

Dieses System wurde durch sorgfältige Untersuchungen von Mutator-Mutanten mit Veränderungen der Gene *mut S*, *mut L* und *mut H* bekannt. Mutationen in diesen Genen verursachen eine hundert- bis tausendfache Erhöhung der Mutations-Raten relativ zu Wildtyp-Bakterien.

Das Mut S-Protein erkennt und bindet die Mismatch-Stelle in der DNA. Das Mut L-Protein erweitert den Komplex und bildet eine Plattform für das Mut H-Protein, das einen Schnitt im nichtmethylierten DNA-Strang setzt.

Das Enzym DNA-Helikase II entwindet den geschnittenen DNA-Strang, und die einzelstrangspezifische Exonuclease I (Tab. 2.**6**, S. 40) baut den überhängenden DNA-Strang ab. Auf diese Art entsteht eine Lücke von einigen hundert bis über tausend Basen im neusynthetisierten DNA-Strang (Abb. 8.**7**). Die Lücke wird durch Neusynthese geschlossen: Die DNA-Polymerase III heftet Nucleotide an das freie 3′-OH-Ende, bis eine vollständige DNA-Doppelhelix entstanden ist. Dann wird die letzte Phosphodiester-Bindung durch die Ligase geschlossen.

Der Reparatur-Mechanismus ist nicht nur für die Korrektur von falsch eingebauten Nucleotiden verantwortlich, sondern bewirkt auch die Entfernung von Mismatches in Heteroduplex-Bereichen, die im Verlauf der homologen Rekombination entstehen können. Jedoch ist in diesem Fall die Korrektur ungerichtet und kann falsch gepaarte Nucleotide auf dem einen oder auf dem anderen Komplementär-Strang entfernen (siehe Abb 7.**18**, S. 216).

Wie die Korrekturlese-Funktion der 3′-5′-Exonuclease kommt auch das Mismatch-Reparatur-System bei allen untersuchten Spezies vor, von Bakterien über Hefe-Zellen bis zu Tieren und Menschen. Das ist natürlich nicht ganz unerwartet, wenn man bedenkt, wie wichtig diese Aktivitäten für die Erhaltung der genetischen Information ist.

Das wird sehr deutlich unterstrichen durch Ergebnisse der **Krebsforschung**, denn Schädigungen der menschlichen Gegenstücke zu den Bakterien-Genen *mut S* und *mut L* sind Ursachen für die Entstehung des hereditären nichtpolypösen Colon-Karzinoms. Das Colon-Karzinom ist eine der häufigsten Krebserkrankungen des Menschen, und immerhin gehen etwa 15 % aller Colon-Karzinome auf Mutationen in den *mut*-Genen zurück. Eine veränderte *mut*-Gen-Funktion erhöht die Wahrscheinlichkeit, mit der sich Mutationen in Wachstums-Kontrollgenen ereignen.

AP-Stellen als Ursache für Mutationen

Für Nucleinsäure-Chemiker ist die oxidative Depurinierung von DNA eine geläufige Reaktion. Bei hoher Temperatur und in Gegenwart starker Säuren wird die glykosidische Bindung zwischen Purin-Basen und der Deoxyribose getrennt, während das Phosphat-Zucker-Rückgrat der DNA erhalten bleibt. Dabei entstehen **Apurin-Stellen** in der DNA (Abb. 8.**8**).

Bei den Temperaturen und den Ionen-Bedingungen der Zelle ist eine hydrolytische Depurinierung natürlich ein sehr seltenes Ereignis, aber spielt wegen der enormen Länge natürlicher DNA-Moleküle doch eine signifikante Rolle für die spontane Mutagenese. Fachleute schätzen eine Häufigkeit von 2000–10 000 hydrolytischen Depurinierungen pro Säugetier-Zelle während eines Tages. Über den gleichen Reaktionsweg gehen Pyrimidin-Basen nur mit 5 % der Rate von Purin-Basen verloren.

Apyrimidin-Stellen in der DNA entstehen spontan über einen ganz anderen Mechanismus, denn Cytosin-Reste – und in geringerem Umfang

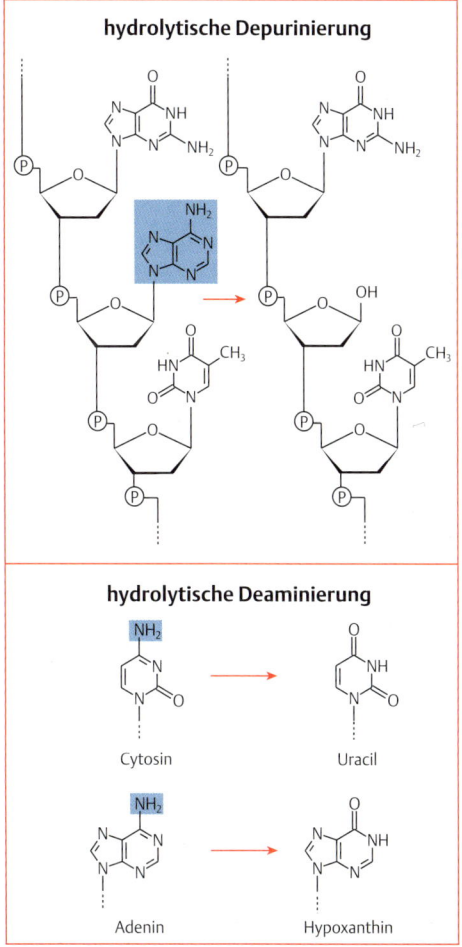

Abb. 8.8 Spontane hydrolytische Zerfallsreaktionen: hydrolytische Depurinierung und Deaminierung.

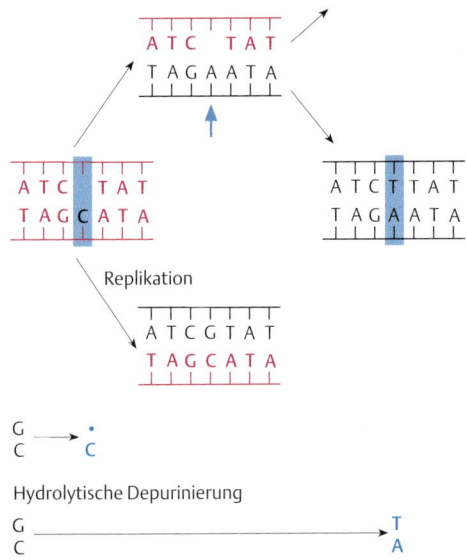

Hydrolytische Depurinierung

Abb. 8.9   AP-Stellen und die „A-Regel": Bevorzugter Einbau von Adenin-Nucleotiden gegenüber einer informationsleeren Stelle im Matrizen-Strang [nach 16, 22].

Adenin-Reste – können durch hydrolytische Deaminierung verändert werden: Aus Cytosin entsteht Uracil und aus Adenin entsteht Hypoxanthin (Abb. 8.**8**). Hydrolytische Cytosin-Deaminierungen finden einige hundertmal pro Tag im Säugetier-Genom statt. Unrepariert würde dies unweigerlich zu Mutationen führen, denn Uracil geht Basen-Paarungen mit Adenin ein und Hypoxanthin mit Cytosin.

Dementsprechend ist früh in der Evolution ein wirkungsvolles Reparatur-Enzym entstanden, das hochkonserviert in allen Zellen – von Bakterien bis zu Säugetieren – vorkommt: die **Uracil-DNA-Glykosylase**. Dieses Enzym erkennt Uracil-Bausteine in der DNA und spaltet die glykosidische Bindung zwischen der Base und der Deoxyribose. Als Ergebnis entsteht eine Apyrimidin-Stelle in der DNA.

Wenn sie unrepariert bleiben, sind Apurin- oder Apyrimidin-Stellen – kurz: **AP-Stellen** – Orte in der DNA, wo sich leicht Mutationen im Verlauf der folgenden DNA-Replikation ausbilden können. Denn bei der Replikation kann gegenüber einer basenfreien Stelle im Prinzip jedes Nucleotid eingebaut werden, weil die Instruktion durch die Matrize fehlt. Tatsächlich kommt es aber viel häufiger als erwartet zu dem Einbau eines Adenin-Restes gegenüber einer AP-Stelle mit der Konsequenz, daß eine AP-Stelle oft die Umwandlung eines GC-Paares in ein AT-Paar zur Folge hat (Abb. 8.**9**).

Aber normalerweise werden AP-Stellen wirkungsvoll repariert. Die wichtigste Reparatur-Reaktion wird durch das Enzym **AP-Endonuclease** vermittelt. Dieses Enzym wird auch als Exonuclease III bezeichnet, weil es ursprünglich als eine Exonuclease identifiziert wurde, die doppelsträngige DNA von den 3′-Enden her abbaut (Tab. 2.**6**, S. 40).

Die Reparatur von AP-Stellen erfolgt in Einzelschritten (Abb. 8.**10**):
– Die AP-Endonuclease leitet den Weg ein und schneidet das Deoxyribose-Phosphat-Rückgrat auf der 5′-Seite direkt neben der AP-Stelle. Auf diese Weise entsteht auf der einen Seite der Strangöffnung ein 5′-Deoxyribose-Phosphat-Ende (ohne Base) und auf der anderen Seite eine freie 3′-OH-Gruppe.
– Der basenfreie Deoxyribose-Phosphat-Rest wird durch ein Enzym mit Phosphodiesterase-Aktivität entfernt, so daß in der DNA eine Lücke von einem Nucleotid entsteht.
– Diese Lücke wird mit Hilfe einer DNA-Polymerase geschlossen, die ein Nucleotid an die freie 3′-OH-Gruppe knüpft. Schließlich erfolgt eine Versiegelung des Stranges durch die Ligase.

Im Verlauf dieses Kapitels werden wir sehen, daß AP-Stellen sehr oft Zwischenstationen auf Wegen bei der Reparatur von spontanen und induzierten DNA-Schäden sind. Deswegen hat das Schema der AP-Reparatur in der Abb. 8.**10** eine große Bedeutung für das Verständnis der Mutagenese.

Oxidative Schäden an der DNA

Mit der Beschreibung von oxidativen DNA-Schäden betreten wir ein Gebiet, in dem sich spontane Mutagenese und induzierte Mutagenese teilweise überlappen. Es geht um DNA-Schäden, die hauptsächlich durch Hydroxyl-Radikale (•OH) ausgelöst werden. Hydroxyl-Radikale entstehen in Zellen über Umwege aus Wasserstoffperoxid (H_2O_2), einem Nebenprodukt von Reaktionen der Atmungskette. Der größte Teil von Wasserstoffperoxid wird durch Katalase und Peroxidase zerstört, aber ein signifikanter Teil kann in Hydroxy-Radikale überführt werden.

Reaktive Radikale bilden sich auch über eine Radiolyse von Wasser, wenn ionisierende Strahlen die Zelle treffen (Abb. 8.**28**, S. 254). Strahlenforscher haben nahezu hundert verschiedene Reaktionsprodukte von DNA-Nucleotiden gefunden, aber es scheint, daß für die Mutations-Auslösung die Entstehung von 8-Oxoguanin (8-OxoG) am wichtigsten ist (Abb. 8.**11**). Man schätzt, daß auch ohne Einwirkung ionisierender Strahlen bis zu zehntausend 8-OxoG-Bausteine in der DNA jeder tierischen und pflanzlichen Zelle vorkommen. Während der Replikation kann gegenüber einem 8-OxoG im Matrizen-Strang sowohl das normale Cytosin-Nucleotid als auch – bevorzugt – ein Adenin-Nucleotid eingebaut werden. Die Konsequenz ist eine GC- nach TA-Transversion (Abb. 8.**11**).

Auch die Guanin-Base in freiem dGTP kann oxidativ verändert werden. Es entsteht 8-Oxo-dGTP, das bei der Replikation gegenüber einem Adenin-Nucleotid in den wachsenden DNA-Matrizenstrang eingebaut werden kann. Falsch eingebaute 8-OxoG-Nucleotide werden von der korrekturlesenden 3′-5′-Exonuclease nicht erkannt, vermutlich weil ein 8-OxoG-A-Basenpaar der Geometrie von normalen Watson-Crick-Basenpaaren sehr nahe kommt (auch wenn das Deoxyadenosin in *syn*-Konformation vorliegt; Abb. 8.**11**).

Messungen haben ergeben, daß 8-OxoG die Gesamt-Mutationsrate nur relativ gering beeinflußt, trotz fortlaufender Neubildung. Der Grund dafür sind sehr wirkungsvolle Reparatur-Mechanismen, die in *E. coli* an die Produkte der Gene *mut T*, *mut M* und *mut Y* gebunden sind (Abb. 8.**12**, **13**). Eine Veränderung in jedem der drei Gene verursacht eine erhöhte Mutations-Rate und eine hohe Empfindlichkeit der betroffenen Zelle gegenüber ionisierenden Strahlen. Am einfachsten ist die **Funktion des Mut T-Proteins**: Es entfernt als Nucleosidtriphosphatase das 8-Oxo-dGTP aus der Kollektion freier Deoxynucleotide in der Zelle (Abb. 8.**13**, S. 241).

Das **Mut M-Protein** vereinigt mehrere Funktionen auf einer Polypeptid-Kette: eine 8-OxoG-DNA-Glykosylase, eine AP-Lyase und eine Aktivität zur Herstellung von freien 3′-OH-Enden. Aus Gründen der Übersichtlichkeit ist in der Abb. 8.**12** (S. 241) die Reaktionsfolge nur an

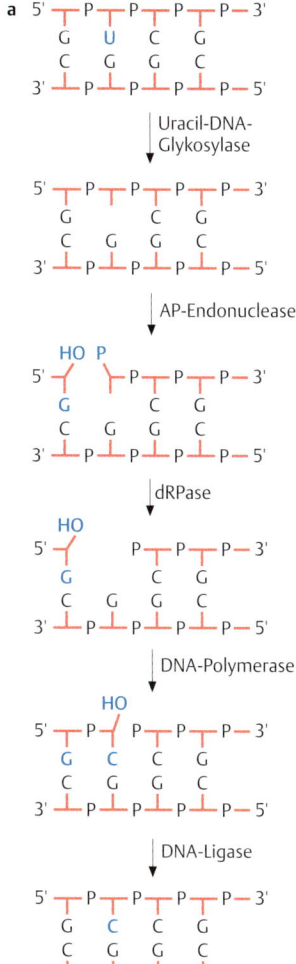

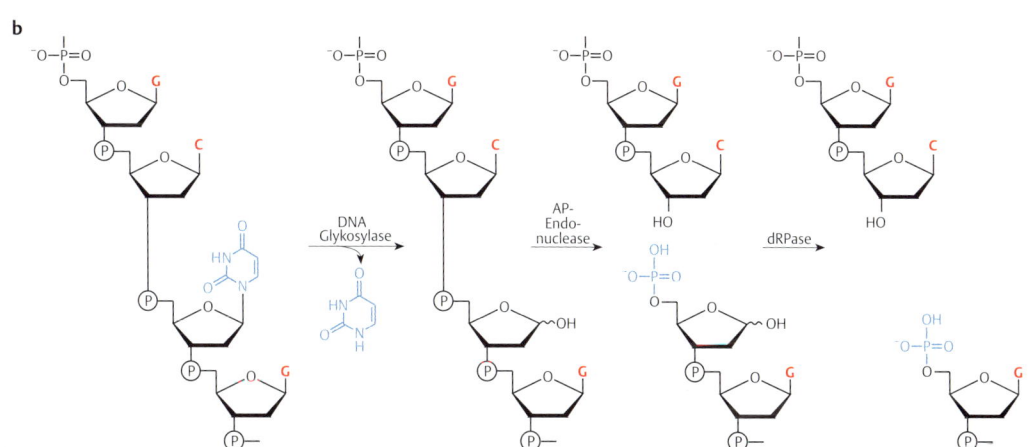

Abb. 8.10 Entstehung und Reparatur von AP-Stellen. AP-Endonuclease spaltet die Phosphodiester-Bindung neben der AP-Stelle. Deoxyribophosphodiesterase (dRPase) entfernt den Zucker-Phosphat-Rest. DNA-Polymerase und Ligase schließen die Lücke. **a** Ablauf der Reaktion im DNA-Doppelstrang. **b** Genauere Darstellung der Reaktion am beschädigten DNA-Strang [nach 5, 6].

Abb. 8.11 Oxidative Basen-Schäden. a 8-Oxoguanin als wichtiges oxidatives Reaktionsprodukt. **b** 8-Oxoguanin kann mit Adenin oder mit Cytosin paaren. **c** 8-Oxoguanin im Matrizenstrang. **d** Falscheinbau von 8-Oxodeoxyguanosin-Triphosphat [nach 5, 10].

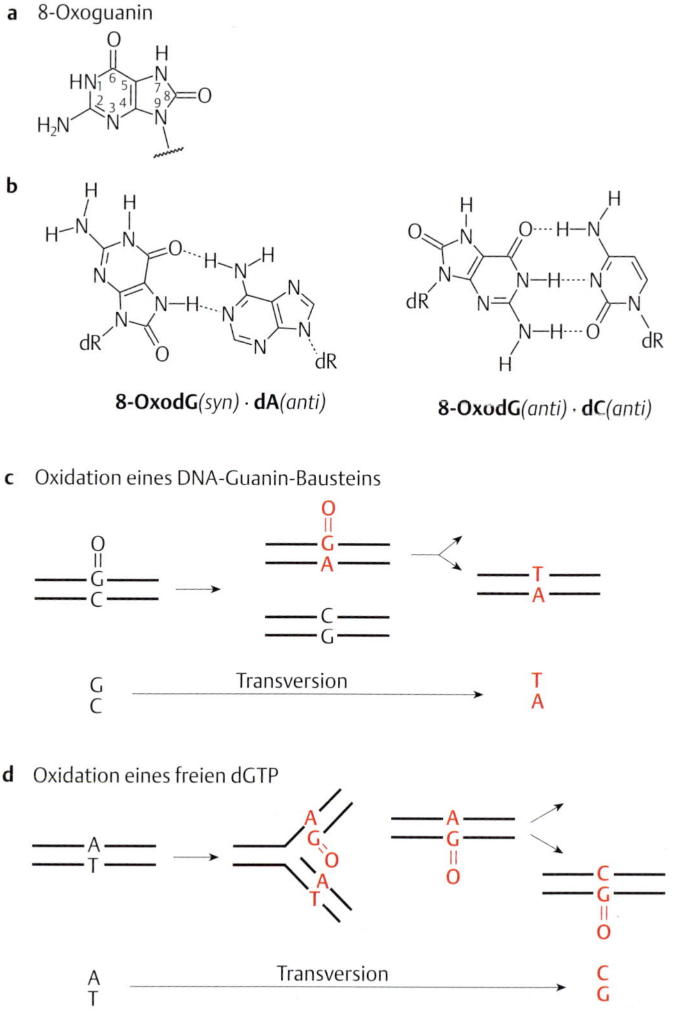

a   8-Oxoguanin

b

8-OxodG*(syn)* · **dA***(anti)*   **8-OxodG***(anti)* · **dC***(anti)*

c   Oxidation eines DNA-Guanin-Bausteins

G   Transversion   T
C   A

d   Oxidation eines freien dGTP

A   Transversion   C
T   G

einem DNA-Strang dargestellt, aber sie erfolgt natürlich an der DNA-Doppelhelix.

Im ersten Schritt schafft die Glykosylase-Funktion – im wesentlichen wie die zuvor besprochene Uracil-DNA-Glykosylase – eine AP-Stelle. Der zweite Schritt ist die Auftrennung des Deoxyribose-Phosphat-Bandes an der AP-Stelle, aber dies erfolgt über die nichthydrolytische Wirkung einer Lyase. Die AP-Lyase spaltet die C, O-Bindung zwischen Deoxyribose und Phosphat durch eine Eliminierungsreaktion mit gleichzeitiger Ausbildung einer C,C-Doppelbindung im Deoxyribose-Gerüst. Im dritten Schritt wird (über eine Deoxyribo-Phosphodiesterase-Funktion) eine freie 3′-OH-Gruppe gebildet, wo dann die Reparatur-Synthese – nach dem Schema der Abb. 8.**10** – eingeleitet werden kann.

Das **Mut Y-Protein** ist eine Adenin-DNA-Glykosylase, die das falsch gepaarte Adenin in 8-OxoG–A-Basenpaaren entfernt. Ihre Funktion leitet den Reparaturweg über eine AP-Endonuclease ein, so wie wir es zuvor schon im Zusammenhang mit der Uracil-DNA-Glykosylase besprochen haben (Abb. 8.**10**).

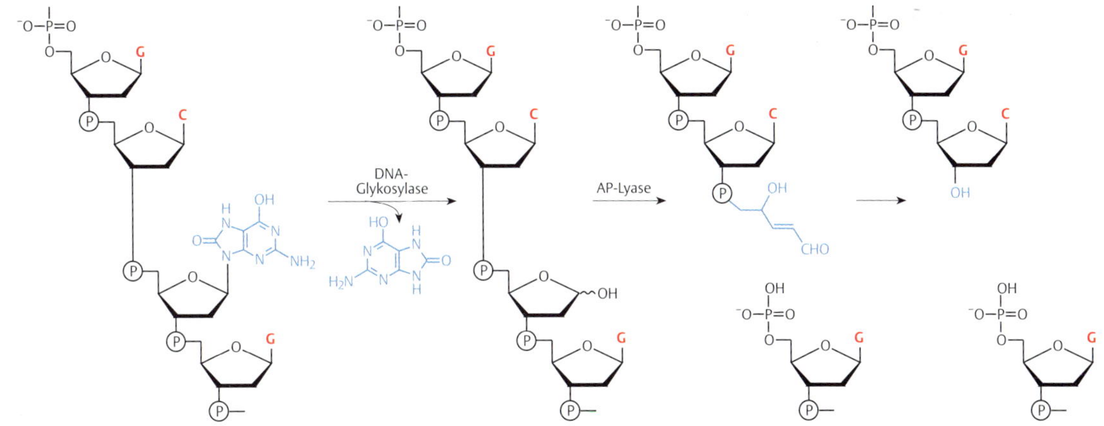

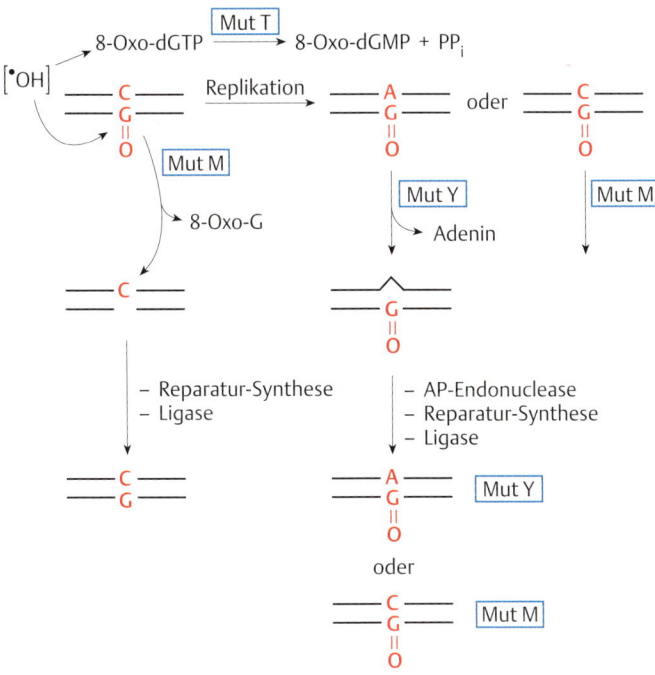

Abb. 8.12 Entstehung von AP-Stellen durch die 8-Oxoguanin-DNA-Glykosylase/Lyase [nach 5].

Abb. 8.13 Reparaturwege. Das Mut T-Protein ist eine Phosphatase und verringert die Mengen an freiem 8-Oxodeoxyguanosin-Triphosphat. Das Mut M-Protein wirkt als 8-Oxoguanin-DNA-Glykosylase/Lyase und erzeugt AP-Stellen. Das Mut Y-Protein ist eine Adenin-DNA-Glykosylase. Nach Entfernung des Adenin-Restes kann gegenüber dem 8-Oxoguanin wieder ein Adenin-Nucleotid eingebaut werden: Das Mut Y- oder das Mut M-Protein haben erneut Gelegenheit zur Reparatur [nach 10].

Die Abb. 8.**13** faßt das Zusammenspiel der drei Enzyme bei der Abwehr von oxidativen DNA-Schäden noch einmal zusammen.

Entstehung spontaner Leseraster-Mutationen

Leseraster-*(frame shift-)*Mutationen können, wie wir gesehen haben (Abb. 8.**3**), durch Addition oder Deletion von 1, 2, 4 oder 5 usw. Nucleotid-Paaren entstehen, nicht jedoch durch Addition oder Deletion von 3, 6 oder 9 usw. Nucleotid-Paaren. Ein populäres Modell zur Erklärung der Entstehung von *Frame Shift*-Mutationen haben G. Streisinger und Mitarbeiter bereits im Jahre 1966 vorgeschlagen (Abb. 8.**14**). Die wichtigste Annahme für das Modell ist, daß Basenpaare verrutschen oder

Abb. 8.14 Leseraster-Mutationen *(frame shifts)* entstehen meist in der Nähe von Sequenz-Wiederholungen.

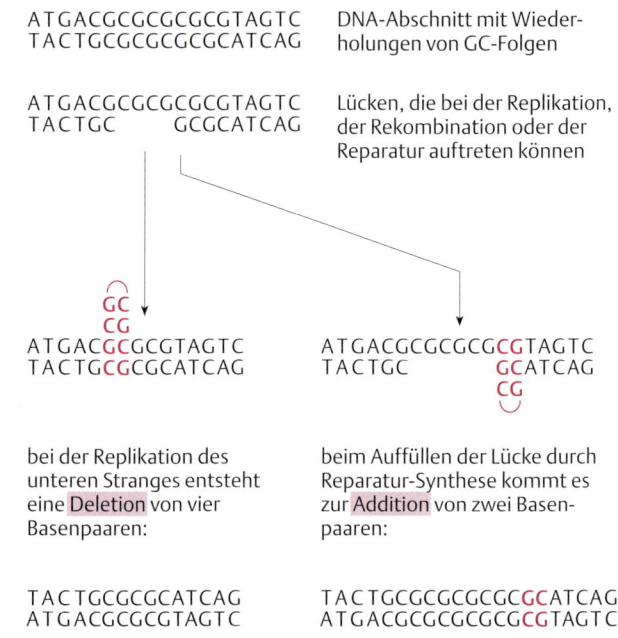

ATGACGCGCGCGCGTAGTC — DNA-Abschnitt mit Wieder-
TACTGCGCGCGCGCATCAG — holungen von GC-Folgen

ATGACGCGCGCGCGTAGTC — Lücken, die bei der Replikation,
TACTGC   GCGCATCAG — der Rekombination oder der
                       Reparatur auftreten können

bei der Replikation des unteren Stranges entsteht eine Deletion von vier Basenpaaren:

TACTGCGCGCATCAG
ATGACGCGCGTAGTC

beim Auffüllen der Lücke durch Reparatur-Synthese kommt es zur Addition von zwei Basenpaaren:

TACTGCGCGCGCGCGCATCAG
ATGACGCGCGCGCGCGTAGTC

extrahelikale Nucleotide auftreten. Dadurch können entweder Additionen oder Deletionen entstehen.

Diesem Modell liegen zwei Beobachtungen zugrunde:
1. Leseraster-Mutationen treten gehäuft in solchen DNA-Abschnitten auf, in denen mehrere gleiche Nucleotid-Paare hintereinander vorkommen.
2. Leseraster-Mutationen ereignen sich bevorzugt dann, wenn einer der beiden DNA-Stränge Lücken aufweist, wie in der Umgebung der Replikationsgabel, bei der Rekombination oder bei Reparatur-Prozessen.

Hot Spots spontaner Mutationen

Wir haben einige experimentelle Systeme kennengelernt, mit denen Mutationsforscher das Auftreten von spontanen und induzierten Mutationen untersuchen. Im Falle von *E. coli* ist das *lac I*-Gen ein Abschnitt des Genoms, der sich besonders gut für Untersuchungen eignet, denn Mutationen lassen sich ohne weiteres mit einfachen Farbreaktionen nachweisen.

Mehrere Forschergruppen nutzten dieses System aus, um die molekularen Ursachen von Mutationen in der Zelle zu untersuchen. Sie präparieren die lac I-DNA aus den mutierten Bakterien und bestimmen deren Nucleotid-Sequenz zum Vergleich mit der Wildtyp-Sequenz des gleichen DNA-Abschnitts.

Eine genauere Betrachtung der Forschungsergebnisse ist informativ. Aus der Tab. 8.2 entnehmen wir, daß die meisten Mutationen in dem untersuchten DNA-Stück von 240 Basenpaaren auf Nucleotid-Austausche zurückzuführen sind, nämlich etwa 70% der 414 analysierten Mutationen. Die übrigen Leseraster-Mutationen sind durch Deletion oder Insertion von einem oder mehreren Basenpaaren entstanden. Dar-

Tab. 8.2 Spontane Mutationen in einem Teil des *lac I*-Gens [aus 19]

	Zahl der Ereignisse	Prozent
Nucleotid-Austausche	**293**	**70,8**
Transitionen	175	
Transversionen	118	
Deletionen von kurzen DNA-Abschnitten	71	17,2
Insertionen (darunter ein IS-Element)	32	7,7
Leseraster-Verschiebung durch Verlust eines Basenpaares	18	4,3
Gesamt	414	100

unter fand sich auch eine Mutation, die durch die Insertion des transponierbaren Elementes IS 1 (S. 209) verursacht wurde.

> Die Bestimmung der Nucleotid-Sequenzen ermöglicht eine genaue Aussage über die Position von Mutationen im Gen. Die wichtige Aussage ist, daß die Mutationen keineswegs gleichmäßig verteilt sind, sondern daß es Stellen in der DNA gibt, die durch Mutation viel häufiger getroffen sind als andere. Solche Stellen bezeichnet man als **Hot Spots** der Mutation.

Wir sind nicht überrascht, daß Leseraster-Mutationen gehäuft in *Hot Spots* vorkommen, denn wir haben gesehen, daß eine Voraussetzung für ihre Entstehung Sequenz-Wiederholungen in der DNA sind (Abb. 8.**14**). Tatsächlich kommen auch im *lac I*-Gen fast alle Deletionen und Additionen in der Nähe solcher Wiederholungen vor. Es ist eher erstaunlich, daß auch Nucleotid-Austausche alles andere als statistisch verteilt in der DNA erfolgen (Abb. 8.**15**). Wir wollen aber gleich anmerken, daß diese Verteilung nicht unbedingt etwas über das eigentliche Mutations-Ereignis aussagen muß, sondern ebenso gut Hinweise auf sequenzbestimmte Reparatur-Vorgänge geben kann. Tatsächlich läßt sich die Verteilung der Nucleotid-Austausche im Experiment der Abb. 8.**15** zur Zeit nicht allgemein befriedigend erklären, mit der Ausnahme des auffälligsten *Hot Spot* bei der Position 104, wo überdurchschnittlich häufig ein GC-Basenpaar durch ein AT-Basenpaar (Transition) ersetzt ist.

An dieser Stelle des Gens befindet sich die Sequenz CCAGG, deren zweiter Cytosin-Baustein durch Methylierung modifiziert ist: 5-Methylcytosin. Wie auch andere Cytosin-Basen in der DNA kann 5-Methylcytosin durch hydrolytische Deaminierung verändert werden: Aus 5-Methylcytosin entsteht Thymin (Abb. 8.**15**). Thymin wird als normaler Baustein der DNA nicht von den DNA-Glykosylasen des Reparatur-Systems erkannt. Er bleibt als Ergebnis der hydrolytischen Deaminierung zurück, und bei der nächsten Replikationsrunde wird die Mutation fixiert, indem im Gen an der Stelle eines normalen GC-Basenpaares ein AT-Paar erscheint (Abb. 8.**15**).

Abb. 8.15 *Hot Spots* **von Nucleotid-Austausch-Mutationen im Bakterien-Genom.** *Hot Spots* bilden sich an Stellen mit 5-Methylcytosin, das nach hydrolytischer Deaminierung in das unreparierbare Thymin übergeht [Daten aus 21].

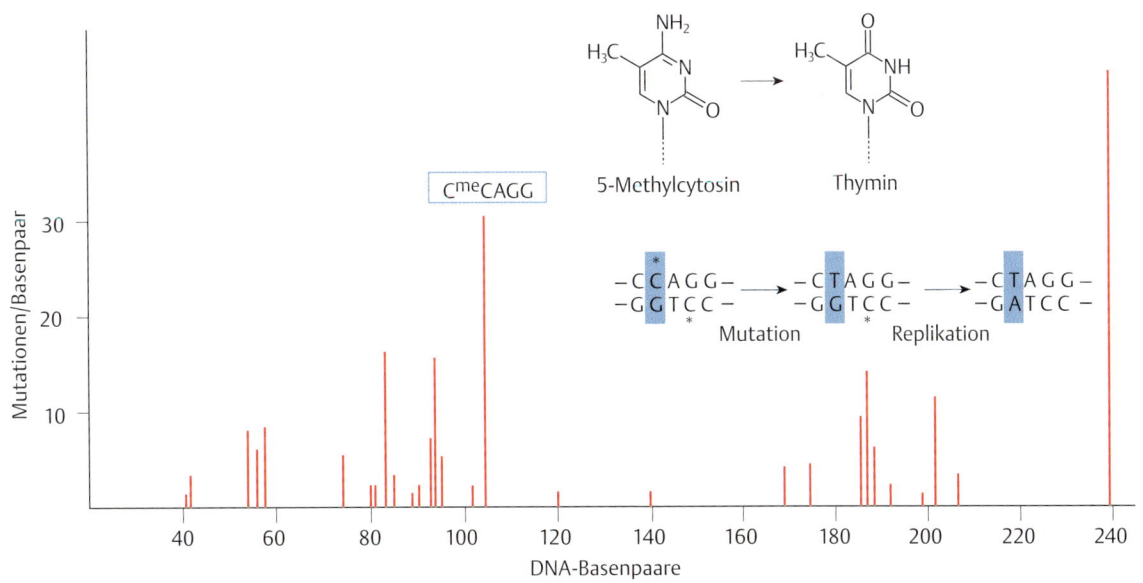

Die Bluterkrankheit Hämophilie B beruht auf einem Fehlen oder einer Veränderung des Blutgerinnungs-Faktors IX. Faktor IX wird in Leber-Zellen als Vorläufer-Protein aus 445 Aminosäuren gebildet. Bei der Reifung des Proteins werden Zucker-Reste an Aminosäure-Seitenketten angeheftet und ein aminoterminaler Abschnitt von 40 Aminosäuren entfernt. Der fertige Faktor IX kann dementsprechend im Blutplasma als ein Glykoprotein aus 405 Aminosäuren nachgewiesen werden. Mutationen im Gen für Faktor IX werden als X-gekoppelte Erbkrankheit diagnostiziert. Die Krankheit ist selten: Sie kommt etwa einmal unter 30 000 männlichen Neugeborenen vor und beruht in vielen Fällen auf einer Neumutation in den mütterlichen Keimzellen. Die Gegenwart eines intakten Allels reicht aus, um den Organismus mit genügend Faktor IX zu versorgen. Die Krankheit wird also rezessiv vererbt. Das ist der Grund, warum Frauen so gut wie nie an Hämophilie B leiden. Das Gen für Faktor IX liegt auf dem langen Arm von Chromosom X (Xq27). Die gesamte Nucleotid-Sequenz des Gens ist bekannt.

Der unreparierbare DNA-Schaden, der nach hydrolytischen Deaminierung von 5-Methylcytosin zurückbleibt, hat große Bedeutung für die Entstehung von Mutationen bei Vertebraten und anderen Eukaryoten, die 5-Methylcytosin als normalen Baustein in ihrem Genom enthalten.

Mutationsforscher stimmen überein, daß die hydrolytischen Deaminierung von 5-Methylcytosin auch als wichtigster Mechanismus für die spontane Entstehung von Gen-Mutationen beim Menschen gilt. Wir illustrieren dies hier am Beispiel einer Bluterkrankheit, Hämophilie B, die durch eine Fehlbildung des Gerinnungsfaktors IX verursacht wird (siehe Kasten).

In einer großen internationalen Studie haben Humangenetiker die Wildtyp-Sequenz des Faktor IX-Gens mit den mutierten Sequenzen von vielen kranken Personen verglichen. Wie im Fall des bakteriellen *lac I*-Gens fanden sie im Faktor IX-Gen eine Reihe von kleineren Deletionen und Additionen, aber der größte Teil der Mutationen beruht auf Nucleotid-Austauschen, die so gut wie jedes Codon im Gen betreffen können. Viele Codon-Veränderungen findet man jeweils nur bei einem einzigen Kranken, aber vor diesem Hintergrund treten etwa zehn *Hot Spots* klar hervor (Abb. 8.**16**). An diesen Stellen kommen auschließlich Transitionen vom Typ C → T oder G → A vor, und die Sequenz-Vergleiche zeigen, daß sich die Transitionen in den Dinucleotid-Folgen 5′-CpG-3′ abspielen.

Cytosin-Reste in CpG-Folgen sind in Säugetier-Genomen oft methyliert (S. 373). Durch hydrolytische Deaminierung kann unreparierbares Thymin entstehen. Dies hat Konsequenzen für die Gen-Funktion, wie in der Abb. 8.**16** am Beispiel eines Codons im Faktor IX-Gen dargestellt ist.

Hot Spots der Mutation an CpG-Folgen werden auch bei anderen Genen des Säugetier-Genoms beobachtet, und Schätzungen ergeben, daß sich ein Viertel bis ein Drittel aller spontanen Nucleotid-Austausche an

Abb. 8.16 Dinucleotid-Folgen CpG sind *Hot Spots* im Genom von Säugetieren [Daten aus 9].

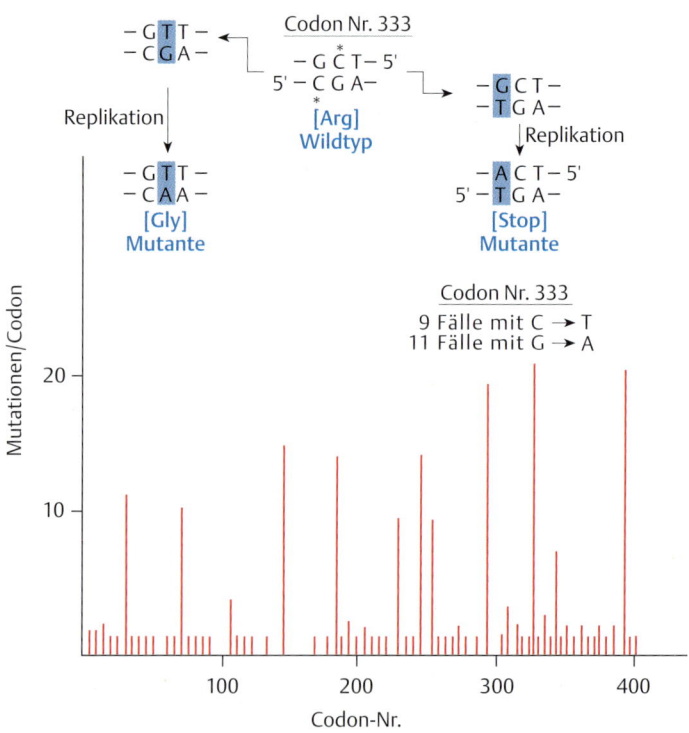

CpG-Folgen mit 5-Methylcytosin ereignen. Mit anderen Worten: CpG-Folgen sind gefährlich, und als Konsequenz hat sich im Laufe der Evolution von Vertebraten-Genomen die Häufigkeit der Dinucleotid-Folgen CpG auf etwa ein Fünftel des Wertes verringert, den man aufgrund der Basen-Zusammensetzung erwarten würde (zu CpG-Inseln siehe S. 373).

Induktion von Mutationen

Chemische Mutagenese

DNA-Alkylierung

Alkylierende Verbindungen (Abb. 8.**17**) sind wichtige Mutagene, die in der experimentellen Mikrobiologie, Zellbiologie und Tumorforschung eingesetzt werden. Alkylierende Verbindungen entstehen auch in unserer natürlichen Umwelt. Ein Beispiel ist die Bildung von Nitrosaminen im Magen-Darm-Trakt von Säugetieren, wo aus Abbauprodukten proteinhaltiger Nahrung sekundäre Amine als Ausgangsverbindungen für die Bildung von Nitrosaminen entstehen.

Alkylierende Chemikalien, oder besser ihre eigentlich reaktiven Formen, verändern DNA-Nucleotide an allen Positionen, die einer chemischen Methylierung bzw. Ethylierung zugänglich sind (Abb. 8.**18**), aber die häufigsten Veränderungen sind 7-Alkylguanin und 3-Alkyladenin mit 70–80 % bzw. 6–10 % aller Reaktionsprodukte. Im übrigen wollen wir anmerken, daß DNA-Methylierungen nicht nur nach Einsatz von chemischen Verbindungen entstehen, sondern auch durch Reaktionen im Zellinnern, also sozusagen spontan. Eine wichtige spontane Reaktion ist die nichtenzymatische Übertragung von Methyl-Gruppen aus S-Adenosylmethionin, dem normalen Cofaktor von vielen Methylierungsreaktionen in der Zelle. Fachleute gehen von einigen hundert spontanen DNA-Methylierungen/Zelle am Tag aus.

Oft unterscheiden Mutationsforscher zwei Konsequenzen der Nucleotid-Alkylierung, nämlich eine direkte und eine indirekte Mutations-Auslösung.

Direkte Mutationen entstehen durch O^6-Methylguanin und O^4-Methylthymin (Pfeile in der Abb. 8.**18**), weil diese modifizierten Basen andere Paarungseigenschaften haben: O^6-Methylguanin kann mit Thymin, und O^4-Methylthymin mit Guanin paaren.

Indirekte Mutationen entwickeln sich bei der Reaktion von Zellen auf die Behandlung mit alkylierenden Chemikalien, und zwar, erstens,

Alkyl-Sulfate

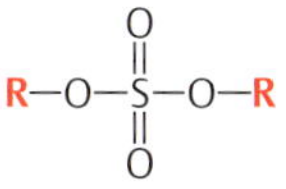

	Dialkylsulfat Beispiel: Dimethylsulfat
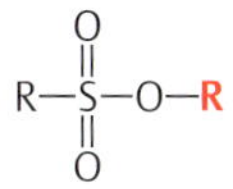	Alkyl alkansulfonat Beispiele: Methyl methansulfonat (MMS); Ethyl methansulfonat (EMS)

***N*-Nitroso-Verbindungen**

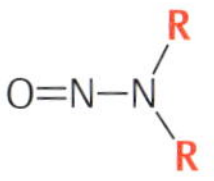

	Dialkylnitrosamine Beispiel: Dimethylnitrosamin
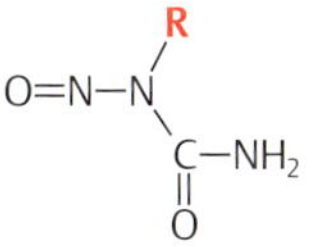	*N*-Nitrosoharnstoff-Derivate Beispiel: *N*-Methyl-*N*-nitrosoharnstoff (MNN)
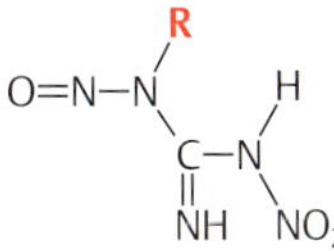	*N*-Alkyl-*N'*-nitro-*N*-nitroso-guanidin Beispiel: *N*-Methyl-*N'*-nitro-*N*-nitroso-guanidin (NNG)

Abb. 8.17 Mutagene Chemikalien: Einige alkylierende Verbindungen. Der Rest (R) wird durch $-CH_3$ oder $-CH_2-CH_3$ ersetzt.

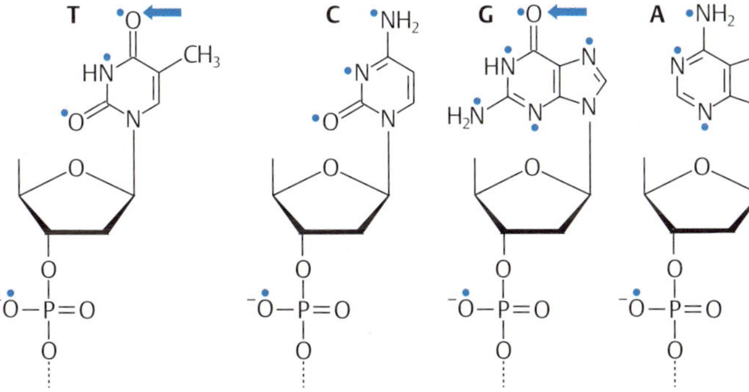

Abb. 8.18 Alkylierte Nucleotide in der DNA. Punkte, mögliche Anheftungsstellen für Methyl- oder Ethyl-Gruppen; Pfeile, Auslöser direkter Mutationen (durch Falschpaarungen).

als „fehlerhafte" Reparatur im Verlauf der SOS-Antwort, und, zweitens, durch eine Ausbildung von AP-Stellen mit allen ihren Konsequenzen (S. 237). Über die SOS-Antwort werden wir später berichten. Kurz gesagt, handelt es sich um eine allgemeine Reaktion auf schwere Störungen der DNA-Struktur, etwa nach heftiger Behandlung mit unterschiedlichen mutagenen Chemikalien oder nach ausgedehnten Strahlenschäden.

AP-Stellen entstehen zum Beispiel als Folge der Wirkung von **3-Methyladenin-DNA-Glykosylasen**. 3-Methyladenin ist selbst nicht mutagen, aber toxisch für die Zelle, weil es die Replikation blockiert. Deswegen gibt es in allen Zellen wirkungsvolle Verteidigungsmechanismen in Form spezifischer DNA-Glykosylasen. In *E.coli* kommen zwei Arten dieses Enzyms vor: 3-Methyladenin-DNA-Glykosylase I und II. Das Typ I-Enzym ist spezifisch für 3-Methyl-2,3-dihydroadenin und wird in geringen Mengen konstitutiv gebildet. Dagegen ist das Typ II-Enzym viel weniger spezifisch und entfernt außer 3-Methyl-2,3-dihydroadenin auch die modifizierten Basen 3-Methyl-2,3-dihydroguanin, 7-Methyl-7,8-dihydroguanin, O^2-Methylthymin und O^2-Methylcytosin. Besonders interessant ist, daß die Expression des Typ II-Enzyms nach Behandlung der Zelle mit alkylierenden Chemikalien stark erhöht ist. Diese Reaktion auf eine Behandlung mit alkylierenden Chemikalien nennt man **adaptive Antwort** (*adaptive response*), die jedoch mehr einschließt als nur die Expression von 3-Methyladenin-DNA-Glykosylase II.

Einfache chemische Mutagene

Viele chemische Verbindungen können an der DNA mutagene Veränderungen hervorrufen. Ein ausführlicher Bericht würde unseren Rahmen überschreiten. Aber oft lassen sich die Auswirkungen von Chemikalien auf einfache Prinzipien zurückführen.

Man weiß seit langem, daß einfache chemische Verbindungen wie Bisulfit oder salpetrige Säure und ihre Salze Mutationen an DNA in Lösung verursachen. Der Grund dafür ist eine Steigerung der hydrolytischen Deaminierung von Cytosin-Resten. Die genannten Chemikalien gelten als schwache Mutagene. Wir kennen den Grund dafür, denn Uracil-Reste (die Produkte der hydrolytischen Cytosin-Deaminierung) werden durch Glykosylasen wirkungsvoll aus der DNA entfernt. Ein anderes, für Experimente viel verwendetes Mutagen ist Hydroxylamin (H_2N-OH), das unter anderem Cytosin- und Adenin-Reste modifiziert und deren Basen-Paarungseigenschaften beeinflußt.

5-Bromuracil   2-Aminopurin

Basen-Analoge wie 5-Bromuracil und 2-Aminopurin sind andere einfache Verbindungen mit mutagener Wirkung. Sie wirken nach Überführung in die entsprechenden Deoxyribonucleosid-Triphosphate bei der Replikation, weil sie öfter als ihre normalen Gegenstücke über Falschpaarungen in den wachsenden Strang eingebaut werden.

Reparatur von alkylierten DNA-Basen und die adaptive Antwort

Einen entscheidenden Anteil bei der Reparatur von Alkylierungsschäden hat ein Protein mit der Bezeichnung **O^6-Methylguanin-DNA-Transferase**. Dieser Name schließt nicht alle Funktionen des Proteins ein, denn es kann auch die Alkyl-Gruppen von O^4-Thymin-Resten und von DNA-Methylphosphotriestern übernehmen.

Das Protein vermittelt die Übertragung von Methyl-Gruppen von der DNA auf Cystein-Seitenketten (Abb. 8.19). Damit wird ohne weiteres die intakte Guanin- oder Thymin-Base wiederhergestellt, freilich auf Kosten des Enzyms, denn es kann die einmal übernommenen Methyl-Reste nicht wieder los werden und verliert bei der Reparatur-Reaktion seine Funktion. Bakterien haben einen Mechanismus entwickelt, der ausreichende Mengen an Transferase auch bei starker Alkylierung von DNA garantiert: Nach Behandlung mit alkylierenden Verbindungen steigt die Zahl der Transferase-Moleküle von etwa 20 auf bis zu 10 000 pro Zelle an.

Die adaptive Antwort wird durch die Transferase selbst reguliert (Abb. 8.20):
– Die Transferase übernimmt Methyl-Gruppen von den Methylphosphotriestern der DNA. Dadurch erwirbt sie die Fähigkeit zur spezifischen Bindung an die Promotor-Sequenz des eigenen Gens (das *ada*-Gen von *E. coli*) und zur Bindung an die Promotor-Sequenz eines Operons, welches das Gen *alk A* einschließt. Das Gen *alk A* kodiert die Typ II 3-Methyladenin-DNA-Glykosylase.
– Eine Bindung an die Promotoren resultiert in einer drastischen Steigerung der Expression beider Gene, bis schließlich der Reparatur-Prozeß zu Ende läuft, das methylierte Protein durch Proteasen gespalten wird und die Gen-Aktivität auf Ausgangswerte zurückgeht.

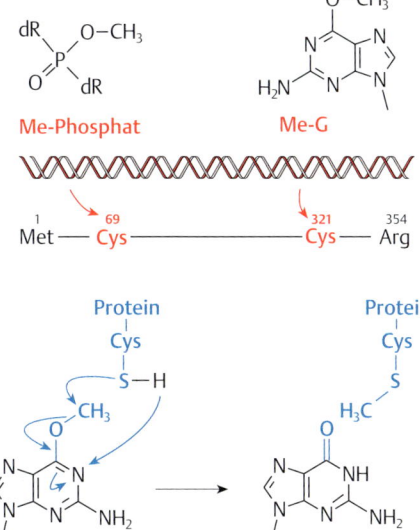

Abb. 8.19 Funktion der O^6-Methylguanin-DNA-Transferase. Das Enzym besteht aus 354 Aminosäuren mit zwei für die Reaktion wichtigen Cystein-Resten. Auf Cys 69 wird eine Methyl-Gruppe von Methylphosphotriester (Me-Phosphat) der DNA übertragen, an Cys 321 gelangt die Methyl-Gruppe von O^6-Methylguanin (Me-G) [nach 4].

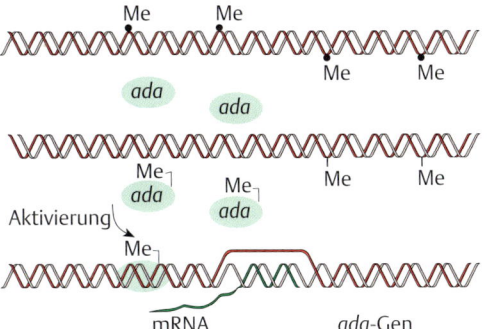

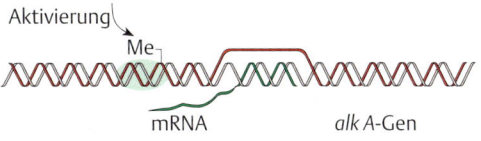

Abb. 8.20 Die adaptive Antwort von *E. coli*. Beschreibung im Text. Das Gen *alk A* kommt in einem Operon mit dem Gen *alk B* (nicht eingezeichnet) vor. Mit anderen Worten, diese beiden Gene werden im Zuge der adaptiven Antwort gemeinsam reguliert [nach 14].

Wir möchten betonen, daß O^6-Methylguanin-DNA-Transferasen und 3-Methyladenin-DNA-Glykosylasen auch in den **Zellen von Eukaryoten** vorkommen und wichtige Reparatur-Funktionen durchführen. Von medizinisch-praktischem Interesse ist, daß manche Tumor-Zellen wenig oder keine O^6-Methylguanin-DNA-Transferase besitzen und deswegen empfindlicher auf alkylierende Verbindungen reagieren als normale Zellen. Zellbiologen können im Laborversuch das bakterielle *ada*-Gen in Säugetier-Zellen übertragen und zur Expression bringen. Das bakterielle Enzym kann DNA-Schäden in den Empfänger-Zellen korrigieren. Das spricht eindeutig für die enge Verwandtschaft des bakteriellen mit dem

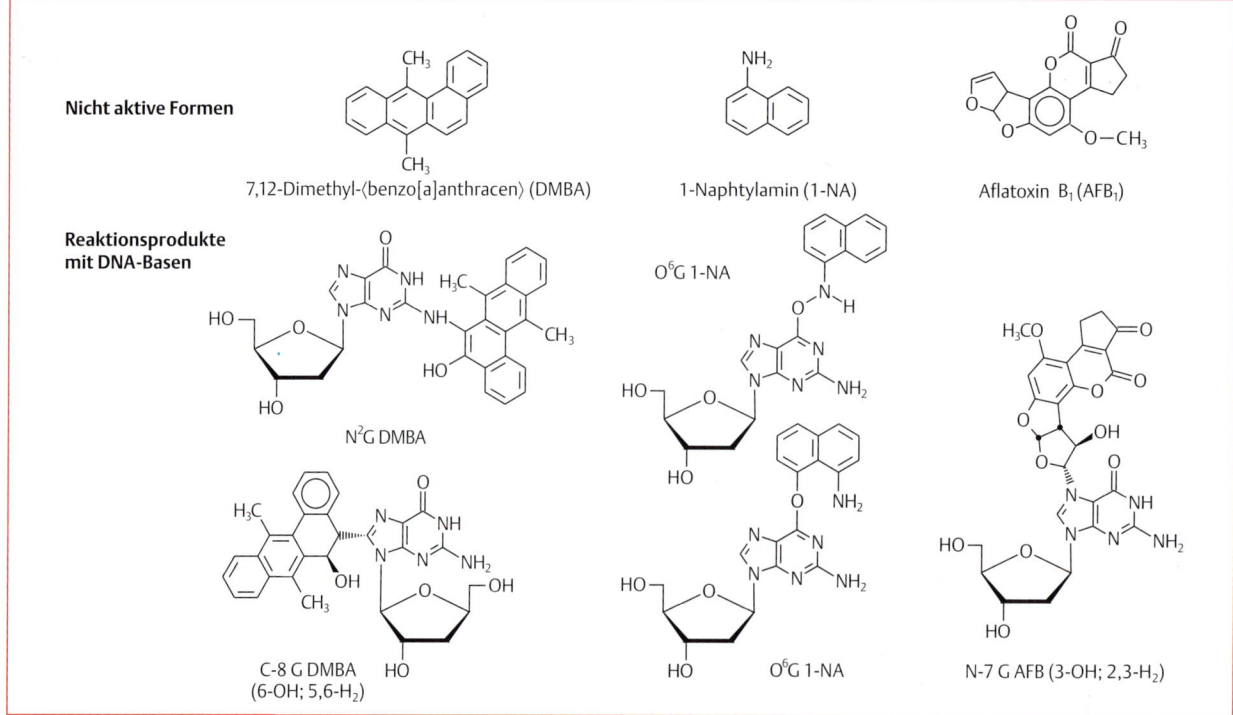

tierischen Enzym und weist auf seine Entstehung in einer frühen Phase der Evolution hin.

Polycyclische Kohlenwasserstoffe

Seit vielen Jahren kennt man die krebserzeugende Wirkung von polycyclischen Kohlenwasserstoffen. Die intensive Erforschung ihrer Wirkungsweise hat wesentlich zu der Erkenntnis beigetragen, daß die Umwandlung normaler Zellen in Tumor-Zellen auf einer Mutation von Genen beruht. Polycyclische Kohlenwasserstoffe im Steinkohlenteer und in anderen industriellen Produkten werden in Leber-Zellen über eine komplizierte Kette von biochemischen Reaktionen in ein wirksames Agens übergeführt, das dann die Basen in den DNA-Bausteinen verändert. Einzelheiten dieser interessanten Wege können wir hier nicht erörtern, aber in der Abb. 8.21 zeigen wir als Beispiel die Überführung der „klassischen" kanzerogenen Verbindung Benzo[a]pyren in ihre aktive Form. Als weitere Illustration sehen wir in der Abb. 8.22 eine Gegenüberstellung von einigen Ausgangsverbindungen und ihren Produkten mit DNA-Bausteinen. Diese Bilder machen deutlich, daß die Anheftung von polycyclischen Kohlenwasserstoffen zu einer erheblichen Verzerrung der DNA-Struktur führen muß. Deswegen sprechen die Fachleute von „unförmigen Basen-Modifikationen" *(bulky adducts)*.

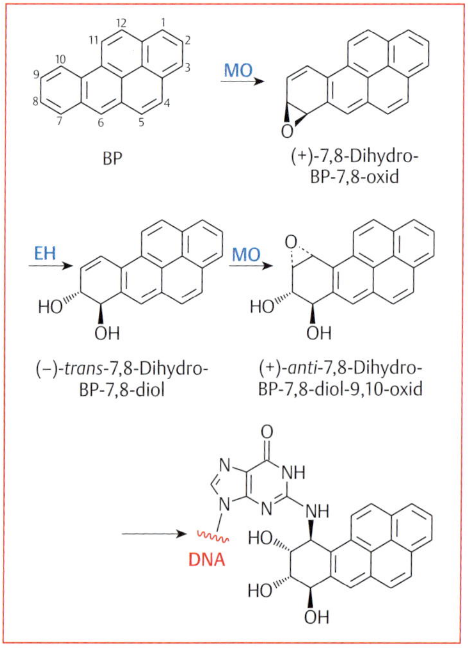

Abb. 8.21   Aktivierung von Benzo[a]pyren. BP = Benzo[a]pyren; MO = Monoxygenase; EH = Epoxidhydrolase. Die aktivierte Verbindung reagiert bevorzugt mit Guanin [nach 20].

Abb. 8.22   Unförmige Basen-Modifikationen *(bulky adducts)*: Polycyclische Kohlenwasserstoff-Verbindungen an DNA-Basen. DMBA und 1-NA sind Produkte der chemischen Industrie. Aflatoxin B1 wird von einem Schimmelpilz erzeugt, eine Verunreinigung von unsachgemäß gelagerten Nahrungsmitteln in Entwicklungsländern. Das häufige Auftreten von Leberkrebs nach langjähriger Ernährung mit verunreinigten Lebensmitteln geht auf Aflatoxin B1 zurück.

Die Auslösung von Mutationen beruht auf zwei Mechanismen:
- Die glykosidische Bindung zwischen den modifizierten Basen und der Deoxyribose wird labiler als normalerweise. Dementsprechend erfolgen häufige hydrolytische Depurinierungen mit einer vermehrten Erzeugung von AP-Stellen und möglichen Falscheinbauten von Adenin-Nucleotiden (Abb. 8.**9**).
- Die DNA-Replikation wird durch die unförmigen Modifikationen blockiert. Dadurch entstehen oft lange Einzelstrang-Regionen, wodurch der fehlerhafte SOS-Reparaturweg ausgelöst wird (S. 254).

DNA-Schäden durch ultraviolettes Licht und die Exzisionsreparatur

Das Leben auf der Erde hängt vom Licht der Sonne ab, aber zugleich wird das Leben durch Sonnenlicht bedroht. Die ultravioletten (UV) Anteile des Sonnenlichtes verursachen schwere Schäden an der DNA. Ihre Auswirkungen erfahren Menschen, die an der seltenen Krankheit *Xeroderma pigmentosum* leiden. Sie müssen schon bei geringster Sonnenstrahlung mit Erscheinungen rechnen, die Gesunde erst bei schwerem Sonnenbrand erleben, nämlich eine Zerstörung der dem Licht ausgesetzten Hautbereiche. Zudem erkranken *Xeroderma pigmentosum*-Patienten oft früh in ihrem Leben an Hautkrebs. Die Ursache ist ein genetisch bedingter Verlust eines Reparatur-Systems, das bei Gesunden ständig mit der Korrektur von Schäden durch UV-Strahlen beschäftigt ist. Bakterien besitzen einen ganz ähnlichen Reparatur-Mechanismus. Dessen Untersuchung hat die Entwicklung auf diesem Forschungsgebiet eingeleitet.

UV-Strahlen erzeugen eine Reihe von chemischen Veränderungen an den Nucleotid-Bausteinen der DNA. Die häufigsten Produkte sind Ergebnisse von Reaktionen zwischen benachbarten Pyrimidinen, bevorzugt zwischen benachbarten Thymin-Resten. Das charakteristische Reaktionsprodukt ist ein Thymin-Dimer, das kovalent über einen Cyclobutan-Ring verbunden ist (Abb. 8.**23**). Etwa 85 % aller UV-vermittelten DNA-Schäden gehören zum Typ der Thymin-Dimere. Seltener

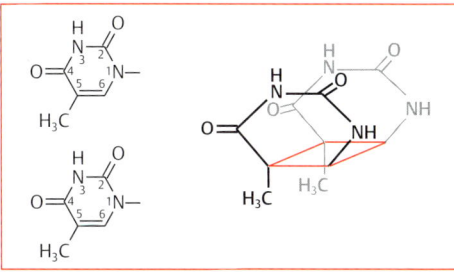

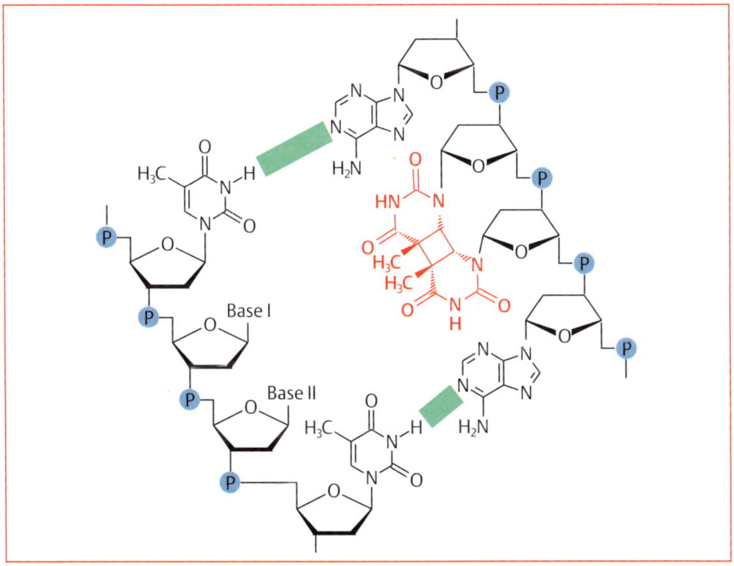

Abb. 8.23 Thymin-Dimer, der häufigste DNA-Schaden nach UV-Bestrahlung.

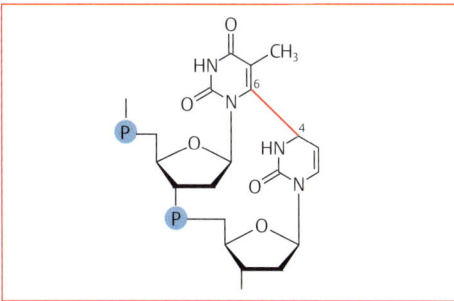

Abb. 8.24 Das TC(6–4)-Produkt, ein Photoprodukt nach UV-Bestrahlung von DNA.

Abb. 8.25 Ein Pyrimidin-Dimer in der DNA (Ein Beispiel). Benachbarte Thymin-Nucleotide sind *Hot Spots* der UV-Mutagenese.

(etwa 10%) findet man das sogenannte TC(6–4)-Produkt (Abb. 8.**24**). Diese Veränderungen verzerren die Struktur der DNA (Abb. 8.**25**).

Zur Abwehr der DNA-Schäden haben sich mehrere Reparatur-Systeme entwickelt:

- Photo-Reaktivierung
- Exzisions-Reparatur
- rekombinative Reparatur

Photoreaktivierung

Untersuchungen über die Auswirkung von UV-Schäden haben gezeigt, daß sich UV-bestrahlte Bakterien in sichtbarem Licht wieder erholen können. Voraussetzung ist die Anwesenheit des Enzyms **Photolyase**, das sich an Pyrimidin-Dimere bindet und die Energie sichtbaren Lichtes (mit Wellenlängen von 340–400 nm) für die Spaltung des Cyclobutan-Ringes ausnutzt. Das erfolgt über zwei Chromophore: 5,10-Methylen-tetra-hydrofolat sammelt die Lichtenergie und überträgt Elektronen auf das Flavinadenin-Dinucleotid (FAD). Die reduzierte Form $FADH_2$ liefert ihr Elektron für die Spaltung des Cyclobutan-Ringes. Im Endeffekt kommt es so zur Wiederherstellung des ursprünglichen Zustandes. Auch Eukaryoten besitzen Photolyasen als Bestandteil ihres UV-Reparatur-Systems.

Exzisions-Reparatur

Die Erforschung dieser genetischen Reaktion begann mit der Untersuchung von *E. coli*-Mutanten, die viel empfindlicher als Wildtyp-Bakterien auf UV-Strahlen reagieren. Die betroffenen Gene erhielten Bezeichnungen wie *uvr A, uvr B, uvr C* usw. (*uvr, uv-repair*). Inzwischen ist bekannt, daß die entsprechenden Gen-Produkte, die Uvr A-, Uvr B- und Uvr C-Proteine, Komponenten der Exzisions-Reparatur sind (Tab. 8.**3**).

Tab. 8.3   Komponenten der Exzisions-Reparatur von *E. coli* [aus 10]

Protein	Größe (Aminosäuren)	Zahl der Moleküle/Zelle konstitutiv/induziert (SOS-Antwort)	Funktion
Uvr A	940	25/250	bindet an UV-bestrahlte DNA, bildet einen Komplex mit Uvr B, hat zwei ATP-Bindestellen
Uvr B	673	500/2000	bindet Uvr A, hat zusammen mit Uvr A DNA-Helikase-Aktivität
Uvr C	610	10	wirkt im Komplex mit Uvr B als Endonuclease
Uvr D	720	3000/4500	3′-5′-DNA-Helikase II (Tab. 6.**3**, S. 173)
Mfd	1148	unbekannt	verdrängt die RNA-Polymerase, wirkt mit Uvr A, vermittelt die spezifische Reparatur des transkribierten Stranges

Der Reparaturweg läuft über folgende Stationen (Abb. 8.**26**):

– Zwei Uvr A-Protein-Moleküle und ein Uvr B-Molekül treffen sich in Gegenwart von ATP zu einem Dreierkomplex, der sich an DNA binden und als DNA-Helikase (Abb. 6.**13**) an einem Strang entlangfahren kann, bis er auf einen DNA-Schaden, genauer, eine Verzerrung der DNA-Struktur, trifft. Nach UV-Bestrahlung ist dieser Schaden gewöhnlich ein Pyrimidin-Dimer, aber der Uvr AB-Komplex erkennt auch andere DNA-Veränderungen, wie etwa unförmige Basen-Modifikationen (Abb. 8.**22**).

– Das Uvr B-Protein bleibt an der geschädigten DNA-Stelle hängen, aber das Uvr A-Protein wird gegen ein Uvr C-Protein eingetauscht. Der Uvr BC-Komplex schneidet den betroffenen Strang: acht Nucleotide 5′-wärts und fünf Nucleotide 3′-wärts von der geschädigten Stelle.

– Das Uvr D-Protein, eine DNA-Helikase (DNA-Helikase II; Tab. 6.**3**), tritt in Aktion und entfernt den geschädigten DNA-Abschnitt. Damit ist das Ausschneiden, die „Exzision", des schadhaften DNA-Abschnitts gelungen. Jetzt folgen eine Reparatur-Synthese durch die bakterielle DNA-Polymerase I (S. 166) und dann eine Versiegelung durch die DNA-Ligase (S. 176).

Als weitere Komponente der Exzisions-Reparatur kennt man das **Protein Mfd** (*mutation frequency declining*), auch als TRCF (Transcription repair coupling factor) bezeichnet. Dieses Protein garantiert die bevorzugte Reparatur von UV-Schäden im transkribierten Strang aktiver Gene. Um den Mechanismus zu verstehen, muß man wissen, daß die RNA-Polymerase an Stellen geschädigter DNA zum Halt kommt. Das Mfd-Protein verdrängt die RNA-Polymerase und veranlaßt die Bindung des Uvr A-Proteins, das dann die Reparatur nach dem Schema der Abb. 8.**26** einleitet.

Die Exzisions-Reparatur beschränkt sich nicht nur auf eine Beseitigung von UV-Schäden. Über diesen Weg werden, außer Pyrimidin-Dimeren, noch eine ganze Serie von anderen DNA-Schäden ausgeglichen. Wir haben die unförmigen Basen-Modifikationen schon erwähnt, aber auch Schäden durch andere mutagene Chemikalien und durch ionisierende Strahlen, einschließlich der kovalenten Bindungen zwischen DNA-Strängen (*cross links*), können durch Exzisions-Reparatur entfernt werden. Die Expression von Proteinen der Exzisions-Reparatur wird im Verlauf der SOS-Antwort aktiviert.

Rekombinative Reparatur

Ein dritter Reparaturweg wurde bei der Untersuchung von Bakterien-Mutanten ohne Photolyase und ohne Exzisions-Reparatur entdeckt. Solche Mutanten sind nicht ganz hilflos dem UV-Licht ausgesetzt, aber die DNA-Replikation ist schwer gestört, und die Replikations-Produkte enthalten lange Einzelstrang-Abschnitte. Wie wir im Kap. 7 (S. 195) gesehen haben, regen Lücken in der DNA die Rekombination zwischen homologen Molekülen an. Aus mehreren Rekombinationsakten gehen schließlich ungeschädigte Genome hervor, so daß ein Weiterleben der Bakterien-Zelle möglich wird. Kurz, dieser Art der Reparatur liegt ein intensives Rekombinationsgeschehen zugrunde, dessen Einzelschritte man sich gut nach der Lektüre des Kap. 7 vorstellen kann.

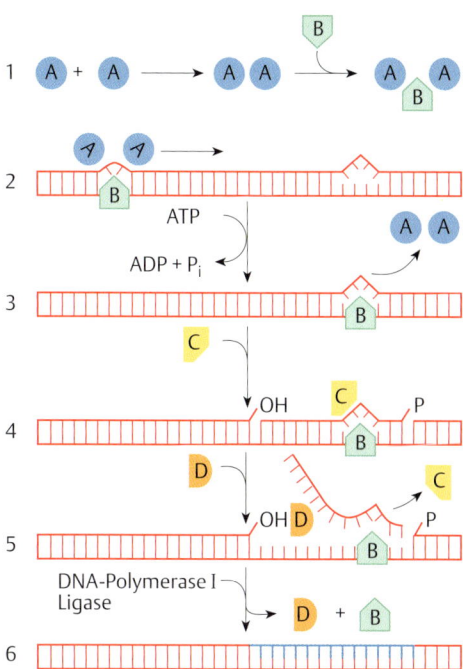

Abb. 8.26   Exzisions-Reparatur von UV-Schäden. Die Funktion der Proteine Uvr A, B, C und D sind im Text beschrieben und noch einmal in der Tab. 8.**3** zusammengefaßt [nach 12].

Exzisions-Reparatur in Säugetier-Zellen und die Lehren aus dem Studium von *Xeroderma pigmentosum*

Eukaryoten, von Hefe bis zum Menschen, können DNA-Schäden über den Exzisionsreparatur-Weg korrigieren. Mutationsforscher fanden schon in den Jahren um 1965, daß im Prinzip die molekularen Mechanismen der Exzisions-Reparatur bei Bakterien und bei Menschen ähnlich sind. Aber im Detail sind die Mechanismen bei Eukaryoten komplizierter, denn Analysen von Mutanten bei Hefe und Säugetieren haben eine große Zahl von Reparatur-Proteinen aufgedeckt. Ein Grund für die höhere Komplexität mag sein, daß – deutlicher als bei Bakterien – eine Bevorzugung der Reparatur von aktiven Genen erfolgt. Schäden im transkribierten DNA-Strang eines aktiven Gens werden schneller repariert als Schäden an anderen Stellen des Genoms. Das legt die Vermutung nahe, daß in Eukaryoten-Zellen mindestens zwei, möglicherweise überlappende Reparaturwege nebeneinander vorkommen.

Die Erforschung der Verhältnisse wurde geprägt durch eine genaue Untersuchung menschlicher Krankheiten. Die Krankheit *Xeroderma pigmentosum* (XP), mit hoher UV-Empfindlichkeit, wurde schon erwähnt. Verschiedene XP-Patienten unterscheiden sich durch die Ausprägung des Phänotyps und durch begleitende Symptome wie neurodegenerative Veränderungen. Eine andere seltene Krankheit, das *Cockayne*-Syndrom (CS), geht ebenfalls mit einer erhöhten UV-Empfindlichkeit einher, aber zugleich auch mit Wachstums- und Entwicklungsstörungen.

Eine erste Klassifikation gelingt über einen zellbiologischen Weg. Fibroblasten-Zellen von XP-Kranken werden unter den Bedingungen des Laboratoriums kultiviert. Zellen verschiedener Patienten werden miteinander fusioniert (S. 426). Man kann dann prüfen, ob die fusionierten Zellen noch den XP-Phänotyp haben oder nicht. Wenn im einen Fusionspartner ein bestimmtes Reparatur-Gen ausgefallen ist und im zweiten Fusionspartner ein anderes, sollten fusionierte Zellen effizient UV-Schäden reparieren können (Abb. 8.27). Man spricht von **Komplementation** bzw. von Komplementations-Gruppen. Das Fusionsverfahren hat 7–8 verschiedene XP-Komplementations-Gruppen aufgedeckt, XP-A bis XP-G. Entsprechend hat man CS-Zellen in zwei Komplementations-Gruppen, CS-A und CS-B, einteilen können.

Ein zweiter Weg geht über die Erzeugung von UV-sensitiven Mutanten von Nagetier-Zellen in der Kultur. In diese Zellen wird DNA aus menschlichen Wildtyp-Zellen übertragen. Zellen, die ein Stück DNA mit einem Reparatur-Gen empfangen, überleben nach intensiver UV-Bestrahlung. Das komplementierende Stück Mensch-DNA wird dann mit gentechnischen Verfahren isoliert, und die Nucleotid-Sequenz wird bestimmt. Man spricht von *ERCC*-Genen (*ERCC, excision repair cross complementing*). Einige der gefundenen *ERCC*-Gene entsprechen den Genen, die bei XP-oder CS-Kranken verändert sind.

In der Tab. 8.4 sind die wichtigsten Ergebnisse dieser Forschungsarbeiten zusammengestellt. Wir erkennen einige Proteine mit funktionellen Ähnlichkeiten zu den Uvr-Proteinen von *E. coli*.

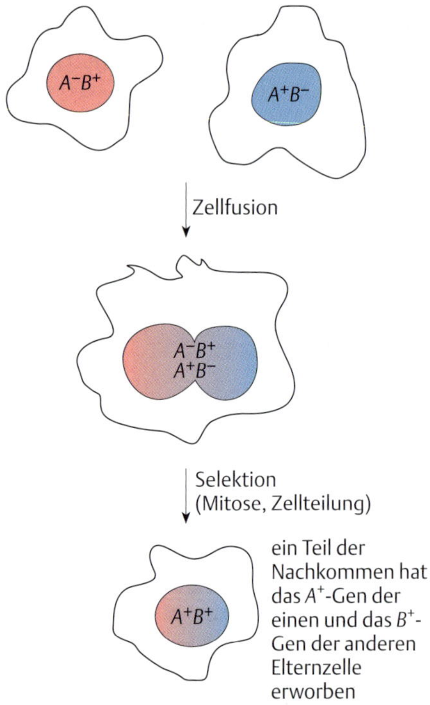

Zellfusion

A^-B^+
A^+B^-

Selektion
(Mitose, Zellteilung)

A^+B^+

ein Teil der Nachkommen hat das A^+-Gen der einen und das B^+-Gen der anderen Elternzelle erworben

Abb. 8.27   Komplementation von XP-Defekten [nach 13].

Tab. 8.4   Einige Komponenten der Exzisions-Reparatur in Mensch-Zellen

Gen	Gen-Produkt (Zahl der Aminosäuren)	Einige bekannte Eigenschaften des Proteins
XPA	273	bindet an Einzelstrang-DNA und an Doppelstrang-DNA mit Schäden (Pyrimidin-Dimere)
XPB/ERCC3	3782	DNA-Helikase, Komponente des Transkriptionsapparates (TFII-H, S. 314)
XPC	823	Einzelstrang-Bindeprotein
XPD/ERCC2	760	DNA-Helikase
CSB/ERCC6	1493	DNA-Helikase?
ERCC1	297	DNA-Bindung, Struktur-Ähnlichkeit mit Uvr A und Uvr C, Untereinheit einer Endonuclease, Komplex-Bildung mit anderen ERCC-Proteinen
XPG/ERCC5	1186	Komplexbildung mit anderen ERCC-Proteinen, Endonuclease

Die Angaben über einige biochemische Funktionen beruhen auf Vergleichen mit den entsprechenden Hefe-Proteinen oder auf Sequenz-Ähnlichkeiten mit bekannten Enzymen [aus 13, 23].

Obwohl viele Einzelheiten des Exzisions-Reparaturweges in Eukaryoten noch erforscht werden müssen, kann man einige Stationen schon verläßlich notieren:
– Das XP-A-Protein erkennt UV-Schäden in der DNA.
– Die XP-B- und XP-D-Proteine sind DNA-Helikasen, die gemeinsam mit dem XP-A-Protein an der DNA entlang fahren können, um bei UV-Schäden einzurasten und die Exzision einzuleiten.
– Die Reparatur-Synthese wird durch die DNA-Polymerase durchgeführt. Sie erfordert das Einzelstrang-Bindeprotein (RP-A) und den Prozessivitäts-Faktor PCNA (S. 171).

Eine überraschende Entdeckung von weitreichenden Konsequenzen für das Forschungsgebiet gelang im Jahre 1993, als sich herausstellte, daß die DNA-Helikase, kodiert von dem Gen *ERCC3* (XP-B), eine essentielle Funktion als Komponente des eukaryotischen Transkriptionsapparates (TFII-H, S. 314) hat. Es wird verständlich, daß XP-Kranke aus der Komplementations-Gruppe XP-B nicht nur unter hoher UV-Sensitivität leiden wie auch andere XP-Kranke, sondern zugleich unter Störungen von Wachstum und Entwicklung.

Die Beteiligung des ERCC3-Proteins bei Reparatur und Transkription mag erklären, warum aktiv transkribierte Gene viel schneller und effizienter repariert werden, als DNA-Abschnitte an anderen Stellen des Genoms. THII-Helikinase löst sich von der Polymerase direkt nach der Initation ab und ist dadurch nicht beim Halt der Polymerase direkt zur Stelle, um Reparatur-Proteine zu rekrutieren.

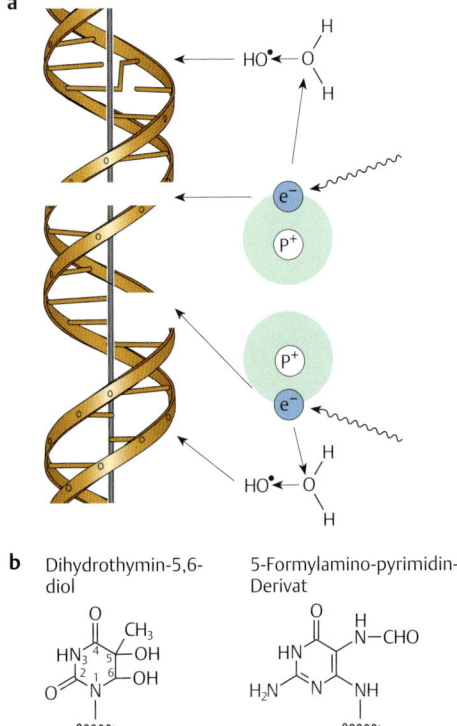

b   Dihydrothymin-5,6-diol   5-Formylamino-pyrimidin-Derivat

Abb. 8.28   DNA-Schäden, verursacht durch ionisierende Strahlen. a (an der Doppelhelix) *Cross links* durch kovalente Verknüpfung gegenüberliegender Basen; Doppelstrang-Bruch; Einzelstrang-Bruch; Zerstörung oder Veränderung von DNA-Basen. **b** Einige Beispiele für strahlengeschädigte Basen [nach 24] (s. a. 8-Oxo-7,8-dihydroguanin, S. 239 f.).

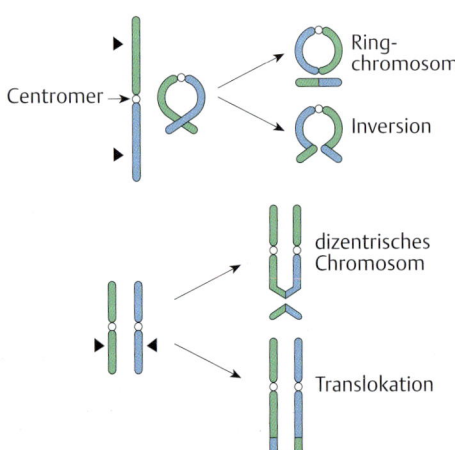

Abb. 8.29   Chromosomen-Brüche in bestrahlten Zellen.

DNA-Schäden durch ionisierende Strahlen

Elektromagnetische Strahlung (Röntgen- und γ-Strahlen), ebenso wie korpuskuläre Strahlen (α- und β-Strahlen), geben beim Eindringen in Zellen und Geweben Energie ab. Die Wirkung auf Bestandteile der Zelle kann **direkt** erfolgen, wenn die Strahlung unmittelbar auf ein Makromolekül trifft, oder **indirekt**, wenn sie zuerst mit zellulären Wasser-Molekülen reagiert. Eine wichtige Konsequenz der indirekten Wirkung ist die Erzeugung von Hydroxyl-Radikalen, deren Bedeutung für die Mutations-Auslösung wir schon besprochen haben (S. 238).

Ionisierende Strahlen haben drastische Effekte: DNA-Strangbrüche, kovalente Verknüpfungen zwischen Nucleotiden *(cross links)*, Zerstörung oder Struktur-Veränderungen von DNA-Basen (Abb. 8.**28**) und von Deoxyribose-Resten.

DNA-Strangbrüche werden durch Struktur-Veränderungen von Chromosomen sichtbar (Abb. 8.**29**). Dies ist eine charakteristische Folge von Schäden nach Strahleneinwirkungen auf Zellen oder ganze Organismen.

Kovalente Verknüpfungen können durch Exzisions-Reparatur entfernt werden, während für Schäden an den DNA-Basen oft spezifische Enzyme bereitstehen. Wir erinnern an die **8-Oxoguanin-DNA-Glykosylase** (in *E. coli*: Mut M-Protein) (S. 239) und fügen hinzu, daß dieses Enzym auch in der Lage ist, andere strahlengeschädigte Purin-Basen zu entfernen. Tatsächlich wurde das Enzym zuerst entdeckt bei der Spaltung der Glykosid-Bindung von 5-Formylamino-pyrimidin (Abb. 8.**28**). Deswegen wird es alternativ als 5-Formylamino-pyrimidin-DNA-Glykosylase bezeichnet. Andere Beispiele für häufig auftretende Strahlenschäden sind Veränderungen von Pyrimidin-Basen, zusammengefaßt bezeichnet als 5,6-Dihydrothymin-5,6-diole (Abb. 8.**28**), die dann noch weiter zerfallen können. Für die Reparatur von 5,6-Dihydrothymin-5,6-diolen und anderen Strahlenschäden besitzen Bakterien und Eukaryoten-Zellen das Enzym **Endonuclease III**, das auf einer Peptid-Kette eine DNA-Glykosylase mit breiter Spezifität und eine AP-Lyase trägt (siehe Abb. 8.**13**). Die Endonuclease III führt Einzelstrangbrüche in bestrahlte DNA ein, wo dann die Reparatur-Synthese einsetzen kann.

Aber eine entscheidende Reaktion der Zelle auf Beschädigung ihres Genoms nach Einwirkung von ionisierenden Strahlen, aber auch nach UV-Bestrahlung und nach Behandlung mit chemischen Mutagenen, ist die Expression eines genetischen Programms, das besonders gründlich bei *E. coli* erforscht wurde und als **SOS-Antwort** bekannt ist. Im Zuge der SOS-Antwort werden DNA-Schäden rasch ausgeglichen, aber dabei treten Synthese-Fehler auf, die eine weitere Ursache für Mutationen darstellen.

Die SOS-Antwort und der SOS-Reparaturweg

Pyrimidin-Dimere, unförmige Basen-Modifikationen, strahleninduzierte *Cross links* und andere Schäden blockieren das Fortschreiten von Replikationsgabeln. Jenseits des Schadens kann die parentale DNA weiter entwunden und können neue Primer für eine Fortsetzung der DNA-Synthese gebildet werden. Aber in geschädigter DNA entstehen lange einzelsträngige DNA-Abschnitte.

Das sind Bindestellen für das Rec A-Protein (S. 205). Aktiviertes Rec A-Protein kann die Spaltung von mindestens drei Proteinen fördern: Lambda-cI-Repressor, Lex A-Repressor und Umu D-Protein.

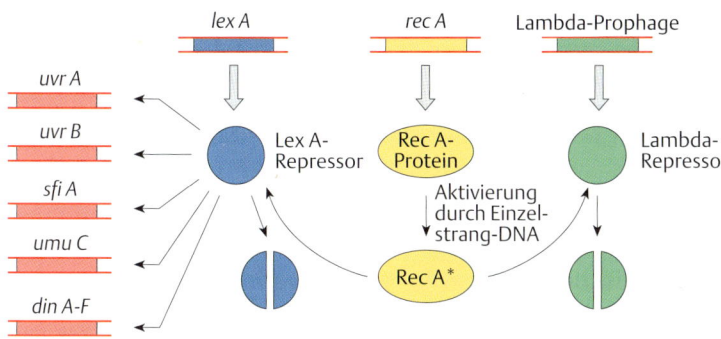

Abb. 8.30 SOS-Antwort. Das Produkt des *lex A*-Gens ist ein Repressor, der die Expression einer Reihe von Genen blockiert. Zu diesen *din*-Genen *(din, damage induced)* gehören die Gene *uvr A, uvr B, sfi A* und *umu C*, wie im Text erklärt. Das Rec A-Protein vermittelt die Spaltung des Lex A-Repressors und des Lambda-Repressors. Damit werden die regulierten Gene frei für die Transkription. Lex A bedeutet „*lambda excision*", denn das Lex A-Protein wird indirekt auch für die Exzision der Lambda-DNA (S.132) benötigt. Das *rec A*-Gen gehört zu den *din*-Genen: Die Zahl der Rec A-Protein-Moleküle/Zelle nimmt im Zuge der SOS-Antwort von 2000 auf 50000 zu. Für die Exzision der Lambda-DNA muß viel Rec A-Protein vorhanden sein. Das wiederum hängt von der ordentlichen Funktion des Lex A-Proteins ab [nach 18].

Die Folgen der Zerstörung des cI-Repressors für die Entwicklung des Phagen Lambda haben wir kennengelernt (S.132). Hier geht es um die beiden anderen Proteine, und zwar zuerst und am wichtigsten um den **Lex A-Repressor**.

Der Lex A-Repressor blockiert normalerweise die Expression von fast zwei Dutzend *E. coli*-Genen. Diese Gene werden nach der proteolytischen Zerstörung des Repressors im Verlauf der SOS-Reaktion transkribiert (Abb. 8.**30**).

Zu den SOS-Genen gehören:
– Das *sfi A*-Gen, dessen Produkt die Zellteilung blockiert und damit Zeit für Reparatur-Vorgänge schafft.
– Die *uvr*-Gene als Komponenten des Exzisionsreparatur-Apparates (Tab. 8.**3**).
– Das *pol B*-Gen für die DNA-Polymerase II (S.168) u. a.

In unserem Zusammenhang sind vor allem zwei SOS-Antwort-Gene wichtig, *umu C* und *umu D* (*umu, uv-mutagenesis*), deren Produkte für eine fehlerhafte Reparatur und damit für die Entstehung von Mutationen bei der SOS-Antwort verantwortlich sind.

Das Umu D-Protein wird als ein Vorläufer aus 139 Aminosäuren gebildet, aber Rec A-Protein überführt es in ein reifes kleineres Protein aus 115 Aminosäuren, Umu D'. Dies bildet mit dem Umu C-Protein (422 Aminsäuren) einen funktionellen Komplex.

Die genaue Funktion des Umu CD'-Komplexes ist noch nicht bekannt, aber alle Daten sprechen dafür, daß er mit der DNA-Polymerase III in Wechselwirkung tritt, und als eine Art Prozessivitäts-Faktor wirkt, der der Polymerase hilft, die Replikation über geschädigte DNA-Stellen hinwegzuführen (Abb. 8.**31**). Das Rec A-Protein vermittelt die Reaktion, wohl durch seine Fähigkeit zur Bindung an Einzelstrang-DNA. Geschädigte DNA-Stellen wie Thymin-Dimere können keine korrekte Matrizen-Funktion ausüben. Deshalb kommt es notwendigerweise zu Falscheinbauten, die von der 3'-5'-Exonuclease nicht erfaßt werden.

> Die SOS-Antwort erfolgt als Reaktion der Zelle auf schwere DNA-Schäden:
> – Die Zellteilung wird blockiert, so daß Zeit für DNA-Reparaturen geschaffen wird.
> – Die Komponenten der Exzisions-Reparatur werden vermehrt gebildet.
> – Die Replikations-Synthese verläuft über DNA-Schäden hinweg, allerdings um den Preis einer erhöhten Mutations-Rate.

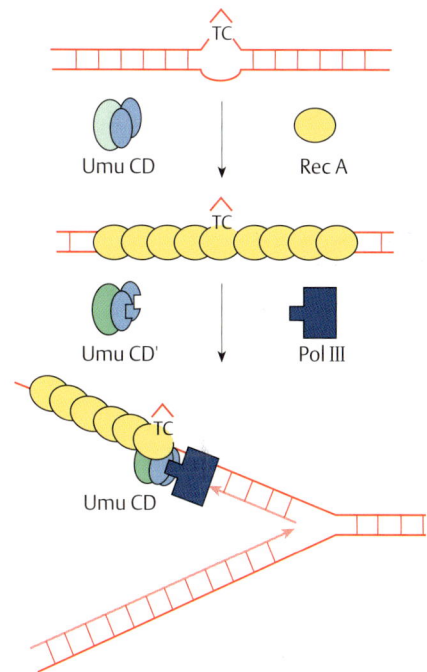

Abb. 8.31 Umu CD-vermittelte Mutagenese. Von oben nach unten: Das Rec A-Protein bindet sich an Einzelstrang-Regionen, die im Zuge der Exzisions-Reparatur entstehen; Rec A vermittelt die Spaltung und Aktivierung des Umu D-Proteins; Umu CD' wirkt als eine Art Prozessivitäts-Faktor für die DNA-Polymerase III und verhilft ihr zur Passage über DNA-Schäden hinweg. Geschädigte DNA-Stellen funktionieren nicht als Matrizen. Deswegen kommt es zu ungeordneten Einbauten in den wachsenden DNA-Strang (*error prone repair*) [nach 8, 18].

Eukaryoten reagieren wie Bakterien auf Beschädigung ihrer DNA mit der Aktivierung genetischer Programme. Inhibitoren der cyclinabhängigen Proteinkinasen werden vermehrt gebildet (S. 187 und 462), mit dem Ergebnis, daß der Zellzyklus angehalten wird. Zahlreiche Gene werden aktiviert, die wohl insgesamt zur Beseitigung von Schäden beitragen. Die Verhältnisse sind komplizierter als bei Bakterien und müssen noch im einzelnen erforscht werden.

Extragenische Suppression von Mutationen

Nucleotid-Austausch-Mutationen können auf dem gleichen Weg, auf dem sie entstanden sind, wieder rückgängig gemacht werden. Wenn etwa der Erstmutation die Transition AT → GC zugrunde liegt, kann jede Maßnahme, die eine hydrolytische Deaminierung von Cytosin bewirkt, die Häufigkeit von GC → AT-Transitionen erhöhen. Experimentatoren leiten eine solche Maßnahme oft durch Behandlung mit dem einfachen Mutagen Hydroxylamin ein (S. 246). Man erkennt am Phänotyp, daß aus der Mutanten- wieder eine Wildtyp-Zelle entstanden ist. Man spricht von **Reversion**.

Auch Leseraster-Mutationen können revertieren, wenn die Addition eines Basenpaares durch Deletion eines benachbarten anderen Basenpaares ausgeglichen wird, und damit das Leseraster in den korrekten Dreiertakt kommt (Abb. 8.**3**).

Reversion von Mutationen sind die Grundlage für einen viel verwendeten Test zum Nachweis von mutationsauslösenden Chemikalien (siehe Box).

In diesem Abschnitt geht es um einen Typ von Reversion, die nicht durch eine Mutation im Gen, sondern durch eine Mutation an einer ganz anderen Stelle im Genom ausgelöst wird *(second site reversions)*. Untersuchungen dieser Art von Reversionen decken oft interessante und überraschende Zusammenhänge auf.

Betrachten wir beispielsweise *Missense*-Mutationen, die oft eine Veränderung der dreidimensionalen Struktur eines Proteins verursachen. Das betroffene Protein kann normale Protein-Protein-Wechselwirkungen nicht mehr eingehen. Aber wenn das Partner-Protein ebenfalls eine passende Veränderung durchgemacht hat, kann eine Wechselwirkung wieder erfolgen, so daß ein Wildtyp-Phänotyp hergestellt wird. Ein Beispiel aus dem Themenkreis des Kap. 6 soll dies illustrieren. Temperatursensitive *dna A*-Mutanten von *E. coli* können bei erhöhter Temperatur die Replikation ihres Genoms nicht einleiten. Eine Zweitmutation an ganz anderer Stelle, nämlich im Gen für eine Untereinheit der RNA-Polymerase, hebt den Effekt der Erstmutation auf. Das Ergebnis zeigt, daß das Dna A-Protein und die RNA-Polymerase bei der Einleitung der Replikation in Wechselwirkung treten können. Vermutlich erleichtert die RNA-Polymerase eine Entwindung der Origin-Sequenz.

Man spricht auch von **Suppression**, denn die Zweitmutation unterdrückt, supprimiert, die Auswirkungen der Erstmutation.

Ein interessanter Aspekt ist die Suppression von Unsinn-Mutationen. Die grundlegende Beobachtung machten Forscher in den Jahren um 1960 bei der Analyse von Mutanten des Bakteriophagen T4: In den Standard-Wirtszellen, *E. coli*-B, konnten sich die Mutanten-Phagen nicht vermehren, aber sie vermehrten sich ohne weiteres in den Wirtszellen *E. coli*-CR. Analysen ergaben, daß die Ursache für den Mutanten-Phänotyp in *E. coli*-B ein Kettenabbruch am Stop-Codon UAG war, und weiter,

Der Ames-Test. Der einfache und preisgünstige Toxizitätstest wurde um 1970 von B. N. Ames eingeführt und seither ständig verbessert. Es wird der Bakterien-Teststamm *Salmonella typhimurium* verwendet. Seine Empfindlichkeit gegenüber mutagenen Chemikalien ist durch das Ausschalten des *uvr B*-Gens und durch die konstitutive Expression eines *umu C*-Gens deutlich gegenüber Wildtyp-Bakterien erhöht. Der Teststamm trägt eine Nucleotid-Austausch-Mutation im Histidin-Operon und bildet deswegen auf Nährböden mit Minimalmedium ohne Histidin keine Kolonien (Abb. 4.**13**), wenn weniger als 10^6 oder 10^7 Bakterien untersucht werden. Erst bei Verwendung von 10^9 oder mehr Bakterien können Kolonien registriert werden, eine Folge von spontanen Rückmutationen (Reversionen) anstelle der Erstmutation. Bei der Untersuchung von Chemikalien muß berücksichtigt

werden, daß viele Verbindungen erst im Leber-Stoffwechsel in wirksame Mutagene überführt werden (S. 248). Deswegen ist eine Vorbehandlung der Chemikalien mit dem sogenannten S9-Extrakt aus Leber-Zellen eine absolut notwendige Voraussetzung für einen sinnvollen Test auf Mutagenität. Dabei gibt man die behandelte Chemikalie auf ein Filterpapier, das auf die Agarplatte gebracht wird. Abb. 8.**32** und Tab. 8.**5** zeigen, daß mutagene Chemikalien (Abb. 8.**22**, S. 248) die Zahl der Revertanten drastisch erhöhen.

Viele Hersteller von Arzneimitteln und anderen Chemikalien benutzen den **Ames-Test** mit vier verschiedenen *Salmonella*-Stämmen als erste Station einer Mutagenitätsprüfung. Dazu kommen noch Untersuchungen an Zellkulturen zur Überprüfung von Chromosomen-Brüchen, gefolgt von Toxizitäts-Testen an Versuchstieren.

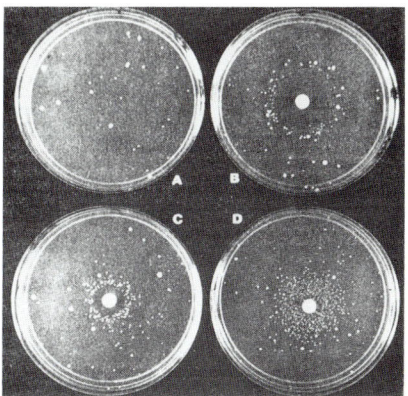

Abb. 8.32 Der Ames-Test. Platte **A**, Kontrolle ohne Chemikalie; **B**, Furylfuramid; **C**, Aflatoxin B; **D**, 2-Aminofluoren.

Tab. 8.5   Mutagene im Ames-Test [aus 1]

Mutagen	mg/Platte	Zahl der Revertanten
Kontrolle	–	160
Aflatoxin B1	0,1	2260
Benzo[a]pyren	5	2358
7,12-Dimethyl-⟨benzo[a]anthracen⟩	20	1458
Ethylmethansulfonat	5000	406
NNG (Abb. 8.**17**)	2	18701

daß dieser Kettenabbruch in *E. coli*-CR nicht erfolgt. Die Untersuchungen wurden von einem Doktoranden namens Bernstein durchgeführt, deswegen die Bezeichnung *amber*-Mutanten (*amber*, engl. Bernstein). Und noch heute bezeichnet man gelegentlich das UAG-Stop-Codon als *amber*-Codon. Mutationen, die eines der beiden anderen Stop-Codons einführen, bezeichnete man dann in halbsystematischer Fortsetzung der einmal gewählten Nomenklatur mit anderen Farbschattierungen von gelb-braun *(ochre)* für das UAA, und *opal* für das UGA-Codon.

Warum kommt es zu der Suppression der *amber*-Mutation in *E. coli* CR? Wir fassen eine lange Forschungsgeschichte kurz zusammen, wenn wir notieren, daß Supressionen von *amber*-, aber auch von *opal*- und *ochre*-Mutationen oft durch tRNA-Moleküle mit veränderten Anticodons zustande kommen. Supressions-Mutationen treffen tRNA-Gene durch Nucleotid-Austausche im Bereich der Sequenzen, die das Anticodon der betreffenden tRNA kodieren. So geht etwa die normale tRNA^Tyr Basen-Paarungen mit dem Codon UAC ein, während sich die tRNA aus einem Suppressor-Stamm an das *amber*-Codon UAG bindet (Abb. 8.**33**).

Viele tRNA-Gene können zu Suppressor-Genen werden (Tab. 8.**6**). Sie behalten ihre Spezifität gegenüber den Aminoacyl-tRNA-Synthetasen (S. 62) und werden mit der zugehörigen Aminosäure beladen. Aber bei der Protein-Synthese liefern sie die Aminosäure nicht am zugehörigen Codon ab, sondern an einem Stop-Codon. Mit anderen Worten, Suppressor-tRNAs übersetzen Unsinn- oder Stop-Codons als Sinn-Codon, so daß an der Stelle von Unsinn-Mutationen keine Kettenabbrüche bei der Protein-Synthese entstehen.

Hier ist es für den Leser wichtig, sich daran zu erinnern, daß alle Zellen mehrere Gene für tRNAs einer gegebenen Spezifität besitzen (S. 56). Dies erklärt, warum Suppressor-Bakterien überhaupt lebensfähig sind.

Anticodon-Schleife der tRNA^Tyr aus su⁻-Zellen

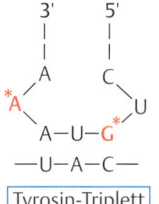

Tyrosin-Triplett

Anticodon-Schleife der tRNA^Tyr aus su₃⁺-Zellen

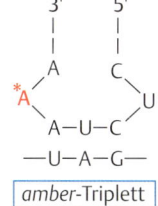

amber-Triplett

Abb. 8.33 Suppressor-Mutation im Gen der tRNA^Tyr. Außerhalb der gezeigten Nucleotid-Sequenzen sind Wildtyp- und Mutanten-tRNA identisch. Die Experimente, die zu dieser Abbildung geführt haben, gelten als Meilenstein in der Geschichte der molekularen Genetik: Sie zeigten zum ersten Mal (1968), daß die untere Schleife in der tRNA das Anticodon trägt [nach 11]. * = modifizierte Basen.

Tab. 8.6   Einige-Suppressor-tRNA-Gene von *E. coli*

Suppressor-Gen	alternative Gen-Bezeichnung	supprimiertes Unsinn-Codon	eingesetzte Aminosäure
sup D	*ser U*	UAG	Serin
sup E	*gln V*	UAG	Glutamin
sup C	*tyr T*	UAA, UAG	Tyrosin
sup G	*lys T*	UAA, UAG	Lysin
sup U	*trp T*	UGA	Tryptophan

Wenn nämlich alle tRNA-Moleküle einer gegebenen Spezifität verändert wären, könnte kein vollständiges Protein mehr gemacht werden.

Das zeigt sich deutlich im Falle des Suppressor-Gens *sup U*, eine Mutation im Gen für die tRNA^{Trp}. Dies ist das einzige Gen für Tryptophan-spezifische tRNA in *E. coli*. In *sup U*-Mutanten ist das normale Anticodon ACC zu ACU verändert. Die Folge ist, daß das normale Tryptophan-Codon nicht mehr translatiert wird. Mit anderen Worten, *sup U*-Mutationen sind letal. Ihre Untersuchung ist nur möglich, wenn durch geeignete genetische Maßnahmen ein zweites und intaktes Gen für die tRNA^{Trp} in die Bakterien-Zelle eingeführt wird.

Suppression durch veränderte tRNA-Sequenzen beschränkt sich nicht nur auf Unsinn-Mutationen, sondern kann auch *Missense*-Mutationen beeinflussen. Zudem muß nicht bei jeder Suppressions-Mutation ein tRNA-Gen betroffen sein, auch Veränderungen der Ribosomen oder andere Teile des Translationsapparates können zur Suppression von Unsinn- oder *Missense*-Mutationen beitragen.

Literatur

Bücher

1. Bernstein, C., Bernstein, H.: Aging, sex and DNA repair. Academic Press, San Diego 1993
2. Friedberg, E. C., Walker, G. C., Siede, W.: DNA Repair and Mutagenesis. ASM Press, Washington, D. C. 1995

Original- und Übersichtsartikel

3. Ames, B. N., McCann, J., Yamasaki, E.: Method for detecting carcinogens and mutagens with Salmonella/mammalian microsome mutagenicity test. Mutation Res. **31** (1975) 347–364
4. Demple, B., Sedgwick, B., Robbins, P., Totty, N., Waterfield, M. D., Lindahl, T.: Active site and complete sequence of the suicidal methyltransferase that counters alkylation mutagenesis. Proc. Nat. Acad. Sci. USA **82** (1985) 2688–2692
5. Demple, B., Harrison, L.: Repair of oxidative damage to DNA: enzymology and biology. Ann. Rev. Biochem. **63** (1994) 915–948
6. Dianov, G., Price, A., Lindahl, T.: Generation of single-nucleotide repair patches following excision of uracil residues from DNA. Mol. Cell. Biol. **12** (1992) 1605–1612
7. DuBridge, R. B., Calos, M. P.: Molecular approaches to the study of gene mutations in human cells. Trends Genet. **3** (1987) 293–297

8. Echols, H., Goodman, M. F.: Fidelity mechanisms in DNA replication. Ann. Rev. Biochem. **60** (1991) 477–511

9. Giannelli, F., Green, P. M., High, K. A., Sommer, D., Lillicrap, D. P., Ludwig, M., Olek, K., Reimtsma, P. H., Goossens, M., Yoshioka, A., Brownlee, G. G.: Haemophilia B: database of point mutations and short deletions (2nd ed.). Nucl. Acids Res. **19** (1991) 2193–2219

10. Grollman, A. P., Moriya, M.: Mutagenesis by 8-oxoguanine: an enemy within. Trends Genet. **9** (1993) 246–249

11. Goodman, H. M., Abelson, J., Landy, A., Brenner, S., Smith, J. D.: Amber suppression: a nucleotide change in the anticodon of a tyrosine transfer RNA. Nature **217** (1968) 1019–1024

12. Hoeijmakers, J. H. J.: Nucleotide excision repair I: from E. coli to yeast. Trends Genet. **9** (1993) 173–177

13. Hoeijmakers, J. H. J.: Nucleotide excision repair II: from yeast to mammals. Trends Genet. **9** (1993) 211–217

14. Lindahl, T., Sedgwick, B., Sekiguchi, M., Nakabeppu, Y.: Regulation and expression of the adaptive response to alkylating agents. Ann. Rev. Biochem. **57** (1988) 133–157

15. Lindahl, T.: Instability and decay of the primary structure of DNA. Nature **362** (1993) 709–715

16. Loeb, L. A.: Apurinic sites as mutagenic intermediates. Cell **40** (1985) 483–484

17. Modrich, P.: Mechanisms and biological effects of mismatch repair. Ann. Rev. Genet. **25** (1991) 229–253

18. Murli, S., Walker, G. C.: SOS mutagenesis. Current Opinion Genet. Develop. **3** (1993) 719–725

19. Morgan, A. R.: Basic mismatches and mutagenesis: how important is tautomerism? Trends in Biochem. Sci. **18** (1993) 160–163

20. Philipps, D. H.: Fifty years of benzo(a)pyrene. Nature **303** (1983) 468–473

21. Schaaper, R. M., Dunn, R. L.: Spontaneous mutation in the Escherichia coli lac I gene. Genetics **129** (1991) 317–329

22. Strauss, B. S.: The "A rule" of mutagenic specificity: a consequence of DNA polymerase bypass of non-instructional lesions? BioEssays **13** (1991) 79–84

23. Tanaka, K., Wood, R. D.: Xeroderma pigmentosum and nucleotide excision repair of DNA. Trends Biochem. Sci. **19** (1994) 83–86

24. Ward, J. F.: DNA damage produced by ionizing radiation in mammalian cells: identities, mechanisms of formation and reparability. Progr. Nucl. Acid Res. Mol. Biol. **35** (1988) 95–125

Teil III Gene und Genome

9. Wie man Gene untersucht

Bis etwa zum Jahre 1975 beschränkten sich die Forschungsarbeiten im Bereich der Molekularen Genetik im wesentlichen auf eine Untersuchung von Bakterien und Bakteriophagen. Mit geschickten Kombinationen von genetischen, biochemischen und molekularbiologischen Verfahren konnten Wissenschaftler wichtige Erkenntnisse über die Struktur und Funktion von Genen gewinnen. Aber nur wenige Molekularbiologen wagten sich damals an eine Erforschung der Gene und Genome von Tieren und Pflanzen. Dies blieb ein weitgehend unerforschtes Land.

Die Schwierigkeiten waren nur teilweise durch experimentelle Probleme im Umgang mit Tier- und Pflanzen-Zellen zu begründen. Sie beruhten vor allem auf der geradezu überwältigenden Größe und Komplexität der Genome höherer Eukaryoten.

Zur Erinnerung: Ein Säugetier-Genom ist mit $3 \cdot 10^9$ Basenpaaren (bp) gut 1000mal größer als das Genom von Bakterien. Die 50 000–100 000 Säugetier-Gene nehmen höchstens 20 % des Raums auf dem langen DNA-Faden ein, dazwischen liegen lange informationsleere Abschnitte mit vielen repetitiven Sequenzen (Abb. 2.**24**, S. 31). Wie läßt sich ein einzelnes Gen in diesem gewaltigen Überschuß an DNA erkennen und untersuchen?

Die seit 1975 zur Verfügung stehenden Methoden werden unter dem Begriff **Gentechnik** zusammengefaßt. Gentechnische Methoden haben die Situation dramatisch verändert. Sie bestimmten nicht nur das hier besprochene Forschungsgebiet, sondern nahmen Einzug in die gesamte biologische Forschung. Heute kommt keine biologische Forschungsrichtung – von der Biophysik bis zur Ökologie – ohne gentechnische Verfahren aus.

Gentechnische Methoden entwickelten sich rasch, weil sie dem großen Erfahrungsschatz entstammen, der im Umgang mit Bakterien und Bakteriophagen erworben wurde. Die Methoden sind im Prinzip einfach, und Leser, die bis zu diesem Punkt des Buches gekommen sind, sollten keine Schwierigkeiten des Verständnisses haben. Aber im Detail sind viele der heute gebräuchlichen gentechnischen Verfahren kompliziert, weil sie aus den einfachen Anfängen immer weiter entwickelt wurden, bis hin zu spezifischen Varianten für eine spezielle experimentelle Aufgabe. Wir beschreiben hier die Grundlagen und dann in späteren Kapiteln einige Anwendungen.

Wir wollen die Ziele formulieren, auf die es bei den hier beschriebenen Methoden ankommt:
- Zerlegen der langen natürlichen DNA-Fäden in definierte Abschnitte (Restriktion).
- Trennung der einzelnen DNA-Abschnitte voneinander (Herstellen einer Genom-Bibliothek).
- Isolierung und Vermehrung eines gesuchten DNA-Abschnittes mit nachfolgender molekularbiologischer Analyse (Bestimmung der DNA-Sequenz; Untersuchung des kodierten Proteins u. a.).

Genom-Bibliotheken

Zerlegen der DNA

Über den ersten Schritt, Zerlegen der natürlichen DNA-Moleküle in definierte Stücke, haben wir schon gesprochen (S. 42). Die notwendigen Werkzeuge sind **Restriktions-Nucleasen** (Tab. 2.7). Die Enzyme erkennen kurze Nucleotid-Sequenzen, an denen sie einen DNA-Strang schneiden. Wir nehmen zwei Beispiele aus der Tab. 2.7 (S. 42):

- Das Enzym Eco RI schneidet eine DNA, gleich welchen Ursprungs, immer an Stellen mit der Nucleotid-Folge GAATTC. Falls solche Sequenzen einigermaßen statistisch verteilt vorkommen, kann eine lange DNA in Stücke von durchschnittlich 4000–5000 Basenpaaren zerlegt werden.
- Das Enzym Alu I trennt DNA an der Tetranucleotid-Folge AGCT. Deswegen werden natürliche DNA-Moleküle in Stücke mit 250–350 Basenpaaren zerlegt.

Das Enzym Eco RI zerlegt also ein Säugetier-Genom oder manche Pflanzen-Genome in $3 \cdot 10^9 / 5 \cdot 10^3 =$ ca. 600 000 verschiedene Stücke. Der angenommene Wert von 5000 Basenpaaren ist ein Mittelwert, und die Länge eines Restriktions-Fragmentes kann erheblich davon abweichen, abhängig von der Verteilung der Eco RI-Schnittstellen im Genom.

Häufigkeit von Schnittstellen

Häufigkeit und Verteilung von Schnittstellen für eine bestimmte Restriktions-Nuclease sind spezifische Kennzeichen eines Genoms. Die Häufigkeit läßt sich einigermaßen abschätzen. Wir denken uns eine DNA, in der alle vier Nucleotide in gleichem Verhältnis vorkommen. Wenn eine Vierer-Nucleotidfolge aus allen vier Basen zusammengesetzt ist, wie etwa AGCT, die Erkennungssequenz für das Enzym Alu I, wird in Abständen von $(1/4)^4$ ein Schnitt erfolgen, d. h. einmal pro 256 Basenpaare. Entsprechend gilt für die Häufigkeit von Hexanucleotiden $(1/4)^6$, also eine Schnittstelle pro 4096 Basenpaare. Aber natürliche DNA-Moleküle und viele Schnittstellen bieten nicht diese einfachen Voraussetzungen, so daß dann die geschätzten Werte nur Anhaltspunkte geben.

Der wichtige Punkt ist hier, daß immer die gleiche Kollektion von DNA-Stücken entsteht, gleichgültig, wann und wo ein gegebenes Genom mit einer gegebenen Restriktions-Nuclease behandelt wird.

Aber diese Kollektion ist ein sehr komplexes Gemisch von Molekülen. Es kommt darauf an, die einzelnen Bestandteile des Gemisches sauber voneinander zu trennen. Dies geschieht mit Hilfe bakteriologischer Verfahren. DNA läßt sich gut in entsprechend vorbehandelte Bakterien übertragen, aber Restriktions-Fragmente würden nach Aufnahme in Bakterien-Zellen schnell abgebaut und verlorengehen. Deswegen müssen die Restriktions-Fragmente in Überträger oder – in der Sprache der Gentechnik – in **Vektoren** eingebaut werden.

Gebräuchliche Vektoren sind Plasmide, Bakteriophagen oder eine Kombination aus beiden. Auf dem Gentechnik-Markt findet man buchstäblich hunderte verschiedener Vektoren, aber hier geht es um eine Einführung in das Gebiet. Deswegen schildern wir die Verhältnisse anhand einiger einfacher Bilder.

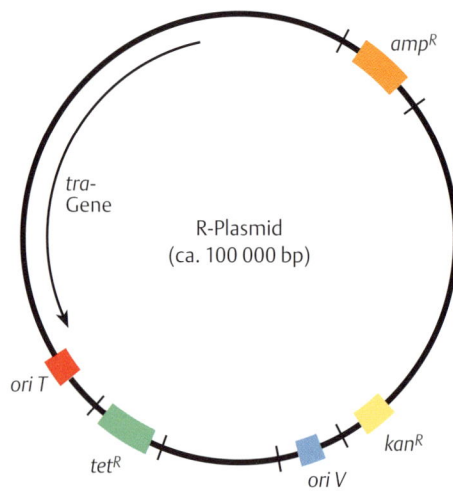

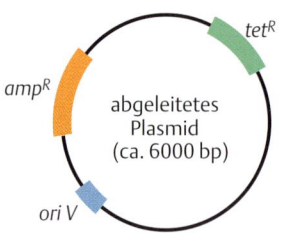

Abb. 9.1 Natürliches R-Plasmid und abgeleitetes Vektor-Plasmid: Größen- und Struktur-Vergleich. amp^R = Ampicillin-Resistenz; kan^R = Kanamycin-Resistenz; tet^R = Tetracyclin-Resistenz, tra = Transfer-Gene.

Plasmide als Vektoren

Plasmid-Vektoren sind Derivate von R-Plasmiden (S. 211). Die Abb. 9.**1** zeigt das Schema eines natürlichen R-Plasmids mit seinen Transfer-Genen, mit einigen Genen, die Resistenz gegen Antibiotika vermitteln (S. 211), mit einem Origin für die Ring-zu-Ring-Replikation (*ori V*) sowie einem zweiten Origin (*ori T*), der die Transfer-Replikation bei der Übertragung des Plasmids von Donor- in Empfänger-Bakterien (S. 94) vermittelt.

Ein Original-R-Plasmid ist für die Gentechnik aus folgenden Gründen ungeeignet:
– Es kommt nur in 1–2 Kopien/Bakterien-Zelle vor.
– Wegen seiner Größe von 100 kb (Kilobasenpaare) zerbricht es leicht bei biochemischen Prozeduren.
– Vor allem: Ein natürliches R-Plasmid kann von einem Bakterium zum nächsten übertragen werden. Genau dies wäre dem angestrebten Ziel einer effizienten Auftrennung von Restriktions-Fragmenten abträglich.

Aus diesen Gründen verwendet man abgeleitete Plasmide (Abb. 9.**1**), die sich nur innerhalb einer Bakterien-Zelle über Ring-zu-Ring-Replikation zu höheren Kopienzahlen vermehren und nicht auf andere Bakterien übertragen werden können.

Ein einfaches und zu Beginn des Gentechnik-Zeitalters viel verwendetes, abgeleitetes Plasmid hat die Bezeichnung **pBR322**: Es trägt den *ori V* und die Gene amp^R und tet^R zur Vermittlung von Antibiotika-Resistenz (Abb. 9.**2**). Wie üblich in der Nomenklatur von Plasmid-Vektoren bezeichnet p den Plasmid-Charakter, BR sind die Initialen der Konstrukteure (hier: F. Bolivar und R. L. Rodrigues, 1977), gefolgt von einer Labor-Nummer, die eine Unterscheidung zwischen ähnlichen, aber nicht identischen Plasmiden ermöglicht.

Restriktions-Fragmente werden in Vektor-DNA eingebaut. Einige Voraussetzungen erleichtern das Verfahren. Wenn möglich, verwendet man die gleiche Restriktions-Nuclease für die Restriktion der fremden DNA und für das Schneiden der Vektor-DNA, und benutzt dazu eine einmal im Vektor vorkommende Schnittstelle. Als Beispiel betrachten wir in der Abb. 9.**3** die Öffnung („Linearisierung") von pBR322 an der Bam HI-Stelle im tet^R-Gen. Zu der linearisierten Vektor-DNA werden die Restriktions-Fragmente der Fremd-DNA gegeben. Beide DNA-Arten werden durch eine Ligase (S. 176) kovalent verknüpft. Es entstehen DNA-Ringe mit Vektor-Anteilen und eingebauten Fremd-DNA-Stücken (Abb. 9.**3**).

Experimentatoren müssen darauf achten, daß möglichst eine Wiedervereinigung der Enden geschnittener Vektor-DNA verhindert und der Einbau von Fremd-DNA gefördert wird. Das gelingt, wenn im Reaktionsgemisch Fremd-DNA im Überschuß gegenüber Vektor-DNA vorliegt, oder besser noch, wenn die Vektor-DNA nach ihrer Linearisierung mit dem Enzym Phosphatase zur Entfernung der 5′-Phosphat-Reste behandelt wird. Das Vorhandensein von 5′-Phosphat-Resten ist eine Voraussetzung für die Wiederverknüpfung durch die Ligase (S. 176).

Nach Durchführung der biochemischen Reaktionen erfolgt die Auftrennung der DNA-Moleküle in Bakterien. *E. coli*-Zellen nehmen, nach Vorbehandlung durch Calcium-Salze oder durch andere geeignete Maßnahmen, DNA auf. Hier muß die Reaktion so geleitet werden, daß eine Bakterien-Zelle möglichst nur ein DNA-Molekül erhält.

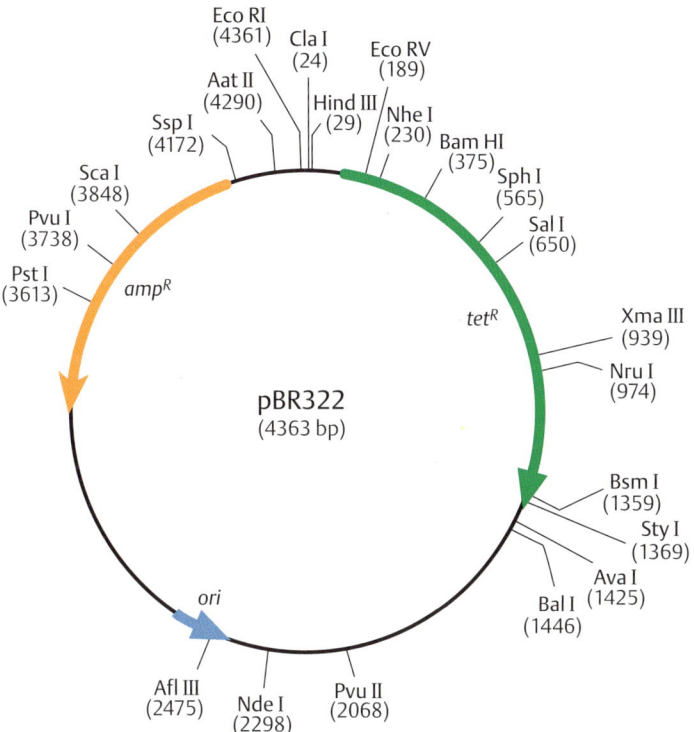

Abb. 9.2 Das Plasmid pBR322. Die Numerierung der 4363 Basenpaare läuft von der Eco RI-Stelle im Uhrzeigersinn. Schnittstellen für einige Restriktions-Nucleasen kommen nur je einmal auf dem Molekül vor. Ihre Positionen sind als Nucleotidnummer in Klammern eingetragen [nach 15].

Experimentell läßt sich dies am besten durch einen Überschuß von Bakterien gegenüber DNA erreichen.

Die Bakterien werden schließlich auf Agarplatten so verteilt, daß sie sich zu getrennten Kolonien entwickeln können. In unserem Beispiel-Experiment (Abb. 9.**3**) enthalten die Agarplatten das Antibiotikum Ampicillin, das alle Bakterien ohne Plasmid tötet und nur die Vermehrung von Kolonien mit aufgenommenem pBR322 erlaubt. Wenn man schließlich noch sicher sein will, daß nur Bakterien mit Plasmid plus eingebauter Fremd-DNA weiter untersucht werden, bietet sich noch ein zusätzliches Selektionsverfahren an: Bakterien mit pBR322 bilden Kolonien auf Platten mit Ampicillin *und* Tetracyclin; Bakterien mit pBR322/ Fremd-DNA bilden nur Kolonien auf Ampicillin-Platten, weil das *tet^R*-Gen durch Einbau der Fremd-DNA zerstört ist.

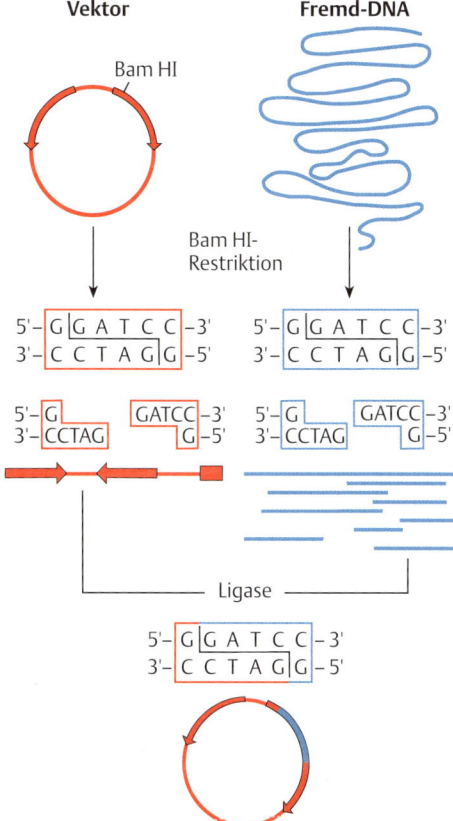

Abb. 9.3 Grundlagen des Klonierens. Vektor- und Fremd-DNA werden mit einer Restriktions-Nuclease geschnitten, vermischt und durch die Ligase wieder zu Ringen vereinigt.

Wir fassen das Ergebnis zusammen: Durch die Verteilung der Bakterien in einzelne unabhängige Kolonien gelingt eine Auftrennung des Gemisches von Restriktions-Fragmenten der Fremd-DNA in die einzelnen Komponenten. Jede Kolonie besteht aus zahlreichen Bakterien, die alle das identische Stück Fremd-DNA in ihrem Vektor-Plasmid tragen. In der Tradition der Biologie bezeichnet man die **genetisch gleichen** Nachkommen einer Elternzelle als Klone. Entsprechend wird das geschilderte Verfahren oft als **Klonieren** und das Restriktions-Fragment in einer Kolonie als **DNA-Klon** bezeichnet. Man sagt auch, ein Stück DNA ist kloniert worden.

Wenn technisch alle Schritte gut gelungen sind, steht dem Molekularbiologen ein in Einzelstücke aufgeteiltes Genom für weitere Untersuchungen zur Verfügung. Man spricht von einer **Genom-Bibliothek**. Wie ein Buch aus einer Bücherei, läßt sich aus der Genom-Bibliothek jedes interessante Genom-Stück herausnehmen und genauer untersuchen. Bakterien lassen sich problemlos in großen Mengen züchten. Damit stehen sozusagen beliebige Mengen eines Fremd-DNA-Stückes für die Untersuchung zur Verfügung. Voraussetzung dafür ist, daß aus den Bakterien die Plasmid-DNA gewonnen und das klonierte DNA-Stück durch Restriktion freigesetzt wird. Allerdings ist das Herausnehmen eines „Buches" aus der Genom-Bibliothek ein Kapitel für sich, das wir uns später ansehen werden.

Das Selektionsverfahren zum Nachweis von eingebauter DNA in pBR322 ist umständlich, deswegen werden heute andere Plasmid-Vektoren bevorzugt. Als Beispiel nennen wir das vielbenutzte Plasmid pUC19, ein Vertreter der Familie von **pUC-Plasmiden** (Abb. 9.4). Wie andere Plasmid-Vektoren enthält pUC19 den *ori V* und zusätzlich ein *amp^R*-Gen sowie zur Aufnahme der Fremd-DNA einen besonders eingefügten DNA-Abschnitt mit vielen Restriktions-Schnittstellen (MCS, *multiple cloning site*). Die MCS-Sequenz liegt innerhalb eines 5′-Abschnitts des *lac Z*-Gens. Dieser Abschnitt kodiert einen aminoterminalen Teil der β-Galactosidase. Um das Selektionssystem gut ausnutzen zu können, müssen passende Bakterienstämme verwendet werden, die auf ihrem Genom den 3′-Abschnitt des *lac Z*-Gens besitzen und deswegen den carboxyterminalen Teil der β-Galactosidase kodieren. Bakterien mit pUC19 sind Ampicillin-resistent und besitzen überdies eine funktionsfähige β-Galactosidase, die sich aus dem Plasmid-kodierten Anteil und dem Genom-kodierten Anteil zusammensetzt. Diese Bakterien bilden in Gegenwart des Farbstoffes X-Gal blaue Kolonien (S. 114). Der Einbau der Fremd-DNA in MCS zerstört das Leseraster des *lac Z*-Gens. Die betreffenden Bakterien-Kolonien bleiben in Gegenwart von X-Gal farblos. Oder anders gesagt, Kolonien auf Ampicillin-Agar mit X-Gal sind blau, wenn sie pUC19, und weiß, wenn sie pUC16/Fremd-DNA enthalten. Diese **Blau-Weiß-Selektion** liegt vielen gentechnischen Verfahren zugrunde.

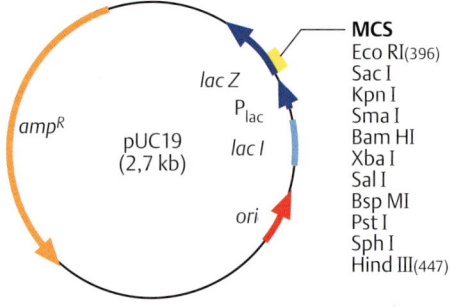

MCS
Eco RI(396)
Sac I
Kpn I
Sma I
Bam HI
Xba I
Sal I
Bsp MI
Pst I
Sph I
Hind III(447)

MCS-Sequenz

396	410	420		440	450
•	•	•	Hinc II	•	•
			Sal I		
Eco RI	Kpn I	Bam HI	Acc I	Pst I	Hind III

GAATTCGAGCTCGGTACCCGGGGATCCTCTAGAGTCGACCTGCAGGCATGCAAGCTTGG

Sac I   Xma I   Xba I   Bsp MI   Sph I
         Sma I

Abb. 9.4 Ein Vektor für Blau-Weiß-Selektion, pUC19. Die Gene sind im Text beschrieben. MCS *(multiple cloning site)* ist ein DNA-Abschnitt im *lac Z*-Gen mit mehreren Schnittstellen für Restriktions-Nucleasen. Die MCS-Sequenz ist unten genauer dargestellt [nach 11].

Lambda-DNA als Vektor

Klonierung in Plasmiden ist technisch einfach, hat aber den Nachteil, daß nur relativ kurze DNA-Stücke (bis zu einigen tausend Basenpaaren) eingebaut werden können. Eingebaute längere DNA-Stücke schränken die Plasmid-Vermehrung in Bakterien ein. Funktionell zusammengehörende Genom-Abschnitte werden deswegen beim Klonieren in Plasmiden auseinandergerissen, was für eine Erforschung von Genen oft sehr störend ist. Viele Molekularbiologen bevorzugen daher Vektoren, die den Einbau von längeren Stücken Fremd-DNA ermöglichen.

Ein einfaches und populäres System ist der Bakteriophage Lambda. Wie wir früher besprochen haben (S. 126), ist ein beträchtlicher Teil des Lambda-Genoms für einen lytischen Infektionszyklus entbehrlich: die *b2*-Region, das Integrations-System mit den Genen *xis* und *int* sowie *red*, die Gene für viruseigene Rekombinations-Enzyme (Abb. 4.**51**, S. 125 und Abb. 9.**5**). Dieser Teil ist ersetzbar durch Fremd-DNA. Allerdings enthält die natürliche Lambda-DNA keine geeigneten Restriktionsstellen, die eine einfache Entfernung des entbehrlichen Abschnittes ermöglichen. Deswegen ist eine lange Reihe von Lambda-Derivaten entwickelt worden, von denen wir nur den Vektor **EMBL3** in der Abb. 9.**5** zeigen. Bei EMBL3 ist eine innere Region des Phagen-Genoms durch eine quasi beliebige DNA ersetzt und beiderseits eingerahmt durch günstige Schnittstellen für Restriktions-Nucleasen.

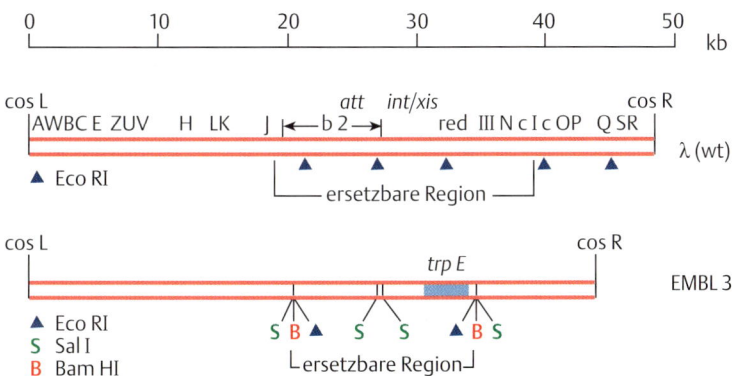

Abb. 9.5 Lambda-DNA als Vektor. oben Die linearisierte Genkarte des Wildtyp-Lambda-Genoms mit den überstehenden cos-Enden (S. 125). Die für einen lytischen Infektionsweg entbehrliche Region ist angegeben. **unten** Ein abgeleitetes Lambda-Genom: Die ersetzbare Region ist beiderseits von Restriktionsstellen eingerahmt.

Das experimentelle Vorgehen schließt ein (Abb. 9.**6**):
- Die zu untersuchende DNA wird nur unvollständig mit Restriktions-Nucleasen behandelt, so daß längere Genom-Abschnitte erhalten bleiben.
- Die „Arme" des Lambda-Vektors werden isoliert und mit der zerschnittenen DNA in einem Reaktionsgefäß zusammengebracht und durch Ligase zu langen DNA-Concatemeren (S. 134) verknüpft.
- Die concatemere DNA wird *in vitro* in Phagen-Partikel eingebaut. Hier erinnern wir daran, daß der Zusammenbau der Phagen-Struktur aus den Einzelkomponenten im Reagenzglasversuch möglich ist, sofern die angebotene DNA in concatemerer Form vorliegt und die cos-Stellen der DNA-Enden enthält (S. 135).

In Lambda-Vektoren können DNA-Fragmente von 10–20 kb eingebaut werden. Ihre Trennung erfolgt durch das Verfahren der Plaque-Bildung auf Bakterienrasen (S. 86). Ein Plaque enthält über eine Million identischer Phagen („Phagen-Klone"), die sich dann ohne weiteres zu noch größeren Mengen vermehren lassen, so daß eine molekularbiologische Untersuchung der eingebauten Fremd-DNA möglich wird.

Abb. 9.6   Klonieren in Lambda-Vektoren.
1. Fremd-DNA wird durch vorsichtigen („partiellen")
   Angriff von Restriktions-Nucleasen in Stücke von
   10 000–20 000 Basenpaare zerlegt.
2. Die Arme der Lambda-Vektor-DNA werden präpariert, mit den Fremd-DNA-Stücken in einem
   Reaktionsgefäß vereinigt und durch Ligase zu
   langen End-zu-End-verbundenen Concatemeren
   verknüpft.
3. Die DNA wird in Phagen-Partikel verpackt (Abb.
   4.**61**, S.135). 4. Phagen werden auf Agarplatten
   mit dichten Bakterienrasen verteilt: Wo ursprünglich ein Phagen-Partikel einen Infektionsprozeß begonnen hat, bildet sich ein Plaque im
   Bakterienrasen (Abb.4.**6**, S.86). Die Zahlen deuten an, daß wir hier auf das 9527., 9528. usw.
   Fragment von etwa einer Million Fragmente blik-
   ken. Mit dem Trick der Plaque-Bildung läßt sich
   jedes der vielen Fragmente eindeutig von den
   anderen trennen.

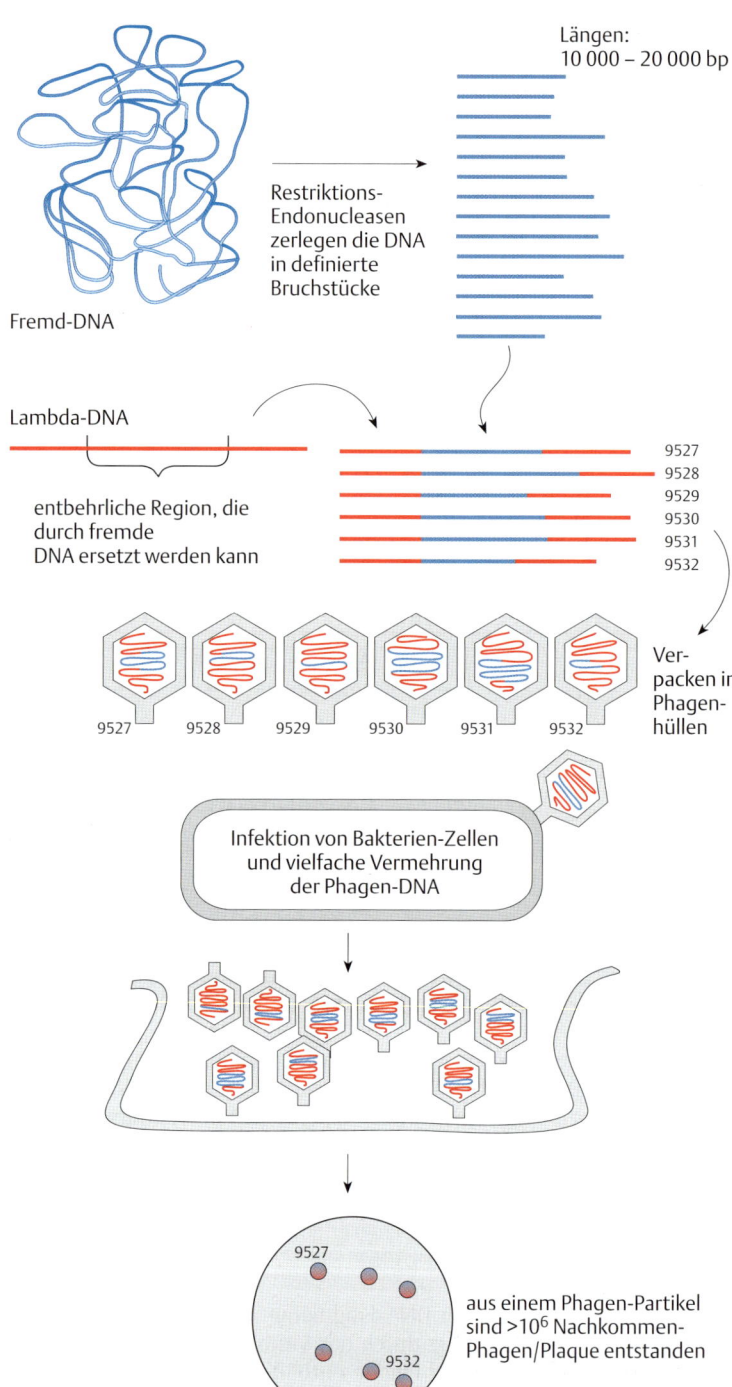

Fremd-DNA

Längen:
10 000 – 20 000 bp

Restriktions-
Endonucleasen
zerlegen die DNA
in definierte
Bruchstücke

Lambda-DNA

entbehrliche Region, die
durch fremde
DNA ersetzt werden kann

9527
9528
9529
9530
9531
9532

Ver-
packen in
Phagen-
hüllen

9527   9528   9529   9530   9531   9532

Infektion von Bakterien-Zellen
und vielfache Vermehrung
der Phagen-DNA

9527

9532

aus einem Phagen-Partikel
sind >10^6 Nachkommen-
Phagen/Plaque entstanden

Cosmide als Vektoren

Cosmide vereinigen die Vorteile der Plasmid-Klonierung (einfache technische Handhabung) mit den Vorteilen der Lambda-Vektoren (Einbau langer DNA-Stücke).

Das Verfahren beginnt mit der Verwendung von Plasmiden, die außer einem *amp*^{R}-Gen die **Cos-Elemente** der Lambda-DNA-Enden enthalten. In geschnittene Cos-Plasmide können Fremd-DNA-Stücke mit Längen von 40 und 50 kb eingebaut werden. Die concatemere Cosmid-DNA wird in Phagen-Strukturen verpackt und für eine Infektion verwendet. Die Empfänger-Bakterien erwerben die Fähigkeit zur Koloniebildung auf Agarplatten mit Ampicillin (Abb. 9.**7**).

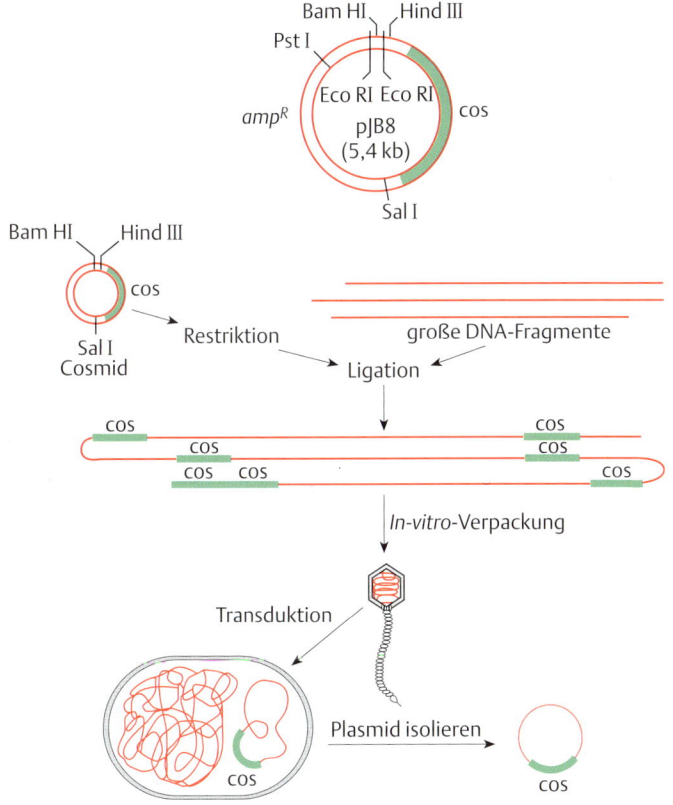

Abb. 9.7 Cosmide als Vektoren. Der Ausgang ist ein Plasmid, hier pJB8, das die Cos-Sequenzen von Lambda enthält. Das Plasmid wird linearisiert und mit Fremd-DNA zu langen Concatemeren verknüpft. Daran schließt sich die Verpackung in Phagen-Partikel und die Infektion von Bakterien an. Cosmide verhalten sich wie Plasmide, und Cosmid-haltige Bakterien sind resistent gegen Ampicillin [nach 8, 9].

Künstliche Hefe-Chromosomen

Bei den gegenwärtigen Bemühungen um die Aufklärung der Genom-Struktur des Menschen (Kap. 15, S. 420) sind Klonierungs-Systeme wichtig, die sehr lange DNA-Abschnitte aufnehmen können. Dabei werden häufig künstliche Hefe-Chromosomen verwendet, sogenannte **YAC-Vektoren** *(yeast artificial chromosomes)*. Die Entwicklung dieses Systems ging von der Einsicht aus, daß ein Chromosom vermehrt und im Zuge von mitotischen Teilungen auf Nachkommen-Zellen weitergegeben wird, wenn es mindestens drei Elemente enthält: einen Replikations-Startpunkt (ARS; S. 191), ein Centromer (S. 149) und Telomere an den Enden (S. 192).

Entsprechend wurden Plasmide entwickelt, die diese drei essentiellen Chromosomen-Abschnitte mit zusätzlichen Selektionsmarkern enthalten (Abb. 9.**8**). Linearisierte Plasmide dieser Art werden mit Fremdgenom-Abschnitten von bis zu 1 Million Basenpaaren verknüpft und in Hefe-Zellen übertragen. Das künstliche Chromosom verhält sich bei Zellteilungen wie ein eigenes Chromosom. Hefe-Zellkolonien mit künstlichen Chromosomen werden über spezifische Selektionsverfahren von Hefe-Zellkolonien ohne künstliche Chromosomen getrennt. Klonieren mit künstlichen Hefe-Chromosomen erfordert viel Geschick und Erfahrung und wird deswegen in speziell ausgerichteten Laboratorien durchgeführt.

Abb. 9.8 YAC-Vektoren (YAC, *yeast artificial chromosomes*). Der Vektor trägt in Plasmid-Form wichtige Elemente von Hefe-Chromosomen: ARS (Origin), CEN (Centromer) und TEL (Telomer). Zur Aufnahme der Fremd-DNA wird der Vektor zweimal geschnitten: Eco RI öffnet die Stelle zum Einbau von Fremd-DNA; Bam HI setzt die Telomer-Enden frei. Die Fremd-DNA wird nur sehr vorsichtig mit Eco RI geschnitten, so daß DNA-Fragmente aus mehreren 100 000 Basenpaaren entstehen. YAC-Klone werden hauptsächlich bei der Erforschung des Human-Genoms eingesetzt (S. 439). Der Vergleich in der Tab. 9.**1** zeigt die Vorteile: Das gesamte Genom kann durch einige tausend YAC-Klone repräsentiert werden. Wie besprochen (Kasten, S. 271), müssen aus statistischen Gründen die Genom-Bibliotheken größer sein, als die rein rechnerische Aufteilung der Fremd-DNA der Tabelle [nach 5].

Tab. 9.1   Genom-Bibliotheken

Vektor	Insert	Zahl der Klone mit insgesamt $3 \cdot 10^9$ bp (entsprechend dem Human-Genom)
Phagen	$1{-}2 \cdot 10^4$	ca. 150 000
Cosmide	$4{-}5 \cdot 10^4$	ca. 50 000
YAC	bis zu 10^6	ca. 3000

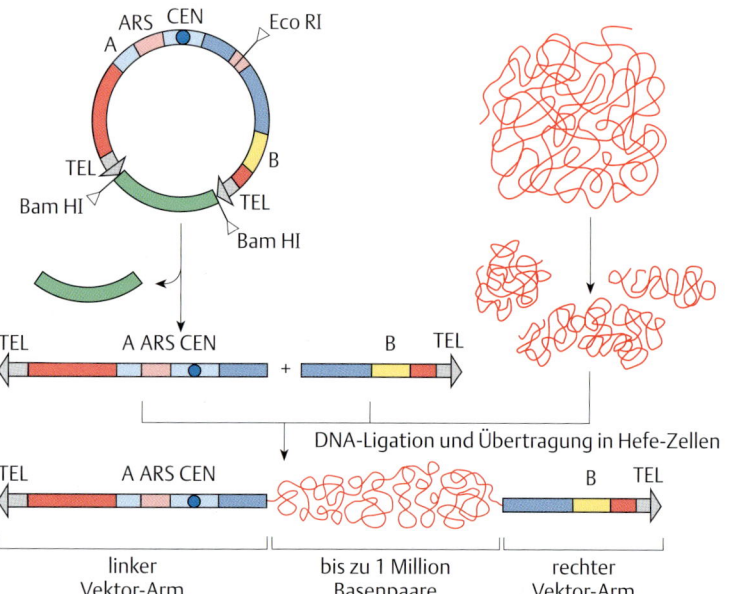

ARS CEN   Eco RI
A
TEL   B
Bam HI   TEL
              Bam HI

TEL   A ARS CEN   B TEL   +

DNA-Ligation und Übertragung in Hefe-Zellen

TEL   A ARS CEN   B TEL

linker Vektor-Arm   bis zu 1 Million Basenpaare   rechter Vektor-Arm

Ein Ziel der Herstellung einer Genom-Bibliothek ist, das Gemisch von Restriktions-Fragmenten in Einzelbestandteile zu zerlegen. Ein anderes Ziel ist die sinnvolle Nutzung der Bibliothek, also der Zugriff oder die Auswahl des interessanten DNA-Klons. In vielen Fällen erfolgt dies über cDNA-Sequenzen.

cDNA-Bibliotheken

Eine typische Säugetier-Zelle enthält 10 000–30 000 mRNA-Arten, von denen viele selten sind und in zehn oder weniger Kopien/Zelle vorkommen. Eine genaue Untersuchung ihrer Art und Menge ist für Genetiker wichtig, weil sie Aufschluß über den interessantesten Teil des Genoms gibt, nämlich über den Teil, der Gene trägt und aktiv transkribiert wird. Aber jeder Versuch einer direkten biochemischen Analyse solcher mRNA-Arten wäre von vornherein aussichtslos. Hier sind gentechnische Verfahren die einzig mögliche Lösung.

Genom-Bibliotheken

Wenn Molekulargenetiker über die Vor- und Nachteile einer gegebenen Genom-Bibliothek reden, kommen früher oder später zwei Fragen zur Sprache:
– Ist die Bibiothek vollständig?
– Ist sie überlappend?

Vollständigkeit ist ein statistisches Problem und kann mit folgender Beziehung geschätzt werden :

$$N = \frac{\ln(1-P)}{\ln(1-f)}$$

P = Wahrscheinlichkeit, mit der ein gegebenes Stück DNA (ein Gen) in der Bibliothek vorkommt
f = Verhältnis der durchschnittlichen Größe der eingebauten DNA zur Größe des Gesamt-Genoms
N = Zahl der Plasmid- oder Phagen-Klone

Wenn eine Wahrscheinlichkeit von 0,99 gewünscht ist, muß eine Lambda-Bibliothek (durchschnittliche Größe der eingebauten DNA: $2 \cdot 10^4$ bp) des Human-Genoms ($3 \cdot 10^9$ bp) demnach etwa 700 000 Klone enthalten.

    Warum sollte die Genom-Bibliothek überlappend sein? Das ermöglicht oder erleichtert die Analyse zusammenhängender Genomabschnitte. Beachte, daß viele Gene in Eukaryoten-Genomen weit mehr als $2 \cdot 10^4$ bp umfassen und deswegen nicht auf einem Stück klonierter DNA vorkommen können. Aber wenn ein Ende eines DNA-Stücks sich am Beginn eines anderen wiederfindet, kann man durch Aneinanderreihen einen kontinuierlichen Abschnitt des Genoms zusammenfügen, wie in der Skizze verdeutlicht.

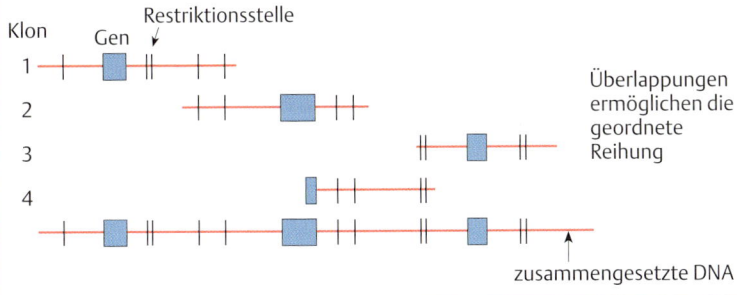

Klon
Gen   Restriktionsstelle
1
2   Überlappungen ermöglichen die geordnete Reihung
3
4

zusammengesetzte DNA

Das wesentliche dieser Verfahren kann in zwei Aussagen zusammengefaßt werden:
1. die RNA-Sequenzen werden in DNA-Sequenzen übergeführt, mit Hilfe des Enzyms reverse Transkriptase (S. 218). So wird von einer RNA eine DNA-Kopie gemacht: **copy-DNA oder kurz: cDNA**.
2. DNAs können dann, wie andere DNA-Stücke, in Plasmid- oder Lambda-Vektoren eingebaut und kloniert werden. Damit wird eine Trennung des sonst unauflösbaren Gemisches von mRNA erreicht. Man hat die Möglichkeit zur Produktion quasi beliebig großer Mengen von interessanten Sequenzen.

Die wichtigsten Schritte bei der Herstellung der cDNA sind in der Abb. 9.**9** gezeigt:

– Die meisten eukaryotischen mRNAs tragen eine Folge von Adenin-Resten am 3′-Ende [poly(A)-Ende; S.403]. An dieses Ende wird ein komplementäres Oligonucleotid aus Deoxythymidin-Nucleotiden gebunden. Dieses Oligo(dT) dient als Primer für die reverse Transkriptase, die aus Deoxynucleosid-Triphosphaten die sogenannte **Erststrang-Synthese** durchführt.

– Die Synthese des komplementären DNA-Stranges, die **Zweitstrang-Synthese**, kann über mehrere Verfahren erfolgen. Ein heute gebräuchliches Verfahren bedient sich der Spezifität des Enzyms **RNase H**, das den RNA-Anteil in einem RNA-DNA-Hybrid-Molekül angreift. Die Reaktion wird unterbrochen, bevor der gesamte RNA-Strang abgebaut ist. Die Reihe kurzer RNA-Stücke am Matrizen-Strang bildet eine Struktur, die ein gutes Substrat für die DNA-Polymerase I aus *E. coli* ist (S.166): Die 3′-OH-Enden dienen als Primer für die Synthese, während gleichzeitig die RNA mit Hilfe der 5′-3′-Exonuclease entfernt wird (in entfernter Analogie zum Prozeß der *Nick Translation*; siehe Abb. 6.**6**).

Abb. 9.9 Herstellung von cDNA. Der wichtigste Teilschritt ist die Erststrang-Synthese durch die reverse Transkriptase. Für alle weiteren Schritte stehen alternative Methoden zur Verfügung. Hier wird als Beispiel die Methode von U. Gubler und B. J. Hofman (1983) gezeigt [nach 7].

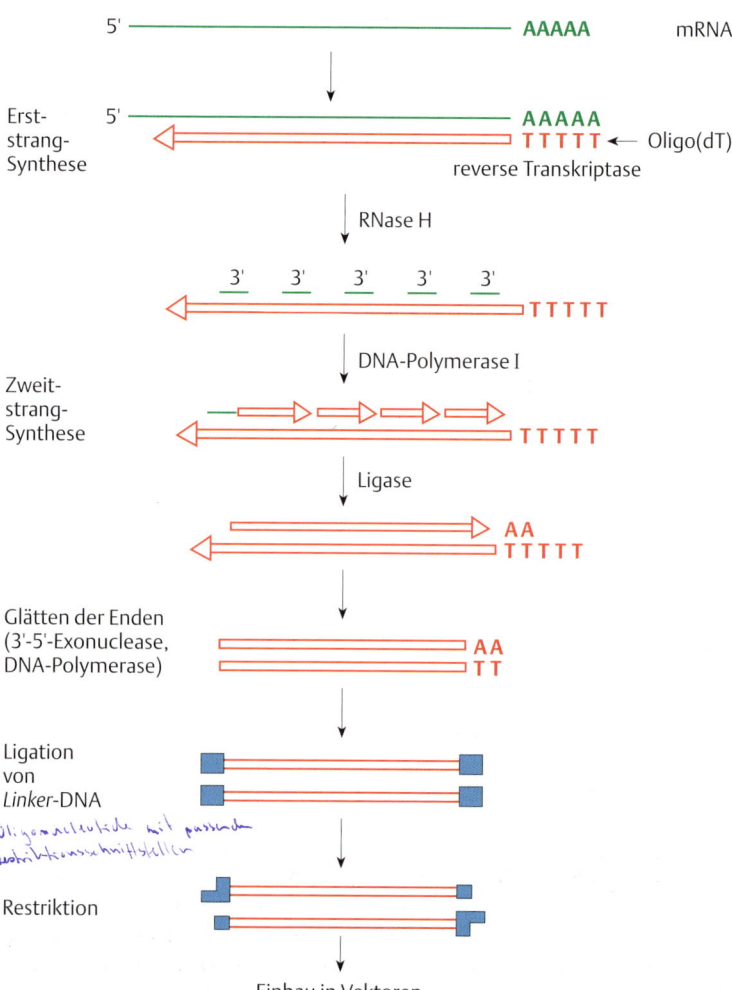

- Die hintereinanderliegenden DNA-Stücke können dann durch die Ligase verknüpft werden. Im wesentlichen ist damit die cDNA-Synthese abgeschlossen. Beachte, daß bei diesem Verfahren notwendigerweise das extreme 5′-Ende der mRNA nicht in der cDNA auftaucht. Um das 5′-Ende zu erhalten, müssen besondere Methoden angewendet werden, die wir hier aber übergehen.

- Der letzte Schritt ist die Vorbereitung der cDNA für den Einbau in Vektoren. Zunächst werden die überstehenden Einzelstrang-Bereiche durch geeignete Nucleasen getrennt. Dabei greift man oft auf die 3′-5′-Exonuclease von DNA-Polymerasen zurück. Dann geht es um die Anpassung an die Enden im Vektor. Man benutzt dazu kurze synthetische DNA-Stücke (Oligonucleotide) als Verbindung, sogenannte **Linker**, die durch Ligase an die Enden der cDNA geheftet werden. Die Linker-DNAs werden so ausgewählt, daß sie geeignete Schnittstellen für Restriktions-Nucleasen tragen und kompatibel mit den Enden der Vektor-DNA sind.

Alle übrigen Klonierschritte entsprechen der Herstellung von Genom-Bibliotheken. Viele der Anfang der achtziger Jahre hergestellten cDNAs wurden in das Plasmid pBR322 (S. 265) eingebaut.

Heute benutzt man oft Lambda-Vektoren. Der EMBL3-Vektor ist allerdings ungeeignet, weil cDNAs normalerweise nicht länger als einige tausend Basenpaare sind und EMBL3 gerade für die Aufnahme von DNA mit 10 000–20 000 Basenpaaren konstruiert wurde. Ein gebräuchlicher Lambda-Vektor für cDNA ist **Lambda gt11** (Abb. 9.**10**). Hier erfolgt der Einbau der cDNA in den Anfang des *lac* Z-Gens. Das ermöglicht eine Blau-Weiß-Selektion von cDNA-Klonen.

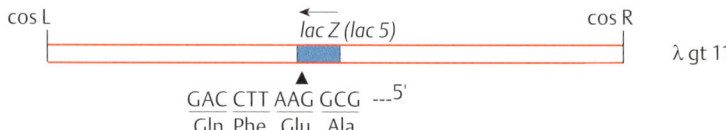

Abb. 9.10 Lambda-gt11 (λ-gt11) als Vektor für cDNA-Klonierung. Im offenen Leseraster des *lac* Z-Gens liegt eine Eco RI-Schnittstelle (Dreieck: 3′-CTTAAG-5′). Wenn die eingebaute cDNA in das richtige Leseraster gelangt, kann die cDNA-Sequenz als Fusions-Protein exprimiert werden. Der Pfeil zeigt die Richtung der Transkription.

Ein zweiter und experimentell wichtiger Vorteil ist, daß die cDNA-Sequenz in das Leseraster des *lac* Z-Gens gelangen kann. Bakterien exprimieren dann ein Fusions-Protein mit β-Galactosidase-Sequenzen im aminoterminalen Bereich und cDNA-kodierten Aminosäure-Sequenzen im carboxyterminalen Bereich.

Es ist ein Ziel vieler Forscher, nicht einfach die cDNA zu klonieren, sondern ihr offenes Leseraster in Bakterien zur Expression zu bringen. Um dieses Ziel ohne große Umstände zu erreichen, stehen zahlreiche verschiedene Plasmide als **Expressions-Vektoren** zur Verfügung. Jeder Vektor ist den experimentellen Bedürfnissen angepaßt.

Aus der großen Zahl der angebotenen Expressions-Vektoren geben wir nur ein Beispiel in der Abb. 9.**11**. Das gezeigte Plasmid besitzt die üblichen Vektor-Elemente, nämlich einen Origin und ein *amp^R*-Gen, aber zusätzlich noch ein *lac* I-Gen sowie einen starken Promotor unter der Kontrolle des *lac*-Operators (S. 114) und eine optimale Ribosomen-

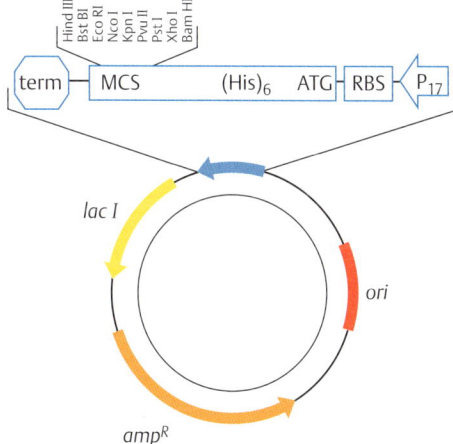

Abb. 9.11 Ein Plasmid-Expressions-Vektor. Bei ATG (dem universellen Startcodon) beginnt das offene Leseraster und setzt sich mit einer Reihe von Histidin-Codons (His) bis zur multiplen Klonierungsstelle (MCS) fort.
P_{17} = Promotor
RBS = Ribosomen-Bindestelle
term = Termination
Unser Beispiel ist das Plasmid pRSET (angeboten von der Firma Invitrogen, San Diego, USA). Vereinfachte Darstellung.

Bindestelle (Shine-Dalgarno-Sequenz, S. 69). Daran schließt sich ein kurzes offenes Leseraster mit mehreren Histidin-Codons und einer multiplen Klonierungsstelle für den Einbau der cDNA in das richtige Leseraster an.

In Bakterien ist dieser Expressions-Vektor stumm, wenn der Lac-Repressor die Transkription der eingebauten cDNA verhindert. Durch Zusatz des Induktors IPTG (S. 111) kann die Transkription auf einfache Weise freigegeben werden. Die Bakterien produzieren dann oft große Mengen des cDNA-kodierten Proteins. Das Protein ist allerdings häufiger als gewünscht unlöslich und fällt schon in den Bakterien als Präzipitat aus. Fachleute sprechen von *„inclusion bodies"*.

Die Histidin-Reste am aminoterminalen Ende des bakteriell exprimierten Eukaryoten-Proteins dienen zur Reinigung, denn Proteine mit engen Folgen von Histidin binden Nickel-Salze und können durch Säulen mit Nickel-spezifischen Chelatbildnern von den vielen anderen Proteinen des Bakterien-Extraktes getrennt werden.

Das gereinigte Protein kann zu Struktur- und Funktions-Untersuchungen benutzt werden oder als Antigen zur Erzeugung von Antikörpern in Kaninchen, Mäusen oder Hühnern dienen. Wie wir gleich sehen werden, sind spezifische Antikörper wichtige Werkzeuge gentechnischer Arbeit.

Benutzung der Bibliotheken

Zweck des Klonierungs-Verfahrens ist die Auftrennung eines komplexen Gemisches von Nucleinsäure-Fragmenten in die einzelnen Bestandteile: Man erhält jeweils ein Fragment pro Bakterien- oder Bakteriophagen-Klon.

Für manche Forscher ist mit der Herstellung von Bibliotheken schon der Zweck erfüllt. Im Falle einer **cDNA-Bibliothek** werden dann die Sequenzen der cDNAs Klon für Klon bestimmt. Das erlaubt Einblicke in die Gen-Aktivität einer Zell- oder einer Gewebsart, denn die Art und Menge von cDNAs in einer Bibliothek spiegelt genau das Spektrum der mRNAs wieder.

Aber viele Forscher sind an einem speziellen proteinkodierenden Gen interessiert. Ihr Ziel ist es, dieses Gen aus der Bibliothek zu isolieren und genau zu untersuchen (Abb. 9.**12** u. 9.**13**). Fast immer ist dazu erhebliche Vorarbeit zu leisten.

Wir nennen nur zwei häufig verwendete Verfahren:
1. Die Herstellung von Antikörpern gegen ein gereinigtes Protein (Abb. 9.**12**).
2. Die Bestimmung von kurzen Aminosäure-Sequenzabschnitten. In günstigen Fällen genügt eine einwandfreie Darstellung des Proteins in der Polyacrylamid-Gel-Elektrophorese, gefolgt von einer Mikro-Sequenzierung einiger kurzer proteolytischer Spaltprodukte.

Mit Hilfe der Codewort-Tabelle der Abb. 3.**36** (S. 76) kann die Aminosäure-Sequenz in eine Nucleinsäure-Sequenz umgeschrieben werden. Das entsprechende Oligonucleotid wird dann mit chemischen Verfahren synthetisiert. Da der genetische Code redundant ist, treten fast immer Zwei- oder Mehrdeutigkeiten auf, denen man durch Synthese möglichst vieler Oligonucleotide begegnet.

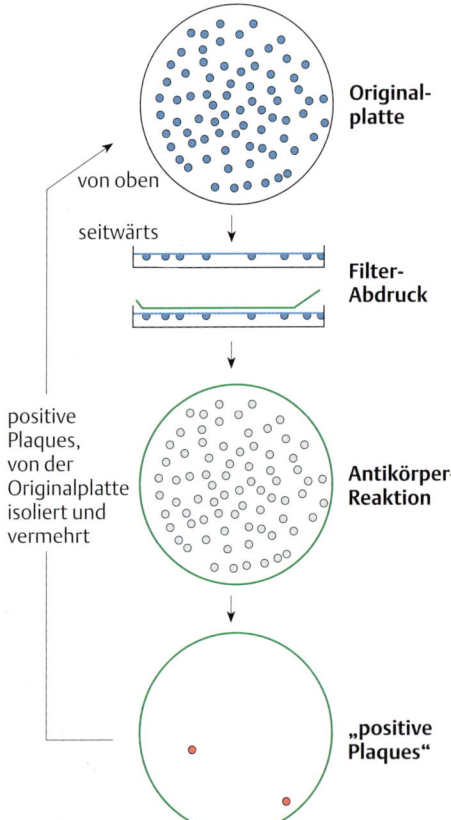

Originalplatte

von oben

seitwärts

Filter-Abdruck

positive Plaques, von der Originalplatte isoliert und vermehrt

Antikörper-Reaktion

„positive Plaques"

Abb. 9.12 Screening einer cDNA-Expressions-Bibliothek mit spezifischen Antikörpern. Originalplatte: Eine Lambda-gt11-Bibliothek wird auf einem *E. coli*-Rasen „plattiert". Es bilden sich viele Plaques. Filterabdruck: Ein Nitrocellulose-Filter wird auf die Originalplatte gelegt, so daß ein Stempelabdruck des Plaque-Musters entsteht. Antikörper-Reaktion: Das Filter wird mit Antikörpern behandelt. Es reagieren nur Plaques, in denen das passende Protein exprimiert wird. Positive Plaques werden durch immunologische Methoden kenntlich gemacht.

Spezifische Antikörper und DNA-Oligomere sind **Sonden *(probes)***, mit denen man cDNA-Bibliotheken durchsucht *(screening)*. Beide Verfahren setzt man prinzipiell ähnlich ein.

In jedem Fall wird zuerst ein Abdruck einer Original-Agarplatte mit Bakterien-Kolonien oder mit Bakteriophagen-Plaques auf einen Nitrocellulose-Filter hergestellt. Das Filter übernimmt – wie beim Stempeln – das Originalmuster von Kolonien oder Plaques. Am Filter werden die notwendigen Analysen durchgeführt, also entweder eine Reaktion des gebundenen Proteins mit Antikörpern (Abb. 9.**12**) oder eine Hybridisierung der gebundenen DNA mit markierten DNA-Oligonucleotid-Sonden (Abb. 9.**13**). Reaktionen treten nur im Bereich positiver Kolonien oder positiver Plaques auf. Deswegen entspricht die Position auf dem Filter der Position auf der Originalplatte, wo dann die wenigen positiven unter den vielen hundert oder tausend negativen Klonen identifiziert werden können.

Positive Kolonien oder positive Plaques werden isoliert und mit den Methoden der Mikrobiologie vermehrt :
– Bakterien-Kolonien werden in Nährmedium aufgelöst und bis zu hohen Bakterien-Dichten kultiviert (S. 85), bevor der Plasmid- oder Cosmid-DNA-Klon präpariert wird.
– Bakteriophagen-Klone werden zur Infektion großer Bakterien-Mengen verwendet, bis ausreichend Lambda-DNA für weitere Untersuchungen vorhanden ist.

Zu solchen weiteren Untersuchungen gehört oft die Isolierung des Gens. Dazu verwendet man die zuvor isolierte cDNA als Sonde zum Durchsuchen der entsprechenden **Genom-Bibliothek**. Das Verfahren entspricht dem Oligonucleotid-Screening der Abb. 9.**13**.

Am Ende liegt dann das isolierte Gen vor. Ergebnisse solcher Bemühungen füllen die nächsten Kapitel dieses Buches und ungezählte Seiten in den Fachzeitschriften der Genetik, Molekularbiologie, Biochemie, Zellbiologie, Tier- und Pflanzenphysiologie.

Aber cDNAs und Gene geben ihre Information nur preis, wenn sich Forscher die Mühe einer Sequenz-Bestimmung machen. Deswegen wäre unser Überblick über die methodischen Grundlagen der Genetik unvollständig ohne eine kurze Beschreibung der gebräuchlichsten Sequenzier-Methode.

Sequenzen

Molekularbiologen verwenden zwei Verfahren zur Bestimmung von DNA-Sequenzen, die chemische Methode von A. M. Maxam und W. Gilbert (1977) und die biochemische Dideoxy- oder Kettenabbruch-Methode von F. Sanger (1977).

Obwohl die Kettenabbruch-Methode umständlich ist, wird sie von den meisten Experimentatoren, wegen ihrer Verläßlichkeit und Genauigkeit, bevorzugt. Mit Hilfe des Verfahrens wurden mehr als 95 % der vielen DNA-Sequenzen gewonnen, die in den internationalen Datenbanken gespeichert sind.

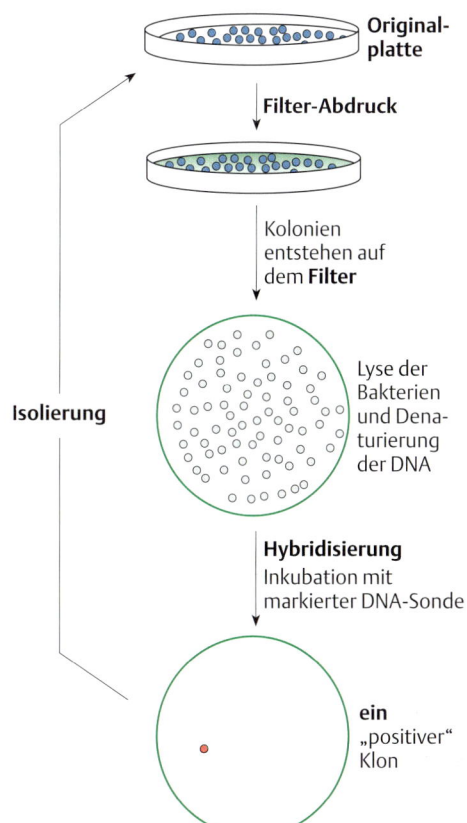

Abb. 9.13 Screening einer cDNA-Bibliothek mit Oligonucleotid-Sonden. oben Aus einer kurzen Peptid-Sequenz kann die Struktur von Oligonucleotid-Sonden abgeleitet werden. Wegen der Redundanz des genetischen Codes treten oft erhebliche Probleme auf. **unten** Mit einem Nitrocellulose-Filter wird ein Abdruck der Originalplatte genommen. Auf dem Filter entstehen Kolonien. Zur Lyse der Bakterien und zur Denaturierung der DNA wird das Filter mit 0,5 M NaOH behandelt. Die DNA wird bei 80 °C im Vakuum an den Filter fixiert. Dann wird der behandelte Filter mit der markierten Sonde inkubiert. Es erfolgt eine Hybridisierung mit komplementären DNA-Sequenzen. Ein positiver, markierter Klon wird identifiziert. Die positiven Kolonien werden von der Originalplatte isoliert.

a

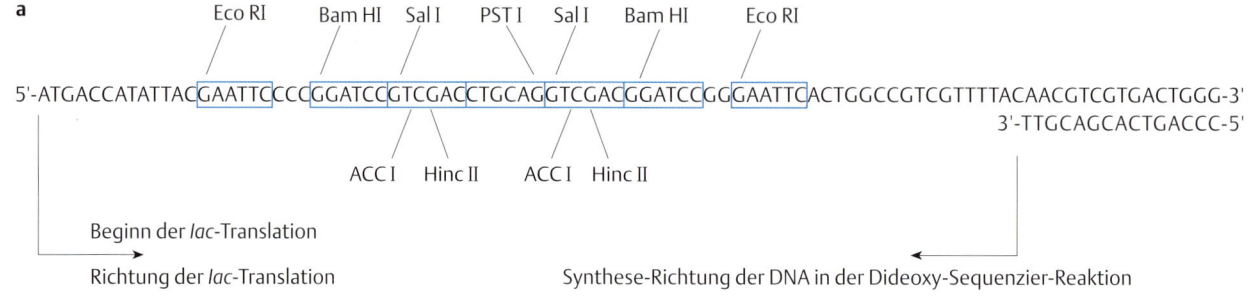

Eco RI   Bam HI   Sal I   PST I   Sal I   Bam HI   Eco RI

5'-ATGACCATATTAC GAATTC CCC GGATCC GTCGAC CTGCAG GTCGAC GGATCC GG GAATTC ACTGGCCGTCGTTTTACAACGTCGTGACTGGG-3'
3'-TTGCAGCACTGACCC-5'

ACC I   Hinc II   ACC I   Hinc II

Beginn der *lac*-Translation

Richtung der *lac*-Translation

Synthese-Richtung der DNA in der Dideoxy-Sequenzier-Reaktion

Abb. 9.14   M13 als Klonierungsvektor. a Die multiple Klonierungsstelle (MCS) von M13 ist hier vergrößert dargestellt, um die Lage des Primers für die Sequenzier-Reaktion deutlich zu machen [aus 11]. **b** Die „intergenische Region" der natürlichen M13-DNA (siehe Kasten) ist durch den Einbau von 5′-Bereichen des *lac Z*-Gens verlängert. Ein Bestandteil dieser zusätzlichen DNA ist eine MCS.

b

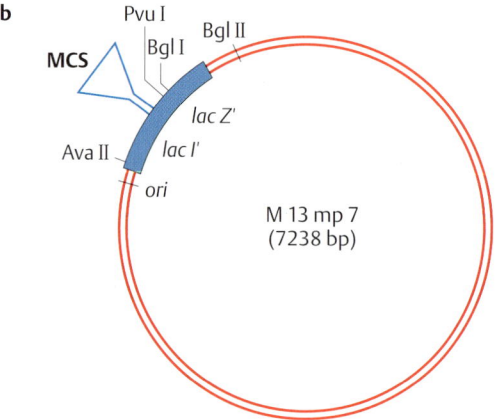

Unter den analysierten Sequenzen sind auch die kompletten Sequenzen ganzer Chromosomen von Hefe-Zellen mit weit über 1 Mill. Basenpaaren.

Deswegen ist es berechtigt, wenn hier der Blick nur auf das Sanger-Verfahren gerichtet wird.

Zur Routine-Prozedur gehört das Klonieren der DNA in M13-RF-DNA, mit dem Ziel der Herstellung einzelsträngiger DNA-Ringe.

Molekularbiologen verwenden Derivate des natürlichen M13-Phagen für Klonierungsarbeiten. Die intergenische Region trägt Teile des *lac Z*-Gens für eine Blau-Weiß-Selektion und eine multiple Klonierungsstelle (Abb. 9.**14**). An diesen Stellen wird M13-RF für die Aufnahme von Fremd-DNA linearisiert. RF-/Fremd-DNA-Konstrukte werden in Bakterien eingebracht, und im Zuge eines Infektionsprozesses entstehen Nachkommen-Phagen mit Einzelstrang- plus Fremd-DNA.

Diese Einzelstrang-Ringe sind Substrate für die *In-vitro*-DNA-Synthese nach dem Schema der Abb. 4.**18**:

– Ein DNA-Primer wird durch Hybridisierung eines Oligonucleotides an einen Bereich vor der multiplen Klonierungsstelle bereitgestellt.

– DNA-Polymerase vom Typ des Klenow-Fragmentes der bakteriellen DNA-Polymerase I (S. 167) oder eine andere DNA-Polymerase (ohne 5′-3′-Exonuclease) benutzt das 3′-OH-Ende des Primers für die Synthese eines Komplementärstranges.

Der filamentöse Phage M13 und seine Verwandten

Der Bakteriophage M13 und seine Verwandten, die Phagen fd, f1 und andere, sind fast 900 nm lang mit einem Durchmesser von nur 6 nm (siehe Abb. 4.**4**, S. 85). Die DNA, ein ringförmiger Einzelstrang aus etwa 6400 Nucleotiden, ist von einer Röhre aus 2800 Kopien des Haupthüllproteins gp8 eingeschlossen, die an den Enden von Extraproteinen verschlossen ist.

Phagen-Partikel adsorbieren an die Spitzen der F-Pili von F⁺- oder Hfr-Bakterien (S. 94) und schleusen ihre DNA durch den Pilus in die Zelle. Dort wird der infizierende Einzelstrang in eine doppelsträngige Form überführt, die als **replikative Form** oder **RF-DNA** bezeichnet wird. Doppelsträngige RF-DNA ist das eigentliche Virus-Genom und wird zur Expression der Gene transkribiert. RF-DNA repliziert mehrfach, bevor es später als Matrize zur Herstellung von Nachkommen-Einzelsträngen dient. Einzelstrang-Synthese erfolgt nach dem Modell des rollenden Ringes (S. 95). An den Einzelstrang lagern sich die Hüllproteine. Die fertigen Nachkommen-Phagen verlassen den infizierten Wirt ohne Lyse. Mit anderen Worten, M13-infizierte Bakterien sind lebensfähig und teilen sich bei gleichzeitiger Produktion von Nachkommen-Phagen [nach 8].

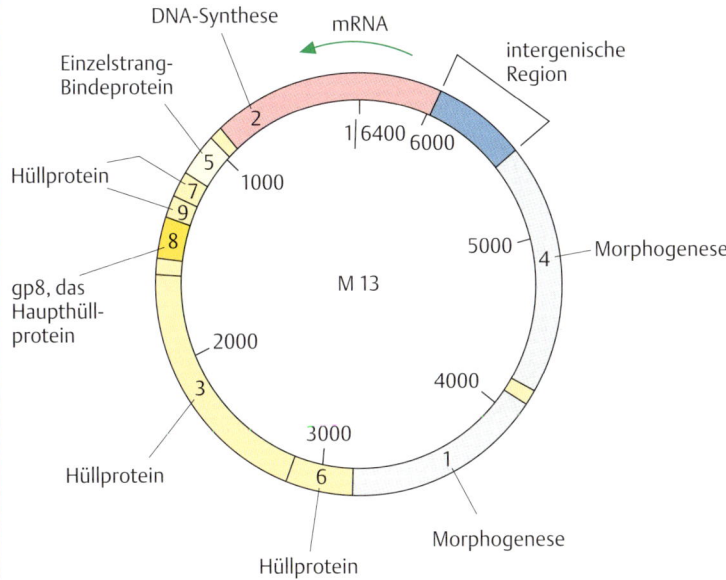

Das Phagen-Genom trägt zehn Gene mit Funktionen für die Replikation, die Phagenhülle und den Zusammenbau des Partikels (Morphogenese). Für unseren Zusammenhang ist die intergenische Region wichtig, ein Abschnitt von etwa 500 Nucleotiden zwischen dem Gen 2 und dem Gen 4 (siehe Abb.). Die intergenische Region kann viel größer als normalerweise sein, ohne daß die Vermehrung beeinflußt wird. Das Phagen-Partikel wird länger durch Aufnahme einer größeren Zahl von gp8-Molekülen in die Proteinhülle. Aufgrund dieser Tatsache sind M13-Phagen für die Gentechnik geeignet.

Der Trick bei der Sequenzier-Reaktion ist die gezielte, aber statistisch verteilte Unterbrechung der Komplementärstrang-Synthese. Das erreicht man durch Zusatz von **Dideoxynucleotiden** (ddNTP) zu dem Gemisch von normalen dNTPs. Dideoxynucleotide haben keine 3'-OH-Gruppe, so daß die Synthese unterbrochen wird, wo immer ein Dideoxynucleotid in die wachsende DNA-Kette eingebaut wird. Die praktische Anwendung dieses Prinzips erläutert die Abb. 9.**15**.

In der Praxis lassen sich auf diese Weise einige hundert Nucleotide einer DNA-Sequenz in einem Experiment „lesen" (Abb. 9.**16**). Um noch längere DNA-Stücke sequenzieren zu können, werden „Primer" eingesetzt, die komplementär zu den zuvor bestimmten DNA-Sequenzen sind.

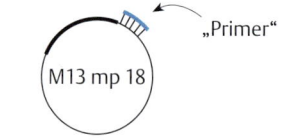

M13 mp 18

„Primer"

Abb. 9.15 Prinzip der Sequenz-Reaktion nach der Dideoxy- oder Kettenabbruch-Methode.

– Vier Ansätze werden parallel vorbereitet. Jeder Ansatz enthält ein radioaktiv oder anders markiertes Nucleotid (hier α-[^{32}P]-dATP) und die drei anderen nichtmarkierten Deoxynucleosid-Triphosphate. Jeder Ansatz enthält zudem ein Dideoxynucleotid, entweder ddTTP, ddCTP, ddGTP oder ddATP. Je nach experimenteller Situation wird ein Verhältnis von 1/50, 1/100 oder 1/200 von ddNTP zu dNTP gewählt.

– Nach Zusatz der DNA-Polymerase beginnt die Komplementärstrang-Synthese. Sie kommt zum Halt, wenn zufällig ein Dideoxynucleotid statt des normalen Deoxynucleotids in das aktive Zentrum der DNA-Polymerase gelangt. Im ersten Ansatz wird das der Fall sein, wenn die Sequenz des Matrizen-Stranges den Einbau eines Thymin-Nucleotids verlangt. Mit anderen Worten, im ersten Ansatz erhält man eine Kollektion von DNA-Fragmenten, deren Längen die Positionen von Adenin-Resten im Matrizen-Strang wiedergeben. Entsprechendes gilt für die Längen der Syntheseprodukte in den anderen Ansätzen.

– Der kritische methodische Vorgang ist die genaue Auftrennung der Syntheseprodukte. Dazu werden Matrize und synthetisierte Komplementärstränge durch Denaturierung voneinander gelöst und auf dünnen, besonders zubereiteten Polyacrylamid-Gelen analysiert. Die Markierung der Syntheseprodukte ermöglicht ihre Darstellung durch Autoradiographie oder geeignete Färbemethoden. Die Auswertung der Gel-Elektrophorese ist hier gezeigt. Durch das kleinste, am weitesten gewanderte Fragment wird das erste Nucleotid in der Sequenz angezeigt, durch das nächst größte Fragment das zweite usw. [nach 13].

α (^{32}P) d ATP	α (^{32}P) dATP	α (^{32}P) d ATP	α (^{32}P) dATP ddATP
dGTP	dGTP	dGTP ddGTP	dGTP
dCTP	dCTP ddGTP	dCTP	dCTP
dTTP ddTTP	dTTP	dTTP	dTTP

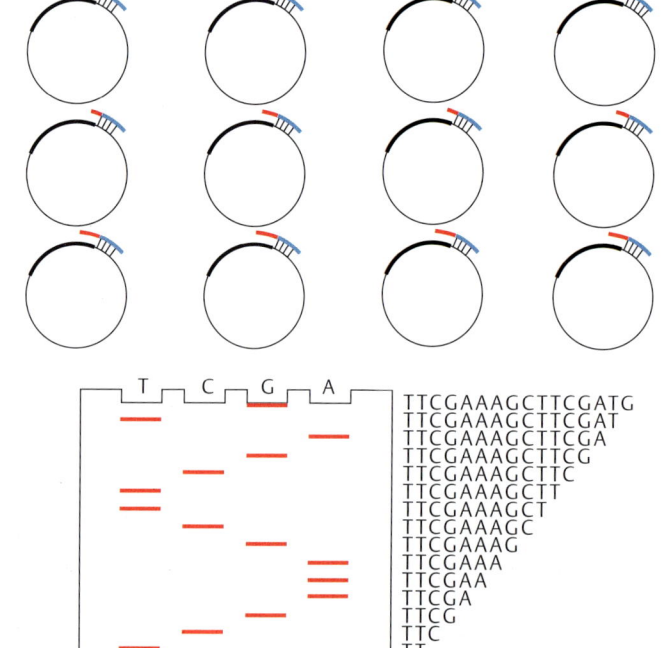

TTCGAAAGCTTCGATG
TTCGAAAGCTTCGAT
TTCGAAAGCTTCGA
TTCGAAAGCTTCG
TTCGAAAGCTTC
TTCGAAAGCTT
TTCGAAAGCT
TTCGAAAGC
TTCGAAAG
TTCGAAA
TTCGAA
TTCGA
TTCG
TTC
TT
T

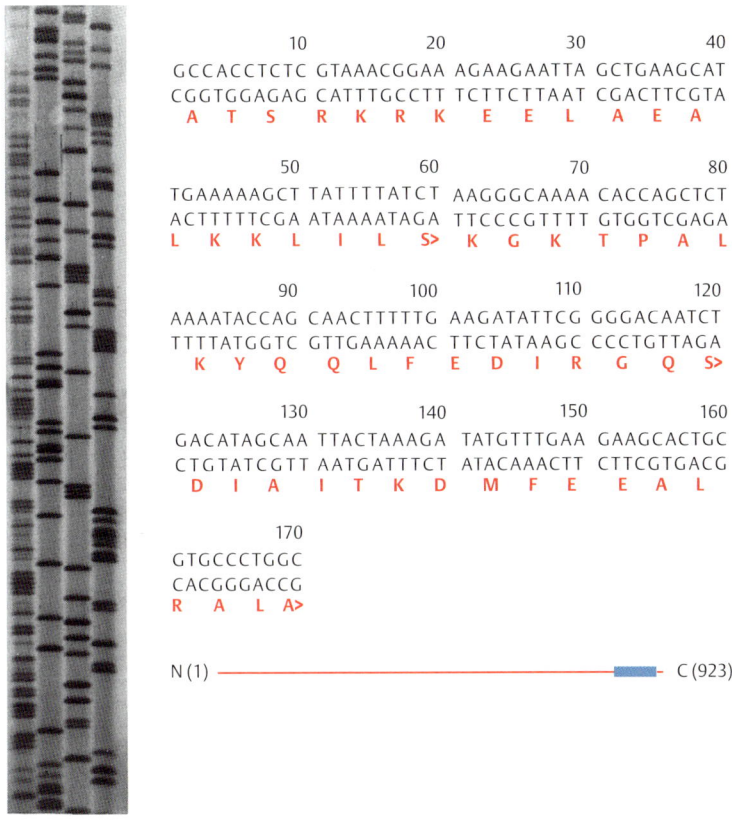

```
              10        20        30        40
       GCCACCTCTC GTAAACGGAA AGAAGAATTA GCTGAAGCAT
       CGGTGGAGAG CATTTGCCTT TCTTCTTAAT CGACTTCGTA
        A  T  S   R  K  R  K  E  E  L   A  E  A

              50        60        70        80
       TGAAAAAGCT TATTTTATCT AAGGGCAAAA CACCAGCTCT
       ACTTTTTCGA ATAAAATAGA TTCCCGTTTT GTGGTCGAGA
        L  K  K   L  I  L   S> K  G  K   T  P  A  L

              90       100        110       120
       AAAATACCAG CAACTTTTTG AAGATATTCG GGGACAATCT
       TTTTATGGTC GTTGAAAAAC TTCTATAAGC CCCTGTTAGA
        K  Y  Q   Q  L  F   E  D  I  R   G  Q  S>

             130       140        150       160
       GACATAGCAA TTACTAAAGA TATGTTTGAA GAAGCACTGC
       CTGTATCGTT AATGATTTCT ATACAAACTT CTTCGTGACG
        D  I  A   I  T  K  D  M  F  E   E  A  L

             170
       GTGCCCTGGC
       CACGGGACCG
        R  A  L  A>
```

N (1) ─────────────────────────────■── C (923)

A C G T

Abb. 9.16   Anwendung der Sequenz-Reaktion. links Autoradiographie eines Sequenz-Gels (A, C, G, T: Ergebnisse mit ddATP, ddCTP, ddGTP bzw. ddTTP in den Reaktionsgemischen). **rechts** Computer-unterstützte Auswertung: Ausdruck der Sequenz in Doppelstrang-Form und Ableitung der kodierten Aminosäure-Sequenz (rot). Die abgebildete Sequenz ist Teil der cDNA eines menschlichen Replikations-Proteins (hCdc21). Die Strichskizze zeigt, daß die hier abgebildete Sequenz nur die Information für einen kleinen Teil (blaue Box) des Proteins liefert (Christine Musahl, Konstanz).

Internationale Forschergruppen benutzen diese Methode bei der Sequenzierung ganzer Chromosomen [6], allerdings unter Ausnutzung von Geräten, denn auch geübte Experimentatoren können per Hand an einem Arbeitstag die Folge von nur einigen hundert, höchstens tausend Basenpaaren bestimmen. Dabei ist die Zeit für das Klonieren in M13-Vektoren nicht mitgerechnet.

Fast jedes molekularbiologische Laboratorium besitzt die Einrichtung zur Bestimmung von DNA-Sequenzen. Überdies sind Firmen gegründet worden, deren Hauptzweck das Sequenzieren ist. Wegen der großen Bedeutung und Verbreitung des Verfahrens werden ständig Verbesserungen und Vereinfachungen erprobt. Firmen bieten automatische Sequenziergeräte an, deren Einsatz die großen internationalen Projekte zur Sequenzierung ganzer Genome überhaupt erst möglich machen.

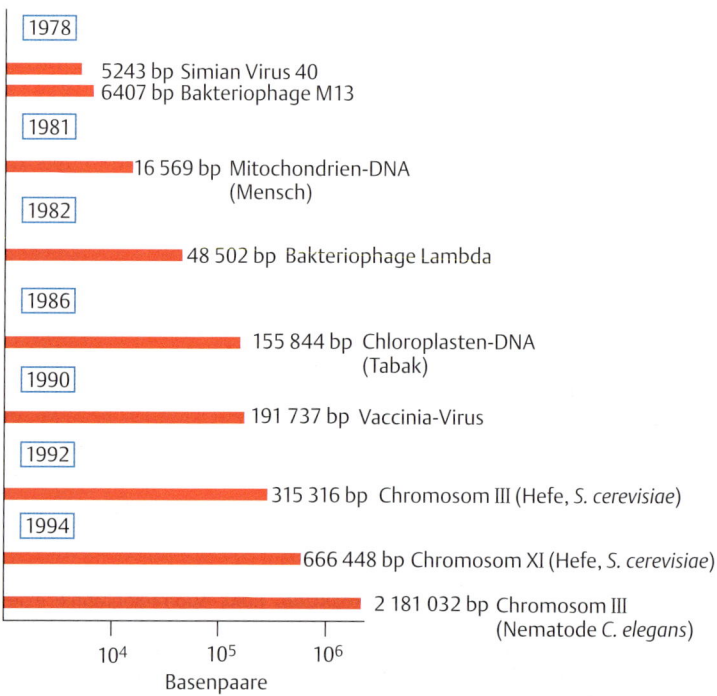

Immer längere Sequenzen

Datenbanken speichern viele Millionen Sequenzen von zahlreichen Einzel-DNA-Stücken aus Genom- oder cDNA-Bibliotheken. Der computerunterstützte Zugriff auf diese Informationsfülle ist eine Routineangelegenheit für Molekularbiologen. Aber die gelungene Sequenzierung ganzer Genome oder Chromosomen ist immer noch eine aufsehenerregende Leistung. Die Abbildung vermittelt einen Rückblick auf die Geschichte der DNA-Sequenzierung.

1978

5243 bp Simian Virus 40
6407 bp Bakteriophage M13

1981

16 569 bp Mitochondrien-DNA (Mensch)

1982

48 502 bp Bakteriophage Lambda

1986

155 844 bp Chloroplasten-DNA (Tabak)

1990

191 737 bp Vaccinia-Virus

1992

315 316 bp Chromosom III (Hefe, *S. cerevisiae*)

1994

666 448 bp Chromosom XI (Hefe, *S. cerevisiae*)

2 181 032 bp Chromosom III (Nematode *C. elegans*)

10^4 10^5 10^6

Basenpaare

Im April 1996 wurde die Sequenz des gesamten Genoms der Bäckerhefe *(Saccharomyces arevisiae)* veröffentlicht.

eingebaute Fremd-DNA

komplementäres Oligonucleotid mit Mismatch

U

U

U

U

U

Wildtyp-Matrizen-DNA aus *E. coli (dut⁻ ung⁻)*

– DNA-Polymerase
– Ligase

U

U

U

Übertragen in *ung⁺* - *E. coli*-Zellen

Selektion von Mutanten-DNA

Abb. 9.17 *In-vitro*-**Mutagenese: Herstellen von Nucleotid-Austausch-Mutationen** [nach 10].

Ortsspezifische, biochemische Mutagenese

Wie an vielen Beispielen in den vorangegangenen Kapiteln gezeigt, gibt eine Analyse von Mutanten wichtige Einblicke in den Bau und die Funktion von Genen. Das übliche Vorgehen ist die Beschreibung der Auswirkungen von spontanen oder induzierten Mutationen auf Reaktionen der betroffenen Zelle oder des betroffenen Organismus. Darauf folgt dann die Isolierung des Gens mit der Bestimmung seiner Struktur durch Nucleotid-Sequenzierung.

Das ist meist ein langwieriger und mühsamer Weg. Aber die Methoden der Gentechnik ermöglichen ein umgekehrtes Vorgehen. Man spricht daher von **umgekehrter Genetik** *(reverse genetics)*: Mutationen werden über biochemische Verfahren in das isolierte Gen eingeführt; das Gen wird dann, zur Überprüfung seiner Auswirkungen, in die Zelle oder den Organismus übertragen (Abb. 9.**17**).

Hier geht es um den biochemischen Teil der Prozedur. Die Rückübertragung in Zellen oder Organismen besprechen wir an geeigneten Stellen in den folgenden Kapiteln. Wie in den anderen Abschnitten dieses Kapitels, werden wir uns auf eine Beschreibung des Prinzips beschränken. Interessierte Leser finden die Einzelheiten des experimentellen Vorgehens in der angegebenen Literatur.

Künstlich eingeführte Nucleotid-Austausch-Mutationen

Ausgangspunkt für viele Experimente dieser Art ist eine cDNA in einem M13-Vektor. An die klonierte cDNA wird ein komplementäres Oligonucleotid hybridisiert, das Mismatches an einer oder auch mehreren Stellen aufweist. Das 3′-OH-Ende des Oligonucleotids wird durch DNA-Polymerase zum kompletten Komplementärstrang verlängert. Die entstandene RF-DNA wird dann in Bakterien übertragen. Im Verlauf des Infektionsprozesses entstehen Nachkommen aus dem unveränderten Original-DNA-Strang und aus dem Komplementärstrang mit Nucleotid-Austauschen. Die Mutanten-DNA muß eigens selektioniert oder gesucht werden.

Varianten des Grundschemas erleichtern das Auffinden von Mutanten. Die Abb. 9.**17** gibt ein Beispiel, bei dem der Original-M13-Strang aus einer Infektion von *dut⁻ ung⁻* E. coli-Wirtszellen stammt. Den Bakterien mit verändertem *dut*-Gen fehlt das Enzym dUTPase. dUTP ist ein normales Seitenprodukt der Deoxynucleotid-Synthese. Das entstehende dUTP wird normalerweise durch dUTPase zu dUMP abgebaut. Aber in *dut⁻*- Bakterien wird dUTP anstelle von dTTP in DNA eingebaut. Wenn bei Veränderungen des bakteriellen *ung*-Gens das Enzym Uracil-DNA-Glykosylase fehlt (S. 238), bleiben Uracil-Reste in der DNA erhalten.

Dementsprechend enthält die M13-DNA aus einer Infektion von *dut⁻ ung⁻*-Bakterien mehrere Uracil-Reste. Als Matrize für die Komplementärstrang-Synthese *in vitro* ist die DNA ohne weiteres brauchbar, denn Uracil geht wie das normale Thymin Basen-Paarung mit Adenin ein. Der entstandene DNA-Doppelstrang wird in Wildtyp-Bakterien eingeführt. Wie wir wissen, greift sofort die Uracil-DNA-Glykosylase an und erzeugt AP-Stellen mit nachfolgenden Strangbrüchen (S. 238). Kurz, die Matrizen-DNA geht mit hoher Wahrscheinlichkeit verloren, während der mutierte Komplementärstrang erhalten bleibt.

Deletionen und Insertionen

Klonierte DNA-Stücke können durch Deletion oder Insertion verändert werden. Aus der großen Zahl von experimentellen Möglichkeiten zeigen die Abb. 9.**18** bis 9.**20** nur eine Auswahl.

Methodisch einfach ist die Herstellung von **kurzen Deletionen** an den Schnittstellen von Restriktions-Nucleasen. Die überstehenden Einzelstrang-Enden werden durch einzelstrangspezifische Nucleasen (S1-Nuclease; S. 40) entfernt. Darauf wird die DNA durch Ligase wieder geschlossen. Zurück bleibt eine Verletzung der DNA in Form einer Deletion von einigen Basenpaaren, je nach Art der verwendeten Restriktions-Nuclease (Abb. 9.**18**).

Aufwendiger ist die systematische Einführung von **Deletionen verschiedener Längen**. Im Beispiel der Abb. 9.**19** geht dies von einer definierten Restriktions-Schnittstelle aus. Die geschnittene DNA wird mit einer Exonuclease von den Enden her abgebaut. Je nach Länge der gewünschten Deletion wird die Exonuclease-Reaktion früher oder später

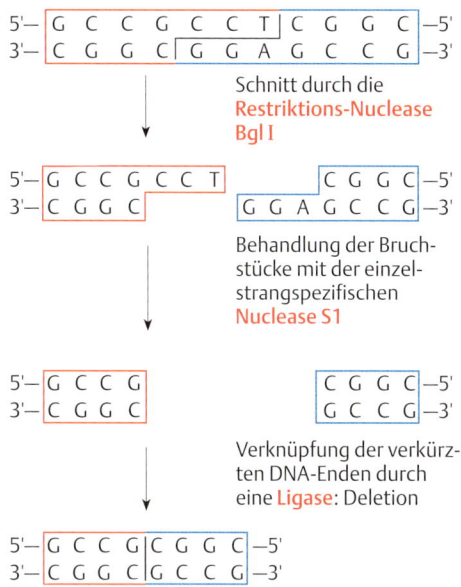

Abb. 9.18 *In-vitro*-Mutagenese: Kurze Deletionen an Restriktions-Schnitten [nach 14].

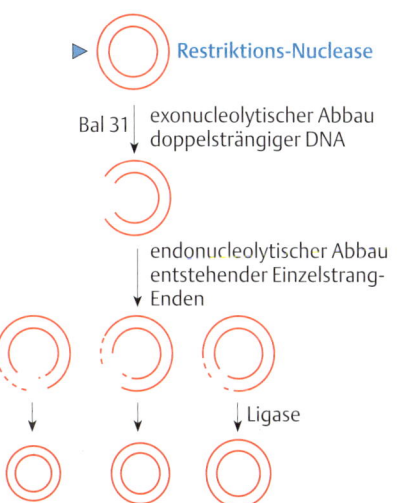

Abb. 9.19 *In-vitro*-Mutagenese: Deletionen verschiedener Längen durch exonucleolytischen Abbau von DNA-Enden [nach 14].

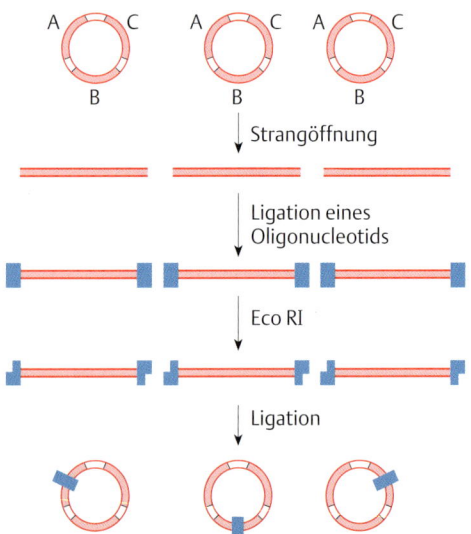

Abb. 9.20   *In-vitro*-**Mutagenese: Insertionen**
[nach 14].

unterbrochen. Die entstehenden DNA-Moleküle werden isoliert und zum Ringschluß mit Ligase behandelt. Ein beliebtes Werkzeug bei diesen Experimenten ist das **Enzym Bal 31**, das zugleich als Exonuclease einen DNA-Strang abbaut und als Endonuclease den überstehenden Einzelstrang entfernt.

Eine gebräuchliche Methode zur Einführung von **Insertionen** beginnt mit der Behandlung einer DNA-Präparation durch Ameisensäure in Konzentrationen, die im Mittel zu einer AP-Stelle pro Molekül führen. Behandlung mit der AP-Endonuclease (S. 239) ergibt dann einen Schnitt/Molekül bzw. eine Kollektion von linearen DNA-Molekülen, die an verschiedenen Stellen geöffnet sind. An die Enden der DNA werden Oligonucleotide geknüpft, bevor sie von einer Ligase wieder zum Ring geschlossen werden. Das Ergebnis ist eine Kollektion von DNA-Molekülen mit Insertionen an verschiedenen Stellen (Abb. 9.**20**).

Literatur

Bücher

1. Brown, T.A.: Gentechnologie für Einsteiger. Grundlagen, Methoden, Anwendungen. Spektrum, Heidelberg 1993
2. Old, R.W., Primrose, S.B.: Gentechnologie. Eine Einführung. Thieme, Stuttgart 1992
3. Sambrook, J., Fritsch, E.F., Maniatis, T.: Molecular Cloning. A Laboratory Manual. Cold Spring Harbor Laboratory Press, Cold Spring Harbor 1989
4. Winnacker, E.L.: Gene und Klone. Verlag Chemie, Weinheim 1984

Original- und Übersichtsartikel

5. Burke, D.T., Carle, G.F., Olson, M.V.: Cloning of large segments of exogenous DNA into yeast by means of artificial chromosome vectors. Science **236** (1987) 806–812
6. Dujon, B. und 107 weitere Autoren: Complete DNA sequence of yeast chromosome XI. Nature **369** (1994) 371–378
7. Gubler, U., Hofmann, B.J.: A simple and efficient method for generating cDNA libraries. Gene **25** (1983) 263–269
8. Ish-Horowicz, D., Burke, J.F.: Rapid and efficient cosmid cloning. Nucl. Acids Res. **9** (1981) 2989–2998
9. Hohn, B., Collins, J.: A small cosmid for efficient cloning of large DNA fragments. Gene **11** (1980) 291–298
10. Kunkel, T.A., Bebenek, K., McClary, J.: Efficient site-specific mutagenesis using uracil-containing DNA. Methods Enzymol. **204** (1991) 125–139
11. Messing, J.: New M13 vectors for cloning. Methods Enzymol. **101** (1983) 20–78
12. Rasched, I., Oberer, E.: Ff coliphages: structural and functional relationships. Microbiol. Rev. **50** (1986) 401–427
13. Sanger, F., Nicklen, S., Coulson, A.R.: DNA sequencing with chain terminating inhibitors. Proc. Nat. Acad. Sci. USA **74** (1977) 5463–5467
14. Smith, M.: In vitro mutagenesis. Ann. Rev. Genet. **19** (1985) 423–462
15. Sutcliffe, J.G.: Complete nucleotide sequence of Escherichia coli plasmid pBR322. Cold Spring Harbor Symp. Quant. Biol. **43** (1979) 77–90

10. Struktur eukaryotischer Gene: Exons und Introns

Was ist ein Gen? Eine mögliche Antwort ist: Ein Abschnitt einer DNA oder ein Abschnitt eines Genoms mit der Information zur Herstellung eines Proteins.

Als Modell für ein Gen kann eine der vielen Skizzen aus vorangegangenen Kapiteln gelten: Promotor, dann das Start-Codon, gefolgt von der Kodierungs-Sequenz mit einer ununterbrochenen Reihe von (Aminosäure-kodierenden) Tripletts, und am Ende des Leserasters eines der drei Stop-Codons.

Dieses Modell galt etwa bis zum Jahre 1975 uneingeschränkt. Dann fanden einige Forschergruppen gleichzeitig und unabhängig voneinander, daß eine solche Verallgemeinerung falsch ist.

Die meisten eukaryotischen Gene sind anders: Die Kodierungs-Sequenzen können von oft langen nichtkodierenden DNA-Strecken unterbrochen sein.

Das alte Modell gilt für die Gene von Bakterien und Bakteriophagen, also für Prokaryoten, aber nicht für die meisten Gene von Eukaryoten.

Entdeckung

Als Einstieg in das Thema wollen wir eines der Experimente aus den Jahren um 1975 nachzeichnen. Dabei ist zu betonen, daß diese wichtigen Arbeiten ohne das Methoden-Arsenal der Gentechnik unmöglich gewesen wären.

In unserem Beispiel geht es um die Untersuchung der Gene für die Globin-Ketten von Kaninchen, durch A. J. Jeffreys und R. A. Flavell (1977). Beide Forscher begannen ihre Studien mit der Isolierung von mRNA aus Erythoblasten und Reticulozyten. Erythoblasten und Reticulozyten sind Vorläufer der roten Blut-Zellen und produzieren als hochspezialisierte Zellen hauptsächlich eine Proteinart, die Globin-Ketten des Hämoglobins. Dementsprechend sind sie eine vorzügliche Quelle für Globin-mRNA, die als mRNA nur in diesen Zellen in relativ großen Mengen vorkommt.

Aus der Globin-mRNA wurde nach bekannten Methoden (S. 272) eine **cDNA** hergestellt. Eines der Ziele war es nun, mit Hilfe dieser cDNA die Struktur der entsprechenden Gene zu erforschen.

Dazu wurde zunächst die Genom-DNA aus den Leber-Zellen von Kaninchen mit der Restriktions-Nuclease Kpn I in Fragmente zerlegt. Das große Spektrum verschieden langer Fragmente wurde mit Hilfe der Gel-Elektrophorese aufgetrennt. Die Frage war, auf welchem der zahlreichen Fragmente das Globin-Gen liegt. Die **Southern-Blot-Methode** (siehe Box) gab eine eindeutige Antwort: Ein 5,1 kb langes Fragment hybridisierte mit der radioaktiv markierten cDNA (Abb. 10.1).

Das Ergebnis der Untersuchung war zunächst nicht überraschend, denn die bekannte Globin-cDNA enthält keine Kpn I-Schnittstelle. Man kann also erwarten, daß solche Schnittstellen (in unbekanntem Ab-

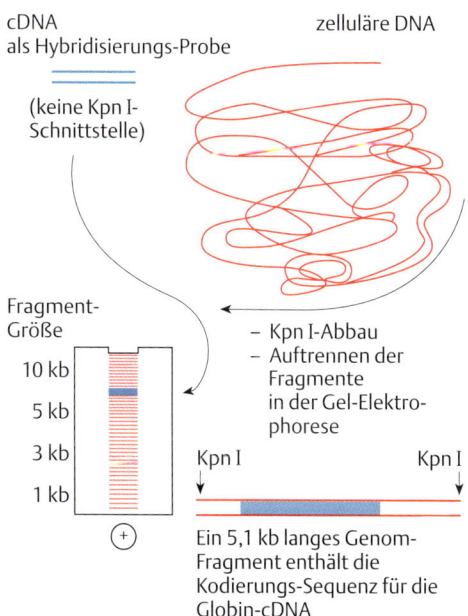

Abb. 10.1 Identifizierung der Kodierungs-Abschnitte in der genomischen DNA.

Southern-Blotting. Molekularbiologen benutzen bei den im Text beschriebenen Untersuchungen ein weit verbreitetes Verfahren, benannt nach E.M.Southern (1975), der diese technisch einfache, aber wirkungsvolle Methode eingeführt hat. Es geht dabei um den Nachweis und um die Bestimmung der Länge spezifischer Restriktions-Fragmente in einem komplexen Fragment-Gemisch (Abb.10.**2**).

Bei der Beschreibung orientieren wir uns an einem Beispiel aus der Humangenetik. DNA-Proben aus einer menschlichen Zellinie (HeLa) werden mit den Restriktions-Nucleasen Eco RI, Bam HI und Hind III behandelt. Das ergibt jeweils etwa eine Million Fragmente unterschiedlichster Größe. Die Restriktions-Fragmente verteilen sich bei einer Agarose-Gel-Elektrophorese kontinuierlich (als „Schmier") über die gesamte Gelbahn. Um die Längen spezifischer DNA-Fragmente zu bestimmen, wird die DNA zunächst im Gel mit 0,5 M NaOH denaturiert und dann nach der Neutralisation aus dem Agarose-Gel auf Nitrocellulose- oder Nylon-Membranen übertragen *(blotting)*. Im Originalverfahren legt man dazu das Gel auf ein feuchtes Filterpapier, das Verbindung zu einer Puffer-Lösung hat. Auf dem Gel liegt zunächst die Nitrocellulose-Membran und darüber ein Stapel trockenes Filterpapier. Puffer wird durch das Gel in das trockene Papier gesaugt und nimmt die DNA mit, die aber auf ihrem Weg von der Nitrocellulose-Membran zurückgehalten wird. Schneller und einfacher läßt sich die Übertragung von DNA aus dem Gel auf die Membran mit elektrophoretischen Methoden durchführen. Die DNA wird durch Erhitzen bei 80 °C im Vakuum an die Membran fixiert und kann jetzt mit markierten spezifischen DNA-Sonden hybridisiert werden. In unserem Beispiel sehen wir, daß die radioaktive DNA-Sonde mit zwei Eco RI-Fragmenten, zwei Hind III-Fragmenten und einem großen Bam HI-Fragment hybridisiert. Aus diesen und zusätzlichen Messungen läßt sich die Restriktionskarte eines Stücks des menschlichen Genoms aufstellen [aus 7].

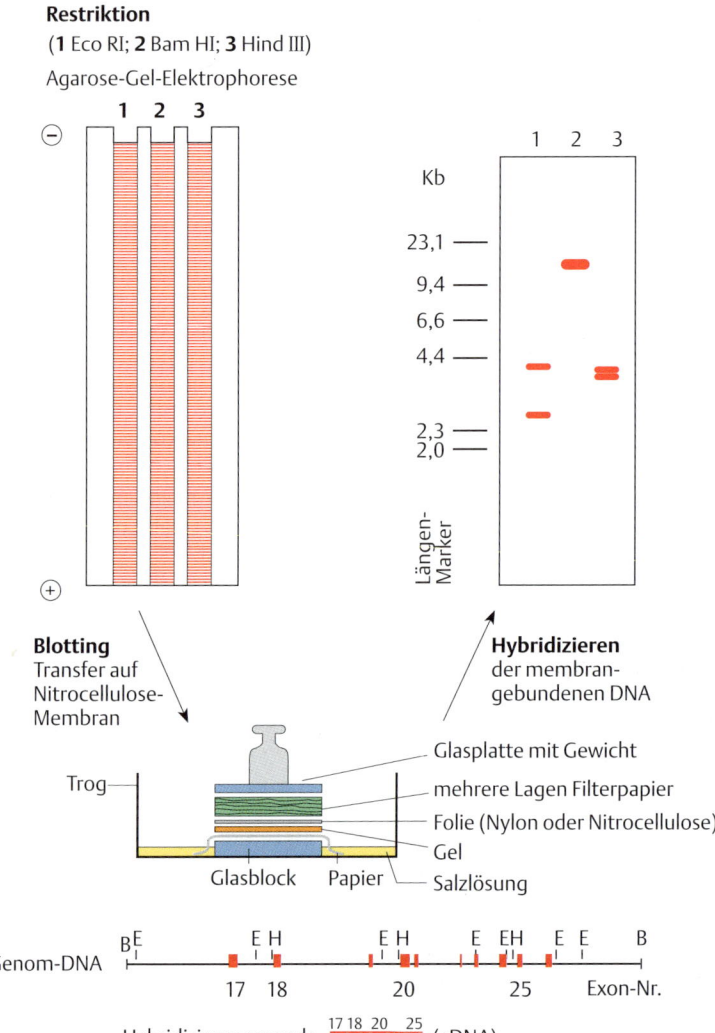

Restriktion

(**1** Eco RI; **2** Bam HI; **3** Hind III)

Agarose-Gel-Elektrophorese

Blotting
Transfer auf Nitrocellulose-Membran

Hybridisieren
der membran-gebundenen DNA

Glasplatte mit Gewicht
mehrere Lagen Filterpapier
Folie (Nylon oder Nitrocellulose)
Gel
Salzlösung
Trog
Glasblock   Papier

Genom-DNA   17 18   20   25   Exon-Nr.

Hybridisierungssonde   17 18 20 25 (cDNA)

Abb.10.2   Southern Blotting. Nachweis und Bestimmung der Länge spezifischer Restriktions-Fragmente in einem Fragment-Gemisch. Weitere Erklärungen siehe Box.

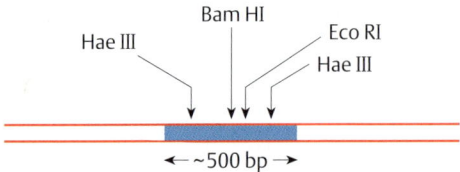

Abb. 10.3   Restriktions-Schnittstellen in der Globin-cDNA.

stand) beiderseits der Kodierungsregion für die Globin-mRNA im Genom vorkommen.

Die Überraschung kam erst, als weitere Restriktions-Nucleasen für die Untersuchung eingesetzt wurden, und zwar solche, die auch die cDNA schneiden. In der Skizze der Abb.10.**3** sind die Schnittstellen dieser Restriktions-Nucleasen auf der cDNA eingetragen, Schnittstellen für Eco RI, Bam HI und Hae III. Die Schnittstellen für die Enzyme Bam HI und Eco RI liegen eng beieinander. Die Restriktions-Nuclease Hae III schneidet ein etwa 330 Basenpaare langes Stück aus der Globin-cDNA heraus.

Man hatte erwartet, daß die Schnittstellen ähnlich verteilt sind, wenn die Genom-DNA mit den gleichen Enzymen behandelt wird. Das experimentelle Ereignis entsprach aber nicht dieser Erwartung. Vielmehr wurde gefunden:

1. Die Schnittstellen für Bam HI und Eco RI liegen einige 100 Basenpaare weit auseinander.
2. Das Enzym Hae III schneidet ein 900 Basenpaare langes Stück DNA aus dem Genom-Fragment heraus.

Aus diesen und ähnlichen Beobachtungen haben Jeffreys und Flavell das Modell der Abb. 10.**4** formuliert. Danach liegt die Nucleotid-Folge der cDNA/mRNA im Genom nicht als kontinuierliche Sequenz vor, sondern wird durch Insertionen unterbrochen. Dieser Schluß ist längst durch verschiedene, auch ganz andersartige Techniken bestätigt worden. Wir werden gleich sehen, daß verfeinerte Analysen sogar zwei verschiedene Insertionen im Globin-Gen aufgedeckt haben.

Die Struktur des Gens für die β-Globin-Kette ist also ganz anders als die Struktur der Gene von Bakterien und Bakteriophagen, wo Gen und Gen-Produkt „kolinear" sind. Beim Globin-Gen ist die Nucleotid-Folge im Genom länger als zur Kodierung des Gen-Produktes notwendig, weil die Kodierungs-Sequenz durch Zwischensequenzen unterbrochen ist.

Kodierungs-Sequenzen werden von Zwischensequenzen unterbrochen. Oder anders gesagt, eukaryotische Gene sind Mosaikstrukturen aus Kodierungs- und Nichtkodierungs-Sequenzen. Der Fachausdruck für die Zwischensequenz ist **Intron** (oder manchmal *intervening sequence*). Der Kodierungs-Abschnitt, der als mRNA oder Protein **ex**primiert wird, heißt **Exon**.

Bevor wir die zahlreichen und naheliegenden Fragen, die sich aus diesen Aussagen ergeben, nennen und soweit wie möglich beantworten, wollen wir die Struktur der Globin-Gene genauer betrachten.

Aufbau von Globin-Genen

Eine erste und anschauliche Bestätigung der Analyse durch die soeben besprochene „Kartierung" mit Restriktions-Nucleasen gelang durch die elektronenmikroskopische Untersuchung von Nucleinsäure-Hybriden aus Globin-mRNA und isolierter genomischer DNA (Abb. 10.**5**). Man erkennt eine **Unterbrechung der Sequenzen des Gens** durch Introns, die in der mRNA nicht vertreten sind.

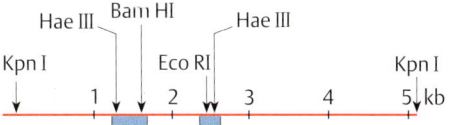

Abb. 10.4   Restriktions-Schnittstellen im Globin-Gen.

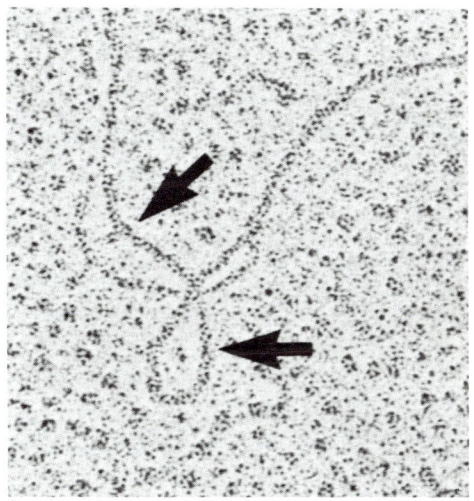

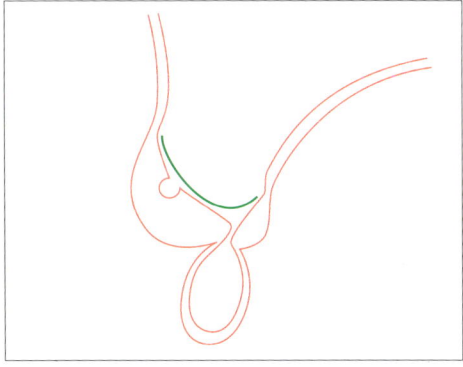

Abb. 10.5   Elektronenmikroskopische Untersuchung einer Hybrid-Nucleinsäure aus Globin-mRNA und genomischer DNA. oben Ein DNA-Fragment mit Globin-Gen-Sequenzen wurde denaturiert und danach in Gegenwart der mRNA renaturiert. Da unter geeigneten Bedingungen ein RNA-DNA-Hybrid bereitwilliger entsteht als eine DNA-DNA-Renaturierung, findet man eine Verdrängung des komplementären DNA-Stranges (Pfeile) durch die RNA. Die verdrängten DNA-Abschnitte erscheinen als einzelsträngige Schleifen. **unten** In der Interpretationsskizze ist die mRNA grün eingezeichnet. Die Einzelheiten der Aufnahme werden bei der Betrachtung der genauen Gen-Struktur klar (Abb. 10.**6**): Das Intron I erscheint als kleine DNA-Schleife; das Intron II wird durch die größere, doppelsträngige DNA-Schleife angedeutet [aus 10].

Eine genaue Beschreibung der Globin-Genstruktur wurde nach Bestimmung der Nucleotid-Sequenz möglich. Wie die Abb. 10.**6** zeigt, kommen in der Kodierungs-Sequenz des β-Globin-Gens zwei Introns vor, ein kleineres zwischen den Codons für die Aminosäuren 30 und 31 und ein größeres zwischen den Codons für die Aminosäuren 104 und 105 der β-Globin-Kette (Gesamtlänge: 146 Aminosäuren).

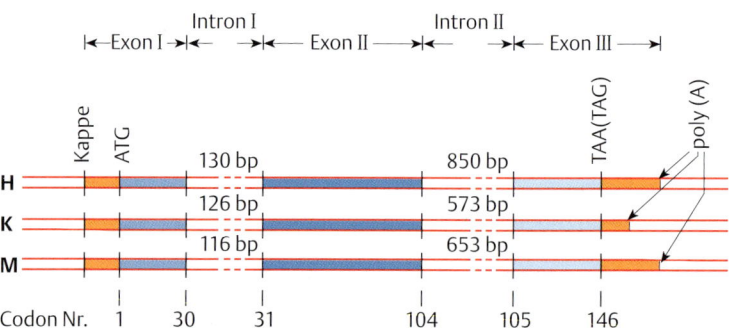

Abb. 10.6 Organisation der β-Globin-Gene des Menschen (H), des Kaninchens (K) und der Maus (M). Das erste Exon erstreckt sich in allen drei Genen von Codon 1–30 und das zweite von Codon 31–104. Das Exon III beginnt in allen drei Fällen mit dem Codon 105 und endet jenseits des Stop-Codons (TAA beim Menschen, TAG beim Kaninchen) am Ende der 3'-Nichtkodierungs-Sequenz, die bei den verschiedenen Spezies verschieden lang ist. Die Längen der Introns sind verschieden, aber in allen Fällen ist Intron I kleiner als Intron II.

Während die Kodierungs-Sequenzen an durchschnittlich 81 von 100 Nucleotiden im Maus- und Kaninchen-Genom übereinstimmen, gleichen sich die Zwischensequenzen nur an weniger als 50 von 100 Nucleotiden, wobei allerdings die Übereinstimmung der Nucleotid-Folgen an der Intron-Exon-Grenze wieder auf 80% und mehr ansteigt (Abb. 10.**7**). Daraus folgt, daß die Zwischensequenz während der Evolution größere Veränderungen in der Nucleotid-Folge verträgt als die Kodierungs-Sequenz. Eine Ausnahme macht der Grenzbereich zwischen Intron und Exon, der offensichtlich einer strengeren Selektion unterworfen ist. Hier haben sich Nucleotid-Austausche nicht häufiger seit der Trennung der evolutionären Wege von Säugetieren (vor vielleicht 100 Millionen Jahren) ereignet als im Kodierungsteil des Gens.

Abb. 10.7 Intron-Exon-Grenzen. oben Die Intron-Exon-Grenzen von einigen Globin-Genen: Wir erkennen auffällige Übereinstimmungen. Diesen Befund können wir verallgemeinern. Die Intron-Exon-Grenzen in mehreren hundert Genen sind verglichen worden. **unten** Die Regelmäßigkeiten sind in der Konsensus-Sequenz notiert. Die Zahlen geben an, wie oft (in %) die Nucleotide an den angegebenen Stellen gefunden werden. Beachte, daß Introns immer mit GT beginnen und mit AG enden: die GT-AG-Regel.

	Exon I	Intron I	Exon II	Intron II	Exon III
α-Globin-Gen (Maus)	5- AG	GT ------- AG	GATG---AG	GT --- AG	CT -3'
β-Globin-Gen (Maus)	5'-CAG	GTT ------ TAG	GCTG---AGG	GTG---CAG	CTC-3'
β-Globin-Gen (Mensch)	5'-CAG	GTT ------ TAG	GCTG---AGG	GTG---CAG	CTC-3'
β-Globin-Gen (Kaninchen)	5'-CAG	GTT ------ CAG	GCGT---AGG	GTG---CAG	CTC-3'
Konsensus-Sequenz	$\frac{A}{C}$ AG	GT $\frac{A}{C}$ .... $\frac{C}{T}$ AG	G $\frac{G}{T}$		
	$\frac{60}{75}$	$\frac{100}{100}\frac{55}{30}$	$\frac{74}{21}\frac{100}{100}$	$\frac{47}{32}\frac{}{38}$	

Eine solche Betrachtungsweise wird besonders interessant beim Vergleich von α-Globin- und β-Globin-Genen, die nach Schätzungen schon vor 500 Millionen Jahren aus einem gemeinsamen Vorläufer-Gen hervorgegangen sind.

Die Kodierungs-Sequenz der α-Globin-Gene ist, wie die des β-Globin-Gens, durch zwei Zwischensequenzen getrennt. Die kleinere Zwischensequenz von etwa 95 Nucleotid-Paaren liegt zwischen den Codons 31 und 32, die größere von etwa 125 Nucleotid-Paaren zwischen den Codons 99 und 100 (Abb. 10.**8**).

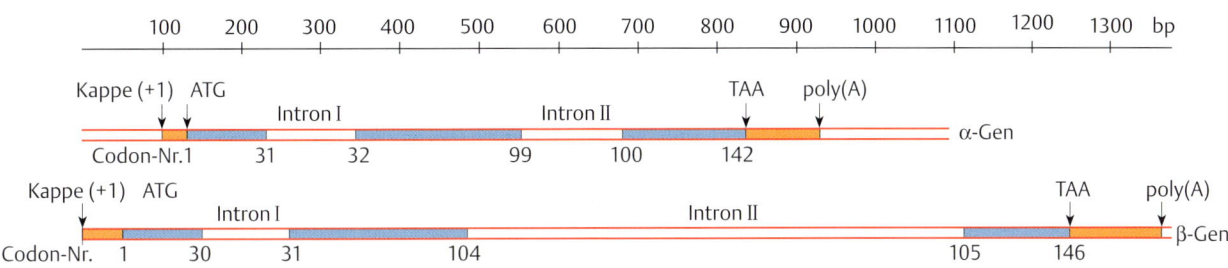

Abb. 10.8 Strukturvergleich von α-Globin- und β-Globin-Gen. Die Transkription der Gene beginnt an der Position +1 („Kappe") und endet jenseits der poly(A)-Anheftungsstelle. Ohne poly(A)-Ende ist das primäre Transkriptions-Produkt des α-Globin-Gens etwa 850 und das des β-Globin-Gens fast 1400 Nucleotide lang. Die farblosen Bereiche entsprechen den Nichtkodierungs-Bereichen, die blauen den Kodierungs-Bereichen, die schließlich in der mRNA erscheinen. Die Numerierung der Codons ist identisch mit der Numerierung in den fertigen Protein-Ketten [nach 10].

Fragen

– **Haben Introns etwas mit dem An- und Abschalten von Genen zu tun?**

Wir wissen, daß IS-Elemente und Transposons (S. 214) zum Funktionsverlust von Genen in Bakterien-Zellen führen. Spielen Introns eine ähnliche Rolle in Eukaryoten? Nein, denn Introns kommen zwar in den Globin-Genen von Leber-, Gehirn-, Muskel- und anderen Zellen vor, wo niemals eine Expression der Globin-Gene erforderlich ist, aber sie kommen genauso in den Globin-Genen erythroider Zellen vor, die ganz auf die Expression dieser Gene und auf die Synthese von Globin-Ketten spezialisiert sind.

– **Damit zusammen hängt die Frage nach der Transkription.**

Überspringt die RNA-Polymerase bei der Transkription die Introns, oder werden Exons und Introns in Form einer langen RNA transkribiert? Das letztere trifft zu. Die Verhältnisse sind in der Abb. 10.**9** skizziert. Später werden wir im einzelnen darauf eingehen (Kap. 11–13).

– **Gibt es Introns in allen Genen aller Eukaryoten?**

Die weitaus meisten Gene von Wirbeltieren und von höheren Pflanzen sind Mosaikstrukturen, bestehend aus Exons mit den Kodierungs-Sequenzen und den dazwischengeschalteten Introns.

Von diesem Satz gibt es einige Ausnahmen. Am bekanntesten sind die intronlosen Histon-Gene. Aber auch die Gene für Interferon α und

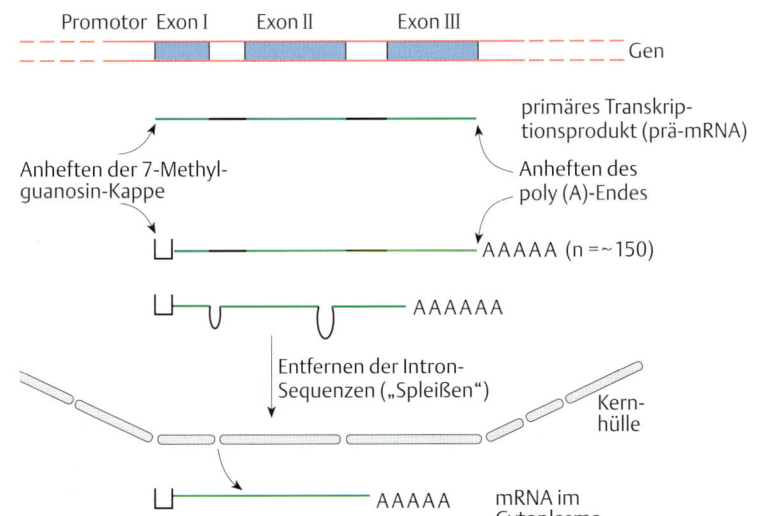

Abb. 10.9 Schema der Gen-Expression. Dies soll nur einen ersten Einblick in das Geschehen zwischen Transkription im Kern und dem Auftauchen der reifen mRNA im Cytoplasma geben. Alle Teilschritte werden an anderen Stellen noch genauer besprochen. Am wichtigsten ist hier: Das gesamte Gen, Exons und Introns, wird transkribiert, so daß ein langes primäres Transkriptions-Produkt entsteht, auch prä-mRNA genannt. Dann finden Reifungsschritte statt: Veränderungen am 5'- und am 3'-Ende und das Herausschneiden der Intron-Sequenzen. Den Prozeß des Herausschneidens bezeichnet man als Spleißen, in Analogie zur Verknüpfung der Enden eines Seils. Diese Reaktionen finden im Zellkern statt. Erst die reife mRNA erscheint im Cytoplasma.

für das eukaryotische Hitzeschock-Protein Hsp70 sind frei von Introns. Wir sehen diese Beispiele als Ausnahme von der Regel an und halten fest: Ein typisches Gen besteht aus Exons und Introns.

Anders ist die Situation bei eukaryotischen Einzellern, etwa bei der Hefe *Saccharomyces cerevisiae:* Bei diesem Organismus sind die meisten Gene intronfrei, nur wenige Gene haben ein oder zwei kleine Introns.

– **Schließlich die schwierige Frage nach der Funktion der Introns.**
Wir werden im nächsten Abschnitt ein Gen für ein Protein vorstellen, das sowohl in allen Bakterien-Arten als auch in allen Eukaryoten vorkommt. Dieses Protein übt in all diesen Zellen die gleiche Funktion aus und besitzt zudem noch ganz ähnliche Aminosäure-Sequenzen, unabhängig davon, ob es aus Bakterien-, Pflanzen- oder Tier-Zellen stammt. In Tier-Zellen wird dieses Protein jedoch von einem Mosaik-Gen mit Exons und Introns kodiert, in Bakterien-Zellen von einem Gen mit durchgehendem Leseraster. Daraus folgt, daß es weder die Funktion eines bestimmten Proteins noch die Funktion eines Gens sein kann, die einen Gen-Aufbau aus Exons und Introns erfordert.

Die Tab. 2.**4** (S. 17), in der wir Unterschiede zwischen Pro- und Eukaryoten zusammengefaßt haben, müssen wir um eine weitere Eintragung, vielleicht um die wichtigste Eintragung ergänzen: Prokaryoten haben keine Introns in ihrem Genom. Eine Ausnahme ist das Vorkommen von Introns in den Genen einiger Bakteriophagen, wie z. B. T4. Da diese Phagen-Introns eine andere Struktur als die Introns in den proteinkodierenden Genen von Eukaryoten haben, sind sie wohl anderen Ursprungs.

Die meisten Versuche zur Erklärung des Vorkommens von Introns stützen sich auf Argumente der Evolution. Dabei gibt es zwei grundsätzlich verschiedene Möglichkeiten:
1. Nach der Trennung der evolutionären Wege von Pro- und Eukaryoten sind Introns durch Insertion erworben worden.
2. Urgenome hatten Gene mit Exon-Intron-Struktur, wobei die Exons jeweils die Information zur Herstellung von Struktur- und Funktions-Abschnitten eines Proteins trugen.

Während der Evolution könnten sich dann neue Kombinationen von Exons bei der Ausbildung neuer Gene gefunden haben. So könnten neue genetische Einheiten entstanden sein, unter Ausnutzung der bis dahin während der Evolution erworbenen genetischen Information. Die Intron-Bereiche zwischen den Exons hätten nach dieser Vorstellung, die zuerst von W. Gilbert (1978) formuliert wurde, solche Neukombinationen erleichtert, weil das Verknüpfen der genetischen oder evolutionären Bauelemente in einem sozusagen neutralen DNA-Bereich hätte stattfinden können.

Nach diesem Modell haben Bakterien während der frühen Evolution ihre Introns verloren, womit sie sich den Vorteil kleinerer DNA mit entsprechend kürzeren Replikationszeiten und schnelleren Generations-Folgen einhandelten, aber den Nachteil eines Verlustes an evolutionärer Potenz in Kauf nehmen mußten.

Trifft es zu, daß Struktur- und Funktions-Domänen eines Proteins von einzelnen Exons kodiert werden? Das Beispiel der Globin-Gene steht mit dieser Annahme in Einklang. Das mittlere Exon kodiert nämlich für den Abschnitt des Proteins, der das Häm bindet, während das erste und dritte

Exon Aminosäure-Sequenzen kodieren, die zur Stabilisierung der Häm-Bindung beitragen.Diese Verhältnisse sind auch bei anderen Proteinen zu sehen. Wir betrachten zwei Beispiele, die als weitere Illustration zum Kapitel „Gen-Struktur bei Eukaryoten" gelten mögen (S. 283 ff.).

Ein Gen für ein Stoffwechsel-Enzym

Eine der wichtigsten allgemeinen Erkenntnisse der Biochemie betrifft die Tatsache, daß die grundlegenden Stoffwechselabläufe bei allen lebenden Zellen auf der Erde ähnlich sind. Dies gilt insbesondere für die Reaktionen des Intermediär-Stoffwechsels, etwa bei der Verwertung von Kohlenhydraten für die Herstellung von biologischer Energie in Form von ATP.

Wir können nicht die Belege für diese Aussage anführen, sondern richten das Augenmerk nur auf eine der zentral wichtigen Reaktionen bei der Glykolyse, auf eine Reaktion, die als Phophatketten-Phosphorylierung viel untersucht worden ist. Dabei wird anorganisches Phosphat zunächst in Form einer energiereichen Bindung in 3-Phosphoglyceroyl-1-phosphat aufgenommen und dann in einem zweiten Schritt an ADP zur Bildung von ATP weitergegeben (Abb. 10.**10**).

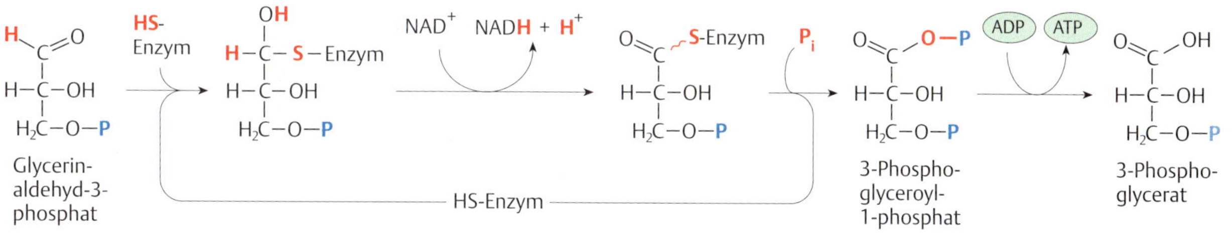

Abb. 10.10 Funktion des Enzyms Glyceraldehyd-3-phosphat-Dehydrogenase (GAPDH). Zuerst wird die Aldehyd-Gruppe an eine SH-Gruppe in der Seitenkette eines Cystein-Bausteins des Enzyms gekoppelt. Dann wird dehydriert und das H-Atom auf den Cofaktor NAD$^+$ übertragen. Damit ist eine energiereiche Thioester-Bindung entstanden. Diese Bindung wird durch die Aufnahme eines Phosphat-Restes gelöst (Phosphorolyse). Das Enzym ist nun regeneriert (HS-Enzym) und kann einen neuen katalytischen Kreislauf beginnen. Die energiereiche Phosphat-Gruppe in der Verbindung 3-Phospho-glyceroyl-1-phosphat wird nun mit Hilfe eines weiteren Enzyms, Phosphoglycerat-Kinase, auf ADP übertragen [nach 8].

Der entscheidende Schritt, die Aufnahme von anorganischem Phosphat, wird von dem Enzym Glyceraldehyd-3-phosphat-Dehydrogenase (GAPDH) katalysiert (Abb. 10.**10**). Dieses wichtige Enzym kommt in allen Zellen von Bakterien bis zu Säugetieren und höheren Pflanzen vor. In diesem Zusammenhang ist auch wichtig, daß dieses Enzym während der Evolution hochkonserviert geblieben ist: Aminosäure-Sequenz und Tertiärstruktur sind bei allen lebenden Systemen ähnlich, d. h. das Enzym ist früh in der Evolution entstanden und hat die lange Zeit der Evolution mit wenigen Veränderungen überstanden. Daraus folgt, daß die Kodierungs-Sequenzen der Gene bei verschiedenen Spezies ähnlich sind. Aber das GAPDH-Gen von Bakterien enthält keine Introns, wie es für ein Bakterien-Gen zu erwarten ist, während das GAPDH-Gen im Genom von Wirbeltieren aus vielen Introns und Exons zusammengesetzt ist.

Unser Beispiel ist das GADPH-Gen des Huhns (Abb. 10.**11**). Das Gen besteht aus 12 Exons und der entsprechenden Zahl von Introns und ist über einen Bereich von 4600 bp verteilt. Demgegenüber ist die fertige mRNA im Cytoplasma nur knapp 1300 Nucleotide lang und kodiert ein Protein von 333 Aminosäuren.

Aufgrund einer Röntgen-Strukturanalyse kennt man die dreidimensionale Form des Proteins. Man kann auf eine ausgeprägte Domänen-Struktur schließen. Eine große Domäne geht etwa bis zur Aminosäure 146 und schließt in einer Struktur aus α-helikalen Abschnitten und Faltblatt-Strukturen die Bindestelle für den Cofaktor NAD ein. Eine

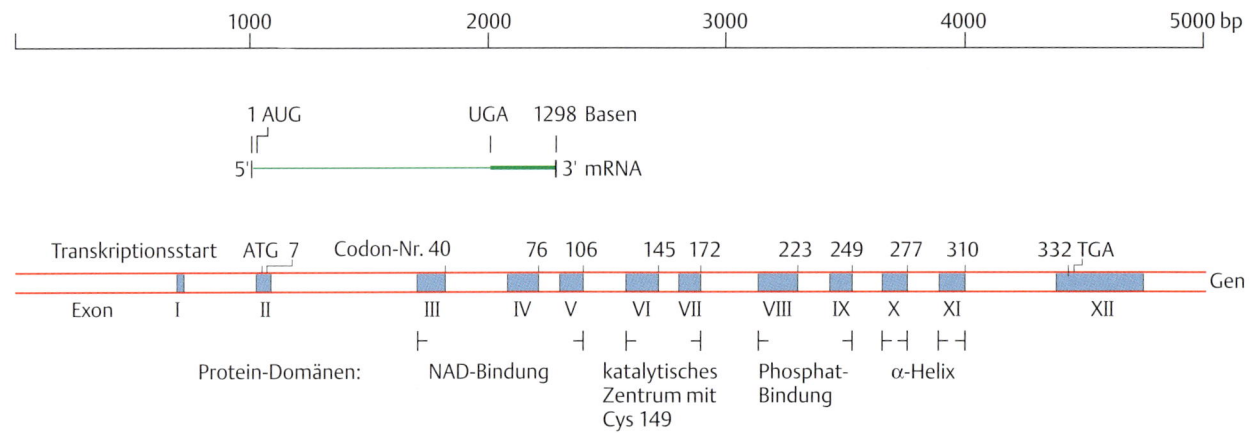

Abb. 10.11 Gen-Struktur und Protein-Domänen.

oben Als Beispiel sehen wir das Gen für das Enzym Glycerinaldehyd-3-phosphat-Dehydrogenase (GAPDH) des Huhns. Exon I enthält nur Sequenzen, die später im 5′-Nichtkodierungsbereich der mRNA auftauchen. Im Exon II liegt das Translationsstart-Codon ATG gefolgt von 7 weiteren Aminosäure-kodierenden Tripletts. Das Codon am Ende jedes Exons ist durch eine Zahl angegeben (Das bedeutet übrigens nicht, daß die Exon-Intron-Grenze immer am Ende eines Tripletts liegt; sie kann ebenso gut hinter der ersten oder zweiten Base eines Tripletts verlaufen).

unten Die dreidimensionale Struktur der GAPDH ist in der geläufigen Form wiedergegeben: α-helikale Anteile als Zylinder; Faltblatt-Strukturen als Pfeile; wobei die Pfeilspitzen zum C-Terminus hin zeigen. Die Koordinaten-Achsen sind mit P, Q, und R bezeichnet. Es sind mehrere Domänen deutlich zu erkennen:

1. Eine N-terminale Domäne, die für die Bindung des Cofaktors NAD⁺ (als schwarzes Gerüst eingezeichnet) verantwortlich ist;
2. Eine mittlere Domäne, wo die kovalente Bindung des Substrats (katalytisches Zentrum) und der Phosphat-Austausch erfolgt [nach 1, 13].

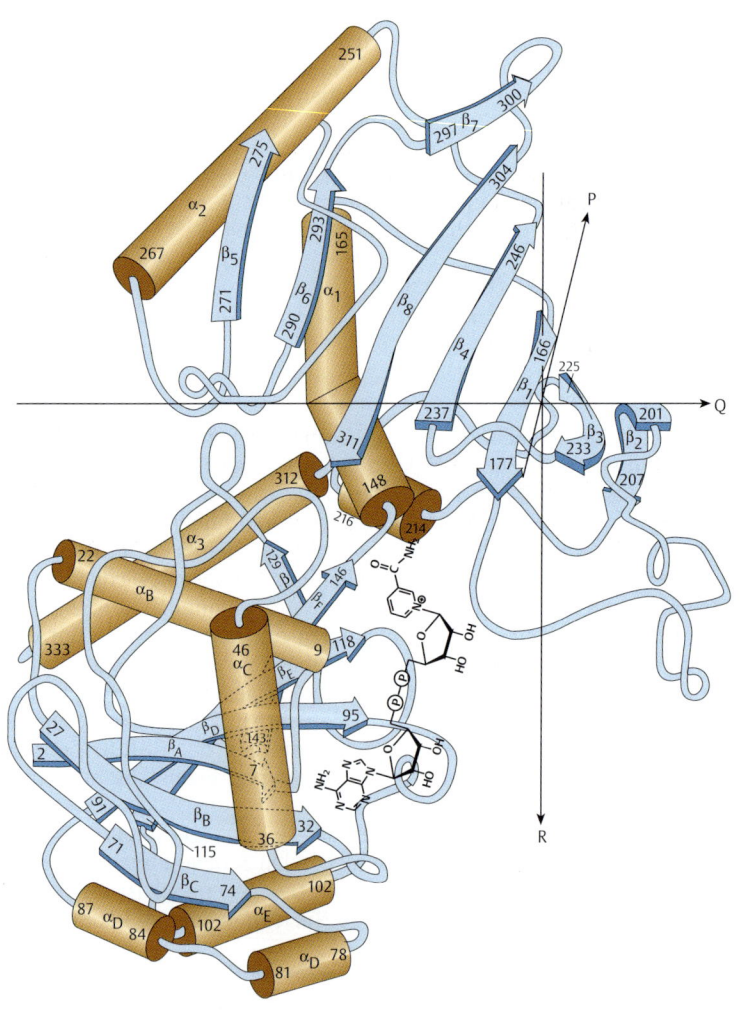

zweite Domäne, etwa von Aminosäure 146–249, trägt das aktive Zentrum, wo die kovalente Verknüpfung mit Glycerinaldehyd-3-phosphat (Abb. 10.**10**) und die Bindung des anorganischen Phosphats erfolgt. Schließlich folgen noch einige Faltblatt- und α-Helix-Strukturen, wobei der letzte, C-terminale und α-helikale Abschnitt durch eine Art Rückfaltung wieder an die Oberfläche der ersten Domäne kommt (Abb. 10.**11**).

Ein Vergleich dieser Domänen-Struktur mit den Kodierungselementen der einzelnen Exons zeigt eine befriedigende Übereinstimmung (Abb. 10.**9**). Eine ähnliche Schlußfolgerung kann man auch aus dem Vergleich der Exon-Anordnung mit der Domänen-Struktur einiger anderer Enzyme des Intermediär-Stoffwechsels ziehen.

Struktur eines Kollagen-Gens

Als Kollagene bezeichnet man eine Gruppe von ähnlichen Proteinen, die zu den wichtigsten und häufigsten Bestandteilen der extrazellulären Matrix in tierischen Geweben gehören. Es gibt mehr als 20 verschiedene Kollagen-Polypeptide, kodiert durch ebenso viele Gene, die im Genom weit verstreut sind.

Wie aus der Tab. 10.**1** zu folgern ist, werden die Kollagen-Gene in verschiedenen Geweben in unterschiedlichem Ausmaß exprimiert. Deswegen ist das Studium der Kollagen-Gene von grundlegendem Interesse für Fragen nach den Mechanismen der Gen-Regulation während der Entwicklung und Differenzierung. Darüber hinaus ist dieses Gebiet für die medizinische Grundlagenforschung wichtig, denn eine Störung der Gen-Expression steht in Beziehung zu so schwerwiegenden Krankheiten wie Arthritis, Rheumatismus und Arteriosklerose.

Das Protein Kollagen besteht aus drei Ketten von je über tausend Aminosäuren, die in Form einer Dreifach-Helix umeinandergewunden sind. In diesem Bereich kommen Aminosäuren in charakteristischen Dreiergruppen vor: Gly-X-Y, wobei die Plätze X und Y oft von Prolin und Hydroxyprolin eingenommen werden.

In der Abb. 10.**12** ist dargestellt, wie das Kollagen aus dem Vorläufer-Protein Prokollagen gebildet wird. Für unsere genetische Betrachtung ist es wichtig, daß das Prokollagen aus etwa 1500 Aminosäuren besteht, so daß die Kodierungs-Sequenz des betreffenden Gens aus mindestens 4500 Nucleotiden bestehen muß. Da eine Prokollagen-Kette aus ungewöhnlich vielen Glycin-Resten (330 Glycin-Reste/Mol) und Prolin-Resten (220 Prolin-Reste/Mol) besteht, kann man weiterhin

Tab. 10.1 Kollagen-Typen

Typ	Ketten-Zusammensetzung	Vorkommen
I	$[\alpha_1 (I)]_2 [\alpha_2(I)]$	Knochen, Haut, Sehnen
II	$[\alpha_1 (II)]_3$	Knorpel, Glaskörper
III	$[\alpha_1 (III)]_3$	Haut, Muskel u. a.
IV	$[\alpha_1 (IV)]_2 [\alpha_2(IV)]$	Basallamina

Die Tabelle enthält nur die vier häufigsten der zwölf bekannten Kollagen-Typen.

Typ I – bis Typ III – Kollagen kommt in Form von Fibrillen vor. Typ IV-Kollagen bildet ein zweidimensionales Netzwerk.

Jedes Kollagen-Molekül besteht aus drei Ketten. Zum Beispiel besitzt das Typ I Kollagen zwei α_1 (I)-Ketten und eine α_2 (I)-Kette [nach 8].

N-Protease   C-Protease

N   C

N-terminales Propeptid (139 Aminosäuren) Dreifach-Helix (1014 Aminosäuren) C-terminales Propeptid (330 Aminosäuren)

Abb. 10.12 Entstehung des Kollagens aus seinem Vorläufer Prokollagen. Das unmittelbare Translations-Produkt der mRNA hat folgende allgemeine Struktur: Signalpeptid/N-terminales Propeptid/Hauptteil/C-terminales Propeptid. Das Signal-Peptid hilft beim Transport des Translations-Produktes durch die zellulären Membranen. Die in dieser Abbildung gezeigten Prokollagen-Ketten legen sich zur Triplex-Helix zusammen, bevor sie von spezifischen Proteasen zum fertigen Kollagen zurechtgeschnitten werden.

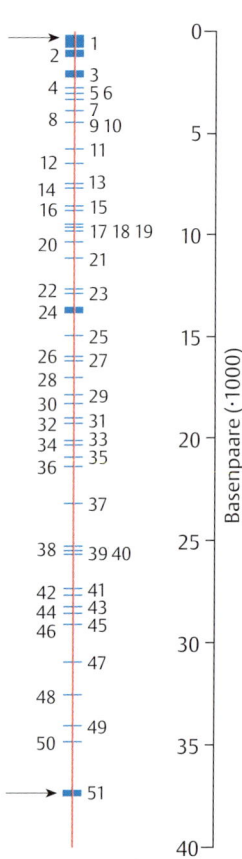

Abb. 10.13 Schema des Pro-α_2-Kollagen-Gens aus dem Hühner-Genom. Die querliegenden Balken deuten die Lage und Größe der Exons an, die verbindende senkrechte Linie die Introns des Gens. Das Gen besteht aus etwa 38000 Basenpaaren [nach 15].

schließen, daß die Kodierungs-Sequenz GC-reich ist, denn Glycin-Codons haben die allgemeine Form GGX und Prolin-Codons die allgemeine Form CCX (Abb. 3.**36**).

Über die Herstellung der cDNA und Isolierung der entsprechenden genomischen DNA konnten die Gene für Prokollagen untersucht werden. In der Abb. 10.**13** ist die allgemeine Struktur des Pro-α_2-Kollagen-Gens aus dem Hühner-Genom gezeigt. Wir erkennen, daß sich das Gen über einen Bereich von annähernd 40000 Basenpaaren erstreckt und sich aus 51 Exons und der entsprechenden Zahl von Introns zusammensetzt. Anders gesagt, das primäre Transkriptions-Produkt muß etwa 40000 Nucleotide lang sein, woraus dann durch zahlreiche Spleißvorgänge die reife mRNA von etwa 5000 Nucleotiden erzeugt wird.

Die Lage von Exons und Introns ist bei den Pro-α_2-Kollagen-Genen anderer Spezies ähnlich wie in unserem Beispiel der Abb. 10.**13**. Beim Vergleich verschiedener Tierarten fällt allerdings auf, daß eine beträchtliche Differenz in der Länge der Intron-Sequenzen besteht. Die **Lage** der Introns wird also konserviert, während die **Länge** der Introns variabel ist.

Die Längenverteilung der Introns im Prokollagen-Gen (Abb. 10.**13**) liegt zwischen weniger als 100 und mehr als 3000 Nucleotid-Paaren. Dagegen ist die Länge der Exons bemerkenswert einheitlich: In dem Bereich des Gens, der den Dreifach-Helix-Anteil des Proteins kodiert, trifft man auf sieben Exons aus je 54 Nucleotid-Paaren, zwei Exons aus 45, drei Exons aus 99 und zwei weitere aus 108 Nucleotid-Paaren.

Wir sehen, daß diese Exon-Abschnitte je ein Vielfaches von neun Nucleotid-Paaren sind und erinnern uns, daß der typische Bauabschnitt der Kollagen-Dreifach-Helix aus zahlreichen Aminosäure-Folgen von Gly-X-Y besteht.

Man nimmt an, daß die Ureinheit des Gens aus 54 Nucleotid-Paaren bestand, aus denen dann die weiteren Exons durch Deletion (54 − 9 = 45) und durch Fusion (54 + 54 = 108; 54 + 45 = 99) hervorgegangen sind.

Diese Beobachtungen geben Anlaß zu interessanten Spekulationen über die Entwicklung des Kollagen-Gens und allgemein über die Bedeutung der Exon-Intron-Struktur von Genen.

Man kann vermuten, daß ein Block von 54 Nucleotid-Paaren sozusagen den funktionellen Baustein des Kollagen-Moleküls kodiert, nämlich eine Folge von 18 Aminosäuren, die vermutlich der Minimallänge entspricht, die für die Ausbildung einer stabilen Dreifach-Helix notwendig ist. Möglicherweise haben sich aus dem ursprünglich vorhandenen Block von 54 Nucleotid-Paaren durch vielfache Duplikationen im Laufe der Evolution die gegenwärtigen Prokollagen-Gene entwickelt.

Wenn der 54-Nucleotidpaar-Block den Minimalbaustein einer stabilen Dreifach-Helix kodiert, kann man vermuten, daß diese Erfindung der Evolution auch für den Bau anderer Proteine ausgenutzt wird, bei denen eine Dreifach-Helix notwendig ist. Tatsächlich hat man kurze Kollagen-ähnliche Sequenzen in der Primärstruktur von mindestens einem anderen Protein gefunden.

Ungleiches Cross-Over

In den Genomen von Eukaryoten, insbesondere von vielzelligen Eukaryoten wie Tieren und Pflanzen, trifft man oft auf Gene ähnlicher Struktur und ähnlicher Funktion. Beispiele bei Säugetieren sind die Gruppe der Globin-Gene (S. 366) oder der Immunglobulin-Gene (S. 443). Evolutionsbiologen erklären die Entstehung solcher Gen-Familien durch den Vorgang des ungleichen Cross-Overs. Dieser Mechanismus könnte auch der Entstehung der Exons in Kollagen-Genen zugrunde liegen.

Ungleiches Cross-Over ist ein Rekombinationsprozeß, der sich zwischen zwei Genen ereignet und dazu führt, daß ein Rekombinations-Produkt auf Kosten des anderen einen DNA-Abschnitt erwirbt. Wir können uns vorstellen, daß sich ein ungleiches Cross-Over zwischen Schwester-Chromatiden abspielt oder auch in der Prophase der Meiose zwischen Nicht-Schwester-Chromatiden. Wenn das Chromosom mit der höheren Kopienzahl einen Selektionsvorteil vermittelt, wird das Ergebnis des ungleichen Cross-Overs fixiert bleiben und auf alle Nachkommen der betroffenen Zelle weitergegeben.

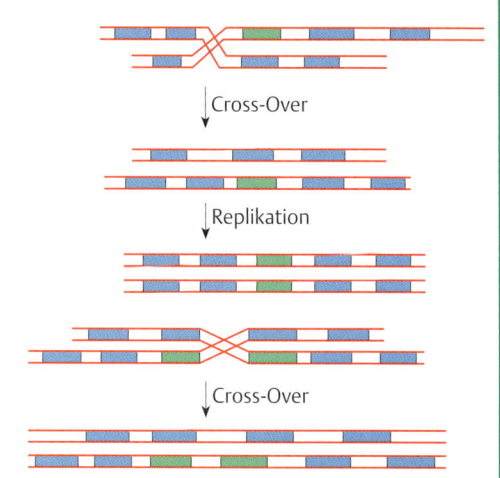

Konsequenzen

Wir haben die Struktur von drei Genen aus Genomen von Wirbeltieren kennengelernt und uns mit der Mosaikstruktur eukaryotischer Gene vertraut gemacht. Wir versuchen nun eine Verallgemeinerung, die auf Analysen von hunderten von Eukaryoten-Genen beruht.

Intron-Sequenzen können sehr verschiedene Längen haben, von etwa 30 Basenpaaren bis zu vielen tausend Basenpaaren. Selbst beim Vergleich der Introns in homologen Genen aus verschiedenen Tier- oder Pflanzenarten findet man oft enorme Unterschiede in den Längen und Nucleotid-Sequenzen. Aber die Sequenzen an den Stellen, wo Introns an Exons stoßen, sind in (fast) allen Genen identisch: Man spricht von der **GT-AG-Regel der Exon-Intron-Grenzen** (Abb. 10.7). Dies hat funktionelle Bedeutung für die Entfernung der Intron-Sequenzen aus der prämRNA, wie wir im Kap. 13 (S. 379 ff.) sehen werden.

Exon-Sequenzen haben dagegen relativ einheitliche Längen. Sie bestehen meist aus 60–200 Basenpaaren und können dementsprechend Protein-Abschnitte von 20 bis etwa 70 Aminosäuren kodieren (Abb. 10.14). Freilich werden die offenen Leseraster der Exons keineswegs nur nach einem Codon unterbrochen, sondern oft auch nach dem ersten oder dem zweiten Nucleotid eines Codons.

Die Exons am Anfang und Ende eines Gens nehmen Sonderstellungen ein. Sie sind meist länger als der Durchschnitt der inneren Exons. Gelegentlich tragen die 5′-Exons kein offenes Leseraster, sondern nur die Sequenzen für die 5′-Nichtkodierungsbereiche von mRNAs oder nur das Initiations-Codon oder das Initiations-Codon mit wenigen Folge-Codons. Die 3′-Exons sind fast immer länger als der Durchschnitt. Sie tragen gewöhnlich die letzten Codons des offenen Leserasters, das Stop-Codon und den oft langen 3′-Nichtkodierungsbereich.

Lassen die vorhandenen Daten Rückschlüsse auf die Bedeutung der Exon-Intron-Struktur für die Evolution von Genen und Genomen zu? Die Debatte über diese Frage ist noch nicht abgeschlossen, obwohl sie seit Entdeckung der Mosaikstruktur eukaryotischer Gene mit einigem Temperament geführt wird.

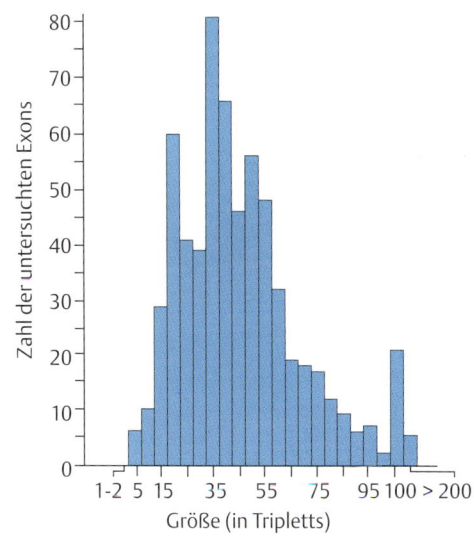

Abb. 10.14 Exon-Größen. Die Größe der Exons von über hundert Genen aus den Genomen verschiedener Wirbeltiere wurde bestimmt. Beachte, daß die Größenangaben in Codons erfolgen. Daraus kann man ableiten, daß ein durchschnittliches Exon 35–55 Aminosäuren kodiert. Die 5′- und 3′-Exons sind in dieser Zusammenstellung nicht berücksichtigt [nach 14].

Die Tatsache, daß die Exons einiger Gene strukturelle Abschnitte von Proteinen kodieren, hat zu der Auffassung beigetragen, daß die Exon-Struktur eine wichtige Funktion beim Aufbau von Genen in der frühen Evolution hatte. Nach dieser Ansicht gab es Introns also schon in den ersten Genen. Demnach sind Gene aus Einzelbausteinen von Exons *(exon shuffling)* zusammengefügt worden. Die besten Zeugen dieser Ansicht stellen Gene für Proteine der extrazellulären Matrix (wie Kollagen), Proteine des Blutgerinnungssystems und einige andere sezernierte Proteine dar.

Allerdings haben sich gerade Gene für diese Proteine erst nach der Trennung der Entwicklungswege von (Eu-)Bakterien und Eukaryoten entwickelt. Das ist ein Argument dafür, daß sich Introns erst nach Entstehung der ersten Eukaryoten-Zellen gebildet und verbreitet haben. Ein weiteres wichtiges Argument für die Forscher, die eine „späte" Einführung von Introns vermuten, ist der nicht seltene Fall von Genen mit hochkonservierten Leserastern, die durch Introns an ganz verschiedenen Stellen unterbrochen sind. T. Cavallier-Smith (1991) meint, daß Introns durch die Endosymbiose mit Cyanobakterien, den Vorläufern von Mitochondrien (S. 489), in primitive Eukaryoten gelangt sind, wo sie sich dann im Laufe der Evolution über eine Art von Retroposition ausgebreitet haben. Tatsächlich gelang Forschern der Nachweis vereinzelter Introns in einigen Genen heutiger Cyanobakterien-Arten.

Aber es könnten auch beide Ansichten zutreffen, nämlich die „frühe Intron"-Hypothese, daß einige Gene ganz zu Beginn der Evolution des Lebens aus Exons und Introns zusammengesetzt waren, und die „späte Intron"-Hypothese, daß andere Gene ihre Introns erst nach der Trennung von Prokaryoten und Eukaryoten erworben haben.

Die Intron-Exon-Struktur eines Gens bleibt während späterer Phasen der Evolution nicht statisch. Wie uns das Beispiel des Kollagen-Gens gezeigt hat, können Introns verlorengehen oder ihren Platz verändern.

Probleme wie „frühe Introns" oder „späte Introns" und Fragen nach ihrer Funktion bei der Evolution der heutigen Gene werden manche Genetiker noch lange beschäftigen. Heute können wir noch keine einfache Antwort geben und müssen die Mosaikstruktur eukaryotischer Gene ohne abschließende Erklärung erst einmal zur Kenntnis nehmen.

Pseudogene

Molekularbiologen haben in der Umgebung von Globin-Genen einige DNA-Abschnitte entdeckt (siehe Abb. 12.**37**), die ganz ähnlich wie funktionelle Globin-Gene aus Exons und Introns aufgebaut sind, aber nicht funktionieren können, weil die Leseraster durch Stop-Codons sowie durch kleine Deletionen und Insertionen unterbrochen sind. Diese Karikaturen normaler und aktiver Gene nennt man **Pseudogene**.

Pseudogene sind Überreste evolutionärer Vorgänge. Man geht davon aus, daß sie aus einem Stamm-Gen durch ungleiches Cross-Over entstanden sind. Die entstehende Kopie blieb funktionslos, so daß sich im Laufe der Evolution Mutationen ansammeln konnten. Ein Pseudogen kann als ein Dokument für Ereignisse in einem DNA-Abschnitt gelten, der nicht dem Druck der Selektion unterworfen ist. Pseudogene dieser Art kommen nicht nur in der Gruppe der Globin-Gene, sondern auch an anderen Stellen des Genoms vor.

Eine zweite und größere Gruppe von Pseudogenen in den Genomen von Säugetieren ist über einen ganz anderen Mechanismus entstanden, nämlich aus einer reversen Transkription von mRNA. Diese Aussage wird folgendermaßen begründet:

– Die Sequenzen dieser Pseudogene entsprechen den hintereinandergeschalteten Exons des echten Gens. Während das echte Gen aus Exons und Introns aufgebaut ist, kommen im entsprechenden Pseudogen keine Introns vor.

– Am 3'-Ende eines Pseudogens findet man gewöhnlich eine Folge von Adenin-Resten. Dies ist ein starkes Argument für die Herkunft der Pseudogene, denn solche Adenin-Folgen werden erst nach der Transkription an das 3'-Ende der mRNA angeheftet. Das echte Gen enthält keine Adenin-Folgen.

– Beiderseits der Pseudogen-Sequenz kommen in der genomischen DNA direkte Wiederholungen von Nucleotid-Sequenzen vor. Solche Rahmen-Sequenzen sind typisch für die integrierten Produkte revers transkribierter RNAs. Wir erinnern an integrierte Provirus-Elemente und an Retroposons (S. 216, 233).

Aus diesen Gründen bezeichnet man ein Pseudogen solcher Art meist als *„processed pseudogene"* oder auch als Retro-Pseudogen oder Retro-Sequenz (Abb. 10.**15**). Unter *„processing"* versteht man die Kette von Ereignissen, bei denen aus dem primären Transkriptions-Produkt die fertige mRNA entsteht. Dazu gehören das Entfernen der Intron-Sequenzen und das Anheften des Poly(A)-Endes.

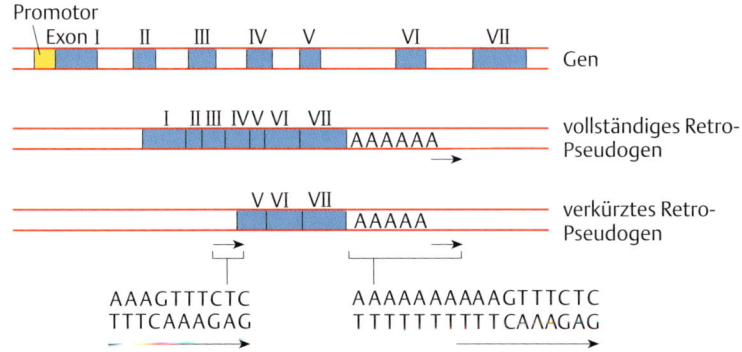

Abb. 10.15 Retro-Pseudogene. In der oberen Zeile ist ein Gen mit einer vorgeschalteten Promotor-Region und einer Folge von sieben Exons und den entsprechenden Introns gezeigt. Das zugehörige Pseudogen darunter kann alle sieben Exons umfassen (vollständiges Retro-Pseudogen) oder auch nur einige der 3'-gelegenen Exons (verkürztes Retro-Pseudogen).

Für die Entstehung solcher Pseudogene nimmt man folgendes Schema an. Im Laufe der Entwicklung einer Tier- oder Pflanzenart hat gelegentlich einmal die reverse Transkription einer mRNA stattgefunden, vielleicht bei der Infektion von Keimzellen durch ein Retrovirus oder durch die reverse Transkriptase eines Retroposons (S. 223). Die entstandene cDNA wird dann in das Genom integriert und als eine Art blinder Passagier über die Generationen mitgeschleppt.

Im allgemeinen findet man auch bei dieser Art Pseudogen zahlreiche „evolutionäre Narben": Stop-Codons, kleine Insertionen und Deletionen, also Veränderungen, die zu Unterbrechungen des Leserasters führen. Das sind wiederum Zeichen dafür, daß die Pseudogen-Sequenzen keinem Selektionsdruck unterworfen sind.

Retro-Pseudogene sind nicht selten (Tab. 10.2), aber längst nicht alle Gene besitzen auch Pseudogen-Varianten. Retro-Pseudogene findet man fast ausschließlich im Genom von Säugetieren.

Tab. 10.2   Häufigkeit einiger Retro-Pseudogene [aus 16]

Spezies	Gen	Zahl der	
		normalen Gene	Retro-Pseudogene
Mensch	Glycerinaldehyd-3-phosphat-Dehydrogenase	1	ca. 25
Maus	Glycerinaldehyd-3-phosphat-Dehydrogenase	1	ca. 200
Mensch	Dehydrofolat-Reduktase	1	ca. 5
Ratte	Cytochrom c	1 (somatisch)	20–30
Mensch	β-Tubulin	2	15–20
Mensch	β-Actin	1 (?)	ca. 20

Literatur

Original- und Übersichtsartikel

1. Biesecker, C., Harris, J. I., Thierry, J. C., Walker, J. E., Wonacott, A. J.: Sequence and structure of D-glyceraldehyde-3-phosphate dehydrogenase from *Bacillus stearothermophilus*. Nature **266** (1977) 328–333
2. Cavalier-Smith, T.: Intron phylogeny: a new hypothesis. Trends Genet. **7** (1991) 145–148
3. Doolittle, W. F., Stoltzfus, A.: Genes-in-pieces revisited. Nature **361** (1993) 403
4. Dorit, R. L., Gilbert, W.: The limited universe of exons. Curr. Opin. Struct. Biol. **1** (1991) 973–977
5. Gilbert, W.: Why genes in pieces? Nature **271** (1978) 501
6. Jeffreys, A. J., Flavell, R. A.: A physical map of the DNA regions flanking the rabbit β-globin gene. Cell **12** (1977) 429–439
7. Kaiser, E., Hu, B., Becher, S., Eberhard, D., Schray, B., Baack, M., Hameister, H., Knippers, R.: The human EPRS locus (formerly the QARS locus): a gene encoding a class I and a class II aminoacyl-tRNA-synthetase. Genomics **19** (1994) 280–290
8. Karlson, P., Doenecke, D.: Kurzes Lehrbuch der Biochemie. 14. Aufl., Thieme, Stuttgart 1994
9. Rogers, J. H.: The role of introns in evolution. FEBS Lett. **268** (1990) 339–343
10. Leder, P., Hansen, J. N., Konkel, D., Leder, A., Nishiola, Y., Talkington, C.: Mouse globin gene system: a functional and evolutionary analysis. Science **209** (1980) 1336–1342
11. Patthy, L.: Exons-original building blocks of proteins? BioEssays **13** (1991) 187–191
12. Southern, E. M.: Detection of specific sequences among DNA fragments separated by gel electrophoresis. J. Mol. Biol. **98** (1975) 503–517

13. Stone, E. M., Rothblum, K. N., Alevy, M. C., Kuo, T. M., Schwartz, R. J.: Complete sequence of the chicken glyceraldehyde-3-phosphate dehydrogenase gene. Proc. Nat. Acad. Sci. USA **82** (1985) 1628–1632
14. Traut, T. W.: Do exons code for structural or functional units in proteins? Proc. Nat. Acad. Sci. USA **85** (1988) 2944–2948
15. Vogeli, G., Ohlenbo, H., Avvedimento, V. E., Sulivan, M., Mudryi, Y., Pastan, I., de Crombrugghe, B.: A repetitive structure in the chick α2-collagen gene. Cold Spring Harbor Symp. Quant. Biol. **45** (1980) 777–783
16. Weiner, A. M., Deininger, P. L., Efstratiadis, A.: Nonviral retroposons: genes, pseudogenes, and transposable elements generated by the reverse flow of genetic information. Ann. Rev. Biochem. **55** (1986) 631–661

11. RNA-Polymerasen und die Grundlagen der Transkription von Eukaryoten-Genen

Eukaryotische RNA-Polymerasen

Die RNA-Polymerase von Bakterien, insbesondere von *E. coli*, gilt als der Prototyp (S. 48). Über dieses Enzym ist viel gearbeitet worden, und deshalb haben wir einen guten, wenn auch immer noch unvollständigen Eindruck von der Art und Weise, wie es seine Funktion bei der Transkription von Genen ausübt.

Erst in den letzten Jahren werden die eukaryotischen RNA-Polymerasen mit vergleichbarer Intensität bearbeitet. Eine wichtige Voraussetzung dafür war der gezielte Einsatz gentechnischer Methoden.

Hier kann nur eine Momentaufnahme des sich schnell entwickelnden Forschungsgebiets versucht werden.

Bereits seit 1969 ist eine wichtige Grundtatsache bekannt:
Alle Eukaryoten besitzen in ihrem Zellkern drei unterschiedliche RNA-Polymerasen.

Aufgrund der Reihenfolge ihres Auftretens im Säulenchromatogramm bezeichnet man sie als RNA-Polymerase I, II und III (Abb. 11.1), oder auch als RNA-Polymerase A, B und C. In der Literatur werden hauptsächlich die Bezeichnungen RNA-Polymerase I, II und III benutzt. Dem schließen wir uns an.

Ein zweites, experimentell wichtiges Unterscheidungsmerkmal ist die unterschiedliche Empfindlichkeit der drei RNA-Polymerasen gegenüber dem Gift des Knollenblätterpilzes α-Amanitin (Tab. 11.1).

Tab. 11.1   Eukaryotische RNA-Polymerasen

RNA-Polymerase	hemmbar durch α-Amanitin?
Pol I	nein
Pol II	ja, und zwar schon bei niedrigen Konzentrationen (von 10^{-9}–10^{-8}M)
Pol III	ja, aber erst bei hohen Konzentrationen (von 10^{-5}–10^{-4}M)

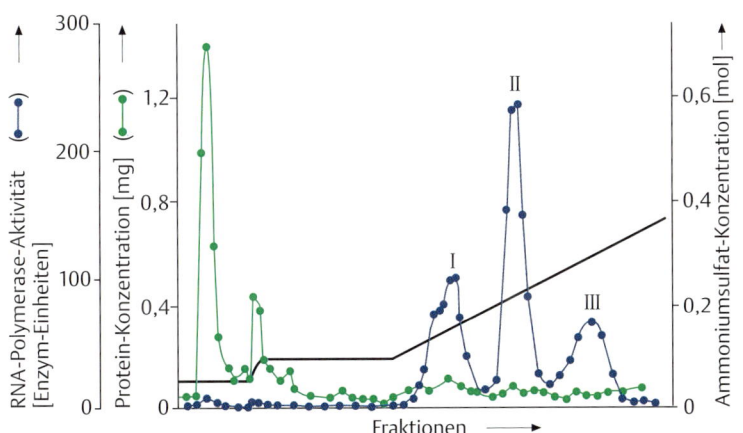

Abb. 11.1   Chromatographische Trennung der drei RNA-Polymerasen aus Seeigel-Embryozellen. Ein Protein-Extrakt wird über eine Chromatographie-Säule geleitet. Die Bedingungen werden so gewählt, daß die meisten Proteine nicht oder nur schlecht an das Säulenmaterial binden. Die Proteine erscheinen im Durchlauf (grüne Punkte). Die RNA-Polymerasen werden in Einzelfraktionen aufgefangen (blaue Punkte); im Diagramm erscheinen sie als Aktivitätsgipfel I, II und III [nach 20].

Das wichtigste Merkmal jedoch ist die unterschiedliche Funktion, denn jede RNA-Polymerase transkribiert eine andere Gen-Gruppe:
- RNA-Polymerase I: Transkription der Gene für drei rRNAs, der 28S, der 18S und der 5,8S rRNA.
- RNA-Polymerase II: Transkription der Gene, die die Information zur Herstellung von Proteinen tragen.
- RNA-Polymerase III: Transkription der Gene für die 5S rRNA, für tRNAs und für andere „kleine" RNA-Arten.

Struktur

Wie das bakterielle Enzym (S. 48) sind auch die eukaryotischen RNA-Polymerasen aus mehreren Untereinheiten aufgebaut. Ihr Aufbau ist jedoch komplizierter, denn jede der drei eukaryotischen RNA-Polymerasen besteht aus zwei großen Untereinheiten (wie das Bakterien-Enzym), aber zusätzlich noch aus etwa 10 kleinen Untereinheiten (Abb. 11.**2**).

Die Präparation von RNA-Polymerasen ist keine leichte Aufgabe für die Biochemiker. Oft gehen im Zuge der langwierigen Reinigungsprozedur Untereinheiten verloren, oder sie werden durch Proteasen teilweise abgebaut. Deswegen entspricht das Chromatogramm in Abb. 11.**2** nicht ganz den Werten der Tab. 11.**2**, die die Ergebnisse zahlreicher Versuche zusammenfaßt.

Wie schon die unterschiedlichen Molmassen zeigen (Tab. 11.**2**), sind die großen Untereinheiten der drei Polymerasen verschiedene Proteine. Ihre Aminosäure-Sequenzen zeigen jedoch deutliche Verwandtschaftsverhältnisse jeweils zwischen den größten (Abb. 11.**3**) und den zweitgrößten Untereinheiten der drei Enzyme.

Die beiden größten Untereinheiten sind nicht nur im Eukaryoten-Reich, von Hefen über Insekten bis zu Säugetieren und Pflanzen, hochkonserviert, sondern zeigen darüber hinaus auch deutliche Ähnlichkeit mit den beiden größten Untereinheiten der bakteriellen RNA-Polymerase. Die größte Untereinheit der eukaryotischen RNA-Polymerasen entspricht der β′-Untereinheit des *E. coli*-Enzyms und die zweitgrößte der β-Untereinheit (S. 48 f.).

Dies ist nicht allzu erstaunlich, denn immerhin nehmen die RNA-Polymerasen eine ganz zentrale Stelle im genetischen Apparat einer jeden Zelle ein. Sie müssen deswegen schon sehr früh in der Evolution entstanden sein.

Eine eigentümliche Besonderheit der größten Untereinheit der RNA-Polymerase II ist das Vorkommen von sich wiederholenden Folgen von Heptapeptiden am C-terminalen Ende, und zwar 26–27 Folgen im Hefe-, 44 Folgen im *Drosophila*- und 52 Heptapeptid-Folgen im Säugetier-Enzym (Abb. 11.**4**, S. 302).

> Eine wichtige Funktion der größten Untereinheit ist die Bindung an DNA. Die zweitgrößte Untereinheit hat als Aufgabe die Bindung von Nucleotiden, während die drittgrößte Untereinheit eine Funktion übernimmt, die der α-Untereinheit des Bakterien-Enzyms entspricht, und die mit der Stabilität des Gesamtkomplexes zusammenhängt (S. 49).

Über die Funktionen der übrigen (kleinen) Untereinheiten weiß man zur Zeit noch wenig. Einige der kleinen Untereinheiten kommen in allen drei

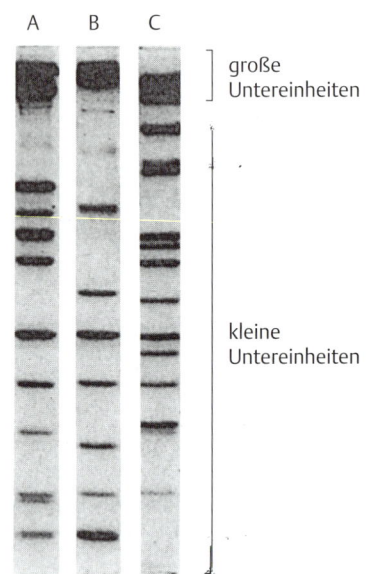

A B C

große Untereinheiten

kleine Untereinheiten

Abb. 11.2 Untereinheiten der drei RNA-Polymerasen. Die RNA-Polymerasen I (A), II (B) und III (C) der Hefe *Saccharomyces cerevisiae* wurden isoliert, dann mit Hilfe des Detergenz Natriumdodecylsulfat (*sodium dodecylsulfate*, SDS) in die Untereinheiten zerlegt und in Gegenwart von SDS durch Polyacrylamid-Gel-Elektrophorese analysiert. Die kleinen Untereinheiten wandern im elektrischen Feld schneller durch das Maschenwerk des Polyacrylamid-Gels als die großen Untereinheiten [nach 22].

Polymerasen vor (Tab. 11.**2**). Sie könnten eine Rolle bei der Regulation der Transkription oder bei der Feinabstimmung der Polymerase-Aktivität spielen.

Anmerkungen zur biochemischen Funktion

RNA-Polymerasen sind die Schlüsselenzyme der Gen-Expression, aber sie reichen bei weitem nicht aus. Das zeigt sich schon, wenn man gereinigte RNA-Polymerasen im Reagenzglas untersucht: Intakte doppelsträngige DNA wird selbst unter sonst optimalen Versuchsbedingungen nicht als Matrize erkannt und nicht zur Synthese von RNA verwendet. Die besten Matrizen für gereinigte RNA-Polymerasen sind DNA-Moleküle mit Einzelstrang-Brüchen oder mit Einzelstrang-Bereichen. An diesen Stellen beginnt dann in völlig ungeordneter Weise die Synthese von RNA.

Das zeigt:
1. Als Startstelle der Transkription kommt nicht irgendein Stück auf der doppelsträngigen DNA in Betracht, sondern eine bestimmte Sequenz, der **Promotor.**
2. Zur geordneten Transkription reicht die RNA-Polymerase nicht aus. Zusätzliche Proteine sind notwendig, sogenannte **Transkriptions-Faktoren.**

Wir fügen hinzu, daß es über hundert bekannte Transkriptions-Faktoren gibt, von denen wir einige später besprechen wollen. Von ihnen hängt unter anderem die zelltypspezifische Expression von Genen ab. Die Untersuchung der Struktur und Funktion der Faktoren ist ein wichtiger Teil der molekulargenetischen Forschung.

Wir werden im folgenden über Promotoren und über Transkriptions-Faktoren sprechen. Wir beginnen mit der Besprechung **proteinkodierender Gene, die von der RNA-Polymerase II transkribiert werden.**

Damit schlagen wir ein großes Kapitel der Molekulargenetik – und überhaupt der Biologie – auf. Es umfaßt ganz grundlegende Fragen wie

Tab. 11.2 Untereinheiten der eukaryotischen RNA-Polymerasen

Pol I	Pol II	Pol III	
190	220	160	die beiden großen Untereinheiten
135	150	128	
		82	
49			
43		53	
40	44,5	40	
		37	
34,5	32	34	
		31	
27	27	27	
23	23	23	
19	16	19	
14,5	14,5	14,5	
14			
	12,6		
12,2		11	
10	10	10	

Die Angaben sind in Kilo-Dalton (kDa). Sie beziehen sich auf die Enzyme aus *Saccharomyces cerevisiae* (Abb. 11.**2**). Gemeinsame Untereinheiten sind eingerahmt [aus 2].

Abb. 11.3 Homologie-Blöcke in den größten Untereinheiten der drei eukaryotischen RNA-Polymerasen. Es werden die drei größten Untereinheiten der Enzyme aus der Hefe *Saccharomyces cerevisiae* verglichen. Ähnliches findet man beim Vergleich der entsprechenden Untereinheiten aus anderen Organismen. Wir haben sechs Regionen (A–F) hervorgehoben, in denen 40–70 % der Aminosäuren bei allen drei Enzymen an vergleichbaren Stellen vorkommen. In den Sequenzen zwischen diesen „Homologie"-Blöcken unterscheiden sich die drei verglichenen Polypeptid-Ketten erheblich. Man kann also davon ausgehen, daß die Enzym-Abschnitte im Bereich dieser Blöcke Funktionen ausüben, die allen RNA-Polymerasen gemeinsam sind, etwa DNA-Bindung, Trennung der komplementären DNA-Stränge, Bindung und Verknüpfung von Nucleotiden. Tatsächlich findet man im Block A eine Folge von Aminosäuren, die auch in anderen DNA-Binde-Proteinen vorkommt, das sog. Zink-Finger-Motiv DNA-bindender Proteine (S. 317). Der Block B hat zwei hintereinandergeschaltete α-Helix-Formationen, die der tiefen Spalte zwischen den Helices J und K der DNA-Polymerase I (Abb. 6.**7**, S. 617) entsprechen und eine Funktion bei der DNA-Bindung haben. Ein *Helix-Turn-Helix*-Motiv DNA-bindender Proteine (Abb. 4.**40**, S. 116) findet man im Block C. Übrigens, der Hemmstoff α-Amanitin bindet sich an eine Stelle im Block D der RNA-Polymerase II. Die Homologie-Blöcke der größten Untereinheiten findet man in leicht abgewandelter Form auch in der β'-Untereinheit der RNA-Polymerase von *E. coli* [nach 1, 14].

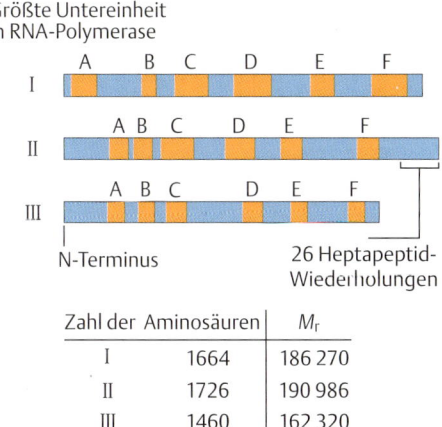

Größte Untereinheit in RNA-Polymerase

	Zahl der Aminosäuren	M_r
I	1664	186 270
II	1726	190 986
III	1460	162 320

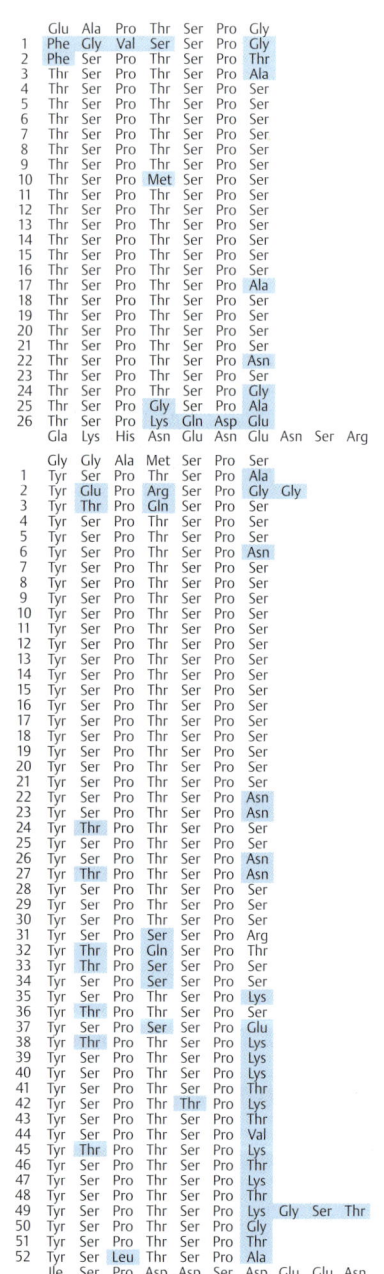

Abb. 11.4   Die C-terminale Sequenz in der RNA-Polymerase II von Hefe (oben) und Säugetieren (unten). Diese C-terminalen Sequenz-Wiederholungen sind für die Funktion des Enzyms in der Zelle notwendig. In aktiver RNA-Polymerase befinden sich Phosphat-Gruppen an Serin- und Threonin-Seitenketten.

die Regulation genetischer Aktivität durch Signale, die die Zelle von außen erhält, und betrifft die spezifische Gen-Expression in den verschiedenen Zelltypen eines Tieres oder einer Pflanze und die geordnete Aufeinanderfolge genetischer Aktivität während der Entwicklung eines Embryos (siehe Kap. 12, S. 329 ff.).

Promotoren in proteinkodierenden Genen

Der Ausgang für die Untersuchung eines Promotors ist die Feststellung des Startpunktes der Transkription. An welcher Stelle vor der Kodierungs-Sequenz eines Gens beginnt die Synthese der RNA?

Wir erinnern uns, daß der experimentelle Weg zu einem speziellen eukaryotischen Gen meist über die cDNA führt (Kap. 9, S. 263). Mit Hilfe der cDNA läßt sich dann aus einer geeigneten Genom-Bibliothek das zugehörige Gen isolieren. Aber auch wenn die Isolierung des 5′-Nichtkodierungsbereiches mit dem nachfolgenden DNA-Mosaik aus Exons und Introns gelungen ist, kann man keine sichere Information über den Startpunkt der Transkription erwarten, denn das 5′-Ende der cDNA entspricht nur selten genau dem 5′-Ende der mRNA. Dies liegt an der Herstellung der cDNA, die nämlich meist von einem Primer aus geschieht, der an einem 3′-Bereich der mRNA, oft sogar an sein poly(A)-Ende, hybridisiert. Der Primer ist der Start für die reverse Transkriptase, die die Sequenz der mRNA kopiert. Aber eine *vollständige* Kopie der mRNA kann nicht garantiert werden. Aus der Sequenz der cDNA können wir also meist nicht auf das 5′-Ende der mRNA schließen.

Deswegen müssen besondere Verfahren zur Identifizierung des Transkriptionsstarts angewendet werden.

Wichtige Methoden sind:
– die S1-Nuclease-Kartierung von mRNA-Enden,
– die Primer-Verlängerung *(primer extension).*

Das Prinzip beider Methoden ist in der Abb. 11.**5** skizziert. Schon um das Jahr 1980 hatte man mit Hilfe dieser und anderer Methoden die Transkriptions-Startpunkte von 60 verschiedenen Genen aus verschiedenen Eukaryoten-Zellen, von Insekten, Seeigeln, mehreren Säugetierarten, einschließlich des Menschen, bestimmen können. Es lag nun nahe, die 5′-wärts gelegenen Sequenzen auf Strukturähnlichkeit zu untersuchen, in der Vorstellung, einheitliche Muster in den Promoter-Sequenzen zu finden, so wie man sie von bakteriellen Promotoren her kannte (S. 49).

Das Ergebnis der Untersuchungen zeigte (Abb. 11.**6**, S. 304):
– Die meisten transkribierten DNA-Abschnitte beginnen mit einem Adenin-Nucleotid im nichttranskribierten DNA-Strang; d. h. die meisten RNAs tragen am 5′-Ende ein Adenin-Nucleotid.

   Das Startnucleotid liegt oft in einer Pyrimidin-reichen Sequenz, als **Initiator** oder kurz als **Inr** bezeichnet. Die meist wenig deutlich ausgeprägte Konsensus-Sequenz des **Inr**-Elementes ist in der Abb. 11.**6** notiert.

– In einem Bereich zwischen den Basenpaaren –29 und –34 vor dem Startpunkt befindet sich eine AT-reiche Stelle mit der typischen Folge TATA (im nichttranskribierten DNA-Strang), daher die Bezeichnung **TATA-Box.** Man konnte vermuten, daß diese Region irgendwie eine

S1-Nuclease-Methode

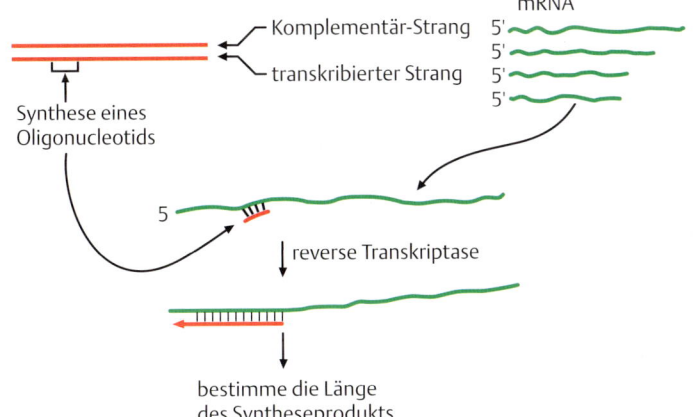

5'-Teil eines Gens aus einer genomischen DNA-Bank (Schnittstellen für Restriktions-Nuclease ▼)

mRNA aus differenzierten Zellen

5'-Endmarkierung

Restriktion

nur <u>eine</u> mRNA-Art kann mit dem 5'-Ende des Gens hybridisieren

Längenmarker

Bestimmung der Länge des DNA-Fragments im Sequenzier-Gel

Abbau der überstehenden Einzelstrang-Enden durch die einzelstrangspezifische S1-Nuclease

Denaturieren durch NaOH

Primer-Extension-Methode

Komplementär-Strang

transkribierter Strang

mRNA

Synthese eines Oligonucleotids

reverse Transkriptase

bestimme die Länge des Syntheseprodukts

Abb.11.5 Startstellen der Transkription. Die S1-Nuclease- und die Primer-Extension-Methode setzen eine Kenntnis der Nucleotid-Sequenz des 5'-Endes des Gens und der vorgeschalteten Bereiche voraus. Ebenso muß eine Präparation von mRNA aus differenzierten Zellen vorhanden sein.

Die **S1-Nuclease-Methode** (Berk-und-Sharp-Methode) beruht auf der einzelstrangspezifischen Aktivität des verwendeten Enzyms. Doppelsträngige DNA oder doppelsträngige Bereiche in DNA-RNA-Hybriden werden nicht angegriffen. Deswegen bleibt der Teil des DNA-Stranges, der mit dem 5'-Ende der mRNA hybridisiert, intakt. Seine Länge zeigt den Abstand des Transkriptionsstarts von der bekannten Restriktions-Schnittstelle an.

Die **Primer-Extension-Methode** erfordert ein chemisch synthetisiertes Oligonucleotid, dessen Sequenz einem kleinen Abschnitt aus dem transkribierten DNA-Strang entspricht. Nach Hybridisierung an die passende mRNA dient dieses Oligonucleotid als Primer für die reverse Transkriptase. Die Länge der entstehenden cDNA entspricht dem Abstand von der Oligonucleotid-Sequenz bis zum Transkriptionsstart.

Rolle bei der Promotor-Funktion spielt, zumal sie in ihrer Lage und Basenpaar-Folge an die –10-Region („Pribnow-Box") der bakteriellen Promotoren erinnert (S. 49).

– Außer diesen beiden Merkmalen ergab der Vergleich zahlreicher eukaryotischer Promotoren wenige weitere gemeinsame Strukturmerkmale.

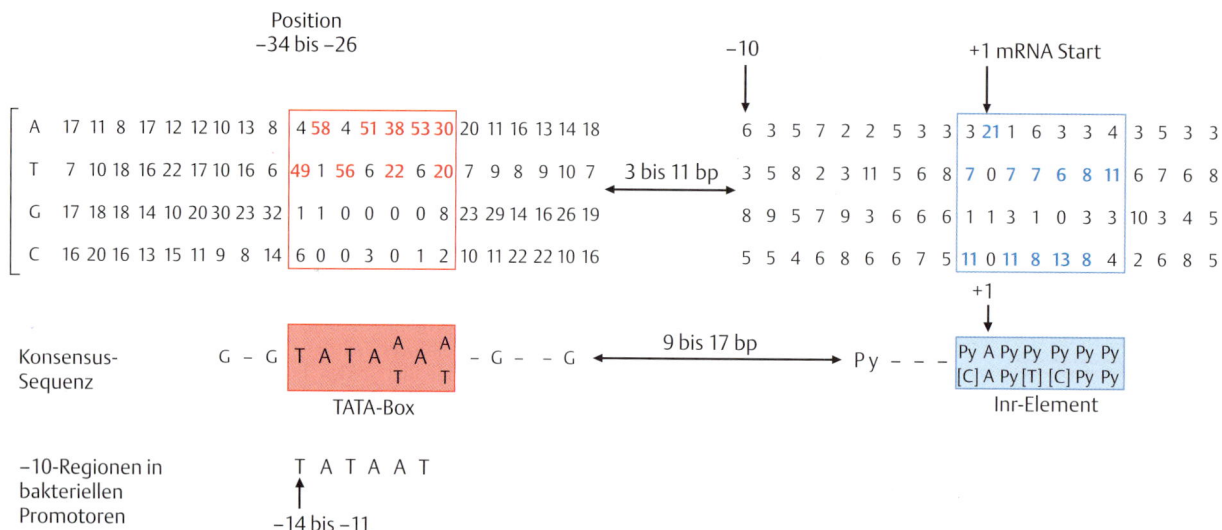

Abb. 11.6 Eine Analyse von Promotor-Sequenzen. Die Nucleotid-Sequenzen von zahlreichen Genen unmittelbar um die Transkriptions-Startpunkte herum wurden bestimmt und die Häufigkeit der vorkommenden Nucleotide notiert (Die Zahlen geben an, wie oft ein Nucleotid an der betreffenden Stelle gefunden wurde). Es gibt nur wenige gemeinsame Merkmale, nämlich meist ein A am Startpunkt und eine AT-reiche Region zwischen den Nucleotiden −26 und −34. Daraus läßt sich eine Konsensus-Sequenz (TATA-Box) ableiten, die Ähnlichkeiten mit der −10-Region prokaryotischer Promotoren hat [nach 5].

Dies ist eigentlich kein überraschender Befund, denn im Hinblick auf die komplizierte zelltypspezifische und entwicklungsspezifische Regulation eukaryotischer Gene sollte man komplexe Promotor-Strukturen erwarten. Auffällig gemeinsame Promotor-Sequenzen wären daher eher unwahrscheinlich, denn man muß von einem Gen-individuellen Aufbau eines Promotors ausgehen.

Zudem muß man betonen, daß die Auswahl der Promotoren der Abb. 11.6 nicht zufällig getroffen wurde. Die Promotoren stammen nämlich alle von regulierten Genen, etwa von Genen, die nur in bestimmten Zelltypen aktiv sind. Dazu gehören die Gene, die die Information für Antikörper tragen und nur in den Zellen des Immunsystems transkribiert werden, oder Gene für Globin-Ketten, die nur in den Vorläufern der roten Blut-Zellen exprimiert sind usw.

Die Abb. 11.6 enthält **nicht** die Promotoren von Genen, die ständig und in allen Zellen benötigt werden. Diese sogenannten **Haushalts-Gene** tragen beispielsweise die Information zur Herstellung von Enzymen des Stoffwechsels oder von Proteinen des Cytoskeletts. Die Nucleotid-Sequenz der Promotoren von Haushalts-Genen sieht drastisch anders aus als die von regulierten Genen.

Davon berichten wir aber später. Jetzt geht es zuerst einmal um die Untersuchung der Funktion von Promotoren.

Zum Nachweis der Promotor-Funktion

Wir fragen, welche Bedeutung die Sequenzen der Abb. 11.6 und andere benachbarte DNA-Bereiche für die Expression von Genen haben. Zur Untersuchung dieser Fragen werden hauptsächlich zwei Methoden verwendet:
– der transiente Expressionsversuch *(transient expression assay),*
– die *In-vitro*-Transkription.

An dieser Stelle betrachten wir die **transiente Expression.** Dazu wird ein Gen mit der vorgeschalteten Promotor-Sequenz in ein Plasmid eingebaut und in Zellkultur-Zellen eingebracht, etwa durch das Verfahren der Transfektion (siehe Box). Das Plasmid gelangt, jedenfalls bei einem Teil der Zellen, in den Zellkern, wo das eingebaute Gen transkribiert wird, sofern es einen ordentlich funktionierenden Promotor hat. Nach ein oder zwei Tagen präpariert man aus den transfizierten Zellen die RNA und prüft, ob darunter auch Transkripte des eingebrachten Gens sind und, wenn ja, wie groß deren Menge ist.

Allerdings läßt sich diese Version der Analyse nicht oft anwenden, denn die meisten Gene sind viel zu lang und lassen sich nicht in Plasmiden klonieren (s. S. 266).

In solchen Fällen wird der Promotor, dessen Funktion man untersuchen möchte, mit einem **Reporter-Gen** verknüpft. Das ist ein Gen, das normalerweise nicht in eukaryotischen Zellen vorkommt, wie das bakterielle Enzym β-Galactosidase (S. 111) oder die Chloramphenicol-Acetyl-Transferase (CAT), das Gen eines Transposons (S. 210). Ein aktiver Promotor ermöglicht die Transkription des Reporter-Gens. Das kann man dann leicht durch Messung der Enzym-Aktivität im Extrakt der transfizierten Zelle messen. Abb. 11.7 zeigt, wie das bakterielle Gen für CAT als Reporter-Gen benutzt wird.

Versuche mit dem Promotor des β-Globin-Gens

Wir sehen uns das Verfahren der transienten Expression an einem Beispiel genauer an.

In dem gewählten Beispiel ist das β-Globin-Gen des Kaninchens mit etwa 400 vorgeschalteten Basenpaaren in dem Plasmid-Vektor pBR322 eingebaut. Diese Konstruktion wird in Maus-Fibroblasten-Zellen übertragen (Abb. 11.**8**, S. 306).

Aber die Expression des Globin-Gens ist äußerst schwach. Dies liegt sicher daran, daß β-Globin-Gene mit hoher Effizienz nur an einer Stelle im erwachsenen Organismus exprimiert werden, nämlich in den Vorläufern der roten Blutzellen, in sogenannten erythroiden Zellen. Fibroblasten sind also ein denkbar ungünstiger Ort zur Untersuchung der Globin-Gene.

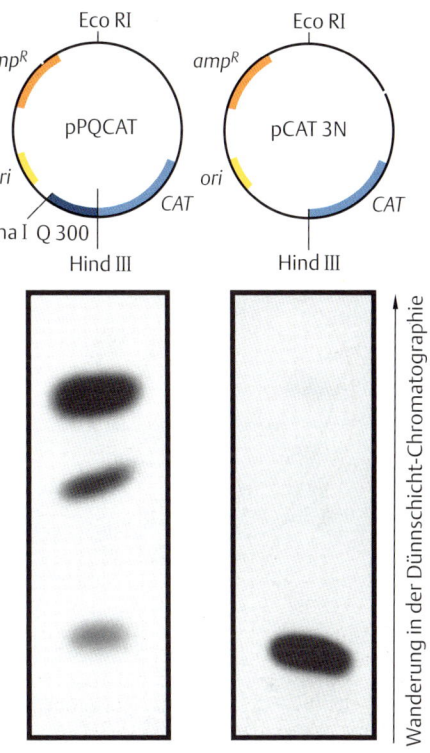

Abb. 11.7 CAT-Test: Das bakterielle Gen für Chloramphenicol-Acetyl-Transferase (CAT) als Reporter-Gen. **oben** Zwei Plasmid-DNA-Moleküle, die beide die Kodierungs-Sequenz des *CAT*-Gens enthalten. Das linke Plasmid trägt außerdem einen dem *CAT*-Gen vorgeschalteten eukaryotischen Promotor (hier als Q 300 bezeichnet). Beide Plasmide werden mit Hilfe der Calciumphosphat-Präzipitations-Methode in Zellkultur-Zellen eingeführt. In diesen Extrakten mißt man das CAT-Enzym durch die Überführung von ^{14}C-markiertem Chloramphenicol in seine acetylierten Formen. (Acetyl-Coenzym A dient in diesem Test als Donor für die Acetyl-Gruppen). **unten** Das unveränderte Chloramphenicol und die mono- oder diacetylierten Formen lassen sich durch Dünnschicht-Chromatographie voneinander trennen. Die Auswertung des Experimentes erfolgt mittels Autoradiographie. Ein aktiver Promotor ist für die Expression des *CAT*-Gens notwendig. Das unveränderte Chloramphenicol wandert weniger weit als die mono- und diacetylierten Formen. (Bilder von S. Wagner, Konstanz.)

Methode

Transfektion. Man kennt mehrere Verfahren für die Übertragung von DNA in Zellkultur-Zellen. Zum Beispiel kann man DNA in den Zellkern mikroinjizieren. Dies ist theoretisch die beste Methode. Sie ist aber technisch aufwendig, so daß immer nur relativ wenig Zellen in einem Experiment untersucht werden können.

Weniger aufwendig ist die sogenannte Transfektion über **Calciumphosphat-Präzipitation**.

In Gegenwart der zu untersuchenden DNA werden Calciumchlorid und Natriumphosphat unter genauen Bedingungen miteinander gemischt. Dabei entsteht eine Suspension von unlöslichem Calciumphosphat, an das sich die DNA bindet. Diese Suspension wird dann zu Zellkulturen gegeben: Die Calcium-

phosphat-Kristalle (mit gebundener DNA) setzen sich auf der Oberfläche der Zellen ab und werden durch Endocytose in die Zellen aufgenommen. Die DNA gelangt in den Zellkern, wo sie gegebenenfalls transkribiert wird.

Ein Teil der „transfizierten" DNA kann übrigens später in das Genom der Empfänger-Zelle integriert werden, die dann das übertragene Stück DNA in ihrem Genom stabil auf nachfolgende Zell-Generationen weitergeben kann.

Dieser Aspekt spielt jedoch bei dem hier besprochenen Experiment keine Rolle. Denn hier betrachten wir einen *„transient expression assay"*, den Nachweis von Transkriptions-Ereignissen einen oder zwei Tage nach der Transfektion.

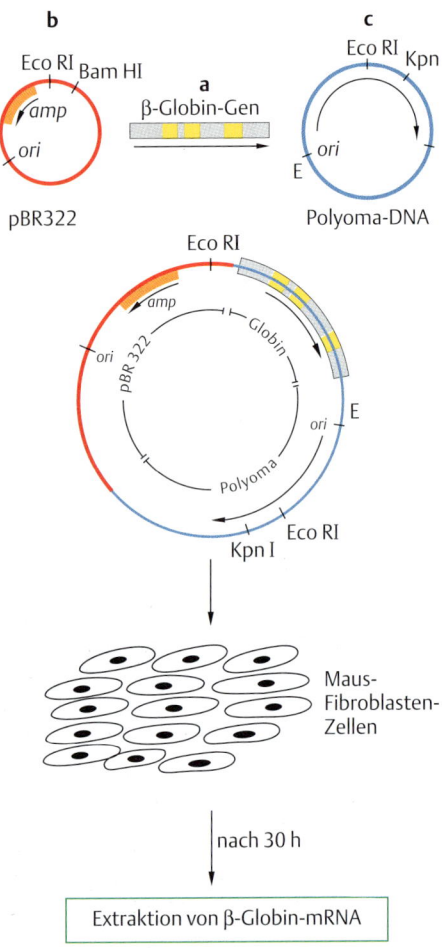

Abb. 11.8 Eine experimentelle Methode zum Studium der Gen-Expression. Die synthetische DNA (Mitte) setzt sich aus drei Abschnitten zusammen. **a** aus dem β-Globin-Gen des Kaninchens (Exons durch Kästen hervorgehoben); **b** aus der DNA des bakteriellen Plasmids pBR 322; **c** aus Teilen der DNA des Polyoma-Virus.

Eco RI, Bam HI und Kpn I	= charakteristische Schnittstellen für die Restriktions-Nucleasen.
ori	= Startpunkt der Replikation. Ohne *ori*-Sequenzen könnte sich das Plasmid nicht autonom in Bakterien vermehren.
amp	= Plasmid-Gen für Ampicillin-Resistenz (Abb. 9.**2**, S. 265).
E	= Enhancer.

Pfeile an den DNA-Molekülen geben Transkriptions-Richtung an [nach 8].

Man hilft sich mit einem Trick, der darin besteht, zusätzlich zu den Gen-Sequenzen ein Stück aus der DNA des Polyoma-Virus in das Plasmid einzubauen.

Das Polyoma-Virus ist ein enger Verwandter des Simian Virus 40 (SV40), das uns früher schon begegnet ist (S. 28). Ein wichtiger Unterschied ist: SV40 vermehrt sich, wie sein Name sagt, in Affen-Zellen, das Polyoma-Virus in Maus-Zellen. Mit dieser Zellspezifität hängt auch die Transkriptions-Verstärkung der Polyoma-Virus-DNA in Maus-Zellen zusammen.

Das Stück Polyoma-DNA erhöht die Expression des β-Globin-Gens um das 200fache und mehr. Die Virus-DNA-Abschnitte wirken als eine Art **Verstärker** bei der Transkription des β-Globin-Gens in Maus-Fibroblasten-Zellen. Was es mit dem Verstärker – der Fachausdruck ist das englische Wort **Enhancer** – auf sich hat, wird uns später beschäftigen.

Hier nehmen wir den Einbau des Stücks Polyoma-DNA zunächst einfach als eine experimentelle Maßnahme, die den Nachweis einer β-Globin-Expression in Fibroblasten-Zellkulturen ermöglicht. Dabei zeigt sich, daß unter den gewählten experimentellen Bedingungen ein Abschnitt von etwa 120 Basenpaaren im 5'-wärts vorgeschalteten DNA-Bereich für die Expression des β-Globin-Gens ausreichend ist.

Dieser DNA-Abschnitt wird im Experiment systematisch verändert, durch gezielte Deletionen verschieden langer Nucleotid-Sequenzen und durch Einführen spezifischer Punkt-Mutationen.

Das Ergebnis dieser Untersuchung (Abb. 11.**9**) weist auf drei funktionell bedeutsame DNA-Regionen hin:

1. Die TATA-Box etwa bei Position – 30. Diese Region bestimmt nicht nur das Ausmaß der Transkription, also die Zahl der eingeleiteten Transkripte pro Zeit, sondern auch die Genauigkeit des Starts, also die Verwendung des Nucleotids +1 für den Beginn der RNA-Synthese.

2. Die Folge GGCCAATCT zwischen den Basenpaaren – 70 und – 80. Dies ist ein DNA-Element, das man in dieser oder einer leicht geänderten Form in vielen eukaryotischen Promotoren findet, die CCAAT-Box.

3. Ein Bereich um das Basenpaar – 100 herum mit Sequenz-Elementen, die ebenfalls auch in anderen Genen gefunden werden.

Zusammengefaßt heißt das, der β-Globin-Gen-Promotor hat funktionell wichtige Bereiche oder Elemente, die auch in anderen eukaryotischen Promotoren vorkommen, die TATA-Box bei etwa Position – 30 und die CCAAT-Box bei Position – 75. Dazu kommt noch der Abschnitt zwischen den Nucleotiden – 80 und – 100.

Abb. 11.**9** verdeutlicht noch einmal die Bedeutung der 5'-flankierenden Sequenzen im β-Globin-Gen.

Um diese funktionell wichtigen Bereiche weiter zu illustrieren, sehen wir uns noch den Promotor eines zweiten Gens an, des Thymidinkinase-Gens im menschlichen Genom.

Zum Vergleich: Der Promotor des *TK*-Gens

Das β-Globin-Gen ist ein zelltypspezifisches Gen, dessen Expression von den besonderen Bedingungen der differenzierten Zelle abhängt. Dagegen kann das Gen für das Enzym Thymidin-Kinase (TK) in allen Zellen aktiv werden, aber nur unter bestimmten physiologischen Bedingungen. Es ist ein induzierbares Gen. Die Induktion findet mit dem Eintritt der

Zelle in die DNA-Synthese-Phase des Zellzyklus statt, wenn ein erhöhter Bedarf an Deoxynucleotiden besteht.

Der *TK*-Gen-Promotor wurde nach den geschilderten Methoden untersucht mit dem Ergebnis, das in Abb. 11.**10** gezeigt ist.

a Deletionen

		RT
Wildtyp-Sequenz	GTCATCACCCAGACCTCACCCTGCAGAGCCACACCCTGGTGTTGGCCAATCTACACACGGGGTAGGGATTACATAGTTCAGGACTTGGGCATAAAAGGCAGAGCAGGGCAGCTGCTGCTTACACT	1,0
Mutanten −109	GACCTCACCCTGCAGAGCCACACCCTGGTGTTGGCCAATCTACACACGGGGTAGGGATTACATAGTTCAGGACTTGGGCATAAAAGGCAGAGCAGGGCAGCTGCTGCTTACACT	1,0
−82	GTGTTGGCCAATCTACACACGGGGTAGGGATTACATAGTTCAGGACTTGGGCATAAAAGGCAGAGCAGGGCAGCTGCTGCTTACACT	0,09
−79	TTGGCCAATCTACACACGGGGTAGGGATTACATAGTTCAGGACTTGGGCATAAAAGGCAGAGCAGGGCAGCTGCTGCTTACACT	0,10
−78	TGGCCAATCTACACACGGGGTAGGGATTACATAGTTCAGGACTTGGGCATAAAAGGCAGAGCAGGGCAGCTGCTGCTTACACT	0,10
−56	GGGATTACATAGTTCAGGACTTGGGCATAAAAGGCAGAGCAGGGCAGCTGCTGCTTACACT	0,02
−40	GGACTTGGGCATAAAAGGCAGAGCAGGGCAGCTGCTGCTTACACT	0,02
−37	CTTGGGCATAAAAGGCAGAGCAGGGCAGCTGCTGCTTACACT	0,02
−37	CTTGrGCATAAAAGGCAGAGCAGGGCAGCTGCTGCTTACACT	0,02
−26	AAGGCAGAGCAGGGCAGCTGCTGCTTACACT	(≤ 0,005)
−20	GAGCAGGGCAGCTGCTGCTTACACT	(≤ 0,005)
−12	CAGCTGCTGCTTACACT	(≤ 0,005)

Positionsmarkierungen: −120, −110, −100, −90, −80, −70, −60, −50, −40, −30, −20, −10, +1

Abb. 11.9 Funktionelle Bedeutung der 5′-flankierenden Sequenzen eines β-Globin-Gens.

a Die erste Zeile gibt die normale „Wildtyp"-Sequenz der 5′-flankierenden Region wieder. Unterstrichen sind:
1. Bei −30 die TATA-Box (Beachte, daß die Sequenz vor dem β-Globin-Gen von der Konsensus-Sequenz, siehe S. 304, an einigen Stellen abweicht: Statt TATA lautet die Sequenz hier CATA).
2. Bei −70 die CCAAT-Box.
3. Um −100 das zweimal vorkommende CACCC-Motiv.
Unterhalb der normalen Sequenz sind systematische Deletionen in der 5′-Region eingetragen. Rechts ist die Auswirkung jeder Deletion auf die Transkriptions-Effizienz notiert: RT bedeutet „relative Transkription", relativ zum unveränderten Promotor, bei dem die Menge an synthetisierter mRNA mit 1,0 angenommen wird. Eine Deletion des −100-Bereiches hat eine Reduktion der Transkriptions-Effizienz auf etwa 10 % des Normalwertes zur Folge. Eine zusätzliche Deletion des CCAAT-Bereiches führt zu noch weiterer Einschränkung der Transkriptions-Leistung auf 2 % des Kontrollwertes. Wenn schließlich noch die −30-Region durch Deletion entfernt wird, kann keine Transkription des β-Globin-Gens mehr gemessen werden [aus 8].

b Hier wird die Bedeutung der CCAAT- bzw. der TATA-Box für die Effizienz der Transkription gesondert untersucht. Wir erkennen, daß der Austausch einzelner Nucleotide drastische Auswirkungen auf die Effizienz der Transkription hat [nach 8].

b Nucleotidaustausch-Mutationen

		−70	RT
normal	5′–	G G C C A A T C T –3′	1,0
Mutanten	5′–	G G C C A A T C C –3′	1,3
		5′– G G C C G A T C T –3′	0,12
		5′– G G C T A A T C T –3′	0,12
		5′– G G T C A A T C T –3′	0,24

		−30	RT
normal	5′–	C A T A A A A –3′	1,0
Mutanten	5′–	C A T A A G A –3′	0,5
		5′– C A T A G T A –3′	0,2

Abb. 11.10 Nucleotid-Sequenz des menschlichen TK-Gen-Promotors. Wichtige Stellen wie Transkriptionsstart, TATA-Box. CAAT-Boxen und GC-Boxen sind angegeben [nach 13].

GC
5′–TCCCACGAGG GGGCGG GCTG CGGCAAATCT CCCGCCAGTC AGCGGCCGGG
3′–AGGGTGCTCC CCCGCC CGAC GCCGTTTAGA GGGCGGTCAG TCGCCGGCCC

CAAT   GC   CAAT
5′–CGCTGATTGG CCCCATGGCG GCGGGGCGGC TCGTGATTGG CCAGCACGCC
3′–GCGACTAACC GGGGTACCGC CGCCCCGCCG AGCACTAACC GGTCATGCGG

−37   TATA   +1
5′–GTGGTTTAAA GCGGTCGGC CGCTGAACCA GGGGCTTACT GCGGGACGGC
3′–CACCAAATTT CGCCAGCCGC GCGACTTGGT CCCCGAATGA CGCCCTGCCG
                                 5′------ACU GCGGGACGGC
                                 Anfang der mRNA

Daraus folgt:
- Ein Bereich von etwa 130 Basenpaaren stromaufwärts vom Transkriptionsstart ist für die volle Aktivität des Gens ausreichend.
- Innerhalb dieses Bereiches sind drei Elemente für die Promotor-Aktivität wichtig, nämlich eine TATA-Box-ähnliche Sequenz, zwei CAAT-Boxen und drittens zwei GC-reiche Elemente, **die GC-Boxen.**

Wir haben den *TK*-Gen-Promotor vorgestellt, um folgende Punkte klarzumachen:
1. Die **TATA-Box** ist kein feststehendes Sequenz-Motiv. Es gibt Variationen des Grundschemas, also unterschiedliche Folgen von Adenin- und Thymin-Bausteinen.
2. **CCAAT-Elemente** können in doppelter oder in mehrfacher Ausfertigung vor dem Gen-Anfang vorkommen; zudem ist ihre Orientierung nicht festgelegt: Im Falle des *TK*-Gens sind die beiden CCAAT-Boxen relativ zum Gen-Anfang umgekehrt angeordnet. Im β-Globin-Gen-Promotor liest sich die Sequenz 5′-CCAAT.
3. Wir haben ein weiteres wichtiges Element der Promotor-Struktur kennengelernt, die **GC-Box**. Auch GC-Boxen können ein- oder mehrmals und in verschiedener Orientierung in Promotoren vorkommen.

Promotoren in Haushalts-Genen

Es gibt wichtige Ausnahmen von der soeben vorgestellten Promotor-Grundstruktur: die Promotoren von Genen, die sogenannte Haushalts-Proteine kodieren, also von Genen, die in allen Zellen des vielzelligen Organismus jederzeit aktiv sein müssen.

Einige seit langem bekannte Beispiele von Nucleotid-Sequenzen der Promotoren von Haushalts-Genen sind in der Abb. 11.11 dargestellt.

CGTCTGCGGGCGCGAGCACGCCGCGACCCTGCGTGCGCCGGGGCGGGGGGGCGGGGCCTCGCCTGCACAAATAGGGACGAGGGGGCGGGGCGGCCACAA **a**

GGGGGCTCCGGCGAGAGGGCGGGCCCCGGGAACGGCGGCGGGCGGGGGCGGGAGGCGGGGCCCGGCCCCGTTAAGAAGAGCGTGGCCGGCCGCGGCCACCG **b**

GGGCGCGCCGAGAGCAGCGGCCGGGAAGGGGCGGTGCGGGAGGCGGGGTGTGGGGCGGTAGTGTGGGCCCTGTTCCTGCCCGCGCGGTGTTCCGCATTC **c**

GGCCGGGGGCGGGGCCTGCGGGGCGTGGCGGGCGGGGCAGAGGGCGGGGGCCTGCTTCTCCTCAGCTTCAGGCGGCTGCGACGAGCCCTCAGGCGAACCT **d**

Abb. 11.11 Die Promotor-Sequenzen im Nicht-kodierungs-Strang der DNA einiger menschlicher Gene für Haushalts-Proteine. Die Transkriptionsstarts sind durch waagrechte Striche über den +1-Nucleotiden angezeigt. Wir sehen, daß der Promotor **a** zwei und der Promotor **d** sogar sieben direkt aufeinanderfolgende Startstellen hat. Die GC-Boxen sind blau hervorgehoben. Die einzelnen Gene kodieren folgende Enzyme: **a** Dihydrofolat-Reduktase (DHFR); **b** Adenosin-Deaminase (ADA); **c** 3-Phosphoglycerat-Kinase (PGK); **d** Hypoxanthin-Phosphoribosyl-Transferase (HPRT) [nach 25].

Ihre Merkmale sind:
- Ein Inr-Element im Bereich der Transkriptionsstarts.
- Das Fehlen einer TATA-Box. Da die TATA-Box auch den Beginn der Transkription festlegt, findet man oft keinen einheitlichen Startpunkt, sondern mehrere, eng beieinanderliegende Startpunkte für die Transkripte von Haushalts-Genen.
- Ein ungewöhnlich hoher Anteil an GC-Basenpaaren. Eine Folge davon ist das häufige Vorkommen von GC-Boxen in den Promotoren von Haushalts-Genen.
- Weiter auffällig: die Häufigkeit der sonst relativ seltenen Dinucleotid-Folgen vom Typ CpG. Man spricht von „CpG-Inseln". Andernorts im Genom ist das Cytosin in CpG-Folgen oft methyliert (5-Methylcytosin, S. 17), aber die Cytosin-Bausteine in den CpG-Folgen von Stromaufwärts-Sequenzen *aktiver* Gene sind *nicht methyliert*. Über die mögliche Funktion der Cytosin-Methylierung bei der Gen-Expression werden wir später sprechen (S. 373).

In den Genomen vieler Tiere kommen Dinucleotid-Sequenzen vom Typ CpG seltener vor (20 %), als man aufgrund der Basen-Zusammensetzung der DNA erwarten würde. Das ist vermutlich die Folge eines Selektionsprozesses: Cytosin in CpG-Folgen ist meist methyliert, und 5-Methylcytosin wird, wie wir gesehen hatten (S. 243), durch hydrolytische Deaminierung in Thymin überführt, eine Transition, die nicht repariert werden kann. CpG-Folgen sind *Hot Spots* für Mutationen.

Zusammenfassung und Ausblick

Wir haben bisher die **Grundelemente** in den Promotoren von proteinkodierenden Genen des Eukaryoten-Genoms besprochen:
– Das **Inr-Element** am Transkriptionsstart ist in vielen, aber nicht allen Promotoren vorhanden.
– Die **TATA-Box** liegt in einer Position um das Nucleotid-30 stromaufwärts vom Transkriptionsstart in den Promotoren von regulierten Genen. Sie fehlt in den Promotoren von Haushalts-Genen. Dafür haben diese ein funktionsfähiges Inr-Element.
– **CCAAT-Boxen** und **GC-Boxen** kommen in wechselnder Zahl, Orientierung und Lage (relativ zum Transkriptionsstart) in vielen, nicht allen Promotoren vor. Zum Beispiel fehlt die CCAAT-Box meist in den Promotoren von Haushalts-Genen.

Zu diesen Promotor-Grundelementen kommen in zelltypspezifisch und entwicklungsspezifisch regulierten, überhaupt in allen regulierten Genen noch weitere und jeweils spezielle DNA-Sequenz-Motive.

Diese **Regulations-Elemente** können zwischen den CCAAT- und GC-Boxen liegen oder innerhalb einiger hundert Basenpaare stromaufwärts von ihnen oder weit entfernt vom Promotor (Abb. 11.**12**). Weit entfernt liegende Regulations-Elemente bezeichnet man oft als **Enhancer**. Enhancer-Elemente findet man manchmal in Abständen von Tausenden von Basenpaaren vor oder hinter dem Gen oder gar auf Introns innerhalb des Gens. Das Vorkommen und die Anordnung dieser Regulations-Elemente sind jeweils charakteristisch für ein gegebenes Gen.

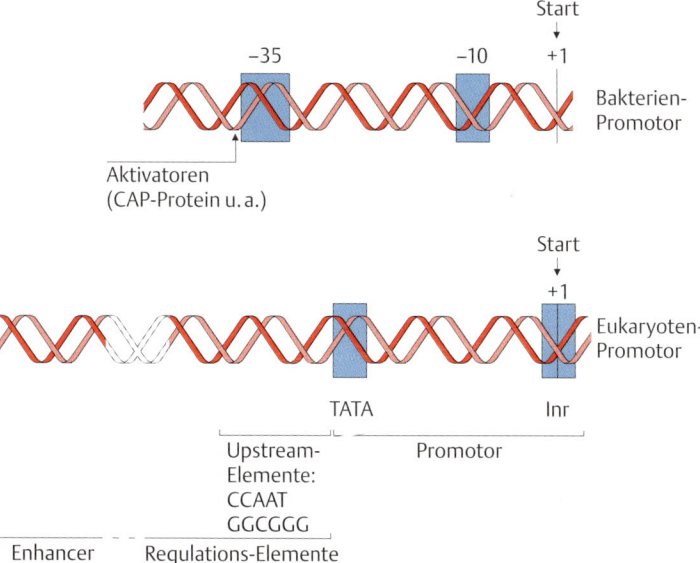

Abb. 11.12 Promotor-Aufbau: Das einheitliche Bauprinzip der Promotoren von Bakterien- und Bakteriophagen-Genen und die variable Struktur der Promotoren von proteinkodierenden Genen bei Eukaryoten.

Die DNA-Sequenz-Motive sind Bindestellen für Proteine. An den Startpunkt der Transkription bindet sich die RNA-Polymerase II. Aber dazu und für die Einleitung der RNA-Synthese ist die Wirkung von Proteinen, **Transkriptions-Faktoren**, absolut notwendig. Transkriptions-Faktoren binden mit hoher Spezifität an die jeweils passenden Stellen im Promotor oder Enhancer.

Als nächstes besprechen wir zuerst die Ereignisse am Transkriptions-start. Später diskutieren wir dann anhand einiger Beispiele die Regulation der Gen-Expression (Kap. 12).

Transkriptions-Faktoren werden auch als *trans*-aktivierende Faktoren bezeichnet, weil sie ihre Wirkung bei der Gen-Expression an Stellen ausüben, die weit vom Ort der Entstehung (ihres eigenen Gens) liegen: *trans* (jenseits). Demgegenüber stehen *cis*-wirkende Elemente. Das sind Abschnitte im Promotor eines Gens: *cis* (diesseits).

Die Begriffe *trans*-wirkende Faktoren und *cis*-wirkende Elemente wurden in der Zeit der klassischen Genetik geprägt und zumindest zeitweise von den Molekularbiologen übernommen.

Ereignisse am Promotor

Die RNA-Polymerase II kann, trotz ihres komplizierten Aufbaus aus vielen Untereinheiten, die RNA-Synthese nicht startgenau und wirkungsvoll einleiten.

Dazu sind Transkriptions-Faktoren notwendig, wie ein recht einfaches biochemisches Experiment zeigt (Abb. 11.**13**): Der Zusatz von Proteinen aus Zellkernen reicht oft aus, um einer isolierten RNA-Polymerase den genauen und effizienten Start der mRNA-Synthese zu ermöglichen.

Folgende Voraussetzungen müssen dazu stimmen:
1. Der Protein-Extrakt aus Zellkernen muß sorgfältig und nach den Regeln der zellbiologisch orientierten Biochemie präpariert werden, damit die Transkriptions-Faktoren intakt und in ausreichender Menge vorliegen.
2. Der im biochemischen Test verwendete Promotor sollte möglichst einfach aufgebaut sein, denn es geht hier zunächst um die Untersuchung des Transkriptionsstarts und (noch) nicht um dessen Regulation.

Die erste Voraussetzung wird experimentell oft durch Verwendung einer bestimmten Zellart erreicht, von **HeLa-Zellen.** Das sind menschliche Tumor-Zellen, die problemlos im Laboratorium in großen Mengen kultiviert werden können. Vor allem enthalten Extrakte aus HeLa-Zellkernen (im Gegensatz zu den Extrakten aus vielen anderen Zellarten) relativ wenig RNasen, so daß die *in vitro* synthetisierte RNA stabil bleibt und biochemisch untersucht werden kann.

Als **Minimal-Promotor** hat man in den ersten Versuchen dieser Art oft einen Promotor des Adenovirus verwendet, eine Virus-Art, die bei Menschen milde und meist symptomlose Infektionen der Epithelzellen im Nasen-Rachen-Raum verursacht. Spät in der Infektion wird eine Gen-Gruppe des Virus unter Kontrolle des sogenannten *„major late promoter"* aktiviert (siehe Box auf S. 316). Dies ist ein „starker" Promotor, der für seine Funktion eine intakte Transkriptionsstart-Sequenz (um Position +1) und eine TATA-Box, 30 Basenpaare stromaufwärts (Position −30) vom Startpunkt, benötigt. Diese Strukturelemente reichen für eine Ba-

RNA-Polymerase II

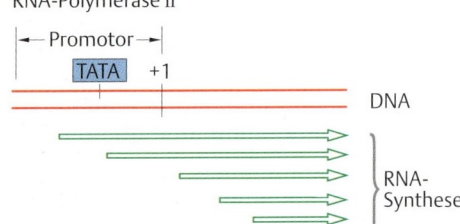

ungeordnete und schwache RNA-Synthese

RNA-Polymerase II plus Kernextrakt

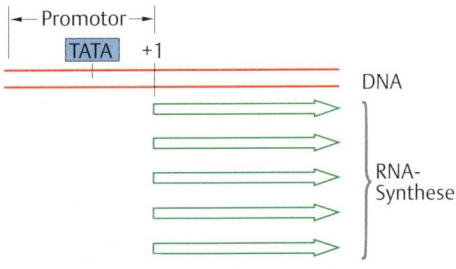

startgenaue und starke RNA-Synthese

Abb. 11.13 Funktion der RNA-Polymerase II. Starke RNA-Synthese findet nur statt, wenn Proteine aus einem Extrakt von Zellkernen vorhanden sind.

salfunktion des Promotors aus. Aber optimal aktiv ist der Promotor nur dann, wenn zugleich auch noch ein **Upstream-Promotor-Element** um die Position –60 vorhanden ist. Bei Einsatz dieses Minimal-Promotors im Kern-Extrakt von HeLa-Zellen beobachtet man unter geeigneten experimentellen Bedingungen und unter Verwendung der vier Ribonucleosidtriphosphate eine beträchtliche mRNA-Synthese im Reagenzglas-Versuch.

Welche Rolle spielen die DNA-Elemente im Promotor? Der erste Schritt der Analyse ist eine Untersuchung der Frage, ob im Kernextrakt Proteine vorhanden sind, die spezifisch an die notwendigen Promotor-Elemente binden.

Dabei sind zwei Vorgehensweisen von Bedeutung, die wir zuerst besprechen wollen. Sie sind auch die Grundlage für die Untersuchungen aller anderen Transkriptions-Faktoren:
- der Band-Shift-Assay,
- der DNA-Schutz-Experimente.

Band-Shift-Assay

Das Prinzip dieser Untersuchungsmethode ist einfach und geht direkt aus Abb. 11.**14** hervor.

Bei der Gel-Elektrophorese wandert ein DNA-Fragment im elektrischen Feld, je nach seiner Größe, unterschiedlich weit. Man findet nach Abschluß der Elektrophorese eine **Bande** im Gel, deren Position man entweder durch Färbung mit Ethidiumbromid (S. 37) oder, falls das DNA-Fragment radioaktiv markiert ist, durch Autoradiographie feststellen kann. Die Position im Gel ändert sich, wenn das DNA-Fragment nicht frei ist, sondern ein gebundenes Protein trägt. Denn der Protein-DNA-Komplex ist größer als das freie DNA-Fragment. Deswegen kann der Komplex weniger leicht durch das Maschenwerk der Gel-Matrix wandern als die freie DNA. Man findet dann die DNA-Bande an einer anderen Stelle des

Abb.11.14 Band-Shift.
a Prinzip. Ein proteinfreies DNA-Fragment wandert bei der Gel-Elektrophorese eine längere Strecke als ein Protein-DNA-Komplex. Die radioaktiv markierte DNA-Bande erscheint an einer anderen Stelle im Gel.
b Kompetitions-Experimente. oben Stück der Promotor-Region von SV40, TATA-Box hervorgehoben, DNA-Fragment an den Enden radioaktiv markiert (rote Punkte). **unten** Gel-Elektrophorese. Spur 1: Das experimentelle Ergebnis besagt, daß das untersuchte Protein-Gemisch einen Faktor enthält, der an den SV40-Promotor bindet. Spur 2–5: das Experiment wird wiederholt, und zwar in Gegenwart der 2-, 5- und 10-fachen Menge nicht-markierter DNA als „Kompetitor". Dadurch wird ein Teil der radioaktiven DNA im Protein-DNA-Komplex verdrängt. Die Frage stellt sich, ob der Protein-Bindungsort im Abschnitt A oder B des SV40-Promotors liegt. Dazu werden Kompetitionen mit unmarkierten Teilstücken B (Spuren 5–7) und mit unmarkierten Teilstücken A (Spuren 8–10) durchgeführt. Das Ergebnis zeigt, daß nur Teilstück A als Kompetitor wirkt. Deswegen muß die Bindestelle für das Protein im Abschnitt A des Promotors liegen.

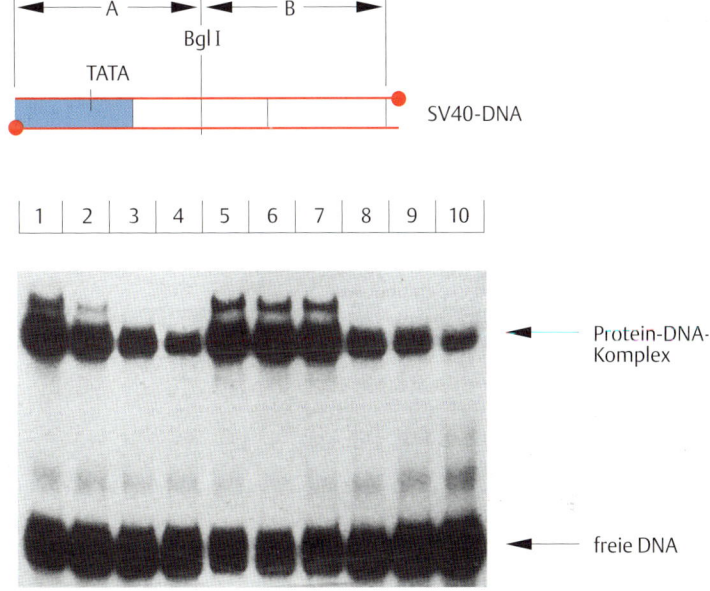

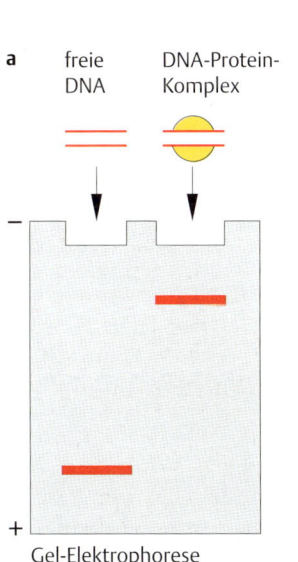

Gels *(band shift)*. Das gebundene Protein verzögert die Wanderung der DNA im elektrischen Feld. Deswegen spricht man auch vom *„gel retardation assay"*.

Um die spezifische Bindung eines Proteins in einem unfraktionierten Zellkern-Extrakt an eine DNA-Sequenz im Band-Shift-Assay nachweisen zu können, muß man sorgfältig unspezifische Bindungen ausschließen, also Protein-DNA-Wechselwirkungen, die ausschließlich auf einer elektrostatischen Bindung zwischen positiv geladenen Aminosäure-Seitengruppen und den negativ geladenen Phosphaten in der DNA beruhen.

Dies erreicht man, indem das Protein-Gemisch und die zu untersuchende DNA in Gegenwart eines mehr als tausendfachen Überschusses unspezifischer DNA zusammengegeben werden. Als unspezifische DNA nimmt man Bakterien-DNA oder noch besser synthetische DNA, etwa poly(I)-poly(C). Alle Proteine, die unspezifisch an DNA binden können, reagieren mit dieser unspezifischen DNA. Wenn aber im gleichen Kern-Extrakt ein Protein vorkommt, das eine hohe Affinität zu einer spezifischen Sequenz hat, wird sich ein spezifischer Protein-DNA-Komplex ausbilden, der dann im Gel-Shift-Experiment nachweisbar ist.

DNA-Schutz-Experimente

Das Prinzip besteht in folgendem: Ein spezifisch an eine DNA gebundenes Protein bedeckt einen definierten Abschnitt der Nucleotid-Sequenz und schützt diesen Teil der DNA vor enzymatischen oder chemischen Angriffen. Oft untersucht man den Schutz vor der Endonuclease DNase I (S. 40), weswegen man dann von DNase-I-Schutz-Experimenten spricht. Das Prinzip der Vorgehensweise wird aus der Abb. 11.15 deutlich.

Abb. 11.15 a.   DNase-I-Schutz-Experiment.
a Prinzip. Zu untersuchende DNA wird radioaktiv markiert. **links** Kontrolle. **rechts** DNA-Protein-Komplexe. Behandlung mit Endonuclease führt zu mindestens einem Schnitt pro DNA-Molekül. Nach DNA-Denaturierung (Protein fällt von DNA ab) wird eine gelelektrophoretische Auftrennung der DNA-Einzelstränge vorgenommen. Ein *„foot print"* entsteht dadurch, daß im Vergleich zur Kontrolle beim Protein-DNA-Komplex eine Lücke in der Leiter der aufgetrennten DNA-Stränge auftritt. Die geschnittenen DNA-Stränge werden nach ihrer Länge aufgetrennt. Die Präzision des Tests hängt von der Häufigkeit der Schnittstellen ab. Eine Lücke in der Leiter der aufgetrennten DNA-Stränge bezeichnet man als *„foot print"*. In einem guten Experiment läßt sich der *„foot print"* auf das Nucleotid genau vermessen.

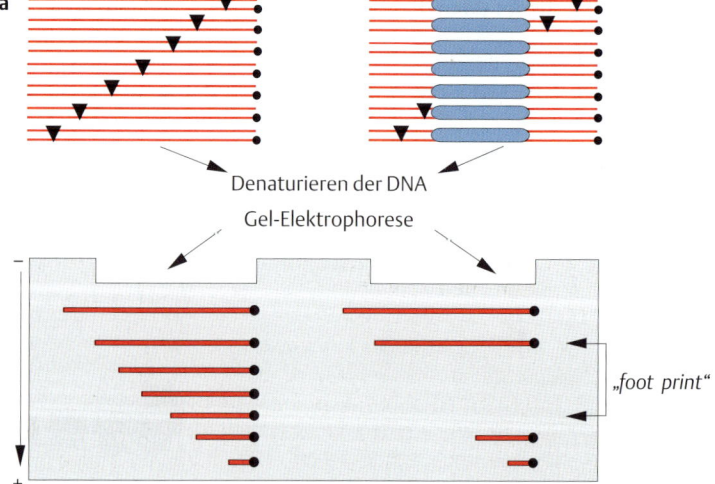

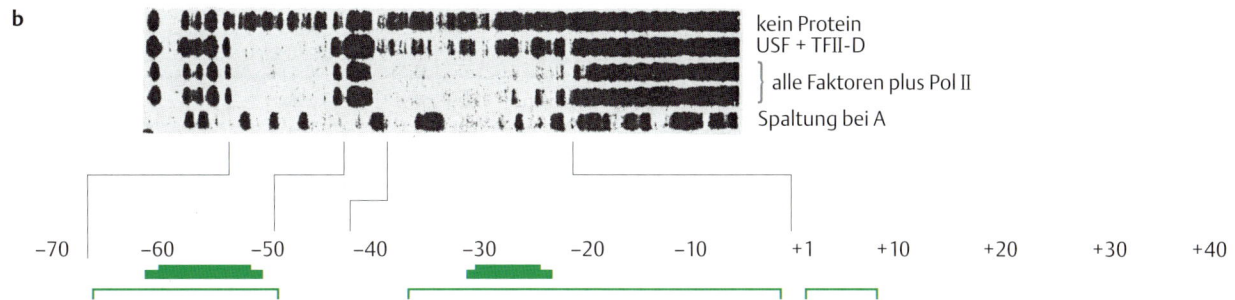

b

kein Protein
USF + TFII-D
} alle Faktoren plus Pol II
Spaltung bei A

−70   −60   −50   −40   −30   −20   −10   +1   +10   +20   +30   +40

TTATAGGTGTAGGCCACGTGACCGGGTGTTGGTGAAGGGGGGCTATAAAAGGGGGTGGGGGCGCGTTCGTCCTCACTCTCTTCCCCTCCATACCCTTCCTCCATCTATACCACCC

AATATCCACATCCGGTGCACTGGCCCACAAGGACTTCCCCCCGATATTTTCCCCCACCCCCGCGCAAGGAGGAGTGAGAGAAGGGGAGGTATGGGAAGGAGGTAGATATGGTGGG

11.15 b. DNase-I-Schutz-Experiment.
Proteine in einem Extrakt aus HeLa-Zellkernen
binden an den Adenovirus-Promotor. USF, „upstream stimulatory factor", bedeckt die Region von
−50 bis −65; TFII-D bedeckt die Region von +1 bis
−35. Die „foot print"-Region wird noch größer, wenn
auch die übrigen Transkriptions-Faktoren und die
RNA-Polymerase II am Promotor gebunden sind. Um
sich besser auf dem Gel orientieren zu können, wird
das gleiche DNA-Fragment der Adenin-(A-) spezifischen Maxam-Gilbert-Reaktion (S. 275) unterworfen
[nach 28].

Einleitung der Transkription

Wir nehmen den Faden unserer Besprechung der Promotor-Funktion
mit einer Betrachtung der Abb. 11.**15** wieder auf.

Das dort dargestellte DNase-I-Schutz-Experiment mit dem Adenovirus-Promotor im Kern-Extrakt zeigt, daß der Bereich von der TATA-Box
bis zum Inr-Element mit Proteinen bedeckt ist. Um diese Proteine im
einzelnen untersuchen zu können, muß der Kern-Extrakt mit Hilfe biochemischer Chromatographie-Verfahren aufgetrennt werden. Auf diese
Weise und durch die Überprüfung im In-vitro-Transkriptions-Versuch
konnte eine Reihe von Faktoren identifiziert werden, die zusätzlich zur
RNA-Polymerase II für die korrekte Einleitung der Transkription notwendig sind (Tab. 11.**3**, S. 314).

Die besondere Funktion von TFII-D

Als ersten Eintrag in der Tab. 11.**3** finden wir den Transkriptions-Faktor
TFII-D, denn dieser spielt eine besondere Rolle beim Aufbau des Tran-
skriptions-Komplexes am Promotor. Sein zentraler Baustein ist das
TATA-Binde-Protein TBP.

Wir wollen gleich notieren und später genauer besprechen, daß die
Bezeichnung für dieses Protein nur einen Teil seiner Funktion abdeckt,
denn TBP wird nicht nur für die Expression von Genen mit TATA-Box,
sondern auch für TATA-Box-freie Haushalts-Gene sowie für die Funktion
der RNA-Polymerasen I und III benötigt.

TBP ist aus vielen verschiedenen Organismen isoliert worden. Beim Vergleich erkennt man zwei funktionell getrennte Abschnitte (Abb. 11.**16**):
– Im **aminoterminalen Abschnitt** unterscheiden sich die TBPs verschiedener Organismen, d.h. dieser Abschnitt ist nicht konserviert.
  Dies zeigt schon ein Größenvergleich: Die aminoterminalen Abschnitte reichen von 18 Aminosäuren beim TBP der Pflanze *Arabidopsis* bis zu 159 Aminosäuren beim Protein des Menschen. Es wird
  vermutet, daß dieser Abschnitt der Wechselwirkung mit regulatorischen Proteinen dient.
– Dagegen ist eine Folge von etwa 180 Aminosäuren im **carboxyterminalen Abschnitt** hochkonserviert: Sie kommt in ähnlicher Form
  bei den TBPs aller Organismen vor. Der carboxyterminale Bereich
  vermittelt die Bindung des Proteins an DNA.

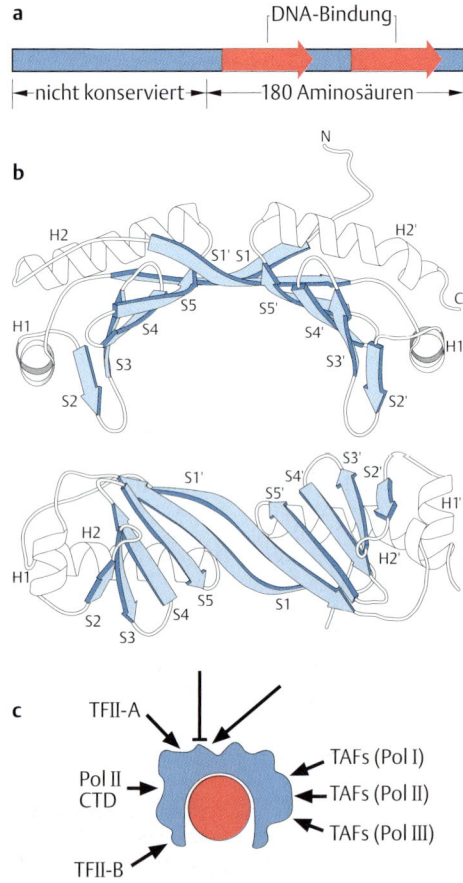

a DNA-Bindung

nicht konserviert — 180 Aminosäuren

b N

H2   H2'
S1' S1
S5   S5'
H1 S4   S4' H1'
S3   S3'
S2   S2'

S1'   S4' S3'
S5' S2'
H2
H1   H2'
H1'
S5   S1
S2   S4
S3

c
TFII-A
TAFs (Pol I)
Pol II   TAFs (Pol II)
CTD
TAFs (Pol III)
TFII-B

Abb. 11.16   Das TATA-Binde-Protein TBP.
a Das Schema der Primärstruktur. Pfeile deuten die Abschnitte an, die für die DNA-Bindung wichtig sind. **b** Dreidimensionale Struktur (nach Untersuchungen an der Pflanze *Arabidopsis*). Die aminoterminale Domäne ist auf 18 Aminosäuren verkürzt. Über den carboxyterminalen Teil findet die DNA-Bindung statt. Die beiden symmetrischen Hälften sind in einer sattelförmigen Form zueinander angeordnet. N = aminoterminales Ende; C = carboxyterminales Ende. H1 und H2 = α-helikale Bereiche; S1–S5 = β-Stränge (Pfeile). **oben** Seitenansicht; **unten** Ansicht der Unterseite, wobei die antiparallele Anordnung der β-Stränge sichtbar wird. **c** DNA-Bindung. Kreis: Querschnitt durch die DNA-Helix; darauf sitzt der TBP-Sattel, dessen Oberfläche Kontakte mit Proteinen aufnimmt: den Faktoren TFII-A und TFII-B, der langen carboxyterminalen Wiederholungsdomäne (CTD) der RNA-Polymerase II, den TBP-assoziierten Proteinen (TAFs), die jeweils verschieden sind, wenn TBP einer der drei Polymerasen dient. Aktivierende (Pfeilspitze) oder hemmende (Pfeilfuß) Proteine beeinflussen die Funktion von TBF [nach 9, 17].

Tab. 11.3   Allgemeine Transkriptions-Faktoren.
(TFII = Transkriptions-Faktoren für RNA-Polymerase II). Angaben nach [21, 31]

Bezeichnung	Bausteine	Funktion
TFII-D	TATA-Bindeprotein (TBP; 38 kDa)	durch Bindung an das TATA-Element wird die Ausbildung des Initiations-Komplexes eingeleitet; Beugung der DNA Wechselwirkung mit aktivierenden und hemmenden Faktoren
	mehrere TBP-assoziierte Faktoren (TAF)	
TFII-A	drei Untereinheiten (12 kDa; 19 kDa; 35 kDa)	Stabilisierung der Bindung von TFII-D
TFII-B	eine Untereinheit (35 kDa)	fördert die Bindung der RNA-Polymerase II an den Promotor
TFII-F	zwei Untereinheiten (RAP 30; RAP 74)	RNA-Polymerase-assoziierte Proteine: leitet die RNA-Polymerase an den Promotor
TFII-E	zwei Untereinheiten (57 kDa; 34 kDa)	fördert die Bindung und die Funktion des Faktors TFII-H
TFII-H	neun Untereinheiten	entwindet die Promotor-DNA mittels DNA-Helikasen phosphoryliert den CTD-Anteil der RNA-Polymerase II
	hierzu gehören: 89 kDa	
	80 kDa	3'-5'-Helikase (XPB)
	40 kDa	5'-3'-Helikase (XPD)
	38 kDa	Cyclin-abhängige Proteinkinase (CDK7) Cyclin H
TFII-I	eine Untereinheit (120 kDa)	fördert die Bindung von TFII-D an Inr in TATA-losen Promotoren

Anmerkungen: Auf die 89 kDa- und die 80 kDa-Untereinheit von TFII-H treffen wir in einem anderen Zusammenhang, nämlich als Bestandteile eines DNA-Reparatursystems (S. 253).
Informationen über Cyclin-abhängige Proteinkinasen, siehe S. 187

Aufgrund von Röntgen-Strukturuntersuchungen weiß man, daß die DNA-Binde-Domäne aus zwei symmetrischen Hälften mit je 5 kurzen antiparallelen β-Strängen besteht, die insgesamt wie ein Sattel gebogen sind und genau auf die DNA-Doppelhelix passen (Abb. 11.**16**). Das hat nahezu dramatische Konsequenzen für die gebundene DNA: Sie wird beiderseits stark geknickt, so daß sich ein Winkel von 100° zwischen dem eintretenden und austretenden DNA-Strang bildet. Der dazwischenliegende, direkt an TBP gebundene DNA-Abschnitt von 6–8 Basenpaaren, das Kern-Stück der TATA-Box, ist teilweise entwunden und weist mit seiner erweiterten kleinen Rinne zur Unterfläche des TBP-Sattels.

Die nach außen gebogene Oberfläche des DNA-gebundenen TBP ist frei für die Wechselwirkung mit den TBP-assoziierten Faktoren (TAFs), die zusammen mit TBP den Faktor TFII-D ausmachen (Tab. 11.**3**).

Aber das DNA-gebundene TBP kann noch mit anderen Proteinen Kontakt aufnehmen: mit dem carboxyterminalen Schwanz der RNA-Polymerase II (S. 302) und mit den Faktoren TFII-A und TFII-B. Auch regulatorische Proteine wirken direkt auf TBP ein: Negative Regulations-Proteine verhindern die Anlagerung von TFII-A und TFII-B; und zelluläre Proteine, aber auch das viel untersuchte Adenovirus-Kontrollprotein E1A (S. 336) fördern durch Bindung an TBP die Transkription.

Zusammenbau des Initiations-Komplexes

Mit der Bindung von TFII-D ist der erste Schritt beim Aufbau des Initiations-Komplexes getan. Der nächste Schritt ist die Anlagerung von TFII-B (und vielleicht auch von TFII-A) (Abb. 11.17). Damit ist eine Plattform geschaffen, auf der sich die RNA-Polymerase II niederlassen kann. Allerdings braucht das Enzym dazu die Hilfe von TFII-F, mit dem es eine Verbindung eingehen kann. Schließlich wird der Initiations-Komplex durch die Aufnahme weiterer Faktoren fertiggestellt (Abb. 11.17). Der Faktor TFII-H nimmt eine Sonderstellung ein und gibt Startsignale:

1. enthält er mit einer seiner Untereinheiten eine Proteinkinase (Tab. 11.3), die Phosphat-Gruppen auf die lange C-terminale Wiederholung der RNA-Polymerase II überträgt und damit ihre Lösung von der Plattform einleitet.
2. trägt TFII-H eine DNA-Helikase (Tab. 11.3), die die Energie von ATP-Spaltungen ausnutzt, den DNA-Doppelstrang beim Beginn der Transkription trennt und damit die Nucleotid-Sequenzen der DNA für die Bildung des RNA-Transkriptes freilegt.

Promotoren von proteinkodierenden Genen ohne TATA-Box benötigen die gesamte Gruppe der Transkriptions-Faktoren. Da TBP in diesen Genen nicht spezifisch an DNA binden kann, sind Hilfskonstruktionen nötig. Hilfe bietet der Faktor TFII-I (Tab. 11.3), der an das Inr-Element einiger Promotoren bindet und durch Wechselwirkung mit TFII-D indirekt für dessen Anlagerung an den Promotor sorgt (Abb. 11.18). Andere TATA-Box-freie Promotoren werden in ähnlicher Weise von anderen Faktoren bedient.

Die RNA-Polymerase II wird auf den Weg geschickt

Die carboxyterminale Domäne der RNA-Polymerase II besteht aus zahlreichen Wiederholungen einer Sieben-Aminosäure-Sequenz (S. 302). Bei aktiven, transkribierenden RNA-Polymerasen trägt der carboxyterminale Schwanz zahlreiche Phosphat-Gruppen, während ruhende RNA-Polymerasen nicht phosphoryliert sind. Nur nichtphosphorylierte RNA-Polymerasen können über den carboxyterminalen Schwanz mit DNA-gebundenem TBP Kontakt aufnehmen. Erst mit dem Beginn der Transkription werden die carboxyterminalen Sequenz-Wiederholungen phosphoryliert. Dafür ist eine Proteinkinase des Faktors TFII-H verantwortlich. Wie dieses Enzym reguliert wird, ist unbekannt. Die RNA-Polymerase II löst sich nach der Phosphorylierung von ihrer Startbasis und kann mit ihrer Wanderung entlang des Gens beginnen. Die Plattform aus den Faktoren TFII-D, TFII-B und ev. TFII-A bleibt am Promotor zurück und kann nachfolgenden RNA-Polymerase-Molekülen zum Start verhelfen (Abb. 11.19).

RNA-Polymerase II als Holoenzym

Die Abb. 11.17 zeigt den schrittweisen Aufbau des Initiations-Komplexes am Promotor. Das Bild ist auf der Basis biochemischer Experimente zusammengestellt. Die aktive RNA-Polymerase II ist in der Zelle bereits mit den Proteinen TF-IIB, TF-IIF und TFII-H und einer Reihe anderer Proteine beladen und liegt als großes Holoenzym vor. Nach diesen Forschungen bilden die Proteine TFII-D und TF-IIA die Plattform am Promotor, auf welche sich das Holoenzym mit seinen zahlreichen Komponenten niederläßt.

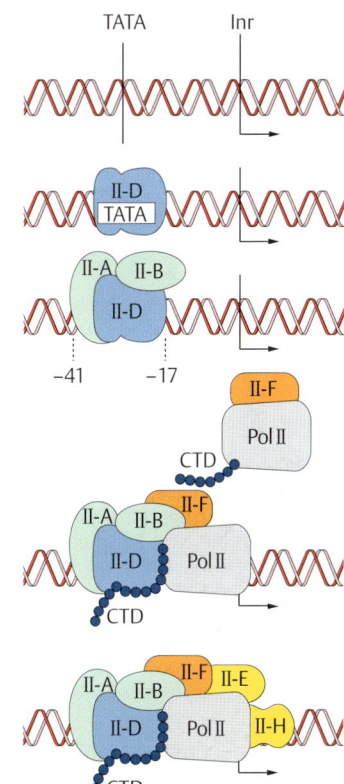

Abb. 11.17 Der schrittweise Aufbau des Initiations-Komplexes. Nach Bindung von TFII-D an die TATA-Box und Stabilisierung durch TFII-A und TFII-B, bindet die RNA-Polymerase II mit Hilfe von TFII-F an den Promotor. TFII-E, -H und -J vervollständigen den Initiations-Komplex. Beachte die Bindung der carboxyterminalen Wiederholungs-Domäne (CTD) der RNA-Polymerase II an den Faktor TFII-D, bzw. dessen zentralen Baustein TBP [nach 32].

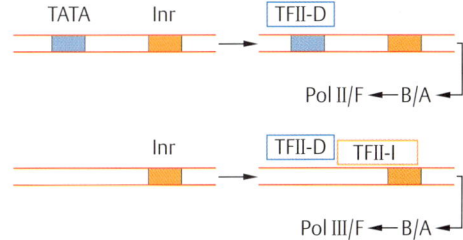

Abb. 11.18 TATA-freie (Haushalts-Gen-)Promotoren benötigen einen Faktor, der das Inr-Element erkennt. oben Eine Zusammenfassung der Abb. 11.15 zum Vergleich. **unten** Mit Hilfe des Faktors TFII-I (siehe Tab. 11.3) wird das Protein TFII-D an die passende Stelle dirigiert, und der schrittweise Aufbau des Initiations-Komplexes kann beginnen [nach 21].

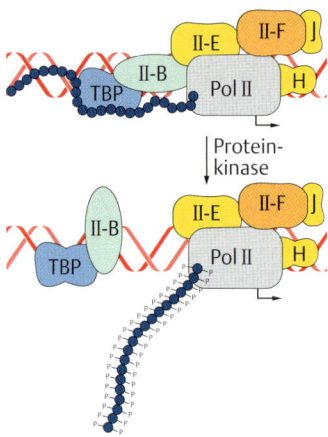

Abb. 11.19 Phosphorylierung von RNA-Polymerase II. oben Vereinfachte Version des Initiations-Komplexes, die carboxyterminale Wiederholungsdomäne (CTD) der RNA-Polymerase II ist an TBP gebunden. Im DNA-gebundenen Komplex befindet sich eine Proteinkinase, die Seitenketten in jeder der Sieben-Aminosäuren-Wiederholungen phosphorylieren kann. Wenn das geschieht, löst sich die Polymerase vom Initiations-Komplex und startet die Transkription: der Beginn der Elongationsphase [nach 27].

Die Funktion des Haloenzyms kann man gut im biochemischen Testsystem *(in vitro)* untersuchen, weil dabei einfache Promotoren eingesetzt werden und relativ große Mengen aktiver Proteine zur Anwendung kommen.

Aber in der Zelle *(in vivo)* reichen die Proteine der Tab. 11.3 für die Initiation der Transkription nicht aus. Wir haben gesehen, daß selbst der simple Adenovirus-Promotor (Abb. 11.15) eine stromaufwärts gelegene Bindestelle für ein zusätzliches Transkriptions-Protein trägt (siehe Box).

Entdeckungsgeschichte

Adenovirus: *Major late promoter.* Der Adenovirus-Promotor hat drei wichtige Elemente: das Inr-Element, die TATA-Box und das Stromaufwärts-Element (UAE, *upstream activating element*). An das Stromaufwärts-Element UAE bindet ein Protein der Wirtszelle, USF *(upstream stimulatory factor)*. Das Protein kommt in vielen verschiedenen Säugetier-Zelltypen vor. Dort wartet es nicht etwa auf eine Virus-Infektion, sondern führt seine Aufgaben bei der Regulation zelltyp-spezifischer Gene aus, etwa bei der Expression der Gene für das Wachstumshormon oder für γ-Fibrinogen. Das Virus nutzt also opportunistisch ein zellbiologisch wichtiges Protein für seine eigenen Zwecke.

Der Faktor USF ist ein Dimer aus einer 43 kD- und einer 44 kD-Untereinheit (Viele andere regulatorische Transkriptions-Faktoren sind Dimere aus zwei verschiedenen Polypeptiden, siehe Kap. 12, S. 329 ff.). Die 43 kD-Untereinheit kann mit wechselnden Protein-Partnern ein Dimer bilden und erwirbt damit die Möglichkeit, verschiedene DNA-Binde-Motive zu erkennen. Dies erklärt die Rolle von USF bei der spezifischen Regulation ganz verschiedener Gene.

Zur Vervollständigung: Ein Vergleich mit anderen Transkriptions-Faktoren zeigt, daß USF mit *c-Myc*-ähnlichen Faktoren verwandt ist (S. 349).

Jedes zelluläre Gen besitzt neben Inr-Element und/oder TATA-Box mehrere zusätzliche Promotor-Elemente. Dabei unterscheidet man die Promotor-Grundelemente wie CCAAT- und GC-Boxen von den Regulations-Elementen.

Wir besprechen hier die Proteine, die mit den Grundelementen in Wechselwirkung treten und heben uns eine Darstellung der Regulation proteinkodierender Gene für das Kap. 12 (S. 329) auf.

Sp1: Das GC-Box-Protein

Ein Glykoprotein des Zellkerns, genannt **Sp1**, bindet an GC-Boxen. Das Protein ist aus 696 Aminosäuren aufgebaut und besteht aus zwei funktionell wichtigen Domänen, aus einer DNA-Binde-Domäne und einer Aktivierungs-Domäne (Abb. 11.20).

Die **DNA-Binde-Domäne** liegt im carboxyterminalen Bereich des Proteins und hat als wichtigsten Teil drei hintereinandergeschaltete ähnliche Sequenzen von etwa 30 Aminosäuren. Ihr charakteristisches Merkmal: Am Beginn jeder Folge befinden sich zwei benachbarte Cystein-Reste und am Ende zwei Histidin-Reste, die gemeinsam mit ihren Seitenketten ein Zink-Ion binden. Dadurch wird eine Basis für die Ausstülpung des dazwischenliegenden Sequenz-Abschnitts gebildet: **der Zink-Finger** (Abb. 11.20).

Die Untersuchung der dreidimensionalen Struktur des Zink-Fingers zeigt den Aufbau aus einem kurzen β-Blatt und einer kurzen α-Helix. Die α-Helix legt sich im Bereich der GC-Box in die große Rinne der DNA, wo spezifische Wechselwirkungen zwischen Nucleinsäure-Basen und Aminosäure-Seitenketten entstehen (Abb. 11.**20**).

Ein Vergleich ist lehrreich: Auch bei prokaryotischen Helix-Turn-Helix-Proteinen legt sich eine α-Helix in die große DNA-Rinne (S. 116). Aber diese **Erkennungshelix** befindet sich in einer ganz anderen Strukturumgebung.

Zinkfinger-Motive vom Sp1-Typ findet man in einer großen Zahl von Transkriptions-Faktoren. Zuerst wurde es im Transkriptions-Faktor III-A (TFIII-A) entdeckt, der für die Funktion der RNA-Polymerase III notwendig ist (S. 325). TFIII-A hat neun hintereinandergeschaltete Zink-Finger.

Aber man kennt Zinkfinger-Proteine mit 13 (das menschliche Protein *Zfy*) oder gar mit 37 hintereinandergeschalteten Zink-Fingern (*Xfin* von *Xenopus*). Die *Drosophila*-Proteine *Krüppel, snail* und *hunchback* sind Transkriptions-Faktoren mit 5–6 Zink-Fingern. Diese Faktoren aktivieren spezifische Gene während entscheidender Phasen in der frühen Embryonal-Entwicklung. Ihre merkwürdigen Namen haben sie vom Aussehen der *Drosophila*-Embryonen, bei denen die genannten Faktoren durch Mutation verlorengegangen sind.

Der zweite funktionell wichtige Bereich des Sp1-Proteins ist die **Aktivierungs-Domäne.** Sie besteht aus einigen umschriebenen Abschnitten, von denen einer viele Glutamin-Reste trägt und eine besonders wichtige Rolle bei der Einleitung der Transkription spielt. Nach Bindung an DNA werden Aminosäure-Seitenketten in der Aktivierungs-Domäne durch eine spezifische (DNA-gebundene) Proteinkinase phosphoryliert. Dies fördert die Ereignisse beim Aufbau des Initiations-Komplexes. Dazu wird ein Kontakt zwischen Sp1 über ein TAF-Protein (TAF 110) mit dem Faktor TFII-D hergestellt.

Wir haben gesehen, daß GC-Boxen besonders häufig in TATA-freien (Haushalts-Gen-)Promotoren vorkommen. Hier hat das DNA-gebundene Sp1-Protein eine besondere Funktion: Es hilft, den Faktor TFII-D an der richtigen Stelle im Bereich des Transkriptionsstarts zu plazieren.

CCAAT-Binde-Proteine

Im Gegensatz zum Sp1-Protein mit seiner einheitlichen und hochkonservierten Struktur gibt es eine ganze Reihe verschiedener Proteine, die an CCAAT- oder CCAAT-ähnliche Sequenzen binden.

Einige dieser Proteine kommen in allen, oder jedenfalls sehr vielen, eukaryotischen Zellen vor, während andere spezifische Funktionen in differenzierten Zellen übernehmen. Die einzelnen CCAAT-Proteine unterscheiden sich deutlich in ihrer Struktur und auch in der Art und Weise, wie sie das CCAAT-Element im Zusammenhang der Promotor-Sequenz erkennen. Entsprechende Untersuchungen zeigen klar, daß CCAAT und die zugehörigen Proteine ganz unterschiedliche Funktionen ausführen, einmal als Aktivatoren der Promotor-Grundfunktion, dann als Regulations-Elemente.

Nehmen wir die CCAAT-Sequenzen, die wir als Promotor-Grundelemente bei der Besprechung des Globin-Gens und des TK-Gens kennengelernt hatten (S. 307). An diese bindet sich der „CCAAT-Box-Transkriptions-Faktor" **CTF**, der in vielen Zellen vorkommt und aktiv ist. CTF ist genau genommen kein einheitliches Protein, sondern besteht aus einer Protein-Familie mit Molmassen zwischen 52 und 66 kDa (Die Proteine stammen von einem einzigen Gen, dessen primäres Transkrip-

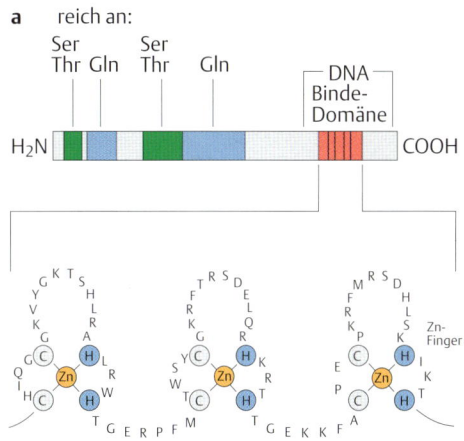

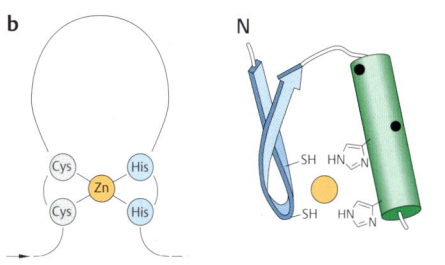

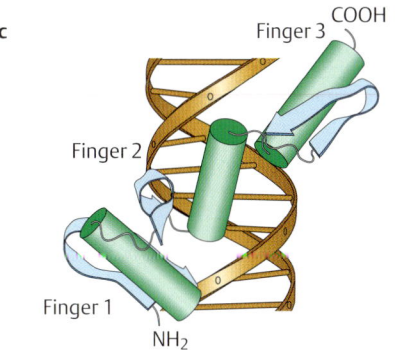

Abb. 11.20   Der Faktor Sp1 und das Zink-Finger-Motiv DNA-bindender Proteine. a Schema der Primärstruktur: Aktivierungs-Domäne: Glutamin-, Serin- und Threonin-reich. DNA-Domäne mit drei aufeinanderfolgenden Zink-Fingern [nach 12].
b Struktur eines Zink-Fingers. **links** Allgemeines Schema. **rechts** Dreidimensionale Struktur. Zink-Ion (orange), β-Strang, SH-Seitenketten, alpha-Helix (Zylinder), Arginine (kleine Punkte), Seitenketten von Histidin.
c Zink-Finger an der DNA. Die α-helikalen Anteile der drei aufeinanderfolgenden Zink-Finger liegen in der großen Rinne der DNA. Das Bild stammt aus Untersuchungen an einem Komplex von DNA und dem Maus-Protein zif 268 [Übersichten in 7, 18].

tions-Produkt nach differentiellem Spleißen in verschieden lange mRNAs überführt wird, S. 391.)

Eine andere Bezeichnung für CTF ist *„nuclear factor 1", NF1.* Diese Benennung erklärt sich aus der Entdeckungsgeschichte. NF1 ist eines von drei zellulären Kern-Proteinen *(nuclear factors 1–3),* die für die Replikation von Adenovirus-DNA *in vitro* notwendig sind. Vermutlich dirigiert NF1 ein Replikations-Protein an die richtige Stelle im Adenovirus-Origin, so wie es als CTF einen Transkriptions-Faktor an die richtige Stelle im Promotor dirigiert.

Zur Zeit ist noch nicht bekannt, welche spezielle Bedeutung die einzelnen Mitglieder der CTF-Protein-Familie haben könnten und wie CTF die Ereignisse bei der Bildung des Transkriptions-Komplexes beeinflußt. Man wird natürlich kaum fehl gehen können, wenn man vermutet, daß CTF entweder hemmende Einflüsse beim Aufbau des Initiations-Komplexes ausschaltet oder die Bildung des Komplexes positiv fördert.

Zur Illustration nennen wir hier noch ein anderes CCAAT-Binde-Protein, das entdeckt wurde, weil es nicht nur an die Standard-DNA-Sequenz bindet, sondern auch an eine Variation des Grund-Motivs: GCAAT. Weitergehende Untersuchungen zeigten dann, daß dieses Protein vor allem in Leber-Zellen vorkommt, wo es Bindestellen in den Enhancer-Bereichen vieler leberspezifischer Gene findet. Dort ist es für die zelltyp-spezifische Expression von Genen verantwortlich. Daher leitet sich seine Bezeichnung ab: C/EBP, CAAT/*Enhancer binding protein.*

RNA-Polymerase I und die Transkription von rRNA-Genen

Wir haben gesehen, daß die **RNA-Polymerase I** die Transkription der Gene für die großen rRNA-Arten ausführt.

Sie besteht – wie die beiden anderen eukaryotischen RNA-Polymerasen – aus mehreren verschiedenen Polypeptiden (Tab. 11.**1** und 11.**2**). Die größte Untereinheit, ein Polypeptid von 190 kD, hat Blöcke mit Sequenz-Verwandtschaft zu den beiden anderen RNA-Polymerasen und zur β′-Untereinheit des Enzyms von *E. coli* (Abb. 11.**3**).

Die RNA-Polymerasen I der Zelle müssen enorme Syntheseleistungen vollbringen: 80 % der RNA einer Zelle ist rRNA, verteilt auf 1–2 Millionen Ribosomen. Diese Menge muß während der üblichen Zellzyklus-Dauer von 16–24 Stunden verdoppelt werden, um die Nachkommen-Zellen mit dem normalen Bestand an Ribosomen zu versorgen. Selbst bei höchsten Syntheseraten ist dies nur zu schaffen, weil das Genom eukaryotischer Zellen mit vielen rRNA-Genen ausgestattet ist. So kommen im Genom von Säugetieren 100–200 rRNA-Gene vor, die alle gleichzeitig transkribiert werden.

rRNA-Gene

Die Gene sind in Gruppen oder Batterien angeordnet: Gen folgt auf Gen mit einer Strecke von Trenn-DNA, dem sogenannten **Spacer**, dazwischen (Abb. 11.**21**). Die Spacer können je nach Tier- oder Pflanzenart zwischen einigen 1000 und 10 000 Basenpaaren lang sein. Gruppen von rRNA-Genen können an einer Stelle im Genom vorkommen (beim Frosch *Xenopus laevis*) oder als Einzelgruppen auf verschiedenen Chromosomen verteilt sein (wie im Genom des Menschen, S. 422).

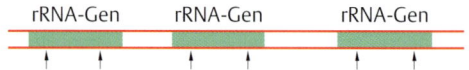

Abb. 11.21 Die Anordnung Gen-Spacer-Gen bei rRNA-Genen.

Die Anordnung **Gen-Spacer-Gen** kann man gut auf elektronenmikroskopischen Aufnahmen von transkribierten rRNA-Genen erkennen (Abb. 11.**22**). Solche Bilder erlauben noch einige zusätzliche Schlußfolgerungen, die durch andere Experimente bestätigt und ergänzt werden:

- Die Transkription beginnt an definierten Stellen, den rRNA-Gen-Promotoren, und setzt sich dann ohne Unterbrechung bis zum Gen-Ende fort. Dabei entsteht dann ein „primäres" Transkriptions-Produkt, genannt prä-rRNA, das die Transkripte aller drei großen rRNAs einschließt. Das heißt: Das primäre Transkript muß nach der Synthese noch in die „reifen" rRNAs zerlegt werden.
- Die transkribierten Abschnitte sind gleich lang, aber die Spacer zeigen Unterschiede in ihren Längen.
- Eine RNA-Polymerase (am DNA-gebundenen Ende jedes RNA-Zweiges der Abb. 11.**22**) folgt der anderen auf dem Fuß, oder genauer, RNA-Polymerasen folgen einander in Abständen von etwa 100 Basenpaaren auf der DNA. Ein biochemischer Befund als Ergänzung: Die Synthese-Rate beträgt 30 Nucleotide/Sekunde.
- Das elektronenmikroskopische Bild scheint anzudeuten, daß die Spacer nicht transkribiert werden.

Wir werden gleich sehen, daß der letzte Punkt nicht ganz richtig ist. Dazu sehen wir uns die Struktur von rRNA-Genen genauer an (Abb. 11.**23**).

Der Vergleich der rRNA-Gene von Frosch und Maus (und darüber hinaus von anderen Tier- und Pflanzen-Arten) zeigt eine identische Anordnung der Transkriptions-Einheit: 18S rRNA-Gen – 5,8S rRNA-Gen – 28S rRNA-Gen. Aber die transkribierten Abschnitte können verschieden lang sein. In unseren Beispielen: etwa 8000 Basenpaare bei Xenopus und etwa 14 500 Basenpaare bei der Maus. Das liegt an der unterschiedlichen

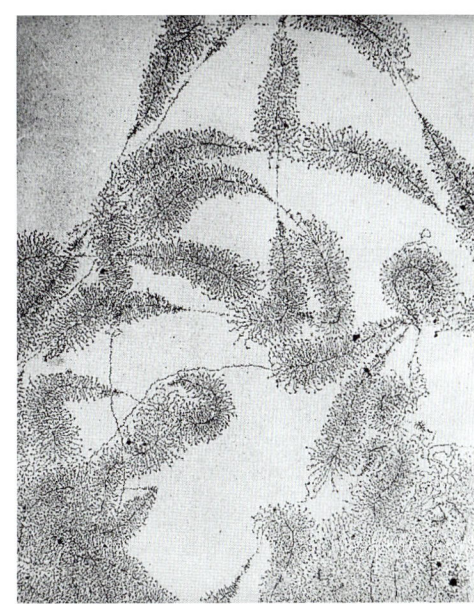

Abb. 11.22   Transkription von rDNA. Man erkennt einen kontinuierlichen DNA-Faden, an dem Ketten von RNA-Molekülen wachsender Länge hängen. Die chemische Natur der Nucleinsäuren kann durch spezifische Enzyme bewiesen werden. Ribonucleasen bauen die Zweige der Tannenbäume ab, lassen aber den durchgehenden Stamm intakt [aus 16].

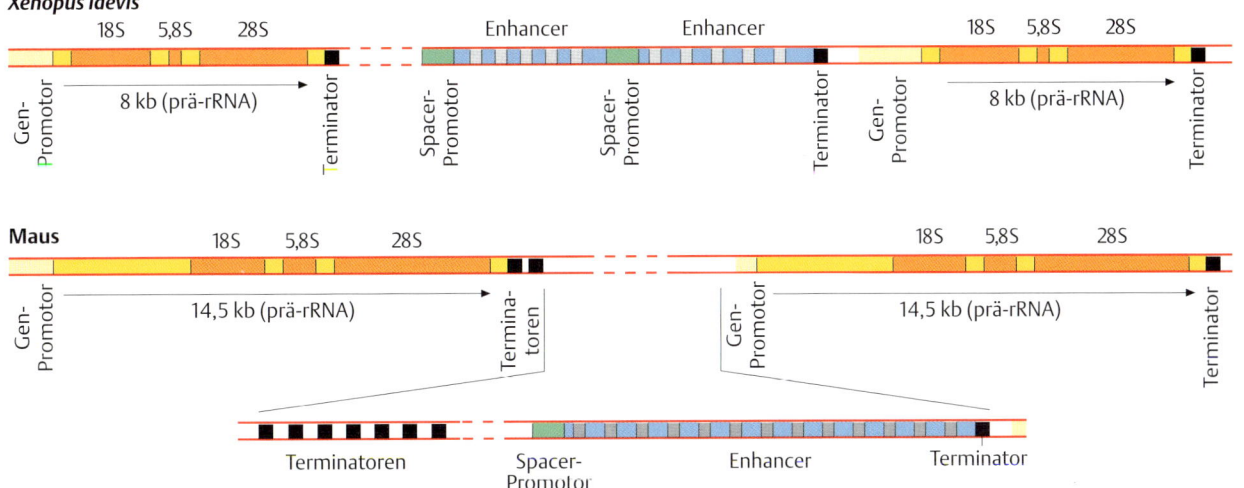

Abb. 11.23   Struktur von rRNA-Genen. Vergleich zwischen den Einheiten Gen-Spacer-Gen beim Frosch *Xenopus laevis* und bei der Maus. Trotz aller Ähnlichkeit im Aufbau erkennt man Unterschiede. 1. Die Größe der Transkriptions-Einheiten: verschieden lange „transkribierte Spacer". 2. Die verschieden langen „nichttranskribierten" Spacer zwischen den Genen: 8–10 kb beim Frosch, über 30 kb bei der Maus. 3. Die Anordnung von Kontroll-Elementen im Spacer [nach 19, 23].

Länge der transkribierten Bereiche vor und zwischen den eigentlichen rRNA-Genen.

Eine Transkriptions-Einheit beginnt mit dem **Promotor** und endet an 12-Basenpaar-langen Sequenzen, den **Terminatoren.** Daran binden sich spezifische Proteine, die das Fortschreiten der RNA-Polymerase I über den Gen-Bereich hinaus verhindern. Es ist bemerkenswert, daß sich Promotor-ähnliche Elemente und Terminatoren auch im Spacer befinden, wie in der Abb. 11.**23** eingezeichnet.

Die **Spacer-Promotoren** sind in ihrer Sequenz den Bereichen um den Transkriptionsstart im eigentlichen Gen vergleichbar. Die übrigen Sequenz-Wiederholungen im Spacer gleichen den Stromaufwärts-Bindestellen für rRNA-genspezifische Transkriptions-Faktoren (siehe Abb. 11.**24**). Die Spacer-Promotoren dienen der RNA-Polymerase I als Transkriptionsstarts, wenn auch mit geringerer Effizienz als die Gen-Promotoren. Den Spacer-gebundenen RNA-Polymerasen wird der Übertritt in die eigentliche Transkriptions-Einheit durch vorgeschaltete Terminatoren (Abb. 11.**23**) verhindert. Die Funktion der Spacer-Transkription ist noch unbekannt.

Dagegen ist die Funktion der Wiederholungs-Elemente im Spacer-Bereich etwas klarer. Man weiß, daß sie die Funktion des Gen-Promotors mindestens zehnfach verstärken. Deswegen bezeichnet man sie in Analogie zu funktionell ähnlichen Elementen bei proteinkodierenden Genen als Enhancer. Man hat noch keine eindeutigen Informationen über deren Wirkungsweise bei der rRNA-Gen-Expression. Sie könnten als Ladeflächen für Transkriptions-Faktoren oder für die RNA-Polymerase I selbst dienen, als eine Einrichtung also, um notwendige Proteine an umschriebener Stelle in hohen Konzentrationen zu sammeln und sie dann an den Gen-Promotor zu leiten.

Promotor und Transkriptions-Faktoren

Der Promotor von rRNA-Genen ist einfacher aufgebaut als die Promotoren von proteinkodierenden Genen, denn er besteht im wesentlichen aus zwei funktionell wichtigen Abschnitten (Abb. 11.**24**):
– Aus einem proximalen Promotor-Element *(core element)* um den Transkriptionsstart.
– Aus einem Stromaufwärts-Element (UCE, *upstream control element*).

Abb. 11.24 Gen-Promotor. Mit Hilfe biochemisch eingeführter Mutationen und Transkriptions-Versuchen sowie mit DNase-I-Schutz-Experimenten (S. 312) konnte man zwei wichtige Regionen identifizieren: das proximale Promotor-Element und die UCE-Region. Es sind Nucleotid-Sequenzen aus dem rRNA-Gen-Promotor der Maus dargestellt (wenig konservierte Sequenzen, von Art zu Art verschieden). Konservierte Nucleotide im proximalen Element: Thymin-Nucleotid bei −1, Guanin-Nucleotid bei −16. [nach 10].

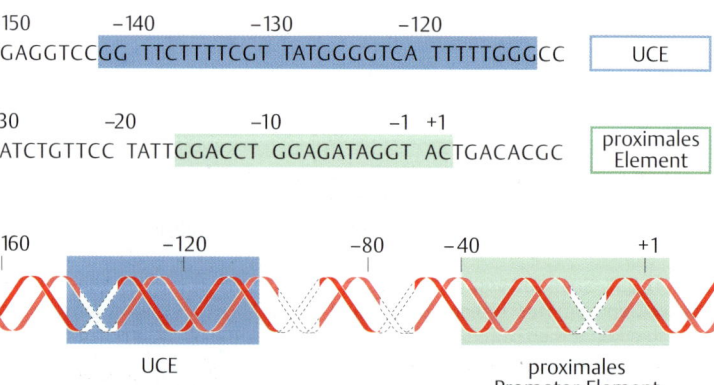

Das proximale Element ist für die Promotor-Wirkung unerläßlich, während das Stromaufwärts-Element die Aktivität des Promotors um ein Beträchtliches steigert.

An beide Stellen bindet der Faktor **UBF** *(upstream binding factor)*, ein Protein mit einer Molmasse von 97 kD. UBF wurde zuerst als ein Protein identifiziert, das spezifisch an das Stromaufwärts-Element des rRNA-Gen-Promotors bindet. Daher stammt seine Bezeichnung. Aber UBF bindet auch, wie erst später gezeigt wurde, an das proximale Promotor-Element. Das Protein fällt durch einige besondere Struktur-Merkmale auf (Abb. 11.**25**). UBF aus menschlichen Zellen besteht aus 764 Aminosäuren. UBF hat ein extrem saures carboxyterminales Ende von 90 Aminosäuren, zu denen 57 Glutaminsäure- oder Asparaginsäure-Reste und 22 Serin-Reste gehören. Der übrige Teil des Proteins enthält vier ähnliche Sequenz-Blöcke, die strukturell mit Teilen der Chromatin-Proteine HMG1 und HMG2 verwandt sind (S. 147). Deswegen bezeichnet man die Blöcke als HMG-Boxen. Die HMG-Boxen im UBF sind DNA-Binde-Domänen mit der Fähigkeit zur Erkennung der Promotoren vor den rRNA-Genen. Teile der carboxyterminalen sauren Domäne des UBF findet man auch in abgewandelter Form an entsprechender Stelle im HMG1-Protein.

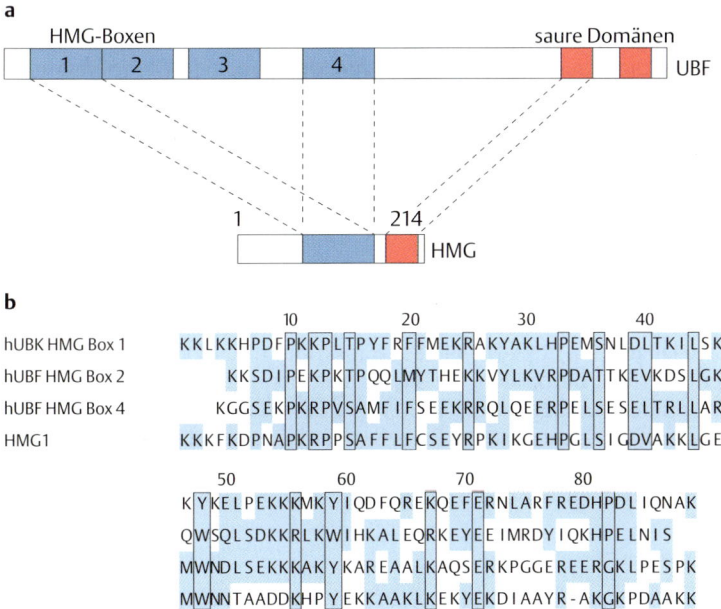

Abb. 11.25 Aufbau des Transkriptions-Faktors UBF.
a UBF enthält vier Blöcke von je etwa 90 Aminosäuren, die einander ähnlich sind. Jeder Block ist mit einem Abschnitt aus dem Chromatin-Protein HMG1 verwandt. Deswegen bezeichnet man die Blöcke als HMG-Boxen. Sie sind für die Bindung des Proteins an DNA verantwortlich. Die saure Domäne ist für die Aktivierung der Transkription zuständig. Die Serin-Reste in diesem Protein-Abschnitt können durch Phosphorylierung modifiziert werden.
b Der direkte Sequenz-Vergleich von einigen HMG-Boxen im UBF-Protein mit dem entsprechenden Abschnitt aus HMG1 [nach 11].

Der Faktor UBF wirkt beim Aufbau des Transkriptions-Komplexes zusammen mit einem zweiten Protein, bezeichnet als TIF-IB (**T**ranskriptions-**I**nitiations-**F**aktor der RNA-Polymerase **I**) oder als **SL1**. Die Abkürzung SL1 steht für *„promoter selective factor"*. Damit soll die Promotor-Spezifität des Faktors ausgedrückt werden: Beispielsweise kann ein rRNA-Gen-Promotor aus Maus-Zellen nur mit einem SL1-Faktor aus Maus-Zellen und nicht aus menschlichen Zellen aktiviert werden und umgekehrt. RNA-Polymerase I und UBF zeigen diese Spezies-Spezifität nicht.

SL1 bindet nicht selbst an DNA, verhilft aber dem Faktor UBF zu einer verstärkten DNA-Bindung. Dadurch wird ein großer DNA-Abschnitt um den Transkriptionsstart abgedeckt. SL1 ist ein Komplex aus dem TATA-

Binde-Protein TBP (Abb. 11.**16**) und drei TBP-assoziierten Faktoren, TAFs, die aber nicht mit den TAFs im Faktor TFII-D (Tab. 11.**3**) verwandt sind. Überhaupt muß man davon ausgehen, daß TBP hier eine andere Rolle spielt als bei der Aktivierung proteinkodierender Gene, denn seine Fähigkeit zur DNA-Bindung wird nicht oder nicht direkt benötigt: rRNA-Gen-Promotoren haben keine TATA-Boxen, und der Faktor SL1 allein bindet nicht an DNA.

Vielmehr hat TBP hier die Funktion einer zentralen Komponente in einem Komplex, der die Verbindung zwischen UBF und RNA-Polymerase I vermittelt. Es kommt also eher die bemerkenswerte Fähigkeit von TBP zur Wechselwirkung mit zahlreichen verschiedenen Proteinen (Abb. 11.**16**) zum Zuge. Im übrigen könnte die gemeinsame Benutzung von TBP durch die RNA-Polymerasen I und II (und III, siehe später) über die Untereinheiten zustande kommen, die allen Polymerasen gemeinsam sind (Tab. 11.**2**).

UBF und SL1 bilden zusammen die Plattform, auf der sich die RNA-Polymerase I dann bei der Vervollständigung des Initiations-Komplexes niederlassen kann. Dazu muß die RNA-Polymerase I noch durch Bindung zweier zusätzlicher Faktoren (TIFI-A und I-C) vorbereitet werden. Während sich die RNA-Polymerase dann auf den Weg entlang des Gens macht, bleibt die UBF-SL1-Plattform am Promotor zurück und verhilft nachfolgenden Polymerasen zum Start.

UBF dient auch als **Empfänger von Signalen**, die den Proliferationszustand der Zellen angeben. In proliferierenden Zellen ist die Rate der rRNA-Synthese hoch, in ruhenden Zellen dagegen niedrig. Die Stimulation zur Zell-Proliferation führt zur Aktivierung einer Proteinkinase, die Phosphat-Gruppen an die Serin-Reste im carboxyterminalen Bereich überträgt. Dies geht mit einer Steigerung der UBF-Aktivität einher.

RNA-Reifung

Wie schon in der Abb. 11.**23** angedeutet, werden die rRNA-Gene in Form von langen prä-rRNA-Molekülen transkribiert. So ist ein Reifungsprozeß erforderlich, durch den die rRNAs aus den primären Transkriptions-Produkten herausgeschnitten werden. Das erfolgt schrittweise in einem komplexen biochemischen Prozeß unter Einschaltung spezieller kleiner Ribonucleoproteine (snRNP, siehe S. 382). Wir begnügen uns hier mit einer einfachen Skizze des Ablaufs der rRNA-Reifung (Abb. 11.**26**).

Nucleolus

Eine intensive Transkription von rRNA-Genen ist notwendig, damit der Bedarf der proliferierenden Zelle an rRNA und damit an Ribosomen gedeckt werden kann. Dazu stehen mehrere Mechanismen zur Verfügung:

– Eine hoch spezialisierte RNA-Polymerase, die nur mit den Promotoren der rRNA-Gene in Wechselwirkung tritt und deswegen nicht von den vielen anderen Promotoren im Zellkern abgelenkt und weggefangen werden kann.

– Die gleichzeitige Transkription vieler rRNA-Gene.

– Das Vorkommen von Verstärker-Elementen im Spacer, die eine hohe lokalisierte Konzentrierung von Transkriptions-Faktoren und RNA-Polymerasen ermöglichen.

– Und, schließlich, die Organisation der rRNA-Gene und des rRNA-Reifungsvorgangs in einem speziellen Kompartiment des Zellkerns, im **Nucleolus** (siehe Abb. 11.**27**).

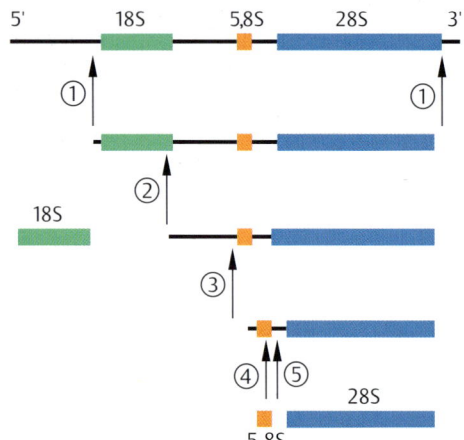

Abb. 11.26 Zurechtschneiden (Reifung) der prä-rRNA. Die Zahlen in den Kreisen geben die Orte aufeinanderfolgender endonucleolytischer Spaltungen an. Noch während der Reifung wird ein Teil der Nucleotide modifiziert. Etwa 60 Ribose-Bausteine in der 28S- und etwa 40 Ribose-Bausteine in der 18S rRNA werden methyliert. Die funktionelle Bedeutung dieser Modifikation ist unbekannt [nach 4].

Manche Tier- oder Pflanzenarten haben einen Nucleolus, andere zwei oder mehrere Nucleoli pro haploidem Genom. Das hängt von der Zahl der rRNA-Gen-Gruppen ab, denn mit der Initiation aktiver rRNA-Synthese bildet sich um jede Gruppe ein Nucleolus aus. Mit zunehmender Gen-Aktivität können die Nucleoli immer größer werden, bis sie sich zu einem einzigen Komplex zusammenschließen können.

Der Nucleolus ist der Hauptort der Ribosomen-Manufaktur in der Zelle:
- Die langen rRNA-Vorläufer-Moleküle werden gebildet und oft schon während der Synthese in die einzelnen rRNA-Arten aufgetrennt.
- Neusynthetisierte ribosomale Proteine finden ihren Weg aus dem Cytoplasma in den Nucleolus und lagern sich an die rRNA. Dazu kommt die andernorts im Zellkern gebildete 5S rRNA. Insgesamt entstehen so die Grundstrukturen der Ribosomen, die dann ins Cytoplasma gelangen und dort durch Anlagerung weiterer Proteine ihren letzten Schliff erhalten.

Das alles spielt sich in einer morphologisch geordneten Struktur ab, die die Cytologen folgendermaßen beschreiben (Abb. 11.**28**):
- Im Innern liegt das **fibrilläre Zentrum.** Dort befinden sich Schleifen von Chromatin mit den hintereinandergeschalteten rRNA-Genen, die intensiv transkribiert werden und deswegen dicht mit RNA-Polymerase-Molekülen bedeckt sind.
- Darüber liegt die **fibrilläre Komponente,** vermutlich eine Art Gerüst, das die Nucleolus-Struktur zusammenhält. Hier werden auch die prä-rRNAs in die Einzelbestandteile zerlegt und die ersten Schritte beim Zusammenbau von Ribosomen getan.
- Und außen schließlich ist die **granuläre Komponente,** wo sich Ribosomen-Vorläufer als dicht gepackte Partikel befinden.

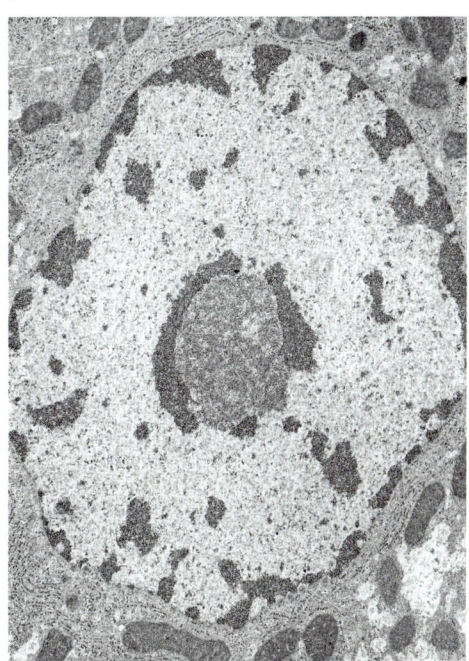

Abb. 11.27 Nucleolus, das dicht gepackte Kern-Körperchen. Wir erkennen den Zellkern als Ausschnitt aus einer elektronenmikroskopischen Aufnahme von einem Dünnschnitt einer Säugetier-Zelle. Die Kernhülle als Doppelmembran ist gerade erkennbar. Sie grenzt das Cytoplasma nach außen ab. Dort erkennt man die dunklen ovalen Querschnitte von Mitochondrien und das Membran-System des endoplasmatischen Retikulums. Im Innern des Zellkerns erscheint das hellere Euchromatin und das dicht gepackte Heterochromatin. Der Nucleolus liegt etwa in der Mitte des Bildes. Beachte, dies ist ein Dünnschnitt, und eventuell im Zellkern vorhandene andere Nucleoli liegen nicht in der Schnittebene (Bild von H. Plattner, Konstanz).

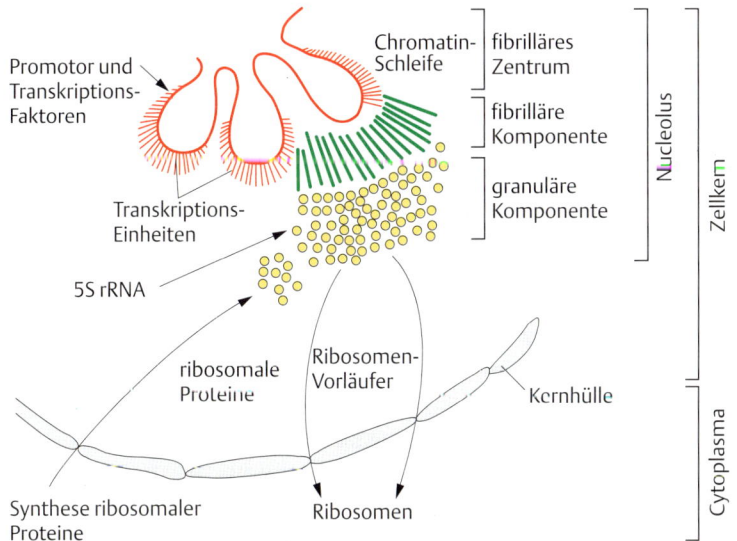

Abb. 11.28 Schema der Beziehung von Struktur und Funktion des Nucleolus. Beschreibung im Text [nach 24].

Transkription von 5S rRNA- und tRNA-Genen

Die meisten Gene mit der Information für kleine RNA-Arten werden von der **RNA-Polymerase III** transkribiert. Dazu gehören:
- Gene für die 5S rRNA, einen Bestandteil der großen Ribosomen-Untereinheit.
- Gene für alle tRNA-Arten.
- Das Gen für 7SL RNA, Bestandteil des Transportsystems für Proteine durch die Zellmembranen.
- Das Gen für die U6 snRNA, eine Komponente des U6 snRNP, das mit anderen snRNPs (*small nuclear ribonucleoproteins*) den Spleißapparat bildet (S. 382) (Die kleinen RNAs in anderen snRNPs werden von der RNA-Polymerase II hergestellt).

Die genannten RNA-Polymerase-III-Gene haben jeweils eine andere Struktur.

Sehen wir uns zuerst den Aufbau eines **Gens für die 5S rRNA** an (Abb. 11.**29**). Die Transkription beginnt beim Nucleotid +1 und endet beim Nucleotid +120. Stromaufwärts-Sequenzen sind für den korrekten Start der Transkription verantwortlich, aber die Einleitung und die Effizienz der Transkription hängen von DNA-Sequenzen ab, die nicht etwa vor dem Gen liegen – wie wir es bisher bei allen anderen Genen kennengelernt hatten –, sondern von Sequenzen, die sich innerhalb des Gens befinden. Dies ist die sogenannte **interne Kontrollregion,** die sich über 50 Basenpaare erstreckt und als Bindestelle für einen Transkriptions-Faktor dient. Die funktionell wichtigsten und deshalb von Art zu Art einigermaßen gut konservierten Bereiche der internen Kontrollregion werden als Box A und Box C bezeichnet. Nucleotid-Austausche oder -Deletionen innerhalb der Boxen haben einen Verlust der Promotor-Funktion zur Folge, während Mutationen dazwischen zwar die Promotor-Funktion schwächen, aber nicht aufheben.

Die **Gene für die tRNAs** sind recht ähnlich aufgebaut wie das 5S rRNA-Gen, nur daß sie in der internen Kontrollregion statt des Box C-Elementes ein Box B-Element haben (Abb. 11.**30**).

Weitere RNA-Polymerase-III-Gene

Das hochrepetitive *Alu I*-Element im Human-Genom (S. 31) und das vergleichbare *B2*-Element im Nagetier-Genom enthalten ebenfalls interne Kontrollregionen, an die sich RNA-Polymerase III-spezifische Transkriptions-Faktoren binden können. Deswegen können diese Repetitions-Elemente von der RNA-Polymerase III transkribiert werden. Man vermutet, daß solche Transkripte gelegentlich durch reverse Transkription in DNA überführt werden. Dies könnte für die weite Verbreitung dieser DNA-Stücke im Genom verantwortlich sein.

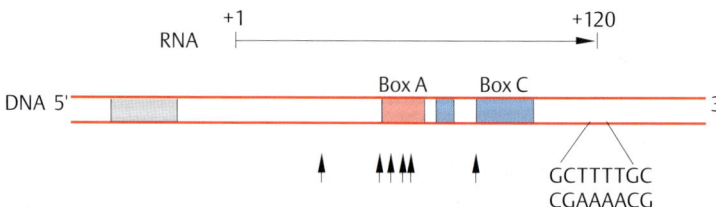

**Abb. 11.29   Eine 5S rRNA-Transkriptions-Einheit *(Xenopus laevis).* Die RNA-Polymerase III beginnt die Transkription am Nucleotid +1 und beendet sie am Nucleotid +120. Ein typisches Terminations-Signal ist am 3'-Ende des Gens als Sequenz wiedergegeben. Die interne Kontrollregion ist mit Box A und Box C beschriftet. Ein DNA-Abschnitt, der am 5'-Ende für den korrekten Beginn der Transkription sorgt, ist als graue Box eingezeichnet. Die senkrechten Pfeile in der Skizze deuten die Lage von Nucleotid-Unterschieden zwischen den Oozyten-spezifischen und den somatischen Genen an. Diese Unterschiede haben verschiedene Affinitäten zu Transkriptions-Faktoren zur Folge. Das Genom von *Xenopus laevis* hat zwei Arten von 5S rRNA-Genen: Eine Art kommt in 20 000 Kopien vor und wird während der Oogenese exprimiert; eine zweite Art, die somatischen 5S rRNA-Gene, umfaßt etwa 400 Kopien und wird in allen anderen Zellen des sich entwickelnden Embryos und des reifen Tieres exprimiert [nach 30].

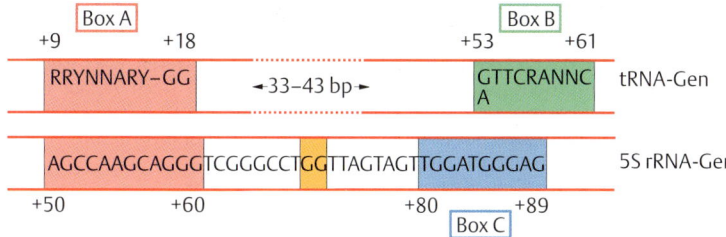

Abb. 11.30 Interne Kontrollregionen. DNA-Sequenzen in einem 5S rRNA-Gen (unten) und in tRNA-Genen (oben) werden verglichen. N = irgendein Nucleotid; R = Purin-Nucleotid; Y = Pyrimidin-Nucleotid. Damit wird angedeutet, daß die Gene für die einzelnen tRNA-Arten zwar ähnliche, aber nicht identische Box A- und Box B-Elemente enthalten [nach 6].

Dagegen hat das **U6-snRNA-Gen** einen ganz anderen Aufbau. Es sieht eher aus wie ein Standard-Gen mit einer TATA-Box um das Nucleotid –30 herum und einem Box B-Element, das außerhalb des Transkriptions-Bereiches liegt. Aber das Box B-Element bestimmt die Polymerase-Spezifität, weil sich daran ein Transkriptions-Faktor (TFIII-C) bindet, der die RNA-Polymerase III an das Gen geleitet.

Aufbau des Transkriptions-Komplexes

Einer der ersten Transkriptions-Faktoren überhaupt, die gereinigt und biochemisch untersucht werden konnten, ist der Faktor **TFIII-A** (Transkriptions-**F**aktor für die RNA-Polymerase **III**), weil er in großen Mengen in *Xenopus*-Oozyten vorkommt. Später konnte man dann den Faktor TFIII-A in allen Zellen der verschiedensten Tier- und Pflanzen-Arten nachweisen.

TFIII-A ist ein Zink-Protein aus 344 Aminosäuren, von denen der Abschnitt zwischen den Aminosäure-Positionen 13 und 276 neun hintereinandergeschaltete Folgen von je etwa 30 Bausteinen umfaßt, die sich alle zu Zink-Fingern zusammenlegen können. Die Anordnung von zwei dieser neun Folgen zeigt die Abb. 11.**31**, aber für eine genauere Beschreibung verweisen wir auf die Abb. 11.**20** (S. 317).

TFIII-A ist spezifisch für das 5S rRNA-Gen, wo er Kontakte mit der Box A aufnimmt. Das ist eine relativ lockere Bindung, die erst in eine stabile Form überführt wird, wenn zusätzlich der Faktor **TFIII-C** gebunden wird. Dies ist ein noch wenig charakterisierter (1995) großer Komplex aus mehreren Untereinheiten. Er führt eine wichtige Funktion bei der DNA-Erkennung aus. Schließlich wird der Komplex vervollständigt durch den dritten Faktor **TFIII-B.** Damit ist dann die Plattform geschaffen, auf der sich die RNA-Polymerase III niederlassen kann. Diese Plattform bleibt erhalten, wenn die RNA-Polymerase III das 5S rRNA-Gen wiederholt transkribiert.

Die **Aktivierung der tRNA-Gene** erfolgt auf eine ähnliche Weise wie die des 5S rRNA-Gens, nur daß dabei der Faktor TFIII-A nicht benötigt wird. Die spezifische Erkennung der internen Kontrollregion erfolgt allein durch TFIII-C, der dann das Protein TFIII-B heranzieht.

Mit dem Faktor **TFIII-B** begegnen wir einem Bekannten, denn er enthält das TATA-Binde-Protein TBP, das hier mit Polymerase-III-spezifischen TAF-Proteinen assoziiert ist.

Und wie beim Faktor SL1, der TBP-enthaltende Komplex, der für die Transkription durch die RNA-Polymerase I verantwortlich ist (S. 321), spielt auch bei der Transkription von 5S rRNA- oder tRNA-Genen die Fähigkeit des TBP zur DNA-Bindung vermutlich eine geringe Rolle. Vielmehr vermittelt es auch hier über spezifische TAFs den Kontakt zwischen einem DNA-erkennenden Protein – TFIII-C – und der passenden RNA-Polymerase (Abb. 11.**32**).

Methode

Mikroinjektion in Oozyten. Die Oozyten von *Xenopus laevis* sind beliebte experimentelle Systeme für Untersuchungen der Expression von DNA, der Prozessierung von RNA, des Transportes von Proteinen u. a. Dies beruht auf der Größe der einzelnen Zelle (gut sichtbar mit dem Auge). Interessante Moleküle können durch einfache Mikroinjektions-Methoden in den Zellkern oder ins Cytoplasma eingeführt werden. Ein weiterer Vorteil ist die üppige Ausstattung der Oozyten mit Transkriptions-Faktoren und vielen anderen Proteinen, die als Vorbereitung für die ersten schnell aufeinanderfolgenden Zellteilungen nach der Befruchtung des Eis gelagert werden. Man muß freilich berücksichtigen, daß die Oozyte eine hochspezialisierte Zelle ist und deswegen Ergebnisse liefert, die nicht unbedingt auf andere Zellarten übertragbar sind.

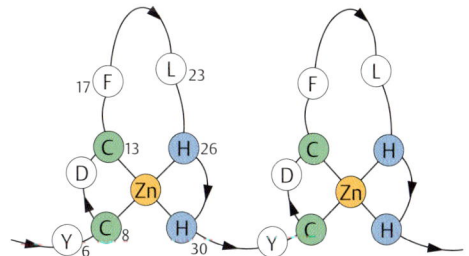

Abb. 11.31 Zink-Finger-Strukturen im Faktor TFIII-A. Die Abbildung zeigt zwei der neun Aminosäure-Blöcke. Die eingekreisten Aminosäuren (in der Ein-Buchstaben-Schreibweise) kommen in allen neun Blöcken vor. Die dazwischenliegenden Aminosäuren können von Block zu Block verschieden sein. Die Skizze sollte mit der ausführlicheren Darstellung von Zink-Finger-Strukturen in der Abb. 11.**20** (S. 317) verglichen werden [nach 15].

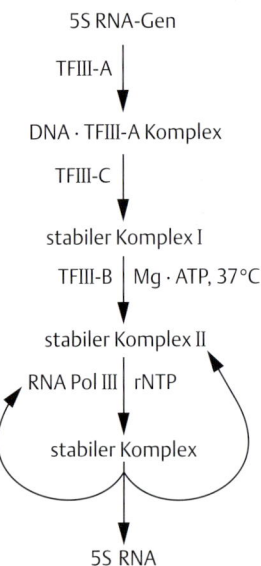

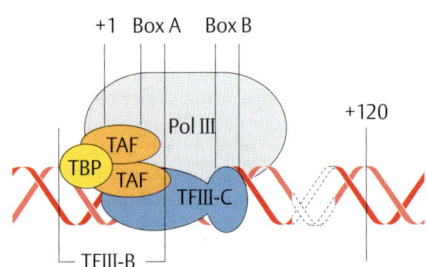

Abb. 11.33   Protein-Komplexe am Promotor eines tRNA-Gens. Modell-Vorschlag. In dieser Skizze werden die Größenverhältnisse der drei Protein-Komponenten nicht berücksichtigt. TFIII-C ist wahrscheinlich mindestens genauso groß wie die RNA-Polymerase III und besteht aus mehreren Untereinheiten (durch unregelmäßige Form angedeutet). TFIII-C bindet direkt an das Box A- und an das Box B-Element in der internen Kontrollregion des tRNA-Gens. Daran lagert sich TFIII-B an, ein Komplex aus TBP und – vermutlich – zwei verschiedenen TAF-Proteinen, die die Kontakte mit der RNA-Polymerase III herstellen. Durch diese Protein-Kontakte kommt die Polymerase in eine Position, die ihr den genauen Start bei Nucleotid +1 ermöglicht [nach 26].

◀ **Abb. 11.32   Ausbildung eines Transkriptions-Komplexes am 5S rRNA-Gen.** Die interne Kontrollregion bindet zuerst den Faktor TFIII-A, dann TFIII-C und TFIII-B. Damit kann dann die RNA-Polymerase III in Wechselwirkung treten. Nach Zugabe von Ribonucleosidtriphosphaten beginnt die Transkription. Nach Ablauf einer Synthese-Runde werden die neugebildete 5S rRNA und die RNA-Polymerase III freigesetzt. Dagegen kann der Komplex II aus den Transkriptions-Faktoren tage- bis wochenlang stabil bleiben [aus 3].

Die zentrale Funktion von TBP

Zum Abschluß dieses Kapitels notieren wir die **zweifache Funktion von TBP**:

– Bei TATA-haltigen, proteinkodierenden Genen vermittelt TBP über seine Bindung an die TATA-Box die darauffolgende Kontaktaufnahme mit anderen Proteinen im Initiations-Komplex. Bei TATA-freien Promotoren wird dagegen nur oder bevorzugt die Fähigkeit von TBP zum Aufbau von Protein-Protein-Wechselwirkungen eingesetzt (Abb. 3.**33**, 3.**34**), hauptsächlich über seine Promotor- bzw. Polymerase-spezifischen TAFs.

– bei TATA-freien, proteinkodierenden Genen wird eine Beziehung über einen Inr-gebundenen Faktor und/oder über den stromaufwärtsgebundenen Faktor Sp1 zur RNA-Polymerase II hergestellt (S. 317);

– im rRNA-Gen-Promotor zwischen dem gebundenen Faktor UBF und der RNA-Polymerase I (S. 321);

– und schließlich in den internen Kontrollregionen von 5S rRNA- und tRNA-Genen zwischen dem spezifisch gebundenen Faktor TFIII-C und der RNA-Polymerase III.

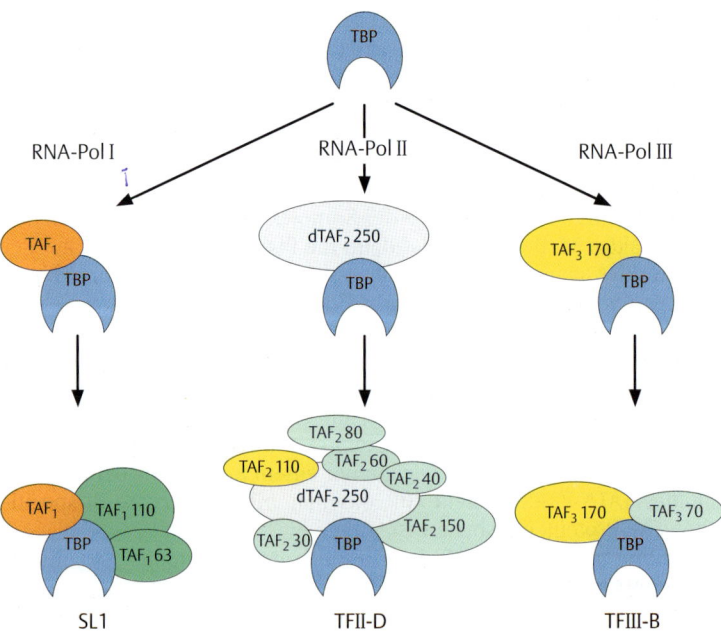

Abb. 11.34   Zusammenfassung der Funktion von TBP. Das TATA-Binde-Protein TBP kann mit verschiedenen Proteinen, TAFs, in Wechselwirkung treten, und je nach Auswahl der TAFs leitet TBP die Transkription durch die RNA-Polymerase I, II oder III [nach 29].

Literatur

Original- und Übersichtsartikel

1. Allison, L.A., Moyle, M., Shales, M., Ingles, C.J.: Extensive homology among the largest subunits of eukaryotic and prokaryotic RNA polymerases. Cell **42** (1985) 599–610
2. Bautz, E.K.F., Petersen, G.: Eukaryotic RNA polymerases. In Adolph, K.W.: Molecular Biology of Chromosome Function. Springer, Berlin 1989
3. Bieker, J.L., Martin, P.L., Roeder, R.G.: Formation of a rate-limiting intermediate in 5SrRNA gene transcription. Cell **40** (1985) 119–127
4. Bowman, L.H. et al.: Location of the initial cleavage sites in mouse pre-rRNA. Mol. Cell. Biol. **3** (1983) 1501–1510
5. Breathnach, R., Chambon, P.: Organization and expression of eukaryotic split genes coding for proteins. Ann. Rev. Biochem. **50** (1981) 349–383
6. Ciliberto, G., Raugel, G., Constanzo, F., Dente, L., Cortese, R.: Common and interchangeable elements in the promoters transcribed by RNA polymerase III. Cell **32** (1983) 725–733
7. Coleman, J.E.: Zinc proteins: enzymes, storage proteins, transcription factors, and replication proteins. Ann. Rev. Biochem. **61** (1992) 897–946
8. Dierks, P., van Doyen, A., Cochran, M.D., Dobkin, C., Reiser, J., Weissmann, C.: Three regions upstream from the cap site are required for efficient and accurate transcription of the rabbit β-globin gene in mouse 3T6 cells. Cell **32** (1983) 695–706
9. Greenblatt, J.: Riding high on the TATA-box. Nature **360** (1992) 16–17
10. Grummt, I.: Mammalian ribosomal gene transcription. In Nucleic Acid Research and Molecular Biology, Vol. 3. Springer, Berlin 1989
11. Jantzen, H.M., Admon, A., Bell, S.P., Tijan, R.: Nucleolar transcription factor hUBF contains a DNA-binding motif with homology to HMG proteins. Nature **344** (1990) 830–836
12. Kadonaga, J.T., Carner, K.C., Masiarz, F.R., Tijan, R.: Isolation of cDNA encoding transcription factor Sp1 and functional analysis of the DNA binding domain. Cell **51** (1987) 1079–1090
13. Kreidberg, J.A., Kelly, T.J.: Genetic analysis of the human thymidine kinase gene promoter. Mol. Cell. Biol. **6** (1986) 2903–2909
14. Mehmet, S., Gouy, M., Marck, C., Sentenac, A., Buhler, J.M.: RPA190, the gene coding for the largest subunit of yeast RNA polymerase A.J. Biol. Chem. **263** (1988) 2830–2839
15. Miller, J., McLachlan, A.D., Klug, A.: Repetitive zinc-binding domains in the protein transcription factor IIIA from Xenopus laevis. EMBO J. **4** (1985) 1609–1614
16. Miller, O.L., Beatty, R.B.: Visualization of nucleolar genes. Science **164** (1969) 955–960
17. Nikolov, D.B., et al.: Crystal structure of TFIID TATA-box binding protein. Nature **360** (1992) 40–46
18. Pabo, C.O., Sauer, R.T.: Transcription factors: structural families and principles of DNA recognition. Ann. Rev. Biochem. **61** (1992) 1053–1095
19. Reeder, R.H.: rRNA synthesis in the nucleolus. Trends Genet. **6** (1990) 390–395
20. Roeder, R.G., Rutter, W.J.: Multiple forms of DNA-dependent RNA-polymerase in eukaryotic organism. Nature **224** (1969) 234–237

21. Roeder, R. G.: The complexities of eukaryotic transcription initiation: regulation by preinitiation complex assembly. Trends Biochem. Sci. **16** (1991) 402–408

22. Sentenac, A.: Eukaryotic RNA-polymerases. Crit. Rev. Biochem. **18** (1985) 31–90

23. Sollner-Webb, B., Mougey, E. B.: News from the nucleolus: rRNA gene expression. Trends Biochem. Sci. **16** (1991) 58–62

24. Sommerville, J.: Nucleolar structure and ribosome biogenesis. Trends Biochem. Sci. **11** (1986) 438–442

25. Stout, J. T., Caskey, C. T.: HPRT: Gene structure. Expression and mutation. Ann. Rev. Genet. **19** (1985) 127–148

26. Taggart, A. K. P., Fisher, T. S., Pugh, B. F.: The TATA-binding protein and associated factors are components of pol III transcription factor TF III B. Cell **71** (1993) 1015–1028

27. Ushera, A., Maldonado, E., Goldring, A., Lu, H., Houbari, C., Reinberg, D., Aloni, Y.: Specific interaction between the nonphosphorylated form of RNA polymerase II and the TATA-binding protein. Cell **69** (1992) 871–881

28. Van Dyke, M. W., Roeder, R. G., Sawadogo, M.: Physical analysis of transcription preinitiation complex assembly on a class II gene promoter. Science **211** (1988) 1335–1338

29. Weinzierl, R. O. J., Dynlacht, B. D., Tjan, R.: Largest submit of Drosophila transcription factor II-D directs assembly of a complex containing TBP and a coactivator. Nature (**1993**) 511–517

30. Wolffe, A. P., Brown, D. D.: Developmental regulation of two 5S ribosomal RNA genes. Science **241** (1988) 1626–1632

31. Zawel, L., Reinberg, D.: Advances in RNA polymerase II transcription. Curr. Opin. Cell Biol. **4** (1992) 488–495

32. Zawel, L., Reinberg, D.: Initiation of transcription by RNA polymerase II: multistep process. Progr. Nucl. Acid Res. **44** (1993) 87–108

12. Regulation proteinkodierender Gene

Die Regulation der Aktivität von Eukaryoten-Genen ist ein wichtiges und zur Zeit vermutlich das meist bearbeitete Gebiet der genetischen Grundlagenforschung. Einige Stichwörter mögen genügen, um die Bedeutung dieser Arbeiten zu charakterisieren.

- Viele Reaktionen der Zelle auf verschiedene Umwelteinflüsse, Wachstums-Faktoren und Hormone werden über die Aktivierung von Genen vermittelt.
- Die zelltypspezifischen Eigenschaften einer Zelle beruhen auf „differentieller" Gen-Expression: In den verschiedenen Zell-Typen eines vielzelligen Organismus werden jeweils unterschiedliche genetische Programme abgerufen.
- Genetische Programme entfalten sich nacheinander während der Entwicklung eines Organismus aus der befruchteten Eizelle.

Die vielen Arbeiten zu diesen Themenbereichen haben gezeigt, daß sich im Prinzip mit jedem Gen ein eigener Regulations-Mechanismus entwickelt hat. Bringt man die zahlreichen verschiedenen Mechanismen auf ihren molekularbiologischen Kern, so lassen sich zwei Sätze formulieren:
- In den meisten Fällen ist die Grundlage der Gen-Regulation eine spezifische Wechselwirkung von Transkriptions-Faktoren mit DNA-Elementen in Promotor-/Enhancer-Bereichen.
- Die gebundenen Proteine beeinflussen die Ereignisse beim Aufbau oder bei der Funktion des Initiations-Komplexes an der **TATA-Box** oder am **Inr-Element**.

Einige Forscher haben sich um einen Überblick über die Zahl und Art der bekannten Transkriptions-Faktoren bemüht. Sie zählen zur Zeit 150–200 verschiedene Faktoren, die teilweise miteinander verwandt sind. Wesentliche gemeinsame Prinzipien lassen sich heute erkennen. Diese kann man gut an einigen Beispielen erklären.

Phosphorylierung als Signal

Genetische Antworten nach Zugabe von Serum zu ruhenden Zellen

Zellbiologen untersuchen seit Jahrzehnten ein einfaches, aber höchst interessantes experimentelles System: Manche Fibroblasten-Zellen aus Säugetiergewebe vermehren sich einige Zell-Generationen lang unter den Bedingungen der Zellkultur. Die Proliferation endet, wenn die Fläche der Kulturschale mit Zellen bedeckt ist und die einzelnen Zellen aneinanderstoßen (Kontaktinhibition) oder wenn die wachstumsfördernden Verbindungen im Serum verbraucht sind (Serum-Mangel).

Die Zellen können dann für längere Zeit in einer Art Ruhephase verharren. Der Zusatz von frischem Serum löst jedoch erneute Aktivität aus: Je nach den Bedingungen kommt es dann zu einer oder auch mehreren Zellteilungen.

Das Interesse an diesem einfachen Experiment ist offensichtlich. Es kann als ein **Modell** für wichtige Prozesse dienen: Zellvermehrung bei der Embryonal-Entwicklung, Wundheilung, Wucherung von Krebs-Zellen.

Die wichtigsten Bestandteile des Serums für die Anregung zur Zellteilung sind kleine Proteine oder Peptide, sogenannte **Wachstums-Faktoren** oder Wachstums-Hormone. Als Beispiele seien EGF *(epidermal growth factor)*, IGF *(insulin-like growth factor)* und PDGF *(platelet-derived growth factor)* genannt. Diese und andere Signale von außen vermitteln der Zelle wichtige Informationen über den Zustand ihrer nächsten Nachbarzellen, über ihren Kontakt mit dem Untergrund und über das Vorkommen von Wachstums-Faktoren und Hormonen in ihrer Umgebung. Sie ermöglichen der Zelle die wichtige Entscheidung über Differenzierung oder Zellteilung und Zellvermehrung.

Die Peptide binden an jeweils passende **Rezeptoren** an der Zelloberfläche und setzen damit eine Kette von Reaktionen in Gang (Abb. 12.**1**). Viele Rezeptoren auf der Zelloberfläche haben einen äußeren Teil mit der Bindestelle für den zugehörigen Wachstums-Faktor, einen Transmembran-Teil und eine innere Domäne, die als Proteinkinase die γ-Phosphat-Gruppe von ATP auf Tyrosin-Seitenketten von Proteinen übertragen kann, unter anderem auch auf ein Tyrosin des Rezeptors selbst. In manchen Fällen lagern sich dann Rezeptoren zu Dimeren zusammen. Phosphorylierte Rezeptoren vermitteln Kontakte mit anderen Proteinen bis schließlich Transkriptions-Faktoren aktiv werden und die Expression von Genen eingeleitet wird.

Mehrere Forschergruppen haben die Expression von Genen nach Serumaktivierung von ruhenden Fibroblasten-Zellen gemessen. Dazu wird die mRNA zu verschiedenen Zeiten nach Zusatz von Serum isoliert und zur Synthese von cDNA verwendet. Auf diese Weise steht dann genügend Material für eine eingehende Untersuchung zur Verfügung. Das wichtigste Ergebnis ist, daß über hundert verschiedene Gene nacheinander aktiv werden, und daß ihre Expression einem festen Programm folgt. Zuerst gelangen „frühe Gene" zum Zuge, die die Information zur Herstellung von Transkriptions-Faktoren tragen, dann Gene, die Proteine des Cytoskeletts und andere Zellbestandteile kodieren, schließlich Gene für Replikations-Enzyme, Histone u. a. (Abb. 12.**2**).

Ein weiteres Ergebnis dieser Untersuchungen ist, daß eine Gruppe von sehr früh exprimierten Genen *(immediate early genes)* eine Sonderstellung einnimmt. Die mRNA dieser Gene steigt nämlich auch dann nach Serum-Induktion an, wenn gleichzeitig jede Protein-Synthese (z.B. durch den Hemmstoff Cycloheximid) unmöglich gemacht wird. Daraus kann man den Schluß ziehen, daß der vollständige Apparat für die Expression dieser Gene schon in ruhenden Zellen vorhanden ist, aber dann als Folge der Signalkette der Abb. 12.**1** aktiviert wird.

Die merkwürdigen Bezeichnungen dieser Gene und ihrer Produkte erklärt sich aus der Entdeckungsgeschichte, denn sie wurden zuerst bei der Untersuchung von RNA-Tumor-Viren gefunden (Tab. 12.**1**; siehe Kasten auf S. 333). Mehr über RNA-Tumor-Viren und ihre Bedeutung in der Genetik ist auf S. 219 zu finden.

Gut untersuchte Beispiele sind die **früh exprimierten Gene *c-Fos* und *c-Jun*,** die je eine Untereinheit des Transkriptions-Faktors AP1 kodieren, nämlich die Proteine Fos und Jun. Zuerst betrachten wir den Weg, der zur

Tab. 12.1   Proto-Onkogene

Proto-Onkogen (zelluläres Gen)	entdeckt als Virus-transduziertes Onkogen
c-Fos	*v-fos* in FBJ murines *Osteosarkom*-Virus (ursprünglich isoliert aus einem spontanen Tumor der Maus)
c-Myc	*v-myc* in Myelocytomatosis-Virus von Hühnern
c-Jun	*v-jun* in Avian Sarcoma Virus 17 (*jun*, japan. für 17)

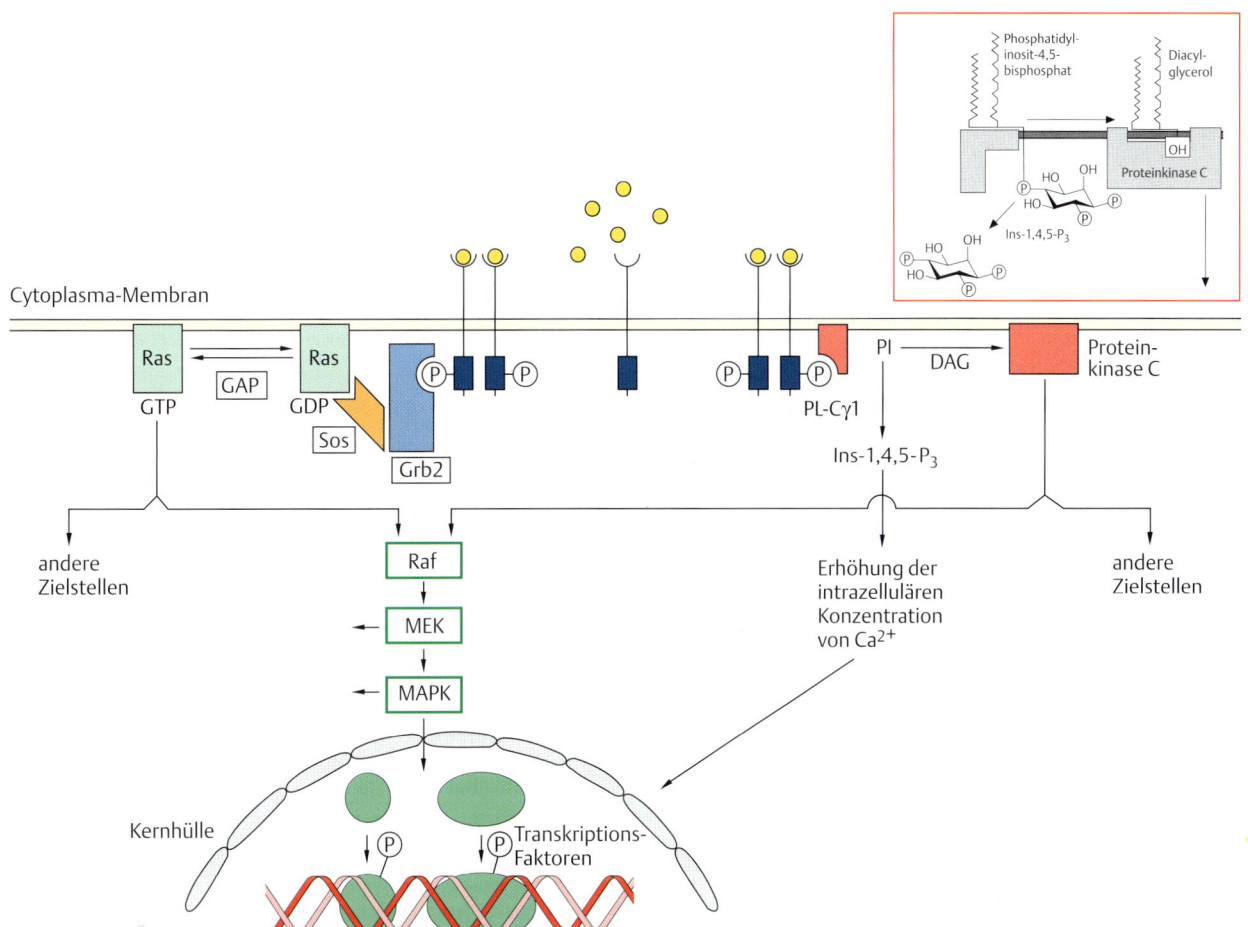

Cytoplasma-Membran

Abb. 12.1 Signalvermittlung: Eine Kaskade von Phosphat-Übertragungen. Das rechte Rezeptordimer aktiviert das Enzym Phospholipase Cγ-1 (PL-Cγ1), das dann die Membran-Verbindung Phosphatidyl-inosit-4,5-bisphosphat (PI) in Diacylglycerin (DAG) und Inosit-1,4,5-trisphosphat (Ins-1,4,5-P$_3$) zerlegen kann (Formelbilder oben rechts). Ins-1,4,5-P$_3$ führt zur Erhöhung der intrazellulären Konzentration an Calcium-Ionen, wodurch u. a. die Aktivitäten bestimmter Proteinkinasen beeinflußt werden. DAG wirkt spezifisch auf die **Proteinkinase C**, die eine Reihe unterschiedlicher Proteine an Threonin- und Serin-Seitengruppen phosphorylieren kann, u. a. auch das Protein **Raf1**, eine Proteinkinase, die ursprünglich als Onkogen eines RNA-Tumor-Virus entdeckt worden ist (S. 222).

An dieser Stelle trifft der PI-Signalweg mit dem **Ras**-vermittelten Signalweg zusammen, der ebenfalls mit aktivierten Zelloberflächen-Rezeptoren beginnt (oben links). Diese haben Kontakt mit dem Protein Grb2 *(growth factor receptor bound protein)*, welches – vermittelt durch das Sos-Protein – ein nichtaktives Ras-Protein über den Austausch von GDP durch GTP in die aktive Form überführt. Ras (S. 461) ist nur für kurze Zeit aktiv, denn GTPase-aktivierende Proteine (GAP) beschleunigen die Spaltung von GTP in GDP (Übrigens ist in vielen Tumoren von Mensch und Tier das Ras-Protein durch Mutation geschädigt mit der Folge, daß die

Überführung des GTP in GDP nicht mehr funktioniert. In solchen Zellen weist das Signal ständig in Richtung Proliferation). Aktives, GTP-tragendes Ras stimuliert unter anderem die **Raf-Kinase**. Dieses Enzym überträgt Phosphat-Gruppen auf bestimmte Serin- und Threonin-Reste der **Proteinkinase MAPKK (oder MEK)**, welche ihrerseits die Proteinkinase **MAPK** *(mitogen activated protein kinase)* phosphoryliert und aktiviert. MAPK schließlich phosphoryliert einige Serin- und Threonin-Seitenketten in Transkriptions-Faktoren des Zellkerns und regt damit die Expression spezifischer Gene an. Beachte, daß das Ras-Protein und alle genannten Proteinkinasen die Funktion mehrerer Proteine beeinflussen können („andere Zielstellen"). Somit besteht ein komplexes Netzwerk von Signal-Vermittlungen, deren Konsequenzen für das Verhalten der Zelle noch längst nicht erforscht sind [nach 9, 16].

Abb. 12.2 Zunahme der mRNA-Menge in serumstimulierten Maus-Fibroblasten-Zellen. Zusatz von frischem Serum zum Zeitpunkt 0. Wir zeigen den Verlauf der mRNA-Zunahme einiger ausgewählter Sequenzen [nach 24].

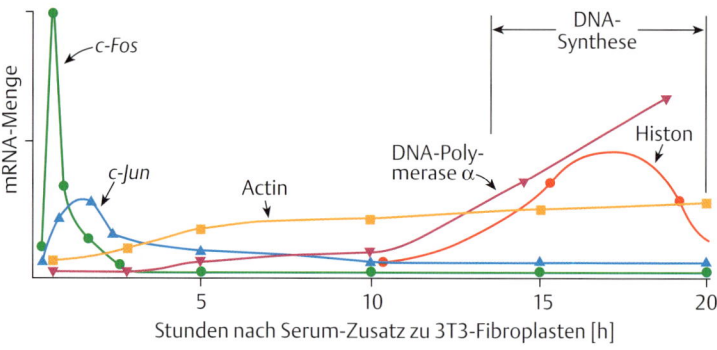

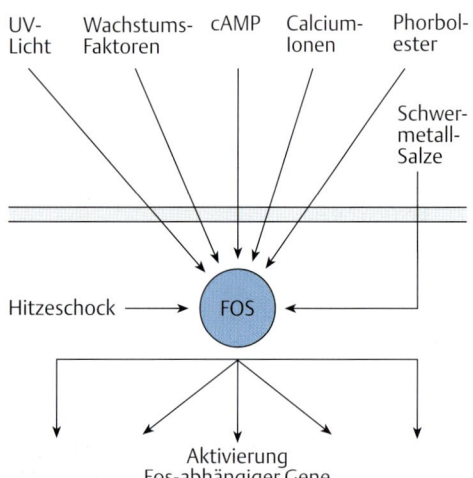

Abb. 12.3   Faktoren, die Fos-abhängige Gene aktivieren.

Aktivierung des **Gens** *c-Fos* führt. In einem späteren Abschnitt kommen wir auf die Struktur und Funktion des **Proteins Fos** zu sprechen.

Das Gen *c-Fos* wird auch durch eine Reihe anderer Einflüsse aktiviert:
- Bei einer Schädigung der DNA durch radioaktive oder ultraviolette Strahlen.
- Durch kleinmolekulare Verbindungen wie TPA (12-O-Tetradecanoyl-phorbol-13-acetat). TPA aktiviert die Proteinkinase C und umgeht damit den normalen Signalweg der Abb. 12.1. TPA wird oft als „Tumor-Promotor" bezeichnet, weil es den Effekt von geringen Konzentrationen karzinogener Verbindungen beträchtlich erhöht. TPA ist selbst kein Karzinogen (Abb. 12.**3**).
- Durch jede Erhöhung der intrazellulären Konzentration an Calcium-Ionen, etwa durch Anwendung von membranbindenden sogenannten Ionophoren. Auch hierbei wird der normale Signalweg der Abb. 12.**1** umgangen, weil Calcium-Ionen künstlich erhöht werden.
- Durch Erhöhung der intrazellulären Konzentration an cAMP.

Gen-Aktivierung durch Phosphorylierung: Der Promotor des *c-Fos*-Gens

Eine erste Antwort auf die Frage nach der Art der Regulation des *c-Fos*-Gens geben die Bestimmung der Nucleotid-Sequenz des Promotors und die systematische Untersuchung seiner Funktion. Das Ergebnis in der Abb. 12.**4** (S. 334) zeigt, daß der *c-Fos*-Gen-Promotor das Kennzeichen eines regulierten Säugetier-Gens trägt, nämlich eine TATA-Box, und zusätzlich mehrere stromaufwärts gelegene Sequenz-Motive, die für die Regulation notwendig sind.

Für unsere Besprechung ist eine Sequenz mit der Bezeichnung SRE *(serum response element)* wichtig (Abb. 12.**4**), denn Experimente haben gezeigt, daß dieser Promotor-Abschnitt notwendig und ausreichend für die Aktivierung des Gens durch die Wachstums-Faktoren des Serums ist. Deletion dieses Elements oder auch einfache Nucleotid-Austausche innerhalb des Elements führen zum Verlust der Serum-Aktivierung. Umgekehrt führt der Einbau des SRE-Motivs in den Stromaufwärts-Bereich eines anderen, normalerweise nicht serumaktivierbaren Gens zu einer Steigerung der Promotor-Aktivität als Antwort auf den Zusatz von Serum.

Wie es sich für ein Promotor-Element gehört, ist das SRE-Motiv eine Bindestelle für einen Transkriptions-Faktor, das Protein SRF *(serum response factor)*. In Abb. 12.**4** ist angedeutet, daß dieses Protein als Dimer an DNA bindet. Der DNA-gebundene SRF fördert die Anlagerung eines

Von *c-Fos* zu *v-fos*

Das Onkogen *v-fos* wurde als transformierendes Gen des FBJ-Osteosarkom-Virus, eines Retrovirus der Maus, entdeckt. Das RNA-Genom des Virus besteht aus 4026 Nucleotiden. Im mittleren Bereich des Virus-Genoms sind Teile der viralen Gene *gag*, *pol* und *env* durch einen Abschnitt von 1639 Nucleotiden ersetzt. Es handelt sich um die *v-fos*-Sequenz, die das Protein v-Fos, bestehend aus 381 Aminosäuren, kodiert.

Die *v-fos*-Sequenz entspricht in weiten Teilen einem zellulären Gen *c-Fos*, das mit mehr oder weniger großen Abweichungen in allen daraufhin untersuchten Eukaryoten-Zellen vorkommt.

Das *c-Fos*-Proto-Onkogen der Maus besteht aus vier Exons mit drei dazwischenliegenden Introns. Die gesamte Kodierungs-Sequenz umfaßt 380 Codons. Mit vier Ausnahmen stimmen die ersten 332 Aminosäuren des c-Fos-Proteins mit denen im v-Fos-Protein überein. Im C-terminalen Bereich unterscheiden sich die Aminosäure-Sequenzen. Die Ursache dafür ist, die sich bei der Aufnahme der zellulären Sequenz in das Virus-Genom ereignete.

Das c-Fos-Protein kommt normalerweise bei der Embryonal-Entwicklung in hohen Konzentrationen im extraembryonalen Gewebe, also in Amnion-, Chorion- und Plazenta-Zellen vor. Es spielt weiterhin eine Rolle bei der Regulation induzierbarer Gene. Eine hohe und unkontrollierte Expression des *c-Fos*-Gens in transgenen Mäusen verursacht Störungen in der Knochen-Entwicklung. Dem entspricht auch, daß *v-fos* bei einem Virus entdeckt wurde, das Knochen-Tumoren bei Mäusen verursacht. Daraus kann man schließen, daß das Protein eine Sonderrolle bei der Differenzierung von Knochen-Zellen spielt.

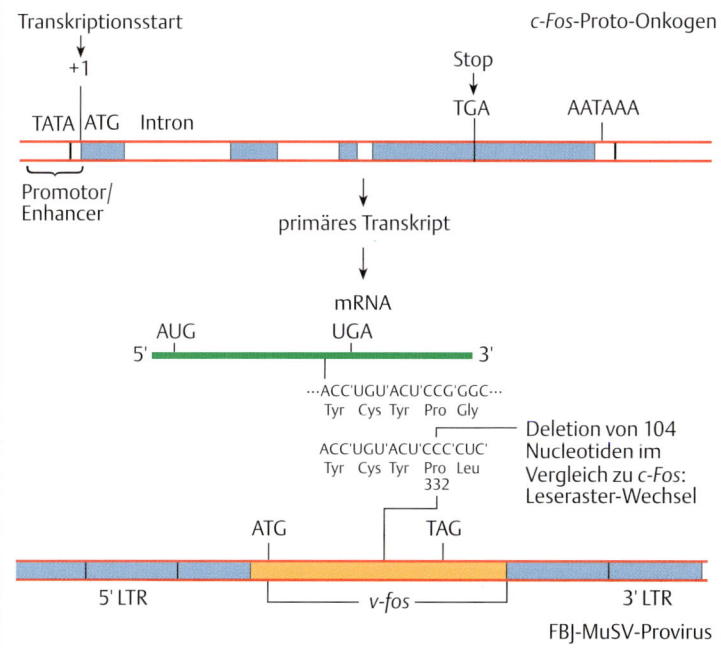

Das *c-Fos*-Proto-Onkogen im Maus-Genom. Vergleich mit dem *v-fos*-Gen in der integrierten murinen Sarkom-Virus-DNA. **oben** Das Proto-Onkogen besteht aus vier Exons und drei Introns. Angegeben sind TATA-Box, Transkriptionsstart und -stopp sowie das Polyadenylierungs-Signal AATAAA (S. 398). Das Gen wird zunächst in Form einer langen prä-mRNA transkribiert. Die daraus entstehende mRNA enthält 380 Codons (zwischen AUG und UGA) mit einer langen 3′-Nichtkodierungs-Sequenz. **unten** Die Retrovirus-Sequenz ist in Form der integrierten Provirus-DNA dargestellt, beiderseits eingerahmt von den LTR-Elementen (*long terminal repeats*, S. 220). Die *v-fos*-Region entspricht, außer im 3′-Bereich, in ihrer Sequenz weitgehend der *c-Fos*-mRNA: Dort hat sich bei der Aufnahme der *c-Fos*-Sequenz in das Virusgenom eine Deletion von 104 Nucleotiden ereignet (in der Umgebung des Codons 332), so daß die Kodierungs-Region im *v-fos*-Gen mit einer anderen Nucleotid-Sequenz als im *c-Fos*-Gen endet. Dieser *v-fos*-Bereich kodiert für eine gänzlich andere Folge von 49 Aminosäuren [nach 52].

Abb. 12.4   Regulation des *c-Fos*-Gens. a Struktur des Promotors. Im Stromaufwärts-Bereich des Gens gibt es außer der TATA-Box und der SRE-Sequenz noch weitere Regulations-Elemente:

1. Beim Basenpaar –60 die CRE-Sequenz *(cAMP response element)*, Bindestelle für das Protein CREB (CRE-Binde-Protein), das hier und in anderen Promotoren für die Steigerung der Gen-Aktivität nach Erhöhung der intrazellulären cAMP-Konzentration verantwortlich ist.
2. Um das Basenpaar –160 liegt eine Bindestelle für das Protein NF 1 *(nuclear factor 1)*, das vermutlich die Grundaktivität des Promotors beeinflußt (S. 318).
3. Bei –295 ist eine Bindestelle für AP1-verwandte Transkriptions-Komplexe (s. S. 349),
4. Beim Basenpaar –346 befindet sich schließlich die Bindestelle für ein Protein, SIF, das durch den Wachtums-Faktor *v-sis* (S. 222) aktiviert wird.

b Der ternäre Komplex an der SRE-Sequenz. Die gegenläufigen Pfeile zeigen die Palindrom-Struktur des Elementes an. Beachte: Die DNA ist eine Doppelhelix mit 10,4 Basenpaaren/Drehung, d.h. die beiden Teile des SRF-Dimers liegen auf verschiedenen Seiten der Helix, das Protein p62 jedoch auf einer Seite. Diese räumliche Anordnung des Komplexes ist für die Gen-Aktivierung wichtig.

c Funktionelle Domänen von SRF und p62^{TCF}/Elk1. Wie üblich sind mit N und C die aminoterminalen und carboxyterminalen Enden der Proteine angegeben. Bei SRF ist der Bereich zwischen den Aminosäuren 133 und 222 unter anderem für die Komplex-Bildung notwendig. Dies wird durch eine Phosphat-Gruppe an der angegebenen Stelle gefördert. Transaktivierungs-Domänen liegen in den carboxyterminalen Bereichen beider Proteine. Beim Protein p62^{TCF} befinden sich im entsprechenden Bereich auch die Stellen, die im Zuge der Antwort auf Serum-Zusatz durch Phosphorylierung verändert werden [nach 27, 40, 52].

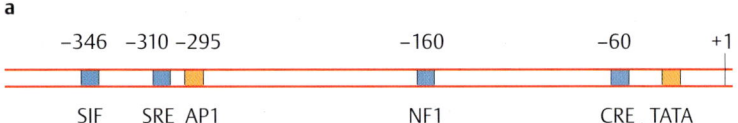

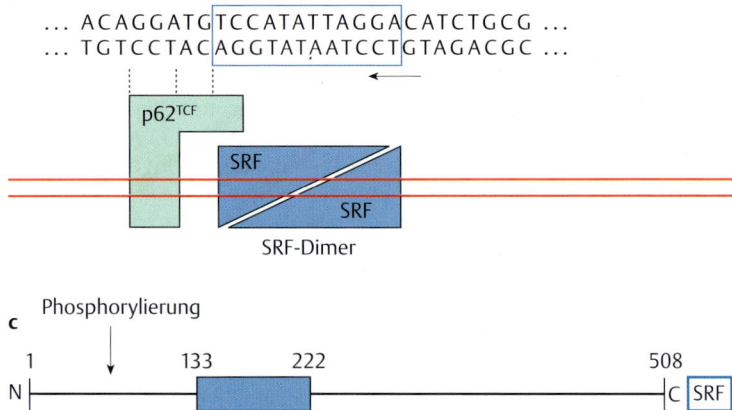

weiteren Proteins, Elk1 oder p62^{TCF} genannt (siehe Box), und bildet einen ternären Komplex (TCF, *ternary complex formation*) aus den drei Komponenten DNA, SRF und p62. Experimente haben gezeigt, daß dieser Dreierkomplex auch in ruhenden Zellen am Promotor sitzt, aber dann offensichtlich nicht aktiv ist. Das ändert sich nach Serum-Zusatz zu ruhenden Zellen: Die Kaskade von Phosphat-Übertragungen (Abb. 12.**1**) erreicht schließlich eine Proteinkinase des Zellkerns, und Phosphat-Gruppen werden auf eine Stelle im C-terminalen Bereich von p62^{TCF} übertragen. Damit ist die Transaktivierungs-Funktion des ternären Komplexes in Gang gesetzt.

Wir sehen uns noch einmal die Abb. 12.**2** an. Die Aktivierung des *c-Fos*-Gens (und des *c-Jun*-Gens) bleibt eine vorübergehende Erscheinung. Das hat zwei Gründe:

– Das Fos-Protein reguliert seine eigene Synthese, indem es irgendwie in den geschilderten Aktivierungsweg eingreift und vermutlich nach Art eines Repressors die Promotor-Aktivität unterdrückt (Autoregulation).
– Die Fos-mRNA ist kurzlebig. Wir werden im Kap. 13 (S. 379) sehen, daß dies vor allem mit der Struktur der mRNA selbst zusammenhängt.

Als Ergebnis dieses Abschnitts notieren wir: Die rasche Aktivierung des *c-Fos*-Gens erfolgt durch die Phosphorylierung eines promotor-gebundenen Transkriptions-Faktors. Gen-Aktivierung durch Über-tragung von Phosphat-Gruppen ist ein weitverbreiteter Mechanis-mus, auch wenn er selten genauso abläuft, wie wir es gerade am Mu-ster des *c-Fos*-Gens gesehen haben. Dies wird im folgenden zweiten Beispiel anschaulich gemacht.

Gen-Aktivierung durch Phosphorylierung: Eine Rolle für das Retinoblastom-Gen-Produkt

Wir nehmen ein weiteres Mal die Abb.12.**2** als Bezug. Dort wird gezeigt, wie später im Verlauf der Serum-Aktivierung ruhender Zellen die Menge der mRNA des Gens für die DNA-Polymerase α zunimmt. Die Aktivierung dieser und vergleichbarer Gene wollen wir nun besprechen. Wir erin-nern daran, daß die DNA-Polymerase α eine zentrale Funktion bei der DNA-Replikation hat (Kap. 6).

Man kennt noch einige weitere Gene, die in diese Gruppe gehören und entsprechend reguliert werden, z.B. die Gene für die Dihydrofolat-reduktase (DHFR) und die Thymidinkinase, die ebenfalls für die DNA-Replikation von Bedeutung sind, denn sie tragen zur Bildung von De-oxynucleotiden, den Bausteinen der DNA, bei. Man kann mit Recht ver-muten, daß noch eine Reihe weiterer Gene dem gleichen Regulations-Mechanismus unterworfen ist.

Diese Gene tragen in den promotornahen Bereichen ein DNA-Element, das als Bindestelle für **Transkriptions-Faktoren** mit der Bezeichnung **E2F** dient (Tab.12.**2**). Mehrere Forschergruppen haben gezeigt, daß die Wechselwirkung von E2F mit seiner Bindestelle für die zellzyklusab-hängige Aktivierung der betreffenden Gene notwendig ist.

Die Abkürzung **E2F** steht für E2-Faktor, weil das Protein zuerst bei der Untersuchung der sogenannten E2-Gene von Adenoviren entdeckt wur-de. Diese Viren nutzen den zellulären Transkriptions-Faktor für ihre ei-genen Zwecke aus, nämlich für die schnelle Expression ihrer eigenen DNA. Normalerweise – in der nichtinfizierten Zelle – nimmt das E2F-Protein eine zentrale Rolle bei der Regulation der Gen-Aktivität im Ver-lauf des Zellzyklus ein. Aufgrund dieser wichtigen Funktion im Zell-zyklus-Geschehen steht das E2F-Protein selbst unter genauer Kontrolle. Dazu geht das E2F-Protein Wechselwirkungen mit einer Reihe anderer Proteine ein. Das prominenteste dieser Proteine ist das p105^RB- oder RB-Protein, das Produkt des Retinoblastom-Gens. Seine Entdeckungs-geschichte ist in der Box (S.337) beschrieben. Hier geht es um seine Funktion bei der E2F-Regulation. Zur Zeit nehmen viele Forscher an, daß die wichtigste Aktivität des RB-Proteins die Ruhigstellung von E2F ist.

In ruhenden Zellen ist das RB-Protein nicht oder wenig phosphory-liert. In diesem aktiven Zustand liegt es im Komplex mit E2F vor und blockiert so als eine Art Repressor die Expression von Zellzyklus-Genen. Wenn die Zellen durch Serum-Stimulierung in den Zellzyklus eintreten, wird das RB-Protein gegen Ende der G1-Phase durch die Übernahme von zehn oder mehr Phosphat-Gruppen inaktiviert: Seine Bindung an E2F ändert sich, so daß E2F nun die Transkription von Genen mit E2F-Bin-destellen einleiten kann (Abb.12.**5**).

Tab. 12.2 E2F-Bindestellen

Gen	Lokalisation	Sequenz
DHFR	+2 bis + 9	TTTCGCGC
	+6 bis +13	TTTGGCGC
Thymidinkinase	−105 bis −112	TTTGCCGC
DNA-Polymerase α	−128 bis −135	TTTGGCGC

Im Promotor des *DHFR*-Gens, eines typischen Haushalts-Gens, kommt das Sequenz-Element zweimal vor, und zwar an den angegebenen Stellen gleich stromabwärts vom Haupttranskriptionsstart (S.308). In den beiden anderen Genen liegt das Ele-ment stromaufwärts vom Transkriptionsstart. Der Austausch von Basenpaaren im DNA-Element führt zu einem Verlust der Gen-Aktivierung nach Serum-Zusatz zu ruhenden Zellen. Man kennt zur Zeit fünf verschiedene, aber ähnliche E2F-Proteine.

Abb. 12.5   Regulation der Transkription über die Phosphorylierung des RB-Proteins. oben In der Ruhe- oder G0-Phase des Zellzyklus bilden RB-Protein und eines der E2F-Proteine einen Komplex und hemmen die Expression von Genen, die die E2F-Bindestelle in ihrem Promotor-/Enhancer-Bereich tragen. Da das RB-Protein allein nur unspezifisch an DNA binden kann, nehmen die Molekularbiologen an, daß die negative Regulation über eine Bindung des E2F an die passenden DNA-Elemente vermittelt wird. **Normalerweise** wird im Verlauf des Zellzyklus gegen Ende der G1-Phase das RB-Protein durch Übernahme mehrerer Phosphat-Gruppen verändert. Experimente sprechen für eine Rolle von cyclinabhängigen Proteinkinasen (CDK) (S. 186) bei der Inaktivierung des RB-Proteins durch Phosphorylierung. Möglicherweise erwirbt das E2F-Protein dann die Funktion eines positiv wirkenden Transkriptions-Faktors. Später im Zellzyklus wird das RB-Protein durch eine Protein-Phosphatase (PP) wieder dephosphoryliert. **DNA-Tumor-Viren** kodieren Transformations-Proteine. Ein Beispiel ist das große *T*-Antigen (*T-Ag*) von Simian Virus 40. *T-Ag* bindet sich an das RB-Protein und setzt dabei das E2F-Protein frei.

unten E2F-Proteine gehen noch weitere Protein-Komplexe ein. Nach Ansicht mancher Forscher stammt der größte Teil des E2F-Proteins, das am Ende der G1-Phase frei im Zellkern vorkommt, aus Komplexen mit dem p107-Protein. Das RB-Protein, das p107-Protein u. a. sind Mitglieder einer Protein-Familie, die oft als Retinoblastom-Protein-Familie bezeichnet wird. [nach 28].

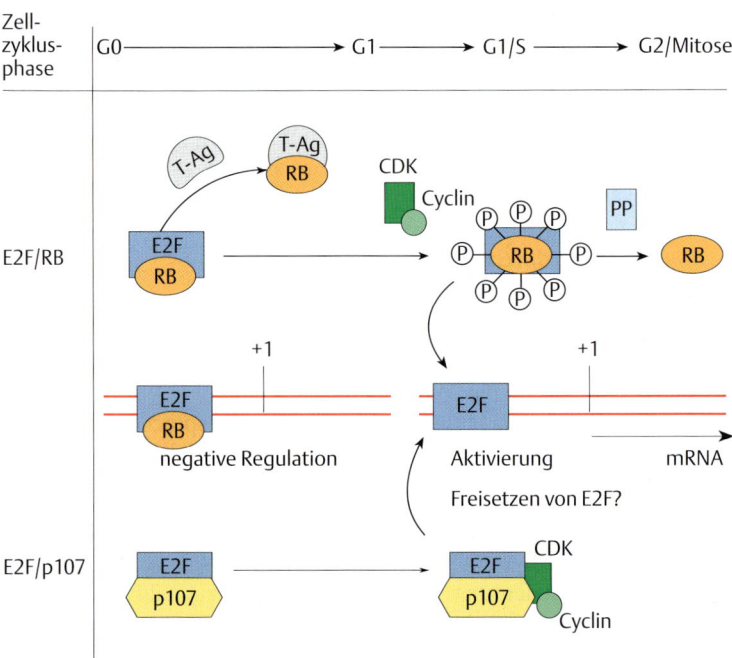

Sehr interessant ist folgende Variante des Wechselspiels von E2F-und RB-Protein. Einige ganz unterschiedliche DNA-Tumor-Viren haben Mechanismen entwickelt, mit Hilfe derer die normale Regulation des RB-Proteins durch Phosphorylierung umgangen werden kann. Jedes dieser Viren kodiert ein Protein, das die Virusforscher schon vor vielen Jahren als **Transformations-Protein** identifizieren konnten, weil es allein für die Überführung (Transformation) normaler Zellen in Tumor-Zellen verantwortlich ist. Die Transformations-Proteine der einzelnen DNA-Tumor-Virusarten unterscheiden sich in Größe und Struktur (Tab. 12.**3**). Alle Proteine besitzen jedoch eine kurze Folge von Aminosäuren, über die sie an das RB-Protein binden und damit E2F verdrängen können. Somit werden dann die infizierten Zellen zum Eintritt in die S-Phase und zur nachfolgenden unkontrollierten Zell-Vermehrung gezwungen. Der Vorteil für die Viren liegt darin, daß sie selbst die notwendigen Voraussetzungen zur Vermehrung ihrer eigenen DNA schaffen.

Tab. 12.3 Transformations-Proteine von DNA-Tumor-Viren

Virusart	Protein	Größe des Proteins
Simian Virus 40 (SV 40)	das „große" *T*-Antigen	708 Aminosäuren
Adenovirus (Typ 12, Typ 18)	E1A mit 217–289 Aminosäuren	verschiedene Spleiß-Varianten
Humanes Papillom-Virus	E7	97 Aminosäuren

Mit der Beschreibung des Komplexes E2F/RB-Protein ist es nicht getan, denn sowohl das RB-Protein als auch der Transkriptions-Faktor E2F können zusätzlich noch mit mehreren anderen zellulären Proteinen

Komplexe bilden. Die Verhältnisse sind noch nicht genau bekannt, aber man weiß, daß einige E2F-Proteine stabile Komplexe mit dem Protein p107 eingehen, das eine ähnliche Aminosäure-Sequenz besitzt wie das RB-Protein (und auch zur Bindung an die viralen Transformations-Proteine fähig ist). Allerdings ist zur Zeit noch unklar, ob und wie sich die RB-Proteine und p107-Proteine funktionell unterscheiden.

Bemerkenswert ist überdies die Wechselwirkung beider Proteine mit Cyclinen, den aktivierenden Untereinheiten von spezifischen Proteinkinasen. Wie wir gesehen haben (S.187), spielen diese Enzyme eine wichtige Rolle bei der Regulation des Zellzyklus. Eine ihrer Reaktionen ist die zellzyklusabhängige Phosphorylierung des RB-Proteins und des p107-Proteins.

Phosphorylierung und die Aktivierung von NF-ϰB

Die Bezeichnung **NF-ϰB** *(nuclear factor ϰB)* hat historische Gründe, denn das Protein wurde zuerst in B-Lymphozyten entdeckt. Dort ist es für die Transkription der Gene für die leichten Immunglobulin-Ketten vom ϰ-Typ verantwortlich. Das Protein kommt jedoch in vielen Zellarten vor, allerdings normalerweise in einer inaktiven Form. Zahlreiche äußere Einwirkungen lösen eine Aktivierung von NF-ϰB aus: Cytokine wie Interleukin-1 und Tumor-Nekrose-Faktor, Phorbolester, Calcium-Ionophoren, Hemmung der Protein-Synthese durch Cycloheximid* und andere Verbindungen, Schädigung der DNA durch ultraviolette Strahlen, Erhöhung der intrazellulären Sauerstoff-Radikale im Zuge einer Entzündung, Virus-Infektionen (durch Hepatitis-B-Virus, Herpes-Virus, HIV u.a.).

Der aktive NF-ϰB bindet sich an ein spezifisches DNA-Element in den Promotor-/Enhancer-Bereichen zahlreicher Gene, die für die Antwort von Immun-Zellen und für die Reaktion anderer Zellen auf Streß verantwortlich sind (Tab.12.**4**). NF-ϰB aktiviert auch die Transkription von Virus-Genen.

In diesem Abschnitt geht es um die Mechanismen, die den inaktiven Transkriptions-Faktor in eine aktive Form überführen, aber auch um die Frage, wie ein einziger Transkriptions-Faktor ganz unterschiedliche Gene beeinflussen kann.

Zunächst zu Aufbau und Vorkommen von NF-ϰB: Die aktive Form ist ein **Dimer** aus zwei verschiedenen (aber verwandten) Untereinheiten, die aufgrund ihrer Molmasse als **p50** und **p65** bezeichnet werden. In dieser aktiven dimeren Form findet man NF-ϰB zum Beispiel in den Kernen von Immun-Zellen. In anderen, nichtinduzierten Zellen kommt das Protein im Cytoplasma vor, und zwar im Komplex mit dem **Protein I-ϰB** (Inhibitor von ϰB). Im Zuge der Aktivierung von Zellen wird I-ϰB durch den Erwerb einer Phosphat-Gruppe verändert. Der dimere NF-ϰB wird freigesetzt und gelangt in den Zellkern (Abb.12.**6**).

Das Schema der Translokation von NF-ϰB vom Cytoplasma in den Zellkern hat noch eine zusätzliche interessante Variante, denn die Untereinheit p50 wird in Form eines Vorläuferproteins p105 gebildet. Dieser Vorläufer unterscheidet sich vom „reifen" p50 durch eine lange carboxyterminale Domäne (Abb.12.**7**, S.339), die durch sieben Wiederholungen von Aminosäure-Sequenzen gekennzeichnet ist, den sogenannten **Ankyrin-Wiederholungen**. Die Bezeichnung leitet sich vom Protein **Ankyrin** ab, bei dem solche Sequenz-Abschnitte zuerst gefunden wurden. Ankyrin vermittelt die Bindung des Cytoskeletts an die Zellmembran. So kann man davon ausgehen, daß die Ankyrin-Wiederholungssequenzen eine Verankerung des p105 an Zell-Strukturen und

Vorgeschichte des *RB1*-Gens. Etwa eines unter 20 000 Kleinkindern erkrankt an einem Retinoblastom, einer krebsartigen Wucherung des Retinagewebes im Auge. Die Krankheit kann familiär gehäuft auftreten oder „sporadisch" als Einzelfall in sonst unbelasteten Familien. Besonderheiten des Auftretens haben schon um 1970 zu dem Schluß geführt, daß die Krankheit nur ausbrechen kann, wenn beide allele Gene durch Mutation geschädigt sind. Demnach kodiert das verantwortliche Gen ein Protein, das die Proliferation von Zellen unter Kontrolle hält. Daher stammt die allgemeine Bezeichnung **Tumor-Suppressor-Gen**. Das Konzept fand eine Bestätigung, als Cytogenetiker bei einem Teil der Patienten mit Retinoblastom eine Deletion der Bande q14 im langen Arm des Chromosoms 13 entdeckten. Von dieser Beobachtung geleitet, konnten Molekulargenetiker im Jahre 1988 das **Retinoblastom-Gen** isolieren. Es erhielt die offizielle Bezeichnung *RB1*.

Das Gen erstreckt sich über 180 kb, besteht aus 27 Exons und kodiert ein Protein mit einer Molmasse von 105 kDa, p105^{RB}- oder RB-Protein genannt. Darauffolgende Untersuchungen haben gezeigt, daß das Gen *RB1* nicht nur in den Zellen von Retinoblastomen des Kindesalters geschädigt ist, sondern auch in den Zellen zahlreicher Tumoren des Erwachsenen: bei vielen Sarkomen, bei Blasen- und Brust-Karzinomen, besonders typisch bei der kleinzelligen Form des Lungen-Karzinoms u.a. Bisher gibt es noch keine zufriedenstellende Antwort, auf die Frage, warum eine Mutation des *RB1*-Gens in der frühen Entwicklung ein Retinoblastom, später beim Erwachsenen dann andere Tumor-Arten verursacht.

Experimente an Zellkultur-Zellen lassen den Schluß zu, daß die Schädigung des *RB1*-Gens einen wichtigen Beitrag bei der Umwandlung normaler Zellen in Tumor-Zellen leistet. Unkontrolliert wuchernde Zellkultur-Zellen mit geschädigten *RB1*-Genen unterwerfen sich nämlich nach Übertragung eines intakten Gens oder nach Mikroinjektion von intaktem RB-Protein wieder der normalen Proliferations-Kontrolle.

Das *RB1*-Gen war das erste molekularbiologisch charakterisierte Tumor-Suppressor-Gen. Heute weiß man, daß es nur eines von vielen Tumor-Suppressor-Genen ist (S.188).

Tab. 12.4 Bindestellen für NF-ϰB

Gen	Bindemotiv
leichte ϰ-Kette, Immunoglobulin	GGGACTTTCC
T-Zell-Rezeptor	GGGAGATTCC
MHC-Klasse I	GGGGATTCCC
Interleukin-2	**GGGATTTCAC**
Interferon β	GGGAAATTCC
Lymphotoxin (TNF-β)	GGGAAGCCCC
Angiotensinogen	GGGATTTCCC
Serum-Amyloid A	GGGACTTTCC
Simian Virus 40	GGGACTTTCC
HIV-1	GGGACTTTCC
Konsensus-Sequenz	GGGRNNYYCC

Dies ist nur eine kleine Auswahl der bekannten Gene mit einer Bindestelle für NF-ϰB. (Ausführliche Tabelle, siehe [6].) In der Konsensus-Sequenz bedeutet: R = A oder G, Y = T oder C, N = irgendein Nucleotid. Die NF-ϰB-Bindestelle im Gen für das Interleukin-2 ist fettgedruckt. Die Abb. 12.**9** zeigt eine Skizze des betreffenden Gens.

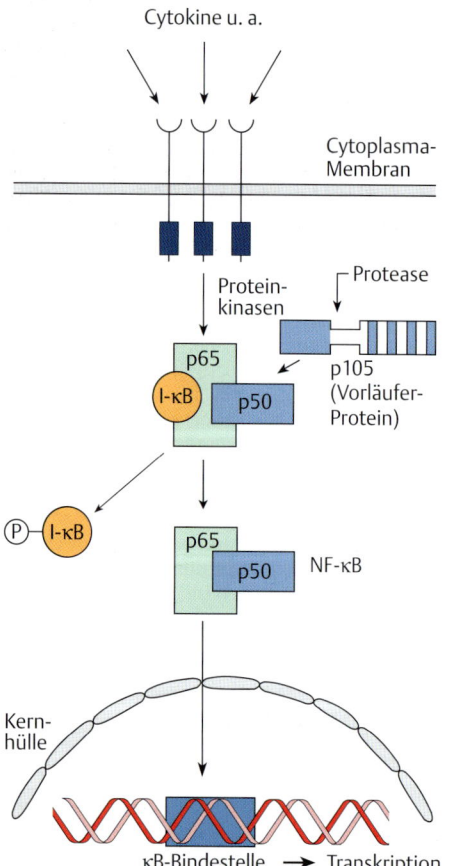

damit ein Zurückhalten im Cytoplasma bewirken. Im Verlauf der Umwandlung des Vorläufers wird der carboxyterminale Teil durch eine Protease abgespalten, der p50-Teil wird frei und steht für die Dimer-Bildung zur Verfügung.

Die zweifache Kontrolle über die Lokalisation und Aktivität von NF-ϰB ist in der Abb. 12.**6** zusammengefaßt: proteolytische Spaltung des Vorläufers p105 und Aktivierung des p50/p65-Dimers durch Phosphorylierung des Proteins I-ϰB.

Die Geschichte von NF-ϰB hat noch weitere Kapitel. Wie oft bei dieser Art molekularbiologischer Forschung wurde ein Kapitel durch Untersuchungen über ein transformierendes RNA-Tumor-Virus eröffnet, das Vogel-**Reticuloendotheliosis-Virus**. Es verursacht bei Hühnern rasch fortschreitende und tödliche Lymphzell-Tumoren. Verantwortlich dafür ist das Onkogen v-*rel*, das, wie auch andere Onkogene (S. 222), ursprünglich aus dem Genom der Wirtszelle stammt und in das Virus-Genom aufgenommen wurde. Das unveränderte Gegenstück im Genom von Vögeln und anderen Wirbeltieren bezeichnet man entsprechend als c-*Rel*.

Große Sequenz-Abschnitte des c-Rel-Proteins findet man bei anderen zellulären Proteinen der Rel-Familie. Dazu gehören unter anderem das Protein Rel B und die Untereinheiten p50 und p65 von NF-ϰB. Wichtig ist hier, daß die einzelnen Proteine der Rel-Familie miteinander Dimere verschiedener Zusammensetzung bilden können. Dies bringt die erwartete und notwendige Flexibilität, denn Transkriptions-Faktoren mit verschiedenen Untereinheiten können Enhancer-Bindestellen unterschiedlicher Sequenz (Tab. 12.**4**) erkennen und damit jeweils andere Gene aktivieren.

Hier wird ein Vorteil der Dimer-Bildung sichtbar. Durch Kombination von Untereinheiten erhöht sich die Zahl möglicher Transkriptions-Faktoren beträchtlich. Das Dimer p50/p65 des klassischen NF-ϰB ist nur ein Beispiel für eine mögliche Kombination.

Wir gehen noch auf einen anderen und überaus interessanten Aspekt der NF-ϰB-Geschichte ein, die *rel/dorsal*-Beziehung. Das Wissen resultiert aus Untersuchungen der frühembryonalen Entwicklung von *Drosophila melanogaster*. Am Anfang des Entwicklungsprogramms steht die Expression von Genen, die für die Festlegung der Grundachsen des Embryos verantwortlich sind: anterioposterior (Vorder- und Hinterende), dorsoventral (Rücken- und Bauchseite). Mutationen in definierten Genen verursachen eine Störung dieser Entwicklung. Entwicklungsgenetiker entdeckten ein Gen, dessen Störung dazu führt, daß sich im Zuge der Ausbildung der dorsoventralen Achse nur dorsale und keine ventralen Strukturen entwickeln. Dementsprechend erhielt das Gen die Bezeichnung *dorsal*. Das Produkt dieses Gens, das **dorsal-Protein**, ist ein Transkriptions-Faktor, der für die Aktivierung von ventralspezifischen Genen verantwortlich ist. Bevor es im Programm der Entwicklung benötigt wird, befindet sich das dorsal-Protein im Cytoplasma, wo es von

◀ **Abb. 12.6 Aktivierung des *Nuclear Factor* ϰB.** Eine Zelle kann durch mehrere äußere Signale zur Aktivierung von NF-ϰB angeregt werden. Dabei kommt es im Endeffekt zur Übertragung einer Phosphat-Gruppe auf das Inhibitor-Protein I-ϰB, das dann vom Transkriptions-Faktor abfällt. Daraufhin kann das p50/p65-Dimer in den Zellkern gelangen und dort die Aktivierung von Genen einleiten. Eine zweite Art der Aktivierung betrifft eine proteolytische Trennung des p50-Anteil von einem größeren Vorläufer-Protein [nach 29].

Abb. 12.7   NF-x̌B und verwandte Transkriptions-Faktoren. Bereiche mit den größten Sequenz-Ähnlichkeiten sind durch die Klammer am oberen Bildrand und durch die blauen Bereiche angedeutet. Diese Bereiche werden oft als Rel-Homologie-Regionen bezeichnet. Die Aminosäure-Sequenzen falten sich zu charakteristischen dreidimensionalen Strukturen, die für die spezifische Bindung an DNA verantwortlich sind. Die oberen Zeilen zeigen die Beziehung zwischen dem Vorläufer-Protein und der reifen p50-Untereinheit. „Schnittstelle" bedeutet, daß durch einen proteolytischen Schnitt an dieser Stelle die p50-Untereinheit freigesetzt wird. NLS *(nuclear localization signal)* wird benötigt für den Transport des Proteins vom Cytoplasma in den Zellkern. Es ist eine Folge basischer Aminosäuen vom Prototyp: Pro-Lys-Lys-Lys-Arg-Lys-Val (Tab. 5.1, S. 141). Das eingerahmte P ist eine Stelle, an der Phosphat-Gruppen eingebaut werden können [nach 11].

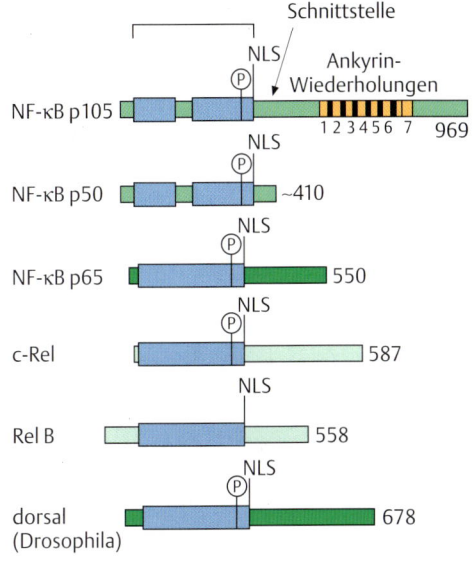

einem Inhibitor-Protein (ein Produkt des Gens *cactus*, Abb. 12.**8**) aktiv zurückgehalten wird. Zur passenden Zeit empfangen die Zellen Signale von außen: Proteine binden sich an einen Zelloberflächen-Rezeptor (das Produkt des Gens *Toll*), Proteinkinasen werden aktiv und übertragen schließlich Phosphat-Gruppen auf den Inhibitor. Das freigesetzte dorsal-Protein gelangt in den Zellkern und kann seine Rolle als Transkriptions-Faktor übernehmen.

Das Schema der Aktivierung von dorsal gleicht in seinem Ablauf der Aktivierung von NF-x̌B, vor allem aber sind die beteiligten Proteine aus der gleichen Familie: Etwa die Hälfte der Aminosäuren in den aminoterminalen Bereichen von p50, p65, c-Rel, Rel B und dorsal findet man in gleichen Sequenz-Zusammenhängen.

Wir fassen die Information der vorangegangenen Abschnitte zusammen: Transkriptions-Faktoren können durch Signale von außen aktiviert werden. Die Signale werden von Rezeptoren auf der Zelloberfläche empfangen und durch eine Kette von Phosphat-Übertragungen weitergegeben. Der Empfänger kann ein DNA-gebundener Protein-Komplex sein (Beispiel: der ternäre Komplex am *Serum Response Element*) oder ein Inhibitor wie das RB-Protein und der Faktor I-x̌B.

Abb. 12.8   Ein Vergleich: Aktivierung von entwicklungsspezifischen Genen bei *Drosophila* und von Immunglobulin-Genen bei Säugetieren. links Das Signal wird vom Rezeptor-Protein Toll ausgelöst und erreicht über Proteinkinasen den cytoplasmatischen, nichtaktiven Transkriptions-Faktor. Die Inhibitor-Untereinheit cactus (cact) wird abgelöst und dorsal (dl) gelangt in den Zellkern. **rechts** Der Aktivierungsweg läuft in prinzipiell ähnlicher Weise in T-Lymphozyten ab. Interleukin (IL-1) bindet an den passenden Rezeptor (IL-1R) und löst einen Phosphorylierungs-Weg aus, der schließlich bei I-x̌B endet und zur Freisetzung von NF-x̌B führt [nach 48].

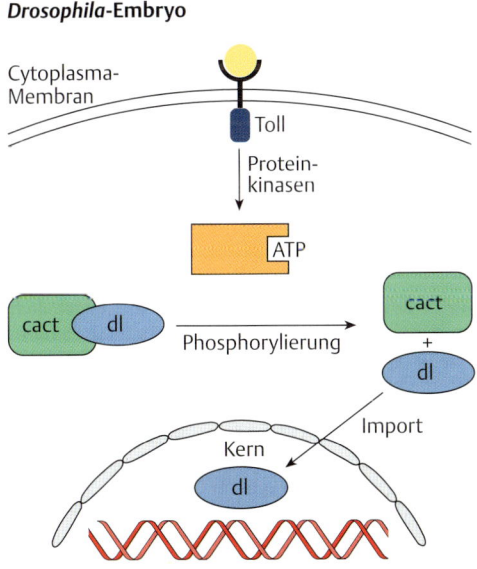

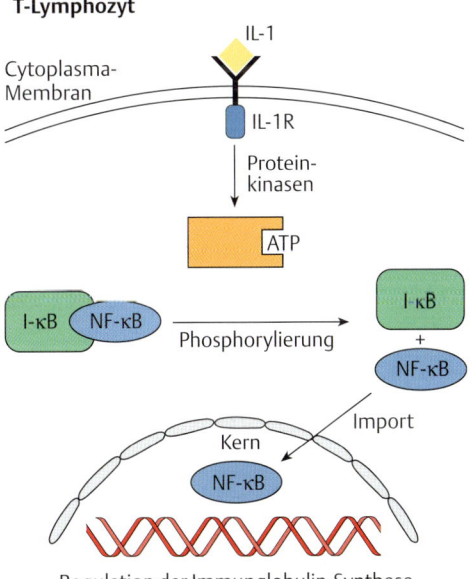

Unser Augenmerk richtet sich nun auf die kontrollierte Bindung eines Transkriptions-Faktors an das passende DNA-Element und darauffolgend auf die Beeinflussung der Ereignisse am Transkriptionsstart. Verschiedene Gene können jeweils durch unterschiedliche Signale von außen aktiviert werden: Jeder Promotor/Enhancer eines regulierbaren Gens ist funktionell ein komplexes Gebilde mit mehreren DNA-Bindestellen. Das illustrieren wir mit der vereinfachten Version des Gens, das Interleukin-2 kodiert und unter geeigneten Bedingungen in T-Lymphozyten aktiv ist (Abb. 12.**8**). Dieses Gen wird nach Aktivierung von NF-κB transkribiert, entsprechend hat es eine Bindestelle für NF-κB. Aber das Gen wird zudem auch durch Erhöhung der intrazellulären Calcium-Konzentration und durch Phorbolester angeschaltet, vor allem aber durch Signale, die von der Zelloberfläche ausgehen, wenn der T-Zellrezeptor mit einem Antigen in Kontakt kommt. Eine wesentliche Rolle bei der Vermittlung der Signale spielt der Transkriptions-Faktor AP1. Um diesen Faktor wird es im nächsten Abschnitt des Kapitels gehen.

DNA-Bindemotive in Transkriptions-Faktoren

Das bZIP-Motiv: Fos, Jun und AP1

In den Stromaufwärts-Bereichen des Gens für Interleukin-2 (Abb. 12.**9**) und von anderen Genen, die durch Phorbolester wie TPA aktiviert werden, findet man das DNA-Motiv **TRE** *(TPA response element)*. Dieses Motiv ist eine Bindestelle für den **Transkriptions-Faktor AP1** *(activator protein 1)*.

Biochemiker nutzen die spezifische DNA-Bindung für die Reinigung von Transkriptions-Faktoren aus. Sie koppeln ein Oligonucleotid mit der AP1-Bindestelle an Sepharosekörner und geben dazu die Proteine aus dem Zellkern-Extrakt. Nur Proteine mit hoher Affinität, etwa zur TRE-Sequenz, bleiben haften und alle anderen Proteine des Zellkerns können durch „Waschen" der Sepharosekörner entfernt werden. Spezifisch gebundene Proteine werden schließlich durch Puffer mit hoher Salzkonzentration abgelöst und analysiert (Abb. 12.**10**).

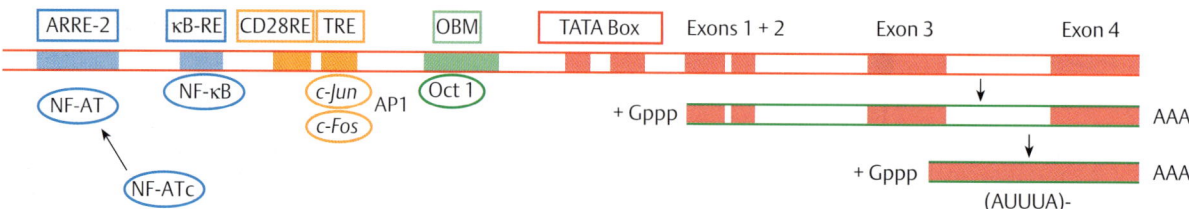

Abb. 12.9   Der Promotor des Gens für Interleukin-2. Die Bindestelle für NF-κB, hier als κB-RE bezeichnet, ist nur eines von mehreren Promotor-Elementen. Zwei der angegebenen Elemente kommen auch in den Promotoren anderer Gene vor: TRE *(TPA response element)*, eine Bindestelle für den Faktor AP1, in allen Genen, die durch Phorbolester wie TPA aktiviert werden können; OBM ist die Bindestelle für das weitverbreitete Octamer-Protein Oct1 und das lymphozytenspezifische Protein Oct3 (S. 353).

Andere Promotor-Elemente sind ebenfalls lymphozytenspezifisch. CD28RE und ARRE-2. Das letztgenannte Element wird vom NF-AT *(nuclear factor of activated T cells)* erkannt. Er kommt in einer inaktiven cytoplasmatischen Form vor (NF-AT$_C$) und ist mit AP1 verwandt. Beachte, daß Promotor-Region und Kodierungs-Sequenz (Exons 1–4) nicht maßstabgerecht gezeichnet sind [nach 47].

Aus Versuchen mit dem Protein AP1 ergibt sich: Die spezifisch gebundenen Proteine sind Bekannte, nämlich Fos und Fos-verwandte Proteine sowie Jun und Jun-verwandte Proteine.

Ein zusätzlicher wichtiger Befund ist, daß die Proteine immer als Dimere vorkommen. Je ein Vertreter der Fos-Familie und je ein Vertreter der Jun-Familie können gemeinsam ein Dimer bilden, das sich mit hoher Affinität an eine TRE-Sequenz lagern kann. Auch zwei Jun-Proteine können sich zu DNA-bindenden Dimeren zusammenfinden. Die Affinität von Jun/Jun-Dimeren zur spezifischen DNA ist allerdings schwächer als die von Jun/Fos-Dimeren. Zwei Fos-Proteine können kein funktionelles Dimer bilden.

Das klassische AP1-Protein ist zusammengesetzt aus Fos und Jun, den Produkten der Gene *c-Fos* und *c-Jun* (Abb. 12.**2**). Proteine der Fos-Familie unterscheiden sich von Proteinen der Jun-Familie durch ihre Größe und ihre Aminosäure-Sequenz. Die Gemeinsamkeit aller Proteine besteht in einem Sequenz-Bereich von 80 Aminosäuren. Dort befindet sich ein Abschnitt, in dem an jeder 7. Stelle ein Leucin-Baustein vorkommt und gleich davor liegt eine Region, die reich an den basischen Aminosäuren Lysin und Arginin ist (Abb. 12.**11**).

Diese Sequenz-Besonderheit kommt nicht nur bei Transkriptions-Faktoren der Fos- und Jun-Familie vor, sondern auch bei anderen nicht-verwandten Faktoren, etwa bei der Familie der CREB-Faktoren (Abb. 12.**11**). Die Proteine dieser Familie binden an die Promotor-/Enhancer-Sequenz CRE (*cAMP response element*) (Abb. 12.**4**) und sind für die Gen-Aktivierung nach Erhöhung der intrazellulären cAMP-Konzentration verantwortlich.

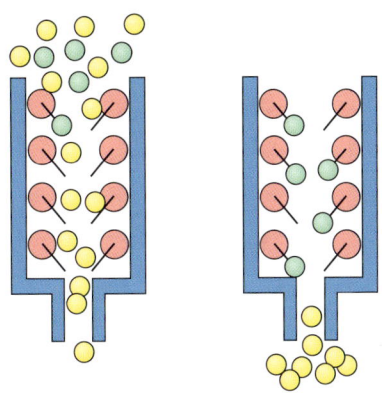

Abb. 12.10 Affinitätssäulen zur Isolierung des Transkriptions-Faktors AP1. Sepharosekörner mit gekoppeltem Oligonucleotid (Sequenz des TRE-Motivs 5'-TGAGTCAG-3') werden in eine Säule gefüllt. Durch die Säule leitet man das Protein-Gemisch aus Zellkernen. Das AP1-Protein (grün) bleibt aufgrund seiner hohen Affinität zur TRE-Sequenz auf der Säule zurück, während alle anderen Proteine die Säule durchwandern. Das gebundene Protein kann schließlich durch Puffer mit hoher Salzkonzentration gelöst werden.

```
E E K R R I R R E R N K M A A A K C R N R R R E L T D T L Q A E T D Q L E D E K S A L Q T E I A N L L K E K E K L E F I L A A H    c-Fos (AS 137-200)
E E K R R V R R E R N K L A A A K C R N R R R E L T D R L Q A E T D Q L E E E K A E L E S E I A E L Q K E K E R L E F V L V A H    Fos B (AS 155-218)
E E R R R V R R E R N K L A A A K C R N R R R K E L T D F L Q A E T D K L E D E K S G L Q R E I E E L Q K Q K E R L E F M L V A H    Fra 1 (AS 105-168)
E E K R R I R R E R N K L A A A K C R N R R R E L T E K L Q A E T E E L E E E K S G L Q K E I A E L Q K E K E K L E F M L V A H    Fra 2 (AS 124-187)
R I K A E R K R M R N R I A A S K C R K R K L E R I A R L E E K V K T L K A Q N S E L A S T A N M L R E Q V A Q L K Q K V M N H    c-Jun (AS 252-315)
R I K V E R K R L R N R L A A T K C R K R K L E R I A R L E D K V K T L K A E N A G L S S A A G L L R E Q V A Q L K Q K V M T H    Jun B (AS 256-328)
R I K A E R K R L R N R I A A S K C R K R K L E R I S R L E E K V K T L K S Q N T E L A S T A S L L R E Q V A Q L K Q K V L S H    Jun D (AS 262-325)
A R K R E V R L M K N R E A A R E C R R K K K E Y V K C L E N R V A V L E N Q N K T L I E E L K A L K D L Y C H K S D    CREB (AS 283-341)
```

├── basische Region ──────┤├───────── Leucin-Zipper ────────┤

Abb. 12.11 Das bZIP-Aminosäure-Sequenz-Motiv. In den oberen vier Zeilen sind Aminosäure-Sequenzen der DNA-Binde- und Dimerisierungs-Region von vier Mitgliedern der Fos-Gruppe angegeben (Fra = *Fos related antigen*). Dann folgen drei Zeilen mit den entsprechenden Sequenzen von Jun-Proteinen, und zuletzt eine Zeile von einem CRE-Bindeprotein. Alle acht Proteine haben folgendes gemeinsam: Einen **Leucin-Zipper**, in dem fünf Leucin-Reste (L) in Abständen von sieben Aminosäuren vorkommen und eine **basische Region**, in der ungewöhnlich viele basische Aminosäuren (R = Arg; K = Lys) vorkommen. Die Zahlen am rechten Rand geben den Aminosäure-(AS-)Sequenzabschnitt des Proteins an [nach 3].

Die Bedeutung der Aminosäure-Sequenzen ergibt sich aus einer Analyse von Mutanten-Proteinen. Proteine, in denen die **regelmäßigen Leucine** durch Valin oder Isoleucin (also durch andere hydrophobe Aminosäuren) ersetzt werden, können keine Dimere bilden und verlieren zugleich ihre Fähigkeit zur spezifischen DNA-Bindung. Und Proteine, bei denen die **basische Region** durch gezielte Aminosäure-Austausche verändert wird, bilden noch Dimere, aber binden nicht mehr an DNA.

Man kennt interessante Überschreitungen der Familiengrenzen. Die Dimere Jun A/Jun A und Jun A/Fos binden an die **AP1-Stelle** im Promotor: Jun A kann aber auch mit einem CREB-Faktor eine Dimer-Bildung eingehen. Das Jun A/CREB-Dimer bindet an eine **CRE-Stelle** im Promotor.

Die Rolle der Leucin-Reste für die Dimerisierung wird in erster Annäherung deutlich, wenn man den betreffenden Teil des Proteins als α-Helix zeichnet: Alle Leucin-Reste liegen auf einer Seite der Helix

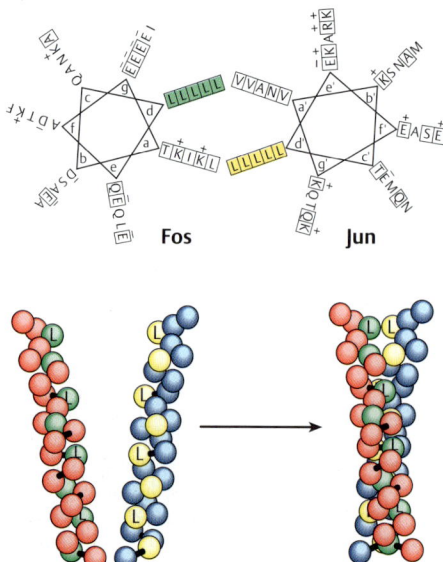

Abb. 12.12 Dimer-Bildung. oben Aufsicht auf den Leucin-Zipper-Bereich, der eine α-Helix ausbildet. Alle Leucin-Reste kommen auf einer Seite der α-Helix zu liegen. Auf der gegenüberliegenden Seite der Helix befinden sich Aminosäure-Reste mit geladenen Seitengruppen. Eine α-Helix mit einer Seite aus hydrophoben und einer gegenüberliegenden Seite aus hydrophilen Aminosäuren bezeichnet man als **amphipathische Helix**. Sie kommt auch bei anderen Transkriptions-Faktoren vor. Zum Verständnis der Abbildung ist es ratsam, sich noch einmal die Abb. 1.**7** (S. 7) mit der Darstellung einer typischen α-Helix anzuschauen. **unten** Die Leucin-Zipper im Fos- und Jun-Protein winden sich umeinander und bilden eine Konformation, die als *Coiled Coil* bekannt ist. Die Leucin-Reste bilden die nach innen gekehrte Oberfläche des Dimers. *Coiled Coils* haben eine Periodizität von 3,5 Aminosäuren/Helix-Drehung. So gelangt jede siebte Aminosäure in die gleiche strukturelle Umgebung [nach 1, 7].

(Abb. 12.**12**). Die erste Annahme war, daß sich die Leucine eines Fos-Proteins mit den Leucin-Resten eines Jun-Proteins wie in einem Reißverschluß verzahnen *(zipper)*. Unter Einbeziehung der basischen Region lag damit eine beschreibende Bezeichnung nahe: *Basic Zipper* oder **bZIP-Motiv**. Die Bezeichnung ist erhalten geblieben, obwohl dann zusätzliche Experimente zeigten, daß die α-helikalen Bereiche der regelmäßigen Leucine sich umeinander winden (als sogenannte *Coiled Coils*, Abb. 12.**12**), wie in manchen fadenförmigen Proteinen, etwa vom Keratin-Typ.

Durch die Dimer-Bildung kommen die basischen Regionen in eine Stellung, die mit den Greifern einer Zange verglichen werden kann (Abb. 12.**13**). Tatsächlich zeigen alle entsprechenden Untersuchungen, daß sich die basischen Regionen der beiden Dimer-Partner auf gegenüberliegenden Seiten in die große Rinne der DNA legen. Bei dieser Bindung nehmen sie die Konfiguration einer α-Helix an und verursachen eine Beugung der DNA (vgl. Abb. 4.**44**). Vermutlich trägt dies zu einer Annäherung des stromaufwärts gebundenen Faktors an den TATA-Box-Bereich bei und damit womöglich zum Aufbau oder zur Aktivierung des Komplexes aus TFII-D und den anderen Grundkomponenten.

Durch diese Untersuchungen werden zwei funktionelle Domänen identifiziert:
– die Dimerisierungs-Domäne,
– die DNA-Binde-Domäne.

Wir erwarten noch eine dritte funktionelle Domäne:
– Die Transaktivierungs-Domäne, die für die Aktivierung der Transkription verantwortlich ist. Auch dieser Bereich wurde über gezielte Aminosäure-Austausche eingegrenzt und ist in der Abb. 12.**13** angegeben.

Die Fos/Jun-Transkriptions-Faktoren unterliegen selbst einer Regulation:
1. Ihre Synthese wird durch äußere Einwirkungen gesteigert. Als Beispiel kennen wir die Induktion des *c-Fos*-Gens zu Beginn der Zell-Proliferation (Abb. 12.**2**).
2. Durch Übertragung von Phosphat-Gruppen auf Aminosäuren in der Transaktivierungs- und DNA-Binde-Domäne wird die Aktivität der Fos/Jun- und Jun/Jun-Faktoren herab- oder heraufgesetzt, je nach Lage der Phosphat-Gruppe. Über ein Zwischenglied (CREB-Binde-Protein oder CPB) wird dann der Kontakt zu den TAFs (S. 314) des Transkriptionsapparats am Promotor aufgenommen.

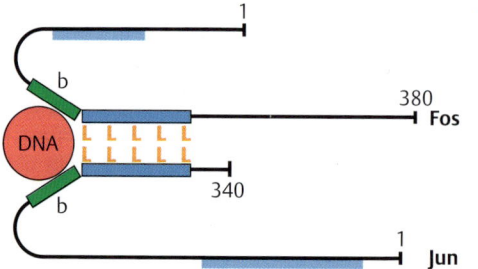

◄ **Abb. 12.13 Transkriptions-Faktor AP1.** Die beiden Untereinheiten Fos und Jun sind, wie man sagt, parallel angeordnet. Die aminoterminalen Enden (bezeichnet mit 1) weisen in die gleiche Richtung, ebenso natürlich die carboxyterminalen Enden (bezeichnet mit 340 und 380, der Zahl der Aminosäuren in den betreffenden Proteinen). Die Proteine werden über die *Coiled Coil*-Struktur des Leucin-Zippers (L) zusammengehalten. Dadurch entsteht eine Y-förmige Konfiguration mit den basischen Regionen (b) in den Armen. Die basischen Regionen fassen die DNA von beiden Seiten wie die Greifer einer Zange. In Lösung sind die basischen Regionen relativ ungeordnet, aber nach ihrer Bindung an die DNA nehmen sie zu fast 100 % die Anordnung einer α-Helix an. Die wichtigsten Transaktivierungs-Domänen sind im aminoterminalen Bereich blau angedeutet.

Das bHLH-Motiv: Zelltypspezifische Gen-Expression

Unsere Besprechung der verschiedenen Strukturklassen von Transkriptions-Faktoren führt uns zu Fragen der Zell-Differenzierung. Eine wichtige Grundlage für die zelltyp- oder gewebespezifische Gen-Expression ist die Wechselwirkung von spezifischen Transkriptions-Faktoren mit ihren Bindestellen im Promotor-/Enhancer-Bereich charakteristischer Gene. Die Faktoren werden in einem frühen Zustand der Embryonal-Entwicklung gebildet und liegen oft auch in fertig differenzierten Zellen vor, wo sie für die Aufrechterhaltung des differenzierten Zustandes sorgen.

Wir orientieren uns an einem interessanten und viel untersuchten experimentellen System. Auf dieses System wurden Zellbiologen vor über 20 Jahren aufmerksam, als sie eine fibroblastenähnliche embryonale Zellinie untersuchten, die unter der etwas umständlichen Laborbezeichnung C3H-10T1/2 bekannt ist. Diese Zellen vermehren sich unter Zellkultur-Bedingungen wie undifferenzierte Zellen, aber der einfache Zusatz von 5-Azacytidin verursacht eine drastische Veränderung des Zellphänotyps. Dann verwandeln sich die Zellen in Myoblasten, den Vorläufern von Muskel-Zellen. Wie im Embryo können einzelne Myoblasten zu vielkernigen Myotuben verschmelzen („fusionieren"). Dabei werden alle typischen Muskel-Proteine gebildet, insbesondere auch die Actin- und Myosin-Bausteine des kontraktilen Apparates (Abb. 12.**14**).

Methode

Wirkung von 5-Azacytidin. 5-Azacytidin wird nach Umwandlung in das entsprechende Nucleotid in DNA eingebaut. Aber anders als die natürlichen Cytidin-Reste kann 5-Azacytidin nicht durch Aufnahme einer Methyl-Gruppe verändert werden. Dies ist wohl der wichtigste Grund für die Einleitung der Differenzierung, denn normalerweise enthalten die Promotoren von Muskel-Genen in undifferenzierten CH_3-10T1/2-Zellen zahlreiche 5-Methylcytosin-Reste. In Myoblasten oder differenzierten Myotuben sind hingegen die entsprechenden Abschnitte nicht methyliert. Dies ist ein Beispiel für eine allgemeine Beobachtung, daß genetisch stumme DNA-Bereiche meist methyliert sind (d. h. viele 5-Methylcytosin-Reste enthalten), aktive Gene sind meist nicht methyliert. Diese wichtige Tatsache wird später in diesem Kapitel noch genauer beschrieben.

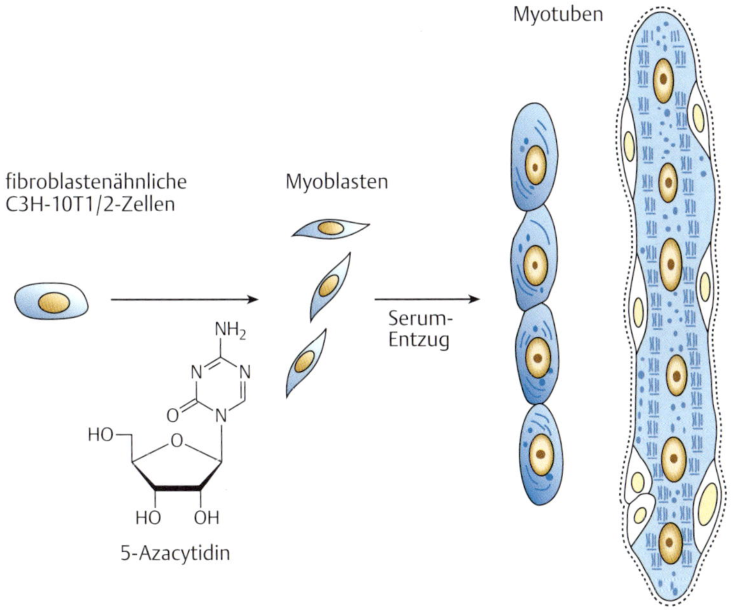

fibroblastenähnliche C3H-10T1/2-Zellen

Myoblasten

Serum-Entzug

Myotuben

5-Azacytidin

Abb. 12.14 Differenzierung in der Kulturschale. Die embryonale Maus-Zellinie C3H-10T1/2 kann durch Zusatz von 5-Azacytidin in Myoblasten überführt werden. Diese Zellen teilen und vermehren sich und zeichnen sich gegenüber ihren Vorläufern durch die Expression von MyoD und Myf5 aus. Erst nach Serum-Entzug und Blockade der Zell-Proliferation aktiviert MyoD als dritten Faktor das Myogenin, welches nun die muskelspezifischen Gene andreht. Dabei lagern sich Myoblasten aneinander und verschmelzen schließlich zu den vielkernigen Myotuben mit deutlich ausgeprägten kontraktilen Proteinen. Bei Myotuben liegen die Zellkerne noch in der Mitte. Erst mit der Reifung zu fertigen Muskelfasern werden sie durch die zunehmende Menge an kontraktilen Proteinen an den Rand gedrängt [nach 54].

Diesem Übergang einer undifferenzierten Fibroblasten-Zelle in eine ausgeprägte Muskel-Zelle liegt eine **Veränderung des genetischen Programms** zugrunde. Das haben Molekularbiologen bei ihrer Suche nach mRNAs gezeigt, die während des Übergangs neu gebildet werden. Dazu haben sie cDNA-Bibliotheken aus undifferenzierten Zellen und aus Myoblasten hergestellt und miteinander verglichen. Unter den myoblastentypischen cDNAs war eine cDNA-Art, die nach Übertragung in CH_3-10T1/2-Zellen eine Differenzierung auch in Abwesenheit von 5-Aza-

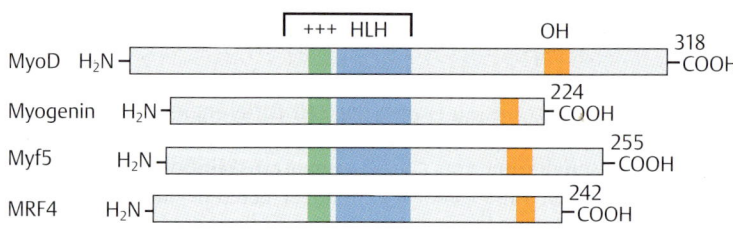

Abb. 12.15 Myogene Transkriptions-Faktoren (von Säugetieren). Die Faktoren unterscheiden sich in ihrer Aminosäure-Sequenz und in ihrer Größe (Zahl der Aminosäuren am Carboxy-Ende). Aber sie haben eine gemeinsame Domäne (Klammer), bestehend aus der basischen Region (+) und der Helix-Loop-Helix-(HLH-) Anordnung. Analysen haben gezeigt, daß die meisten Aminosäuren in den beiden α-Helices für die Dimer-Bildung verantwortlich sind. Dagegen ist die Aminosäure-Folge in den Loop-Regionen weniger wichtig. Sie sind eher eine Art von Abstandhalter. Ein Abschnitt mit mehreren Serin- und Threonin-Resten ist durch OH gekennzeichnet. An diesen Stellen können regulatorische Phosphat-Gruppen eingeführt werden. In Myoblasten-Zellen und in entsprechenden Zellen des frühen Embryos werden zuerst MyoD und Myf5 exprimiert, später dann Myogenin, das die Hauptrolle bei der Aktivierung von muskelspezifischen Genen spielt. MRF4 kommt nur in wenigen Vorläufer-Muskelzellen vor und hat eine weniger weitreichende Funktion bei der Muskel-Differenzierung [nach 36].

cytidin auslösen konnte. Diese cDNA trägt die Kodierungs-Sequenz für einen myogenen (muskelbestimmenden) Faktor **MyoD**. Wenig später wurden noch weitere myogene Faktoren gefunden (Abb. 12.15). Von diesen werden MyoD und Myf5 schon in den proliferierenden Myoblasten noch vor der offensichtlichen Differenzierung gebildet. Dagegen kommen Myogenin und MRF4 erst in ausdifferenzierten Muskel-Zellen vor.

– Die Proteine haben eine **gemeinsame Funktion**:
Sie binden an DNA-Elemente vom Typ 5′-CANNTG-3′, die in den Enhancer-Bereichen vieler muskelspezifischer Gene angetroffen werden.

– Die Proteine haben auch **gemeinsame Strukturmerkmale**:
1. Ein Abschnitt aus zwei α-helikalen Bereichen, die durch eine Schleife *(loop)* von Aminosäuren ohne ausgeprägte Sekundärstruktur verbunden sind: **Helix-Loop-Helix**.
2. Eine kurze Folge mit einer Häufung basischer Aminosäuren vor dem Helix-Loop-Helix-Motiv (Abb. 12.**16**).

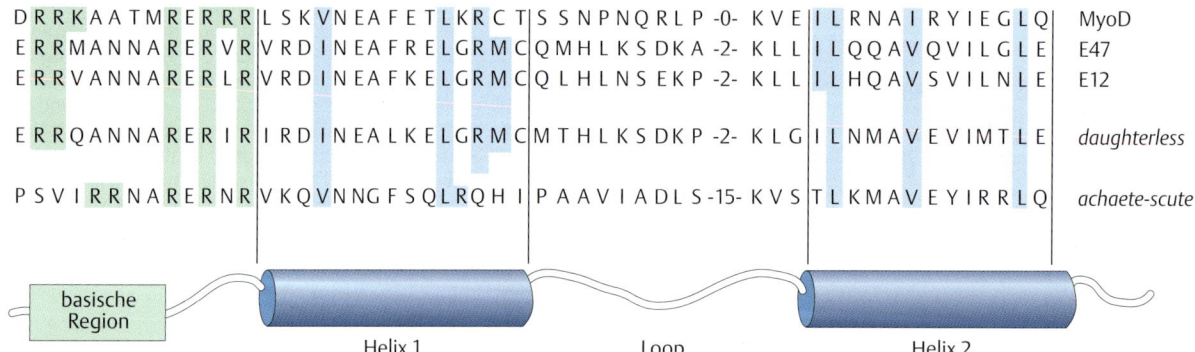

Abb. 12.16 Das bHLH-Motiv in Entwicklungs-Genen. Ein Vergleich von Aminosäure-Sequenzen verschiedener bHLH-Proteine. MyoD ist ein muskelspezifisches Protein, während das E12- und das E47-Protein in vielen Zellen von Säugetieren exprimiert werden, wo sie als Dimerisierungs-Partner für zelltypspezifische bHLH-Proteine zur Verfügung stehen. Mit *daughterless* und *achaete-scute* werden Mutanten von *Drosophila melanogaster* bezeichnet. Diese Mutanten sind unfähig, bestimmte Schritte bei der Differenzierung des weiblichen Phänotyps durchzuführen. Die durch solche Mutanten gestörten Gene sind isoliert worden. Sie kodieren für Transkriptions-Faktoren vom bHLH-Typ. Sie übernehmen also eine ähnliche Funktion wie MyoD in den Vorläufern von Muskel-Zellen [nach 18].

Deswegen haben die Transkriptions-Faktoren dieser Klasse die Be-zeichnung **basic-Helix-Loop-Helix-**, oder kurz **bHLH**-Proteine erhalten.

Vergleichbar den bZIP-Proteinen, dient der HLH-Teil der Dimerisierung und der basische Teil der DNA-Bindung. Die Transaktivierungs-Domä-nen liegen an verschiedenen Stellen der einzelnen bHLH-Proteine und haben verschiedene Aminosäure-Sequenzen. Dies spricht dafür, daß die einzelnen Proteine mit unterschiedlichen Zusatzfaktoren reagieren, aber diese Verhältnisse sind zur Zeit noch wenig erforscht.

Wie für die bZIP-Proteine gilt auch für die bHLH-Proteine, daß nur die dimeren Formen für die DNA-Bindung geeignet sind, aber besser als Homodimere vom Typ MyoD/MyoD binden **Heterodimere** aus einer MyoD-Untereinheit und einer Untereinheit der weitverbreiteten (also nicht zelltypspezifischen) Proteine E12 oder E47. Auch diese beiden Proteine gehören zur Klasse der bHLH-Proteine, denn das Vorkommen des bHLH-Motivs ist eine Voraussetzung für die Dimer-Bildung.

Die Proteine E12 und E47

E12 und E47 entstehen durch differentielles Spleißen des Transkriptes des *E2A*-Gens. Dieses Gen besteht – wie die meisten Gene im Säugetier-Genom – aus mehreren Exons (farbige Boxen), die zusammen mit den dazwischenliegenden Introns als eine lange Vorläufer-RNA transkribiert werden. Beim Spleißen entstehen zwei reife mRNAs, und zwar entweder mit der Sequenz des einen oder des anderen orange gezeichneten Exons. Jedes orange-farbene Exon trägt die Kodierungs-Sequenz für eine bHLH-Domäne (siehe „alternatives Spleißen", S. 391).

E12   E47   *E2A*-Gen

So kann ein Gen zwei verschiedene Proteine kodieren, E12 und E47. Die beiden Proteine unterscheiden sich:
- Ein E12/E12-Dimer kann nicht an DNA binden, wohl aber ein E12/MyoD-Dimer.
- Dagegen bindet ein E47/E47-Dimer gut an DNA, ebenso das E47/MyoD-Dimer [nach 49].

Regulation

Zell-Proliferation und -Differenzierung schließen sich im allgemeinen aus. In Myoblasten wird MyoD gebildet, aber es kann seine trans-aktivierende Wirkung erst entfalten, wenn die Proliferation zum Still-stand gekommen ist.

In proliferierenden Zellen kommen MyoD und sein Dimerisierungs-Partner, das E12-Protein, jeweils in einem Komplex mit dem **Protein Id** (Inhibitor der Differenzierung) vor. Das Protein Id ist ein HLH-Protein, aber ihm fehlt die basische Region. So können Dimere vom Typ MyoD/Id und E12/Id nicht an DNA binden.

Das Protein Id geht verloren (wird abgebaut), wenn die Zell-Prolifera-tion zu einem Halt kommt. Experimentell erreicht man dies am ein-fachsten durch den Entzug von Serum. Dann kann sich ein aktives Dimer aus MyoD und E12 bilden (Abb. 12.**17**).

Abb. 12.17 Regulation. In proliferierenden Myoblasten wird die Dimer-Bildung von MyoD und E12 durch **Id** blockiert. Beachte, daß das Protein **Id** eine HLH-Region besitzt, aber keine basische Region (+). Es kann daher eine Dimer-Bildung eingehen, aber nicht an DNA binden. Entzug von Serum und damit eine Hemmung der Zell-Proliferation verursacht eine Trennung der **Id**-Komplexe, und es bilden sich aktive Transkriptions-Faktoren. Die folgenden Schritte laufen jedoch keineswegs automatisch ab. Weitere regulatorische Eingriffe sind möglich: Der Wachstums-Faktor FGF und die Verbindung TPA aktivieren – jeweils auf ihre Art – Proteinkinasen. Dies führt zu der Übertragung einer Phosphat-Gruppe und schließlich zur Hemmung der MyoD/E12-Funktion. Den gleichen Effekt hat die Erhöhung der intrazellulären Konzentration an cAMP mit der Aktivierung einer cAMP-abhängigen Proteinkinase. Aber selbst das DNA-gebundene Dimer reicht allein nicht für die Gen-Aktivierung aus. Andere Transkriptions-Faktoren müssen zusätzlich vorhanden sein [nach 37].

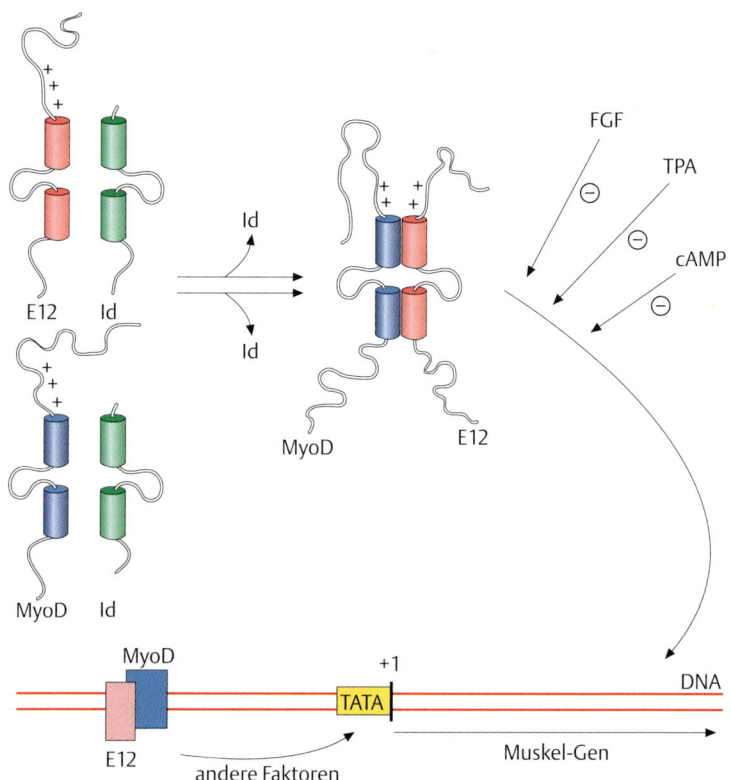

Die Skizze der Abb. 12.**17** ist ein vereinfachtes Bild der Verhältnisse, denn Faktoren des Serums wirken, wie wir gesehen haben, über die Aktivierung einer Kette von Phosphorylierungen. So weiß man, daß der Serum-Faktor FGF *(fibroblast growth factor)* ein starker Inhibitor der Differenzierung ist. Das beruht zum guten Teil auf der Aktivierung der Proteinkinase C. Dies hat schließlich die Einführung einer Phosphat-Gruppe an einer Threonin-Seitenkette im Bereich der DNA-Bindedomäne von E12 und damit die Hemmung der DNA-Bindung zur Folge.

Embryogenese

Die myogenen Faktoren erscheinen während der Embryonal-Entwicklung in feststehender Reihenfolge. Im frühen, acht Tage alten Maus-Embryo wirkt die Neuralleiste auf die benachbarten Mesoderm-Zellen ein. Dort kommt es zuerst zur Expression von *Myf5*. Ein paar Tage später werden zunächst *MyoD* und dann Myogenin exprimiert. In der gleichen Reihenfolge treten die regulatorischen Proteine in den Extremitäten-Knospen auf, aus denen sich später die Gliedmaßen entwickeln. Der Faktor MRF4 ist vorübergehend zwischen den Embryonaltagen 9 und 12 in den Muskel-Segmenten (Myotomen) nachweisbar, dann erst wieder nach der Geburt. Diese Befunde zeigen, daß die Untersuchungen an Zellen in Kultur eine Entsprechung bei der Embryogenese finden.

Welche Bedeutung diese Faktoren haben, wurde eindrucksvoll an transgenen Mäusen mit zerstörten Genen für *MyoD*, *Myf5* oder *Myogenin* erforscht (zum Vorgehen S. 368). Die große Überraschung ist, daß

Tiere ohne das aktive *MyoD*-Gen keine besonderen Veränderungen aufweisen, sondern voll lebens- und fortpflanzungsfähig sind. Auch Maus-Mutanten mit zerstörten *Myf5*-Genen entwickeln sich bis zur Geburt normal, sterben aber bald nach der Geburt, jedoch nicht wegen mangelnder Ausbildung der Skelettmuskeln, sondern wegen fehlender distaler Rippen und den dadurch bedingten Schwierigkeiten beim Atmen. Offensichtlich können sich *MyoD* und *Myf5* zumindest teilweise gegenseitig vertreten. Tatsächlich findet nach Zerstörung beider Gene keine Entwicklung von Skelettmuskeln statt, und die betroffenen Tiere sterben gleich nach der Geburt. Eine zentrale Rolle spielt das Myogenin, denn die Zerstörung des Myogenin-Gens hat zur Folge, daß sich die Skelettmuskulatur schlecht oder gar nicht entwickelt, so daß die neugeborenen Tiere bald sterben. Es ist wahrscheinlich, daß *MyoD* und *Myf5* die Expression von Myogenin bestimmen (Abb. 12.**18**).

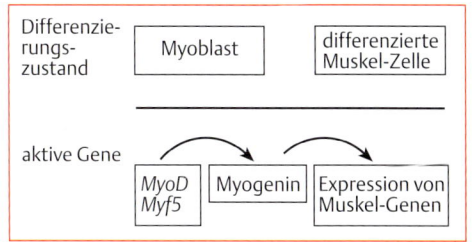

Abb. 12.18 Beeinflussung der Expression von Muskel-Genen durch die myogenen Faktoren *MyoD* und *MyoF*.

bHLH-Proteine in Nicht-Muskelzellen

Das DNA-Element 5'-CANNTG-3' kommt nicht nur vor muskelspezifischen Genen, sondern auch vor pankreasspezifischen Genen vor, und, wie wir gleich sehen werden, auch vor Genen, die bei *Drosophila* für die Entwicklung von Sinnes-Zellen verantwortlich sind. Deshalb kann man vermuten, daß das DNA-Element bei zelltyp- oder entwicklungsspezifischen Genen weit verbreitet ist. Das heißt aber auch, daß bHLH-Proteine in vielen Zellen eine Rolle bei der Differenzierung spielen.

Folgende Frage liegt nahe: Warum aktiviert *MyoD* nur muskelspezifische Gene (und nicht die vielen anderen Gene mit dem CANNTG-Element)? Oder anders gefragt: Warum werden muskelspezifische Gene nicht durch eines der vielen anderen bHLH-Proteine aktiviert?
1. Das Element 5'-CANNTG-3' ist der kleinste gemeinsame Nenner. Seine Spezifität wird durch die inneren Nucleotide, die anstelle von NN zu stehen kommen, und zusätzlich durch die Nucleotide in seiner Umgebung, bestimmt.
2. Der Promotor/Enhancer eines Gens enthält nicht nur eine Variation der 5'-CANNTG-3'-Sequenz, sondern normalerweise noch Bindestellen für zusätzliche aktivierende und reprimierende Faktoren. Erst wenn alle in geeigneter Weise besetzt sind, kann das Gen transkribiert werden.

Entwicklungsbiologen sind bei ihren Studien mit *Drosphila melanogaster* auf eine Reihe von bHLH-Proteinen gestoßen (Abb. 12.**16**). Eines davon, das Produkt des Gens *emc*, hat große Ähnlichkeit mit dem Id-Protein. Die Abkürzung *emc* bedeutet *extramacrochaetae*. Damit beschreibt man Mutanten, bei denen die Ausbildung von Sinnesorganen gestört ist. Dies und die Ähnlichkeit mit Id deutet an, daß das emc-Protein eine regulatorische Funktion übernimmt. Tatsächlich ist einer seiner Dimer-Partner das Produkt des Gens *achaeta-scute (a-sc)*, das für die Entwicklung der epidermalen Sinnesorgane notwendig ist. Ein anderer Partner ist das Produkt des Gens *daughterless (da)*, dessen Ausfall zur Störung der Differenzierung des weiblichen Phänotyps (daher der Name) und der Entwicklung des Nervensystems führt.

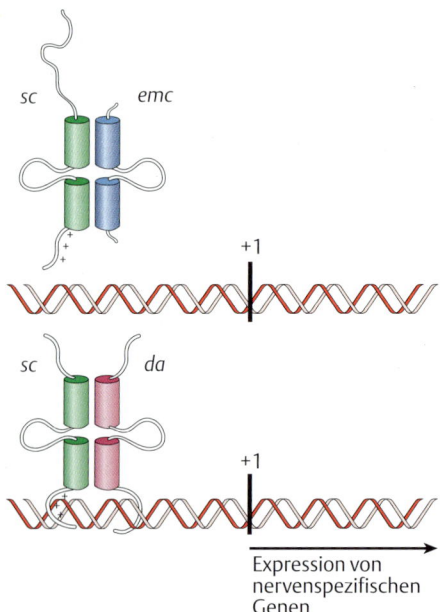

Expression von
nervenspezifischen
Genen

Abb. 12.19 bHLH-Proteine in der Drosophila-Entwicklung. Die Fliege *Drosophila melanogaster* ist das vermutlich zur Zeit meist untersuchte Objekt der Entwicklungsbiologen. So gibt es eine lange Liste von Mutanten, die an vielen Stellen der Entwicklung von der befruchteten Eizelle zum fertigen Tier gestört sind. Bei der Mutante *emc* ist die normale Entwicklung des Ektoderms gestört. Es kommt zu einer übernormalen Bildung von Nerven- und Sinnes-Zellen. Das beruht auf dem Fehlen eines funktionellen Inhibitors der nervenspezifischen Transkriptions-Faktoren sc und da. Wenn dagegen die Gene *sc* und *da* ausgeschaltet sind, ist die Entwicklung von Nerven- und Sinnes-Zellen (und zusätzlich die Geschlechtsdifferenzierung) gestört. Das Schema der Abbildung erklärt die Verhältnisse in einfacher Weise [nach 17].

Aufgrund dieser und anderer ergänzender Beobachtungen kommt man zum Modell der Abb. 12.**19**:
- Das emc-Protein kann Dimere mit dem a-sc-Protein und dem da-Protein bilden. Dadurch werden Gene gehemmt, die die Entwicklung in Richtung Nerven- und Sinnes-Zellen voranbringen. Beim Ausfall von *emc* kommt es zur Entstehung solcher Zellen an unpassenden Stellen.
- Durch das geeignete Signal von außen wird das emc-Protein ausgeschaltet. Die Transkriptions-Faktoren werden aktiv und die Entwicklung der Nerven- und Sinnes-Zellen kann ihren Lauf nehmen.

Max und Myc: bHLH-ZIP-Proteine

Die prominentesten Verteter dieser Gruppe von Transkriptions-Faktoren sind die Myc-Proteine. Langjährige Untersuchungen haben Hinweise auf die Rolle von Myc-Proteinen bei der Zell-Proliferation gebracht. So kann z. B. eine experimentell erzwungene Überproduktion von Myc eine ruhende Zelle zum Eintritt in den Zellzyklus veranlassen. Dies bringt es mit sich, daß Myc auch Differenzierungsvorgänge unterdrücken kann. Eine andere interessante Funktion hat Myc bei der Einleitung des programmierten Zelltods (Apoptosis, S. 464).

Zur Zeit wird intensiv untersucht, wie die verschiedenen Aktivitäten auf einen Nenner gebracht werden können. Auf jeden Fall wirkt Myc unter anderem als Transkriptions-Faktor. Eines der Gene, die durch Myc aktiviert werden, kodiert das Enzym Cdc25-Phosphatase, das zur Aktivierung von Cyclin-abhängigen Proteinkinasen notwendig ist (siehe Abb. 6.28, S. 187). Das erklärt zumindest teilweise den positiven Effekt von Myc auf die Zell-Proliferation.

Wie manch anderer Transkriptions-Faktor wurde das erste Myc-Protein bei der Analyse von transformierenden Retroviren entdeckt (S. 222). Im Säugetier-Genom kommen drei verschiedene, aber eng verwandte Myc-Proteine vor: c-Myc, L-Myc und N-Myc. Hier werden wir auf Gemeinsamkeiten dieser Proteine eingehen und die Unterschiede unberücksichtigt lassen.

Myc-Proteine werden gleich nach der Serum-Stimulierung ruhender Zellen gebildet (Abb. 12.**2**, S. 332). Sie sind wenig stabil und werden bald nach ihrer Synthese wieder abgebaut. Zellen besitzen aber normalerweise große Mengen eines Dimer-Partners von Myc. Das ist ein Protein aus 160 Aminosäuren mit der Bezeichnung **Max**. Das Max-Protein geht bald nach der Serum-Stimulierung eine Verbindung mit Myc ein und Myc/Max-Dimere bleiben dann als stabile Komplexe über längere Zeit erhalten. Vor allem ist wichtig, daß **Myc/Max-Dimere** an DNA mit besonderer Affinität zur Sequenz 5′-CACGT-3′ binden. Dies ist eine Nucleotid-Sequenz, wie sie auch von bHLH-Proteinen erkannt werden kann. Tatsächlich sind Myc und Max ebenfalls bHLH-Proteine. Ihr Unterschied zu der MyoD-Gruppe von Proteinen besteht jedoch darin, daß sich bei Myc und Max an die zweite α-Helix des HLH-Motivs noch ein Leucin-Zipper anschließt. Daher stammt die Bezeichnung **bHLH-ZIP** für diese Gruppe von Transkriptions-Faktoren (Abb. 12.**20**).

Myc/Max-Dimere sind nicht die einzigen Vertreter dieser Gruppe:
1. Zwei Max-Proteine können Homodimere bilden, die gut und spezifisch an DNA binden (aber nicht zur Transaktivierung von angeschlossenen Genen in der Lage sind, weil ihnen die entsprechende Aktivierungs-Domäne fehlt, Abb. 12.**20**).

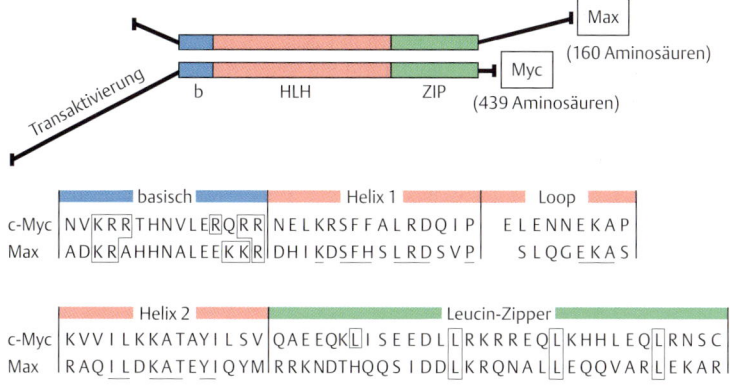

	basisch	Helix 1	Loop
c-Myc	NV KRR THNVLE RQRR	NELKRSFFALRDQIP	ELENNEKAP
Max	ADKR AHHNALEE KKR	DHI KDSFHS LRDSVP	SLQGEKAS

	Helix 2	Leucin-Zipper
c-Myc	KVV ILKKATAYILSV	QAEEQK LI SEEDL LRKRREQ L KHHLEQ L RNSC
Max	RAQILDKATEYIQYM	RRKNDTHQQS IDD L KRQNALL EQQVARL EKAR

Abb. 12.20 Die Myc/Max-Verbindung. Max *(myc associated x factor)* kommt hauptsächlich in zwei Formen vor: Eine Form besteht aus 160 Aminosäuren (wie hier angegeben), der zweiten Form fehlen 9 Aminosäuren in der Nähe des Amino-Terminus (eine Folge von alternativem Spleißen, S. 391). Ein funktioneller Unterschied zwischen beiden Formen ist nicht bekannt. Max reagiert mit allen drei Formen von Myc-Proteinen im Zellkern von Säugetieren. Das skizzierte Beispiel ist das c-Myc-Protein. Beachte, daß nur das Myc-Protein zur Transaktivierung in der Lage ist. Dagegen kann ein Max/Max-Dimer zwar gut und spezifisch an DNA binden, aber dadurch blockiert es Enhancer-Elemente und wirkt deswegen wie ein Repressor der Gen-Aktivität. Im unteren Teil der Abbildung sind die Aminosäure-Sequenzen von bHLH-ZIP-Motiven angegeben. Im basischen Bereich sind die Aminosäuren Lys (K) und Arg (R) eingerahmt, ebenso die Leucin-Reste im Zipper. Konservierte Aminosäuren sind unterstrichen [nach 10, 19].

2. Es gibt Max-verwandte Proteine, darunter eines mit der Bezeichnung Mxi1 *(max interactor)* oder Md. Dieses Protein kann mit Max in Wechselwirkung treten und als Max/Md-Dimer spezifisch an DNA binden. Aber wegen des Fehlens einer transaktivierenden Domäne wirkt es dann wie ein Repressor des nachgeschalteten Gens. Erst wenn in der Zelle nach Serum-Stimulierung genügend Myc-Protein vorhanden ist, kann Myc den Md-Partner verdrängen und aus dem Md/Max-Repressor wird ein Myc/Max-Aktivator.

3. Zur Gruppe der bHLH-ZIP-Proteine gehört noch eine Reihe anderer Transkriptions-Faktoren, z.B. auch das früher erwähnte Protein USF *(upstream stimulatory factor)*, das zuerst entdeckt wurde, weil es in der infizierten Zelle für die Aktivität des späten Adenovirus-Promotors notwendig ist („stimuliert", S. 316).

Struktur

Wichtige Erkenntnisse wurden durch die Röntgen-Strukturanalyse von DNA-gebundenen Max/Max-Homodimeren erzielt (Abb. 12.**21**). Wir können davon ausgehen, daß das Strukturmodell auch auf andere Dimere von bHLH-ZIP-Proteinen übertragen werden kann.

Die wichtigsten Merkmale der Struktur sind:
- Die bHLH-ZIP-Domäne besteht aus zwei α-helikalen Bereichen: Der aminoterminale Bereich von 25 Aminosäuren setzt sich aus Bausteinen der basischen Region und der ersten Helix des HLH-Motives zusammen. Über die Schleife wird davon der carboxyterminale Bereich getrennt, der 43 Aminosäuren umfaßt und die zweite Helix des HLH-Motives sowie den Leucin-Zipper einschließt.
- Die entsprechenden Abschnitte der beiden Untereinheiten bilden zusammen ein paralleles, leicht linksdrehendes Bündel aus vier Helices. Die hydrophoben Aminosäuren der HLH-Helices liegen im Inneren, eng aneinandergepackt und stabilisieren die Gesamtstruktur.
- Die helikalen basischen Bereiche beider Untereinheiten umgreifen die DNA und legen sich in die große Rinne auf gegenüberliegenden Seiten der DNA. Dort bilden sich spezifische Wechselwirkungen zwischen den Aminosäure-Seitenketten und den DNA-Basen sowie den Phosphodiester-Gruppen.
- Die Struktur der DNA ändert sich nicht erkennbar nach der Bindung des Proteins. Sie bleibt im wesentlichen in der klassischen B-Form und es gibt keinen Hinweis auf eine Beugung der DNA.

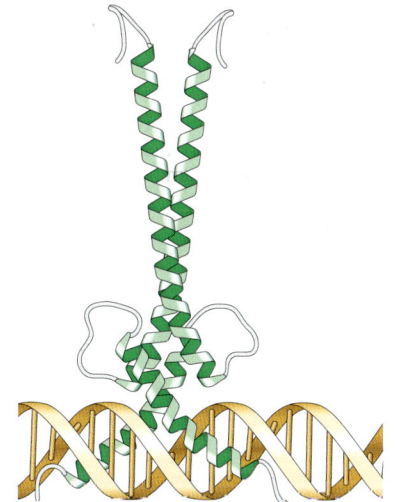

Abb. 12.21 Der Komplex eines Max/Max-Dimers mit DNA. Die schematische Darstellung beschränkt sich auf die bHLH-ZIP-Domäne. Dieser Bereich des Proteins besteht aus zwei langen α-Helices, die durch die Schleife (Loop) voneinander abgegrenzt sind. Die aminoterminalen Enden der ersten α-Helix schließen den größten Teil der basischen Regionen ein und legen sich in die große Rinne der DNA, wo sich spezifische Wechselwirkungen zwischen Aminosäure-Seitenketten und DNA-Basen ausbilden [nach 21].

Dieser letzte Punkt beschreibt einen Unterschied zu den bZIP-Proteinen, bei denen sich die α-Helix in der basischen Domäne erst bei der Bindung an DNA bildet und wo gerade die Beugung der DNA eine wichtige Konsequenz der Wechselwirkung von Protein und DNA ist.

Die Arbeiten, die zu der Abb. 12.**21** führten, stellen einen Meilenstein bei der Erforschung von Transkriptions-Faktoren mit HLH-Motiven dar. Es ist jedoch bei diesen und den Faktoren anderer Gruppen zur Zeit noch unbekannt, wie ein DNA-gebundener Faktor die Ereignisse am Transkriptionsstart beeinflussen kann.

Helix-Turn-Helix-Motiv in der Homöobox und anderswo

Entwicklungsbiologen haben eine lange Reihe von Mutationen identifiziert, durch die die Entwicklung der Fliege *Drosophila melanogaster* beeinträchtigt wird. Diese Mutationen erhalten gewöhnlich eine Bezeichnung, die sich aus dem Phänotyp der betroffenen Tiere ableitet. Wie schon mehrmals zuvor erwähnt, werden durch viele dieser Mutationen Gene für bestimmte Transkriptions-Faktoren geschädigt. Die Gruppe der Transkriptions-Faktoren, die hier besprochen werden soll, wurde bei der Analyse von *Drosophila*-Mutanten mit Störungen bei der Differenzierung von Körper-Segmenten entdeckt (siehe Box).

Allgemein gesagt, können Mutationen in homöotischen Genen die Umwandlung eines Körper-Segmentes in ein anderes verursachen. Die entsprechenden kodierten Proteine unterscheiden sich drastisch in ihrer Größe und Aminosäure-Sequenz, aber sie haben einen gemeinsamen Abschnitt von 60 Aminosäuren, die sogenannte **Homöobox** (Abb. 12.**22**).

Proteine mit Homöobox werden nicht nur von Genen kodiert, die die Entwicklung eines Körper-Segmentes bestimmen, sondern auch von Genen, die schon viel früher in der Embryonal-Entwicklung aktiv sind. Letztere treten nämlich bereits bei der Aufteilung des frühen Embryos in die späteren Körper-Segmente und bei deren inneren Organisation in

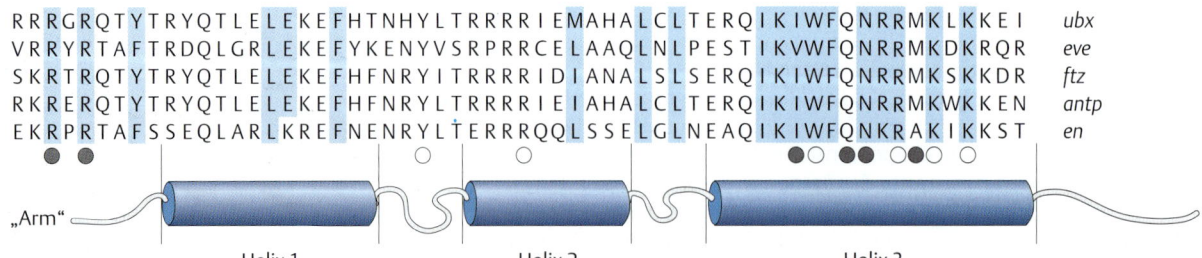

Abb. 12.22 **Homöobox: Die gemeinsame Domäne in einigen Homöoproteinen.** Die Bezeichnung der Proteine (rechts) ist im Text erläutert. Computeranalysen über die Wahrscheinlichkeit, mit der einzelne Sequenz-Abschnitte Sekundärstrukturen einnehmen können, weisen auf die mögliche Ausbildung von drei α-Helices hin. Diese Befunde werden durch die Aufklärung der dreidimensionalen Struktur bestätigt. Gemeinsame Aminosäuren, die für die Struktur wichtig sind, blau hinterlegt, Aminosäuren mit schwarzen Punkten nehmen Kontakt zu den DNA-Basen auf, Aminosäuren mit hellen Punkten zum Phosphodiester-Band [nach 39].

Aktion. Beispiele sind das Gen *eve (even-skipped)*, dessen Störung zum Ausfall jedes zweiten Segmentes führt, und das Gen *en (engrailed)*, bei dessen Schädigung die innere Organisation von Segmenten in vordere und hintere Zellreihen verlorengeht. Ein drittes Gen dieser Art ist *ftz* (*fushi tarazu*, japan. zu wenig Segmente). Eine Mutation im *ftz*-Gen verursacht den Verlust des hinteren Teils eines Segmentes und des vorderen Teils des folgenden Segmentes. Die übrigen Teile der Segmente verschmelzen, so daß dann 7 statt der normalen 14 Segmente verbleiben.

Homöobox-Gene und die von ihnen kodierten Proteine sind bei *Drosophila* entdeckt worden. Schon bald nach der Entdeckung zeigte sich, daß entsprechende Entwicklungs-Gene in allen vielzelligen Organismen vorkommen, u. a. bei Pflanzen, Tieren und dem Menschen. Im Säugetier-Genom werden sie als **Hox-Gene** bezeichnet. Charakteristisch ist ihr Vorkommen in Gruppen, als *Hox A-*, *Hox B-*, *Hox C-* und *Hox D*-Gengruppe.

Homöobox-Proteine binden an spezifische DNA-Abschnitte und wirken als Transkriptions-Faktoren. Dies geht unter anderem aus den Experimenten der Abb. 12.**22** hervor.

Man kann davon ausgehen, daß Homöobox-Proteine zum gegebenen Zeitpunkt während der Embryogenese Gene aktivieren, die ihrerseits für den nächsten Entwicklungsschritt verantwortlich sind. Genetische Experimente zeigen zum Beispiel, daß das *ftz*-Gen (welches für die Ausprägung von Segmenten verantwortlich ist) das *antp*-Gen anschaltet, das seinerseits die Identität eines Segmentes prägt. Dies geschieht u. a. dadurch, daß es die Entwicklung von Beinen in einem falschen Segment verhindert. Tatsächlich zeigt ja auch das Experiment der Abb. 12.**23** eine Aktivierung des *antp*-Gens durch das ftz-Protein.

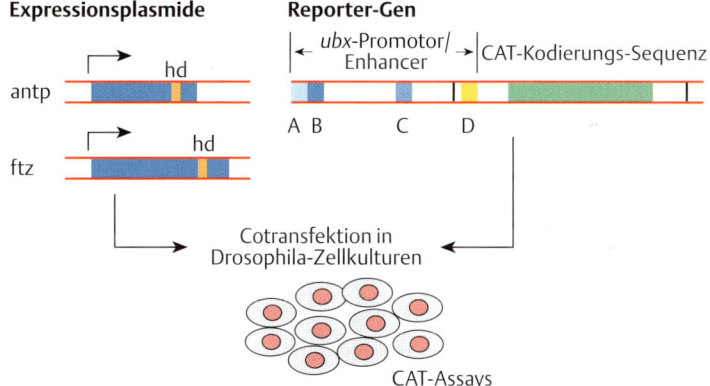

Abb. 12.23 Homöoproteine als Transkriptions-Faktoren. Aufgrund von genetischen Studien weiß man, daß das Gen *ubx* unter dem Einfluß von ftz aktiviert wird. Die Frage ist, ob dies über eine Steigerung der Transkription erfolgt. **oben links** Die Kodierungs-Sequenzen für die Homöoproteine antp und ftz werden hinter einen starken, konstitutiv aktiven Promotor (Pfeil) eines *Drosophila*-Gens eingebaut (hd, Homöobox). **oben rechts** Vorversuche zeigen, daß sich das Protein ftz, aber auch das Protein antp an vier verschiedene Stellen (A-D) im Promotor des *ubx*-Gens binden. Deswegen wird ein CAT-Reporter-Gen mit dem *ubx*-Promotor konstruiert (S. 305). Zusätzlich wird der Effekt der Bindestelle allein geprüft. **Mitte** Cotransfektion. Das Reporter-Gen mit den *ubx*-Promotor-Elementen wird gemeinsam mit dem *ftz*-Gen (und in unabhängigen Experimenten mit dem *antp*-Gen) in *Drosophila*-Kulturzellen eingebracht. Als Kontrolle wird das Reporter-Gen allein untersucht. Einige Tage nach der Transfektion werden Protein-Extrakte hergestellt und die CAT-Aktivität gemessen.

Die Ergebnisse **unten** zeigen, daß sowohl das antp-Protein als auch das ftz-Protein den Promotor aktivieren können. Das Promotor-Element D ist ebenfalls aktiv (wenn auch nicht so gut wie das gesamte Promotor-Element). und zwar in beiden Orientierungen wie ein typisches Enhancer-Element [nach 55].

Molekularbiologie

Homöoproteine sind als positiv oder negativ wirkende Transkriptions-Faktoren bekannt. Unser Interesse richtet sich auf die molekulare Funktion dieser Klasse von Proteinen. Sie haben zwar als gemeinsames Merkmal die Homöobox, in den Aktivierungs-Bereichen der Faktoren finden sich jedoch deutliche Sequenz-Unterschiede. Das ist verständlich, denn jeder Faktor muß, je nach seiner Aufgabe und genetischen Funktion, mit wechselnden Proteinen in Kontakt treten können.

Die Homöobox ist für die spezifische Bindung des Proteins an DNA verantwortlich. Schon einfache Computeranalysen geben den ersten Hinweis auf die Art dieser Wechselwirkung, denn sie zeigen, daß drei hintereinandergeschaltete Abschnitte der Homöobox mit großer Wahrscheinlichkeit α-helikale Sekundärstrukturen einnehmen können (Abb. 12.**22**).

Die Aufklärung der dreidimensionalen Struktur der Homöobox und des Komplexes der Homöobox mit der DNA ergibt ein eindeutiges Muster (Abb. 12.**24**):

– Helix ① und Helix ② liegen in antiparalleler Anordnung eng beieinander. Sie sind von Helix ③ durch eine Drehung *(turn)* der Polypeptid-Kette getrennt, so daß Helix ③ etwa im rechten Winkel zu Helix ① und ② zu liegen kommt.
– Im Inneren dieser relativ kompakten Struktur liegen die hydrophoben Seitengruppen, die der Anordnung ihre Stabilität verleihen. Dies hat zur Folge, daß eine isolierte Homöobox-Sequenz, losgelöst vom Rest des Proteins, die natürliche Faltung einnimmt und an DNA binden kann.
– Helix ③ (die „Erkennungs-Helix") legt sich in die große Rinne der DNA, und definierte Aminosäure-Seitengruppen nehmen spezifische Kontakte mit bestimmten DNA-Basen und den Sauerstoff-Gruppen in den Phosphodiester-Bindungen auf. Zusätzliche spezifische Bindungen mit den DNA-Basen gehen von den Aminosäuren des „Arms" am aminoterminalen Ende der Homöobox aus (Abb. 12.**22**).

Abb. 12.24   Homöobox an der DNA. Die untersuchte Homöobox stammt aus dem Produkt des Gens *en (engrailed)*. Ihre Aminosäure-Sequenz kann aus der Abb. 12.**22** entnommen werden. **links** Auf diese Sequenz beziehen sich die kleinen Zahlen, die Beginn und Ende der α-Helices angeben. Aminoterminale Arm an der Helix ①. **rechts** Durch die Zahlen werden die Kontakte der einzelnen Aminosäuren mit der DNA angedeutet. Die α-Helices sind von 1–3 numeriert. Helix 3 ist die Erkennungs-Helix [nach 30].

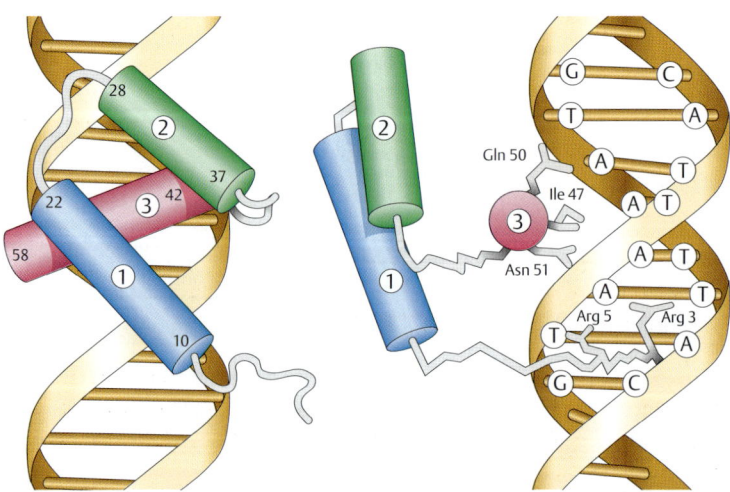

Was wir gerade beschrieben haben und in der Abb. 12.**24** zeigen, ist das **Helix-Turn-Helix-Motiv** DNA-bindender Proteine. Das Motiv ist uns von früher her bekannt, als wir die Bindung des Lambda-Repressors an die Operator-Sequenzen im Phagen-Genom kennengelernt haben (S. 131). Nur bei genauestem Vergleich der Strukturen erkennen Protein-chemiker einige Unterschiede. Dies ist ein bemerkenswertes Beispiel für die Konservierung eines genetisch wichtigen Strukturmotivs in verschiedensten Zweigen der Biologie.

Die Homöobox in besonderer Umgebung

Octamer-Binde-Proteine

Die sogenannte Octamer-Sequenz findet man in zahleichen Promotoren, und zwar von Genen, die in vielen Zellen exprimiert werden, aber auch von Genen, die zelltypspezifisch oder nur während bestimmter Phasen der Embryonal-Entwicklung aktiv sind. Das **Octamer-Element** sieht folgendermaßen aus: 3'-TACGTTTA -5'
5'-ATGCAAAT-3'

Man kennt mehr als 10 verschiedene Octamer-Binde-Proteine. Von diesen sind die Proteine Oct1 und Oct2 am besten untersucht (Tab. 12.**5**).

Tab. 12.5   Octamer-Binde-Proteine [aus 44]

Protein	andere Bezeichnungen	Zahl der Aminosäuren	Expression Embryo	adultes Tier
Oct1	OTF1, OBP100, NFIII	743	in allen Geweben	in allen Geweben
Oct2	OTF2, NF2A	zwei Formen A: 451 B: 583	Neuralrohr Gehirn	Immunzellen Nerven-Zellen Dünndarm Testes, Nieren

Das Protein **Oct1** kommt in allen Zellen vor und wird bei der Transkription von Histon-Genen und von anderen Genen benötigt, deren Funktion für das Leben jeder Zelle notwendig ist. Das Protein **Oct2** wurde zuerst und besonders intensiv in B-Lymphozyten untersucht, wo es für die Expression von Immunglobulinen notwendig ist. Molekularbiologen haben die wichtige Rolle von Oct2 bei der Aktivierung von Promotoren der Immunglobulin-Gene in einem Experiment nachgewiesen. Dazu wurde das Octamer-Element an eine Stelle vor der TATA-Box im Promotor eines Reporter-Gens eingesetzt. Das Konstrukt wurde dann gemeinsam mit einem Plasmid, das die Kodierungs-Sequenz für Oct2 trägt, in HeLa-Zellen übertragen. Es zeigt sich, daß das Reporter-Gen in Gegenwart von Oct2 transkribiert wird. (Abb. 12.**25**, S. 354).

Für uns sind zwei Ergebnisse dieses Experimentes bemerkenswert:
1. Das Vorhandensein von Oct2 reicht für die Aktivierung des Promotors von Immun-Genen aus, und zwar auch in Zellen, in denen die Immun-Gene normalerweise völlig verschlossen sind.
2. HeLa-Zellen besitzen eine große Menge von Oct1. Oct1 bindet genauso gut an die Octamer-Sequenz wie Oct2, so daß man fragen muß, warum Oct1 nicht den Promotor des Immun-Gens aktiviert.

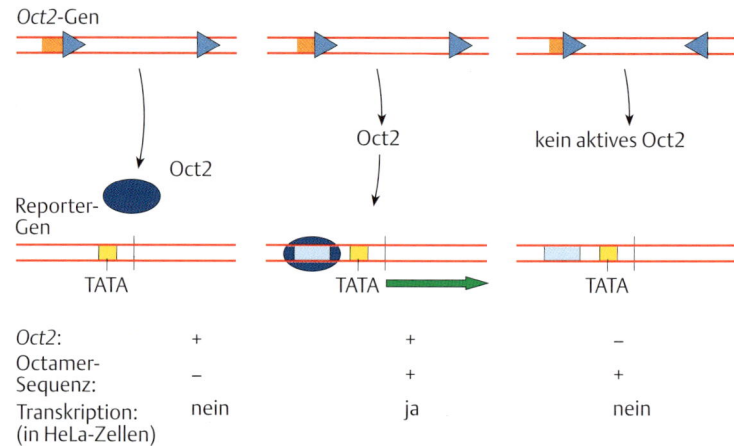

Abb. 12.25 Aktivierung eines Lymphozyten-Promotors in HeLa-Zellen. Durch Transfektion werden in HeLa-Zellen zwei Plasmide mit verschiedenen Genen eingeführt:
1. **oben** Ein *Oct2*-Gen hinter einem starken Virus-Promotor. Die Pfeilspitzen geben die Richtung des Leserasters an. **rechts** Bei einer Kontrollkonstruktion liegt das Leseraster relativ zum Promotor umgekehrt.
2. Ein Test- oder Reporter-Gen, dessen Aktivität in Abhängigkeit von Oct2 gemessen wird. Das Reporter-Gen ist in diesem Fall ein Derivat des β-Globin-Gens. Der Promotor-Bereich des Reporter-Gens enthält entweder nur eine TATA-Box oder eine TATA-Box und das lymphozytenspezifische Octamer-Element. Man stellt nur dann eine Transkription fest, wenn ein aktives Oct2-Protein gebildet wird und an eine Octamer-Sequenz binden kann [nach 34].

Eine Erklärung für die unterschiedliche Wirkung von Oct1 und Oct2 findet sich in dem Aufbau der Aktivierungs-Domänen (Abb. 12.**26**). Die Aktivierungs-Domäne von **Oct1** liegt im aminoterminalen Teil des Proteins und zeichnet sich durch ein gehäuftes Vorkommen von Glutamin-Resten aus. Auch **Oct2** besitzt eine ähnliche Domäne, aber es hat zusätzlich noch eine carboxyterminale Aktivierungs-Domäne mit vielen Threonin-, Serin- und Prolin-Resten. Während Oct2 über diesen Bereich Kontakt mit einem TAF-Protein im TFII-D-Komplex an der TATA-Box aufnehmen kann, ist Oct1 dazu nicht fähig.

Modellversuche mit Oct1 und geeigneten Promotor-Konstrukten zeigen, daß DNA-gebundenes Oct1 für die Gen-Aktivierung eine Art Verbindungsstück zwischen sich und dem Komplex an der TATA-Box braucht. Das Verbindungsstück in diesen Modellversuchen ist VP16, ein Protein des *Herpes-simplex*-Virus. Das Virus bringt dieses Protein bei der Infektion mit in die Zelle. Dort nimmt VP16 (mittels eines besonderen Wirtszell-Proteins) sofort den Faktor Oct1 in Beschlag, um

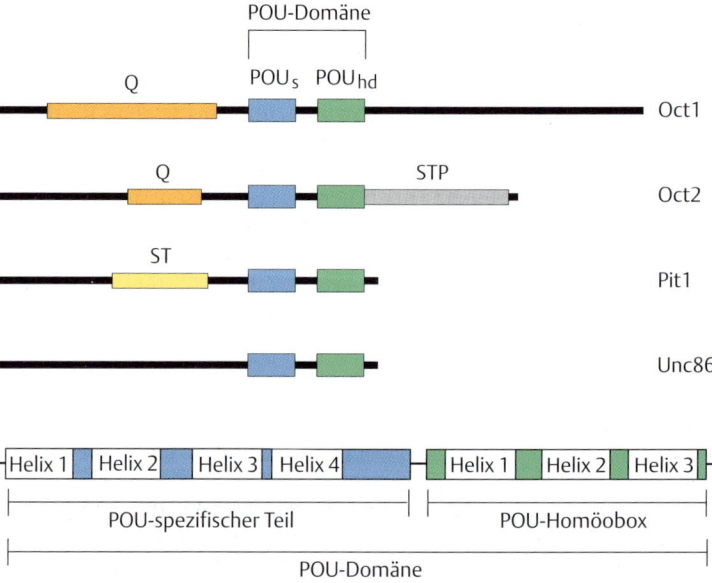

Abb. 12.26 POU-Proteine. Die vier klassischen POU-Proteine unterscheiden sich in Größe (Länge der waagrechten Linien) und Aminosäure-Sequenz, wie schon aus der unterschiedlichen Lage und der Ausdehung der Aktivierungs-Domänen (farbige Boxen) hervorgeht: Q = Glutaminreiche Aktivierungs-Domäne; ST bzw. STP = Serin-, Threonin- und Prolin-reiche Aktivierungs-Domänen. Das gemeinsame Kennzeichen ist die POU-Domäne, die aus zwei Teilen besteht, dem POU-spezifischen Teil (POU$_s$) und der POU-Homöobox (POU$_{hd}$). Jeder Teil der POU-Domäne kann sich zu einer Struktur mit drei bzw. vier α-Helices falten (s. Abb. 2.**27**) [nach 41].

dann mit der Transkription der frühen Virus-Gene zu beginnen. VP16 ist ein Protein mit vielen sauren Aminosäuren wie Asparagin- und Glutaminsäure. Es kann selbst nicht an DNA binden, aber stellt eine Art bewegliche Aktivierungs-Domäne dar, indem es einerseits an Oct1 bindet und andererseits mit seinem sauren Teil die Ereignisse an der TATA-Box beeinflußt.

Zelleigene Überbrückungs-Proteine sind bekannt und werden zur Zeit intensiv untersucht.

Cofaktoren/Coaktivatoren

VP16 ist nur ein Beispiel für eine Klasse von Virus-Proteinen, die früh im Infektionsprozeß vieler Viren exprimiert werden. Diese Proteine beeinflussen den Transkriptionsapparat der Wirtszelle als Cofaktoren zum Zweck einer erhöhten Transkription von Virus-Genen.

Entsprechende Cofaktoren gehören auch zur normalen Ausstattung des Transskriptionsapparates jeder Zelle. Ein Beispiel ist das Protein PC4 (*positive cofactor 4*). Die Hauptfunktion dieses Proteins ist vermutlich die Vermittlung von Wechselwirkungen zwischen stromaufwärts gebundenen Faktoren und den Proteinen des Transkriptionsapparates am Promotor, im Falle von PC4 mit dem Protein TFII-B (S. 315). Die Aktivität von PC4 wird duch Phosphorylierungen von Threonin- und Serin-Seitenketten reguliert [32].

POU-Proteine

Wir haben gerade beschrieben, daß sich die Proteine Oct1 und Oct2 in mancher Hinsicht stark voneinander unterscheiden, aber ein gemeinsames DNA-Bindemotiv haben.

In einer sehr ähnlichen Form kommt das DNA-Bindemotiv noch bei mehreren anderen Transkriptions-Faktoren vor. Zuerst wurde es außer bei den beiden Oct-Proteinen noch bei den Transkriptions-Faktoren Pit1 und Unc86 gefunden (Abb. 12.**26**). Diese Transkriptions-Faktoren sind als **POU-Proteine** bekannt (**P**it1, **O**ct, **U**nc86).

Pit1 ist die Abkürzung für *„pituitary factor 1"*, weil es für die Entwicklung und Funktion der Hypophyse (*pituitary*) notwendig ist. Im erwachsenen Tier oder Menschen aktiviert Pit1 die Transkription spezifischer Hypophysen-Gene wie die Gene für das Wachstums-Hormon und für Prolactin. Daher stammt die zweite gebräuchliche Bezeichnung für Pit1: GHF1 (*growth hormone factor*). Ähnlich wie die Oct-Proteine (Tab. 12.**5**) hat es eine eigene Funktion bei der embryonalen Entwicklung. Das wird durch eine Mutation im Pit1-Gen der Maus deutlich, die zur Verkümmerung der Hypophyse und zum Zwergwuchs der Maus führt. Auch das Protein **Unc86** hat eine wichtige Funktion bei der Embryogenese. Es bestimmt die Differenzierung von Nervenzellen des Nematoden *Caenorhabditis elegans*.

Allgemein kann man davon ausgehen, daß auch andere Proteine der POU-Familie ihre Funktionen bei der Gen-Expression während der Entwicklung ausüben.

POU-Domäne. Sequenz-Vergleiche zeigen, daß die DNA-Bindedomäne von POU-Proteinen, die POU-Domäne, aus zwei Teilen besteht. Im aminoterminalen Bereich liegt der **POU-spezifische Teil** (POU$_s$), gefolgt von der **POU-Homöobox** (POU$_{hd}$). Zwischen beiden Teilen liegt ein flexibles Verbindungsstück von 14–26 Aminosäuren (Abb. 12.**27**).

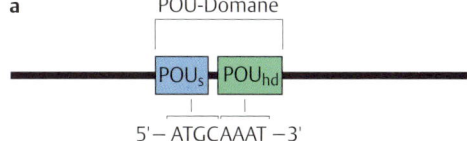

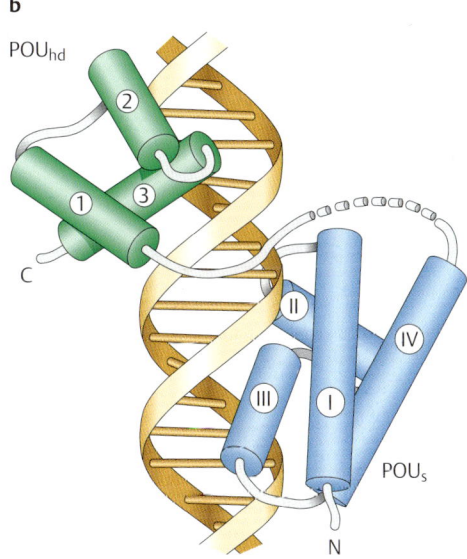

Abb. 12.27   Die POU-Domäne an der DNA. Beide Teile der POU-Domäne können sich unabhängig voneinander zum Helix-Turn-Helix-Motiv falten. Die jeweils dritte α-Helix ist die Erkennungs-Helix und lagert sich in die große Rinne der DNA: Molekularbiologen haben berichtet, daß sich die DNA unter dem Einfluß der gebundenen POU-Proteine beugt. Dies ist in der Skizze nicht berücksichtigt [nach 5, 14].

Eine isolierte POU-Homöobox kann zwar an DNA binden, aber der POU-spezifische Teil erhöht die Affinität zur DNA um den Faktor 1000. Aufgrund vieler und verschiedener Experimente weiß man, daß beide Teile der POU-Domäne für die spezifische Bindung gebraucht werden: Der POU-spezifische Teil nimmt mit der 5'-Hälfte des Octamer-Elementes und die POU-Homöobox mit der 3'-Hälfte Kontakt auf.

Die Aufklärung der dreidimensionalen Struktur zeigt, wie sich die POU-spezifische Domäne und die POU-Homöobox zu unabhängigen dreidimensionalen Einheiten falten können. Wie zuvor besprochen, nimmt die Homöobox die Struktur des Helix-Turn-Helix-Motivs ein, und die Aminosäuren des POU-spezifischen Teils lagern sich ebenfalls zu einer Helix-Turn-Helix-Struktur zusammen. Auch hier liegt die α-Helix 3, die „Erkennungs-Helix", in der großen Rinne der DNA, während die anderen Helices zur Stabilität der Struktur beitragen und eine Art Deckel über der Erkennungs-Helix bilden (Abb. 12.**27**).

Wir ziehen noch einmal die Parallele zum Lambda-Repressor und erinnern daran, daß dessen aktive Einheit ein Dimer ist, wodurch zwei Helix-Turn-Helix-Motive in räumliche Nähe kommen. In der POU-Domäne liegen die beiden Motive auf einer Polypeptid-Kette nebeneinander, eine Art von innermolekularer Dimer-Bildung.

Die Familie der nuklearen Hormon-Rezeptoren

Die mehr als 30 verschiedenen Transkriptions-Faktoren dieser Gruppe werden in einer „Familie" zusammengefaßt, weil für ihre Aktivität die Bindung eines physiologisch wichtigen Hormons (oder Vitamins) nötig ist. Daher stammt die Bezeichnung **Hormon-Rezeptor**. Anders als Rezeptoren für Wachstums-Faktoren oder für Peptid-Hormone kommen die Rezeptoren dieser Familie nicht auf der Zelloberfläche, sondern im Zellinneren vor, oft im Zellkern. Deshalb werden sie **nukleare** Hormon-Rezeptoren genannt.

Nukleare Hormon-Rezeptoren tragen gemeinsame Strukturmerkmale (Tab. 12.**6**):
– Eine aminoterminale **Aktivierungs-Domäne**, deren Funktion oft durch Abschnitte im carboxyterminalen Bereich ergänzt wird.
– Daran schließt sich eine **DNA-Bindedomäne** an, bei der die größte Ähnlichkeit zwischen den verschiedenen Mitgliedern der Familie besteht.
– Ein Zwischenbereich leitet über zur **Hormon-Bindedomäne**.

Steroidhormon-Rezeptoren

Die Hormone Östrogen und Progesteron werden im Ovar gebildet und wirken hauptsächlich auf die Zellen der Uterusschleimhaut. Glucocorticoid entsteht in der Nebennierenrinde. Dieses und verwandte Hormone induzieren Gene des Aminosäure-Stoffwechsels und der Gluconeogenese in der Leber, aber beeinflussen auch den Stoffwechsel vieler anderer Zellen.

Die Hormone entfalten ihre Wirkung über Zielzellen mit dem passenden Rezeptor. In diesen Zielzellen kommen die Steroidhormon-Rezeptoren in einer inaktiven Form vor, gebunden an ein cytoplasmatisches Protein mit der Bezeichnung **Hsp90**. Das Protein erhielt diesen Namen, weil es zu den Proteinen gehört, die vermehrt nach Hitzeschock gebildet werden (Hsp = *heat shock protein*) und eine Molmasse

Tab. 12.6 Nukleare Hormon-Rezeptoren und ihre Liganden

Rezeptor-Struktur	Anzahl Aminosäuren/ Rezeptortyp	Liganden-Strukturformel
A/B C D E	395 ER	
	933 PR (B)	
	777 GR	
	984 MR	
	918 AR	
	427 Vit D$_3$	
	462 RAR	
	456 TR	

Links ist die Größe der Rezeptoren (Zahl der Aminosäuren) und die allgemeine Struktur angegeben: A/B = Gen-Regulierung; C = DNA-Bindedomäne; D = Zwischenbereich; E = Liganden-Bindung.

ER = Estrogen-Rezeptor; PR = Progesteron-Rezeptor Form B; GR = Glucocorticoid-Rezeptor; MR = Mineralocorticoid-Rezeptor; AR = Androgen-Rezeptor; Vit D$_3$ = Vitamin-D-Rezeptor; RAR = Retinsäure-Rezeptor; TR = Thyroidhormon-Rezeptor. Die Liganden für PR, GR, MR und AR unterscheiden sich durch die Seitengruppen an den Stellen (R) und R des Grundgerüstes [aus 9].

von 90 kD hat. Die Bindung des Hormons an den Rezeptor führt zu einer Trennung vom Hsp90. Zwei frei gewordene Steroidhormon-Rezeptoren vereinigen sich zu einem Homodimer und binden in dieser Form an DNA (Abb. 12.**28**).

Bindung an den Promotor/Enhancer

Steroidhormon-aktivierte Gene tragen im allgemeinen mehrere DNA-Bindestellen, und zwar oft weit vor dem Transkriptionsstart. Experimente mit künstlich zusammengebauten Genen zeigen aber, daß eine TATA-Box und eine benachbart gelegene Bindestelle für eine Steroidhormon-abhängige Transkription ausreichen (Abb. 12.**29**).

Die Transaktivierungs-Domäne des Östrogen-Rezeptors (Tab. 12.**6**) tritt z. B. in Kontakt mit einem TAF-Protein (TAF30, S. 326) und beeinflußt die Ereignisse am Transkriptionsstart.

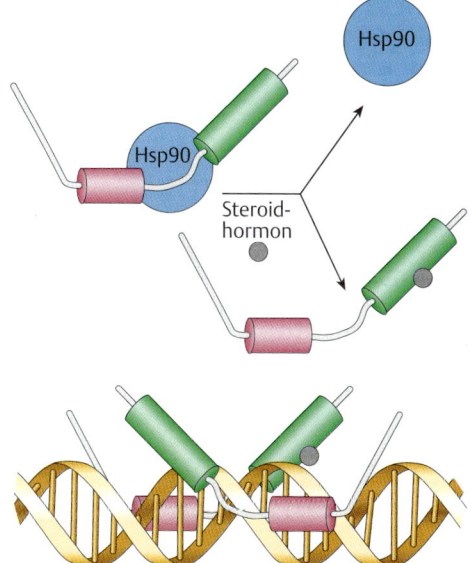

Abb. 12.28 Aktivierung von Steroidhormon-Rezeptoren. Inaktive Rezeptoren (Domäne C und E hervorgehoben, siehe Tab. 12.6) kommen im Komplex mit Hsp90 vor. Nach Bindung des Liganden löst sich der Komplex auf. Der Rezeptor bindet in dimerer Form an DNA.

Abb. 12.29   Nachweis von hormoninduzierbaren *cis*-wirkenden Elementen. oben Das Gen-Konstrukt ist schematisch dargestellt (die Plasmid-Vektor-Anteile sind nicht gekennzeichnet): Dem CAT-Reporter-Gen ist ein Promotor vorgeschaltet, der ohne zusätzliche Enhancer-Elemente nur schwach aktiv ist. Deswegen läßt sich die Auswirkung möglicher Glucocorticoid-Rezeptor-Bindestellen (GRE = *glucocorticoid response element*) auf die Gen-Expression gut nachweisen.

unten Die Ergebnisse der CAT-Tests:

1. In Abwesenheit von Enhancer-Elementen (erste Zeile) findet man so gut wie keine CAT-Aktivität in den Extrakten transfizierter Zellen.
2. Kurze spezifische DNA-Palindrom-Sequenzen im Bereich stromaufwärts vom Promotor reichen für die Aktivierung der CAT-Gen-Expression aus. Dazu müssen die Zellen mit dem Glucocorticoid-Derivat Dexamethason (DEX) vorbehandelt werden. Die Palindrom-Sequenzen sind Bindestellen für den Glucocorticoid-Rezeptor [nach 45].

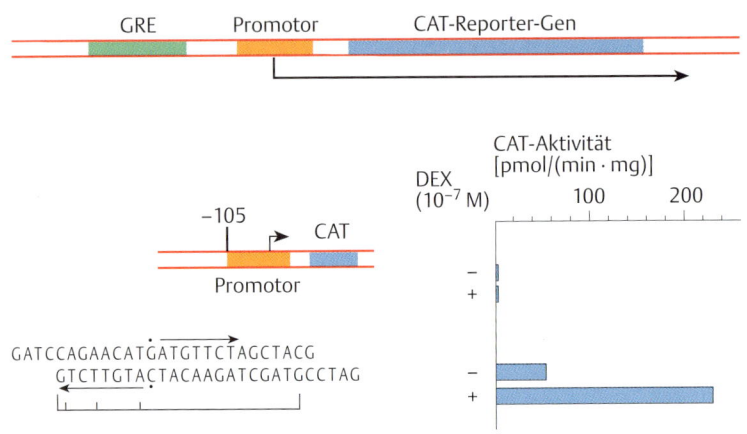

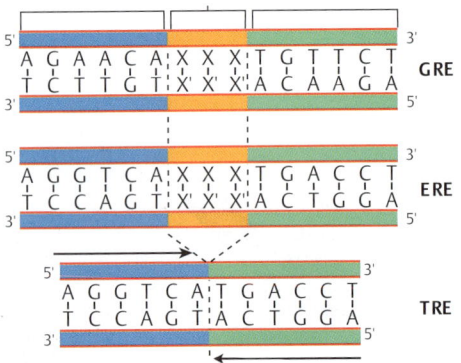

Abb. 12.30   DNA-Bindestellen. Beachte:
1. Die gegenläufige („palindrome") Anordnung der Folgen aus 6 Basenpaaren.
2. GRE und ERE unterscheiden sich durch die beiden zentral gelegenen Basenpaare in der 6-Basenpaar-Folge.
3. ERE und TRE sind identisch, nur daß bei TRE die beiden palindromen Sequenzen aufeinanderstoßen. In vielen natürlichen Promotoren besteht TRE aus direkten Sequenz-Wiederholungen. GRE = *glucocorticoid response element*; ERE = *estrogen response element*; TRE = *thyroid hormone response element*.

Experimente der Abb. 12.**29** ermöglichen eine eindeutige Identifizierung der DNA-Bindestellen. Für Steroidhormon-Rezeptoren sind es gegenläufige (palindrome) Sequenzen von je sechs Basenpaaren, voneinander getrennt durch drei beinahe beliebige Basenpaare.

In der Abb. 12.**30** werden die Bindestellen für den Östrogen-Rezeptor und den Glucocorticoid-Rezeptor verglichen. Die Sequenzen der Bindestellen für die einzelnen Steroidhormon-Rezeptoren unterscheiden sich nur in zwei Basenpaaren des Palindroms.

Dies führt zu der Frage nach der Struktur der DNA-Bindedomäne im Steroidhormon-Rezeptor. Wie schon gesagt, haben nicht nur die Steroidhormon-Rezeptoren, sondern alle Transkriptions-Faktoren der „Familie" im Bereich der DNA-Bindedomäne eine große Ähnlichkeit. Die entsprechenden Aminosäure-Sequenzen in allen nuklearen Rezeptoren bilden eine Folge von zwei Zink-Fingern (Abb. 12.**31**). Aber anders als die Zink-Finger in den Faktoren Sp1 und TFIII-A (S. 317) wird hier ein Zink-Ion durch vier entsprechend angeordnete Cystein-Reste gebunden (und nicht durch zwei Cystein- und zwei Histidin-Reste). Noch deutlicher wird der Unterschied durch einen Vergleich der dreidimensionalen Struktur, denn die beiden **Zink-Finger der Hormon-Rezeptoren** falten sich zu *einer* kompakten Struktur-Domäne (während jeder Zink-Finger vom Cys-Cys-His-His-Typ eine Struktur-Domäne für sich ist, Abb. 11.**20**, S. 317). Diese kompakte Struktur-Domäne ist durch zwei, im rechten Winkel zueinander gelagerte α-Helices charakterisiert. In diesem Bereich liegen die Aminosäuren, die für die Erkennung des DNA-Bindemotivs verantwortlich sind (Abb. 12.**32**). Kristallographische Untersuchungen von Protein-DNA-Komplexen haben direkt gezeigt, daß sie sich als Erkennungs-Helix in die große Rinne legen und dort spezifische Kontakte mit den Bausteinen der DNA aufnehmen.

Eine wichtige Ergänzung zu dieser Beschreibung ist der Hinweis, daß die **aktive DNA-bindende Form ein Dimer aus zwei Hormon-Rezeptoren** ist. Jede Untereinheit des Dimers tritt mit je einem der beiden Hexanucleotid-Folgen der DNA-Erkennungsstelle in Wechselwirkung. Das bedeutet, daß die Art der Dimer-Bildung für die DNA-Erkennung wichtig ist, und zwar insbesondere im Hinblick auf den Abstand der beiden Hälften des Palindroms.

Ein Blick auf die Abb. 12.**30** zeigt, daß die Östrogen-Rezeptor-Bindestelle und die Thyroid-Rezeptor-Bindestellen aus identischen Palindrom-Sequenzen aufgebaut sind, aber sich durch den Abstand zwischen

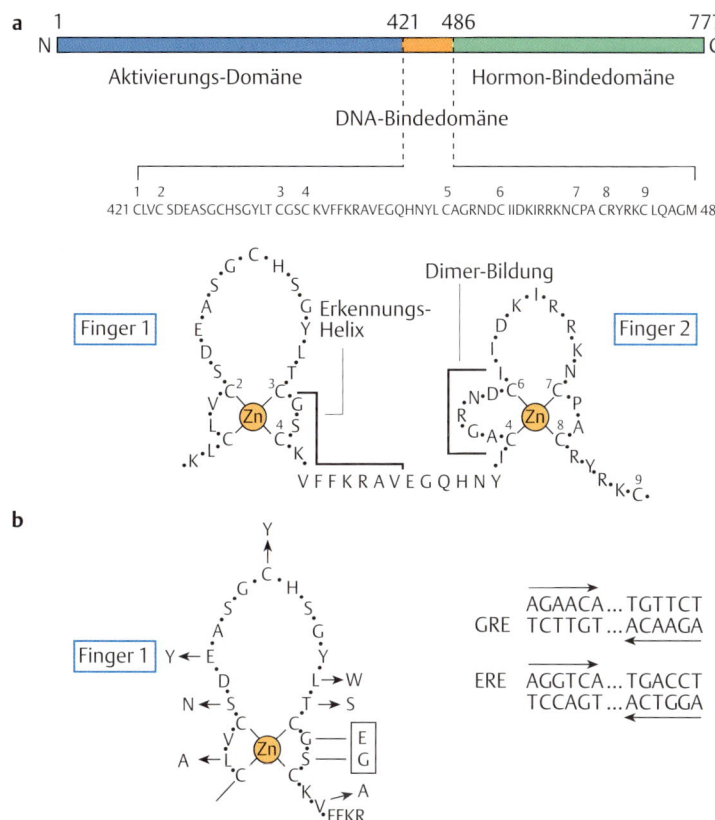

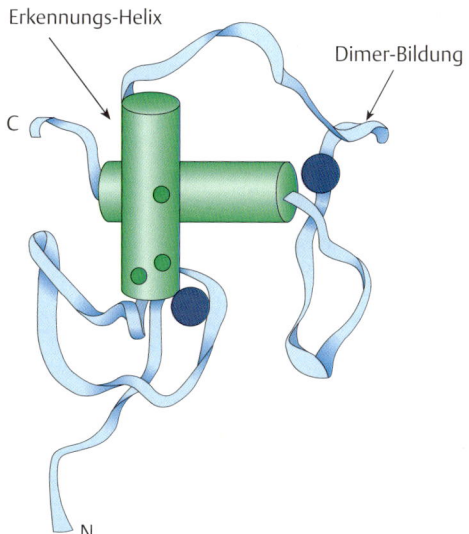

Abb. 12.31 Der Glucocorticoid-Rezeptor.
a Das Protein besteht aus 777 Aminosäuren mit dem N-terminalen Ende links und dem C-terminalen Ende rechts. Drei Domänen-Bereiche sind hervorgehoben:
1. Eine Domäne im N-terminalen Abschnitt, die für die Transaktivierung verantwortlich ist (blau).
2. Die DNA-Bindedomäne zwischen den Aminosäuren 421 und 486 (orange).
3. Die C-terminale Domäne, wo sich die Hormon-Bindestelle befindet (grün). Im C-terminalen Bereich befinden sich auch die Stellen für die Bindung an das Hsp90-Protein (s. Abb. 12.**28**). Abschnitte der C-terminalen Domäne sind zudem an der Transaktivierung der Transkription beteiligt.

In der Aminosäure-Sequenz der DNA-Bindedomäne des Glucocorticoid-Rezeptors (und der anderen Hormon-Rezeptoren der Tab. 12.**6**) kommen mehrere Cystein-Reste vor. Je zwei Cystein-Paare können in einer tetrahedralen Konfiguration Zink-Ionen binden und damit zwei Zink-Finger bilden. Beachte, daß die Zink-Finger in den Hormon-Rezeptoren anders aussehen als die Zink-Finger in den früher besprochenen DNA-Binde-Proteinen, z. B. in SP1 (S. 317). Dort wird das Zink durch die Gruppierung -C-C-...-H-H- komplexiert, hier durch -C-C-...-C-C-. [aus 8, 20].
b links Der erste Finger im Glucocorticoid-Rezeptor. Seine Struktur entspricht dem Östrogen-Rezeptor, mit Ausnahme der Stellen, die durch Pfeile (Aminosäure-Austausch) gekennzeichnet sind. Die DNA-Bindespezifität des Glucocorticoid-Rezeptors beruht allein auf den eingerahmten Aminosäuren im ersten Zink-Finger.
b rechts Der Austausch von Gly-Ser gegen Glu-Gly (schwarzer Kasten) führt zu einem Wechsel der Spezifität. Aus einem Rezeptor, der an das GRE *(glucocorticoid response element)* in der DNA bindet, wird ein Rezeptor, der nach wie vor mit Glucocorticoiden reagiert (denn die Hormon-Bindedomäne bleibt ja unbeeinflußt), aber jetzt Gene aktiviert, die ein ERE *(estrogen response element)* besitzen. Ein Austausch Leu gegen Ala (links unten) ändert die Spezifität nicht, ebensowenig andere Austausche (Pfeile) [nach 13].

Abb. 12.32 Die dreidimensionale Struktur der DNA-Bindedomäne. Beide Zink-Finger-Motive bilden eine kompakte Struktur-Domäne. Die senkrecht gezeichnete α-Helix beginnt mit dem 3. Cystein-Rest im ersten Zink-Finger (Abb. 12.**31**) und erstreckt sich über 11–13 Aminosäuren. Dies ist die Erkennungs-Helix: Aminosäuren, die die wichtigsten spezifischen Kontakte mit der DNA eingehen, sind durch grüne Punkte angedeutet (im Glucorticoid-Rezeptor: Gly, Ser und Val; im Östrogen-Rezeptor: Glu, Gly und Ala). Die waagrecht eingezeichnete α-Helix beginnt mit dem 3. Cystein-Rest des zweiten Zink-Fingers. Eine weitere wichtige Region befindet sich in einer Schleife auf der Oberfläche des Proteins. Über diese Schleife wird die Wechselwirkung mit dem Dimer-Partner aufgenommen. Die beiden Untereinheiten des aktiven Rezeptors kommen damit in die richtige Anordnung zueinander. Auf diese Weise kommt jedes Halbelement einer DNA-Bindestelle mit je einem der beiden Dimer-Partner in Berührung. Die Aminosäure-Folge der Schleife trägt also zur Unterscheidung von ERE und TRE durch den jeweiligen Rezeptor bei.

Beachte: Die Skizze zeigt nur eine Hälfte des DNA-Bindemotivs im aktiven Rezeptor, die andere Hälfte wird durch den Dimer-Partner gebildet [nach 33, 46].

den beiden Palindrom-Hälften unterscheiden: drei Basenpaare beim Östrogen-DNA-Element und direktes Aufeinandertreffen der Palindrom-Hälften beim Thyroid-DNA-Element.

Im ersten Fall liegen die beiden Bindestellen mehr oder weniger auf der gleichen Seite der DNA, und im zweiten Fall auf gegenüberliegenden Seiten. Dies unterstreicht, wie wichtig die Anordnung der beiden Untereinheiten für die DNA-Bindung ist. Diese wird maßgeblich durch eine nach außen weisende Schleife in der DNA-Bindedomäne bestimmt (Abb. 12.**31** und 12.**32**), deren Abfolge von Aminosäuren im wesentlichen entscheidet, ob ein Protein an die ERE-Folge oder die TRE-Folge von Nucleotiden bindet.

Der Thyroid-Hormon-Rezeptor (TR)

Thyroid-Hormone werden in der Schilddrüse gebildet. Sie haben wichtige Funktionen bei der Entwicklung von Wirbeltieren. Beim erwachsenen Tier beeinflussen sie den Stoffwechsel fast aller Zellen. Im Genom von Säugetieren findet man mindestens zwei Gene für Thyroid-Hormon-Rezeptoren. Deren primäre Transkriptions-Produkte können durch differentielles Spleißen in verschiedene mRNA-Arten überführt werden. So hat man eine ganze Reihe verschiedener Thyroid-Hormon-Rezeptoren isolieren können. Die häufigsten von diesen haben Bezeichnungen wie TRα1, TRβ1, TRβ2 und c-ErbA.

Das c-ErbA-Protein ist ein differentielles Spleißprodukt des TRα1-Gens und eine besondere Variante des Thyroidhormon-Rezeptors, weil es eine DNA-Bindedomäne, aber keine Aktivierungs-Domäne enthält. Das c-ErbA-Protein wurde zuerst bei der Analyse des Vogel-**Er**ythro**b**lastosis-Virus entdeckt, ein RNA-Tumor-Virus, dessen Genom die Information für zwei Transformations-Proteine enthält, v-ErbA und v-ErbB.

Man findet die Thyroidhormon-Rezeptoren, auch in Abwesenheit des Hormons, fest an das Chromatin des Zellkerns gebunden. In dieser Form können sie die Aktivität von Genen negativ regulieren. Insgesamt üben die Thyroidhormon-Rezeptoren ihre physiologischen Funktionen durch eine Kombination von negativen und positiven Effekten auf die Expression von Genen aus.

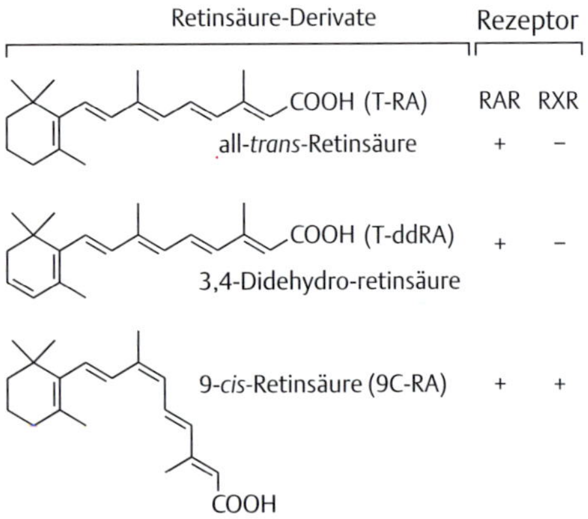

Besonderheiten: RAR und RXR

Retinsäure übt einen entscheidenden Einfluß auf zahlreiche Prozesse der Embryonal-Entwicklung und der Zell-Differenzierung aus. Dies läßt sich zwar im Prinzip auf die Regulation von Genen zurückführen, aber im Detail lassen sich die beobachteten Auswirkungen der Retinsäure auf so dramatische Prozesse wie die Gliedmaßen-Entwicklung bei Wirbeltieren noch nicht durch eine Kette oder ein Netzwerk von Genen erklären. Deswegen untersuchen Zell- und Molekularbiologen diese Prozesse anhand einiger Beispiel-Gene, deren Beziehung zum Gesamtprozeß der Entwicklung oft unklar ist.

Formen der Retinsäure binden als Liganden an Rezeptoren vom Typ **RAR** (retinoic adic receptor) oder **RXR** (retinoic X receptor) (Abb. 12.**33**). Es gibt eine große Anzahl verschiedener RAR- und RXR-Proteine, denn das Genom von Säugetieren enthält je drei Gene für RAR und RXR, und der Mechanismus des differentiellen Spleißens führt dazu, daß jedes Gen eine Reihe von unterschiedlichen, aber verwandten Proteinen kodieren kann.

Abb. 12.33 Liganden von RAR und RXR. Die drei Formen der Retinsäure (RA, *retinoic acid*): all-*trans*-Retinsäure (T-RA), 3,4-Didehydro-retinsäure (T-ddRA) und 9-*cis*-Retinsäure (9C-RA) binden an den Rezeptor RAR, aber nur 9C-RA bindet an den Rezeptor RXR [aus 32].

Die aktiven Rezeptoren reagieren mit DNA-Elementen in den Promotor-/Enhancer-Bereichen der entsprechenden Gene. Im Gegensatz zu den palindromen **DNA-Bindestellen** für Steroidhormon-Rezeptoren, sind die Bindestellen für RAR und RXR **direkte Wiederholungen von sechs Basenpaaren**, getrennt durch Folgen von bis zu sechs Basenpaaren (Abb. 12.**34**).

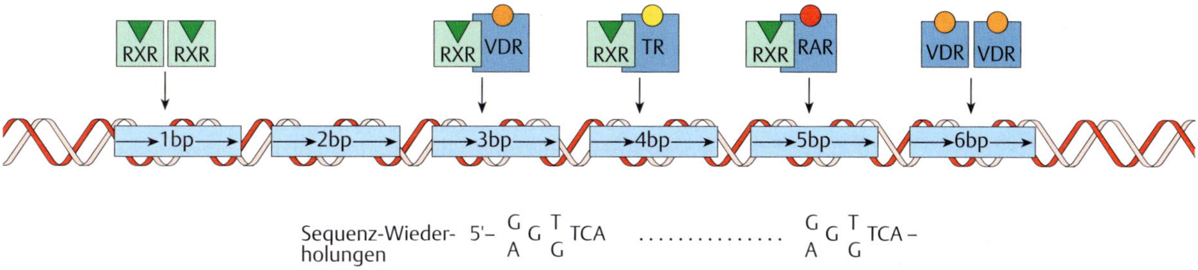

RAR (mit gebundenem Liganden) kann nicht an DNA binden. Es wird ein Dimer-Partner benötigt: RXR. Die Fähigkeit von RXR zur Dimer-Bildung geht noch weiter, denn es verhilft auch dem Vitamin-D-Rezeptor **(VDR)** sowie dem Thyroidhormon-Rezeptor **(TR)** zur Bindung an DNA. Alle Dimerformen reagieren mit direkten Sequenz-Wiederholungen, aber ihre Funktion hängt vom Abstand zwischen den Hexanucleotiden ab: VDR/RXR-Dimere binden bevorzugt an Elemente mit drei, TR/RXR-Elemente an Elemente mit vier und RAR/RXR-Dimere an Elemente mit fünf zwischengeschalteten Basenpaaren, die sogenannte „3-4-5"-Regel (Abb. 12.**34**). Diese Regel wird jedoch nicht strikt eingehalten: RAR/RXR-Dimere binden, wenn auch schwächer, an direkte Hexamer-Sequenzen mit Abständen von ein oder zwei Basenpaaren. TR-Dimere können, wie wir gesehen haben (Abb. 12.**30**), an palindrome TRE-Sequenzen (ohne Zwischenraum) binden. Als letztes Beispiel zur Demonstration der Vielfalt der Möglichkeiten führen wir an, daß auch VDR/VDR-Dimere an DNA binden können, aber anders als VDR/RXR-Dimere bevorzugen sie palindrome Sequenzen (ohne Zwischenraum) oder direkte Sequenz-Wiederholungen mit sechs zwischengeschalteten Basenpaaren (Abb. 12.**34**).

Aufgrund der hier besprochenen Merkmale unterteilen Molekularbiologen die nuklearen Hormon-Rezeptoren in die Gruppen A und B. Die Gruppen sind genauer in der folgenden Tab. 12.**7** spezifiziert.

Abb. 12.34 RXR als Dimer-Partner. RAR (in seinen verschiedenen Erscheinungsformen) braucht RXR (in seinen verschiedenen Erscheinungsformen) als Partner, um die direkten Sequenz-Wiederholungen seiner Bindestelle (unten) zu erkennen. Aber RXR kann auch mit sich selbst ein Homodimer und mit VDR und TR Heterodimere bilden. Die DNA-Bindestellen für diese verschiedenen Komplexe unterscheiden sich durch die Zahl der Basenpaare zwischen den direkten Sequenz-Wiederholungen. VDR und TR können aus diesem Schema ausbrechen. VDR kann zum Homodimer werden und entweder an direkte Wiederholungen (mit 6 Basenpaaren dazwischen) oder an Palindrome binden. TR kann ebenfalls an Palindrome binden, wie wir zuvor gesehen haben (Abb. 12.**30**) [nach 23].

Tab. 12.7 Nukleare Hormon-Rezeptoren: Ein Überblick

Gruppe	Vorkommen	funktionelle Form	DNA-Bindestelle
Gruppe A Steroidhormon-Rezeptoren (GR, AR, PR, MR, ER)	im Cytoplasma, oft mit Hsp90; nach Bindung des Liganden im Zellkern	Homo-Dimere	gegenläufige, palindrome Sequenzmotive
Gruppe B TR, RAR, VDR, RXR u. a. (mit vielen Isoformen)	oft auch in Abwesenheit des Liganden an Chromatin im Zellkern gebunden	Hetero-Dimere (meist mit RXR)	direkte Sequenz-Wiederholungen mit verschiedenen Abständen

Abkürzungen siehe Tab. 12.**6** (S. 357).

Wir kehren nun zum Anfang dieses Abschnitts zurück. Die Entwicklung eines vielzelligen Organismus hängt von der Aktivität zahlreicher Gene ab, die zu den richtigen Zeitpunkten an- und abgeschaltet werden, und deren Funktionen in komplexen Wechselwirkungen gesteuert werden müssen. Wenn nun viele entwicklungsbiologische Experimente für eine entscheidende Rolle von Retinsäure sprechen, dann können wir erwarten, daß sie als Ligand verschiedene Gene in verschiedener Art und Weise und in unterschiedlichem Ausmaß beeinflußt.

Die vielfache genetische Antwort auf eine einzige chemische Verbindung wird gewährleistet:
– durch die große Variation der DNA-Elemente, die in wechselnder Form, Anordnung und Kombination vor den einzelnen Genen vorkommen;
– durch die vielen Möglichkeiten der Dimer-Bildung. Jedes der drei RXR-Proteine (und ihre durch differentielles Spleißen entstandenen Isoformen) kann mit jedem der drei RAR-Proteine (und deren Isoformen) in Kontakt treten, und dazu noch mit anderen Rezeptoren, von denen wir hier nur TR (und Isoformen) und VDR genannt haben.

In früheren Abschnitten haben wir es schon erwähnt, und hier wiederholen wir es noch einmal: Die Bildung von Heterodimeren ist ein Mechanismus, durch den die Vielfalt von Transkriptions-Kontrollen mit einer begrenzten Zahl von Proteinen erhöht werden kann.

Hinweise auf negative Gen-Regulation

In den meisten Eukaryoten-Zellen ist die größte Zahl der Gene stumm. Sie benötigen spezifische Aktivatoren für ihre Expression. Manche Gene müssen flexibel auf Signale von außen reagieren können. Ihre genetische Aktivität muß nicht nur rasch angeschaltet, sondern auch rasch abgeschaltet werden. Dies kann durch das Einführen und Entfernen von Phosphat-Gruppen an Transkriptions-Faktoren geschehen (S. 334) oder auch durch die Funktion spezifischer, negativ wirkender Faktoren.

Manche dieser Faktoren binden direkt an DNA, wie z. B. die Repressoren bakterieller Gene. Tatsächlich haben Experimente im transienten Expressionsversuch (S. 304) nicht nur das Vorkommen von Enhancer-Elementen in der Umgebung von Genen, sondern auch das Vorkommen von negativ wirkenden DNA-Abschnitten gezeigt, die man oft als **Silencer** bezeichnet.

Im allgemeinen Sprachgebrauch bezeichnet man als Silencer eine Vorrichtung, die den Lärm etwa einer Maschine abschwächt. In unserem Zusammenhang wird die Bezeichnung als Gegensatz zu Enhancer, dem Verstärker der Gen-Expression, verwendet. Wie Enhancer wirken Silencer unabhängig von dem Abstand, der Lage und der Orientierung relativ zum Transkriptionsstart.

Man kann davon ausgehen, daß Silencer ihre Funktion durch die Bindung negativ wirkender Faktoren ausüben. Die Mechanismen negativer Regulation sind vielfältig. Wir versuchen hier einen Überblick (Abb. 12.**35**):
– **Verhinderung des Transports von Faktoren in den Zellkern.** Unser Beispiel ist der Faktor I-κB, der den Weg des Aktivators NF-κB in den Zellkern blockiert (Abb. 12.**6**).

- **Hemmung der Ausbildung funktioneller Dimere.** Als Beispiel verweisen wir auf den Faktor Id, ein Protein mit einer HLH-Dimerisierungs-Domäne, aber ohne DNA-Bindedomäne. Im Komplex mit MyoD verhindert der Faktor die Expression spezifischer Gene (Abb. 12.17).
- **Blockade von DNA-Bindestellen.** Ein Beispiel haben wir ebenfalls schon kennengelernt (S. 348). Das bHLH-ZIP-Protein Max als Homodimer (Max/Max) oder als Dimer-Partner mit dem Md-Protein (Myc/Md) bindet an die gleichen DNA-Stellen im Promotor/Enhancer von Genen wie das aktive Myc/Max-Dimer (S. 349). Das Max/Max-Dimer hat keine Aktivierungs-Domäne, aber versperrt dem transaktivierenden Myc/Max den Zugang zum Gen und verhindert dadurch die Induktion der Gen-Aktivität.

  Ein anderes und interessantes Beispiel ist CREB, das **CRE-Binde-Protein**, das an cAMP-Response-Elemente (CRE) in den Promotoren der entsprechenden induzierbaren Gene bindet (Abb. 12.4, S. 334). Das Protein wird von einem Gen mit mehreren Exons kodiert. Unter manchen Bedingungen kommt es zu einem alternativen Spleißen des primären Transkriptions-Produktes. Die prä-mRNA wird dann so zurechtgeschnitten, daß sie ein Protein mit der DNA-Bindedomäne, aber ohne Aktivierungs-Domäne kodieren kann. Dieses Protein (CREM, CRE-Modulierungs-Protein) nimmt den Platz auf der CRE-Sequenz ein. Eine Blockade der induzierbaren Gen-Aktivität ist die Folge. Je nach den Erfordernissen der Zelle kann so ein und dasselbe Gen den Aktivator CREB oder den Inhibitor CREM bilden.
- **Verdrängung von der DNA-Bindestelle.** Dieser Mechanismus liegt der Wirkungsweise eines Faktors mit der Bezeichnung *CDP (CCAAT displacement protein)* zugrunde. Wie der Name sagt, kann dieses Protein die CCAAT-Binde-Proteine (CTF, C/EBF, siehe S. 318) von der DNA verdrängen oder sich zumindest an ihrer Stelle an die CCAAT-Box binden. Damit ist ein wichtiges positives Promotor-Element stillgelegt und unzugänglich für einen der grundlegenden Transkriptions-Faktoren.

  CDP, ein Homöobox-Protein mit einer Molmasse von etwa 164 kDa, kommt im Zellkern vieler Zellen des tierischen Organismus vor, und einige Forscher nehmen an, daß es eine zentral wichtige Rolle als Repressor bei der Steuerung von Gen-Aktivitäten während der Entwicklung spielt.
- **Einfluß auf die Transaktivierung.** Als Beispiel für diese Art negativer Gen-Regulation nennen wir den Einfluß von Glucocorticoid-Rezeptoren auf die Expression von Kollagenase und anderen sezernierten Proteinen. Dabei kann der Hormon-Rezeptor die Funktion des DNA-gebundenen Transaktivierungs-Faktors AP1 blockieren (S. 340).

  Dieser Befund hat einen praktischen Aspekt, denn Glucocorticoide werden in der Medizin in großem Umfang als Mittel zur Hemmung von Entzündungsprozessen eingesetzt. Der Grund für ihre Wirksamkeit ist die Blockade von Genen, die normalerweise im Zuge einer Entzündungsreaktion aktiviert werden, u. a. auch das Gen für das Enzym Kollagenase.

Blockade

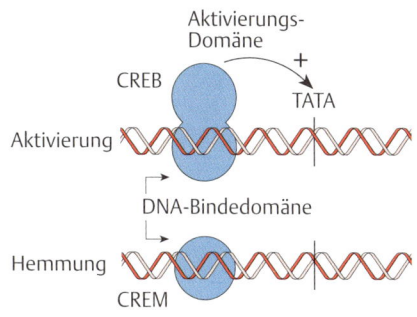

Verdrängung

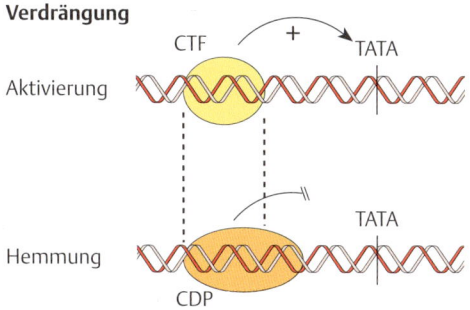

Einfluß auf Transaktivierung

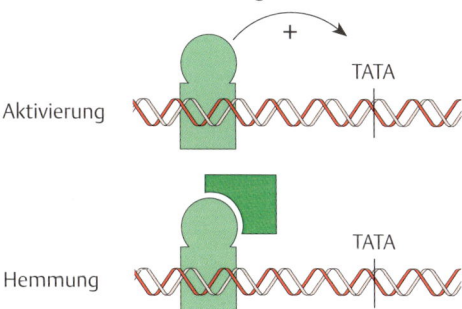

Abb. 12.35   Einige Mechanismen negativer Gen-Regulation.

Chromatin-Struktur und Gen-Regulation

Die meisten Ergebnisse, die wir in den vorangegangenen Abschnitten besprochen haben, wurden durch biochemische Untersuchungen oder in transienten Expressions-Versuchen erarbeitet.

Dabei treten zwei Probleme auf. Erstens ist es möglich, daß bei Verwendung dieser Methoden wichtige genetische Kontrollelemente übersehen werden, nämlich solche, die nur im Zusammenhang des intakten Genoms im Zellkern wirksam sind. Zweitens muß man berücksichtigen, daß das Genom im Zellkern keine freie DNA ist, sondern ein Komplex aus DNA und L, Proteinen, Chromatin.

Wir erinnern uns, daß Chromatin in einer Art Hierarchie von Strukturen organisiert ist (S. 146):
1. Eine Folge von **Nucleosomen**, d. h. dicht gepackten Protein-Partikeln aus je zwei Exemplaren der Histone H2A, H2B, H3 und H4, um welche die DNA in fast zwei Windungen geschlungen ist. Unter geeigneten Bedingungen sehen Elektronenmikroskopiker die eng gepackte Folge von Nucleosomen als eine Faser mit dem Durchmesser von 10 nm.
2. Die **30 nm-Faser** als gewundene Nucleosomen-Kette, deren Struktur durch das Histon H1 aufrechterhalten wird
3. **Chromatin-Schleifen**, bestehend aus 30 nm-Fasern mit DNA-Abschnitten einer Länge von 50–150 kb, die an Strukturen des Zellkerns gebunden sind.

Die Vermutung liegt nahe, daß die Chromatin-Struktur einen Einfluß auf die Gen-Expression hat. Dafür sprechen einige alte Beobachtungen. So liegen aktive Gene im lockeren Euchromatin, während Gene im dicht gepackten Heterochromatin meist stumm sind. Zum Beispiel ist von den beiden X-Chromosomen in „weiblichen" Zellen das heterochromatische X-Chromosom weitgehend (aber nicht vollständig) inaktiv (S. 448), während die Gene des euchromatischen X-Chromosoms exprimiert werden. Bei näherer Betrachtung sind die Verhältnisse kompliziert und verwickelt.

Fragen zur übergeordneten Kontrolle von Gen-Gruppen und zum Einfluß der Chromatin-Struktur auf die Gen-Expression sind beispielhaft an einem bestimmten Gen-System studiert worden. Es geht um die Globin-Gene im Säugetier Genom. Früher haben wir die Struktur des α-Globin-Gens und β-Globin-Gens kennengelernt (S. 287) sowie einige Elemente im Promotor (S. 307). Jetzt betrachten wir die Globin-Gengruppen im Verbund des Genoms. Dies ist für unsere Zwecke ein interessantes System, denn die Globin-Gene werden strikt zelltypspezifisch und überdies während der Entwicklung in definierter Reihenfolge exprimiert. Die Untersuchung dieser Gene hat wichtige Informationen gebracht. Wir beginnen mit einer kurzen Beschreibung der Grundlagen.

Globin-Gene

Grundlagen

Hämoglobin besteht aus 4 Polypeptid-Ketten. An jede dieser Ketten ist je eine Häm-Gruppe gebunden. In den Erythrozyten gesunder Erwachsener gibt es zwei Hämoglobin-Typen. Das HbA (97,5 % der Gesamtmenge) besteht aus zwei α- und zwei β-Ketten: $\alpha_2\beta_2$. Das weniger häufige HbA$_2$ hat ebenfalls zwei α- und dazu zwei δ-Ketten: $\alpha_2\delta_2$.

Während der menschlichen Embryonal-Entwicklung treten andere Hämoglobin-Arten auf. In den ersten acht Wochen, wenn noch kein Knochenmark existiert und die blutbildenden Zellen im Bereich des Dottersacks liegen, besteht das Hämoglobin zunächst aus den embryonalen ζ- und ε-Ketten ($\zeta_2\varepsilon_2$). Später, während der Embryonal-Entwicklung, entsteht das **fötale Hämoglobin HbF**, das aus zwei α- und zwei γ-Ketten besteht. Orte der Hämoglobin-Synthese sind dann zunächst Milz und Leber, schließlich, wie beim Erwachsenen, das Knochenmark.

Es gibt übrigens zweierlei γ-Ketten: $A\gamma$ und $G\gamma$, die sich voneinander nur durch eine Aminosäure an der Position 136 unterscheiden: Alanin in $A\gamma$, Glycin in $G\gamma$. Nach der Geburt wird das fötale Hämoglobin durch die Erwachsenen-Hämoglobine ersetzt (Abb. 12.**36**).

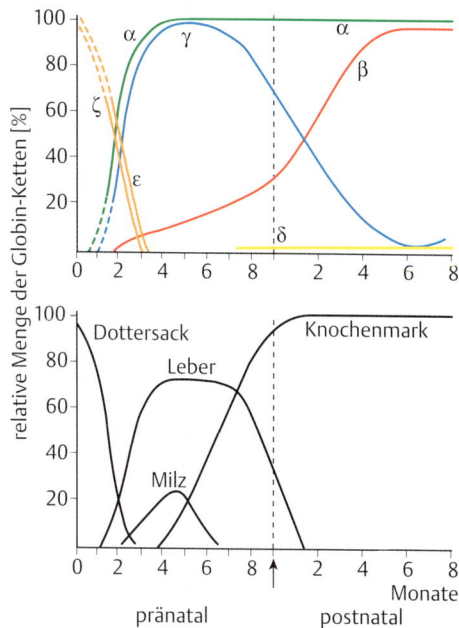

Abb. 12.36 Expression der menschlichen Globin-Ketten während der Entwicklung. oben Das Auftreten der verschiedenen Globin-Ketten im Laufe der menschlichen Entwicklung. **unten** Orte der Globin-Synthese.

Erythrozyten: Behälter für Hämoglobin

Erythrozyten sind hoch differenzierte Zellen, die spezialisiert für den Transport von Atemgasen sind. Ein reifer Erythrozyt enthält eine stark konzentrierte Lösung von $280 \cdot 10^6$ Molekülen Hämoglobin und daneben einen Minimalsatz an Enzymen, die u. a. für die Aufrechterhaltung der osmotischen Eigenschaften der Zelle verantwortlich sind. Der Erythrozyt, als Endprodukt eines Differenzierungsprozesses, enthält bei Säugetieren keinen Zellkern mehr und ist deswegen nicht mehr zur Zellteilung fähig.

Ein reifer Erythrozyt überlebt 110–120 Tage. Er wird aus einem Arsenal erythroider Stammzellen ersetzt, deren Proliferation durch das Hormon **Erythropoetin** reguliert wird. Erythropoetin wird in der Niere produziert, freigesetzt und aktiviert. Wenn die Zahl der Erythrozyten ungenügend ist, nimmt die Menge oder die Aktivität des Erythropoetins zu. Unter dem Einfluß des Erythropoetins steigt die Proliferations-Rate der erythroiden Stammzellen in Milz und Knochenmark um ein Mehrfaches an. Ein Teil dieser Zellen dient zur Erneuerung der Stammzell-Population, ein anderer Teil differenziert sich zu direkten, bereits vollprogrammierten Vorläufern der Erythrozyten, den Erythroblasten.

Während sich in den Stammzellen weder Hämoglobin noch Globin-mRNA nachweisen läßt, findet man etwa 10 Stunden nach Erythropoetin-Stimulierung in den Erythroblasten eine Expression der Globin-Gene, nachweisbar als Globin-mRNA. Dies ist ein Beispiel für ein allgemeines Prinzip, nach welchem die Struktur-Gene für spezialisierte Proteine aktiviert werden, wenn die Zellen in ihrem Differenzierungsprozeß ein bestimmtes Stadium erreicht haben.

„Junge" Erythroblasten können sich noch mehrmals teilen, wobei fortwährend mRNA und fertiges Hämoglobin entstehen. Nach der Zellteilung löst sich allmählich der Kern auf. Im Cytoplasma bleiben dann die mRNA-Moleküle in Polysomen zurück (Retikulozyten). Schließlich geht in reifen Erythrozyten auch die mRNA verloren. Proteine werden nicht mehr gebildet. Die Zelle ist nur noch ein Container für Hämoglobin.

Genetik

Die Gene für die α-Globin-Ketten des Menschen liegen hintereinander auf einer relativ engen Region in der Nähe des Telomers am kurzen Arm des Chromosomes 16. Ebenso kommen die Gene für die β-Globin-Ketten in einer Gruppe vor. Sie liegt auf dem Chromosom 11. Alle Gene einer Gruppe werden in der gleichen Richtung transkribiert: von links nach rechts in der üblichen Darstellung der Abb. 12.**37**.

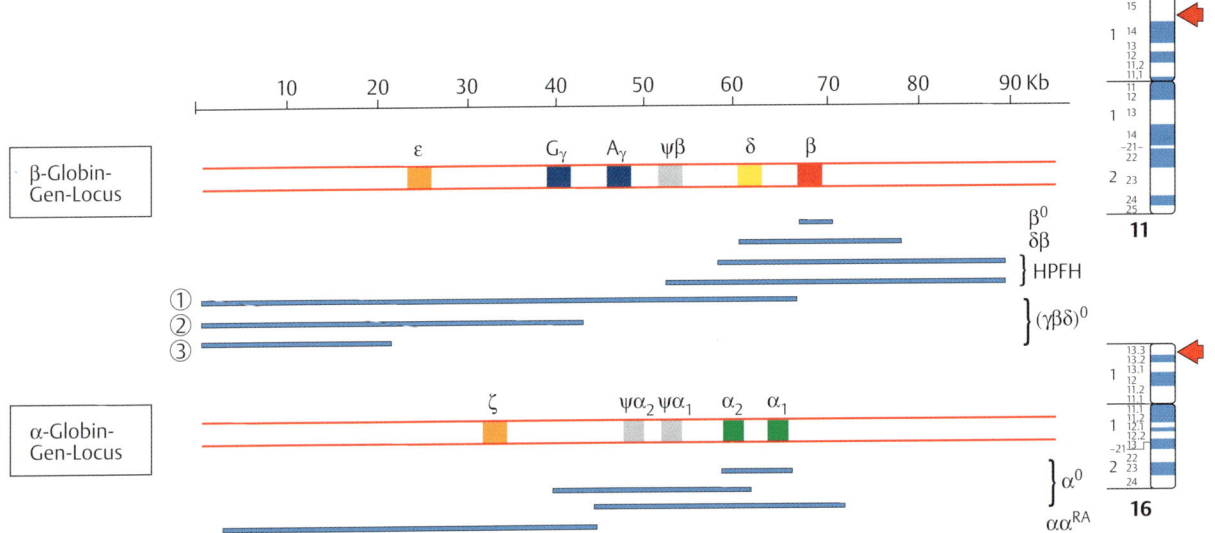

Abb. 12.37   Die Globin-Gen-Gruppen im menschlichen Genom. Die Linie oben gibt die Abmessung der DNA-Abschnitte in Kilobasenpaaren an. Die Doppellinien zeigen die DNA mit den aktiven Gen-Orten (farbig) und den Pseudogenen (grau). Beachte, daß jedes aktive Gen aus drei Exons besteht, wie früher besprochen (S. 287). Diese innere Gen-Struktur ist in der Abbildung nicht berücksichtigt. Die Linien unter den Genom-Abschnitten geben Bereiche an, die bei einigen Thalassämie-Arten durch Deletionen verlorengegangen sind. Im Text besprechen wir besonders die mit Zahlen bezeichneten Deletionen. **rechts** Hier ist die Lokalisation der Gene auf den Chromosomen angegeben: Der β-Globin-Locus befindet sich auf dem kleinen Arm des Chromosoms 11 und der α-Globin-Locus am Ende des kleinen Arms von Chromosom 16 [nach 15, 26].

Ein Vergleich der Abb. 12.**36** mit der Abb. 12.**37** ergibt ein interessantes Ergebnis: Die Lage eines Gens in der Gruppe stimmt mit dem Zeitpunkt der Expression während der Entwicklung überein. Gene, die am weitesten links liegen, sind zu den frühesten Zeiten der Entwicklung aktiv. Gene, die weiter rechts liegen, sind erst später nach der vollständigen Reifung des erythroiden Systems aktiv.

Mit der Aufklärung der genetischen Organisation lernten Genetiker die Grundlagen einer wichtigen Gruppe menschlicher Krankheiten kennen, der **Thalassämien.** Sie sind durch das teilweise oder vollständige Fehlen entweder der α-Globin-Ketten oder der β-Globin-Ketten gekennzeichnet. Ursachen für Thalassämien können Punkt-Mutationen im Promotor, in der Kodierungs-Sequenz oder an den Spleißstellen sein, aber auch Deletionen von mehr oder weniger langen DNA-Stücken. Die Liste der bisher entdeckten Mutationen in den Genen von Thalassämie-Kranken ist lang, und in der Abb. 12.**37** sind nur wenige Beispiele eingetragen.

Unmittelbar verständlich sind die Folgen von Deletionen, bei denen die betreffenden Struktur-Gene verlorengegangen sind, etwa bei den α^0- oder β^0-Thalassämien.

Für unseren Zusammenhang sind zwei Typen von Deletionen wichtig:
- **HPFH** *(high persistence of fetal hemoglobin).* Bei diesen Deletionen sind die δ- und β-Globin-Gene verlorengegangen, aber anders als normalerweise werden bei den HPFH-Patienten auch im Erwachsenenalter große Mengen des fötalen γ-Globins gebildet. Deswegen verläuft die Krankheit wesentlich milder als bei einer $(\beta\delta)^\circ$-Thalassämie. Der Unterschied zwischen beiden Formen liegt in einem zusätzlichen Verlust von DNA-Stücken stromaufwärts vom δ-Globin-Gen. Dort befinden sich offensichtlich Kontrollregionen, die normalerweise für das Umschalten der γ-Globin-Expression auf Erwachsenen-Globine verantwortlich sind.
- **Stromaufwärts-Deletionen.** Für unsere Zwecke sind die mit Zahlen bezeichneten Deletionen in der Abb. 12.**37** besonders lehrreich, denn ihr Kennzeichen ist die völlige Unversehrtheit der Globin-Gene mit ihren vorgeschalteten Promotor-Regionen. So ist bei der Deletion 1

das β-Globin-Gen (plus Promotor) intakt, aber genetisch stumm. Bei Deletion 3 sind sogar alle Struktur-Gene der β-Globin-Region erhalten, werden aber trotzdem nicht exprimiert. Demnach liegt im Bereich von von einigen tausend Basenpaaren vor dem ε-Globin-Gen ein Element, das die Expression aller nachgeschalteten Gene beeinflußt. Vergleichbares wurde bei der Untersuchung von α^0-Thalassämien gefunden, wo die Deletion $\alpha\alpha^{RA}$ (Abb. 12.**37**) eine α^0-Thalassämie verursacht, obwohl die Struktur-Gene völlig intakt sind.

Die übergeordnete Kontrollregion im entfernten 5′-Bereich der Globin-Gen-Gruppen bezeichnet man als **Locus-Control-Region**. Im folgenden fassen wir den heutigen Wissensstand zusammen.

Locus-Control-Region

Mit Hilfe des **transienten Expressions-Versuches** hat man wichtige Elemente für die Globin-Gen-Expression entdeckt (S. 307):
- Eine Variation des TATA-Box-Motivs kurz vor dem Transkriptionsstart.
- CCAAT-Box-Elemente als Bindestellen für allgemeine Tanskriptions-Faktoren.
- Schließlich Sequenzmotive im Stromaufwärts-Bereich, die aber auch innerhalb des Gens und sogar jenseits des 3′-Endes des β-Globin-Gens auftreten, wo sie als typische Enhancer, d. h. unabhhängig von Lage und Orientierung, ihre aktivierende Wirkung ausüben (Abb. 12.**38**).

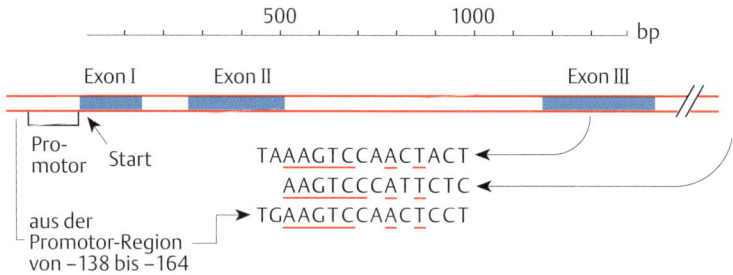

Der transiente Expressions-Versuch ist für die Analyse der Funktion der Locus-Control-Region ungeeignet. Dazu sollten nämlich die Gen-Folgen stabil im Genom integriert sein und genauso als Chromatin organisiert sein wie der Rest des genetischen Materials im Zellkern.

Dies wird durch die **stabile Transfektion** von geeigneten Zellinien und durch Herstellung **transgener Mäuse** erreicht. Das Prinzip der jeweiligen Methode wird in der Box und in dem Kasten auf der nächsten Seite beschrieben. Hier halten wir fest, daß die Ergebnisse beider Methoden übereinstimmen und sich gegenseitig ergänzen. In transgenen Tieren sind die übertragenden Globin-Gene, wenn überhaupt, dann nur in erythroiden Zellen aktiv.

Wir nehmen als Beispiel für die Art der Befunde, die man mit solchen Untersuchungen erhalten hat, ein Experiment mit transgenen Mäusen (Abb. 12.**39**):
- Im ersten Teil des Experiments wurde das β-Globin-Gen mit einigen 100 Basenpaaren vor dem Transkriptionsstart übertragen. Die Forscher beobachteten, daß nur 7 von 23 transgenen Mäusen das menschliche Gen exprimierten. Zudem betrug in diesen Fällen die

Abb. 12.38 Enhancer in der Umgebung des β-Globin-Gens. Experimente haben ergeben, daß Enhancer-Elemente vor, innerhalb und hinter dem β-Globin-Gen liegen. Dies unterscheidet das β-Globin-Gen von allen anderen Globin-Genen, bei denen ein Enhancer nur im jeweiligen Stromaufwärts-Bereich nachgewiesen werden konnte. Ein Grund dafür mag der hohe Bedarf und damit die hohe Transkriptions-Aktivität des β-Globin-Gens bei erwachsenen Menschen sein. Diese drei Enhancer reichen für eine Expression des β-Globin-Gens allerdings nicht aus. Dazu ist eine funktionsfähige Locus-Control-Region notwendig [nach 4].

Stabile Transfektion. Dazu wird die DNA in Zellkultur-Zellen über Calcium-Phosphat-Präzipitation oder mit anderen Verfahren eingeführt, aber – anders als beim transienten Expressions-Versuch – wartet man den Einbau der eingeführten DNA in das Genom der Empfänger-Zelle ab. Dies kann man experimentell in der folgenden Weise prüfen: Gemeinsam mit der DNA, deren genetische Funktion untersucht werden soll, führt man ein Gen ein, das den Hemmstoff G418, ein Antibiotikum vom Kanamycin-Typ, unwirksam macht. Normalerweise tötet G418 die Zellen in der Kultur. Nur die Zellen, die das Resistenz-Gen stabil in ihr Genom integriert haben, vermehren sich, unbeeinflußt von hohen G418-Konzentrationen, weiterhin in der Zellkultur.

Viele Untersuchungen mit diesem und anderen Systemen haben gezeigt, daß die aufgenommene DNA an sehr vielen Stellen des Empfänger-Genoms eingebaut wird, und zwar mehr oder weniger zufällig, wenn man nicht besondere Maßnahmen trifft, um die Wahrscheinlichkeit der Integration an spezifische Stellen zu erhöhen. Selten wird nur ein Exemplar der übertragenen DNA in das Empfänger-Genom eingebaut, meistens mehrere, die oft als lange Concatemere hintereinandergeschaltet sind.

Bei den Untersuchungen zur Locus-Control-Region der Globin-Gene benutzt man eine besonders geeignete Zellinie, die MEL-Zellen. Dies sind Maus-Erythroleukämie-Zellen, die in einer frühen Phase, nämlich vor der Globin-Expression, auf dem Differenzierungsweg von erythroiden Zellen steckengeblieben sind. Durch Zugabe von Verbindungen wie Dimethylsulfoxid (DMSO) kann man die weitere Differenzierung anregen, was sich durch Expression der Globin-Gene kenntlich macht. Dies gilt auch für stabil eingeführte menschliche Globin-Gene. Diese werden nach DMSO genauso wie die endogenen Maus-Gene angedreht, vorausgesetzt sie tragen die weit stromaufwärts gelegene Locus-Control-Region.

Transgene Mäuse

Die Möglichkeit, klonierte, auch artfremde DNA in eine lebende Maus einzuschleusen, hat unser Wissen über die molekularen Mechanismen der Gen-Expression und über die Grundlagen der gewebs- oder zelltypspezifischen Gen-Regulation enorm erweitert. Das experimentelle Vorgehen ist allerdings aufwendig, insbesondere im Hinblick auf Tierhaltung und Tierzucht. Es kann deshalb nur in besonders dazu eingerichteten Laboratorien durchgeführt werden.

Das Prinzip des Verfahrens ist einfach zu schildern. Seine Durchführung ist aber kompliziert, und ein positives Ergebnis kann keineswegs bei jedem Experiment erwartet werden.

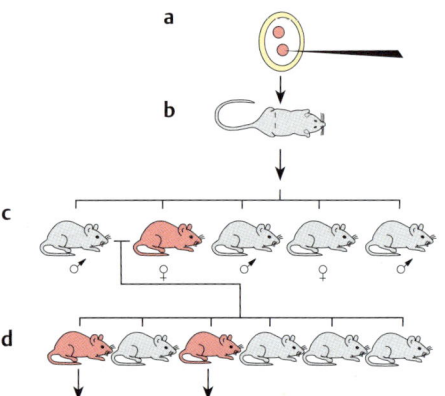

a Klonierte DNA-Fragmente werden in den Pronucleus einer *befruchteten Eizelle* injiziert. **b** Nach kurzer Inkubation *in vitro* überträgt man die Eizelle in den Eileiter eines entsprechend vorbereiteten („pseudoschwangeren") Mausweibchens. **c** Ein Teil der mikroinjizierten Eier überlebt die Prozedur und entwickelt sich zu Nachkommen, die nun in einem ihrer Chromosomen die fremde DNA tragen. Tiere mit fremden Gen-Abschnitten nennt man *transgene Mäuse* (rot). **d** Die übertragene DNA wird mit den Chromosomen von Generation zu Generation weitergegeben.

Für das Verständnis der Versuche mit transgenen Mäusen ist es zum einen wichtig, daß die eingeführte fremde DNA (**das Transgen**) an vielen Stellen des Maus-Genoms eingebaut werden kann, und zum zweiten, daß meist nicht nur eine Kopie des Transgens eingebaut wird, sondern mehrere, manchmal bis zu hundert Kopien, die oft in einer Reihe hintereinandergeschaltet vorkommen.

Die Produktion transgener Mäuse eröffnet u.a. die Möglichkeit, den Effekt von *cis*-wirkenden DNA-Elementen auf die zelltypspezifische und entwicklungsspezifische Gen-Expression zu untersuchen. Zum Beispiel wird ein intaktes menschliches β-Globin-Gen (mit allen *cis*-wirkenden Elementen, siehe Abb. 12.**38**) nur in den erythroiden Zellen exprimiert, obwohl es natürlich auch in allen anderen Zellen der transgenen Maus vorhanden ist.

Mit geeigneten Zusatzmaßnahmen läßt sich die fremde DNA in definierte Ziel-Gene übertragen. Die Folge ist eine Zerstörung des betroffenen Gens *(knock out)*. Auf diese Weise ist z.B. die Funktion der Proteine MyoD, MyfS und Myogenin während der Maus-Embryogenese untersucht worden (S. 346).

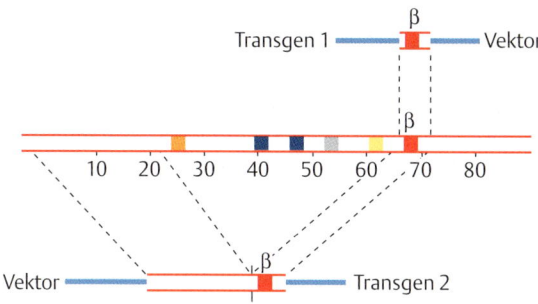

Abb. 12.39 Identifizierung der Locus-Control-Region. Aus dem β-Globin-Gen-Locus wird das β-Globin-Gen mit etwa 800 Basenpaaren des Stromaufwärts- und etwa 1500 Basenpaaren des Stromabwärts-Bereiches isoliert und in einen geeigneten Cosmid-Vektor (S. 269) eingebaut (Trangen 1). In parallelen Ansätzen wird dann dem Gen zusätzlich ein etwa 20 kb-Stück aus dem Genom-Bereich vor der β-Globin-Genfolge vorgeschaltet (Trangen 2). Die beiden Transgene werden dann in die Prokerne befruchteter Maus-Eizellen übertragen. Das Ergebnis eines typischen Experimentes ist im Text beschrieben. Experimente dieser Art, auch mit der α-Globin-Gruppe, wurden von mehreren Forschergruppen durchgeführt [nach 42].

Aktivität der menschlichen Transgene im Durchschnitt nur 0,3 % im Vergleich zur Aktivität der endogenen Mausgene.
- Im zweiten Teil des Experimentes waren dem β-Globin-Gen noch 20 kb aus dem weiter stromaufwärts gelegenen Bereich vorgeschaltet. Unter diesen Bedingungen exprimierten 50 von 51 transgenen Mäusen das menschliche Globin-Gen. Ihre Aktivität überstieg mit durchschnittlich 109 % sogar die der endogenen Maus-β-Globin-Gene.

Ein wichtiger Punkt ist, daß das übertragene Gen nur in erythroiden Zellen exprimiert wird. Überdies ist die Aktivität des Gens unabhängig von der Stelle, wo es im Empfänger-Genom integriert ist. Die vorgeschaltete Locus-Control-Region bewirkt somit nicht nur eine starke und gewebsspezifische Expression der angeschlossenen Gene, sondern auch eine Abschirmung gegenüber negativen Effekten, die die Umgebung des Integrationsortes auf die Gen-Expression ausüben kann, etwa, wenn sich der Integrationsort in einem heterochromatischen Bereich dicht gepackten Chromatins befindet. Tatsächlich kann man in der Locus-Control-Region (LCR) besondere Chromatin-Strukturen nachweisen.

DNase-I-sensitives Chromatin und DNase-I-hypersensitive Stellen

Ein wichtiges Werkzeug für die Untersuchung der Chromatin-Struktur sind Endonucleasen. Wir erinnern uns (S. 144), daß DNA-Bereiche, die direkt auf dem Histon-Octamer des Nucleosoms liegen, weniger empfindlich gegenüber einem Angriff mit Endonucleasen sind als die DNA in den Abschnitten zwischen den Octameren. Mit Hilfe des Enzyms DNase I (S. 40) hat man eine bis zu zehnmal höhere Empfindlichkeit von transkribierten Chromatin-Abschnitten im Vergleich zu benachbart gelegenen genetisch stummen Abschnitten feststellen können.

Die Ergebnisse solcher Untersuchungen sprechen für eine Auflockerung des Chromatins in transkriptionsaktiven und transkriptionsbereiten Genom-Abschnitten. Dem könnte das Fehlen oder eine veränderte Bindung des Histon H1 zugrunde liegen, denn Histon H1 ist für die dichte Packung der Nucleosomen im Chromatin verantwortlich. Es könnte sich aber auch, oder zusätzlich, um eine Änderung in der Struktur oder Anordnung der Histon-Octamere selbst handeln. Diese allgemeinen Aussagen kann man gut auf unser Beispiel übertragen. Die Chromatin-Abschnitte rechts vom LCR sind DNase-I-sensitiv in erythroiden Zellen, in denen aktive Transkription stattfindet, aber nicht in anderen Zellen, in denen die Globin-Gene „verschlossen" sind.

Neben dieser allgemeinen und relativ gering erhöhten Nuclease-Sensitivität von aktiven Gen-Bereichen, gibt es Stellen im Chromatin, die hundert- oder tausendmal empfindlicher gegenüber einem Angriff von

DNase I als gewöhnliches Chromatin sind. Dabei handelt es sich um **DNase-I-hypersensitive Stellen (DHS).** Diese Stellen findet man bei allen aktiven Genen im Bereich des Promotors oder der Enhancer (Abb. 12.**40**). Molekularbiologen haben eindrucksvoll zeigen können, wie mit der Induktion der Gen-Aktivität eine DHS im Promotor oder Enhancer ausgebildet wird. Wahrscheinliche Ursache dafür ist das Ablösen oder Verdrängen eines Nucleosoms durch gebundene Transkriptions-Faktoren.

> Aufgrund zahlreicher Untersuchungen an vielen Genen und Gen-Systemen gilt folgende allgemeine Aussage: Die Ausbildung von DHS im Promotor-/Enhancer-Bereich ist eine wichtige Voraussetzung für die Expression von Genen. Zusätzlich müssen dort gebundene Transkriptions-Faktoren in einem aktiven Zustand sein.

Für die Gen-Aktivierung ist oft die Verdrängung eines Nucleosoms durch einen gebundenen Transkriptions-Faktor entscheidend. Umgekehrt lassen Beobachtungen den Schluß zu, daß Transkriptions-Faktoren an nukleosomale DNA binden können. Ein geeignet gelegenes Nucleosom kann gelegentlich die Transkription eines nahe gelegenen Gens positiv beeinflussen. Grund dafür könnte eine enge räumliche Nachbarschaft von zwei *cis*-wirkenden Elementen sein, etwa eines Stromaufwärts-Elementes und der TATA-Box. Diese Wechselwirkung tritt in Kraft, wenn das eine Element an der Eintrittsstelle und das andere Element an der Austrittsstelle der nukleosomalen DNA liegt, wie es die Abb. 12.**41** zeigt [24, 49].

Wo liegen DHS in der Globin-Gen-Gruppe? Untersuchungen haben zwei Arten von DHS identifiziert (Abb. 12.**42**):

1. sind der Gen-Gruppe fünf Orte mit sehr hoher Nuclease-Sensitivität vorgeschaltet, und ein weiterer Ort kommt etwa 20 kb hinter dem letzten Gen der Gruppe vor. Diese sechs DHS trifft man nur in erythroiden Zellen an, also in Zellen, die zur Expression der Globin-Gene in der Lage sind. Sie fehlen in nichterythroiden Zellen, also in der Globin-Gen-Region von Gehirn-, Muskel- oder Nieren-Zellen.

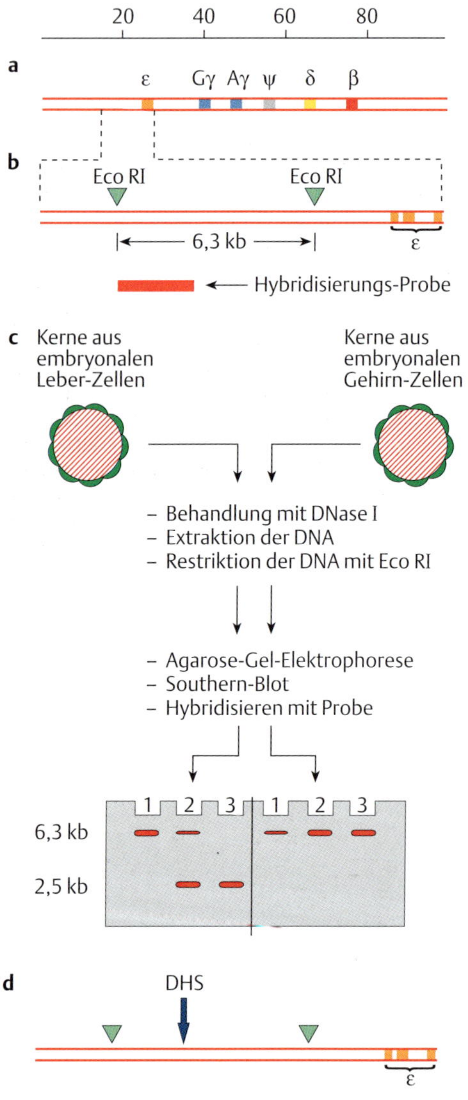

◀ **Abb. 12.40   Nachweis von DHS in der menschlichen β-Globin-Gen-Domäne.**
a In einem Bereich von etwa 60 kb liegen die fünf intakten β-Globin-ähnlichen Gene des Menschen und ein Pseudogen, das nicht transkribiert wird. Das ε-Globin-Gen wird in einer frühen und die γ-Globin-Gene werden in einer späten Phase der Embryonal-Entwicklung exprimiert (Abb. 12.**36**, S. 365).
b Schnittstellen für das Enzym Eco RI sind in Regionen stromaufwärts vom Gen bekannt. Durch Behandlung von menschlicher DNA mit dieser Restriktions-Nuclease erhält man ein 6,3 kb langes Fragment. Dieses DNA-Fragment wird mit einer Hybridisierungs-Probe aus dem Bereich des Eco RI-Fragmentes nachgewiesen.
c Zellkerne aus embryonalen Leber-Zellen (von einem früh in der Schwangerschaft abgestorbenen Embryo) und, als Kontrolle, Zellkerne aus dem Gehirn des gleichen Organismus werden mit steigenden DNase-I-Mengen behandelt. Die DNA wird dann extrahiert und mit Eco RI komplett abgebaut. Danach erfolgen Agarose-Gel-Elektrophorese, Southern-Transfer auf Nitrocellulose-Filter und Hybridisierung mit der markierten DNA-Probe. In der DNA aus unbehandelten Kernen und aus DNase-I-behandelten Gehirn-Zellkernen kann man, wie erwartet, ein DNA-Fragment von 6,3 kb Länge feststellen. Dagegen findet man nach DNase I-Behandlung von Leber-Zellkernen ein 2,5 kb langes DNA-Fragment. Bahnen im Agarose-Gel: 1. ohne DNase-I-Behandlung; 2. kurzdauernde und 3. längerdauernde Behandlung mit DNase I.
d Interpretation: In einem Abstand von mehreren tausend Basenpaaren vor dem ε-Globin-Gen von embryonalen Leber-Zellen befindet sich eine DNase-I-hypersensitive Stelle. Diese Stelle kann im Chromatin von Gehirn-Zellen nicht nachgewiesen werden [nach 22].

2. lassen sich DHS in den Promotor-/Enhancer-Bereichen eines jeden einzelnen Globin-Gens in erythroiden Zellen nachweisen. Im Embryonalzustand sind DHS vor allen Globin-Genen nachweisbar (Abb. 12.**42**). Nach der Geburt verschwinden die DHS vor den ε- und den beiden γ-Globin-Genen, aber die DHS vor dem δ- und dem β-Globin-Gen bleiben erhalten. Das β-Globin-Gen hat weitere DHS innerhalb und stromabwärts des Struktur-Gens. Dort befinden sich auch zusätzliche Enhancer-Bereiche, wie wir gesehen haben (Abb. 12.**38**).

Die DHS im Stromaufwärts-Bereich der Globin-Gene liegen im Bereich der Locus-Control-Region (LCR). Tatsächlich sind die DHS die eigentlich aktiven Elemente der Region.

Die LCR hat zwei Funktionen:
- Auflockerung der Chromatin-Struktur in der nachgeschalteten Globin-Gen-Gruppe.
- Aktivierung der Transkription durch Einwirkung auf die Promotoren der einzelnen Gene.

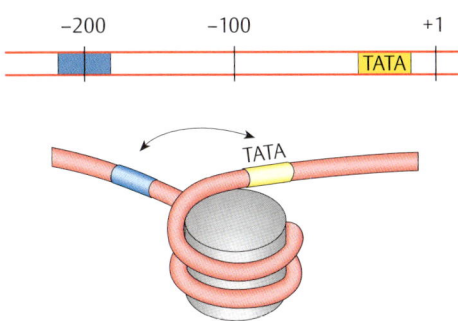

Abb. 12.41 Zusammenwirken von Stromaufwärts-Element und TATA-Box [nach 25].

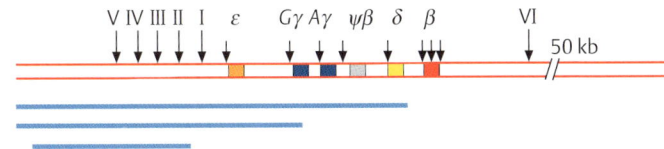

Bedeutung der DHS

Folgende Beobachtungen haben die Arbeiten zu diesem Thema beeinflußt:

1. Eine Deletion bei einem Patienten mit β-Thalassämie (siehe Deletions-Mutation Nr. 3 in der Abb. 12.**37** bzw. Abb. 12.**42**) führt zum Verlust der DHS II-V, aber läßt DHS I vor der Gen-Folge und die stromabwärts gelegene DHS VI intakt. Die Mutation bewirkt eine Blockade der Expression aller Globin-Gene. Das zeigt, daß mindestens eines der Elemente DHS II bis DHS VI für die Expression notwendig ist und daß DHS I und DHS VI nicht ausreichen.
2. Alleine bewirken die DHS II, DHS III und DHS V/VI eine Aktivierung der nachgeschalteten Globin-Gene in transgenen Tieren. Jedes einzelne Element ist freilich weniger aktiv als die Gesamtheit der DHS.
3. Die aktive Region eines jeden DHS konnte auf etwa 300 Basenpaare eingegrenzt werden. Jeder dieser DNA-Abschnitte dient als Bindestelle für Transkriptions-Faktoren:
   - für häufig vorkommende und **allgemeine Faktoren** wie Sp1 (S. 317),
   - für den erythroidspezifischen Faktor **GATA1**, ein Zink-Finger-Protein, das so genannt wird, weil seine Erkennungsstelle die Nukleotid-Folge GATA einschließt,
   - für einen zweiten erythroidspezifischen Faktor **NF-E2**, ein Protein vom bZIP-Typ (S. 342), das mit einem weitverbreiteten 18 kD-Protein ein funktionelles Dimer bildet.

Modellvorstellungen zur Wirkungsweise gehen davon aus, daß die Faktoren an den DHS mit entsprechenden Proteinen in den Promotoren der einzelnen Gene in Kontakt treten, etwa durch Schleifen-Bildung der dazwischenliegenden Chromatin-Bereiche (Abb. 12.**43**).

Abb. 12.42 DNase-I-hypersensitive Stellen (DHS) im β-Globin-Gen-Locus. Die senkrechten Pfeile mit den römischen Ziffern betreffen DHS, die in allen **erythroiden Zellen** unabhängig von der Entwicklungsphase gefunden werden. Die kleinen Pfeile zeigen auf die DHS in den Enhancern der einzelnen Gene. Beachte, daß das β-Globin-Gen je einen Enhancer vor, innerhalb und hinter dem Gen besitzt. Die genspezifischen DHS werden im Zuge der Entwicklung reguliert: Die DHS vor dem ε-Globin-Gen ist in der frühen und die DHS vor den γ-Globin-Genen in der späteren Phase der Embryonal-Entwicklung geöffnet. Die parallelen Linien unter dem β-Globin-Locus entsprechen den Deletionen, die auch in der Abb. 12.**37** (S. 366) angegeben sind. Die Entdeckung dieser Deletionen gilt als wichtiger Hinweis auf die Locus-Control-Region. Hier ist die untere der drei Deletionen wichtig: Der Verlust des Genom-Abschnitts mit den DHS II-V hat eine genetische Inaktivierung der β-Globin-Gene zur Folge [nach 51].

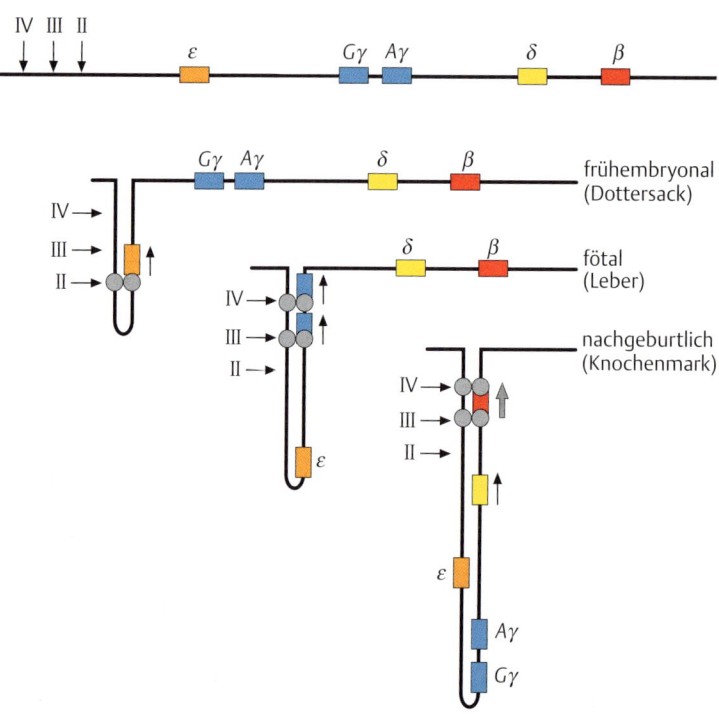

Abb. 12.43 Modell der Wechselwirkung von LCR-Elementen und den genspezifischen Promotor-/Enhancer-Regionen. Mehrere unabhängige Beobachtungen zeigen, daß DHS II bevorzugt mit dem Promotor/Enhancer des ε-Globin-Gens Kontakt aufnimmt und daß DHS III und IV/V entweder mit den Promotoren/Enhancern der γ-Globin-Gene (im späten Embryonalstadium) oder des β-Globin-Gens (nachgeburtlich) in Wechselwirkung treten kann. Hier wird eine **direkte** Kontaktaufnahme zwischen den entfernt liegenden LCR-Elementen und den Gen-nahen regulatorischen Sequenzen angenommen. Dies setzt eine Schleifen-Bildung der dazwischenliegenden Chromatin-Bereiche voraus. Das Modell zeigt eine Wechselwirkung zwischen den DHS im LCR mit dem β-Globin-Gen, aber nicht dem δ-Globin-Gen. Dies mag eine Erklärung für die geringe Expression des δ-Globin-Gens bei Erwachsenen sein [nach 2, 12, 38].

Dies wird durch das Vorkommen oder die Aktivierung der entsprechenden Faktoren während der aufeinanderfolgenden Phasen der Entwicklung reguliert. DHS II reagiert mit dem Promotor des ε-Globin-Gens während der Dottersack-Periode in der frühen Zeit der Embryonalentwicklung. DHS III und DHS IV/V reagieren mit den γ-Globin-Genen in der Leber-Periode der späteren Embryonal-Entwicklung. Diese reagieren dann nachgeburtlich mit den Enhancern vor und hinter dem β-Globin-Gen. Zu dieser Zeit wird der Zugang zu den γ-Globin-Genen durch negativ wirkende Faktoren versperrt.

Die Bedeutung dieser Faktoren wird eindrucksvoll durch eine Punktmutation im engen Stromaufwärts-Bereich des γ-Globin-Gens demonstriert. In diesem Fall kann ein negativ wirkender Faktor nicht binden und γ-Globin wird auch nach der Geburt in großer Menge gebildet. Die Folge ist ein HPFH-Syndrom (S. 366). Wenn hingegen die Stromaufwärts-Bereiche im δ- und im β-Globin-Gen durch Deletion verlorengegangen sind, bleiben die DHS III und IV/V in Wechselwirkung mit den Promotoren/Enhancern der γ-Globin-Gene. Wieder resultiert daraus der HPFH-Phänotyp.

Das Modell der Abb. 12.**43** bringt die lange bekannte entwicklungsspezifische Expression der Globin-Gene gut in Einklang mit den neueren molekularbiologischen Ergebnissen, aber bisher hat noch niemand eine Schleifen-Bildung des Chromatins in der Globin-Gen-Gruppe nachgewiesen. Auch die Auswirkung der LCR auf die Auflockerung der Chromatin-Struktur bleibt noch ohne plausible Erklärung.

Insgesamt haben die Untersuchungen über die Regulation der Globin-Gen-Gruppe allgemeine Bedeutung, weil sie ein Muster zum Verständnis der Kontrolle komplexer Gen-Folgen abgeben.

DNA-Methylierung

Im Genom von Wirbeltieren kommt die Nucleotid-Folge CpG nur etwa ein Fünftel so oft vor, wie man nach statistischen Abschätzungen aufgrund der Basen-Zusammensetzung erwarten würde. Dies hat sich im Laufe der Evolution von Wirbeltieren wohl aus folgenden Gründen entwickelt: In 60–90 % aller CpG-Folgen ist der Cytosin-Rest methyliert und wird zum 5′-Methylcytosin (S. 17). Eine eventuell vorkommende hydrolytische Deaminierung von 5′-Methylcytosin führt zu Thymin. Anders als die hydrolytische Deaminierung von Cytosin zu Uracil (S. 237) werden solche Thymin-Reste nicht von den Reparatur-Systemen erkannt. Daher ist die hydrolytische Deaminierung von 5′-Methylcytosin eine häufige Ursache spontaner Mutationen (S. 243).

Etwa 7 % aller Cytosin-Reste im Genom von Wirbeltieren sind zu 5′-Methylcytosin methyliert. Auch die Genome höherer Pflanzen enthalten einen hohen Prozentsatz von 5′-Methylcytosin. Dagegen tragen die Genome von Hefe-Zellen, Nematoden und *Drosophila* kein 5′-Methylcytosin.

Die Modifikation des Cytosins wird noch während der Replikation in den gerade synthetisierten DNA-Strang durch das Enzym **DNA-Methyl-Transferase** eingeführt. Diese Reaktion ist von großer Bedeutung für die Entwicklung von Säugetieren, wie sehr eindrucksvoll durch eine Zerstörung des Gens für DNA-Methyl-Transferase bei transgenen Mäusen nachgewiesen werden konnte. Bei Fehlen des Enzyms bleibt die Embryonal-Entwicklung auf halbem Wege stecken und die Embryonen sterben ab.

Trotz einer langen Liste von Arbeiten zum Thema DNA-Methylierung ist eine einfache Antwort auf die Frage nach der Funktion noch nicht möglich. Insbesondere bleibt ein Rätsel, warum einige hochentwickelte Organismen, wie etwa *Drosophila*-Fliegen, ganz ohne 5′-Methylcytosin in ihrer DNA auskommen.

Einige **Hinweise** auf die Funktion der DNA-Methylierung gibt es allerdings. Die CpG-Folgen sind in den Genomen von Säugetieren nicht gleichmäßig verteilt. Es gibt, im Gegenteil, enge Abschnitte von einigen hundert Basenpaaren, in denen CpG-Folgen bis zu zehnmal häufiger vorkommen als anderswo im Genom. Solche **CpG-Inseln** findet man immer vor Genen, insbesondere vor Genen von Haushalts-Proteinen, die in vielen Zellen exprimiert werden. Beispiele dafür haben wir in Abb. 11.**10** kennengelernt. Der Punkt ist, daß die CpG-Inseln vor *aktiven* Genen nicht methyliert sind. Umgekehrt sind die Cytosin-Reste in CpG-Inseln methyliert, wenn die nachgeschalteten Gene stumm sind und nicht transkribiert werden.

Als Beispiel verweisen wir auf die Differenzierung von Fibroblasten zu muskelähnlichen Zellen, wie auf S. 343 besprochen. Viele tausend Gene von Fibroblasten in Zellkultur sind stillgelegt. Möglicherweise ist dies sogar eine der Voraussetzungen für ihre Fähigkeit zur beinahe unbegrenzten Vermehrung unter Zellkultur-Bedingungen. Die genetische Inaktivierung könnte zu wesentlichen Teilen auf einer Methylierung von Cytosin-Resten in CpG-Inseln beruhen. Durch den Zusatz von 5-Azacytidin (Abb. 12.**15**) läßt sich die Methylierung in den Promotor-Regionen wenigstens einiger Gene aufheben. Die Folge ist eine Transkription dieser Gene.

In vielen weiteren Fällen hat man Korrelationen zwischen dem Zustand der DNA-Methylierung und der Gen-Expression finden können, wie etwa im Experiment der Abb. 12.**44**. Auf einer größeren Ebene findet

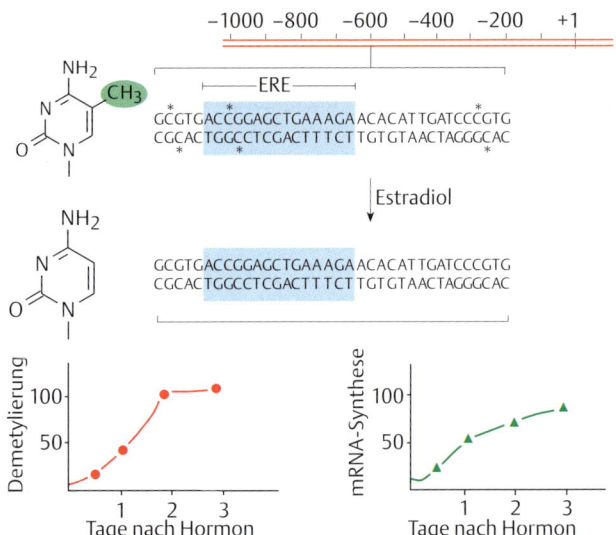

Abb. 12.44 Hormoninduzierte Demethylierung und Gen-Aktivierung. Das experimentelle System ist das Vitellogenin-Gen des Huhns, das durch das Steroidhormon Estradiol reguliert wird. Etwa 600 Basenpaare stromaufwärts vom Transkriptionsstart befindet sich eine Estradiol-Rezeptor-Bindestelle (ERE, blau hinterlegt). Im uninduzierten Zustand sind die Cytosin-Reste von CpG-Dinucleotiden (durch Sternchen gekennzeichnet) in der Umgebung dieses DNA-Elementes methyliert. **rechts** Nach Injektion von Östradiol beobachtet man etwa gleichzeitig eine Demethylierung, eine Ausbildung von DNase-hypersensitiven Stellen (DHS) und Gen-Expression, gemessen an der Zunahme der mRNA-Bildung. Aus diesem Experiment kann man schließen, daß vor, mit oder nach der Bindung des Hormon-Rezeptors an die DNA (grünes Oval im unteren Teil) ein Enzym aktiviert wird, das die 5-Methylcytosin-Reste entfernt [aus 43].

man Entsprechendes beim Vergleich des aktiven und des inaktiven, heterochromatischen X-Chromosoms in weiblichen Säugetier-Zellen: Viele Cytosin-Reste in den CpG-Inseln des nichtaktiven X-Chromosoms sind methyliert.

Aus diesen und vielen anderen Beispielen schließt man, daß die Methylierung von Cytosin-Resten in CpG-Inseln ein Mechanismus zur entwicklungs- oder differenzierungsspezifischen Regulation genetischer Aktivität ist. Wie könnte der Mechanismus wirken?

- **Höhere Bindungsaffinität des Histons H1.** Dieses Histon wird bevorzugt in Chromatin-Abschnitten mit stark methylierter DNA gefunden. Wir erinnern uns (S. 145), daß Histon H1 für die dichte Pakkung von Chromatin-Fasern verantwortlich ist.

- **Hemmung der Bindung von Transkriptions-Faktoren.** Die Bindestellen zahlreicher Transkriptions-Faktoren enthalten die Folge CpG, und eine Methylierung des Cytosin-Restes reduziert die DNA-Bindung von Faktoren, die mit dem cAMP-Response-Element (CRE) reagieren (S. 334), von Myc (S. 384), E2F (S. 336), NF-$\varkappa$B (S. 338) und einigen anderen. Die Bindung des „allgemeinen" Faktors Sp1 an die GC-Box wird dagegen nicht durch Methylierung beeinflußt.

- **Direkte Blockade von Promotor-Stellen durch Proteine mit Affinität zu methylierter DNA.** Man kennt mehrere DNA-Binde-Proteine, die sich bevorzugt an DNA mit 5′-Methylcytosin binden. Besonders prominent sind die Proteine MeCP1 und MeCP2 (**Me**thyl-**C**pG-Binde-**P**rotein): MeCP1 bevorzugt mindestens 12 Folgen des Typs N^{me}CGN, während MeCP2 auch an einzelne ^{me}CpG-Dinucleotide in der DNA bindet.

So müssen wir uns am Ende mit der Feststellung begnügen, daß die Methylierung von CpG-Folgen ein sehr interessantes genetisches Phänomen ist, deren genaue Funktion bei der Entwicklung und Differenzierung aber noch erforscht werden muß.

Zusammenfassung

Wir haben in diesem Kapitel einen weiten Weg durch verschiedene Bereiche der Biologie zurückgelegt. Unsere Orientierung dabei waren die Struktur und Funktion eukaryotischer Transkriptions-Faktoren.

> Wir notieren zusammenfassend, daß aktivierende Faktoren mindestens zwei funktionelle Domänen haben, eine Binde- und eine Transaktivierungs-Domäne (siehe Kasten). Die DNA-Bindedomäne hat meist eine ausgeprägte und charakteristische dreidimensionale Struktur, die dem Faktor die Spezifität verleiht. Dagegen kann die Transaktivierungs-Domäne flexibel und weniger genau definiert sein. Überdies gehört zur molekularen Ausstattung von Transkriptions-Faktoren meist eine Domäne, die Kontakte mit einem Partner aufnehmen kann (Dimerisierung).

DNA-Bindedomänen und Transaktivierungs-Domänen

In diesem Kapitel wurden viele, aber bei weitem nicht alle Typen von Transkriptions-Faktoren besprochen. Die folgende Zusammenstellung erfaßt nur die Faktoren, die hier erwähnt worden sind.

DNA-Bindedomänen:

▶ basische Region/Leucin-Zipper
▶ basische Region/Helix-Loop-Helix
▶ basische Region/Helix-Loop-Helix/ Leucin-Zipper
▶ Homöobox-Domäne
▶ POU-Domäne
▶ Zink-Finger-Domäne   – Typ C_2–H_2
                        – Typ C_2–C_2
▶ SRF-Domäne

Transaktivierungs-Domänen:

▶ saure Domäne (viele Glutamin-säure- und Asparaginsäure-Reste)
▶ Glutamin-reiche Domäne
▶ Prolin-reiche Domäne
▶ Serin-/Threonin-reiche Domäne
▶ Alanin-reiche Domäne

Literatur

Original- und Übersichtsartikel

1. Abate, C., Curran, T.: Encounters with Fos and Jun on the road to AP-1. Seminars in Cancer Biology **1** (1990) 19–26
2. Andrews, N.C., Erdjument-Bromage, H., Davidson, M.B., Tempst, P., Orkin, S.H.: Erythroid transcription factor NF-E2 is a haematopoietic-specific basic-leucine zipper protein. Nature **362** (1993) 722–728
3. Angel, P., Karin, M.: The role of Jun, Fos and the AP-1 complex in cell proliferation and transformation. Biochem. Biophys. **1072** (1991) 129–157
4. Antoniou, M., de Boer, E., Habets, G., Grosveld, F.: The human β-globin gene contains multiple regulatory regions: identification of one promotor and two downstream enhancers. EMBO J. **7** (1988) 377–384
5. Assa-Munt, N., Mottishire-Smith, R.J., Aurora, R., Herr, W., Wright, P.E.: The solution structure of the Oct-1 POU-specific domain reveals a striking similarity to the bacteriophage λ repressor DNA-binding protein domain. Cell **73** (1993) 193–205

6. Bäuerle, P.: The inducible transcription factor NF-ϰB: regulation by distinct subunits. Biochem. Biophys. Acta **1072** (1991) 63–80.

7. Baxevanis, A.D., Vinson, C.R.: Interactions of coiled coils in transcription factors: where is the specifity? Curr. Opin. Genet. Develop. **3** (1993) 278–285

8. Mangelsdorf, D.J., Thummel, C., Beateo, M., Herrlich, P., Schütz, G., Umesons, K., Blumberg, B., Kastner, P., Mark, M., Chambon, P., Evans R.M.: The nuclear receptor superfamily: the second decade; Cell **83** (1995) 835–839

9. Berridge, M.J.: Inositol triphosphate and calcium signaling. Nature **361** (1993) 315–325

10. Blackwood, E.M., Eisenmann, R.N.: Max: a helix-loop-helix zipper protein that forms a sequence-specific DNA binding complex with myc. Science **251** (1991) 44–49

11. Blank, V., Kourilsky, P., Israel, A.: NF-ϰB and related proteins: rel/ dorsal homologies meet ankyrin-like repeats. Trends Biochem. Sci. **17** (1992) 135–140

12. Crossley, M., Stuart, S.H.: Regulation of the β-globin locus. Curr. Opin. Genet. Develop. **3** (1993) 232–237

13. Danielson, M., Hinck, L., Ringold, G.M.: Two amino acids within the knuckle of the first zinc finger specify DNA response element activation by the glucocorticoid receptor. Cell **57** (1989) 1131–1138

14. Dekker, N., Cox, M., Boelens, R., Verrijzer, C.P., van der Vliet, P.C., Kaptein, R.: Solution structure of the POU-specific DNA-binding domain of Oct-1. Nature **362** (1993) 852–855

15. Efstradiadis et al.: The structure and evolution of the human β-globin gene family. Cell **21** (1980) 653–668

16. Egan, S.E., Weinberg, R.A.: The pathway to signal achievement. Nature **365** (1993) 781–783

17. Ellis, H.M., Spann, D.R., Posakony, J.W.: Extramacrochaetae, a negative regulator of sensory organ development in Drosophila, defines a new class of helix-loop-helix proteins. Cell **61** (1990) 27–38

18. Emerson, C.P.: Myogenesis and developmental control genes. Curr. Opin. Cell Biol. **2** (1990) 1065–1075

19. Evan, G.I., Littlewood, T.D.: The role of myc in cell growth. Curr. Opin. Genet. Develop. **3** (1993) 44–49

20. Evans, R.M.: The steroid and thyroid hormone receptor superfamily. Science **240** (1988) 889–895

21. Ferré-D'Amaré, A.R., Pendergast, G.C., Ziff, E.B., Burley, S.K.: Recognition by Max of its cognate DNA through a dimeric b/HLH/Z domain. Nature **363** (1993) 38–45

22. Forrester, W.C., Thompson, C., Elder, J.T., Groudine, M.: A developmentally stable chromatin structure in the human β-globin gene cluster. Proc. Nat. Acad. Sci. USA **83** (1986) 1359–1363

23. Green, S.: Promiscuous liaisons. Nature **361** (1993) 590–591

24. Greenberg, M.-E., Ziff, E.B.: Stimulation of 3T3 cells induces transcription of the c-Fos proto-oncogene. Nature **311** (1984) 433–438

25. Hayes, J.J., Wolffe, A.P.: The interaction of transcription factors with nucleosomal DNA. Bioessays **14** (1992) 597–603

26. Higgs, D.R., Vickers, M.A., Wilkie, A., Pretorius, I.M., Jarmen, A.P., Wetherall, D.J.: A review of the molecular genetics of the human α-globin gene cluster. Blood **73** (1989) 1081–1104

27. Hipskind, R.A, Janknecht, R., Mueller, S.G.F., Nordheim, A.: Ternary complex formation at the human c-Fos serum response replication

and the cell cycle. In: 43. Mosbach Colloquium "DNA replication and the cell cycle". Springer, Heidelberg 1992

28. Hollingsworth, R. E., Hensey, C. E., Lee, W.-H.: Retinoblastoma protein and the cell cycle. Curr. Opin. Genet. Develop. **3** (1993) 55–62

29. Kerr, L. D., Inoue, J., Davis, N., Link, E., Bäuerle, P., Bose, H. A., Verma, I. M.: The rel-associated pp40 protein prevents DNA binding of Rel and NF-*x*b: relationships with I-*x*b and regulation by phosphorylation. Genes Develop. **5** (1991) 1464–1476

30. Kissinger, D. R., Liu, B., Martin-Bianco, E., Kornberg, T. B., Pabo, C. O.: Crystal structure of an engrailed homöodomain-DNA-complex at 2.8 Å resolution: a framework for understanding homöodomain-DNA interactions. Cell (**1990**) 579–590

31. Kretschmar, M., Kaiser, K., Lottspeich, F., Meisterernst, M.: A novel mediator of class II gene transcription with homology to viral immediate-early transcription regulators. GPP **78** (1994) 525–534

32. Leid, M., Kastner, P., Chambon, P.: Multiplicity generates diversity in the retinoic acid signalling pathways. Trends Biochem. Sci. **17** (1992) 427–433

33. Luisi, B. F., Xu, W. X., Otwinowski, Z., Freedman, L. P., Yamamoto, K. R., Sigler, P. B.: Crystallographic analysis of the interaction of the glucocorticoid receptor with DNA. Nature **352** (1991) 497–505

34. Müller, M. M., Rupper, S., Schaffner, W., Matthias, P.: A cloned octamer transcription factor stimulates transcription from lymphoid-specific promoters in non-B-cells. Nature **336** (1988) 544–551

35. Nunn, M. F., Seeburg, P. H., Moscovici, C., Duesberg, P. H.: Tripartite structure of the avian erythroblastosis virus E26 transforming gene. Nature **306** (1983) 391–395

36. Olson, E. N.: Myo D family: a paradigm for development? Genes Develop. **4** (1990) 1454–1461

37. Olson, E. N.: Interplay between proliferation and differentiation within the myogenic lineage. Develop. Biol. **154** (1992) 261–272

38. Orkin, S. H.: GATA-binding transcription factors in hematopoietic cells. Blood **80** (1992) 575–581

39. Pabo, C. O., Sauer, R. T.: Transcription factors: structural families and principles of DNA recognition. Ann. Rev. Biochem. **61** (1992) 1053–1095

40. Rivera, V. M., Greenberg, M. E.: Growth-factor induced gene expression: the ups and downs of *c*-Fos regulation. New Biolog. **2** (1990) 271–758

41. Ruvkun, G., Finney, M.: Minireview: regulation of transcription and cell identity by POU domain proteins. Cell **64** (1991) 475–478

42. Ryan, T. M., Behringer, R. R., Martin, N. C., Townes, T. M., Palmiter, R. D., Brinster, R. L.: A single erythroid-specific DNase I super-hypersensitive site activates high levels of human β-globin gene expression in transgenic mice. Genes Develop. **3** (1989) 314–323

43. Saluz, H. P., Jiricny, J., Jost, J. P.: Genomic sequencing reveals a positive correlation of strand-specific DNA methylation of the overlapping estradiol/glucocorticoid receptor binding sites and the rate of avian vittelogenin mRNA synthesis. Proc. Nat. Acad. Sci. USA **83** (1986) 7167–7171

44. Schöler, H. R.: Octamania: the POU factors in murine development. Trends Genet. **7** (1991) 323–329

45. Schütz, G.: Control of gene expression by steroid hormones. Biol. Chem. Hoppe-Seyler **369** (1988) 811–861

46. Schwabe, J.W.R., Rhodes, D.: Beyond zinc fingers: steroid hormone receptors have a novel structural motif for DNA recognition. Trends Biochem. Sci. **16** (1991) 291–296

47. Schwartz, R.H.: Costimulation of T lymphocytes: the role of CD28, CTLA-4 and B7/BB1 in interleukin-2 production and immunotherapy. Cell **71** (1992) 1065–1068

48. Shelton, C.A., Wasserman, S.A.: Pelle encodes a protein kinase required to establish dorsoventral polarity in the drosophila embryo. Cell **72** (1993) 515–525.

49. Sun, X.H., Baltimore, D.: An inhibitory domain of E12 transcription factor prevents DNA binding in E12 homodimers but not in E12 heterodimers. Cell **64** (1991) 459–470

50. Svaren, J., Hörz, W.: Histones, nucleosomes and transcription. Curr. Opin. Genet. Develop. **3** (1993) 219–225

51. Townes, T.M., Behringer, R.R.: Human globin locus activation region: role in temporal control. Trends Genet. **6** (1990) 219–223

52. Treissman, R.: The serum response element. Trends Biochem. Sci. **17** (1992) 423–426

53. Van Beveren, C., Van Straten, F., Curran, T., Müller, R., Verma, I.M.: Analysis of FBJ-MuSV provirus and c-Fos (mouse) genes reveals that viral and cellular fos gene products have different carboxy termini. Cell **32** (1983) 124

54. Weintraub, H. et al.: The myoD gene family: nodal point during specification of the muscle cell lineage. Science **251** (1991) 761–766

55. Winslow, G.M., Hayashi, S., Krasnow, M., Hogess, D.S., Scott, M.P.: Transcriptional activation by the antennapedia and fushi tarazu proteins in cultured Drosophila cells. Cell **57** (1989) 1017–1030

13. Spleißen und Prozessieren

Die Aussagen der vorangegangenen drei Kapitel lassen sich zu einer Definition eines Gens zusammenfassen: Ein Gen ist eine Transkriptions-Einheit, oft eine hintereinanderliegende Reihe von Exons und Introns, die gemeinsam transkribiert werden.

Die transkribierten Exons sind zunächst auf dem primären Transkriptions-Produkt (prä-mRNA) verteilt und werden dann durch Entfernen der Intron-Sequenzen zu einer mRNA zusammengefügt. Die fertige mRNA gelangt vom Kern in das Cytoplasma, wo sie für die Protein-Synthese eingesetzt wird.

Noch während der Transkription wird das 5'-Ende der wachsenden prä-mRNA durch Anheftung der 7-Methylguanosiniumat-Kappe (S. 403) verändert, und später wird durch eine Mehr-Schritt-Reaktion das fertige 3'-Ende gebildet. Der bei weitem aufwendigste Prozeß ist jedoch die Aneinanderreihung der Exons in der prä-mRNA. Diesen Prozeß bezeichnet man als **Spleißen**, in Analogie zur Verknüpfung der Enden eines durchtrennten Seiles.

RNA-Spleißen ist ein grundlegender und bedeutender genetischer Prozeß, der die Zelle vor eine enorme Aufgabe stellt. Die meisten Gene in den Genomen vielzelliger Eukaryoten besitzen ein bis über 20 Exons. In prä-mRNAs liegen die Exons irgendwo verteilt zwischen dem 5'-Ende und dem 3'-Ende. Die meisten prä-mRNAs sind vier- bis zehnmal länger als die fertigen mRNAs.

Das Bemerkenswerte am Spleißprozeß ist seine Präzision: Er muß auf das Nucleotid genau erfolgen, sonst würde die Folge der Codons gestört und das Leseraster der mRNA außer Takt geraten (siehe Kasten auf S. 381).

Grundlagen: Der Zwei-Schritt-Prozeß

Die Introns in proteinkodierenden Genen unterscheiden sich erheblich in ihrer Länge und Sequenz. Aber kurze Bereiche an den Intron-Exon-Grenzen sind in allen Genen identisch (Abb. 10.**6**). Diese konservierten Bereiche sind wichtig für einen geordneten Spleißprozeß.

Wir unterscheiden vier funktionell wichtige Sequenz-Abschnitte in den Introns der prä-mRNA:
1. die 5'-Spleißstelle,
2. die 3'-Spleißstelle,
3. vor der 3'-Spleißstelle eine Folge von Pyrimidin-Nucleotiden,
4. schließlich ein Adenosin-Baustein als Verzweigungsstelle, gewöhnlich im Abstand von 20–40 Nucleotiden stromaufwärts von der 3'-Spleißstelle (Abb. 13.**1**).

Die Sequenz-Umgebung des Adenosin-Bausteins ist in den Introns der prä-mRNA von vielzelligen Eukaryoten wenig konserviert, aber recht konstant in den Introns der prä-mRNA von Hefe *(S. cerevisiae)* (Abb. 13.**1**).

Abb. 13.1 Sequenz-Merkmale an Intron-Exon-Grenzen. R = Purin-Nucleotid: ein Adenin- oder Guanin-Baustein; Y = Pyrimidin-Nucleotid: ein Ur-acil- oder Cytosin-Baustein. $\overset{*}{A}$ = das Adenosin der Verzweigungsstelle. Nucleotide, die in allen prä-mRNAs vorkommen, sind farbig hinterlegt [nach 17].

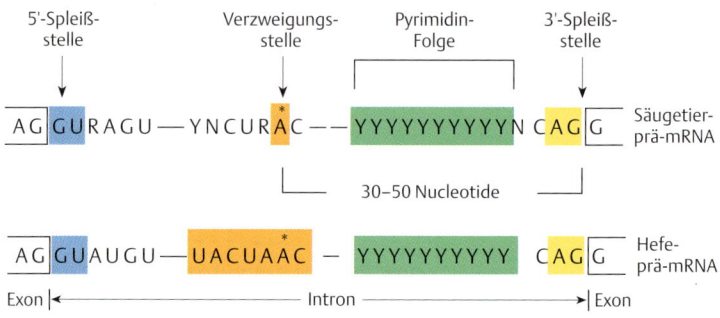

Das mag daran liegen, daß Hefe-Gene, wenn überhaupt, meist nur ein einziges Intron haben, das in der Nähe des 5'-Endes des Gens liegt. Deswegen kann der Spleißapparat in Hefe-Zellen relativ strikte Sequenz-Anforderungen erfüllen. Dagegen tragen die meisten Gene vielzelliger Eukaryoten Introns, und deren Zahl und Lokalisation ist von Gen zu Gen verschieden. Hier mag die Flexibilität der Sequenzen Vorteile für die vielfältigen Aufgaben des Spleißapparates bei höheren Eukaryoten bringen.

Beobachtungen an lebenden Zellen und Untersuchungen im biochemischen Test zeigen die Bedeutung der konservierten Intron-Bereiche. Sie sind für die Zwei-Schritt-Reaktion beim Spleißen notwendig, die mit dem Schema der Abb. 13.**2** nur in Umrissen beschrieben ist. Tatsächlich ist in der Zelle dafür eine große Anzahl von Proteinen erforderlich, die teilweise als Ribonucleoprotein-Komplexe organisiert sind.

Der Zwei-Schritt-Prozeß wird im folgenden beschrieben. Bei beiden Schritten handelt es sich um Transester-Reaktionen:
1. Der erste Schritt ist die Spaltung der 5'-Exon-Intron-Grenze und die gleichzeitige Verknüpfung der entstehenden 5'-Phosphat-Gruppe mit dem 2'-OH in der Ribose des Adenosin-Bausteins an der Verzwei-

Abb. 13.2 Spleißen: Der elementare Zwei-Schritt-Prozeß [nach 8, 11, 19].

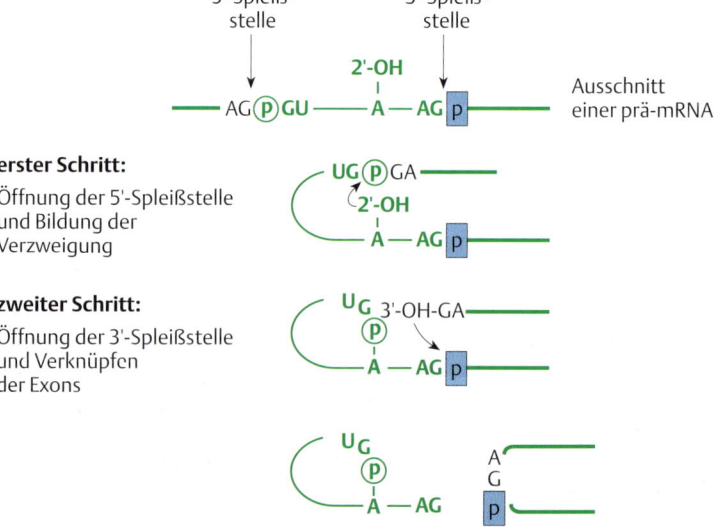

gungsstelle (Abb. 13.**3**). Damit entsteht ein freies 5′-Exon und eine Lasso-ähnliche Zwischenform (Lariat).

Durch den nucleophilen Angriff der 2′-OH-Gruppe an der Verzweigungsstelle wird eine Phosphodiester-Bindung an der 5′-Spleißstelle gelöst. Gleichzeitig entstehen wieder eine Hydroxy-Gruppe am Ende des ersten Exons und eine Phosphodiester-Bindung (die Verzweigung).

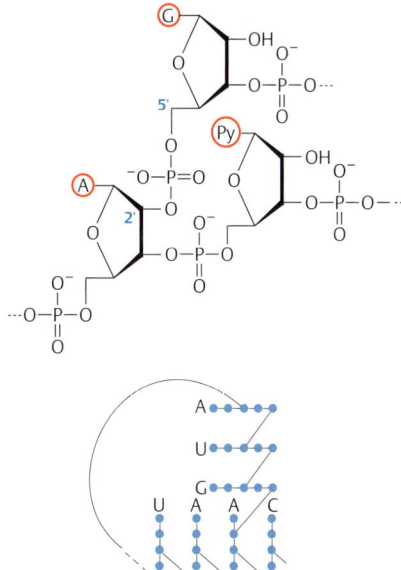

Mutation an Spleißstellen

Nirgendwo wird die Bedeutung der Nucleotide an Spleißstellen deutlicher als bei der Mutation menschlicher Gene. Humangenetiker kennen eine lange Reihe von Genen, bei denen Nucleotid-Austausch-Mutationen den Spleißapparat auf die falsche Fährte bringen können.

Zur Illustration zeigen wir in der Abbildung eine Zusammenstellung von Mutationen im Gen für die β-Globin-Kette (S. 287): Störungen der Promotor-Struktur, Unsinn-Mutationen, Leseraster-Mutationen, kleine Deletionen und **Veränderungen der Spleißstellen**. Ein Beispiel verdeutlicht die Auswirkungen: Ein Austausch von Guanin nach Adenin führt bei der gezeigten Mutation zur Ausbildung einer neuen Spleißstelle. In der entsprechenden mRNA gerät das Leseraster außer Takt und führt bald in ein Stop-Codon, so daß nur ein verkürztes und funktionsloses Protein gebildet werden kann.

Abb. 13.3 Verzweigung: 2′-5′-Phosphodiester-Bindung.

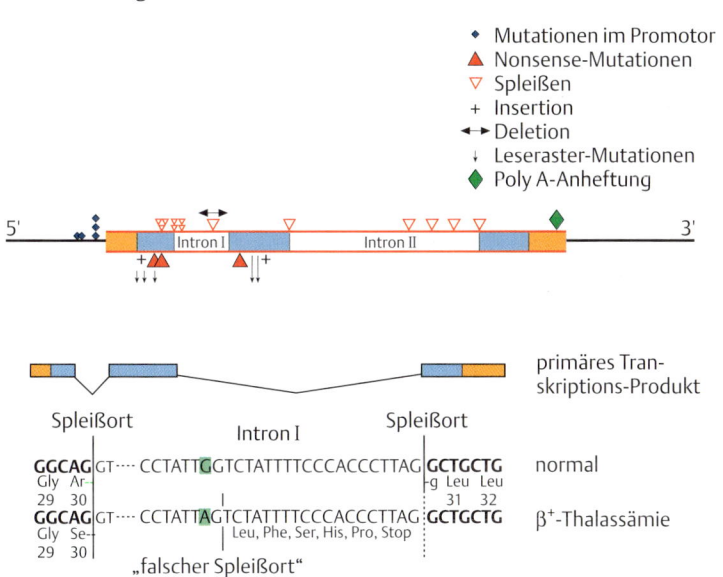

Störungen der β-Globin-Expression sind Ursachen für die Krankheit **β-Thallasämie**. Im homozygoten Zustand geht die Krankheit mit schweren Beeinträchtigungen der nachgeburtlichen Entwicklung einher und oft mit einem frühen Tod, wenn nicht durch Bluttransfusionen ständig für Nachschub von intaktem Hämoglobin gesorgt wird. Die Auswirkungen der gezeigten Spleißmutation sind allerdings weniger dramatisch, weil, neben der falschen, auch noch die korrekte Spleißstelle benutzt wird. Das garantiert die Synthese zumindest einer geringen Menge intakten β-Globins.

2. Im zweiten Schritt wird die Phosphodiester-Bindung an der 3'-Spleißstelle geöffnet. Dadurch werden die beiden Exons vereinigt. Das Intron fällt in seiner Lasso-Struktur heraus.

Die freigewordene Hydroxy-Gruppe am Exon-Ende reagiert mit der Phoshodiester-Bindung an der 3'-Spleißstelle. Gleichzeitig mit der Öffnung dieser Bindung entsteht eine neue Phosphodiester-Bindung zwischen den Exons und eine neue Hydroxy-Gruppe am Ende des freigesetzten Introns. Die Phosphat-Reste an den beiden Spleißstellen bleiben erhalten und erscheinen in den Reaktionsprodukten.

Komponenten des Spleißapparates

Im Zellkern liegt die RNA nie frei vor. Sie wird schon während der Transkription mit Proteinen bedeckt, so daß eine Struktur entsteht, die man **heterogenes nukleares Ribonucleo-Protein (hnRNP)** nennt.

Die Bezeichnung hnRNP stammt aus einer Zeit, als man noch nichts von der Exon-Intron-Struktur der Gene und der Existenz der prä-mRNA wußte und sich über die große Heterogenität der RNA im Zellkern (Nucleus) wunderte, insbesondere im Vergleich zur mRNA im Cytoplasma.

Elektronenmikroskopische Aufnahmen und biochemische Untersuchungen weisen auf eine dichte Verpackung der nuklearen RNA mit Proteinen hin (Abb. 13.4). Diese hnRNP-Komplexe wandern nach vorsichtiger Isolierung in der Sucrose-Gradienten-Zentrifugation mit 60 bis über 200S. Aber eine kurze Behandlung mit RNase zerlegt sie in Partikel von 30–40S. Die Partikel bestehen aus prä-mRNA-Stücken von 500–800 Nucleotiden und mehreren **hnRNP-Proteinen**, mit Bezeichnungen wie hnRNP-Protein A1, A2/B1, B2, C1/C2 usw. Die hnRNP-Proteine kommen in großen Mengen im Zellkern vor. Ihre Funktionen werden durch ihre spezifische Bindung an prä-mRNA bestimmt (S. 387). Sie verpacken die langen prä-mRNAs und vermitteln ihre Vor- oder Zubereitung für den Spleißprozeß. Man hat die hnRNP-Struktur mit einem Operationstisch verglichen, auf dem das Schneiden und Wiederverknüpfen der RNA-Moleküle beim Spleißen stattfinden kann. Andere hnRNP-Proteine helfen bei der Anheftung des poly(A)-Endes, und wieder andere helfen beim Transport der fertigen mRNA vom Kern in das Cytoplasma.

Komplexe mit hnRNP-Proteinen sind dynamische Strukturen, deren Zusammensetzung aus Protein-Komponenten und deren allgemeine Struktur sich ändern, je nach dem Stand der prä-mRNA-Verarbeitung.

Abb. 13.4 hnRNP: Zwei transkribierte Gene (s38 und s36) des *Drosophila*-Genoms. In dieser elektronenmikroskopischen Aufnahme laufen die Chromatin-Fäden waagrecht. In annähernd rechtem Winkel gehen davon die Transkripte aus. Wachsende RNA-Moleküle sind von einer dichten Protein-Schicht umgeben [aus 16].

snRNPs

Die eigentliche Spleißarbeit ist einer anderen Form von Ribonucleo-Protein übertragen, den sogenannten **snRNP**-Partikeln. Diese Partikel binden sich meist schon an die noch wachsenden RNA-Ketten während der laufenden Transkription. snRNP (im Jargon der Molekularbiologen als *snurp* ausgesprochen) bedeutet *„small nuclear ribonucleoprotein"*, eine Bezeichnung, die die wichtigsten Strukturelemente, wie kleine RNA und Proteine, beschreibt.

Man findet viele verschiedene snRNP-Arten im Zellkern, aber für das Spleißen sind vier snRNPs wichtig. Sie enthalten **RNA-Komponenten** aus 100–200 Nucleotiden mit relativ vielen Uracil-Bausteinen. Deswegen spricht man von U1-, U2-snRNA usw. (Tab.13.**1**). Andere charakteristische Merkmale sind die *N,N*,7-Trimethylguanosiniumat-Kappen an den 5′-Enden von U1-, U2-, U4- und U5-snRNA und das Methyltriphosphat am 5′-Ende von U6-snRNA (Abb.13.**5**). Alle snRNAs besitzen eine ausgeprägte Sekundärstruktur-Faltung (Abb.13.**6**). Die snRNPs U1, U2, U5 haben ein RNA-Molekül/Partikel. Die Ausnahme ist U4/U6-snRNP mit zwei RNA-Komponenten, die miteinander über ausgedehnte Wasserstoff-Brücken verbunden sind (Abb.13.**7**).

Tab. 13.1 Einige U-snRNAs in Säugetier-Zellen [aus 8]

snRNA	Größe (Nucleotide)	*N,N*,7-Trimethylguanosiniumat-Kappe	Transkription durch	Anmerkungen
U1	164–165	ja	Pol II	mögliche Sekundärstruktur s. Abb.13.**6**
U2	187	ja	Pol II	s. Abb.13.**8** und 13.**10**
U5	116–117	ja	Pol II	s. Abb.13.**10**
U4	145	ja	Pol II	U4 und U6 kommen gemeinsam in einem snRNP-Partikel vor (s. Abb.13.**7**)
U6	106	nein (Methylphosphat)	Pol III	

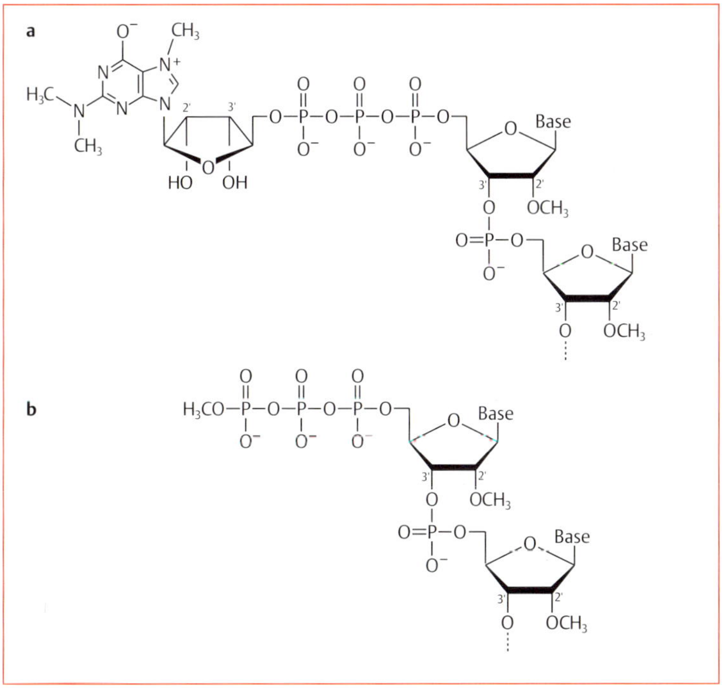

Abb. 13.5 Die 5′-Enden von snRNAs. a *N,N*,7-Trimethylguanosiniumat-Kappe: 5′-5′-Triphosphatbrücke zum nächsten Nucleotid. Die beiden ersten Nucleotide nach der Kappe tragen gewöhnlich Methyl-Gruppen an den Ribose-Bausteinen. **b** Monomethyltriphosphat am Ende von U6-snRNA.

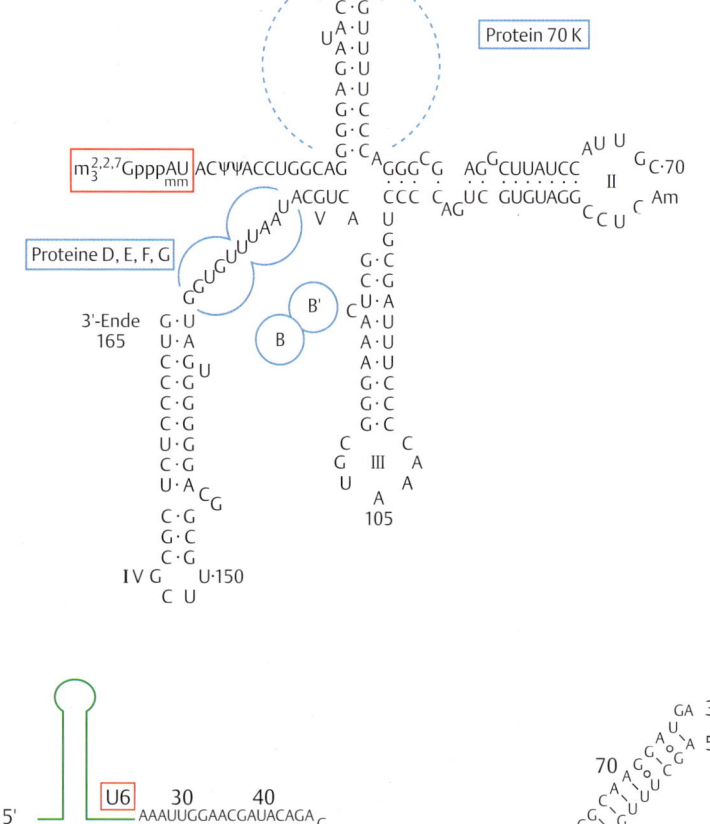

Abb. 13.6 U1-snRNA aus Säugetier-Zellen. Die *N,N*,7-Trimethylguanosiniumat-Kappe ist rot eingerahmt (s. Abb. 13.**5**). Bindestellen für einige snRNP-Proteine sind angegeben (blau). Ψ = Pseudouridin (s. Abb. 3.**13**).
Arabische Zahlen = Nucleotide vom 5′-Ende.
Römische Zahlen = Schleifen [nach 8].

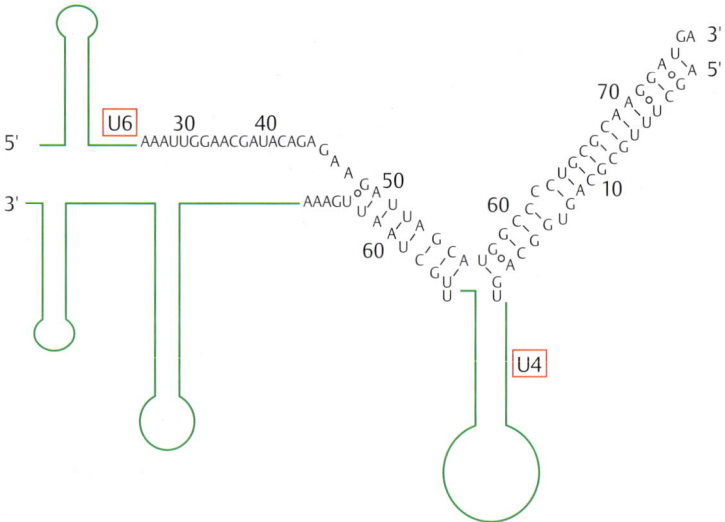

Abb. 13.7 U4-snRNA und U6-snRNA gehen Basenpaarungen in snRNP-Partikeln ein. Nur die Nucleotide im gepaarten Anteil sind gezeigt. Die übrigen Abschnitte der Moleküle sind als Strichskizzen angegeben [nach 13].

Alle snRNPs besitzen den gleichen **Satz von acht kleinen Proteinen** (*Core*- oder Sm-Proteine mit Molmassen zwischen 9 und 29 kDa). Dazu hat jedes snRNP noch spezifische Proteine mit Bezeichnungen wie zum Beispiel A-, C- und 70k-Protein für das U1-snRNP (Abb. 13.**6**) oder A′- und B″-Protein für das U2-snRNP.

Die-snRNPs kommen in Mengen von bis zu einer Million Exemplaren im Zellkern vor. Beim Spleißprozeß vereinigen sie sich auf der prä-mRNA zu der komplexen Struktur des Spleißkörperchens oder **Spleißosoms** *(spliceosome)*.

Zusammenbau des Spleißosoms

Der Aufbau des Spleißosoms erfolgt in Schritten und wird zumindest teilweise durch RNA-Binde-Proteine geleitet:
– Der erste Schritt ist die Bindung des U1-snRNP an die 5′-Spleißstelle. Dies erfordert die Ausbildung von Basen-Paarungen zwischen der Intron-Sequenz an der Exon-Intron-Grenze und einer komplementären Sequenz am 5′-Ende der U1-snRNA (Abb. 13.**8**).

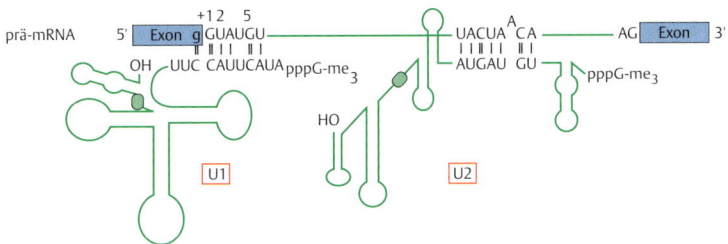

Abb. 13.8 Erste Kontakte zwischen Intron und snRNPs. Das 5′-Ende der U1-snRNA (im U1-snRNP) kann Basen-Paarungen mit Sequenzen an der 5′-Spleißstelle eingehen. Ein Abschnitt der U2-snRNA (im U2-snRNP) paart mit Sequenzen an der Verzweigungsstelle. Beachte, daß der entscheidende Adenosin-Baustein aus der kurzen Doppelhelix herausragt. Wir zeigen die Verhältnisse für Hefe-Introns mit ihrer hochkonservierten Verzweigungsstelle [nach 9, 13, 18].

– U2-snRNP bindet dann an Intron-Sequenzen im Bereich der Verzweigungsstelle. Es bilden sich Wasserstoff-Brücken zwischen der U2-snRNA und der Intron-RNA, wobei der entscheidende Adenosin-Rest aus dem kurzen Doppelstrang herausragt (Abb. 13.**8**). Eine stabile Bindung erfordert ATP und einige Hilfsproteine. Eines davon hat die Bezeichnung U2AF *(U2-snRNP auxiliary factor)* und besteht aus zwei Untereinheiten, U2AF[65] und U2AF[35], von denen die größere (Molmasse 65 kDa) sich direkt an die Reihe der Pyrimidine zwischen der 3′-Spleißstelle und dem Verzweigungspunkt bindet. Die kleinere Untereinheit, U2AF[35] (Molmasse 35 kDa), tritt vermutlich über Verbindungsproteine in Wechselwirkung mit dem U1-snRNP an der 5′-Spleißstelle (Abb. 13.**9**). Zwei weitere Proteine, SF1 und SF3, haben ebenfalls eine Funktion bei der Stabilisierung der Bindung von U2-snRNP an das Intron.
– Der Zusammenbau des Spleißosoms wird mit der Bindung eines Komplexes aus U5-snRNP und U4/U6-snRNP beendet. Das Spleißosom durchläuft jetzt Änderungen seiner Konformation: Zunächst trennen sich U4-snRNA und U6-snRNA; die U6-snRNA geht eine neue Partnerschaft mit der U2-snRNA ein, während die U4-snRNA an den weiteren Reaktionen nicht mehr teilnimmt. Dann verdrängt U5-snRNA die U1-snRNA und nimmt Kontakte mit der 5′-Spleißstelle und später auch mit der 3′-Spleißstelle auf. Diese komplexen Änderungen in den RNA-Basen-Paarungen erfolgen vor der eigentlichen Zwei-Schritt-Spleißreaktion und sind notwendig, um die reaktiven Gruppen in funktionell korrekte Positionen zu bringen (Abb. 13.**10**).

Das Spleißosom zerfällt in seine snRNP-Bestandteile, wenn nacheinander die verknüpften Exons und dann das Intron in Lasso-Form entlassen werden (Abb. 13.**11**).

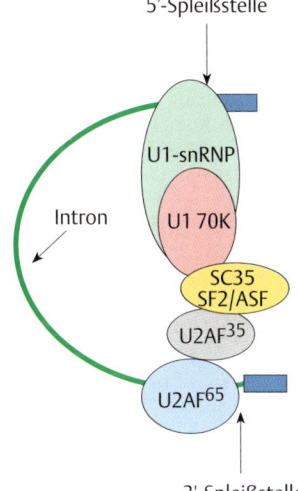

Abb. 13.9 Eine mögliche Rolle von Spleiß-Faktoren. Das Protein U2AF mit seinen beiden Untereinheiten sitzt auf der Pyrimidin-Folge vor der 3′-Spleißstelle (s. Abb. 13.**1**, S. 380) und hat Verbindung zu dem 70K-Protein im U1-snRNP (s. Abb. 13.**6**). Die Verbindung wird vermittelt durch das Protein SF2 als Homodimer oder durch einen heterodimeren Komplex von SF2/SC35. Alle beteiligten Proteine besitzen SR-Domänen (Abb. 13.**13**), das gemeinsame Kennzeichen von Spleiß-Faktoren [nach 22].

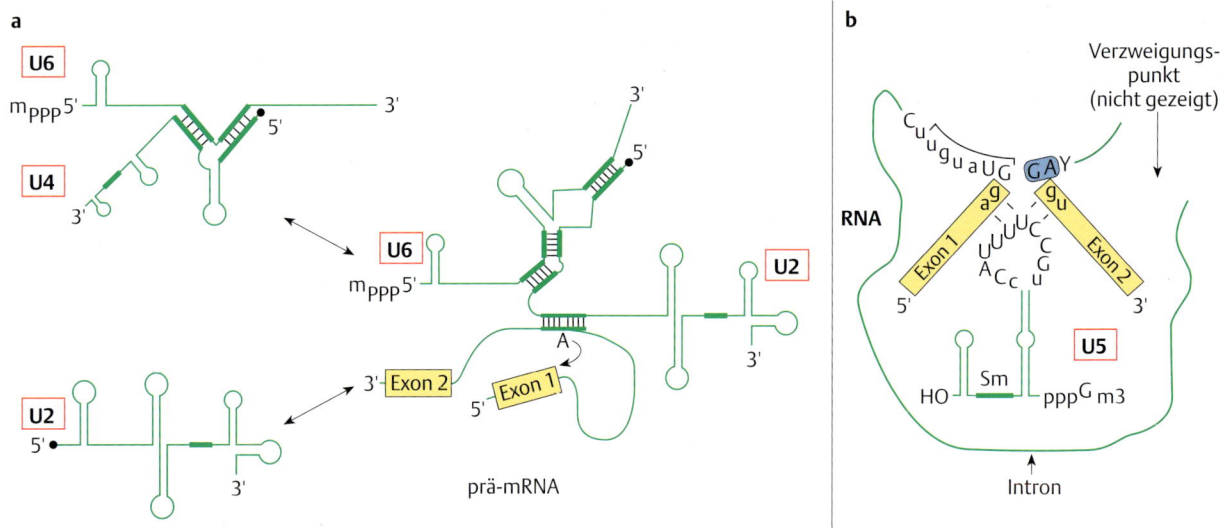

a

U6

U4

U6

U2

U2

Exon 2   Exon 1

A

prä-mRNA

b

RNA

Verzweigungs-
punkt
(nicht gezeigt)

Exon 1   Exon 2

U5

Intron

Abb. 13.10 Neue RNA-RNA-Kontakte im Spleiß-osom. a U6-snRNA wechselt ihren Partner: U4-snRNA wird gegen U2-snRNA ausgetauscht. Dadurch ändert sich die Lage von U2-snRNA an der Verzweigungsstelle. **b** U5-snRNA (in U5-snRNP) tritt anstelle von U1-snRNP. Die Enden beider Exons kommen in enge Nachbarschaft [nach 13, 15].

Abb. 13.11 Aufbau und Zerfall des Spleißosoms. Mit biochemischen Methoden lassen sich die einzelnen Stadien des Aufbaus verfolgen. Fachleute unterscheiden deshalb Komplexe mit Bezeichnungen wie CC, A, B1/B2, C1/C2 und I. **links** Das Intron wird als Lariat freigesetzt und dann zu Nucleotiden abgebaut [nach 19].

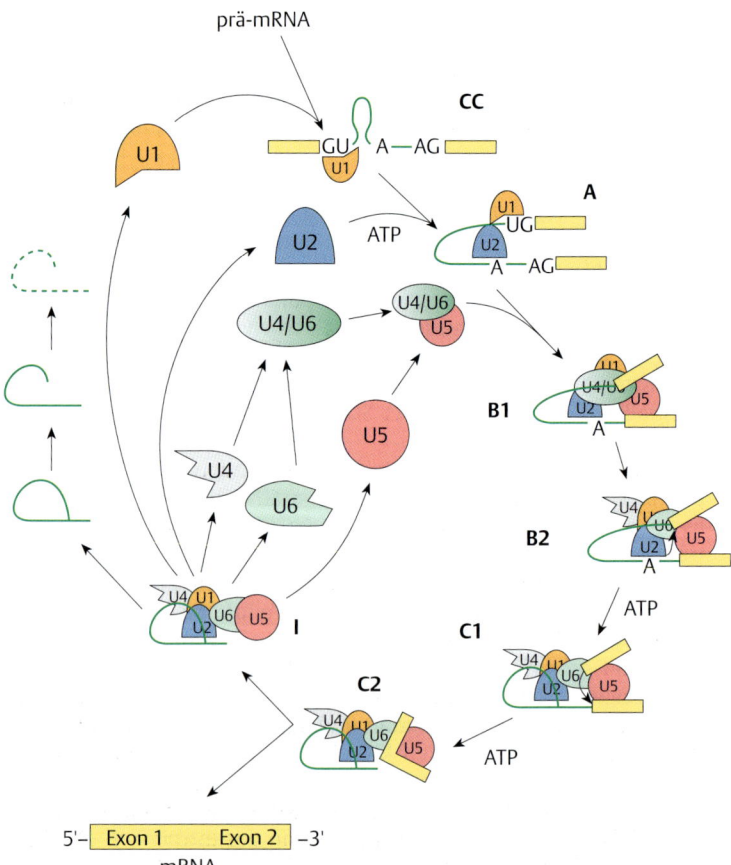

prä-mRNA

CC

A

ATP

B1

B2

ATP

C1

C2

ATP

I

5'– Exon 1   Exon 2 –3'

mRNA

Wir haben gesehen, daß externe Proteine (außerhalb der snRNPs) für die korrekte Funktion des Spleißosoms notwendig sind. Mehr als 20 externe Spleiß-Proteine wurden über Hefe-Mutanten gefunden. Sie heißen PRP-Proteine *(precursor RNA processing)*. Viele dieser Proteine haben Struktur-Motive, die man sonst bei RNA-Helikasen findet. Obwohl die RNA-Helikase-Aktivität von PRP-Proteinen noch nicht in jedem Einzelfall nachgewiesen ist, überrascht uns diese Information nicht, denn RNA-Sekundärstrukturen werden beim Aufbau des Spleißosoms ständig geöffnet und wieder geschlossen.

Spleiß-Faktoren: RNA-bindende Proteine

Der Spleißvorgang wird maßgeblich durch die Bindung spezifischer Proteine an die RNA bestimmt. Die beteiligten Proteine zeichnen sich durch Struktur-Motive aus, ähnlich wie die Wechselwirkung von Proteinen mit DNA durch spezielle Protein-Domänen vermittelt wird.

Das RNP- oder RRM-Motiv *(RNA recognition motif)* ist eine Domäne aus etwa 80 Aminosäuren mit zwei Bereichen, RNP1 mit acht und RNP2 mit etwa sechs mehr oder weniger gut konservierten Bausteinen. RNP-Domänen haben eine wohldefinierte dreidimensionale Struktur aus vier antiparallelen β-Strängen und zwei begrenzenden α-Helices: RNP1 liegt in der Schleife vor dem β3-Strang und im Inneren des β3-Stranges; RNP2 nimmt einen Teil des β1-Stranges ein. Die Kontakte zur RNA finden auf der Oberfläche des β-Blattes statt. Die RNA wird wie auf einem Tablett dargeboten. RNP-Domänen kommen in hnRNP-Proteinen vor, etwa in den hnRNP-Proteinen A1 und C1/C2. Dies paßt gut zu deren Rolle bei der Vorbereitung der prä-mRNA für den Spleißvorgang. RNP-Domänen kommen überdies im U1-snRNP-Protein A und in anderen Spleiß-Faktoren vor (Abb. 13.**12**).

Abb. 13.12 Das RNP-Motiv in RNA-Binde-Proteinen. oben Als Beispiele sind die Aminosäure-Sequenzen des RNP-Motivs in zwei Spleiß-Faktoren (SF2 und Tra2) angegeben. Darunter die RNP-Konsensus-Sequenz mit Hinweisen auf die Sekundärstruktur. **unten** RNP-Motiv in der dreidimensionalen Form, ein Ergebnis der Röntgen-Strukturanalyse: vier antiparallele β-Stränge und zwei α-Helices. Das RNP-Motiv wird oft auch als RRM *(RNA recognition motif)* bezeichnet [nach 7, 10].

Tra2	SREHPQASRC	IGVFGL	.NTNTSQHKVRELFNK	.YGPIERIQMVIDAQTQRS.	RGFCFIYF	EKLSDARAAKDSCSGIEVDGRRIRVDFSIT
SF2/ASF	RGPAGNNDCR	IYVGNL	.PPDIRTKDIEDVFYK	.YGAIRDIDLKNRRG.G...	PPFAFVEF	EDPRDAEDAVYGRDGYDYDGYRLRVEFPRSGR
		RNP2			RNP1	

β1　　　　α1　　　　β2　Loop　β3　　　　α2　　　　β4

Das **SR-Motiv** kennzeichnet Proteine mit den Dipeptid-Folgen Serin (S)/Arginin (R), die entweder direkt hintereinander oder auch unterbrochen durch andere Aminosäuren in Bereichen der Proteine vorkommen. Das SR-Motiv gilt geradezu als ein Erkennungszeichen für Spleiß-Faktoren. Die Proteine U2AF (beide Untereinheiten), SC35, SF2 sowie das U1-snRNP 70K-Protein und andere enthalten die SR-Sequenz. Die Funktion der SR-Domäne ist nicht genau bekannt, aber könnte bei Protein-Protein-Kontakten beteiligt sein.

Nicht selten tragen Spleiß-Proteine sowohl eine RNP-Domäne als auch ein SR-Motiv, wie die Beispiele von U2AF und SF2 zeigen (Abb. 13.**13**).

RGG-Boxen kommen in manchen hnRNP-Proteinen vor und bestehen aus Folgen von Arginin-Glycin-Glycin-Resten. RGG-Boxen vermitteln sequenzunspezifische Bindungen von Proteinen an RNA. Manche Proteine besitzen RGG-Boxen für eine stabile, aber unspezifische RNA-Bindung und zusätzlich RNP-Domänen für eine spezifische RNA-Bindung.

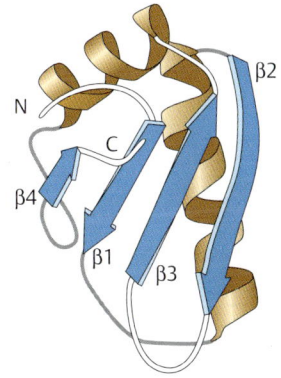

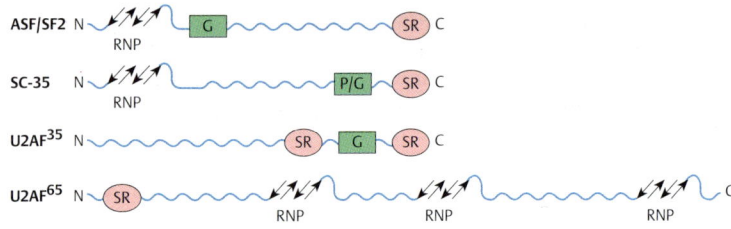

Abb. 13.13   Sequenz-Motive in Spleiß-Faktoren. Funktionen der gezeigten Proteine sind in der Abb. 13.**9** gezeigt. N = aminoterminales Ende; C = carboxyterminales Ende. Der Abstand von N nach C gibt einen ungefähren Eindruck von den Größenverhältnissen. RNP = die Pfeile deuten die Struktur aus vier antiparallelen β-Strängen an; SR = zusammenhängende oder eng benachbarte Dipeptid-Muster, Serin-Arginin; G = Folgen von Glycin-Bausteinen; P/G = Folge von Prolin-Glycin-Bausteinen [nach 10].

DEAD-Boxen oder DEAH-Boxen (nach der Ein-Buchstaben-Abkürzung für Aminosäuren) sind das Kennzeichen vieler PRP-Spleiß-Faktoren von Hefe-Zellen. Weil DEAD-Folgen essentielle Bestandteile von RNA-Helikasen sind (S. 172), nehmen Forscher an, daß die entsprechenden Spleiß-Proteine eine Rolle bei der Auflösung von RNA-Sekundärstrukturen im Spleißosom spielen.

Was geschieht im Inneren des Spleißosoms? Eine korrekte Anordnung von reaktiven Gruppen in der RNA ist die wichtigste Voraussetzung für die Transester-Reaktionen des Spleißvorgangs. Diese Ansicht begründet sich auf Erfahrungen mit selbstspleißender RNA.

Selbstspleißen

Manche RNA-Moleküle mit definierten Sekundärstruktur-Faltungen werden im Reagenzglas-Versuch ohne Beteiligung von Proteinen gespleißt. Man spricht von autokatalytischem Spleißen oder Selbstspleißen *(self splicing)*.

T. R. Cech und Mitarbeiter (1981) haben als erste eine Selbstspleiß-Reaktion genau analysiert. Sie haben bei ihren Untersuchungen über die Reifung der prä-rRNA des Ciliaten *Tetrahymena thermophila* entdeckt, daß der Vorläufer der 26S rRNA dieses Organismus ein Intron von etwa 400 Nucleotiden enthält, welches in der Zelle durch Spleißen entfernt wird. Die Reaktion läßt sich *in vitro* nachahmen, wobei reife rRNA und eine ringförmig geschlossene Intron-RNA gebildet werden. Zur anfänglichen Überraschung aller Biochemiker benötigt die *In-vitro*-Reaktion keine Proteine. Notwendig sind nur die richtigen Salzkonzentrationen, insbesondere eine passende Konzentration an Magnesium-Salzen und Guanosin als Cofaktor. Beachte, daß der notwendige Cofaktor nicht etwa GTP, sondern Guanosin ist. Das zeigt, daß die Reaktion nicht durch Zufuhr zellulärer Energie in Form von GTP-Spaltung vorangetrieben wird.

Nach dieser Entdeckung fanden Forscher Selbstspleiß-Reaktionen in vielen anderen Zellen und Organismen.

Nach der Art der beteiligten RNA-Strukturen und dem Prozeß des Spleißens unterscheidet man zwei Typen von Introns, die durch Selbstspleißen entfernt werden:
– **Gruppe-I-Introns** in der prä-rRNA von einfachen Eukaryoten wie dem Ciliaten *Tetrahymena thermophila* und dem Schleimpilz *Physarum polycephalum* sowie in einigen prä-mRNA-Arten von Mitochondrien einzelner Pilze und von Chloroplasten einiger Pflanzen. Gruppe-I-Introns kommen auch in einigen Genen des Bakteriophagen T4 vor.
– **Gruppe-II-Introns** in einigen prä-mRNA-Arten der Mitochondrien von Hefe-Zellen und anderen Pilzen.

Die Selbstspleiß-Reaktion ist eine Folge von zwei Transester-Reaktionen, die auf dem gleichen Energieniveau ablaufen, weil für eine geöffnete Phosphodiester-Bindung eine andere wieder geschlossen wird. Im Endeffekt bleibt die Zahl der Ester-Bindungen unverändert.

Die Reaktion bei Gruppe-I-Introns läuft in zwei Schritten ab:
1. Die OH-Gruppe des freien, spezifisch an die RNA gebundenen Guanosins (Abb. 13.**14**), greift als Nucleophil die 5′-Spleißstelle an. Es wird eine Phosphodiester-Bindung an der Spleißstelle gelöst, während gleichzeitig eine neue Phosphodiester-Bindung zum Guanosin geschlossen wird.
2. Die am Ende des ersten Exons gelegene, neu entstandene 3′-OH-Gruppe greift ihrerseits nun eine Phosphodiester-Bindung an der 3′-Spleißstelle an: Eine Phosphodiester-Bindung wird gelöst und im gleichen Reaktionsablauf eine andere geschlossen (Abb. 13.**14**).

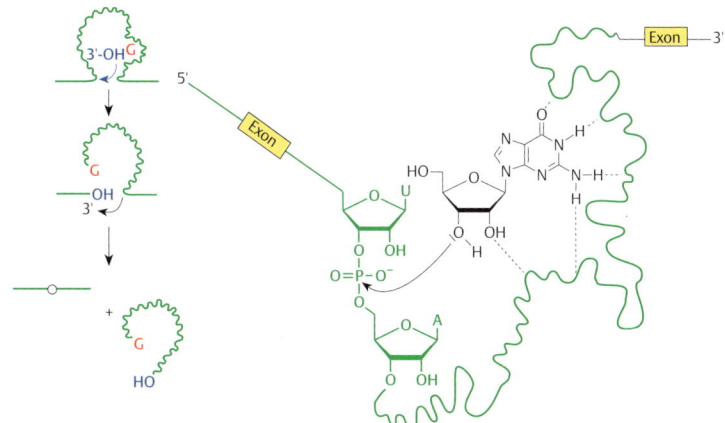

Abb. 13.14 Selbstspleißen von Gruppe-I-Introns. links Ablauf der Reaktion, die von einem Guanosin-Cofaktor ausgeht. **rechts** Das Guanosin muß über geeignete Wasserstoff-Brücken in einer Sekundärstruktur-Tasche der RNA gehalten werden [nach 5].

Damit sind die Exons verknüpft, und die Intron-Sequenz ist freigesetzt. Das zunächst lineare Intron kann eine Sekundärstruktur einnehmen, die wieder über Transester-Reaktionen zum Ringschluß führt, und zwar unter Abspaltung eines endständigen RNA-Fragmentes (Abb. 13.**15**).

Man muß sich im klaren sein, daß die Reaktion nur im Kontext der passenden Sekundärstruktur abläuft. Die Struktur muß die richtige „Tasche" bilden, um das Guanosin in einer für die Katalyse geeigneten Art binden zu können. Auch die beteiligten Phosphodiester-Bindungen müssen an genau passenden Stellen liegen, in Bezug auf die reaktive OH-Gruppe des Guanosins und die OH-Gruppe am gespaltenen Exon-Ende.

Diese Voraussetzungen gelten auch für die Gruppe-I-Spleißreaktionen, mit dem Unterschied, daß hier ein Cofaktor in Form von Guanosin nicht erforderlich ist. Der Grund dafür ist, daß der 5′-Spleißort durch Faltung der RNA funktionell in die Nähe zu einer 2′-OH-Gruppe eines Adenosin-Bausteins rückt. Von dieser 2′-OH-Gruppe geht der nucleophile Angriff auf die Phosphodiester-Bindung der 5′-Spleißstelle aus, so daß die erste Transester-Reaktion zu einer verzweigten RNA führt. Die zweite Transester-Reaktion leitet über eine Verknüpfung der beiden Exons zur Freisetzung der Intron-Sequenz in Form einer Lasso-Struktur, vergleichbar der Situation proteinkodierender mRNA im Spleißosom.

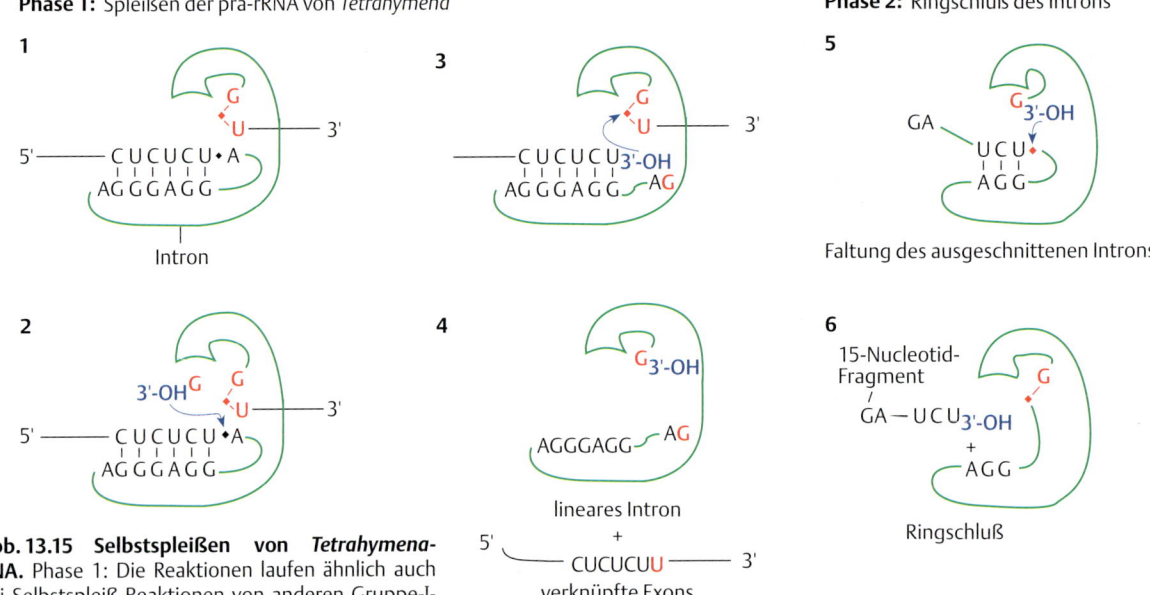

Phase 1: Spleißen der prä-rRNA von *Tetrahymena*

1

2

3

4

Phase 2: Ringschluß des Introns

5

Faltung des ausgeschnittenen Introns

6

15-Nucleotid-Fragment

Ringschluß

lineares Intron
+
verknüpfte Exons

Abb. 13.15 Selbstspleißen von *Tetrahymena*-RNA. Phase 1: Die Reaktionen laufen ähnlich auch bei Selbstspleiß-Reaktionen von anderen Gruppe-I-Introns ab. Phase 2: Der Ringschluß des ausgeschnittenen Introns ist eher eine Spezialität der prä-rRNA von *Tetrahymena*, wo sich die passenden Sekundärstrukturen bilden können [nach 4].

In der Abb. 13.16 sind die drei Spleißvorgänge nebeneinander gezeigt. Es wird offensichtlich, daß die Gruppe-II-Spleißreaktion über ähnliche Zwischenformen zu ähnlichen Endprodukten führt wie die Spleißreaktion im Komplex des Spleißosoms.

Deswegen nehmen viele Forscher an, daß die prä-mRNA-Sequenzen im Spleißosom eine Struktur einnehmen, die über eine Art Selbstspleißen das Heraustrennen des Introns ermöglicht.

Abb. 13.16 Spleiß-Reaktionen. Die Selbstspleiß-Reaktion bei Gruppe-II-Introns geht von einem nucleophilen Angriff der 2′-OH-Gruppe eines Adenosin-Restes auf die Phosphodiester-Bindung an der 5′-Spleißstelle aus. Damit gleicht diese Selbstspleiß-Reaktion dem Spleißvorgang in Spleißosomen [nach 19].

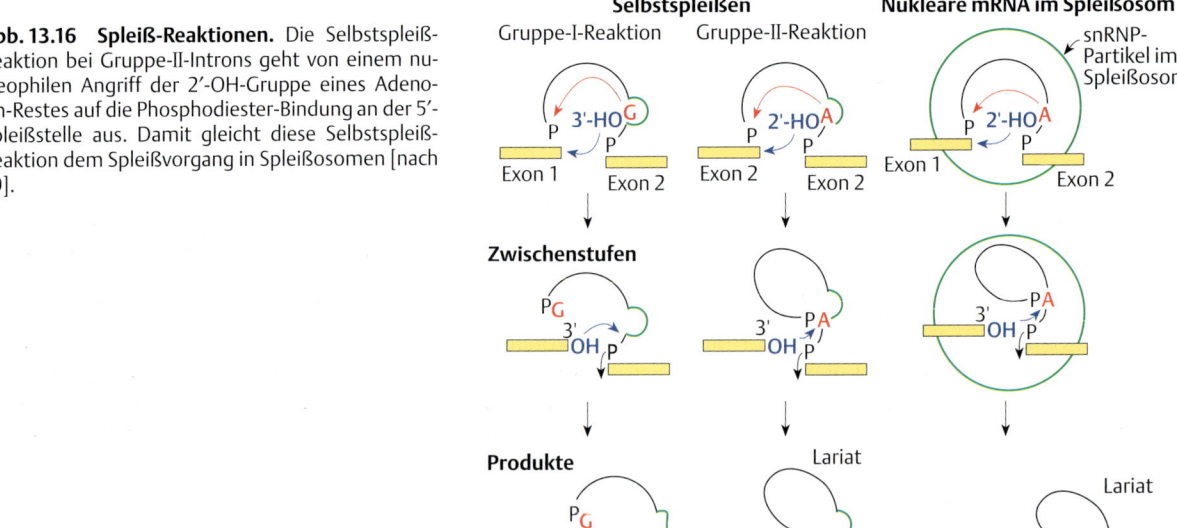

Alternatives Spleißen

Die konservierten Sequenzen an den Exon-Intron-Grenzen sind für den Ablauf des Spleißvorgangs wichtig und vermutlich für das Spleißen kleiner Introns ausreichend. Aber Introns sind oft viele tausend Nucleotide lang, und allein schon aus statistischen Gründen könnten Sequenzen von der Art, wie sie an Exon-Intron-Grenzen angetroffen werden, auch irgendwo sonst im Intron vorkommen. Es stellt sich die Frage nach den Mechanismen, die eine korrekte Erkennung der Spleißstellen ermöglichen.

Diese Frage kann zur Zeit alles andere als befriedigend beantwortet werden. Molekularbiologen vermuten, daß Komponenten des hnRNP-Komplexes dabei eine Rolle spielen. Wir erinnern uns, daß prä-mRNA noch während der Transkription mit einer Schicht von Proteinen umgeben wird (Abb. 13.**4**, S. 382). Viele der beteiligten hnRNP-Proteine zeigen deutliche Präferenzen für spezifische RNA-Sequenzen. Als Beispiel nennen wir das hnRNP-Protein A1, das bevorzugt an Sequenzen mit Ähnlichkeit zur 3′-Spleißstelle bindet. Eine andere Möglichkeit leitet sich aus der Beobachtung ab, daß eine prä-mRNA mit vielen hintereinanderliegenden Introns in Reihe gespleißt wird: Das Spleißen eines Introns erleichtert die Erkennung der nächstfolgenden 5′-Spleißstelle am Beginn des folgenden Introns. Die Deutung dieses Befundes geht von der Tatsache aus, daß Exons mit ihren 80–200 Nucleotiden kürzer und einheitlicher sind als Introns (Abb. 10.**14**, S. 293). Deshalb sind Kontakte zwischen der 3′-Spleißstelle des vorangehenden Introns und der 5′-Spleißstelle des folgenden Introns gut möglich. Die biochemischen Details dieses Kontaktes müssen noch erforscht werden, aber wir erwarten, daß sie interessante Aufschlüsse über einen wichtigen genetischen Vorgang bringen werden, das **alternative Spleißen**.

> Die meisten prä-mRNAs werden nach einem festen Schema gespleißt (konstitutives Spleißen), aber die Transkripte von einem unter etwa 20 Genen können auf verschiedene Weise gespleißt werden. Man spricht von alternativem, differentiellem oder auch reguliertem Spleißen. Damit entstehen aus einer prä-mRNA verschiedene reife mRNAs, die sich durch die An- oder Abwesenheit einzelner Exons unterscheiden (Abb. 13.**17**). Sie kodieren somit verwandte, aber verschiedene Proteine.

Alternatives Spleißen steigert die Kodierungsmöglichkeiten. Ein Gen kann die Information für mehrere (wenn auch verwandte) Proteine tragen. Diese Möglichkeit nutzen z. B. die Gene für Immunglobuline, für Struktur-Protein wie Fibronectin, für Komponenten des kontraktilen Apparates der Muskel-Zellen u. a. Alternatives Spleißen steht oft im Dienst der zelltypspezifischen Gen-Expression, so daß die Frage nach seiner Regulation von großem Interesse ist.

Untersuchungen zeigen, daß Menge und Art verfügbarer Spleiß-Faktoren die Auswahl der Spleißstellen bei der differentiellen Reifung von prä-mRNA bestimmen. Aber nur in wenigen Fällen konnten die notwendigen Faktoren bisher eindeutig identifiziert werden. Ein Beispiel werden wir später nennen.

Durch die Betrachtung einiger Beispiele machen wir uns vertraut mit dem Konzept des alternativen Spleißens.

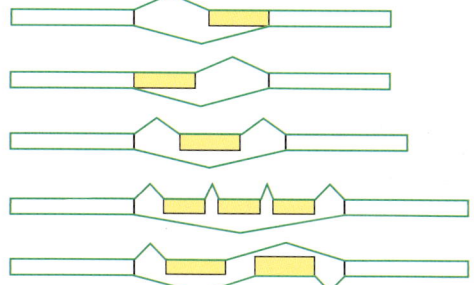

Abb. 13.17 Einige Formen alternativen Spleißens. Wir sehen fünf verschiedene prä-mRNAs, die durch alternatives Spleißen in jeweils verschiedene mRNAs überführt werden können. Die oberen beiden Beispiele: Ein Teil eines Exons wird entfernt oder bleibt erhalten, und zwar durch selektive Verwendung von 5′-Spleißstellen oder von 3′-Spleißstellen. Das mittlere Beispiel: Ein Exon wird entfernt oder bleibt erhalten. Die unteren beiden Beispiele: Ein, zwei oder drei Exons können durch Spleißen entfernt werden oder bleiben erhalten.

Erstes Beispiel: Exons können übersprungen werden

Als Beispiel dient das Gen für das Haupt-Myelin-Protein (MBP, *myelin basic protein*), ein Baustein der Myelin-Schicht, die die Axone in zentralen und peripheren Nerven umgibt. Das Säugetier-Genom hat nur ein Gen für MBP, aber im Gehirn ausgewachsener Tiere findet man mindestens vier unterschiedliche Isoformen des Proteins. Der Grund ist alternatives Spleißen: Bei der Reifung der prä-mRNA können das zweite oder das sechste von sieben Exons oder auch beide übersprungen werden. Als Konsequenz entstehen vier verschiedene reife mRNAs mit vier verschieden langen Kodierungs-Bereichen (Abb. 13.**18**). (Dies ist eine vereinfachte Beschreibung, denn vermutlich kann auch das Exon 5 alternativ gespleißt werden.) Auf diese Weise entstehen Isoformen des Proteins, die sich durch die An- oder Abwesenheit von Aminosäure-Blöcken unterscheiden. Die Bedeutung dieser Formen für die Funktion der Myelin-Schicht ist noch nicht erforscht.

Abb. 13.18   Spleißen von MBP-prä-mRNA. oben Skizze des Gens für das Haupt-Myelin-Protein (MBP = *myelin basic protein*). Exon I = 5′-Nichtkodierungs-Bereich (hell) und die ersten 57 Codons; Exon VII = endständige 14 Codons plus 3′-Nichtkodierungs-Bereich. **unten** mRNAs als Spleiß-Varianten mit den jeweils kodierten Proteinen und ihrer Häufigkeit im Zentralnervensystem (ZNS) [nach 6].

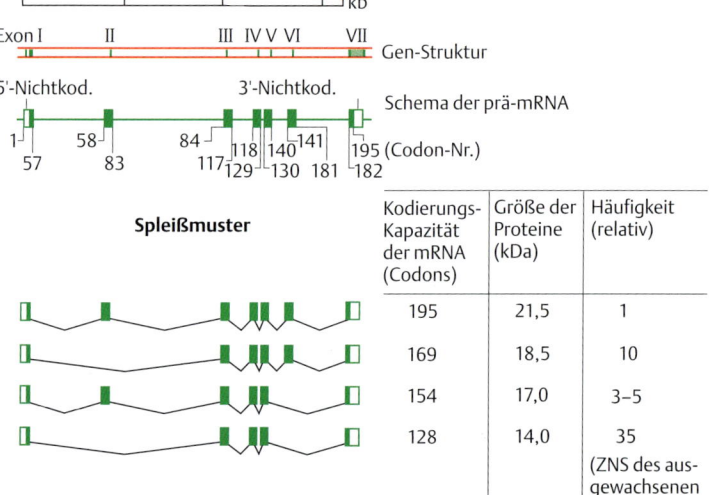

Zweites Beispiel: Spleißen entfernt entweder das eine oder das andere Exon

Muskel-Proteine sind geradezu Musterbeispiele für die Bildung von Isoformen durch alternatives Spleißen. Wir betrachten Troponin T, ein Protein mit einer Molmasse von 30 kDa, das im Komplex mit anderen Proteinen die Calcium-Sensitivität der Actomyosin-ATPase bestimmt.

Verschiedene Troponin T-Varianten wurden im Verlauf der Entwicklung und in verschiedenen Muskel-Zelltypen entdeckt.

Das Troponin T-Gen besteht aus 18 Exons, von denen die kurzen Exons 4–8 alternativ gespleißt werden. Reife mRNAs enthalten alle Sequenzen der fünf Exons 4–8 oder weniger, und dann in wechselnden Kombinationen, so daß zahlreiche verschiedene mRNA-Arten gebildet werden können. In den mRNAs kommt zudem entweder die Sequenz des Exons 16 oder des Exons 17 vor. Das Vorkommen eines dieser beiden Exons schließt das Vorkommen des anderen aus (Abb. 13.**19**).

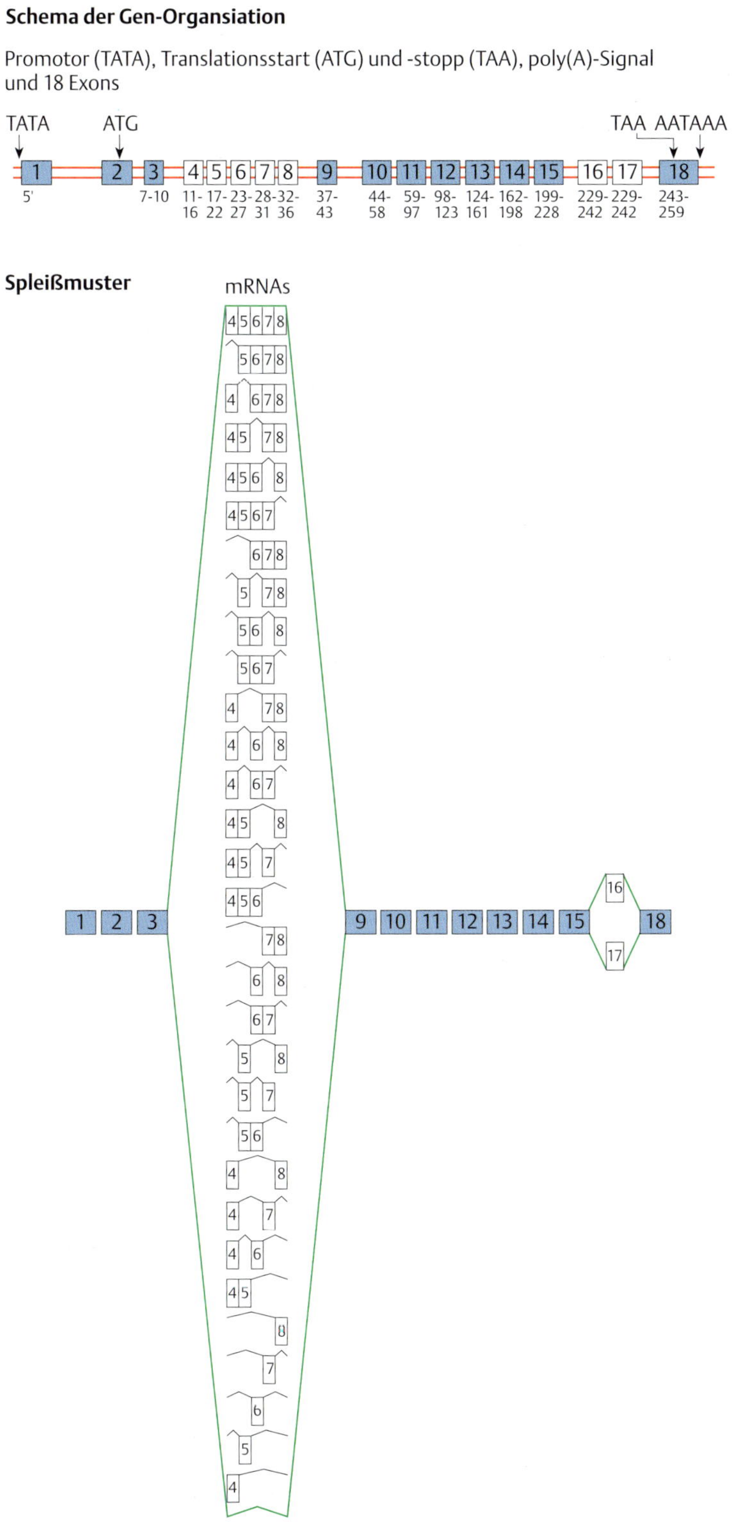

Schema der Gen-Organsiation

Promotor (TATA), Translationsstart (ATG) und -stopp (TAA), poly(A)-Signal und 18 Exons

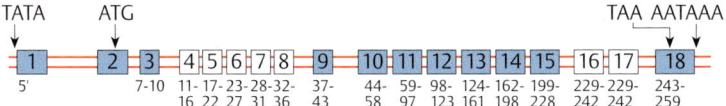

Abb. 13.19 Alternatives Spleißen des primären Troponin T-Transkriptes. oben Ein Schema des Gens: 18 Exons (numerierte Codons), von denen einige in allen mRNAs erscheinen (blau), während andere durch alternatives Spleißen entfernt werden können. **unten** Mögliche Spleißprodukte [nach 3].

Spleißmuster

Drittes Beispiel: Zelltyp-spezifisches Spleißen

Unser Beispiel ist das Gen für das Hormon Calcitonin. Dieses Gen ist aktiv in Zellen der Nebenschilddrüse und in Nerven-Zellen, genauer gesagt, in den sensorischen Ganglien-Zellen des Rückenmarks, in den Zellen des Hypothalamus und in anderen Bereichen des zentralen Nervensystems.

Gen-Expression in der Nebenschilddrüse liefert das Hormon Calcitonin, Gen-Expression in Nerven-Zellen das Neuropeptid CGRP *(calcitonin gene related protein)*.

Das Gen besteht aus sechs Exons (Abb. 13.**20**). In Zellen der Nebenschilddrüse werden die Exons 1–4 durch Spleißen verknüpft; dies geht mit einem Verlust der Exons 5 und 6 einher. Dagegen wird in Nerven-Zellen das Exon 4 herausgespleißt. Fachleute nehmen an, daß in Nerven-Zellen ein Spleißen des Exons 4 unterdrückt und das Spleißen der beiden endständigen Exons gefördert wird.

Abb. 13.20   Zelltyp-spezifisches Spleißen. Calcitonin in Zellen der Nebenschilddrüse, ein Neuropeptid in Nerven-Zellen [nach 12].

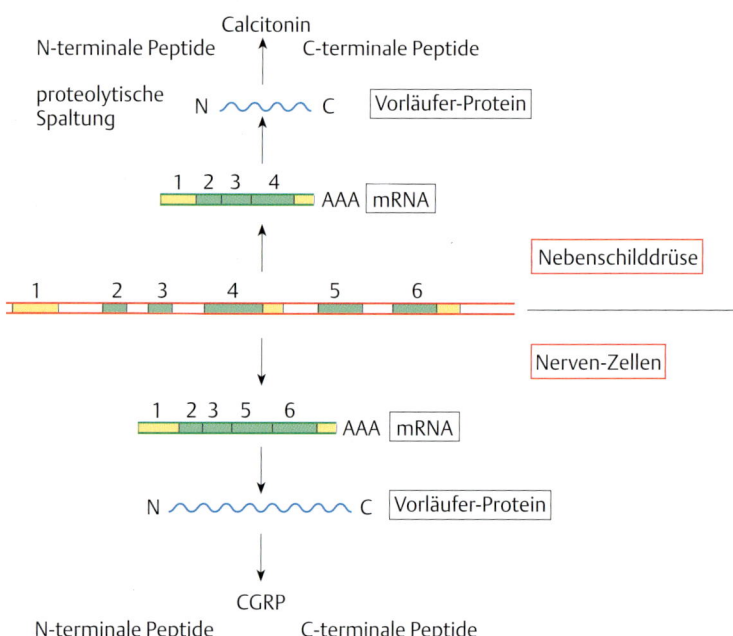

Wir ziehen den Schluß, daß zelltypspezifisches Spleißen mit der Auswahl der geeigneten Spleißstellen zu tun hat, und überdies, daß die betreffenden Zellen Faktoren besitzen, die das alternative Spleißen in die Wege leiten.

In den meisten Fällen bleiben diese Faktoren noch hypothetisch, aber an einigen Systemen kann man Faktoren für alternatives Spleißen gut studieren. Dazu gehören die Tra-Proteine von *Drosophila melanogaster*, deren Entdeckung durch eine Analyse von entsprechenden Mutanten gelungen ist.

Calcitonin

Die Nebenschilddrüse produziert zwei Peptid-Hormone für die Regulation des Calcium-Haushaltes. Das Parathormon reagiert auf Verringerung der Calcium-Ionen-Konzentration im Serum und mobilisiert Calcium aus Knochengewebe. Es reguliert auch die Ausscheidung von Calcium-Salzen durch die Niere. Calcitonin ist sein Gegenspieler: Bei erhöhter Calcium-Ionen-Konzentration im Serum hemmt es die Mobilisierung von Calcium aus den Knochen.

Faktoren für alternatives Spleißen: Geschlechtsbestimmung bei *Drosophila*

Die Entwicklung zum weiblichen oder männlichen Phänotyp wird bei *Drosophila melanogaster* durch das Verhältnis der X-Chromosomen/Autosomen eingeleitet: *ein* X-Chromosom stellt den Schalter auf männlich, *zwei* X-Chromosomen auf weiblich.

Die Umsetzung dieser frühen Signale hängt von der Funktion weiterer Gene und deren Produkte ab. Das zeigen Mutanten, bei denen die Geschlechtsentwicklung trotz korrekter Chromosomen-Konstitution in eine falsche Richtung läuft. Bei einigen Mutanten sind die Gene für bestimmte Spleiß-Faktoren betroffen.

Unser Beispiel betrifft eine der letzten Stufen in einer Kaskade alternativer Spleiß-Prozesse. Es geht um die Reifung der prä-mRNA des *dsx*-Gens (dsx, *double sex*). Die prä-mRNA enthält sechs Exons, von denen das Exon 4 in männlichen Zellen und die Exons 5 und 6 in weiblichen Zellen beim Spleißen entfernt werden (Abb. 13.**21**). Offensichtlich wird die 3′-Spleißstelle vor Exon 4 in männlichen Zellen übergangen. Dafür ist die ungewöhnliche Struktur dieser Spleißstelle verantwortlich: Die Pyrimidin-Folge in der Nähe der 3′-Spleißstelle ist durch Purin-Bausteine unterbrochen und wird deswegen nicht vom Spleißapparat angenommen. Weibliche Zellen besitzen die besonderen Proteine Tra und Tra2 (nach dem Gen *tra, transformer*), die diesen Defekt ausgleichen. Das **Tra2-Protein** besitzt eine RNP-Domäne für spezifische RNA-Bindung und zwei SR-Domänen für Wechselwirkung mit anderen Proteinen. Das Tra2-Protein bindet an eine spezifische Stelle in der Exon 4-Sequenz und nimmt dann Kontakt mit anderen Proteinen auf. Darunter sind das Tra-Protein und der Spleiß-Faktor SF2 (Tra und SF2 sind SR-Proteine; S. 388). Durch diesen Protein-RNA-Komplex wird der Spleißapparat auf die geeignete Stelle geleitet und kann den alternativen Spleißvorgang in weiblichen Zellen einleiten.

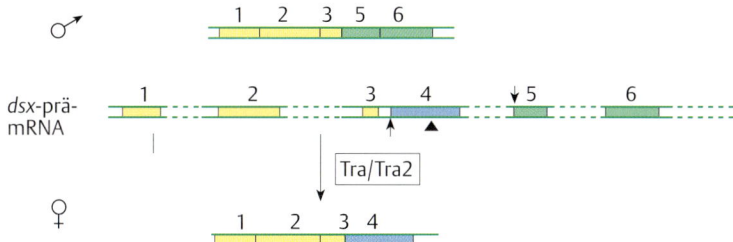

Abb. 13.21 Spleiß-Faktoren bestimmen die Auswahl von Spleißstellen. Die kleinen senkrechten Pfeile an der prä-mRNA geben die 3′-Spleißstellen an, die in weiblichen oder männlichen *Drosophila*-Zellen benutzt werden. Die Auswahl der Spleißstellen in weiblichen Zellen wird durch die Spleiß-Faktoren Tra und Tra2 bestimmt [nach 14, 20].

Das alternative Spleißen der *dsx*-prä-mRNA zeigt, wie Spleiß-Faktoren in den Dienst der differentiellen Gen-Expression gestellt werden. Wir gehen davon aus, daß andere Zell-Typen andere, aber ähnliche Mechanismen besitzen, um die Auswahl alternativer Spleißstellen zu bestimmen.

Noch eine Variation zum Thema: *Trans*-Spleißen

In manchen Zellen werden unabhängige Primärtranskripte durch Spleißen miteinander verknüpft. Dies nennt man *inter*molekulares Spleißen oder Spleißen *„in trans"*.

Die Entdeckung dieses Prozesses gelang bei der Untersuchung des Protozoen *Trypanosoma brucei*. Alle reifen mRNAs dieses Organismus haben ein gemeinsames 5′-Ende aus 35 Nucleotiden. Dieses Ende fehlt in Genen für mRNAs. Statt dessen enthält das *Trypanosoma*-Genom viele, meist in Gruppen angeordnete kleine Transkriptions-Abschnitte, sogenannte Mini-Exons, die die 35-Nucleotid-Sequenz einschließen. Die primären Transkripte der Mini-Exons bestehen aus 137 Nucleotiden und tragen im Abstand von 35 Nucleotiden vom 5′-Ende eine typische 5′-Spleißstelle. Als Gegenstück dazu haben die anderen prä-mRNAs eine lange 5′-Nichtkodierungs-Sequenz und vor dem offenen Leseraster eine 3′-Spleißstelle.

Beide prä-mRNAs werden durch Spleißen miteinander verknüpft, wobei die Mini-Exon-Sequenz und die Kodierungs-Sequenz einer prä-mRNA verbunden und die 5′-„Intron"-Sequenzen freigesetzt werden. Die freie Intron-Sequenz hat nicht die Lasso-Struktur wie beim intramolekularen Standard-Spleißvorgang, sondern eine Y- oder gabelförmige Struktur (Abb. 13.**22**).

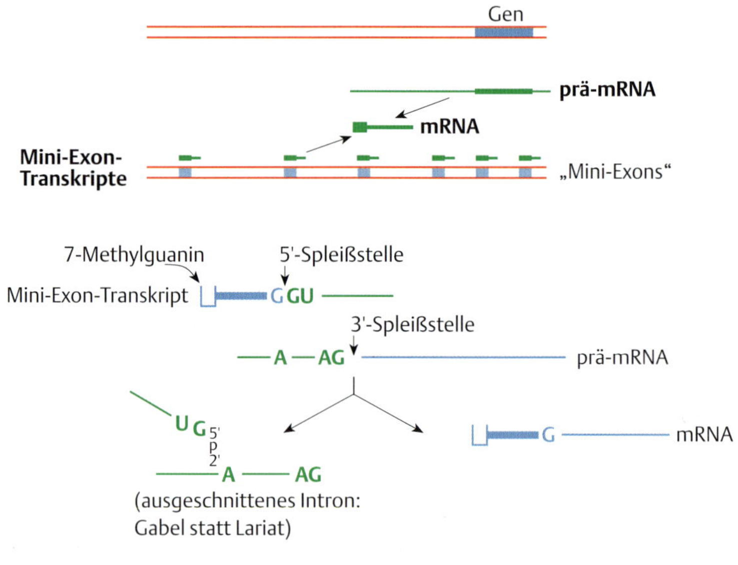

Abb. 13.22 *Trans*-**Spleißen in Trypanosomen.** **oben** Protein-kodierendes Gen und einige Mini-Exons. Prä-mRNAs tragen lange 5′-Sequenzen vor den Kodierungs-Sequenzen; die Transkripte von Mini-Exons haben 5′-Sequenzen mit 7-Methylguanosiniumat-Kappen. **unten** Unter Benutzung von Konsensus-Spleißstellen kommt es zur Verknüpfung der 35 endständigen Nucleotide der Mini-Exon-Transkripte mit der Kodierungs-Sequenz der prä-mRNAs. Intron-ähnliche Abschnitte werden als gabelförmige RNA abgetrennt [nach 2].

Trans-Spleißen ist keine Spezialität von Trypanosomen. Man findet es auch bei der Reifung der Primärtranskripte einiger, aber nicht aller Gene von Rund- und Fadenwürmern (siehe Kasten) und in den Chloroplasten (S. 489).

Cis- und *Trans-*Spleißen bei dem Nematoden *Caenorhabditis elegans*

Der Nematode *Caenorhabditis elegans* ist ein günstiges Modellsystem für viele Fragestellungen der Entwicklungsbiologie. Deswegen ist man recht gut über die Molekulargenetik dieses Rundwurms unterrichtet.

Bei ihren Untersuchungen entdeckten Forscher, daß rund die Hälfte aller mRNAs von *C. elegans* durch *Trans*-Spleißen von RNA-Vorläufern entsteht. Bei diesem Organismus kommen also normales (*Cis*-)Spleißen und *Trans*-Spleißen nebeneinander vor. Bei Trypanosomen entstehen hingegen alle mRNAs durch *Trans*-Spleißen.

Eine weitere Besonderheit von *C. elegans* ist, daß etwa ein Viertel der prä-mRNA die Transkripte von zwei oder mehreren Genen trägt. Die prä-mRNAs sind also polygenisch. Durch *Trans*-Spleißen wird die polygenische prä-mRNA in reife monogenische mRNAs überführt.

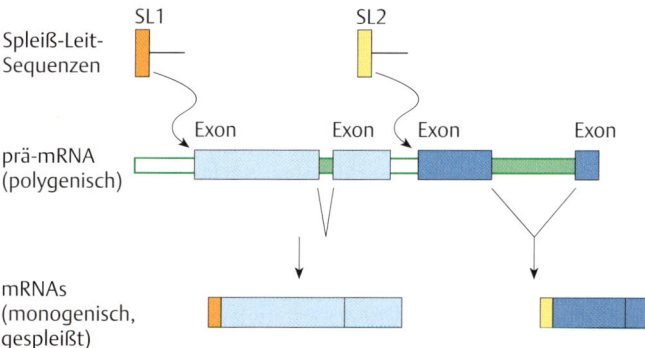

Man unterscheidet zwei *Trans*-Spleißreaktionen:
1. Die Spleiß-Leitsequenz SL1 gelangt an die 5'-Enden der prä-mRNA (wie bei Trypanosomen).
2. Die Spleiß-Leitsequenz SL2 wird beim Austrennen der internen mRNAs aus der polygenen prä-mRNA verwendet.

Im übrigen laufen die *Trans*-Spleißreaktionen hier ganz ähnlich ab wie bei Trypanosomen (Abb. 13.**22**).

Das Ende der Botschaft: RNA-Prozessieren am 3'-Ende

Die Herstellung reifer mRNAs in Eukaryoten-Zellen erfordert nicht nur eine Verknüpfung von Exon-Sequenzen durch Spleißen, sondern auch die Anheftung von poly(A)-Enden.

Die RNA-Polymerase II kommt erst viele hundert Basenpaare stromabwärts vom letzten Exon zum Stillstand, und zwar an verschiedenen Stellen innerhalb eines weiten DNA-Bereiches. Welche Faktoren oder Sequenzen den Stopp beeinflussen, ist noch wenig erforscht. Die Verhältnisse sind nicht leicht zu untersuchen, denn noch während der Transkription wird das Ende der mRNA gebildet, zur gleichen Zeit wie die Anheftung von Adenin-Resten (Abb. 13.**23**).

Fast alle mRNAs in tierischen und pflanzlichen Zellen enden an der Stelle, wo die Kette der 150–250 Adenin-Nucleotide angeheftet wird, an der **Polyadenylierungs-Stelle** oder **poly(A)-Stelle**.

Abb. 13.23   Ende des Transkriptes. Das Ende der prä-mRNA entsteht noch während der laufenden Transkription durch einen Schnitt an der Poly(A)-Stelle. An das 3'-Ende werden 150–250 Adenylat-Reste polymerisiert.

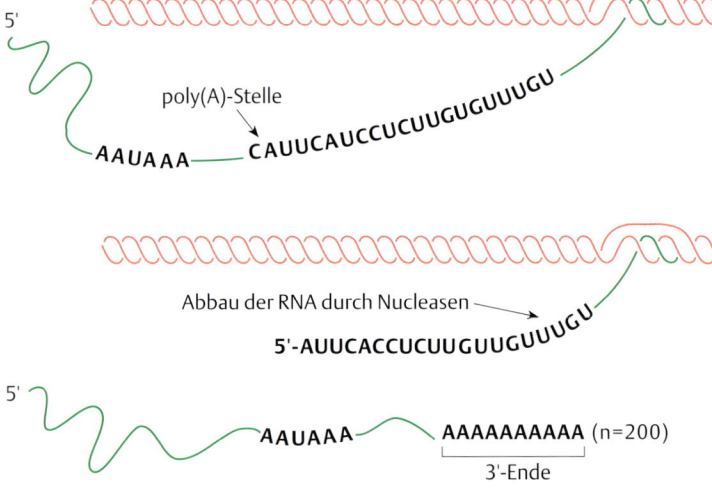

In der mRNA von Tier-Zellen befindet sich 10–35 Nucleotide vor der poly(A)-Stelle die **Hexanucleotid-Folge AAUAAA**, seltener AUUAAA. Diese Sequenz ist für eine erfolgreiche Polyadenylierung notwendig. Deswegen wird sie oft als Polyadenylierungs-Signal bezeichnet. In vielen mRNAs von Pflanzen-Zellen findet man eine ähnliche Sequenz, aber weniger gut konserviert und in unterschiedlichen Abständen von der poly(A)-Stelle. Die Folge AAUAAA vermittelt die Bindung des Proteins CPSF (siehe unten).

Eine zweite notwendige Sequenz in tierischen mRNAs ist eine Gruppe von GU- und UU-Bausteinen weiter 3'-wärts von der poly(A)-Stelle (Abb. 13.**24**). Daran bindet das Protein CstF (siehe unten).

Abb. 13.24   Sequenzsignale im Transkript. Polyadenylierungs-Signal AAUAAA (gelb); Poly(A)-Stelle (rot) und Stromabwärts-Sequenzen (blau) [nach 1].

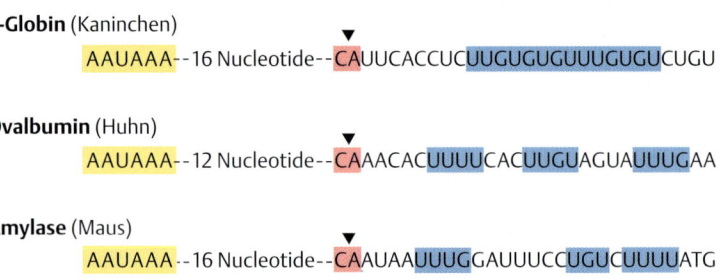

Die Herstellung des korrekten Endes mit der Anheftung der Poly(A)-Sequenz kann im biochemischen Test mit Proteinen aus Zellkultur-Zellen verfolgt werden. Daher kennt man die beteiligten Proteine (Abb. 13.**25**):

– Das Protein **CPSF** *(cleavage and polyadenylation specificity factor)* mit seinen vier Untereinheiten bindet an das Hexanucleotid AAUAAA und ermöglicht eine endonucleolytische Spaltung der RNA durch Rekrutierung spezieller Proteine: CstF *(cleavage stimulation factor)* und CFI und CFII *(cleavage factor).*

– Die Proteine stimulieren das Enzym **Poly(A)-Polymerase,** das die lange Folge von Adenin-Bausteinen an das 3'-Ende der gespaltenen RNA anheftet.

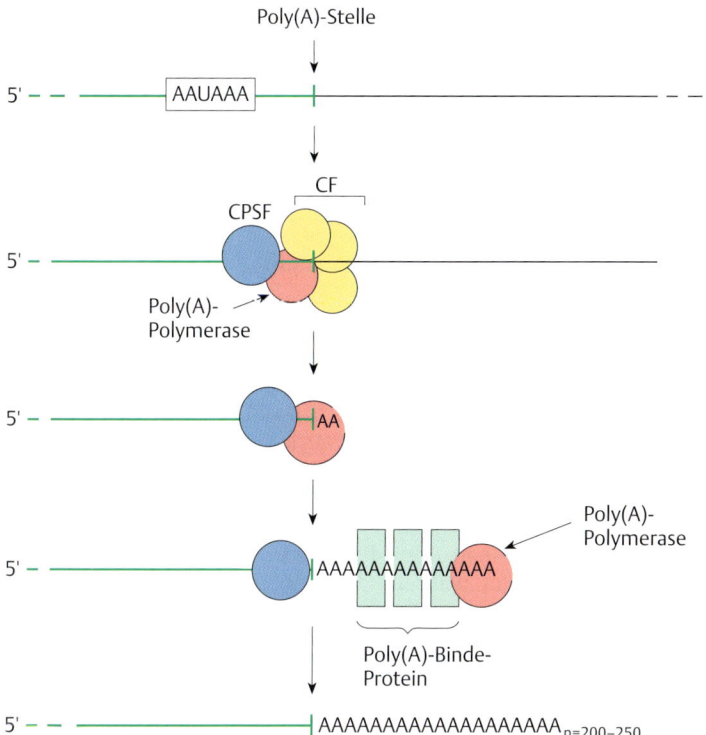

Abb. 13.25 Faktoren für das Prozessieren am 3'-OH-Ende. CPSF = Cleavage and Polyadenylation Specificity Factor; CF = Cleavage Factor; Poly(A)-Polymerase; Poly(A)-Binde-Protein [nach 21].

- Die Polyadenylierung erfolgt in zwei Phasen: Eine erste langsame Phase, die nach Anheftung von etwa 10 Adenin-Bausteinen zu Ende geht; und eine zweite Phase, während der relativ schnell die restlichen 200 Nucleotide angefügt werden. Die erste Synthese-Phase hängt von der AAUAAA-Sequenz und dem gebundenen CPSF-Protein ab. Die zweite Synthese-Phase erfordert den vorher gebildeten kurzen poly(A)-Schwanz und ein spezielles Poly(A)-Binde-Protein, ein Mitglied der Protein-Gruppe mit RNP-Motiven (S. 387).

Die Polyadenylierungs-Reaktion hat gelegentlich Konsequenzen für die Expression genetischer Information. Einige Gene haben verschiedene Poly(A)-Stellen. Wir erinnern an das Calcitonin-Gen (Abb. 13.**20**), wo in zelltypspezifischer Weise mRNAs mit verschiedenen Enden gebildet werden. Die Ursache für die Verwendung alternativer poly(A)-Stellen ist noch nicht bekannt. Die Sequenz in der Umgebung der Poly(A)-Stelle sowie das Vorkommen verschiedener RNA-Binde-Faktoren mögen eine Rolle spielen.

Polyadenylierung kann für eine regulierte Gen-Expression wichtig sein. Ein bekanntes Beispiel sind mRNAs, die im Cytoplasma von unreifen Oozyten gespeichert werden. Manche dieser mRNAs haben kurze poly(A)-Schwänze, die dann im Laufe der Oozyten-Reifung verlängert werden. Erst nach der poly(A)-Verlängerung ist die mRNA fertig für die Protein-Synthese. Untersuchungen weisen darauf hin, daß dafür das Poly(A)-Binde-Protein notwendig ist, welches auf eine noch unerforschte Weise die Ereignisse bei der Einleitung der Translation am 5'-Ende der mRNA bestimmen kann.

Schließlich merken wir an, daß nicht alle mRNAs in Eukaryoten-Zellen einen poly(A)-Schwanz bekommen. Die bekanntesten Ausnahmen sind die mRNAs für Histone, die kein AAUAAA-Signal enthalten. Für die Herstellung der korrekten 3′-Enden ist hier ein ganz anderer Mechanismus verantwortlich, der die Bindung eines snRNP-Partikels (U7-snRNP) einschließt.

RNA-Edition

Man spricht von RNA-Edition oder RNA-Editieren, wenn die Nucleotid-Sequenz einer RNA noch nach der Transkription verändert wird. In diesen Fällen stimmt die Nucleotid-Sequenz im Gen nicht mit der Nucleotid-Sequenz im fertigen Transkript überein.

Die Transkripte in den Mitochondrien mancher Organismen werden erheblich durch RNA-Edition verändert. Darüber wird später an geeigneter Stelle berichtet (S. 481). Aber auch die Leseraster einiger prä-mRNAs in den Kernen von Säugetier-Zellen werden editiert.

Das wurde zuerst bei der Untersuchung der Expression des Proteins **Apolipoprotein B** entdeckt. Man kennt zwei Isoformen: eine größere Apo B100- und eine kleinere Apo B48-Isoform. Die größere Isoform wird in vielen Zellen gebildet, während die kleinere nur in den Kernen von Dünndarm-Zellen vorkommt. Beide Proteine werden von *einer* mRNA kodiert, aber in den Kernen von Dünndarm-Zellen wird ein Cytosin-Baustein durch hydrolytische Deaminierung in einen Uracil-Baustein überführt. Die Konsequenz ist, daß ein Sinn-Codon in ein Stop-Codon verwandelt wird, so daß es zu einem vorzeitigen Kettenabbruch bei der Protein-Synthese kommt. Die prä-mRNA besteht aus etwa 14 000 Nucleotiden, von denen gut 20 % Cytosin-Bausteine sind, aber die C → U-Umwandlung findet ganz spezifisch an einer einzigen Stelle statt, am Nucleotid 6666. Der Grund dafür ist eine besondere Sequenz-Umgebung, die das Enzym Cytidin-Deaminase auf das richtige Nucleotid lenkt.

Ein zweites, gut untersuchtes Beispiel für RNA-Edition in Säugetier-Zellen ist das Transkript für die **Untereinheit B des Glutamat-Rezeptors** in Nerven-Zellen. An entsprechender Stelle im Gen findet sich das Codon CAG (für Glutamin), aber in der prä-mRNA kommt an der gleichen Stelle das Codon CGG (für Arginin) vor. Alle anderen Adenin-Nucleotide in der prä-mRNA bleiben unverändert. Auch in dieser prä-mRNA bestimmen Nachbar-Sequenzen mit ausgedehnten Sekundärstruktur-Faltungen die Spezifität der Reaktion: Eine hydrolytische Deaminase überführt spezifisch ein einziges Adenosin-Nucleotid in ein Inosin-Nucleotid (S. 58), das wie Guanosin mit Cytosin paart, etwa bei der Wechselwirkung mit dem Anticodon einer Arginin-spezifischen tRNA.

Literatur

Original- und Übersichtsartikel

1. Birnstiel, M., Busslinger, M., Strub, K.: Transcription, termination and 3′-processing. The end is in site! Cell **41** (1985) 349–359
2. Borst, P.: Discontinuous transcription and antigenic variation in Trypanosomes. Ann. Rev. Biochem. **55** (1986) 701–732
3. Breitbart, R.E., Nadal-Ginard, B.: Alternative splicing: an ubiquitous mechanism for the generation of multiple protein isoforms from single genes. Ann. Rev. Biochem. **56** (1987) 467–495
4. Cech , T.R.: RNA as an enzyme. Sci. Amer. **255** (1986) 76–84
5. Cech, T.R., Bass, B.L.: Biological catalysis by RNA. Ann. Rev. Biochem. **55** (1986) 599–629
6. DeFerra, F., Engh, H., Hudson, L., Kamholz, J., Puckett, C., Molineaux, S., Lazzarini, R.A.: Alternative splicing accounts for the four forms of myelin basic protein. Cell **43** (1985) 721–727
7. Dreyfuss, G., Matunis, M.J., Pinol-Roma, S., Burd, C.G.: hnRNP proteins and the biogenesis of mRNA. Ann. Rev. Biochem. **62** (1993) 289–321
8. Guthrie, C., Pattersen, B.: Spliceosomal snRNAs. Ann. Rev. Genet. **22** (1988) 387–419
9. Horowitz, D.S., Krainer, A.: Mechanisms for selecting 5′splice sites in mammalian pre-mRNA splicing. Trends Genet. **10** (1994) 100–106
10. Lamm, G.M., Lamond, A.I.: Non-snRNP protein splicing factors. Biochim. Biophys. Acta **1173** (1993) 247–265
11. Lamond, A.I.: The spliceosome. BioEssays **15** (1993) 595–603
12. Leff, S.E., Evans, R.M., Rosenfeld, M.G.: Splice commitment dictates neuron-specific alternative RNA processing in calcitonin/CGRP gene expression. Cell **48** (1987) 517–524
13. Madhani, H.D., Guthrie, C.: Dynamic RNA-RNA interactions in the spliceosome. Ann. Rev. Genet. **28** (1994) 1–26
14. McKeown, M.: Alternative mRNA splicing. Ann. Rev. Cell Biol. **8** (1992) 133–155
15. Nilsen, T.W.: RNA-RNA interactions in the spliceosome: unraveling the ties that bind. Cell **78** (1994) 1–4
16. Osheim, Y.N., Miller, O.L., Beyer, A.L.: RNP particles at splice junction sequences on Drosophila chorion transcripts. Cell **43** (1985) 143–151
17. Paget, R.A., Grabowski, P.J., Konarska, M.M., Seiler, S., Sharp, P.: Splicing of messenger RNA precursors. Ann. Rev. Biochem. **55** (1986) 1119–1150
18. Ruby, S.W., Abelson, J.: Pre-mRNA splicing in yeast. Trends Genet. **7** (1991) 79–85
19. Sharp, P.A.: Split genes and RNA splicing. Nobel-Lecture. Cell **77** (1994) 805–815
20. Tian, M., Maniatis, T.: Positive control of pre-mRNA splicing in vitro. Science **256** (1992) 237–240
21. Wahle, E., Keller, W.: The biochemistry of 3′-end cleavage and polyadenylation of messenger RNA precursors. Ann. Rev. Biochem. **61** (1992) 419–440
22. Wu, J.Y., Maniatis, T.: Specific interactions between proteins implicated in splice site selection and regulated alternative splicing. Cell **75** (1993) 1061–1070

14. Messenger-RNA im Cytoplasma

Im **Zellkern** werden die Transkripte proteinkodierender Gene durch mehrere Schritte in fertige mRNAs überführt: durch das Aufsetzen der Kappe am 5′-Ende, das Anheften des Poly(A)-Endes am 3′-Ende und das Entfernen der Introns durch Spleißen.

Mit hnRNP-Proteinen bedeckt, gelangt die fertige mRNA in das **Cytoplasma**. Einige Beobachtungen sprechen dafür, daß der Durchtritt der mRNA durch die Kernhülle ein regulierter Prozeß ist. Aber zur Zeit sind die Verhältnisse noch wenig erforscht. Deswegen können wir über die Wanderung der mRNA vom Kern in das Cytoplasma wenig sagen.

Der Hauptzweck der mRNA ist die Programmierung der Protein-Synthese. Dies ist keine automatische Konsequenz ihres Auftretens im Cytoplasma. Ihre Verwendung ist vielmehr Regulationen unterworfen. Man spricht von der **Regulation genetischer Aktivität auf der Basis der Translation**.

Um wichtige Begriffe noch einmal in Erinnerung zu bringen, zeigen wir in der Abb. 14.**1** die allgemeine Struktur einer eukaryotischen mRNA.
– Eine typische mRNA beginnt am 5′-Ende mit der **7-Methyl-guanosinium-Kappe**, die über eine 5′-5′-Triphosphat-Brücke mit dem nächsten Nucleotid verknüpft ist. Dieses und das dann nächst-

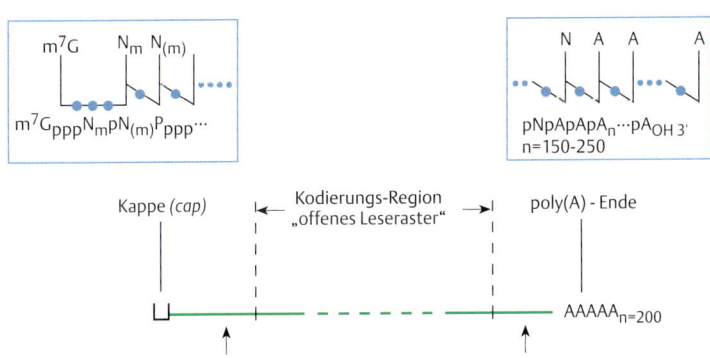

Abb. 14.1 Allgemeine Struktur eukaryotischer mRNA.

folgende Nucleotid in der Reihe sind oft ebenfalls modifiziert, und zwar durch Methyl-Reste an den 2′-OH-Gruppen der Ribose-Bausteine. Die Kappe hat mehrere Funktionen. Sie erleichtert den Transport der fertigen mRNA in das Cytoplasma und schützt vor Abbau der mRNA vom 5′-Ende her. Vor allem aber hat sie eine entscheidende Funktion bei der Einleitung der Translation, wie wir später im Laufe des Kapitels sehen werden.

– Die **5′-Nichtkodierungs-Region** besteht meist aus 50–100 Nucleotiden, die in vielen mRNAs Sekundärstruktur-Schleifen bilden.
– Eukaryotische mRNA ist monogenisch: Sie trägt **ein offenes Leseraster**, eingefaßt auf der 5′-Seite durch das universelle Start-Codon AUG und auf der 3′-Seite durch eines der drei Stop-Codons UAG, UAA oder UGA.
– Nach dem Stop-Codon beginnt die **3′-Nichtkodierungs-Sequenz**, die meist aus einigen hundert Nucleotiden besteht.
– Die meisten mRNAs enden mit einer monotonen Folge von 150–250 Adenin-Nucleotiden, das **Poly(A)-Ende**.

Die Nucleotid-Folgen in jedem dieser Abschnitte können das Schicksal einer mRNA im Cytoplasma beeinflussen. Das wird im folgenden Abschnitt deutlich, wenn von der Stabilität der mRNA im Cytoplasma die Rede sein wird.

Stabilität der mRNA

In einer Zelle bleiben manche mRNAs über viele Stunden und bis zu Tagen erhalten, während andere innerhalb von Minuten abgebaut werden. Um einige, uns bekannte Beispiele zu nennen, erinnern wir an die Transkripte der Globin-Gene (S. 365), die in erythroiden Zellen über mehr als 20 Stunden stabil bleiben, und an die c-Fos- oder c-Myc-mRNAs, die 20 oder 30 Minuten nach ihrer Synthese schon wieder abgebaut werden (Abb. 12.2, S. 332). Die Abbaurate von mRNA ist danach wichtig für die Regulation der genetischen Aktivität. Allerdings sind die zugrundeliegenden Mechanismen alles andere als einheitlich. Sie werden in allen Fällen durch Sequenz-Elemente in den betreffenden mRNAs bestimmt.

Abb. 14.2 Besonderheiten in 3′-Nichtkodierungs-Regionen kurzlebiger mRNA. Hu = humane mRNAs; Mu = murine (Maus-) mRNA [nach 12].

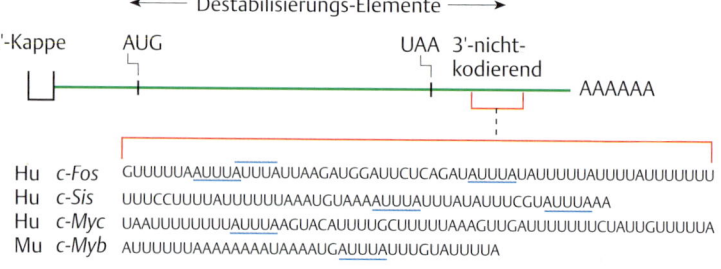

Destabilisierungs-Sequenzen

Die kurzlebige Fos-spezifische mRNA und andere mRNAs, die sehr früh nach der Serum-Stimulation ruhender Zellen gebildet werden (S. 334), zeichnen sich durch Abschnitte mit vielen Adenin- und Uracil-Nucleotiden in den 3′-Nichtkodierungs-Bereichen aus. Auffällig ist das Vorkommen von AUUUA-Sequenz-Motiven (Abb. 14.**2**).

Die Bedeutung dieser Sequenzen für die mRNA-Stabilität wurde durch ein Experiment überprüft, bei dem die 3′-Nichtkodierungs-Region von Fos-mRNA an die Kodierungs-Sequenz der β-Globin-mRNA angeheftet wurde. Während die normale β-Globin-mRNA eine Halbwertszeit von mehr als 20 Stunden hat, wird das Konstrukt 5′-Globin-/3′-Fos-mRNA in weniger als einer halben Stunde abgebaut. Die Interpretation ist, daß die AU-reiche 3′-Nichtkodierungs-Region eine **Destabilisierungs-Sequenz** enthält. Aber eine Entfernung der 3′-Nichtkodierungs-Region macht die Fos-mRNA nicht stabiler, und weitere Experimente zeigen, daß die Fos-mRNA ein zweites Destabilisierungs-Element besitzt, und zwar im Bereich des offenen Leserasters.

Entsprechende Experimente wurden mit anderen kurzlebigen mRNAs durchgeführt: Eine Transplantation der AU-reichen 3′-Nichtkodierungs-Region führt oft zu einer Destabilisierung sonst langlebiger mRNAs. Die Entfernung dieser Sequenzen hat aber nicht notwendigerweise eine Stabilisierung zur Folge, weil oft noch andere Bereiche der mRNA für die Stabilität verantwortlich sind.

Der Abbau der mRNA beginnt fast immer mit einer Verkürzung des Poly(A)-Endes, bevor dann der weitere Abbau erfolgt. Dieser kann vom 3′-Ende, vom 5′-Ende oder von internen Schnittstellen ausgehen, je nach der beteiligten mRNA und nach der Lage der Destabilisierungs-Elemente (Abb. 14.**3**).

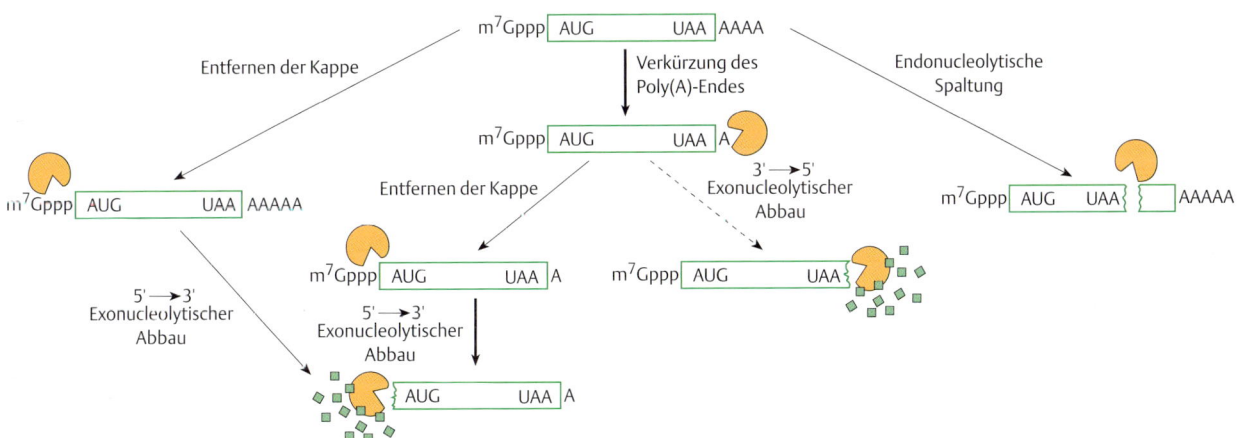

Abb. 14.3 Wege des Abbaus. Mitte Entfernung des poly(A)-Endes, gefolgt von 3′-5′- oder 5′-3′-exonucleolytischem Abbau der RNA. **links** Ein weniger häufiger Abbauweg, der mit der Entfernung der Kappe beginnt. **rechts** Abbau wird gelegentlich auch durch Spaltung im Innern der mRNA eingeleitet [nach 2, 8].

Ein wichtiger Faktor ist die Translation. Wird die Translation (Protein-Synthese) durch Verbindungen wie Cycloheximid blockiert, so bleibt die mRNA oft stabil. Daraus kann man schließen, daß die abbauenden Enzyme an Ribosomen gekoppelt sind. Wenn also der Eintritt von Ribosomen auf die mRNA verhindert wird, unterbleibt oft auch ein Abbau der mRNA.

Diese Reaktionen werden durch RNA-gebundene Proteine in einer noch wenig verstandenen Weise kontrolliert. Dabei spielen vermutlich auch ein Poly(A)-Binde-Protein und eine Poly(A)-RNase eine Rolle. Dieses Enzym erkennt und attackiert die RNA, aber die Einzelheiten der Reaktion sind noch nicht gut erforscht.

Regulations-Proteine: Bindung an RNA-Schleifen

Bisher kann man nur in wenigen Fällen eine eindeutige Funktion von RNA-Binde-Proteinen für die Regulation der mRNA-Verwertung nachweisen. Ein prominentes und viel untersuchtes Beispiel ist die Regulation der Synthese von Proteinen des Eisen-Stoffwechsels. Diese Regulation betrifft die Verfügbarkeit von mRNA.

Nahezu alle Zellen eines Säugetieres tragen auf ihrer Oberfläche den **Transferrin-Rezeptor (TR)**. An diesen Rezeptor bindet das Eisentransport-Protein des Serums, das Transferrin. Dies ist ein erster Schritt bei der Aufnahme von Eisen in die Zelle. In Zeiten von Eisen-Mangel bildet die Zelle große Mengen von TR-Molekülen, aber bei Eisen-Überschuß kann sie weitgehend auf TR verzichten und seine Synthese abdrehen. Forschungen haben gezeigt, daß dieser Regulation eine Zu- oder Abnahme von TR-mRNA zugrunde liegt. Mit anderen Worten, TR-mRNA ist stabil bei Eisen-Mangel, aber wird bei Eisen-Überschuß rasch abgebaut. Die Regulation wird vermittelt über fünf hintereinanderliegende RNA-Doppelstrang-Schleifen in der 3′-Nichtkodierungs-Region der TR-mRNA (Abb. 14.**4**). Diese RNA-Sekundärstruktur wird in der Fachsprache als IRE *(iron response element)* bezeichnet. IRE ist eine Stelle auf der RNA, die als Bindeort für das IRE-Binde-Protein dient (siehe Kasten). Das IRE-Binde-Protein blockiert den Zugang zu Destabilisierungs-Sequenzen und verhindert dadurch einen Abbau der TR-mRNA. Das Ergebnis ist eine Zunahme der Menge an TR-mRNA-Molekülen und eine vermehrte Synthese von Transferrin-Rezeptoren.

Abb. 14.4 Regulation der Stabilität von TR-mRNA durch gebundenes Protein. IRE = *iron response element* [nach 2, 5].

TR-mRNA

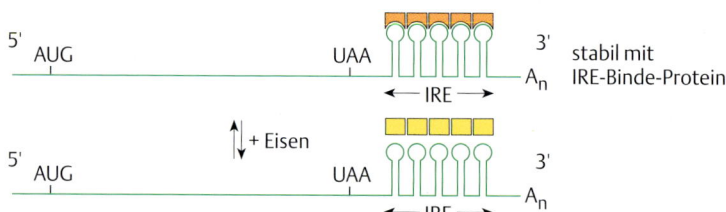

Regulation des zellulären Eisen-Stoffwechsels

Säugetier-Zellen erwerben Eisen durch das Tansport-Protein **Transferrin**, ein 80 kDa-Glykoprotein mit der Fähigkeit zur Bindung von zwei Eisen-Atomen. Transferrin bindet an den **Transferrin-Rezeptor** auf der Zelloberfläche und gelangt durch Endocytose in die Zelle. Das aufgenommene Eisen kann direkt für seine Aufgaben im Zell-Stoffwechsel eingesetzt werden. Bei Überschuß wird es im Komplex mit **Ferritin** gespeichert.

Aus dieser einfachen Beschreibung folgt, daß Zellen einen Bedarf für Transferrin-Rezeptoren bei Eisen-Mangel und einen Bedarf für Ferritin bei Eisen-Überschuß haben. Die Regulation erfolgt durch das IRE-Binde-Protein. Bei Eisen-Überschuß bildet es eine [4Fe–4S]-Gruppierung und funktioniert als (cytoplasmatische) Aconitase, ein Enzym, das Citrat in Isocitrat überführt. Bei Eisen-Mangel kann sich die [4Fe–4S]-Gruppierung nicht ausbilden, und die Konformation des Proteins ändert sich. Jetzt wirkt es als IRE-Binde-Protein, das mit hoher Spezifität an RNA-Schleifen binden kann.

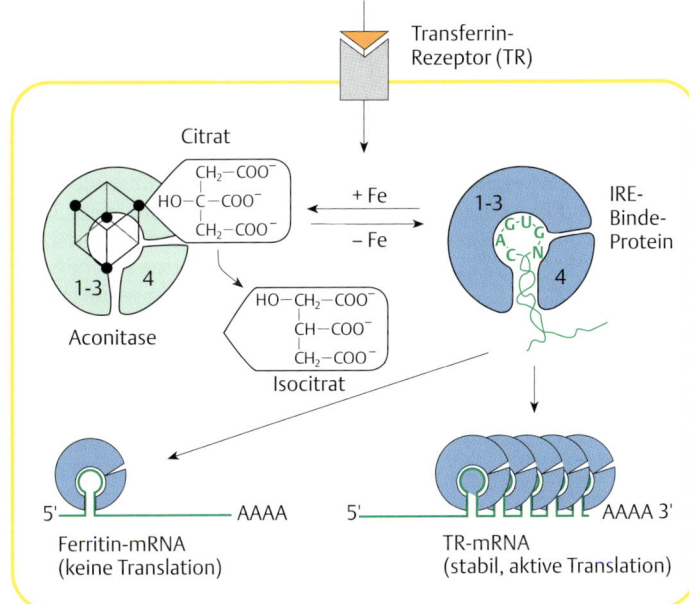

RNA-Schleifen kommen in der 3'-Nichtkodierungs-Region der mRNA des Transferrin-Rezeptors vor. Sie bewirken im Endeffekt eine Zunahme der Transferrin-Rezeptor-Moleküle auf der Zelloberfläche.

Eine weitere Stelle für das IRE-Binde-Protein befindet sich in der 5'-Nichtkodierungs-Region der Ferritin-mRNA. Die Konsequenz ist hier eine Hemmung des Eintritts von Ribosomen und eine Blockade der Translation. Anders gesagt, bei Eisenmangel nimmt die Synthese von Ferritin ab. Eine IRE-Bindestelle gibt es auch in der 5'-Nichtkodierungs-Region einer mRNA für das erste Enzym (5-Aminolävulinat-Synthase) in der Kette der Reaktionen für die Häm-Synthese. Auch hier blockiert gebundenes IRE-Protein die Translation.

Als Zusammenfassung notieren wir, daß wichtige Reaktionen des zellulären Eisen-Stoffwechsels durch die Regulation der Translation geeigneter mRNAs bestimmt werden [nach 5].

Stabilitätswechsel im Zellzyklus

Ein bekanntes Beispiel ist die unterschiedliche Stabilität der Histon-mRNA in verschiedenen Phasen des Zellzyklus. Die Menge an Histon-mRNA-Molekülen nimmt mit dem Eintritt in die S-Phase des Zellzyklus um den Faktor 30–50 zu und sinkt rasch nach dem Ende der DNA-Replikation wieder ab (Abb. 14.**5**). Die Ursache dafür ist nur zum geringeren Teil eine gesteigerte Transkription und hauptsächlich ein Wechsel in der Stabilität der mRNA. Die Halbwertszeit der Histon-mRNA nimmt mit dem Eintritt in die S-Phase von etwa 10 Minuten auf über eine Stunde zu.

Abb. 14.5   Die Histon-mRNA-Menge nimmt während der S-Phase des Zellzyklus zu.

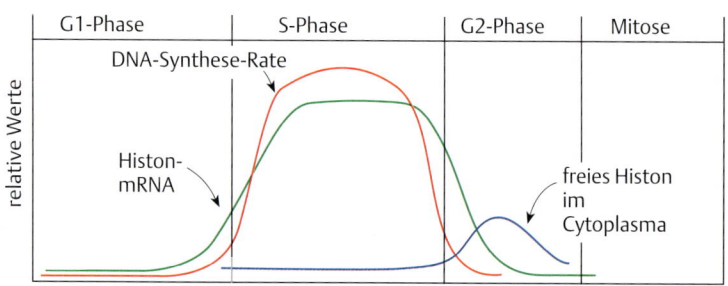

Verfügbare Daten weisen darauf hin, daß mit der Beendigung der Replikation eine Ribosomen-gebundene Nuclease aktiviert wird. Dieses Enzym greift das 3′-Ende der mRNA an und leitet einen exonucleolytischen Abbau ein (Abb. 14.**6**). Wie das Ende der Replikation von den Ribosomen registriert wird, ist noch nicht genau bekannt. Ein populäres Modell besagt, daß nach Ende der Replikation überschüssiges Histon vorliegt. Das Histon ist „überschüssig", weil keine freien DNA-Regionen mehr für die Bindung von Histon zur Verfügung stehen. Statt dessen bindet sich Histon u. a. an die RNA-Schleife in der 3′-Nichtkodierungs-Region der Histon-mRNA. Das könnte das Signal für den Abbau der mRNA sein.

Abb. 14.6   Regulation der Histon-mRNA-Menge [nach 11].

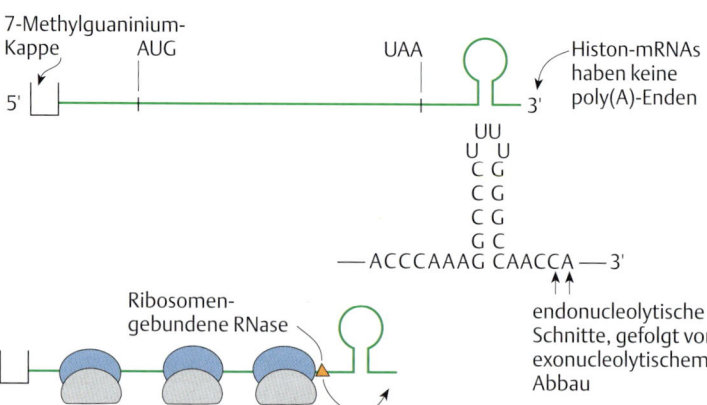

Die Beispiele zeigen, daß die Expression genetischer Aktivität in vielen Fällen maßgeblich durch die Stabilität der mRNA bestimmt werden kann. Art und Weise der Destabilisierung sind unterschiedlich bei verschiedenen mRNAs, abhängig von Sequenz und Lokalisation der Destabilisierungs-Elemente sowie von den beteiligten Proteinen.

Ein zweiter wichtiger Mechanismus der Gen-Regulation auf der Basis der Translation betrifft die Einleitung der Protein-Synthese. Im folgenden beschreiben wir zuerst die komplexe Initiation der Translation von eukaryotischen mRNAs und kommen dann auf deren Regulation zu sprechen.

Einleitung der Translation

Die wichtigen Reaktionen bei der Einleitung der Translation sind, erstens, der Kontakt des Start-Codons AUG mit dem Anticodon in der Methionin-beladenen Initiations-tRNA und, zweitens, die Zusammensetzung des vollständigen Ribosoms aus seinen beiden Untereinheiten.

In Bakterien werden diese Reaktionen hauptsächlich durch drei Initiations-Faktoren bestimmt (S. 68). Dagegen sind mehr als ein Dutzend Faktoren für die Einleitung der Translation in Eukaryoten-Zellen notwendig. Einige Faktoren sind aus mehreren Untereinheiten zusammengesetzt.

Eine Zusammenstellung der **eukaryotischen Initiations-Faktoren (eIF)** gibt die Tab. 14.**1**.

Tab. 14.1   Eukaryotische Initiations-Faktoren

Bezeichnung (alternative Bez. in Klammern)	Untereinheiten	Molmasse (kDa)	Funktion
eIF-1	–	15	fördert Bildung des 43S-Prä-Initiations-Komplexes
eIF-1A (eIF-4C)	–	18	Dissoziation des Ribosoms in die Untereinheiten
eIF-2	α β γ	36 38 55	GTP-abhängige Bindung von Met-tRNA an die 40S-Ribosomen-Untereinheit
eIF-2A	–	65	Bindung von Met-tRNA an die 40S-Ribosomen-Untereinheit
eIF-2B	5	272	Guanin-Nucleotid-Austausch-Faktor GEF; *(guanine nucleotide exchange factor)*: Regeneration von eIF-2/GDP
eIF-2C	–	94	stabilisiert den ternären Komplex aus Met-tRNA/eIF2/GTP
eIF-3	8	550	fördert die Bildung des Prä-Initiations-Komplexes
eIF-3A (eIF-6)	–	25	Trennung des Ribosoms in die 40S- und die 60S-Untereinheit
eIF-4A	–	50	RNA-Helikase; Bestandteil von eIF-4F *(cap binding complex)*
eIF-4B	–	69	fördert die Bindung von eIF-4A an mRNA
eIF-4F	α (eIF-4E) β (eIF-4A) γ/p220	25 50 220	Bindung an die 7-Methylguanosinium-Kappe *(cap binding protein)* RNA-Helikase hält den eIF-4F-Komplex zusammen
eIF-5	–	150	fördert die Bindung der 60S-Ribosomen-Untereinheit
eIF-5A	–	17	fördert die Bildung der ersten Peptid-Bindung

Die angegebenen Molmassen sind ungefähre Werte, die für die Proteine aus Säugetier-Zellen gelten [aus 9].

Die Bildung des Initiations-Komplexes am AUG-Start-Codon geht über verschiedene Stationen (Abb. 14.**7**):

1. Eine aktive 40S-Ribosomen-Untereinheit wird hergestellt. Dazu sind zwei Reaktionen notwendig, nämlich die Trennung von der 60S-Untereinheit, gefördert durch den Faktor eIF-3A/eIF-6, und eine Aktivierung durch Bindung des Faktors eIF-1A (eIF-4C) und des großen Proteins eIF-3 mit seinen acht Untereinheiten (Tab. 14.**1**).

2. Unabhängig davon entsteht der ternäre Komplex aus Met-tRNA und eIF-2/GTP. Der **ternäre Komplex** bindet sich an die vorbereitete 40S-Untereinheit. Man spricht jetzt vom 43S-Prä-Initiations-Komplex.

3. Die mRNA wird vorbereitet durch die ATP-abhängige Bindung des Proteins **eIF-4F** mit seinen drei Untereinheiten an die 7-Methyl-guanosinium-Kappe. Die Bindung wird vermittelt durch die kleine α-Untereinheit (eIF-4E), die deswegen auch als „*cap binding protein*" bekannt ist. Die β-Untereinheit (eIF-4A) entfernt als RNA-Helikase unter Verbrauch von ATP Sekundärstruktur-Falten in der 5′-Nicht-kodierungs-Region der mRNA. Die RNA-Helikase kommt nicht nur als Untereinheit von eIF-4F vor, sondern auch als freies Enzym und ist eines der häufigsten Initiations-Proteine. Für seine volle Funktion benötigt es das Protein eIF-4B, das an die mRNA bindet und zusammen mit der RNA-Helikase bei der Entwindung von RNA-Doppelstrang-Regionen wirkt.

4. Die drei Komponenten – 40S-Ribosomen-Untereinheit, der ternäre Komplex (Met-tRNA/eIF-2/GTP) und die vorbereitete mRNA – treffen sich unter Ausbildung einer Struktur, die auch als 48S-Prä-Initiations-Komplex bezeichnet wird.

   Unter Verbrauch von ATP fährt die Ribosomen-Untereinheit entlang der 5′-Nichtkodierungs-Region, bis sie am AUG-Codon einrastet (*ribosome scanning*). Dann finden folgende Reaktionen statt: Erstens, das GTP im ternären Komplex wird gespalten, und eIF-2/GDP wird freigesetzt. Zweitens, die Initiations-Faktoren auf der 40S-Ribosomen-Untereinheit werden abgetrennt. Und drittens, die 60S-Ribosomen-Untereinheit vereinigt sich mit der gebundenen 40S-Untereinheit zum vollen Ribosom.

5. Erst nach der Bildung der ersten Peptid-Bindung, gefördert durch das Protein eIF-5A, ist die **Initiationsphase** beendet, und das Ribosom kann sich auf den Weg entlang der mRNA begeben.

Wenn man von Einzelheiten absieht, läuft die **Elongations-Phase** der Translation von mRNA in Eukaryoten-Zellen ähnlich ab wie bei Bakterien. Deswegen verweisen wir auf die frühere Beschreibung der Protein-Synthese (S. 70) und auf die Tab. 14.**2**, wo die Bezeichnungen der eukaryotischen Elongations-Faktoren (eEF) zusammengestellt sind.

Tab. 14.2   Eukaryotische Elongations-Faktoren

Bezeich-nung	Mol-masse (kDa)	Funktion	vergleich-bare Funktion in Bakterien
eEF-1α	51	Bildung ternärer Komplexe aus tRNA und GTP; GTP-Spaltung (GTPase)	EF-Tu
eEF-1β	23	Austausch von GDP gegen GTP an eEF-1α/GDP	EF-Ts
eEF-1γ	49		
eIF-2	100	Translokation unter GTP-Spaltung	EF-G
eRF	54	Termination: Erkennen von Stop-Codons; Ablösen der Peptid-Kette von Peptidyl-tRNA.	RF (s. Tab. 3.**7**)

Beachte, daß der eukaryotische Guanin-Nucleotid-Austauschfaktor aus zwei Untereinheiten besteht, im Gegensatz zu seinem bakteriellen Gegenstück EF-Ts, ein Protein aus einer Untereinheit [aus 9].

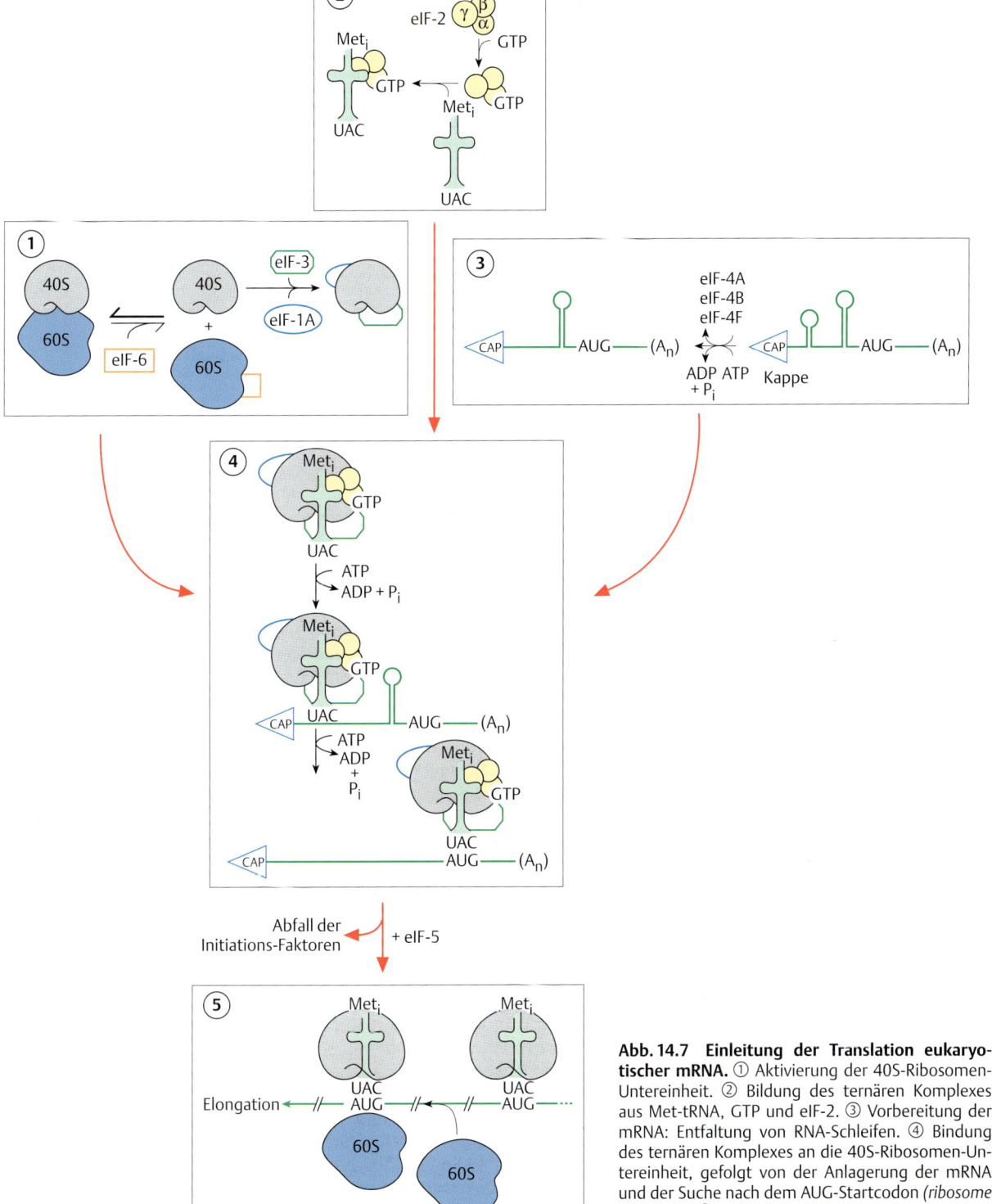

Abb. 14.7 Einleitung der Translation eukaryotischer mRNA. ① Aktivierung der 40S-Ribosomen-Untereinheit. ② Bildung des ternären Komplexes aus Met-tRNA, GTP und eIF-2. ③ Vorbereitung der mRNA: Entfaltung von RNA-Schleifen. ④ Bindung des ternären Komplexes an die 40S-Ribosomen-Untereinheit, gefolgt von der Anlagerung der mRNA und der Suche nach dem AUG-Startcodon *(ribosome scanning).* ⑤ Anlagerung der 60S-Ribosomen-Untereinheit [nach 3, 7].

Das Diphtherie-Toxin

Der Elongations-Faktor eEF-2 in Säugetier-Zellen hat als eine strukturelle Besonderheit, die modifizierte Histidin-ähnliche Aminosäure Diphtamid. An dieser Stelle ist die Zelle verwundbar: Das Toxin des Diphterie-Erregers *(Corynebacterium diphteriae)* katalysiert die Übertragung eines ADP-Ribose-Restes von NAD auf Diphtamid. Der ADP-ribosylierte Faktor eEF-2 wird inaktiv. Die Konsequenz kann das Absterben der Zelle sein. Das bakterielle Gegenstück, der Faktor EF-G, enthält die modifizierte Aminosäure nicht. *E. coli* kann daher durch das Diphterie-Toxin nicht angegriffen werden.

Initiationen ohne Kappe

Die Initiation über die Erkennung der 7-Methylguanosinium-Kappe ist das Kennzeichen eukaryotischer Translation. Davon unterscheidet sich drastisch die Initiation der Translation prokaryotischer mRNA. Wir erinnern uns, daß bakterielle mRNA meist polygenisch ist, mit mehreren offenen Leserastern, denen je eine Ribosomen-Bindestelle vorgeschaltet ist (Abb. 3.**28**, S. 69). Daraus folgt, daß die Translation bakterieller mRNAs intern, d. h. an jeder Ribosomen-Bindestelle beginnen kann, während die Translation eukaryotischer mRNA vom 5'-Ende her eingeleitet werden muß.

Zu dieser Regel gibt es Ausnahmen. Bei der Untersuchung der RNA von Polio-Viren und anderen Viren dieser Art (Picorna-Viren) wurde deutlich, daß das RNA-Genom dieser Viren direkt nach der Infektion als mRNA für die Protein-Synthese eingesetzt wird (siehe Kasten auf S. 413 f.). Aber Polio-Virus-RNA trägt keine Kappe, und überdies wird der „cap recognition complex" (Protein eIF-4F; Tab. 14.**1**) im Laufe der Virus-Infektion zerstört (siehe S. 415), so daß die Translation zellulärer mRNA zum Erliegen kommt.

Die Translation der Virus-RNA geht aus von den internen Ribosomen-Eintrittsstellen (IRES, *internal ribosome entry sites*). IRES-Elemente liegen in der langen 5'-Nichtkodierungs-Region. Sie umfassen einige hundert Nucleotide in Sekundärstruktur-Schleifen und enthalten als typisches Kennzeichen eine Strecke mit vielen Pyrimidin-Nucleotiden, in kurzem Abstand gefolgt vom AUG-Startcodon (Abb. 14.**8**).

Teile der Pyrimidin-Abschnitte sind komplementär zum 3'-Ende der 18S rRNA. Deswegen hat man vermutet, daß hier eine Wechselwirkung erfolgt, die den Ereignissen an der Ribosomen-Bindestelle von bakteriellen mRNAs entspricht (Abb. 3.**28**, S. 69).

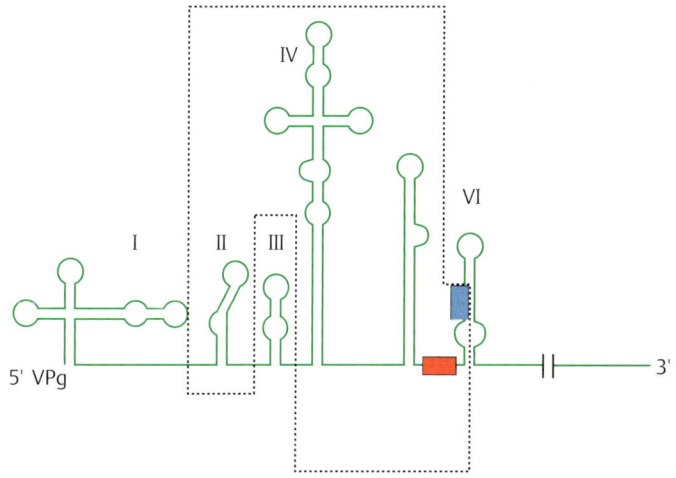

VPg = das kovalent gebundene terminale Peptid. I–VI = Bezeichnung der sechs aufeinanderfolgenden RNA-Schleifen. Rote Box = Folge von Pyrimidin-Nucleotiden. Blaue Box = AUG-Startcodon. Der gesamte dargestellte Bereich ist für die Bindung des Ribosoms notwendig [nach 6, 13].

Voraussetzung für die Benutzung von IRES zur Translation sind zelluläre Proteine, die an die RNA-Schleifen und an die Polypyrimidin-Strecke binden. Dann werden die Proteine eIF-4A und eIF-4B herangezogen, die die RNA-Schleifen glätten und den Boden für die Anheftung der 40S-Ribosomen-Untereinheit vorbereiten (Abb. 14.**7**).

Man kennt wenige zelluläre mRNAs, die über IRES-Elemente translatiert werden. Diese mRNAs sind durch ungewöhnlich lange 5′-Nichtkodierungs-Regionen mit mehreren vorgeschalteten AUG-Codons ausgezeichnet. Beispiele sind die mRNA für das Binde-Protein (BiP) der schweren Kette von Immun-Globulinen sowie die *Antennapedia*-mRNA und *Ultrabithorax*-mRNA von *Drosophila* (S. 350).

Das Polio-Virus

Das Polio-Virus gehört zu der großen Gruppe der menschlichen Picorna-Viren. Die Viren dieser Gruppe haben eine ähnliche Partikel-Struktur und ähnlich aufgebaute Genome.

Die Genome sind Einzelstrang-RNA-Moleküle von etwa 7500 Nucleotiden mit einem langen offenen Leseraster und einem Poly(A)-Ende. Aber anders als eukaryotische mRNA beginnen die viralen RNA-Moleküle nicht mit einer Kappe, sondern mit einem kovalent gebundenen Peptid (VPg), das beim Polio-Virus aus 22 Aminosäuren besteht. Überdies ist die 5′-Nichtkodierungs-Region mit mehr als 740 Nucleotiden viel länger als der entsprechende Abschnitt in typischer mRNA.

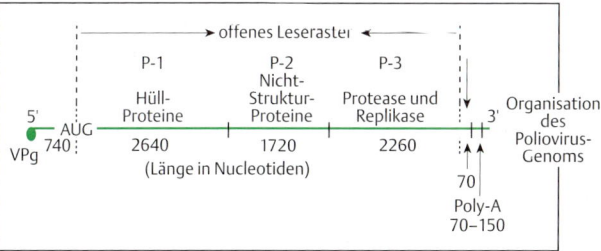

Das Polio-Virus (Fortsetzung)

Die Infektion beginnt mit der Anheftung von Virus-Partikeln an spezifische Rezeptoren auf der Zelloberfläche. Die Virus-Partikel werden dann in die Zelle eingeschleust. Dort wird die RNA freigesetzt *(uncoating)*. Nach Entfernung des endständigen Peptids dient die aufgenommene RNA als mRNA für die Synthese eines langen Proteins (Polyprotein), das dann in mehreren Teilschritten in die fertigen Proteine zerlegt wird. Das sind, erstens, die Virus-Hüll-Proteine (VP1-VP4) und, zweitens, die Nicht-Struktur-Proteine, einschließlich einer RNA-abhängigen RNA-Polymerase. Dieses Enzym wird auch Replikase genannt, weil es für die Synthese von Virus-RNA-Molekülen verantwortlich ist.

Die Replikation erfolgt in zwei Schritten: Zuerst wird ein Komplementär- oder Minus-Strang gebildet, der dann als Matrize für die Synthese von Virus-RNA (Plus-Strängen) benutzt wird, wobei mehrere Polymerase-Moleküle gleichzeitig an der Minus-Strang-Matrize aktiv sind. Die neugebildeten Plus-Stränge können unterschiedlich verwendet werden, als mRNA für weitere Protein-Synthese, als Matrize zur Herstellung von Minus-Strängen oder als Nachkommen-RNA für den Zusammenbau von Virus-Partikeln, die dann die Zelle verlassen.

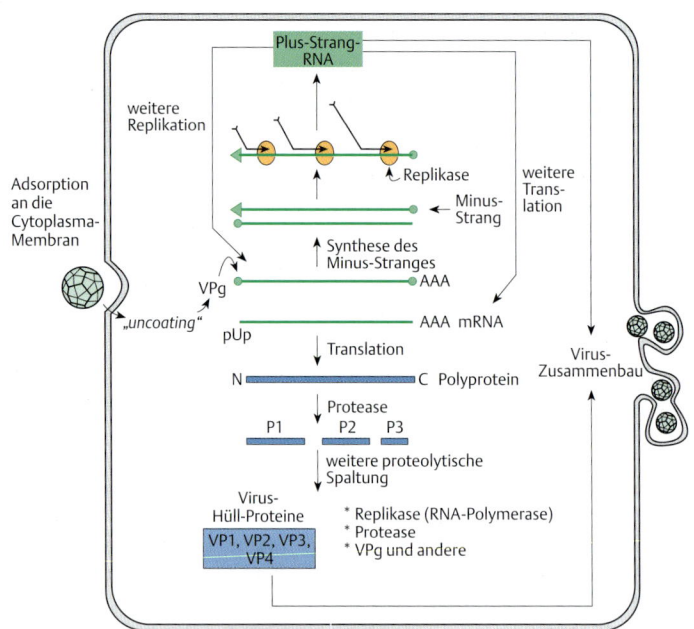

Wie im Text beschrieben, verursacht eine Infektion mit Polio-Viren den Zelltod durch Abschalten der zelleigenen Protein-Synthese. Die Infektion von Menschen beginnt mit der oralen Aufnahme des Virus und der Vermehrung in den Zellen von Lymphknoten. Meist verläuft die Erkrankung milde, und nur selten kommt es zur Infektion von Nerven-Zellen mit Lähmungserscheinungen (Kinderlähmung).

Regulationen

Sequenzen

Die Effizienz der Bindung des Ribosoms an mRNA wird durch Struktur-merkmale der mRNA beeinflußt.

- Von den gerade besprochenen Ausnahmen abgesehen, ist das Vor-handensein der **Kappe** eine notwendige Voraussetzung für die Ein-leitung der Translation.
- Lage und Ausdehnung von **RNA-Doppelstrang-Schleifen** im 5′-Nichtkodierungs-Bereich bestimmen die Verwendung von mRNA für die Translation: RNA-Sekundärstrukturen in der Nähe des 5′-Endes unterdrücken eine Anlagerung der 40S-Ribosomen-Untereinheit, hauptsächlich weil die RNA-Helikase des Proteins eIF-4A ein einzel-strängiges Ende als Eintrittsstelle benötigt. Aber auch Sekundär-strukturen an anderen Stellen des 5′-Bereichs können negative Aus-wirkungen auf die Translation haben.
- In etwa 90 % eröffnet **das erste AUG** vom 5′-Ende den Kodierungs-Be-reich, wie die Untersuchung von vielen hundert eukaryotischen mRNAs gezeigt hat. Dabei zeigt sich, daß für eine effiziente Verwen-dung dieses AUG die Sequenz-Umgebung stimmen muß. Eine soge-nannte Konsensus-Sequenz ist optimal, und Abweichungen davon re-duzieren die Translations-Häufigkeit. Die optimale Sequenz-Umge-bung des Initiations-Codons ist: **CCRCCAUGG** (R = Adenin- oder Gua-nin-Baustein). Die unterstrichenen Positionen vor und hinter dem AUG sind für die Funktionen besonders wichtig. Molekularbiologen bezeichnen die Sequenz oft als **Kozak-Sequenz** [4].

   In einer noch nicht gut erforschten Weise fördert das **poly(A)-Ende** die Einleitung der Translation vieler mRNAs. Möglicherweise ver-kürzen Kontakte zwischen 3′-Ende und 5′-Ende den Weg der Riboso-men vom Ende der mRNA zurück zum Anfang. Dadurch würde sich die Wahrscheinlichkeit für eine Wiederverwendung der entlassenen Ribosomen durch die gleiche mRNA erhöhen. Experimente mit Hefe-Zellen zeigen, daß die Kontakte zwischen Anfang und Ende der mRNA über ein Poly(A)-Binde-Protein vermittelt werden, und daß dabei die 60S-Ribosomen-Untereinheit als Kontaktpartner eine Rolle spielt.

Regulation an Kappen

Eine Schlüsselrolle bei der Einleitung der Translation übernimmt der Protein-Komplex eIF-4F, zusammengesetzt aus einem großen Protein, p220, und zwei kleineren Proteinen, einer RNA-Helikase (eIF-4A) und p25 (eIF-4E), dem Kappen-Binde-Protein (Tab. 14.1).

Die **Funktion des Proteins p25** wird durch Phosphorylierung und De-phosphorylierung bestimmt (Abb. 14.9): Aufnahme einer Phosphat-Gruppe geht mit einer Aktivierung einher. Deswegen findet man das Protein p25 in phosphorylierter Form in allen Zellen, die aktiv mit der Synthese von Proteinen beschäftigt sind. Als Beispiel nennen wir eine drastische Zunahme an phosphoryliertem p25 als Folge der Serum-Sti-mulation von ruhenden Zellen (Abb. 12.**1** und 12.**2**). Umgekehrt kommt es in Mangelsituationen oder im Zuge einer Hitzeschock-Reaktion zu einer hydrolytischen Dephosphorylierung von p25.

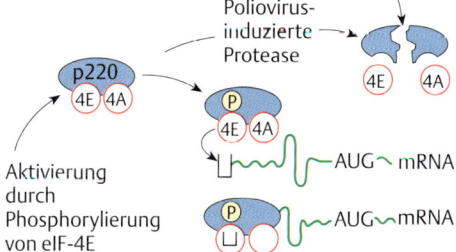

Abb. 14.9 Regulation der Translation über Ver-änderungen am Kappen-Bindekomplex eIF-4F. Phosphorylierung des Proteins p25 und Spaltung von p220.

Auch Virusforscher beobachten eine hydrolytische Dephosphorylierung von p25 nach Infektion von Zellen durch Adenoviren. Dadurch wird im Verlauf der Infektion die zelluläre Protein-Synthese abgedreht.

Eine ganz andere Reaktion betrifft das **Protein p220** im Verlauf einer Infektion mit Polio-Virus. Das Protein wird durch Proteolyse gespalten und inaktiviert (Abb. 14.9). Die Folge ist eine Abnahme der zellulären Protein-Synthese.

Regulation an der 5′-Nichtkodierungs-Region

Wie bereits erwähnt, zeichnen sich manche mRNAs durch ausgeprägte RNA-Schleifen im Bereich vor dem AUG-Startcodon aus. Diese Strukturen verzögern die Ausbildung von Initiations-Komplexen. Spezifischer ist die Regulation über Bindung von Proteinen an Stellen in der 5′-Nichtkodierungs-Region. Das am besten untersuchte Beispiel ist die Ferritin-mRNA, dessen Translation durch die Bindung des IRE-Proteins bei Eisen-Mangel unterdrückt wird (Kasten auf S. 407).

Regulation über das Protein eIF-2

Das Protein eIF-2 bindet in seiner aktiven Form (eIF-2/GTP) an Methionyl-tRNA. Mit der Plazierung der Met-tRNA am Ribosom wird GTP gespalten und ein nichtaktiver eIF-2/GDP-Komplex freigesetzt. Zur Regeneration von eIF-2/GDP ist ein Austausch von GDP gegen GTP notwendig. Diese Reaktion wird vom Protein GEF/eIF-2B (*guanine nucleotide exchange factor*) durchgeführt (Tab. 14.1, S. 409 und Abb. 14.10).

Eine Serin-Seitenkette in der α-Untereinheit des Proteins eIF-2 kann phosphoryliert werden. Phosphoryliertes eIF-2 reagiert mit dem Regenerations-Faktor GEF. Aber der Regenerations-Faktor hält phosphoryliertes eIF-2 in so stabiler Form gebunden, daß eine Aufnahme von GTP nicht möglich ist. Weil es weniger GEF als eIF-2 in der Zelle gibt, kommt die Protein-Synthese zum Stillstand.

Zu den Proteinkinasen, die eIF-2 phosphorylieren, gehören (Abb. 14.11):
– Die **HRI-Kinase** *(heme regulated inhibitor)*, die zuerst in Erythroblasten entdeckt wurde als ein Protein, das die Translation der Globin-mRNA bei Mangel an Häm unterdrückt. Dies ist eine sehr sinnvolle Regulation, denn nur wenn genügend Häm vorhanden ist, kann das synthetisierte Globin zur Bildung von Hämoglobin benutzt werden. Eine Globin-Synthese ohne Häm liefe sozusagen ins Leere. HRI-Kinase kommt hauptsächlich in erythroiden Zellen vor. Aber geringe Mengen von HRI-Kinase sind auch in anderen Zellen gefunden worden. Dort haben sie vermutlich unter anderem eine Funktion bei der Hemmung der Protein-Synthese im Verlauf einer Hitzeschock-Reaktion.
– Die **RNA-abhängige Proteinkinase PKR** wird durch Bindung an einen RNA-Doppelstrang aktiviert. Unter diesen Bedingungen erfolgt zuerst eine Autophosphorylierung (Übertragung einer Phosphat-Gruppe auf eine enzymeigene Aminosäure), gefolgt von einer Konformationsänderung des Enzyms mit erhöhter Affinität zu ATP. Die PKR wird im Verlauf der Verteidigung der Zelle gegen eine Virus-Infektion aktiviert, denn im Vermehrungsweg vieler Viren kommt es zur Ausbildung teilweise doppelsträngiger RNA. Die Hemmung der Protein-Synthese führt zum Tod der infizierten Zelle. Für den infizierten Organismus bedeutet dies eine Eingrenzung des Infektionsherdes. Zwar gehen die bereits infizierten Zellen zugrunde, aber die Produk-

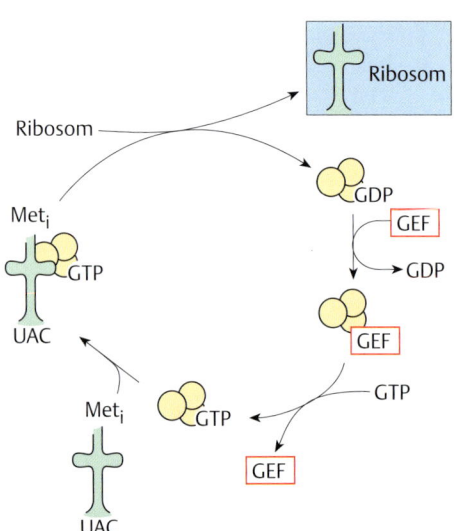

Abb. 14.10   Regeneration von eIF-2/GDP durch GEF *(guanine nucleotide exchange factor)*, auch als eIF-2B bekannt (siehe Tab. 14.1).

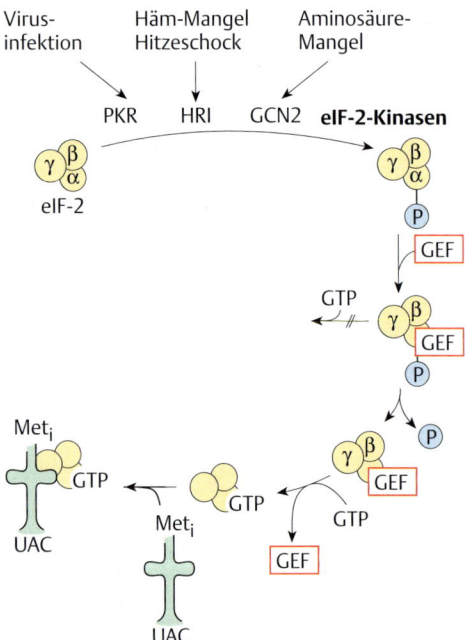

Abb. 14.11   eIF-2-Kinasen. Die Phosphorylierung der α-Untereinheit von eIF-2 bewirkt eine stabile Bindung von GEF [nach 10].

tion von Nachkommen-Viren wird verhindert, und damit eine Ausbreitung der Infektion über andere Zellen des Organismus unterbrochen. Die Synthese von PKR wird durch Interferon induziert.

– Die **Proteinkinase GCN2** (general control nonderepressible) wird in Hefe-Zellen als Antwort auf Mangel an Aminosäuren aktiv. Die Aktivierung hängt von einer Stelle im carboxyterminalen Teil des Enzyms ab. Diese Stelle hat Ähnlichkeit mit dem tRNA-Bindungsort im Enzym Histidyl-tRNA-Synthetase (S. 61). Man nimmt an, daß sich unbeladene tRNAs an diesen Ort lagern und die Proteinkinase aktivieren. Damit kommt es dann im Endeffekt zu einer Hemmung der Protein-Synthese als Reaktion auf mangelnden Nachschub an Aminosäuren.

Interessant und viel beachtet ist ein Nebeneffekt dieser Reaktion, nämlich die Zunahme der Translation einer spezifischen mRNA, der GCN4-mRNA. Diese mRNA trägt in ihrer langen 5′-Nichtkodierungs-Sequenz einige kurze offene Leseraster. Unter normalen Bedingungen gelangen Ribosomen auf ihrem Weg entlang der 5′-Sequenz an diese Leseraster, verlangsamen ihren Weg und fallen von der mRNA ab. Wenn aber neue Initiationen nicht möglich sind (wegen fehlendem eIF-2/GTP), verbleiben Ribosomen auf der RNA und gelangen schließlich an das eigentliche Start-Codon. Das Protein GCN4 ist ein Transkriptions-Faktor, der die Gene für die Biosynthese von Aminosäuren andreht.

Peptid-Synthese und darüber hinaus

Protein-Synthese im Cytoplasma beginnt immer mit Methionin. Aber längst nicht alle Proteine tragen Methionin als aminoterminalen Baustein. In vielen Fällen wird das endständige Methionin bereits entfernt, wenn die wachsende Polypeptid-Kette erst aus etwa 30 Bausteinen besteht. Dafür verantwortlich ist das Enzym **Methionin-Aminopeptidase**, dessen Wirksamkeit durch die Natur der vorletzten Aminosäure bestimmt wird: Das endständige Methionin wird bevorzugt entfernt, wenn ihm die Aminosäuren Serin, Alanin, Glycin oder Valin folgen. Dagegen verhindern Aminosäuren mit geladenen Seitenketten, also Glutaminsäure, Asparaginsäure, Lysin und Arginin, meist, aber nicht immer, die Entfernung des aminoterminalen Methionins (Tab. 14.3). Auch ein Methionin an vorletzter Stelle blockiert die Entfernung des Start-Methionins.

Oft wird die aminoterminale Aminosäure, also entweder das originale Methionin oder die freigesetzte vorletzte Aminosäure, durch Übertragung einer Acetyl-Gruppe auf die endständige Amino-Gruppe modifiziert. Auch dies erfolgt meist schon an der noch wachsenden Peptid-Kette bei einer Kettenlänge von etwa 50 Bausteinen.

Nach der Synthese können Proteine je nach ihrer Art und Aufgabe sehr unterschiedliche Schicksale haben:
– verschiedene Halbwertszeiten des Überlebens (Beispiel Cycline, S. 187).
– Zurechtschneiden von Vorläufern zu den funktionellen Proteinen (Beispiele: Translations-Produkte der Calcitonin/CRGP-mRNA, S. 394; Prokollagen, S. 291.; Retrovirus-Gen-Produkte, S. 219). Eine besondere Form des Zurechtschneidens ist das Abtrennen eines hydrophoben aminoterminalen Abschnitts beim Durchtritt von Proteinen durch Zellmembranen (S. 443).
– Modifikationen, vor allem durch Anheftung von Zucker-Resten mit der Bildung von Glykoproteinen.

Tab. 14.3 N-terminale Aminosäuren

Amino-säure	Häufigkeit absolut, (Prozent)	N-terminale Acetyl-Gruppe Anzahl der Proteine
Methionin	25 (30%)	13
Serin	25 (30%)	16
Alanin	21 (25%)	15
Glycin	9 (11%)	4
Valin	6 (7%)	0
andere	2	1

Untersuchungen entstammen einer Kollektion von 84 Wirbeltier-Proteinen [aus 1].

Diese Reaktionen werden ausführlich in den Lehrbüchern der Biochemie und der Zellbiologie beschrieben. Eine dem weit entwickelten Forschungsgebiet angemessene Darstellung paßt nicht in den Rahmen, den wir für dieses Buch gesetzt haben.

Literatur

Original- und Übersichtsartikel

1. Boissel, J.P., Kasper, T.J., Shah, S.C., Malone, J.I., Bunn, H.F.: Aminoterminal processing of proteins: hemoglobin South Florida, a variant with retention of initiator methionine an N-acetylation. Proc. Nat. Acad. Sci. USA **82** (1985) 8448–8452
2. Decker, C.J., Parker, R.: Mechanisms of mRNA degradation in eukaryotes. Trends Biochem. Sci. **19** (1994) 336–340
3. Hershey, J.W.B.: Translational control in mammalian cells. Ann. Rev. Biochem. **60** (1991) 717–755
4. Kozak, M.: An analysis of 5′-noncoding sequences from 699 messenger RNAs. Nucl. Acids Res. **15** (1987) 8125–8148
5. Melefors, Ö., Hentze, M.W.: Translational regulation by mRNA/protein interactions in eukaryotic cells: ferritin and beyond. BioEssays **15** (1993) 85–90
6. Oh, S.K., Sarno, P.: Gene regulation: initiation by internal ribosome binding. Current Opinion Genet. Develop. **3** (1993) 295–300
7. Rhoads, R.E.: Regulation of eukaryotic protein synthesis by initiation factors. J.Biol. Chem. **268** (1993) 3017–3020
8. Sachs, A.B.: Messenger RNA degradation in eukaryotes. Cell **74** (1993) 413–421
9. Safer, B.: Nomenclature of initiation, elongation and termination factors for translation in eukaryotes. Eur. J.Biochem. **186** (1989) 1–3
10. Samuel, C.E.: The eIF-2a protein kinases, regulators of translation in eukaryotes from yeast to humans. J.Biol. Chem. **268** (1993) 7608–7616
11. Schümperli, D.: Multilevel regulation of replication-dependent histone gene. Trends Genet. **4** (1988) 187–191
12. Shaw, G., Kamen, R.: A conserved AU sequence from the 3′-untranslated region of GM-CSF mRNA mediates selective mRNA degradation. Cell **46** (1986) 659–667
13. Wimmer, E., Hellen, C.U.T., Cao, X.: Genetics of poliovirus. Ann. Rev. Genet. **27** (1993) 353–436

Teil IV   Genetische Systeme

15. Untersuchungen an komplexen Genomen: Gene des Menschen

Die Genome in den Kernen von Säugetier-Zellen bestehen aus $3000 \cdot 10^6$ Basenpaaren oder 3000 Mega-Basenpaaren (Mb). Genomische DNA ist in Abschnitte aufgeteilt. Jeder Einzelabschnitt wird im Verlauf der Mitose dicht verpackt und als Chromosom sichtbar. Das Genom des Menschen besteht aus 23 Abschnitten verschiedener Längen mit 50 Mb im kleinsten Chromosom 21 und bis zu 263 Mb im größten Chromosom 1.

Auf diesen langen Strecken sind die Gene verteilt (Abb.15.**1**, siehe auch Kasten „DNA in Chromosomen" auf S.154). Wieviele Gene sind es und wie sind sie verteilt?

Die Frage nach der Zahl der Gene auf der menschlichen DNA beschäftigt Biologen und Mediziner seit langer Zeit. Eine genaue Antwort wird man erst geben können, wenn das Ziel des **Human-Genom-Projektes** erreicht ist, nämlich die Bestimmung der gesamten Nucleotid-Sequenz des menschlichen Genoms. Als vorläufige Antwort gilt seit längerem eine Zahl zwischen 50 000 und 100 000 Genen. Dem entsprechen neuere Schätzungen aus Hochrechnungen aufgrund der bekannten mRNA- bzw. cDNA-Sequenzen, die für etwa **70 000 RNA- und proteinkodierende Gene** sprechen.

Gene haben eine sehr unterschiedliche Größe und Struktur. Gene für tRNA oder snRNA bestehen aus nur ungefähr 100 Basenpaaren. Zu den kleinsten proteinkodierenden Genen gehört das intronlose Gen für das Histon H4 mit knapp über 400 Basenpaaren, während das größte bekannte Gen aus 2 Millionen Basenpaaren mit über hundert Introns aufgebaut ist (*DMD*-Gen; S.454).

Die Gesamtheit der Gene, Exons und Introns eingeschlossen, beansprucht nur höchstens 20% der DNA eines Säugetier-Genoms. Die überwiegende Mehrheit der DNA liegt außerhalb von Genen. Der größte Teil der extragenischen DNA besteht aus Einzelkopie-Sequenzen (einschließlich der Pseudogene), aber ein erstaunlicher Anteil von mehr als 20% des gesamten menschlichen Genoms ist aus vielfach wiederholten DNA-Abschnitten zusammengesetzt. Ungefähr eine Hälfte davon besteht aus den verstreuten SINE- und LINE-Abschnitten (S.31), die andere Hälfte aus Satelliten-DNA (S.149), die zum großen Teil in den Centromer-Bereichen von Chromosomen liegt (siehe Kasten auf S.422).

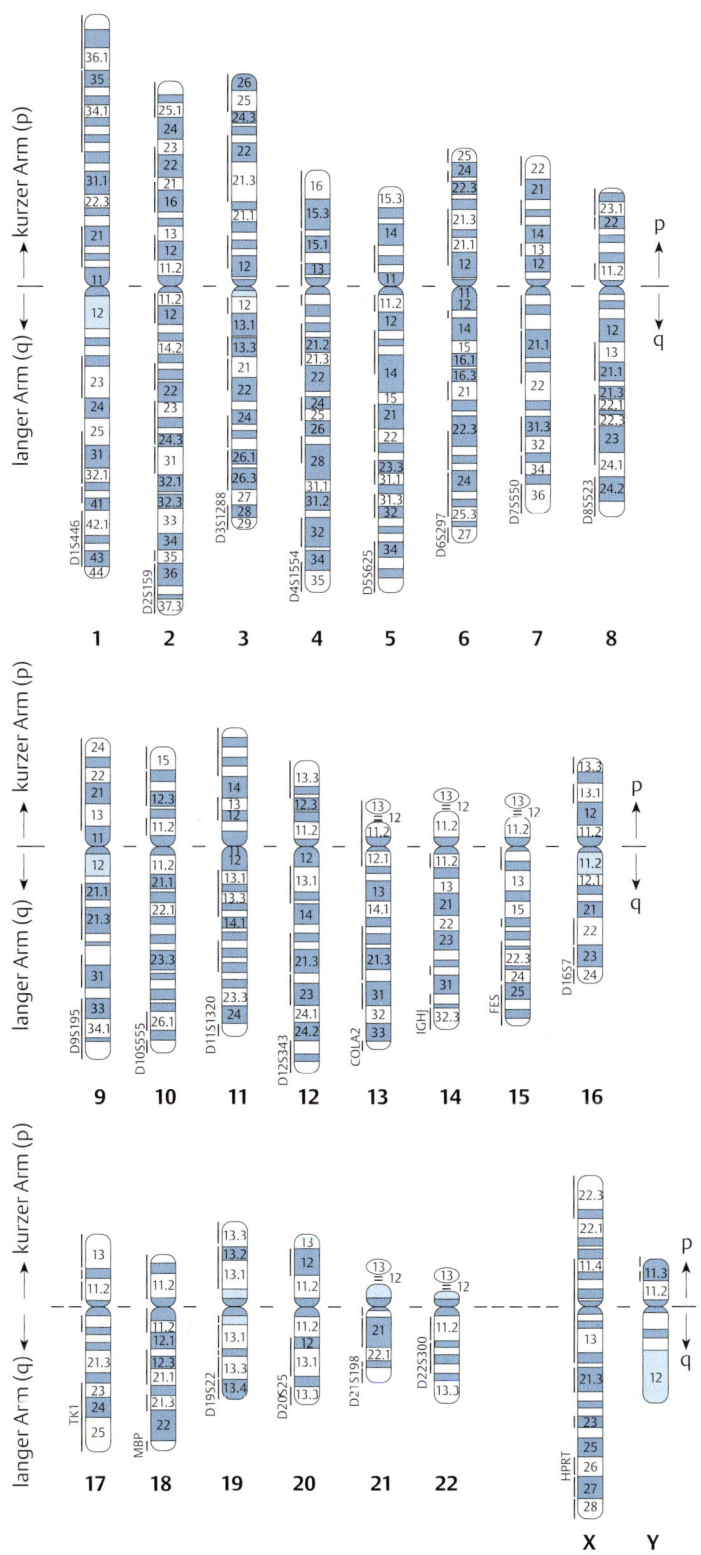

Abb. 15.1 Ideogramme. Cytogenetiker haben sich auf diese idealisierten Darstellungen der Bandenmuster menschlicher Chromosomen geeinigt. Die Lage des Centromers dient oft als Merkmal: metazentrische Chromosomen haben das Centromer in einem zentralen Abschnitt, akrozentrische Chromosomen eher an einem Ende. Vergleiche dazu die Abb. 5.**16**. Die kleinen Arme der Chromosomen werden mit p, die großen Arme mit q notiert. Beispielsweise wird ein Genort angegeben mit 8p23.1, wenn er auf dem kleinen Arm des Chromosoms 8 im Bereich der Bande 23.1 liegt, oder mit 7q31.3, wenn er auf dem großen Arm des Chromosoms 7 im Bereich der Bande 31.3 liegt. Die Striche und Angaben am linken Rand der Chromosomen-Symbole beziehen sich auf die Lokalisation von DNA-Markern, bestimmt durch *In-situ*-Hybridisierung. Die Bedeutung dieser Informationen für die Erforschung des Human-Genoms wird später im Laufe des Kapitels erklärt. Man kennt zur Zeit die chromosomale Lokalisation von über 50 000 DNA-Stücken und mehr als 4000 Genen. Die Zahlen der lokalisierten DNA-Stücke und der kartierten Gene werden ständig, beinahe täglich größer. Aktuelle Werte werden bei der Datenbank OMIM *(Online Mendelian Inheritance in Man)* in Baltimore, USA, gespeichert. Der Wissensstand des Jahres 1993 ist übersichtlich aufbereitet in den entsprechenden Kapiteln des Bandes „Genetic Maps" [nach 27].

Die klassische **Satelliten-DNA** besteht aus kurzen hintereinandergeschalteten DNA-Abschnitten. Sie kommen hauptsächlich in den heterochromatischen Centromer-Bereichen der Chromosomen vor. Die Centromere *aller Chromosomen* enthalten lange Strecken von AT-reichen 42-Basenpaar-Wiederholungen (oft als Satelliten-DNA 1 bezeichnet) und zusätzlich lange Folgen von 5-Basenpaar-Wiederholungen (Satelliten 2 und 3: GGAAT) sowie die α-Satelliten-DNA mit einer Wiederholungseinheit von 171 bp. Zudem kennt man **Chromosomen-spezifische Satelliten-DNA**, etwa die Satelliten-DNA, die bevorzugt in den Centromeren von akrozentrischen Chromosomen vorkommt.

Zur Satelliten-DNA gehört auch die **Telomer-DNA** mit der vielfachen Wiederholung der Hexanucleotid-Folge TTAGGG (S.192) sowie die sogenannte Mini- und Mikrosatelliten-DNA. **Minisatelliten-DNA** besteht aus Kopien von DNA-Abschnitten aus 16–64 Basenpaaren, die im Genom verstreut sind, aber gehäuft im subtelomeren Bereich vorkommen. **Mikrosatelliten** bestehen aus 10–50 Kopien von sehr einfachen Sequenz-Wiederholungen wie AC, ACCC usw. Mikrosatelliten kommen weitverstreut im Genom vor. Die Zahl der beteiligten Elemente können von Mensch zu Mensch verschieden sein. Mikrosatelliten sind wichtige Marker bei der Erforschung des Genoms. Sie werden deswegen später noch genauer vorgestellt.

Im Unterschied zur Satelliten-DNA kommen andere **repetitive Elemente verteilt im Genom** vor. Man unterscheidet SINE- und LINE-DNA (S.31). Im Durchschnitt findet man einen SINE-Abschnitt pro 3000 Basenpaare im Human-Genom, aber es gibt auch Bereiche mit höherer und niedrigerer Dichte von SINE. Sie fehlen weitgehend in den Centromer-Bereichen.

Gene sind alles andere als gleichmäßig im Genom verteilt. Einige Bereiche der DNA sind frei von Genen. Dazu gehört vor allem das Heterochromatin (S.151) in den Centromer-Regionen, wo lange Abschnitte repetitiver Satelliten-DNA für die geordnete Trennung von Chromatiden bei der Mitose verantwortlich sind. Die DNA in chromosomalen G- oder Q-Banden, mit relativ hohem Anteil von AT-Basenpaaren (S.154), enthält durchschnittlich höchstens ein Gen in einem DNA-Abschnitt von $1-2 \cdot 10^5$ Basenpaaren, während anderswo im Genom zehnmal mehr Gene in einem gleich langen DNA-Bereich vorkommen können.

Gelegentlich sind Gene zusammengehörender Funktion in Gruppen angeordnet. Ein Beispiel sind die fast 300 Gene für die ribosomale RNA. Sie kommen gehäuft an fünf Stellen vor, auf den kurzen Armen der Chromosomen 13, 14, 15, 21 und 22 (Abb.15.1). Als ein zweites Beispiel kennen wir die Gruppen von α-Globin-Genen und β-Globin-Genen, die auf relativ engem Raum der Chromosomen 11 bzw. 16 vorkommen (Abb.12.37). Aber dies ist keineswegs die Regel, denn andere Gruppen funktionell zusammengehörender Gene sind weit im Genom verstreut.

Vor diesem komplizierten Hintergrund ist eine Bestimmung der Anordnung von Genen keine leichte Aufgabe für Humangenetiker. Die Aufstellung von Gen-Karten hat jedoch nicht nur den Wert des Ordnens und Katalogisierens, sondern bildet die Basis für die Identifizierung und medizinische Untersuchung von medizinisch wichtigen Genen des Menschen.

Gene auf Chromosomen

Bemühungen um die Lokalisierung eines Gens beginnen mit der Zuordnung zu einem der 23 Chromosomen des Menschen. Das erste menschliche Gen, das einem Chromosom zugeordnet werden konnte, war durch einen einfachen Phänotyp markiert, die Farbenblindheit. Im Jahre 1911 konnte E.B.Wilson aufgrund des typischen Erbgangs zeigen, daß das Gen auf dem X-Chromosom liegen muß (Abb.15.2). In den darauffolgenden Jahren konnte die **X-gekoppelte Vererbung** von anderen Genen, deren Ausfall zu bekannten Erbkrankheiten führt, nachgewiesen werden: Hämophilie A und B, Duchenne-Muskeldystrophie u.a. (siehe Abb.15.2 für eine moderne Version der Gen-Verteilung auf dem X-Chromosom).

Aber dann dauerte es bis zum Jahre 1968, ehe V.A.McKusick und Mitarbeiter über die Lokalisation eines Gen auf einem **Autosom**, also auf einem Nicht-Geschlechts-Chromosom, berichten konnten: das Gen für die Duffy-Blutgruppe auf dem Chromosom Nr.1. Der Nachweis gelang, weil in einer Familie ein ungewöhnlich geformtes Chromosom 1 in der gleichen Weise wie die Blutgruppe von Eltern auf Nachkommen weitergegeben wurde.

Etwa zur gleichen Zeit wurden wirkungsvolle Methoden entwickelt, die eine eindeutige Zuordnung von Genen zu Chromosomen erlaubte. Dazu gehören die **In-situ-Hybridisierung** und die **Herstellung von Fusionszellen**. Diese Methoden sind ständig verfeinert, ergänzt und, vor allem durch molekularbiologische Verfahren, erweitert worden.

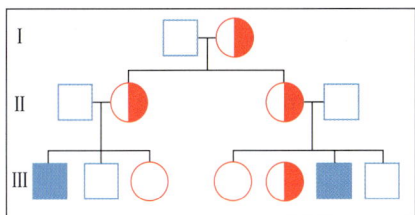

Gen-Ort	Gen-Produkt	Krankheit
Xp21 (DMD)	Dystrophin	Duchenne-Muskel-dystrophie
Xq11.2-q12 (SMBA)	Androgen-Rezeptor	Spinobulbäre Muskelatrophie
Xq26 (HPRT)	HPRT	Lesch-Nyhan-Syndrom
Xq27 (F9)	Faktor IX	Hämophilie B
Xq27 (FRAA)	FMRI-Protein	Fragiles X-Syndrom
Xq28 (F8C)	Faktor VIII	Hämophilie A
Xq28 (RCP, OCP)	Opsine (Sehpigmente)	Farbenblindheit

Abb. 15.2 X-gekoppelte Vererbung. oben Das Vererbungsschema entspricht der üblichen Darstellung von Stammbäumen in der Humangenetik:
1. Männliche Personen werden durch Quadrate, weibliche Personen durch Kreise wiedergegeben.
2. Bei einer Reihe von Geschwistern wird links das älteste, dann das zweitälteste usw. notiert.
3. Homozygot gesunde Personen erhalten offene, homozygot kranke Personen geschlossene Symbole. Heterozygote sind durch halbgefüllte Symbole gekennzeichnet. **unten** Einige wichtige X-gekoppelt vererbte menschliche Krankheiten. Die molekulare Genetik einiger dieser Krankheiten wird später in diesem Kapitel zur Sprache kommen.

Heute kennt man die Lage von vielen tausend Genen und von noch mehr extragenischen DNA-Abschnitten im Human-Genom. Dies gilt für die Zuordnung von Genen zu Chromosomen, aber vor allem auch für die Verteilung einzelner Gene oder extragenischer DNA-Abschnitte auf einem gegebenen Chromosom.

Als Grundlage für die Bestimmung der Gen-Verteilung auf Chromosomen bietet sich das Bändermuster von Chromosomen an (S. 153). Voraussetzung ist eine Übereinkunft über die eindeutige Bezeichnung der Chromosomen-Banden (Abb. 15.**1**).

In-situ-Hybridisierung

Die Grundlage des Verfahrens ist die Renaturierung komplementärer DNA-Stränge (S. 21). Bei der Anwendung in der Cytogenetik liegt einer der beiden Stränge in seiner natürlichen Umgebung, also im Chromosom *(in situ)*, während der andere Strang aus einer zugesetzten DNA-Sonde stammt.

Die DNA in Metaphase-Chromosomen auf Objektträgern wird durch eine kurze Behandlung mit einer alkalischen Lösung denaturiert. Im klassischen Verfahren gibt man dazu dann DNA-Stränge, die mit [³H]-Thymidin markiert sind. Unter den Bedingungen für eine Renaturierung von DNA (S. 21) reagiert die zugesetzte DNA nur mit komplementären genomischen DNA-Sequenzen.

Der Nachweis der hybridisierten markierten DNA erfolgt über Autoradiographie (S. 217), die im günstigsten Fall, nach längerer Exposition (bis zu mehreren Wochen), einen schwarzen Punkt über einer definierten Chromosomen-Stelle zeigt. Das Beispiel der Abb. 15.3 zeigt die

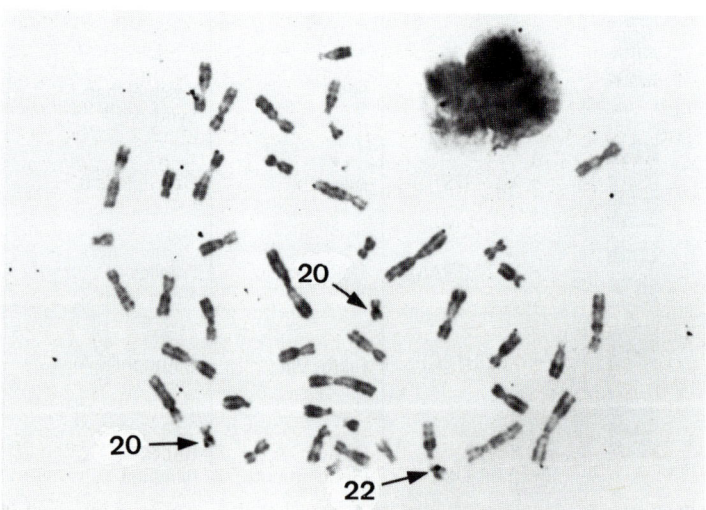

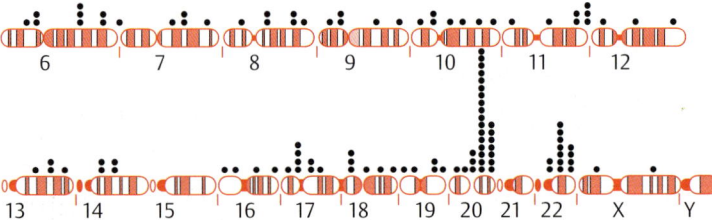

Abb. 15.3   *In-situ*-Hybridisierung mit radioaktiv markierten DNA-Sonden. oben Metaphase-Chromosomen nach Autoradiographie: punktförmige Schwärzungen über den Chromosomen 20 und 22. **unten** Ergebnis der Auswertung vieler Metaphasen. Statistisch gesicherte Häufungen von Signalen über den Chromosomen 1, 20 und 22. Das Experiment wurde mit der cDNA des Topoisomerase-I-Gens durchgeführt: Auf dem Chromosom 20 liegt das aktive Gen, auf den Chromosomen 1 und 22 liegen verkürzte Pseudogene (S. 294) [nach 18].

Grenzen der Methode. Das Signal ist nicht immer deutlich sichtbar und überdeckt einen relativ großen Teil des Chromosoms. Überdies sind unspezifische Signale nicht selten, so daß stets viele Metaphasen ausgewertet werden müssen, um zu einer statistisch signifikanten Aussage kommen zu können (Abb. 15.**3**).

Eine wichtige methodische Weiterentwicklung ist die **Fluoreszenz-In-situ-Hybridisierung (FISH)**. Die Vorteile beruhen auf der Verwendung von Nucleotiden, die mit fluoreszierenden Seitengruppen markiert sind, wie beispielsweise 2,4-Dinitrophenol, Rhodamin u.a. Entsprechend markierte DNA-Sonden hybridisieren gut mit chromosomaler DNA, die in einer Gegenfärbung mit interkalierenden Verbindungen (Propidium-Iodid; S. 37) sichtbar gemacht wird. Der Nachweis einer Hybridisierung erfolgt mit Hilfe des Fluoreszenzmikroskops und bildverstärkenden Methoden.

Ein entscheidender Vorteil von FISH ist die hohe Auflösung durch Konzentration des Farbstoffes auf eine enge Bande (Abb. 15.**4**). Cytogenetiker wissen vor allem zu schätzen, daß die FISH rasch zu Ergebnissen führt, weil die langen Expositionszeiten für die Autoradiographie entfallen. Überdies lassen sich mit verschieden markierten DNA-Sonden verschiedene Gen-Orte in einem Experiment anfärben. Die Methode ist hervorragend geeignet für die Untersuchung von Chromosomen-Veränderungen in Tumor-Zellen und für die Aufstellung cytogenetischer Gen-Karten. Dabei kommen klonierte Genom-Fragmente zur Anwendung, und es ist notwendig, die in praktisch allen Fragmenten vorhandenen repetitiven Sequenzen von der Hybridisierung auszuschließen. Dazu behandelt man die klonierte DNA nach der Denaturierung mit einem Überschuß repetitiver DNA (C_0t1-Fraktion, S. 22), so daß die repetitiven Sequenzen abgesättigt sind.

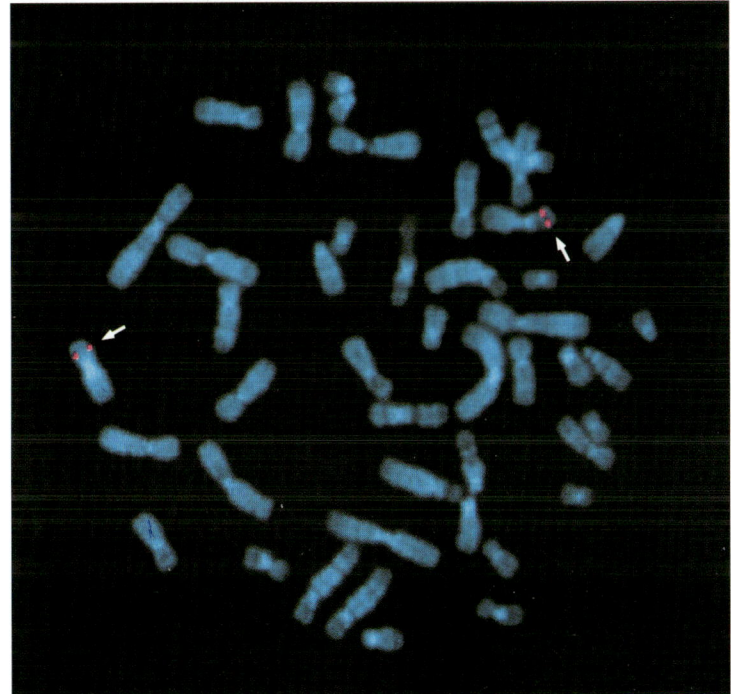

Abb. 15.4 Fluoreszenz-*in-situ*-Hybridisierung (FISH). Die Abbildung zeigt die Lokalisation eines Gens auf dem kurzen Arm des Chromosoms 9, Bande 9q21 (Pfeile). Die roten Signale sind je zweimal zu sehen, weil jedes Chromatid eine Gen-Kopie trägt. Die DNA-Sonde für das Gen ist mit Biotin markiert. Der Nachweis erfolgt mit Rhodamin, das an das Protein Avidin gekoppelt ist. Avidin bindet mit hoher Affinität an Biotin. Die Chromosomen werden mit dem Farbstoff DAPI (4,6-Diamidino-2-phenylindol-dihydrochlorid) gegengefärbt. DAPI liefert ein Bandenmuster, das wir von der Quinacrin-Färbung kennen (S. 154).

Das dargestellte Gen kodiert das Protein p16, ein Inhibitor von cyclinabhängigen Proteinkinasen (S. 187). Dieses Gen ist bei manchen menschlichen Tumor-Arten verändert. Man bezeichnet es deswegen oft als „multiples Tumor-Suppressor-Gen" (MTS1). Weiterführende Literatur siehe [14] und [22]. (Bild von A. Mincheva und P. Lichter, Heidelberg)

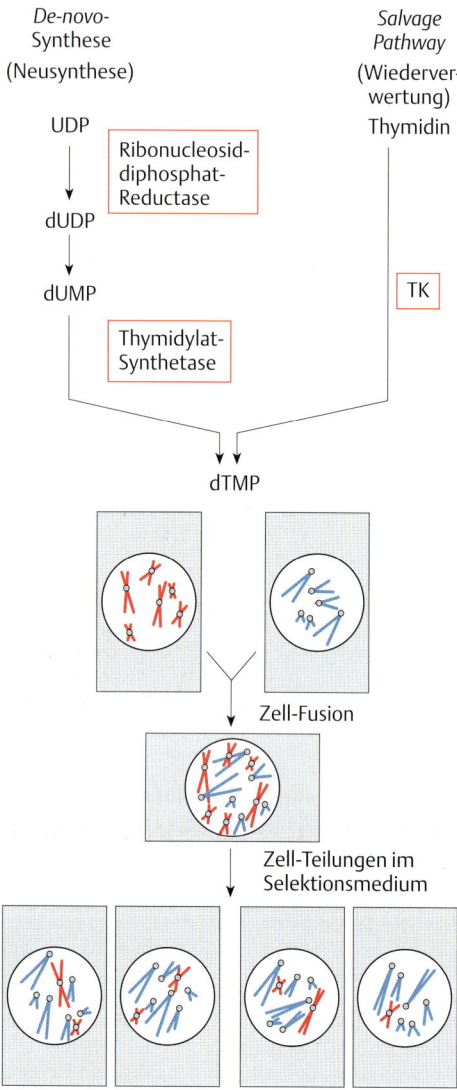

De-novo-
Synthese
(Neusynthese)

*Salvage
Pathway*
(Wiederver-
wertung)
Thymidin

UDP

Ribonucleosid-
diphosphat-
Reductase

dUDP

dUMP   TK

Thymidylat-
Synthetase

dTMP

Zell-Fusion

Zell-Teilungen im
Selektionsmedium

Abb. 15.5   Zell-Fusion und Selektion von Hybrid-Zellen. oben Selektion im HAT-Medium: Zwei Wege zum Thymidin-monophosphat. **unten** Hybrid-Zellen enthalten den vollen Satz von Nagetier-Chromosomen (akrozentrisch, blau), aber nur ein oder wenige Mensch-Chromosomen (metazentrisch, rot).

Zell-Fusion oder die Genetik somatischer Zellen

Chemische Verbindungen wie Lysolecithin oder Polyethylenglykol fördern eine Verschmelzung von Cytoplasma-Membranen benachbart liegender Zellen in der Zellkultur. Vorübergehend entstehen dabei Zellen mit zwei Kernen. Bei der nächsten Mitose vermischen sich die Chromosomen beider Ursprungszellen. Sie gelangen am Ende der Mitose in *einen* Kern, der dementsprechend zunächst tetraploid ist. Aber bei allen folgenden Mitosen gehen überschüssige Chromosomen allmählich verloren (Abb. 15.**5**).

Im Zusammenhang mit unserer Fragestellung sind Fusionen von menschlichen Lymphozyten mit Fibroblasten von Maus- oder Hamster-Zellinien wichtig. Voraussetzung ist ein geeignetes Selektions-Verfahren, das die Vermehrung von Fusions-Zellen fördert und die Vermehrung der beiden Eltern-Zellarten unterdrückt.

In der ursprünglichen Version des Verfahrens nutzt man dazu das Vorkommen von zwei Stoffwechselwegen für die Synthese von Nucleotiden aus:
– Bei dem ersten Weg werden Nucleotide aus einfachen Stoffwechsel-Produkten aufgebaut (*De-novo-Synthese*). Dieser Syntheseweg kann durch die Verbindung Aminopterin gehemmt werden.
– Ein zweiter Weg geht über vorgefertigte Pyrimidin- oder Purin-Basen *(Salvage Pathway)*. Dieser Weg funktioniert nur, wenn die Zellen Thymidin und Hypoxanthin (ein Vorläufer für Purin-Nucleotide) zur Verfügung haben, und wenn die Enzyme Thymidin-Kinase (TK) und Hypoxanthin-Guanin-Phosphoribosyl-Transferase (HPRT) aktiv sind (Abb. 15.**5**).

Zellbiologen kennen Nagetier-Zellinien ohne funktionierende TK oder ohne HPRT. Diese Zellen können sich nicht in einem Medium vermehren, das Hypoxanthin, Aminopterin und Thymidin enthält (HAT-Medium), weil der *De-novo*-Weg durch Aminopterin versperrt ist und der *Salvage Pathway* wegen fehlender Enzyme nicht funktioniert. Menschliche Lymphozyten sind in diesem Medium ebenfalls nicht vermehrungsfähig, weil sie zu ihrer Proliferation spezielle Wachstums-Faktoren brauchen. Kurz, die einzigen Zell-Typen, die sich in dem Selektionsmedium teilen und vermehren können, sind Fusions-Zellen, sofern sie menschliche Chromosomen oder Chromosomen-Stücke mit den Gen-Orten für TK oder für HGPRT enthalten (Abb. 15.**5**). Diese Zell-Typen werden als **Hybrid-Zellen** bezeichnet.

Eine wichtige Besonderheit der Hybrid-Zellen wird bei der Auszählung der Chromosomen deutlich. Man findet beispielsweise nach Fusion von Maus- und Mensch-Zellen nie die erwarteten 86 Chromosomen (46 Mensch- plus 40 Maus-Chromosomen), sondern meist nur 41–55 Chromosomen. Der Maus-Chromosomen-Satz ist vollständig, während die meisten Mensch-Chromosomen im Verlauf der vorausgegangenen Zell-Teilungen verlorengegangen sind. Eine Ursache dafür ist, daß der Ablauf der Mitose von Mensch-Chromosomen gegenüber der von Maus-Chromosomen verzögert ist.

Bei den übrigbleibenden Mensch-Chromosomen handelt es sich um eine zufällige Auswahl, oder, anders gesagt, die Wahrscheinlichkeit des Verlustes ist für jedes Chromosom gleich groß. Wenn allerdings eine Vermehrung der Zellen weiterhin im HAT-Selektionsmedium erfolgen soll, müssen zumindest die Chromosomen oder Chromosomen-Stücke mit dem *TK*-Gen oder dem *HGPRT*-Gen vorhanden sein. Aufgrund der Beobachtung, daß alle TK-positiven Hybrid-Zellen das Mensch-Chromosom 17 enthalten, konnte zum ersten Mal mit der Methode der Zell-Fusion ein Gen für ein Enzym auf einem Autosom lokalisiert werden (siehe Abb. 15.**1**). Das Gen für HPRT liegt auf dem X-Chromosom (Abb. 15.**2**).

Eine Weiterentwicklung der Gen-Kartierung über Fusions-Zellen ist die Herstellung von sogenannten **Bestrahlungs-Hybrid-Zellen** *(radiation hybrids)*. Das Ziel dieses Verfahrens ist die Zerlegung eines Human-Chromosoms in kleinere Bruchstücke. Dies ermöglicht eine Untersuchung der Frage, ob und wie eng zwei Gen-Orte auf einem Chromosom benachbart liegen.

Dabei wird zuerst eine Hybrid-Zelle, die ein oder auch mehrere menschliche Chromosomen enthält, mit einer hohen Dosis von Röntgenstrahlen behandelt (siehe Abb. 8.**28**). Je nach der verwendeten Dosis zerbrechen die Chromosomen der bestrahlten Zellen in kleinere oder größere Stücke, meist mit Größen von 0,5–30 Millionen Basenpaaren. Die Bestrahlung ist natürlich für die Zelle tödlich. Zur Rettung der DNA-Fragmente ist eine Fusion mit unbehandelten Maus- oder Hamster-Zellen notwendig. DNA-Fragmente werden in die Chromosomen der Empfänger-Zellen eingebaut (Abb. 15.**6**).

Zur Selektion von Bestrahlungs-Hybrid-Zellen wäre die spezifische Selektion in HAT-Medium ungeeignet. Statt dessen verwendet man ein anderes und breiter verwendbares Selektions-Verfahren. Die Hybrid-Zellen haben über Transfektion (S. 305) das bakterielle Gen für Neomycin-Resistenz (S. 210) erhalten. Diese Zellen können sich in Gegenwart des Neomycin-Derivats G418 vermehren. Nach der Fusion nehmen die Empfänger-Zellen neben anderen DNA-Fragmenten auch das Neomycin-Resistenz-Gen auf. Diese Zellen bleiben deswegen in Gegenwart von G418 erhalten, während Zellen, die nicht an der Fusion teilgenommen haben, zugrunde gehen.

Die meisten Bestrahlungs-Hybrid-Zellen tragen zwischen ein und 12 Fragmente aus dem Mensch-Chromosom der Donor-Zelle. Ihre Lage und Verteilung lassen sich durch *in-situ*-Hybridisierung mit Mensch-DNA überprüfen.

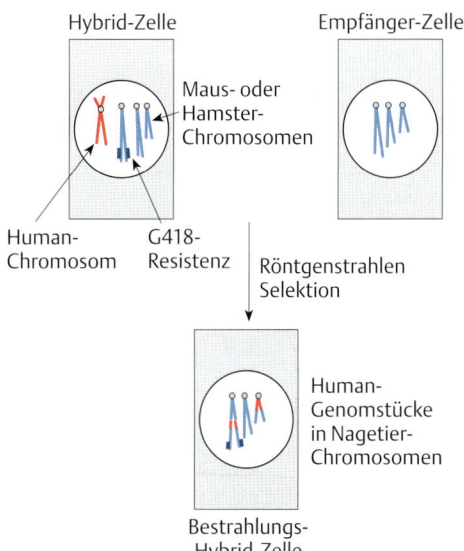

Abb. 15.6 Bestrahlungs-Hybrid-Zellen *(radiation hybrids)* [nach 6].

> Für eine Analyse von Nachbarschaftsverhältnissen zwischen Genen – oder in der Sprache der Genetik: für eine Analyse der Kopplung – gilt eine einfache Überlegung. Je enger zwei Gen- oder DNA-Orte benachbart sind, um so größer ist die Wahrscheinlichkeit, mit der sie auf einem DNA-Fragment vorkommen.

Weil eine Bestrahlungs-Hybrid-Zellinie meist mehrere Fragmente enthält, gibt die Untersuchung der DNA einer einzigen Zellinie oft keine eindeutige Antwort. Deswegen wird in der Praxis die DNA aus vielen unabhängigen Zellinien präpariert. Die DNA kann dann beispielsweise im Southern-Transfer-Verfahren mit geeigneten DNA-Sonden – cDNA-Abschnitte oder Genom-Sequenzen – untersucht werden (S. 284). Die Auswertung der Ergebnisse aus mehreren Zellinien erfolgt mit Hilfe statistischer Methoden, die eine Aussage über die Wahrscheinlichkeit einer engen Kopplung ermöglichen.

Das Verfahren hat seine Grenzen in der Auflösung und der Präzision, denn man kann nicht hundertprozentig ausschließen, daß bei der Integration ursprünglich unabhängige Chromosomen-Fragmente miteinander verschmolzen werden. Überdies sind Hybrid-Zellen instabil im Hinblick auf die eingebauten Mensch-Chromosomen-Fragmente. Deswegen

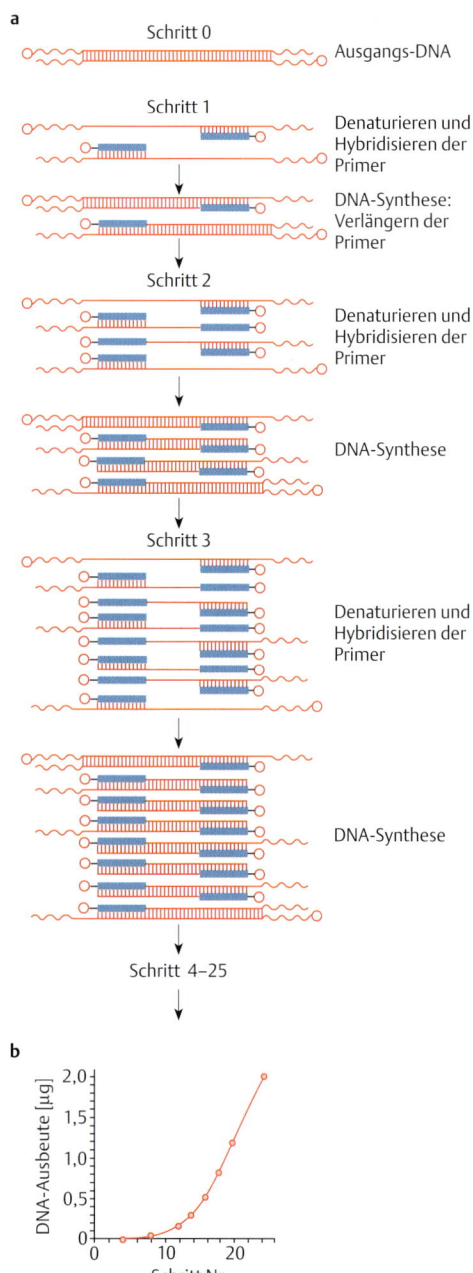

a

Schritt 0

Ausgangs-DNA

Schritt 1

Denaturieren und Hybridisieren der Primer

DNA-Synthese: Verlängern der Primer

Schritt 2

Denaturieren und Hybridisieren der Primer

DNA-Synthese

Schritt 3

Denaturieren und Hybridisieren der Primer

DNA-Synthese

Schritt 4–25

b

Abb. 15.7 Polymerase-Ketten-Reaktion   (PCR). oben Schritt 1: Sense- und Antisense-Oligonucleotide werden an denaturierte DNA hybridisiert. Schritt 2: Taq-DNA-Polymerase synthetisiert Komplementär-Stränge. Schritt 3: Denaturierung, erneute Hybridisierung von Oligonucleotiden und Komplementär-Strang-Synthese. **unten** Zunahme der Synthese-Produkte [nach 33].

wird es stets als eines von mehreren Verfahren für die Kartierung von Säugetier-Genomen eingesetzt.

Oft stehen nur geringe Mengen an DNA zur Verfügung. Eine Auswertung mit Hilfe des Southern-Transfer-Verfahrens ist dann nicht sensitiv genug. In diesem Fall greift man in molekularbiologischen Laboratorien auf ein anderes, höchst sensitives Analyseverfahren zurück, die Polymerase-Ketten-Reaktion. Diese Methode wird heute nahezu bei allen Arbeiten über die Erforschung von Genomen eingesetzt.

Polymerase-Ketten-Reaktion

Die Polymerase-Ketten-Reaktion, abgekürzt **PCR** *(polymerase chain reaction)*, ist eine unentbehrliche Methode für viele Fragestellungen der heutigen molekularen Genetik. Damit gelingt der Nachweis kleinster Mengen spezifischer DNA-Sequenzen bei einfacher Handhabung. In vielen Fällen ist eine aufwendige Reinigung von DNA nicht notwendig, und der Zeitaufwand ist sehr viel geringer als etwa beim Southern-Transfer und anderen Hybridisierungs-Methoden.

Das Prinzip der PCR ist die enzymatische Vermehrung eines DNA-Abschnittes zwischen zwei Oligonucleotid-Primern, die gegenläufig an komplementäre DNA-Stränge gebunden sind. Voraussetzung für den Einsatz von PCR-Methoden ist also eine Information über die Nucleotid-Sequenzen beiderseits des DNA-Abschnittes und die Verfügbarkeit von geeigneten Oligonucleotiden. Die meisten größeren molekularbiologischen Forschungseinrichtungen besitzen Geräte zur organisch-chemischen Synthese von Oligonucleotiden. Kleinere Laboratorien wenden sich an eine der vielen Firmen, die sich auf die Synthese von Oligonucleotiden spezialisiert haben.

Die Oligonucleotid-Primer werden im Überschuß unter Hybridisierungs-Bedingungen (bei etwa 70 °C) zu einer DNA-Präparation gegeben. DNA-Polymerase heftet Nucleotide an die 3′-OH-Primer-Enden und synthetisiert komplementäre DNA-Sequenzen. Die entstandenen DNA-Synthese-Produkte werden bei 94 °C denaturiert. Dann folgt eine neue Runde mit der Hybridisierung von Oligonucleotid-Primern und DNA-Strang-Synthesen. Die Zyklen – Denaturierung, Hybridisierung, DNA-Synthese – werden 20–50mal wiederholt. Es handelt sich um eine Kettenreaktion, bei der winzige Mengen einer gegebenen DNA-Sequenz um das Millionenfache amplifiziert werden (Abb. 15.7).

Als die PCR-Methode eingeführt wurde (K. B. Mullis, 1986), verwendete man meist das Klenow-Fragment der bakteriellen DNA-Polymerase (S. 166). Aber dieses Enzym denaturiert bei den hohen Temperaturen, die für die Denaturierung der Doppelstrang-DNA und für die Hybridisierung von Oligonucleotiden notwendig sind. Deswegen mußte man nach jedem Amplifikations-Schritt eine neue Enzymprobe zu dem Reaktionsansatz geben. Diese Anfangsschwierigkeit ist inzwischen längst überwunden. Heute verwendet man thermostabile DNA-Polymerasen aus Bakterien, die normalerweise in heißen Quellen vorkommen. Ein Prototyp dieser DNA-Polymerasen ist die **Taq-Polymerase** von *Thermus aquaticus*.

Der Einsatz von thermostabilen DNA-Polymerasen ermöglicht die Automatisierung der PCR-Methode. Einfache PCR-Apparate, die nach programmiertem Muster den Temperaturwechsel durchführen, gehören zur Grundausstattung der meisten molekularbiologischen Laboratorien.

PCR-Methoden werden zudem in der Medizin zur Diagnostik von genetischen Krankheiten und zum Nachweis von Virus- oder Bakterien-Infektionen verwendet. Darüber hinaus ist die PCR-Methode nützlich bei der Isolierung von DNA-Klonen aus Genom- oder cDNA-Bibliotheken (S. 274), bei der ortsspezifischen Mutagenese (S. 281), bei DNase-I-Foot-print-Analysen (S. 312) und anderen Verfahren der Molekularbiologie.

Biologische Gen-Karten

Die traditionelle Methode zur Vermessung von Genomen ist die Kopplungsanalyse über eine Bestimmung der Rekombinations-Frequenz von Gen-Markern (S. 199 f.).

Die Einheit solcher Gen-Karten ist das Centi-Morgan, das einer Rekombination von 1 % als Ergebnis eines Cross-Overs zwischen zwei Gen-Markern auf homologen Chromosomen entspricht. Eng benachbarte (eng gekoppelte) Gen-Marker werden nicht durch Rekombination getrennt. Sie werden als **Haplotyp** über Generationen weitergegeben. Rekombinations-Frequenzen bis zu 15 oder 20 % geben einigermaßen verläßliche Werte für die Kopplung zwischen Gen-Markern. Größere Abstände sind weniger genau zu messen, weil Doppel- oder Mehrfach-Cross-Over die Beziehung zwischen Rekombinations-Frequenzen und Gen-Abständen verzerren. Genetiker haben Korrekturformeln für diese Situationen entwickelt, die in moderne Computerprogramme eingegangen sind.

Bei einer Rekombinations-Frequenz von 50 % und mehr läßt sich nicht mehr entscheiden, ob zwei Gen-Marker gekoppelt auf einem Chromosom vorkommen (Syntänie) oder nichtgekoppelt vererbt werden, weil die Wahrscheinlichkeit für mehrfache Cross-Over zunimmt (Abb. 15.**8**).

Zwei Entwicklungen ermöglichen eine Analyse von Kopplungsgruppen beim Menschen:
1. Die Verfügbarkeit der DNA von einigen hundert Personen aus drei Generationen von mehr als 40 großen Familien. Die wichtigste Sammlung von Genomen wird vom Centre des Etudes du Polymorphisme Humain (CEPH) in Paris verwaltet und durch internationale Gruppen von Genetikern analysiert. Diese Sammlung von Genomen aus mehreren Generationen tritt an die Stelle von Kreuzungsexperimenten zwischen Tier- oder Pflanzen-Mutanten.
2. Der Einsatz von DNA-Markern. In der klassischen Genetik markieren definierte Allele den Weg von Genen durch die Generationen (S. 199). Aber obwohl inzwischen mehr als fünftausend menschliche Gene bekannt sind, wäre ihre Verwendung für Zwecke der Gen-Kartierung unzureichend. Dies liegt erstens daran, daß sie zu weit verstreut im Genom vorkommen und deswegen eine Kopplung schwer nachweisbar ist, und, zweitens, daß sie als Marker oft nicht in Betracht kommen, weil Unterschiede in der Struktur aller Human-Gene selten vorkommen und nicht immer einfach nachweisbar sind.

Dagegen unterscheiden sich die Nucleotid-Sequenzen einzelner Human-Genome außerhalb der kodierenden Bereiche im Durchschnitt an jeder 300.–1000. Position. Man spricht von Sequenz-Polymorphismus, in Anlehnung an den älteren Beriff Polymorphismus, mit dem Gen-Variationen innerhalb einer Population bezeichnet werden. Je größer der Sequenz-Polymorphismus eines DNA-Abschnitts ist, umso informativer ist er für die Analyse von Kopplungsverhältnissen.

Für Kopplungsanalysen sind mehrere Arten von Sequenz-Polymorphismen ausgenutzt worden. Wir stellen nur zwei Arten vor, den **Restriktions-Fragment-Längen-Polymorphismus (RFLP)**, der vor allem

Abb. 15.8 Kopplung und Nicht-Kopplung: Grundlage für die Aufstellung biologischer Genkarten. PT = parentale Anordnung der Marker; NPT = nichtparentale Anordnung der Marker auf einem Chromosom.

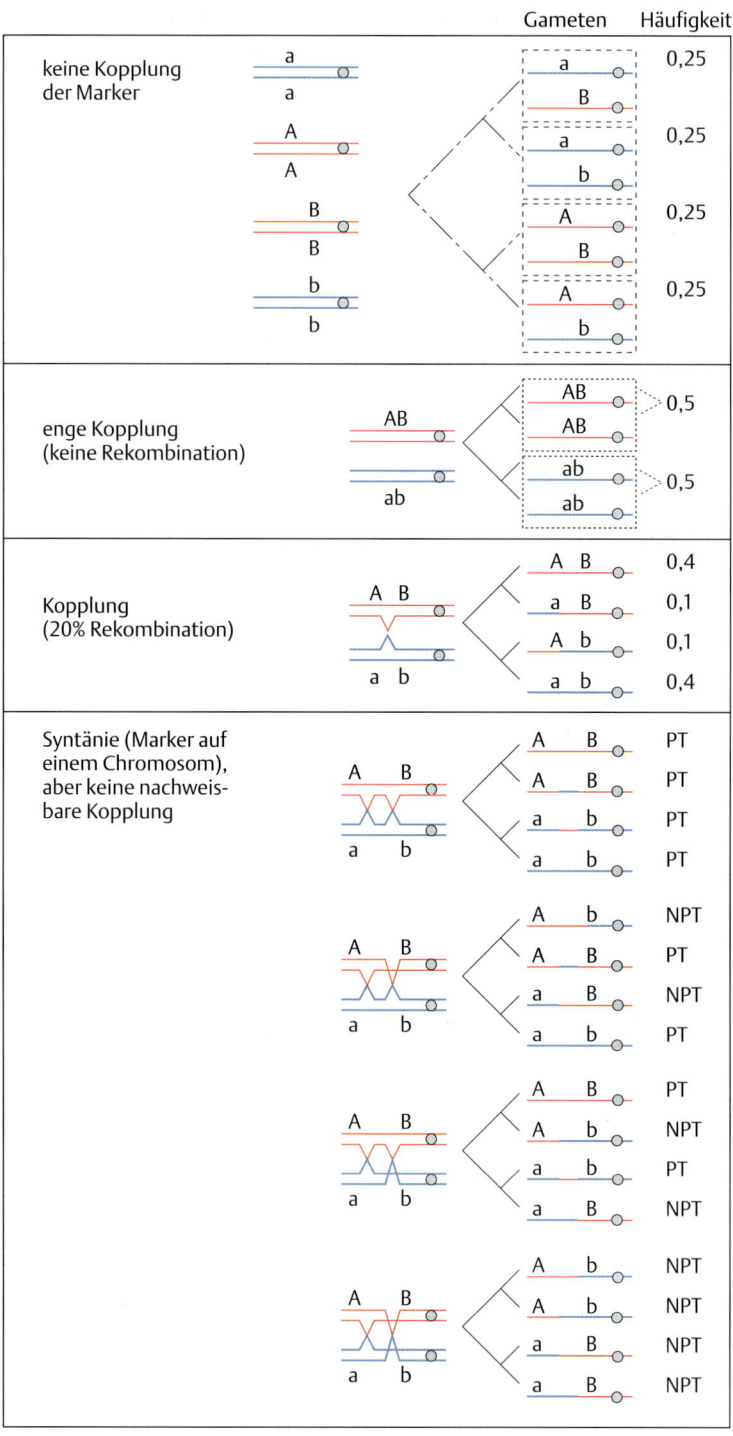

in der Anfangszeit der modernen Humangenetik nach 1985 wichtig war, und den **Mikrosatelliten-Polymorphismus**, der in jüngerer Zeit weite Verwendung gefunden hat.

Restriktions-Fragment-Längen-Polymorphismus (RFLP)

Individuelle Unterschiede in der Nucleotid-Sequenz können Schnittstellen von Restriktions-Nucleasen betreffen. Die Konsequenz ist, daß allele Genom-Bereiche durch ein- und dieselbe Restriktions-Nuclease in unterschiedliche Fragmente aufgetrennt werden. Um diese Unterschiede entdecken zu können, ist eine Hybridisierungssonde notwendig, die die DNA in der Nähe der polymorphen Schnittstelle erkennt. Die Abb. 15.**9** informiert über das experimentelle Prinzip beim Umgang mit RFLP als DNA-Marker. Der Nachteil von RFLP als DNA-Marker ist der umständliche Nachweis über das Southern-Transfer-Verfahren, das sich für eine Automatisierung nicht eignet.

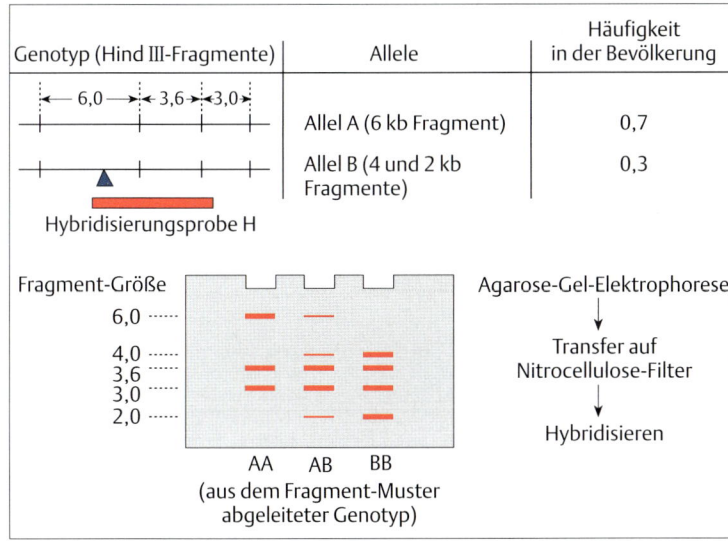

Abb. 15.9 DNA-Marker: Restriktions-Fragment-Längen-Polymorphismus (RFLP). oben links Ein Abschnitt aus allelen Bereichen homologer Chromosomen ist dargestellt. Das Enzym Hind III zerlegt den Abschnitt des Allels A in drei und den entsprechenden Abschnitt des Allels B in vier Fragmente (Dreieck, Extra-Hind-III-Schnittstelle im Allel B). Mit der Hybridisierungssonde können alle Fragmente im Southern-Transfer-Verfahren nachgewiesen werden. **unten** RFLPs werden nach den Mendel-Vererbungsregeln von Eltern auf Nachkommen weitergegeben. Beachte, daß in diesem Beispiel die Hybridisierungssonde kürzer ist, und deswegen nur eines der entstandenen Restriktions-Fragmente nachweist.

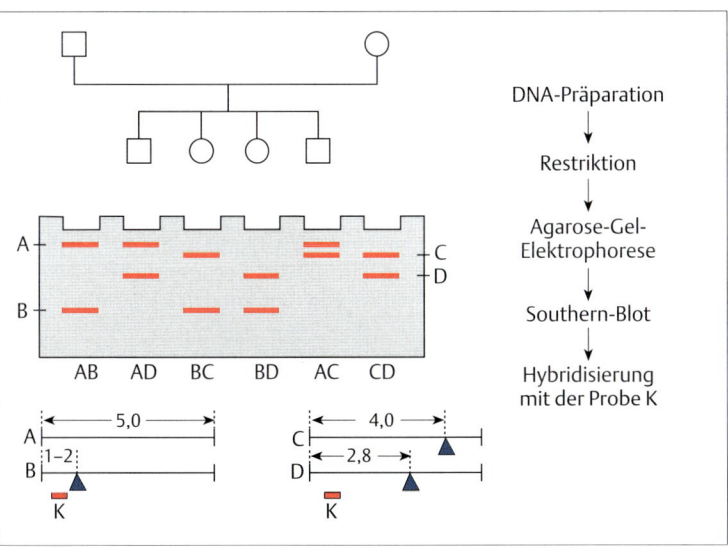

Mikrosatelliten-Polymorphismus

Mikrosatelliten-DNA besteht aus 10–50 Kopien von Folgen aus 1–6 Basenpaaren, die direkt hintereinander vorkommen. Beispiele für solche Wiederholungs-Folgen sind A, AC, AAAN oder AG (N, irgendein Nucleotid). Mikrosatelliten mit AC-Dinucleotid-Folgen kommen, im Genom verteilt, durchschnittlich einmal pro 30 kb-Genom-Abschnitt vor, auch direkt vor oder hinter Genen oder in Intron-Bereichen. Tri- oder Tetranucleotid-Wiederholungen sind seltener, einmal unter einigen hunderttausend Basenpaaren, aber auch diese Mikrosatelliten sind mehr oder weniger statistisch verteilt.

Für genetische Arbeiten ist interessant, daß die Zahl von AC-Dinucleotiden in einem gegebenen Mikrosatellit hoch polymorph ist. Mit anderen Worten, zwei Allele unterscheiden sich mit hoher Wahrscheinlichkeit in der Zahl der Dinucleotide eines gegebenen Mikrosatellits.

Mikrosatelliten sind nicht nur ausgezeichnete DNA-Marker, sondern auch gut mit Hilfe der PCR-Methode nachweisbar. Voraussetzung ist die Kenntnis der DNA-Sequenzen beiderseits des Mikrosatellits (Abb. 15.**10**). Inzwischen kennt man mehrere zehntausend Mikrosatelliten-Stellen im Human-Genom.

Abb. 15.10   DNA-Marker: Mikrosatelliten-DNA.
oben Beispiel eines CA-Dinucleotid-Mikrosatelliten. Der experimentelle Nachweis erfolgt über die PCR-Methode. Die Voraussetzung dafür sind Informationen über flankierende DNA-Sequenzen.
unten Allele unterscheiden sich durch die Längen der Dinucleotid-Folgen. Vererbung des Mikrosatelliten-Markers: Die Eltern sind heterozygot; jedes Kind erwirbt je ein Allel von jedem der beiden Eltern [nach 32].

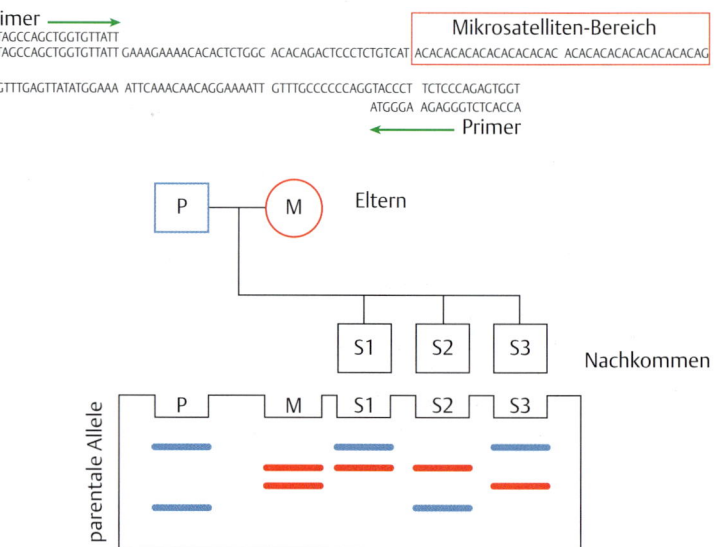

Weibliche/männliche Gen-Karten

Erste systematische Anwendungen von DNA-Markern für die Kartierung des Human-Genoms wurden im Jahre 1987 veröffentlicht. Etwa 400 RFLP-Marker wurden für die Analyse von Genomen in 21 Familien mit je drei Generationen eingesetzt.

Die Entscheidung, ob Kopplung oder Nicht-Kopplung vorliegt, ist bei Studien dieser Art kein leichtes Unternehmen (Abb. 15.**8**). Um hier voranzukommen, verwendet man ein statistisches Verfahren, bei dem die Wahrscheinlichkeit bestimmt wird, mit der die vorliegenden Daten von einer zufälligen Verteilung der Marker abweichen. Oder, etwas genauer, man berechnet den Quotienten aus der Wahrscheinlichkeit, daß die beobachteten Daten durch Kopplung entstanden sind, und der Wahrscheinlichkeit, daß sie auf freier Kombination beruhen *(odds ratio)*. Wenn der Quotient 1000/1 beträgt, geht man von einer Kopplung aus. Man gibt den Wert gewöhnlich als Logarithmus an, ausgedrückt als **LOD-Wert** *(logarithmic odds ratio)*. Wenn der LOD-Wert größer oder gleich drei ist, gilt eine Kopplung als sehr wahrscheinlich.

Wie angedeutet, müssen RLFP- oder Mikrosatelliten-Marker bei möglichst vielen Mitgliedern eines Stammbaums und bei möglichst vielen Stammbäumen untersucht werden. Deswegen fallen viele Daten an, die über komplizierte Wahrscheinlichkeitsabschätzungen analysiert werden müssen. Diese Arbeit kann nur mit wirkungsvollen Computerprogrammen bewältigt werden.

Die etwa 400 RFLP-Marker in der Pionierarbeit des Jahres 1987 konnten in Kopplungs-Gruppen zusammengefaßt und einzelnen Chromosomen zugeordnet werden. Überdies konnte die Reihenfolge der DNA-Marker auf den einzelnen Chromosomen bestimmt und ihre Abstände in Centi-Morgan-Einheiten (cM) angegeben werden (Abb. 15.11). Die durchschnittliche Auflösung der Gen-Karte betrug 10 cM.

Centi-Morgan-Einheiten leiten sich aus Rekombinations-Frequenzen ab, die selbst von zahlreichen Bedingungen abhängig sind. Eine Bedingung ist natürlich der Abstand zwischen DNA-Markern, aber eine andere ist die Häufigkeit von Rekombinationen oder die Aktivität und Verfügbarkeit von Rekombinations-Enzymen. Daraus erklärt sich die zunächst verblüffende Tatsache, daß weibliche Gen-Karten, gemessen in cM-Einheiten, größer sind als männliche Gen-Karten. Der Grund ist, daß während der Oogenese häufiger Rekombination stattfindet als während der Spermiogenese.

Im Jahre 1994 stellten mehrere große Forschergruppen das gemeinsame Ergebnis ihrer Kartierungsarbeiten vor: Die Lokalisierung von 5840 Gen- und DNA-Markern, von denen fast tausend in genauer Reihenfolge angeordnet sind. Etwa 3600 Positionen auf der Gen-Karte sind Mikrosatelliten-Marker und etwa 400 sind Gen-Marker. Die Auflösung der Gen-Karte beträgt 0,7 cM (Abb. 15.11).

Die Addition aller Einheiten ergibt eine Länge der biologischen Gen-Karte des Menschen von 4000 cM.

Bei einer Genom-Größe von 3000 Mb kann man daher schließen, daß eine cM-Einheit etwa 750 kb einschließt. Man muß diese Abschätzung mit einiger Zurückhaltung aufnehmen, denn Rekombination könnte an manchen Stellen durch *Hot Spots* begünstigt (S. 206), aber an anderen Stellen unterdrückt werden. Man kann nicht sicher sein, wie sich diese Effekte über das gesamte Genom verteilen.

Aber diese Abschätzung hat ihren Wert für praktische Anwendungen der biologischen Gen-Karte. Sie kann als unabhängiger Maßstab bei der Vermessung des Genoms in Einheiten von Basenpaaren dienen, also bei der Aufstellung der physikalischen Gen-Karte. Man sagt, die biologische Gen-Karte ist eine Interpretation der physikalischen Karte, weil sie Vererbung von Genen und DNA-Markern über die Generationen veranschaulicht.

Die Untersuchung von Kopplungs-Verhältnissen hat ihre praktische Bedeutung bei der Identifizierung und Lokalisation von medizinisch wichtigen menschlichen Genen unter Beweis gestellt. Das Vorgehen bezeichnet man als positionelles Klonieren *(positional cloning)*.

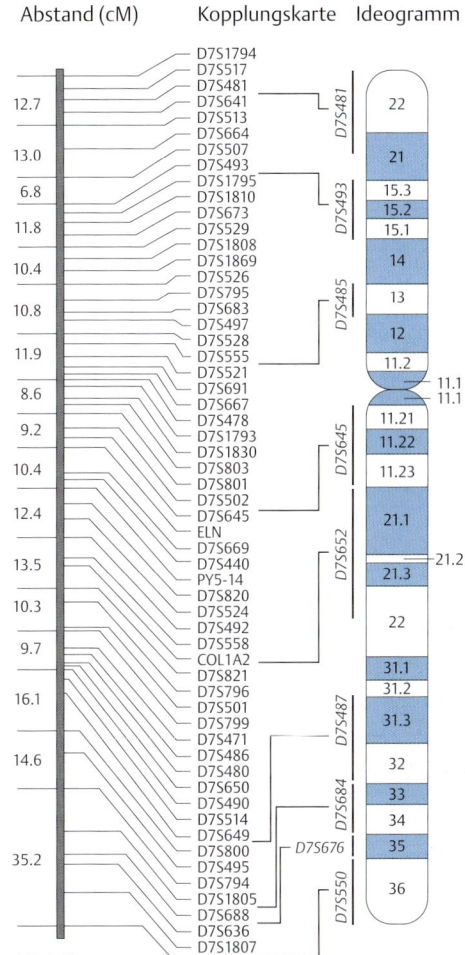

Abb. 15.11 Biologische Gen-Karte: Auflösung von einem Centi-Morgan (cM). In dieser Abbildung dient das Chromosom 7 als Beispiel. Für die Aufstellung der Gen-Karten waren Kopplungsanalysen von mehr als 5000 DNA-Markern, hauptsächlich Mikrosatelliten, notwendig. Eine Addition der Einzelabstände (in cM) ergibt die Gesamtlänge der Gen-Karte eines Chromosoms: 217,4 cM für das Chromosom 7. Die cytogenetische Position einiger DNA-Marker (senkrechte Linien an den Chromosomen) wurde durch *In-situ*-Hybridisierung bestimmt [nach 25].

Positionelles Klonieren

Dabei geht es um die Identifizierung von Genen, deren Produkte man nicht kennt, und deren Wirkungsweise man nur am Phänotyp, meist am Auftreten von Krankheitssymptomen, ablesen kann.

Wir beschreiben das allgemeine Vorgehen an einem Beispiel, das als Meilenstein in der Geschichte der Genetik gilt: die Isolierung eines Gens, dessen Schädigung die Krankheit Cystische Fibrose (CF) verursacht (siehe Kasten).

Genetiker begannen ihre Untersuchung mit der Unterstützung durch mehr als 40 Familien mit je einem oder mehreren kranken Kindern. Von großen und engagierten Forschergruppen durchgeführte umfangreiche Analysen ergaben, daß der Phänotyp (die Krankheit) CF mit einem bestimmten RFLP, nachweisbar durch die DNA-Sonde *D7S15,* gekoppelt vererbt wird. Anders gesagt, die gesunden Eltern waren für diesen RFLP heterozygot (siehe Abb. 15.**9**), und ihre kranken Kinder erbten den RFLP von ihren Eltern, gemeinsam mit dem *CF*-Gen. Der LOD-Wert von 6,68 galt als sicherer Hinweis auf eine recht enge Kopplung.

In-situ-Hybridisierung und Hybridzell-Untersuchungen zeigten, daß der DNA-Marker auf dem langen Arm des Chromosoms 7 an der Stelle 7q31.3 vorkommt. Damit war eine erste **Lokalisation des *CF*-Gens** gelungen.

Die nächste Frage betraf den Abstand zwischen dem *CF*-Allel und dem DNA-Marker. Eine Antwort ergab sich aus dem Ergebnis einer Studie von 101 CF-Kranken. In den meisten Fällen fand sich eine Kopplung von RFLP und Krankheit, aber bei 13 Fällen hatten sich bei den vorausgegangenen Meiosen Rekombinationen zwischen *CF*- und dem *D7S15*-Marker ereignet. Ausgedrückt im Maßstab der biologischen Gen-Karte bedeutet dies

---

Der medizinische Hintergrund der Cystischen Fibrose

Cystische Fibrose (Mucoviscidose) ist eine häufige genetische Krankheit, an der 6000–8000 Menschen in Deutschland leiden. Die Krankheit wird rezessiv und gekoppelt an ein Autosom vererbt. In Nordwest-Europa ist eine unter 40–50 Personen Träger eines geschädigten Gens, aber die Häufigkeit der Gen-Träger nimmt von Westen nach Osten ab. Die Krankheit wird selten bei Asiaten und Afrikanern gefunden.

Im homozygoten Zustand verursacht der Defekt des Gens eine Störung des Wasser- und Salz-Haushaltes bei allen Drüsen. Verdicktes und zähes Sekret verstopft die Ausgangswege der Drüsen, die allmählich zugrunde gehen und durch Cysten und Bindegewebe ersetzt werden. Deswegen leiden die meisten CF-Patienten an einem Mangel an Verdauungssekreten und ungenügendem Aufschluß der Nahrung. Zäher Schleim verschließt die Bronchien, so daß es zu häufigen Entzündungen durch Virus- und Bakterien-Infektionen kommt. Die Konsequenz ist eine stark reduzierte körperliche Leistungsfähigkeit. Moderne symptomatische Behandlungsmethoden verlängern die Lebenserwartung der Patienten bis weit über das 40. Lebensjahr.

Weltweit werden Versuche unternommen mit dem Ziel einer kausalen Behandlung der CF durch Gen-Therapie. Die Schwierigkeiten liegen zur Zeit hauptsächlich beim Einschleusen des intakten Gens in die Zellen der Patienten.

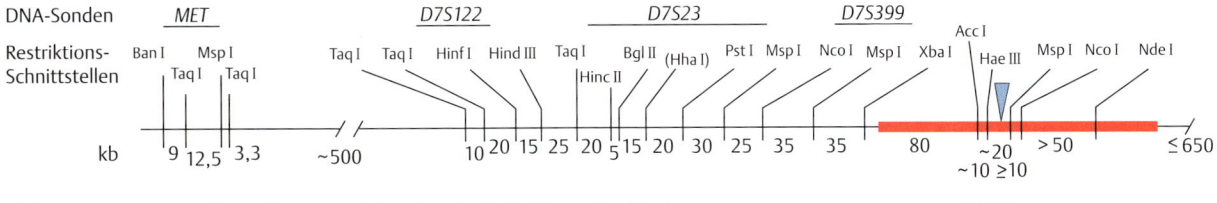

Abb. 15.12 Positionelles Klonieren: Von der biologischen Gen-Karte zum Gen. Detailkarte in der Umgebung des *CF*-Gens: **oben** DNA-Marker, mit deren Hilfe DNA-Klone aus einer Genom-Bibliothek in Cosmid-Vektoren isoliert wurden. **unten** Abstände, angegeben in kb, zwischen den Schnittstellen für Restriktions-Nucleasen. Der Bereich des *CF*-Gens ist hervorgehoben. Der blaue Keil zeigt die Position der ΔF508-Mutation [nach 15].

einen Abstand von 13 cM. Die gesamte Gen-Karte des Chromosoms 7 hat 217 cM-Einheiten (Abb. 15.**11**) und besteht aus $171 \cdot 10^6$ Basenpaaren (S. 154). Wir können also abschätzen, daß zwischen dem *CF*-Gen und dem *D7S15*-DNA-Marker ein Abstand von etwa $10 \cdot 10^6$ Basenpaaren liegt. Dies wäre für alle weiteren Arbeiten viel zu groß. Eine Suche nach näher liegenden DNA-Markern wurde notwendig.

In dem interessanten Bereich des Chromosoms 7 waren andere RFLP-Marker bekannt: *MET, D7S122, D7S23* u. a. Nur zwei Rekombinationen konnten z. B. zwischen dem DNA-Marker *MET* und *CF* bei 123 untersuchten CF-Patienten nachgewiesen werden. Der daraus abgeleitete LOD-Wert von 19,28 spricht für eine sehr enge Kopplung, und der Gen-Karten-Abstand beträgt weniger als 2 cM (Abb. 15.**12**).

Enge Kopplung in der biologischen Gen-Karte bedeutet enger Abstand im Genom. Deswegen kann jetzt die Kopplungsanalyse durch molekularbiologische Methoden abgelöst werden. Aus Genom-Bibliotheken in Phagen- oder Cosmid-Vektoren (S. 269) werden mit Hilfe der Sonden *D7S122* und der *D7S23* Genom-Abschnitte isoliert. Im Fall der Suche nach dem *CF*-Gen und in vielen anderen Fällen des positionellen Klonierens trifft man nicht gleich auf das gesuchte Gen, sondern muß mehrere überlappende DNA-Klone isolieren, bis man an den Bereich des Gens gelangt. Das Erkennen des Gens auf den isolierten DNA-Stücken ist nie einfach und erfordert experimentelle Strategien, die den jeweiligen Bedingungen angepaßt werden müssen.

Bei der Suche nach dem *CF*-Gen half u. a. die Tatsache, daß cDNA, hergestellt aus der mRNA von Drüsengewebe, mit Abschnitten der klonierten DNA hybridisierte. Aber die endscheidenden Hinweise gaben erstens die Primärstruktur des kodierten Proteins (abgeleitet aus der Nucleotid-Sequenz der kodierenden Exons) und zweitens Mutationen in der Nucleotid-Sequenz von CF-Patienten.

Das *CF*-Gen ist etwa 230 kb lang und besteht aus 27 Exons. Das Gen kodiert ein Protein aus 1480 Aminosäuren mit 12 hydrophoben Abschnitten, die in die Cytoplasma-Membran eingelagert sind. Überdies trägt es zwei Nucleotid-Bindestellen. Damit gleicht es im Aufbau anderen Ionen-Transport-Proteinen, und Experimente zeigen, daß es Chlorid-Ionen durch die Zellmembran transportiert. Eine Veränderung der Protein-Funktion erklärt die Pathophysiologie der Krankheit (siehe Kasten auf S. 434). Aufgrund dieser Eigenschaften bezeichnet man das Produkt des *CF*-Gens als CFTR *(cystic fibrosis transmembrane regulator)* (Abb. 15.**13**).

Internationale Forschergruppen haben inzwischen die *CF*-Gene von mehr als tausend Patienten untersucht. Dabei stellte sich heraus, daß

Abb. 15.13 Das *CF*-Gen und seine Expression.
oben Position des Gens zwischen den DNA-Markern *MET* und *D7S8*; die Länge des Gens und die Lage von Exons (senkrechte Linien); mRNA und Gen-Produkt (Dreieck: Mutation ΔF508). **unten** Die Organisation des CFTR-Proteins mit den 12 membranständigen hydrophoben Abschnitten, den beiden Nucleotid-Bindedomänen (NBD) und der regulatorischen Domäne (R). Die häufige Mutation ΔF508 liegt in einer Nucleotid-Bindedomäne, während andere Mutationen – an den Positionen 117, 334 und 347 der Polypeptid-Kette – membranständige Bereiche betreffen. Modelle gehen davon aus, daß die 12 Transmembran-Abschnitte eng beieinanderliegen und einen Kanal bilden [nach 5].

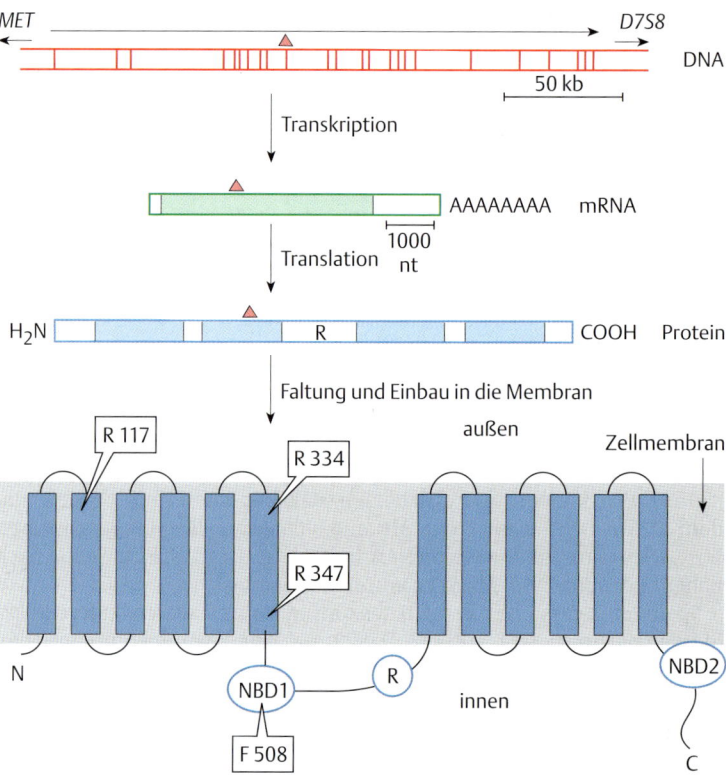

etwa 70% aller geschädigten *CF*-Gene eine Deletion von drei Basenpaaren haben, die den Verlust eines Phenylalanin-Bausteins an der Stelle 508 (ΔF508) der Aminosäure-Sequenz verursacht (Abb. 15.**13**). Der Rest der beobachteten Mutationen besteht aus Nucleotid-Austauschen, die sich mehr oder weniger gleichmäßig anderswo im Gen ereignet haben. Die Deletion der Aminosäure F508 verursacht Störungen bei der Membran-Lokalisation des Proteins, die anderen Mutationen betreffen oft den Transport von Chlorid-Ionen.

Um die Leistung bei der Erforschung des *CF*-Gens zu würdigen, betonen wir noch einmal, daß zu Beginn der Arbeiten nicht die geringste Information über die Natur des geschädigten Proteins bei CF-Patienten vorlag, während heute die CF eine der am besten untersuchten menschlichen Erbkrankheiten geworden ist.

Über **positionelles Klonieren** sind bis heute die Ursachen von einigen Dutzend wichtiger menschlicher Erbkrankheiten aufgeklärt worden. Darunter sind der angeborene Kindheitstumor Retinoblastom (S. 337), die Duchenne-Muskeldystrophie (S. 453), die Neurofibromatose (S. 462), die Huntington-Krankheit (S. 458) und das Fragile-X-Syndrom (S. 457).

Die Strategien zur Identifizierung der betreffenden Gene sind jeweils den Bedingungen angepaßt. In jedem Fall von positionellem Klonieren werden einige wesentliche Schritte eingehalten:
- Das gesuchte Gen wird mit Hilfe von Kopplungsanalysen auf der Gen-Karte lokalisiert.
- DNA-Marker, die möglichst beiderseits des gesuchten Gens liegen, werden identifiziert.

– Die DNA zwischen diesen Markern wird aus einer Genom-Bibliothek isoliert. Das gesuchte Gen muß auf der klonierten DNA liegen.
– Schließlich ist ein Vergleich des Gens von gesunden Menschen mit dem Gen von Kranken notwendig. Die Mutationen im Patienten-Gen müssen eindeutige Hinweise auf die Ursache des Phänotyps geben.

Die Zukunft des positionellen Klonierens liegt in der Identifizierung von Genen, die zur Entstehung von häufigen menschlichen Krankheiten beitragen. Zu diesen Krankheiten gehören Bluthochdruck, Diabetes, Krebs, manche Psychosen und andere. Alle vorliegenden Daten zeigen, daß die Entwicklung dieser Krankheiten durch Schädigung mehrerer unabhängiger Gene beeinflußt wird. Deswegen spricht man auch von **polygenen Krankheiten**.

Eine Identifizierung der Gene, die eine Rolle bei polygenen Krankheiten spielen, ist eine gewaltige Aufgabe, denn dafür müssen viele hundert Familien untersucht werden. Zudem werden polygene Krankheiten von Umweltfaktoren wie Ernährungsgewohnheiten, körperlicher Aktivität und anderen Lebensumständen beeinflußt.

Die Erforschung der molekularbiologischen Seite polygener Krankheiten wird alles andere als einfach sein, aber erste Ergebnisse liegen vor, und zur Zeit werden viele Arbeitspläne sorgfältig bedacht und zur Diskussion gestellt.

Physikalische Gen-Karten

Die Einheiten von sogenannten physikalischen Gen-Karten sind Basenpaare oder Vielfache davon, also Kilo-(kb-) oder Mega-(Mb-)Basenpaare. Das endgültige Ziel der Aufstellung von physikalischen Gen-Karten ist die komplette Nucleotid-Sequenz eines Genoms. Bei Viren und anderen einfachen Genomen ist dies längst gelungen. Forschergruppen sind auf dem besten Wege dazu, dieses Ziel auch bei *Escherichia coli* zu erreichen (Abb. 4.**3**, S. 85).

Die Bestimmung der Sequenz von Eukaryoten-Genomen ist allerdings eine Aufgabe ganz anderer Größenordnung, hauptsächlich wegen der enormen Länge und Komplexität.

Ein wichtiger Anfang ist mit dem Studium des Genoms der Hefe *S. cerevisiae* (S. 280) gemacht worden. Das Hefe-Genom hat eine Gesamtlänge von 12,4 Mb, das auf 16 Chromosomen verteilt ist. Internationale Forschergruppen haben die Nucleotid-Sequenzen von allen 16 Chromosomen aufgeklärt. Die Sequenzierung der chromosomalen DNA anderer Eukarioten ist zum Teil fortgeschritten.

Gleich zu Beginn brachte die Arbeit am Hefe-Genom Überraschungen. Es ging dabei um die Sequenz des relativ kleinen Hefe-Chromosoms III mit insgesamt 314 kb. Aus der DNA-Sequenz geht hervor, daß sich auf dieser Strecke 182 Gene (identifiziert als offene Leseraster) verteilen, während vor Beginn der Sequenzierung nur 34 Gene auf dem Chromosom III bekannt waren. Entsprechendes fand man für die anderen Hefe-Chromosomen. Diese Ergebnisse lassen vermuten, daß auch in anderen Genomen große und noch „ungehobene Schätze" an Information liegen. Zu deren Hebung sind Bemühungen um physikalische Gen-Karten notwendig.

Das Genom der Hefe *S. cerevisiae* umfaßt weniger als 10 % der Basenpaare des Genoms von *Drosophila* und weniger als 1 % der Basenpaare im

Tab. 15.1   Selten schneidende Restriktions-Nucleasen

Restriktions-Nuclease	Erkennungs-Sequenz
Not I	GCGGCCGC
Sfi I	GGCCNNNNNGGCC
Mlu I	ACGCGT

Die Enzyme zeichnen sich durch folgende Eigenschaften aus: Sie erkennen Octanucleotid-Folgen oder Folgen von CpG-Nucleotiden. Solche Dinucleotid-Folgen sind im Säugetier-Genom seltener als statistisch zu erwarten. Sie sind zudem oft methyliert und damit resistent gegen Mlu I.

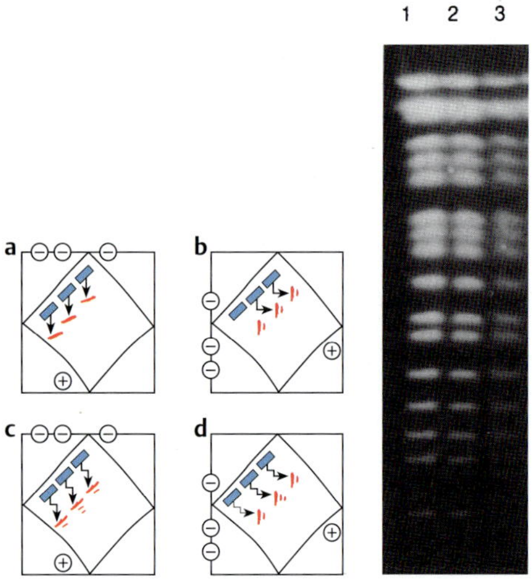

Abb. 15.14   Die Pulsfeld-Gel-Elektrophorese.
0,7 % Agarose-Gel in Abmessungen von 20 cm · 20 cm; wechselnde Strompulse von 140 mÅ von bis zu 60 Minuten Dauer. Durch Veränderungen der Pulszeiten und der Stromstärken kann man die Bedingungen je nach Bedarf verändern, also etwa nach Größe der untersuchten DNA-Fragmente. Das Photo zeigt eine Auftrennung der chromosomalen DNA von *Saccharomyces cerevisiae*.

Genom von höheren Tieren und Pflanzen. Ein weiterer Vorteil ist, daß das Hefe-Genom relativ wenige repetitive Sequenzen enthält. Gerade das häufige Vorkommen repetitiver Sequenzen erschwert die Erforschung der Genome vielzelliger Organismen.

> Die Aufstellung physikalischer Gen-Karten erfolgt meist über zwei Wege: eine Aneinanderreihung von Restriktions-Fragmenten und eine lineare Ordnung von klonierten DNA-Fragmenten.

Selten schneidende Restriktions-Nucleasen

Selten schneidende Restriktions-Nucleasen erkennen Sequenzen von acht oder mehr Nucleotiden (Tab. 15.1), oft mit CpG-Dinucleotiden, die in den Genomen von Säugetieren relativ selten vorkommen (S. 309, 373).

Schnittstellen für das **Enzym Not I** kommen im Human-Genom in durchschnittlichen Abständen von 800–1000 kb vor. Diese langen DNA-Stücke lassen sich nicht durch eine konventionelle Gel-Elektrophorese auftrennen. Dazu ist ein besonderes elektrophoretisches Verfahren notwendig, die Pulsfeld-Gel-Elektrophorese (siehe Box).

Methode

Die Pulsfeld-Gel-Elektrophorese.
Wie früher beschrieben (S. 38), beruht die konventionelle Gel-Elektrophorese im wesentlichen auf einem Siebeffekt. Kleinere DNA-Moleküle finden ihren Weg leichter durch die Poren einer Gel-Matrix als größere DNA-Moleküle. Aber DNA-Moleküle mit mehr als 50 kb sind größer als die größten Poren und werden nicht mehr effektiv getrennt. Bei der Pulsfeld-Gel-Elektrophorese werden zwei elektrische Felder in Winkeln zueinander angelegt und im Wechsel („in Pulsen") eingeschaltet. Dadurch werden die langen fadenförmigen DNA-Moleküle gezwungen, sich je nach Richtung des elektrischen Feldes neu zu orientieren. Dies gelingt kürzeren Molekülen besser als längeren.

In der experimentellen Praxis erreicht man eindrucksvolle Ergebnisse mit der Auftrennung von DNA-Fragmenten zwischen 100 und mehr als 1000 kb. Ein experimentelles Beispiel zeigt die Abb. 15.14.

Die Abb. 15.15 zeigt die Not I-Restriktions-Karte des langen Arms des Human-Chromosoms 21. Dieses Chromosom eignet sich gut für die Erprobung von Methoden, weil es klein und deshalb relativ übersichtlich ist. Zudem ist es für die Medizin interessant. Zum Beispiel verursacht eine Trisomie des Chromosoms 21 Entwicklungsstörungen in Form des Down-Syndroms (S. 155). Andere medizinisch wichtige Gene betreffen manche Formen der Alzheimer-Krankheit und andere neurologische Erkrankungen.

Die Not I-Restriktions-Nuclease unterteilt die Gesamt-DNA-Strecke des Chromosoms 21 mit seinen 35 Mb in 42 Stücke. Um eine Orientierung zu erleichtern, zeigt die Abb. 15.15 die Gen-Karte im Vergleich zur Chromosomen-Struktur. Da nicht genau bekannt ist, wie dicht die DNA in den G- oder R-Banden verpackt ist, hat dieser Vergleich nur begrenzten Wert, aber er zeigt, daß Not I-Schnittstellen gehäuft in den R-Banden-Bereichen zwischen den dunklen G-Banden vorkommen. Normalerweise enthalten R-Banden mehr Gene als G-Banden (S. 154), und viele Gene haben GC-reiche DNA-Elemente im Promotor-/Enhancer-Bereich. Die Wahrscheinlichkeit des Vorkommens von Not I-Schnittstellen ist hier besonders groß. Viele Forscher gehen sogar davon aus, daß eine Not I-Schnittstelle direkt auf einen Gen-Anfang hinweist.

Restriktionskarten von Säugetier-Genomen haben Nachteile. Viele CpG-Sequenzen sind methyliert (S. 373) und können deswegen nicht von Not I geschnitten werden. Aber vor allem stehen die DNA-Fragmente nicht unmittelbar für eine weitere Untersuchung zur Verfügung. Deswegen sind Gen-Karten, die über eine Ordnung klonierter DNA-Fragmente zustande kommen, von größerem Interesse. Allerdings sind Restriktionskarten eine willkommene Kontrolle für andere Gen-Karten.

Ordnung klonierter DNA

Wir sind über die Herstellung von Genom-Bibliotheken in Phagen-, Cosmid- oder YAC-Vektoren informiert (S. 270). Hier geht es um die Verwendung dieser Bibliotheken für die Aufstellung von Gen-Karten. Das Ziel ist die Reihung in Form geordneter, überlappender DNA-Klone.

> Eine Reihe von DNA-Klonen, die einen definierten Abschnitt eines Chromosoms darstellen, nennt man Contig (*contiguous*, benachbart). Das Prinzip der Herstellung von Contigs ist einfach zu erläutern: Ein mehr oder weniger zufällig ausgesuchter DNA-Klon dient als Start. Die klonierte DNA wird als Sonde benutzt, um überlappende DNA-Klone aus der Bibliothek zu isolieren. Die Nachbarklone dienen dann ihrerseits als Sonde zur Identifizierung der nächst anschließenden DNA-Klone usw. (Abb. 15.**16**).

Die experimentelle Praxis ist wegen der großen Zahl der zu analysierenden DNA-Klone schwierig. Man bedenke, daß bei der Herstellung einer Bibliothek ein typisches Säugetier-Genom auf etwa 100 000 Cosmid-Klone verteilt wird. Aus statistischen Gründen müssen mehrere unabhängige Bibliotheken überprüft werden, um mit einiger Sicherheit das gesamte Genom erfassen zu können (S. 271). Dieses Problem wird von verschiedenen Forschergruppen mit unterschiedlichen Methoden angegangen (siehe Box). Dabei stellt die Automatisierung der experimentellen Verfahren auf jeden Fall einen Vorteil dar, und die Hilfe eines Computers bei der Analyse der Datenmenge ist unersetzlich.

Methode

Aufstellung von Gen-Karten. Eine experimentelle Möglichkeit ist die **Fingerprint-Methode.** Stark vereinfacht gesagt, stellt man DNA-Fragmente mit einer häufig schneidenden Restriktions-Nuclease her und analysiert das Muster durch Gel-Elektrophorese. Dann überprüft man andere DNA-Klone, ob Elemente dieses Musters auftreten oder nicht. Im positiven Fall, sollten die beiden untersuchten DNA-Fragmente gemeinsame Abschnitte besitzen, also überlappen. Diese Vergleiche werden automatisch durchgeführt und mit Hilfe von Computern analysiert.

Ein anderes Verfahren untersucht das **Vorhandensein spezifischer Einzelkopie-DNA-Sequenzen** mit Hilfe der PCR-Methode. Sequenzen können cDNA-Stücke sein (**EST**, *expressed sequence tags*) oder jede andere, einmal im Genom vorkommende Einzelkopie (**STS**, *sequence tag sites*). Voraussetzung für ihre Verwendung bei der Genom-Kartierung sind Informationen über die umgebende DNA. Dann lassen sich Oligonucleotid-Primer für die PCR-Methode herstellen, so daß eine Automatisierung des Suchverfahrens möglich wird.

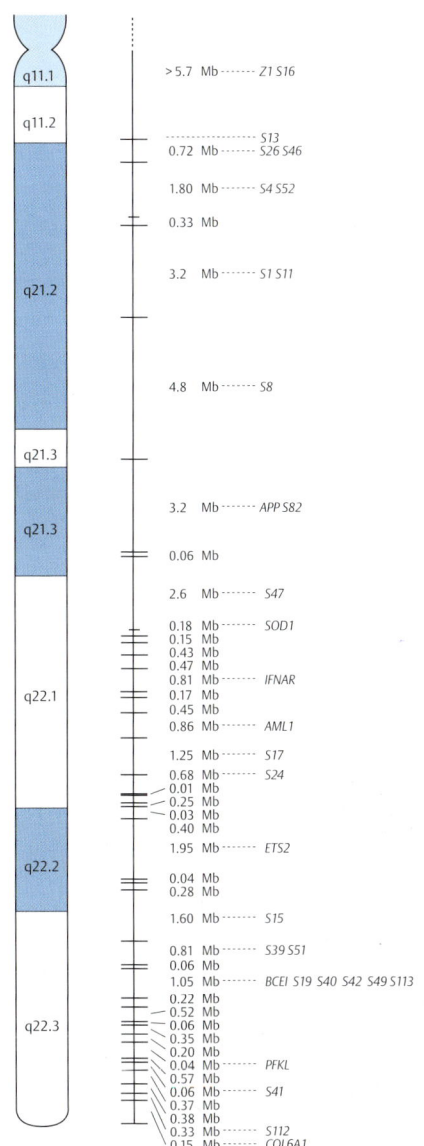

Abb. 15.15 Physikalische Gen-Karte: Restriktions-Karte. rechts Die Karte (senkrechte Linie) gibt die Abstände zwischen Not I-Restriktionsstellen in Mb an. Viele Not I-Fragmente sind durch DNA-Marker (S16, S13 usw.) oder durch Gene gekennzeichnet. *APP* = Amyloid-Precursor-Protein (verändert bei manchen Formen der Alzheimer-Krankheit); *COL6A1* und *COL6A2* = Kollagen-kodierende Gene; *ETS* = Transkriptions-Faktor; *IFNAR* = Interferon-Rezeptor; *PFKL* = Phosphofructokinase, leberspezifisch; *SOD1* = Superoxid-Dismutase [nach 13].

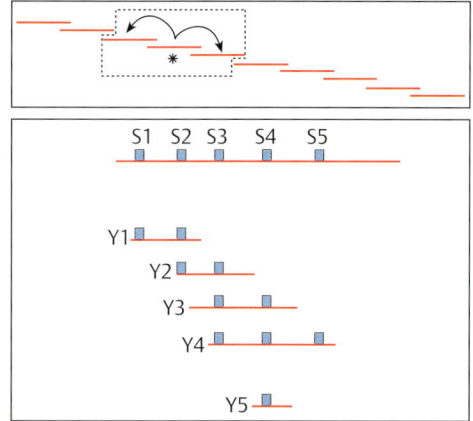

Abb. 15.16 Contig-Karten. oben Prinzip des Vorgehens: Der Start beginnt mit irgendeinem DNA-Klon. DNA-Marker auf dem Start-Klon werden verwendet, um überlappende Klone aus der Genom-Bibliothek zu isolieren, die dann ihrerseits für die Suche nach Nachbar-Klonen eingesetzt werden. **unten** STS *(sequence tagged sites)* werden auf dem YAC-Klon Y1 identifiziert. Man fragt, auf welchem anderen YAC-Klon kommt entweder das STS-Stück S1 oder das STS-Stück S2 vor. So gelangt man zu YAC-Klon Y2, der S2 und überdies S3 besitzt. Das Stück S3 wird zur Suche nach dem nächsten überlappenden Klon eingesetzt usw. Die Anordnung der STS-Stücke ergibt einen Contig.

Das Prinzip des weiteren Vorgehens bei der Gen-Kartierung ist in der Abb. 15.**16** erläutert, und das Ergebnis einer Anwendung des Verfahrens zur Vermessung des langen Arms von Chromosom 21 zeigt die Abb. 15.**17**.

Die erste Station der Kartierung des Chromosoms 21 war die Herstellung von Genom-Bibliotheken in YAC-Vektoren mit Genom-Fragmenten bis zu 2 Mb-Längen und die Identifizierung von fast 200 für das Chromosom 21 spezifischen Einzelkopie-Sequenzen. Die verwendete Genom-Bibliothek bestand aus 70 000 YAC-Klonen, die natürlich nicht alle einzeln mit jedem der 200 STS-DNA-Sonden untersucht werden konnten. Deswegen wurde zunächst die Gesamtheit der YAC-Klone in 92 Gruppen aufgeteilt. Wenn das PCR-Ergebnis auf das Vorhandensein eines STS in der Gruppe hinwies, konnte die Gruppe weiter unterteilt werden, bis schließlich ein Einzel-YAC-Klon vorlag. Insgesamt konnten so 810 YAC-klonierte DNA-Stücke isoliert, nach dem Schema der Abb. 15.**16** sortiert und in überlappender Reihung angeordnet werden (Abb. 15.**17**).

In folgenden Projekten wird der logisch nächste Schritt unternommen: Aufteilung jedes YAC-DNA-Klons in kleinere Fragmente (durch Klonieren in Cosmid- oder Phagen-Vektoren) und schließlich die Bestimmung der Nucleotid-Sequenz.

Das am Chromosom 21 geübte Verfahren wird auf andere Human-Chromosomen und auf das gesamte Genom ausgedehnt: ein Weg mit dem Ziel der Bestimmung der vollständigen Nucleotid-Sequenz. Manche Kenner der Verhältnisse meinen, daß dieses Ziel bald nach dem Jahr 2000 erreicht sein wird.

Abb. 15.17 Physikalische Gen-Karte: Überlappende DNA-Klone. Die Abbildung zeigt ein Stück vom Ende des langen Arms von Chromosom 21. Wie in der Abb. 15.**15** wird auch hier die Gen-Karte in Beziehung zum chromosomalen Bandenmuster gesetzt. Die zur Identifizierung der Klone benutzten STS sind direkt unter dem Ideogramm angegeben. Jeder Klon, dargestellt durch die roten Linien, hat eine Katalog-Nummer [nach 4].

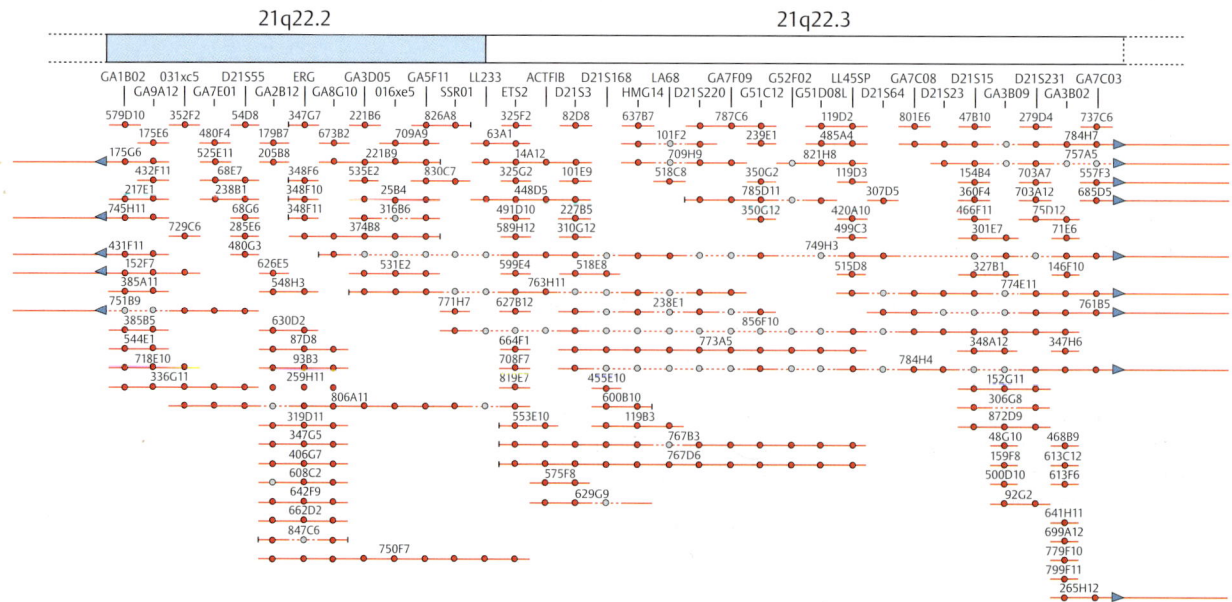

Die Untersuchung von YAC-KLonen wird sicher dabei eine große Rolle spielen, aber YAC-Klone haben methodische Nachteile: Beim Klonierungsprozeß können Deletionen auftreten, und es können nicht zusammengehörende DNA-Stücke verknüpft werden und in einen Vektor gelangen. Das bringt natürlich erhebliche Probleme für die Aufstellung korrekter physikalischer Gen-Karten mit sich. Deswegen müssen DNA-Klon-Karten stets durch Restriktionskartierung, Bestrahlungs-Hybride und biologische Gen-Karten überprüft werden.

Regional-Karten: Contigs in den Genen für Immun-Globuline

Bereits mehrere Jahre bevor die Kartierung des Human-Genoms den heutigen Stand erreicht hatte, haben Molekularbiologen mit der genauen Vermessung begrenzter, aber besonders interessanter Bereiche begonnen. Die Globin-Gen-Gruppen auf den Chromosomen 11 und 16 sind Beispiele für die Aufstellung regionaler Gen-Karten (S. 366).

Ein anderes Beispiel sind die Gene für Immun-Globuline. Die Forschung an dieser Gen-Gruppe wurde durch eine Entdeckung bei der Untersuchung von Immun-Globulinen (Antikörper) motiviert. Etwa um das Jahr 1965 wurde klar, daß ein Säugetier-Organismus beinahe unbegrenzt viele (mehrere Millionen) Antikörper herstellen kann. Wie kommt es zur Expression so vieler verschiedener Proteine bei einer begrenzten Zahl von höchstens 100 000 Genen?

Immun-Zellen

Das Immun-System des Menschen besteht aus etwa 10^{12} Zellen, die grob in B- und T-Lymphozyten eingeteilt werden. B-Lymphozyten reagieren im Rahmen einer Immun-Antwort auf eine Infektion mit der Produktion von Immun-Globulinen (Antikörper), die in das Serum abgegeben und mit dem Blutstrom über den Körper verteilt werden. Antikörper binden mit hoher Präzision an körperfremde Stoffe, wie z.B. Oberflächenstrukturen von Viren oder Bakterien, körperfremde Proteine, höhermolekulare Kohlenhydrate u.a.

T-Lymphozyten binden fremde Moleküle nur dann, wenn sie zusammen mit bestimmten körpereigenen Membran-Proteinen auf der Zell-Oberfläche der Zielzelle vorkommen. Somit üben T-Lymphozyten eine zellgebundene Immun-Reaktion aus. Die Bindung einer T-Zelle an eine Zielzelle erfolgt über den spezifischen T Zell-Rezeptor, der „sein" fremdes Molekül auf der Zielzelle erkennt. Die spezifische Erkennung und Bindung durch eine T-Zelle der cytotoxischen Klasse leitet die Zerstörung der Zielzelle ein. Die zweite wichtige Klasse, T-Helfer-Zellen, liefert Signale zur Proliferation und Differenzierung von Lymphozyten.

Allgemein bezeichnet man Substanzen, die eine Immun-Antwort auslösen, als Antigene. Da die Zahl der möglichen Antigene sehr groß ist, muß das Immun-System in der Lage sein, ebenso viele Antikörper und T-Zell-Rezeptoren zu bilden.

Die Immunologie ist ein eigenes Gebiet der Biologie, dem mehrere gute Lehrbücher gewidmet sind. Hier geht es nur um Beispiele für regionale Karten der Gene von Immun-Globulinen. Unser Ausflug in die Immunologie ist daher nur kurz.

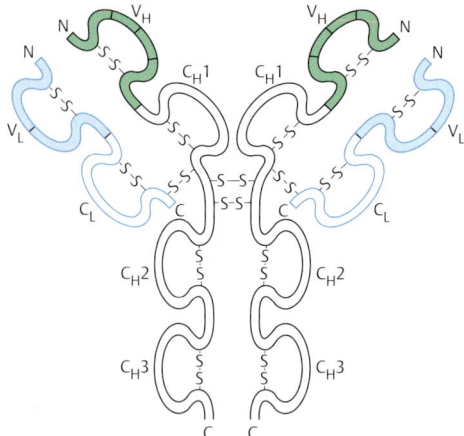

Abb. 15.18   Schema der Antikörper-Struktur. Die variablen Teile der leichten und der schweren Kette sind hervorgehoben (V_L, V_H). Die Querstriche in den variablen Teilen deuten ungefähr die Lage der hypervariablen Stellen an: Orte der Wechselwirkung mit dem Antigen. C_L, konstanter Teil der leichten Kette; C_H, Struktur-Domänen im konstanten Teil der schweren Kette.

Die meisten Immun-Globuline bestehen aus vier Polypeptid-Ketten: zwei identische **leichte Ketten** (**L-Ketten**; ca. 220 Aminosäuren) und zwei identische **schwere Ketten** (**H-Ketten**; ca. 440 Aminosäuren). Die vier Ketten werden durch Disulfan-Brücken zusammengehalten, so daß insgesamt die Struktur eines Y entsteht (Abb. 15.**18**). Die Bindung des Antigens erfolgt an den Enden der Zweige des Y, während sein Stamm die anderen biologischen Eigenschaften des Immun-Globulins bestimmt.

Ein Vergleich der Aminosäure-Sequenzen vieler Immun-Globuline zeigt, daß jede Polypeptid-Kette aus einem variablen Teil und einem konstanten Teil besteht (Abb. 15.**18**). Die Aminosäure-Sequenz des variablen Teils ist von Immun-Globulin zu Immun-Globulin verschieden und bestimmt die Spezifität der Reaktion. Dagegen ist der konstante Teil bei allen Immun-Globulinen einer Art identisch. Bei den meisten Wirbeltieren gibt es zwei Typen von leichten Ketten [kappa ($\varkappa$)- oder lambda (λ)-L-Ketten] und fünf Typen von H-Ketten (Tab. 15.**2**).

Tab. 15.2   Antikörper-Klassen

	Ig M	Ig D	Ig G	Ig A	Ig E
H-Kette	μ	δ	γ	α	ε
L-Kette	λ oder $\varkappa$	λ oder $\varkappa$	λ oder $\varkappa$	λ oder $\varkappa$	λ oder $\varkappa$
Zusammensetzung	$(\mu_2 L_2)_5{}^a + J$ $\mu_2 L_2{}^b$	$\delta_2 L_2$	$\gamma_2 L_2$	$(\alpha_2 L_2)_n + J$ $n = 1, 2, 3$	$\varepsilon_2 L_2$

[a] Lösliches Ig M besteht aus einem Pentamer von $\mu_2 L_2$-Einheiten und einem J-Polypeptid, das nicht mit den J-Elementen der V_L- und V_H-Gene zu verwechseln ist.
[b] Membranständiges Ig M hat eine andere Zusammensetzung als lösliches Ig M.

Die Gene für die L-Ketten vom $\varkappa$-Typ liegen auf dem Human-Chromosom 2, die Gene für L-Ketten vom λ-Typ auf dem Chromosom 22 und die H-Ketten-Gene auf dem Chromosom 14.

Ein Gen für eine L-Kette besteht aus drei Exons (Abb. 15.**19**):
– Das kurze Exon I kodiert den größten Teil des Signal-Peptids, das für die Ausschleusung des Proteins aus der Immun-Zelle notwendig ist. Es wird dabei abgespalten und erscheint nicht im reifen Immun-Globulin des Serums.
– Exon II kodiert die Aminosäuren des variablen Teils.
– Exon III kodiert den konstanten Teil.

Eine wichtige Erkenntnis der Immungenetik ist, daß das Genom viele Gene für die **variablen** Teile der L-Ketten (**V-Gene**), aber nur ein Gen für den **konstanten** Teil (**C-Gen**) trägt. In Nicht-Immun-Zellen und in unreifen Lymphozyten sind V-Gene und C-Gen voneinander getrennt, aber bei der Reifung der Immun-Zellen gelangt durch intramolekulare Rekombination ein Gen aus dem Repertoire der V-Gene in die Nachbarschaft des C-Gens.

Dabei sind J-Elemente (*join*, verknüpfen) die eigentlichen Rekombinations-Partner. Vor dem $C_\varkappa$-Gen liegen fünf verschiedene J-Elemente. Bei der Reifung eines B-Lymphozyten kann ein V-Gen aus der Gesamtheit der V-Gene mit einem der fünf J-Elemente verknüpft werden (Abb. 15.**19**). Für eine Population von B-Lymphozyten ergibt sich daher eine Anzahl von Variationsmöglichkeiten, die dem Produkt aus den fünf

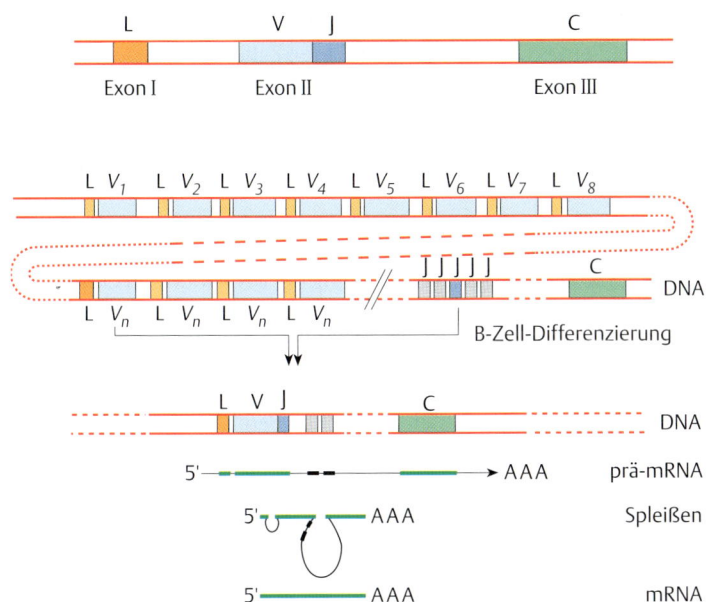

Abb. 15.19 Immun-Genetik: *L*$_\varkappa$-Gene. **oben** Schema: Struktur eines *L*$_\varkappa$-Gens. **unten** Entstehung und Expression des Gens:

1. Der obere Teil zeigt schematisch die Anordnung der *L*$_\varkappa$-Gene in undifferenzierten Lymphozyten und in Nicht-Immunzellen.
2. Bei der Differenzierung von B-Lymphozyten lagert sich unter Verlust der dazwischenliegenden DNA eines der *V*$_\varkappa$-Gen-Abschnitte an eines der fünf J-Elemente.
3. Dadurch entsteht ein aktives Gen mit drei Exons: Ein Exon für das Signal-Peptid, ein zweites für den variablen Teil und ein drittes Exon für den konstanten Teil der L-Kette.

J-Elementen und der Zahl der *V*-Gene entspricht. Allerdings sind die Variationsmöglichkeiten noch größer, denn die Stellen für die V/J-Verknüpfung liegen nicht genau fest. Als Konsequenz können die Code-Wörter im Bereich des *V*/J-Übergangs innerhalb gewisser Grenzen schwanken. Dazu kommen noch sogenannte somatische Mutationen, die weitere Variationen in das *V*-Gen einführen.

In ähnlicher Weise bilden sich die *H*-Ketten-Gene, nur daß hier noch weitere DNA-Elemente ins Spiel kommen, die D-Elemente (*diversity*, Vielfalt). Von diesen gibt es im Human-Genom mehr als ein Dutzend. Bei der Bildung eines *H*-Ketten-Gens vereinigt sich also ein *V*-Gen aus einer größeren Gruppe von *V*-Genen mit einem der vorhandenen D-Elemente und einem der vorhandenen J-Elemente während der Differenzierung von B-Lymphozyten (Abb. 15.**20**). Auch hier sind Rekombinationen ungenau, und somatische Mutationen tragen zur Vielfalt bei.

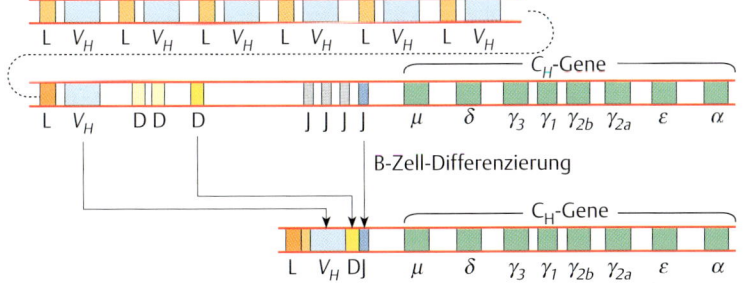

Abb. 15.20 Immungenetik: H-Ketten-Gene. Viele *V*$_H$-Gene, je mit einem Exon für das Signal-Peptid (L), liegen in undifferenzierten Lymphozyten und in Nicht-Immunzellen weit vor den anderen Gen-Abschnitten des *H*-Ketten-Gen-Locus. Bei der Differenzierung wird eines der D-Elemente an ein J-Element geknüpft und dann an eines der *V*$_H$-Gen-Abschnitte. Die Struktur und Anordnung der *C*$_H$-Gen-Abschnitte sind hier nur angedeutet. Jedes *C*$_H$-Gen besteht aus mehreren Exons, entsprechend den Domänen des konstanten Teils der schweren Ketten (siehe Abb. 15.**18**).

Die Vielfalt der Antikörper beruht also auf mehreren Mechanismen:
– Auswahl eines Gens aus einer größeren Zahl von *V*-Genen,
– Auswahl von *J*- und – im Falle der *H*-Ketten-Gene – zusätzlich von D-Elementen,
– ungenaue Verknüpfung,
– und somatische Mutationen.

Abb. 15.21 Der IGK-Locus auf dem Human-Chromosom 2. oben Die cytogenetische Lokalisierung und ihre Ergänzung durch die Molekularbiologie. Die gestrichelten Linien weisen auf Bereiche des Chromosoms, die mit Hilfe von Not I-Restriktion und anderen Methoden vermessen wurden. Die Längen der kartierten Abschnitte werden in Mb-Einheiten angegeben. $C_\varkappa$ und $J_\varkappa$ = Lage der Gene für den konstanten Teil der $L_\varkappa$-Kette und für die J-Elemente (rot); L, A, O (grün) = Bereiche mit hintereinanderliegenden $V_\varkappa$-Gen-Abschnitten (vgl. das Schema in der Abb. 15.**19**). Wir erkennen zwei spiegelbildlich angeordnete Regionen, eine proximale (p) und eine distale (d) Region. Pfeile geben die Transkriptions-Richtungen an. Außerhalb des eigentlichen Gen-Ortes liegen Abschnitte mit $V_\varkappa$-Pseudogenen verstreut auf dem Chromosom 2 (Wc, Wa, Wb, CD8a, Cos 108; gelb).
unten Eine regionale physikalische Gen-Karte. Jeder farbige Balken auf der waagrechten Linie stellt einen Gen-Abschnitt dar [nach 12, 36].

Es stellt sich die Frage nach der Zahl der V-Gene. Dazu wurden DNA-Klone mit *V*-Gen-Sequenzen aus YAC-, Cosmid-, oder Phagen-Bibliotheken isoliert. Daran schloß sich die Reihung der DNA-Klone zu Contigs an.

Die Abb. 15.**21** faßt Ergebnisse von Untersuchungen über die **$\varkappa$-Gen-Gruppe** zusammen. Es zeigt sich, daß der $\varkappa$-Gen-Ort im Human-Genom aus zwei Bereichen besteht, die durch eine Gen-Duplikation auseinander hervorgegangen sein müssen, denn die Reihung und Struktur der Gene des einen Bereiches spiegelt sich im zweiten Bereich.

Das proximale Contig besteht aus 600 kb mit dem $C_\varkappa$-Gen, den fünf J-Elementen und 40 $V_\varkappa$-Segmenten. Dieser Contig ist durch eine Strecke von 800 kb von einem zweiten Contig aus insgesamt 440 kb getrennt. Auf dem zweiten Contig liegen 36 $V_\varkappa$-Gen-Segmente verteilt. Von den insgesamt 76 $V_\varkappa$-Gen-Segmenten sind nur 32 intakt, die restlichen sind Pseudogene oder haben mehr oder weniger große Defekte. $V_\varkappa$-Gene sind teilweise polymorph, d. h. Menschen können sich in der Struktur ihrer $V_\varkappa$-Gene unterscheiden.

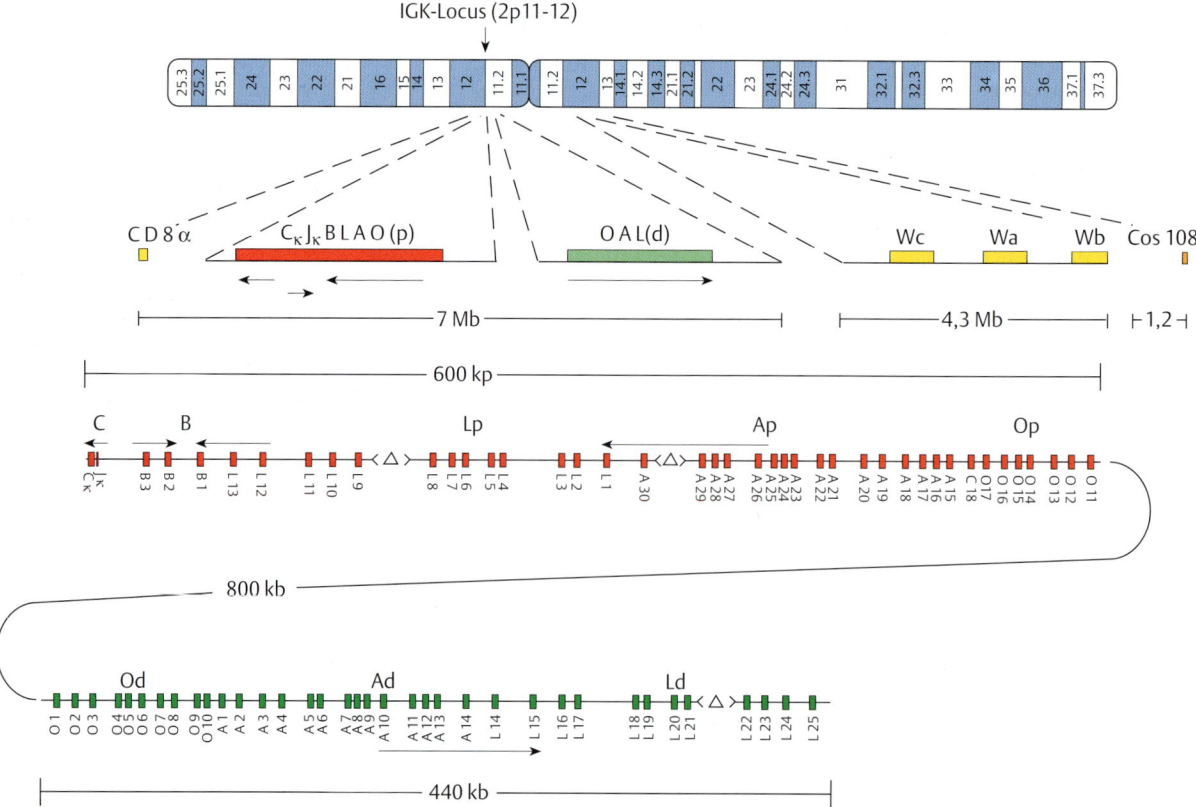

Mehr als 20 $V_{\varkappa}$-Gene kommen außerhalb der Gen-Gruppe vor, an anderen Stellen auf dem Chromosom 2 (Abb. 15.**21**) und auf anderen Chromosomen. Viele dieser verstreuten Gene sind Pseudogene. Ihre Funktion, wenn es eine geben sollte, ist unbekannt.

Die **H-Ketten-Gene** liegen verteilt am Endes des langen Arms von Chromosom 14 in einem Bereich von über 1 Mb. Die H-Ketten-Gene erstrecken sich bis hart an das Telomer des Chromosoms. Genetiker haben etwa 120 V_H-Gen-Segmente in einer ungeordneten Reihung von Pseudogenen und von ungefähr 50 aktiven Genen entdeckt, deren genaue Zahl von Mensch zu Mensch wechselt. Auch einige V_H-Gene können außerhalb dieser Gen-Gruppe anderswo im Genom vorkommen.

Wir haben uns hier auf eine Beschreibung der Gen-Kartierung beschränkt, aber die Erforschung der Immunglobulin-Gene hat viele andere wichtige Ergebnisse für die molekulare Immunologie gebracht. Dazu gehören Informationen über den Gen-Polymorphismus, über die Strukturen an den Rekombinationsstellen und manches andere.

Besonderheiten an X und Y

Während der Meiose paaren sich die homologen Chromosomen im synaptonemalen Komplex (S. 196), als Voraussetzung für Rekombination und für den Austausch von Genom-Abschnitten. Bei der Meiose männlicher Zellen sollte davon ein Chromosomen-Paar ausgeschlossen sein, das X- und das Y-Chromosom. Aber diese Aussage gilt nur teilweise, denn an der Spitze der kleinen Arme von Chromosom X und Y gibt es Abschnitte, über die sich beide Chromosomen aneinanderlagern und wo Rekombination stattfindet. Da sich diese Bereiche bei der Meiose wie Autosomen verhalten, spricht man von **pseudoautosomalen Regionen (PAR)** (Abb. 15.**22**).

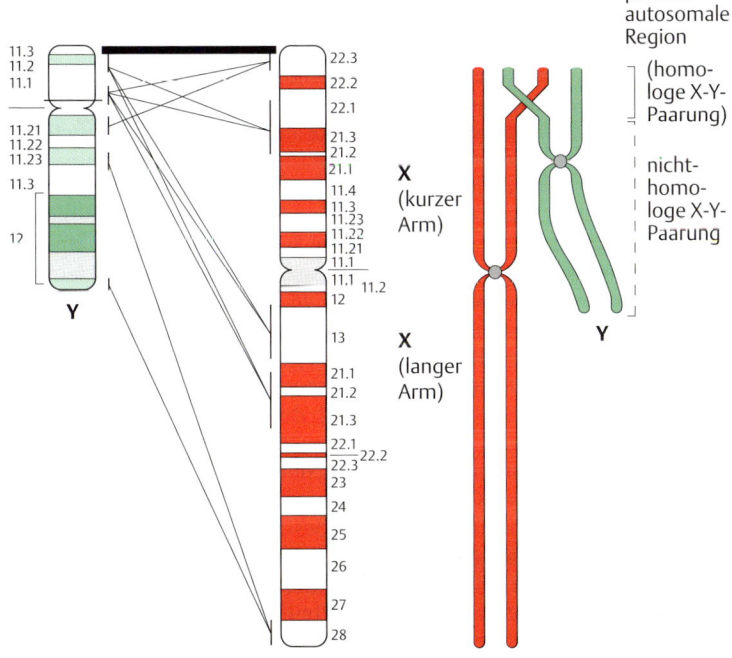

Abb. 15.22 X und Y. links Die obere schwarze Verbindungslinie zeigt die Lage der pseudoautosomalen Regionen an. Die schrägen dünnen Querverbindungen geben an, wo homologe Abschnitte im Y-Chromosom und im X-Chromosom vorkommen. **rechts** Intensive Rekombinationen in der pseudoautosomalen Region. PAR besteht aus 2,6 Mb im Vergleich zu 160 Mb für das gesamte X-Chromosom und zu etwa 60 Mb für den genetisch aktiven Teil des Y-Chromosoms [nach 9].

Einige Gene im PAR-Bereich sind bekannt. Dazu gehören Gene für Zell-Oberflächen-Proteine und für einige Enzyme. Zudem kennt man mehrere DNA-Marker im PAR-Bereich. Zwischen diesen Einzelkopie-Abschnitten liegen repetitive Elemente eingestreut, die vermutlich die Ursache dafür sind, daß Rekombinationen in PARs 10mal häufiger erfolgen als zwischen homologen Abschnitten auf Autosomen. Erst dort, wo die PAR-Bereiche in die X- und Y-spezifischen Bereiche übergehen, fällt die Rekombinations-Häufigkeit auf Werte ab, die auch an anderen Stellen des Genoms gemessen werden; und entlang der restlichen X- und Y-Chromosomen erfolgt keine Rekombination.

Die Funktion von PAR hängt mit der Paarung von Chromosomen bei der Meiose zusammen, denn viele Beobachtungen sprechen dafür, daß die Chromosomen-Paarung eine Voraussetzung für die ordentliche Segregation bei der Meiose ist.

X- und Y-Chromosom gleichen sich nicht nur in den PAR-Bereichen. Vermessungen haben gezeigt, daß etwa ein Viertel des Y-Chromosoms aus Sequenzen besteht, die auch im X-Chromosom vorkommen. Die verwandten Sequenzen sind über die Längen beider Chromosomen verteilt (Abb. 15.**22**).

Das Vorkommen von X-verwandten Sequenzen gilt als Hinweis auf die Evolution des Y-Chromosoms von Säugetieren. Denn Forscher gehen davon aus, daß X und Y in frühen Stadien der Evolution gleich groß waren, wie man es heute noch bei Fischarten findet. Aber von vornherein mußten Y-Chromosomen Gene für die Geschlechts-Differenzierung tragen. Diese Gene blieben im Laufe der Evolution von Wirbeltieren erhalten, während andere Teile des ursprünglichen Y-Chromosoms verlorengegangen sind.

Y und Geschlechts-Differenzierung

Cytogenetische Untersuchungen zeigen bemerkenswerte Unterschiede in der Länge von Y-Chromosomen. Die Längenunterschiede betreffen einen heterochromatischen Bereich am Ende des langen Arms, der so groß sein kann wie das gesamte Restchromosom oder so klein, daß er bei cytogenetischen Untersuchungen nicht auffällt. Dort befinden sich hintereinanderliegende repetitive Elemente ohne erkennbare genetische Funktion.

Dagegen ist der euchromatische und genetisch wichtige Teil des Y-Chromosoms mit etwa 60 Mb bei gesunden Männern einheitlich in Größe und Struktur. Der euchromatische Teil trägt Blöcke mit Ähnlichkeit zum X-Chromosom (Abb. 15.**22**), Y-spezifische repetitive Elemente und alle Y-spezifischen Gene. Mit Hilfe von STS-DNA-Markern (S. 439) ist eine physikalische Gen-Karte des Y-Chromosoms erstellt worden.

Diese Gen-Karte bestätigt andere und unabhängig erhobene Befunde, die zeigen, daß das wichtige geschlechtsbestimmende **Gen *SRY*** *(sex determining region Y gene)* gleich unterhalb des PAR-Bereiches liegt (siehe auch Kasten).

Die Ergebnisse stammen aus Untersuchungen der sehr seltenen Fälle von Männern mit zwei X-Chromosomen oder von Frauen mit einem X- und einem Y-Chromosom. XX-Männer besitzen meist ein kleines Stück aus dem Y-Chromosom, das durch Translokation während der Spermiogenese ihrer Väter an eine andere Stelle des Genoms gelangt ist. Umgekehrt ist bei XY-Frauen ein kleiner Abschnitt des Y-Chromosoms durch Deletion verlorengegangen. Der betreffende Chromosomen-Abschnitt trägt das *SRY*-Gen, das ein Protein mit dem HMG-Motiv DNA-bindender

Geschlechts-Differenzierung bei Säugetieren:
Die Rolle des *SRY*-Gens

Wie die Beobachtung von Chromosomen-Anomalien klar zeigt (S.156), bestimmt bei Säugetieren das Vorhandensein eines Y-Chromosoms die Entwicklung zum männlichen Phänotyp. Frühe XY-Embryonen entwickeln Hodenanlagen, und frühe XX-Embryonen entwickeln Ovarial-anlagen. Daneben entstehen zwei Gangsysteme:
- der Müller-Gang, aus dem sich Eileiter, Uterus und Teile der Vagina entwickeln können,
- der mesonephrische oder Wolff-Gang für Nebenhoden und Samen-leiter.

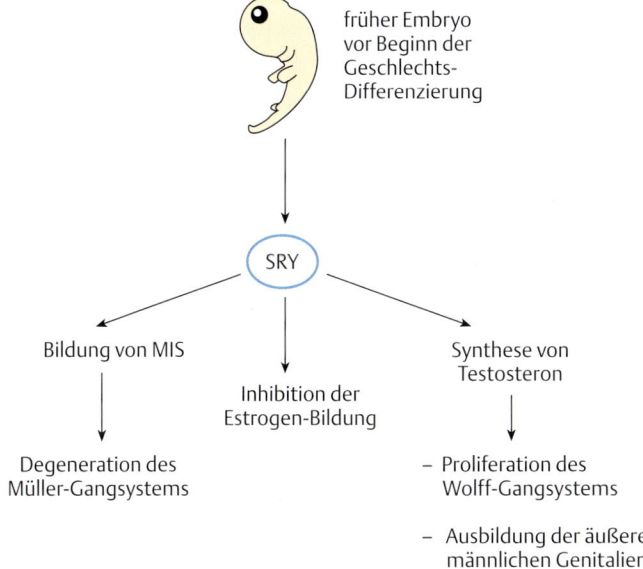

Die Gangsysteme bestehen bis zum 50.–60. Tag der Embryonal-Ent-wicklung nebeneinander. Ohne weiteren Einfluß entwickelt sich der Müller-Gang zu den inneren weiblichen Genitalien, während das Wolff-Gangsystem degeneriert.

Dagegen verläuft die Entwicklung anders in Gegenwart eines aktiven SRY-Proteins:
- Es induziert die Synthese eines Peptid-Hormons, das die Rückbildung des Müller-Gangs bewirkt (MIS; *Mullerian duct inhibitor substance*). Vermutlich hemmt MIS auch die Synthese von Estrogenen und damit die Entwicklung des äußeren weiblichen Phänotyps.
- Das SRY-Protein induziert die Synthese von Testosteron. Das männ-liche Sexualhormon fördert die Ausbildung des Wolff-Gangsystems und der äußeren männlichen Genitalien.

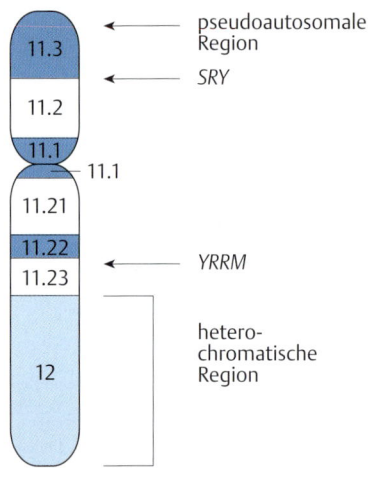

pseudoautosomale Region

SRY

11.1

YRRM

hetero-chromatische Region

Abb. 15.23 Y-Chromosom. *SRY = sex determining region Y* (siehe Text). *YRRM = Y chromosome RNA recognition motif,* ein Gen, das bei Personen mit Azoospermie (Unfähigkeit zur Bildung von Spermien) verändert ist [nach 10, 11].

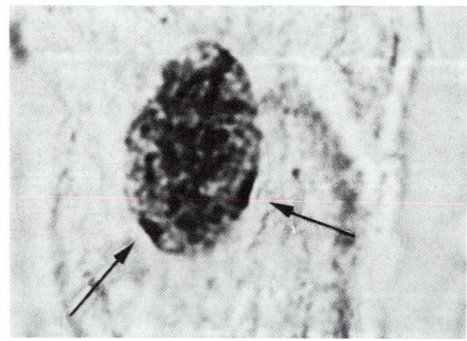

Abb. 15.24 Heterochromatische X-Chromosomen (Barr-Körperchen). Die Zelle stammt von einem Klinefelter-Patienten (S. 156) mit einem Y- und drei X-Chromosomen. Die beiden überzähligen X-Chromosomen sind als dichte heterochromatische Strukturen im Interphase-Kern sichtbar (K. Pfeiffer, Lübeck).

Proteine (S. 321) kodiert. Deswegen kann man davon ausgehen, daß das Produkt des *SRY*-Gens als Transkriptions-Faktor bei der Regulation von Differenzierungsvorgängen wirkt.

Wichtige Unterstützung findet diese Schlußfolgerung durch das Auftreten von Punkt-Mutationen (Nucleotid-Austausche, Leserasterverschiebungen) in den *SRY*-Genen von XY-Frauen. Diese Punkt-Mutationen treffen das SRY-Protein mitten im HMG-DNA-Binde-Motiv und beeinträchtigen seine spezifische Bindung an DNA.

Ein *SRY*-Gen kommt auch auf den Y-Chromosomen anderer Säugetiere, einschließlich der Maus, vor. Das bietet interessante Möglichkeiten zur Überprüfung der Funktion. Dazu wurde ein DNA-Abschnitt mit dem Maus-*SRY*-Gen zur Herstellung transgener Mäuse verwendet (S. 368). Tatsächlich konnten in einem Viertel der Fälle XX-Mäuse mit männlichem Phänotyp erzeugt werden. Allerdings waren die transgenen XX-Mäuse mit einem funktionierenden *SRY*-Gen unfruchtbar. Der Grund dafür ist, daß an anderer Stelle auf dem Y-Chromosom Gene lokalisiert sind, die eine Funktion bei der Bildung von Spermien haben (Abb. 15.**23**).

X-Inaktivierung

Seit Beginn der Humangenetik hat das X-Chromosom besonderes Interesse erregt, vor allem, weil auf dem X-Chromosom viele Gene liegen, deren Störung eine Ursache für Krankheiten ist. Mit dem Aufkommen der Gentechnik konnten Humangenetiker ihre Kenntnis von der Natur der betroffenen Gen-Produkte ausnutzen und pathologisch veränderte Gene isolieren. Überdies ermöglicht das Verfahren des positionellen Klonierens die Isolierung von Genen, deren Produkte man nicht von vornherein kennt. So ist die Kartierung über das biologische Verfahren der Rekombinanten-Analyse (S. 433) oder über das physikalische Verfahren der DNA-Klon-Anordnung (S. 440) heute weit vorangeschritten.

Fachleute schätzen, daß auf der 160 Mb langen X-chromosomalen DNA einige tausend Gene verteilt sind. Alle diese Gene kommen in zwei Kopien in weiblichen Säugetier-Zellen, aber nur einmal in männlichen Säugetier-Zellen vor – wenn man von der kleinen pseudoautosomalen Region an der Spitze des kleinen Arms absieht (S. 445).

Zum Ausgleich hat sich eine Art Kompensation entwickelt: Eines der beiden X-Chromosomen ist in Zellen von weiblichen Säugetieren nicht aktiv. Das bedeutet, wie immer die Geschlechts-Chromosomen-Ausstattung aussieht (XY, XX, XXX, XXY usw; siehe S. 156), eine diploide Zelle hat immer nur **ein aktives X-Chromosom**. Alle übrigen X-Chromosomen sind nicht aktiv. Man entdeckt die inaktiven X-Chromosomen als Heterochromatin-Bereiche im Interphasen-Kern (Abb. 15.**24**).

Andere Organismen lösen das Problem der Expression von X-Chromosomen unterschiedlich. Wir nennen einige Beispiele. *Drosophila*-Männchen haben ein X-, *Drosophila*-Weibchen zwei X-Chromosomen: Die Transkription des X-Chromosoms bei Männchen ist erhöht, so daß die Gen-Expression bei beiden Geschlechtern gleiche Werte erreicht. Umgekehrt beim Nematoden *Caenorhabditis elegans*: Die Expression von X-gekoppelten Genen ist bei XX-Tieren auf die Hälfte reduziert.

In der frühen Embryonalphase von Säugetieren sind beide X-Chromosomen aktiv. Die Inaktivierung beginnt mit den ersten Differenzierungsschritten, wenn der junge Embryo aus 1000–2000 Zellen besteht. Während der Entwicklung des Maus-Embryos beginnt die Inaktivierung zuerst im extraembryonalen Trophektoderm, wo spezifisch das vom Vater ererbte, paternale X-Chromosom stillgelegt wird. Etwas später, zur Zeit der Gastrulation, erfolgt die Inaktivierung eines X-Chromosoms in den embryonalen Zellinien. Dabei wird dann zufällig entweder das väterliche oder das mütterliche X-Chromosom betroffen.

Bei der Entwicklung des Menschen wird sowohl in embryonalen als auch in extraembryonalen Zellen zufällig das Vater- oder das Mutter-X-Chromosom stillgelegt. Ein einmal inaktiviertes X-Chromosom bleibt ein Leben lang genetisch stumm: Im Erwachsenen-Organismus können nebeneinander Zellen mit einem aktiven maternalen und Zellen mit einem aktiven paternalen X-Chromosom liegen.

Die Inaktivierung hängt von einer besonderen chromosomalen Region ab, **XIC** *(X inactivation center)* (Abb. 15.**25**). Im Bereich von *XIC* wird eine 14 kb lange RNA transkribiert *(XIST, X inactive specific transcript)*. Dieses merkwürdige Transkript hat eine konservierte Nucleotid-Sequenz, aber kein durchgehendes offenes Leseraster, besitzt also keine Protein-Kodierungsfunktion. Die molekulare Wirkungsweise von *XIST* ist noch unbekannt. Manche Forscher halten es für möglich, daß der Vorgang der Transkription selbst für die Einrichtung des inaktiven Zustandes verantwortlich ist.

Es ist auch noch unbekannt, wie sich die Inaktivierung über viele Millionen Basenpaare entlang des X-Chromosoms ausbreitet. Die Stabilisierung geht mit einer Methylierung von CpG-Dinucleotid-Folgen in den Promotoren vieler Gene einher, verbunden mit einer dichten Verpackung des Chromatins zu genetisch stummem Heterochromatin (Abb. 15.**24**).

Die weitaus meisten, aber nicht alle X-chromosomalen Gene machen die Inaktivierung mit. Die Ausnahmen betreffen das *XIST*-Gen, die Gene in der pseudoautosomalen Region und Gene an wenigen Stellen andernorts auf dem X-Chromosom (Fig. 15.**25**). Besonderes Interesse hat das Gen *RPS4X* gefunden, das das ribosomale Protein S4 in der kleinen Ribosomen-Untereinheit kodiert. Ein homologes Gen mit der Bezeichnung *RPS4Y* findet sich auf dem Y-Chromosom.

Humangenetiker haben diese Tatsache zur Erklärung einer paradoxen Situation herangezogen. Das Paradox ist der Phänotyp, den man bei einer Monosomie des X-Chromosoms (Turner-Syndrom, S. 156) beobachtet. Alle betroffenen Frauen sind kleinwüchsig, verbunden mit einer Reihe anderer morphologischer Merkmale. Das Ausmaß der Veränderungen kann von Person zu Person verschieden sein, viele Embryonen mit dem 45, X0-Karyotyp sterben sogar noch vor der Geburt. Man fragt sich, weshalb das Fehlen eines der beiden X-Chromosomen zu diesen schwerwiegenden Konsequenzen führt, wenn doch normalerweise ohnehin ein X-Chromosom stillgelegt ist.

Die Erklärung ist, daß für eine normale Versorgung von Zellen mit ribosomalen Proteinen beide Gene, *RPS4X* und *RPS4Y*, erforderlich sind. Da das Gen *RPS4X* auf beiden X-Chromosomen exprimiert wird, muß der Ausfall eines X-Chromosoms eine Unterversorgung zur Folge haben. Eine mangelhafte Bereitstellung von ribosomalen Proteinen sollte die Protein-Synthese betreffen und Wachstumsstörungen zur Folge haben, genau wie es dem Phänotyp der Turner-Patientinnen entspricht. Wir müssen freilich anmerken, daß diese Erklärung trotz ihrer Plausibilität nicht von allen Forschern akzeptiert wird.

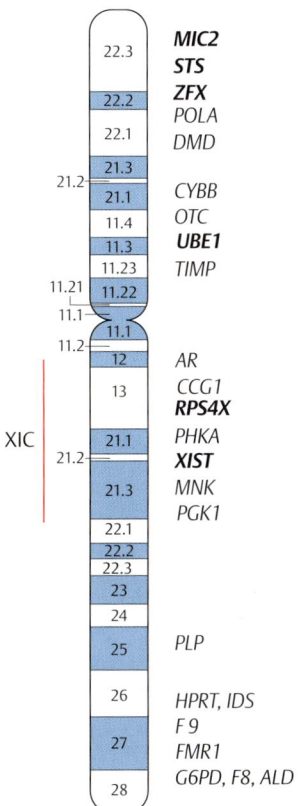

Abb. 15.25 X-Chromosom mit dem X-Inaktivierungszentrum (XIC). rechts Einige Gene, die im heterochromatischen X-Chromosom stumm sind, und Gene, die im heterochromatischen X-Chromosom exprimiert werden (fett gedruckt).

Die Gene *MIC2* (kodiert ein Oberflächen-Protein), *STS* (Steroidsulfatase) und *ZFX* (Zink-Finger-Protein) liegen in der pseudoautosomalen Region. Die Gene *XIST* und *RPS4X* werden im begleitenden Text, und die Gene *DMD, AR, HPRT, F9, FMR1* und *F8* werden an anderer Stelle in diesem Kapitel beschrieben (Abb. 15.**2**, S. 423). Die übrigen Gene und ihre Produkte: *POLA* = DNA-Polymerase α; *CYBB* = Cytochrom b-245; *OTC* = Ornithincarbamoyltransferase; *UBE1* = Ubiquitin-aktivierendes Enzym E1; *TIMP* = Inhibitor der Metalloproteinase 1; *CCG1* = Phänotyp: Stopp in der G1-Phase des Zellzyklus; *PHKA* = Phosphorylase-Kinase, *MNK* = Phänotyp: Menkes Syndrom; *PGK* = Phosphoglyceratkinase; *PLP* = Proteolipid-Protein; *IDS* = Idronat-2-Sulfatase; *ALD* = Adrenoleukodystrophie [nach 24].

Genomische Prägung

Wie soeben beschrieben, wird während der frühen Embryogenese der Maus spezifisch das **paternale X-Chromosom** in den Zellen des Trophektoderms inaktiviert. Eine Inaktivierung von Genen oder Gen-Abschnitten auf nur einem der beiden Chromosomen, also **entweder** auf dem väterlichen (paternalen) **oder** auf dem mütterlichen (maternalen) Chromosom, ist eine Eigentümlichkeit der Genetik von Säugetieren, die über das X-Chromosom hinausgeht und auch Gene auf anderen Chromosomen betrifft.

Allgemein spricht man von **genomischer Prägung** *(genomic imprinting)*, wenn Allele, die vom Vater ererbt werden, anders exprimiert werden als Allele, die von der Mutter ererbt werden.

Ein klassisches Experiment aus der experimentellen Embryologie demonstriert eindrucksvoll, daß das paternale und das maternale Genom verschiedene Funktionen bei der Entwicklung haben. Das Experiment beginnt mit der Untersuchung befruchteter Maus-Eizellen, unmittelbar nach dem Eindringen des Spermienkerns. In diesem Zustand lassen sich der männliche und der weibliche Vorkern gut unterscheiden. Durch Mikromanipulation kann man Transplantationen vornehmen: Der männliche Vorkern wird gegen den weiblichen Vorkern aus einer anderen befruchteten Zelle ausgetauscht und umgekehrt. Nach der Kerntransplantation bilden sich diploide Zellen mit nur mütterlichen oder nur väterlichen Genomen. Die Zellen teilen sich und durchlaufen einige Stadien der frühen Entwicklung, sterben aber kurz vor oder nach der Implantation in die Uterusschleimhaut.

Weitere Untersuchungen ergeben interessante Einzelheiten:
– Zellen mit zwei maternalen Chromosomen-Sätzen entwickeln sich hauptsächlich zu Zellen der sogenannten inneren Zellmasse, aus der normalerweise in der späteren Entwicklung der eigentliche Embryo entsteht.
– Zellen mit zwei paternalen Chromosomen-Sätzen bilden fast ausschließlich die extraembryonalen Zellen des Trophektoderms (Abb. 15.**26**), aus denen sich u. a. die Plazenta entwickelt.
Daraus folgern wir, daß zumindest einige Gene auf den paternalen bzw. maternalen Chromosomen unterschiedlich exprimiert werden. Eine Interpretation ist, daß die genomische Prägung eine Art Abwehrmechanismus des weiblichen Organismus gegen eine mögliche parthenogenetische Entwicklung der eigenen Oozyten darstellt.

Untersuchungen an Maus-Genomen haben gezeigt, daß es mindestens zehn Regionen, verteilt über sechs Chromosomen, gibt, in denen paternale und maternale Allele unterschiedlich exprimiert werden.

In der Abb. 15.**26** zeigen wir eine viel untersuchte Gen-Gruppe auf dem Chromosom 7 der Maus. Die Region erstreckt sich über einige hunderttausend Basenpaare und enthält mindestens vier Gene, von denen zwei, nämlich die Gene *Mash2* und *H19*, nur exprimiert werden, wenn sie auf dem maternalen Chromosom liegen, während die Gene *Ins2* und *Igf2* nur exprimiert werden, wenn sie auf dem paternalen Chromosom liegen. Die Produkte dieser Gene sind für die Embryonal-Entwicklung notwendig.

Wie in der Abb. 15.**26** beschrieben, werden die Gene in den Zellen eines frühen Embryos aktiv. Das Gen *Mash2* kodiert ein regulatorisches

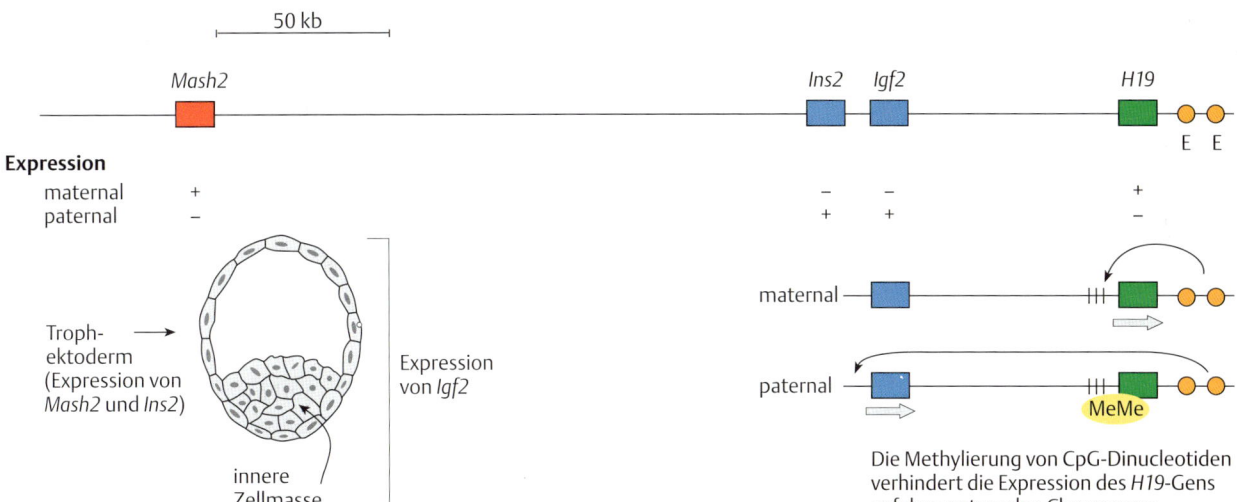

50 kb

Mash2

Ins2 Igf2 H19

E E

Expression

maternal +
paternal −

Troph-
ektoderm
(Expression von
Mash2 und Ins2)

innere
Zellmasse

Expression
von Igf2

− − +
+ + −

maternal

paternal

MeMe

Die Methylierung von CpG-Dinucleotiden
verhindert die Expression des H19-Gens
auf dem paternalen Chromosom

Abb. 15.26 Genetische Prägung im Maus-Genom. oben Ein Abschnitt aus dem Maus-Chromosom 7 mit paternal und maternal geprägten Genen. **unten links** Expression im frühen Embryo. **unten rechts** Ein Regulations-Modell: Der Promotor des maternalen H19 Gens ist frei, er gelangt unter den Einfluß von zwei stromabwärts liegenden Enhancer-Elementen und wird aktiviert. Dagegen ist der Promotor des H19-Gens auf dem paternalen Chromosom durch Methylierung blockiert, die Enhancer aktivieren statt dessen die Gene Ins2 und Igf2 [nach 8].

Protein aus der Klasse der basischen Helix-Loop-Helix-Faktoren (S. 342), während die Gene Ins2 und Igf2 für die Herstellung von Wachstums-Faktoren verantwortlich sind. Das Gen H19 ist etwas Besonderes, denn es wird als RNA ohne offenes Leseraster transkribiert. Wir erinnern uns, daß auch bei der Inaktivierung des X-Chromosoms eine nichtkodierende RNA wichtig ist, aber welche Rolle diese RNA spielt, ist nicht bekannt.

Auf dem paternalen Chromosom werden Sequenzen im Promotor des H19-Gens schon während der Spermiogenese methyliert. Dementsprechend bleibt das paternale H19-Gen verschlossen, während die Gene Ins2 und Igf2 aktiv sind. In der Abb. 15.**26** wird erklärt, welche Beziehung zwischen diesen Ereignissen bestehen könnte.

Genomische Prägung bestimmt auch die Expression von Genen im **Human-Genom**. Die Forschung auf diesem Gebiet wird vor allem durch molekulare Analysen genetischer Krankheiten bestimmt.

Ein Beispiel ist eine schwere Krankheit, die durch Entwicklungsverzögerungen, Verhaltensstörungen, Hypotonie u.a. gekennzeichnet ist und als **Prader-Willi-Syndrom** (PWS) bekannt ist. Bei einem großen Teil der Patienten wird als cytogenetische Besonderheit eine Deletion im langen Arm des Chromosoms 15 beobachtet.

Eine andere Krankheit, das **Angelman-Syndrom** (AS), gekennzeichnet durch schwere geistige Behinderung, Krampfanfälle u.a., ist ebenfalls oft durch Deletionen an der gleichen Stelle des Chromosoms 15 gekennzeichnet (Abb. 15.**27**). Untersuchungen mit DNA-Markern haben gezeigt, daß die Deletion bei PWS das paternale, die Deletion bei AS das maternale Chromosom betreffen.

Die Deletion bei PWS-Patienten betrifft unter anderem das Gen SNRPN. Dieses Gen trägt die Information für das Protein SmN, das Bestandteil eines snRNP-Partikels ist, und vor allem in Gehirn-Zellen vorkommt. Forscher vermuten, daß das Protein SmN Bestandteil von Spleißosomen ist, die ein alternatives Spleißen von gehirnspezifischen mRNAs regulieren. Dies ist ein faszinierender Befund, weil damit eine Beziehung zu den schweren Verhaltensstörungen von PWS-Patienten nahegelegt wird.

Neue Untersuchungen zeigen, daß Gene, die mehrere hundert Kilobasen vom SNRPN-Gen entfernt liegen, noch von der genomischen Prä-

Abb. 15.27 Genetische Prägung im Human-Genom. Beispiel: Prader-Willi-Syndrom (PWS). **oben links** Chromosom 15 mit DNA-Markern. Der Marker *D15S11* wird bei der Diagnose von PWS eingesetzt. **oben Mitte** Southern-Transfer von Restriktions-Fragmenten aus DNA-Präparaten einer Familie mit einem PWS-kranken Kind. Nachweis einer Deletion durch den DNA-Marker *D15S11*. **oben rechts** PWS aufgrund einer uniparentalen Disomie. **unten** genetische Veränderungen bei PWS und Angelman-Syndrom: Deletionen (del), uniparentale Disomien (UPD) und Punkt-Mutationen (biparental) [nach 26].

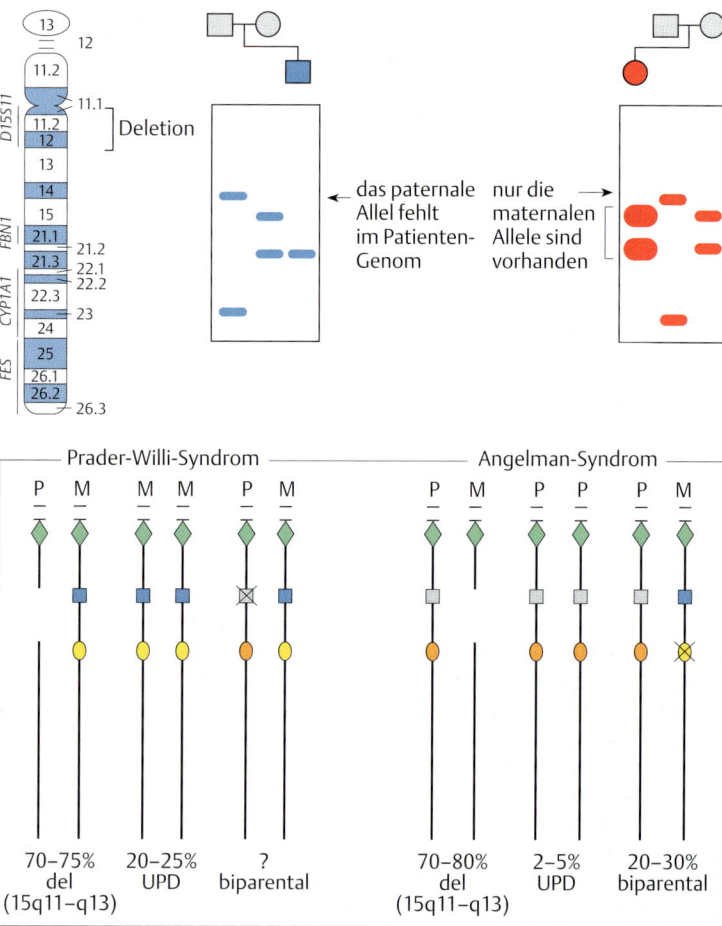

gung beeinflußt werden. Die Stillegung einer solch langen Strecke auf dem menschlichen Chromosom 15 hängt vermutlich von einer nicht-translatierbaren RNA ab, vergleichbar der *H19*-RNA auf dem Chromosom 7 des Maus-Genoms (Abb. 15.**26**).

Von Interesse sind Fälle ohne Chromosomen-Deletion. Genom-Untersuchungen zeigen, daß PWS-Patienten beide Chromosomen von der Mutter geerbt haben (uniparentale Disomie), AS-Patienten dagegen haben beide Chromosomen vom Vater (Abb. 15.**27**). Eine wahrscheinliche Erklärung ist, daß hier zuerst eine Trisomie des Chromosoms 15 als Folge einer Störung der Meiose vorlag (S. 198), die dann durch Verlust eines überschüssigen Chromosoms wieder kompensiert wurde.

Die Erforschung der molekularen Grundlagen für die genomische Prägung von Genom-Abschnitten ist in vollem Gang. Mit einiger Vorsicht läßt sich der gegenwärtige Stand zusammenfassen:

– Prägbare Genom-Abschnitte besitzen ein Inaktivierungs-Zentrum, das vermutlich schon bei der Reifung von Geschlechtszellen aktiv ist und wahrscheinlich über eine Methylierung von CpG-Dinucleotiden wirkt. Dafür spricht ein Ergebnis der experimentellen Biologie: Transgene Mäuse ohne funktionierende DNA-Methyltransferase entwickeln keine genomische Prägung. Die Folge ist ein früher Tod der transgenen Embryonen.

– Unter dem Einfluß des Inaktivierungs-Zentrums wird eine ganze Chromatin-Domäne verändert, mit dem Ergebnis, daß der Transkriptionsapparat keinen Zugang zu den Genen findet. Ein Vorbild dafür mag die Locus-Control-Region (LCR) der Globin-Gen-Gruppen sein (S. 371). Es ist allerdings noch völlig unklar, wie ein enges Inaktivierungs-Zentrum die Struktur eines langen Chromatin-Abschnitts beeinflussen kann.

Molekulare Pathologie

Keimbahn-Mutationen: Deletionen, Inversionen und Trinucleotid-Expansionen

In den letzten Jahren ist unser Wissen über die genetischen Grundlagen wichtiger menschlicher Krankheiten enorm angewachsen. Daher ist es unmöglich, hier einen auch nur einigermaßen kompletten Überblick zu geben. Wie in den vorangegangenen Kapiteln, beschränken wir uns auf einige Beispiele aus der Humangenetik zur Illustration allgemeiner genetischer Vorgänge. Im wesentlichen handelt es sich dabei um eine Ergänzung zum Kapitel über Mutationen (Kap. 8).

Wir besprechen die Genetik von drei relativ häufigen X-gekoppelten Krankheiten. Es ist kein Zufall, daß die Wahl auf **X-gekoppelte Krankheiten** fällt, denn hier wird der klinische Phänotyp bei der Hälfte der Söhne von heterozygoten Müttern offensichtlich (Abb. 15.**2**). Dagegen treten **autosomal vererbbare, rezessive Krankheiten** nur vereinzelt auf, weil dazu das Zusammentreffen von zwei heterozygoten Eltern notwendig ist. Das ist ein seltenes Ereignis, wenn man von Verbindungen zwischen verwandten Personen absieht, oder wenn ein pathologisch verändertes Gen weit in einer Population verbreitet ist, wie etwa die ΔF508-Mutation im *CF*-Gen von Nordwesteuropäern (Abb. 15.**13**) oder die Sichelzellanämie bei Afrikanern (S. 198).

Deletionen: Die Duchenne-Muskeldystrophie

Die Krankheit trifft etwa einen unter 3500 männlichen Neugeborenen und ist durch einen fortschreitenden Verlust der Muskel-Funktion gekennzeichnet. Meist beginnt sie vor dem 5. Lebensjahr, und schon wenige Jahre später sind die Betroffenen an den Rollstuhl gebunden. Nur wenige Patienten erleben das 40. Lebensjahr. Eine mildere Verlaufsform ist den Medizinern als Muskeldystrophie vom Becker-Typ bekannt.

Der **Duchenne-Muskeldystrophie (DMD)** liegt ein verändertes Muskel-Protein zugrunde. Es macht nur 0,002 % der Gesamtprotein-Menge des Muskels aus und blieb daher lange Zeit unerkannt.

Die Identifizierung des *DMD*-Gens gelang erst mit der Verwendung von *RFLP*-DNA-Markern (1986). Darunter war die DNA-Sonde *DXS164*, die gut mit X-chromosomaler DNA von Gesunden, aber nicht mit der DNA einiger DMD-Patienten hybridisierte. Diese Patienten hatten eine mehr oder weniger ausgedehnte Deletion im Bereich einer Bande auf dem kurzen Arm des X-Chromosoms (Abb. 15.**28**). Man konnte also vermuten, daß *DXS164* im Bereich des *DMD*-Gens liegt. Dementsprechend wurde die Sonde *DXS164*, zusammen mit anderen DNA-Markern, zur Untersuchung menschlicher cDNA-Bibliotheken verwendet.

Abb. 15.28 *DMD*-Gen. **oben** DNA-Sonde *DXS164* beim Nachweis von Deletionen im Southern-Transfer und bei der cytogenetischen Lokalisierung. Southern-Transfer: In der DNA von Patienten (blaue Quadrate) fehlt das Restriktions-Fragment mit einer Länge von 4,4 kb. Deletionen: Die DNA-Sonde reagiert bei der *In-situ*-Hybridisierung mit dem intakten X-Chromosom (links), aber nicht mit den X-Chromosomen von Patienten (Mitte, rechts). **Mitte** Ein Schema der DMD-cDNA und das Ausmaß von Deletionen bei vielen verschiedenen DMD-Kranken (rote Linien); darunter ein Schema der Protein-Struktur. **unten** Das carboxyterminale Ende des Dystrophins bindet an einen Protein-Komplex in der Plasma-Membran, das aminoterminale Ende an Actin [nach 1, 17].

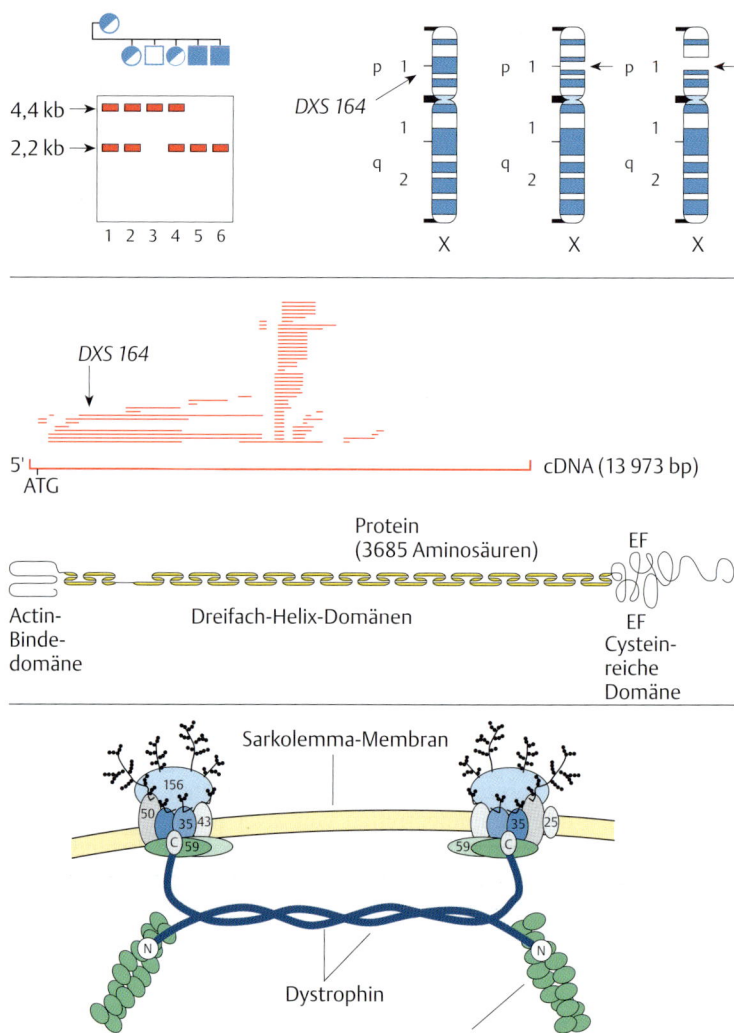

Am Ende einer intensiven und aufwendigen Arbeit gelang die Isolierung einer fast 14 kb langen cDNA mit 3685 Codons. Das kodierte Protein, **Dystrophin**, kommt im Bereich der Plasmamembran von Muskel-Zellen vor. Es hat Kontakt mit Proteinen des kontraktilen Apparates (Actin) und einem Komplex aus membrangebundenen Proteinen (Abb. 15.**28**). Man vermutet, daß Dystrophin unter anderem für die Stabilität der Zellmembran bei der Muskelkontraktion verantwortlich ist.

Das *DMD*-Gen erstreckt sich über die ungewöhnliche Länge von $2,4 \cdot 10^6$ Basenpaaren (entsprechend der Hälfte des gesamten *E. coli*-Genoms) und besteht aus 79 Exons, die insgesamt nur weniger als 1 % des Gesamt-Gens ausmachen. Die Transkription des Gens dauert 16 Stunden, und noch während der Transkription beginnt der Spleißprozeß. Alternatives Spleißen erhöht das Kodierungspotential des Gens.

Bei etwa 65 % der Patienten ist die Ursache für die Krankheit eine mehr oder weniger große Deletion im *DMD*-Gen (Abb. 15.**28**), bei 5 % der Patienten findet man umgrenzte Duplikationen von Gen-Abschnitten (Abb. 15.**29**), bei dem Rest werden Punkt-Mutationen vermutet.

Die Folge der Deletionen ist das Fehlen von Dystrophin bei DMD-Patienten. Bei der milder verlaufenden **Muskeldystrophie** vom **Becker-Typ** ist Dystrophin hingegen oft nachweisbar, gelegentlich in verringerter Menge und oft in ungewöhnlicher Form, mit vergrößerter oder verkleinerter Molmasse relativ zum normalen Dystrophin. Der Grund für die unterschiedliche Ausprägung der Krankheit ist, daß die Gen-Deletionen bei DMD eine Verschiebung des Leserasters verursachen, während bei der Muskeldystrophie vom Becker-Typ das Leseraster durch Deletion oder Duplikation nicht verändert wird (Abb. 15.**29**).

Deletionen und Duplikationen

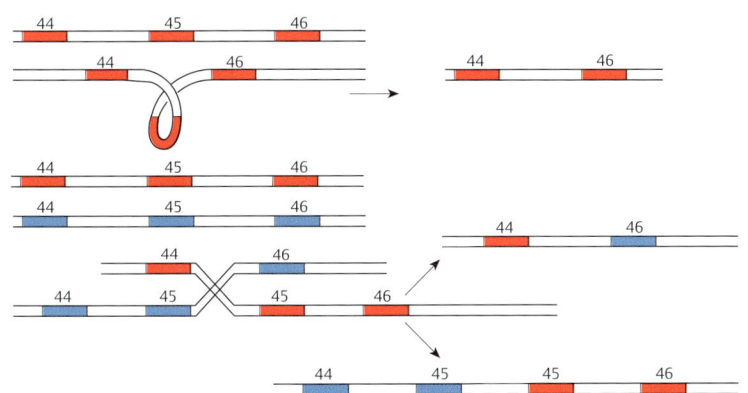

Abb. 15.29 **Deletionen und Duplikationen durch intramolekulare Rekombinationen. oben** Änderungen in der Gen-Struktur ereignen sich oft im Bereich des Exons 45: **Deletionen** durch intramolekulare Rekombination; **Duplikationen** durch ungleiches Cross-Over zwischen Schwester-Chromatiden (S. 293). **unten** Zahlen = Nucleotid-Sequenz der DMD-cDNA; Buchstaben = Aminosäure-Sequenz in der Ein-Buchstaben-Abkürzung [nach 2].

Deletion im Leseraster (Becker-Muskeldystrophie)

```
5840     5851        6215
 |         |          |
CAG TGG TAT CAG  GAA ATC ACT GAT GTC TCA GAA GCC CTA TTA GAA
 Q   W   Y   Q    E   I   T   H   V   S   Q   A   L   L   E
```

Deletion mit Verschiebung des Leserasters (Duchenne-Muskeldystrophie)

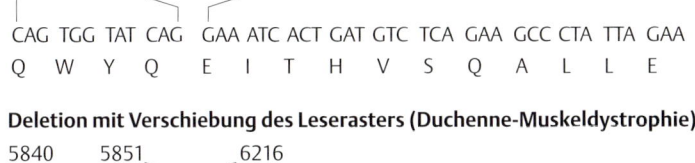

```
5840     5851        6216
 |         |          |
CAG TGG TAT CAG  AAA TCA CTG ATG TCT CAG AAG CCC TAT TAG AA
 Q   W   Y   Q    K   S   L   M   S   Q   K   P   Y   Stop
```

Inversionen: Hämophilie A

Die Grundlage dieser Krankheit, die einen unter etwa 5000 Männern trifft, ist ein **Mangel an *Faktor VIII***, einem essentiellen Bestandteil des Blutgerinnungssystems. Kliniker kennen verschiedene Verlaufsformen, von relativ milden zu sehr schweren Erkrankungen, die zum Tode durch unstillbare Blutungen führen können, wenn nicht eine ständige Behandlung durch Zufuhr von *Faktor VIII* erfolgt. Das ist kostspielig und nicht ungefährlich, denn, wenn der *Faktor VIII* aus Blutkonserven gewonnen wird, sind Zwischenfälle durch Verunreinigung mit Hepatitis-B-Virus oder HIV nicht selten. Bluterkranke gehören zu den Risikogruppen für Hepatitis B und AIDS.

Deswegen ist man vielerorts bestrebt, genügende Mengen an *Faktor VIII* über gentechnische Verfahren zu gewinnen. Entsprechend haben sich Forschergruppen von Biotechnologie-Firmen um die molekulargenetische Erforschung der Bluterkrankheit besonders verdient gemacht (1984).

Dies war keine leichte Aufgabe. Durch die proteinchemische Analyse von gereinigten Faktor VIII-Präparationen wurde eine Folge von Aminosäuren identifiziert. Mit dieser Information und unter Zuhilfenahme der Codewort-Tabelle (Abb. 3.**36**) konnte ein definiertes Oligonucleotid hergestellt werden, das für die Isolierung einer cDNA aus einer cDNA-Bibliothek verwendet wurde (S. 275).

Die abgeleitete mRNA besteht aus etwa 9000 Nucleotiden und 2351 Codons. Die cDNA diente zur Isolierung des *Faktor VIII*-Gens aus einer Genom-Bibliothek: Es ist fast 200 kb lang und besteht aus 26 Exons (Abb. 15.**30**).

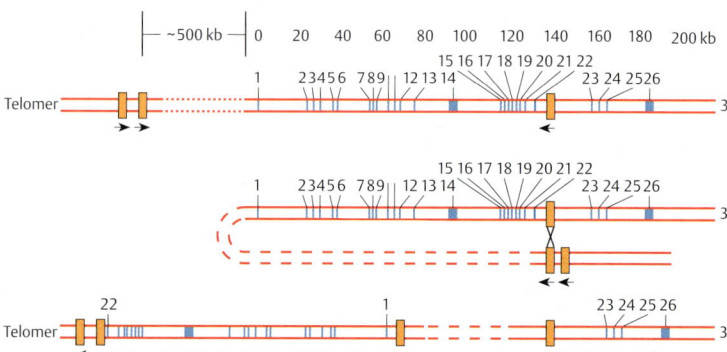

Abb. 15.30   Das *Faktor VIII*-Gen: Mutation durch Inversion [nach 21].

Inzwischen kennt man die Struktur der *Faktor VIII*-Gene von über tausend Patienten. Im Gegensatz zu den *DMD*-Genen, wo Deletion die vorherrschende Schädigung ist, wird das *Faktor VIII*-Gen durch verschiedene Arten von Mutationen verändert. Milde Verlaufsformen der Krankheit beruhen meist auf Nucleotid-Austauschen mit Missense-Mutationen, schwerere Formen auf Unsinn-Mutationen. Hier wie bei anderen spontanen Mutationen in Eukaryoten-Genomen sind CpG-Folgen *Hot Spots* für Nucleotid-Austausche (siehe S. 244). Dazu kommen Deletionen von wenigen bis vielen zehntausend Basenpaaren. Überdies kennt man einige Fälle, die durch Insertionen verursacht werden, insbesondere durch den Einbau von LINE-Sequenzen (S. 224).

Bei etwa 20 % aller Hämophilie-Kranken und insbesondere bei der Hälfte der besonders schweren Fälle fallen die Mutationen nicht in eine der genannten Klassen. Statt dessen kommt es zu einer intrachromosomalen Rekombination mit der Konsequenz einer Inversion eines langen DNA-Stücks am Ende des X-Chromosoms. Ursache dafür sind Gen-Abschnitte unbekannter Funktion, die sowohl im Intron 22 als auch viele hunderttausend Basenpaare stromaufwärts des Faktor VIII-Gens vorkommen. Eine homologe Rekombination zwischen diesen Sequenzen verursacht eine Zerstörung des *Faktor VIII*-Gens (Abb. 15.**30**).

Das *Faktor VIII*-Gen enthält also einen ungewöhnlichen, medizinisch wichtigen *Hot Spot* für Mutationen, durch den eine intrachromosomale Rekombination gefördert wird.

Trinucleotid-Expansion: Fragiles X-Syndrom und andere Krankheiten

Fragile oder zerbrechliche Stellen *(fragile sites)* sind Bereiche in Metaphase-Chromosomen mit wenig verdichtetem Chromatin, wo sich bei der Präparation von Chromosomen leicht Brüche ereignen. Cytogenetiker finden solche Stellen oft erst nach einer Vorbehandlung von Zellen, etwa nach Entzug von Thymidin oder bei Anwendung von Aphidicolin, einem Hemmstoff der DNA-Polymerasen. Ursache für das Auftreten von fragilen Stellen ist eine verzögerte DNA-Replikation, die zum Zeitpunkt der Chromosomen-Bildung noch nicht zum Abschluß gekommen ist.

Man kennt mehr als 50 fragile Stellen in den Chromosomen. Besondere Aufmerksamkeit hat eine fragile Stelle am Ende des langen Arms des X-Chromosoms gefunden (Abb. 15.**31**), denn diese Anomalie der Chromosomen-Struktur geht oft mit einer geistigen Behinderung der Träger einher.

Das sogenannte Fragile X-Syndrom gilt, nach der Trisomie 21, als häufigste genetisch bedingte Krankheit mit Störungen der mentalen Entwicklung. Überhaupt zählt das Fragile X-Syndrom mit einem Vorkommen von 1/2000 zu den häufigsten genetischen Krankheiten.

Das Fragile X-Syndrom gibt Rätsel auf:
- Etwa 30 % der Frauen mit fragilem X-Chromosom haben einen mehr oder weniger stark ausgeprägten Schwachsinn. Wäre die Krankheit dominant, sollten 100 % betroffen sein; wäre sie rezessiv, sollte keine der Frauen mit einem fragilen X-Chromosom krank sein.
- Etwa 80 % aller Männer mit fragilem X-Chromosom sind krank. Die übrigen, klinisch unauffälligen Männer geben ihr X-Chromosom an die Töchter weiter, die gesund bleiben. In der nächsten Generation taucht dann die Krankheit wieder auf. Mit anderen Worten, gesunde Männer mit fragilem X-Chromosom haben gesunde Töchter, aber kranke Enkeltöchter, obwohl beide ein intaktes und ein fragiles X-Chromosom haben. Offensichtlich muß das fragile X-Chromosom durch eine weibliche Meiose laufen, um den klinischen Phänotyp zu verursachen.

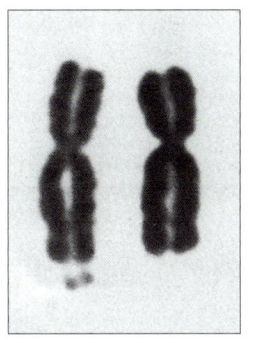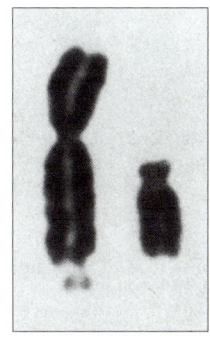

Abb. 15.31 Fragiles X-Chromosom. links Aus einem weiblichen Karyotyp. **rechts** Aus einem männlichen Karyotyp [aus 30].

Positionelles Klonieren und die Identifizierung des Gen-Ortes haben zur Klärung der Verhältnisse beigetragen (1991). Das betroffene Gen *FMR1 (fragile X mental retardation)* kodiert ein Protein, dessen Funktion für die Zelle zur Zeit noch unbekannt ist. Eine Störung der Gen-Funktion hängt jedenfalls ursächlich mit der Entwicklung des klinischen Phänotyps zusammen, denn man kennt seltene Deletionen des *FMR1*-Gens, deren Träger geistig behindert sind.

Dem üblichen Fragilen X-Syndrom liegt jedoch keine Deletion zugrunde. Im 5′-Nichtkodierungs-Bereich des *FMR1*-Gens befindet sich normalerweise eine Folge von 5 bis etwa 50 CGG-Tripletts. Dies ist eine Art von genetischem Polymorphismus (S. 432), denn die genaue Zahl der CGG-Tripletts ist von Person zu Person verschieden. Wichtig ist hier, daß bei kranken Personen die Zahl der Tripletts auf 100–1000 zunehmen kann. Die Folge ist eine Hypermethylierung dieses DNA-Abschnitts und damit verbunden eine Hemmung der Gen-Expression.

Humangenetiker haben mit Hilfe der PCR-Methode die Verhältnisse bei vielen Patienten und klinisch gesunden Trägern genauer untersucht. Dabei zeigte sich, daß gesunde Träger des fragilen X-Chromosoms eine leichte Erhöhung der Zahl der CGG-Tripletts auf 30–100 im *FMR1*-Gen aufweisen. Bei dem Weg durch die weibliche Meiose kommt es dann zu

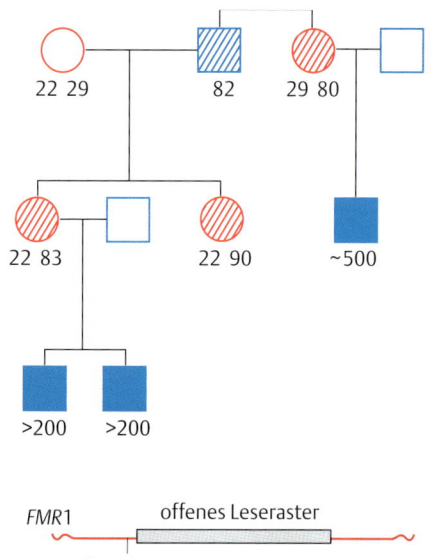

FMR1   offenes Leseraster

(CGG)$_{5-54}$

Abb. 15.32 Erbgänge: Zunahme der Triplett-Wiederholungen. Zahlen bezeichnen die Anzahl der Tripletts im *FMR1*-Gen. Weibliche Personen (Kreise) haben zwei X-Chromosomen. Deswegen werden dort zwei Zahlenwerte angegeben. **unten** Schema eines normalen *FMR1*-Gens: die CGG-Tripletts sind polymorph. Ihre Zahl kann bei gesunden Personen zwischen 5 und 54 liegen [nach 3].

der massiven Expansion der Tripletts mit der Inaktivierung des Gens. Daraus leitet sich eine vorläufige Deutung des typischen Erbganges ab (Abb. 15.**32**). Zur Zeit lassen sich freilich nur Vermutungen über die Ursache der Triplett-Expansion anstellen. Wahrscheinlich handelt es sich um Störungen der Ereignisse an der Replikationsgabel.

Triplett-Expansionen sind als Ursachen für mehr als zehn verschiedene neurodegenerative Krankheiten bekannt. Dazu gehört die Krankheit **Myotone Dystrophie** (MD), die durch krankhafte Muskelkontraktionen, später gefolgt von Muskelschwäche und -degeneration, gekennzeichnet ist. Ursache dafür ist die Zunahme der Triplett-Folge CTG im 3′-Nichtkodierungs-Bereich eines Gens (*MDY1* auf dem Chromosom 19), das die Information für eine Proteinkinase trägt. Bei gesunden Menschen liegt die Zahl der CTG-Tripletts zwischen 5 und 30, sie nimmt bei MD-Kranken auf Werte von einigen hundert bis über tausend Tripletts zu. Die Folge ist eine Störung der Gen-Expression (Abb. 15.**33**).

Triplett-Wiederholungen bei anderen Krankheiten betreffen Folgen des Codons CAG im offenen Leseraster von Genen (Abb. 15.**33**). Das Codon CAG steht für Glutamin, daher tragen die kodierten Proteine an entsprechenden Stellen ihrer Sequenz mehr oder weniger lange Folgen von Glutamin-Bausteinen.

Ein berühmtes und viel diskutiertes Beispiel für diese Gruppe von Krankheiten ist die **Chorea Huntington** (CH). Die dominant vererbte Krankheit beginnt meist erst nach dem 40. Lebensjahr mit unkoordinierten Bewegungen (Chorea) und verläuft über 5–10 Jahre mit zunehmendem Verlust der Koordinations-Kontrolle und mit intellektuellem Verfall.

Die Ursache der Krankheit ist die Veränderung eines Gens an der Spitze des kurzen Arms von Chromosom 4. Normalerweise kommen im offenen Leseraster des *CH*-Gens 10–35 CAG-Codons vor, aber bei Patienten nimmt die Zahl auf 40–120 CAG-Codons zu. Dementsprechend wird dann ein Protein gebildet, das deutlich längere Folgen von Glutamin-Bausteinen enthält als das normale Protein. Die Länge der Glut-

Abb. 15.33 Triplett-Wiederholungen als Ursache für menschliche Krankheiten. Einige Beispiele [nach 34].

Krankheit	Triplett	Zahl der Tripletts (bei Erkrankten)	Lokalisation im Gen
FRAXA	CGG	200–1000	5′-Nichtkodierungs-Bereich
Spinobulbäre Muskelatrophie (SBMA)	CAG	<100	offenes Leseraster
Spinocerebellärer Ataxie-Typ I (SCA-I)	CAG	<100	offenes Leseraster
Chorea Huntington (HD)	CAG	<100	offenes Leseraster
Myotone Dystrophie (MD)	CTG/CAG	200–4000	3′-Nichtkodierungs-Bereich

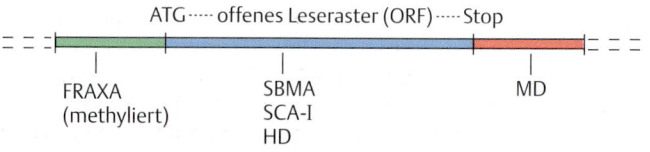

ATG ····· offenes Leseraster (ORF) ····· Stop

FRAXA (methyliert)   SBMA SCA-I HD   MD

amin-Folgen bestimmt den Beginn und damit den Verlauf der Krankheit: Je mehr Glutamin-Reste vorkommen, um so früher beginnt die Krankheit. Die Grundlage der Krankheit ist die allmähliche Degeneration von Gehirn-Zellen, verursacht durch eine Anhäufung von pathologisch verändertem Protein. Mehrere Forschungslaboratorien investieren zur Zeit viel Arbeit, um die Funktion des gesunden und des pathologisch veränderten Proteins zu ergründen.

Körperzell-Mutationen: Viele Gene bewirken den Phänotyp Krebs

Mutationen in Körper-Zellen können ohne Konsequenzen bleiben, wenn das allele Gen intakt bleibt und die Zelle mit dem nötigen Gen-Produkt versorgen kann. Andererseits können dominante Mutationen so schwerwiegend sein, daß die Zelle zugrunde geht. Damit verbleibt eine Narbe im Gewebe, vergleichbar einer Verletzung, die durch die Funktion der umgebenden Zellen ausgeglichen werden kann.

Von diesem Szenario unterscheiden sich drastisch Mutationen in Genen mit der Information für Proteine, die an der Regulation der Zell-Proliferation teilnehmen. Hier kann eine Veränderung der Gen-Struktur zur Überführung einer normalen Zelle in eine Tumor-Zelle beitragen.

Wir haben an mehreren Stellen in früheren Kapiteln des Buches gesehen, daß die Zell-Proliferation unter der Kontrolle verschiedener Gen-Systeme steht:
- **Produkte von Onkogenen** sind an der Signal-Vermittlung von der Zelloberfläche zum Zellkern beteiligt (S. 222, S. 331).
- **Cyclinabhängige Proteinkinasen und ihre Inhibitoren** geleiten die Zelle durch den Zellzyklus. Nicht selten werden Störungen in der Synthese dieser Proteine bei Tumor-Zellen gefunden. Eine zentrale Rolle spielt dabei das p53-Protein (S. 188).
- Proteine vom Typ des **RB-Proteins** regulieren die Verfügbarkeit entscheidender Transkriptions-Faktoren (S. 336).

Weil aktive Proteine vom Typ des p53-Proteins und des RB-Proteins die Entstehung von unkontrolliert wachsenden Tumor-Zellen unterdrücken, spricht man von Tumor-Suppressor-Proteinen. Entsprechend bezeichnet man ihre Gene als **Tumor-Suppressor-Gene**.

Bei der Entstehung der häufigen menschlichen Krebs-Arten sind fast immer mehrere Gene durch Mutationen geschädigt. Jedes Gen wird unabhängig vom anderen durch spontane oder induzierte Mutation geschädigt. Da sich solche Schädigungen mit zunehmendem Alter ansammeln, wird verständlich, daß Krebs gewöhnlich eine Erkrankung des höheren Alters ist. Wichtige Ausnahmen kommen vor, wenn eines der beteiligten Gene bereits in der Keimbahn geschädigt ist, und damit schon ein erster Schritt in Richtung Krebs-Entstehung getan ist.

Ein viel beachtetes Beispiel ist ein (sehr seltener) angeborener Schaden im Gen für das p53-Protein, *TP53* auf dem kleinen Arm des Chromosoms 17 Li-Fraumeni-Syndrom. Bei den betroffenen Menschen bildet sich Krebs-Gewebe Jahrzehnte vor der Zeit, zu der die Krankheit bei anderen auftritt. Ähnliches gilt für eine Schädigung der Gene *BRCA1* und *BRCA2*, deren Störung mit einem erhöhten Risiko für Brustkrebs einhergeht. (Die Gene wurden 1994 beschrieben. Ihre Funktion ist noch unbekannt).

Ein Beispiel aus einer anderen Kategorie von Genen ist eine ererbbare Veranlagung zur Entwicklung von Colon-Karzinomen. Die betreffenden

Gene kodieren Bestandteile des DNA-Mismatch-Reparatursystems (S. 236). Die Folge ist, daß bei den betroffenen Patienten viele Mutationen unrepariert bleiben.

Folgen von Mutationen

Molekularbiologen haben die Kette von genetischen Ereignissen, die schließlich zur Krebs-Zelle führen, beispielhaft bei der Entstehung von Colon-Karzinomen untersucht. Dieses System ist für Untersuchungen günstig, weil sich die Entwicklung eines Tumors schon früh durch Darmblutungen andeutet. Chirurgen entfernen dann den betroffenen Anteil des Dickdarms. In dem Gewebeabschnitt liegen normale Epithel- und Tumor-Zellen nebeneinander und können vergleichend untersucht werden.

Die Entwicklung der Krankheit beginnt mit einer verstärkten Proliferationsneigung der Epithel-Zellen (Hyperproliferation) und einer Ausbildung gutartiger Tumoren (Adenome), bis dann vollständige Krebs-Zellen vorliegen, die in das umliegende Gewebe eindringen. Sie werden schließlich über das Lymph- oder Blutgefäßsystem im Körper verteilt, so daß es zur Ausbildung von Metastasen kommt (Abb. 15.**34**).

Abb. 15.34 Mutationen in Epithel-Zellen des Dickdarms. Krebsforscher schätzen, daß 8–10 Gene durch Mutationen verändert sein müssen, bevor eine Krebs-Zelle aus einer normalen Epithel-Zelle entsteht. Dabei sind die Zahl und die Art der Mutationen wichtig, nicht unbedingt die Reihenfolge ihres Auftretens. Zusätzliche genetische Veränderungen sind für die Metastasierung verantwortlich [nach 16].

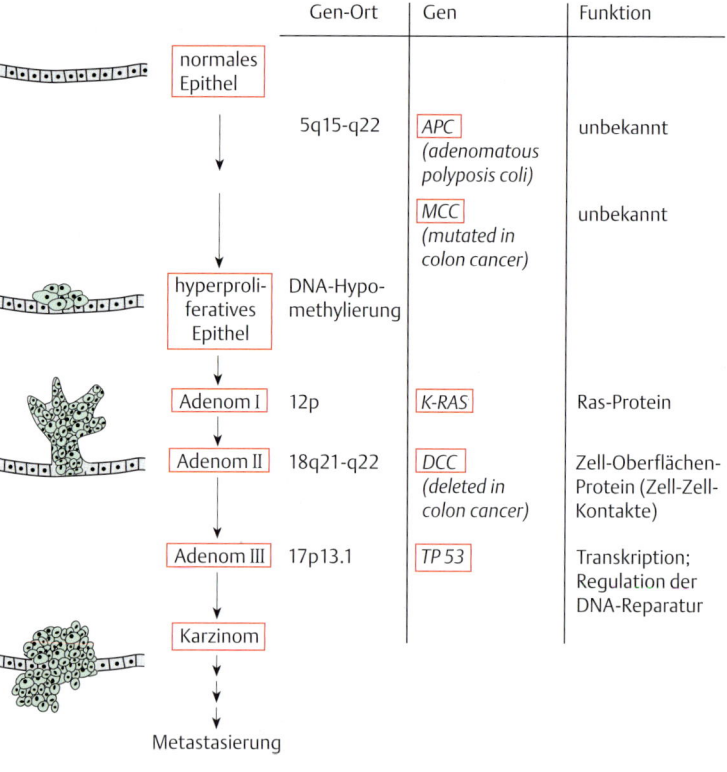

Im Zuge dieser Entwicklung werden nacheinander 8–10 Gene geschädigt. Einige dieser Gene wie *APC (adenomatous polyposis coli)* und *DCC (deleted in colon cancer)* mögen eine gewebsspezifische Funktion haben, andere dagegen sind bei vielen verschiedenen menschlichen Tumoren verändert. Dazu gehören die Gene *K-RAS* und *TP53*.

Mutationen in *RAS*-Genen

Das Human-Genom enthält drei Gene *H-RAS1*, *K-RAS* und *N-RAS*, die die Information zur Herstellung verwandter Proteine tragen. Die Bezeichnung der Gene (und ihrer Protein-Produkte) hängt mit der Entdeckungsgeschichte zusammen, die mit der Untersuchung der Onkogene von Harvey- und Kirsten-Ratten-Sarkom-Viren (S. 222) eingeleitet wurde. Das Gen *N-RAS* wurde als *RAS*-homologe Sequenz zuerst in Neuroblastom-Zellinien gefunden.

Da die drei Ras-Proteine ähnliche Strukturen und Funktionen haben, werden wir im folgenden vereinfacht von Ras-Proteinen sprechen, ohne auf mögliche Unterschiede einzugehen.

Ras-Proteine liegen an der Plasma-Membran und sind wichtige Stationen des Signalwegs von der Zell-Oberfläche in den Zellkern (S. 331).

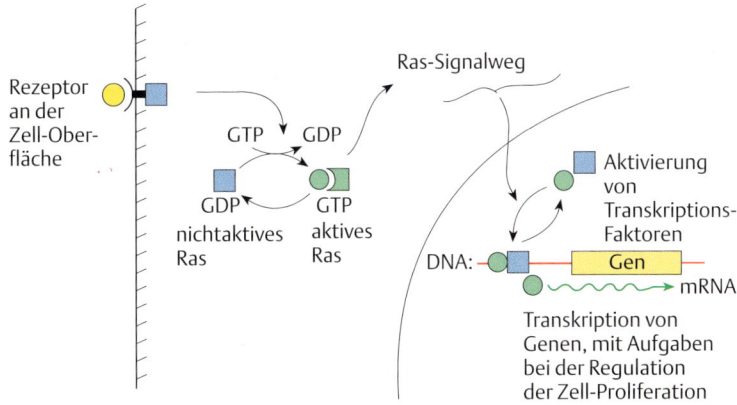

Abb. 15.35 Mutationen im *RAS*-Gen. oben Ras/GTP ist die aktive Form, Ras/GDP ist nichtaktiv (siehe Abb. 12.1). **Mitte** Einige typische Mutationen in den Codons 12 und 61. **unten** Die Aminosäuren in den Bereichen L1 (Positionen 10–15) und L4 (Positionen 59–64) bilden die Nucleotid-Bindestelle im Ras-Protein. Austausch der Aminosäuren 12, 13, 59 und 61 verhindern die GTP-Spaltung [nach 23, 35].

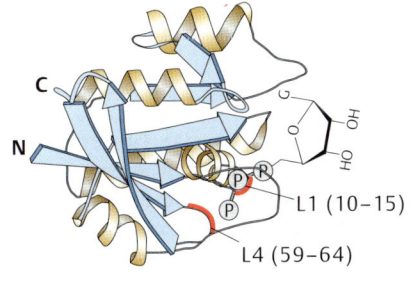

Tab. 15.3   *RAS*-Gen-Mutationen in menschlichen Tumoren [aus 23]

Tumor	Häufigkeit der *RAS*-Mutation
Carcinom des exokrinen Pankreas	ca. 80 %
Colon-Carcinom	> 50 %
Schilddrüsen-Carcinom	20–50 %
myeloische Leukämien	5–60 %
lymphatische Leukämien	< 10 %
Blasen-Carcinom	< 7–17 %
Mamma-Carcinom	< 8 %

Das Ras-Protein übernimmt GTP als Antwort auf ein Proliferations-Signal: GTP/Ras ist die aktive Form, die eine besondere Konformation einnimmt und dann nachgeschaltete Proteinkinasen anregt. Die Rückführung in den inaktiven Zustand geht über eine Hydrolyse von GTP zu GDP (Abb. 15.**35**). Dazu besitzen Ras-Proteine die Funktion einer GTPase. Die Ras-eigene GTPase-Aktivität wird durch ein besonders Protein GAP *(GTPase activating protein)* um das Hundertfache gesteigert.

In vielen, aber nicht allen Krebs-Zellen ist das Ras-Protein durch Mutationen geschädigt (Tab. 15.3). Die Mutationen treffen sehr oft die Codons 12 und 13 oder 59 und 61 (Abb. 15.**35**). Wie ein Blick auf die Struktur des Ras-Proteins zeigt, beteiligen sich die Aminosäuren, die von diesen Codons bestimmt werden an der Bindung von GTP (Abb. 15.**35**). Als Folge der Mutation kann gebundenes GTP nicht oder nur sehr verzögert gespalten werden – auch nicht in Anwesenheit von GAP. Damit ist in diesen Zellen das Signal für Proliferation immer angeschaltet, eine Voraussetzung für unregulierte Zell-Teilung und -Vermehrung.

> **Neurofibromin: Ein besonderes GTPase-aktivierendes Enzym in Nerven-Zellen**
>
> Das **Gen *NF1*** kodiert das Protein Neurofibromin, das bevorzugt, aber nicht ausschließlich in peripheren Neuronen, Schwann-Zellen und Oligodendrozyten, exprimiert wird. Dieses Protein hat die Funktion eines GTPase-aktivierenden Enzyms, welches das aktive Ras/GTP in das nichtaktive Ras/GDP überführt. Patienten mit Mutationen im Gen *NF1* leiden unter der dominant vererbbaren Krankheit **Neurofibromatose** (Von-Recklinghausen-Krankheit) mit meist gutartigen und gelegentlich bösartigen Nervenzell-Tumoren.
>
> Die molekularbiologische Deutung: Zellen ohne Neurofibromin haben einen hohen Anteil von aktivem Ras/GTP, so daß sie ständig auf Proliferation programmiert sind.

Mutationen im *p53*-Gen

Das *p53*-Gen *(TP53)* am Ende des kurzen Arms von Chromosom 17 ist bei mehr als der Hälfte aller menschlichen Krebs-Zellen durch Mutation geschädigt. Deswegen wird das Gen und sein Produkt, das p53-Protein, in vielen klinischen und molekularbiologischen Laboratorien weltweit intensiv untersucht.

Das Protein wandert in der Gel-Elektrophorese wie ein Protein mit einem Molmasse von 53 kDa – daher seine Bezeichnung p53. Es besteht aus 393 Aminosäuren und besitzt eine zentrale Domäne für die spezifische Bindung an DNA. Bindestellen liegen vor dem Gen für einen Inhibitor von cyclinabhängigen Proteinkinasen (der CDK-Inhibitor p21; S. 187), vor Genen für DNA-Reparatur-Enzyme und anderen.

Die Menge an p53 nimmt in der Zelle zu, wenn das Genom durch Röntgen- oder UV-Strahlen oder in anderer Form geschädigt ist (Abb. 15.**36**). Eine Zunahme von p53 löst dann die Expression der genannten Gene aus. Eine Folge ist das Anhalten des Zellzyklus in der G1-Phase (S. 188). Damit bleibt dem DNA-Reparatursystem Zeit für eine Korrektur der DNA-Schäden. Wenn allerdings die DNA-Schäden so umfangreich sind, daß die Enzyme eine Reparatur nicht mehr bewältigen können, löst p53 den gezielten Tod der Zelle aus (Apoptose; S. 464).

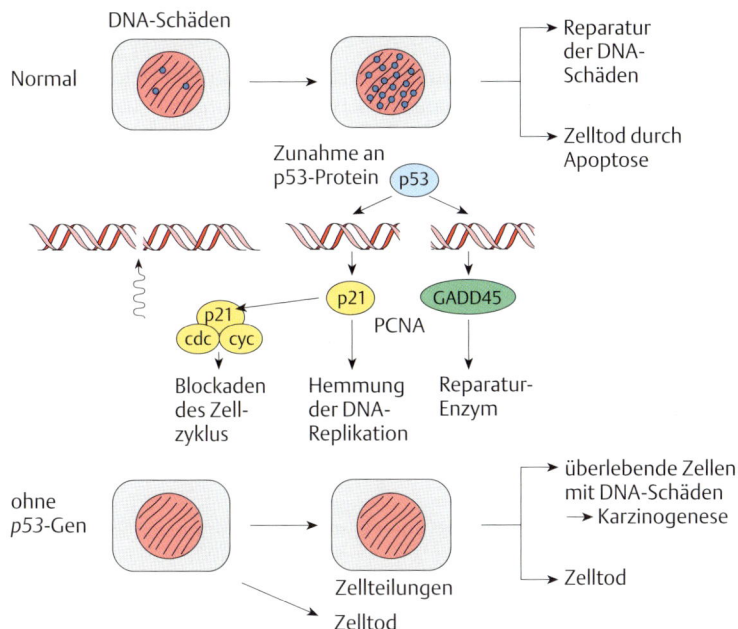

Abb. 15.36 Funktion des p53-Proteins. oben In normalen Zellen kommt es nach Schädigung der DNA zu einer Zunahme von p53-Protein-Molekülen im Zellkern: p53 aktiviert die Transkription von Genen. Im Endeffekt unterbrechen die Zellen ihren Weg durch den Zellzyklus und finden Zeit für die Reparatur der DNA-Schäden. Wenn dies nicht gelingt, sterben die Zellen. **unten** Zellen ohne p53-Protein: DNA-Schäden werden nicht behoben [nach 20, 31].

In Tumor-Zellen, wo ein funktionelles p53-Protein fehlt, können weder Korrektur noch Zelltod eingeleitet werden, und DNA-Schäden mit Mutationen in wichtigen Genen werden an folgende Zell-Generationen weitergegeben.

Wie wichtig die Rolle des p53-Proteins bei der Überwachung von DNA-Schäden ist, zeigen Patienten mit dem Li-Fraumeni-Syndrom, die früh im Leben an Krebs erkranken. Ebenso klare Aussagen geben Untersuchungen an Mäusen, deren Allele *p53*-Gene durch gezielte experimentelle Maßnahmen zerstört wurden: Die Tiere entwickeln sich normal, aber sterben 4–6 Monate nach der Geburt an Krebs.

Weit mehr als tausend veränderte *p53*-Gene sind aus menschlichen Krebs-Zellen isoliert worden. Der größte Teil der Mutationen sind Nucleotid-Austausche mit veränderten Codons (Missense-Mutationen, S. 228). Die Mutationen sind weit über das Gen verstreut, betreffen aber vor allem Bereiche, die für die spezifische Bindung des p53-Proteins an DNA-Sequenzen verantwortlich sind.

Bei der Verteilung der Mutationen im Gen erkennt man einige *Hot Spots* an den Dinucleotid-Folgen CpG mit GC → AT-Transitionen (S. 244). Diesem Muster sind organspezifische Mutationen überlagert. Das ist nicht unerwartet, denn die Epithel-Zellschichten in der Lunge sind anderen Umweltmutagenen ausgesetzt als die Epithel-Zellschichten im Dickdarm, der Blase und anderer Organe. So findet man in Lungen-Karzinomzellen sehr oft G → T-Transversionen, vermutlich als Folge der Anheftung von Benzo[a]pyrenen und anderen Chemikalien im Zigarettenrauch an die Guanin-Bausteine der DNA (S. 248).

In Hautkrebs-Zellen kommen Mutationen oft an Dipyrimidin-Stellen vor, eine Folge der Pyrimidin-Dimerisierung nach UV-Schäden der DNA.

In den Regionen Südchinas und Afrikas, wo Leberzell-Karzinome im Verlauf chronischer Hepatitis auftreten und Aflatoxin B1 (S. 248) als Umweltgift vorkommt, wird ungewöhnlich oft eine G → T-Transversion an der umschriebenen Stelle des Codons 249 gefunden.

Programmierter Zelltod (Apoptose) und das Bcl2-Protein

Genaue Untersuchungen der Organbildung während der Embryonal-Entwicklung zeigen, daß nicht nur neue Zellen gebildet werden und sich differenzieren, sondern auch, daß Zellen, nach Maßgabe des genetischen Bauplans, gezielt zugrunde gehen. Auch im erwachsenen Organismus besteht ein Gleichgewicht zwischen Neubildung von Zellen und planmäßigem Verlust. Das ist besonders gut bei den Zellen des Immun-Systems zu beobachten: Stets entstehen mehr Immun-Zellen als benötigt werden, und überschüssige Zellen gehen später verloren.

Vorgänge dieser Art bezeichnet man als programmierten Zelltod oder **Apoptose** (nach dem griechischen Wort, mit dem der Fall welker Blätter von herbstlichen Bäumen beschrieben wird). Das Überleben von Zellen, die normalerweise zum Tod bestimmt sind, kann zu Tumor-Bildung und Autoimmunkrankheiten führen, umgekehrt gilt Apoptose an falschen Stellen als Ursache für neurodegenerative Krankheiten.

Apoptose folgt einem genetisch kontrollierten Programm: Abschnürungen der Plasma-Membran führen zu einer Verkleinerung des Zellvolumens; endonucleolytische Spaltung des Chromatins läßt nucleosomale Fragmente entstehen, und Proteasen zerstören spezifische Proteine.

Das Bcl2-Protein ist eines von mehreren Proteinen mit Aufgaben bei der Regulation der Apoptose. Es ist – vermutlich in Form eines größeren Protein-Komplexes – an den Membranen der Mitochondrien, des endoplasmatischen Retikulums und der Kernhülle gebunden. Die normale Aufgabe des Bcl2-Proteins hängt mit einer Blockade des Zelltods, ausgelöst durch natürliche oder strahleninduzierte Hydroxyl-Radikale (S. 238), zusammen.

Durch die gezielte Zerstörung von Genen sind Maus-Stämme ohne Bcl2-Protein erzeugt worden. Die Tiere entwickeln sich normal bis wenige Wochen nach der Geburt, wenn Wachstumsstörungen auffallen, bald gefolgt von einem frühen Tod. Grund des frühen Todes ist eine umfangreiche Apoptose, vor allem im Nieren-, Thymus- und Milz-Gewebe.

Körperzell-Mutationen: Translokationen und Krebs

Veränderungen von Chromosomen-Strukturen, nämlich Deletionen, Inversionen und Translokationen, sind typische Kennzeichen von Krebs-Zellen. Oft sind solche Veränderungen im Verlauf der Entwicklung eines Krebsgewebes entstanden. Sie können deswegen von Patient zu Patient verschieden ausfallen.

Davon unterscheiden sich Chromosomen-Veränderungen, die kennzeichnend für einen bestimmten Tumor-Typ sind. Hierzu zählen die vielen Leukämie-Arten, denen oft eine spezifische Chromosomen-Translokation zugrunde liegt.

Ein Grund dafür ist, daß die aktiven Gene für Immun-Globuline und T-Zell-Rezeptoren in Lymphozyten natürlicherweise die Ergebnisse von Umordnungen im Genom sind. Dieser Vorgang kann gelegentlich falsch ablaufen, so daß Translokationen *zwischen* Chromosomen statt der normalen Translokationen *innerhalb* eines Chromosoms (S. 443) stattfinden.

Falsch verlaufende Translokationen können zwei Typen von Ergebnissen produzieren:
1. Ein normalerweise genau reguliertes Gen kommt unter den Einfluß eines Immun-Globulin-Enhancers und wird verstärkt exprimiert.
2. Zwei getrennte Gene werden miteinander verschmolzen, so daß ein Protein mit neuen Eigenschaften entsteht.

Selbstverständlich können wir hier nicht alle, ja nicht einmal alle biologisch interessanten Arten von Leukämien und die zugrundeliegenden Translokationen nennen und besprechen. Wir wählen wenige Beispiele aus, um die Verhältnisse zu illustrieren.

Translokation und Gen-Aktivierung

Ein erstes Beispiel ist das **Burkitt-Lymphom**, gekennzeichnet durch eine Translokation von einem Stück am langen Arm des Chromosoms 8 auf das Chromosom 14. Cytogenetiker notieren das Ereignis in folgender Kurzschrift: t(8;14) (q24;q32), wobei in der ersten Klammer die beteiligten menschlichen Chromosomen stehen und in der zweiten Klammer die Bruchpunkte, an denen der Austausch stattgefunden hat (Abb. 15.**37**).

Auf dem Chromosom 8 liegt das Onkogen *MYC* (S. 330), das nach der Translokation auf Chromosom 14 in den Bereich der D- oder J-Elemente des Gens für die schweren Ketten von Immun-Globulinen (S. 443) gelangt ist und unter dem Einfluß des Enhancers vermehrt exprimiert wird. In Lymphomen erwirbt das *MYC*-Gen noch einige, vermutlich aktivierende Mutationen. Dazu kommen noch Mutationen in anderen Genen, aber der erste Schritt für die Ausbildung einer unregulierten Wucherung von Lymphozyten ist mit der Translokation und der Überexpression des *MYC*-Gens getan.

Ein zweites Beispiel ist ein chronischer **B-Zelltumor**, der oft als folikuläres Lymphom bezeichnet wird. Wieder ist das Gen für die schweren Ketten des Immun-Globulins auf dem Chromosom 14 beteiligt, aber hier ist der Partner ein Gen auf dem Chromosom 18: t(14;18) (q32;q21) (Abb. 15.**37**). Das Partner-Gen war den Forschern vor der Untersuchung nicht bekannt. Daher resultiert seine Beschreibung als *BCL2 (B cell lymphoma)*.

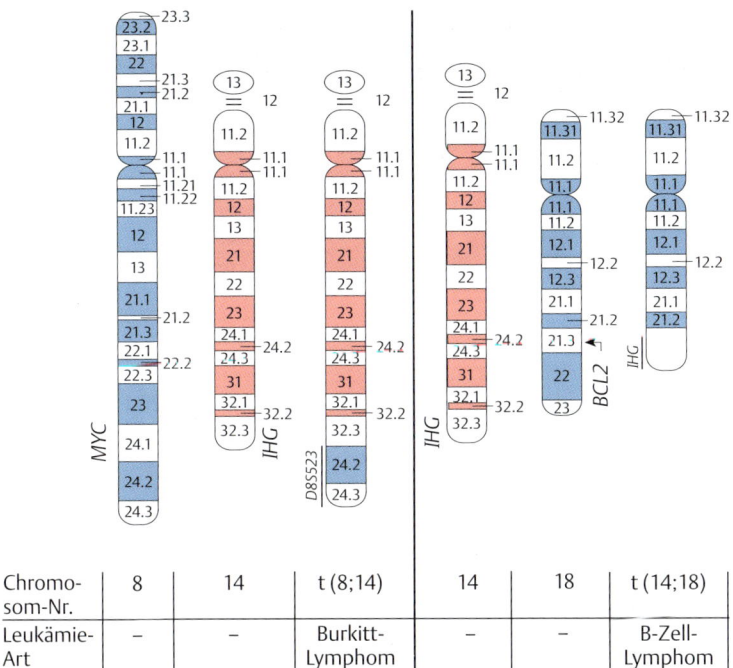

Chromosom-Nr.	8	14	t (8;14)	14	18	t (14;18)
Leukämie-Art	–	–	Burkitt-Lymphom	–	–	B-Zell-Lymphom

Abb. 15.37   Translokationen in Leukämie-Zellen.
Streng regulierte Gene kommen unter dem Einfluß von Enhancern und werden vermehrt exprimiert [nach 29].

Das Produkt dieses Gens, das Bcl2-Protein, hat in den vergangenen Jahren große Berühmtheit unter Zellforschern erlangt, weil es den sogenannten programmierten Zelltod (Apoptose) unterdrückt (siehe Kasten, S. 464). Eine vermehrte Bildung des Bcl2-Proteins hat zur Folge, daß überschüssig gebildete Lymphozyten nicht wie normalerweise zugrunde gehen, sondern sich weiter teilen und vermehren. Im Verlauf der verlängerten Lebensphase sammeln sich andere Mutationen im Genom der Lymphozyten an, eine Voraussetzung für die Ausbildung eines ausgeprägten Tumorzell-Phänotyps.

Translokation und die Bildung zusammengesetzter Proteine

Mediziner registrierten das erste Beispiel für eine spezifische Chromosomen-Translokation in weißen Blut-Zellen bei **chronisch myeloischer Leukämie** (CML). Sie fanden eine verkürzte Form des Chromosoms 22, 22q⁻, das als **Philadelphia-Chromosom** bekannt geworden ist. Seltener tritt das Philadelphia-Chromosom in anderen Arten von Leukämie-Zellen auf (zum Beispiel bei akuter lymphatischer Leukämie, ALL). Ursache für das verkürzte Chromosom 22 ist die reziproke Translokation von Stücken zwischen den Chromosomen 9 und 22 (Abb. 15.**38**, Tab. 15.**4** auf S. 467).

Als Resultat der Translokation fanden Molekularbiologen eine Verschmelzung des *ABL*-Gens von Chromosom 9 mit einem Gen auf Chromosom 22, das den Verlegenheitsnamen *BCR (breakpoint cluster region)* bekommen hat (Abb. 15.**38**, Tab. 15.**3**).

Das Onkogen *ABL* kennen wir von der Analyse des Abelson-Maus-Leukämie-Virus (S. 221). Das Abl-Protein ist eine Tyrosin-spezifische Proteinkinase, die eine wichtige Funktion bei der Regulation der Proliferation von Lymphozyten hat.

Abb. 15.38   Translokationen in Leukämie-Zellen.
Gen-Fusionen führen zu neuen Proteinen. Beispiel:
Philadelphia-Chromosom (Ph¹) bei chronisch mye-
loischer Leukämie (CML) und akuter lymphatischer
Leukämie (ALL). **oben** Reziproke Translokation. **un-
ten** Original-Gene und Fusions-Gen [nach 19, 29].

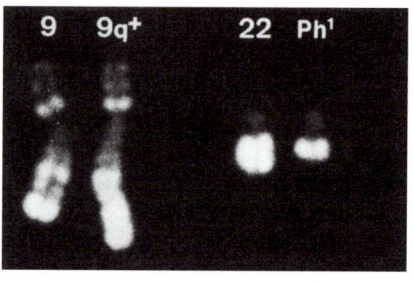

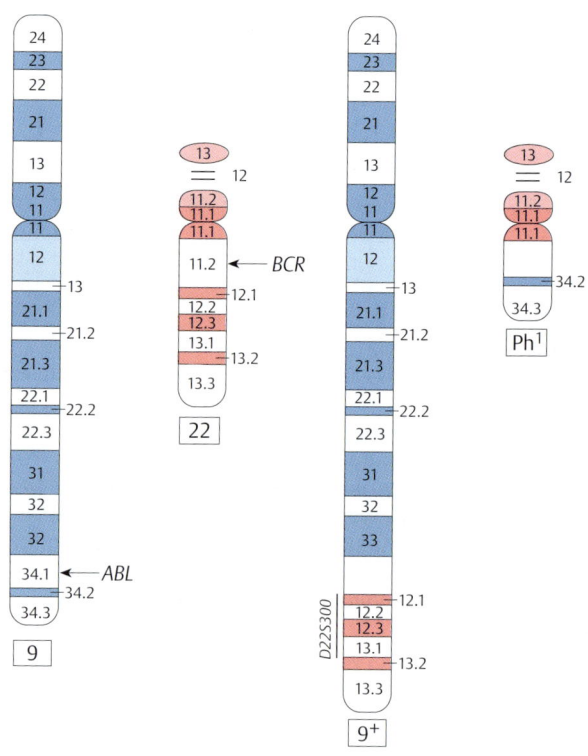

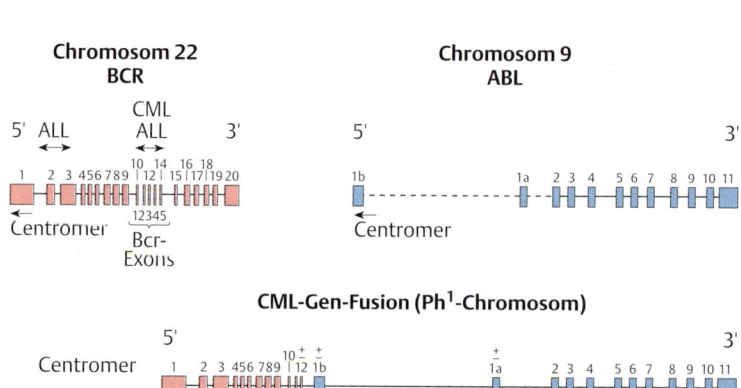

In CML-Zellen entsteht ein Fusions-Protein, das aus einem aminoterminalen Teil mit *BCR*-kodierten Sequenzen und einem carboxyterminalen Teil mit *ABL*-Sequenzen besteht. Das Bcr-Abl-Fusions-Protein wird in transformierten Zellen im Komplex mit den Proteinen Grb2 und Sos (S. 331) gefunden. Es ist in den Ras-vermittelten Signalweg eingebaut und vermittelt einen unregulierten Antrieb für die Proliferation der Zelle.

Die Untersuchung des Philadelphia-Chromosoms stand am Anfang der Erforschung zahlreicher anderer Translokationen, die in Leukämie-Zellen zu Protein-Fusionen geführt haben. Dabei sind oft Gene für Transkriptions-Faktoren beteiligt, wie z. B. Zink-Finger-Proteine, Helix-Loop-Helix-Proteine vom Typ des E2A-Proteins (S. 345) oder Retinsäure Rezeptoren (RAR; S. 361).

Tab. 15.4 Gen-Expression in normalen und Leukämie-Zellen

Chromosom	mRNA (Länge)	Protein
9 (normal)	6–7 kb	Abl-Protein (145 kDA)
22 (normal)	4,5 und 6,7 kb	Bcr-Protein (160 kDa)
9q⁺	–	–
22q⁻ (Philadelphia)	CML: 8,5 kb	Bcr-Abl-Protein (210 kDa)
	ALL: 7,0 und 8,5 kb	Bcr-Abl-Protein (210 kDa und 190 kDa)

Literatur

Original- und Übersichtsartikel

1. Ahn, A. H., Kunkel, L. M.: The structural and functional diversity of dystrophin. Nature Genet. **3** (1993) 283–291
2. Beggs, A. H., Hoffman, E. P., Snyder, J. R., Arahata, K., Specht, L., Shapiro, F., Angelini, C., Sugita, H., Kunkel, L. M.: Exploring the structural basis for variability among patients with Becker muscular dystrophy: dystrophin gene and protein studies. Am. J. Hum. Genet. **49** (1991) 54–67
3. Caskey, C. T., Pizzuti, A., Fu, Y. H., Fenwick, R. G., Nelson, D. L.: Triplet repeat mutation in human disease. Science **256** (1992) 784–789
4. Chumakov, I. et al.: Continuum of overlapping clones spanning the entire human chromosome 21. Nature **359** (1992) 380–387
5. Collins, F. S.: Cystic fibrosis: molecular biology and therapeutic consequences. Science **256** (1992) 774–779
6. Cox, D. R., Burmeister, M., Price, E. R., Kim, S., Myers, R. M.: Radiation hybrid mapping: a somatic cell genetic method for constructing high-resolution maps of mammalian chromosomes. Science **250** (1990) 245–250
7. Donis-Keller, H. et al.: A genetic linkage map of the human genome. Cell **51** (1987) 319–337
8. Efstratiadis, A.: Parental imprinting of autosomal mammalian genes. Curr. Opinion Genet. Devel. **4** (1994) 265–280
9. Ellis, N, Goodfellow, P. N.: the mammalian pseudoautosomal region. Trends Genet. **5** (1989) 406–410
10. Foot, S., Vollrath, D., Hilton, A., Page, D. C.: The human Y chromosome: overlapping DNA clones spanning the euchromatic region. Science **258** (1992) 60–66
11. Goodfellow, P. N., Lovell-Badeg, R.: SRY and sex determination in mammals. Ann. Rev. Genet. **27** (1993) 71–92
12. Huber, C., Huber, E., Lautner-Rieske, A., Schäble, K. F., Zachau, H. G.: The human immunoglobulin ϰ locus. Characterization of the partially duplicated L regions. Eur. J. Immunol. **23** (1993) 2860–2867

13. Ichikawa, H., Hosoda, F., Arai, Y., Shimizu, K., Ohira, M., Ohki, M.: A Not I restriction map of the entire long arm of human chromosome 21. Nature Genet. **4** (1993) 361–365

14. Joos, S., Fink, T.M., Rätsch, A., Lichter, P.: Mapping and chromosome analysis: the potential of fluorescence in situ hybridization. J.Biotech. **35** (1994) 135–153

15. Kerem, B.S., Rommens, J.M., Buchanan, J.A., Markiewicz, D., Cox, T.K., Chakravarti, A., Buchwald, M., Tsui, L.C.: Identification of the cystic fibrosis gene: genetic analysis. Science **245** (1989) 1073–1080

16. Kern, S.E., Vogelstein, B.: Genetic alterations in colorectal tumors, S.577–584. In: Origin of Human Cancers. Cold Spring Harbor Laboratories, Cold Spring Harbor 1991

17. Koenig, M., Hoffman, E.P., Bertelson, C.J., Monaco, A.P., Fener, C., Kunkel, L.M.: Complete cloning of Duchenne muscular dystrophy (DMD) cDNA and preliminary genomic organization of the DMD gene in normal and affected individuals. Cell **50** (1987) 509–517

18. Kunze, N., Yang, G.C., Jiang, Z.Y., Hameister, H., Adolph, S., Wiedorn, K.H., Richter, A., Knippers, R.: Localization of the active type I DNA topoisomerase gene on human chromosome 20q11.2–13.1, and two pseudogenes on chromosomes 1q23–24 and 22q11.2–13.1. Hum. Genet. **84** (1989) 6–10

19. Kurzrock, R., Gutterman, J.U., Talpaz, M.: The molecular genetics of Philadelphia chromosome-positive leukemias. New Engl. J.Med. **319** (1991) 990–998

20. Lane, D.P.: p53, guardian of the genome. Nature **358** (1992) 15–16

21. Lakich, D., Kazazian, H.H., Antonarakis, S.E., Gitschier, J.: Inversions disrupting the factor VIII gene are a common cause of severe hemophilia A. Nature Genet. **5** (1993) 236–241

22. Lichter, P., Tang, C.C., Call, K., Hermanson, G., Evans, G.A., Housman, D., Ward, D.C.: High resolution mapping of human chromosome II by in situ hybridization with cosmid clones. Science **247** (1990) 64–69

23. Lowy, D.R., Willumsen, B.M.: Function and regulation of Ras. Ann. Rev. Biochem. **62** (1993) 851–891

24. Migeon, B.R.: X-chromosome inactivation: molecular mechanisms and genetic consequences. Trends Genet. **10** (1994) 230–235

25. Murray, J.C. et al.: A comprehensive human linkage map with Centimorgan density. Science **265** (1994) 2049–2054

26. Nicholls, R.D.: Genomic imprinting and candidate genes in Prader-Willi and Angelman syndromes. Curr. Opinion Genet. Develop. **3** (1993) 445–456

27. O'Brien, S.J. (Hrsg.): Genetic Maps. Sixth edition. Cold Spring Harbor Laboratory Press, Cold Spring Harbor 1993

28. Olson, M., Hood, L., Cantor, C., Botstein, D.: A common language for physical mapping of the human genome. Science **245** (1989) 1434–1435

29. Rabbitts, T.H.: Chromosomal translocations in human cancer. Nature **372** (1994) 143–149

30. Richards, R.I., Sutherland, G.R.: Fragile X syndrome: the molecular picture comes into focus. Trends Genet. **8** (1992) 249–254

31. Stürzbecher, H.W., Deppert, W.: The tumor supressor protein p53: relationship of structure to function. Oncol. Reports **1** (1994) 301–307

32. Weber, J. L., May, P. E.: Abundant class of human DNA polymorphism which can be typed by the polymerase chain reaction. Am. J. Hum. Genet. **44** (1989) 388–396

33. White, T. J., Arnheim, N., Ehrlich, H. A.: The polymerase chain reaction. Trends Genet. **5** (1989) 185–189

34. Willems, P. J.: Dynamic mutations hit double figures. Nature Genet. **8** (1994) 213–215

35. Wittinghofer, A., Pai, E. F.: The structure of Ras protein: a model for a universal molecular switch. Trends Biochem Sci. **16** (1991) 382–387

36. Zachau, H. G.: The immunoglobulin $\varkappa$ locus – or – what has been learned from looking closely at one-tenth of a percent of the human genome. Gene **135** (1993) 167–173

16. Gene in Mitochondrien und Chloroplasten

Der weitaus größte Teil der genetischen Information einer Eukaryoten-Zelle ist in der DNA des Zellkerns gespeichert, doch ein kleiner, aber für das Leben der Zelle wichtiger Teil befindet sich auf der DNA in Mitochondrien und – bei Pflanzen-Zellen – zusätzlich in den Chloroplasten.

In diesem Kapitel ist die Rede von der genetischen Organisation der DNA in Mitochondrien und Chloroplasten. Nur soweit es zur Erklärung genetischer Einzelheiten notwendig ist, werden Struktur und Funktion dieser Organellen zur Sprache kommen. Leser werden Lehrbücher der Biochemie oder der Pflanzenphysiologie zu Rate ziehen müssen, wenn sie mehr über die im folgenden nur angedeuteten biochemischen Reaktionen in Mitochondrien oder Chloroplasten wissen möchten.

Beide Zellorganellen, Mitochondrien und Chloroplasten, vermehren sich während der Zell-Proliferation zunächst durch Größenzunahme, dann durch Teilung. Im allgemeinen teilt sich jedes Organell nur einmal pro Zellzyklus, so daß die Zahl der Mitochondrien und Chloroplasten pro Zelle im wesentlichen gleich bleibt. Eine Ausnahme von dieser Regel ist, daß während der Reifung der Eizelle eine enorme Vermehrung der Mitochondrien erfolgt. So besitzt z. B. eine Leberzelle einige tausend, eine Eizelle aber einige hunderttausend Mitochondrien.

DNA in Mitochondrien

Mitochondrien sind längliche, manchmal wurmförmige Strukturen, oft von der Größe einer Bakterien-Zelle. Wichtige Bauelemente sind die äußere und innere Membran, die sich in zahlreichen Faltungen in das Innere ausdehnt (Abb. 5.1, 5.3 und 16.1). Im mitochondrialen Innenraum (Matrix) erfolgt zwischen den Membranfalten der Abbau von Nährstoffen, insbesondere der Abbau von Fettsäuren und von Endprodukten des Zucker-Stoffwechsels. Mitochondrien sind auch an der Produktion von Pyrimidinen, Nucleotiden, Phospholipiden, Aminosäuren u. a. beteiligt. Aber ihre Hauptaufgabe ist die oxidative Phosphorylierung: Elektronen bewegen sich zum Sauerstoff, und zwar entlang den Komponenten der Atmungskette, die in der Innenmembran verankert sind (Abb. 16.1). Die dabei frei werdende Oxidationsenergie wird vom ATP-Synthase-Komplex der inneren Membran zur Phosphorylierung von ADP zu ATP benutzt, dem universellen Energiespender der Zelle.

In dem mitochondrialen Matrix-Raum der meisten Zell-Arten befinden sich 5–10 DNA-Moleküle. Höhere Werte (bis zu 50 Moleküle) sind Ausnahmen.

Die Struktur der Mitochondrien-DNA (**mtDNA**) ist bemerkenswert unterschiedlich in den einzelnen Zweigen des phylogenetischen Stammbaums. Die Tab. 16.1 gibt davon einen Eindruck. Auf Einzelheiten werden wir später im Laufe des Kapitels zurückkommen.

Tab. 16.1 Mitochondriale DNA

Herkunft	Molmasse [bp]	Struktur	Anmerkungen
tierische Zellen	16 000–20 000	ringförmig	jede Tierart besitzt einen einheitlichen Typ mtDNA
Zellen höherer Pflanzen	250 000– 2 Mill.	ringförmig oder linear	beträchtliche Variabilität in Größe, Struktur und genetischer Organisation, nicht nur von Art zu Art, sondern auch bei einem Organismus und sogar in einer Zelle
Protozoen	30 000–60 000	ringförmig oder linear	Unterschiede von Art zu Art
Hefe-Arten	20 000–100 000	ringförmig	einheitlich innerhalb einer Art, aber Unterschiede von Art zu Art

Manche Forscher nehmen an, daß mtDNA immer ringförmig ist und daß lineare Formen durch Strangbrüche bei der Untersuchung entstehen.

Bemerkenswert ist die mtDNA von *Trypanosomen*-Arten: Maxi-Ringe von 20 000–38 000 bp sind im Netzwerk mit oft tausenden von Mini-Ringen (3000 bp) verknüpft. Viele Mini-Ringe hängen wie Glieder einer Kette am Maxi-Ring. Die Maxi-Ringe eines Netzwerkes entsprechen in ihrer genetischen Funktion einer konventionellen mtDNA. Die Mini-Ringe sind heterogen in bezug auf ihre Nucleotid-Sequenzen.

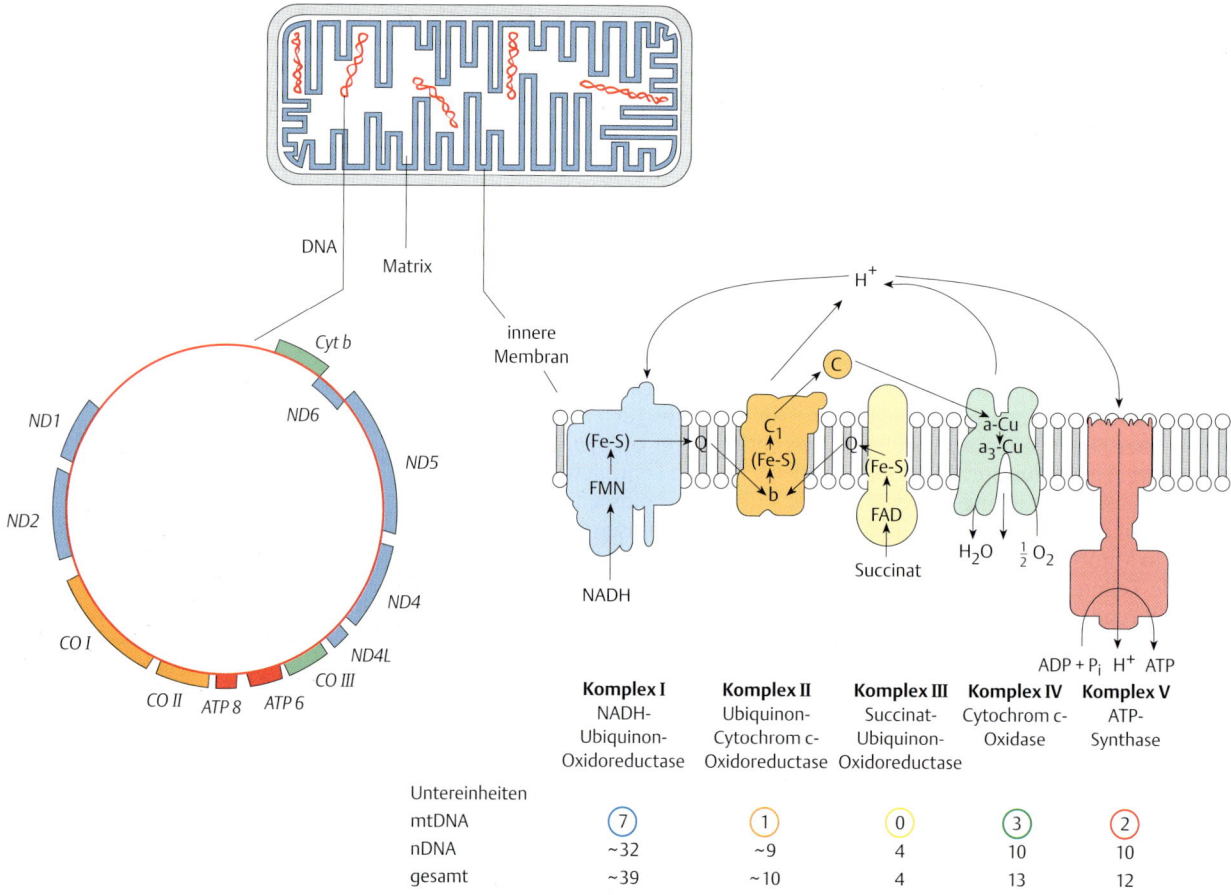

	Komplex I	Komplex II	Komplex III	Komplex IV	Komplex V
	NADH-Ubiquinon-Oxidoreductase	Ubiquinon-Cytochrom c-Oxidoreductase	Succinat-Ubiquinon-Oxidoreductase	Cytochrom c-Oxidase	ATP-Synthase
Untereinheiten					
mtDNA	7	1	0	3	2
nDNA	~32	~9	4	10	10
gesamt	~39	~10	4	13	12

Abb. 16.1 Mitochondrien und mitochondriale DNA. oben Schematische Struktur eines Mitochondriums mit der Lage der ringförmigen superhelikalen mtDNA. **unten links** Gene auf der mtDNA von Tier-Zellen. **unten rechts** Die wichtigsten Enzym-Komplexe in der inneren Membran. Beachte, daß jeder Komplex aus vielen Untereinheiten besteht, von denen nur der kleinere Teil durch die mtDNA, aber der größere Teil durch die DNA im Zellkern (nDNA) kodiert wird [nach 1, 14].

Die Angaben in der Tab. 16.1 zeigen, daß die mtDNA in den Zellen von Tieren relativ klein ist und deswegen die genetische Information für höchstens ein oder zwei Dutzend Proteine tragen kann. Jedoch zeigen die komplexe Struktur und die verwickelten biochemischen Reaktionen, daß sehr viel mehr Protein-Arten in Mitochondrien vorkommen müssen. Daraus folgt, daß mtDNA die Information nur für einen kleinen Teil der Proteine tragen kann, die zur Funktion von Mitochondrien notwendig sind. Die übrigen Proteine werden vom Genom des Zellkerns kodiert, im Cytoplasma hergestellt und über einen eigenen, komplexen Apparat in Mitochondrien transportiert (Abb. 16.1).

Allgemein gilt: Nicht nur in tierischen Zellen, sondern auch in Pflanzen-Zellen (mit ihren sehr viel größeren mtDNA-Molekülen) wird der überwiegende Teil der mitochondrialen Proteine von Genen des Zellkerns kodiert. Nur ein kleiner, aber essentieller Teil wird vom Mitochondrien-Genom kodiert.

Wir machen diese allgemeine Aussage am Beispiel der mtDNA von Säugetieren deutlich.

mtDNA des Menschen

Die Abb. 16.**2** zeigt schematisch das <mark>ringförmige</mark> mitochondriale Genom menschlicher Zellen. Die mtDNAs anderer Säugetiere, und vermutlich aller Wirbeltiere, sind sehr ähnlich aufgebaut.

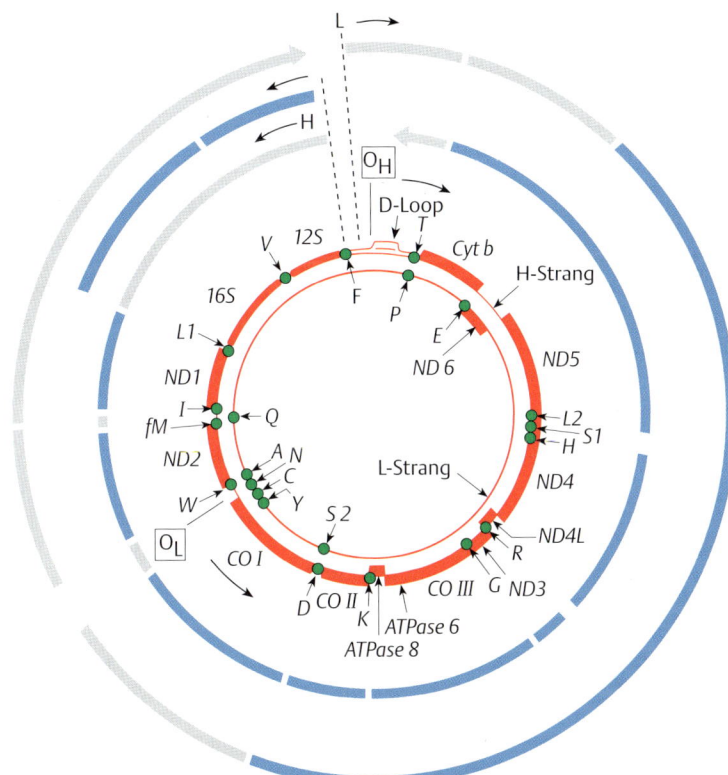

Abb. 16.2 Mitochondriale DNA des Menschen. Die roten inneren Ringe stellen den H-Strang und den L-Strang dar. Grüne Punkte = Gene für tRNA (Spezifität für Aminosäuren in der Ein-Buchstaben-Abkürzung); dünne rote Linie = rRNA-Gene; dicke rote Linien = proteinkodierende Gene. O_H und O_L, Startpunkte der Replikation (siehe Abb. 16.**5**). Äußere unterbrochene Kreise = Transkriptions-Produkte (Pfeilspitze zeigt in Transkriptions-Richtung). Die grauen Bereiche der primären Transkriptions-Produkte sind ohne genetische Funktion und werden bald abgebaut. Der blaue Abschnitt im L-Strang-Transkript entspricht einem nachweisbaren Zwischenprodukt bei der RNA-Reifung [nach 1, 2]

Die Sequenz der <mark>16 569 Basenpaare de</mark>r menschlichen mtDNA wurde im Laboratorium von F. Sanger aufgeklärt (1981). Seither weiß man, daß ein Kennzeichen dieser Art von mtDNA die <mark>extrem dichte Verpacku</mark>ng genetischer Information ist, wie man es sonst nur von den Genomen mancher Viren kennt.

Um sich auf der Gen-Karte der Abb. 16.**2** besser orientieren zu können, ist eine Unterscheidung der beiden komplementären DNA-Stränge notwendig: **H-Strang** und **L-Strang**. Die Bezeichnungen leiten sich aus den unterschiedlichen Auftriebsdichten im CsCl-Gleichgewichtsgradienten ab (S. 36), durch den man den schweren (H, *heavy*) vom leichten (L, *light*) Strang trennen kann.

Die meisten Gene liegen auf dem H-Strang:
– je ein Gen für die 12S und die 16S rRNA,
– 14 Gene für tRNAs,
– 12 proteinkodierende Gene.

Auf dem <mark>L-Strang liegen 8</mark> tRNA-Gene und <mark>ein proteinkodierendes</mark> Gen mit der Bezeichnung ND6.

Das Gen *ND6* und die **proteinkodierenden Gene** *ND1, ND2, ND3, ND4, ND4L* und *ND5* sind verantwortlich für die Synthese von Komponenten des NADH-Ubiquinon-Oxidoreductase-Komplexes, der insgesamt aus fast 40 Bausteinen besteht (Abb. 16.**1**). Das mitochondriale Gen *Cyt b* kodiert einen Baustein eines Komplexes (Ubiquinol-Cytochrom c-Oxidoreductase), der insgesamt aus ungefähr 10 Komponenten besteht. Die Gene *CO I, CO II* und *CO III* kodieren Bestandteile der Cytochrom c-Oxidase und die Gene *ATPase 6* und *ATPase 8* kodieren 2 von 12 Untereinheiten der ATP-Synthase (Abb. 16.**1**).

Diese Aufzählung vermittelt einen Eindruck von dem Zusammenwirken nuklearer und mitochondrialer Gene: Wichtige Komplexe der Atmungskette sind aufgebaut aus Protein-Bausteinen, die im Mitochondrium gebildet werden, und aus Protein-Bausteinen, die im Zellkern kodiert, im Cytoplasma synthetisiert und dann in das Organell eingeschleust werden.

Das Vorhandensein von Genen für **tRNAs** und für **rRNAs** zeigt, daß Mitochondrien ein eigenes Translations-System besitzen. Allerdings stammen die ribosomalen Proteine von Genen des Zellkerns ab, ebenso die Aminoacyl-tRNA-Synthetasen, die die mitochondrialen tRNAs mit Aminosäuren beladen, sowie die RNA-Polymerase und ihre Transkriptions-Faktoren.

Wir erkennen eine merkwürdige genetische Symbiose:
- Das Gen-System des Mitochondriums kodiert die RNA-Elemente seines Translationsapparates, aber für dessen Protein-Bestandteile sorgt der Zellkern.
- Funktionell zusammengehörende Proteine werden teils von der mtDNA, teils von der Kern-DNA kodiert.

Dieses Nebeneinander ist für die Zelle aufwendig. Sie hat die Kosten für zwei unabhängige genetische Systeme zu tragen, für zwei volle Sätze von ribosomalen RNAs, ribosomalen Proteinen usw. Warum? Können die mitochondrialen Proteine nur innerhalb des Organells hergestellt werden, etwa weil sie im Cytoplasma unlöslich sind oder Struktur-Eigentümlichkeiten aufweisen, durch die sie sich drastisch von den übrigen Proteinen der Zelle unterscheiden? Das trifft nach den Erfahrungen der Biochemiker nicht zu. Als Erklärung für das Nebeneinander der genetischen Systeme bieten sich evolutionäre Argumente an, auf die wir am Ende des Kapitels zurückkommen werden.

Expression mitochondrialer Gene

In der Gen-Karte der Abb. 16.**2** ist ein Bereich im oberen Teil als **D-Loop** (D, *displacement*) eingetragen. Hier befindet sich in vielen mtDNA-Molekülen von Vertebraten-Zellen ein Dreistrang-DNA-Abschnitt, wo ein DNA-Stück aus etwa 700 Basen an den L-Strang gebunden ist und den komplementären H-Strang verdrängt.

Im Bereich der D-Loop-DNA liegen zwei Promotoren, je einer für die Transkription des H-Stranges und für die Transkription des L-Stranges. Die Transkription des H-Stranges endet oft schon hinter den beiden Genen für die mitochondrialen rRNAs. Aber ein zweites Transkript schließt die gesamte Länge des H-Stranges ein. Ebenso wird der L-Strang als Ganzes transkribiert.

Wir haben es hier also mit dem seltenen Fall einer **symmetrischen Transkription** zu tun: Beide DNA-Stränge werden vollständig transkribiert, und entsprechend entstehen zwei RNA-Moleküle von der Länge eines Genoms. Allerdings werden die Transkripte bereits während ihrer Synthese durch Nucleasen zurechtgeschnitten, so daß die beiden rRNAs, die verschiedenen tRNAs und einzelne mRNAs entstehen. Auf diese Weise geht der weitaus größte Teil des L-Strang-Transkriptes verloren. Nur eine kurze mRNA und acht tRNAs bleiben übrig. Übrigens zeigt eine Betrachtung der Abb. 16.**2**, daß die einzelnen Gen-Abschnitte durch tRNAs voneinander getrennt sind. Sie bilden also eine Art Interpunktionszeichen im mitochondrialen Genom. Eine RNase, vermutlich vom Typ einer RNase P (S. 106), ist dabei das wichtigste Enzym bei der Reifung mitochondrialer RNA.

Mitochondriale RNA in Vertebraten-Zellen zeigen Besonderheiten: Sie tragen keine 7-Methylguanosinium-Kappe (S. 403), und sie haben nicht einmal die sonst übliche 5′-Nichtkodierungs-Sequenz, sondern beginnen mit dem AUG-Start-Codon. Ebenso knapp ist das 3′-Ende: Das Stop-Codon UAA entsteht oft erst durch Anheftung des Poly(A)-Endes (Abb. 16.**3**).

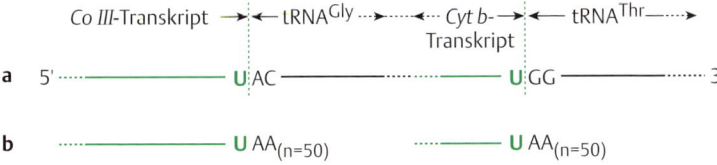

Abb. 16.3 Stop-Codons entstehen durch Anheftung des Poly(A)-Endes. a Primäre Transkriptions-Produkte: Das 3′-Ende des *CO III*-Transkriptes geht direkt in die Sequenz der folgenden tRNA über, ebenso wie das Ende des *Cyt b*-Transkriptes. **b** Nach dem Herausschneiden der tRNA-Sequenzen erfolgt die Polyadenylierung und damit die Herstellung eines Stop-Codons.

Der genetische Apparat in Vertebraten-Mitochondrien muß mit 22 tRNA-Arten auskommen. Damit stehen den etwa 60 Sinn-Codons nur 22 Anticodons gegenüber. In Bakterien und im Cytoplasma von Eukaryoten gibt es mindestens 50 verschiedene tRNA-Arten mit der entsprechenden Zahl von Anticodons. Selbst wenn der Wobble im genetischen Code (S. 78) vollständig ausgenutzt würde, wären für eine korrekte Translation in Bakterien und im eukaryotischen Cytoplasma mindestens 33 tRNA-Arten notwendig.

Der Protein-Syntheseapparat in den Mitochondrien von Tier-Zellen kommt mit weniger tRNA-Arten aus, weil die Struktur der tRNA in mehreren Punkten von der Struktur cytoplasmatischer tRNA abweicht. Die Folge ist eine höhere Flexibiltät in der Codon-Anticodon-Erkennung: Die beiden ersten Basen des Codons werden nach den Standard-Basenpaarungs-Regeln erkannt, dagegen ist die Wahl der dritten Base frei. Dies steht im Gegensatz zu cytoplasmatischen tRNAs, bei denen die Wahl der dritten Base durch die Wobble-Regeln bestimmt wird (S. 77). Die Abb. 16.**4** illustriert die Verhältnisse durch ein Beispiel.

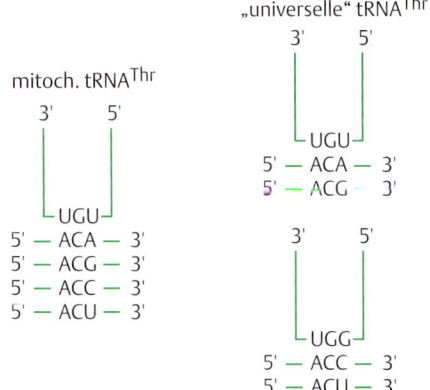

Abb. 16.4 Wobble im mitochondrialen Code. Beispiel: Das Anticodon in der mitochondrialen tRNA^Thr kann mit allen vier Codons für Threonin Basen-Paarungen eingehen, weil das Uracil auf der 5′-Seite des Anticodons zu beliebigem Wobble fähig ist. Dagegen werden im Cytoplasma mindestens zwei verschiedene Threonin-spezifische tRNAs benötigt (siehe S. 77).

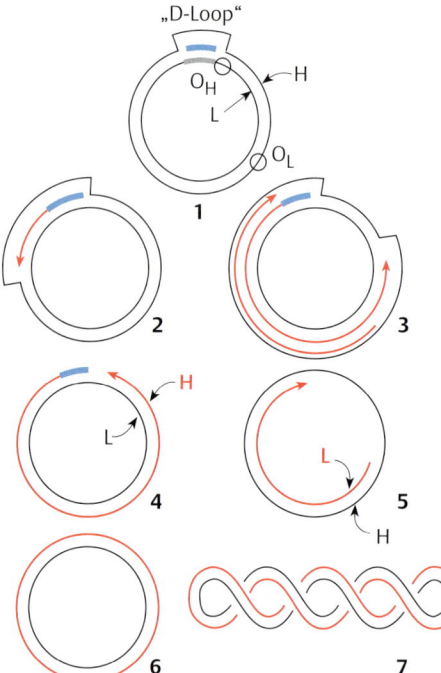

Abb. 16.5   Replikation der mtDNA in Tier-Zellen. Der D-Loop (1) ist die Voraussetzung für die H-Strang-Synthese (2). Sobald der Origin O_L freigelegt ist, kann die Rückwärts-Synthese des Komplementär-Stranges beginnen (3). Die H-Strang-Synthese wird früher zu Ende gebracht als die L-Strang-Synthese (4, 5). Fertige Replikations-Produkte (6) werden in eine superhelikale Form (7) übergeführt [nach 4].

Replikation

Transkripte des H-Stranges können kurz nach der Synthese abgeschnitten werden, so daß Primer für die DNA-Synthese zur Verfügung stehen. Die Folge ist zunächst die Synthese des D-Loop-DNA-Stranges, womit der Start für die mtDNA-Replikation eingeläutet ist.

Das eigentümliche Schema der Replikation zeigt die Abb. 16.**5**:
- Am **Origin O_H** beginnt die Synthese eines neuen H-Stranges mit der Verdrängung des komplementären Stranges.
- Die Synthese wird solange fortgesetzt, bis etwa zwei Drittel des Stranges fertig sind. Dann wird eine Stelle auf dem parentalen H-Strang frei, der **Origin O_L**.
- Von hier aus erfolgt dann erst die Synthese des zweiten DNA-Stranges.

Die Konsequenz ist, daß die Synthese des H-Stranges eher beendet ist als die Synthese des L-Stranges und zunächst zwei verschiedene Replikations-Produkte entstehen (Abb. 16.5). Nach dem Auffüllen von Lücken und dem Schließen von Phosphodiester-Bindungen wird die Replikationsrunde durch das Einführen von superhelikalen Windungen beendet.

Die Replikation von mtDNA dauert ein bis zwei Stunden. Beachte, daß in der gleichen Zeit ein 200mal längeres Stück Bakterien-DNA und ein 20mal längeres Stück Kern-DNA repliziert werden kann. Die Replikation von mtDNA ist nicht an die Zellzyklus-Phasen (S. 185) gekoppelt.

Mitochondriale Krankheiten

mtDNAs verschiedener Menschen können sich an bis zu vier Positionen in einer Strecke von 1000 Basenpaaren oder an etwa 70 Positionen im gesamten Molekül unterscheiden. Davon ist meist die dritte Position der Codons betroffen, weswegen keine besondere Konsequenz für die Funktion des Genoms entsteht. Man schätzt, daß die Häufigkeit für Nucleotid-Austausche in mtDNA 10–20mal höher als in Kern-DNA ist.

Mitochondrien mit beschädigten Genen können die Ursache einer Reihe von menschlichen Krankheiten sein. Die Krankheiten werden von der Mutter an die Nachkommen weitergegeben, weil Mitochondrien über Eizellen und nicht über Spermien vererbt werden (siehe S. 478). Die Krankheiten sind sehr variabel in ihrer Ausprägung, abhängig von dem Anteil der geschädigten Mitochondrien im Verhältnis zur Gesamtzahl der Mitochondrien eines Gewebes. Sie betreffen in erster Linie Gehirn, Herz, Muskel, Leber, die endokrinen Drüsen des Pankreas, d. h. alle Gewebe, die in besonderem Maße auf die oxidative Phosphorylierung angewiesen sind.

Grundlage für die Mutationen sind Nucleotid-Austausche oder Deletionen. Die Abbildung zeigt drei Beispiele für Nucleotid-Austausch-Mutationen.

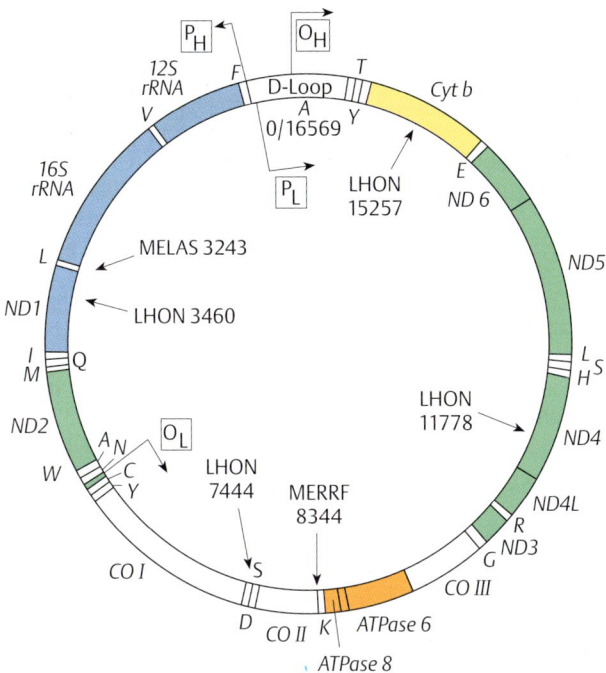

LHON, **Lebersche hereditäre** Optikus-Neuropathie. Diese Krankheit ist charakterisiert durch eine plötzliche Erblindung, verursacht durch das Absterben des Sehnerven. Bei den meisten Kranken kann eine Missense-Mutation am Nucleotid 11778 im *ND4*-Gen nachgewiesen werden, aber auch andere Gene können betroffen sein.

MERRF, **M**yoklone Epilepsie und *„ragged red fibers“*. Die Ausprägung der Krankheit mit Störung der Muskelfunktion, Demenz, Taubheit und epileptischen Anfällen kann sehr unterschiedlich sein, je nach dem Anteil mutierter Mitochondrien relativ zur Gesamtzahl. Ursache ist eine Mutation im Gen für tRNA^{Lys} mit einer veränderten TΨC-Schleife (S. 58).

MELAS, mitochondriale Encephalomyopathie. Die betroffenen Patienten leiden unter häufig wiederkehrenden Schlaganfall-ähnlichen Symptomen. In den meisten Fällen ist das Gen für die tRNA^{Leu} betroffen.

Ausführliche Informationen zu dieser wichtigen Gruppe von Krankheiten findet man in den Literaturangaben unter [14].

Cytoplasmatische Vererbung

Die Spermien-Zellen der meisten Tierarten enthalten einige hundert, die Ei-Zellen mehrere hunderttausend Mitochondrien. Selbst wenn einige Mitochondrien bei der Befruchtung aus den Spermien in die Zygote gelangen sollten, werden die Nachkommen ihre mitochondrialen Genome so gut wie hundertprozentig ihren mütterlichen Vorfahren verdanken. Aus diesem Grund lassen sich mit geeigneten mtDNA-Markern eindrucksvolle Stammbäume weiblicher Linien aufstellen.

Ein eher kurioses Beispiel mag dies verdeutlichen. Bekanntlich können Pferd und Esel miteinander gekreuzt werden: Maultiere sind die Nachkommen von Eselhengsten und Pferdestuten; Maulesel die Nachkommen von Pferdehengsten und Eselstuten. Restriktions-Karten der mtDNAs von Pferd und Esel unterscheiden sich. So kann man leicht zeigen, daß die Mitochondrien von Maultieren Pferde-mtDNA und die Mitochondrien von Mauleseln Esel-mtDNA enthalten.

Formen mitochondrialer DNA

Wir haben die Struktur und Funktion der mtDNA von Vertebraten besprochen. Dabei müssen wir betonen, daß sie nicht als Prototyp mitochondrialer Genome gelten kann, weil sich die mtDNAs verschiedener Spezies deutlich voneinander unterscheiden (Tab. 16.**1**).

Ein erstes Beispiel zur Illustration dieser Aussage mag die **mtDNA von Insekten**, genauer von *Drosophila*, gelten. Die DNA besteht aus etwa 20 000 Basenpaaren und ist damit größer als die mtDNA von Vertebraten, obwohl die Zahl und Anordnung der Gene in beiden Genom-Typen sehr ähnlich sind. Der Größenunterschied kommt durch lange AT-reiche Abschnitte unbekannter Funktion zustande.

Das zweite Beispiel ist die **mtDNA von Hefe-Zellen**. Bei *Saccharomyces cerevisiae* (S. 186) liegt die Größe der mitochondrialen Genome je nach Art zwischen etwa 74 000 und 82 000 Basenpaaren (Abb. 16.**6**). Auch die Hefe-mtDNA enthält AT-reiche Abschnitte ohne bekannte Funktion. Überdies trägt das Genom einige Gene, die bei Vertebraten-mtDNA fehlen. Zum Beispiel kodiert es drei (und nicht nur zwei) Komponenten des ATP-Synthase-Komplexes und mindestens ein ribosomales Protein (var1 in der Abb. 16.**6**). Schließlich sind manche Gene der mtDNA von Hefe-Zellen viel länger als die entsprechenden Gene der mtDNA von Vertebraten. Dies gilt insbesondere für die zehnmal längeren Gene *CO I* und *Cyt b*. Der Grund dafür ist das Vorkommen von zum Teil langen Intron-Sequenzen in diesen Genen. Die Erforschung der Spleißvorgänge in Hefe-Mitochondrien hat, wie an anderer Stelle besprochen (S. 388), wesentliche Erkenntnisse zum Verständnis dieses grundlegenden genetischen Prozesses geliefert.

Besonders drastisch unterscheiden sich die **mitochondrialen Genome der Pflanzen** vom Schema einer tierischen mtDNA:

- Sie sind sehr viel größer mit erheblichen Längenunterschieden (200–2000 kb), nicht nur beim Vergleich zwischen Pflanzen-Arten, sondern oft auch innerhalb einer Art, sogar in einer Pflanze und vermutlich auch in einer Zelle.
- Mitochondriale Genome von Pflanzen können ihre Struktur verändern.
- Die Genome sind sehr viel komplexer aufgebaut.

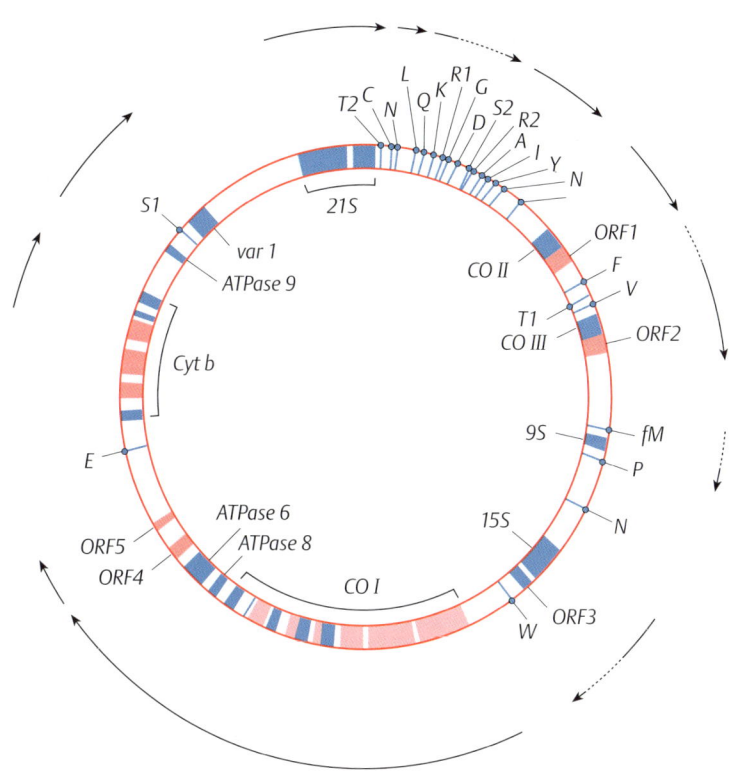

Abb. 16.6 Genetische Organisation der mtDNA von *Saccharomyces cerevisiae*. Die gezeigte mtDNA besteht aus etwa 80 kb. Man erkennt auf den ersten Blick, daß das Genom längst nicht so kompakt ist wie die mtDNA in Tier-Zellen: Zwischen den Genen liegen nichtkodierende DNA-Abschnitte. Deswegen werden einzelne Gen-Gruppen unabhängig voneinander transkribiert (Pfeile). Beachte, die Exon-Intron-Struktur der Gene *CO I* und *Cyt b*. Die Introns enthalten Abschnitte, die für das Spleißen notwendig sind [nach 2].

Wichtige Information über mitochondriale Gene lieferte die erste vollständig sequenzierte pflanzliche mtDNA des Mooses *Marchantia polymorpha* (Lebermoos) (1992). Anders als die mtDNA höherer Pflanzen, ist die mtDNA dieses Organismus einheitlich in ihrer Struktur. Sie trägt auf einer Strecke von 186 kb etwa 94 offene Leseraster, darunter befinden sich die Struktur-Gene, die auch in der mtDNA von Tier-Zellen gefunden werden, eher dazu Gene für ribosomale Proteine und Gene unbekannter Funktion. Überdies trägt die mtDNA drei – und nicht wie die mtDNA von Tieren nur zwei – Gene für ribosomale RNA *(28S rRNA, 18S rRNA, 5S rRNA)*. Viele proteinkodierende Gene sind einfach in ihrer Struktur, andere enthalten Introns, und zwar Gruppe-I- und Gruppe-II-Introns (S. 390), und zwischen den Genen liegen lange Strecken informationsleerer DNA.

Die mtDNA von *Marchantia* ist nicht typisch für mitochondriale Genome von Pflanzen, denn normalerweise ist die mtDNA höherer Pflanzen sehr variabel in Größe und Gen-Anordnung. Da eine einzelne Zelle oder sogar ein einziges Mitochondrium mtDNAs unterschiedlicher Struktur enthalten kann, ist es praktisch unmöglich, **das** Mitochondrien-Genom zu isolieren und durch Sequenz-Untersuchungen zu charakterisieren. Statt dessen bestimmen Molekularbiologen die Restriktions-Fragmente der mtDNA einer Pflanzenart und setzten sie zu einer Art idealer Restriktions-Karte zusammen, die man als Standardring oder, in der Fachsprache als „*Master Circle*" bezeichnet.

Die Abb. 16.7 zeigt den Standardring der Inzucht-Maissorte NB. Er besteht aus 570 kb, aber, wenn überhaupt, kommt der Standardring selten in Mitochondrien vor, denn mehrere Wiederholungs-Sequenzen sind *Hot Spots* der intramolekularen Rekombination und führen zu mannigfaltigen kleineren Rekombinations-Produkten, wie man sich anhand Abb. 16.7 verdeutlichen kann.

Wie bei *Marchantia*, findet man in den bereits sequenzierten Abschnitten der mtDNA höherer Pflanzen Gene für Komponenten der oxidativen Phosphorylierung (einschließlich drei Untereinheiten des ATP-Synthase-Komplexes) und für ribosomale Proteine. Dazu kommen offene Leseraster mit der Information für Proteine unbekannter Funktion. Die Transkripte einiger Gene müssen durch Spleißen in fertige mRNA überführt werden. Auch *Trans*-Spleißen (S. 396) ist ein nicht ungewöhnlicher Vorgang.

Abb. 16.7   Ein Standardring *(Master Circle)* mitochondrialer DNA von Mais. a Bekannte Gene sind am Außenrand gezeichnet. Im Innern des Ringes liegen die (blauen) Gene, die vom Chloroplasten-Genom stammen, sowie die offenen Kästen der Wiederholungs-Sequenzen, Stellen der intramolekularen Rekombination. **b** Hier ist gezeigt, wie aus einem Standardring durch intramolekulare Rekombinationen zahlreiche verschiedene Produkte entstehen können. R = *repeats:* Stellen, an denen die intramolekulare Rekombination erfolgt [nach 5].

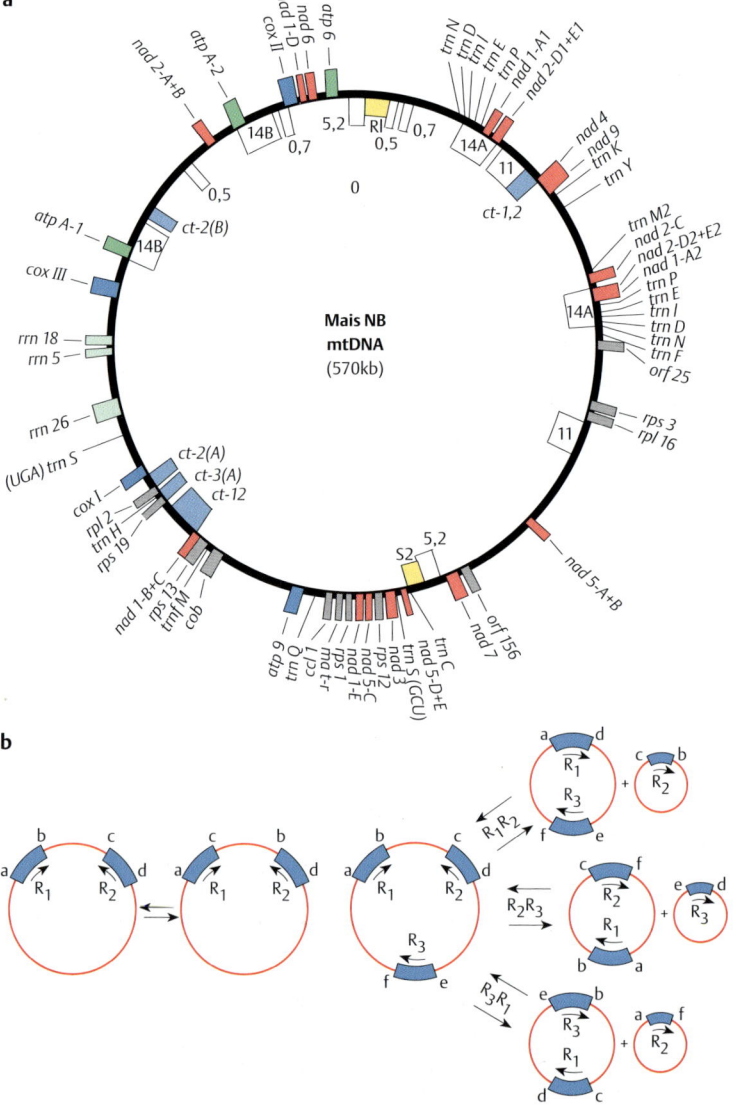

Typische Elemente in den mtDNAs höherer Pflanzen sind Abschnitte, die große Ähnlichkeit mit der DNA von Chloroplasten haben (Abb. 16.**7**). Fachleute gehen davon aus, daß diese Gene im Laufe der Evolution von dem einen pflanzlichen Organell in das andere übertragen worden sind. Ein Teil der Chloroplasten-DNA im Mitochondrien-Genom enthält Gene für tRNA-Arten. Im übrigen wird das Arsenal der tRNAs in den Mitochondrien von Pflanzen durch einen Import von cytoplasmatischer tRNA ergänzt.

Der genetische Code in Mitochondrien

Im Jahre 1979 wurden die Genetiker durch die Nachricht überrascht, daß einer ihrer Glaubenssätze, die Universalität des genetischen Codes, an zumindest einer Stelle nicht gilt, in den Mitochondrien: Das Stop-Codon UGA des universellen Codes gilt in vielen Mitochondrien nicht als Signal für das Ketten-Ende, sondern als Sinn-Codon für die Aminosäure Tryptophan. Umgekehrt dienen die Tripletts AGA und AGG in den Mitochondrien von Wirbeltieren als Stopp-Signale, während sie im universellen Code für Arginin stehen.

Wir fassen diese und einige andere Besonderheiten in der Tab. 16.**2** zusammen. Dabei vermerken wir, daß bei Mitochondrien in den verschiedenen Zweigen der Eukaryoten-Welt keineswegs dieselben Abweichungen vom universellen Code anzutreffen sind. Insbesondere gilt, daß der genetische Code in Mitochondrien von Pflanzen nicht vom universellen Wörterbuch abweicht.

Tab. 16.2 Besonderheiten des mitochondrialen genetischen Codes [aus 6]

Codon	Standard-Code	mitochondrialer Code			
		Vertebraten	*Drosophila*	Hefe	höhere Pflanzen
UGA	Stop	Trp	Trp	Trp	Stop
AUA	Ile	Met	Met	Met	Ile
AGA/G	Arg	Stop	Ser	Arg	Arg
CUN	Leu	Leu	Leu	Thr	Leu

RNA-Edition

Cytosin-nach-Uracil-Austausch in mitochondrialer DNA

Bei Vergleichen zwischen den Nucleotid-Sequenzen von pflanzlichen mtDNA-Genen und ihren Transkripten (genauer cDNA) fallen Unterschiede auf. Häufig findet sich ein Cytosin-Baustein im Genom und ein Uracil-Baustein in der fertigen mRNA. Viel seltener findet man umgekehrt Thymin in der DNA und Cytosin in der RNA.

Forschungen zeigen, daß die DNA-Sequenz „wortgetreu" als prä-mRNA transkribiert wird, und daß das Transkript dann nachträglich verändert wird (Abb. 16.**8**).

Man bezeichnet solche nachträglichen Korrekturen eines Transkriptes als **RNA-Edition** (*RNA editing*) in Analogie zur Tätigkeit des Herausgebers (Editor) eines Textes, der bereits geschriebene Wörter auf Fehler und Ungenauigkeiten überprüft („ediert").

				(Ser)		(Arg)	
nicht-edierte RNA	AGG	GGU	GCU	UCG	GAU	CGG	GAG
				↓		↓	
edierte RNA	AGG	GGU	GCU	UUG	GAU	UGG	GAG
	Arg–	Gly–	Ala–	Leu–	Asp–	Trp–	Glu–

Abb. 16.8 Edition der Transkripte pflanzlicher Mitochondrien. [Beispiel nach 11].

Solche C-nach-U-Austausche (und viel seltener U-nach-C-Austausche) können an mehr als tausend Stellen in den Transkripten der mtDNA vieler höherer Pflanzen, wie z.B. Weizen, vorkommen. Sie sind notwendig für die Synthese funktioneller Proteine. RNA-Edition kommt nicht in den Mitochondrien von Moosen und Grünalgen vor. Hier stimmen die Sequenzen von prä-mRNA und mRNA überein. Wir nehmen dies als weiteres Zeichen für die Variabilität mitochondrialer Genome im Pflanzenreich.

RNA-Edition hatten wir schon am Beispiel einiger cytoplasmatischer mRNA in Tier-Zellen kennengelernt (S. 400). Die Reaktion hängt dort von einer besonderen Sequenz-Umgebung ab und wird von dem Enzym Cytidin-Deaminase durchgeführt. RNA-Edition der Transkripte in pflanzlichen Mitochondrien zeigt keine auffällige Sequenz-Abhängigkeit. Der biochemische Mechanismus ist zur Zeit noch unbekannt.

Einfügen von Nucleotiden: RNA-Edition in Mitochondrien von Trypanosomen

Die bizarrsten Formen mitochondrialer DNA besitzen manche Protozoen-Arten wie Trypanosomen und andere Kinetoplastiden: Mehrere Mitochondrium-Genome, genannt Maxi-Ringe (23–36 kb), hängen in einem dichten Netzwerk mit tausenden von Mini-Ringen (ca. 1 kb) zusammen.

In Gen-Sequenzen der mtDNA (Maxi-Ring) fehlen zahlreiche Stellen mit Kodierungsaufgaben für Uracil-Bausteine in der mRNA. Dagegen enthalten die fertigen mRNAs diese Uracil-Reste und besitzen entsprechend offene, funktionelle Leseraster (Abb. 16.9). Mit anderen Worten, die prä-mRNA muß durch Einfügen von Uracil-Nucleotiden in die reife mRNA überführt werden. Seltener ist der umgekehrte Vorgang, daß ein Uracil-Baustein aus dem primären Transkript entfernt wird.

Nehmen wir die Mitochondrien von *Trypanosoma brucei* als Beispiel: Alle edierten, fertigen mRNAs zusammen enthalten eine Gesamtmenge von 3583 eingebauten, gegenüber 322 entfernten Uracil-Resten. Das Ausmaß der Edition wechselt aber von Gen zu Gen und, bei gegebenem Gen, von Art zu Art.

Abb. 16.9   Edition durch das Einführen von Uracil-Bausteinen. Die Beispiele sind die Anfänge der *Cyt b*-Gene in den mtDNAs (Maxi-Ringe) verschiedener Kinetoplastiden-Arten. Die Sequenz der DNA wird genau transkribiert. Die primären Transkriptions-Produkte (prä-mRNA) werden durch das Einfügen von Uracil-Nucleotiden verändert. Durch diese Reaktionen entstehen erst die offenen Leseraster der fertigen mRNA. Hier angedeutet durch die Codon-Bedeutung in der Ein-Buchstaben-Abkürzung für Aminosäuren [nach 12].

Der Vorgang der RNA-Edition wird durch kleine RNAs gesteuert, die *guide*-RNAs (**gRNA**) genannt werden. Mitochondrien enthalten einige hundert verschiedene gRNAs. Einige wenige gRNAs werden durch Maxi-Ringe, die meisten durch Mini-Ringe kodiert. Ein typischer Mini-Ring trägt die Gene für drei gRNAs.

Sequenzen der gRNAs sind sehr unterschiedlich, haben aber drei funktionelle Abschnitte (Abb. 16.**10**):
- Kurze Strecken am 5'-Ende sind komplementär zu Abschnitten in den primären Transkripten.
- Darauf folgt ein Abschnitt von bis zu 40 Nucleotiden, der komplementär zur edierten RNA ist (Führungsstrecke).
- Am 3'-Ende befindet sich eine Folge von 5–24 Uracil-Nucleotiden, der Poly(U)-Schwanz.

Das zur Zeit populärste Modell der RNA-Edition beruht auf der Beobachtung von RNA-Molekülen, bei denen eine gRNA über ihren Poly(U)-Schwanz kovalent an das 5'-Ende der prä-mRNA geknüpft ist. Andere Beobachtungen zeigen, daß der Editions-Vorgang vom 3'- zum 5'-Ende der prä-mRNA verläuft.

Das Modell sagt, daß der Editions-Vorgang, wie das Spleißen von prä-mRNA, über zwei Transester-Reaktionen verläuft. Folgende Einzelschritte laufen ab (Abb. 16.**10**):
- Nichtedierte RNA und gRNA nehmen im Bereich der komplementären Abschnitte Kontakt miteinander auf.
- Das Ende der gRNA greift die Phosphodiester-Bindung an der Editionsstelle an, so daß eine vorübergehende kovalente Verknüpfung zwischen beiden RNA-Molekülen entsteht.
- Das entstandene 3'-OH-Ende der Vorläufer-RNA greift dann seinerseits eine Bindung im verknüpften Molekül an: Je nach den Bedingungen kann ein Uracil-Rest zurückbleiben oder entfernt werden. Die gRNA gleitet dann nach Maßgabe der Nucleotid-Sequenz weiter entlang der Vorläufer-RNA, wo sich die Reaktion wiederholt.

Man erwartet, daß diese Reaktionen in einem Editosom ablaufen, das ähnliche Funktionen übernehmen sollte wie das Spleißosom. Doch liegen dazu keine Informationen vor, insbesondere ist noch nicht über eine RNA-Edition *in-vitro* berichtet worden, so daß die Abb. 16.**10** zur Zeit als eine Art Arbeitshypothese angesehen werden muß.

Ein alternatives Modell stützt sich auf das Vorkommen einiger besonderer Enzyme in den Mitochondrien von Trypanosomen:
- eine Endonuclease, die die prä-mRNA spalten könnte,
- ein Enzym (terminale UTP-Transferase, Tutase), das UMP-Reste an das Ende der gespaltenen RNA knüpft,
- eine RNA-Ligase, die die um ein oder mehr UMP-Reste verlängerte RNA wiederherstellt.

Einige wichtige Fragen bleiben offen: Welchen physiologischen Sinn hat die komplizierte RNA-Edition? Oder, mehr biologisch gefragt, bringt die RNA-Edition den Trypanosomen einen selektiven Vorteil? Überzeugende Antworten auf diese Fragen sind noch nicht möglich. Ebenso wenig ist bekannt, ob die RNA-Edition durch Einfügen von Uracil-Resten an anderer Stelle noch eine Rolle spielt, etwa bei der Reifung von nuklearer RNA.

Abb. 16.10 Edition: Eine Arbeitshypothese.
a Die allgemeine Struktur einer gRNA: Komplementärbereich, Führungsstrecke, Poly(U)-Schwanz (Großbuchstaben: zur prä-mRNA komplementäre Nucleotide).
b Die Entstehung von kovalenten Verknüpfungen zwischen gRNA und prä-mRNA. **c** Transester-Reaktionen beim Spleißen und bei der RNA-Edition [nach 3].

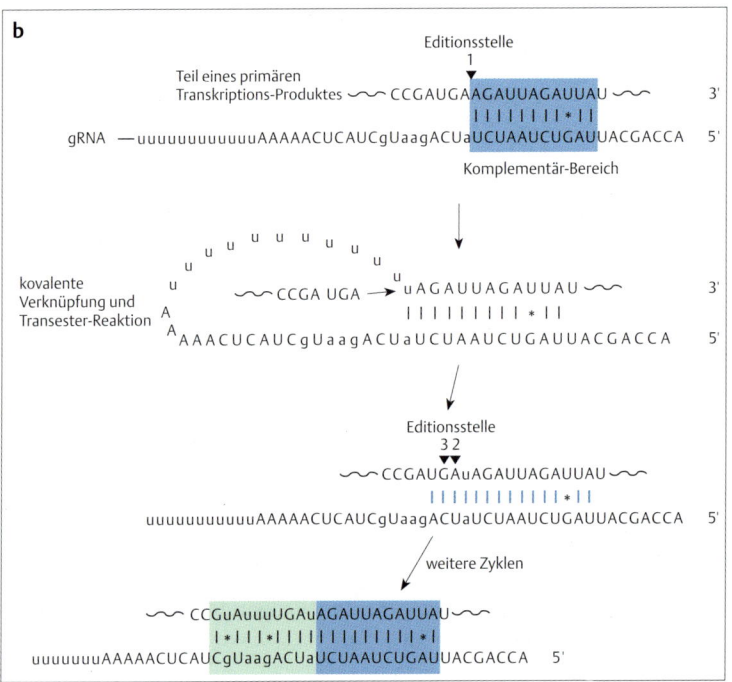

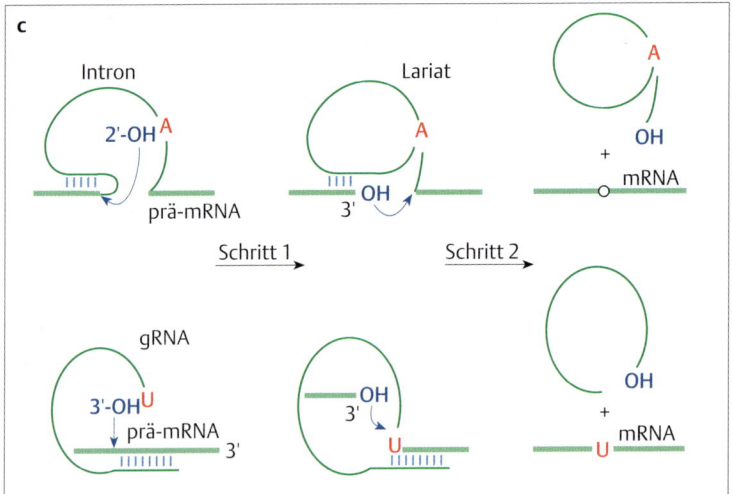

DNA in Chloroplasten

Eine typische Pflanzen-Zelle besitzt drei genetische Systeme, je eines im Zellkern, in den Mitochondrien und den Chloroplasten (Abb. 16.**11**). In einer jungen Meristem-Zelle, etwa von *Phaseolus*, einer Bohnenart, wurden 10–20 und in den Zellen des ausgewachsenen Blattes bis zu 200 Chloroplasten gezählt.

Chloroplasten sind die Orte der Photosynthese, wo die Fixierung (Reduktion) des atmosphärischen CO_2 und die Synthese von Kohlenhydraten erfolgt.

Hier müssen wir die Leser um Nachsicht bitten, wenn wir die vielfältigen und wichtigen biochemischen Reaktionen in Chloroplasten nicht darstellen, sondern uns auf die molekulare Genetik der Chloroplasten-DNA beschränken. Einige Bemerkungen zur Chloroplasten-Struktur sind allerdings angebracht, um die Zusammenhänge zu bewahren.

Wie bei Mitochondrien ist die Struktur des Chloroplasten durch ein ausgeprägtes Membran-System gekennzeichnet. Man unterscheidet eine relativ durchlässige äußere von einer inneren Membran, in der zahlreiche Transport-Proteine eingelagert sind. Im Innern des Organells befindet sich ein System von gestapelten, flachen Säcken: das Thylakoid. Die Thylakoid-Membran trägt die zentralen Elemente des Chloroplasten, die Licht-absorbierenden Photosysteme, die Elektronen-Transportkette, die ATP-Synthase.

Zwischen den Thylakoid-Strukturen befinden sich im Innenraum des Organells die doppelsträngigen, ringförmig geschlossenen und superhelikalen Chloroplasten-DNA-Moleküle. In den Zellen kleiner Blätter von *Phaseolus* findet man etwa 100 DNA-Moleküle/Chloroplast. Die Zahl nimmt mit dem Wachstum des Blattes ab, so daß in großen Blättern nur noch durchschnittlich etwa 30 DNA-Moleküle/Chloroplast vorkommen. Jedoch wechseln die Zahlenwerte von Pflanzen-Art zu Pflanzen-Art: Man hat in Weizenblättern bis zu 1000 DNA-Moleküle/Chloroplast gezählt.

Allgemeine Strukturmerkmale

Wir hatten auf den vorigen Seiten notiert, daß extreme Variabilität ein Merkmal der DNA in Mitochondrien von Pflanzen ist. Dagegen sind Struktur und genetische Organisation der Chloroplasten-DNA (ctDNA) bemerkenswert einheitlich. Dies gilt für die ctDNA einer Pflanze oder einer Pflanzen-Art, wo man in allen Zellen die gleiche ctDNA findet. Dies gilt auch bei einem Vergleich der ctDNA-Strukturen von mehr als hundert Landpflanzen: Die Größen der ctDNA liegen zwischen 120 und 160 kb. Ausnahmen kommen bei Algen oder photosynthetischen Einzellern vor.

Die typische allgemeine Struktur ist das Vorkommen von zwei umgekehrten Wiederholungs-Regionen (IR = *inverted repeats*), die einen kleinen Einzelkopie-Bereich (SSC = *small single copy*) und einen großen Einzelkopie-Bereich (LSC = *large single copy*) voneinander trennen. Von diesem Schema gibt es Ausnahmen. Bei einigen Leguminosen-Arten ging während der Evolution eine der beiden Wiederholungs-Regionen verloren (Abb. 16.**12**).

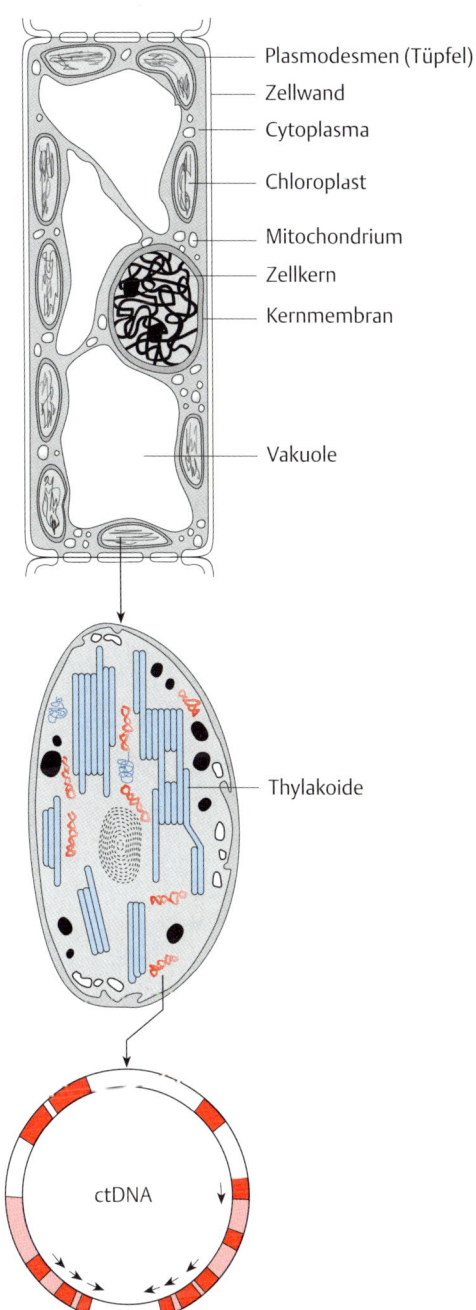

Abb. 16.11 Chloroplasten. oben Zelle aus dem Assimilationsparenchym eines Blattes. Eine flüssigkeitsgefüllte Vakuole nimmt den größten Teil des Innenraums ein. **Mitte** Chloroplast: innere und äußere Membran, Thylakoid und die Lage der ctDNA. **unten** Schema einer ctDNA (siehe Abb. 16.**12**).

Labels in figure: Plasmodesmen (Tüpfel), Zellwand, Cytoplasma, Chloroplast, Mitochondrium, Zellkern, Kernmembran, Vakuole, Thylakoide, ctDNA

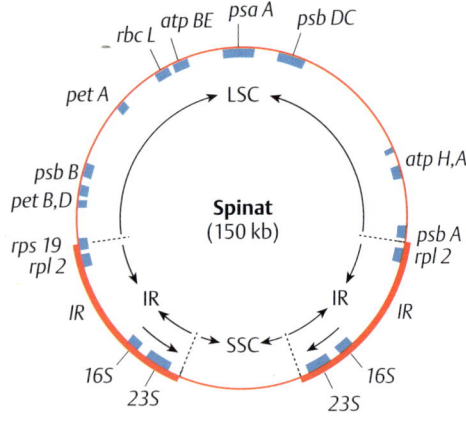

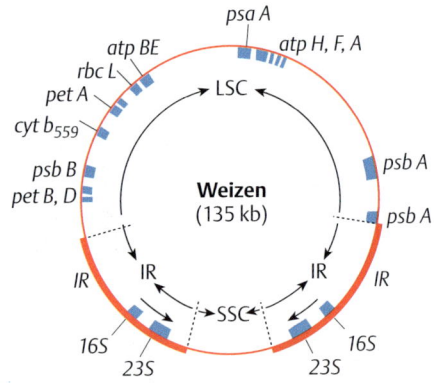

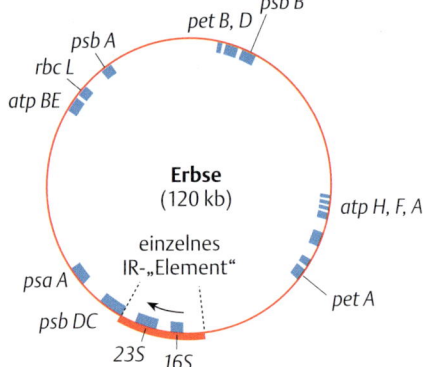

Abb. 16.12 ctDNA: Allgemeine Strukturmerkmale. Als Beispiele sind die ctDNAs von Spinat, Weizen und Erbse gezeigt. IR = *Inverted Repeat*; umgekehrte Sequenz-Wiederholung. LSC = *Large Single Copy*; großes Einzelkopie-Element. SSC = *Small Single Copy*; kleines Einzelkopie-Element. Die Bezeichnung der Gene wird im Zusammenhang mit der Abb. 16.**13** erklärt.

Ältere Restriktions-Karten und neuere Sequenz-Analysen zeigen, daß Größenunterschiede zwischen den ctDNAs von höheren Pflanzen vor allem durch unterschiedliche Längen der Wiederholungs-Regionen zustande kommen (zwischen 10 und 80 kb), während die Einzelkopie-Bereiche mehr oder weniger einheitlich in ihrer Größe sind (Tab. 16.3).

Tab. 16.3 Größen einiger ctDNAs [aus 8]

Art	Gesamt-DNA [bp]	IR-Element [bp]	LSC [bp]	SSC [bp]
Moos (*Marchantia polymorpha*)	121 024	10 058	81 095	19 813
Tabak (*Nicotiana tabacum*)	155 844	25 339	86 684	18 482
Reis (*Oryza sativa*)	134 525	20 799	80 592	12 335
Mais (*Zea mays*)	140 354	22 739	82 338	12 538

Gene: Anordnung und Funktion

Die Nucleotid-Sequenzen einiger ctDNAs sind bekannt. Vergleiche bestätigen frühere Ergebnisse, wonach sich die Chloroplasten-Genome zumindest der höheren Pflanzen in Art und Anordnung der Gene gleichen, wenn man von Unterschieden im Detail absieht.

Wir orientieren uns an der ctDNA-Karte der Tabak-Pflanze (Abb. 16.**13**).

Die DNA trägt in den Wiederholungs-Regionen (IR) **Gene für ribosomale RNA**: *16S rRNA, 23S rRNA, 4,5S rRNA* und *5S rRNA,* wobei die Gene für die beiden größeren rRNA-Arten durch einen Spacer getrennt sind, in denen sich zwei *tRNA*-Gene befinden (Abb. 16.**14**). Diese Anordnung, aber auch die Sequenz der Gene sind auffällig verwandt mit den *rRNA*-Genen im *E. coli*-Genom (S. 106). Die *16S rRNA* ist Bestandteil der kleinen Ribosomen-Untereinheit, die anderen *rRNA*-Arten kommen in der großen Ribosomen-Untereinheit vor, wobei die *4,5S rRNA* eine Besonderheit der Chloroplasten-Ribosomen ist. Sie entspricht dem 3′-Ende der *23S rRNA*.

Ribosomen in Chloroplasten enthalten etwa 60 verschiedene **ribosomale Proteine**, von denen 21 durch das Chloroplasten-Genom kodiert werden (Abb. 16.**13**): Gene für Proteine der kleinen ribosomalen Untereinheit *(rps)*; Gene für Proteine der großen Untereinheit *(rpl)*. Die Gene für die übrigen ribosomalen Proteine liegen auf dem Genom des Zellkerns.

Die ctDNA enthält **30 *tRNA*-Gene** *(trn),* die weit im Genom verstreut sind (Abb. 16.**13**). Genetiker nehmen an, daß die 30 verschiedenen *tRNA*-Arten für die Translation der ct-mRNAs ausreichen. Vermutlich werden die Wechselwirkungen von Codon und Anticodon durch eine relativ freie Auswahl der dritten Position in den Chloroplasten-Codons bestimmt (Wobble; S. 77).

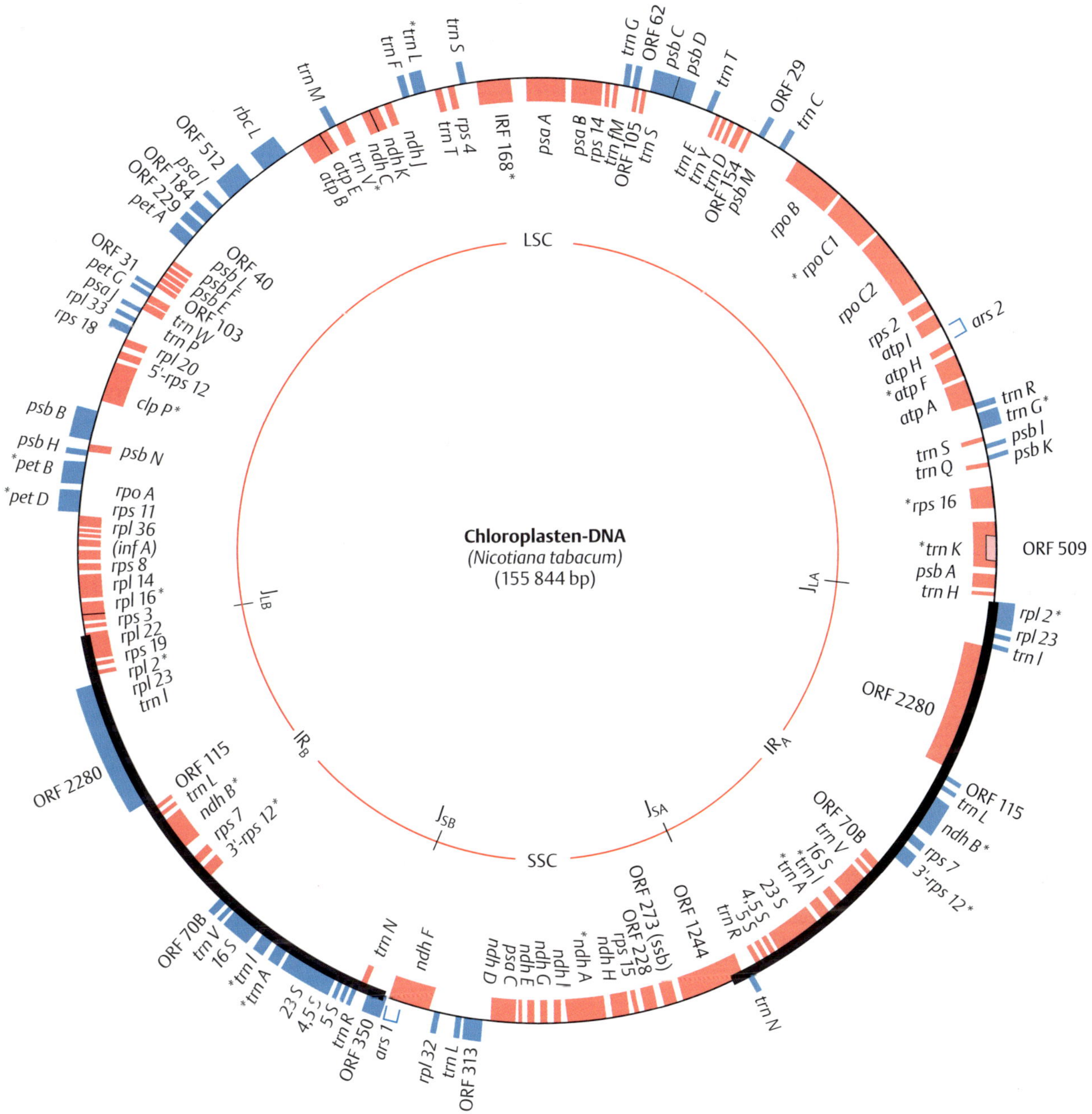

Chloroplasten-DNA
(Nicotiana tabacum)
(155 844 bp)

Abb. 16.13   Die Chloroplasten-DNA der Tabak-Pflanze
(Nicotiana tabacum). Das Genom besteht aus 155 844 Basenpaaren
(siehe Tab. 16.**3**) [nach 13].

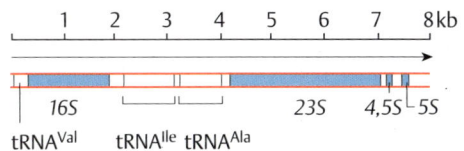

Abb. 16.14   Die *rRNA*-Gen-Gruppe in ctDNA. Beachte, daß Gene für die tRNA^Ile und tRNA^Ala durch
lange Introns in zwei Teile zerlegt werden.

Das Chloroplasten-Genom enthält **etwa 100 proteinkodierende Gene**. Aber diese Gene reichen bei weitem nicht für den Aufbau von Strukturen und Funktionen in Chloroplasten. Man schätzt, daß ein Chloroplast mindestens tausend verschiedene Protein-Arten enthält. Damit wird der größte Teil der Chloroplasten-Proteine vom Zellkern kodiert, im Cytoplasma hergestellt und dann in das Organell transportiert.

Einundzwanzig der hundert proteinkodierenden Gene sind für ribosomale Proteine reserviert. Vier Gene (*rpo A, rpo B, rpo C1* und *rpo C2*; Abb. 16.**13**) tragen die Information für Untereinheiten der Chloroplasteneigenen RNA-Polymerase, die eine interessante Ähnlichkeit mit der RNA-Polymerase von *E. coli* hat, genauer mit dem Minimal-Enzym aus den Untereinheiten α, β und β′ (S. 48).

Die meisten Gene kodieren Bestandteile des Photosynthese-Systems (Tab. 16.**4**). Aber selbst diese Chloroplasten-typischen Protein-Komplexe werden nur teilweise durch Gene der ctDNA bestimmt. Ein typisches Beispiel ist das Enzym **Ribulose-1,5-bisphosphat-Carboxylase** (Rubisco), das eine Schlüsselreaktion bei der Fixierung des CO_2 katalysiert. Das Enzym besteht aus acht identischen großen und acht identischen kleinen Untereinheiten. Das Gen für die große Untereinheit (*rbc L*; Abb. 16.**13**) befindet sich auf der ctDNA, während das Gen für die kleine Untereinheit im Zellkern liegt. Dies gilt zumindest für höhere Landpflanzen; bei manchen Algen-Arten liegt auch dieses Gen auf der ctDNA.

Überdies trägt die ctDNA noch eine Reihe von weiteren Genen. Man spricht besser von offenen Leserastern (ORF), weil deren Funktionen heute noch unbekannt sind (Abb. 16.**13**).

Expression von *ct*-Genen

Die meisten Promotoren der proteinkodierenden Gene haben die typischen Strukturelemente eines Bakterien-Promotors, nämlich eine –10- und eine –35- Region (Abb. 16.**15**).

Tab. 16.4 Einige proteinkodierende Gene im Chloroplasten-Genom

Funktion	proteinkodierende Gene
Komponenten des Photosystems I	*psa A, B, C, I, J*
Komponenten des Photosystems II	*psb A – psb N*
Elektronentransfer (Cytochrom b/f-Komplex)	*pet A, B, D, G*
H^+-ATPase	*atp A, B, E, F, H, I*
NADH-Dehydrogenase	*ndh A – ndh G, ndh I, ndh H, frx B*

Die Angaben der Tabelle beziehen sich auf Gen-Orte der Abb. 16.**13** [Einzelheiten siehe 8, 13].

Abb. 16.15 Promotor-Sequenzen im Bakterien- und Chloroplasten-Genom. Konsensus-Sequenz der –10 und der –35-Region. Die Zahlen geben die Häufigkeiten an, mit denen die betreffenden Nucleotide in ctDNA-Promotoren bzw. Bakterien-Promotoren gefunden wurden [nach 9].

Konsensus-Sequenz

T	T	G	A	C	A—11–24 bp—	T	A	T	A	A	T	
100	84	88	60	41	52	98	92	45	60	67	93	ctDNA-Promotor
82	84	79	64	54	45	81	95	44	59	51	96	Bakterien-Promotor

Ebenfalls als Analogie zum Bakterien-Genom sind viele, aber nicht alle Gene als Operons organisiert und werden in Form langer polygenischer mRNAs transkribiert. Eine prominente Ausnahme ist das Gen *rbc L*, das als monogenische mRNA transkribiert wird.

Aber die polygenischen Transkripte werden nach der Synthese in kleinere mRNAs aufgeteilt, meist mit der Information für ein Protein, gelegentlich aber auch mit der Information für zwei oder drei Proteine.

Untersuchungen von Gen-Struktur und Gen-Expression zeigen eine merkwürdige Mischung von prokaryotischen und eukaryotischen Merkmalen.

Die eukaryotischen Merkmale werden nirgendwo deutlicher als bei der nicht unbeträchtlichen Zahl von Chloroplasten-Genen, die ein (oder seltener mehrere) Intron(s) enthalten. Die ctDNA höherer Pflanzen enthält sechs tRNA-Gene mit Introns, einschließlich der Gene für tRNA^{Ala} und tRNA^{Ile} in der rRNA-Gen-Gruppe (Abb. 16.**14**). Etwa 10 proteinkodierende Gene haben ein und einige weitere Gene zwei Introns. Sonderrollen nehmen das Gen *rps12* und ein paar andere proteinkodierende Gene ein. Das Gen *rps12*, das ein Protein der kleinen ribosomalen Untereinheit kodiert, besteht aus zwei Teilen und drei Exons: Der erste Teil trägt das Exon 1 mit den 38 Codons am Anfang der mRNA. Der zweite Teil liegt einige zehntausend Basenpaare entfernt und enthält das Exon 2 mit 78 Codons, getrennt durch ein Intron vom Exon 3 mit den 7 Codons am Ende der mRNA (Abb. 16.**13**). Beide Gen-Teile werden unabhängig voneinander transkribiert, dann werden die Exon 2- und die Exon 3-Sequenzen durch *Cis*-Spleißen miteinander verbunden und durch *Trans*-Spleißen an das Exon 1-Transkript geknüpft (Abb. 16.**16** und S. 396).

Zu den eukaryotischen Merkmalen möchten wir auch das Vorkommen von **RNA-Edition** zählen. Dies ist weitverbreitet in Chloroplasten, wenn auch längst nicht so häufig wie bei pflanzlichen Mitochondrien (S. 482). Als Beispiel nennen wir den Fall des Transkriptes des *rpl2*-Gens von Mais: Das offene Leseraster im primären Transkript beginnt mit ACG, das dann erst durch RNA-Edition in das universelle Startcodon AUG überführt wird [10]. Auf die gleiche Weise werden die Startcodons von einigen wenigen anderen Transkripten hergestellt, auch interne Codons können gelegentlich ediert werden. Aber RNA-Editionen sind eher die Ausnahme als die Regel in Chloroplasten.

Anmerkungen zur Evolution

Im vorangegangenen Abschnitt wurde mehrfach auf die auffällige Ähnlichkeit zwischen Komponenten des genetischen Apparates von Chloroplasten und Bakterien hingewiesen. Dazu gehören RNA-Polymerase, Promotoren, Organisation der Gene als Operons, ribosomale Proteine und ribosomale RNA. Wir haben nicht erwähnt, daß die Protein-Synthese in Chloroplasten und in Mitochondrien wie in Bakterien mit *N*-Formyl-methionin beginnt (S. 67). Einfache Experimente unterstreichen die Ähnlichkeiten der Protein-Syntheseabläufe: Chloramphenicol hemmt die Protein-Synthese in Chloroplasten, Mitochondrien und Bakterien, aber nicht im Cytoplasma von Eukaryoten. Umgekehrt hemmt Cycloheximid (vgl. S. 337) die cytoplasmatische Protein-Synthese, aber nicht die Protein-Synthese von Chloroplasten, Mitochondrien und Bakterien.

Diese und andere Beobachtungen führen fast selbstverständlich zur **Endosymbionten-Theorie**. Die Theorie zeichnet frühe Schritte der Evolution von Zellen nach. Danach existierten vor zwei Milliarden Jahren die ersten Eukaryoten ohne Mitochondrien und Chloroplasten. Um diese Zeit nahm der Sauerstoff-Gehalt der Atmosphäre allmählich zu. Parallel dazu entwickelten sich Bakterien-ähnliche Organismen, die die enzymatische Ausstattung zur Energiegewinnung aus Sauerstoff erwarben.

Die Zunahme des Sauerstoff-Gehaltes in der Atmosphäre stellt eine entscheidende Zeit in der Evolution des Lebens dar, denn über die Atmung, also Verwertung des Sauerstoffs, entsteht beträchtlich mehr Energie als über andere Stoffwechselwege, wie etwa die Glykolyse. Eukaryoten machten sich diese entscheidende Entwicklung zunutze, indem sie Sauerstoff-verwertende Bakterien gleichsam einfingen, „zähmten" und lernten, mit ihnen in Symbiose zu leben.

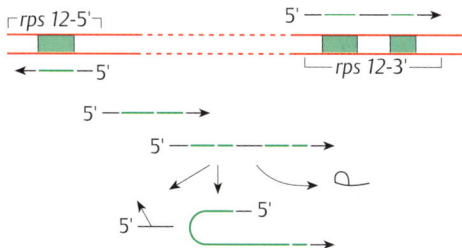

Abb. 16.16 *Trans*-Spleißen. Das Schema orientiert sich am *rps12*-Gen der ctDNA von *Marchantia polymorpha*, wo 5'- und 3'-Teil des Gens von verschiedenen DNA-Strängen transkribiert werden. Das *rps12*-Gen der ctDNA von *Nicotiana tabacum* ist ganz entsprechend organisiert (siehe Abb. 16.**13**), aber beide Gen-Teile liegen auf dem gleichen DNA-Strang.

Die Aufnahme von Mitochondrien und Chloroplasten hat, so sagt die Theorie weiter, vor der Trennung der evolutionären Wege von Tieren, Pflanzen und Einzellern stattgefunden. Folgende Gründe sprechen dafür:

1. Es bestehen teilweise drastische Unterschiede in der Organisation der mtDNA, die während der getrennten Wege entstanden sein müssen.
2. Chloroplasten wurden über einen zweiten endosymbiontischen Prozeß *nach* dem Erwerb von Mitochondrien erworben. Dies schließt man daraus, daß Chloroplasten-DNA noch weit mehr Erinnerung an ihre bakterielle (oder allgemeiner: prokaryotische) Herkunft mit sich trägt als Mitochondrien-DNA. Oft wird angenommen, daß die Chloroplasten Abkömmlinge von Prokaryoten sind, die in Struktur und Physiologie den heutigen Cyano-Bakterien entsprechen.

Die Genome in den Organellen heutiger Zellen enthalten nur einen Bruchteil der Gene, die für den Aufbau und die Funktion von Mitochondrien und Chloroplasten notwendig sind. Man schließt daher, daß im Laufe der Evolution ständig Genom-Abschnitte aus dem Organell in den Zellkern gelangt sind. Dieser Prozeß ist in den verschiedenen Zweigen des phylogenetischen Stammbaums offensichtlich unterschiedlich weit fortgeschritten. Als Beispiel erinnern wir daran, daß mtDNA in Tier-Zellen zwei, mtDNA in Hefe- und Pflanzen-Zellen dagegen drei Gene für Untereinheiten der ATP-Synthase tragen.

Untersuchungen unterstützen die Hypothese von der Wanderung der Gene: Im Kern-Genom mancher Organismen findet man Pseudogen-Abschnitte, die Sequenz-Ähnlichkeit mit Bereichen der Mitochondrien- und Chloroplasten-DNA besitzen. Dieses sind dann sichtbare Spuren eines Prozesses, der in einer frühen Phase der Evolution begonnen hat und zu dem jetzigen Zustand mit zwei oder, bei Pflanzen, mit drei genetischen Systemen pro Zelle geführt hat.

Warum ist dann nicht die gesamte DNA des Symbionten in das Repertoire des Kern-Genoms aufgenommen worden? Früher hat man vermutet, daß zumindest einige mitochondriale und chloroplastische Proteine an Ort und Stelle synthetisiert werden müssen, weil sie im Cytoplasma unlöslich sind oder anderweitig verändert werden. Dagegen spricht unter anderem wieder, daß die Untereinheit 9 des ATP-Synthase-Komplexes zwar bei Hefe und Pflanzen im Mitochondrium, bei Tieren aber im Cytoplasma gebildet wird und dann in das Mitochondrium gelangt.

Es fehlt der überzeugende Beweis, daß manche Proteine aufgrund besonderer Eigenschaften unbedingt in Mitochondrien oder Chloroplasten hergestellt werden müssen. Vielmehr muß man annehmen, daß der jetzige Zustand ein mehr zufälliges Endprodukt eines evolutionären Prozesses ist, eingefroren bei einem Schritt der Gen-Übertragung vom Organell in das Kern-Genom.

Literatur

Original- und Übersichtsartikel

1. Andersen, S., Bankier, A.T., Barrell, R.G., de Bruijn, M.H.L., Coulson, A.R., Dronin, J., Eperon, I.E., Nierlich, D.P., Roe, B.A., Sanger, F., Schreier, P.H., Smith, A.J.H., Staden, R., Young, I.G.: Sequence and organisation of the human mitochondrial genome. Nature **290** (1981) 457–465
2. Attardi, G., Schatz, G.: Biogenesis of mitochondria. Ann. Rev. Cell Biol. **4** (1988) 289–333
3. Benne, R.: RNA editing in trypanosomes. Eur. J. Biochem. **221** (1994) 9–23
4. Clayton, D.A.: Replication of animal mitochondrial DNA. Cell **28** (1982) 693–705
5. Fauron, C., Casper, M., Gao, Y., Moore, B.: The maize mitochondrial genome: dynamic, yet functional. Trends Genet. **11** (1995) 228–235
6. Fox, T.D.: Natural variation of the genetic code. Ann. Rev. Genet. **21** (1987) 67–91
7. Gray, M.W.: The evolutionary origins of organelles. Trends Genet. **5** (1989) 294–299
8. Hagemann, R.: Neuere molekulare und cytologische Aspekte der Plastiden-Genetik. Eine Übersicht. Biolog. Zentralblatt **112** (1993) 244–287
9. Hanley-Bowdoin, L., Chua, N.H.: Chloroplast promoters. Trends Biochem. Sci. **12** (1987) 67–70
10. Hoch, B., Maier, R.M., Appel, K., Igloi, G.L., Kößel, H.: Editing of chloroplast mRNA by creation of an initiation codon. Nature **353** (1991) 178–180
11. Schuster, W., Brennicke, A.: The plant mitochondrial genome: physical structure, information content, RNA editing, and gene migration to the nucleus. Ann. Rev. Plant Physiol. Plant Mol. Biol. **45** (1994) 61–78
12. Simpson, L., Shaw, J.: RNA editing and the mitochondrial cryptogenes of kinetoplast protozoa. Cell **57** (1989) 355–366
13. Sugiura, M.: The chloroplast genome. Plant Molecular Biol. **19** (1992) 149–168
14. Wallace, D.C.: Diseases of the mitochondrial DNA. Ann. Rev. Biochem. **61** (1992) 1175–1212

Sachverzeichnis

Kursive Seitenzahlen verweisen auf Abbildungen und Tabellen

ribosome scanning *411*, 412
Ribosomen-Bindungsstelle 69
Ribothymidin *58*
Riesenchromosomen 157
Riggs, A.D. 188
RNA 45 ff.
– 3′-Ende 45
– 5′-Ende 45
– 7 SL 224, 324
– Bausteine 45 f.
– Doppelstrang 24
– *guide-* s. *guide*-RNA
– Messenger- s. mRNA
– nichtstabil 55
– Reifung 322 f.
– ribosomale s. rRNA
– ringförmig 46 f.
– Sekundärstruktur 45 f., 128
– snRNA 383 ff.
– stabil 55
– Transfer- s. tRNA
RNA-DNA-Hybrid 22, 272, 285
RNA-Edition 400, 489
– in Mitochondrien 481 ff.
RNA-Helikase 410
RNA-Phagen s. Bakteriophagen
RNA-Polymerase, O-Untereinheit
   49
– bakterielle 48 ff.
– Core-Enzym 48, 51
– DNA-abhängig 47
– in *Escherichia coli* 48
– eukaryotische 299 ff.
– – Untereinheiten 300, *301*
– Holoenzym 48
RNA-Polymerase I 299, 318
RNA-Polymerase II 299, 397
– C-terminale Sequenz 302
– Transkriptions-Faktoren *314*
RNA-Polymerase III 299, 324
– Gene 324
RNA-Polymerase, σ-Faktor *52*
– σ-Untereinheit 49, 51
– β-Untereinheit 48 f.
– Untereinheiten *109*
RNA-Prozessieren 397 ff.
RNase H *179*, 272
RNase III *106*, *108*
RNase P *106*
RNA-Synthese s. Transkription
RNA-Tumor-Viren, Reticuloendo-
   theliosis-Virus 338
Rodrigues, R.L. 264
rollender Ring 133
rolling circle s. rollender Ring

Röntgen-Strukturanalyse 3
Rotman, R. 202
Rous, P. 217
RPA *(replication protein A)* 169, *179*
R-Plasmide 211, 264
RPS4Y-Gen 449
RRM *(RNA recognition motiv)* 387
rRNA 35, *46*, 55, 63 ff.
– 5S 63, *64*, 324
– – Gen 324
– 16S 63, *64*
– 23S 63, *64*
– 26S 388
– Faltung 63
– große Untereinheit 63, *65*
– kleine Untereinheit *65*
– Methionin-spezifische 67
– prä- s. prä-rRNA
– S-Wert s. S-Wert
rRNA-Arten 63
rRNA-Gene 105, 108 ff., 318 f.
Rückmutation 93
Ruv A-Protein 207, *208*
– B-Protein 207, *208*
– C-Protein 207, *208*
Ruv-Proteine 206 f.
RXR *(retinoic X receptor)* 360, *361*

S

S1-Nuclease-Methode 302 f.
Saccharomyces cerevisiae 30, 186, 223,
   280, 288, *300 f.*, 379 f., *479*
– *pombe* 186
Saedler, H. 209
Sal I *42*, *266 f.*, 269, 276
Salmonella typhimurium 257
salvage pathway 426
Sanger, F. 78, 275, 473
SAR-Elemente 146
SAR *(scaffold attachment regions)*
   146, 154
Satelliten-DNA 31, 36, 422
ScII-Protein 149
Screening 274 f.
second site reversions 256
Sedimentation 34 ff.
– Geschwindigkeit 35
– Koeffizient 35
Sekundärstruktur 6 ff., 45 f.
– Beta-Blatt 6 ff.
– Beta-Faltblatt 7 f.
Selektion 232
Selenocystein 79, *80*

self assembly 12
– – *assisted-* 13
– *splicing* 388
selten schneidende Restriktions-
   Nucleasen 438 f.
Sequenzierung, von DNA
   s. DNA-Sequenzierung
Serin 4 ff.
serum response factor s. SRF
Serum-Stimulierung 330
sexuelle Vermehrung 197
Shapiro, J.A. 209
Shine-Dalgarno-Sequenz 69
Sichelzell-Krankheit 198
Sigma-Faktoren 102 ff.
– alternative 102, 104
Silencer 362
Simian Virus s. SV40
SINE *(short interspersed repetitive*
   elements) 31
single strand binding protein
   s. SSB-Protein
Sinnstrang 49
Skleroderma 149
SL1 321
Sma I *42*, *266*, *305*
small nuclear ribonucleoprotein
   s. snRNP
Sm-Proteine 384
snRNA 383 ff.
– U- 383 ff.
– U6- 324 f.
snRNP *(small nuclear ribonucleo-*
   protein) 324, 382 ff.
SNRPN-Gen 451
Solenoid-Modell 145
somatische Zellen, Genetik 426 ff.
Sonden *(probes)* 275
SOS-Antwort 132, 254 f.
SOS-Reparatur 254 f.
Southern, E.M. 284
Southern-Blot-Methode 283 f., *431*
Sp1 316
Spacer 105, 318
Spacer-Promotor 320
Spermiogenese 196
S-Phase 185
Spindelapparat 147
Spinobulbäre Muskelatrophie *423*,
   458
Spinocerebellärer Ataxie-Typ *458*
Spleißapparat 382 ff.
Spleißen *287*, 379 ff.
– alternatives 391 ff.
– Cis- 397

Notizen